JN173173

カーボンナノチューブ・
グラフェンの応用研究最前線
製造・分離・分散・評価から
半導体デバイス・複合材料の開発、リスク管理まで
監修　丸山　茂夫
NTS

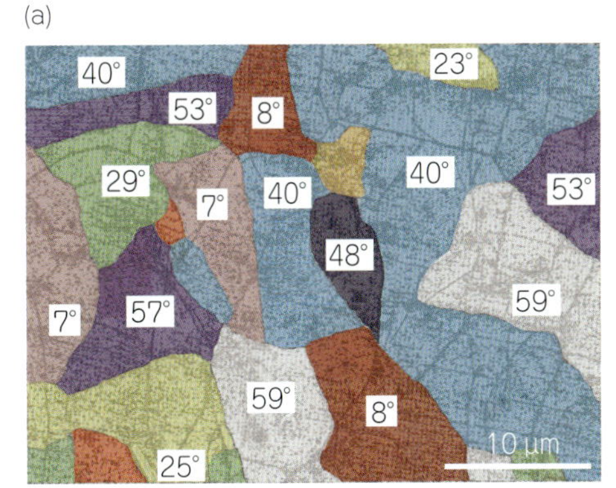

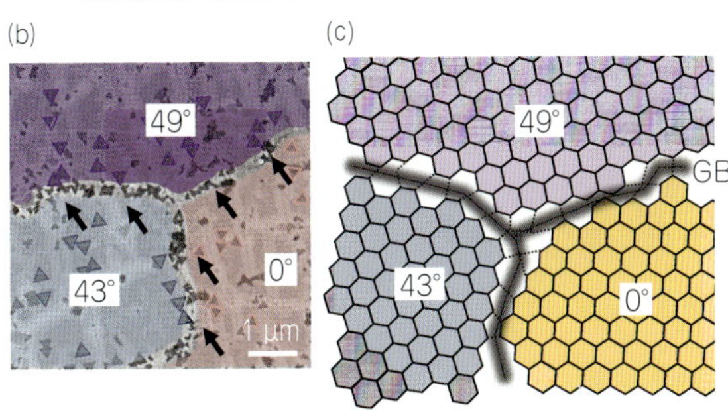

図２　(a)と(b) Cu ホイル上に合成したグラフェンのグレイン構造[10)]。角度はそれぞれのグレインの相対角度を示している。グラフェンの６員環の方位はその上に成長させた三角形の形状をもつ MoS_2 単結晶の向きから決定している。(c)(b)のグレイン構造のイラストで，黒色の線が GB を示している（P.34）

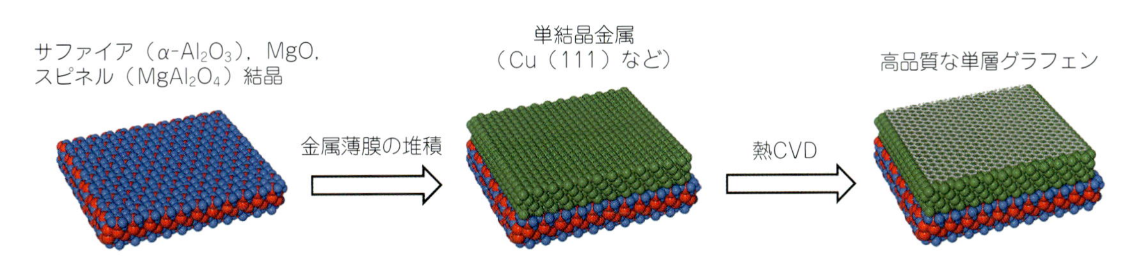

図４　ヘテロエピタキシャル CVD 法（P.35）

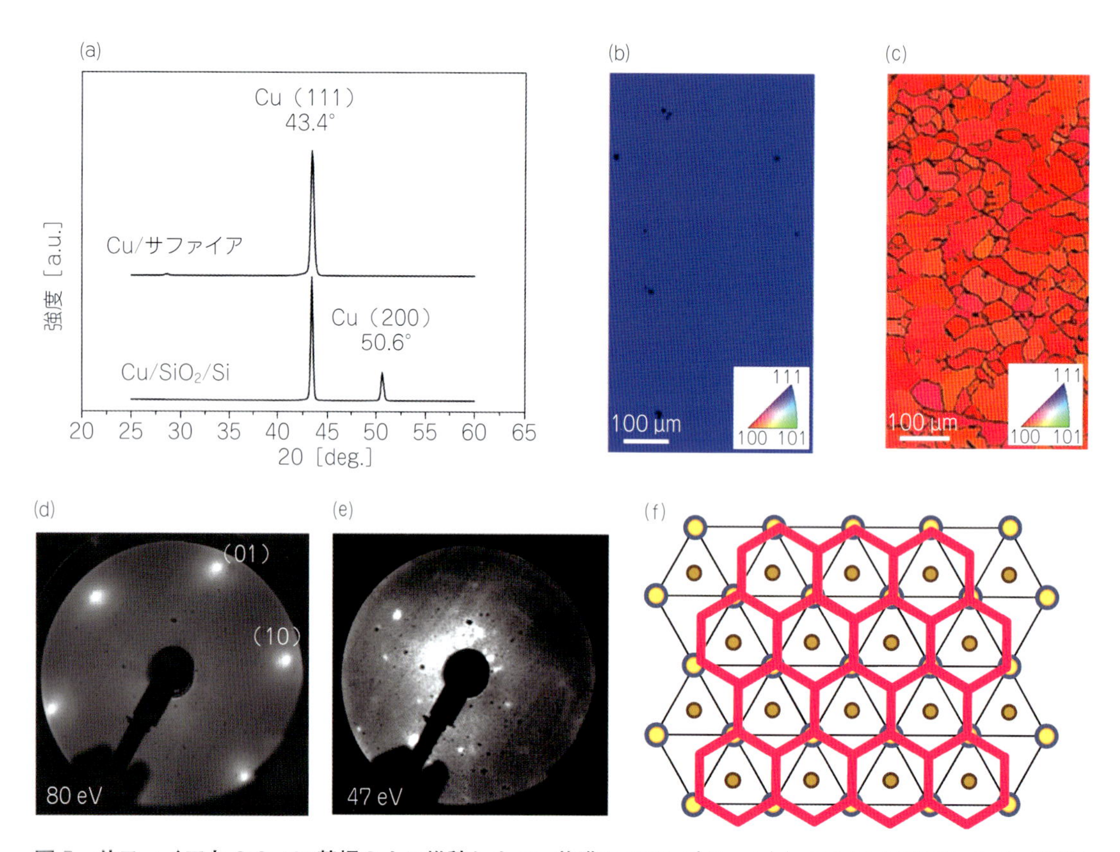

図5　サファイアと SiO_2/Si 基板の上に堆積した Cu 薄膜の XRD パターン(a)，EBSD で測定した Cu 薄膜/サファイア(b)と Cu ホイル(c)の結晶面，Cu 薄膜/サファイア(d)と Cu ホイル上に成長したグラフェン(e)からの LEED パターン，Cu（111）上に成長したグラフェンの構造の模式図(f)，丸が Cu 原子を，太線がグラフェンを表している（P.36）

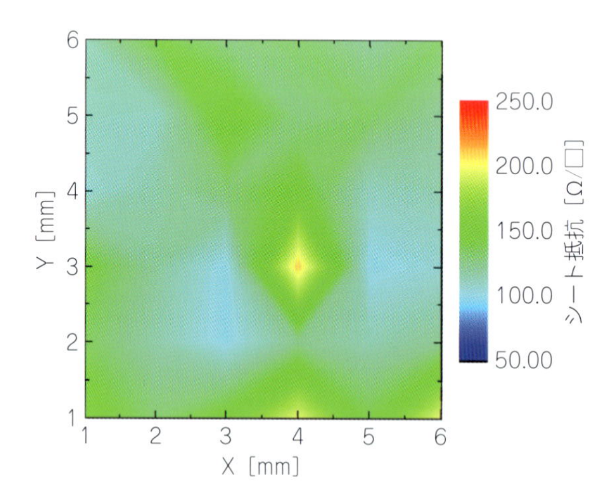

図7　塩化金でドーピング後のグラフェン膜のシート抵抗マッピング[14]（P.72）

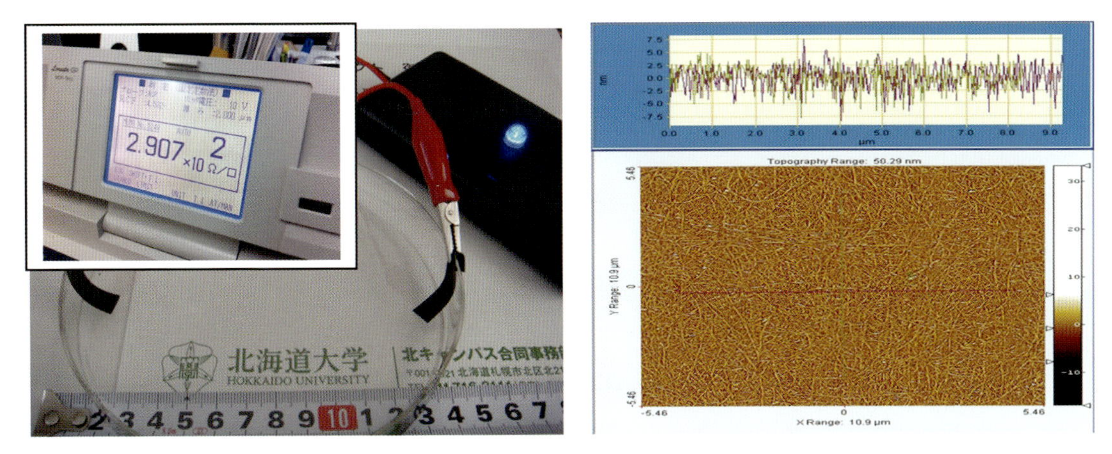

図 8　連続した CNT のネットワークを透明導電膜として機能する応用実施例（P.96）

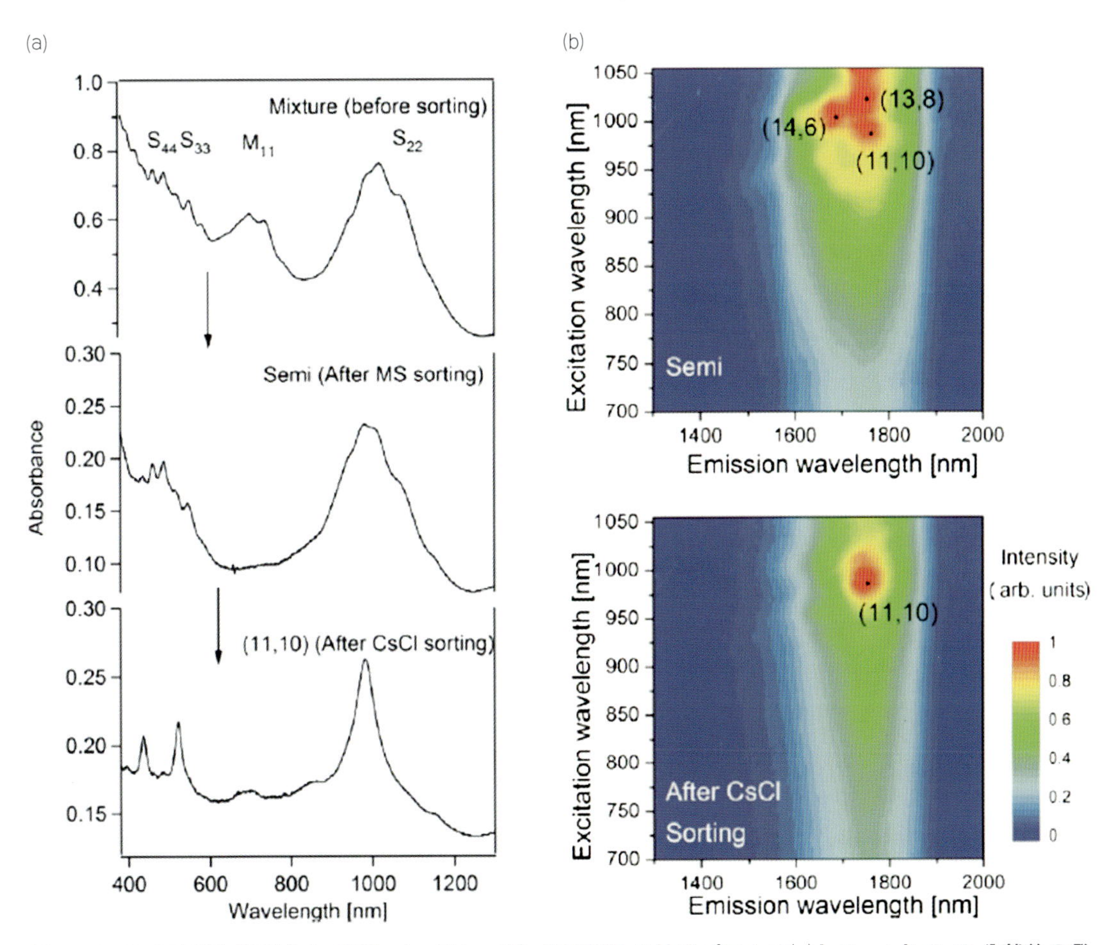

図 5　CsCl を密度勾配剤として用いた（11, 10）SWCNT の抽出プロセス(a)と Semi と CsCl 分離後の発光スペクトルマッピングの様子(b)（P.102）

通常の密度勾配遠心分離による半導体型 SWCNT 抽出（Semi）後，さらに，CsCl を用いた分離を行うことにより（11, 10）SWCNT の抽出に成功。Copyright 2012 American Chemical Society.

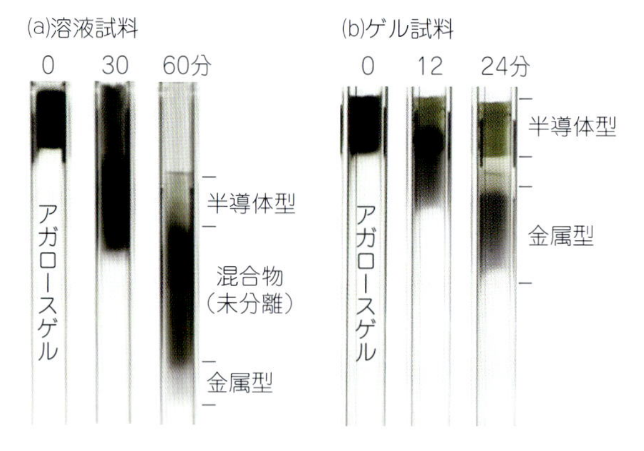

図 2　アガロースゲル電気泳動による金属型 CNT と半導体型 CNT の分離の経時変化（P.106）

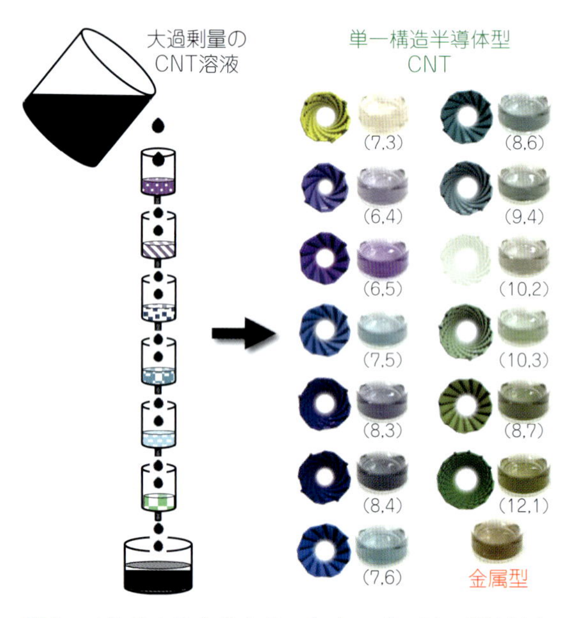

図 5　マルチカラムをもちいたオーバーロード法による単一構造半導体型 CNT の分離模式図（左）と分離された単一構造半導体型 CNT の溶液（右）（P.108）

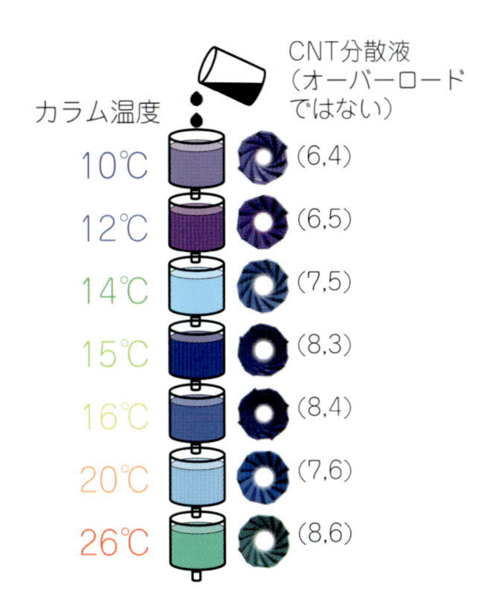

図 6　低温カラム法による半導体型 CNT の単一構造分離の模式図（P.109）

(a)SEM像

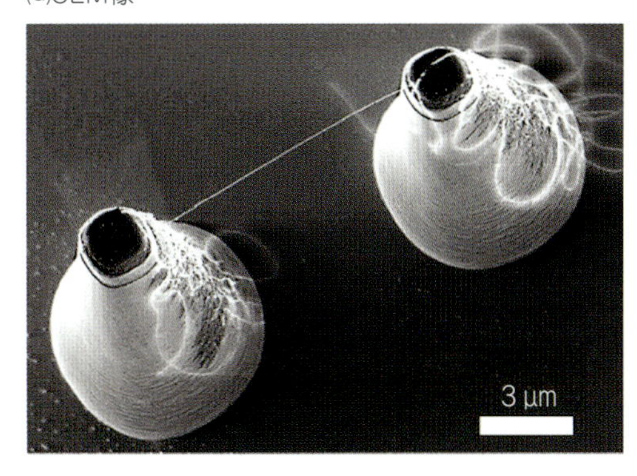

(b)励起発光PLマップ

①

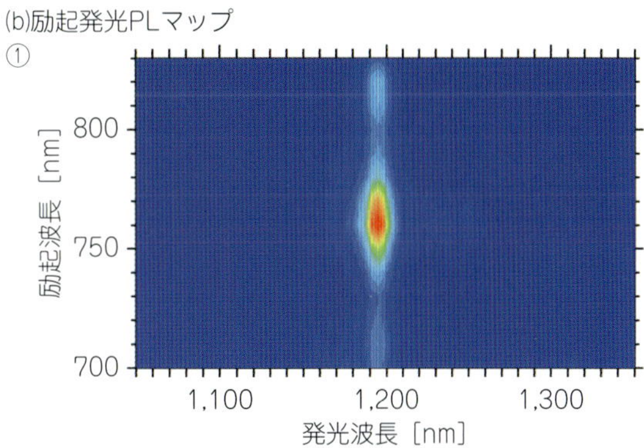

②

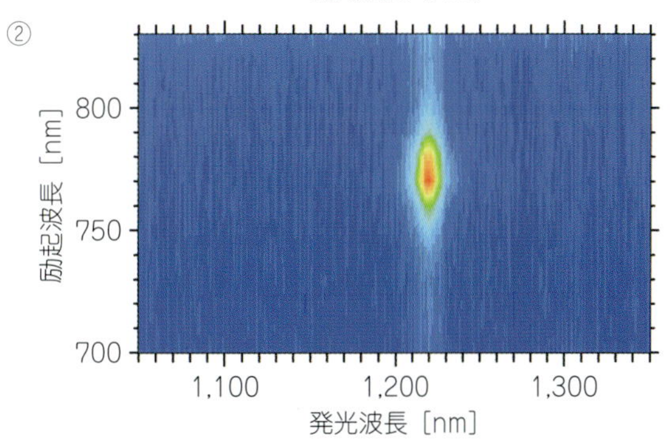

③

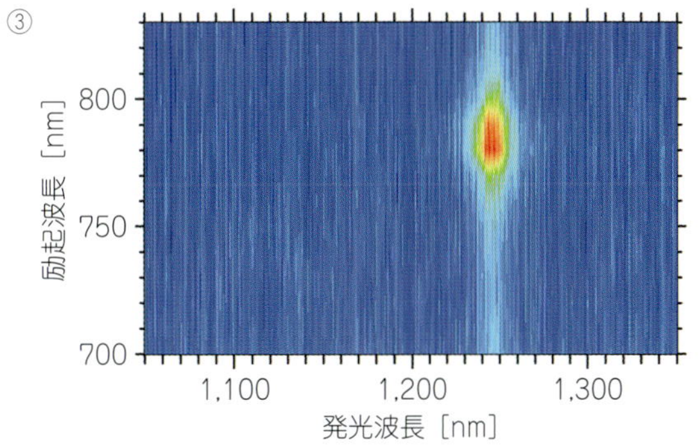

図 9　長さ 10 µm の単一架橋 CNT の SEM 像と励起発光 PL マップ。PL マップは①真空中の CNT，②大気中で CNT 外側に水吸着層が形成された状態，③大気中で外側の水吸着層に加え CNT 内部に水が内包された状態（P.124）。

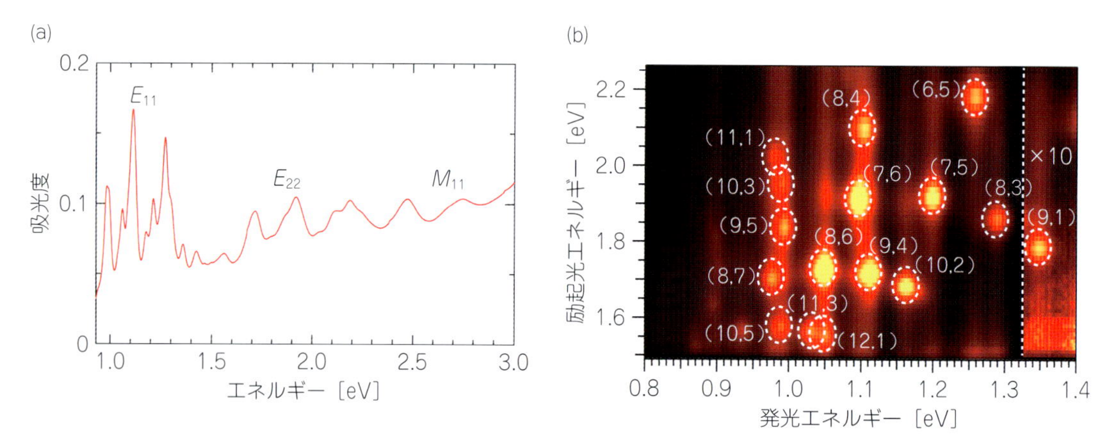

図3　界面活性剤で分散させたCNTの光吸収スペクトル(a)とCNTの発光励起スペクトルの2次元マップ(b)[16]。縦軸は，励起エネルギー，横軸は発光エネルギーを表す。図中の，点線で囲った丸は，アサインされたCNTのカイラリティに対応する。（P.129）

(a)の横軸は，1電子の波数，縦軸はエネルギーを表す。(b)の横軸は，励起子の波数，縦軸はエネルギーを表す。E_bは励起子の束縛エネルギーを表す。

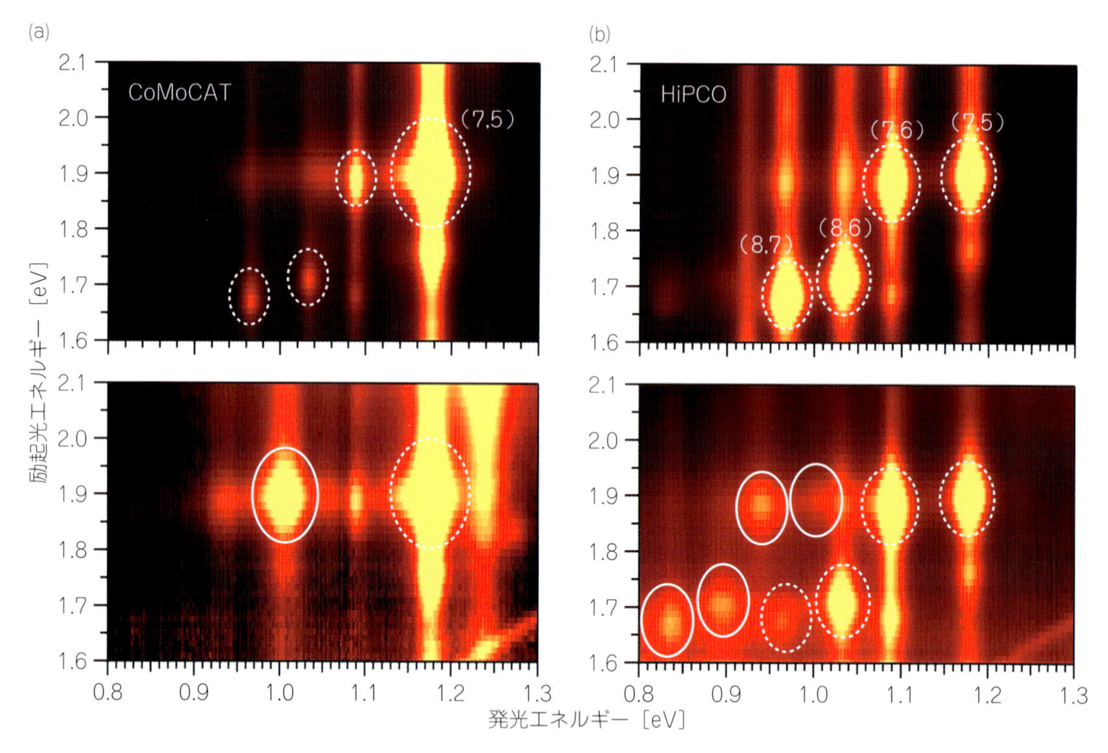

図6　室温のCNTの2次元発光マップ[16]（P.131）

(a)上段：ポリマーで分散したCoMoCATCNT，下段：F_4TCNQを付加したCNT，(b)下段：ポリマーで分散したHiPCOCNT，下段：F_4TCNQを付加したCNT。図中の実線の丸は，励起子発光ピーク，点線はドーピングによって新たに現れるピークを表している。

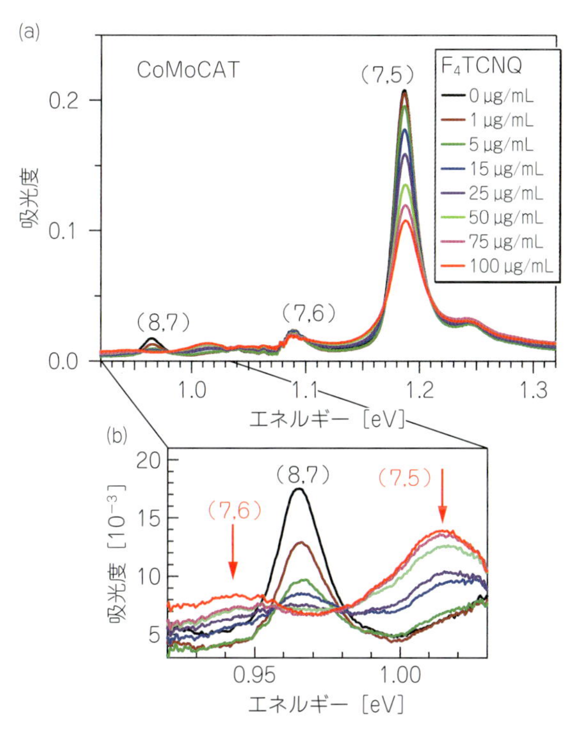

図7　室温でのポリマーで分散したCNTの吸収スペクトル[16]（P.132）

(a) F_4TCNQを徐々に付加しつつ測定された光吸収スペクトル。(b)は0.92～1.03 eVのエネルギー領域を拡大したもの。

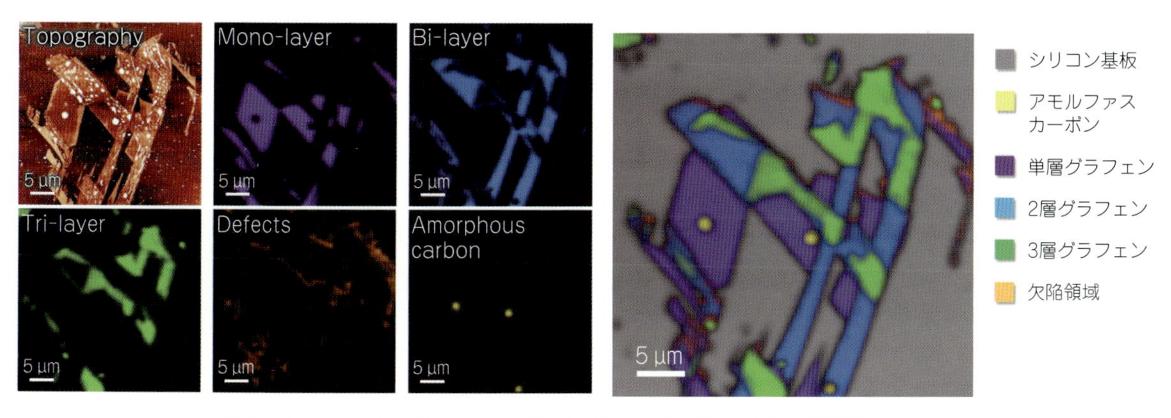

図6　ラマンイメージングによるグラフェンの層数・欠陥分布解析（P.146）

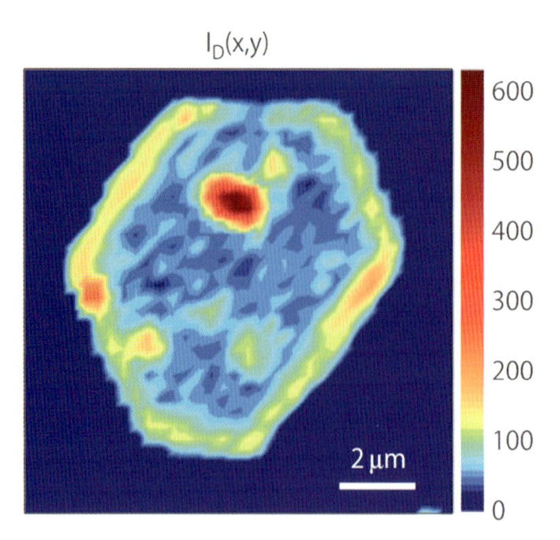

図7　Dバンドのマッピングによる欠陥分布解析[35)]（P.147）

Reprinted by permission from Macmillan Publishers Ltd: Nature Materials[35)], copyright 2011.

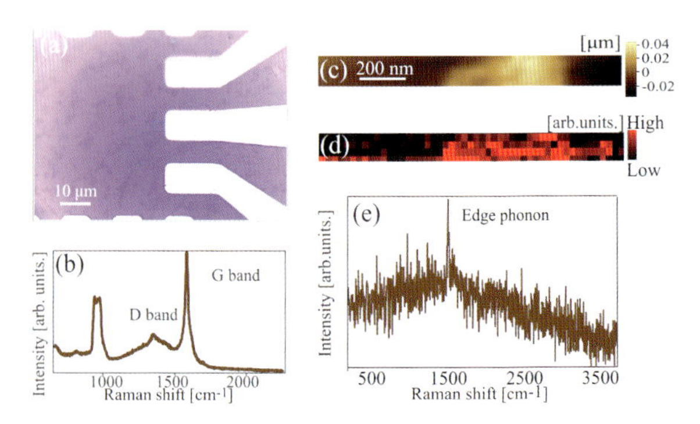

図8　ナノラマンイメージングによるグラフェンのエッジ構造分布解析[36)]（P.147）

(a)試料の光学顕微鏡像，(b)試料から得たラマンスペクトル，(c)(a)から選択的に取得したグラフェンのAFM像，(d)(c)と同領域で得たナノラマンイメージ。エッジフォノンのピーク強度をグラフェンの空間分布に対応してプロットし画像を得ている。(e)(d)から得られたラマンスペクトル。Reproduced from Y. Okuno et al., Appl. Phys. Lett[36)] with the permission of AIP Publishing.

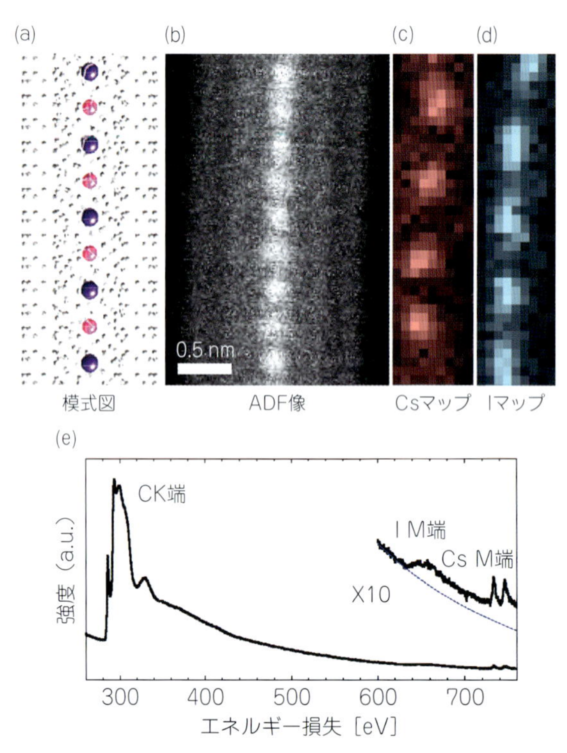

図2　STEM-EELSによるCsI原子鎖分析（P.151）

(c)と(d)の元素マップはCsおよびIにおけるM吸収端の強度分布であり，(b)のADF像に対応している。

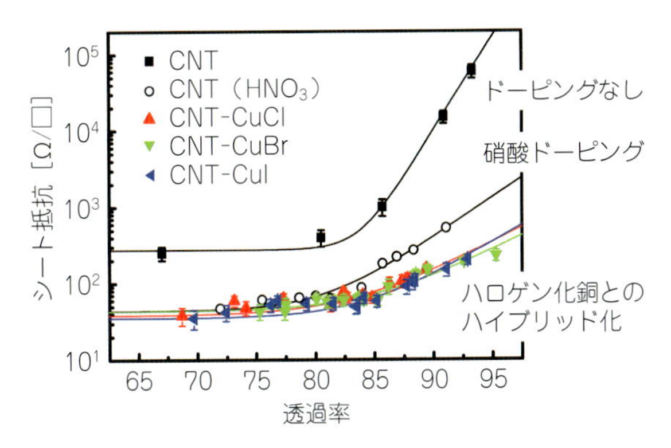

図3　ハロゲン化銅ナノ粒子を導入したSWCNT透明導電膜の透過率とシート抵抗[12]（P.187）

基材の透過率を100%としたときの，550 nmにおける相対値を透過率とした。

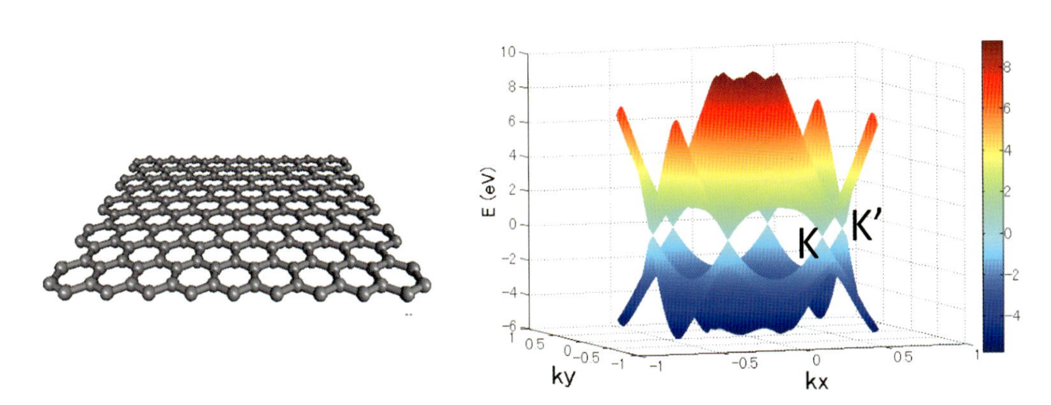

図1　グラフェンの模式図（左）とグラフェンのエネルギーバンドの3次元プロット（P.208）

(a)従来実装構造：TSVなし，Solder-TIM，Cu-LID

(b)ナノカーボン実装構造：CNT-TSV，CNT-TIM，Graphite-LID

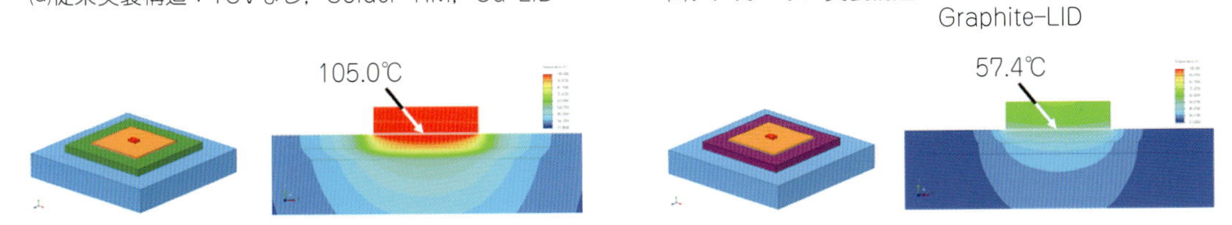

図2　3次元熱流体シミュレーションによる来実装とナノカーボン実装の性能比較[5]（P.222）

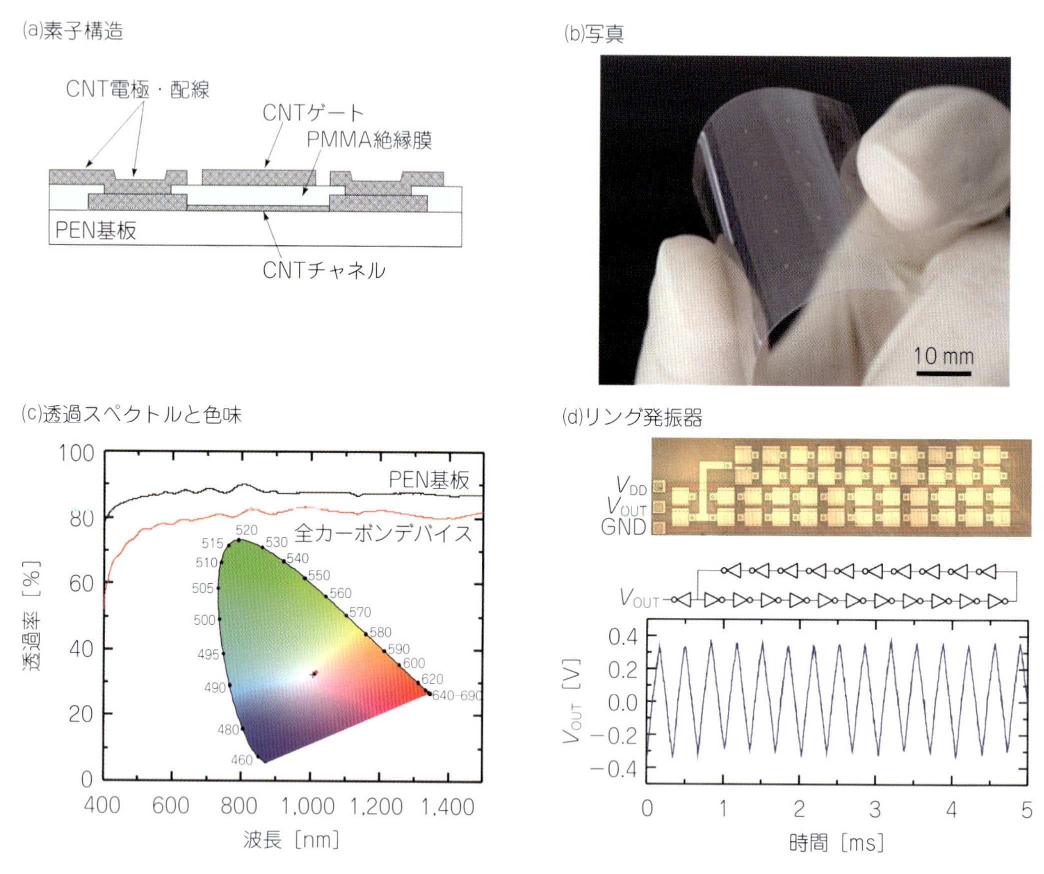

図５　全カーボン集積回路（P.232）

(a)加熱成形プロセス

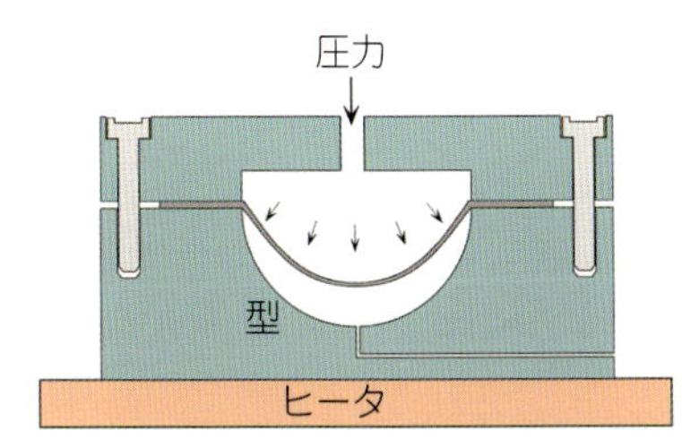

(b)ドーム型に成形された全カーボン集積回路

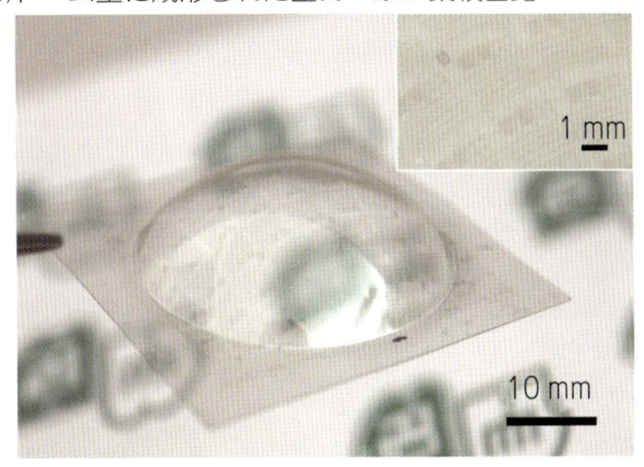

(c)成形前後のCNT TFTのSEM像

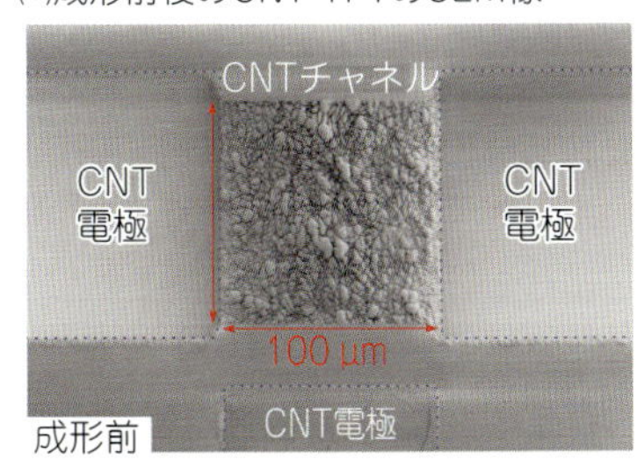

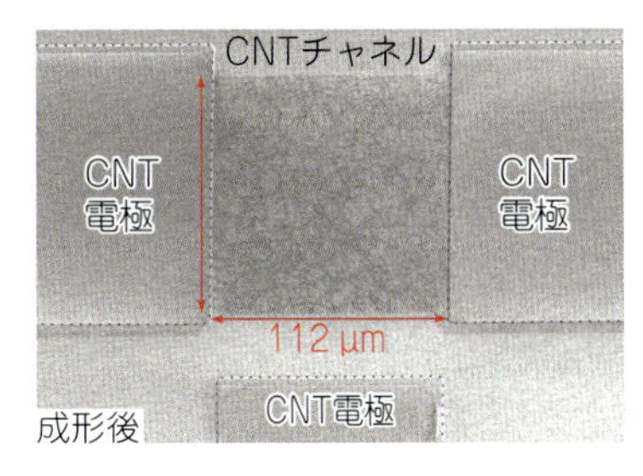

(d)成形に伴う2軸ひずみによるCNT TFTの特性変化

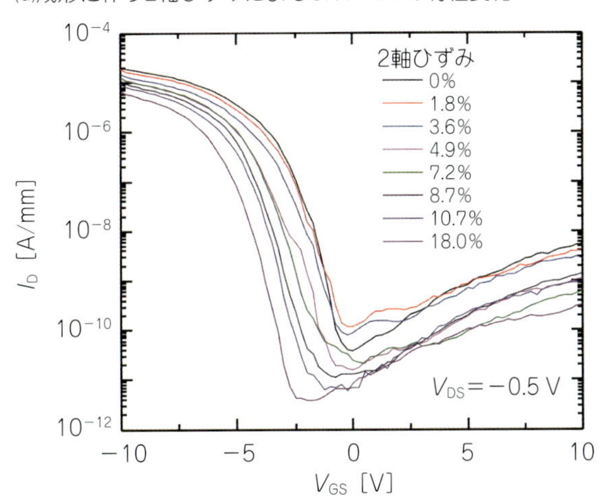

図 6　全カーボン集積回路の立体形状への加熱成形（P.233）

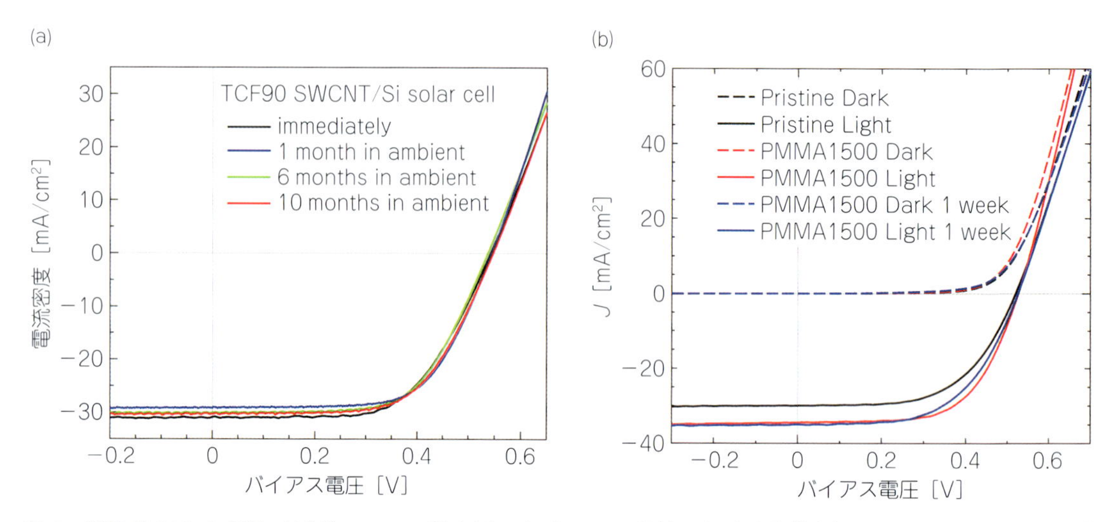

図 5　透過率 90%のドライデポ SWCNT 膜を用いた時の *J–V* 曲線の経時変化[19] (a)，透過率 90%のドライデポ SWCNT 膜の表面に PMMA コーティングを行った場合(b)（P.261）

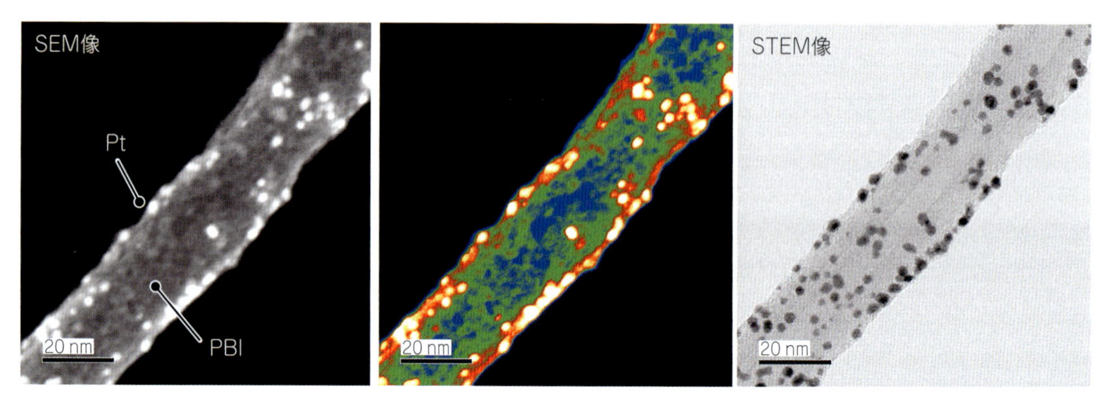

図 3　CNT/PBI/Pt の SEM 像（左），コントラスト強調像（中央），STEM 像（右）（P.286）

執筆者一覧

【監修者】
丸山　茂夫　　東京大学大学院工学系研究科　教授/国立研究開発法人産業技術総合研究所エネルギー・環境領域省エネルギー研究部門エネルギーナノ工学研究ラボ　研究ラボ長

【執筆者】（掲載順）
丸山　茂夫　　東京大学大学院工学系研究科　教授/国立研究開発法人産業技術総合研究所エネルギー・環境領域省エネルギー研究部門エネルギーナノ工学研究ラボ　研究ラボ長
野田　　優　　早稲田大学理工学術院　教授
寺澤　知潮　　名古屋大学未来材料・システム研究所　研究員
斉木幸一朗　　東京大学大学院新領域創成科学研究科　教授
吾郷　浩樹　　九州大学産学連携センター　教授
畠　　賢治　　国立研究開発法人産業技術総合研究所ナノチューブ実用化研究センター　研究センター長
斎藤　　毅　　国立研究開発法人産業技術総合研究所材料・化学領域ナノ材料研究部門CNT機能制御グループ　グループ長
楠　美智子　　名古屋大学未来材料・システム研究所　教授
乗松　　航　　名古屋大学大学院工学研究科　助教
長谷川雅考　　国立研究開発法人産業技術総合研究所材料・化学領域ナノ材料研究部門炭素系薄膜材料グループ　グループ長
仁科　勇太　　岡山大学異分野融合先端研究コア　准教授
中嶋　直敏　　九州大学大学院工学研究院　教授
古月　文志　　東京大学政策ビジョン研究センター　特任教授
柳　　和宏　　首都大学東京大学院理工学研究科　准教授
田中　丈士　　国立研究開発法人産業技術総合研究所材料・化学領域ナノ材料研究部門CNT機能制御グループ　主任研究員
大町　　遼　　名古屋大学物質科学国際研究センター　助教
北浦　　良　　名古屋大学大学院理学研究科　准教授
篠原　久典　　名古屋大学大学院理学研究科　教授
本間　芳和　　東京理科大学理学部第一部　教授
松田　一成　　京都大学エネルギー理工学研究所　教授
千足　昇平　　東京大学大学院工学系研究科　准教授
小林　慶裕　　大阪大学大学院工学研究科　教授
奥野　義人　　株式会社堀場製作所第2製品開発センター科学・半導体開発部
尾崎　幸洋　　関西学院大学理工学部　教授
中田　　靖　　株式会社堀場製作所開発企画センター産学官連携推進室　マネジャー
千賀　亮典　　国立研究開発法人産業技術総合研究所材料・化学領域ナノ材料研究部門電子顕微鏡グループ　研究員
末永　和知　　国立研究開発法人産業技術総合研究所材料・化学領域ナノ材料研究部門電子顕微鏡グループ　首席研究員

日比野浩樹	関西学院大学理工学部　教授/日本電信電話株式会社 NTT 物性科学基礎研究所　リサーチプロフェッサー
長汐　晃輔	東京大学大学院工学系研究科　准教授
角田　裕三	有限会社スミタ化学技術研究所　代表取締役
周　　英	国立研究開発法人産業技術総合研究所エレクトロニクス・製造領域電子光技術研究部門分子集積デバイスグループ　研究員
阿澄　玲子	国立研究開発法人産業技術総合研究所エレクトロニクス・製造領域電子光技術研究部門 副研究部門長
沖川　侑揮	国立研究開発法人産業技術総合研究所材料・化学領域ナノ材料研究部門炭素系薄膜材料グループ　研究員
西野　秀和	東レ株式会社化成品研究所ケミカル研究室　主任研究員
中払　周	国立研究開発法人物質・材料研究機構国際ナノアーキテクトニクス研究拠点（MANA）主幹研究員
小川　真一	国立研究開発法人産業技術総合研究所エレクトロニクス・製造領域ナノエレクトロニクス研究部門　招聘研究員
塚越　一仁	国立研究開発法人物質・材料研究機構国際ナノアーキテクトニクス研究拠点（MANA）MANA 主任研究者
佐藤信太郎	株式会社富士通研究所デバイス＆マテリアル研究所　主管研究員
横山　直樹	株式会社富士通研究所　フェロー
粟野　祐二	慶應義塾大学理工学部　教授
大野　雄高	名古屋大学未来材料・システム研究所　教授
二瓶　史行	日本電気株式会社 IoT デバイス研究所　主任研究員
蒲　　江	早稲田大学大学院先進理工学研究科
竹延　大志	名古屋大学大学院工学研究科　教授
松尾　　豊	東京大学大学院工学系研究科　特任教授
関口　貴子	国立研究開発法人産業技術総合研究所ナノチューブ実用化研究センター CNT 用途チーム 主任研究員/技術研究組合単層 CNT 融合新材料研究開発機構
阿多　誠介	国立研究開発法人産業技術総合研究所ナノチューブ実用化研究センター CNT 用途チーム 研究員/技術研究組合単層 CNT 融合新材料研究開発機構
青木　　薫	信州大学医学部　准教授
齋藤　直人	信州大学先鋭領域融合研究群バイオメディカル研究所　教授
樽田　誠一	信州大学工学部　教授
荻原　伸英	伊那中央病院脊椎センター　センター長
西村　直之	帝人ナカシマメディカル株式会社製造部生産技術グループ　課長
藤ヶ谷剛彦	九州大学大学院工学研究院/カーボンニュートラル・エネルギー国際研究所　准教授
脇　　慶子	東京工業大学物質理工学院　准教授
川崎　晋司	名古屋工業大学大学院工学研究科　教授
坂井　　徹	大陽日酸株式会社開発・エンジニアリング本部山梨研究所材料開発部　部長
中山　喜萬	四国職業能力開発大学校　校長/大阪大学名誉教授
Raquel Ovalle	リンテック・オブ・アメリカ社ナノサイエンス＆テクノロジーセンター　チーフリサーチ＆ IP ストラテジスト

Marcio Lima　　リンテック・オブ・アメリカ社ナノサイエンス&テクノロジーセンター　チーフアプリケーションサイエンティスト
井上　閑山　　リンテック・オブ・アメリカ社ナノサイエンス&テクノロジーセンター　所長
林　　靖彦　　岡山大学大学院自然科学研究科　教授
井上　　翼　　静岡大学大学院総合科学技術研究科　准教授
川田　宏之　　早稲田大学理工学術院　教授
柳澤　憲史　　長野工業高等専門学校機械工学科　准教授
髙田　知哉　　千歳科学技術大学理工学部　准教授
平木　博久　　大阪大学接合科学研究所　招へい准教授
佐藤　由希　　エコホールディングス株式会社　取締役
牧　　英之　　慶應義塾大学理工学部　准教授
鈴木　克典　　ヤマハ株式会社研究開発統括部第2研究開発部素材素子グループ　グループリーダー
杉野　卓司　　国立研究開発法人産業技術総合研究所材料・化学領域無機機能材料研究部門ハイブリッドアクチュエータグループ　主任研究員
安積　欣志　　国立研究開発法人産業技術総合研究所材料・化学領域無機機能材料研究部門ハイブリッドアクチュエータグループ　研究グループ長
村上　睦明　　株式会社カネカ先端材料開発研究所　テクニカルアドバイザー
弓削　亮太　　日本電気株式会社 IoT デバイス研究所　主任研究員
湯田坂雅子　　国立研究開発法人産業技術総合研究所材料・化学領域ナノ材料研究部門　招聘研究員
矢野　史章　　村田機械株式会社繊維機械事業部技術部　課長心得
岸本　充生　　東京大学公共政策大学院/政策ビジョン研究センター　特任教授
鶴岡　秀志　　信州大学カーボン科学研究所　特任教授
小野真理子　　独立行政法人労働者健康安全機構労働安全衛生総合研究所作業環境研究グループ　部長

目　次

序　論

（丸山茂夫）

第 1 編　製造/分散/評価技術

第 1 章　CNT・グラフェンの合成技術

第 1 節　CVD 合成

第 1 項　アルコール CVD 法

（丸山茂夫）

第 2 項　流動層 CVD

（野田優）

第３章　分離技術

第 1 節　密度勾配遠心分離法　（柳和宏）

第 2 節　ゲルを用いた単層 CNT の分離　（田中丈士）

第 3 節　水性二相系（ATP）分離　（大町遼，北浦良，篠原久典）

第４章　分析/評価技術

第 1 節　SEM 観察/PL 分光　（本間芳和）

第３章　複合材料開発

第5節　燃料電池向け多層 CNT 含有触媒の開発　（脇慶子）

第6節　SWCNT と機能性分子からなる複合体蓄電デバイス電極　（川崎晋司）

第7節　長尺 CNT 低含有高機能フッ素樹脂複合材開発　（坂井徹）

第4章　CNT スピニング技術

第1節　ナノチューブの糸づくり　（中山喜萬）

第2節　ドライドローCNT とその応用例　（Raquel Ovalle，Marcio Lima，井上閑山）

第３章　労働環境における炭素系ナノマテリアルのリスク管理　（小野真理子）

序　論

ナノカーボン材料の新たな応用分野とその展望
—CNT・グラフェンを中心に

東京大学/国立研究開発法人産業技術総合研究所　丸山　茂夫

1. はじめに

フラーレン発見から30周年の記念行事が昨年で，本年はカーボンナノチューブ（CNT）の発見から25年，グラフェンが注目されてすでに10年となり，これらナノカーボンの特異かつ優れた材料の実用化に向けた応用研究が加速している。本書では，CNTとグラフェンを中心にナノカーボン材料の用途開発の現状を概観するとともに，今後のさらに大きな進展に向けて，合成技術の基礎，評価技術，安全面の側面を含めるとともに，これから技術開発が開始するような基礎的な分野についても概観する。

2. フラーレン・ナノチューブ・グラフェン

20世紀の終盤から今世紀にかけて，フラーレン（fullerene），カーボンナノチューブ（carbon nanotubes；CNT）とグラフェン（graphene）が炭素の同素体ファミリーとしてグラファイトとダイヤモンドに加わった。これらナノカーボン（nano carbon）の特異な構造と物性は，最近30年にわたって，物理・化学・工学の分野の多くの研究者を魅了してきた。**図1**に代表的なナノカーボンの幾何学構造を示す。いずれも sp^2 結合の炭素から構成されているが，π 電子は，フラーレンでは0次元，カーボンナノチューブで1次元，グラフェンでは2次元に分布する。

1985年に発見されたフラーレン C_{60} は，1990年に開発された大量合成法と単離法によって現実の分子となり，高い対称性と安定性，電子の授受の容易さから特異な球殻分子として有機化学におけるテンプレート分子としての地位を確保した。また，さまざまな金属原子や水分子までを内部に含む内包フラーレンの合成やアルカリ金属をドープした高温超電導体などの話題を提供してきた。1996年には，発見者のR. E. Smalley，H. Kroto，R. Curlがノーベル化学賞を受賞している。2003年には燃焼法による工業生産が開始され，純粋なフラーレンやフ

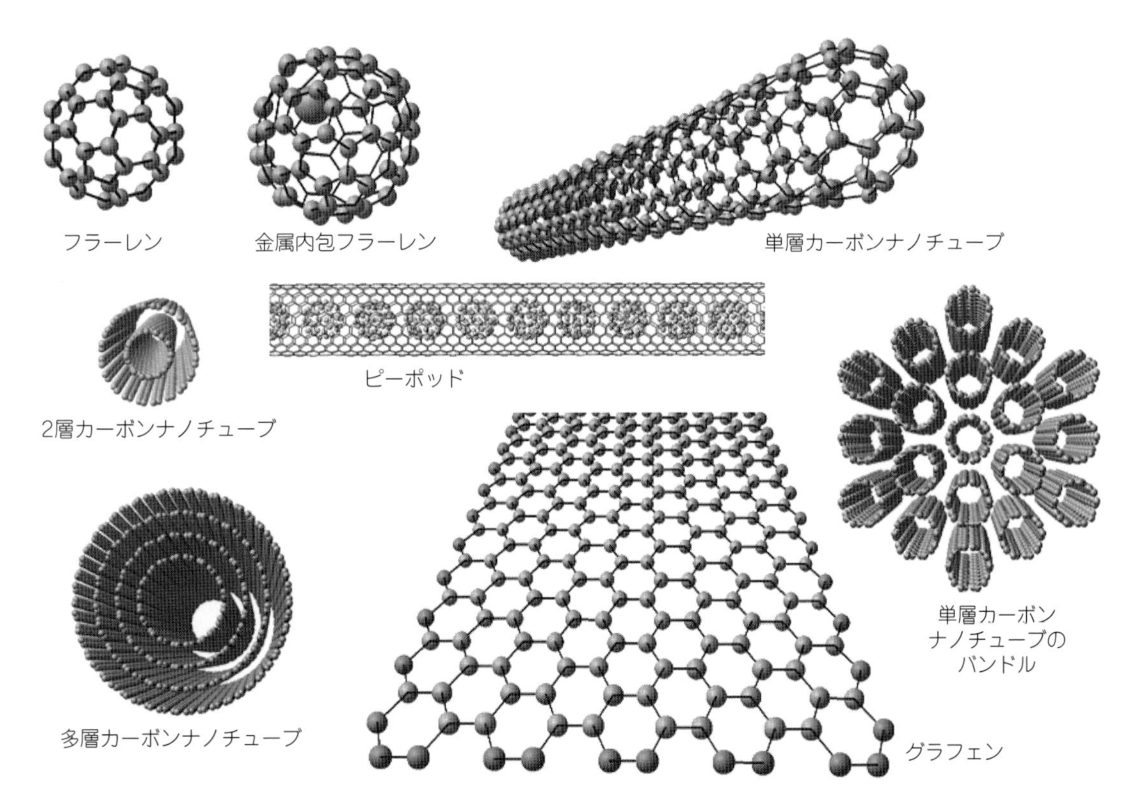

図1　フラーレン・ナノチューブ・グラフェンの幾何学構造

C_{60} や C_{70} などのフラーレンや金属内包フラーレンは0次元，単層や2層のCNT，フラーレンをSWCNTに充填したピーポッドなどは1次元，グラフェンは2次元の炭素同素体である。これらを総称してナノカーボンとよぶ。

ラーレン誘導体分子を試薬として入手できるようになった。最近では，有機薄膜太陽電池やペロブスカイト型太陽電池の電子受容体（acceptor）としてフラーレン誘導体が実用的に用いられている。詳細については成書を参照されたい[1]。

飯島らが1991年[2]に多層CNT（multi-walled carbon nanotubes；MWCNT），1993年[3]に単層CNT（single-walled carbon nanotubes；SWCNT）を発表すると，1次元の炭素材料が大きく注目されるようになる。SWCNTは，1996年の大量合成法の発表によって[4]，現実の材料となり，幾何学構造（カイラリティ；chirality）によって半導体の場合と金属の場合とがあるとの予測が実証された。また，弾道的な電子伝導に着目した高性能の電界効果型トランジスタ（field effect transistor；FET）などの電子デバイス，ディスプレイなどの電界放出源（field emitter），可飽和吸収特性を用いた非線形光学素子，透明導電膜などの応用に向けた基礎研究が進んだ。一方，リチウムイオン電池電極，スーパーキャパシタ，燃料電池電極や各種複合材などのバルクな応用においては，MWCNTとSWCNTが場合によって使い分けられている。

2004年にはスコッチテープでグラファイトを剥離して作成されたグラフェンの量子デバイスの論文[5]が発表され，原子層1層のグラフェンが，理論上の構造から現実のナノカーボン材料となった。2次元電子による特異な物性への期待と，作成法が簡単で2.3％の可視光の吸収により光学顕微鏡で観察できることなどから多くの研究が進んだ。さまざまな電子デバイスや光学デバイスへの応用が期待され，2010年には異例の早さでA. GeimとK. Novoselovがノーベル物理学賞を受賞している。SiC表面分解法による合成，化学的なグラファイトの分解，化学気相成長（chemical vapor deposition；CVD）法による合成も飛躍的に進んでおり，実用デバイスの実現が待たれる。

3. なぜナノカーボンなのか？

原子層1層のグラフェンがグラファイトと別物であるのと同様に，SWCNTはMWCNTとは全く異なる電子状態をもつ。単層グラフェン，2層グラフェン（bilayer graphene），3層グラフェンと層数を増やすとグラファイトにたどり着くまでにドラマチックな物性の変化がみられる。CNTも同様に，SWCNT，2層CNT（double-walled carbon nanotubes；DWCNT），数層CNT（few-walled carbon nanotubes；FWCNT）の部分で大きく物性が変化してMWCNTに至る。狭義のナノカーボンは，数層までのグラフェンやCNTを意味するが，何層までナノとよぶかはあいまいである。本書では，実用的な応用研究を主眼にしており，基礎的な物理の章を設けていないこともあり，ここでは，SWCNTを例に科学者を魅了してきた物性を簡単に紹介する。SWCNTの幾何学構造と電子状態についての詳細は成書[6,7]を参照されたい。

SWCNTの幾何学構造は，グラフェンを細長く切り出したナノリボンを丸めたものである。ナノリボンを切り出す方向と幅を決めればSWCNTの幾何学構造が一意的に決まる。具体的にはナノリボンの幅に対応するカイラルベクトル（n，m）で幾何学構造を表現する。ここで，カイラル指数（n，m）は，六方格子の基本格子ベクトルを基底とした座標である。グラフェンが円筒状に巻かれたことによる周期境界条件により，グラフェンのブリルアン領域内のカッティングラインとよばれる線分上の波数ベクトルの波動関数だけが存在を許される。このカッティングラインは，カイラルベクトル（n，m）ごとに異なるために，SWCNTの電子状態は（n，m）に大きく依存する。とくに，グラフェンのバレンスバンドとコンダクションバンドが接するK点をカッティングラインが横切ると金属，横切らないと半導体になる。幾何学的条件で，$2n+m$が3の倍数になる場合には金属，そうでない場合には半導体になる。SWCNTの幾何学構造と電子状態密度の例を**図2**に示す。図2(b)は，カイラリティ（n，0）で表されるジグザグナノチューブ（zigzag nanotube）であり，半導体SWCNT（10，0）である。図2(c)に示すようにカイラリティ（n，m）のアームチェアーナノチューブ（armchair nanotube）は常に金属である。軸方向の炭素の並びが，らせん状になる一般のSWCNTは，カイラルナノチューブ（chiral nanotube）とよばれる（図2(d)）。図2に示すようにSWCNTの電子状態密度には，1次元固体に特有の発散（ファン・ホーヴ特異性）がみられる。また，金属SWCNTであってもフェルミレベル近傍の状態密度は小さい。

SWCNTの直径は0.7〜4 nm，長さは100 nmから長いものでは数mm以上となる。現在のところSWCNTのカイラリティ制御合成はもとより金属・半導体優先成長も基礎的な研究が緒に就いたところであり，半導体物性を用いた応用研究は材料の合成と分離などの進展が律速してきている。分離技術については，密度勾配超遠心分離法（density gradient ultracentrifuge；DGU），DNAやPFOなどの高分子による選択的分散，ゲルクロマトグラフィ（gel chromatography）や水性二相分離（aqueous two-phase separation；ATP）によって，金属・半導体分離およびカイラリティごとの分離が実現している。同時に，カイラリティ依存の電子・光学物性の計測とカイラリティ分布の同定技術が進んでいる。カイラリティごとのラマン分光，フォトルミネッセンス分光，レーリー散乱分光と透過型電子顕微鏡による直接的な構造決定が進んでいる。

SWCNTは軸方向の機械的な強度も優れており，0.5〜1 TPaのヤング率と40 GPa程度の引張強度が期待されている。ヤング率については，直径が1万倍大きなカーボンファイバーと同程度であり，1次元材料の柔軟さと合わせた複合材としての応用が期待される。また，軸方向の熱伝導率は1,000〜2,000 W/(m·K）程度と予想されており，ナノスケール材料でありながら高性能のカーボンファイバーと同等の物性を活用した応用が期待される。なお，SWCNTの熱伝導率は，軸方向の長さのべき乗に依存して，長いSWCNTの熱伝導率は発散するとも予測されており，将来的にはフォノンの1次元伝導や弾道的な熱伝導に基づく新たなデバイスが考案されるかもしれない。

4. CNT・グラフェンの合成技術と評価技術

他の新規材料と同様に，材料の合成と評価技術がデバイスなどの応用のペースを律速してきた。以下には合成と評価の観点からCNTの研究の流れを概観する。1991年に透過型電子顕微鏡で観察された[2]

(a)グラフェンのK点近傍の電子状態とカッティングライン（原図は京都大学宮内雄平氏による）

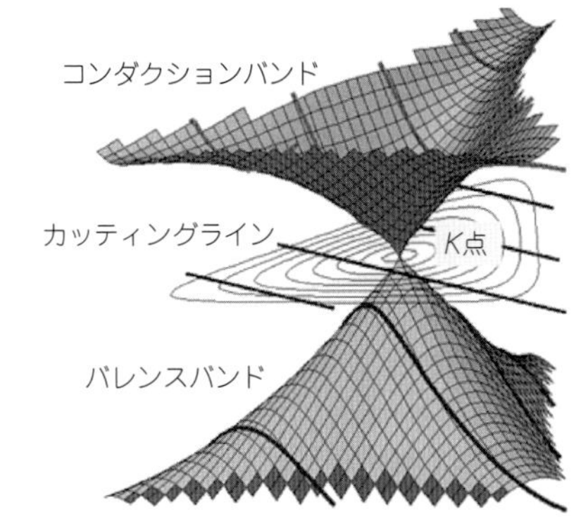

(b)ジグザグ（10,0）SWCNT（半導体）

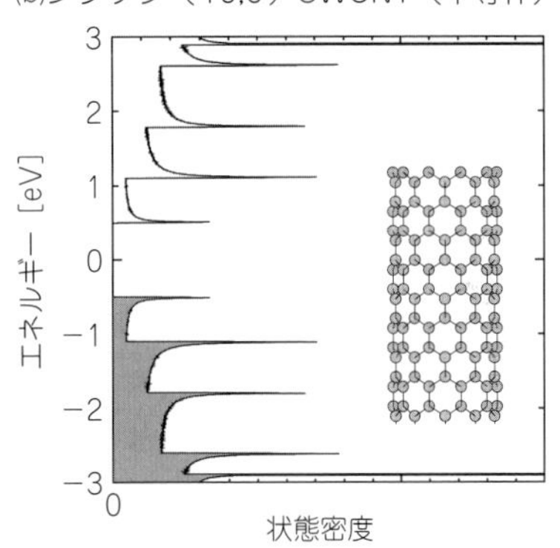

(c)アームチェアー（8,8）SWCNT（金属）

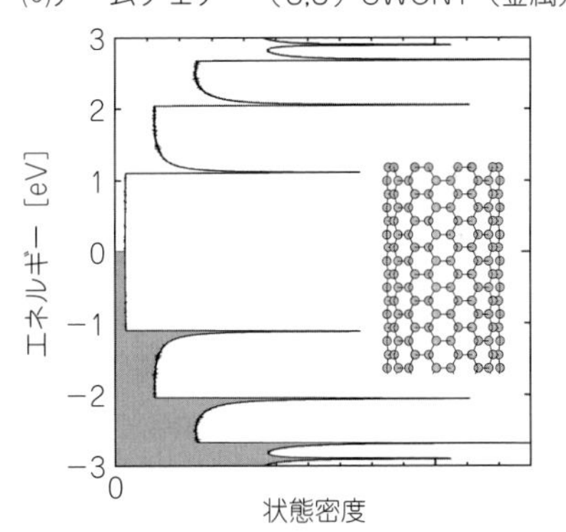

(d)カイラル（10,5）SWCNT（半導体）

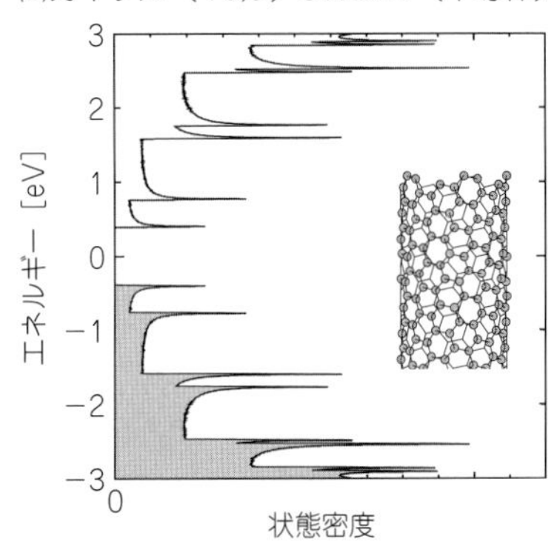

図2　SWCNTの幾何学構造と電子状態

MWCNT は，フラーレンを生成する装置と同じアーク放電法の陰極堆積物であった。1993 年の飯島ら[3] の SWCNT の発見も同様にアーク放電法の煤から見つけたものであった。その後，Smalley ら[4] が，金属内容フラーレンを生成するために開発したレーザーオーブン法によって，金属触媒（Ni と Co など）を調整することで SWCNT の大量合成が実現している。一方，アーク放電法でも，わずかな金属触媒（Ni と Y など）を炭素棒に混ぜることで SWCNT の大量合成が実現している。レーザーオーブン法とアース放電法での大量合成が実現した 1996 年から SWCNT を用いた実験的な研究が開始された。当初は，アモルファスカーボン，カーボンオニオン，触媒金属の微粒子などの中にわずかに SWCNT が存在する状態であり，これらの燃焼や化学的酸化などでの精製処理も進んだ。

MWCNT の合成については，以前から CVD 法が主流であったが，SWCNT 合成は難しいと考えられていた。CVD 法での SWCNT の大量合成のブレークスルーは，1999 年に発表された HiPco 法[8] であり，高温高圧かつ触媒金属表面での CO の不均化反応を用いたものである。副生成物のアモルファスカーボンなどが極端に少なく，重量比で30%あった鉄触媒も酸処理で取り除けるようになり，直径が 0.7～1.3 nm 程度のサンプルは現在でも標準的な SWCNT 試料である。その後，HiPco よりも低圧かつ低温の CO 不均化反応による合成で（6，5）SWCNT が多く含まれる CoMoCAT サンプル[9] が市販されるようになった。一方，一般の研究室でも低圧のエタノールを炭素源にした CVD 法によって高純度の SWCNT の合成ができるようになった[10]。

その後，シリコンや石英などの平滑な基板に金属触媒を担持することでも CVD 合成が可能となり，2004 年の垂直配向 SWCNT によって[11]，触媒量やアモルファスカーボンは無視できる程度に高純度の合成が実現した。**図 3** の SEM 像に示すように基板上の金属触媒から林のように SWCNT が成長している。TEM 像[12] や吸収スペクトルから SWCNT の平均直径は 2 nm 程度であることがわかる。SEM 像からは高密度にみえるが，典型的には 6 本程度のバンドルとなった SWCNT が 4%程度の空間充填度で存在する。基板上にアルミナ層を設けることで，直径が 3～4 nm となるものの，垂直配向膜の厚さを 1 mm 程度まで増加させたのが Hata ら[13] の super growth 法とよばれる方法である。2016 年 4 月には，ゼオンテクノロジー㈱によって，この技術を基にした SWCNT の量産と市販が開始している。図 3(d)に例[14] を示すように，サファイアや水晶の基板の原子配列を用いて SWCNT を基板と水平に配向合成する方法も 2007 年に確立されている。

金属あるいは半導体 SWCNT の優先成長については，金属 SWCNT と半導体 SWCNT の反応性の違いに着目した CVD 法が提案されている。UV 照射下での CVD 合成によって反応性の高い金属 SWCNT の生成を抑制する方法や酸素リッチな雰囲気化での CVD 合成で金属 SWCNT のエッチングを促す方法などが考えられている。具体的には，エタノールを炭素源とする CVD 法で，メタノールや水蒸気を添加することで気相の酸素濃度を増加させる方法やセリア（CeO_2）を触媒担持に用いて，触媒金属近傍から酸素を供給するなどの報告があるが，再現性が低いのが現状である。一方，SWCNT 合成の前段階で，触媒金属に水蒸気処理をすることによって金属 SWCNT の選択成長が可能との報告もあるが，そのメカニズムは明らかでない。

単一カイラリティの SWCNT の合成の可能性についてもさまざまな方法が試みられている。従来は，単一カイラリティサンプルといえば，安定に生成される SWCNT の中で最も直径の小さい（6，5）SWCNT を選択合成することがほとんどであった。比較的低温の CVD 温度などを用いると収率は減少するが（6，5）の選択性が高まることが知られており，CoMoCAT サンプルでは相当量（6，5）が含まれる。最近になって，SWCNT 自身を成長核としてカイラリティを保ったまま成長させる cloning とよばれる CVD 法が現実味を帯びてきた[15]。SWCNT の先端から触媒金属を用いない成長が可能であれば，原理的にはいくらでも長い SWCNT が合成できることになる。一方，高温でも結晶構造を保つと考えられる W_6Co_7 合金触媒の特定のファセットを起点とすることで，90%以上の SWCNT が単一カイラリティ（12，6）SWCNT で合成できるとの報告[16] があり，カイラリティ制御合成への期待を集めている。さまざまな CVD 法による合成

(a)垂直配向SWCNTのSEM像[11]

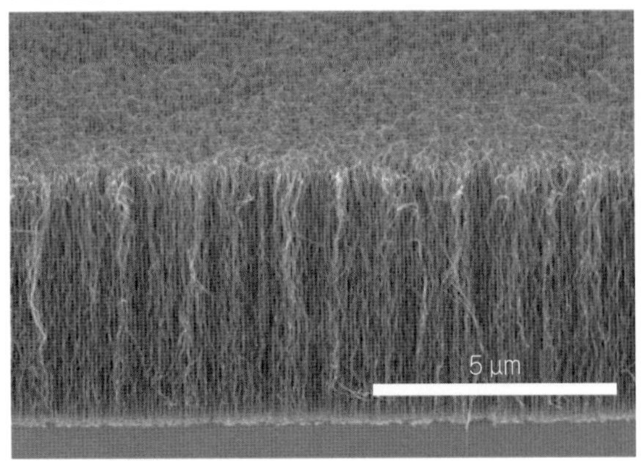

(b)垂直配向SWCNTのTEM像

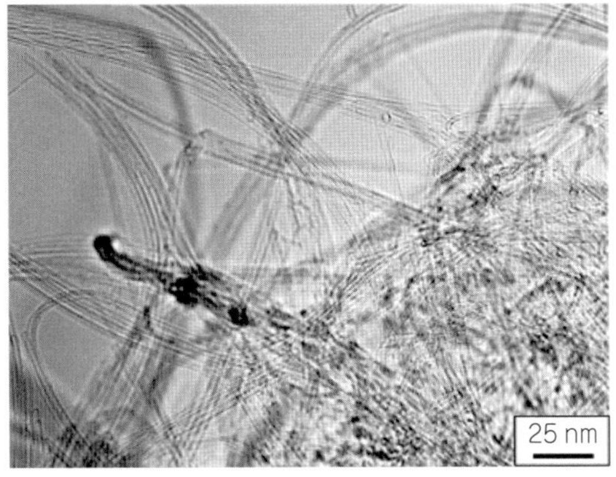

(c)垂直配向SWCNTのTEM像（高解像度）[12]

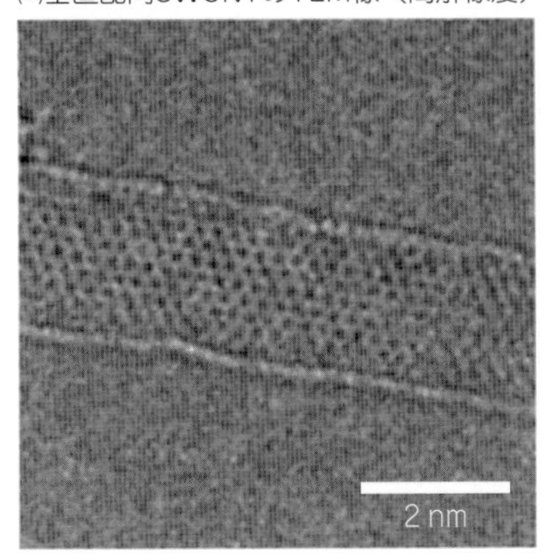

(d)水晶 r カット面での水平配向SWCNTのSEM像[14]

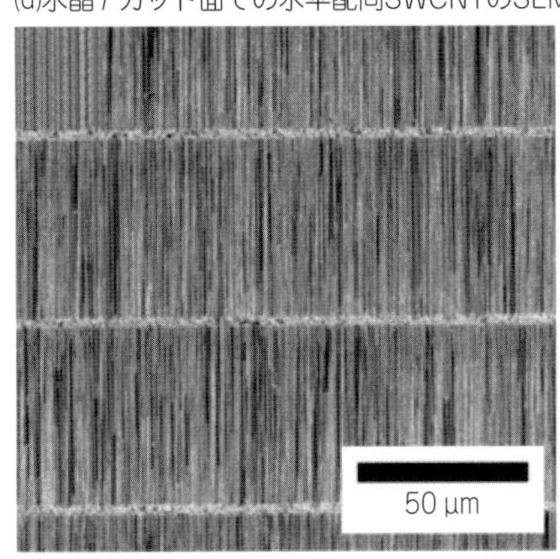

図 3　配向 SWCNT の電子顕微鏡像

については，グラフェンの合成を含めて第 1 編第 1 章にまとめた。

ナノカーボン試料の分析には透過型電子顕微鏡と共鳴ラマン分光がもっぱら用いられていたが，2002 年に界面活性剤を用いた SWCNT の孤立分散と励起波長を変化させた 2 次元フォトルミネッセンス分光が実現して[17]，カイラリティごとの発光強度を計測できるようになった。孤立分散することで，カイラリティごとの光学測定が可能となり，強い結合エネルギーをもつ励起子の存在や励起子とフォノンの相互干渉，暗励起子の存在なども明らかとなり，カイラリティごとの物性が議論できるようになった。本書では，ナノカーボンの応用研究に必須の分析・評価技術を第 1 編第 4 章に収録した。

5. CNT の分散・分離とアセンブリ

合成された CNT からの不純物の除去，金属 CNT と半導体 CNT の分離，機能化，複合材料の作製においては，その分散技術の開発が最重要課題となる。本書では分散技術の概要を第 1 編第 2 章に述べるとともに，第 2 編の用途開発の随所で独自の分散技術が議論される。

金属 SWCNT と半導体 SWCNT の孤立分散と分離については，化学的な方法や誘電泳動法などが試みられてきたが，2006 年の Hersam ら[18] の DGU 法によって確立された。また，PFO などの高分子によってアームチェアーに近いカイラリティの半導体 SWCNT のみが選択的に分散できることもわかってきた。その後の，ゲルクロマトグラフィや最近では水性二相分離（aqueous two-phase separation；ATP）による分離も盛んに試みられている。また，カイラリティごとの分離もDNAを用いた分散に加えて，DGU，ゲルクロマトグラフィ，ATPによっても可能になってきている。本書では，これらのSWCNT分離技術について第1編第3章にまとめた。

6. ナノカーボンのデバイス応用

デバイス応用技術に関しては，グラフェンより先輩格のCNTの応用が格段に進んでいる。ナノカーボンを用いた透明導電膜としては，中国でスマートフォン用のタッチパネルとして2千万台が製造されるなど商業化が進んでいる。金属CNTやグラフェンの優れた導電性を用いた技術であるが，金属CNTに半導体CNTが混ざっていても大きく問題にはならない。導電材料開発の現状については，第2編第1章に述べる。

一方，ナノカーボンの半導体特性を利用するデバイスである，FET，化学センサ，光エレクトロニクス素子，熱電変換材料，太陽電池光吸収層への利用に関しては純粋に半導体SWCNTが必要であるとともに，カイラリティがそろったSWCNTが望まれる。シリコン半導体にとって代わるチャネル材料とするためには，高純度半導体SWCNTの高密度の水平配向が必須であるが，SWCNTのネットワーク薄膜を用いたフレキシブルFETについては，金属・半導体分離を行わずにSWCNTの密度を調整することで優れた性能を発揮している。また，太陽電池の透明導電膜を兼ねるホール輸送層として，金属・半導体未分離のSWCNTが実用的なレベルの性能を発揮している。これらの半導体デバイス開発については，第2編第2章に整理した。

ナノカーボンの優れた機械強度，熱伝導率，導電性，比表面積を活用したさまざまな複合材料が開発されてきている。高強度複合材料，高熱伝導複合材料，分子吸着材などの機械的・熱的な性質を用いる応用においては，MWCNTもSWCNTも候補となり，金属・半導体の分離は原則必要ない。また，金属CNTを応用するデバイスとしては，透明導電膜，電気二重層キャパシタ，導電性複合材料，燃料電池電極（電極触媒担体），太陽電池電極，リチウムイオン電池電極の補強剤，半導体微細構造の金属配線やビヤ配線，平面型ディスプレイなどのための電界放出電子源，走査型プローブ顕微鏡の探針などが開発されてきている。これらの用途開発を第2編第3章〜第5章に述べる。特に，CNTのアセンブリ技術として注目されているスピニング技術を第2編第4章に集めるとともに，さまざまな分野に広がるナノカーボンの用途開発を第2編第5章に整理した。

最後に，ナノカーボンのリスク管理と評価に関しては，法規制の動向や工業化における安全指針を含めて第3編に整理した。

7. おわりに

ナノカーボンの用途開発は，合成技術，分散技術や分離技術の発展に合わせて今後も急速に進展していくと考えられる。現在でも，透明導電膜やFETなどの一部のデバイスにおいては，合成技術・分離技術が不完全な部分を回避することで実用的なデバイスが提案されている。今後，金属CNT・半導体CNTの選択合成，高純度大量分離やカイラリティ制御合成が実現すると実用化研究また大きくジャンプすると考えられる。

文　献

1）篠原久典，齋藤弥八：フラーレンとナノチューブの科学，名古屋大学出版会（2011）.

2）S. Iijima：*Nature,* **354**, 56（1991）.

3）S. Iijima and T. Ichihashi：*Nature,* **363**, 603（1993）.

4）A. Thess, R. Lee, P. Nikolaev, H. Dai, P. Petit, J. Robert, C. Xu, Y. H. Lee, S. G. Kim, A. G. Rinzler, D. T. Colbert, G. E. Scuseria, D. Tomának, J. E. Fischer and R. E. Smalley：*Science,* **273**, 483（1996）.

5）K. S. Novoselov,A. K. Geim, S. V. Morozov, D. Jiang, Y. Zhang, S. V. Dubonos, I. V. Grigorieva and A. A. Firsov：*Science,* **306**, 666（2004）.

6）齋藤理一郎，篠原久典（共編）：カーボンナノチューブの基礎と応用，培風館（2004）.

7）フラーレン・ナノチューブ・グラフェン学会（編）：カー

ボンナノチューブ・グラフェンハンドブック，コロナ社（2011）.

8）P. Nikolaev, M. J. Bronikowski, R. K. Bradley, F. Rohmund, D. T. Colbert, K. A. Smith and R. E. Smalley：*Chem. Phys. Lett.,* **313**, 91（1999）.

9）B. Kitiyanan, W. E. Alvarez, J. H. Harwell and D. E. Resasco：*Chem. Phys. Lett.,* **317**, 497（2000）.

10）S. Maruyama, R. Kojima, Y. Miyauchi, S. Chiashi and M. Kohno：*Chem. Phys. Lett.,* **360**, 229（2002）.

11）Y. Murakami, S. Chiashi, Y. Miyauchi, M. Hu, M. Ogura, T. Okubo and S. Maruyama：*Chem. Phys. Lett.,* **385**, 298（2004）.

12）T. Thurakitseree, C. Kramberger, A. Kumamoto, S. Chiashi, E. Einarsson and S. Maruyama：*ACS Nano,* **7**, 2205（2013）.

13）K. Hata, D. N. Futaba, K. Mizuno, T. Namai, M. Yumura and S. Iijima：*Science,* **306**, 1362（2004）.

14）T. Inoue, D. Hasegawa, S. Badar, S. Aikawa, S. Chiashi and S. Maruyama：*J. Phys. Chem. C,* **117**, 11804（2013）.

15）J. Liu, C. Wang, X. Tu, B. Liu, L. Chen, M. Zheng and C. Zhou：*Nat. Comm.,* **3**, 1199（2012）.

16）F. Yang, X. Wang, D. Q. Zhang, J. Yang, D. Luo, Z. W. Xu, J. K. Wei, J. Q. Wang, Z. Xu, F. Peng, X. M. Li, R. M. Li, Y. L. Li, M. H. Li, X. D. Bai, F. Ding and Y. Li：*Nature,* **510**, 522（2014）.

17）S. M. Bachilo, M. S. Strano, C. Kittrell, R. H. Hauge, R. E. Smalley and R. B. Weisman：*Science,* **298**, 2361（2002）.

18）M. S. Arnold, A. A. Green, J. F. Hulvat, S. I. Stupp and M. C. Hersam：*Nature Nanotech.,* **1**, 60（2006）.

第 1 編

製造/分散/評価技術

第1項　アルコールCVD法

東京大学/国立研究開発法人産業技術総合研究所　丸山　茂夫

1. はじめに

単層カーボンナノチューブ（SWCNT）の合成法は，初期のレーザーオーブン法やアーク放電法に代わり，より自由度の高い触媒CVD（chemical vapor deposition）法が主流となっている。市販のSWCNTサンプルを購入することも容易であるが，サンプルの品質差や生成後の精製の影響などの不安定な要素も多く，SWCNTの応用にあたり合成法の理解は必須である。また，シリコンや石英基板上への垂直配向・水平配向，架橋合成，パターン合成などのデバイス作製に直結した合成法も大きく進んでいる。一方，SWCNTの電子・光物性や輸送特性は，その直径とカイラリティ（巻き方）によって決定されることから，カイラリティを制御してはじめてナノチューブの特異な電子・光物性に基づく新機能デバイスを創成することが可能となる。現在でも高度なカイラリティ制御合成は大きな課題であるが，直径の小さな（6, 5）SWCNTが主成分となるCVD法や（12, 6）SWCNTが優先的に合成されるCVD法なども開発されてきている。本稿では，低圧のエタノールを炭素源としたCVD法（アルコールCVD法）の最近の進展として，広い圧力範囲（10^{-2}～10^{4} Pa）での合成，窒素含有小径垂直配向SWCNT合成，Co-Cu触媒による垂直配向SWCNTの直径制御，水晶r面での水平配向合成，パターン合成によるオールカーボン電界効果トランジスタ（FET）作成，W-Co触媒によるカイラリティ制御合成などについて紹介する。

2. アルコールCVD法

SWCNTのCVD合成においては，触媒金属の種類と担持法とともに炭素源分子の選択が重要なキーとなる。メタンを炭素源とするCVDでは900～1,100℃の高温条件が必要であり，アセチレンやエチレンでは副生成物としてMWCNTが含まれてしまうことが問題となる。一方，COガスの不均質化反応を利用したCVD法では，鉄ペンタカルボニルを触媒としたHiPco法[1]や，MgOに担持したCo/Mo触媒を用いたCoMoCAT法[2]が開発され，代表的なSWCNTサンプルとして市販されている。一方，一般の研究室で最もよく用いられるCVD法であるアルコールCVD法[3]では，典型的な炭素源として低圧のエタノール蒸気を用いるが，エタノール以外のアルコール類（メタノール，ブタノールなど）やエーテル類（ジエチルエーテル，ジメチルエーテルなど）など酸素原子を含む炭素源を用いることで容易にSWCNTが生成される。アルコールCVD法の特徴としては，合成可能温度領域が広く（400～950℃），広い圧力範囲で合成が可能，水素やキャリアガスの調整が不要（エタノール蒸気のみ），高品質のSWCNTが得られる，副生成物が少ない，そして安全性が高いことがあげられる。アルコールCVD法において高い品質，副生成物が少ないという点に対し，筆者らはアルコール分子が有するOH基または酸素原子の存在に注目してきた。SWCNT合成時に同時に生成されてしまうアモルファスカーボンやSWCNT欠陥部が，アルコールのOH基に由来して発生するラジカルによってエッチングされるというモデルである[3]。

図1にアルコールCVD法によるSWCNT合成装置の概念図を示す。真空容器内に液体のエタノールを入れ，ここから発生するエタノール蒸気を真空チャンバーへと導入する。石英管を油回転ポンプやスクロールポンプといった比較的低真空用のポンプ

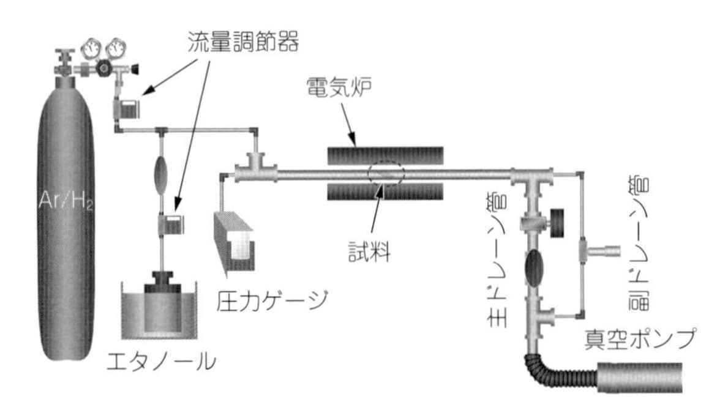

図１　アルコール CVD 装置の概念図

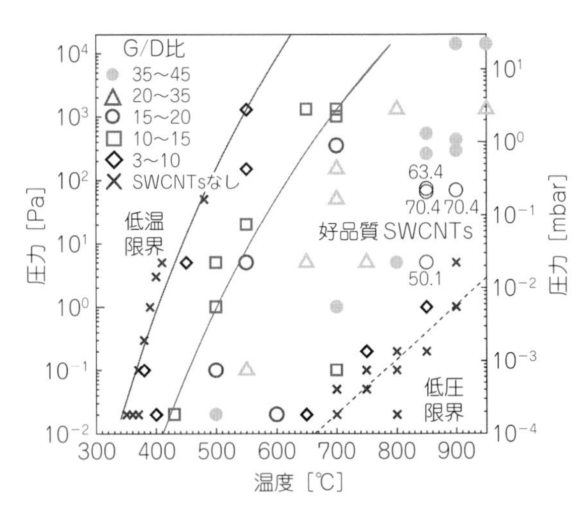

図２　アルコール CVD 法の圧力・温度範囲

を使用して排気し，電気炉によって加熱する。なお，エタノールガスの圧力・流速は，流量の調節可能な真空バルブや，真空チャンバー前のマスフローコントローラおよび真空ポンプによる排気によって制御を行っているが，これらの制御は必須ではない。真空チャンバー内にて触媒微粒子を電気炉で加熱し，CVD 温度（800℃前後）になったらエタノール蒸気を導入する。エタノールの熱分解および触媒表面での反応によって炭素原子が触媒微粒子に供給され，触媒微粒子から SWCNT が成長する。図１に示したものは一般的な電気炉を用いた CVD 装置であるが，他にプラズマを用いたプラズマ CVD やホットフィラメント CVD，サンプルのみを加熱する cold-wall タイプの CVD などにおいてもアルコール CVD 法は用いられている。

3. アルコール CVD 法によるバルク合成

アルコール CVD 法のバルク合成には，ゼオライトに Fe-Co を含浸した触媒が開発当初から用いられている[3]。**図２**は，この触媒を用いて，CVD の圧力と温度を広範に変えた場合の SWCNT の生成状況をラマン分光の結果からマッピングしたものである[4]。図中のシンボルが合成実験を行った条件であり，得られたサンプルのラマン分光から G/D 比の値によってマークを変えている。開発当初のアルコール CVD では，エタノール蒸気の圧力は，1.3 kPa 程度であり，**図３**のラマン分光結果に示すように 600〜900℃の範囲で SWCNT が合成できるが[3]，600℃では D バンドが極端に大きくなっている。また，図３より温度が低いほど直径の小さなナノチューブの割合が大きくなることがわかる。PL マッピングによると 600℃の合成条件では，CoMoCAT と同じ程度に（6, 5）の割合が大きくなる[5]。一方，図２のマップに示すように，圧力と温度を最適化すると G/D 比が 70 を超えるような高品質の SWCNT の合成が可能となる[4]。また，エタノールの圧力を小さくすると 400℃以下の CVD 温度においても SWCNT の合成が可能であることがわかる。低圧かつ低温の合成においては（6, 5）より直径の小さい SWCNT の合成が可能であり，ラマン分光によって（6, 4），（5, 4），（5, 3），（6, 1）などの SWCNT が確認できる。一方，この低圧・低温条件のアルコール CVD 法でゼオライトに担持する金属触媒を Cu-Co に変えるとほぼ（6, 5）だけが合成される[4]。

4. 垂直配向 SWCNT 合成

シリコンや石英基板にディップコート法によって金属触媒微粒子を均質かつ高密度に分布させることで，垂直方向に配向した SWCNT 膜を合成することができる[6]。成長した SWCNT 同士がお互い接触し支え合うことで，基板の垂直方向に成長を続け，一様な SWCNT 垂直配向膜が得られると考えられる。**図４**(a)に垂直配向 SWCNT の SEM 像を示す，絡まり合いながら垂直方向に成長している様子が現れている。また図４(b)に示したラマン散乱スペクトルでは，SWCNT のラマンスペクトルに特徴的に現れる複数のピークに分裂した G バンド，非常に小さな D バンドおよび SWCNT の直径に依存して変

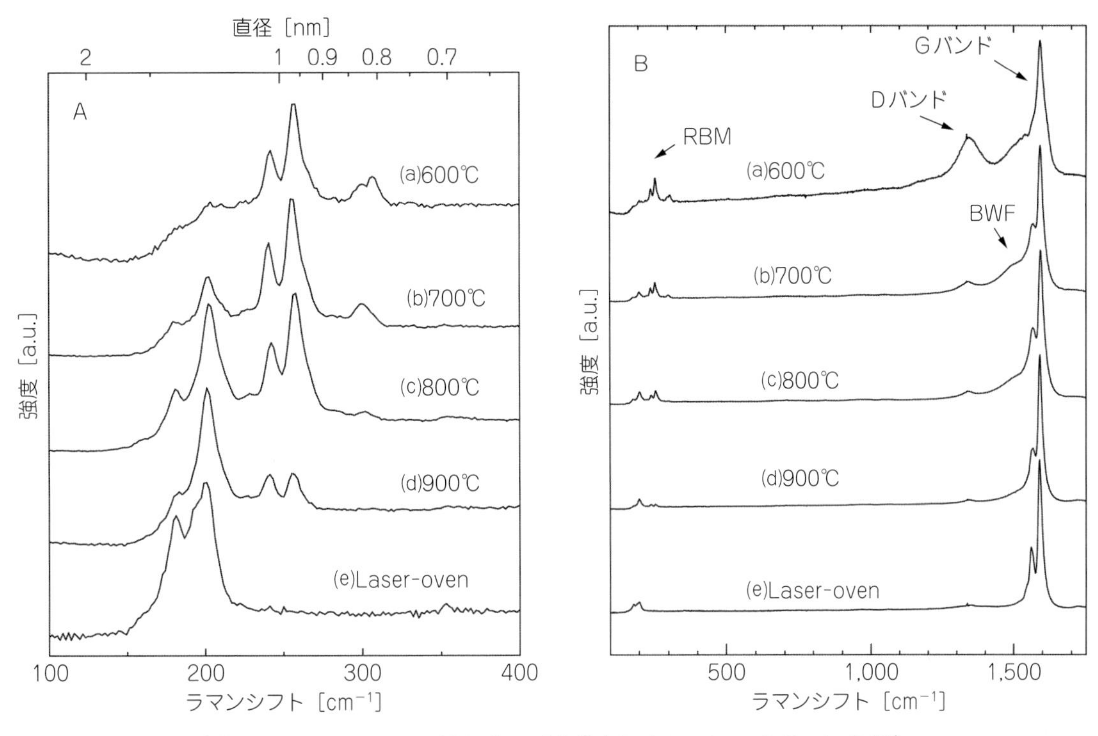

図３　アルコール CVD 法によって合成される SWCNT のラマン分光[3)]

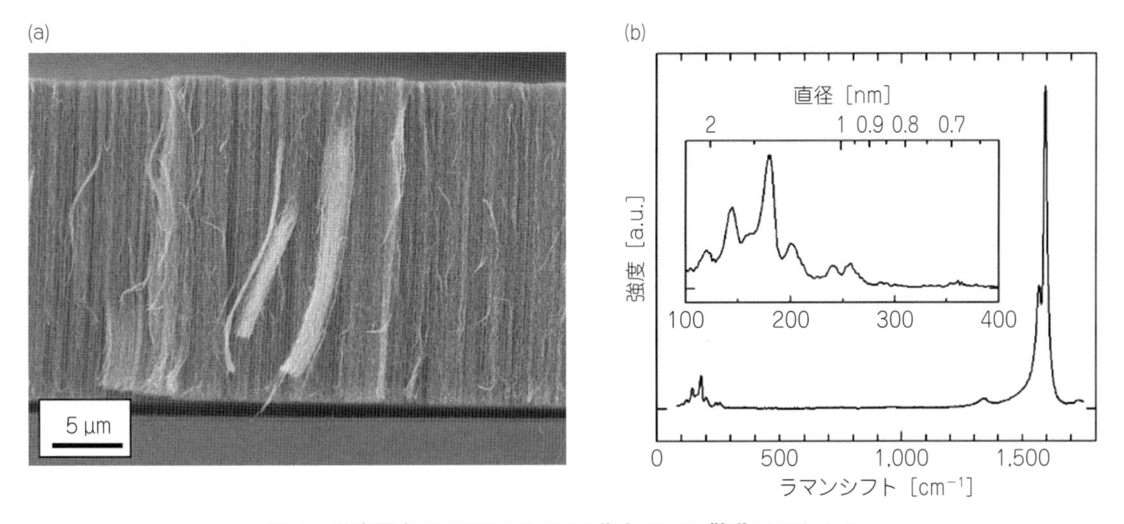

図４　垂直配向 SWCNT の SEM 像とラマン散乱スペクトル

化する RBM（radial breathing mode）ピークを明確にみて取ることができる。また，垂直配向 SWCNT 膜は高い配向性を有すことから，これまでさまざまな光学測定や分析も盛んに行われてきた[7)]。垂直配向 SWCNT を得るには，高密度に分散した触媒微粒子と，ある程度以上の長い SWCNT 成長が必要不可欠と考えられる。その後開発されたスーパーグロース法[8)]でも，エッチング剤として添加する水分子の量を正確に制御することで合成量を向上させている。同時に，合成量を増加させると SWCNT の直径や直径分布も増加する傾向があり，アルコール CVD 法も含め一般的に垂直配向 SWCNT はその平均直径が 2～3 nm 以上と比較的大きく，直径分布も広い。

5．小径の垂直配向 SWCNT 合成

平滑基板に活性な金属触媒を十分に高密度で担持することで，垂直配向 SWCNT アルコール CVD が実現してから久しいが，半導体 CNT が十分なバンドギャップをもつような細い直径（1.2～1.4 nm）の SWCNT の垂直配向合成は容易ではない[9]。ところが窒素ドープ SWCNT 合成のために，アルコールにアセトニトリルを添加した CVD によって，平均直径が 1 nm 以下の SWCNT による垂直配向が実現した[10]。1% 程度のアセトニトリルの添加によって，SWCNT 直径が極端に小さくなることが，ラマン分光，TEM 観察，吸収分光や PL 分光[11] によって明らかとなった。おそらくは，触媒金属に窒素原子が作用することによって，触媒金属サイズより細い SWCNT が成長したものと考えられる。

さらに，炭素源のエタノールにアセトニトリルを間欠的に加えることで，**図 5** に示すような垂直配向 SWCNT の多層膜を合成できる[12]。図 5 (a)(b)に示す断面方向からのラマン分光によって，CVD の時間経過によらずにアセトニトリルを添加しているときに成長した垂直配向膜は直径がきわめて小さいことがわかる。すなわち，アセトニトリル添加の CVD を行っても，基板上の触媒金属には粗大化などの不可逆的な変化は起こっていないことがわかる。

アセトニトリル添加による小径の垂直配向 SWCNT は，図 5 のラマン分光でもわかるように D バンドが大きく，TEM からも明らかに欠陥が多い[10]。これに対して，アルコール CVD 法で従来の Co-Mo 触媒を Co-Cu 触媒に変えることで，**図 6** に示すように，直径 1nm での高品質な垂直配向 SWCNT の合成が可能となった[13]。触媒金属の詳細な TEM 観察によって，比較的大きな Cu 粒子が，小さな Co を取り囲むような触媒形態が実現してお

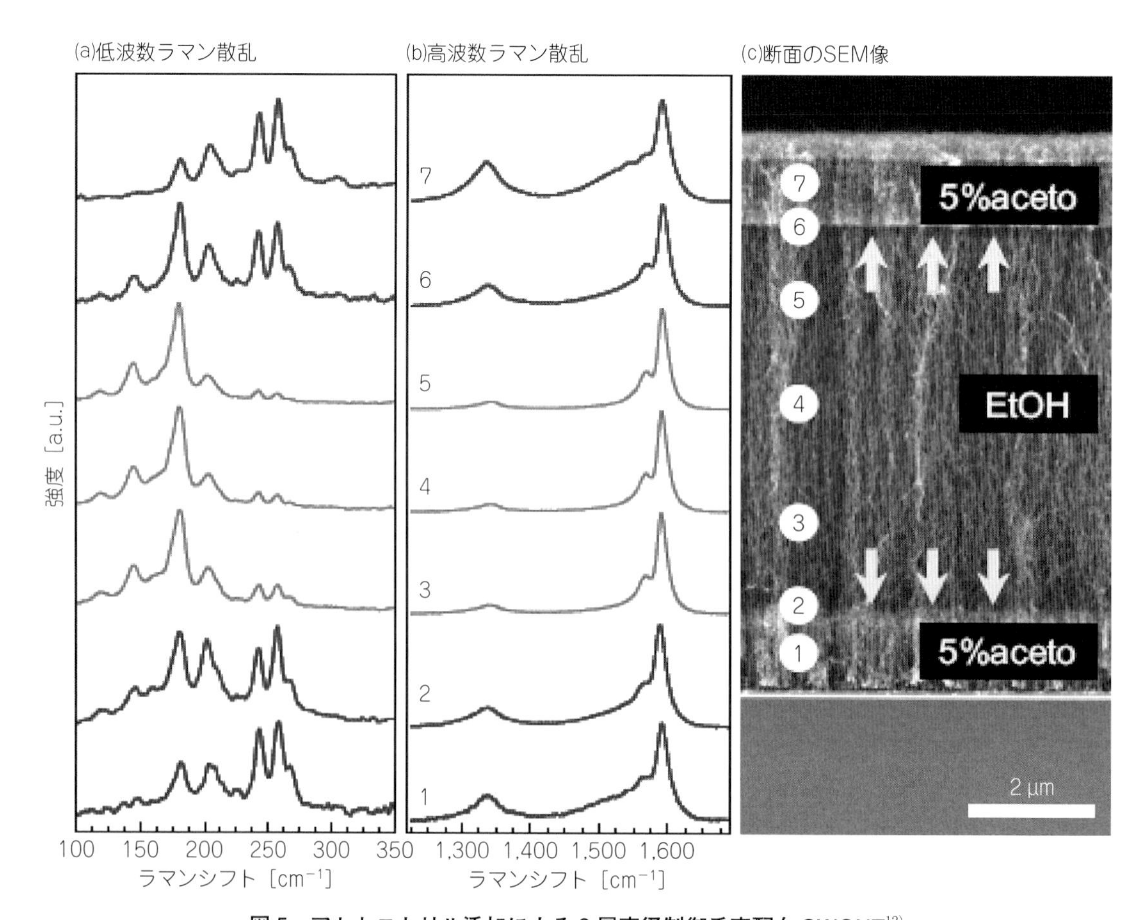

図 5　アセトニトリル添加による 3 層直径制御垂直配向 SWCNT[12]

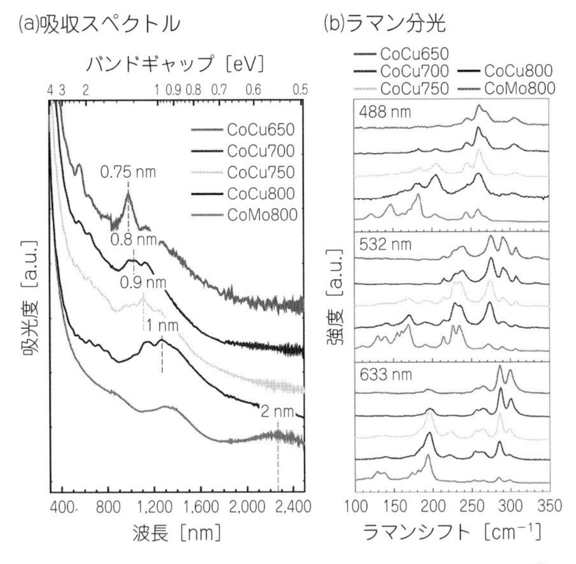

図６　Co–Cu 触媒を用いた小径垂直配向 SWCNT[13]

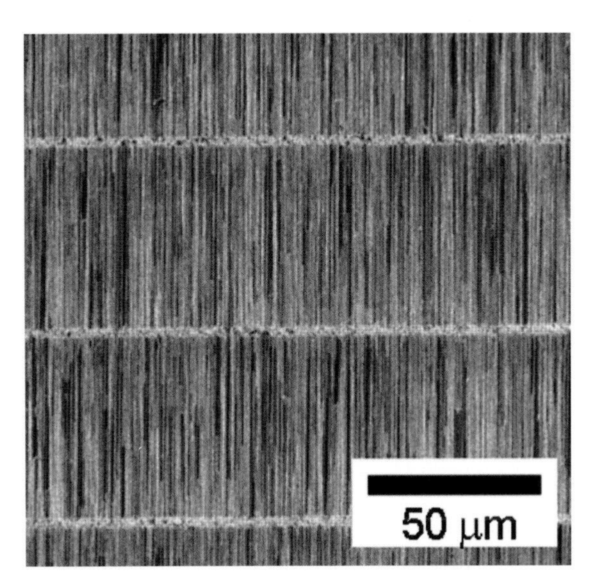

図７　水晶 *r* 面における水平配向 SWCNT 合成

り，Co の粗大化と酸化を妨げていることが明らかとなった[13]。さらに，Cu–Co 触媒を用いて 650℃まで CVD 温度を下げると，図６に示すように吸収スペクトルでほぼ（6, 5）のみが観察される。ただし，この場合には合成量が少なく垂直配向はしていない。

6．水晶基板上の水平配向 SWCNT

サファイアや水晶など単結晶基板を用いて CVD 合成を行うと，**図７**に示すように SWCNT が一方向に配向することが知られている。これは結晶表面の原子構造と SWCNT の間の原子間力に起因するものであり，原子スケールの溝に沿って SWCNT が成長すると理解できる。この方法による水平配向合成は高密度かつ互いに接しない SWCNT が得られ，高電流駆動の FET などへの応用が期待される。水晶基板は水晶の結晶からのカット方向によって異なる表面原子構造をもつが，SWCNT の配向成長には主に ST カット水晶基板が使用されてきた。ST カット水晶基板は振動子に利用されるために入手が容易であるが，そのカット面は水晶の自然面に対応せず，表面構造がきわめて複雑であり，SWCNT を水平配向させる原子構造の対応は謎であった。そこで，水晶の自然面である *r* 面に平行に切り出された *r* カット水晶基板を用いて CVD を行ったところ，ST カットと同様に水平配向 SWCNT が合成されることがわかり，SWCNT の配向がドメイン内の *r* 面構造に由来することが明らかとなった[14]。FET などへの応用に向けては配向 SWCNT の高密度化が重要である。高密度水平配向 SWCNT を実現するためには，多数の触媒から同時に SWCNT が合成する垂直配向とは対照的に CNT 成長開始までの incubation 時間に幅をもたせてバンドルの生成を抑制するような CVD 条件が望ましい[15]。炭素源供給速度が小さい条件では SWCNT の成長開始時間が遅延し，成長開始時間の分布が広がり，最終的に得られる水平配向 SWCNT の密度が向上する。

7．パターン合成と電界効果トランジスタ

酸化膜付きシリコン基板にディップコート法を用いることで均質な触媒ナノ粒子を生成することができるが，基板のぬれ性によって触媒ナノ粒子の生成量は大きく異なる。例えば，疎水性の OTS の自己組織化単分子層（SAM）膜をシリコン基板表面に施すと SWCNT の生成は完全に阻害される[16]。この特性を利用して，SAM 膜の一部を UV 光や電子ビームで除去することで，その部分に選択的に SWCNT を合成することができる。これら合成技術や分離技術の向上を踏まえ，SWCNT の電子デバイ

ス応用の１つとしてFETの作製およびその性能評価を行った結果を**図８**に示す[17]。図８の左上のSEM像に示すように，垂直配向SWCNTを対向させたパターンを作成し，FETのドレーンおよびソース電極とする。電極間の距離を適当に設計するとこれらの間を数本のSWCNTが渡りチャネルとなる。基板のシリコンをゲート電極とするとCVD合成直後にFET特性を評価することができる。図８の右に示すように高いon/off比と数µAのon電流が得られる。

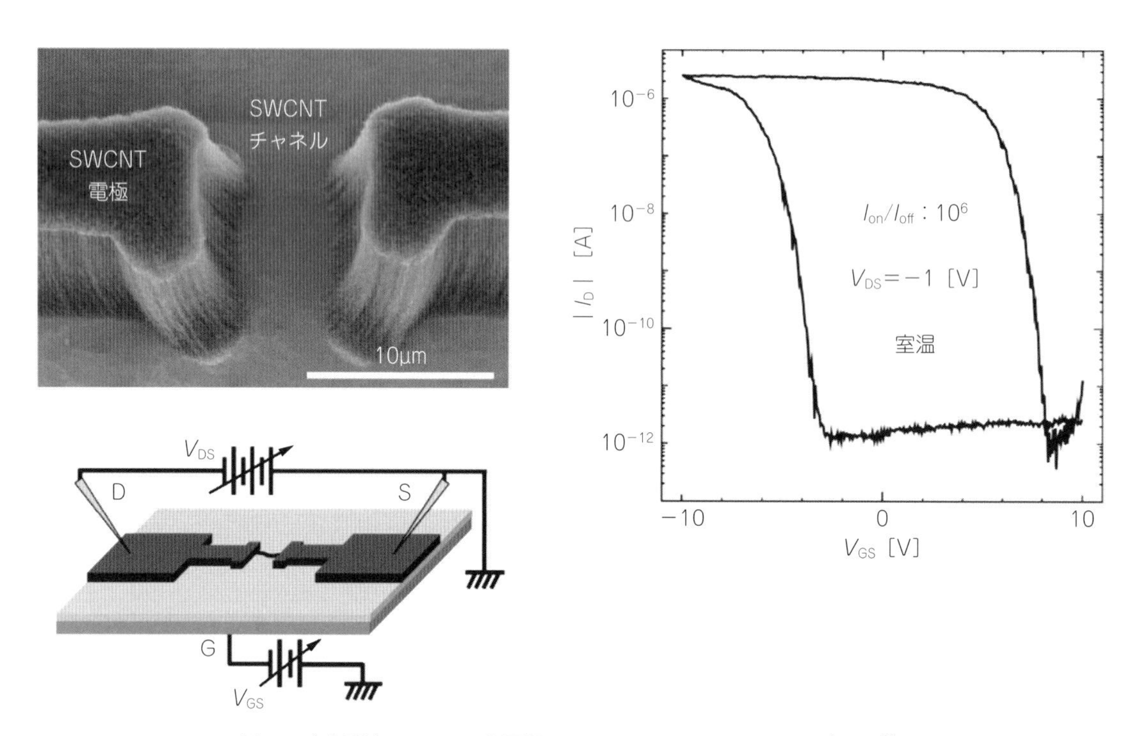

図８　垂直配向SWCNTを電極に用いた電界効果型トランジスタ[17]

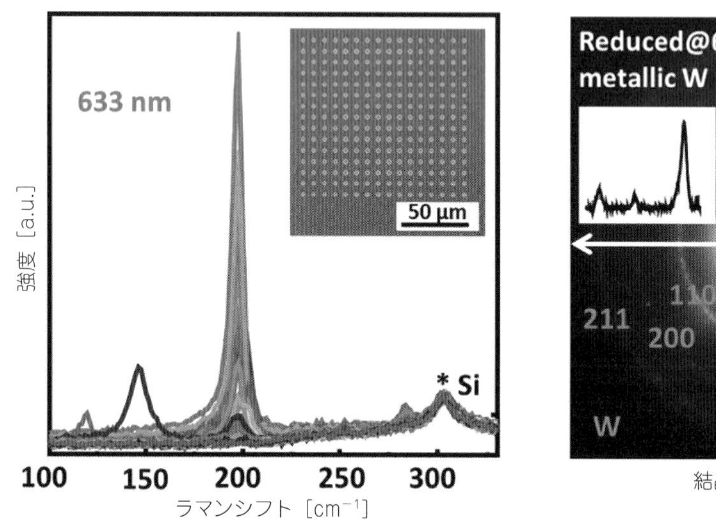

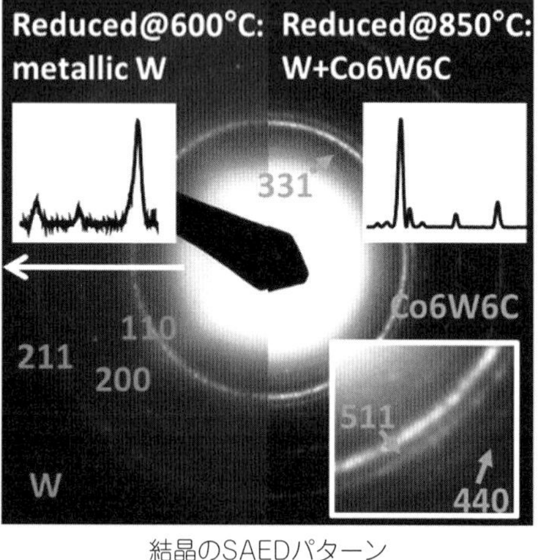

結晶のSAEDパターン

図９　スパッタリングによるCo-W合金触媒によるカイラリティ制御合成[19]

8. W-Co触媒によるカイラリティ制御合成

2014年に，北京大学のYan Liらは，融点の高いCo_7W_6合金を用いて（12, 6）SWCNTが90%というカイラリティ優先制御合成を発表した[18]。有機化学合成したCo-W分子クラスターに1,000℃以上の高温度で還元処理を施すことでCo_7W_6合金のナノ微粒子が形成されるとの報告である。CVD合成には，エタノールを用いており，キャリアガスとして水素を用いているもののアルコールCVD法の一種である。この分子クラスターを用いた実験で得られるSWCNTはきわめて収量が少ないことから，筆者らは，より簡便かつ量的な合成の可能なCo-W合金微粒子作製法としてスパッタリング法を用いた[19]。スパッタリング法であれば，特殊な技術や装置を必要とせず，汎用性も非常に高い。Co-W微粒子をTEMによって詳細に分析しつつ，これらを触媒として得られるSWCNTのカイラリティを共鳴ラマン散乱分光法で分析した。この結果，**図9**に示すように，スパッタリング法によって作製したCo-W合金触媒でも，CVD条件を制御することによって，特定のカイラリティ（12, 6）が優先的に成長することが明らかとなった[19]。また，触媒金属のTEM観察により，スパッタリングで作成される合金はCo_7W_6Cの構造であることがわかった。

文　献

1）P. Nikolaev, M. J. Bronikowski, P. K. Bradley, F. Rohmund, D. T. Colbert, K. A. Smith and R. E. Smalley：*Chem. Phys. Lett.*, **313**, 91（1999）.

2）B. Kitiyanan, W. E. Alvarez, J. H. Harwell and D. E. Resasco：*Chem. Phys. Lett.*, **317**, 497（2000）.

3）S. Maruyama, R. Kojima, Y. Miyauchi, S. Chiashi and M. Kohno：*Chem. Phys. Lett.*, **360**, 229（2002）.

4）B. Hou, C. Wu, Y. Iizumi, T. Morimoto, T. Okazaki, T. Inoue, S. Chiashi, R. Xiang and S. Maruyama, to be submitted（2016）.

5）Y. Miyauchi, S. Chiashi, Y. Murakami, Y. Hayashida and S. Maruyama：*Chem. Phys. Lett.*, **387**, 198（2004）.

6）Y. Murakami, S. Chiashi, Y. Miyauchi, M.H. Hu, M. Ogura, T. Okubo and S. Maruyama：*Chem. Phys. Lett.*, **385**, 298（2004）.

7）Y. Murakami, E. Einarsson, T. Edamura and S. Maruyama：*Phys. Rev. Lett.*, **94**, 087402（2005）.

8）K. Hata, D. N. Futaba, K. Mizuno, T. Namai, M. Yumura and S. Iijima：*Science*, **306**, 1362（2004）.

9）R. Xiang, E. Einarsson, Y. Murakami, J. Shiomi, S. Chiashi, Z.-K. Tang and S. Maruyama：*ACS Nano*, **6**, 7472（2012）.

10）T. Thurakitseree, C. Kramberger, P. Zhao, S. Aikawa, S. Harish, S. Chiashi, E. Einarsson and S. Maruyama：*Carbon*, **50**, 2635（2012）.

11）T. Thurakitseree, C. Kramberger, P. Zhao, S. Chiashi, E. Einarsson and S. Maruyama：*phys. stat. sol.*（b）, **249**, 2404（2012）.

12）T. Thurakitseree, C. Kramberger, A. Kumamoto, S. Chiashi, E. Einarsson and S. Maruyama：*ACS Nano*, **7**, 2205（2013）.

13）K. Cui, A. Kumamoto, R. Xiang, H. An, B. Wang, T. Inoue, S. Chiashi,Y. Ikuhara and S. Maruyama：*Nanoscale*, **8**, 1608（2016）.

14）S. Chiashi, H. Okabe, T. Inoue, J. Shiomi, T. Sato, S. Kono, M. Terasawa and S. Maruyama：*J. Phys. Chem. C*, **116**, 6805（2012）.

15）T. Inoue, D. Hasegawa, S. Badar, S. Chiashi and S. Maruyama：*J. Phys. Chem. C*, 117(22), 11804（2013）.

16）R. Xiang, T. Wu, E. Einarsson, Y. Suzuki, Y. Murakami, J. Shiomi and S. Maruyama：*J. Am. Chem. Soc.*, **131**, 10344（2009）.

17）S. Aikawa, R. Xiang, E. Einarsson, S. Chiashi, J. Shiomi, E. Nishikawa and S. Maruyama：*Nano Res.*, **4**, 580（2011）.

18）F. Yang, X. Wang, D. Q. Zhang, J. Yang, D. Luo, Z. W. Xu, J. K. Wei, J. Q. Wang, Z. Xu, F. Peng, X. M. Li, R. M. Li, Y. L. Li, M. H. Li, X. D. Bai, F. Ding and Y. Li：*Nature*, **510**, 522（2014）.

19）H. An, A. Kumamoto, H. Takezaki, S. Ohyama, Y. Qian, T. Inoue, Y. Ikuhara, S. Chiashi, R. Xiang, S. Maruyama：*Nanoscale*, **8**, 14523（2016）.

第1章　CNT・グラフェンの合成技術
第1節　CVD合成

第2項　流動層CVD

早稲田大学　野田　優

1. CVD法における流動層法の位置づけ

カーボンナノチューブ（CNT）の合成は，固体炭素原料を数千℃に加熱・気化し相変化でCNTを得る物理気相成長（PVD）法と，含炭素気体分子の化学反応でCNTを得る化学気相成長（CVD）法に大別される。一般に，前者は高温で高結晶性のCNTを得ることができ，後者は気体原料を用い600～1,200℃程度の比較的低温でCNTを量産しやすいと考えられる。いずれの場合も，CNTの直径をおおよそ決める金属ナノ粒子触媒を，いかに微小なサイズで反応場に多量に供給するかが，細いCNTの合成に重要となる。

CVD法では，多様な触媒供給方法が開発されてきた。触媒粒子を気相中に分散しCNTを気流中で成長させる浮遊触媒法（第1編第1章第2節第2項参照）と，触媒粒子を平滑基板上に担持しCNTを基板上で成長させる基板上合成法（第1編第1章第1節第1項および第1編第1章第2節第1項参照）が典型的である。前者は連続プロセス化が容易で反応炉の3次元場を有効利用できるが，触媒粒子が気相で凝集しやすい課題がある。後者は基板上に密に触媒を担持し長時間利用できるが，反応場が2次元である課題がある。セラミックス粉末などに触媒粒子を担持する方法は，両者の利点を併せもった方法となる。固定層，流動層，回転炉などの反応方式が開発されてきたが，なかでもガスと触媒の混合・接触と伝熱が良好な流動層法が，産業レベルでのCNT大量合成の中心となっている。

2. 開発の歴史と現状

図1にCNTの流動層合成に関する文献数の経年変化をまとめた。1996年に1件の論文が報告されたものの，しばらく間が空き，2000年から文献が増え始めたことがわかる。また，文献全体に対し，特許が半分近くを占め，流動層法が実用志向の技術であることがわかる。なお，特許では単に製造方法と命名することも多く，このグラフにて計上されているよりも多くの流動層法の特許があると考えられる。

1996年の論文は，ベルギーのHernadiらにより報告された[1]。彼らは，種々の粉末担持Fe触媒を

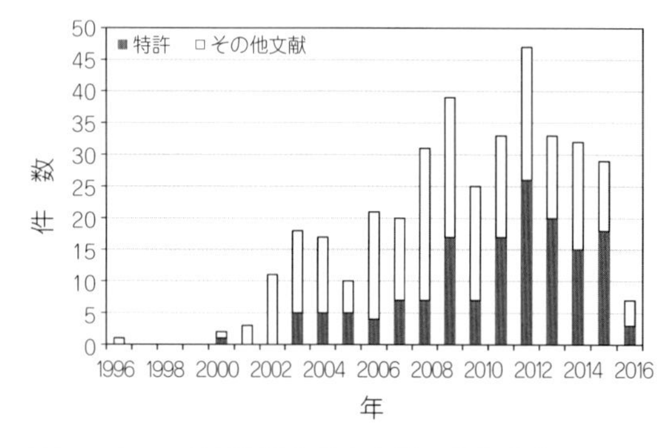

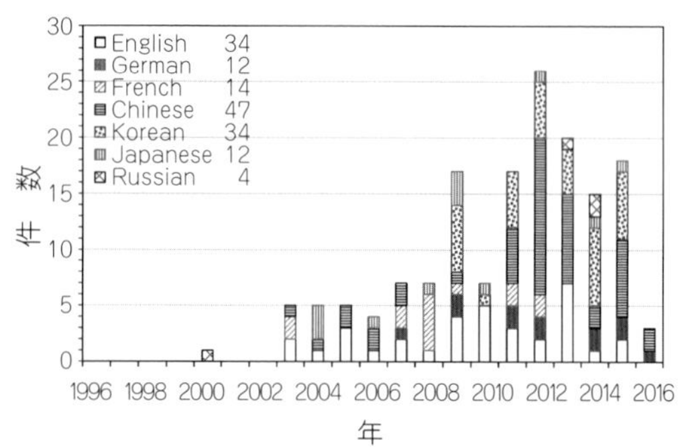

図1　CNTの流動層合成の文献の経年変化。SciFinderにて "carbon nanotubes" and "fluidized-bed" で2016年3月19日に検索

調整，内径14 mmの石英管内に設置した石英ボートを用い，固定層にてアセチレン，エチレン，プロピレン，メタンを原料に触媒活性を詳しく調べた。触媒量30 mgに対し，最大2倍弱の多層CNTを得た。さらに縦型石英ガラス管を用いた流動層にてアセチレンからCNTを合成，流動層ではCNTが切断されアモルファスカーボンの析出が多いという悪い結果を報告している。彼らは，アセチレンの供給量と線流速をそろえて実験したため，流動層にてアセチレン濃度が高過ぎたことが原因と考えられる。その後のCVD技術の発展により，合成温度に応じアセチレンの濃度の好適範囲があることがわかっている[2]。

2000年前半よりCNTの流動層合成の報告が本格化した（図1(a)）。スイスのZüttelらのグループは，当時注目されていた水素吸蔵を目的に，金属酸化物にFe，Co，Niを担持した触媒を用いてCNTを流動層で合成，直径5～15 nm程度のCNTを得た[3]。中国のWangとWeiらのグループは，内径0.25 m，高さ1 mもの大きさの石英ガラス製流動層反応器を用い，50 kg/day相当と多量の多層CNTの合成を報告した[4]。この生産性は20 t/y弱に相当，現在のCNTの量産に近い規模を十数年前に達成している。Fe/Al_2O_3粉末を触媒として反応器に充填，エチレンないしプロピレンを5～10 m^3/hで供給し，触媒量の1～20倍のCNTを得た。バッチ合成ながら，30 minで最大5 kgのCNT合成を実現しており，1日に10回合成すれば上記生産性が可能としている。フランスのSerp，Caussatらのグループは，多孔質アルミナ粉末に鉄を担持した触媒を用い，内径5.3 cm，高さ1 mのステンレス製反応管での流動層合成を報告した[5]。100 g，静止層高3.5 cmの触媒でCNTを合成すると，質量増加は30 g弱だが，層高は約50 cmにも膨らんだ。エチレンを原料に650℃で合成を行い，最大95%もの収率（供給した炭素原料のうちCNTになった割合，なお触媒質量に対する炭素質量で表現する場合もあるため要注意）を実現している。英国のWindleらのグループは，内径22 mm，長さ1 mの石英管の中央部に分散板を設置した反応器を用い，単層CNTの流動層合成を報告した[6]。硝酸ニッケルの融液にシリカゲル粒子を混ぜ，冷却・固化・粉砕した粒子をガスに同伴して反応器上部から分散板部へ供給，急速昇温・分解によりシリカゲル上にNi粒子を形成している。一方で反応ガスは下方から分散板に供給し，触媒上で反応させている。760℃にてCH_4とArを1：1で供給し，単層CNTと多層CNTの混合物を得ている。ラマンスペクトルおよび透過型電子顕微鏡より良質な単層CNTの生成を確認，生成物中の炭素含有率は12.5 wt%であった。その他，韓国のLeeら[7]，オーストラリアのHarrisら[8]など，他のグループからも合成が報告されたが，直径数10 nmと太めの多層CNTの合成が中心であった。

2009年にZhang，Weiらは，層状鉱物のvermiculiteにFe/Mo触媒を担持，流動層法にてvermiculiteの層間にCNTを垂直配向成長させた[9]。外径7～12 nm，平均層数7と細めの多層CNTを，精製前で84.0 wt%，精製後で97.5 wt%の純度で得ている。内径50 mm，高さ1,300 mmの石英ガラス製反応器を用い，エチレン300 sccm/水素20 sccmの混合気を原料に，650℃，1 hで26 gのCNTアレイを得ている。彼らは続けてこの技術を直径0.5 mの大型反応器に適用，同様のCNTを3 kg/hと多量に合成した[10]。このユニークな触媒はCNTアレイの量産に有効だが，触媒塩水溶液中での5 hの撹拌，濾過後のケークの12 h乾燥，400℃での1 hの焼成など触媒調整に時間がかかっている。Dunens，Harrisらは，同様の触媒原料溶液を用い粒径125～150 μmのアルミナ粒子に触媒を含浸，24 h撹拌・乾燥し，550℃で焼成した触媒を用い，流動層にてCH_4：1.5 slm，Ar：1.5 slm混合気を850℃で30 min供給し，2層CNTを約5 g得た[11]。これらの方法では，CNT合成に対し触媒調整に数十倍の時間をかけており，連続的なCNT製造の際には流動層装置よりも大きな触媒調整装置が必要になると考えられる。

これらの学術論文とともに，たくさんの特許が出願されている。特許では，英語（34件）よりも中国語（47件）の方が多いことが目をひく。これは，中国・精華大学のWei教授らが流動層技術を牽引していることが大きいと考えられる。また，韓国語も34件と英語に並び，特に2009年以降にたくさんの特許が出願されていることがわかる。

流動層法によるCNTの製造・販売は，ベンチャー企業に加え，大手化学メーカーからも行われている。初期に，米国・Oklahoma 大学の Resasco 教授らの CoMo 触媒技術[12] が流動層法に適用され，米国・South West Nanotechnologies 社[13] により単層 CNT の製造・販売がはじめられた。1 g あたり 10 万円前後と非常に高価であったが，現在でも CoMoCAT CNT は代表的な単層 CNT 試料となっている。しかし同社は 2015 年 11 月に倒産，CHASM 社に引き継がれた模様である。また，大手各社により多層 CNT の 100 スケールでの量産が始まり，1 kg あたり数千～数万円と低価格で多量に供給されるようになった。ドイツ・Bayer 社の Baytubes®，フランス・Alchema 社の Graphistrength®[14]，中国・CNano 社の FloTube™[15]，我が国の昭和電工㈱の VGCF®-X[16] などが代表的である。導電性コンポジットやリチウムイオン電池の正負極などで，カーボンブラックが導電性フィラーとして用いられてきたが，より少ない添加量で導電性を得られるとして代替利用が進んでいるようである。しかし，撤退も相次いでいる。安全な取扱いを確立し，より良質の CNT を低コストで量産することで，カーボンブラックの代替に留まらない用途拡大を図ることが，CNT の本格的実用化には重要と考えられる。

3．長尺 CNT の流動層合成技術

以上のように，流動層 CVD 法は CNT の大量合成に有効であるが，良質な CNT の量産には未だ課題を抱えている。粉体担持触媒を用いた流動層 CVD 法では，CNT が粉体に絡まった状態で得られる。一方で，基板上担持触媒を用いると，CNT を基板垂直に配向成長させることができ，CNT の触媒・基板からの分離も容易である（第１編第１章第１節第１項および第１編第１章第２節第１項参照）。筆者らも，Fe/Al_2O_3 触媒を用い SiO_2 および SiO_2/Si 基板上に単層 CNT をミリメートルスケールで垂直配向成長させた[17]。このことをきっかけに，平滑な粒子上に触媒を担持し流動層法で合成することで，基板上合成と同様の質・構造を有した CNT を流動層の 3 次元場で合成できると考え，開発を進めてきた。以下，筆者らの長尺 CNT の流動層 CVD 合成技術を紹介する。

3.1　長尺・単層 CNT のバッチ合成技術[18]

CNT の基板上合成では，エタノール[19] やエチレン[20] など，多様な炭素源が用いられる。これらの実験は，外熱式の円管型反応器で行われることが多く，反応器体積/基板表面積比が大きいため，気相反応の影響を強く受ける。上流の反応炉内で原料を加熱し，冷却後，下流にて通電加熱した触媒付 Si 基板上に原料を流通する cold-gas CVD 法により，これらの原料ガスの気相熱分解で生成する低濃度のアセチレンが CNT の高速成長を起こすことがわかり[21]，実際に，低濃度のアセチレンを直接供給すると CNT を高速成長できることがわかっている[21,22]。筆者らは，流動層 CVD 法では反応器体積/基板表面積比が小さいため，気相反応に頼ることができず，アセチレンの直接供給が有効と考えた。

アセチレンは反応活性が高いため，多量の触媒を充填できる流動層 CVD では短時間に反応で消費されると考えられた。流動層では通常 0.1～0.2 mm 程度の粉体が用いられるが，粒径 0.5 mm と大きなアルミナビーズを支持体に用い，低濃度のアセチレンを大流量で供給する方針とした。回転ステージ式スパッタ装置を用いて，ビーズ上に Fe/Al_2O_3 触媒[17]（Fe の粒子が触媒，Al_2O_3 層が鉄の活性を引き出す担体層）を担持，縦型流動層反応器（石英ガラス製，内径 22 mm，加熱部長 300 mm，中央に分散板を配置）に充填，1.1 vol% C_2H_2/26 vol% H_2/0.06 vol% H_2O/Ar を 3.16 slm で供給して，炉温 820℃にて 10 min，CNT を合成した[18]。**図２**は得られた CNT の走査型電子顕微鏡（SEM）像であるが，ビーズの半面に触媒が担持されているため，CNT も半面に成長している。高さ 0.5 mm と長尺で，垂直配向成長した。**図３**は得られた CNT の透過型電子顕微鏡（TEM）像であるが，直径 2～4 nm の単層 CNT であることがわかる。ビーズごと回収した CNT は，容器内にて手で振とうすると，容易にビーズから分離することができ，熱重量-示差熱分析（TG-DTA）により触媒不純物は 1 wt %未満であることがわかった。このように，表面が平滑な支持体粒子を用いることにより，流動層法でも基板上と同様の構造をもつ単層 CNT が合成可能である。小型装置を用いたため，単層 CNT の収量は 10 min で 0.23 g と少ないが，0.2 s という

短い滞留時間で炭素収率（アセチレン中の炭素がCNTになった割合）は65％と，非常に効率良く単層CNTを合成できた。基板上合成では通常は数sの滞留時間で数％程度の収率であり，流動層法での合成はとても効率が良いことがわかる。

3.2 長尺・数層CNTの半連続合成技術[23)24)]

スパッタ法は２次元の真空プロセスであり，３次元の常圧プロセスである流動層法の触媒を用意するには，生産性が低く現実的ではない。また，湿式担持法は粉末への触媒担持に広く用いられるが，CNT合成での触媒寿命は10～100 min程度と短く，触媒担持に数十倍の時間を要すため，前述のように触媒担持設備の方が大きくなる問題がある。そこで筆者らは，流動層装置内で触媒をCVD法で担持する方法を開発した[23)]。流動層を820 ℃に保ったまま，アルミニウムイソプロポキシド蒸気とフェロセン蒸気を順に供給して鉄/アルミナ触媒をビーズ上に担持し，水素で還元後に，1.1 vol% C_2H_2/26 vol% H_2/0.06 vol% H_2O/Arを3.16 slmで供給してビーズ上に10 min，CNTを合成，さらにArキャリアガスを10～15 slmと大流量で供給してビーズ層を1 min程度激しく撹拌し，CNTを剥離・回収した（**図4**(a)）。触媒はFeの粒子が粗大化して失活してしまう[2)]ため，20 vol% O_2/Arを5 slmで流通して残留炭素を酸化除去し，その上にAl_2O_3層を形成しFe触媒を再担持した（図4(b)）。**図5**(a)は，各段階でガス供給を止め降温した流動層の写真である。

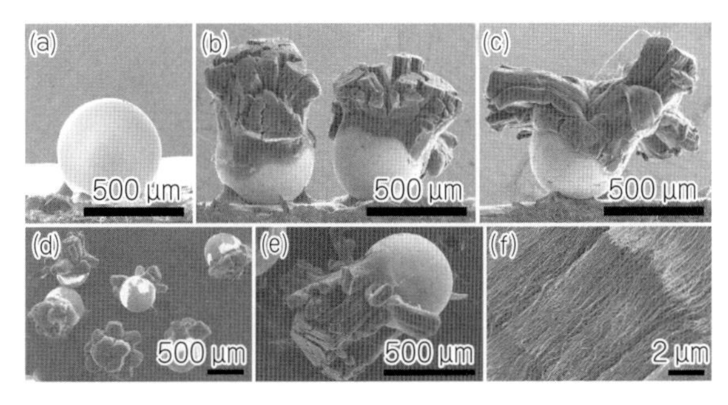

図２ 流動層CVDにてアルミナビーズ上に合成した単層CNTのSEM像[18)]

触媒がアルミナビーズの半面に担持されているため，単層CNTも半面に成長している。

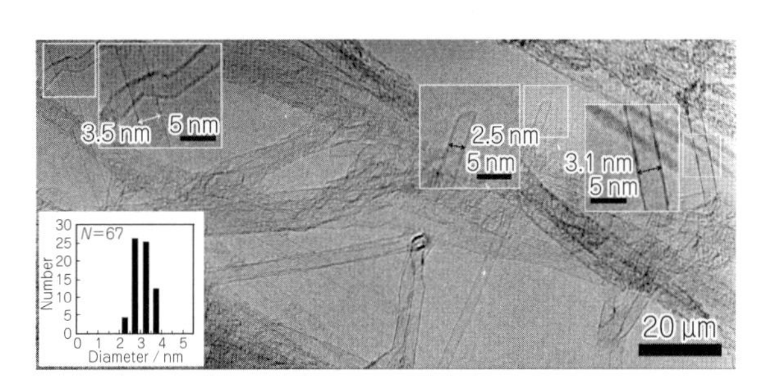

図３ 流動層CVDにてアルミナビーズ上に合成した単層CNTのTEM像[18)]

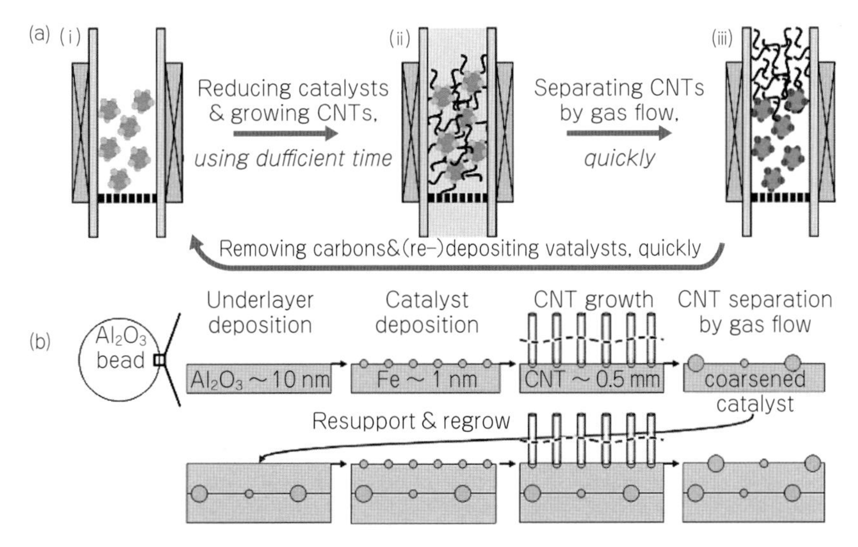

図４ ビーズ上での触媒担持，CNT合成，CNT分離・回収を，温度一定・ガス変調により繰り返す半連続流動層CVD法[23)]

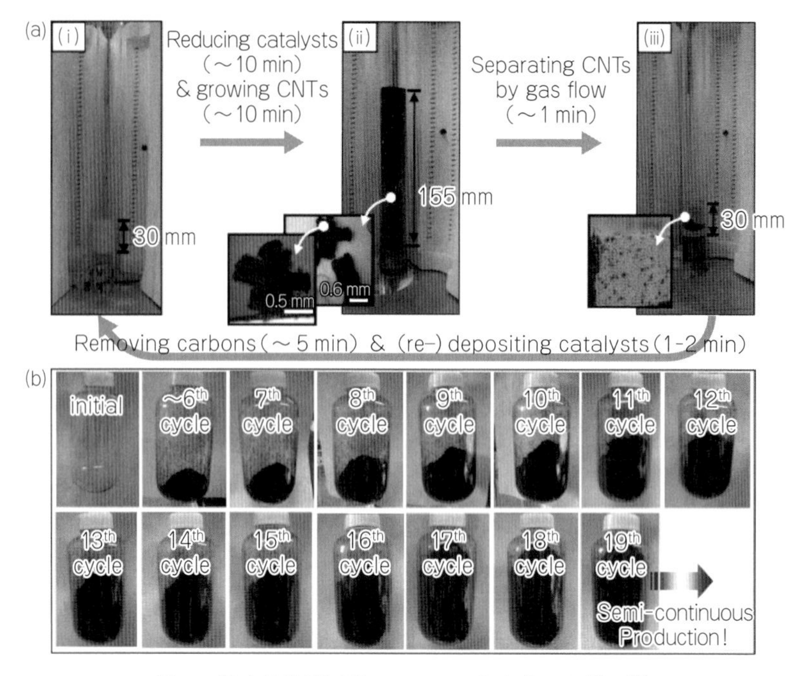

図5　半連続流動層法にてCNTを合成した様子[23]

(a)は各段階でガス供給を止め降温した流動層の写真。(b)はサイクルごとのCNT回収器の様子。

層高30 mmの白色のアルミナビーズが，CNT合成後に155 mmまで膨らみ黒くなるが，大流量キャリアガスで激しく撹拌すると1 min程度でCNTがほぼ分離・回収され層高は30 mmに戻る。図5(b)は，サイクルごとのCNT回収器の様子である。初期のサイクルはアルミナ上に触媒層が十分に発達していないためCNT収量が少ないが，約5サイクル以降には安定してCNTを合成・回収できるようになる。**図6**は実験に用いた流動層装置の模式図と写真であるが，小型の反応器を用いて30 min/サイクルで20サイクル合成すると大型の回収器をCNTで満たせることがわかる。1サイクルあたり0.25 g，ガスの滞留時間0.3 sで炭素収率70%が実現された。**図7**と**図8**は得られたCNTのSEMおよびTEM像である。長さ0.4 mm程度とCNTは長尺に成長したが，平均直径8 nm，比表面積400 m^2/gの数層CNTであった。バッチ合成ではスパッタ法で触媒を担持した[18]のに対し，半連続合成ではCVD法で触媒を担持した[23]ため，いったん形成した鉄の粒子に鉄が優先して付着することで大きな鉄の粒子が低密度で担持されたためと考えられる。

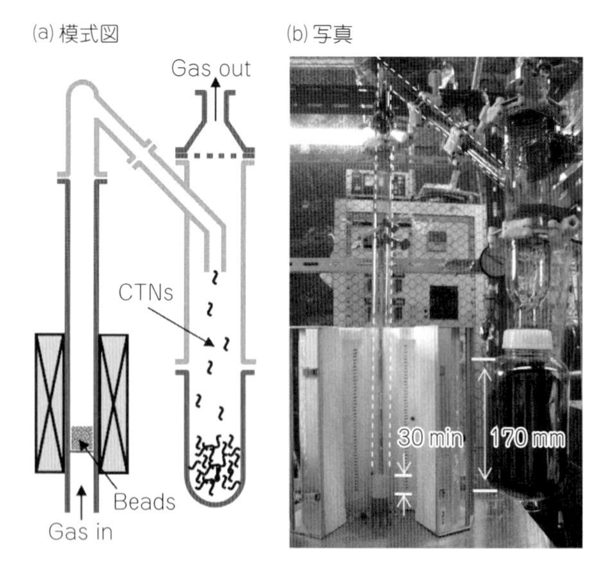

図6　半連続流動層CVD法の実験装置

流動層は伝熱に優れた反応方式であるが，本CNTの合成では滞留時間0.2～0.3 sとガスを高速に流通するため，特にスケールアップ時に槽内が冷却される問題があった。また，分散板を通して，触媒原料蒸気と炭素原料ガスを流通するため，分散板に触媒が付着してCNTが成長，数十サイクルで分散板が目詰まりする問題もあった。そこで，**図9**に示す 2 重管からなる熱交換式流動層反応器を開発した[24]。この反応器では，上方から 2 重管の外管に原料ガスが供給され，内外管の狭い隙間を流下する間にガスが効率良く予熱され，内管下部に設置された分散板を通り予熱されたガスが流動層に供給される。そのため，ガス流量を上げても槽内の冷却を抑えることができる。また，分散板を炉の下部に配置でき，分散板を貫通して触媒原料蒸気供給ラインを設けることができる。触媒原料蒸気を効率良く流動層に供給するとともに，炭素原料と供給経路を分けることで管壁・分散板での CNT を成長させず詰まりを抑制できる。この装置を用い，触媒担持量と CNT 合成条件を最適化した結果，平均直径 6.5 nm への短径化と，440 m^2/g への高比表面積化を実現できた。長さは 0.2 mm 程度とやや低減したが，未精製で炭素純度 99.6～99.8 wt% と市販の精製品よりも高純度であった。

これらの CNT は，特に二次電池や電気化学キャパシタの電極応用に魅力的である。分散・濾過により容易に自立膜を形成でき，厚さ 100 μm の自立膜は投影面積の 1 万倍の内部表面積を有す。現在は重い金属箔が集電体に用いられているが，CNT 自立膜を軽量な 3 次元集電体として用い，その機能化や活物質の包含により高容量・高出力の電極を作製している[25)-27)]。電池用途では，数千～数万円/kg と低価格での供給が求められるため，長尺・数層 CNT の流動層合成法の実用化に産学共同研究で取り組んでいる。

図 7　半連続流動層 CVD 法で合成した CNT の SEM 像[23)]
(a)は合成前のアルミナビーズ。(b)～(d)はアルミナビーズ上に合成した CNT。(e),(f)はガス流により分離・回収した CNT。

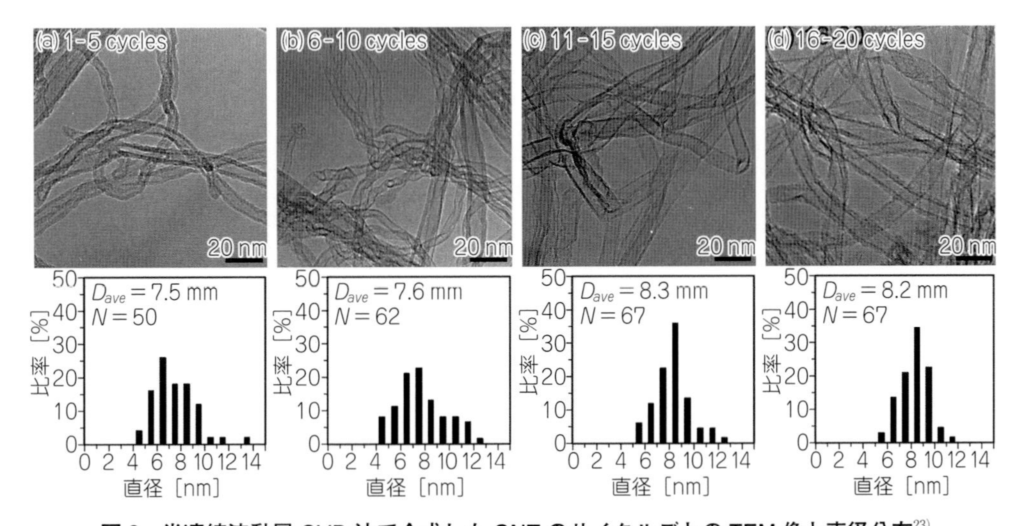

図 8　半連続流動層 CVD 法で合成した CNT のサイクルごとの TEM 像と直径分布[23)]

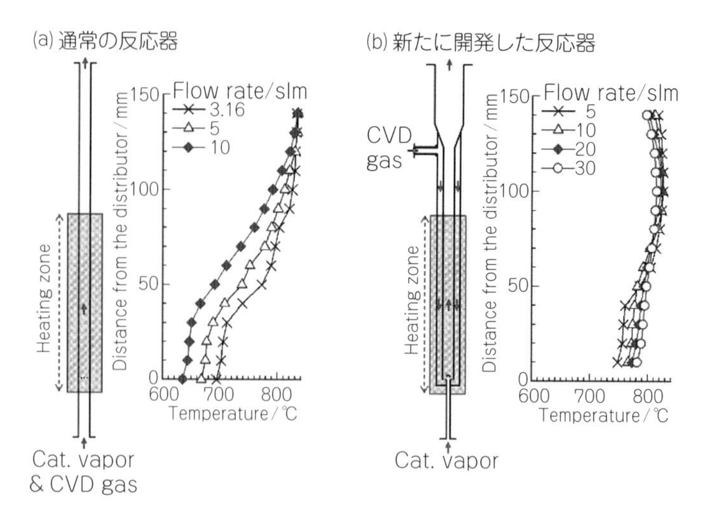

図９　通常の流動層反応器(a)と，新たに開発した熱交換式流動層反応器(b)の模式図と炉内温度分布[24)]

文　献

1）K. Hendai et al.：*Carbon*, **34**, 1249（1996）.

2）K. Hasegawa and S. Noda：*Carbon*, **49**, 4497（2011）.

3）A. Weidenkaff et al.：*Mater. Sci. Eng. C*, **19**, 119（2002）.

4）Y. Wang et al.：*Chem. Phys. Lett.*, **364**, 568（2002）.

5）M. Corrias et al.：*Chem. Eng. Sci.*, **58**, 4475（2003）.

6）Y.-L. Li et al.：*Chem. Phys. Lett.*, **384**, 98（2004）.

7）S. Y. Son et al.：*Korean J. Chem. Eng.*, **23**, 838（2006）.

8）C. H. See and A. T. Harris：*Aust. J. Chem.*, **60**, 541（2007）.

9）Q. Zhang et al.：*Carbon*, **47**, 2600（2009）.

10）Q. Zhang et al.：*Carbon*, **48**, 1196（2010）.

11）O.M. Dunens et al.：*Ind. Eng. Chem. Res.*, **49**, 4031（2010）.

12）http://www.ou.edu/engineering/nanotube/comocat.htm

13）http://www.swentnano.com/

14）http://www.graphistrength.com/en/manufacture/

15）http://www.cnanotechnology.com/en/pro.html

16）http://www.sdk.co.jp/news/2010/aanw_10_1223.html

17）S. Noda et al.：*Jpn. J. Appl. Phys.*, **46**, L399（2007）.

18）D. Y. Kim et al.：*Carbon*, **50**, 1538（2012）.

19）Y. Murakami et al.：*Chem. Phys. Lett.*, **385**, 298（2004）.

20）K. Hata et al.：*Science*, **306**, 1362（2004）.

21）H. Sugime and S. Noda：*Carbon*, **50**, 2110（2012）.

22）K. Hasegawa and S. Noda：*ACS Nano*, **5**, 975（2011）.

23）D. Y. Kim et al.：*Carbon*, **49**, 1972（2011）.

24）Z. Chen et al.：*Carbon*, **80**, 339（2014）.

25）S.W. Lee et al.：*Energy Environ. Sci.*, **5**, 5437（2012）.

26）R. Quintero et al.：*RSC Adv.*, **4**, 8230（2014）.

27）J. C. Bachman et al.：*Nat. Commun.*, **6**, 7040（2015）.

第3項　グラフェンCVD法

名古屋大学　寺澤　知潮　　東京大学　斉木　幸一朗

1. はじめに

化学気相成長（chemical vapor deposition；CVD）法は気相に供給された原料分子から化学反応を経て基板上へ薄膜を堆積させる技術である。グラフェンの作製法としてみると，比較的欠陥の少ないグラフェンを再現性良く得られ，層数の均一性や制御性が良く，大面積試料の作製が可能であるなどの利点から，特に産業応用の観点から広く研究されている技術である[1]。一方で，格子欠陥の抑制やより低い成長温度の達成などのCVDによるグラフェン作製のさらなる発展のために，その機構が議論されてきた。グラフェンCVD法は多くの化学反応と平衡が共存する複雑な過程であるが，大きく分ければ，原料分子である炭化水素から水素を引き抜いてグラフェン成長の前駆体となる炭素種を生成する過程と，その前駆体からグラフェン格子が組み上げられる過程がある[2)-4)]。本稿ではグラフェンCVD成長におけるこれら２つの過程の機構を紹介することでグラフェンCVD研究の現状を示す。まず，気相からグラフェン成長の前駆体を生成する過程の違いによりグラフェンCVD法を分類する。グラフェンCVD法の中でも金属基板の触媒作用によってグラフェンを形成する機構が最も盛んに研究されているため特に重点的に述べる。続いて，炭素のグラフェン格子への取り込みについての研究を示すため顕微的手法によるその場観察を紹介する。グラフェンCVD成長を制御しグラフェンの生産を産業レベルで実現するためにはこれら成長機構の理解が極めて重要であると考えられる。産業応用に向けて欠陥の少なく層数の制御された単結晶グラフェンを得るためにCVD法の改良が研究されてきたが，その内容については本稿に続く第１編第１章第１節第４項を参照されたい。また大面積グラフェンの安定した生産のためのプラズマCVD法およびその転写については第１編第１章第３節第２項に詳しく紹介されている。グラフェンCVD成長の機構を明らかにする上で重要な手法である低速電子顕微鏡（low energy electron microscopy；LEEM）については第１編第４章第５節に深く述べられている。これらの項目と合わせてグラフェンCVD法についての理解を深めていただきたい。

2. 前駆体の生成

グラフェンCVD成長においては炭素源として主にCH_4，C_2H_4，C_2H_6，C_6H_6，C_2H_5OHなどの炭化水素気体が供給される[3)]。同時にキャリアガスとしてAr，還元雰囲気に保つためにH_2が導入される場合が多い。炭素源である炭化水素からグラフェンの成長前駆体が生成する過程を説明した模式図が**図１**である。炭化水素のクラッキングの主な手法として，熱分解，プラズマ，金属基板への固溶，金属基板表面での解離吸着があげられる。以降では図１の模式図をもとに各種CVD法における成長前駆体の生成

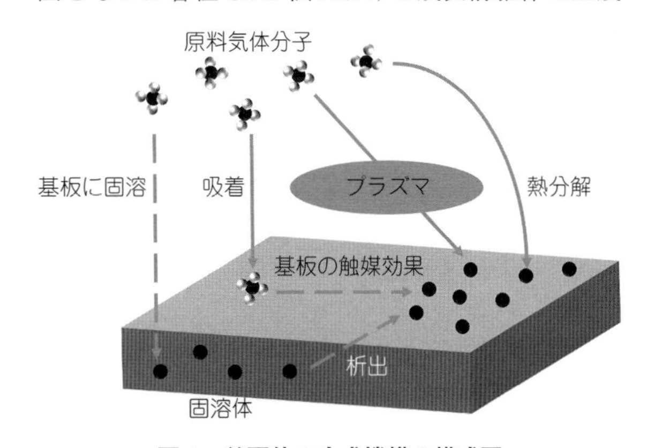

図１　前駆体の生成機構の模式図

の機構について紹介する。

2.1　熱分解

炭化水素中の炭素–水素の結合エネルギーはおよそ400 kJ/molであるため，熱によりこのエネルギーを供給するためには1,200℃以上の高温を要する[5]。他の手法に比べて触媒作用の弱い酸化物基板の上でのグラフェンCVD成長では例えば文献6)の報告のように1,000～1,600℃の高温が求められる。絶縁性基板への直接成長という観点での利点はあるものの，CVD法のもつ高い成長温度という問題は残され，また結晶性も一般に金属基板上に成長したグラフェンよりも良くないと評価されている。

2.2　プラズマによる分解

より低温でのグラフェン成長を目指して気相中で原料分子をプラズマ化する手法が知られている。基板温度を400℃程度に下げてもプラズマによりグラフェンが成長するため低コストで大面積グラフェンを作製できる手法として期待がもたれている[7][8]。基板の触媒作用が低くてもグラフェンが成長する一方で，基板温度を高くすると後述する金属基板の触媒効果によるグラフェン成長が平行して起こることが明らかにされている[9]。気相中のプラズマは原料分子からの成長前駆体の形成を助けるが，プラズマによってグラフェン格子がダメージを受けるため，プラズマCVDにより作製されたグラフェンにはしばしば欠陥がみられる[7][9]。また，気相から原料が供給され続けるため，均一かつ制御された層数のグラフェンを作製するためにlayer-by-layerの成長を達成する条件を吟味する必要がある[9]。

2.3　金属との反応

CVD法によるグラフェンの作製においては，金属を基板としてその触媒作用を活用する例が多い。金属の表面で炭化水素からグラファイトが形成することは主に触媒の被毒として50年以上前から知られていた[10]。炭化水素を吸着しやすいかどうか，グラフェンを形成しやすいかどうかは**表 1**にまとめたように金属ごとの炭素との親和性によって異なる。この表をもとに［2.3.1］と［2.3.2］では触媒金属ごとのグラフェン生成の機構を議論する。

2.3.1　固溶析出系

遷移金属は空のd軌道と表面に吸着した炭素のπ電子との相互作用により炭素との親和性が高く，高温の遷移金属は炭化水素から水素を引き抜いて炭化物や炭素の固溶体を形成することが知られている。炭化物や固溶体は冷却により炭素を吸蔵できなくなると余剰の炭素を放出し，表面にはグラファイトを形成する。析出しグラファイト格子を組んだ炭素原子は再び温度が上昇すると分解され金属に吸蔵される。特にd電子の少ない鉄族以前の遷移金属が炭化水素と炭化物を形成するときの炭素の吸蔵量はFe_3Cなどの組成から考えて25 at %にもなる[2)-4)]。このとき，炭素の吸蔵量が多いため析出する炭素も多く，析出物は多層グラフェンというよりグラファイトになる。グラフェン形成のためにこれら炭化物を形成しやすい金属を使った例はFeの場合などいくつか報告がある[11][12]。

後期遷移金属はd軌道の空きが少なく，炭素と直接炭化物を形成しにくい代わりに固溶体を形成する。遷移金属中への炭素固溶度が冷却とともに減少するとき，固溶しきれなくなった炭素が固溶体の表面に単層グラフェンを形成した状態が安定であることをBlakelyらがAuger電子分光によって示した[13]。金属に固溶した後で析出した炭素が単層グラフェンであることを直接的に示したのは走査型トン

表 1　触媒金属の分類

	Fe	Ni, Ru, Ir, Pt	Cu, Ge
d 電子の数	少ない	多い	閉殻
炭素との親和性	高い	中程度	低い
1,000℃付近での炭素の固溶度	数十%	1～0.1%	1～10 ppm
炭化水素との反応	炭化物を形成	固溶体を形成	表面で重合
グラフェンの層数	グラファイト	多層グラフェン	1～2 層のグラフェン

ネル顕微鏡による観察である[14]。また，Auger 電子分光の結果はさらに温度を下げると多層グラフェンが析出する相へと変わる様子を示している[15]。一連の反応において炭素の固溶度は温度によって異なるが，例えば第 4 周期の Co や Ni では 0.1～1 at %程度である[2)-4)]。また，第 5 周期の Ru や Pd は炭素の固溶度が高いが，第 6 周期の Pt や Ir では 5d 軌道と炭素の π 軌道との相互作用が弱く，炭素の固溶度も低い[3)4)]。これらの系の中でも Ru は六方晶最密構造をもち，容易に 6 回対称の（0001）表面が作れるため，基礎的な研究が盛んである[16)-18)]。基礎物性研究においては，Pt や Ir なども炭素の固溶度が低いためグラフェンの層数を制御しやすいことから広く研究されている[14)19)]。応用研究においては，Ni の炭素の固溶度がそれほど高くなく層数の少ないグラフェンを形成しやすいこと，グラフェンと格子ミスマッチが少ないこと，安価であることから固溶と析出の系では最も研究例が多い。グラフェンの層数と欠陥の制御のためには，前駆体の生成量を調整するために，基板の加熱温度，冷却速度などが重要なパラメータであると考えられている[20)21)]。

2.3.2 表面反応系

遷移金属の表面では炭化水素が解離吸着して原子状の炭素（またはその重合体）を形成する反応がある。吸着した炭素は表面を拡散しやがてグラフェン格子を形成する。Ruoff らは同位体 ^{13}C の追跡の研究により，この水素の引き抜きによるグラフェン成長前駆体の生成反応は基板表面で生じるため，基板がグラフェンに覆われるとグラフェン成長速度が自然に低下することを明らかにした[22]。特に炭素の固溶度が低い Cu, Ge などの金属で，この self-limiting 効果によって単層または層数の制御されたグラフェンが再現性よく得られる[1)23)]。他にも Ir や Pt などで炭化水素からグラフェン格子を作り出す触媒能が高いといわれているが，これらの金属では固溶からの析出も協奏的に生じる[3)4)]。遷移金属の中でも特に Cu 上でのグラフェン CVD は，安価な箔を使って大面積かつ単層グラフェンを得る手法として注目され多くの研究が行われている[8)24)25)]。以下ではこの Cu の場合についてグラフェン成長前駆体の生成機構を詳しく説明する。

Cu は遷移金属であるが d 軌道は閉殻で炭素との相互作用が非常に少ない。Cu への炭素の固溶度は 10 ppm 程度であることもそれを示している[26]。清浄な Cu 表面では炭化水素の解離吸着はほとんど起こらないが，Cu の表面に酸素を暴露した場合にこの吸着確率が上昇することが 40 年以上前から知られていた[27]。この Cu 表面の酸素が炭化水素から水素を引き抜く反応を活性化させるため，本来は炭化水素が解離吸着しない Cu 表面でもグラフェンが成長すると考えられている[28]。特に実験室レベルでターボ分子ポンプやイオンポンプなどで排気された超高真空下の実験を行う際には，この炭化水素の低い吸着確率がグラフェン成長前駆体の生成において問題となり得る。一方で，通常の加熱炉などロータリーポンプなどで排気される背圧の高い系では，系中の水素や酸素の濃度が高過ぎるとグラフェンの成長前駆体を消費して CH_4 や CO_2 などの揮発性の高い分子を形成してしまい，グラフェンが成長しない[17)18)29)]。そのため温度や全圧などの基礎的なパラメータに加えて，不純物を含めた気相中の気体の成分比が Cu 上でのグラフェン成長の重要なパラメータとなる[28)30)31)]。

3. 成長前駆体の重合

基板上に生成した前駆体はバルクまたは表面を拡散して重合しグラフェンを形成する。この 2 次元の結晶成長を理解するためには，分光学的な手法に加えて顕微的な観察も求められてきた。なかでもグラフェン成長の顕微的手法によるその場観察は，時間発展の情報が事後観察よりも容易に得られるという利点がある。2000 年代からよく観察されていた Ni や Ru 上でグラフェンが析出する系に加えて，近年では Cu 基板の表面でのグラフェン成長の顕微的手法によるその場観察の研究も盛んになってきた。その結果，CVD において表面近傍の炭素濃度がグラフェンの成長を左右する機構が明らかにされてきた。それを模式的に示したのが**図 2** である。以下では図 2 をもとに成長前駆体からのグラフェンの重合機構をまとめる。

いずれの手法・基板においても基板表面の炭素がグラフェンの成長前駆体であると考えられている。

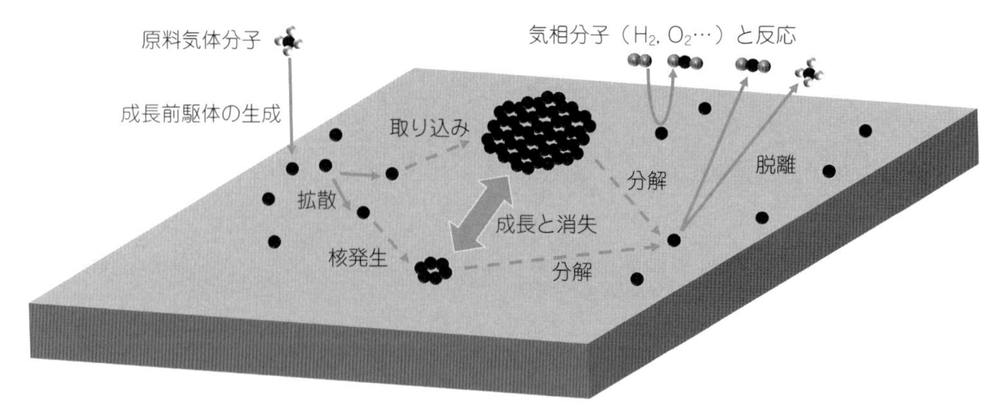

図 2　基板表面でのグラフェン生成の模式図

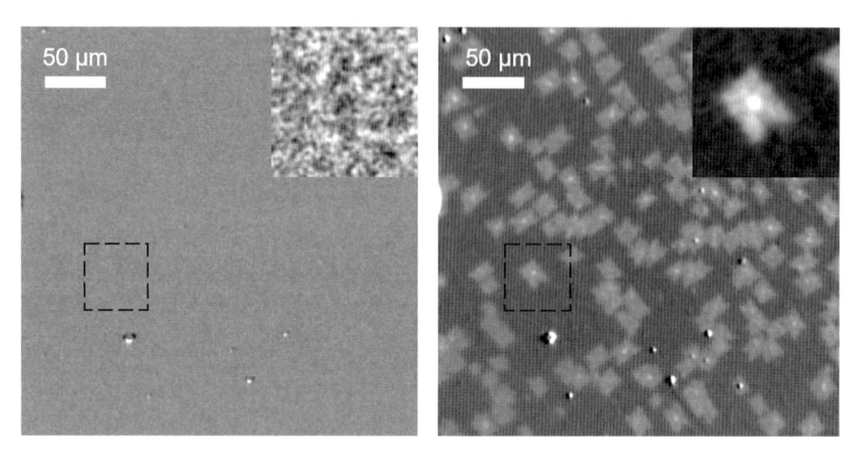

図 3　グラフェン CVD 成長のその場観察

1,005℃の Cu 基板に $Ar/H_2/CH_4$＝1,000/100/2 sccm の割合で 2,700 Pa の気体を導入したときの熱放射光学顕微像。（左図）CH_4 の導入開始直後と（右図）導入開始から 500 秒後。挿入図は点線で囲われた部分の拡大図。暗い Cu の背景上に明るいグラフェンが成長する様子がとらえられている。

特に研究の盛んな Ni と Cu は，それぞれ固溶した炭素が拡散し表面に到達した場合と，表面における炭化水素の分解の場合とに対応する。いずれの場合もまず表面に炭化水素が供給されると成長前駆体の濃度が次第に増えていく。これらの成長前駆体の濃度が過飽和に至るとグラフェンが核発生する。このときの核発生は単結晶基板などの場合はステップや表面の不純物などで生じやすい。実用的な多結晶の箔では粒界の影響も無視できない。成長前駆体は基板表面を拡散しながらグラフェン格子にたどり着くと一定の確率で取り込まれ，グラフェン格子の 2 次元結晶成長を生じる。例えば，**図 3** に示すように熱放射光学顕微法によるグラフェン成長の顕微的その場観察は，グラフェン結晶の核密度や面積の時間発展を評価できるため[31)-33)]，その情報をもとにグラフェンの成長機構が議論できる。

一方，グラフェン格子から成長前駆体に分解する逆反応も常に存在していると考えられる。結晶が一度成長してから消失する現象の追跡もその場観察ならではの特徴である[17)18)32)]。グラフェン生成と消失の平衡は，成長前駆体が飽和濃度を超えて供給されているうちは格子の成長の側に常に移動し続ける。しかし，例えば基板温度が上がり基板の炭素の固溶度が増えたり，炭化水素の供給が停止したりすると，成長前駆体の濃度が減少する。このときはグラフェン格子を分解する方向に平衡が移動する。特に，系中の酸素は成長前駆体を速やかに駆逐するためにグラフェンの分解に強く影響すると考えられる。

グラフェン成長やその逆反応である消失の基礎的な議論に加えて，応用に向けてもグラフェンの生産をリアルタイムで管理するために，グラフェン成長の顕微的手法によるその場観察は重要となる可能性がある。以下では，グラフェンの顕微的手法によるその場観察とそれに基づいて明らかにされた機構を，固溶と析出および表面反応に分けて紹介する。

3.1　固溶析出系

あらかじめ炭素を吸蔵させた金属の温度を下げるとグラフェンが析出する過程は，真空下も実験できることから，電子顕微鏡により研究されてきた。その場走査型電子顕微鏡（scanning electron microscopy；SEM）法に加えてLEEMや光放出電子顕微鏡（photo-emission electron microscopy；PEEM）によって，Ni，Ru，Ir，などの基板上でのグラフェンの形成が評価されている[16)18)34)]。Ru（0001）単結晶面でのグラフェンの成長のその場LEEM観察によって成長前駆体がC_5の構造をもつこと，炭素とRu基板との相互作用が強いためステップ-テラスの上りと下りで成長速度に差があることなどが明らかにされた[35)]。Ru上の成長前駆体が系中の酸素により除去されグラフェンが消失する反応もLEEMによってその場観察されている[17)18)]。一方，Irなど相互作用の弱い系ではステップエッジでのグラフェンの核形成とエッジの再構成はみられるが等方的にグラフェンが成長することが観察された[19)]。

Niは他の金属と比べて安価なため，単結晶だけではなく箔を基板とする実用的な系の研究がされている。単結晶の場合ではステップ-テラスやテラス表面での析出を観察するが，箔のような多結晶の場合は粒界を拡散してくる炭素があるために，粒界の近傍からグラフェンが析出することがその場LEEM観察によって明らかにされている[36)]。

3.2　表面反応系

Niなどの場合と違い，炭素を固溶しないCu上ではグラフェンが表面反応によって生成する。この表面反応による吸着炭素の重合については，炭素のロッドの加熱によって吸着炭素を供給した場合のその場LEEM観察は報告されているが[37)38)]，通常の熱CVD法のように炭化水素を供給し続けながら吸着炭素の重合過程を観察するのは電子顕微鏡の作動圧力の問題により困難である。

その問題を解消する手法の1つが，数十～数百Paの環境でも電子線を検出できる機能を備えた環境制御型SEMの利用である。成長するグラフェンとCu基板を20 Pa程度の全圧下でも電子線反射率の違いにより識別できることが報告されている[39)]。また，Cu基板の形状の変化も通常のSEMのように観察できるため，グラフェン成長の速度論の解析に加えて融点直下で構造が不安定化したCu基板が再配列する様子も観察されている[40)]。

一方，電子顕微鏡ではなく光学顕微鏡によってグラフェンを観察する手法もある。高温での物質の黒体輻射強度の顕微法を行う熱放射光学顕微法（図3も参照）によると，グラフェンとCu基板の黒体輻射強度の大きな違いから，大気圧下などこれまでの電子顕微鏡では不可能であった環境でもグラフェンとCu基板を識別できる[32)33)]。グラフェンの成長速度や核密度の温度依存性の評価に加えて，メタン分圧や酸素分圧などの環境の変化に対してグラフェンの成長が敏感に応答する様子も観察されている[31)]。またグラフェンが酸素によって除去される過程についても議論され，系中の酸素がグラフェン成長前駆体を消費してグラフェンが消失する機構が明らかになった[31)]。

4. おわりに

本稿ではグラフェンCVD成長について特に機構の面から説明した。まず，代表的に熱分解，プラズマの援用，金属基板への固溶，金属基板表面での解離吸着の機構の特徴を述べた。特に金属基板の場合については，固溶析出系と表面反応系の成長前駆体の生成に詳細な説明を加えた。また，金属表面での成長前駆体の重合反応において顕微的手法によるその場観察が明らかにしてきた結果を述べた。現在では，グラフェン格子と表面の前駆体とが成長と分解をせめぎあい，成長条件の違いに応じてグラフェン格子が形成したり消失したりすると考えられている。以上の議論によって基礎物性あるいは産業応用のいずれの研究でもグラフェンCVD格子の構造を自在に制御する試みへと貢献できれば幸いである。

文　献

1）X. Li, *et al.*：*Science*, **324**, 1312（2009）.
2）C. Mattevi, *et al.*：*J. Mater. Chem.*, **21**, 3324（2011）.
3）R. Muñoz and C. Gómez-Aleixandre：*Chem. Vap. Depos.*, **19**, 297（2013）.
4）C.-M. Seah, *et al.*：*Carbon*, **70**, 1（2014）.
5）P. Lenz-Solomun, *et al.*：*Catal. Letters*, **25**, 75（1994）.
6）J. Hwang, *et al.*：*ACS Nano*, **7**, 385（2013）.
7）J. Kim, *et al.*：*Appl. Phys. Lett.*, **98**, 091502（2011）.
8）T. Yamada, *et al.*：*Carbon*, **50**, 2615（2012）.
9）T. Terasawa and K. Saiki：*Carbon*, **50**, 869（2012）.
10）B. C. Banerjee, *et al.*：*Nature*, **192**, 450（1961）.
11）D. Kondo, *et al.*：*Appl. Phys. Express*, **3**, 025102（2010）.
12）H. An, *et al.*：*Curr. Appl. Phys.*, **11**, S81（2011）.
13）J. C. Shelton, *et al.*：*Surf. Sci.*, **43**, 493（1974）.
14）T. A. Land, *et al.*：*Surf. Sci.*, **264**, 261（1992）.
15）M. Eizenberg and J. M. Blakely：*Surf. Sci.*, **82**, 228（1979）.
16）P. W. Sutter, *et al.*：*Nat. Mater.*, **7**, 406（2008）.
17）E. Starodub, *et al.*：*J. Phys. Chem. C*, **114**, 5134（2010）.
18）Y. Cui, Q. *et al.*：*J. Phys. Chem. C*, **113**, 20365（2009）.
19）J. Coraux, *et al.*：*Nano Lett.*, **8**, 565（2008）.
20）K. S. Kim, *et al.*：*Nature*, **457**, 706（2009）.
21）Q. Yu, *et al.*：*Appl. Phys. Lett.*, **93**, 113103（2008）.
22）X. Li, *et al.*：*Nano Lett.*, **9**, 4268（2009）.
23）J.-H. Lee, *et al.*：*Science*, **344**, 286（2014）.
24）S. Bae, *et al.*：*Nat. Nanotechnol.*, **5**, 574（2010）.
25）T. Kobayashi, *et al.*：*Appl. Phys. Lett.*, **102**, 023112（2013）.
26）R. B. McLellan：*Scr. Metall.*, **3**, 389（1969）.
27）I. Alstrup, *et al.*：*Surf. Sci.*, **264**, 95（1992）.
28）Y. Hao, *et al.*：*Science*, **342**, 720（2013）.
29）S. Choubak, *et al.*：*J. Phys. Chem. Lett.*, **4**, 1100（2013）.
30）I. Vlassiouk, *et al.*：*ACS Nano*, **5**, 6069（2011）.
31）T. Terasawa and K. Saiki：*Appl. Phys. Express*, **8**, 1（2015）.
32）T. Terasawa and K. Saiki：*Nat. Commun.*, **6**, 6834（2015）.
33）斉木幸一朗, 寺澤知潮：応用物理, **85**（6）, 485（2016）.
34）K. Takahashi, *et al.*：*Surf. Sci.*, **606**, 728（2012）.
35）E. Loginova, *et al.*：*New J. Phys.*, **10**, 093026（2008）.
36）G. Odahara, *et al.*：*Appl. Phys. Express*, **5**, 035501（2012）.
37）J. M. Wofford, *et al.*：*Nano Lett.*, **10**, 4890（2010）.
38）S. Nie, *et al.*：*Phys. Rev. B*, **84**, 155425（2011）.
39）P. R. Kidambi, *et al.*：*Nano Lett.*, **13**, 4769（2013）.
40）Z.-J. Wang, *et al.*：*ACS Nano*, **9**, 1506（2015）.

第4項　高品質グラフェンのCVD成長

九州大学　**吾郷　浩樹**

1. はじめに

グラフェンは，その単一原子の厚みと6回対称の格子を反映して，特徴的な線形のバンド分散をもち，キャリアは質量ゼロのDirac方程式で記述できるという，非常にユニークな性質を有している。グラフェン中のキャリアは光の1/300の速さで動くことから，きわめて高い移動度を示すとともに，究極的な薄さにより機械的柔軟性と光透過性も有している。このようにグラフェンは他の材料とは一線を画す材料であり，その性質をいかした応用を見出すことにより非常に有用な材料となり得る。

グラフェンを合成する方法として，グラファイトからの機械的剥離，SiC単結晶表面のSi蒸発，酸化グラフェン粉末の還元などがあげられるが，金属触媒を用いた化学蒸着法（CVD法）は，結晶性の高いシート状のグラフェンを大面積に合成できる非常に有力な方法である。実際，グラフェンのCVD合成は，透明電極やタッチパネルなどの中程度のクオリティの大面積での応用に加えて，高周波トランジスタやテラヘルツ応用などの高いクオリティのグラフェンを要する応用にも，幅広く，標準的に用いられるようになっている[1)]。

グラフェンの応用を進める上では，グレインバンダリー（GB，結晶粒界）やリンクル（皺），およびリップルとよばれる小さな波紋の存在がグラフェンの特性を大きく左右することが知られており，これらの低減が課題となっている。特に，GBはグラフェンの電気的，機械的特性の低下につながると実験的・理論的に報告されていることから[2)3)]，GBをもたないグラフェン，つまり単結晶グラフェンの合成への期待につながっている。前項でグラフェンのCVD成長は述べられていることから，本稿では，より高品質なグラフェン，特にGBフリーの単結晶グラフェンの合成に向けた研究を中心に解説する。

2. グラフェンの成長メカニズム

グラフェンのCVD合成では，単層グラフェンを優先的に合成できる銅（Cu）が触媒として主に使われている。これは，Cuが1,000℃で約0.03 at %と非常に低い炭素固溶度しかもたないため，Cu表面でのみグラファイト化が進行し，単層グラフェンを選択的に合成できるからである[4)-6)]。いったん，Cu表面がグラフェンで覆われると炭素原料の分解が起こらなくなり，それ以上グラフェンは生成しない。つまり，Cuを触媒に用いると2層目の生成が起こりにくいことが知られている。同様に，白金（Pt）やイリジウム（Ir）なども単層グラフェンの合成に用いられるが[7)]，金属のコストと，グラフェン合成後のエッチングの容易さから，Cuが中心的に使われている。一方，強いグラファイト化能を有するニッケル（Ni）やコバルト（Co）は，高い炭素固溶度（1,000℃で約1 at %）をもち，金属中に炭素原子が固溶した後に析出するので，単層から多層まで混在した不均一なグラフェン膜しか得られない[8)9)]。実際には，Cuの結晶粒界内には炭素が拡散し，複層のグラフェンを形成するケースも多いが，NiやCoよりも幅広い合成条件で単層グラフェンを比較的容易に合成できるので，多くのCVDでCuが触媒として使われている。

図1にCu触媒での単層グラフェンの成長過程を示す[5)]。一般的な原料であるCH_4を高温（約900～1,080℃）で供給すると，Cu表面でCH_4が触媒分解され，水素を放出してCH_x（$x=0$～3）となる（ステップ①）。このCH_xがCu表面で拡散し（②），

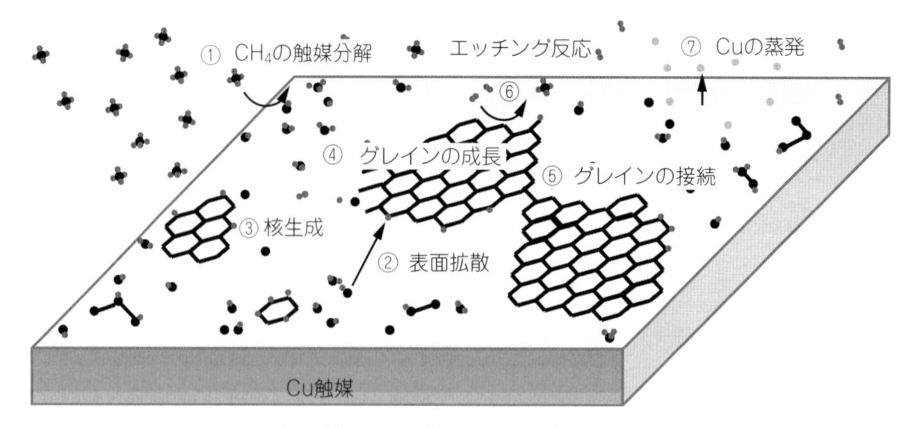

図 1　銅触媒上でのグラフェンの成長メカニズム

臨界濃度に達したところで結晶核となってグラフェンを形成しはじめる（③）。なお，この核生成は，Cu の結晶粒界や不純物，表面凹凸が起点となって起こることが多いといわれている。その後，グレインに到達した CH*x* が脱水素反応を経ながらグレインに取り込まれ，グレインはさらに大きく発達していく（④）。そして，異なる核生成点から成長してきたグレインと融合していくことで一枚のグラフェンシートを形成する（⑤）。これらのステップの他にも，水素でグラフェンの炭素原子がエッチングされる現象（⑥）や，Cu の蒸発（⑦）も起こり，多くの化学反応が高温の Cu 表面で起こる。なお，このメカニズムは炭素を溶解しない他の金属（例えば Pt[9]）でも同様である。

3. CVD グラフェンのグレイン構造

Cu ホイルを用い，CH_4 を原料として合成した単層グラフェンのグレイン構造を**図 2**(a)(b)に示す[10]。筆者らの研究から，グラフェンの表面に遷移金属ダイカルコゲナイド（TMDC）の一種である二硫化モリブデン（MoS_2）の単結晶を合成させると，ファンデルワールスエピタキシーによりグラフェンの方位を反映して MoS_2 が成長することがわかっている[11]。図 2(b)に小さくみえる三角形の形状が MoS_2 結晶である。これらの三角形の MoS_2 の向きから下地となる単層グラフェンの方位を決定することができる。それによって図 2(a)(b)のようにグレインの向きと大きさを決定できる。これらの図から，さまざまな回転角をもってグレインが成長していることがわかる。

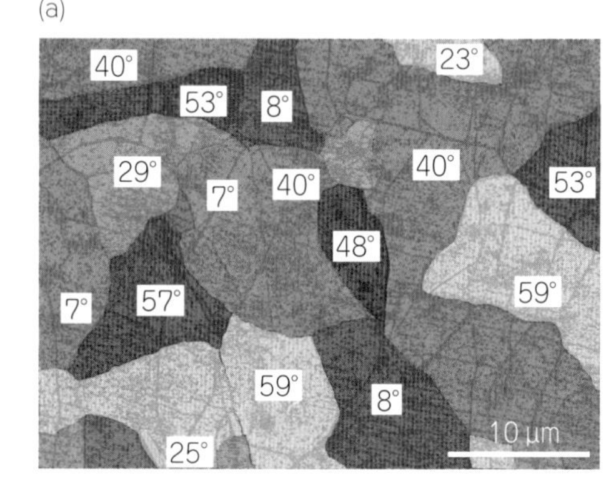

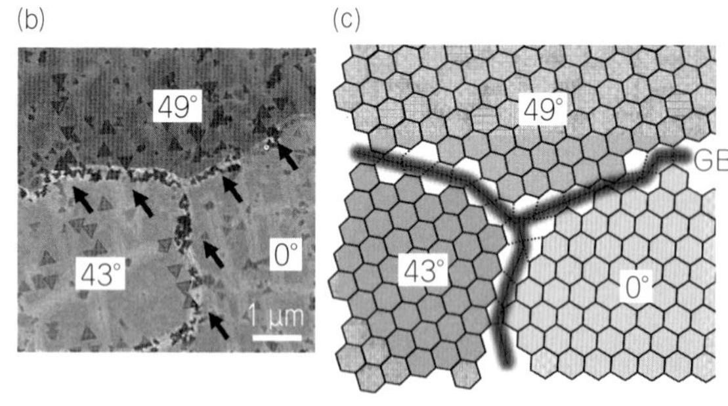

図 2　(a)と(b) Cu ホイル上に合成したグラフェンのグレイン構造[10]。角度はそれぞれのグレインの相対角度を示している。グラフェンの 6 員環の方位はその上に成長させた三角形の形状をもつ MoS_2 単結晶の向きから決定している。(c)(b)のグレイン構造のイラストで，黒色の線が GB を示している（口絵参照）

方位が異なる隣接グレインの間には GB が生じる。図 2(b)の矢印が GB であり，この GB に沿って小さく形が不明瞭な MoS_2 が生成する[10]。グラフェンのベーサル面よりも GB の反応性が高いため，GB に

MoS_2が生成しやすいからである。図 2(b)のグレイン構造をわかりやすく図示したのが図 2(c)である。このようなGBの存在は，キャリア移動度の低下，シート抵抗の増大，そして機械強度の低下につながる。すなわち，GBの存在により理想的なグラフェンの特性が得られなくなってしまうといえる。そのため，GBをもたないグラフェン（単結晶グラフェン）をいかに大面積に効率的に合成するか，という点が重要になってくる。なお，GBの構造や物性についても検討がなされており，5 員環や 7 員環などが存在することや，GBで電子状態密度が局所的に高くなることなどが報告されている[2)3)12)13)]。

4. 単結晶グラフェン合成に向けた指針

単結晶グラフェンを得るための指針として，大きく分けて 2 つの考え方が存在する。1 つは，グラフェンのグレインの 6 員環の方位をそろえて成長させ，グレイン間をシームレスに融合させることで大きな単結晶とする方法である（**図 3**(a)）。核密度にはあまり依存しないが，グラフェンの 6 員環の方位の制御が重要となる。もう一つは，グラフェンの成長点を限りなく減らし，理想的には 1 個の核からグラフェンを成長させる方法である（図 3(b)）。6 員環の方位の制御は不要だが，いかに核密度を低下させるかということが鍵となる。前者の指針に沿った合成法としては，金属触媒の結晶方位を反映させてグラフェングレインをそろえる方法（エピタキシャル成長），後者としては物理的・化学的に核生成を抑制する方法がある。

5. ヘテロエピタキシャル CVD 法

筆者らは，高結晶性で高品質の単層グラフェンを合成するには，金属触媒の結晶性や結晶方位が重要となると考え，**図 4** に示すヘテロエピタキシャル CVD 法を開発した[14)-20)] その概略を図 4 に示す。当初は，MgO(100)上でグラフェンを合成していたが[21)]

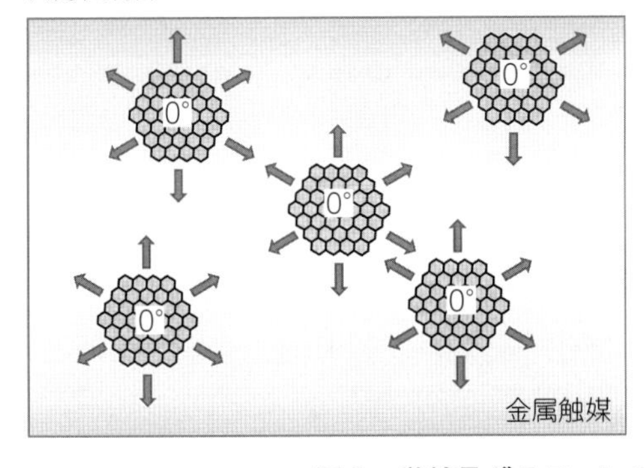

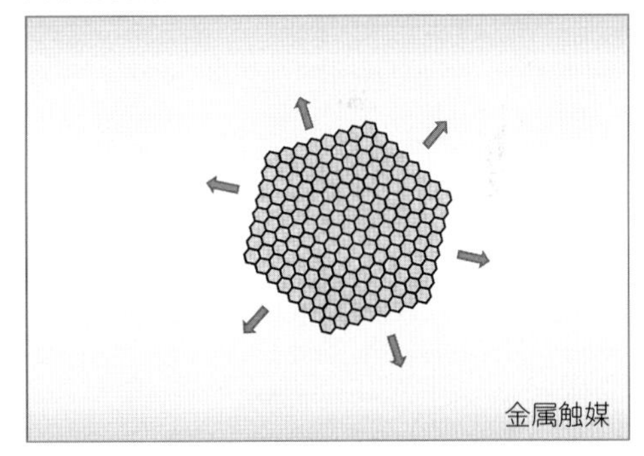

図 3　単結晶グラフェンの合成に向けた 2 つの考え方

(a)グレインの 6 員環の方位をそろえて成長させ，各グレイン間を欠陥なく融合させる。(b)触媒上でのグラフェンの核密度を極限まで下げて，その限られた核からグラフェンを大きく成長させる。

図 4　ヘテロエピタキシャル CVD 法（口絵参照）

サファイアc面(α-Al_2O_3(0001))の上に0.5～2 µmの厚さのCu(111)薄膜を堆積することで，6員環の方位をそろえた単層グラフェンを大面積に合成することに成功した[14)-16)18)]。

図5(a)は，サファイア上にスパッタリング製膜したCu薄膜と，デバイス作製に標準的に用いられている300 nmのアモルファス酸化膜（SiO_2）をもつシリコン基板に同様に製膜したCu薄膜のX線回折（XRD）パターンである。サファイア上のCu薄膜ではCu(111)に由来する43.4°のシャープな回折ピークが1本であるのに対して，SiO_2/Si基板上のCu薄膜では上では，50.6°にCu(200)ピークも観察され，垂直方向に異なる結晶面をもっていることがわかる。図5(b)(c)は，Cu薄膜/サファイアと市販のCuホイル（Alfa Aesar社）の電子線後方散乱回折（EBSD）像を比較したものである。Cuホイルは Cu(100) 面から微傾斜した結晶面をもつ小さな結晶粒からなるのに対して，サファイア上のCuは均一に（111）面を有していることが明らかになった。このように，サファイアのような単結晶基板にCu薄膜を堆積することで，非常に結晶性が高く，面心立方（fcc）構造の（111）面を選択的にもつCu結晶膜を合成できることが示された。

さらに興味深いのは，これらのCuの上に成長したグラフェンのグレイン構造である。図5(d)(e)は，Cu薄膜/サファイアとCuホイル上に成長したグラフェンからの低エネルギー電子線回折（LEED）のパターンである。LEEDは，低エネルギーの電子線を基板の上から垂直に照射して回折パターンを得る方法で，基板上のごく表面からの結晶構造に関する情報を得ることができる測定手法である。図5(e)に示すように，Cuホイル上に成長したグラフェンでは，規則的な回折パターンがみられず，さまざまな6員環の方位をもつグレインからなることを示唆し

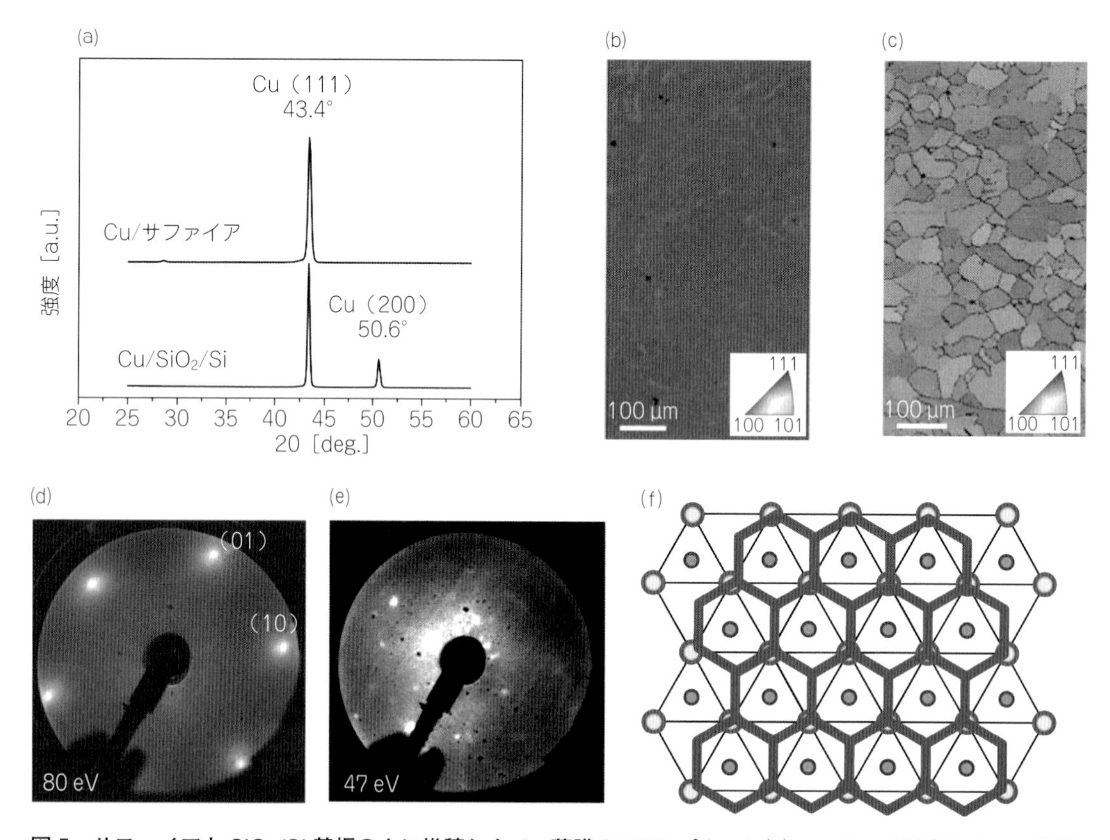

図5　サファイアとSiO_2/Si基板の上に堆積したCu薄膜のXRDパターン(a)，EBSDで測定したCu薄膜/サファイア(b)とCuホイル(c)の結晶面，Cu薄膜/サファイア(d)とCuホイル上に成長したグラフェン(e)からのLEEDパターン，Cu（111）上に成長したグラフェンの構造の模式図(f)，丸がCu原子を，太線がグラフェンを表している（口絵参照）

ている。一方，グラフェン/Cu薄膜/サファイアでは非常に明瞭な6個の回折スポットが観測され（図5(d)），Cu（111）面の方位に従ってグラフェンの六方格子の向きがそろっていることが明らかとなった。LEEDの電子線のスポットサイズが約1mmであることから，1mmの広い範囲にわたってグラフェンの6員環の方位がそろっているといえる。このCu（111）上に成長したグラフェンの構造を示したのが図5(f)である。3回対称のCu（111）上に，6回対称のグラフェンが整合して成長しているのがわかる。グラフェンとCu（111）の格子定数はそれぞれ2.46Åと2.56Åであり，Cuの格子の方が4%大きい。Cuとグラフェンの結合は弱いため，グラフェンの格子定数には大きな変化はなく，走査型トンネル顕微鏡（STM）などで観察すると長距離秩序に由来するモアレ構造がみられる[22]。

図6(a)は，Cu薄膜/サファイア上に合成したグラフェンをSiO_2/Si基板に転写した写真である。グラフェンのコントラストは均一で，層数が均一なグラフェン膜が得られているのがわかる。図6(b)は任意の3点でラマンスペクトルを測定した結果である。2DバンドがGバンドの2倍程度あり，単層グラフェンであることを示している。さらに，GBや欠陥に由来するDバンドが非常に小さく，きわめて高品質の転写グラフェンが得られていることがわかる。このようにノイズレベルまで小さなDバンドは，Cuホイルの上から転写したグラフェンでは観察されることは多くない。著者らの転写グラフェンで良好なラマンスペクトルが得られる理由として，（1）Cu(111)を触媒として用いているためグラフェンのグレインの方位がそろっていること，（2）サファイア上に堆積したCu薄膜が非常に平滑で転写時の欠陥が少ない，という2点が作用していると考えている。

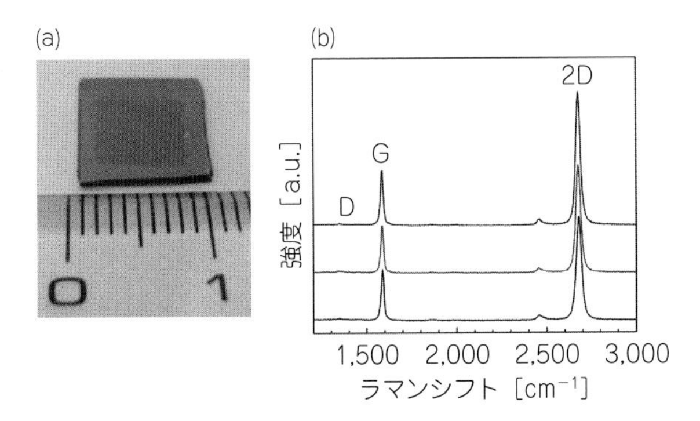

図6　Cu薄膜/サファイアからSiO_2/Si基板に転写したグラフェンの写真(a)，転写グラフェンのラマンスペクトル(b)

6. Cu(111)上のグラフェンのグレイン構造

図1で述べたように，高温でのCH_4供給中に，グラフェンのグレインは時間とともに大きくなる。そのため，グラフェンがCu表面をすべて覆う前にCH_4供給をストップすると，成長途中のグレインを観察することができる。**図7**(a)(b)は，Cu薄膜/サファイアの上に成長したグラフェンのグレインを走査型電子顕微鏡（SEM）で観察したものである[18]。大きさが10～50μm程度で，六角形の形状をもつグレインが多数みられる。ここで，サファイア，およびCu(111)の方位から六角形グラフェンの方位は図7(c)のようになっており，ジグザグエッジからなることが明らかとなった。結晶成長では成長が最も遅い結晶面が露出するので，グラフェンではジグザグエッジの成長速度が最も遅いといえる。また，図7(a)(b)をよくみると，六角形のグラフェンのグレインは同じ方向を向いている。これはCu(111)の方位にグラフェンの六方格子が従うためである。このグラフェングレインの大きさ，および形状は，CVD条件に大きく依存する。CH_4とH_2の濃度のバランスがよいときにファセットをもつ六角形グレインが成長する傾向にある。また，グレインのサイズも濃度に依存して変化する。図7(d)はグレインサイズのH_2濃度依存性をプロットしたものである。ここでグラフェン成長時間は20分に統一している。グラフから，H_2濃度には，ある最適な濃度があることがわかる。H_2濃度が低い場合には，Cuの触媒活性が十分に高くならず，成長速度が低下する。一方H_2濃度が高い場合には，グラフェンのエッチングが起こるため，成長が鈍化する。先述したように六角形のグラフェンの方位がそろっていることから，単結晶と同様のバンド構造を得ることができる。角度分解光電子分光（ARPES）では，グラフェン特有の直線的なバンド分散が観察できてお

り，方位がそろっていることで，グラフェンのバンド構造が広い範囲にわたって制御できていることを示している[18]。

方位をそろえて成長したグラフェンのグレイン間で，図 3(a)に図示したように，シームレスに欠陥なく融合するかどうかが単結晶グラフェン合成にとって重要となる。そこで筆者らは，図 7(a)のように同じ向きで隣接したグラフェンのグレイン間を原子間力顕微鏡（AFM），ラマン分光，電子輸送特性の測定によって評価した[19]。その結果，約半数の隣接グレインの間にリンクルがみられた。Cu はグラフェンよりも熱膨張係数が大きく，高温の CVD 中に Cu は膨張している。合成後の冷却時にグラフェン以上に Cu の格子が縮むため，グラフェンにリンクルが生じたと考えられる。この結果は，隣接グレイン間の界面が機械的に弱いことを示唆している。さらに，**図 8**(a)にあるように，隣接グレインに複数の電極をパターニングし，キャリア移動度を比較したところ，グレイン間のキャリア移動度の方が，グレイン内部のキャリア移動度よりも低いことがわかった（図 8(b)(c)）。ちなみに，図 8(b)のグレイン内部では，室温付近で 20,000 cm^2/Vs という剥離グラフェンと同程度かそれ以上の移動度が得られており，非常に高いクオリティのグラフェンを CVD で合成することが可能であることが確かめられた。他方，グレイン間では，7,000　cm^2/Vs 以下まで移動度が下がっており，図 8(c)のように複数のケースで同様の傾向がみられた[19]。この結果は，方位がそろっていても，グレインの間にはキャリアの散乱サイトが存在することを示唆しており，解決すべき課題があることを意味している。一方で，結晶面を制御した Cu ホイル上で方位をそろえたグラフェンでは欠陥を生じることなく接続できるという報告がある[23]。また，触媒は異なるが，Ge (110) 上でもグ

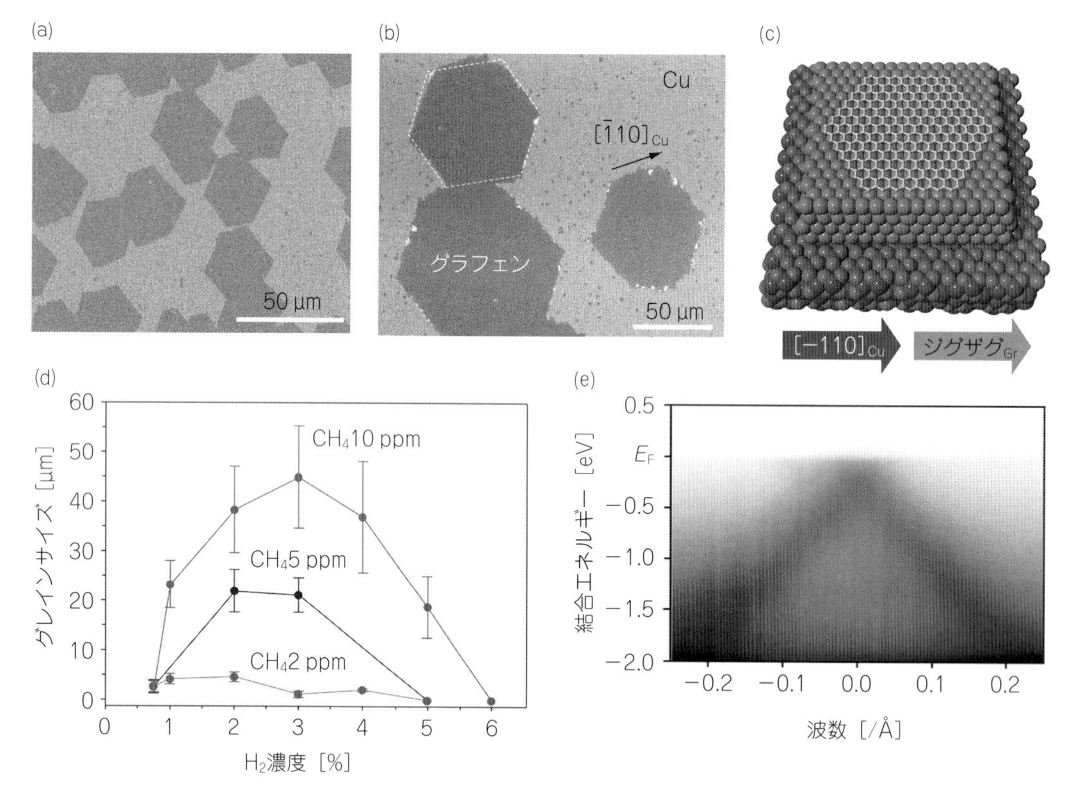

図 7　(a)と(b) Cu 薄膜/サファイア上に成長したグラフェンの六角形グレインの SEM 像。黒いコントラストがグラフェン，グレーが Cu (111) 表面に相当する。(c)六角形グラフェンの模式図。グラフェンはジグザグエッジを有している。(d)グラフェンのグレインサイズの水素濃度依存性。異なる CH_4 濃度に対してプロットしている。(e)方位をそろえて成長したグラフェンの ARPES。グラフェン特有の直線的なバンド分散が観察されている。

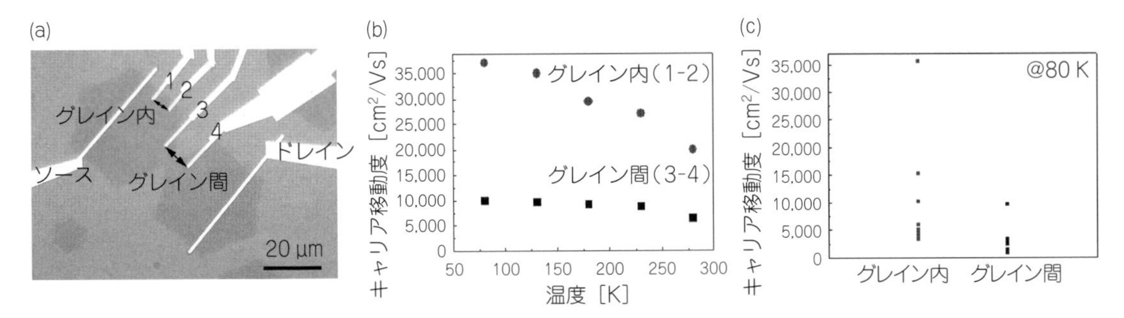

図8　(a)同じ向きで隣接したグラフェンのグレインに複数の電極を取り付けたデバイスの光学顕微鏡写真。(b)グレイン内（電極1と2の間）とグレイン間（電極3と4の間）の移動度の比較。(c)複数の隣接グレインのデバイス測定の結果。80Kで測定した移動度を比較している。

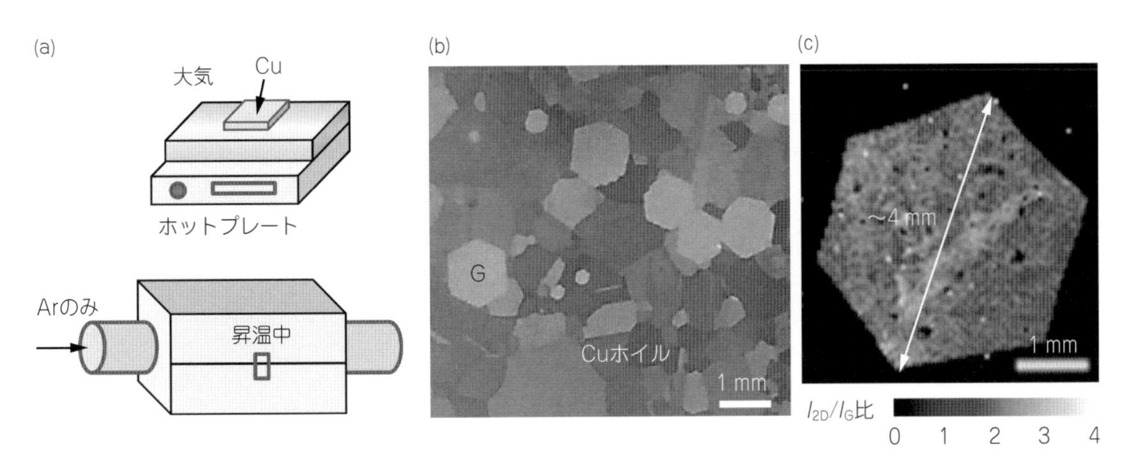

図9　(a) Cu 触媒の酸化法。(b)酸化した Cu ホイルの上に成長した mm サイズの単結晶グラフェンの写真。グラフェンを見やすくするために，合成後に Cu ホイルを軽く酸化している。(c) 4mm のグラフェン単結晶のラマンマッピング像（I_{2D}/I_G 強度比）。

ラフェンの方位をそろえることで，シームレスに欠陥なく接続できて大面積の単結晶グラフェンを合成できたという報告もある[24]。したがって，議論の余地はまだ残されており，隣接グレイン間の界面構造は未だに興味深い研究対象である。例えば図2(a)において，グラフェンのGBに沿ってMoS_2が成長していないケースもある。特に，隣接グレインの相対角度，グレインのサイズや成長時期などの要因と界面構造の関係性は非常に興味深いところである。

7．巨大グレインのCVD合成

図3(b)に示したもう一つの指針である核生成サイトの抑制による巨大グレイン化も大きな進展がみられている。当初は，Cuホイルの表面凹凸や不純物をできるだけ除き，さらに水素中でアニーリングを長時間行い（あるいはCuを溶解させて球状のCuドロップレットにして）Cu表面を平滑化することで，グレインサイズの増大が図られ，50 μmから2 mm程度のグレインまで合成された[25)26]。ここで核密度を低く抑えるため，CH_4の分圧は非常に低く設定される。なぜならCH_4濃度が高い場合には，多くの場所から核生成が起こるからである。

その後，グラフェンの単結晶化に関して，大きなブレークスルーがみられた。酸素含有量が多いCuホイルを用いる，あるいは，CVD前にCuホイルを酸化させる，もしくは昇温中にArガスのみを流す（**図9**(a)），などの処理により酸化した銅を触媒として用いると，グラフェンの核密度が劇的に低下することが報告されたのである[27)28]。筆者らが実際に Cu ホイルを用いて数 mm のグラフェンを合成した結果が図 9(b)(c)である[29]。1 mm を超える単結晶グラフェンが合成できているのがわかる。図 9(b)においては，グラフェンを Cu ホイル上で観察するために，合成後に軽く Cu ホイルを酸化させてコントラストを得ている。つまり，グラフェンの下の Cu は酸化されにくいことから，グラフェンの存在するところだけがより白くみえる。このことはグラフェンがガスバリア膜としても有効であることを意味している。図 9(c)は 4 mm の大きさの転写グラフェンのラマンマッピング像である。I_{2D}/I_{G} 比から，ほぼ全面に単層グラフェンが得られていることが確認できる。

このようにかなり大きな単結晶グラフェンを合成することができるようになってきており，最近では cm スケールまで報告されるようになってきた[30]。一般的に，大きな単結晶グラフェンを作るために，CH_4 濃度はかなり低く設定され，グラフェンの成長速度が遅くなる傾向にある。今後の課題として生産性を向上させるために成長スピードを上げる必要があるものの，非常に有望な方法であるといえる。

8. おわりに

高品質化を目指した単結晶グラフェンの創製に関して，Cu 触媒上でのグラフェン CVD を中心に解説した。2009 年の多層グラフェンの CVD 合成の報告以降，さまざまな CVD 技術が開発され，グラフェンのグレインサイズや方位の高度な制御などが可能になってきた。今後，さらに CVD 法が進展して，10 cm かそれ以上のウエハスケールでの単結晶グラフェンの合成も近いうちに可能になるのではないかと筆者は考えている。

本稿では詳しく述べなかったが，触媒からのグラフェンの転写も CVD 合成と同じくらい重要なプロセスである。転写に用いる高分子膜や Cu のエッチング液などの不純物が，グラフェンの移動度などの特性を大きく左右することがわかっている。また，面積が大きくなるほど，グラフェンに破れを生じさせずに転写することも難しくなる。他にも，リンクルやリップルの抑制も重要な課題である。このように，グラフェンの合成技術とともに，転写技術の進展も必要とされている。

さらに，重要なのは，この単結晶グラフェンをどのような応用にいかしていくかであろう。透明電極やタッチパネルをはじめ，高周波トランジスタなど，コストや生産性を考慮しながら，高品質グラフェンの応用に継続して取り組むことが重要ではないかと考えている。さらに，バンドギャップの制御には 2 層グラフェンが有効であることがわかっており[31]，2 層グラフェンの高品質合成も大切な課題である。筆者らは，触媒と合成条件を検討することで，90％以上の 2 層グラフェンをヘテロエピタキシャル CVD 法で実現することに成功している[32]。さらに TMDC や六方晶窒化ホウ素（*h*–BN）などの他の 2 次元材料とのインテグレーションを通じて，グラフェンのポテンシャルを高め，応用に結び付いていくことを期待している。

謝　辞

本研究は研究室のメンバー，および多数の共同研究者との共同研究の成果であり，ここに感謝いたします。また，紹介した研究は，㈱日本学術振興会科学研究費補助金（15H03530, 15K13304, 16H00917），国立研究開発法人科学技術振興機構（JST）さきがけ，国立研究開発法人新エネルギー・産業技術総合開発機構（NEDO），内閣府最先端・次世代研究開発支援プログラム（NEXT プログラム）による支援を受けたものです。

文　献

1）A. Zurutuza and C. Marinelli：*Nat. Nanotechnol.*, **9**, 730（2014）.
2）O. V. Yazyev and Y. P. Chen：*Nat. Nanotechnol.*, **9**, 755（2014）.
3）A. W. Tsen, L. Brown, R. W. Havener and J. Park：*Acc. Chem. Res.*, **46**, 2286（2013）.
4）X. Li, W. Cai,1 J. An, S. Kim, J. Nah, D. Yang, R. Piner, A. Velamakanni, I. Jung, E. Tutuc, S. K. Banerjee, L. Colombo and R. S. Ruoff：*Science*, **324**, 1312（2009）.
5）H. Ago, Y. Ogawa, M. Tsuji, S. Mizuno and H. Hibino：*J.*

Phys. Chem. Lett., **3**, 2228 (2012).

6) C. Mattevi, H. Kima and M. Chhowalla : *J. Mater. Chem.*, **21**, 3324 (2011).

7) L. Gao, W. Ren, H. Xu, L. Jin, Z. Wang, T. Ma, L.-P. Ma, Z. Zhang, Q. Fu, L.-M. Peng, X. Bao and H.-M. Cheng : *Nat. Commun.*, **3**, 699 (2012).

8) Q. Yu, J. Lian, S. Siriponglert, H. Li, Y. P. Chen and S.-S. Pei : *Appl. Phys. Lett.*, **93**, 113103 (2008).

9) A. Reina, X. Jia, J. Ho, D. Nezich, H. Son, V. Bulovic, M. S. Dresselhaus and J. Kong : *Nano Lett.*, **9**, 30 (2009).

10) H. Ago, S. Fukamachi, H. Endo, P. Solís-Fernández, R. Mohamad Yunus, Y. Uchida, V. Panchal, O. Kazakova and M. Tsuji : *ACS Nano*, **10**, 3233 (2016).

11) H. Ago, H. Endo, P. Solís-Fernández, R. Takizawa, Y. Ohta, Y. Fujita, K. Yamamoto and M. Tsuji : *ACS Appl. Mater. Interfaces*, **7**, 5265 (2015).

12) P. Y. Huang, C. S. Ruiz-Vargas, A. M. van der Zande, W. S. Whitney, M. P. Levendorf, J. W. Kevek, S. Garg, J. S. Alden, C. J. Hustedt, Y. Zhu, J. Park, P. L. McEuen and D. A. Muller : *Nature*, **469**, 389 (2011).

13) J. C. Koepke, J. D. Wood, D. Estrada, Z.-Y. Ong, K. T. He, E. Pop and J. W. Lyding : *ACS Nano*, **7**, 75 (2013).

14) H. Ago, Y. Ito, N. Mizuta, K. Yoshida, B. Hu, C. M. Orofeo, M. Tsuji, K. Ikeda and S. Mizuno : *ACS Nano*, **4**, 7407 (2010).

15) B. Hu, H. Ago, Y. Ito, K. Kawahara, M. Tsuji, E. Magome, K. Sumitani, N. Mizuta, K. Ikeda and S. Mizuno : *Carbon*, **50**, 57 (2012).

16) C. M. Orofeo, H. Hibino, K. Kawahara, Y. Ogawa, M. Tsuji, K. Ikeda, S. Mizuno and H. Ago : *Carbon*, **50**, 2189 (2012).

17) Y. Ogawa, B. Hu, C. M. Orofeo, M. Tsuji, K. Ikeda, S. Mizuno, H. Hibino and H. Ago : *J. Phys. Chem. Lett.*, **3**, 219 (2012).

18) H. Ago, K. Kawahara, Y. Ogawa, S. Tanoue, M. A. Bissett, M. Tsuji, H. Sakaguchi, R. J. Koch, F. Fromm, T. Seyller, K. Komatsu and K. Tsukagoshi : *Appl. Phys. Express*, **6**, 075101 (2013).

19) Y. Ogawa, K. Komatsu, K. Kawahara, M. Tsuji, K. Tsukagoshi and H. Ago : *Nanoscale*, **6**, 7288 (2014).

20) C. M. Orofeo, H. Ago, B. Hu and M. Tsuji : *Nano Res.*, **4**, 531 (2011).

21) H. Ago, I. Tanaka, C. M. Orofeo, M. Tsuji and K. Ikeda : *Small*, **6**, 1226 (2010).

22) L. Gao, J. R. Guest and N. P. Guisinger : *Nano Lett.*, **10**, 3512 (2010).

23) V. L. Nguyen, B. G. Shin, D. L. Duong, S. T. Kim, D. Perello, Y. J. Lim, Q. H. Yuan, F. Ding , H. Y. Jeong, H. S. Shin, S. M. Lee, S. H. Chae, Q. A. Vu, S. H. Lee and Y. H. Lee : *Adv. Mater.*, **27**, 1376 (2015).

24) J.-H. Lee, E. K. Lee, W.-J. Joo, Y. Jang, B.-S. Kim, J. Y. Lim, S.-H. Choi, S. J. Ahn, J. R. Ahn, M.-H. Park, C.-W. Yang, B. L. Choi, S.-W. Hwang and D. Whang : *Science*, **344**, 286 (2014).

25) D. Geng, B. Wu, Y. Guo, L. Huang, Y. Xue, J. Chen, G. Yu, L. Jiang, W. Hu and Y. Liu : *Proc. Natl. Acad. Sci.*, **109**, 7992 (2012)

26) Z. Yan, J. Lin, Z. Peng, Z. Sun, Y. Zhu, L. Li, C. Xiang, E. L. Samuel, C. Kittrell and J. M. Tour : *ACS Nano*, **6**, 9110 (2012).

27) L. Gan and Z. Luo, *ACS Nano*, **7**, 9480 (2013).

28) Y. Hao, M. S. Bharathi, L. Wang, Y. Liu, H. Chen, S. Nie, X. Wang, H. Chou, C. Tan, B. Fallahazad, H. Ramanarayan, C. W. Magnuson, E. Tutuc, B. I. Yakobson, K. F. McCarty, Y.-W. Zhang, P. Kim, J. Hone, L. Colombo and R. S. Ruoff : *Science*, **342**, 720 (2013).

29) D. Ding, P. Solís-Fernández, H. Hibino, Y. Shiratsuchi, R. Mohamad Yunus and H. Ago : to be submitted.

30) T. Wu, X. Zhang, Q. Yuan, J. Xue, G. Lu, Z. Liu, H. Wang, H. Wang, F. Ding, Q. Yu, X. Xie and M. Jiang : *Nat. Mater.*, **15**, 43 (2016).

31) J. B. Oostinga, H. B. Heersche, X. Liu, A. F. Morpurgo and L. M. K. Vandersypen : *Nat. Mater.*, **7**, 151 (2008).

32) Y. Takesaki, K. Kawahara, H. Hibino, H. Kinoshita, K. Nagashio, P. Solís-Fernández and H. Ago : *Chem. Mater.* **28**. 4583 (2016)

第1項　特長的な構造と性質を実現する垂直配向単層カーボンナノチューブフォレストの高効率成長のための最適点

国立研究開発法人産業技術総合研究所　畠　賢治

1. はじめに

単層カーボンナノチューブ（SWCNT）フォレスト（配向構造体）の成長効率と構造パラメータとの関係を調査し，カーボンナノチューブ（CNT）の直径と間隔領域におけるSWCNTの高効率合成の「最適点」の存在を報告する。この領域内において，SWCNTを効率良く成長させることができる。高効率成長はSWCNTフォレストの成長を妨げるか，または成長速度を遅らせる複数の構造的境界によって閉じ込められる。そこで直径の範囲が1.3～8.0 nm，平均間隔が5～80 nmの約340のCNTフォレストの成長速度を調査し，「最適点」が存在することを見出した。この「最適点」内で合成されたSWCNTは，大きな直径，長尺，配向性，欠陥を有する，高い比表面積（SSA）などの用途開発に不可欠な特長を備えていた。

2. CNTフォレストの可能性と産業化の課題

CNTの成長を制御することは，有用な構造と特性を有するCNTを創出するために重要であり，過去20年間にわたり多くの努力が傾けられてきた。にもかかわらず，解決の難しい課題のまま残されている[1]。CNTの構造制御の例として，高密度の触媒の配列からCNTを成長させ，バルク状の材料「フォレスト」にするために，自動的に垂直に配向させてその密集効果を利用することがあげられる。CNTフォレストは他の合成法では不可能な構造的特長を備えていることも示されている。CNTフォレストならではの新たな用途開発という要求に後押しされ，化学気相成長法（CVD）を用いたCNTフォレストの合成技術の向上のための研究[2)-20)]が進められた結果，さまざまな構造のフォレスト合成の可能性と，変化に富む物理的・化学的特長がもたらされることが示された。構造制御の主要なパラメータは触媒のサイズと間隔であることも示唆されている。

SWCNTフォレストは多くの用途に有益であることが研究によって示されたが，実際に製品を開発するためには，SWCNTフォレストの工業規模での生産がきわめて重要となる。CNTフォレストを量産するための合成方法の開発には，多くの努力が傾けられてきた。工業規模での生産のための合成炉のシステムでは，成長収率（基板面積当たりのCNT重量）Yは，Y＝W×L×D×Rを用いて算定することができる。ここで，WとLは炉の幅と長さ，Dはフォレスト密度，Rは成長速度である。成長温度は約800℃であり，これは炉の長さと幅の物理的な制限となる。フォレストの密度はある程度までは増加させることができるが，触媒は基板全体に広がっているので気体の拡散が難しくなり，この結果，フォレスト高さが低くなり生産量が制限される。このような制限条件のため，大量生産を実現するためには成長速度が高いこと（高効率成長）が不可欠となる。しかし，現段階では，高効率成長を維持しつつ多様な構造を有する各種フォレストの合成が可能であるかどうかはわかっていない。これは，直径，密度，配向，結晶性などの成長速度（成長収率）と構造パラメータとの関係が未知のためである。

3. CNTフォレストの高効率成長のための条件を探る

多様な構造パラメータで合成した約340のCNTフォレストの成長速度（成長収率）を調査し，CNTの直径と触媒の間隔の位相空間内に，SWCNTフォレストの高効率成長が閉じ込められる「最適点」を見出した。大きいSWCNTはMWCNTに移行し（多層境界），一方小さいSWCNTは低成長速度においてのみ成長することができた（低効率境界）。さらに，まばらなSWCNTは垂直配向する能力を欠き（横方向成長境界），また高密度SWCNTに関しては，凝集せずにそのような高触媒密度を達成することはできなかった（高触媒密度境界）。このようなフォレスト境界による閉じ込めの結果，合成されたSWCNTは用途開発にきわめて重要な優れた性質を備えていた。

さまざまな構造パラメータのCNTフォレストのファミリーの合成は，**図1**と**図2**に示すように本研究にとって重要である。これらの多様なファミリーは，異なる触媒サイズと触媒間隔をもつ各種のFe触媒系上で実施する水分添加CVD法で合成された。成長条件は，大半の触媒条件に適した，最も高い成長収率を得ることができる一般的な手順を選んだ。詳細な方法は，スーパーグロースCVDマニュアルに説明されている[23]。合成プロセスの最適化は，炭素濃度，水分，および成長温度に限定された。触媒の塗布方法として，アークプラズマFe/Fe合金ナノ粒子蒸着，さまざまな膜厚のFe薄膜スパッタリング，Al被覆Fe触媒スパッタリング，湿式$FeCl_3$ナノ粒子形成を採用した。触媒は反応性イオンエッチング（RIE）処理を行い，またさまざまな温度と環境で酸化処理し，最後にさまざまな温度，時間，流量で還元した[16)17)21)22)24)-26]。触媒のサイズと間隔をそれぞれ1.3～8.0 nm，5～80 nmと非常に広い範囲にわたって調整することができ，図1(c)から1(h)に図示するように，長短の垂直配向SWCNTフォレスト，2-3層CNT（2-3WCNT）フォレスト，MWCNTフォレスト，非配向CNTフォレスト，横方向SWCNT凝集体を含む，多様なCNTフォレストを網羅することに成功した。

図1(a)と図2に示すように，約340のCNTフォレストの高さを，触媒サイズおよび触媒間隔の関数としてプロットして，2次元マップを作成した。図1(a)はSWCNTフォレストからMWCNTフォレストにわたるすべての範囲を示し，図2はSWCNT領域に焦点を絞っている。図1(a)では，各触媒条件に対して40回を超える透過型電子顕微鏡（TEM）観察により求められた異なるCNTの層数が，図中(A)はSWCNT，図中(B)は2-3WCNT，図中(C)はMWCNTと濃淡で示されている。MWCNT領域，2-3WCNT領域，4つのSWCNT領域を表す6つのCNTフォレストとその触媒は，図1(c)から1(h)において，それぞれ走査型電子顕微鏡（SEM）像と原子間力顕微鏡（AFM）像により示されている。これらの6つの領域で成長したCNTは，その直径範囲を推定するためTEMによる分析も行った。CNTと触媒のサイズ分布は，図1(c)のMWCNT領域を除いて良く一致している。図2のSWCNT領域における色は，10分間の成長時間において合成された垂直配向構造体の高さにより求められてさまざまな成長効率を示している。

2つのマップで示される重要な点として，第1に，さまざまな触媒方法によるすべての結果が統合され，合成方法の境界はなめらかで連続した状況を形成している。これは，触媒の直径と間隔がCNTフォレストの構造を定める2つの重要なパラメータであることと，CNTフォレストを合成する方法が無関係であることの直接的な証拠である。Al/Fe触媒に関しては，平衡触媒粒子径で合成するためにはOstwald熟成と表面下拡散がつり合い状態にあることが提示されている[26]。このようなケースでは，合成方法の違いは触媒の直径と間隔を決定する上で重要な因子ではない可能性があると解釈できる。

第2に，図2に示されているように，SWCNTフォレストの高効率成長が起きるのは，触媒のサイズと間隔が特徴的な一定の領域内に限られている。実験データに基づき，理解を助けるために目印となる線を追加した。本研究においては，効率は時間の関数である。10分間の成長時間における400 μmの成長高さは，触媒活性に対する維持された成長速度が少なくとも40 μm/minを示すように，実際的な側面から選ばれた。さらに，この領域の外側のどの触媒の状態も，例外なく最適化の実施後でも効率的

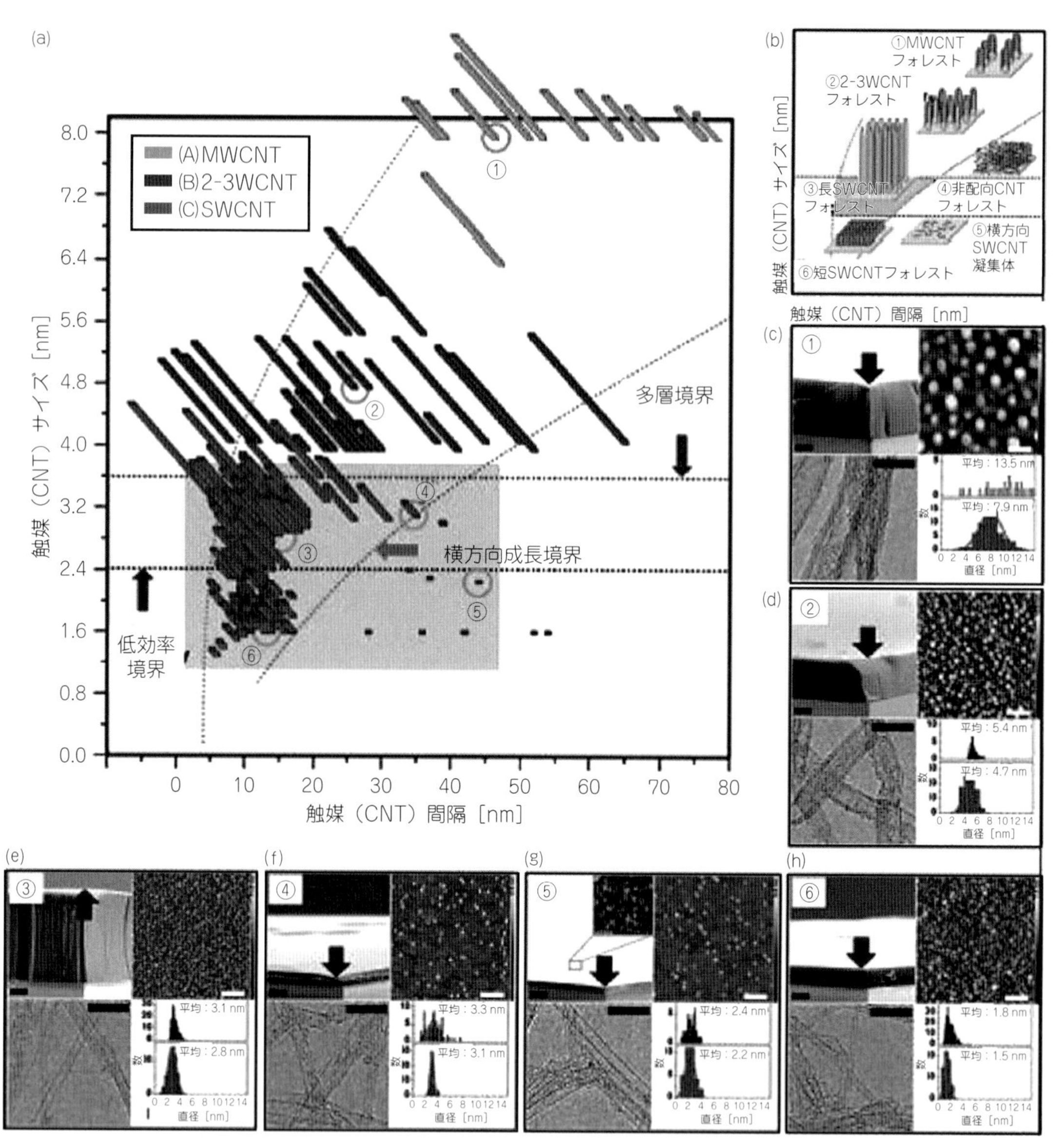

図１　(a)触媒（CNT）と間隔の関数のフォレスト高さに関する複数の境界を示す全領域マップ。色は層数による種類を示し，灰色の長方形はSWCNT領域を示す。(b)個々の領域の概要。(c)～(h)いずれも(a)の各領域における代表的なCNTのキャラクタリゼーションで，SEM，AFM，TEM像，触媒サイズ分布（上），CNT直径のヒストグラム（下）

尺度：200 μm（SEM），100 nm（AFM），10 nm（TEM）。(c)～(h)挿入図の平均の単位はnm。

に成長する能力を示さなかった。この基準を用いて，この領域を高効率SWCNTフォレスト成長の「最適点」と定義する。最適点は，触媒サイズは約3 nm，触媒間隔は約17 nmに集中しており，これこそがスーパーグロースSWCNTフォレストの成長条件である[3)27)]。

第３に，このような最適点の閉じ込めは，SWCNTフォレストの形成を妨げるか，または成長速度を低下させるそれぞれ別のメカニズムによる複数の境界に起因していることを見出した。約3.6 nmから上の触媒サイズ（多層境界）では，DWCNTとMWCNTの形成が観察された。約2.4 nmから下の触媒サイズ境界では，小さいSWCNTのみが低成長速度で成長することができた（低効率境界）。さらに，約35 nmより上の触媒間隔は，まばらなSWCNTは垂直配向する能力を失い（横方向成長境

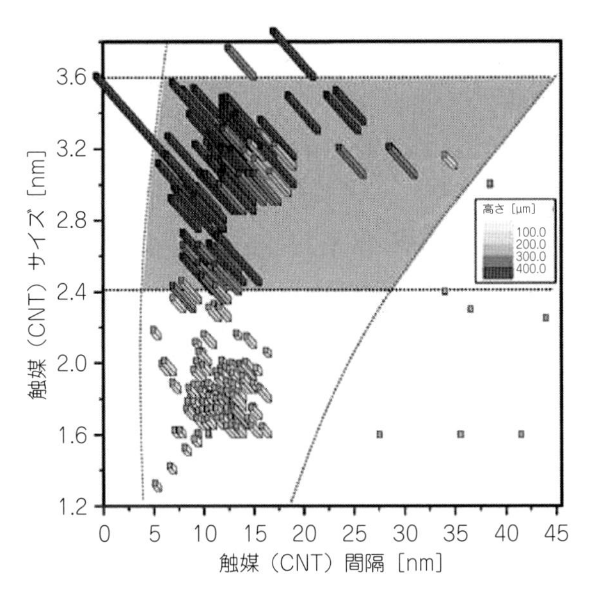

図 2　高効率成長の領域「最適点」（グレーのゾーン）を示した SWCNT 成長領域のマップ

濃淡で成長効率のレベルを示す。

界），触媒の凝集に起因して 5 nm より下の触媒間隔実現することはできなかった（高触媒密度境界）。

4. CNT フォレスト成長の「最適点」の詳細分析

最適点がこのように特異な状態である理由を理解するため，最適点を囲む 3 つの境界の詳細を調査した。**図 3**(a)に矢印の付いた線で示したように，境界を越え最適点を横切り隣接する領域を通って，全領域マップで各構造（フォレスト高さ，配向，ラマン G/D 比，SSA）の断面プロットを行った。第 1 に，間隔の範囲が 12〜35 nm における直径の関数としてフォレスト高さをプロットすることにより，低効率境界を調査し，図 3(b)に示す。約 2.4 nm の触媒サイズ境界を越えると，フォレスト高さが大きく減少することを見出した。さらに，公表論文[3)-7)15)17)18)28)-33)]のデータを用いて同様なプロットを作成したところ，きわめて類似した傾向を見出した。図 3(c)に示すように，ミリメートルスケールの SWCNT フォレストは，SWCNT 直径が約 3 nm においてのみ成長し，これより小さい直径の触媒ではまったく成長しなかった。筆者らの実験結果と文献データでは，CVD 法とは関係なく，小径での高効率成長を実現する難しさが境界により際立つ現象には普遍性があることが示されている。フォレスト高さは個々の CNT 成長速度とフォレストの配向の組合せから生じる。したがって，個々の SWCNT の成長速度の低下またはフォレストが垂直に成長する能力の低下は，フォレスト高さの減少を引き起こす可能性がある。この境界の存在には両方の因子が寄与していると考えられる。最近の報告によると，炭素原子が CNT に変換される速度は，触媒粒子中の各原子により一定となっていて，この場合，SWCNT フォレストの成長速度は CNT 直径の二乗にほぼ比例することが示されている[18)21)]。さらに，必要なフォレスト密度は，直径の減少とともに非線形的に増加する[21)]。このようにして，固定された触媒の間隔の直径が減少すると，フォレストの成長速度が低下し，個々の SWCNT の成長速度の低下と凝集体の垂直に成長する能力の低下のため，短いフォレストとなる。この結果成長効率は減少する。低効率境界に沿って触媒の間隔が減少し，触媒サイズが固定されるので，若干のフォレストサイズの増加が観察される。これは垂直に成長する能力の増加と一致している。これは触媒の熟成と気体の拡散などの他のメカニズムの寄与が大きくなり，SWCNT 直径の増加，あるいはフォレストの成長速度の低下のいずれかをもたらす。

第 2 に，CNT 直径が 3 nm（SWCNT）と 4 nm（DWCNT）の間隔の関数として，配向レベル（HOF で定義）とフォレスト高さの 2 つのプロット図 3(b)と(c)から，横方向成長境界を調査した。間隔が小さい場合（< 約 15 nm），SWCNT と DWCNT のフォレストはともに似たようなレベルの配向（HOF が約 0.6〜0.8）を有していたが，図 3(d)に示すように触媒の間隔が増加するにつれて SWCNT フォレストの配向レベルは DWCNT フォレストよりも急速に減少した。SWCNT と DWCNT の違いは，フォレスト高さのプロット図 3(e)においていっそう明確となった。触媒（CNT）間隔の増加にともない SWCNT フォレストの高さは大きく減少し，約 38 nm で横方向成長に移行した。その結果，SWCNT フォレストが成長可能な範囲は約 8〜35 nm と非常に限られていた。これとは対照的に，DWCNT はフォレストが高いまま安定

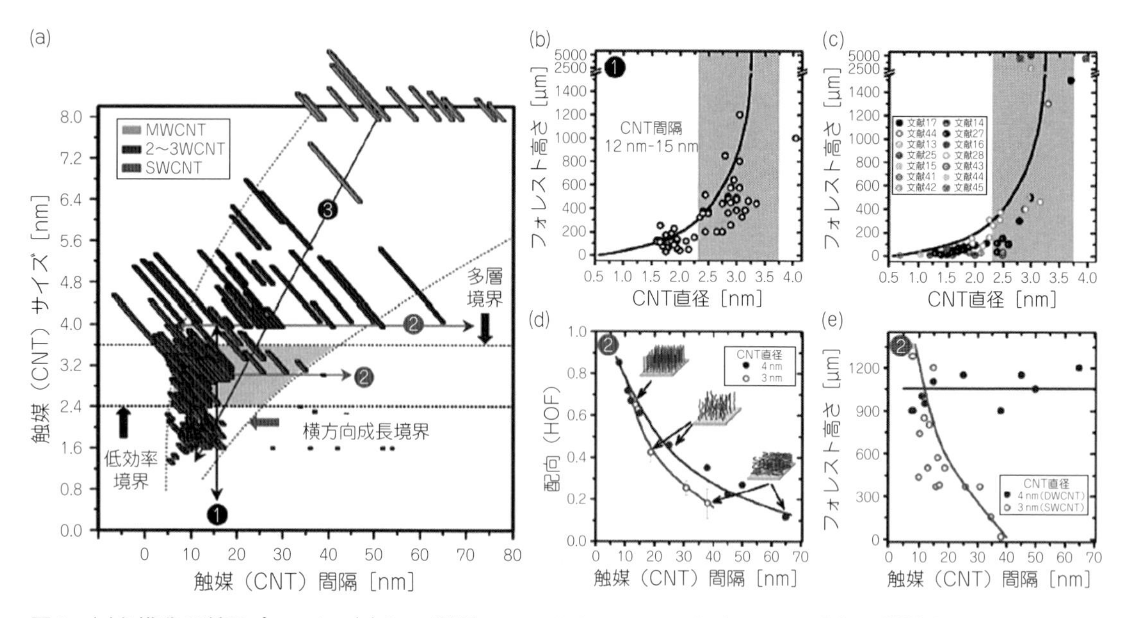

図 3　(a)各構造の断面プロット。(b) CNT 間隔 12 nm から 35 nm における CNT 直径の関数としてのフォレスト高さ。(c)文献調査により，高いフォレストは SWCNT の直径が約 3 nm においてのみ成長することが示された。(d)配向レベル（HOF）。(e) CNT 直径が 3 nm から 4 nm の触媒（CNT）間隔の関数としてのフォレスト高さ

図中の挿絵はさまざまなレベルの配向の模式図。

し（〜1,000 μm），効率的に成長可能な範囲は広い。CNT の「密集効果」は垂直配向であること，CNT の曲げ弾性率（剛性）は CNT が垂直に成長するために自己組織化可能な間隔のレベルを支配する重要な物理的パラメータであることが提示された[22]。

以上に示すように，高効率成長の「最適点」は CNT 直径と触媒の間隔が適切な組合せとなる領域に限られる。高効率成長の必要条件が SWCNT に特徴的な構造と性質を付与する。触媒は基板表面に強く結合する必要があり，そのため SWCNT フォレストが基板から取り除かれると大半の触媒は基板上に残る。結果として得られる成長後の材料はきわめて高いカーボン純度を有する（最高 99.98%）ことになる[3]。

5. 高効率成長で創出される CNT フォレストの特徴

高効率成長には，欠陥を抑えて直径の大きい SWCNT を高速で成長させることが難しいという短所がある。この点は，ラマン分光のピーク強度比（G/D 比）により示される結晶性レベルと高さ（成長速度）対 CNT 直径を表すプロットにより**図 4** (a)と(b)に示されている。このプロットは，図 3 (a)に示すように，小径（約 2 nm）の低効率領域から始まり，大きな直径（約 3 nm）の最適点を通り，多層領域（約 8 nm）まで伸びている。結晶性と高さ（成長速度）は反対の傾向を示していた。CNT の結晶性は析出プロセスと修復プロセスとのバランスにより定まる。速い成長では欠陥のある CNT が合成される。

大きい直径と欠陥の存在との組合せは，アクセス可能な表面積の観点から有利である。この点は，図 4 (c)に示す低効率領域（約 2 nm）から最適点（約 3 nm）を通り，多層領域（約 8 nm）まで広がる液体窒素の吸着−脱着等温線から求められる Brunauer−Emmett−Teller SSA 対 CNT 直径のプロットにより図 3 (a)に示される。SWCNT（約 2 nm と 3 nm）の SSA は 1,000 m^2/g を超え，図 4 (d)に示すようにグラフェンシートの一面に関して SSA の理論値に近づく[35]。壁数の増加にともない SSA は急速に減少した[24)35)36]。図 4 (e)の模式図とともに TEM 像に明白に示されるように，欠陥のある大きい SWCNT（約 2〜3 nm）は波打っていて，

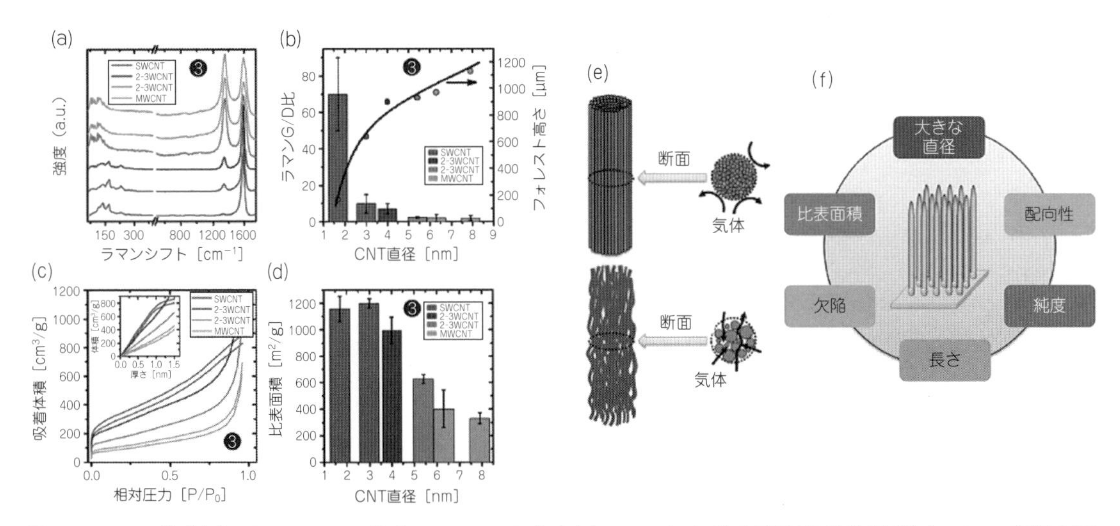

図4　ラマン分光(a)，ラマン G/D 比とフォレスト高さ(b)，77K における窒素吸着等温線(c)，CNT 直径の関数としての比表面積(d)，大きくて欠陥のある SWCNT と小さくてまっすぐな SWCNT の空隙の構造の違いを示す模式図(e)，最適点から成長した SWCNT フォレストの特徴(f)

各 SWCNT の間に多数の穴があり，CNT バンドルの CNT 格子間に窒素が入ることができるが，小径（約1nm）の SWCNT バンドルは各 CNT の間に窒素がバンドル内で拡散するための十分な間隔が無い。図4(f)に示すように，最適点からの高効率成長では，直径が大きく，長く，純度と SSA が高く，配向し，欠陥を有するという特長を備えた SWCNT が合成される。**表1**に示すように，最適点から成長した SWCNT は市販のいずれの SWCNT・MWCNT よりも，純度と SSA が高く，長さがある。

6. 最適点を見出すための触媒の制御

広い範囲で触媒のサイズと間隔を制御できることは，系統的な調査を実施し，最適点を見出すために非常に重要であった。1つの触媒処理方法だけではすべての領域を扱うことができなかったため，Fe/Fe 合金触媒のサイズと間隔を調整するために報告されたほぼすべての方法を使用した[16)17)21)22)24)-28)]。それぞれの方法の制御範囲を可視化するため，触媒のサイズ対間隔に関して各方法の制御範囲を異なる色でプロットして，**図5**の「触媒処理方法の世界地図」を作成した。この世界地図からいくつかの重要な点を理解することができる。第1に，最も広い範囲にわたっている方法は触媒の量を制御していた[24)25)]。しかしこの方法は，触媒のサイズと間隔との間に強い相関関係があるため，サイズと間隔を独立して調整することができないという限界があった。その結果，大多数の点は触媒の間隔が直径とともに増加して1本の線に沿って分布し，大きい触媒間隔領域と小さい触媒サイズ領域にアクセスすることは難しいことがわかった。そこで筆者らは，小さい触媒を直接基板上に塗布することができるアークプラズマ蒸着[17)]，Fe の拡散を制限して小さい触媒を作り出す Al 被覆[16)] など，さまざまな塗布方法を採用した。さらに，大きい触媒間隔領域にアクセスするために，除去・不活性化のいずれかにより活性触媒の数を減らすため，RIE 曝露・成長前処理時間の延長などの方法を用いた[21)22)]。大きい間隔を有する非常に小さい触媒を実現するため，湿式処理で小さい粒子を基板上に直接合成した[26)]。フォレストをさまざまな支持体の上に成長させることが難しかったため，触媒は各々 Al_2O_3 支持層の上に形成された[34)37)]。最後に，CNT の合成には構造設計，炭素源，キャリアガス種，触媒，触媒処理方法などを含む多数の因子が包含されることを認識した。本研究では，合成条件の最適化は炭素レベル，水分レベル，温度に限定されていた。上記の因子を含む合成のさらなる最適化はデータにばらつきをもたらす可能性があるが，その一方で最適点の存在はフォレスト構造を形成する触媒と CNT の基本的な制限条件のため，大きくは変わらないであろう。

表1　市販されているCNTの仕様書

CNT	メーカー	等級	炭素純度［%］	直径［nm］	長さ［μm］	嵩密度［g/cm^3］	SSA［m/g］	G/D比	燃焼温度［℃］
MWCNT	昭和電工（日本）	VGCF	＞90	50–150	10–20	0.04	13		
		VGCF-X		10–15	3	0.08			
	CNT（韓国）	C100	＞95	20	1–25	0.03–0.05	150–250		544
	Nanocyl（ベルギー）	NC7000	90	9.2	1.5	0.043	250–350		
	Bayer MaterialScience（ドイツ）	Baytube C150P	＞95	13–16	1–＞10				
	Ad-Nano Technologies（インド）	ADCNT	＞95	12	−20		50–220		
	CNano Technology（米国）	Flo Tube 9000	＞95	11	10	0.03–0.15	≧200		
	保土谷化学工業（日本）	XNRI	＞99.5	40–90		0.005–0.1	125–300		736
	XinNano Materials（台湾）	XNM-HP-1500	82%	8	＞10		323	3.2	
	AVANSA Technologies & Services（インド）	MWCNTs	＞97	10–20	10–30	0.22	＞200		
SWCNT	産業技術総合研究所（日本）	SG-CNT	99.9	3	＞300	0.037	＞800	7–10	618
	産業技術総合研究所（日本）	e-DIPS	＞95	0.7–2		0.03–0.04	400–1000	＞100	
	Unidym（米国）	HiPco pure	＞85	0.8–1.2	0.1–1.0		～400–1000		～470–490
	SouthWest Nano Technologies（米国）	CG200 (CoMoCAT)	90	1.3	0.4–2.3		0.091	＞10	465
		CG300	95	0.84		0.128	770	＞20	515
		SG65i	95	0.78	1.5	0.094	790		519
	名城ナノカーボン（日本）	SWNT SO	＞90	1.4	1–5			＞100	
	Thomas Swan（英国）	Elicarb SWNT	＞90	2	1		＞700	＞22	
	Sun Innovation（米国）	SWNT powder	95	1–2	5–30	0.03	405		
	XP Nano Material（中国）	HS-WCNTS-90	＞90	＜2	5–30	0.14	380	＞20	610
	Chengdu Alpha Nano Technologies（中国）	GYS001	＞80	1–2	5–20		＞400		
	OCSiAl（ロシア）	TUBALL	＞85	1.8	＞5		～500	～75	750

すべてのデータは各供給メーカー（法人名称は省略）のホームページから収集した。

7. 結　論

筆者らは約340のCNTフォレストに関する成長効率を解析することにより，SWCNTフォレストの成長効率と構造パラメータとの関係を検討した。調査は多様な直径と触媒間隔のCNTフォレストを対象とし，報告された主要なCNTフォレストを網羅した。本調査研究により見出されたSWCNTの高効率合成の「最適点」は，SWCNTフォレストの形成を妨げるか，または成長速度を遅らせる4つの構造的境界によって閉じ込められる。すなわち，(1) MWCNTへの移行（多層境界），(2)成長効率の

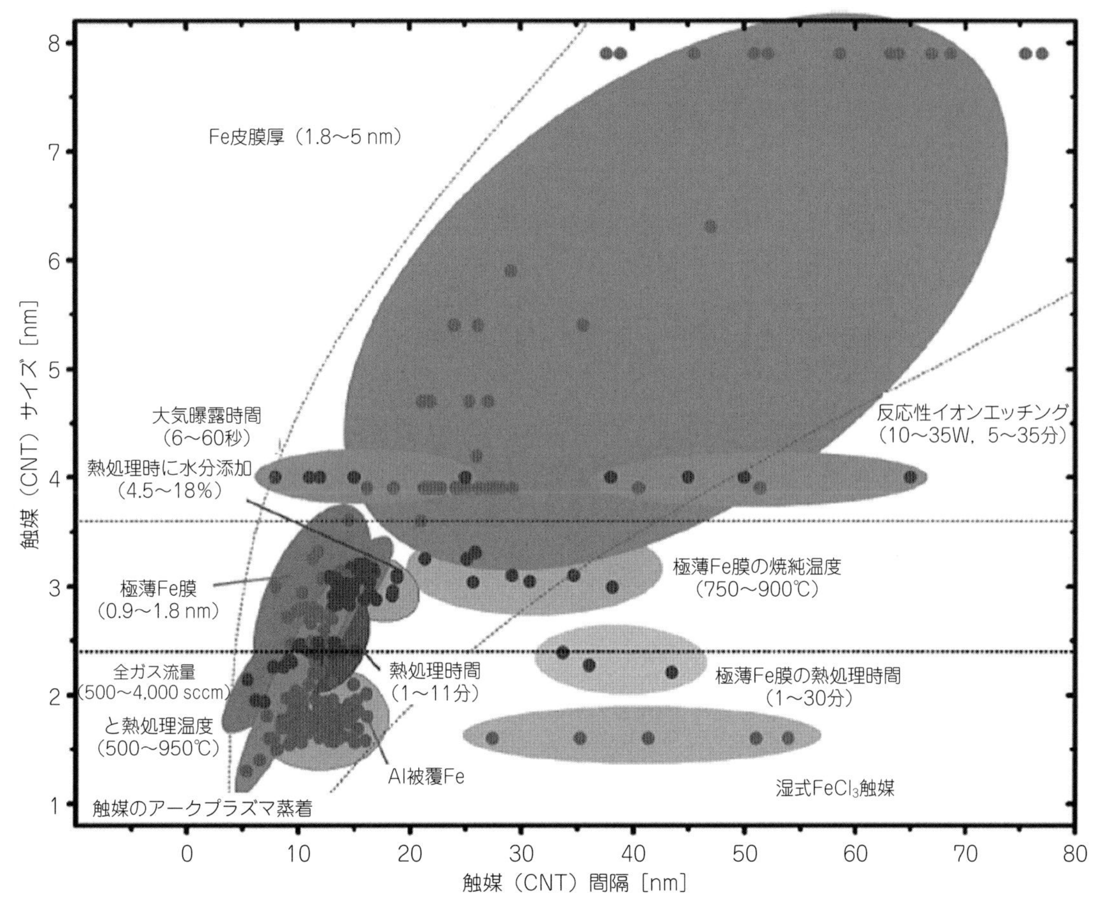

図５　触媒処理方法の世界地図

低下（低効率境界），(3)垂直配向の能力の欠如（横方向成長境界），(4)高密度触媒領域（高触媒密度境界）である。最適点内でのみSWCNTの高効率成長が可能であり，その結果得られるSWCNTは，大きな直径で，長く，配向し，欠陥を有し，SSAが高いという特長を備えていた。

文　献

1）F. Yang, X. Wang, D. Q. Zhang, J. Yang, D. Luo, Z. W. Xu, J. K. Wei, J. Q. Wang, Z. Xu, F. Peng, X. M. Li, R. M. Li, Y. L. Li, M. H. Li, X. D. Bai, F. Ding and Y. Li：*Nature*, **510**, 522（2014）.

2）L. T. Qu, L. M. Dai, M. Stone, Z. H. Xia and Z. L. Wang：*Science*, **322**, 238（2008）.

3）K. Hata, D. N. Futaba, K. Mizuno, T. Namai, M. Yumura and S. Iijima：*Science*, **306**, 1362（2004）.

4）R. Xiang, E. Einarsson, Y. Murakami, J. Shiomi, S. Chiashi, Z. K. Tang and S. Maruyama：*ACS Nano*, **6**, 7472（2012）.

5）G. F. Zhong, J. H. Warner, M. Fouquet, A. W. Robertson, B. A. Chen and J. Robertson：*ACS Nano*, **6**, 2893（2012）.

6）M. Hiramatsu, T. Deguchi, H. Nagao and M. Hori：*Jpn. J. Appl. Phys.*, **46**, L303（2007）.

7）K. Hasegawa and S. Noda：*ACS Nano*, 5, 975（2011）.

8）T. Ohashi, T. Ochiai, T. Tokune and H. Kawarada：*Carbon*, 57, 79（2013）.

9）Q. Zhang, J. Q. Huang, M. Q. Zhao, W. Z. Qian, Y. Wang and F. Wei：*Carbon*, **46**, 1152（2008）.

10）C. R. Oliver, E. S. Polsen, E. R. Meshot, S. Tawfick, S. J. Park, M. Bedewy and A. J. Hart：*ACS Nano*, 7, 3565（2013）.

11) X. S. Li, X. F. Zhang, L. J. Ci, R. Shah, C. Wolfe, S. Kar, S. Talapatra and P. M. Ajayan : *Nanotechnology*, **19**, 455609 (2008).

12) R. G. de Villoria, A. J. Hart and B. L. Wardle : *ACS Nano*, **5**, 4850 (2011).

13) M. Xu, D. N. Futaba, T. Yamada, M. Yumura and K. Hata : *Science*, **330**, 1364 (2010).

14) J. J. Jackson, A. A. Puretzky, K. L. More, C. M. Rouleau, G. Eres and D. B. Geohegan : *ACS Nano*, **4**, 7573 (2010).

15) G. F. Zhong, T. Iwasaki, J. Robertson and H. Kawarada : *J. Phys. Chem. B*, **111**, 1907 (2007).

16) G. H. Chen, D. N. Futaba, H. Kimura, S. Sakurai, M. Yumura and K. Hata : *ACS Nano*, **7**, 10218 (2013).

17) G. H. Chen, Y. Seki, H. Kimura, S. Sakurai, M. Yumura, K. Hata and D. N. Futaba : *Sci. Rep.*, **4**, 3804 (2014).

18) S. Sakurai, M. Inaguma, D. N. Futaba, M. Yumura and K. Hata : *Materials*, **6**, 2633 (2013).

19) H. Kimura, D. N. Futaba, M. Yumura and K. Hata : *J. Am. Chem. Soc.*, **134**, 9219 (2012).

20) S. Esconjauregui, M. Fouquet, B. C. Bayer, C. Ducati, R. Smajda, S. Hofmann and J. Robertson : *ACS Nano*, **4**, 7431 (2010).

21) S. Sakurai, M. Inaguma, D. N. Futaba, M. Yumura and K. Hata : *Small*, **9**, 3584 (2013).

22) M. Xu, D. N. Futaba, M. Yumura and K. Hata : *ACS Nano*, **6**, 5837 (2012).

23) Available from : http://www.nanocarbon.jp/sg/STD_Super-GrowthManual_EN.pdf.

24) B. Zhao, D. N. Futaba, S. Yasuda, M. Akoshima, T. Yamada and K. Hata : *ACS Nano*, **3**, 108 (2009).

25) G. H. Chen, D. N. Futaba, S. Sakurai, M. Yumura and K. Hata : *Carbon*, **67**, 318 (2014).

26) S. Sakurai, H. Nishino, D. N. Futaba, S. Yasuda, T. Yamada, A. Maigne, Y. Matsuo, E. Nakamura, M. Yumura and K. Hata : *J. Am. Chem. Soc.*, **134**, 2148 (2012).

27) D. N. Futaba, K. Hata, T. Namai, T. Yamada, K. Mizuno, Y. Hayamizu, M. Yumura and S. Iijima : *J. Phys. Chem.* B, **110**, 8035 (2006).

28) H. Sugime and S. Noda : *Carbon*, **48**, 2203 (2010).

29) T. Thurakitseree, E. Einarsson, R. Xiang, P. Zhao, S. Aikawa, S. Chiashi, J. Shiomi and S. Maruyama : *J. Nanosci. Nanotechnol.*, **12**, 370 (2012).

30) T. Thurakitseree, C. Kramberger, P. Zhao, S. Aikawa, S. Harish, S. Chiashi, E. Einarsson and S. Maruyama : *Carbon*, **50**, 2635 (2012).

31) H. Sugime, S. Noda, S. Maruyama and Y. Yamaguchi : *Carbon*, **47**, 234 (2009).

32) D. Y. Kim, H. Sugime, K. Hasegawa, T. Osawa and S. Noda : *Carbon*, **50**, 1538 (2012).

33) K. Hasegawa and S. Noda : *Carbon*, **49**, 4497 (2011).

34) C. Mattevi, C. T. Wirth, S. Hofmann, R. Blume, M. Cantoro, C. Ducati, C. Cepek, A. Knop-Gericke, S. Milne, C. Castellarin-Cudia, S. Dolafi, A. Goldoni, R. Schloegl and J. Robertson : *J. Phys. Chem. C*, **112**, 12207 (2008).

35) A. Peigney, C. Laurent, E. Flahaut, R. R. Bacsa and A. Rousset : *Carbon*, **39**, 507 (2001).

36) D. N. Futaba, J. Goto, T. Yamada, S. Yasuda, M. Yumura and K. Hata : *Carbon*, **48**, 4542 (2010).

37) T. de los Arcos, M. G. Garnier, P. Oelhafen, D. Mathys, J. W. Seo, C. Domingo, J. V. Garci-Ramos and S. Sanchez-Cortes : *Carbon*, **42**, 187 (2004).

第2項　CNT の製造技術概論

国立研究開発法人産業技術総合研究所　**斎藤　毅**

1. カーボンナノチューブの製造プロセス

カーボンナノチューブ（carbon nanotubes；CNT）には，グラフェンシート１枚を丸めてチューブ状にした構造を有する単層（single-wall；SW）CNT と，複数の層を有する多層（multiwall；MW）CNT があり，SWCNT は 1993 年にグラファイト電極を用いたアーク放電法で生成された煤中からはじめて発見[1] された。しかしながら当時のアーク放電法では SWCNT の収量はきわめて低く，多くの炭素性不純物が多く含まれていることも知られていた。それ以来，レーザー蒸発法[2] や CVD 法[3)-8)] など，より純度や品質の高い SWCNT の製造を目指した多くのプロセス開発についての研究がなされており，その結果として現在では生産性が著しく向上するに至っている。物理から化学まで広範囲の分野にまたがる SWCNT の物性研究に関する膨大な蓄積は，SWCNT 製造技術の進歩によってもたらされてきたといっても過言ではない。その意味で CNT の製造プロセスの開発は CNT 研究において鍵となる重要な研究課題である。

アーク放電法やレーザー蒸発法などは，成長時の反応温度が比較的高いため，合成される CNT の結晶性が高い（構造欠陥が少ない）のが特徴である。したがってこれらの手法で合成された CNT は応用研究において優れた特性を示すことが知られている。例えば SWCNT 薄膜による透明導電性能において，アーク放電法やレーザー蒸発法で合成された SWCNT は高性能であると報告されている[9)10)]。一方，CVD 法で合成した SWCNT のクオリティも技術の成熟に伴って向上してきており，これまで報告されている CVD 法 SWCNT による透明導電膜でも着実に性能向上がみられ，現在ではアーク放電法やレーザー蒸発法で合成された高品質の SWCNT に近づきつつある[11)-14)]。

アーク放電法やレーザー蒸発法は高温状態をつくり出すために著しいエネルギー消費と大規模な装置構成を必要とする[15)]。またこれらの方法ではラボスケールの合成をマスプロダクションにすることが原理上困難であり技術開発上のハードルが高い。一方，CVD 法はその点で比較的容易な技術であるため，一般に CVD 法のほうがマスプロダクションに適していると考えられている。

CVD 法ではナノサイズの触媒微粒子存在下で炭素を含有する分子を分解することによって，炭素を触媒微粒子に供給して CNT を成長させる。触媒への炭素源供給を効率よく行うために，CVD 法ではプラズマを用いたりホットフィラメントを用いたりといった炭素含有分子を分解するためのさまざまな技術が開発されてきており，それらの CVD プロセスを，熱 CVD，プラズマ CVD，ホットフィラメント CVD といったように，しばしば個別のプロセスとして扱うことも多い。

2. CNT 成長のための触媒

アーク放電法や CVD 法といった合成プロセスに関わらず，CNT の合成にはナノサイズの触媒微粒子が不可欠であり，鉄やニッケル，コバルトといった鉄族遷移金属の触媒微粒子がしばしば用いられる[4)]。これら鉄族の遷移金属はバルクサイズの結晶表面において炭化水素を分解してグラファイトを形成する触媒活性を有することがよく知られている[16)]。気相中において炭素源となり得る炭化水素分子が分解して，高温で液体に近い状態となっているナノサイズの触媒微粒子の表面で炭素原子もしくは炭素クラスターが生成すれば，それらは触媒として用いた物質と炭素とのバルク状態での相図に疑似的に従って，微粒子中に炭素が溶解するであろう。結果として触媒微粒子中の炭素濃度が過飽和となったときに，触媒表面に炭素が析出・核形成して CNT が成長すると考えられている。こうして「気体」である炭素源分子を原料にして，高温とナノサイズの効果により「液体」となっている触媒微粒子から，「固相」にある CNT が共晶反応によって形成されるため，この成長メカニズムは VLS（vapor-liquid-solid）成長などと呼ばれる[17]。しかしながら，特に SWCNT の CVD 成長中においては，アーク放電法やレーザー蒸発法に比べて反応温度が一般的に低いため，触媒微粒子が液相にあるのか固相なのかに関しては議論の余地があり，まだ明らかになっていない[18]。

鉄族金属のほかにアルミニウム[19]や貴金属元素（パラジウム，白金，金，銀，銅など[20]）が SWCNT の CVD 成長における触媒として機能することが知られている。さらに，非金属微粒子（シリコン，ゲルマニウム，シリコンカーバイド[21]，アルミナ[22]，ダイヤモンド[23]など）も SWCNT の CVD 成長における触媒として用いられた報告がある。これらの非金属のバルク状態における融点は金属と比較してきわめて高いことが多いので，非金属触媒における成長メカニズムは上記の VLS モデルとはかなり異なっていると考えられる。

3. CNT の CVD 製造プロセスにおける触媒導入方法

CNT 合成の際に触媒を反応器に導入する方法に関して，数多ある CVD プロセスは大きく 2 つのカテゴリー，すなわち担持触媒法（または固定触媒法）[3)-5)7)]と流動触媒法[6)8)24)-29)]に分類することができる。前者は触媒微粒子が基板や多孔質担体に担持されているのに対して，後者では反応雰囲気下で触媒微粒子がエアロゾルのように流動した状態で導入される。

担持触媒法はプロセスレンジが広く，設備も比較的安価であるといった利点があることから，商業的に手に入る CNT の多くが担持触媒法で製造されている。しかしながら，この担持触媒法には一般的に以下に示すような問題点もあることが知られている。触媒ナノ粒子が高温の反応器内にずっと留まっているために起こるオストワルド熟成によって，ナノ粒子のサイズ分布が広がってしまう問題点がある。触媒ナノ粒子のサイズの不均質化は触媒活性の低下を引き起こす可能性があるのみならず，合成される CNT の直径や長さ，結晶性など品質的なばらつきの原因ともなり得る[30]。担持触媒法の場合，バッチプロセスであることが多いので，連続プロセス化することが基本的に難しいという問題もある。さらに担持触媒法は CNT の製造量よりもはるかに多量の担体や基板を必要とすることがしばしばであるため，結果としてコスト増にもつながる可能性がある。これらの問題点に関しても活発な研究により改善が進んでいるものの，本質的には解決することが難しいと考えられる。

一方，流動触媒法には高い連続生産性という利点があり，HiPco 法[8]に代表されるような流動触媒法 CVD 合成は，商業スケールで連続製造が可能な理想的プロセスであると考えられる。HiPco 法や下記に述べる eDIPS 法では，反応器の反応雰囲気内を流動するエアロゾル状態の触媒微粒子から成長した SWCNT が，そのまま気流に乗って反応器から流出し連続的に回収される。こうして流動触媒法 CVD 合成ではフレッシュな触媒が連続的に供給され，さらに合成された CNT が比較的短時間で反応器から外に取り出されるため，反応器内の熱による触媒微粒子の粒度分布に関する影響を受けにくく，結果として合成される CNT が均質となる傾向にある。

筆者が知る限り，流動触媒法で SWCNT を合成した最初の報告は 1998 年の Cheng らによるものである[6]。彼らは比較的量産性があり低コストな製造技術として，信州大学の遠藤らによる VGCF 合成[31]に用いられたものと同様の流動触媒法 CVD 反応器を用いた SWCNT 合成を報告した。それ以降，さまざまな触媒や炭素源を用いた流動触媒法による SWCNT 合成についてこれまで多くの報告がなされてきており[8)24)-29)]，以下に述べる eDIPS 法をはじめとして，いくつかの報告の中では SWCNT の構造についての明確な制御性が示されたものもある。

4. SWCNT の CVD 合成に適する炭素源

CVD 合成のうち，特に炭化水素を原料とする CVD では非常に多様な化学反応が起こっていると考えられ，それらの化学反応がどのように組み合わさって CNT が合成されているのかはきわめて興味深いものの，これまでそのような化学反応の詳細は十分に注目されてこなかった。これまで報告されている CVD 合成の反応領域における化学反応についての研究において[32)-37)]，炭化水素を原料とした CVD 合成は，炭化水素の分解によって生じる比較的小さい化学種，フリーラジカルや反応中間体の生成から始まることが示唆されている。また CVD の排ガスにおいて多様な炭化水素の生成が確認されており[32)38)-41)]，CNT の CVD 合成のメカニズムを検討する際に反応領域における気相の化学反応が重要であることが容易に想像できる。

しかしながら，CVD 合成における化学反応は複雑であるため，その気相反応を直接的に明らかにすることはきわめて難しい。そこで，系に導入された炭化水素の熱分解現象を検討・解析することによって，CNT 成長が始まる鍵となる炭素源や気相中の反応中間体に関する有用なインフォメーションを得ようとする試みがしばしばなされている。たとえば近年，炭素源として用いられている炭化水素分子の構造の違いによって SWCNT の合成収率が大きく異なることが報告されており，その原因としてそれぞれの炭素源が気相中での熱分解によって特定の反応中間体を異なる濃度で生成するためであることが考察されている[42)]。また他の研究グループからも同様の報告がなされており[43)44)]，CNT の CVD 合成時における複雑な気相反応の結果として生じる中間体の濃度とその反応性が，CNT 成長に強く影響を及ぼすことは明らかである。これらの研究から，CNT の CVD 合成のために最適な反応中間体は気相中で生成し，その後に触媒表面に吸着して CNT 成長が開始すると考えられる。

CVD 合成時の排気中のガス組成のマススペクトル分析を用いた最近の研究によって[45)-49)]，CVD 合成中の気相中には，CNT 成長をさせる特定の化学種(ラジカル種や中性種)が存在すると推測されている。これまでにベンゼン分子[45)46)]やあるいは C_5H_9，C_6H_{13}，C_6H_9 など[47)]が提案されたこともあるが，これら比較的大きなサイズの化学種よりサイズが小さく，そのため反応性が高い C1 あるいは C2 の化学種が CNT 成長初期の触媒表面での核形成に大きな影響を与えている[33)48)49)]と筆者らは考えている。多くの研究グループによって第 1 炭素源として[47)50)]あるいは添加剤[43)45)51)52)]として C2 の化学種を導入することで CNT 合成収率が著しく増加することが知られており，これらの実験結果も小さな化学種が CNT 成長における化学反応の鍵を握っていることを示唆している。

無論，CNT 成長のために最も重要な反応中間体である化学種は，ガス組成や反応温度などの反応環境やその中のダイナミクスによって違いがある可能性も高い。たとえば，担持触媒法 CVD による垂直配向 SWCNT 合成の場合には炭素源としてアセチレンが高効率であることが知られているが[53)-56)]，CNT 成長の反応速度論はアセチレンの分解反応速度によって影響される合成雰囲気のガス組成に著しく依存することもまた報告されている[57)]。さらに一般に担持触媒法よりも反応温度が高い流動触媒法の CVD においては，アセチレンなどの sp 結合を有する C2 種は有効でないことが報告されており[42)]，これはおそらく sp 結合を有する C2 種は反応性が高すぎるため，触媒表面上で過剰に炭素が生成され，この炭素によって触媒表面を不動態化してしまうことが原因であると考えられる[57)]。流動触媒法 CVD の 1 つであり下記に述べる eDIPS 法においては，系統的な実験と理論的な研究によってエチレンなど sp2 結合を有する C2 種が有効であることが報告されている[42)58)]。

5. SWCNT の CVD 合成における構造制御性

SWCNT および MWCNT は**図 1** に示すように，それぞれの構造的あるいは機能的特徴によって広範囲の応用分野での実用化が期待されている。CNT の特性は，層数，直径，長さ，欠陥割合などの構造的な特徴に大いに依存するため，それぞれの応用分野において求められる多様な CNT 性能を実現するには，さまざまな構造を高度に制御できることが理

構造	構造的特徴	機能的特徴	想定用途
SWCNT	・1層の中空チューブ ・直径が極小（0.4～5 nm程度） ・一般に構造対称性が高く，構造欠陥が少ない ・3分の2が半導体，残りが金属のカイラリティ	・金属的SWCNTの電気伝導度はおよそ10^{-4}Ωcm，安定的に流れる電流密度は10^{7}～10^{9}A/cm^{2} （cf.銅：10^{6}A/cm^{2}）	・半導体デバイス ・透明導電性電極 ・バイオ・化学センサ ・キャパシタ ・可飽和吸収光学素子
MWCNT	・2～数十層に積み重なった（複数層）中空チューブ ・直径が太い（外径4～100 nm程度） ・構造欠陥が多く，必ずしも各層が閉じていない	・主に金属的性質 ・ほぼ最外殻層が導電性に寄与する ・一般的に電気伝導および熱伝導性能はSWCNTより劣る	・電子エミッター ・活性炭代替 ・導電性フィラー ・配線

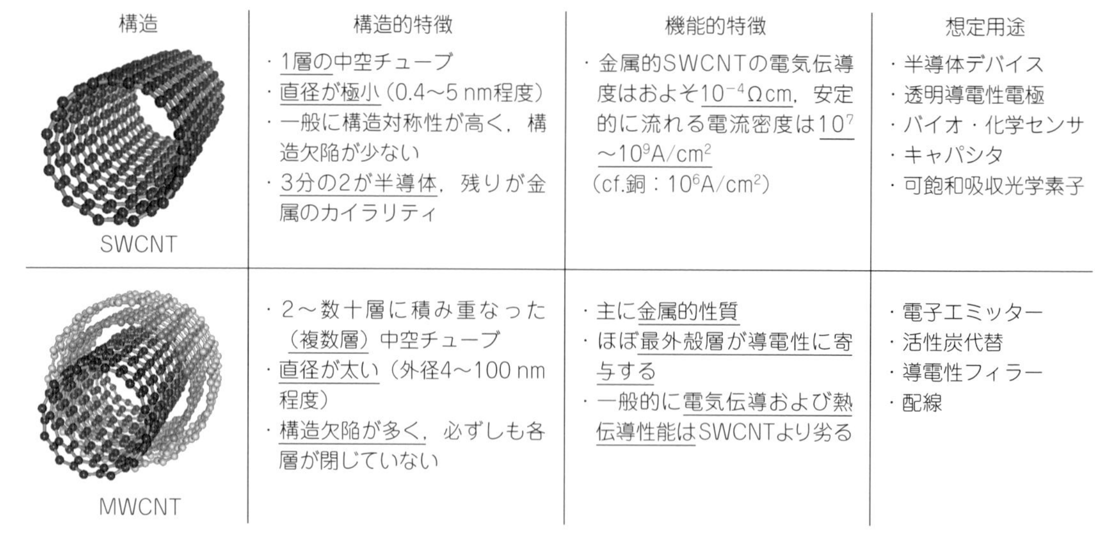

図 1　CNT の構造的・機能的特徴と想定される用途・応用分野

想である。

例えばSWCNTを選択的に合成することは，合成するCNTの層数を選択的に1層にすることにほかならず，いわば層数制御合成技術である[60]。CNTのCVD合成法にはさまざまな制御パラメータを有するため，構造制御技術として発展し得る可能性が十分にあり，活発に研究されてきた。これまでの研究によって，CVD法SWCNT合成において用いられる触媒，基板，反応温度，添加剤，炭素源などの反応条件や反応系を調整することによって，SWCNTの長さ[61]，直径[52)62)-64]，カイラリティ[65)-67]，金属型/半導体型[68)-71]などの分布の制御が可能となってきている。

上記のさまざまな構造の中でも，直径の制御はSWCNTにおいてきわめて重要である。直径は半導体型SWCNTのバンドギャップに深く関係していることから，半導体エレクトロニクス応用の分野においてSWCNTを適用する際にはその特性に直結する構造パラメータである[72]。さらに，SWCNT直径はその中空構造の内部スペースを規定し，他の分子をCNTに内包する[73]際の内包収率やその物性を左右するため[74]，内包型CNT複合材料・新素材の性能は用いられるCNTの直径で決定されるといっても過言ではない。したがってこれらの応用分野において，SWCNT直径制御は基本的かつ不可欠であり，優れた直径制御技術が強く求められている。

近年，eDIPS法（enhanced direct injection pyrolytic synthesis method；改良直噴熱分解合成法）と呼ばれる，異なる熱分解特性を有する2種類以上の炭化水素を炭素源として用いる効率的な流動触媒法CVDが開発された（**図 2**）[52]。スループットや生産性が高いことから[28]，CNTの工業生産に適するCVDプロセスの1つとして期待されている。このeDIPS法CVDの特徴は実験条件を調整することによって簡単にSWCNTの直径制御合成できることにあり，特に主に第2炭素源として用いられるエチレンの流量は，eDIPS法で直径制御合成を行う上できわめて重要であることが報告されている[52]。

これまで，eDIPS法CVDにおける直径制御のメカニズムは以下のように提案されている[52]。

- 鉄触媒は基本的にフェロセンなどの前駆体状態で反応器に導入され鉄微粒子が徐々に形成されることを考慮すると，導入直後から徐々に大きくなっていくようなサイズ分布となると考えらえる。したがって，もし熱分解特性の異なる複数の炭素源の流量を制御することによって，反応器内の反応ガス雰囲気を調整しSWCNTの成長し始める位置を変えることができれば，異なる微粒子サイズの鉄触媒からSWCNTを成長することができ，結果としてSWCNTの直径を制御できると考えられる。

図 3 に，主にエチレン流量の違いによって生成

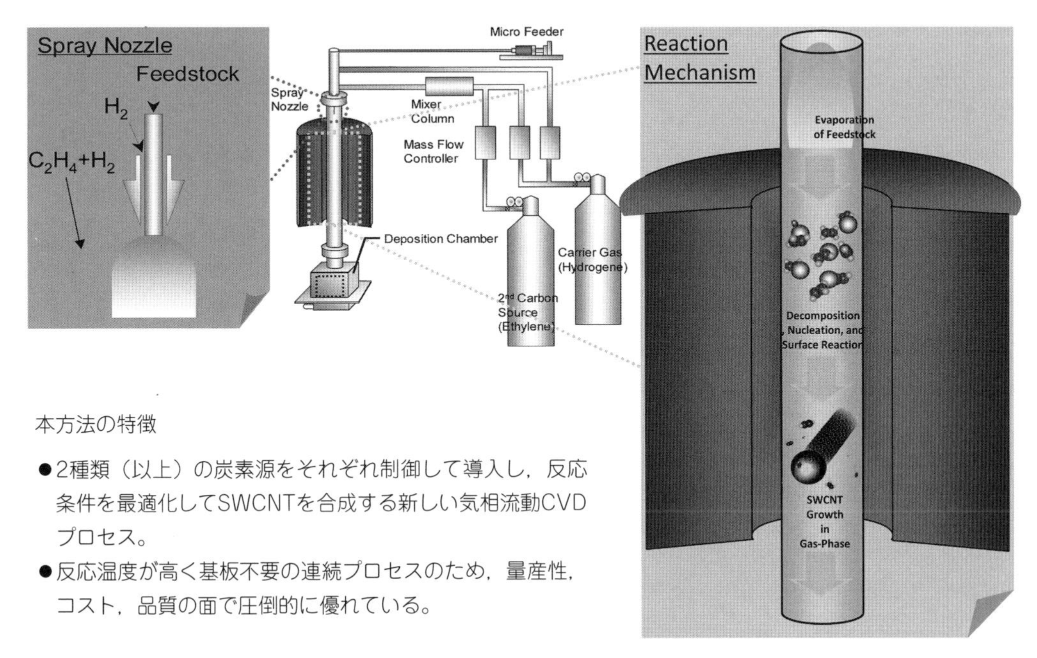

図2　eDIPS 法 CVD 装置の概略図

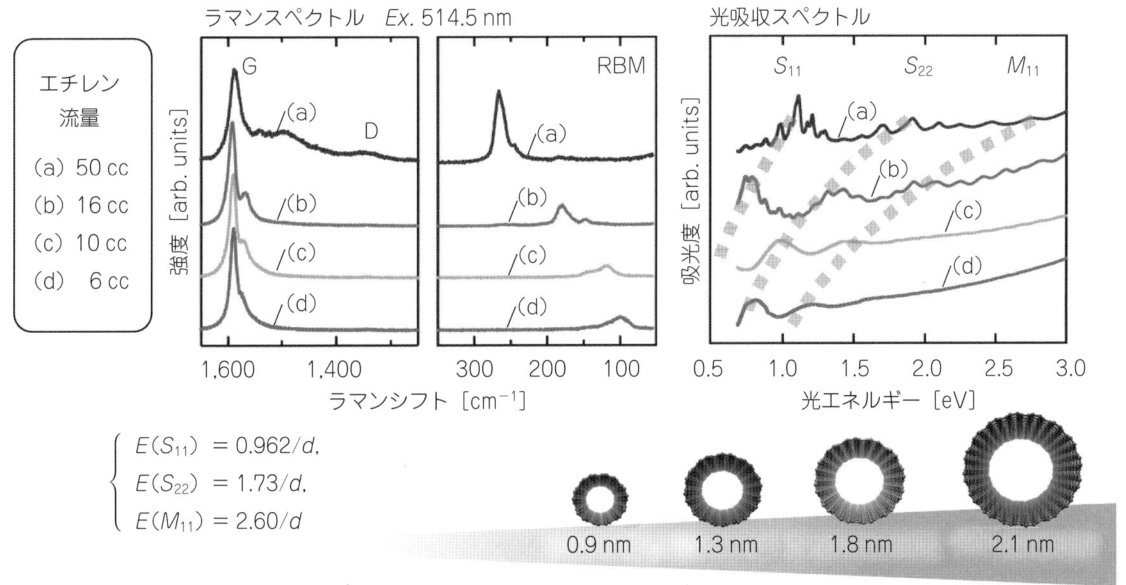

図3　eDIPS 法 CVD により異なるエチレン流量で合成した SWCNT の光学的特性

した異なる直径分布の SWCNT について吸収スペクトルやラマン分析といった光学的分析を行った結果を示した[64)67)]。明らかに異なる直径分布を有し，スペクトル形状から全く電子状態の異なる SWCNT であることを明確に示しているとともに，精密な直径制御がエレクトロニクス応用などを目指すうえで重要であることを改めて示している。またラマンスペクトルの G バンド強度が D バンドに対して 100 倍程度以上ときわめて高いことも eDIPS 法で合成した SWCNT の特徴で，eDIPS 法では 1,000℃以上という比較的高い反応温度を採用しているため高い結晶化度が実現している。この eDIPS 法 CVD は国内の複数企業に技術移転されており，なかでも㈱名城ナノカーボンは，従来同社で行ってきたアーク放電法の 100 倍の製造スピードを eDIPS 法によって達成し，2014 年 2 月には MEIJO eDIPS として研究試料用 SWCNT の販売を開始している。

6. まとめ

反応器のシステム，触媒，炭素源，成長メカニズムや生産性に観点から，CNT の製造技術に関して CVD 法を中心として概観し，最後に構造制御が可能な eDIPS 法 CVD について紹介した。CNT の製造に関するさまざまな新技術開発は，今後も依然 SWCNT 研究における主要な研究課題の 1 つでありつづけるであろう。期待されている幅広い応用分野での実用化を実現するためには，それに適する構造に制御するために，より精密かつ選択的に合成する技術の発展がますます重要となっていくであろう。これまでの混合物としての CNT から，好ましい特性を実現する「構造が規定されたスペシャルな SWCNT」の選択的精密合成技術は，今後の CNT の研究開発を一層加速するものと期待される。

文　献

1) S. Iijima and T. Ichihashi : *Nature*, **363**, 603 (1993).
2) A. Thess, R. Lee, P. Nikolaev, H. Dai, P. Petit, J. Robert, C. Xu, Y. H. Lee, S. G. Kim,. A. G. Rinzler, D. T. Colbert, G. E. Scuseria, D. Tom?nek, J. E. Fischer and R. E. Smalley : *Science*, **273**, 483 (1996).
3) H. Dai, A. G. Rinzler, P. Nikolaev, A. Thess, D. T. Colbert and R. E. Smalley : *Chem. Phys. Lett.*, **260**, 471 (1996).
4) J. Kong, A. M. Cassell and H. Dai : *Chem. Phys. Lett.*, **292**, 567 (1998).
5) J. H. Hafner, M. J. Bronikowski, B. R. Azamian, P. Nikolaev, A. G. Rinzler, D. T. Colbert, K. A. Smith and R. E. Smalley : *Chem. Phys. Lett.*, **296**, 195 (1998).
6) H. M. Cheng, F. Li, G. Su, H. Y. Pan, L. L. He, X. Sun and M. S. Dresselhaus : *Appl. Phys. Lett.*, **72**, 3282 (1998).
7) J.-F. Colomer, G. Bister, I. Willems, Z. K?nya, A. Fonseca, J. B. Nagy and G. Van Tendeloo : *Chem. Commun.*, 1343 (1999).
8) P. Nikolaev, M. J. Bronikowski, R. K. Bradley, F. Rohmund, D. T. Colbert, K. A. Smith and R. E. Smalley : *Chem. Phys. Lett.*, **313**, 91 (1999).
9) C. Biswas and Y. H. Lee : *Adv. Funct. Mat.*, **21**, 3806 (2011).
10) V. Scardaci, R. Coull and J. N. Coleman : *Appl. Phys. Lett.*, **97**, 023114 (2010).
11) A. Kaskela, A. G. Nasibulin, M. Y. Timmermans, B. Aitchison, A. Papadimitratos, Y. Tian, Z. Zhu, H. Jiang, D. P. Brown, A. Zakhidov, E. I. Kauppinen : *Nano Lett.*, **10**, 4349 (2010).
12) Q. Liu, T. Fujigaya, H.-M. Cheng and N. Nakashima : *J. Am. Chem. Soc.*, **132**, 16581 (2010).
13) Z. Shi, X. Chen, X. Wang, T. Zhang and J. Jin : *Adv. Funct. Mat.*, **21**, 4358 (2011).
14) Y. Kim, M. Chikamatsu, R. Azumi, T. Saito and N. Minami : *Appl. Phys. Express*, **6**, 025101 (2013).
15) A. Jorio, G. Dresselhaus and M. S. Dresselhaus, Ed. : Carbon Nanotubes, Advanced Topics in the syhthesis, structure, Properties and Applications, Springer, Berlin, (2008).
16) J. C. Hamilton and J. M. Blakely : *Surf. Sci.*, **91**, 199 (1980).
17) J. Gavillet, A. Loiseau, C. Journet, F. Willaime, F. Ducastelle and J.-C. Charlier : *Phys. Rev. Lett.*, **87**, 275504 (2001).
18) A. R. Harutunyan : *J. Nanosci. Nanotech.*, **9**, 2480 (2009).
19) D. Yuan, L. Ding, H. Chu, Y. Feng, T. P. McNicholas and J. Liu : *Nano Lett.*, **8**, 2576 (2008).
20) D. Takagi, Y. Homma, H. Hibino, S. Suzuki and Y. Kobayashi : *Nano Lett.*, **6**, 2642 (2006).
21) D. Takagi, H. Hibino, S. Suzuki, Y. Kobayashi and Y. Homma : *Nano Lett.*, **7**, 2272 (2007).
22) H. Liu, D. Takagi, H. Ohno, S. Chiashi, T. Chokan and Y. Homma : *Appl. Phys. Express*, **1**, 014001 (2008).
23) D. Takagi, Y. Kobayashi and Y. Homma : *J. Am. Chem. Soc.*, **131**, 6922 (2009).
24) K. Bladh, L. K. L. Falk and F. Rohmund : *Appl. Phys. A*, **70**, 317 (2000).
25) H. Ago, S. Ohshima, K. Uchida and M. Yumura : *J. Phys. Chem. B*, **105**, 10453 (2001).
26) H. W. Zhu, C. L. Xu, D. H. Wu, B. Q. Wei, R. Vajtai and P. M. Ajayan : *Science*, **296**, 884 (2002).
27) A. G. Nasibulin, A. Moisala, D. P. Brown, H. Jiang and E. I. Kauppinen : *Chem. Phys. Lett.*, **402**, 227 (2005).

28）T. Saito, W. C. Xu, S. Ohshima, H. Ago, M. Yumura and S. Iijima：*J. Phys. Chem. B*, **110**, 5849（2006）.

29）Y.-L. Li, I. A. Kinloch and A. H. Windle：*Science*, **304**, 276（2004）.

30）P. B. Amama, C. L. Pint, L. McJilton, S. M. Kim, E. A. Stach, P. T. Murray, R. H. Hauge and B. Maruyama：*Nano Lett.*, **9**, 44（2009）.

31）M. Endo and M. Shikata：*Ouyoubuturi*, **54**, 507（1985）.

32）H. Endo, K. Kuwana, K. Saito, D. Qian, R. Andrews and E. A. Grulke：*Chem. Phys. Lett.*, **387**, 307（2004）.

33）M. Grujicic, G Cao and B. Gersten：*Appl. Surf. Sci.*, **191**, 223（2002）.

34）A. Becker and K. J. Huttinger：*Carbon*, **36**, 177（1998）.

35）C. Descamps, G. L. Vignoles, O. Feron, F. Langlais and J. Lavenac：*J. Electrochem. Soc.*, **148**, C695（2001）.

36）M. Somenath and R. Brukh：*Chem. Phys. Lett.*, **424**, 126（2006）.

37）A. Becker, Z. Hu and K. J. Huttinger：*Fuel*, **79**, 1573（2000）.

38）Y. Tian, Z. Hu, Y. Yang, X. Chen, W. Ji and Y. Chen：*Chem. Phys. Lett.*, **388**, 259（2004）.

39）K. Kuwana, H. Endo, K. Saito, D. Qian, R. Andrews and E. A. Grulke：*Carbon*, **43**, 253（2005）.

40）K. Norinaga, O. Deutschmann and K. J. Huttinger：*Carbon*, **44**, 1790（2006）.

41）D. L. Plata, A. J. Hart, C. M. Reddy, P. M. Gschwend：*Environ. Sci. Technol.*, **43**, 8367（2009）.

42）B. Shukla, T. Saito, M. Yumura and S. Iijima：*Chem. Comm.*, 3422（2009）.

43）W. Z. Qian, T. Tian, C. Y. Guo, Q. Wen, K. J. Li, H. B. Zhang, H. B. Shi, D. Z. Wang, Y. Liu, Q. Zhang, Y. X. Zhang, F. Wei, Z. W. Wang, X. D. Li and Y. D. Li：*J. Phys. Chem. C*, **112**, 7588（2008）.

44）R. Xiang, E. Einarsson, J. Okawa, Y. Miyauchi and S. Maruyama：*J. Phys. Chem. C*, **113**, 7511（2009）.

45）N. R. Franklin and H. Dai：*Adv. Mater.*, **12**, 890（2000）.

46）Y. Tian, Z. Hu, Y. Yang, X. Wang, X. Chen, H. Xu, Q. Wu, W. Ji and Y. Chen：*J. Am. Chem. Soc.*, **126**, 1180（2004）.

47）S.-M. Kim, Y. Zhang, K. B. K. Teo, M. S. Bell, L. Gangloff, X. Wang, W. I. Milne, J. Wu, J. Jiao and S.-B. Lee：*Nanotechnology*, **18**, 185709（2007）.

48）V. Vinciguerra, F. Buonocore, G. Panzera and L. Occhipinti：*Nanotechnology*, **14**, 655（2003）.

49）T. Y. Lee, J. H. Han, S. H. Choi, J. B. Yoo, C. Y. Park, T. Jung, S. G. Yu, W. K. Yi, I. T. Han, J. M. Kim：*Diamond Relat. Mater.*, **12**, 851（2003）.

50）K. Hata, D. N. Futaba, K. Mizuno, T. Namai, M. Yumura and S. Iijima：*Science*, **306**, 1362（2004）.

51）H. Qi, D. N. Yuan and J. Liu：*J. Phys. Chem. C*, **111**, 6158（2007）.

52）T. Saito, S. Ohshima, T. Okazaki, S. Ohmori, M. Yumura and S. Iijima：*J. Nanosci. Nanotechnol.*, **8**, 6153（2008）.

53）G. Eres, A. A. Kinkhabwala, H. Cui, D. B. Geohegan, A. A. Puretzky and D. H. Lowndes：*J. Phys. Chem. B*, **109**, 16684（2005）.

54）G. Zhong, S. Hofmann, F. Yan, H. Telg, J. H. Warner, D. Eder, C. Thomsen, W. I. Milne and J. Robertson：*J. Phys. Chem. C*, **113**, 17321（2009）.

55）R. Xiang, E. Einarsson, J. Okawa, Y. Miyauchi and S. Maruyama：*J. Phys. Chem. C*, **113**, 7511（2009）.

56）H. Sugime and S. Noda：*Carbon*, **48**, 2203（2010）.

57）M. Jung, K. Y. Eun, J. K Lee,., Y. J. Baik, K. R. Lee and J. W. Park：*Diamond Relat. Mater.*, **10**, 1235（2001）.

58）B. Shukla, T. Saito, S. Ohmori, M. Koshi, M. Yumura and S. Iijima：*Chem.Mater.*, **22**, 6035（2010）.

59）R. Saito, M. Fujita, G. Dresselhaus and M. S. Dresselhaus：*Appl. Phys. Lett.*, **60**, 2204（1992）.

60）K. Kobayashi, B. Shukla, S. Ohmori, M. Kiyomiya, T. Hirai, Y. Kuwahara and T. Saito：*Jpn. J. Appl. Phys.*, **52**, 105102（2013）.

61）G. Zhong, T. Iwasaki, J. Robertson and H. Kawarada：*J. Phys. Chem. B*, **111**, 1907（2007）.

62）C. L. Cheung, A. Kurtz, H. Park, C. M. Lieber：*J. Phys. Chem. B*, **106**, 2429（2002）.

63）Q. Liu, W. Ren, Z.-G. Chen, D.-W. Wang, B. Liu, B. Yu, F. Li, H. Cong and H.-M. Cheng：*ACS Nano*, **2**, 1722（2008）.

64）T. Saito, S. Ohmori, B. Shukla, M. Yumura and S. Iijima：*Appl. Phys. Express*, **2**, 095006（2009）.

65）S. M. Bachilo, L. Balzano, J. E. Herrera, F. Pompeo, D. E. Resasco and R. B. Weisman：*J. Am. Chem. Soc.*, **125**, 11186（2003）.

66）Y. Miyauchi, S. Chiashi, Y. Murakami, Y. Hayashida and S. Maruyama：*Chem. Phys. Lett.*, **387**, 198（2004）.

67）S. Ohmori, T. Saito, M. Tange, B. Shukla, T. Okazaki, M. Yumura and S. Iijima：*J. Phys. Chem. C*, **114**, 10077（2010）.

68）Y. Li, D. Mann, M. Rolandi, W. Kim, A. Ural, S. Hung, A. Javey, J. Cao, D Wang,., E. Yenilmez, Q. Wang, J. F. Gibbons, Y. Nishi and H. Dai：*Nano Lett.*, **4**, 317（2004）.

69）L. Qu, F. Du and L. Dai：*Nano Lett.*, **8**, 2682（2008）.

70）A. R. Harutyunyan, G. Chen, T. M. Paronyan, E. M. Pigos, O. A. Kuznetsov, K. Hewaparakrama, S. M. Kim,

D. Zakharov, E. A. Stach and G. U. Sumanasekera : *Science*, **326**, 116 (2009).

71) R. M. Sundaram, K. K. K. Koziol and A. H. Windle : *Adv. Mater.*, **23**, 5064 (2011).

72) Y. Asada, S. Ohmori, F. Nihey, H. Shinohara and T. Saito : *Adv. Mater.*, **23**, 4631 (2011).

73) S. Bandow, M. Takizawa, H. Kato, T. Okazaki, H. Shinohara and S. Iijima : *Chem. Phys. Lett.*, **347**, 23 (2001).

74) S. Okada, S. Saito and A. Oshiyama : *Phys. Rev. Lett.*, **86**, 3835 (2006).

第1項　SiC 上エピタキシャルグラフェンの合成

名古屋大学　**楠　美智子**　　名古屋大学　**乗松　航**

1．はじめに

グラフェンを象徴している他を凌駕する伝導特性は，π電子が担う線形なエネルギー分散関係をもつDirac cone に由来するものである。その室温でのキャリア移動度の高さは，次世代半導体デバイス応用としてきわめて魅力的材料であり，この応用の実現は，大面積・高均質なグラフェンの安定した合成技術の確立にかかっている，といって過言ではない。

高品質グラフェンの合成法として，本稿の主題でもある SiC 熱分解法がある。本手法は SiC を真空中または Ar 雰囲気において高温加熱することで，**図1** に示すように，SiC 表面から Si 原子が選択的に脱離し，残留したカーボン原子が SiC 表面上にエピタキシャルにグラフェンを自己構築する現象を用いたものである。本手法の優位性は，エレクトロニクスデバイスへの応用を前提にした場合，半絶縁性を有する基板上に良質なグラフェンをウエハサイズで直接に成長させることができる点にある。すなわち，転写による欠陥導入の問題が回避できる。しかも，SiC は，硬く，熱伝導性，熱安定性，化学安定性に優れるなどの特性を有し，また，近年，Si 半導体に替わるパワー半導体への強い開発要請から，SiC の結晶性が急激に向上している点も，この SiC 熱分解法の可能性を期待させる重要な要素である。

SiC の表面熱分解の現象は，古くは 1965 年に Badami により，X 線回折法を用い，真空中 2,000℃以上に加熱された SiC 表面に配向性を有するグラファイト構造が互いに c 軸を共有するよう成長することが報告されている[1]。その後，10 年のちに Bommel らは低エネルギー電子線回折法（LEED 法）を用い，グラファイト/SiC の結晶学的方位関係から，$(6\sqrt{3}\times6\sqrt{3})$R30° の表面構造の存在をはじめて明示した[2]。その後，SiC の超高真空・高温下における表面再構築構造は走査型トンネル電子顕微鏡（STM）の研究対象としてさかんに行われてきた[3)-5]。それまで SiC 自身に興味の対象が集中してきたこの期間での一連の詳細な表面観察の蓄積が，グラフェンの刺激的な登場により研究対象を表面のグラフェンに舵を切ったとき，グラフェン研究の進展にきわめて大きな貢献をすることになった。筆者らも，2000 年に透過型電子顕微鏡（TEM）を用い，SiC（0001）面上に 1，2 層のグラフェンが形成されていることを直接観察している[6]。

はじめての電気的特性評価は，Novoselov らが剥離法グラフェンの新規電気特性を発表した 2004 年[7]と同年に，Berger らによりなされた。彼らは SiC 熱分解によって（0001）面上に 3 層ほどのグラフェンを作製し，低温での Hall 抵抗測定における Shubnikov–de Hass 振動を示し，新しい量子ホール現象を示唆した[8]。さらにこのグループは 2006 年には SiC{0001}面上グラフェンのナノリソグラフィパターニングによる電界効果型トランジスタ（FET）をつくり込み，詳細なキャリアの輸送特性評価により，25,000 cm^2/Vs と高い移動度を報告している[9]。このような輸送特性の発表から，SiC 表面熱分解によって得られるグラフェン層も，剥離法グラフェンと同等に高速電子デバイスに応用可能な素材と明確に認識されることとなり，大面積・均質グラフェンを得るため，SiC 表面構造探索はエピタキシャルグラフェン構造解析にも主力が注がれることとなった。

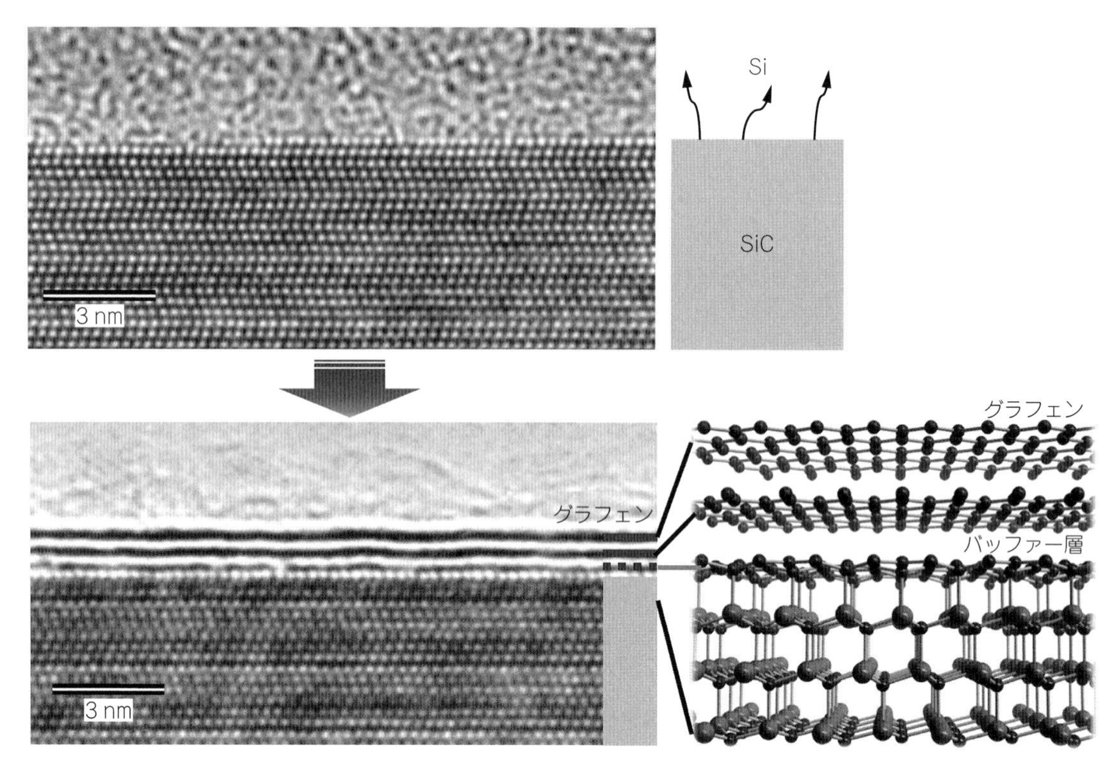

図１　SiC 表面熱分解によるグラフェン成長

2. SiC 上エピタキシャルグラフェンの成長

SiC 熱分解法においては，SiC(0001) 基板を1,300℃以上の高温下で加熱する。共有結合性を有するSi-C 結合エネルギーは2.86 eV とかなり高いため[10)]，熱分解するためにはこのような高温熱処理が必要となる。SiC には多くの多形が存在するが，パワーデバイス用に長年開発されてきた4H，6H 基板が６インチサイズウエハの汎用タイプとして入手可能である。大面積グラフェンを得るためには，一般に，オフ角が±0.2°以下の熱的安定な（0001）面に，化学的機械研磨を施すことにより，面粗度 Ra が 0.1 nm 以下の平滑面を準備することが求められる。さらに，水素エッチングにより，表面の研磨痕，残留ひずみ，化学的エッチングによる汚染物質を除去し清浄な表面を得て後，グラフェン化の熱処理を行う。

図２は SiC 表面上に形成された(a)１層，(b)２層，(c)３層，(d)８層グラフェンの断面 TEM 像である。グラフェンの各層は直線状の黒い線状コントラストとして図１に示したようにバッファー層を介して SiC 表面に平行に観察されるため，層数を明瞭に確認可能となる。

初期においては，SiC 熱分解は超高真空中で熱処理が行われていたが，昇華分解が激しく温度のみでは制御が困難なため，得られるグラフェンは結晶粒の大きさが数十 nm 程度と小さく，層数の制御も困難であった[6)-9)]。2008 年，２つのグループから，１気圧以下の Ar 雰囲気下において熱処理を施すことによりグラフェンの均質性が大きく向上することが示され，一気に改良が進んだ[10)11)]。これは，SiC 表面上において，Ar の衝突により，Si 原子の脱離が抑制されることによると理解されている。以後，Ar 雰囲気下での熱処理が主流として採用され，より均質で大面積エピタキシャルグラフェンの合成に向けた開発が進んでいる。また，**図３**に示すように，SiC{0001}面には Si 原子で終端された（0001）Si 面と C 原子で終端された（$000\bar{1}$）C 面が存在する。Si 面が C 面に比較して熱的安定性が高いことは 1975 年の Bommel らによる表面観察以来認識されていたが[2)]，グラフェンの成長様式も驚くほど異

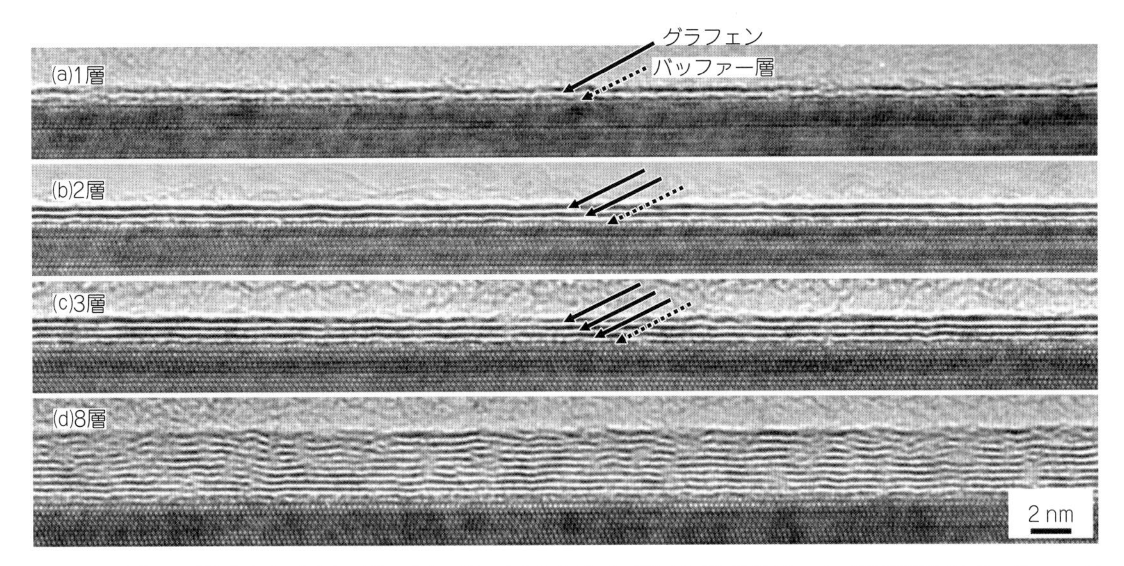

図2 Si面上に形成された(a)1層，(b)2層，(c)3層および(d)8層グラフェンの断面TEM像（beam// $[11\bar{2}0]_{SiC}$）[12)]

バッファー層が界面層として観察される。

なる[16)44)]。そのため，エピタキシャルグラフェンの研究は，層数・サイズが均質で，比較的制御しやすいSi面が先行し，集中して行われてきた。本稿ではSi面上に形成されるエピタキシャルグラフェンに絞って，その構造，特性に関し，紹介することとする。

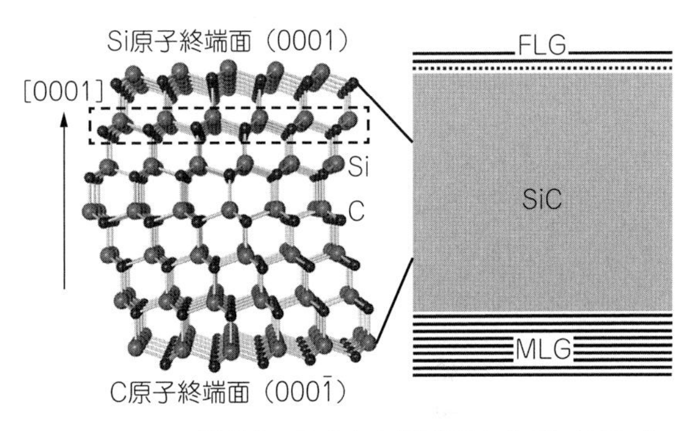

図3 6H-SiC結晶$[11\bar{2}0]$方向投影図および（0001）Si原子終端面（Si面），（000$\bar{1}$）C原子終端面（C面）に形成されるグラフェンの特徴を示した概略図

破線枠内には1層のSi-Cバイレイヤーを示す。Si面上には均一な単層または複数層グラフェン（few-layer grapheme；FLG）が形成され，界面には点線で示すようにバッファー層が形成される。C面上には粒径の小さい多層グラフェン（multi-layer graphene；MLG）が形成されやすい。

3. エピタキシャルグラフェンの構造的特徴

Si面上グラフェンの特徴の1つとしてバッファー層の存在があげられる。Si-Cバイレイヤーの3層目が分解してSiが脱離した段階で形成されるカーボンのハニカム構造は，Si面においては1/3のC原子がすぐ下のSi原子とσ結合を維持するため，周期的なsp^3結合を形成することになり，エネルギー的に安定な（$6\sqrt{3}\times6\sqrt{3}$）R30°構造となる[12)13)]。したがって，この構造はグラフェンと同じハニカム構造を有するが，基板と強い結合をもつため，一部の炭素は基板側にわずかにシフトしており，また，電子状態はK点にDirac coneがないため，π電子は局在化し電気的に絶縁性となる[14)15)]。

1層目のグラフェンは，SiC基板と30°回転した状態で形成されるこのハニカム構造（$6\sqrt{3}\times6\sqrt{3}$）R30°構造がテンプレートになる。SiC表面の分解が進行し，直下に新たな（$6\sqrt{3}\times6\sqrt{3}$）R30°構造が形成された段階で，基板との結合が切れることではじめてグラフェンとしての電子構造を得る。そのため，Si面では常に一定の方位関係を維持したまま安定したエピタキシャル成長が継続されることから，均質なグラフェン形成が可能となる[16)]。

ところで，グラファイトの積層様式には，AA積層（*P6/mmm*），AB積層（Bernal型，$P6_3/mmc$），

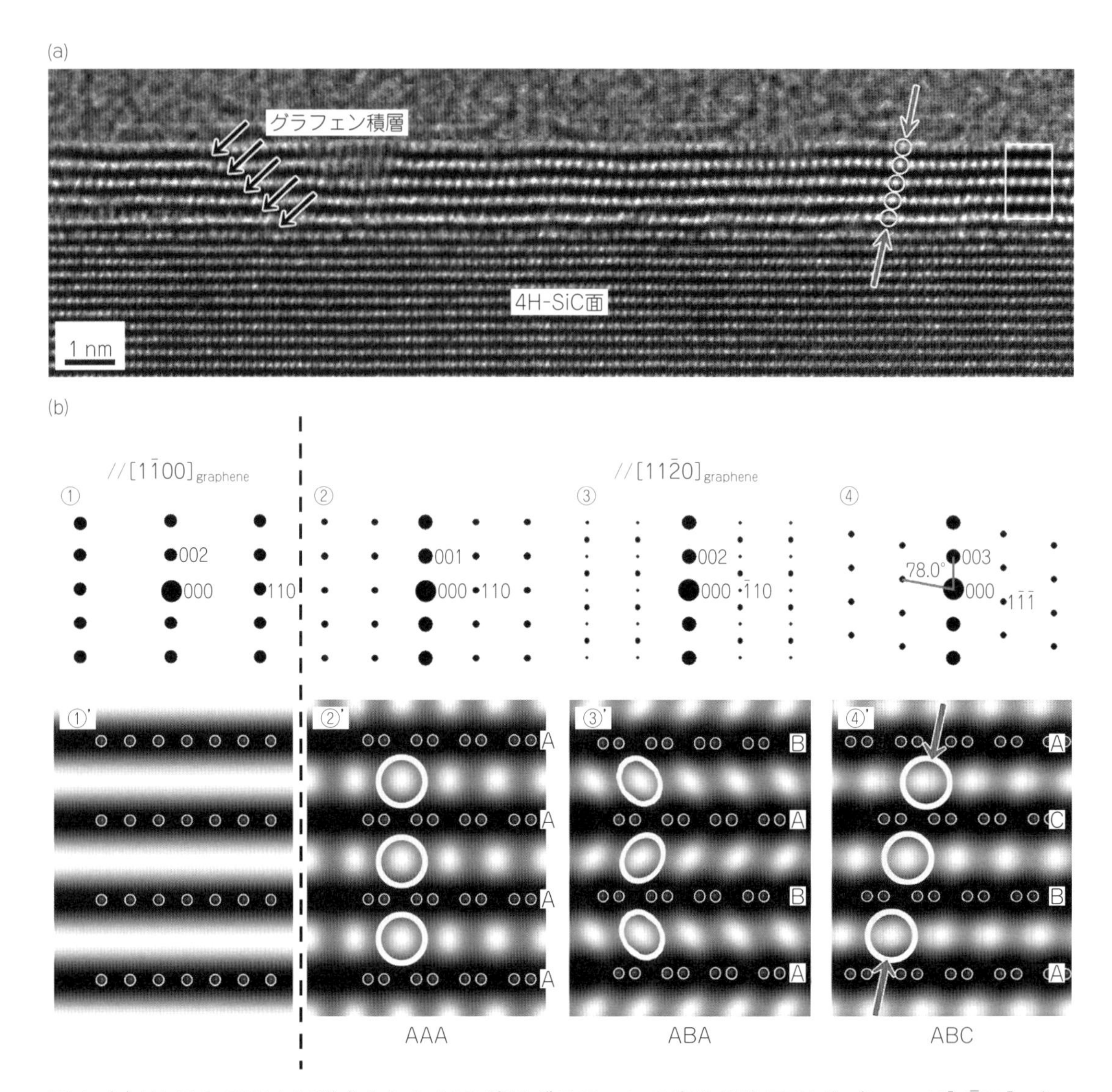

図４　(a) 4H-SiC Si 面上に形成された ABC 積層グラフェンの高分解能 TEM 像（beam//[1$\bar{1}$00]$_{SiC}$），(b) AAA，ABA，ABC 積層グラフェンの［1$\bar{1}$00］$_{graphene}$ および［11$\bar{2}$0］$_{graphene}$ 方向から観察した場合の回折像とシミュレーション像[20]。

ABC 積層（$R\bar{3}m$）の３様式が存在し，天然黒鉛にも一定の割合でこれらの積層構造が存在することが知られている[17)18)]。この積層様式を判定するには，やはり，断面 TEM 観察が有効である。

図４(a)は Si 面上に形成されたグラフェンを［1$\bar{1}$00］$_{SiC}$ 方向から観察したときの高分解能 TEM 像である。SiC 基板上に５層のグラフェンが形成されている様子が観察される。ところで，$(6\sqrt{3}\times6\sqrt{3})$ R30° 構造をテンプレートとして形成されるグラフェンは SiC 基板と 30° 回転していることから，図４(a)において観察されているグラフェン層は［11$\bar{2}$0］$_{graphene}$ 方向から観察していることになる。この場合，図２とは異なり，グラフェン層内に，グラフェンの格子間隔 d_{1-100} = 0.213 nm に相当する周期が明るいコントラストとして観察されている。図４(b)には，AAA，ABA，ABC 積層グラフェンを［1$\bar{1}$00］$_{graphene}$，［11$\bar{2}$0］$_{graphene}$ 方向から観察したときの電子回折図形と対応する高分解能像のシミュレーション結果を示す。［1$\bar{1}$00］$_{graphene}$ 方向から観察した場合，３つの積層構造はすべて図(b)の左端に示す回折図形①，高分解能像①'を示し，区別ができない。ところが，［11$\bar{2}$0］$_{graphene}$ 方向から観察することによ

り，グラフェンのAAA，ABA，およびABC積層状態は，それぞれ②'，③'，④'，に示すシミュレーション像に対応し，高分解能TEM像より判別可能であることが理解される。特にグラフェン層中に観察される0.213 nmの周期の明るいコントラストに注目すると，その積層角度やコントラストがそれぞれ異なる。観察された高分解能TEM像と比較することにより，SiC-Si面上にはABC積層のグラフェンが選択的に形成されることが明確に示された[19)20)]。このABC積層グラフェンは，ゲート電圧印加によりバンドギャップが開くことが理論的に予想されており[21)]，また，フェリ磁性を発現することが示唆されるなど[22)]，今後の解析が期待される。

以上のように，SiC上のグラフェンの層数，積層様式を正確に特定するためには，TEMによる断面観察が最も確実である。しかしながら，断面TEM観察用試料調整は時間がかかり，技術的にも容易ではない。Hibinoらは，低エネルギー電子顕微鏡（LEEM）を用い，グラフェンの層数が容易に観察できることを示した[23)24)]。Si面上グラフェンのLEEM明視野像には，グラフェンの層数に応じて電子線のエネルギーに対し明るさの異なる領域が観察される。数eVの電子の波長はnm程度であり，各領域での数層グラフェンの表面と基板との界面で反射した電子の干渉が起こる。その結果，エネルギーの変化に依存した振動構造が現れ，グラフェン層数をデジタルで決定できる。また，(1,0) 回折ビームによる暗視野LEEM像を用い，Si面上の２層グラフェン中のAB積層とAC積層の強度差より生じるコントラストから両者を見分けることが可能となり，数十～数百nmのサイズをもつ２種類のドメインからなる多結晶状態にあることが示された[25)]。この結果から，Si面上２層グラフェンの積層には，回転はないがドメイン間に反位相境界などの欠陥の存在が予想される。今後，このような構造が電気特性に与える影響の解明が望まれる。

4. エピタキシャルグラフェンの電気的特性

Si面上に形成されるグラフェンは均質なため，2006年にはジョージア工科大学のグループによりSiC基板上にグラフェンをチャネルとした電界効果型トランジスタ（FET）がつくり込まれ，電気特性が評価された[9)]。2009年には，ゲート絶縁膜としてAl_2O_3を用いることにより，特異な量子ホール効果が報告されるとともに，きわめて高いキャリア移動度が示された[26)]。

単層グラフェンでは，Dirac coneの電子構造から，原理的にキャリア濃度が低い領域において，より高いキャリア移動度が得られる。Si面上では，バッファー層である $(6\sqrt{3}\times6\sqrt{3})$R30° 構造からグラフェンに対し強いキャリアドーピング効果があるため，SiC上グラフェンのキャリアは電子が支配的であり，n型を示す[27)28)]。そこで，キャリア濃度の制御として，例えばF4-TCNQといった分子を用いホールドーピングすることにより，低温において29,000 cm^2/Vsという高い移動度が報告されている[29)]。もう１つのキャリア濃度制御として，FETにおいてゲート電圧印加による方法がある。この電界効果によってグラフェンのフェルミエネルギーを変調することができることから，伝導電荷の極性制御が可能となる。Tanabeらはこの手法により，2Kにおいて45,000 cm^2/Vsもの高い電子移動度を報告している[30)]。この報告において，キャリア移動度は温度の増加により減少しており，これは基板，バッファー層のフォノンによる散乱が支配的であることを示唆する。この問題を解決するために，バッファー層とSiCの間への水素インターカレーション法が導入された。$(6\sqrt{3}\times6\sqrt{3})$R30° 構造を有するバッファー層が形成されたSiC基板を水素雰囲気中において700℃で加熱することで，SiC表面のSi原子を水素化する。その結果，バッファー層は準自立型単層グラフェンに構造転移させることができる[31)]。このバッファー層から準自立膜への変換はラマン分光による2Dピークの出現や[32)]，角度分解光電子分光（ARPES）測定による線形バンド分散により直接確認された[31)]。

また，新たに，SiC基板からの影響を制御するために窒化によってグラフェンとSiC基板との界面構造改質を試みた結果を紹介する[33)]。通常SiC熱分解グラフェンはAr雰囲気中で形成されるが，ここでは反応性の異なるN_2ガスを用いることにより，高温でも安定な界面構造制御を意図したものである。

(a)2種類の長周期構造type1，type2の存在を示すCs補正TEM像

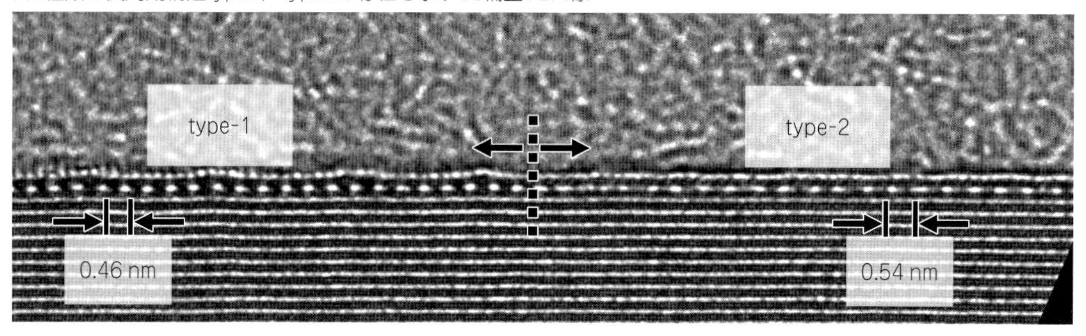

(b)窒化界面原子層type1，type2の原子モデル

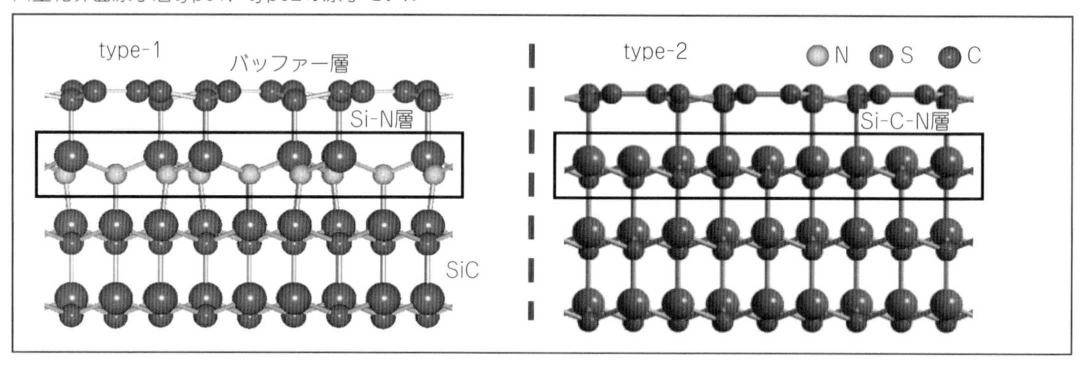

図5　窒素雰囲気下でSiC熱分解によって形成された窒化界面原子層[33]

図5(a)は混合ガス（N_2：Ar＝1：2）3atm中において1,600℃ 15分加熱したときのSi面の高分解能断面TEM像である。最表面の0.23 nm周期の明るいコントラストは（$6\sqrt{3}\times6\sqrt{3}$）R30°構造に相当するカーボン層が形成されていることを示す※1。ここで，Ar中での加熱では観察されなかった0.46, 0.54 nmと2つのタイプの周期を有する明るいコントラストが界面層として観察された。すでに報告されている酸窒化膜の表面構造[34]を基準にこれらtype1，type2の構造解析を行い，シミュレーション像と照合した結果，図5(b)に示したtype1，type2の周期的界面構造モデルが図5(a)のTEM像のコントラストをよく説明することが明らかになった。これらの構造はそれぞれ（$\sqrt{3}\times\sqrt{3}$）R30°，（$6\sqrt{3}\times6\sqrt{3}$）R30°構造を有し，ダングリングボンドレスのSi–N，Si–N–Cの窒化原子層によって構成されている。さらに興味深いことは，この界面構造を有するサンプルを再度Ar 6atm中，1,700℃で熱処理することにより，1層のグラフェンの形成とともにN原子は表面から脱離することなく，新たなバッファー層の直下に窒化層が形成されることである。これはグラフェンのSi–N結合の熱安定性とグラフェンの閉じ込め効果が強いことを示している。この窒化原子層を界面にもつグラフェンの電子移動度の測定を行った結果，基板からの影響の1つである基板の音響フォノンによる電子の散乱がこの界面構造をもたないグラフェンに比べ減少していることが示された[33]。今後，SiC上グラフェンのデバイス化に向け，さらに効果的でかつ安定した界面改質の可能性を探索することが求められる。

5. SiC表面ステップ構造の影響

ところで，SiC表面熱分解法によるエピタキシャルグラフェンにとって，SiC基板表面のステップの存在による成長や特性への影響はきわめて大きい。

※1　オーバーフォーカス条件での撮影のためカーボンが存在する面が明るいコントラストで観察されている。

基本的にはSiC（0001）ジャスト基板（オフ角0°）を指定して基板を購入するが，実際には±0.2°以下でランダムな方向にステップが導入されることは避けられない。その結果，オフ角度に応じ，μm幅のSiC（0001）面テラスとともに，オフ方向に対応したファセット面がステップとして生じる。また，グラフェンが成長する1,300℃以上の高温においては，SiC独特の双晶を伴う積層構造において，それぞれのSi–Cバイレイヤーの成長速度が異なることにより[35]ステップバンチングが同時に進行してしまう。このため，SiC表面上ではSi，C原子が複雑な拡散と分解を繰り返しており，その正確なダイナミックスを理解し，制御することは容易ではない。

Dimitrakopoulosらは0～0.5°の範囲のさまざまなオフ角を有するSi面基板を準備し，それぞれに2層程度のグラフェンを形成して，それぞれのAFM像と移動度の比較を行った[36]。オフ角が大きいほどテラス幅は小さくステップの頻度が高くなる。前述のように，Si面ではグラフェンの核形成がステップ部分に限られる傾向があるため，結果として，テラス中のグラフェンの層数の均質性が上がる。一方，オフ角が限りなくゼロに近づくほど，テラス幅が大きくなることにより，テラス中からもグラフェンの核発生が起こってしまうため，ピットの発生がおこり，一見グラフェンの均一性が下がる。しかしながら，キャリア濃度はほとんど一定にもかかわらず，オフ角が小さいほど，高い移動度が得られた。この結果から，0.5～1μmと見積もられるグラフェン中のキャリアの平均自由行程よりもグラフェンの平らな面積が大きく確保されていれば，たとえ多少不均一なグラフェンが形成されていても移動度への影響は少なく，逆に，グラフェンが均一に形成されていても，ステップが高密度で存在する場合は，移動度が低下することが示された。また，Lowらにより，ステップに沿うようグラフェンが変形することにより発生するひずみと，基板からの不均一なドーピング効果がステップによる移動度低下の主たる要因であることが示された[37]。以上の結果は，高い移動度のグラフェンを得るためには，ステップの高さ，密度ができる限り小さいSiC基板を用意することが大変重要であることが示している。今後，SiCの研磨技術のみならず，オフ角調整技術が高品質エピタキシャルグラフェン合成の鍵となろう。

ところで，グラフェンのエレクトロニクスデバイス応用のために最も重要な問題は，バンドギャップがゼロであることである。この課題を克服するための有力な手法の1つとして，ナノリボン化があげられる。グラフェンをナノリボン化したときの電子状態に関しては，1996年にすでにFujitaら[38]，Nakadaら[39]によりタイトバインディング法を用いた優れた報告がなされている。その結果によると，グラフェンナノリボン（GNR）がジグザグエッジをもつときには平坦なバンドがフェルミ準位（$E=0$）に現れる結果，状態密度はフェルミ準位に鋭いピークをもつ。一方，GNRがアームチェアエッジをもつときは，そのリボン幅Nに依存してその1/3は金属的になるが，2/3が半導体的になりNに依存してバンドギャップをもつことが示された。そこで，TanakaらのグループはSiC基板とグラフェン方位関係をもとに，あえて［$1\bar{1}00$］方向に沿って4°のオフ角をもつSiC基板を準備し，水素エッチングを施すことにより，20 nm周期のステップ構造を表面に形成させておいてから，そのファセット部分をテンプレートに，10 nmの幅を有する配向したナノグラフェンを形成した[40]。GNR形成にはメサ加工による方法[41][52]，また近年ではブロック共重合ポリマーのナノオーダー周期構造を巧みに利用した方法が報告されており，0.5 eVほどのバンドギャップ形成が可能とされている[42]。SiC上GNRエッジはSiC基板と結合をもっていると予想されるが[16][43]，今後シャープで直線的エッジ構造を形成することにより，より安定したバンドギャップ形成につながると期待される。

6. おわりに

SiCの熱分解によるエピタキシャルグラフェンについて，さまざまな角度からその特徴，課題，および優位性について紹介してきた。このエピタキシャルグラフェンの研究の醍醐味は，SiC結晶の対称性から派生する，高温における反応性，表面構造，ステップ構造などのダイナミックな変化を制御し，グラフェン形成とのバランスを操ることにある。

SiCは次世代高出力・高周波電子デバイスの最重

要候補として，世界的に単結晶ウエハの開発が進められており，近年，その高品質化，大型化が進展している。エピタキシャルグラフェンの研究もこの開発の恩恵を甘受し，応用実現につながってゆくことを期待している。

文　献

1）D. V. Badami：*Carbon*, **3**, 53（1965）.

2）A. J. van Bommel, Crombeen, J. E., van Tooren, A.：*Surf. Sci.*, **48**, 463（1975）.

3）M. A. Kulakov, P. Heuell, V. F. Tsvetkov and B. Bullemer：*Surf. Sci.*, **351**, 248（1994）.

4）L. Li and I. S. T. Tsong：*Surf. Sci.*, **351**, 141（1996）.

5）S. Tanaka, R. S. Kern, R. F. Davis, J. F. Wendelken and J. Xu：*Sur. Sci.*, **350**, 247（1996）.

6）M. Kusunoki, T. Suzuki, T. Hirayama, N. Shibata and K. Kaneko：*Appl. Phys. Lett.*, **77**, 531（2000）.

7）K. S. Novoselov, A. K. Geim, S. V. Morozov, D. Jiang, Y. Zhang, S. V. Dubonos, I. V. Grigorieva and A. A. Firsov：*Science*, **306**, 666（2004）.

8）C. Berger, Z. Song, T. Li, , X. Li, Y. Asmerom, Y. Ogbazghi, R. Feng, Z. Dai, A. N. Marchenkov, E. H. Conrad, P. N. First and W. de Heer：*J. Phys. Chem.*, **108**, 19912（2004）.

9）C. Berger, Z. Song, X. Li, X. Wu, N. Brown, C. Naud, D. Mayou, T. Li, J. Hass, A. N. Marchenkov, E. H. Conrad, P. N. First and W. de Heer：*Science*, **312**, 1191（2006）.

10）C. Virojanadara, M. Syvajarvi, R. Yakimova, L. I. Johansson, A. A. Zakharov and T. Balasubramanian：*Phys. Rev. B*, **78**, 245403（2008）.

11）K. V. Emtsev, A. Bostwick, K. Horn, J. Jobst, G. L. Kellogg, L. Ley, J. L. McChesney, T. Ohta, S. A. Reshanov, J. Rohrl, E. Rotenberg, A. K. Schmid, D. Waldmann, H. B. Weber, Th. Seyller：*Nature Mater.*, **8**, 203（2009）.

12）W. Norimatsu and M. Kusunoki：*Chem. Phys. Lett.*, **468**, 52（2009）.

13）Y. Qi, S. H. Rhim, G. F. Sun, M. Weinert and L. Li：*Phys. Rev. Lett.*, **100**, 016602（2010）.

14）A. Mattausch and O. Pankratov：*Phys. Rev. Lett.*, **99**, 076802（2007）.

15）F. Varchon, R. Feng, J. Hass, X. Li, B. Ngoc Nguyen, C. Naud, P. Mallet, J-Y. Veuille, C. Berger, E. H. Conrad and L. Magaud：*Phys. Rev. Lett.*, **99**, 126805（2007）.

16）W. Norimatsu and M. Kusunoki：*Physica E*, **42**, 691（2010）.

17）R. R. Haering：*Can. J. Phys.*, **36**, 352（1958）.

18）J.-C. Charlier, X. Gonze and J.-P. Michenaud：*Carbon*, **32**, 289（1994）.

19）W. Norimatsu and M. Kusunoki：*J. Nanosci. Nanotech.*, **10**, 3884（2010）.

20）W. Norimatsu and M. Kusunoki：*Phys. Rev. B*, **81**, 161410（R）(2010）.

21）M. Aoki and H. Amawashi：Solid State Commun., **142**, 123（2007）.

22）M. Otani, M. Koshino, Y. Takagi and S. Okada：*Phys. Rev. B*, **81**, 161403（R）(2010）.

23）H. Hibino, H. Kageshima, F. Maeda, M. Nagase, Y. Kobayashi and H. Yamaguchi：*Phys. Rev. B*, **77**, 075413（2008）.

24）H. Hibino, , H. Kageshima and M. Nagase：J. Phys. D：*Appl. Phys.*, **43**, 374005（2010）.

25）H. Hibino, S. Mizuno, H. Kageshima, M. Nagase and H. Yamaguchi：*Phys. Rev. B*, **80**, 085406（2009）.

26）T. Shen, J. J. Gu, M. Xu, Y. Q. Wu, M. L. Bolen, M. A. Capano, L. W. Engel and P. D. Ye：*Appl. Phys. Lett.*, **95**, 172105（2009）.

27）A. Bostwick, J. McChesney, T. Ohta, E. Rotenberg, T. Seyller and K. Horn：*Progress in Surface Science*, **84**, 380（2009）.

28）J. Ristein, S. Mammadov and Th. Seyller,：*Phys. Rev. Lett.*, **108**, 246104（2012）.

29）J. Jobst, D. Waldmann, F. Speck, R. Hirner, D. K. Maude, Th. Seyller and H. B. Weber：*Phys. Rev. B*, **81**, 195434（2010）.

30）S. Tanabe, Y. Sekine, H. Kageshima, M. Nagase and H. Hibino：*Phys. Rev. B*, **84**, 115458（2011）.

31）C. Riedl, C. Coletti, T. Iwasaki, A. A. Zakharov and U. Starke：*Phys. Rev. Lett.*, **103**, 246804（2009）.

32）F. Fromm, M. H. Oliveira Jr., A. Molina-Sanchez, M. Hundhausen, J. M. J. Lopes, H. Riechert, L. Wirtz and Th. Seyller：*New J. Phys.*, **15**, 043031（2013）.

33）Y. Masuda, W. Norimatsu and M. Kusunoki：*Phys. Rev. B*, **91**, 075421（2015）.

34）T. Shirasawa, K. Hayashi, S. Mizuno, S. Tanaka, K. Nakatsuji, F. Komori and H. Tochiharal：*Phys. Rev. Lett.* **98**, 136105（2007）.

35) V. Borovikov and A. Zangwill：*Phys. Rev. B*, **79**, 245413 (2009).

36) C. Dimitrakopoulos, A. Grill, T. J. McArdle, Z. Liu, R. Wisnieff and D. A. Antoniadis：*Appl. Phys. Lett.*, **98**, 222105 (2011).

37) T. Low, V. Perebeinos, J. Tersoff and Ph. Avouris：*Phys. Rev. Lett.*, **108**, 096601 (2012).

38) M. Fujita, K. Wakabayashi, K. Nakada and K. Kusakabe：*J. Phys. Soc. Jpn*, **65**, 1920 (1996).

39) K. Nakada, M. Fujita, G. Dresselhaus and M. S. Dresselhaus：*Phys. Rev. B*, **54**, 17954 (1996).

40) T. Kajiwara, Y. Nakamori, A. Visikovskiy, T. Iimori, F. Komori, K. Nakatsuji, K. Mase and S. Tanaka：*Phys. Rev. B*, **87**, 121407 (R) (2013).

41) J. Baringhaus, F. Edler and C. Tegenkamp：*J. Phys.：Condens.* Matter, **25**, 392001 (2013).

42) G. Liu, Y. Wu, Y-M. Lin, D. B. Farmer, J. A Ott, J. Bruley, A. Grill, Ph. Avouris, D. Pfeiffer, A. A. Balandin and C. Dimitrakopoulos：*ACS Nano*, **6**, 6786 (2012).

43) M. Morita, W. Norimatsu, H-J. Qian, S. Irle and M. Kusunoki：*Appl. Rev. Lett.*, **103**, 141602 (2013).

44) W. Norimatsu, J. Takada and M. Kusunoki：*Phys. Rev. B*, **84**, 035424 (2011).

第2項　大面積高速合成

国立研究開発法人産業技術総合研究所　長谷川　雅考

1. はじめに

グラフェン[1]は炭素原子１個分という極限の薄さを有する膜であり，高いキャリア移動度，波長に依存しない光吸収（１層で2.3%を吸収），スズ添加酸化インジウム（ITO）[2]にはない優れた屈曲性を有するため，フレキシブルな有機LED，太陽電池，ディスプレイなどの透明電極材料として期待されている。

グラフェンの工業利用を検討する際，高品質かつ高スループットな合成法確立はたいへん重要な技術課題である。これまでグラフェンの製造法として，グラファイトの機械的剥離法[1)3)]，酸化グラフェンの液相剥離[4]，SiCの熱分解[5]など，さまざまな手法が開発されてきたが，透明電極利用に向けた製造法としては遷移金属，特に銅表面への化学気相成長（CVD）法が最も可能性が高い。現在の主流は銅を基材とし1,000℃を超える合成温度での熱化学気相合成法（熱CVD）である。銅は１層あるいは２層のグラフェンを合成するのに適した基材であり，高導電性など品質は著しく向上してきた[6)7)]。一方，高スループットの観点では必ずしも十分とはいえない。産総研ではいち早くプラズマ援用によるCVD法開発に着手し，高品質かつ高スループットのグラフェン合成法開発に取り組んできており，本稿ではその試みについて紹介する[8)-16)]。

2. 極低炭素濃度プラズマCVDの開発

筆者らはすでに，銅箔基材の巻き取り速度毎秒10 mmでグラフェンを高スループット合成するロール・ツー・ロール方式表面波プラズマCVD法をデモンストレーションした[9)10)]。しかしこの際合成されるグラフェンは，結晶サイズ（ドメインサイズ）が10 nm以下と小さく，これにより期待したほど導電性が得られなかった。この原因は，プラズマCVDによるグラフェンの核形成密度と成長速度がたいへん大きく，グラフェン本来の２次元方向の成長が阻害され，サイズの小さなフレーク状の結晶の多層構造の形成と層数制御性の劣化が生じていることと考えた。そこで本研究ではグラフェンの合成に使用する炭素源の濃度を低減することにより，大きすぎる核生成密度と成長速度の抑制を図り，グラフェンの結晶サイズ拡大と層数の制御性の改善を試みた。またグラフェンの透明電極応用では可視光透過率90～93%が要求されることが多く，その場合最大で3，4層のグラフェンを使用することができる。したがって単層のみならず複数層のグラフェン合成の制御性を高める必要性がある。そこで２層グラフェンを制御性良く高収率で合成することも試みた。開発した手法は銅箔基材の直接通電による加熱とプラズマ処理を組み合わせたものであり，従来の熱CVDと比較して装置への熱負荷が小さく，かつ合成速度がたいへん大きいというロール・ツー・ロールなどの連続生産法に適する。

図1は本研究で用いたマイクロ波励起の表面波プラズマCVD装置の概略図である[13]。石英窓を通して反応容器内にマイクロ波を放射するスロットアンテナを装備した導波管を反応容器に接続したシンプルな構成である。表面波プラズマの特長はプラズマ密度が高いことと，電子温度が低いことである[17)-22)]。高いプラズマ密度はグラフェンの高成長速度をもたらし，また低電子温度は合成したグラフェンへのプラズマによるダメージの抑制に効果的である。また本研究では誘導結合プラズマ（ICP）を利用したCVDも試験し，有効であることを確認した[14]。

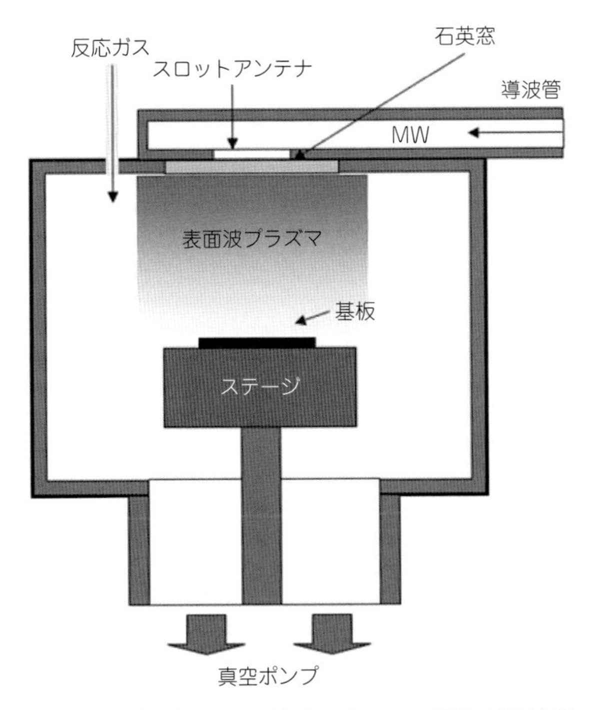

図1　表面波励起マイクロ波プラズマ CVD 装置の概略図[13]

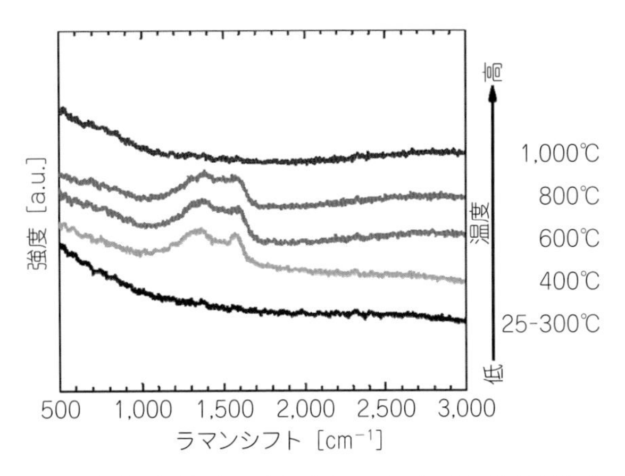

図2　水素雰囲気中，室温から 1,000℃で加熱処理した銅箔のラマンスペクトル[14]

まず水素 20 Pa 雰囲気中で，直接通電加熱による 300～1,000℃ 15 分間の熱処理だけを行い，グラフェンが合成されるかどうかをラマン分光法（XploRA ㈱堀場製作所製），直径 1 μm のビームスポット，励起光 632 nm）により確認した。これと並行してメタンなどの炭素源ガスを用いることなく，水素ガスのみを使用して銅箔のプラズマ処理を実施した。この実験の意図は，銅箔基材の不純物あるいは反応容器中のアウトガスなどとして供給されるであろう極微量の炭素源でグラフェンが合成されるかどうかを確認することである[14]。水素プラズマ処理は水素ガス流量 30 sccm，圧力 5 Pa で 30 秒間行った。

合成したグラフェンの導電性と光透過率の測定は，グラフェンを合成用基材である銅箔から透明な樹脂基材に転写して行った。微粘着性樹脂フィルムを透明樹脂基材として使用した。樹脂フィルムの厚さは 41～42 μm である。グラフェンを合成した銅箔と樹脂フィルムを接着した後，銅箔を過硫酸アンモニウム水溶液（0.50 モル/L）でエッチング除去した。

合成したグラフェンのシート抵抗は金合金プローブを用いた四探針法により，6 mm×6 mm の試料領域にわたって 1 mm 間隔で 36 点測定した。また樹脂基材に転写したグラフェンに，塩化金による湿式ドーピングを行った。グラフェン膜を塩化金（20 モル/L）のイソプロピルアルコール溶液に浸漬し，その後乾燥させることによりドーピングを施した。

図2は水素雰囲気中で通電加熱による熱処理のみを行った銅箔のラマンスペクトルである。300℃加熱では炭素に起因するラマンピークは観測されなかったが，400，600，800℃で熱処理した銅箔からは 1,350 cm^{-1} および 1,580 cm^{-1} に非晶質炭素膜の形成を示すラマンピーク[23]が観測された。また 1,000℃の通電加熱のみでは，非晶質炭素によるブロードなピークは観測できなかった。これは低圧下で銅の融点（1,085℃）に近い温度で熱処理を行ったため，形成した非晶質炭素膜が銅の蒸発とともに消失したためと考えられる。また銅箔の直接通電加熱のみではグラフェン形成を示す 2D バンド（2,650 cm^{-1}）のラマンピークを観測することはできなかった。メタンなどの含炭素ガスの反応容器内への導入は行っていないので，形成した非晶質炭素膜は銅箔内部に含まれる不純物炭素，あるいは反応容器内のアウトガスなどとして供給される炭素を起源とするものと考えられる。銅箔が含有する不純物炭素の濃度を燃焼法で測定したところ，5～31 ppm であった。本研究において使用した銅箔の厚さは 6.3 μm であり，31 ppm の不純物炭素が銅箔の片方の表面にすべて析出したとしても 1 層のグラフェンシート形成には不足する。したがって反応容器内のアウトガスが原料炭素の主要な供給元であると考えられるが，銅箔

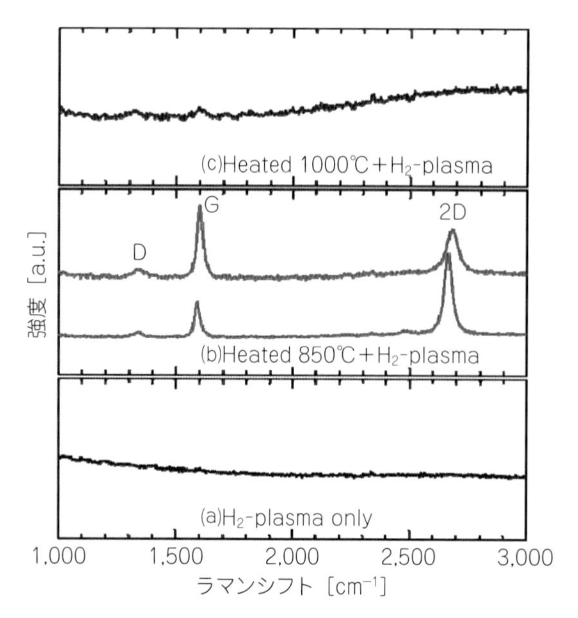

図3　各温度で水素プラズマ処理を施した銅箔のラマンスペクトル[14)]

(a)加熱なし（水素プラズマ処理のみ），(b)850℃，(c)1,000℃。

の不純物炭素も寄与している可能性もあるとして議論を進めることにする。

次に銅箔をメタンなどの炭素源ガスなしで水素プラズマ処理した銅箔のラマンスペクトルを**図3**に示す。図3(a)は銅箔の加熱なしで30秒間水素プラズマ処理を行ったものであるが，グラフェンや非晶質炭素など，炭素関連の物質に起因するピークは観察されなかった。(b)は850℃での加熱処理に続いて同温度で30秒間水素プラズマ処理を施した銅箔のラマンスペクトルである。明瞭なGバンドと2DバンドがＤ非常に弱いDバンドとともに観測され，低欠陥のグラフェン形成を示している。また(c)は1,000℃での加熱処理後に30秒間水素プラズマ処理を施した銅箔のラマンスペクトルである。非常に弱いGバンド（1,580 cm^{-1}）とDバンド（1,350 cm^{-1}）が観測されたが，2,641～2,681/cm^{-1} の範囲で2Dバンドは観測されなかった。ごく微量に供給される炭素原子が銅箔基材の蒸発とともに消失し，グラフェンが形成されなかったことを示唆している。

これらのグラフェンのラマンスペクトルで欠陥に由来するDバンド（1,338 cm^{-1}）は観測されたが強度はとても弱いものであった。グラフェンの結晶サイズはラマンスペクトルのDバンドとGバンドの相対強度から100 nm程度と考えられる。従来法の炭素源ガスを用いて合成したグラフェンでは，結晶サイズは最大10 nm程度であったのに対して，本手法の極低炭素源濃度のプラズマCVDにより，格段に結晶サイズを向上することができた。さらに，プラズマ処理時間は30秒と熱CVDと比較して著しく短時間であり，高スループットのロール・ツー・ロール法など工業的な連続生産にたいへん適した手法であることを示唆している。

3. 2層グラフェンの合成

図3(b)に示すように，2Dバンドの形状について線幅と強度分布の異なるラマンスペクトル観測されたことから，詳細な解析を実施した。**図4**は2Dバンドのピーク半値全幅（FWHM）が異なる2種類のグラフェンである。同じ合成条件の12個の試料に対してそれぞれ46点でピークフィッティングを行った。フィッティングの方法は文献にしたがって，図4(a)(b)に示すように単一のローレンツ曲線または4つのローレンツ曲線の和を用いた[24)25)]。AB積層した2層グラフェンは41.0～59.5 cm^{-1} の2Dバンドのピーク幅（FWHM）を有し，四つのローレンツ曲線でフィッティングされる（図4(a)）。一方（AB積層でない）不整合積層を有する2層グラフェンは36.0～40.5 cm^{-1} の2Dバンドのピーク幅（FWHM）を有し，左右対称なローレンツ曲線でフィッティングされる（図4(b)）。

図5は2Dバンドのピーク幅（FWHM）のヒストグラム，および，ラマンスペクトルの2DバンドとGバンドのピーク強度比であり，ここからAB積層の2層グラフェンと不整合積層の2層グラフェンとの収率を調査する。ラマン強度比（2Dバンド/Gバンド）が0.7～2.7の場合はAB積層2層グラフェン，2.8～5.1の場合不整合2層グラフェンと同定される。この結果，銅箔上に850℃での水素プラズマ処理で形成したグラフェンの60%がAB積層の2層グラフェン，40%が不整合積層の2層グラフェンであることがわかる。また，本ラマン分光法による層数および積層構造の同定で，このプラズマ処理条件で単層グラフェンあるいは3層グラフェンはすべての試料で観察されなかった。

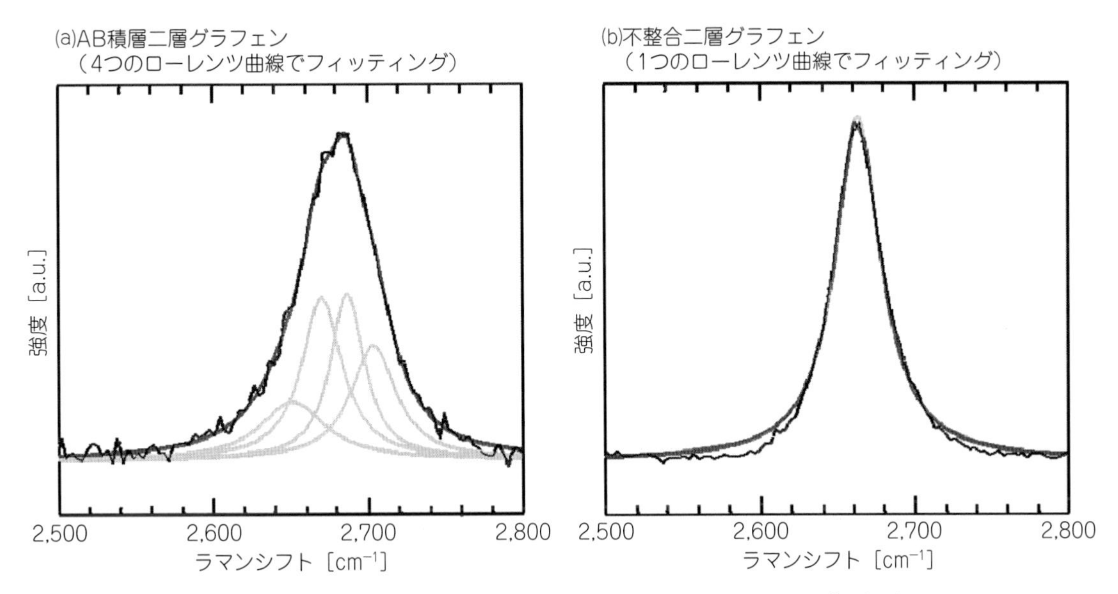

図４　ラマンスペクトルの 2D バンドのピークフィッティング分析[14)]

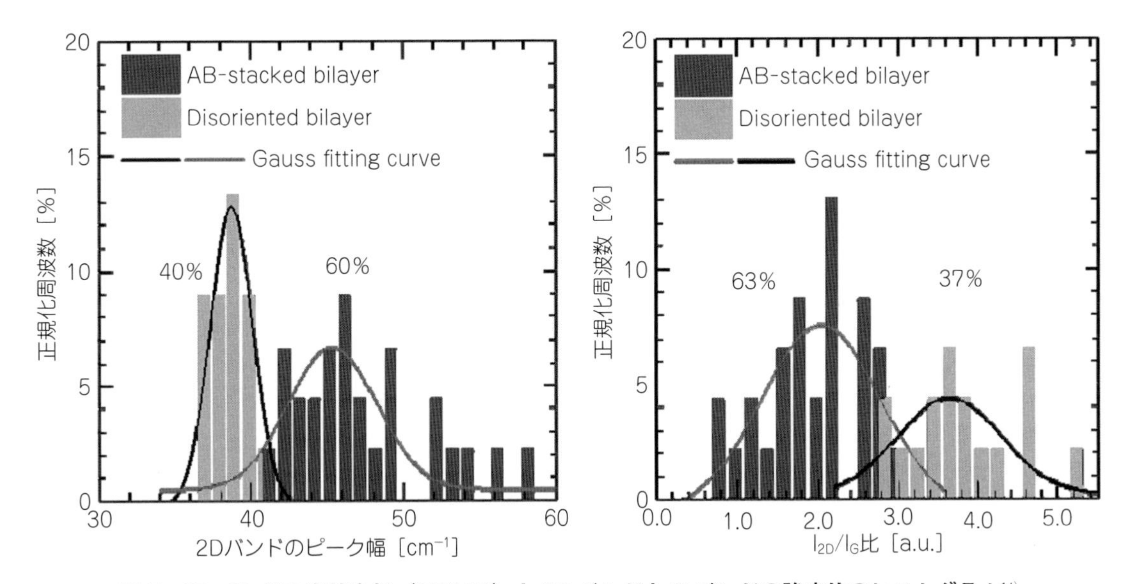

図５　2D バンドの半値全幅（FWHM）と 2D バンドと G バンドの強度比のヒストグラム[14)]

4．光透過率とシート抵抗

上記で得られた銅箔基板上のグラフェンを，微粘着性樹脂フィルムを用いて銅箔基板から転写し，分光光度計で光透過スペクトルを測定した。**図６**は(a)微粘着性樹脂フィルム，(b)グラフェン/微粘着性樹脂フィルム，光透過率スペクトルであり，さらに(c)は(b)を(a)で割り算することで求めたグラフェンのみの光透過率スペクトルである。（微粘着性樹脂フィルム自体の光透過率は波長 550 nm で 91.5%であり，グラフェン/微粘着性樹脂フィルムでは 86.4%であった。グラフェン膜のみの光透過率は波長 550 nm で 94.5%であった。単層グラフェンの光透過率 97.7%から，本試料のグラフェンの層数はおよそ２層であることがわかった[26)]。

表１にこれまで報告された２層グラフェンについて，移動度，収率，合成温度，AB 積層２層グラフェンのラマンスペクトルの 2D バンドのピーク幅

表1　AB積層2層グラフェンの収率，移動度，および2Dバンドの半値全幅（FWHM）[14]

成長プロセス（基板厚さ，温度）	移動度［cm^2/Vs］	AB積層のFWHM	AB積層収率［%］（不整合積層の割合[%]）	参考文献
Cu（25 µm），1,050℃	1,500～4,400	47.4～62.0	90［10］	文献27）
Cu（25 µm），1,000℃	350～400	—	67※1	文献29）
Cu（25 µm），1,000℃	580	45.0～53.0	99※2	文献30）
Cu（1.2 µm）-Ni（0.4 µm），920℃	3,485	38.0～50.0	98※3	文献28）
Cu（25 µm），980℃	—	—	70（30）	文献31）
Cu（6.3 µm），850℃	1,000	41～59.5	60（40）	本稿

※1　3層グラフェンが少量観測された。
※2　AB積層2層グラフェンの残りは，32%が単層グラフェン。
※3　3層グラフェンは全体の1%。

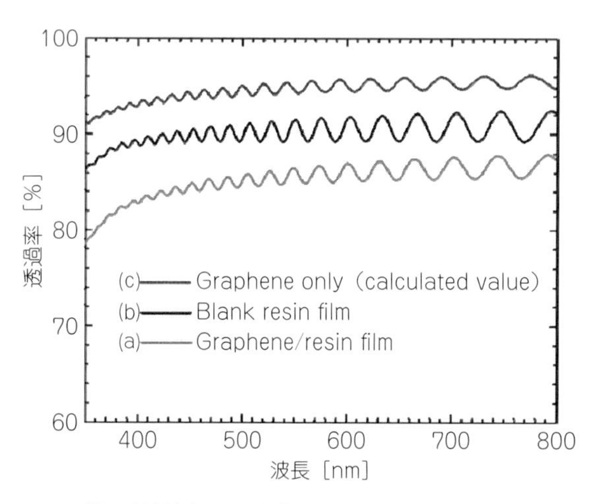

図6　樹脂基材(b)およびグラフェン/樹脂基材(a)の光透過スペクトル

(c)は(a)を(b)で割り算して得たグラフェンのみの透過スペクトル[14]。

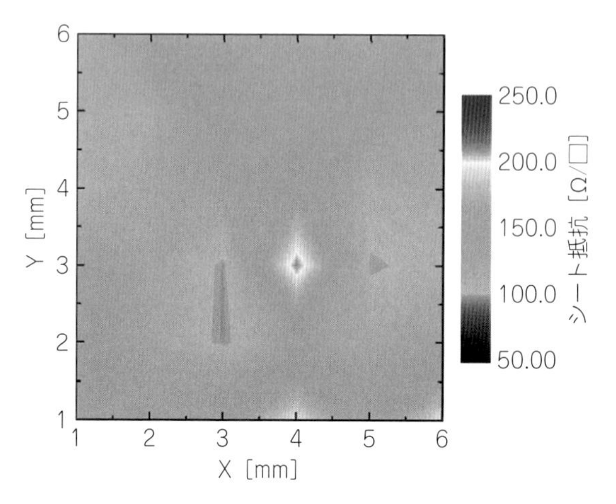

図7　塩化金でドーピング後のグラフェン膜のシート抵抗マッピング[14]（口絵参照）

（FWHM）を示す。本研究の合成条件では，これまで報告されたものと比較して合成温度は低く，合成時間も短い。また室温でのキャリア移動度はおよそ1,000 cm^2/Vsであり，従来のプラズマCVD法で合成したグラフェンの移動度およそ100 cm^2/Vs[13]と比較して大幅な向上を達成した。文献によれば，さらに，高温での熱CVD法により，1,500～4,400 cm^2/Vs[27]，3,845 cm^2/Vs[28]が報告されている。このことはプラズマCVD法により合成する2層グラフェンの品質をさらに向上することが可能であることを示している。

上記の合成したグラフェン膜に対して塩化金によるドーピングを試験した。ドーピング前のシート抵抗は平均951 Ωであった。**図7**は塩化金によるドーピング後のシート抵抗マッピングである。本試料の6 mm×6 mmの平均のシート抵抗は130 Ωであった。最も低いシート抵抗は100 Ω以下であった。

以上のように，極低炭素源濃度のプラズマCVD法の開発により，従来と比較してグラフェンの結晶品質を大幅に向上し，さらに層数の制御性を格段に高めることに成功した。AB積層の2層グラフェンが60%，不整合の2層グラフェンが40%の収率で合成された。2層グラフェンの平均シート抵抗は951 Ωであり，室温でのキャリア移動度は1,000 cm^2/Vsであった。塩化金溶液によるドーピングを施しシート抵抗130 Ωを達成した。

5.大面積グラフェン合成技術の開発

本研究で開発した極低炭素源濃度と銅箔基材の直

図8 A4サイズの大面積グラフェン透明導電フィルム
透過率92%，シート抵抗500 Ω以下。

接通電加熱によるプラズマ処理を用いた高品質グラフェン合成法をA4サイズの大面積に拡張した。**図8**はこの手法で銅箔基材上に合成し，PETフィルムに転写して作製したA4サイズの大面積グラフェン透明導電フィルムである。ドーピングなしの状態でグラフェンのみの光透過率は92%（3.6層），シート抵抗は500 Ω以下である。このように本研究で開発した極低炭素源濃度のプラズマ処理手法を用いてA4サイズの大面積グラフェン透明導電フィルムの作製に成功した。合成に要したプラズマ処理時間は30秒以下であり，大面積成膜においてもプラズマCVDの高スループットの特徴を確認することができた。

謝 辞

本稿の一部は国立研究開発法人新エネルギー・産業技術総合開発機構（NEDO）「グラフェン基盤研究開発」(2012～2014年度，技術研究組合単層CNT融合新材料研究開発機構グラフェン事業部が実施）で得られた成果に基づくものである。

文 献

1）K. S. Novoselov, A. K. Geim, S. V. Morozov, D. Jiang, Y. Zhang, S. V. Dubonos, L. V. Grigorieva and A. A. Firsov：*Science,* **306**, 666（2004）.

2）A. Kumar and C. Zhou：*ACS Nano,* **4**（1）, 11（2010）.

3）A. K. Geim：*Science,* **324**, 1530（2009）.

4）K.-H. Liao, A. Mittal, S. Bose, C. Leighton, K. A. Mkhoyan and C. W. Macosko：*ACS Nano,* **5**（2）, 1253（2011）.

5）C. Virojanadara, M. Syväjarvi, R. Yakimova and L. I. Johansson：*Phys. Rev. B,* **78**, 245403-1（2008）.

6）X. Li, W. Cai, J. An, S. Kim, J. Nah, D. Yang, R. Piner, A. Velamakanni, I. Jung, E. Tutuc, S. K. Banerjee, L. Colombo and R. S. Ruoff：*Science,* **324**, 1312（2009）.

7）S. Bae, H. Kim, Y. Lee, X. Xu, J.-S. Park, Y. Zheng, J. Balakrishnan, T. Lei, H. R. Kim, Y. I. Song, Y.-J. Kim, K. S. Kim, B. Özyilmaz, J.-H. Ahn, B. H. Hong and S. Iijima：*Nature Nanotechnology,* **5**, 574（2010）.

8）J. Kim, M. Ishihara, Y. Koga, K. Tsugawa, M. Hasegawa and S. Iijima：*Appl. Phys. Lett.,* **98**, 091502-1（2011）.

9）T. Yamada, M. Ishihara, J. Kim, M. Hasegawa and S. Iijima：*Carbon,* **50**, 2615（2012）.

10）T. Yamada, J. Kim, M. Ishihara and M. Hasegawa：*J. Phys. D：Appl. Phys.,* **46**, 063001-1（2013）.

11）T. Yamada, M. Ishihara and M. Hasegawa：*Appl. Phys. Express,* **6**, 115102-1（2013）.

12）Y. Okigawa, K. Tsugawa, T. Yamada, M. Ishihara and M. Hasegawa：*Appl. Phys. Lett.,* **103**, 153106-1（2013）.

13）R. Kato, K. Tsugawa, T. Yamada, M. Ishihara and M. Hasegawa：*Jpn. J. Appl. Phys.,* **53**, 015505-1（2014）.

14）R. Kato, K. Tsugawa, Y. Okigawa, M. Ishihara, T. Yamada and M. Hasegawa：*Carbon,* **77**, 823（2014）.

15）Y. Okigawa, R. Kato, T. Yamada, M. Ishihara and M. Hasegawa：Carbon, 82, 60（2015）.

16）R. Kato, S. Minami, Y. Koga and M. Hasegawa：*Carbon,* **96**, 1008（2016）.

17）H. Sugai, I Ghanashev and M. Nagatsu：*Plasma Sources Sci. Technol.,* **7**, 192（1998）.

18）H. Sugai, I. Ghanashev and K. Mizuno：*Appl. Phys. Lett.,* **77**, 3523（2000）.

19）K. Tsugawa, M. Ishihara, J. Kim, M. Hasegawa and Y. Koga：*Carbon Technol.,* **16**, 337（2006）.

20）K. Tsugawa, M. Ishihara, J. Kim, Y. Koga and M. Hasegawa：*Phys. Rev.,* **B82**, 125460-1（2010）.

21）J. Kim, K. Tsugawa, M. Ishihara, Y. Koga and M. Hasegawa：*Plasma Sources Sci. Technol.,* **19**, 015003-1（2010）.

22) K. Tsugawa, S. Kawaki, M. Ishihara, J. Kim, Y. Koga, H. Sakakita, H. Koguchi and M. Hasegawa : *Diamond & Related Materials,* **20**, 833 (2011).

23) J. Robertson : *Mater. Sci. Eng.,* **37**, 129 (2002).

24) L. G. Cançado, A. Reina, J. Kong and M. S. Dresselhaus : *Physical Review,* **B77**, 245408-1 (2008).

25) A. C. Ferrari, J. C. Meyer, V. Scardaci, C. Casiraghi, M. Lazzeri, F. Mauri, S. Piscanec, D. Jiang, K. S. Novoselov, S. Roth and A. K. Geim : *Phys. Rev. Lett.,* **97**, 187401-1 (2006).

26) R. R. Nair, P. Blake, A. N. Grigorenko, K. S. Novoselov, T. J. Booth, T. Stauber, N. M. R. Peres and A. K. Geim : *Science,* **320**, 1308 (2008).

27) L. Liu, H. Zhou, R. Cheng, W. J. Yu, Y. Liu, Y. Chen, J. Shaw, X. Zhong, Y. Huang and X. Duan : *ACS Nano,* **6**, 8241 (2012).

28) W. Liu, S. Kraemer, D. Sarker, H. Li, P. M. Ajayan and K. Banerjee : *Chem. Mater.,* **14**, 907 (2014)

第3項　酸化グラフェン大量合成

岡山大学　仁科　勇太

1. 酸化グラフェンが着目されるゆえん

数多くの理論的および実験的研究によって証明されているとおり，グラフェンが既存の炭素材料や金属材料に比べて優れた性質を有していることは，疑う余地がない。しかし，グラフェンの類縁体と見なされがちな酸化グラフェンは，大部分の炭素原子に酸素が付加し，グラフェンとは大きく物性が異なる。たとえば，電気伝導性や熱伝導性は非常に低い。また，酸化時に孔が開いたりシートが破れて微細化したりする。さらに，グラフェンに求められるような物性，例えば電気伝導性などを発現するためには，還元しなければならない。そのため，なぜわざわざ酸化グラフェンを合成する必要があるのだろうか，と考える方は多いと思う。

酸化グラフェンが着目されている理由は，量産化がしやすいためである。ただ，単に量産化といっても，どの材料に対抗すべきかを考えなければならない。最近量産化が開始された単層カーボンナノチューブと同等のコストと生産量であれば，現状の技術でも対応できる。しかし，現状の酸化グラフェンおよびその還元体が単層ナノチューブに優る性能を有しているとは断言できない。求められる物性のレベルを下げ，多層カーボンナノチューブ，さらにはカーボンブラックや活性炭にまで競合相手を広げた場合には，コストのみならずスケールアップに伴う安全性や再現性も大きな問題となり，合成プロセスの革新が必要になる。

酸化グラフェンの原料である黒鉛は，1 kg あたり数百円で入手できる。合成時には過激な酸化条件に付すため，多くの不純物はこの過程で除去できる。また，高配向性グラファイトのようなドメインサイズが大きな黒鉛を原料に用いたとしても，酸化の過程で微細化してしまうため，あまり意味がない。そのため，安価な黒鉛を用い，酸化プロセスと精製プロセスを最適化することで，既存の材料を凌駕する性能を有する酸化グラフェンを低コストで合成することが実用化の鍵である。

2. 酸化グラフェンの構造

酸化グラフェンの正しい構造については，未だに議論の最中である。提唱されている構造のなかでも（**図 1**），近年最もよく受け入れられているのが，Lerf–Klinwski モデルである[1]。エッジ部にはカルボニル基やカルボキシ基が存在し，ベーサル面には，エポキシ基およびヒドロキシ基が存在する。また，非酸化のグラフェンドメインも存在する。ただし，このモデルは黒鉛を過マンガン酸カリウムにより酸化して得られる酸化グラフェンの構造解析に基づくものである。黒鉛の酸化法には少なくとも 3 通りあり，それぞれに特徴のある酸化グラフェンが得られる。

3. 酸化グラフェンの合成法

酸化グラフェンには大きく分けて Brodie 法，Staudenmaier 法，Hummers 法の 3 通りの方法がある。合成法により，生じる酸素官能基の量や種類が変わり，酸化グラフェンの物性も変わる。たとえば，金属イオンの吸着量や電気化学的特性は Hummers 法で合成した酸化グラフェンが優れているという報告がある[2][3]。以下にそれぞれの方法を具体的に説明する。

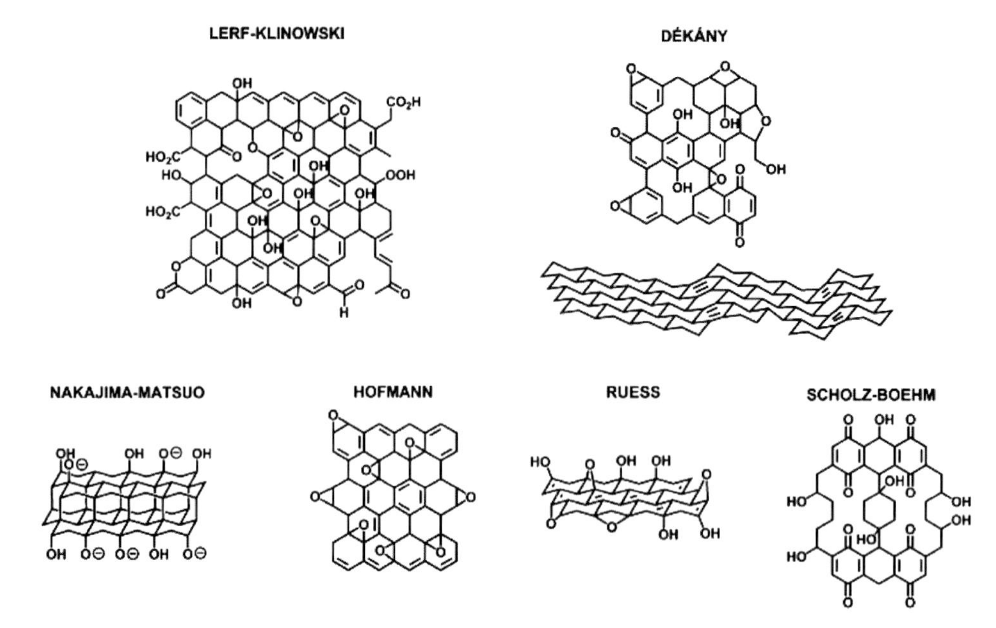

図１　酸化グラフェンの推定構造

3.1　Brodie 法

Brodie 法は黒鉛の化学的酸化法として最も古くから知られている方法である。濃硝酸中で塩素酸カリウムを酸化剤として用い，黒鉛を酸化する[4]。他の化学的方法に比べ，黒鉛に対するダメージが少なく，還元によりグラフェンに近い構造を得やすいと考えられている。1859 年に B. C. Brodie によって報告された方法では，以下のような手順で合成が行われている。①～③の酸化処理を繰り返すことで，酸素含有量を高めることができる。

① フラスコ中で黒鉛粉末（10 g）と塩素酸カリウム（30 g）をゆっくり混合し，過剰量の発煙硝酸を加える。

② 混合物を 60℃で 3～4 日放置する（黄色蒸気が発生しなくなるまで）。

③ 大量の水で希釈し，上澄み液を除いた後，蒸留水で洗浄して酸および塩を除く。

現在では，元の Brodie 法を改良し，酸化剤の量や反応時間，繰返し酸化の回数を最適化した合成条件が見出されている。黒鉛と塩素酸カリウム，発煙硝酸を加え室温で 24 時間放置した後，硝酸を加え 60° C で加熱することで 3～4 日必要だった酸化時間を半分に短縮することが可能になる[5)6)]。また，塩素酸カリウム量を増量し，反応時間を延長することにより，1 回の酸化処理で元来の Brodie 法で 4 回酸化処理を行ったときと同程度（38.3%）の酸素原子を導入することが可能になるという報告[7)] や，3 時間で十分酸化がおこるという報告[8)] もある。このように，反応条件を微妙に変えることで酸化の程度や効率が大きく変わる。

3.2　Staudenmaier 法

一般的な Brodie 法では，酸素含有量を増加させるために，繰返し酸化を行う必要がある。Brodie 法の条件に濃硫酸を加えることで，1 段階で酸化できるようになり，工程が簡便化されたとされている。この理由として，以下の式で生じるニトロイウムイオンの寄与が考えられるが，詳しいメカニズムは未解明である。

$$2H_2SO_4 + HNO_3 \rightarrow 2HSO_4^- + NO_2^+ + H_3O^+$$

前述のとおり，Brodie 法でも短時間かつ 1 段階で十分酸化できる方法も開発されており，今後，硫酸を加えることによる効果を定量的に評価する必要があると考えている。Staudenmaier 法の具体例を以下に示す[9)]。

① 硫酸 87.5 mL と発煙硝酸 27 mL を混合し，30 分間氷浴する。

② 凝集のない均一な分散液となるように撹拌しながら黒鉛 5 g を加える。

③　氷冷しながら，塩素酸カリウム55 gを急激な温度上昇が起こらないように30分かけてゆっくりと加え，室温で96時間攪拌する。

④　混合物を脱イオン水3 Lに注ぎ，上澄み液を除く。

⑤　反応物を再び5% HCl水溶液に分散させて硫酸イオンを除き，遠心分離と再分散を繰り返して洗浄する。

⑥　真空オーブン60° Cで48時間乾燥する。

3.3　Hummers法

1958年に開発されたHummers法はBrodie法やStaudenmaier法と異なり，過マンガン酸カリウムを酸化剤として用いる。過マンガン酸カリウムは，速やかに黒鉛と反応するため，分割投入や，冷却しながら投入するなどして，爆発を抑える工夫がなされている。以下にW. S. Hummersらによって最初に報告された合成法を示す[10]。

①　黒鉛100 gと硝酸ナトリウム50 gを三角フラスコに入れ，2.3 Lの硫酸を加えて，氷冷しながら攪拌する。

②　過マンガン酸カリウム300 gを徐々に加える。この時，反応液の温度が20℃を超えないように注意する。

③　35℃の湯浴中で30分間放置する。

④　30分後，水4.6 Lを加え，98℃の湯浴中で15分放置する。

⑤　反応液を水で希釈し14 Lにする。

⑥　得られた液に3 wt %の過酸化水素水を発泡しなくなるまで加える。

⑦　濾過・洗浄により不純物を除去する。

通常，酸化グラフェンは濾紙やフィルターの目詰まりを起こすため，濾過することは極めて困難である。また，反応時間も30分と短い。そのため，このHummers法で得られたものは黒鉛の表面のみが酸化されているだけの可能性がある。

3.4　Hummers法の改良

1999年に黒鉛をプレ酸化することで酸化グラフェンの合成効率を向上できることが示され，Modified Hummers法として短時間での酸化グラフェンの合成に用いられている[11]。この方法では黒鉛のプレ酸化を行うことにより，本酸化の際に硝酸ナトリウムが不要になるため，酸化処理中の有害なガス（NO_x）の発生を抑えることができるという利点がある。また，未剥離分が少なくなり，酸化グラフェンの収量が増加する。黒鉛のプレ酸化がどのような効果があるのか詳細に述べられていないが，黒鉛と硫酸やマンガン酸化剤の親和性の向上，黒鉛層間化合物の形成速度の向上などが要因ではないかと筆者は考えている。以下にModified Hummers法の例を示す[11]。

①　30 mLの硫酸にペルオキソ二硫酸ジカリウム10 g，五酸化二リン10 g，黒鉛20 gを加え80℃に加熱する。

②　加熱を止め，6時間以上かけて室温にする。

③　反応液を濾過・洗浄し乾燥させプレ酸化黒鉛を得る。

④　硫酸460 mLにプレ酸化黒鉛20 gを加える。

⑤　過マンガン酸カリウム60 gを徐々に加え，35℃の湯浴で2時間攪拌する。

⑥　水920 mLを加え，15分攪拌する。

⑦　水2.8 L，30 wt %過酸化水素水50 mLを加える。

⑧　濾過・洗浄により不純物を除去する。

2010年には硝酸ナトリウムの代わりリン酸を用いるImproved Hummers法が報告されている。この方法でもNO_xなどの有害なガスの発生は抑えられている。また，通常のHummers法に比べて酸化が十分進むとされているが，使用する硫酸と過マンガン酸カリウムの量が非常に多く，単純比較はできないと筆者は考えている。以下にImproved Hummers法の例を示す[12]。

①　黒鉛3 gと硫酸360 mL，リン酸40 mLを反応容器に加える

②　過マンガン酸カリウム18 gを加え50℃で12時間攪拌する。

③　反応液を冷却し，氷400 mLを加える。

④　30%過酸化水素水3 mLを加える。

⑤　遠心分離により，上澄み液を除去する。

⑥　沈殿物に200 mLのエーテルを加え，凝集させる。

⑦　濾過を行い精製する。

4. 酸化グラフェン合成の際に注意すべき点

4.1 毒性および爆発

上記のとおり，黒鉛の酸化には，強力な酸化剤が必要である。反応は硫酸を溶媒としているため，出火する心配は少ないが，爆発の可能性はあり得る。例えば，$KMnO_4$ と硫酸の反応により生じる Mn_2O_7 は，55℃以上で爆発する可能性がある。塩素酸塩は，硫酸と反応して黄色い二酸化塩素ガスを発生する。Mn_2O_7 は揮発性があり，常温でも徐々に紫色のガスとして気化する。もちろん，これらのガスは有毒であり，適切な排気設備の下で実験を行わなければならない。

黒鉛の酸化反応は発熱反応であり，反応が暴走すると危険である。そのため，反応は低温で行わなければならない。また，黒鉛自体は安定で燃えにくいが，部分的に酸化されて反応性が向上した場合には燃える可能性がある。

4.2 再現性

黒鉛は安定であるため，強力な酸化剤でなければ酸化されない。一方，酸化グラフェンはさまざまな酸素官能基が存在するため構造がもろくなっており，反応性が高い。そのため，濃硫酸でさえ反応し得る。また，反応中は残存する Mn_2O_7 と生成した酸化グラフェンが反応する可能性もあり，過剰な酸化反応が進行する可能性がある。例えば，ジオール部位は濃硫酸により脱水してエポキシになり，そのエポキシは転位してケトンになる可能性がある。またジオールは直接酸化を受けてジケトンになる可能性がある。ジオールの一方だけ酸化されたヒドロキシケトン部位の炭素–炭素結合は酸化剤の存在下で切断されうる。また同様にジケトンの炭素–炭素結合も切断され得る（**図 2**）。つまり，酸化剤の量，反応温度，反応時間，水の存在量などをきちんとコントロールしなければ，全く同じ酸化グラフェンを再現性良く得ることは困難である。

また，黒鉛の種類も酸化グラフェンの物性に大きな影響を及ぼす。小さな黒鉛からは小さな酸化グラフェンができるが，大きな黒鉛からは大きな酸化グラフェンができるとは限らない。なぜなら，黒鉛の結晶性も酸化グラフェンの性質を制御する重要な因子だからである。**図 3** で示すように粒径が大きくても，結晶性が低くてアモルファス成分が多い黒鉛では，先に反応性が高いアモルファス成分が酸化さ

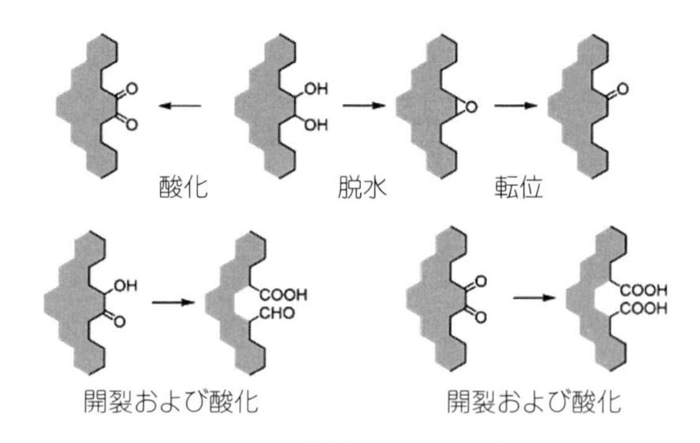

図 2　可能性のある副反応

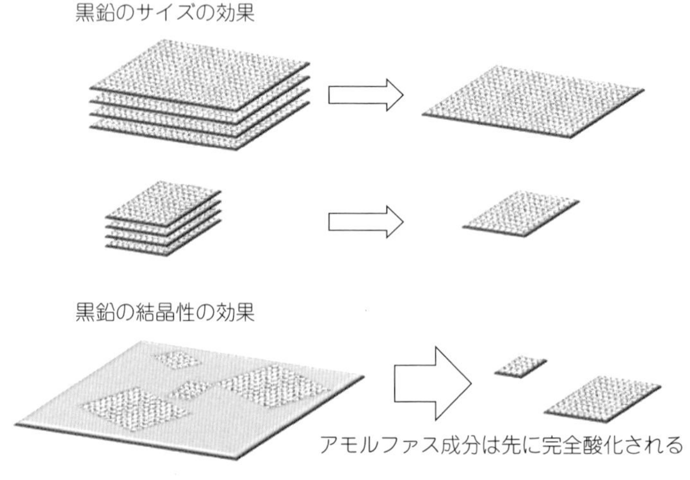

図 3　酸化グラフェンのサイズを変える要素

れ，小さい酸化グラフェンが生じやすい。

4.3 後処理

酸化反応は水を加えた時点で停止する。水を加えると還元されたマンガン種が層間から液中に溶出し，残存する高原子価のマンガンと均一化反応（高原子価マンガンは還元）を起こすことで酸化力を失わせるためである。よって，酸化は水を加えるまでに終えなければならない。水の加え方も重要である。反応液は濃硫酸であるため，そこに水を加えると当然発熱する。短時間のうちに硫酸と等量程度の水を加えると，沸騰するほどである。もし未反応の Mn_2O_7 が大量に残っている場合は，大変危険である。そのため，反応液の温度を確認しながら水を加える必要がある。氷を加えても良いが，徐々に加えるようにしないと氷が溶解した後に急に発熱が起こることがある。また，硫酸は水よりも比重が1.8倍も大きいため，きちんと撹拌しなければ水が上層に浮き，撹拌などで混ざった際に急激に発熱が起こることもあり，気を付けなければならない。いずれにしても，水が反応液と接触した箇所は局所的に高温になるため，酸化グラフェンの構造に影響を与える。

水や氷を反応液に入れるのとは逆に，水または氷に反応液を注ぐという方法もある。この方が温度制御しやすく，局所的に高温になりにくい。しかし，反応器が2つ必要になるという問題や，濃硫酸性の反応液を別の反応器に注ぐという危険性がある。

過酸化水素は，一部の文献では反応を終了させるためだとか，さらに酸化を促進するためだと書かれていることもあるが，通常の量であればそのような作用はない。ただし，過酸化水素を過剰に加えた場合は，酸化を促進する可能性は否定できない。筆者らの検討では，過酸化水素はマンガンを水に可溶化して除去しやすくする効果があることが分かっている。またこの過程で刺激性のガスが発生するため，排気に注意する方がよい。

4.4 精 製

粗反応液から硫酸やマンガン塩を除去する必要がある。酸化グラフェンは遠心分離で沈降するため，遠心分離を繰り返して精製することが多い。ちなみに，筆者の研究室でも500 g程度で合成する際には，大型の遠心分離機を用いて精製している。遠心分離は，溶液の排除率によって精製効率が決まる。例えば，排除率が8割の条件で遠心分離すると，2割の不純物（硫酸やマンガン）が残ってしまう。不純物の量を元の0.01％以下にするためには，単純計算しても，0.2×0.2×0.2×0.2×0.2程度，つまり5回は繰り返さなければならない。つまり大量の廃液が出てしまう。実際は，不純物が除去されるにつれて酸化グラフェンが膨潤してくるため，排除率はさらに低下し，遠心分離の回数や廃液の量はさらに増える。

そこで，濾過をすることが着目されているが，酸化グラフェンは前述のとおり精製が進むと膨潤してゲル化する。そのため，フィルターの目詰まりを起こす。これを解決する方法として，塩酸とアセトンで洗浄する方法が提案されている[13]。塩酸は金属塩を除去するのに有効であり，かつ揮発性の酸であるため，少量残存してしまっても乾燥により除去できる。また，アセトンは酸化グラフェンを凝集させる効果があり，ゲル化しない。アセトンもまた揮発性であるため，少量残存しても乾燥により除去できる。また，アセトンで洗浄した後の酸化グラフェンにさらに別の溶媒を加えて洗浄し，その溶媒に再分散させるようなことも可能である。こうして精製することで，酸化グラフェン中の金属量を0.1 wt％以下にすることができる。具体的には，以下の手順である。さらに不純物量を減らすためには，再分散させて遠心分離などを行う必要がある。

① 酸化グラフェンを合成した直後の反応液をそのまま濾過する。
② 塩を除去するために，3％の塩酸で濾過物を洗う。pHは0程度であるため，ゲル化は起こらない。この過程で塩が除去され，塩酸が若干残る。
③ 塩酸を除去するために，アセトンで洗浄する。

また，酸化度が非常に高い場合や，非常に小さいサイズの酸化グラフェンを合成した場合は，遠心分離を繰り返していくうちに沈殿が起こらなくなってしまう。このような高分散性の酸化グラフェンは，透析を行って硫酸やマンガン塩を除去するとよい。

4.5 分散，乾燥

実は，炭素1原子分にまで剥離した，定義に沿った“酸化グラフェン”は，上記の操作だけではほとんど得られておらず，精製後に超音波で剥離する必要がある。遠心分離で精製した酸化グラフェンの濃度は，高くても3 wt％程度である（それ以上の濃度にするためには，水分を蒸発させるしかない）。しかし，3 wt％の酸化グラフェンをそのまま超音波にかけても，剥離が進むにつれてゲル化してしまい，十分に剥離しない。これまで，ほぼ単層の酸化グラフェンを1 wt％以上の濃度で得ることができていない。

また，酸化グラフェンはそのまま加熱や減圧で乾燥させると，シート同士が強く結合して紙のようになり，再分散させることが困難になる。超音波を照射することで，ある程度は再分散できるが，長い時間がかかり，その過程で酸化グラフェンの構造が変化する。そのため，高い表面積の状態のまま乾燥させることが望ましい。具体的には，超臨界乾燥や凍結乾燥，スプレードライなどである。こうすることでスポンジ状の酸化グラフェン粉末を得ることができ，その後の再分散や化学修飾に用いやすい。

4.6　保　管

酸化グラフェンは，光や熱などのエネルギーだけでなく，有機物や金属と触れると還元（相手は酸化）される。そのため，冷暗所で保管することが望ましい。室内で透明な瓶に分散液を入れて置いておくと，数日で還元による凝集が起こってしまう。また，乾燥体は吸湿性を有するため，密封して保管することが望ましい。

5．酸化グラフェンの構造と物性の制御

筆者らは，黒鉛の酸化段階および酸化グラフェンの還元段階の2通りの方法で酸化度（酸素含有量）の制御を行い，それぞれの物性を評価している。まず，黒鉛の酸化段階における過マンガン酸カリウムの量を変化させることで，酸化度を制御する方法を説明する。この方法で作成したものをoGOと呼ぶ。過マンガン酸カリウムの量を10段階で変化させることにより，oGOの酸素含有量を約5 wt％刻みで制御することに成功した。加える過マンガン酸カリウムと酸素含有量の関係をグラフに示す（**図4**(a)）。XPSにより各酸素含有量のoGOを評価したところ，低酸素含有量のGOではヒドロキシ基やエポキシ基（286 eV付近）に対応するピークが確認され，カルボキシ基（288 eV付近）に対応するピークは確認されない（図4(b)）。このことから低酸素含有量のoGOではカルボキシ基はほとんど存在せず，ヒドロキシ基とエポキシ基が主である。XRD分析では，酸素含有量が50 wt％程度のものでも黒鉛に対応するピークが確認され，黒鉛の結晶構造が残存していることが分かった。また，酸素含有量が約25 wt％以上で出現する$2\theta = 10°$付近のGOのピークは，酸素含有量が増加するに従って低角度側にシフトし，層間距離が増加していくことが確認された（図4(c)）。

次に，酸化グラフェンの還元による酸素含有量の制御について説明する。ここではヒドラジンの量を変えることにより酸素含有量制御を行った（**図5**(a)）。こうして得られたものをrGOと呼び，この方法でも酸素含有量を約5 wt％刻みで制御することに成功している。還元が進むと疎水性が回復し，π–π相互作用によるrGOの凝集が起こる。この条件ではヒドラジンの量をいくら増やしても，酸素含有量は10 w％以下に還元されなかった。得られた各rGOについて，XPSおよびXRD分析を行った。元素分析で求めた酸素含有量の値に比べて，XPSでC–O結合に起因するピーク面積が小さい（図5(b)）。XPSは表面分析であるため，凝集した内部と表面とでは，組成が異なる可能性がある。XRDパターンで$2\theta = 10°$付近に現れる酸化グラフェンに対応するピークは，還元が進行するにつれて高角側にシフトすることが確認された（図5(c)）。これはrGOの酸素官能基が除去されるにつれて層間距離が減少したことを表している。ただし，酸素含有量が30 wt％付近になると酸化グラフェンに由来するピークは消失し，$2\theta = 20°$付近にブロードなピークが観測されるようになる。これ以上還元を進行させてもピークは変化することはなく，また黒鉛に由来するピークが出現することはない。

導電性はナノカーボンに求められる特性の一つである。oGOは酸化度が低いときに，高い電気伝導性を示す。これは，XRD（図4(c)）からわかるように，グラファイト性が残存していることに起因し

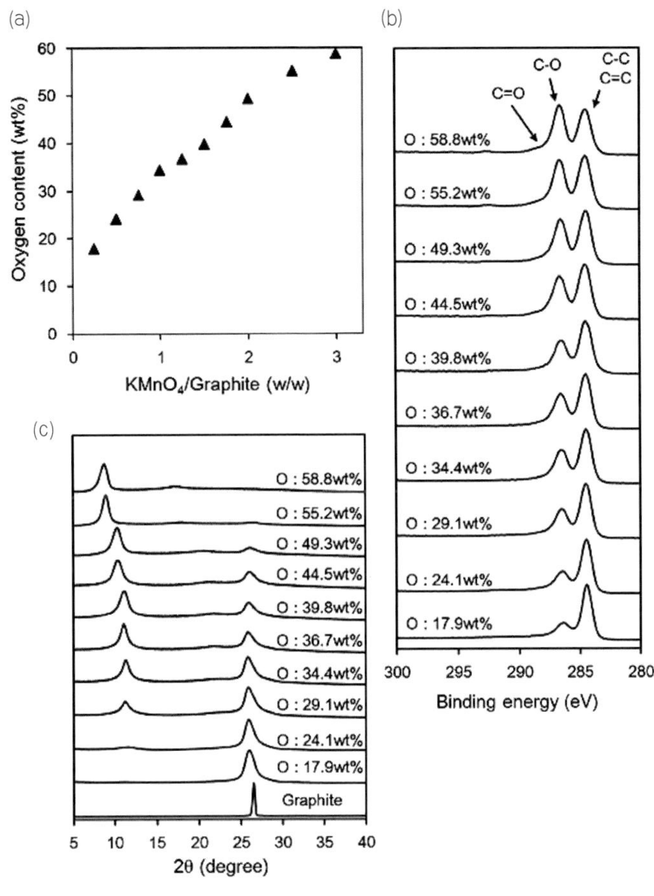

図 4　oGO の構造解析

ていると考えている。XRD で酸化グラフェンのピークが出現する，酸素含有量が 30 wt %あたりから，急激に導電性が低下する。また，rGO の導電性は oGO よりも低い。これは，一度酸化によりダメージを受けると，還元しても欠陥は十分に修復されないことを示している。グラフェン類に期待される用途の 1 つであるキャパシタ特性を評価すると，酸素含有量が 23 wt %の rGO が最も高い容量を有していることがわかった。この rGO は，適度な比表面積と導電性を併せもつ材料であることから，優れたキャパシタ特性を有していると考えている。以上のように，酸化グラフェンの酸化度を変えるだけでなく，その合成法を変えることで，物性をさまざまに変えることが可能であることが明らかになった。

6. まとめ

主に筆者の経験に基づいて，酸化グラフェンの合成において注意したいポイントを述べた。小さいスケールで，“とりあえず酸化グラフェンがつくられれば良い”という程度であれば，ある一定の設備を備えた実験室があれば合成できる。筆者は，エアコンも氷も自由に使えない発展途上国で，酸化グラフェンが合成可能であることを実証したこともある。ただし，再現性良く，構造がそろった酸化グラフェンを合成し続けるためには，緻密な反応条件のコントロール，ノウハウ，および技術が必要である。

酸化グラフェンを用いた用途開拓が進められ，大量の論文が報告されているが，論文のデータを再現することは非常に難しい。その理由として，論文の酸化グラフェンと同じものを合成できていないことが一因だと考えている。以前はカーボンナノチューブもこのような状態だったと聞いている。酸化グラフェンも，現状のような謎多き材料であるという段階から早く抜け出し，次のステージに進んでいかなければならないと強く感じている。

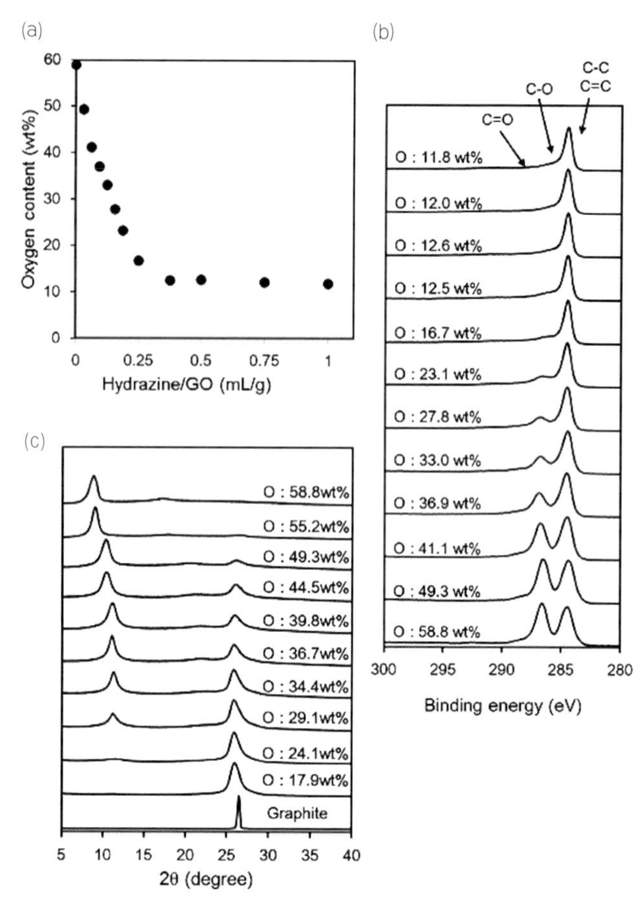

図 5　rGO の構造解析

文　献

1）A. Lerf, H. He, M. Forster and J. Klinowski：*J. Phys. Chem. B*, **102**, 4477–4482（1998）.

2）J. G. Moo, B. Khezri, R. D. Webster, and M. Pumera：*ChemPhysChem*, **15**, 2922–2929（2014）.

3）H. L. Poh, F. Sanek, A. Ambrosi, G. Zhao, Z. Sofer, M. Pumera：*Nanoscale*, **4**, 3515–3522（2012）.

4）B. C. Brodie：*Phil. Trans. R. Soc. Lond.*, **149**, 248–259（1859）.

5）Y. Matsuo, T. Komiya and Y. Sugie：*J. Phys. Chem. Solid.*, **73**, 1424–1427（2012）.

6）Y. Matsuo, T. Kamiya and Y. Sugie：*Carbon*, **47**, 2782–2788（2009）.

7）C. Petit, M. Seredych and T. J. Bandosz：*J. Mater. Chem.*, **19**, 9176–9185（2009）.

8）T. Nakajima and Y. Matsuo：*Carbon*, **32**, 469–475（1994）.

9）L. Staudenmaier：*Ber. Dtsch. Chem. Ges.*, **31**, 1481–1487（1898）.

10）W. S. Hummers and Jr., R. E. Offeman：*J. Am. Chem. Soc.*, **80**, 1339（1958）.

11）N. I. Kovtyukhova, P. J. Ollivier, B. R. Martin, T. E. Mallouk, S. A. Chizhik, E. V. Buzaneva and A. D. Gorchinskiy：*Chem. Mater.*, **11**, 771–778（1999）.

12）D. C. Marcano, D. V. Kosynkin, J. M. Berlin, A. Sinitskii, Z. Sun, A. Slesarev, L. B. Alemany, W. Lu and J. M. Tour：*ACS Nano*, **4**, 4806–4814（2010）.

13）F. Kim, J. Y. Luo, R. Cruz-Silva, L. J. Cote, K. Sohn and J. X. Huang：*Adv. Func. Mater.*, **20**, 2867–2873（2010）.

第1節　分散剤開発

九州大学　中嶋　直敏

1. はじめに―CNT可溶化（分散）の重要性

カーボンナノチューブ（CNT）は突出した特性，機能をもつ１次元導電性分子ナノワイヤーであるが，水や汎用の溶媒には分散困難である。CNTを溶媒に分散可能にするためにはCNTの溶媒和を手助けする「可溶化剤」を利用する。これによりCNTの利用，応用は飛躍的に広がる。CNTの可溶化はCNTの基礎研究，応用研究への鍵となる[1)-6)]。CNTの可溶化は，可溶化そのものが目的の場合と可溶化を利用した機能化を目的としたものが挙げられる。また可溶化/機能化の後に可溶化剤の除去が望まれるケースと，可溶化剤をそのまま利用するケースがある。これらにより，可溶化剤の選択をする必要がある[3)]。

2. 化学修飾可溶化（共有結合を利用した可溶化）

溶媒和を可能にする官能基をCNT表面に導入する手法が化学修飾可溶化であり，これまでに多彩な化学修飾法が報告されている（詳細は文献1）を参照されたい)。共有結合による化学修飾は，CNT構造を一部ではあるが切断するのでCNTがもつ本来の性質が失われる可能性があることに注意する必要がある。

3. 物理修飾可溶化（非共有結合を利用した可溶化）

3.1 低分子系CNT可溶剤

物理吸着可溶化材として，まずは「低分子系CNT可溶化剤」についてまとめる。

種々の界面活性剤（ドデシル硫酸ナトリウム（SDS），ドデシルベンゼン硫酸ナトリウム（SDBS），コール酸ナトリウム（SC），デオキシコール酸ナトリウム（DOC）など）がミセル形成可溶化剤として利用されている。可溶化にはまず超音波照射（バス型あるいはカップホーン型やチップ型）あるいはボールミル，ジェットミルによる分散処理，次に超遠心機による不溶部の分離によりSWCNT溶解/分散溶液が得られる。一般に100,000×g以上での超遠心操作で，孤立溶解SWCNTが調製できるが，10,000×g程度でも良い場合も多い。

筆者らは，2002年に「多環芳香族基を有する有機分子が$\pi-\pi$相互作用により強くCNT表面に物理吸着し，優れたCNT可溶化剤となる。」と考え，「多環芳香族基に極性基を連結すれば水中での可溶化が，疎水基を連結すれば有機溶媒での可溶化が可能となる。」というコンセプトを提案し（**図1**），このコンセプトが正しいことを示した[7)]。その後，多彩な化学構造を持つピレン誘導体が合成され，CNT可溶化に利用されている[1)-6)]。また，多核芳香族では，アントラセン，ターフェニル，ペリレンなどの誘導体もCNTを可溶化する。シリカゲル表面にCNT超薄膜をコートして（**図2**），CNTと多核芳香族基の相互作用力を高速液体クロマトグラフィで調べることができる[1)2)]。これより評価した相互作用力を**図3**に示した。

2003年には，巨大π系分子であるポルフィリン（**図4**）も物理吸着可溶化ユニットとして有効であることを世界に先駆けて報告した[8)]。ポルフィリンは光合成中心を担う機能性色素とであり，これまでに多彩なCNT/ポルフィリン研究が展開されている。これは，可溶化を利用したCNT機能化研究に当たる。

低分子系の可溶化剤の利用には注意点がある。す

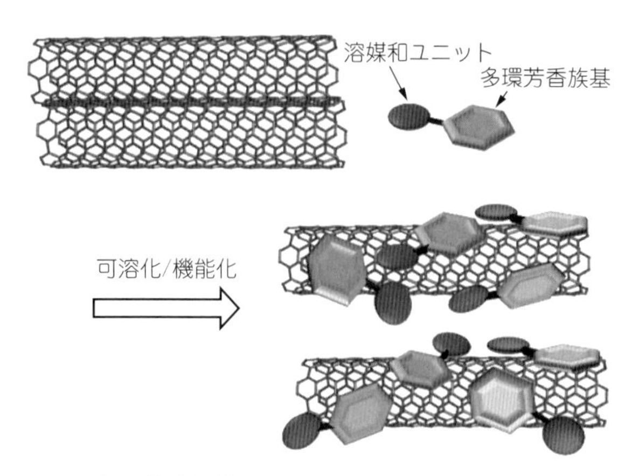

図1　多環芳香族基をもつ分子によるCNT可溶化/機能化のイメージ

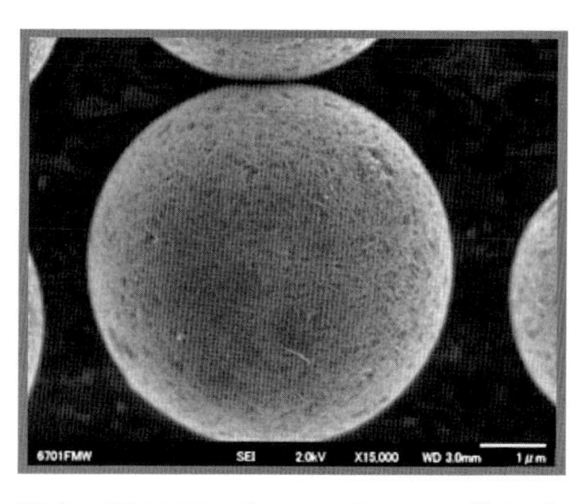

図2　SWCNTでコーティングしたSWCNT-シリカのSEM写真（スケールは1ミクロン）

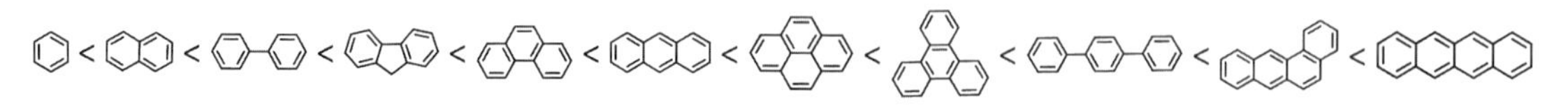

図3　アフィニティークロマトグラフィー実験から得られたCNTとの相互作用力の順列

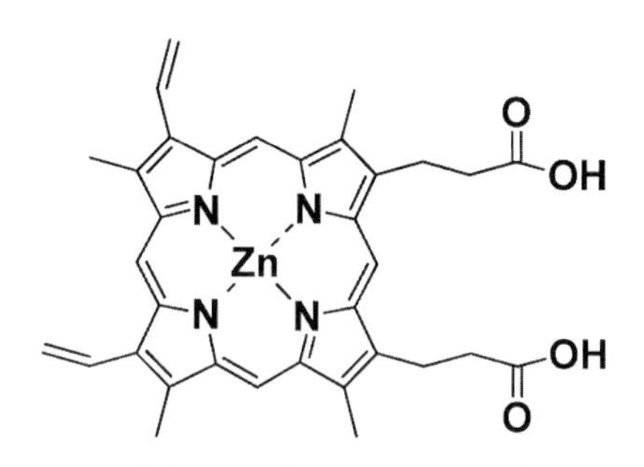

図4　代表的なポルフィリンの化学構造

なわち，この系は，CNT上に吸着している可溶化分子と，バルク溶液中で遊離の状態にある可溶化分子とが動的な平衡状態にあるため，透析操作で遊離の可溶化分子を除去するとCNTの再バンドル化によりCNTが固体となり析出する。

3.2　高分子系CNT可溶剤

次に「高分子系CNT可溶化剤」についてまとめる[1)-6)]。

代表的な物理吸着可溶化剤として，主鎖がπ-π相互作用により吸着するポリパラフェニレンビニレン誘導体などの共役系高分子や，主鎖のCH-π相互作用が重要な役割を果たすカルボキシメチルセルロース，キトサン，ゼラチンなどが良く利用される。またピレンやアントラセンなどの芳香族ユニットをもつペンダント型共重合ポリマーは，有機溶媒中でSWCNTを孤立溶解させる。低分子系可溶化剤と異なり，高分子系の場合，多点でCNT表面と相互作用するために，バルク中に遊離している可溶化剤との交換が遅くなり，後述するDNAにおいては交換がきわめて起こりにくく，遊離のDNAが存在しない状態であっても可溶化が可能である。これらの事実は，高分子可溶化剤とCNTが安定な複合体を生成していることを示し，この性質（可溶化/機能化）を利用して，これまでに多彩な高分子/CNT複合体の応用研究が展開されている。

3.2.1　高分子/CNT複合体の高機能化

筆者らはスーパーエンジニアリングプラスチックである機能性高分子の中から高分子系可溶化剤を探索し，それらおよび類縁体をベースに，高分子/CNT複合体の高機能化に関する研究を行なっている[1)-6)]。ポリベンズイミダゾール（PBI）は耐熱性高分子として，またポリイミド（PI）は，電子材料用部材として実用化されている特殊機能性高分子である。**図5**に示したスルホン酸塩型全芳香族PI（PI-1）は，ジメチルホルムアミド（DMF）やジメチルスルホキシド（DMSO）などの極性が高い有機溶媒中でSWCNTを高効率に可溶化できる（可溶化量はポリイミド1mgで3mgのSWCNTを可溶化）。このような高濃度において溶液はチキソト

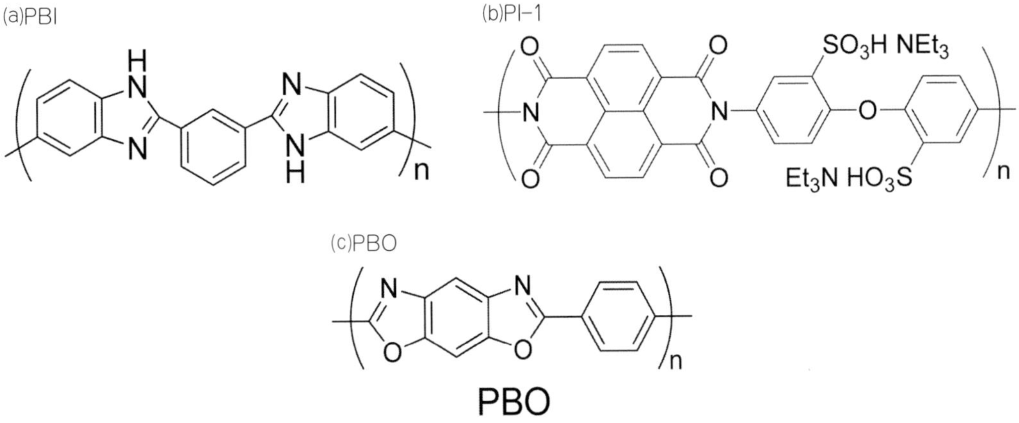

(a)PBI　(b)PI-1　(c)PBO

PBO

図５　高分子系可溶化剤の化学構造式

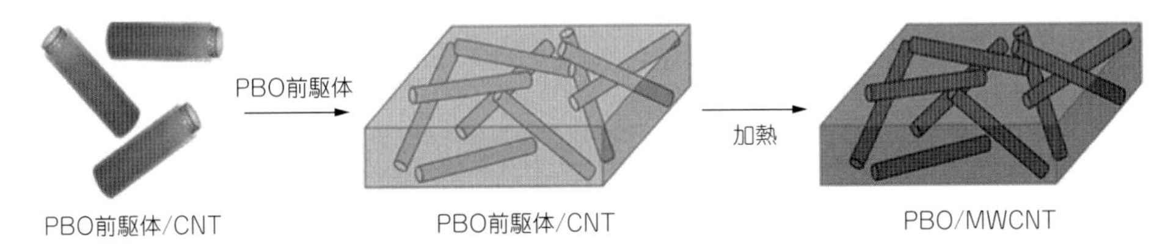

図６　溶解性 PBO 前駆体を用いた PBO/CNT 複合体の作製手順

ロピーを示すゲルを形成するが，孤立溶解 SWCNT とほぼ同じピークをもった近赤外吸収スペクトルを示すことから，孤立溶解がわかる。PBI も SWCNT を完全に孤立状態までバンドルを解いて可溶化が可能である。PI/CNT 複合体からは超高強度材料が，PBI/CNT 複合体からはエネルギー材料の創製がそれぞれ期待できる。

ポリベンズオキサゾール（PBO）（図５）はポリイミドと同様に，優れた耐熱性・機械的性質を有するスーパーエンジニアリングプラスチックであり，ポリイミドと比較して比較的低い誘電率（k=2.6～3.0）と吸水性を有していることから注目を集めている。さらに，PBO は優れた耐薬品性，銅との優れた接着性，低い熱膨張係数，および銅イオン拡散バリア能を有していることから，low-k 絶縁膜材料開発が検討されている。しかしながら，PBO はその剛直な構造のために，あらゆる有機溶媒に不溶であるために，用途が極めて限定されているのが現状である。PBO の中でも，ポリ（p-フェニレンベンゾビスオキサゾール）（PPBO）ファイバーは，Zylon® として知られており，その剛直な構造から，優れた機械的特性を有している。

我々は，強酸を用いずに PBO/CNT 複合体を得る新たな手法を開発した（**図６**）[1)-6)]。まず，有機溶媒に可溶な PBO 前駆体と CNT を有機溶媒中で複合化させて加熱処理を行い，PBO/CNT 複合体を得た。紫外可視近赤外吸収分光およびフォトルミネッセンス分光により，CNT の分散状態を評価でき，PBO 前駆体は有機溶媒中で CNT を孤立分散できる。これは，PBO 前駆体主鎖の芳香環と CNT 表面との $\pi-\pi$ 相互作用によるものである。PBO/CNT 複合体フィルムは，PBO 前駆体/CNT 複合体フィルムを減圧下 300℃，350℃，400℃で各１時間ずつ加熱処理することにより作製できる。ラマンスペクトルによる評価では，CNT の欠陥の度合いを評価したところ，複合化処理および加熱処理後も CNT には欠陥がそれほど導入されていない。興味深いことに，CNT をわずか 1.7 wt %添加することにより，引張強度が 130%，引張弾性率が 179%増加した複合体が得られた。複合体フィルム断面の走査型電子顕微鏡観察により，PBO 中で CNT が効率よく分散している様子が見られ，欠陥の少ない CNT が効率よく分散していることが効率的な補強効果につながっていると考えられる。CNT 添加後も PBO の優れた耐熱性は保持されており，このような高強度・高耐熱性高分子フィルムは金属代替材料としての利用/応用が期待できる。

汎用性のポリマーに焦点を当てた分散剤に関する研究も行われてきた[1)-6)]。例えば，疎水性ユニットおよび親水性ユニットを併せもつ，ポリスチレン（PS）-ポリアクリル酸（PAA）ブロック共重合体（PS-PAA）などのブロック共重合体もCNT分散剤として利用できる。疎水性ユニットとしてはPSが，親水性ユニットとしてはポリエチレンオキシド（PEO）が良く利用されている。

3.2.2 バイオ系可溶化高分子による高機能化

次にDNA/RNAによるCNT可溶化について記載する。これらは，代表的なバイオ系可溶化高分子である。2003年に筆者ら[9)]は二本鎖DNAが（**図7**），また，ほぼ同時にアメリカのZhengら[10)]は一本鎖DNAがSWCNTを溶液中に安定に分散させることを見出し，このバイオ系の複合材料は多くの分野で注目を集めた。一本鎖DNAとCNTは，DNA塩基との$\pi-\pi$相互作用やNH-π，CH-π相互作用により吸着していることが計算解析から指摘されている。筆者らは，一本鎖DNAとの置換反応のサーモダイナミクス（熱力学）パラメーターの算出に成功してきた[1)]。ごく最近，二本鎖DNAによるSWCNTによる可溶化のサーモダイナミクス解析を報告した（詳細は，文献11）を参照）。

DNAによるCNT可溶化はきわめて安定で，サイズ排除クロマトグラフィ（SEC）により存在する過剰なDNA（フリーDNA）とDNA/SWCNT複合体を分離し，単離したフリーのDNAを含まないDNA/SWCNT複合体の安定性をSECに再度注入するという手法で評価したところ，単離後1ヵ月後においても複合体からのDNAの解離は観測されず，10量体程度のオリゴDNAで充分安定なハイブリッドを形成することがわかった。このような高い安定性は，DNA/CNTのバイオアプリケーションにおいて重要である[1)]。

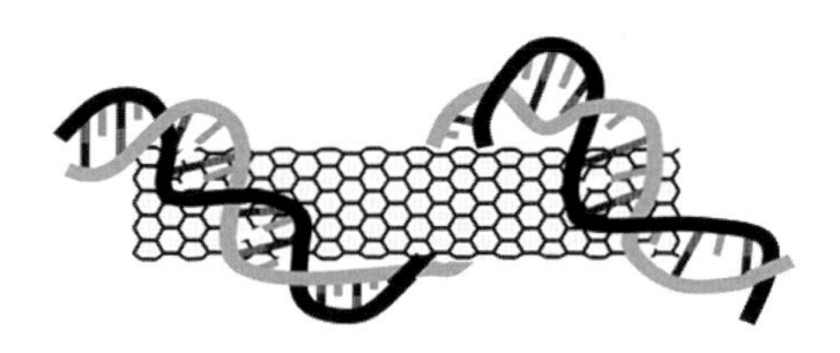

図7　DNA/SWCNT複合体（模式図）

4. 半導体性SWCNTと金属性SWCNTを分離する分散剤

一層のSWCNTは，半導体性SWCNTと金属性SWCNTの混合物であり，これらの特性は大きく異なるので，利用分野が異なる。したがって，これらの分離が重要となる。これらの詳細は，第1編第3章「分離技術」を参照していただきたいが，ここでは，主に筆者らのSWCNT可溶化剤の「分子認識」を利用した手法について紹介する[1)-3)]。

半導体性SWCNT選択的可溶化能を持つポリマーが2つのグループから2007年，ほぼ同時に報告された[12)13)]。すなわち，ポリフルオレン（polyfluorene；PFO）やPFO交互共重合ポリマー（**図8**(a)）が半導体性SWCNTのみを可溶化するという報告である。その後，次々と選択性を示す新たなPFO交互共重合体が報告された（図8(b)）。筆者らはSWCNTの（n, m）カイラリティ選択性を目指し，PFOランダム共重合体（図8(c)）を分子設計ならびに合成し，選択性を検証したところ，共重合比によってSWCNTの（n, m）カイラリティ分布が変化することを報告した[1)]。PFOによる選択的可溶化には強い溶媒依存性があり，芳香族溶媒であるトルエン，キシレンおよびそれらの類縁体を溶媒として用いた時にのみ選択性が発現する。SWCNT選択性が高いので，半導体デバイス開発への利用には有効である。さらに金属ナノ粒子を担持可能なチオール基やポルフィリン基をもつPFO共重合体を分子設計，合成し，このポリマーで可溶化したSWCNTの電子顕微鏡観察により，金属ナノ粒子がSWCNTの軸に沿って配列していることを示した[1)]。これらを用いて作製した電界効果トランジスタ（FET）は，on/off比が～10^5で，デバイスの移動特性は，金属ナノ粒子の有無で変化した。光デバイスへの応用として，Arnoldらは PFO/半導体

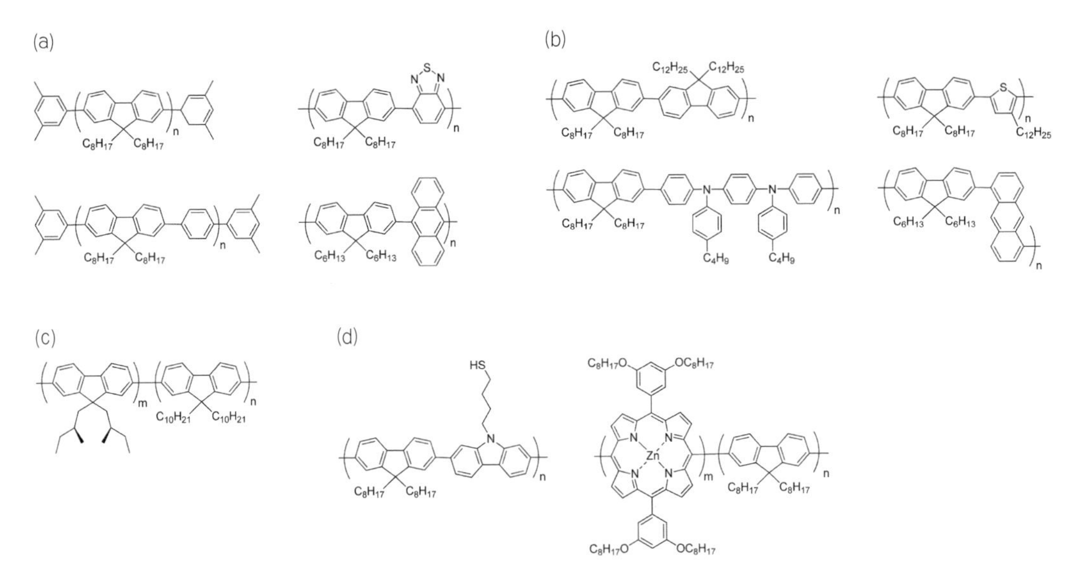

図８　半導体性 SWCNT 選択的可溶化能を示す PFO コポリマー

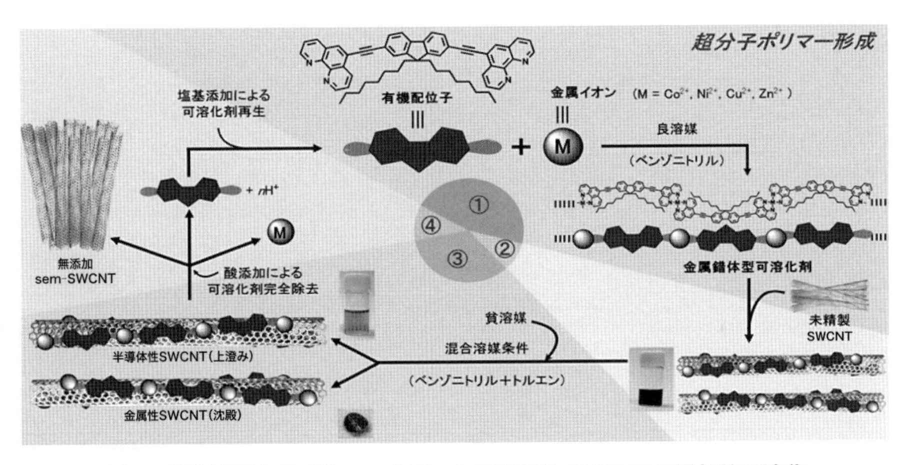

図９　錯体型超分子ポリマーを用いた半導体性 SWCNT の選択的可溶化

性 SWCNT を太陽電池に組み込むことで近赤外光からのエネルギー取り出しに成功した[1]。これにより従来の色素では回収できなかった近赤外領域の太陽光エネルギーが効率よく利用できる可能性がある。

一方，筆者らは，バルキーなキラル基を持つ PFO 誘導体を分子設計ならびに合成し，これにより，金属性 SWCNT をまったく含まない半導体性のみの右巻き SWCNT と左巻き SWCNT の分離に成功した[1]。

次に，筆者らが最近開発した「可溶化剤フリーの高効率分離法」である[14)15)]。特長は，半導体性選択性と可溶化剤の除去並びに再利用が可能，である(**図９**)。この分子の骨格となる配位子として，アルキル側鎖を 9, 9'-位に持つフルオレンの 2, 7-部位に金属配位部位として 1, 10-フェナントロリン有している。これに金属イオンを添加すると「超分子錯体ポリマー」が自発的に生成する。この超分子ポリマーは SWCNT を良く可溶化する。可溶化剤の除去は，超分子の可逆な結合の利用という特徴に基づいた手法である。高分子化学の言葉では「解重合」に当たる。ここでは，フェナントロリンの窒素原子を酸添加によりプロトン化することで，超分子ポリマーの解離を容易に進行する。すなわち，トリフルオロ酢酸を用い，配位子に対して過剰量の酸添加を行うと，速やかに黒い沈殿が生成し，これを濾過および洗浄することで，可溶化剤を除去した半導体性

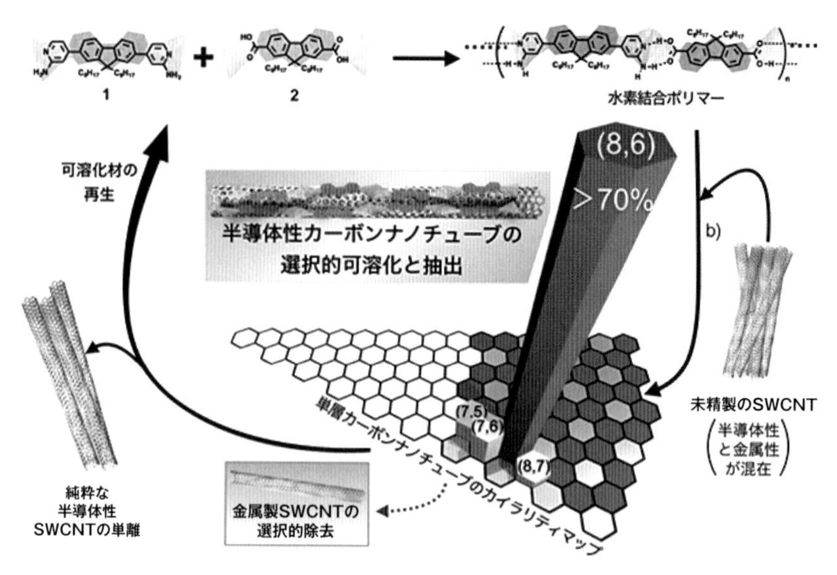

図 10　水素結合型超分子ポリマーを用いた半導体性 SWCNT の選択的可溶化

SWCNT が固体として得られる。除去された可溶化剤は，配位子を中和し，簡単に再生することができ，そのまま次の可溶化実験に利用することができる。

半導体性 SWCNT の選択的な可溶化法とそれに引き続く可溶化剤の除去方法の確立は，実用的な視点からならびに SWCNT の半導体デバイス応用への観点からも重要である。ここで述べた，超分子化学的手法の導入は，半導体性 SWCNT の化学的精製にとどまらず，バラエティ豊かな金属錯体のもつ配位構造を利用した，精密なカイラリティ認識能制御の可能性を示している。

以上述べた金属錯体型超分子のアイディアは，「水素結合型超分子ポリマー」に容易に展開できる（文献 16)）。また，以下で述べるように，この可溶化剤は，従来法では難しかった高品質な（8, 6）カイラリティをもつ sem–SWCNT の選択的抽出が可能である（また，分子力学計算結果とも一致する）。まず，水素結合ドナー型分子（1）とアクセプター型分子（2）を分子デザインならびに合成した。これらを1:1で混合すると水素結合型超分子ポリマーが自発的に生成する。これを用いて半導体性 SWCNT のみを可溶化できる（**図 10**）。さらに，この水素結合ポリマーは，アセトンなどの水素結合を阻害する溶媒で洗浄するだけで元の分子 1 と分子 2 になり（すなわち解重合），sem–SWCNT の表面から完全に除去できる。分離後の水素結合ポリマーはそのまま再利用できる。さらに，ここで可溶化されたSWCNT は，欠陥が少なく，長い SWCNT が選択可溶化されていた。すなわち，本研究は，高品質でカイラリティ選択性が高く，長さが長い半導体 SWCNT を効率良く分離精製できることを示した初めての研究に当たる。電子デバイスなど，ナノエレクトロニクス分野への利用が期待できる。

5. まとめ

CNT の溶媒（溶剤）への可溶化/機能化研究が始まり，約 15 年が経過し，この間に研究はめざましく進展した。また，この分野が，CNT 科学の基礎としてきわめて重要であることが報告されてきた。紙面の都合上割愛したが，SWCNT の孤立溶解を利用して，「その場 PL 分光電気化学」により，(n, m) SWCNT の正確な電子準位（(酸化電位，還元電位，フェルミ準位，仕事関数）決定ができ，「その場 PL 分光電気化学」により，正および負の SWCNT トリオン（電荷を持ったエキシトン）が，室温で安定に存在することもわかった[1]。このように可溶化（分散）CNT（CNT インク）は，CNT の基礎研究における「セントラルマター」である。もちろん，この可溶化は，応用展開の鍵を握っており，既存の複合材料では到達できない物性・機能を示す CNT ベースの新しいナノ複合材料の創製の基盤技術である[1)2)]。少量のCNT添加で高い導電性の付与や機械的強度増大など多岐にわたるナノ複合材料が創製できる。CNTを材料とした燃料電池触媒への応用展開も進展しており[6)]，透明導電性CNTフィルムも実用化/市場展開も進行中である。可溶化を基盤とした金属性SWCNTと半導体SWCNTの利用により，さらなる高機能化，高性能化のグランドデザインにより，デバイス分野を含む多彩な分野での研究のブレークスルーが期待でき，世界において激しい開発競争が展開している。

溶解（分散）CNTの応用，実用化展開へ向けた研究は，今後ますます加速すると思われる。

文　献

1）中嶋直敏，藤ヶ谷剛彦：カーボンナノチューブ・グラフェン，最先端材料システム第１巻，高分子学会編，共立出版（2012）.

2）中嶋直敏（監修）：カーボンナノチューブ・グラフェン分散技術の工業化と機能展開，S&T出版，pp.1–133（2014）.

3）利光史行，中嶋直敏：化学，**70**，41–44（2015）.

4）T. Fujigaya and N. Nakashima：*Poly. J.*（Review article），**40**, 577–589（2008）.

5）T. Fujigaya and N. Nakashima：*J. Nanoscience Nanotechnol.* **12**, 1739–1747（2012）.

6）藤ヶ谷剛彦，中嶋直敏：自動車技術，**69**，94–95（2015）.

7）N. Nakashima, Y. Tomonari and H. Murakami：*Chem. Lett.*, **31**, 638–639（2002）.

8）H. Murakami, T. Nomura and N. Nakashima：*Chem. Phys. Lett.*, **378**, 481–485（2003）.

9）N. Nakashima, S. Okuzono, H. Murakami, T. Nakai and Y. Yoshikawa：*Chem. Lett.*, **32**, 456–457（2003）.

10）M. Zheng, A. Jagota, D. S. Ellen, A. D. Bruce, S. M. Robert, R. L. Steve, E. R. Raymond and G. T. i. Nancy,：*Nature Materials*, **2**, 338–342（2003）.

11）T. Shiraki, A. Tsuduki, F. Toshimitsu and N. Nakashima：*Chem. Eur. J.*（2016）in press.

12）A. Nish, J–Y. Hwang, J. Doig, and R. J. Nicholas：*Nature Nanotechnology*, **2**, 640–646（2007）.

13）F. Chen, B. Wang, Y. Chen and L. J. Li：*Nano Lett.*, **7**, 3013–3017（2007）.

14）F. Toshimitsu and N. Nakashima：*Nature Commun.*, **5**, article no.5041（2014）

15）T. Toshimitsu and N. Nakashima：*Scientific Reports*, **5**, article no.18066（2015）.

第2節　CNTの孤立分散

東京大学　古月　文志

1. はじめに

カーボンナノチューブ（CNT）は，チューブ同士間のファンデルワールス力，残存触媒およびアモルファスカーボンなどの副生成物を介して，凝集が起こる。その結果，数ミリメートルにも及ぶ大きな塊，いわゆる「チューブ凝集体」が形成される。樹脂，ゴム，塗料，セラミックスなどのマトリックスに電気伝導性，熱伝導性，機械強度，耐耗摩性などのような特殊機能を付与するための添加剤として用いる場合は，チューブ凝集体をほぐす作業が不可欠必須となる。本稿では，チューブ凝集体をチューブレベルまでにほぐすプロセス，いわゆる，CNTの孤立分散について紹介する。界面活性物質の乳化効果と分散機械に由来する物理的なエネルギーを併用することで，チューブ凝集体を効率良くほぐすことができる。分散プロセス，分散評価方法および孤立に分散されたチューブを用いた応用例に焦点を絞り，CNT孤立分散の理論と実践について概説する。

2. CNTのネットワーク

CNTは，優れた電気伝導性，熱伝導性，潤滑性，機械強度，耐腐食性などを合わせてもっているため，高機能性材料として，さまざまな分野において，その応用が期待されている。CNTは，1本の単位で使われる用途も報告されているが，CNT同士を互いに連結し，連続したチューブのネットワークを1つの機能場として使うのは一般的であろう。CNTをシート状に加工することにより，ネットワークを形成する技術がすでにいくつかが提案されている。例えば，Endoら[1]は，CNTを水溶液に分散した後，フィルターを用い，このCNT分散液を濾過することにより，CNTシートを製造する方法を提案した。また，Kim[2]は，ラングミュア・プロジェット・デポジション法を使い，薄膜状のCNTシートをつくり上げるプロセスを発表した。さらに，近年，「カーボンナノチューブ芝生」とよばれるCNTの立集合体を出発素材として用い，紡糸プロセスを経て，まず，CNT糸をつくる。その後，このCNT糸を布までに織り上げることにより，連続したCNTシートをつくるユニークな技術も開発されている[3]。これらの方法は，純粋なCNTのネットワークを提供することができる一方，生産性がきわめて低いなどの理由で，工業レベルまでにスケールアップするには現段階ではきわめて困難であろう。

連続したCNTのネットワークを1つの機能場として使う場合には，特に，その電気伝導性を利用する場合には，チューブとチューブの連結状態および連結の状態に起因する接触抵抗について把握しておく必要がある。構造欠陥の少ないCNTは，1本の状態で孤立に存在する場合，「分子ワイヤー」として振る舞うことが知られている。すなわち，1本のCNTを取り出して使う場合は，その電子状態または電気伝導性などについては正確に測定することができる。一方，CNT同士を連結し，CNTをネットワークにした状態で使う場合では，各々の連結点，すなわち，各々のジャンクションにおいて発生する接触抵抗は，チューブ固有の抵抗よりも高いため，CNTネットワークの全体の電気伝導性を妨げることになる。いい換えれば，接触抵抗の低いジャンクションをつくり出すことができれば，電気伝導性の高いCNTのネットワークをつくり出すことが可能となる。連結状態およびそれに対応したジャンクションの接触抵抗の特徴については，すでに理論的および実験的に研究され，さまざまな知見が得られている[4)-6)]。直列連結の場合では，各々のチューブの電子波が相互作用し，共鳴とよばれる現象が生じる。ジャンクションの接触抵抗は，この共鳴効果の大きさおよびチューブの連結距離に応じて敏感に変化する。一方，交差連結の場合では，チューブ同士が交差した角度および交差の位置の違いにより，圧力に応答するタイプのジャンクションとほとんど応答しないタイプのジャンクションに分類される。ジャンクションの接触抵抗は，圧力応答タイプの場合は，ジャンクションを固定するなどの処理により，ジャンクションの自由度または伸縮性が制限すれるため，その接触抵抗が大きく減少する。他方，圧力に応答しないタイプのジャンクションの場合は，その接触抵抗がほとんど変化しない。ジャンクションを構成するチューブの太さも重要なパラメータである。一般的には，直径の細いCNTから構成されるジャンクションはその接触抵抗値が小さく，直径の太いCNTの場合は対応するジャンクションの接触抵抗値が大きい。

３．CNTの孤立分散

連続したCNTのネットワークの構築およびネットワークにおけるジャンクションの状態ならびにその接触抵抗の精密制御を実現するためには，CNTをチューブレベルまでに分散することが必須で，不可欠である。CNT同士の間に生じるファンデルワールス力に起因する凝集問題，特に多層チューブの場合に関しては，乳化のようなマイルド的な手法でも容易に解決できる。一方，アモルファスカーボンなどの副生成物および残存触媒に起因するチューブの凝集に関しては，機械的エネルギーを加える物理的な分散処理が有効である。また，CNTを製造する方法やプロセスの違いで，チューブ凝集体の凝集度合いも異なる。チューブ凝集体を観察することで，その凝集度合いについて定性的に把握することができる。アモルファスカーボンやチューブ以外の形状をもつ副生成物の存在についても同時に確認することができる。**図１**は，３種類の市販の多層チューブ凝集体にそれぞれ対応した走査型電子顕微鏡を用い観察した写真を示す。粒子の大きさおよび粒子の緻密さを指標にして，チューブ凝集体の凝集度合いを判断する。加えて，「嵩密度」について測定すれば，チューブ凝集体の凝集度合いを定量的に記述することが可能である。粒子が大きく，嵩密度が低い場合，図１ではBaytube C150P（Bayer社）の場合，ミルなどの機械的エネルギーを加える前に，緩やかな「湿潤処理」を行うことで，分散効率を上げることができる[7]。

チューブ凝集体を，湿潤剤を介して，湿潤処理をすることで，分散過程では機械的エネルギーによるチューブの切断を防げる。湿潤効果の高い湿潤剤とそのチューブ凝集体への浸透速度を促進する湿潤補助剤を合わせて使うことで，効率の高い湿潤処理が得られる[8]。湿潤処理に使われる代表的な湿潤剤とそれと対応する湿潤補助剤を**表１**にまとめた。非イオン性界面活性物質は最も高い湿潤効果を示す。陽イオン性界面活性物質および陰イオン性界面活性物質も優れた湿潤剤である。湿潤剤の親油部位，すなわち，チューブと結合する部位もその構造が異なると，湿潤効果も大きく変わる。加えて，溶剤の種類および湿潤処理の条件も湿潤剤の湿潤効果に影響を与える。水を溶剤にして，チューブ凝集体を湿潤処理する場合は，少量のジメチルスルホキシド（DMSO）などの浸透性の高い有機溶媒を少量に添加することで，湿潤剤のチューブ凝集体への浸透速度を速めることができる。

単層チューブ凝集体の場合は，チューブ同士が強固なバンドルとよばれる特殊なチューブ集合体を形成するため，逆相ミセルを形成する胆汁酸またはその誘導体系の両性イオン界面活性剤を「湿潤剤」として使うことで，効果の高い湿潤処理が得られる。**図２**は，逆相ミセルを形成する代表的なグリココール酸およびその誘導体系の両性イオン界面活性物質（3-[(3-cholamidopropyl)dimethylammonio]propanesulfonic acid（CHAPS）と3-[(3-cholamidopropyl)dimethylammonio]-2-hydroxypropanesulnic acid（CHAPSO））の分子構造を示す。

CHAPSとCHAPSOは，プラスの電荷とマイナスの電荷部位を同時にもつ湿潤剤である。このような両性イオン系の湿潤剤はチューブ凝集体の内部に浸透した後，チューブの表面で自己組織化し，自己組織膜を形成する。この自己組織膜は，互いに，双極子/双極子相互作用に基づき結合する傾向がある。このような双極子/双極子相互作用は，内在的な力

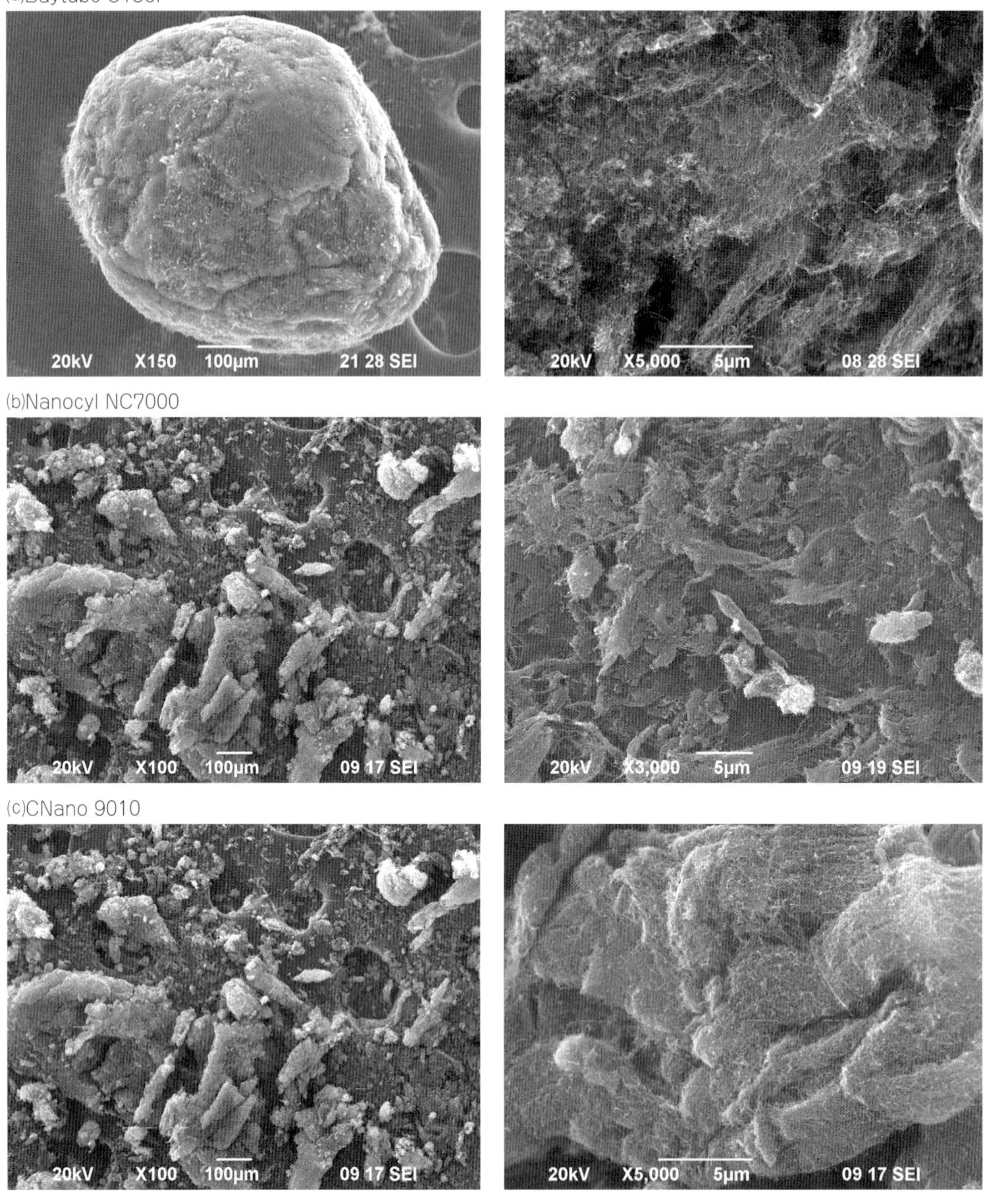

図 1　市販の代表的な多層チューブ凝集体の走査型電子顕微鏡写真（左：低倍率，右：高倍率）

表 1　代表的な湿潤剤とそれと対応する浸透補助剤

湿潤剤の種類	溶剤の種類	浸透補助剤	処理条件
非イオン性	水系 or 溶剤系	DMSO，nMP，MeOH，MEK など	緩やかな混合撹拌
陽イオン性	水系 or 極性溶媒	DMSO，CH_3CN，nMP，EtOH など	緩やかな混合撹拌
陰イオン性	水系 or 極性溶媒	DMSO，CH_3CN，nMP，EtOH など	緩やかな混合撹拌

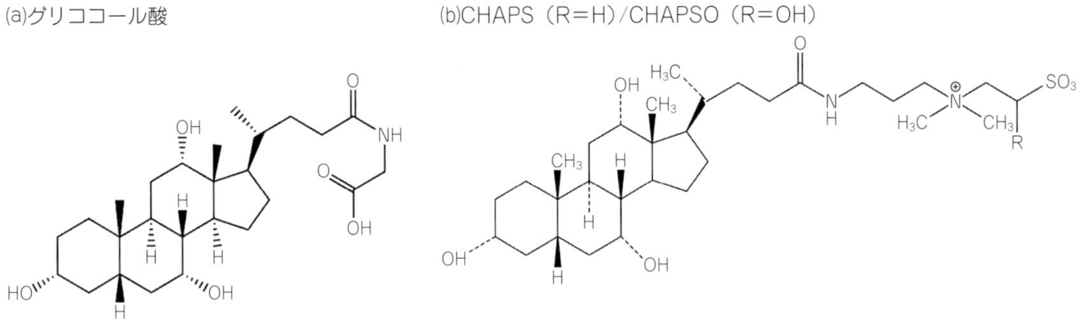

(a)グリココール酸　　(b)CHAPS（R=H）/CHAPSO（R=OH）

図2　グリココール酸(a)，CHAPS（R=H）とCHAPSO（R=OH）(b)の分子構造

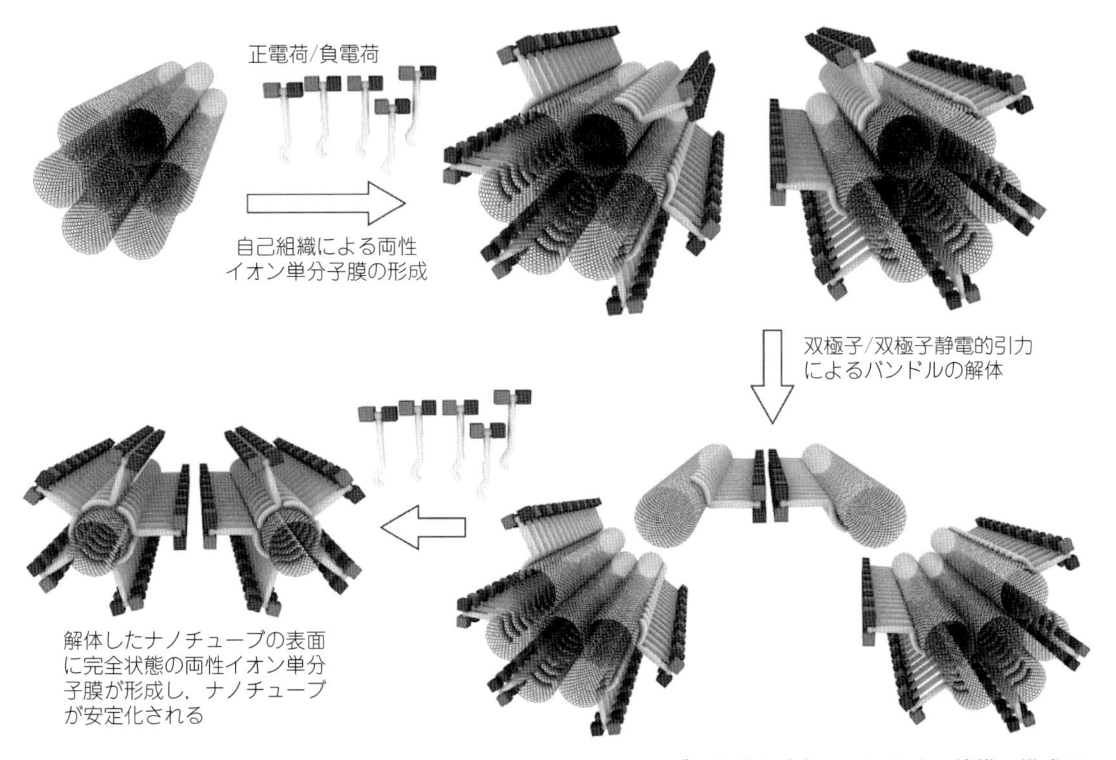

図3　逆相ミセルを形成する両性イオン型の湿潤剤によるチューブ凝集体を内部から湿潤する機構の模式図
双極子/双極子間の静電的結合はチューブ凝集体の湿潤および分散に寄与する。

となって，チューブ凝集体を解体することに対して寄与する。**図3**は逆相両性イオン湿潤剤による単層チューブ凝集体がほぐされる原理の模式図を示す[9]。

湿潤処理されたチューブ凝集体を，分散機械を使い，機械的に分散処理を行う。副生成物のアモルファスカーボン類や残留触媒などの付着物質をチューブから分離するためには機械的エネルギーを加える必要がある。さまざまな分散機械が使えるが，湿式ビーズミルを実例として用い，チューブ凝集体分散のプロセスについて紹介する。まずは，ビーズ（メディアともよばれる）の材質と直径，ビーズの充填率，ディスクの回転速度および送液量と滞留時間を決める必要がある。経験上では，ビーズの充填率が75～85%，ディスクの周速が8～10 m/s，流量が1.5～2.0 L/minになるようにビーズミルの運転条件をセットすれば，30～90分の処理時間で，チューブ凝集体を孤立に分散することができる。多層チューブ凝集体を分散する場合では，直径1.5 mmあたりのピースが良く使われる。一方，単層または2層のチューブ凝集体を分散する場合には，直径0.65 mm前後の大きさのピースを使えば，最も高い分散効率が得られる。ビーズの摩耗率を考慮する必要がある場合は，ジルコニア材質のビーズの使用をすすめる。

チューブレベルまでに分散されたCNT，すなわち，孤立に分散されたCNTを安定させるための安定化処理をする必要がある。低分子量の界面活性剤を用い，ミセルの形成による安定化処理技術が良く使われている。界面活性剤は，湿潤処理のときに用いられた湿潤剤と協業して，混合ミセルを形成することによって，CNT個体に恒常性をもつゼータ電位をもたらすことになる。**表2**には混合ミセル効果をもたらす乳化剤と湿潤剤の組合せの応用例を示す。陰イオン性界面活性剤と非イオン性湿潤剤を用い，ゼータ電位がマイナス50 mV以上であれば，孤立分散チューブが18ヵ月ほど安定に保管することが可能であろう。

ポリイオンとよばれるイオン性高分子，例えば，カルボキシメチルセルロース，アルギン酸，ナノセルロース，DNAなども，孤立に分散されたチューブを安定させる効果があることが知られている。分子量が100〜300万の白子由来DNAを安定化剤として用いた場合，ゼータ電位の値がマイナス140 mVとなる孤立分散チューブの分散液を得ることができる。水や極性溶媒と水素結合を形成する傾向の高い高分子，例えば，ポリアルコール類，ポリビニルピロリドン，キトサン，ポリアミン類も安定化剤として使える。この場合は，孤立に分散されたチューブが主にこれらのポリマーと水素結合または巻き込みによってその安定性が保たれる[10)-24)]。

チューブの分散度合いを評価するには，走査型電子顕微鏡，透過型電子顕微鏡，原子間力顕微鏡などのような分解能の高い分析計器が良く使われる。評価の手順としては，先ず，チューブ分散液を適切な濃度までに溶剤で薄めた後，1,000〜5,000倍という低倍率で，大きな塊の有無を確認する（**図4**）。次に，倍率をチューブが鮮明にみえるまでに上げ，孤立に分散されたチューブの長さと太さについて測定する。**図5**は走査型電子顕微鏡を用い，水系と溶剤系（nMP）に孤立に分散されたチューブを観察したときのそれぞれの実施例を示す。対象チューブの種類が異なるが，孤立に分散されていた様子がわかる。チューブがきわめて細い場合は，透過型電子

表2　混合ミセル効果をもたらす乳化剤と湿潤剤との組合せの代表例

乳化剤の種類	湿潤剤の種類	溶剤の種類	処理条件
イオン性界面活性剤	非イオン性	水系 or 溶剤系	緩やかな混合
非イオン性界面活性剤	陽イオン性	水系 or 極性溶媒	緩やかな混合
非イオン性界面活性剤	陰イオン性	水系 or 極性溶媒	緩やかな混合
非イオン性界面活性剤	非イオン性	水系 or 極性溶媒	緩やかな混合

図4　低倍率でのチューブの分散状態についての観察

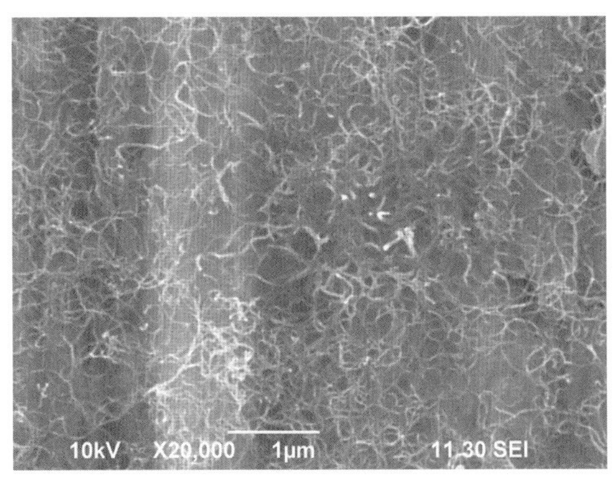

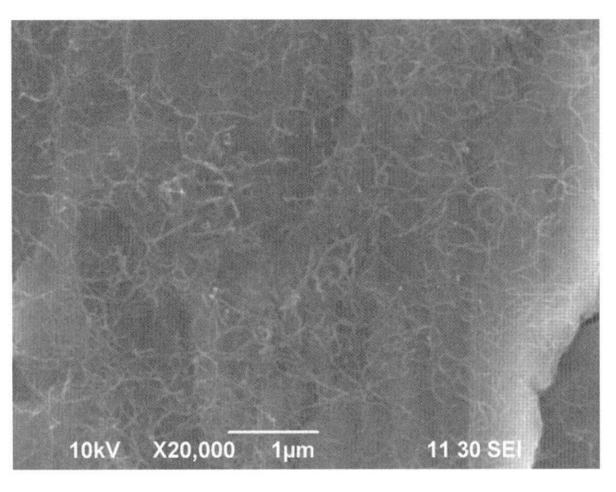

図5　高倍率でのチューブの分散状態についての観察

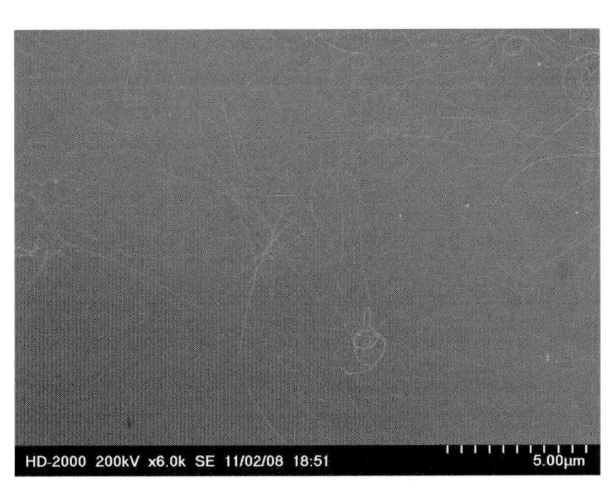

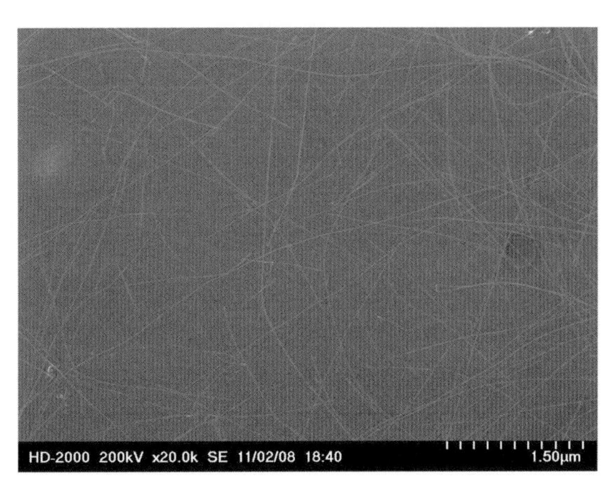

図6　直径の細い孤立分散多層チューブの分散状態についてのTEM観察

顕微鏡を使えば，チューブの様子をより鮮明に観察することができる。このような方法は，水系にも溶剤系にも適用する（**図6**）。

原子間力顕微鏡を使う場合は，孤立分散チューブの固定に関しては工夫する必要がある。孤立分散チューブを正確に測定するためには，最少量のチューブを固定することが重要である。また，固定された後，湿潤剤と安定化剤などの分散剤を適切な溶剤を使い，洗い落とすことで，孤立分散チューブを鮮明にみることができる。**図7**は，直径が約3 nmの単層チューブの孤立分散情況について原子間力顕微鏡を用いた観察の実施例を示す。

粒度分布のデータも1つの判断指標となるが，孤立分散チューブは線状粒子のため，長さと太さの両方を総合したデータとしてカウントされる。例えば，多層チューブ（Naocyl社，NC7000）7.0 wt %を含む水系孤立分散チューブの粒度分布について測定したところ，通過分積算95%のとき，粒子径68 nmの粒度分布結果が得られた。

4．応用例

透明導電膜のサンプルを，孤立に分散された単層カーボンナノチューを用い作成した。CNTネットワークの厚みを7 nm前後，ジャンクションの接触抵抗が低くなるように，製膜の工程を工夫した。その結果，表面抵抗<300 Ω/□，透明度>90%（510 nm）の透明導電膜が得られた[25]。**図8**はその実施例を示す。

孤立分散多層CNTおよびポリアクリロニトリルを成分とする導電性3次元多孔質モノリスを作成した。CNT/ポリアクリロニトリルの比率が35/65と

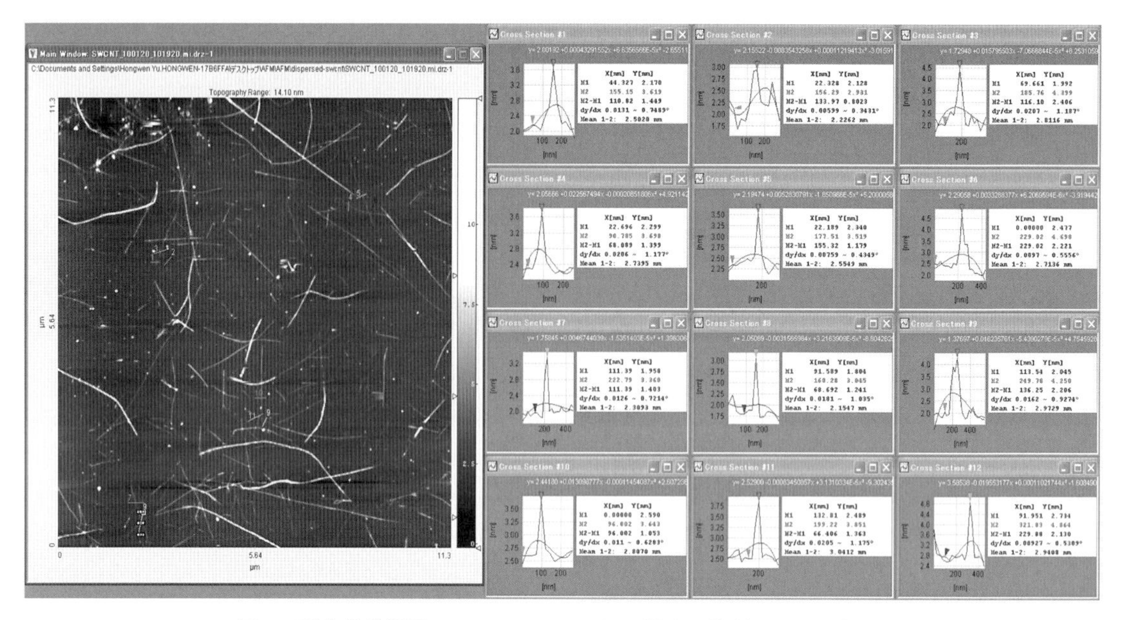

図 7　孤立分散単層 CNT についての原子間力顕微鏡を用いた観察

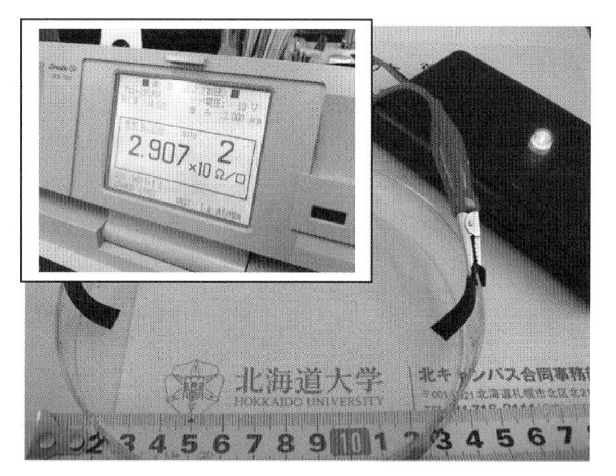

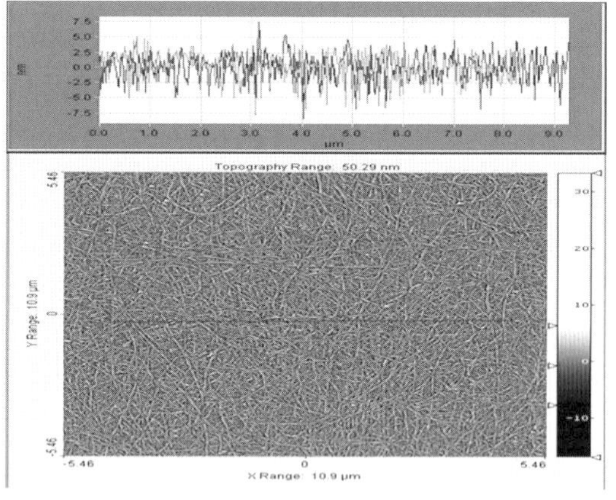

図 8　連続した CNT のネットワークを透明導電膜として機能する応用実施例（口絵参照）

なる場合，開孔率 90%，比表面積 210 m²/g，電気伝導率 2.7 S/cm，熱伝導率 0.148 W/(m・K) のモノリスが得られた[26]。**図 9** は体表的な CNT/ポリアクリロニトリル導電性 3 次元多孔質モノリスサンプルの構造観察結果を示す。

最後に，CNT ネットワークを電気/熱の変換場として用いた遠赤外線加熱応用について紹介する。水に孤立に分散された多層 CNT を水性インキに適切な量を添加し，塗膜の電気抵抗が 150〜200 Ω/□になるように導電性インキを配合した。凸版印刷のプロセスを経て，PET フィルムにパターン化された CNT のネットワークを連続的に印刷した。電極，温度感知センサなどを装着した後，熱熔融/圧縮プロセスを経て，**図 10** に示す遠赤外線フィルムを作成した。CNT のネットワークを電気/熱の変換場として機能するこの遠赤外線フィルムは，電気エネルギーを 98%以上に熱に変換され，なかには 65%が遠赤外線として放出される特徴をもつことが確認された。

5. 結　論

CNT 分散技術は，経験と試行錯誤から生まれた実学である。界面活性をもつ物質のすべては CNT

図9　ポリアクリロニトリルのみを用いて作成した3次元多孔質モノリス(a)および孤立分散多層CNT/ポリアクリロニトリル（比率35/65）を組成とする導電性3次元多孔質モノリス(b)～(d)

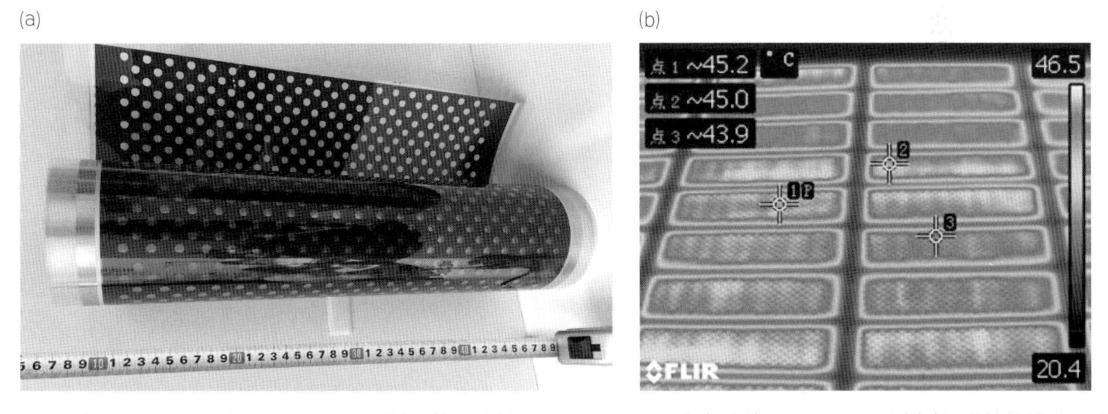

図10　連続したCNTネットワークを電気/熱の変換場として用いた遠赤外線フィルムの写真(a)と発熱状態を示す遠赤外線カメラ写真(b)

の湿潤，分散ならびに安定化に使える。分散機械と界面活性物質を同時に使えば，CNTの分散が誰でもできる。界面活性物質/CNTの比率は分散方法の優劣を分けるのに最も重要な尺度である。分散液の安定性や孤立に分散されたチューブの長さも重要な指標である。一方，実用の観点からみれば，分散されたCNTを，マトリックスと相性良く混ぜることができるかどうかは最も重要なことであろう。

文　献

1）M. Endo et. al.: *Nature,* **433**, 476（2005）.

2）Y. Kim: *Jpn. J. Appl. Phy.,* **42**, 7629（2003）.

3）M. Zhang et al.: *Science,* **309**, 1215（2005）.

4）A. Buldum and J. Lu: *Phys. Review B,* **63**, 161403（2001）.

5）M. Fuhrer et al.: *Science,* **288**, 494（2000）.

6）X. Tian et. al.: *Nano Lett.,* **14**, 3930（2014）.

7）A. Dresel and U. Teipel: *Colloids and Surf. A: Phys. and Eng. Asp.,* **489**, 57（2016）.

8）N. Poorgholami-Bejarpasi and B. Sohrabi: *Fluid Phase Equilib.,* **394**, 19（2015）.

9）B. Fugetsu et al.: *Chem. Lett.,* **34** 1218（2005）.

10）古月　特許第 4930873 号，微小カーボン分散物（登録日平成 24 年 2 月 24 日）.

11）古月　特許第 4872112 号，微小カーボン分散物（登録日平成 23 年 12 月 2 日）.

12）古月　特許第 4805820 号，微小カーボン分散物（登録日平成 23 年 8 月 19 日）.

13）古月　特許第 4834832 号，カーボンナノチューブ分散体の製造方法（登録日平成 23 年 10 月 7 日）.

14）古月，三浦，井戸　特許第 4654425 号，カーボンナノ前駆体，その製造方法，カーボンナノ複合体およびその製造方法（登録日　平成 23 年 1 月 7 日）.

15）H. Yu, X. Chen, K. Tsujii and B. Fugetsu: *Mater. Lett.,* **62**, 4050（2008）.

16）B. Fugetsu et al.: *Sci. Technol.,* **38**, 6890（2004）.

17）N. Nakashima et al.: *Chem. Lett.,* **32**, 456（2003）.

18）G. I. Dovbeshko et al.: *Chem. Phys. Lett.,* **372**, 432（2003）.

19）M. O' Connell et al.: *Chem. Phys. Lett.,* **342**, 265（2001）.

20）K. H. Choi et al.: *Nano Lett.,* **14**（2014）5677.

21）X. Ling et al.: *Colloids and Surfaces A: Phys. and Eng. Asp.,* **443**, 19（2014）.

22）J. Yan et. al.: *Carbohydrate Polymers,* **136**, 1288（2016）.

23）Q. Meng and I. Manas-Zloczower: *Sci. and Technol.,* **120**, 1（2015）.

24）J. R. Simpson et. al.: *Carbon,* **47**, 3238（2009）.

25）Y. Wang and B. Fugetsu: *Carbon,* **82**, 152（2015）.

26）A. K. Vipin et al.: *Carbon,* **101**, 377（2016）.

第1節　密度勾配遠心分離法

首都大学東京　柳　和宏

1．はじめに

密度勾配遠心分離法とは，生化学の分野を中心にタンパク質やDNAの精製などに広く利用されている分離手法である[1)]。超遠心機を用いて，１秒間に2～10万回転でローターを回し，数10万Ｇ程の遠心加速度を試料にかけることにより必要となる試料を分離する手法である。密度勾配遠心分離法の分離原理としては，沈降速度の違いを用いた方法と，密度の違いを用いた方法の２種類がある（**図１**）。前者は，巨大な遠心加速度をかけることにより，物質のサイズの違いに由来する沈降速度の違いを利用して，遠心チューブの異なる場所に試料を分離する手法である。一方，後者は，試料を分散している溶媒に密度の勾配を付け，遠心加速度により，試料の密度と等しい場所に試料を移動させ，密度平衡を形成させることにより，異なる場所に試料を分離する手法である。単層カーボンナノチューブ（SWCNT）においては，後者の密度の違いを利用した分離精製が一般的である。

SWCNTの電子構造はそのグラフェンシートの巻き方（カイラリティ）に依存して大きく変化する。カイラリティは（n, m）をもって表現され，$n-m$が３の倍数のときにはバンドギャップが閉じた，もしくはきわめて小さい金属型SWCNT，それ以外の場合はバンドギャップがあいて半導体的振る舞いをする半導体型SWCNTに分けることができる。近年になり単一カイラリティ合成が報告されつつあるが，市販されているSWCNTのほぼすべてはさまざまなカイラリティが混在した試料であるため，基礎研究・応用研究をする際においては，分離精製は重要な役割を果たしている。

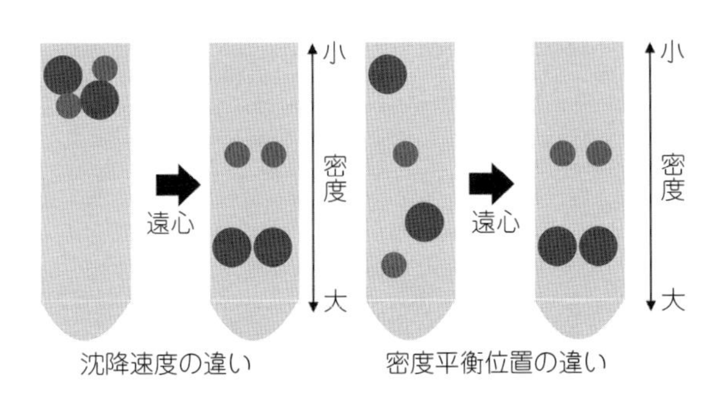

図１　密度勾配遠心分離法の原理

SWCNTの密度勾配遠心分離法の技術は，2006年ノースウェスタン大学のM. Hersamらのグループによる金属型・半導体型の分離の成功を契機として発展した[2)]。分離過程に影響を及ぼす要因は，分離に使用する界面活性剤，密度勾配剤である。これまで，さまざまな界面活性剤，密度勾配剤を用いた分離精製の報告があり，さまざまな直径の金属型・半導体型の分離，直径分離，単一カイラリティ分離，エナンチオマー分離，長さ分離，といった数多くの分離技術の開発がなされてきた[3)-6)]。また，ある特定のポリマーを用いてSWCNTをラッピングし，可溶化させ，ある特定のカイラリティのSWCNTのみを遠心分離により抽出する手法も開発されている[7)]。本稿では，密度勾配遠心分離法に限定して解説する。

密度勾配遠心分離法によるSWCNTの分離は，単純な個々のSWCNTのみの密度の違いによって起こっているわけではない。金属型，半導体型，個々のカイラリティのSWCNT表面に吸着している界面活性剤の種類と濃度が異なることにより，界面活性剤も含めたミセル系の密度の違いが生じ，その結果，密度の違いにより分離が実現されているものと考えられている（**図２**）。つまり，SWCNT単体ではなく，界面活性剤が吸着し，吸着層の寄与も含めたbuoyant densityが重要となる。2006年のHersamらの論文において，ドデシル硫酸ナトリウ

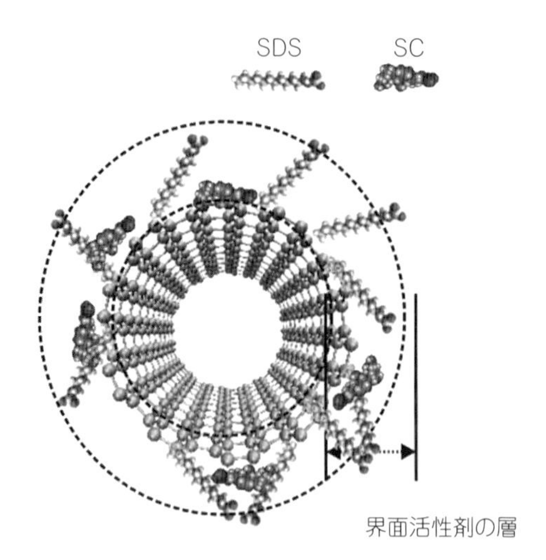

図2　SWCNTと界面活性剤（ドデシル硫酸ナトリウム（SDS），コール酸ナトリウム（SC））からなる密度

ム（SDS）およびコール酸ナトリウム（SC）の2つの界面活性剤を混合することにより金属型・半導体型の分離が可能であることが報告されたのが密度勾配遠心分離を用いたSWCNT分離精製研究の契機である[2]。buoyant densityが重要となるため，界面活性剤の種類と濃度比を変化させると，分離精製結果はドラスティックに変わる。界面活性剤が水溶液中においてSWCNT表面にどのように吸着しているのか？という点の理解はSWCNTの分離原理を理解する上できわめて重要であるが，未だに正確なところは不明である。ただし，密度勾配遠心分離法においても，ゲルクロマトグラフィ法においてもSWCNTの分離に重要となる界面活性剤は陰イオン性界面活性剤SDSである。次節においては，筆者らが実際に行っている分離精製のプロセスの詳細を記述する。

2. 筆者らによる直径1.4 nmの金属型・半導体型分離

ここでは，直径1.4 nmの金属型・半導体型SWCNTの分離精製に関して，筆者らが行っているプロセスを詳細に述べる（**図3**）[8]。原料となるSWCNTは㈱名城ナノカーボンのArcSOを用いる。それをはじめに，デオキシコール酸ナトリウム（DOC）を界面活性剤として用いて水溶液中に単分散させる。基本的に合成時の試料は，さまざまなカイラリティのSWCNTがπ-π相互作用により強固なバンドル構造を形成している。個々のカイラリティを選択的に抽出して取り出すためには，バンドル構造を崩し，単分散させる必要があることはいうまでもない。DOCを用いる理由としては，Wansellerらによって，系統的に界面活性剤の種類とSWCNTの分散効率を示した報告があり[9]，数多くの界面活性剤の中で最も分散効率が良い効率良く単層カーボンナノチューブを分散可能な界面活性剤として知られていることに由来する。はじめにバスタイプの超音波洗浄機を用いて，粗分散処理を行う。その後，ミキサーを用いて，さらなる粗分散処理を行う。この超音波処理，およびミキサーによる粗分散処理を繰り返して行い，均一な分散液を作成する。この分散液の状態では，試料はまだバンドル状態にある。例えば，ポアサイズ0.2 µmのメンブレンフィルターを用いて減圧濾過を用いると，フィルター上にほぼすべてのSWCNTが回収されてしまう。そこから単分散状態にするために，チップ型ホモジナイザーを用いて超音波分散処理を行う。元となる原料のSWCNTに依存して処理時間は異なるが，ArcSOの場合は，17 Wで4～5時間の処理

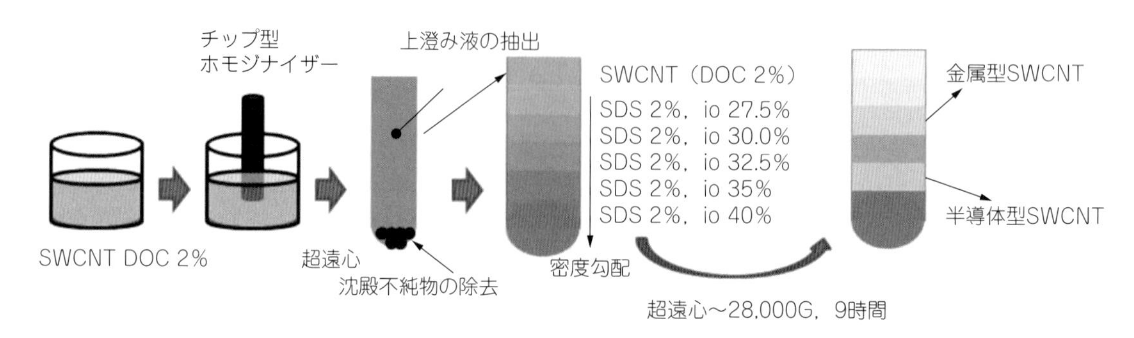

図3　密度勾配遠心分離プロセス

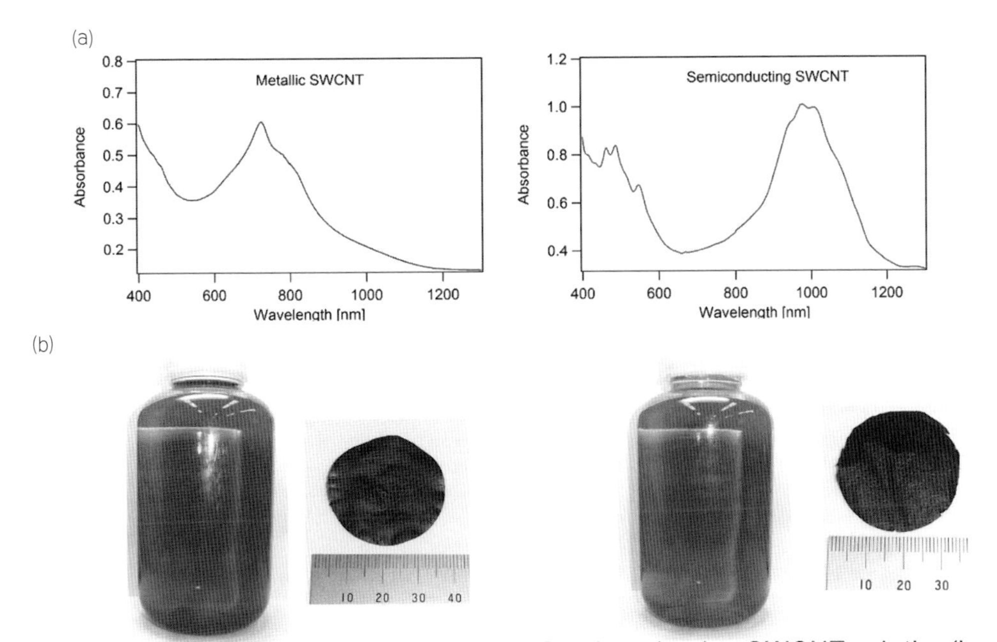

図４　直径 1.4 nm の金属型・半導体型単層カーボンナノチューブの吸収スペクトル(a)と各々の溶液の写真と紙状試料（buckypaper）の写真(b)

を行う。その際，溶液の温度が一定となるように，外部冷却として 13℃に設定している。

得られた分散液にはチップの金属の粉末や，バンドル状態の試料も含まれている。よってそれらを取り除くため，超遠心処理（36,000 rpm，28 万 G）を行い，単分散状態の溶液を抽出する。超遠心時間は，1 時間か 2 時間としている。できるだけ均一な単分散溶液を得るためには，遠心時間は長ければ良く，そのほうが分離の結果は良いのであるが，水系での分散の場合，SWCNT の密度は 1 より大きいため，例えば 10 時間程の遠心時間を設定してしまうと，すべてが遠心チューブの底に沈殿してしまう。

得られた分散液に密度勾配遠心分離処理を行う。その際，筆者らは，密度勾配溶液として SDS2％（重量％）の界面活性剤を用いる。密度勾配剤としては，ハーサムらが提案している iodixanol を用いている。iodixanol 40％，35％，32.5％，30％，27.5％の密度勾配溶液を密度に重い順から遠心チューブの底より勾配層を形成する。その後，溶液の最上層に SWCNT の上澄み液を挿入し遠心チューブの作製を完了させる。同遠心チューブをバーティカルタイプの遠心ローターを用いて 50,000 rpm，24 万 G で 9 時間遠心を行う。その結果，図のように金属型および半導体型 SWCNT の層を分離する。溶液を上から，均等に分画していき，高純度の金属型 SWCNT 溶液および半導体型 SWCNT 溶液を回収する。通常は，特に半導体型 SWCNT においては，1 回の分離では筆者らの基準では純度が不十分である。そこで，得られた溶液を回収し，洗浄作業を行い，再度，DOC 2％溶液に分散させ，これまでの作業を再度行い，再精製を行う。

最終的に得られる典型的な金属型・半導体型 SWCNT の光吸収スペクトルを**図４**に示す。純度評価は光学測定では困難ではあるが，電界効果型トランジスタ動作において，電流値の on/off を 10^4 は取れる純度を得ることは可能である。最終的に同試料に界面活性剤の洗浄作業を行い物性評価の研究に利用している。

3．ショ糖やセシウムクロライドを密度勾配剤として用いた分離

SWCNT を分離精製する密度勾配剤としては，iodixanol が一般的に用いられる。これは 2006 年の

Hersamらのはじめの半金分離の報告においても利用されている密度勾配剤である。しかし，生化学の分野においては，ショ糖（sucrose）やセシウムクロライド（CsCl）といった他の密度勾配剤も分離する試料の密度に応じて利用される。SWCNTの密度は一般的1.0～1.2 g/mlとされる。しかしながらこの密度は界面活性剤の種類によっても変化し，また，溶液に含まれる密度勾配剤の種類によっても変化する。よって，SWCNTの分離精製の場合は，密度勾配剤や界面活性剤の種類を変えた場合は，その都度，条件を最適化する必要がある。特に，金属型・半導体型の分離においては界面活性剤としてSDSといった陰イオン性界面活性剤が鍵となっており，よって，利用する密度勾配剤にSDSが可溶かどうかが，その密度勾配剤を用いて半金分離が可能かどうかの判断となる。ショ糖溶液に対してはSDSは十分に可溶であるが，塩を用いた密度勾配剤の場合はSDSは析出してしまう。よって，ショ糖においては半金分離は可能であるが，塩の場合は難しいことが予想される。実際，筆者らは，ショ糖においても遠心時における温度を調整することにより半金分離が可能であることを示してきた[10]。ショ糖の密度範囲は1.0～1.28 g/mlであり，SWCNTの密度範囲はSDSミセル系で1.0～1.2 g/mlであるため，密度平衡による分離を検討したが，結果としては，沈降速度の違いを用いることにより分離することに成功した。その際，分離プロセスにおいて，超遠心中の溶液の温度がきわめて分離能に影響を与えていた。温度を下げることにより分離が可能となっており，溶液温度も分離能に大きな影響を及ぼして

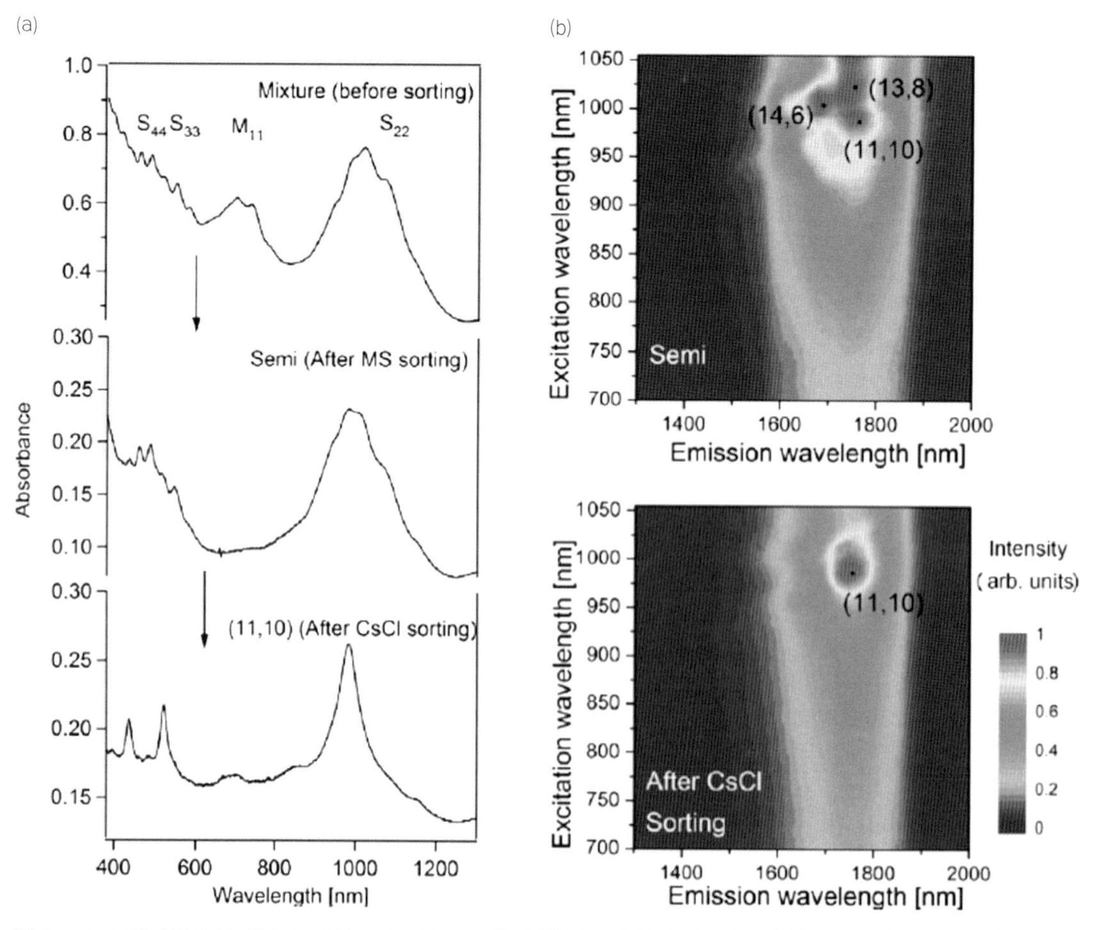

図5　CsClを密度勾配剤として用いた（11，10）SWCNTの抽出プロセス(a)とSemiとCsCl分離後の発光スペクトルマッピングの様子(b)（口絵参照）

通常の密度勾配遠心分離による半導体型SWCNT抽出（Semi）後，さらに，CsClを用いた分離を行うことにより（11，10）SWCNTの抽出に成功。Copyright 2012 American Chemical Society.

いる。一方，塩系の密度勾配剤であるセシウムクロライドを用いる場合，SDSを十分に可溶することができないため，それのみでは半金分離はできない。しかしながら，SCの特異的な吸着により，直径1.4 nmのSWCNTを原料として用いた場合，（11，10）という特定のカイラリティのSWCNTの抽出が可能であることを筆者らは見出した[11]。この特定のカイラリティの抽出においては，筆者らは，まずはじめに直径1.4 nmのSWCNT試料の金属型半導体型の分離を密度勾配遠心分離法を用いて行い，高純度半導体型SWCNTの溶液を得る。その後，洗浄作業を行い，今度はSC 2%（w/w）水溶液に分散させた。さらにセシウムクロライド水溶液を混合し，CsCl 42.5%（w/w）SC 2%（w/w）溶液になるように分散液を調整する。その後，8時間ホモジナイズ処理を行い，1時間の上澄み遠心処理を行い，上澄み液を回収する。同溶液を遠心チューブにセットし，65,000 rpmで8時間回すと最終的に（11，10）カイラリティが選択的に多く含む溶液の抽出に成功した（**図5**）。

4．まとめ

密度勾配遠心分離法は，ノースウェスタン大のM. Hersamグループより報告されて以降，数多くの研究がなされ，そして技術開発がなされてきた。しかし，分離の原理となる，水溶液中においてSWCNT表面にどのように界面活性剤が吸着しているかは実験的にはまだ未解明である。SWCNT分離精製において，ゲルクロマトグラフィ法のほうが簡便に分離精製可能であるが，密度勾配遠心分離法は直径の太い（1 nm以上）SWCNT試料の高純度分離精製においては今後も大きな役割を果たすことができると筆者は考えている。

文　献

1）D. Richwood and B. D. Hames：Preparative Centrifugation：A Practical Approach, Oxford University Press（1992）.

2）M. S. Arnold et al.：*Nature Nanotechnology,* **1**, 60（2006）.

3）K. Yanagi, Y. Miyata and H. Kataura：*Appl. Phys. Express,* **1**, 034003（2008）.

4）J. Fagan et al.：*Adv. Mater.,* **20**, 1609（2008）.

5）S. Ghosh et al.：*Nature Nanotechnology,* **5**, 443（2010）.

6）A. Green et al.：*Nano Res.,* **2**, 69（2009）.

7）A. Nish et al.：*Nature Nanotechnology,* **2**, 641（2007）.

8）K. Yanagi et al：*ACS nano,* **4**, 4027（2010）.

9）W. Wenseller et al.：*Adv. Func. Mater.,* **14**, 1105（2004）.

10）Yanagi, K. et al.：*J. Phys. Chem C,* **112**, 18889（2008）.

11）Yanagi, K. et al.：*J. Am. Chem. Soc.,* **134**, 9545（2012）.

第2節　ゲルを用いた単層 CNT の分離

国立研究開発法人産業技術総合研究所　田中　丈士

1．はじめに

1.1　単層 CNT の構造と電気特性

単層カーボンナノチューブ（CNT）は軽量，強靭，微細，高アスペクト比，高い熱伝導性や導電性，化学安定性などといった優れた特性をもっており多様な応用が期待されている。なかでもエレクトロニクスへの応用に大きな期待が寄せられており，その実現には，電気的特性の異なる CNT，つまり金属的性質を示す「金属型 CNT」と半導体的性質を示す「半導体型 CNT」を別々に利用する必要がある。例えば金属型 CNT 配線に半導体型 CNT をトランジスタのチャネル部に用いた微細回路ができれば，既存のものよりも高速・低消費電力なコンピュータの実現が期待できる。CNT は炭素原子が六角形の網目状に連なったグラフェンのシートを丸めて筒にして閉じた構造をとるが，その丸め方によって電気的性質が異なる（**図 1**）。この CNT の太さやらせん性の違いにより生じる構造（カイラリティ）はカイラルベクトルと呼ばれる二つの整数（n, m）によって規定される。図 1 の左上にある二重丸で示す炭素原子と黒丸の炭素原子が重なるようにグラフェンシートを丸めてできる CNT は金属型となり，一方，白丸の炭素原子を用いると半導体型の CNT になる[1]。例えば（6, 5）CNT は半導体型，（7, 4）CNT は金属型となるが，このようにわずか

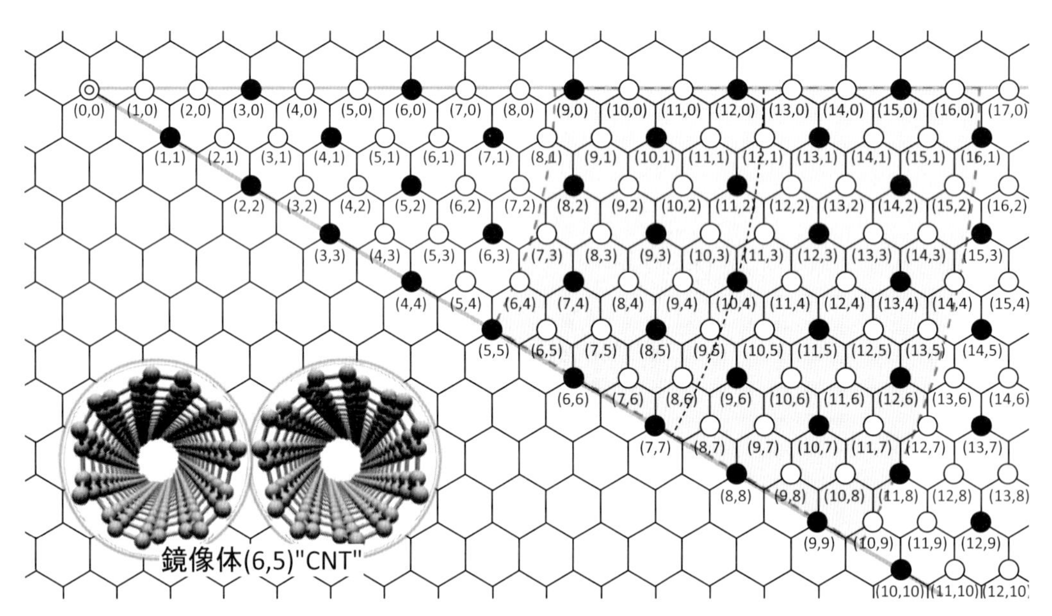

図 1　CNT の構造（カイラリティ）による金属型と半導体型の違い

六角形のネットワークで示すグラフェンシートを，二重丸で示す原点（0, 0）と黒丸が重なるように丸めて閉じた構造をつくると金属型 CNT となり，一方，二重丸と白丸を重ねると半導体型 CNT になる。また，同じ（n, m）でも，シートを丸める方向が表向きか裏向きかで鏡像関係の CNT となる。図中左下に（6, 5）CNT の鏡像体（エナンチオマー）の分子模型を示す。

な構造の差違だけで全く異なる電気的性質を示すことになる。さらに，半導体型CNTはカイラリティによって異なるバンドギャップをもつことから，高度な用途には単一のバンドギャップをもつ単一構造半導体型CNTが必要となる。たとえば，1.0±0.3 nm程度の直径分布をもつHiPco法で合成されたCNTは，図１中の網掛けで示す領域に含まれる70種類近くのカイラリティが含まれていることになる。さらに，鏡像体の関係にあるCNTも考慮すると，その数は倍近くにのぼることになる。図１左下には，鏡像関係にある右巻きと左巻きの（6, 5）CNTの分子模型の図を示した。完全に均質な構造のCNTを必要とする場合には，このような鏡像関係にあるCNTも分離する必要がある。

1.2　CNTの分離の現状

上述のようにCNTは多様な構造をとり得るが，目的によって金属型や半導体型，あるいは単一構造のみからなるCNTが求められる。これら電気的性質やカイラリティを選択的に合成する手法が近年報告されているが，高い選択性で大量に合成できるものはまだない。そのため，基礎研究や応用開発において量を必要とする場合には，混合物から分離精製する手法が重要になる。CNTの金属型・半導体型，単一構造，あるいは鏡像体分離に関する報告を以下に記載する。DNAをCNTの分散剤に用い，金属型と半導体型CNTをクロマトグラフィーで分離する手法が2003年に報告された[2)]。同グループはこの手法をさらに発展させて，さまざまなDNA配列を網羅的に調べ，特定の配列のDNAを利用することで単一構造のCNTを得ることにも成功している[3)]。また2006年には，密度勾配超遠心分離法によって金属型CNTと半導体型CNTとがそれぞれ分離された[4)]。密度勾配超遠心分離で分離されたCNTは純度が高いのが特徴であり，2009年には，本法の分離条件を最適化することにより，半導体型CNTの単一構造分離と鏡像体分離も報告された[5)]。現在，密度勾配超遠心分離法で分離された金属型と半導体型のCNTが市販されているが，分離に使用される超遠心機にはスケールアップに限界があることや長時間を要することなどから，これらの問題点を解消する新たな分離法が求められている。

このような中，筆者らのグループでは，ゲルを用いたCNTの分離法を開発してきた。2006年にゲル電気泳動法により，金属型と半導体型の効率的な分離に成功し[6)]，現在では，ゲルカラムを用いた分離法などによって，金属型・半導体型CNTの大量分離や単一構造分離，さらには鏡像体の分離も可能になっている[6)-15)]。本稿では，ゲルを用いた分離法を開発されてきた順に従い，金属型・半導体型分離として，ゲル電気泳動法［2.1］，電場を用いない分離法（例えば，凍結-融解-圧搾法）［2.2］，カラム分離法［2.3］，単一構造半導体型CNTの分離法として，少量のゲルに対して大過剰のCNTを投入するオーバーロード法［3.1］，低温カラム分離法［3.2］，これらオーバーロード法や低温分離法による鏡像体分離［3.3］，長カラムを用いた金属型CNTの構造分離と鏡像体分離［3.4］について述べる。最後に，最近のトピックスとして，混合界面活性剤を用いたゲルカラム分離法により，これまでのゲルカラム分離法の問題点を克服し，単一構造半導体型CNTのハイスループット分離や単一構造半導体型CNTの高純度鏡像体分離をおこなった例についても少し触れる［4］。

2.　アガロースゲルを用いたCNTの金属型・半導体型分離

2.1　ゲル電気泳動

上述の密度勾配超遠心分離法[4)]を用いた金属型・半導体型CNTの分離では，異なる界面活性剤（ドデシル硫酸ナトリウム（SDS），とコール酸ナトリウム（SC）の混合物でCNTの分散をおこない，金属型CNTと半導体型CNTで吸着する界面活性剤に違いが出る結果，わずかな密度差で両者が分離されるというものであった。筆者は，密度に差が出るのであれば電荷の差で，より簡便に分離が可能であると考え，ゲル電気泳動による分離の実験を行った。CNTのサイズはDNAと同程度（直径：～1 nm，長さ：数100～数1000 nm）であることから，巨大分子であるDNAの分離に使用されるアガロースゲル電気泳動を適用した。アガロースは寒天の主要多糖であり，そのゲルは網目構造が非常に大きいのが特徴である。ガラス管中にアガロースゲルを調製し，そこへ SDS と SC の混合物で分散した CNT 分散液を載せたのち，電場を印加して電気泳動を行った。その結果，電気泳動の先端（一番早く移動した部分）に金属型 CNT が，一方，後端（一番遅く移動した部分）に半導体型 CNT が分離された。金属型 CNT と半導体型 CNT は異なる光吸収波長をもつことから，分離が起こっているかどうかは色の違いで判断することが可能である。興味深いことに，分散剤に SC を用いずに SDS だけで分散した CNT を用いた場合でも金属型 CNT と半導体型 CNT は同様に分離された（**図 2**(a)）。分離時間は，密度勾配超遠心分離法の数時間に対して，約 1 時間と短時間であった。しかしながら，大部分の CNT がゲルの中央部分に未分離の状態で残り，収率に問題があった。試行錯誤の結果，熱で溶解したアガロースゲルと CNT 分散液を混合したのち冷却して調製した「CNT 含有ゲル」を用いてゲル電気泳動を行うと分離収率が大幅に改善した（図 2(b)）。この分離では半導体型 CNT は，はじめのゲルからは移動せず，金属型 CNT のみが泳動され，分離が達成される（本現象についての考察は［2.2］に記載）。収率はほぼ 100%であり，分離時間は 20 分程度に短縮され，さらに分離 CNT の純度も改善した（金属型 CNT 純度：70%，半導体型 CNT 純度：95%）。これまでにアガロースゲル電気泳動を用いた CNT の長さ分離に関する報告はあったが，金属型・半導体型 CNT の分離に関するものはなく，これが最初の例である[6]。

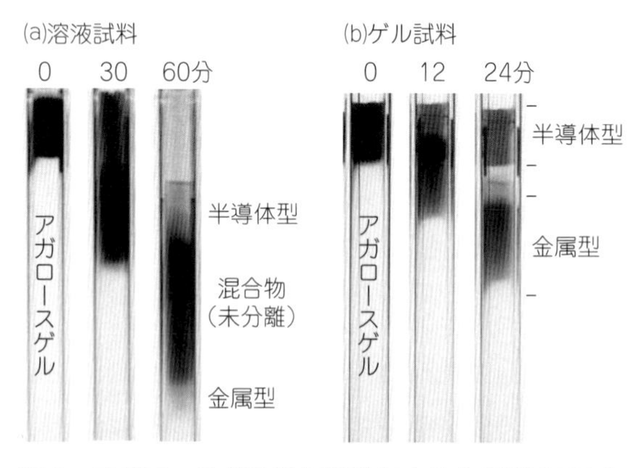

図 2　アガロースゲル電気泳動による金属型 CNT と半導体型 CNT の分離の経時変化（口絵参照）

2.2　電場を使用しない分離

金属型と半導体型という電気的性質の異なる CNT が電気泳動で分離されたことから，当初，電場が重要な役割を果たしていると考えた。しかし，実際には電場がなくとも分離可能であることが明らかとなった[7]。例えば，CNT 含有ゲルを遠心チューブ中に調製し，遠心分離を行うと，ゲルからしみ出た溶液部に金属型 CNT が，ゲルの残渣に半導体型 CNT が分離された。CNT 含有ゲルを凍結・解凍ののち，当該ゲルを絞ることによっても金属型 CNT を含む溶液と半導体型 CNT を含むゲルに分離することができた（**図 3**）。また，機械的な力を加えずに，CNT 含有ゲルを SDS 水溶液に浸しておくだけでも，金属型 CNT のみが溶液にしみ出し，ゲルに残る半導体型 CNT と分離することができた。ゲル中にある半導体型 CNT は，加熱と酸加水分解によってゲルを分解したのち，水やアルコールで洗浄する操作を繰り返して精製した。精製した半導体型 CNT を用いて，薄膜トランジスタを作製して電気特性を調べたところ，半導体的性質が確認できた。

反対に，ゲル（CNT を含んでいない）を CNT の SDS 分散液に浸しておくと，半導体型 CNT がゲルに吸着し，金属型 CNT は溶液に残存し，分離されることも見いだした（バッチ法）。これは非常に単純なことであるが，分離原理を考える上で重要な知見を示している。それは，ゲルに半導体型 CNT が選択的に吸着するということである。はじめは CNT と DNA のサイズが似通っていることからアガロースゲルを選んだが，アガロースゲルの網目の大きさはあまり関係なく，分散剤に SDS を用いた際に生じる選択的な吸着が重要である。この偶然に見つかった，アガロースゲルと SDS という組合せによって，金属型・半導体型 CNT の分離が達

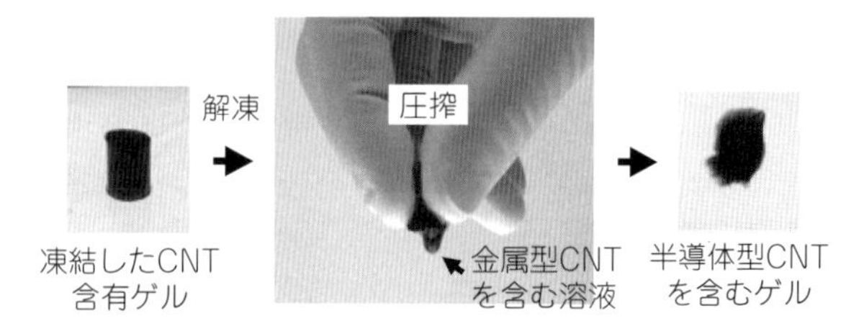

図 3　CNT 含有ゲルを用いた凍結–解凍–圧搾による金属型 CNT と半導体型 CNT の分離

成されている。その後，100種類の界面活性剤をスクリーニングした結果，SDSの他に，CNTの分離に使用できる界面活性剤を新たに5種類見いだした[8]。いずれの界面活性剤もSDSと類似の構造をしており，直鎖アルキル基からなる疎水部と陰イオン性あるいは両性の親水部からなっていた。界面活性剤の分散性とCNTの金属型・半導体型分離との関連性をまとめたものを**表１**に示す。CNTをよく分散する界面活性剤として，SCやデオキシコール酸ナトリウム（DOC）などステロイド骨格からなる疎水部を持つものが知られている。ステロイド骨格の平面状の疎水部でCNTに強く吸着することで，高い分散能力を得ていると考えられる。これら分散性の高いコール酸系の界面活性剤だけでは金属型・半導体型CNTを分離できる条件を得られなかった。これは，金属型と半導体型のCNTを区別なく強力に吸着・分散することによるのではないかと考えられる。SDSや新たに見つかった界面活性剤では，直鎖アルキル基でCNTと相互作用するため，CNTとの接点は線か点となり，コール酸系のものに比べるとCNTへの吸着があまり高くなく，結果的にその吸着の弱さが金属型と半導体型の区別と分離を可能にしているのではないかと考えられる。SDSと類似の構造をもつ界面活性剤でも，親水部と疎水部のバランスが悪いものでは，分散性が十分でない結果，うまく分離されないと考えられる。また，ゲル電気泳動でCNT含有ゲルを試料に用いることで分離が劇的に改善した理由としては，CNT含有ゲルの調製時にアガロースは溶解しており，CNTと相互作用できる領域が増加したためであると予想している。CNTの分散液を用いるバッチ分離法でも，ゲルのサイズを小さくして表面積を増やしてやると吸着時間は短縮され，結合量も増加して，分離が大幅に改善する。

2.3　カラム分離法

分離の効率を高めるために，上述のバッチ法をカラムクロマトグラフィによる連続分離法に適用した[9]。プラスチックのシリンジの出口に綿を詰め，その上に直径0.1 mm程度のアガロースゲルのビーズを充填したものをカラムとした（**図４**）。カラムを前もって分離液（SDS水溶液）で平衡化したのち，SDSで分散したCNT水溶液を注ぎ（図４，分

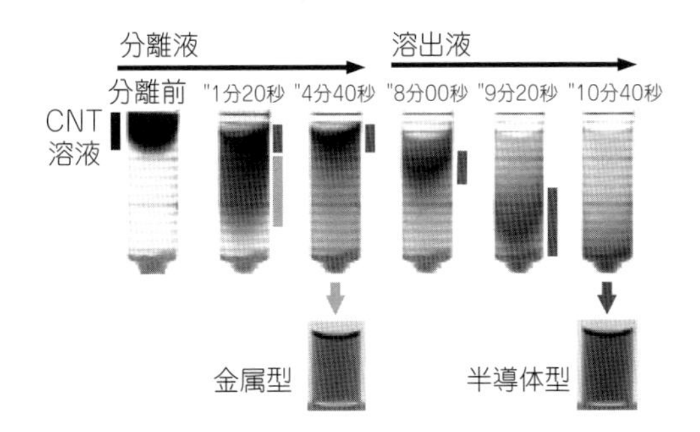

図４　アガロースゲルビーズを用いたカラムによる金属型・半導体型CNTの分離の経時変化と分離試料（溶液）の写真

表１　界面活性剤の構造とCNTの分散性，金属型・半導体型分離との関係

	コール酸系（SC，DOCなど）	SDS，スクリーニング陽性界面活性剤	スクリーニング陰性界面活性剤（非イオン性，短アルキル鎖など）
CNTの分散性	強	中	弱
分子構造	平面	直線	
相互作用部位	面	線または点	——
金属型・半導体型CNT分離	× 金属型・半導体型CNTの区別不可	○	× CNTの孤立不良（バンドル（束））

離前)，次いで分離液を注ぐと，半導体型CNTがゲルに吸着し，一方の金属型CNTはカラムを通り抜け分離された（図4，分離前～4分40秒)。ゲルに吸着した半導体型CNTは，溶出液（DOC水溶液）を流すことで溶離させて回収することができた(図4，8分00秒～10分40秒)。このようにゲルに吸着していた半導体型CNTも溶液状態で回収できることから，上述したようなゲル中に残る半導体型CNTからゲルを除去する精製工程が不要となる点は大きなメリットである。分離に用いたゲルカラムは再度，分離液で平衡化することで繰り返し分離に用いることができた。ここで用いたカラムはオープンカラムと呼ばれる重力によって送液をおこなうものであるが，分離時間は10分程度と短く，また，純度も金属型CNTで90%，半導体型CNTで95%と改善した。クロマトグラフィの手法は，大型化やポンプを用いた送液による高速化，自動化に適しており，金属型・半導体型CNTの低コスト・大量生産に最も適した手法である。実際にパイロットスケールのクロマトグラフィ装置と数リットルサイズの大型カラムを用いて分離を行うことで，日産10gに達するスループットが得られたという報告がある。プロセススケールの装置を用いれば，さらに数桁スループットを高めることも可能である。分離に使用する界面活性剤のSDSは一般的に広く利用されている安価なものであるほか，ゲルの繰り返し使用や安価な試薬への代替などによって大幅なコストダウンも実現できる見通しがついている。このように，大量・低コストの分離CNTにより，CNTの産業応用の実現に向けて大きく貢献できるものと考えている。

3. デキストラン架橋ゲルを用いた構造分離

3.1 オーバーロード法による半導体型CNTの単一構造分離

金属型・半導体型CNTの分離からさらに進めて，直径やカイラリティといった構造の異なるCNTの取得を目指した。単一構造のCNT，なかでも半導体型の単一構造CNTは，単一のバンドギャップをもつことから，CNTのエレクトロニクスや光学応用のうえで重要なだけではなく，基礎研究においてもさまざまな重要な知見をもたらすものと期待できる。上述のアガロースゲルカラム分離法で，吸着した半導体型CNTに対して溶出条件を段階的に強めていくことにより，カイラリティ分布の異なる半導体型CNTを分画することができた[10)11)]。しかしながら，単一構造のものを得るまでには至らなかった。そのような中，アガロースゲルではなくデキストランという可溶性多糖を化学的に架橋したゲルを用いることによっても金属型と半導体型のCNTが分離できることがドイツのグループにより報告された[16)]。筆者らのグループでも当該ゲルを用いたカラム分離の研究を進めたところ，アガロースゲルをもちいたときの結果と少し様子が異なることが判明した。特に，少量のゲルに対して大過剰量のCNT分散液を投入（オーバーロード）すると，特定の構造をもつ半導体型CNTが選択的にゲルに吸着することを見いだした（**図5**）[12)]。複数のカラムを直列に繋げたものを用いてオーバーロード分離を行えば，一度に複数の異なる構造の半導体型CNTを分離することができる。1回のオーバーロードによる分離では，構造分離された半導体型CNTの純度があまり高くなかった（複数のカイラリティが含まれる）

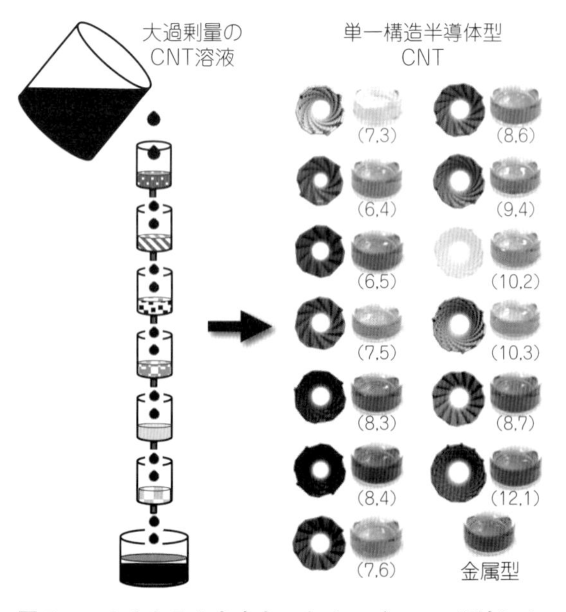

図5　マルチカラムをもちいたオーバーロード法による単一構造半導体型CNTの分離模式図（左）と分離された単一構造半導体型CNTの溶液（右）(口絵参照)

が，一度オーバーロードで分離された試料を用いて再度オーバーロード法で分離することによって，13種類の単一構造半導体型CNTを得ることに成功した。単一構造にまで分離された半導体型CNTは黄，紫，青，青緑，緑とカラフルな色を呈する（図5，巻頭口絵参照）。オーバーロードでの構造分離は，大量のCNTが投入された際の異なるCNT間でのゲルに対する競合的な吸着による結果として生じる。つまり，分離の初期（少量のCNTが投入された段階）に一度ゲルに吸着した吸着力の弱いCNTが，オーバーロードにより後から来たより吸着力の強いCNTに置き換えられることによって，最終的にカラムに吸着するCNTの種類が制限させる。

3.2　低温カラム法による半導体型CNTの単一構造分離

デキストラン架橋ゲルを用いた分離における温度の効果を調べたところ，低温においてカラムに対するCNTの吸着量が減少し，吸着されるCNTの種類も限定されることが明らかとなった。例えば，10℃で分離を行うと（6, 4）CNTのみがカラムに吸着されて分離される（**図6**）。次に，10℃で未吸着であったCNTの画分を，12℃で分離すると，（6, 5）CNTのみが吸着・分離される。同様に温度を段階的に上昇させながら分離を繰り返すことで，最終的に7種類の単一構造半導体型CNTが得られた。オーバーロード法による分離では，分離を2回繰り返すことによって単一構造のCNTが得られたが，低温カラム分離では，分離したCNTを再分離することなく一度の分離でより高純度の単一構造半導体型CNTが得られた[13]。低温カラム分離は，特定構造の半導体型CNTのゲルへ選択的な吸着の結果生じるものであり，オーバーロードによる競合吸着のようなゲル上でのCNTの置換のステップがないため，より高い純度が達成されたと考えている。

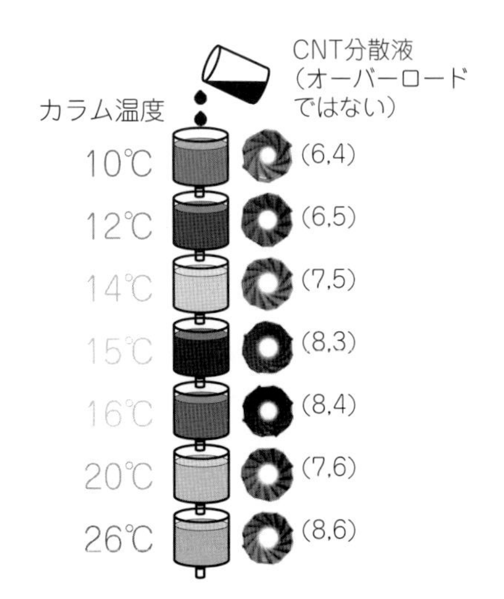

図6　低温カラム法による半導体型CNTの単一構造分離の模式図（口絵参照）

3.3　半導体型CNTの鏡像体分離

種々の物理的性質は等しいが，円偏光二色性スペクトル測定で互いに正負が反転したスペクトルを示す物質は鏡像体（エナンチオマー）の関係にある。オーバーロード法や低温カラム法で得られた単一構造半導体型CNT試料の円偏光二色性スペクトルを測定したところ，正負が反転したスペクトルが得られたことから，鏡像体分離が生じていることが確認された[14]。ここで用いたゲルの主成分であるデキストランは生物由来の多糖であり，光学活性を有している。このキラルなデキストランに対するCNTエナンチオマー間の親和性の差異により分離が達成されていると考えられる。エナンチオマーの純度は相対的な値で評価することは可能であるが，現時点では100%純度の鏡像体試料が存在しない，あるいは確認できないため，絶対的な純度を決定するのは難しい問題である。

3.4　金属型CNTの構造分離と鏡像体分離

単一構造半導体型CNTに比べると，単一構造金属型CNTの応用先は少ないかもしれないが，基礎研究においては単一構造半導体型CNTと同様に重要である。これまでに金属型CNTの構造分離の報告は多くはなく，鏡像体分離に関していえば皆無の状態にあった。そのような中，ゲルを用いたカラム分離で，金属型CNTの構造分離と鏡像体分離をおこなった[15]。ゲルカラムを用いた金属型・半導体型CNT分離においては，金属型CNTはゲルに吸着しなかった。ここでは，半導体型CNTを除去した金属型CNTのみからなる試料を前もって調製し，分散剤濃度を低くすることでゲルとの相互作用を高め，分離をおこなった。さらに，長いカラムをもちいて相互作用部位を増やすことで，わずかな吸着力の差でも分離できるようにすることを目指した。現時点では，高純度の単一構造の金属型CNTを得るには至っていないが，(10,4) CNTを濃縮することに成功した。また，円二色性スペクトル測定によって，金属型CNTの鏡像体分離が生じていることも確認できた。より長いカラムを用いることで，さらなる分離能の改善が期待できる。

4. 最近のトピックス

オーバーロード法や低温カラム法により，単一構造CNTや鏡像体も分離された半導体型CNTが得られるまでになっているが，いずれの方法にも改善すべき点が残っている。オーバーロード法では，ゲルに対して投入するCNTの量の比を一定にしなければ再現性が低くなる。低温カラム法では，カイラリティごとに異なる厳密な温度コントロールが必要となる。これら問題点を克服するために，ゲルを用いた分離法のさらなる改善に向けた研究を継続している。最近になって，SDS・SC・DOCの三種類の混合界面活性剤をもちいたカラム分離において，高純度の単一構造やエナンチオマーの半導体型CNTが得られるようになってきた。この分離法では，SDSとSCの混合界面活性剤系でゲルカラムへの吸着を行い，さらにDOCを系に加えて濃度を段階的に上昇させていくことで，カイラリティ選択的な溶出を実現している。オーバーロード法や温度カラム法での問題点を克服しており，単一構造あるいは鏡像体も分離した半導体型CNTを効果的に分取することが可能である。単一構造半導体型CNTの用途開発の一例として，(9,4) CNTのバイオイメージングへの応用の研究を進めている。(9,4) CNTは，蛍光の励起波長と発光波長がともに生体組織透過性の高い波長に位置していることから，優れたイメージング物質となり得る[17]。また，高純度化した単一構造半導体型エナンチオマーCNTの円偏光二色性スペクトルから，半導体型CNTの詳細なバンド構造を実験により明らかにしたというような成果が得られている[18]。

5. まとめ

最近になって金属型・半導体型，単一構造のCNTが入手できるようになり，CNTのエレクトロニクス応用の研究が加速している。そのような中で，ゲルを用いたCNTの分離法は，純度，スループット，コストなどの点において優れた点が多く，分離CNTを用いた実用研究において，重要な役割を果たすものと考えている。発見から四半世紀を過ぎようとしている期待のナノ材料であるCNTのエレクトロニクス応用の実現に貢献していきたい。

文　献

1) R. Saito, M. Fujita, G. Dresselhaus and M. S. Dresselhaus：*Appl. Phys. Lett.*, **60**, 2204 (1992).
2) M. Zheng, A. Jagota, E. D. Semke, B. A. Diner, R. S. McLean, S. R. Lustig, R. E. Richardson and N. G. Tassi：*Nat. Mater.*, **2**, 338 (2003).
3) X. Tu, S. Manohar, A. Jagota and M. Zheng：*Nature*, **460**, 250 (2009).
4) M. S. Arnold, A. A. Green, J. F. Hulvat, S. I. Stupp and M. C. Hersam：*Nat. Nanotechnol.*, **1**, 60 (2006).
5) S. Ghosh, S. M. Bachilo, and R. B. Weisman：*Nat. Nanotechnol.*, **5**, 443 (2010).
6) T. Tanaka, H. Jin, Y. Miyata and H. Kataura：*Appl. Phys. Express*, **1**, 114001 (2008).
7) T. Tanaka, H. Jin, Y. Miyata, S. Fujii, H. Suga, Y. Naitoh, T. Minari, T. Miyadera, K. Tsukagoshi and H. Kataura：*Nano Lett.*, **9**, 1497 (2009).
8) T. Tanaka, Y. Urabe, D. Nishide and H. Kataura：*J. Am. Chem. Soc.*, **133**, 17610 (2011).
9) T. Tanaka, Y. Urabe, D. Nishide and H. Kataura：*Appl. Phys. Express*, **2**, 125002 (2009).
10) T. Tanaka, H. Jin, Y. Miyata, S. Fujii, D. Nishide and H. Kataura：*Phys. Status Solidi B*, **246**, 2490 (2009).
11) H. Liu, Y. Feng, T. Tanaka, Y. Urabe and H. Kataura：*J. Phys. Chem. C*, **114**, 9270 (2010).
12) H. Liu, D. Nishide, T. Tanaka and H. Kataura：*Nature Commun.*, **2**, 309 (2011).
13) H. Liu, T. Tanaka, Y. Urabe and H. Kataura：*Nano Lett.*, **13**, 1996 (2013).

14) H. Liu, T. Tanaka, and H. Kataura : *Nano Lett.*, **14**, 6237 (2014).

15) T. Tanaka, Y. Urabe, T. Hirakawa and H. Kataura : *Anal. Chem.*, **87**, 9467 (2015).

16) K. Moshammer, F. Hennrich and M. M. Kappes : *Nano Res.*, **2**, 599 (2009).

17) Y. Yomogida, T. Tanaka, M. Zhang, M. Yudasaka, X. Wei and H. Kataura : *Nature Commun.*, **7**, 12056 (2016).

18) X. Wei, T. Tanaka, Y. Yomogida, N. Sato, R. Saito and H. Kataura : *Nature Commun.*, (2016) accepted.

第3節　水性二相系（ATP）分離

名古屋大学　大町　遼　名古屋大学　北浦　良　名古屋大学　篠原　久典

1．はじめに

水性二相系（aqueous two-phase system；以下，ATP）[1]を利用したカーボンナノチューブ（CNT）の分離は2013年にZhengらのグループが第１報を報告して以来[2]，密度勾配超遠心分離（DGU）法やゲル分離法に次ぐ新た分離法として近年大きな注目を集めている。ATP分離自体は古くから開発された手法であり，タンパク質や核酸など生体系高分子の分離といったバイオテクノロジーの分野で用いられてきた。２種類の水溶性の高分子を水中にある一定の比率で混合すると水溶液が相分離する性質を利用し，いずれかの相に目的物を抽出するのがATP分離である。一般的には，ポリエチレングリコール（PEG）やデキストラン（DX）といった中性の水溶性高分子を用いられるが，側鎖にスルホン酸塩のような電荷を有する高分子や，塩化ナトリウムおよび硫酸アンモニウムといった無機塩の濃厚溶液もしばしば利用されている。このとき，用いる高分子の種類や割合，あるいは分子量分布や添加物を細かく調節することで，分離する相の最適化を行うことが可能である。

CNTは直径およびカイラリティによって界面活性剤との相互作用が異なり，ミセル化した際の親水性に違いがでることからATP法による分離が可能となる（**図１**）。ATP分離の最大のメリットとしては，スケールアップが容易であるという点があげられる。小スケールで最適化手法をそのまま用いることが可能であり，時間面およびコスト面でも優れていることからCNTの分離法としても期待が大きい。本稿ではATP法を用いた金属・半導体分離やカイラリティ分離といったCNTの分離例を記載するとともに，分離したCNTを用いたデバイス応用についてもあわせて紹介する。

2．金属半導体分離

電気的性質に着目するとCNTは金属性および半導体性の大きく２種類に分類される。通常合成されるCNTはこれらの混合物であり，それぞれの特性を活かした電子デバイス応用を行う上では金属半導体の分離が必須である。前述のようにZhengらはポリエチレングリコール（PEG）とデキストラン（DX）の系において，ATP法による初のCNT分

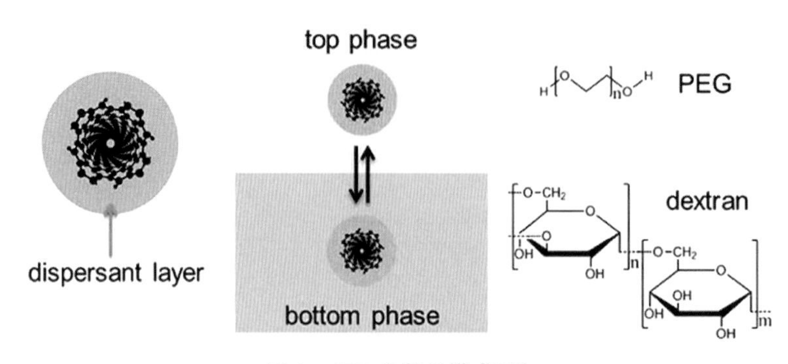

図１　ATP分離の模式図[2]

ここでは上層はPEG相で下層はDX相を例に示す。Reprinted with permission from 2). Copyright 2013 American Chemical Society.

離を報告している[2]。彼らは 1.2～1.5 nm 程度の直径をものアーク放電法で合成されたCNTについて，半導体性の CNT は比較的疎水性の高いは上層の PEG 相へと分配され，金属性の CNT に関しては親水性の高いは下部の DX 相へと分配されることを明らかにした（**図 2**）。半導体性 CNT および金属性 CNT をそれぞれ非常に高い純度で分離することが可能である。比較的直径の細い CNT（0.6～1.0 nm）に関しても，その中でもより直径が細いものが DX 相へと抽出されることを報告している。また，ATP 法のメリットの１つである大スケール分離についても可能であることを示している。ただし，分離条件はきわめてシビアであり，分離する CNT の長さ，界面活性剤の比率，添加する無機塩の量，分離温度など，複数のパラメータ変化の影響をきわめて受けやすく，それにともなって純度は大きく上下する。実際に図２に示した分離については，あらかじめサイズ排除カラムクロマトグラフィで長さをそろえたものを用いて実験を行っている。長さにばらつきがあるサンプルに関しては，抽出を複数回繰り返すことによって純度を高める必要がある。

Ling らも独自の系を用いて，金属性 CNT の高純度化を試みている[3]。彼らは PEG の *N*-メチルピロリドン（NMP）溶液と DX 水溶液の組合せに，界面活性剤としてセチルトリメチルアンモニウムブロミドを加えて分離を行った。PEG の分子量分布や各物質の濃度を検討したものの，金属性 CNT の純度を 60％程度まで高めるにとどまっている。

2016 年には Zheng らによって，CNT の酸化還元反応を利用した分離法が報告された[4]。酸化剤として次亜塩素酸ナトリウム（NaClO），還元剤として水素化ホウ素ナトリウム（$NaBH_4$）を用いて酸化もしくは還元すると，PEG 相中に存在していた CNT が DX 相へと相間移動することが明らかとなった。ここで CNT の電気的性質の違い，すなわち酸化還元のされやすさを利用し，反応剤の当量を制御することで，各相へと選択的に CNT を分配することが可能となる。具体的には NaClO 酸化ですべての CNT を DX 相へと分配した後，PEG 相での抽出を繰り返すことで，大きなバンドギャップを有する直径の細い半導体性 CNT，バンドギャップの小さい太い半導体性 CNT の順に抽出される（**図 3**）。このとき PEG が非常に温和な還元剤としても機能することから，CNT が還元され PEG 相へと移動することになる。さらに下層に残った金属性 CNT に関しても PEG での分配操作を繰り返すことで抽出が可能であり，抽出の後半になればなるほど真に金属性を示すアームチェア型 CNT の濃度を向上させることができる。

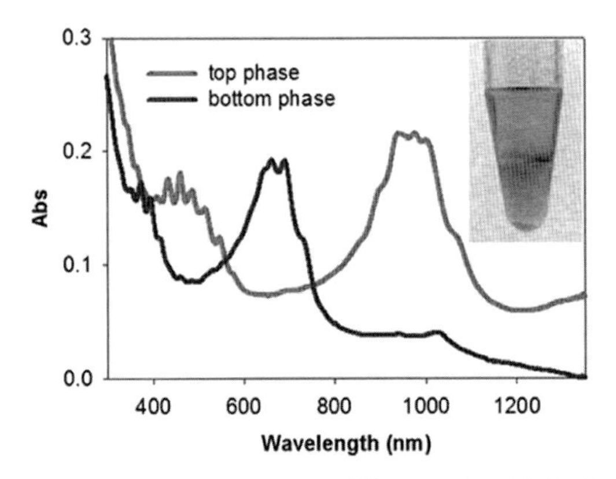

図２　Zheng らによる ATP 分離における各相の吸収スペクトルおよび実際の分離溶液の様子[2]

Reprinted with permission from 2). Copyright 2013 American Chemical Society.

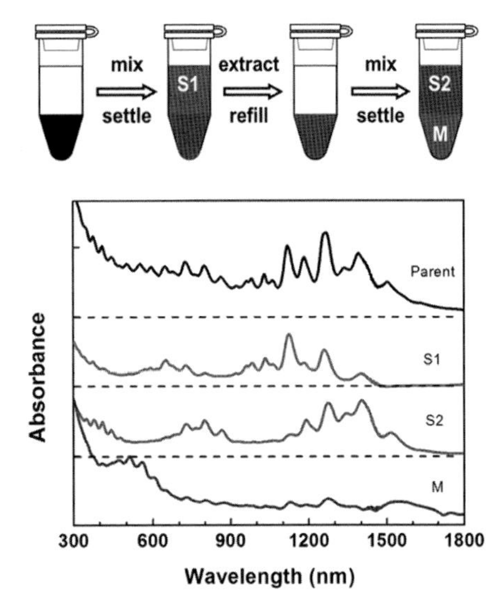

図３　CNT の酸化反応を利用した多段階 ATP 分離[4]

Reprinted with permission from 4). Copyright 2013 American Chemical Society.

3．カイラリティ分離

複雑な混合物であるCNTにおいて，グラフェンシートの巻き方に由来するカイラリティの違いは電気的あるいは光学的な違いを生み出すことから，正確な分離が求められている。単一カイラリティCNTを分離することは分子における単離に相当し，他分野へ波及効果も大きいことからも，CNT分離の分野においてこれまで精力的に研究されてきた。Zhengらのグループは CNT の分散剤の中でも，疎水的な長鎖アルキル骨格をもつドデシル硫酸ナトリウム（SDS）と，より親水的な振る舞いをするデオキシコール酸（DOC）の組合せにおいて，SDSの濃度を調節することで直径選択的な分離が可能であることを見出し，これと従来のATP法による金属半導体分離を組み合わせることで，直径1nm以下のCNTに対するカイラリティ選択的な分離を達成した[5)]。まずはSDSの濃度を逐次的に増加させながら抽出を繰り返すことで大まかに直径分離して，カイラリティが2種類ないし3種類を含むPEG相を得る。続いて，DX相とコール酸ナトリウム（SC）を加えて金属性CNTと半導体性CNTを分離したのち，半導体性CNTについては再び直径分離を行うことでカイラリティ分離へと展開している（**図4**(a)）。吸収スペクトルの結果にも示されるようにいくつかのカイラリティについては混合物であるものの，7種類ついては単一カイラリティの分離に成功している（図4(b)）。同様の手法は直径1nm以上のCNTに対しても有効であり，さまざまな方法で合成されたCNTに対して適用可能であることが示されている[6)]。

ほぼ同時期にDuqueらも，わずか2段階でのカイラリティ分離に成功している[7)]。彼らもまたSDSとDOCの比率が鍵であることを見出しており，そこにSCおよび塩化ナトリウム（NaCl）を添加剤として加えることで，(6，5)，(6，4)と(7，3)，そして(7，5)といったCNTの中でも直径の細い半導体性CNTのカイラリティ分離を達成した。1段階目の分離における界面活性剤の役割として，SC-DOCの混合ミセルが細いCNTを取り囲み親水性のDX相へ，太いCNTにはSC-DOC-SDSミセルが相互作用して疎水性のPEG相へとそれぞれ分配されると述べている。また，塩の添加効果としてはSCと競合するSDSミセルの再構成を促し，直径の太いCNTをPEG相へと移動させやすくすることで，2段階目での高選択的なカイラリティ分離

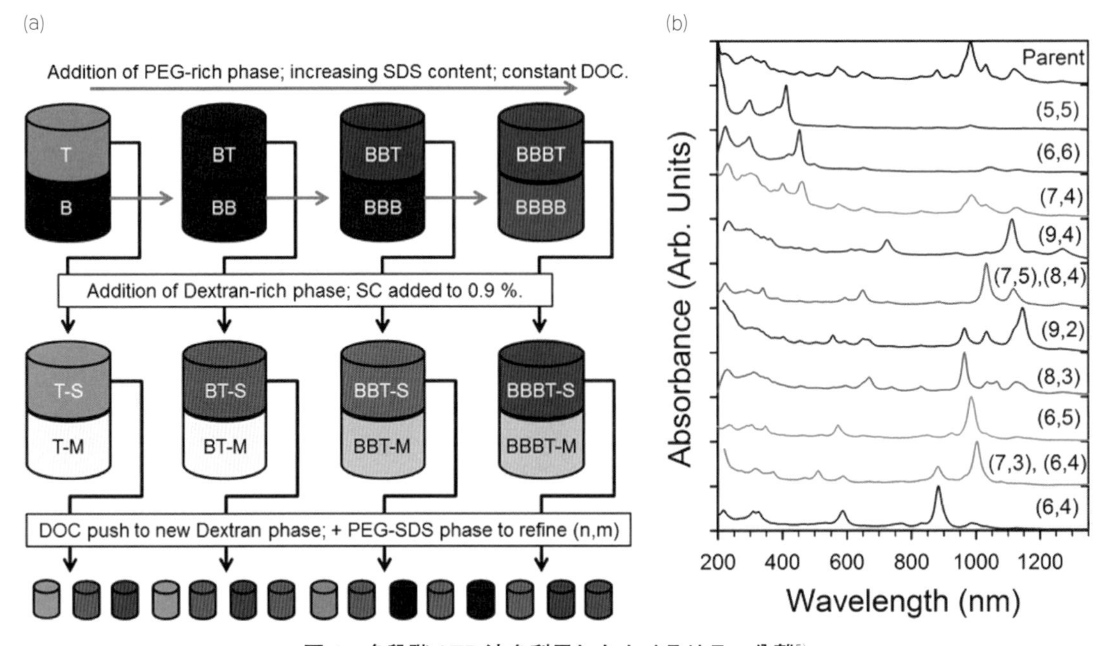

図4　多段階ATP法を利用したカイラリティ分離[5)]

表1　DNAラッピングされたCNTにおけるATP分離の組合せ

カイラリティ	合成DNA	ATPの条件
(5, 4)	$(CGT)_3C$	(PEG+PEG−DA)/DX
(5, 5)	$(GT)_{20}$	PEG/PAM
(6, 4)	$(GTC)_2GT$	PEG/PAM
(6, 5)	$(TAT)_4$, $(TCG)_{10}$, $(TCG)_4TC$	PEG/PAM
	$(TCG)_4TC$, $(CCG)_2CC$	(PEG+PEG−DA)/DX
(6, 6)	$(GTT)_3G$, $A(TTAA)_3T$	(PEG+PEG−DA)/DX
(7, 3)	$(TTA)_4TT$	PVP/DX → PEG/DX
(7, 4)	$(GT)_{20}$	PEG/PAM
	$(TCG)_4TC$, $(GTC)_3$, $(CCG)_4$	(PEG+PEG−DA)/DX
(7, 5)	$(TATT)_3T$, $(GTT)_3G$	PEG/PAM
	$(ATT)_4$	(PEG+PEG−DA)/DX
(7, 6)	$(GTT)_3G$, $(GTC)_2$	(PEG+PEG−DA)/DX
(8, 3)	$(TTA)_3TTGTT$	PEG/PAM
	$(TCG)_4TC$	PEG/PAM → PEG/DX
(8, 4)	$(GT)_{20}$	PEG/PAM
	$(TATT)_2TAT$	(PEG+PEG−DA)/DX
(9, 1)	$(GTC)_2GT$	PEG/PAM
(9, 2)	$(TGT)_4T$	(PEG+PEG−DA)/DX
(10, 0)	$(TTA)_3TTGTT$	(PEG+PEG−DA)/DX
(10, 2)	$(AC)_{20}$	PVP/DX

を実現している。

さらにZhengらはATP法を利用して，界面活性剤のかわりに合成DNAでラッピングしたCNTのカイラリティ分離を行った[8]。彼らは以前に，特定の塩基配列をもつ合成DNAで分散したCNTを，イオン交換カラムクロマトグラフィで処理することでカイラリティ分離が可能であることを報告している[9]。今回はこの分離過程をATP法に置き換えることで，15種類ものカイラリティのCNT分離に成功した。分離を達成したカイラリティ，合成DNAの塩基配列，そしてATPの条件を**表1**に示す。ATPの2相系としては，PEG/DX系，PEG/ポリアクリルアミド（PAM）系，PEG+ポリエチレングリコールジアミン（PEG-DA）/DX系，ポリビニルピロリドン（PVP）/DX系，そしてこれらを段階的に組み合わせた条件が用いられている。

純粋なATP分離とは異なるもの，ZhengとItoらのグループは向流クロマトグラフィ[10]と組み合わせることで1段階でのカイラリティ分離を見出している[11]。向流クロマトグラフィは二相溶媒系において，一方の液層を固定相として他方の液層を移動相に用い，液相-液相間で分配するクロマトグラフィである。液体の固定相を安定に保持させるための特殊な遠心装置が必要であるものの，ATPの水性二相系を用いることができる。実際には移動相のPEG相中のSDS濃度をさせながらフラクション分取を行うことで，カイラリティ分離を行っている（**図5**）。興味深いことに，(7, 5)のカイラリティについては光学分割にも成功している（**図6**）。この結果についてはCNTと光学活性な界面活性剤であるDOCもしくは光学活性高分子であるDXとの間での相互作用によるものと推察されている。同様の光学分割はDGU法の場合にも観測されている。

4. CNT孤立分散液の調整

CNTの分離や薄膜作製を行う上では，精製および孤立分散液の調製が必要不可欠である。実際，これまでに紹介してきたATP法においても，あらかじめ孤立分散されたCNTを用いて分離を行っている。しかし，この分散液の調製では，アモルファスカーボンとよばれる炭素の不純物や触媒金属，そして分散しきれなかったCNTのバンドル（束）を除くためには超遠心処理が必要であり，スケールアップの妨げにつながりATP分離のメリットを損なう一端となっている。Duqueらのグループは，ATP分離がCNTの精製および孤立分散液の調製にも有用であることを明らかにした[12]。DOCのみで分散させたCNTをPEG/DXの系で二相分離することで，アモルファスカーボンやバンドル状態のCNTを取り除いた孤立分散液を得ることができる（**図7**）。レーザー蒸発法，プラズマ法，アーク放電法，化学気相成長法といずれの合成法でつくられたCNTに関しても適用可能であり，超遠心処理を必要としない高純度の孤立分散液の調製法として，工業化も含めて広範囲の応用が期待できる。

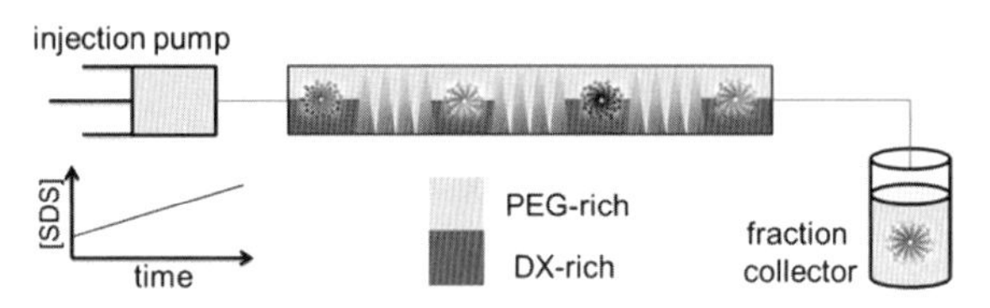

図5 向流クロマトグラフィによるカイラリティ分離[11]

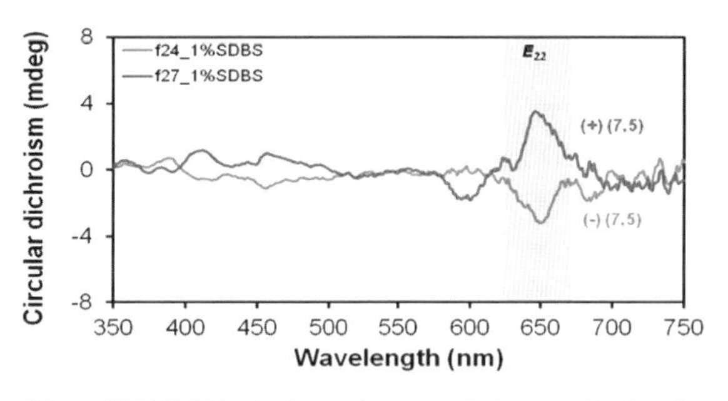

図6 光学分割した（7，5）CNTのCDスペクトル[11]

5. ATP分離したCNTの電子デバイス応用

ここでは実際にATP法によって分離されたCNTを用いた薄膜トランジスタ（TFT）応用について簡単に紹介する。ZhouとZhengらのグループは，ATP処理を3～5回程度繰り返すことによって高純度化した半導体性CNT[2]を用いてTFTを作製した[13]。彼らは以前に報告している高分子による凝集を利用したCNTの長さ分離法[14]を分離した半導体性CNTに適用し，比較的長尺のCNTを集めて薄膜を作製することでトランジスタとして動作することを明らかにした。特にチャネル長20 µmの

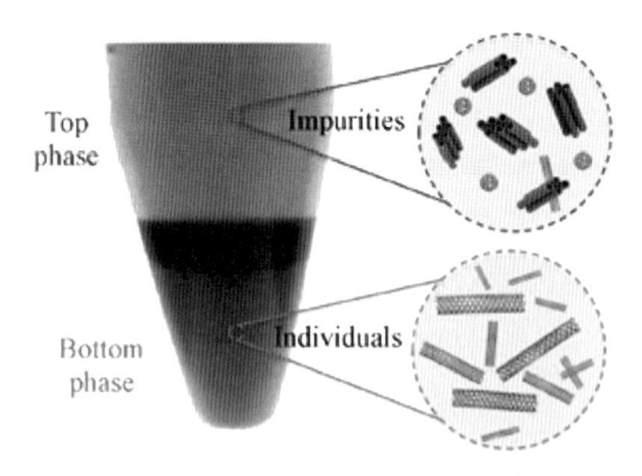

図7 ATP法によるCNT孤立分散液の抽出[12]

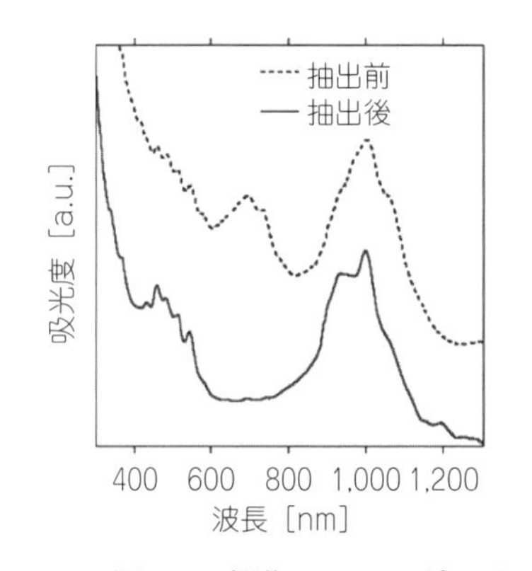

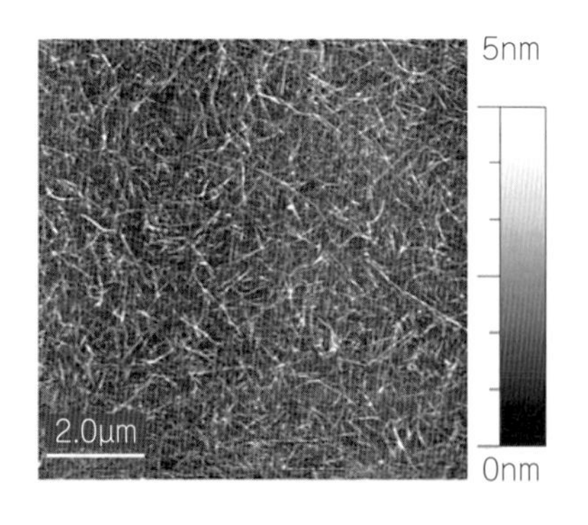

図8 1段階でのATP法による半導体性CNTの分離と薄膜の様子

場合には，移動度 18 cm^2/(V・s)，on/off 比 10^7 を記録している。

また，筆者らの研究グループも ATP 分離した半導体性 CNT を用いての TFT 作製に成功している[15)]。わずか１段階での ATP 処理によって高純度の半導体性 CNT を得ており，また分離液を直接用いて薄膜を作製することが可能である（**図８**）。Zhou と Zheng らの例では，多段階の ATP 分離だけでなく，分離に用いた高分子の除去のために CNT の沈殿と再分散が必須である。半導体特性としても，コンスタントに on/off 比 10^5 から 10^6 程度の性能が発現することが明らかとなっている[16)]。

6. おわりに

今回 ATP 法を用いた CNT の分離について紹介した。はじめての報告からほんの数年しか経過していないにもかかわらず次々と関連論文が報告されている。今後は ATP 分離の例だけでなく，分離された CNT を利用してさまざまな応用へと展開していくことであろう。また，超遠心処理のようなスケールアップの際にネックとなる工程も必要としないことからも，本分離法が将来的な実用化も含めて産業界へと波及していくことに期待したい。

文　献

1）P.-A. Albertsson 著，加藤好雄訳：水性二層分配法―細胞顆粒，ウイルス，核酸などの巨大分子・粒子の分離分析法―，東京大学出版会（1972）.

2）C. Y. Khripin, J. A. Fagan and M. Zheng : *J. Am. Chem. Soc.,* **135**, 6822（2013）.

3）M. S. Y. Tang, P. L. Show, Y. K. Lin, K. L. Woon, C. P. Tan and T. C. Ling : *Sep. Purif. Technol.,* **125**, 136,（2014）.

4）H. Gui, J. K. Streit, J. A. Fagan, A. R. Hight Walker, C. Zhou and M. Zheng : *Nano Lett.,* **15**, 1642（2015）., C. Y. Khripin, J. A. Fagan and M. Zheng : *J. Am. Chem. Soc.,* **135**, 6822（2013）.

5）J. A. Fagan, C. Y. Khripin, C. A. Silvera Batista, J. R. Simpson, E. H. Haroz, A. R. Hight Walker and M. Zheng : *Adv. Mater.,* **26**, 2800（2014）.

6）J. A. Fagan, E. H. Haroz, R. Ihly, H. Gui, J. L. Blackburn, J. R. Simpson, S. Lam, A. R. Hight Walker, S. K. Doorn and M. Zheng : *ACS Nano,* **9**, 5377（2015）.

7）N. K. Subbaiyan, S. Cambré, A. N. G. Parra-Vasquez, E. H. Hároz, S. K. Doorn and J. G. Duque : *ACS Nano,* **8**, 1619,（2014）., C. Y. Khripin, J. A. Fagan and M. Zheng : *J. Am. Chem. Soc.,* **135**, 6822（2013）.

8）G. Ao, C. Y. Khripin and M. Zheng : *J. Am. Chem. Soc.,* **136**, 10383（2014）.

9）X. Tu, S. Manohar, A. Jagota, and M. Zheng : *Nature,* **460**, 250（2009）.

10）Y. Ito : *J. Chromatogr. A,* **1065**, 145（2005）.

11）M. Zheng, C. Y. Khripin, J. A. Fagan, P. McPhie, Y. Ito, and M. Zheng : *Anal. Chem.,* **86**, 3980（2014）.

12）N. K. Subbaiyan, A. N. G. Parra-Vasquez, S. Cambré, M. A. S. Cordoba, S. E. Yalcin, C. E. Hamilton, N. H. Mack, J. L. Blackburn, S. K. Doorn and J. G. Duque : *Nano Res.,* **8**, 1755（2015）.

13）H. Gui, H. Chen, C. Y. Khripin, B. Liu, J. A. Fagan, C. Zhou and M. Zheng : *Nanoscale,* **8**, 3467（2016）.

14）C. Y. Khripin, N. Arnold-Medabalimi and M. Zheng : *ACS Nano,* **5**, 8258（2011）.

15）T. Komuro, H. Omachi, J. Hirotani, R. Kitaura, Y. Ohno and H. Shinohara : *Abstract of The 50th Fullerenes-Nanotubes-Graphene General Symposium,* 151（2011）.

16）H. Omachi, T. Komuro, J. Hirotani, R. Kitaura, Y. Ohno and H. Shinohara:（unpublished result）.

第1節　SEM観察/PL分光

東京理科大学　本間　芳和

1．はじめに

単層グラフェンは単原子層物質であり，それを筒状に丸めた形状である単層カーボンナノチューブ（carbon nanotube；CNT）も単層物質である。単層物質からの二次電子放出量は大きなものではないはずである。また，典型的な単層CNTの直径は1 nm程度で，通常の電子ビームの径よりも細い。それにもかかわらず，グラフェン1層や単層CNTは走査電子顕微鏡（scanning electron microscopy；SEM）法で観察することができる。ただし，これらの像形成機構にはさまざまなものがあり，これらが置かれた環境によって像形成に関与する現象が異なる。本稿では，単層CNTおよびグラフェンに対して，基板の性質や環境に応じたSEM像の形成機構を解説する。この中で，空間に電線状に保持したCNTのSEM像を扱うが，それに関連して，半導体的なCNTの光励起蛍光法（photoluminescence；PL）についても本稿で解説する。

2．カーボンナノチューブのSEM観察

2.1　空間に保持されたCNT

単層のCNTの直径は0.4～3 nm程度であり，SEMの電子線の径と同程度かそれよりも細い物質である。たとえ電子線の径よりも細い場合であっても，CNTが空間に保持されていれば容易に観察できる。**図1**に，シリコン酸化膜（SiO_2）のメサ型パタン間を橋渡しするように成長させた架橋CNTを，電子線のエネルギーを変化させて観察した像を示す[1)]。この架橋CNTには束（バンドル）になったものが多いが，そのコントラストは電子線エネルギーによって大きく変化することがわかる。5 keVの電子線では，架橋CNTが細くみえるものの，そのコントラストは低い。1 keV以下では架橋CNTのコントラストが鮮明になっている。これは，炭素の二次電子収率の一次電子エネルギー依存性が0.5 keV付近で最大となり，2 keV以上で40％以下に低下することに対応する[2)]。ただし，一般に二次電子は固体内での散乱過程を経て放出されるのに対し，単層CNTから放出される二次電子は，CNT中の電子が直接励起されて発生したものである。低エネルギーの電子線でCNTが太くみえるのは，電子線の径が大きくなるためである。単層CNTが1本だけ架橋されている場合（図9参照）には，架橋

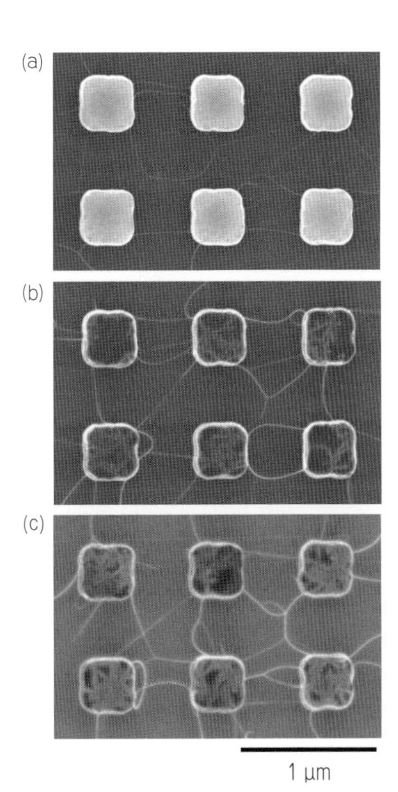

図1　微細メサ構造間に架橋されたCNTのSEM像の一次電子エネルギー依存性

一次電子エネルギーは(a)5 keV，(b)1 keV，(c)0.5 keV。

CNT 像の太さは電子線のビーム径を表すとみなしてよい。ただし，架橋 CNT の SEM 観察を続けると，電子線照射に伴う炭化水素汚染の焼きつきにより，もとの CNT の直径の何倍もの厚みの汚染層が付着して CNT 像が太くなってくる。したがって，SEM 像から単層 CNT の直径を評価するのは困難である。

2.2　導電性基板上の CNT

原理的には，電子ビーム径よりも細い観察対象であっても，原子ステップのように線状の構造であれば，そこでのわずかな二次電子強度の変化により SEM 像として観察可能である[3)4)]。ただし，それには，試料表面や SEM 試料室の環境が清浄であることが必須である。一般に，CNT が単独で導電性基板上に存在する場合は，前述の電子線照射に伴う炭化水素汚染の焼きつき（いわゆるコンタミの付着）に埋もれ，CNT が観察困難になる場合が多い。**図 2** は，シリコン基板上に酸化鉄微粒子を触媒として CNT を成長した試料を，インレンズ型（透過電子顕微鏡同様に試料をレンズ磁界の中に置く）高分解能 SEM で観察した像である。通常，鉄やコバルトを触媒として用いる場合，シリコン基板上ではこれらの金属微粒子はシリサイドを形成するため，微粒子形状を保つことができず触媒作用を失う。しかし，酸化鉄微粒子の場合は，酸化物が還元されるときに鉄微粒子とシリコン基板との間に SiO_2 の台座が形成されるため，鉄触媒が失活しない[5)]。図中の明るい粒子が鉄，その周りの灰色の部分が SiO_2 の台座である。ここでみえている細い線が基板から浮き上がっている単層 CNT である。これらがシリコン基板に接触しているところでは，像がみえないかはっきりしなくなっている。図の下部に明瞭にみえている太いまっすぐな線は 2 層あるいは 3 層 CNT とみられる。

2.3　絶縁基板上の CNT

一方，絶縁体上に CNT が存在する場合，特異な帯電コントラストが得られる。**図 3** は SiO_2 のメサ構造を有する基板上に CNT の密度を低くして 1 本ずつ孤立させた場合の SEM 像である。メサ構造間の架橋部の CNT は図 1 と同様な像として観察されているのに対し，SiO_2 メサ構造表面上では太く明るい像になっていることがわかる。これは，CNT が接触することにより，SiO_2 表面が明るくみえることによる。SEM では，試料表面が正に帯電した場合には二次電子収率が低下し，逆に負に帯電した場合には二次電子収率が増加する[6)]。正に帯電した領域が暗くなるのは，その部分に電子が不足しているとみなすことができる。ここに CNT が存在すると，CNT を通じて電子が供給されるため絶縁基板表面 CNT の周囲が明るくみえる[7)]。

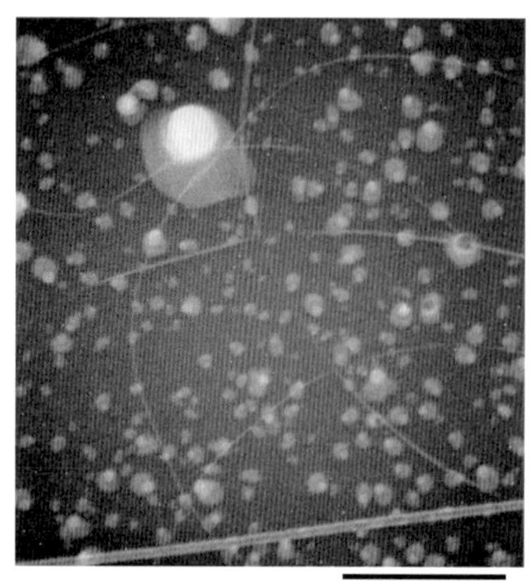

図 2　シリコン基板上の CNT の高分解能 SEM 像

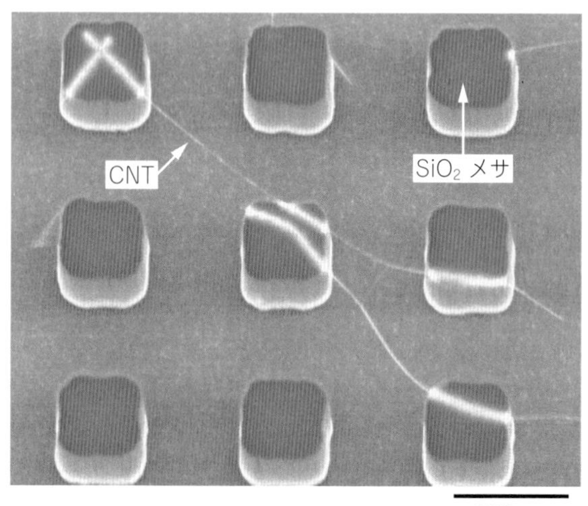

図 3　SiO_2 メサ構造間に架橋された CNT の SEM 像

CNT の周りに幅をもって明領域ができる理由は以下のように説明できる[7]。**図４**に示すように，電子線照射により絶縁体中に電子・正孔対が生成されることにより，電子線近傍では導電性が生じて電流が流れる（electron-beam induced current；EBIC）。CNT から電流が到達できる範囲は電子線の侵入領域にほぼ等しい。1 keV の電子線では SiO_2 中での電子の侵入深さは半径約 20 nm の範囲であり，これが像の幅を決めている。シリコン基板上の熱酸化膜のように導電体上の絶縁膜の場合は，深さ方向に電子が侵入する深さが絶縁膜の厚みより大きくなると，今度は導電体基板から電子が供給されるため，絶縁膜全面が明るくなり，CNT 周囲のコントラストは低下する。なお，CNT が試料台などと電気的に接触していない場合でも，十分に長い CNT ではある程度類似の現象が現れる[8]。これは，電子線走査時には試料表面から散乱された電子により SEM 試料室内で二次電子，三次電子が生じ，これらの真空内に存在する浮遊電子が帯電した CNT に捕獲されることによって，CNT への電子供給が起こるためと考えられる。

この帯電コントラストを利用すると，10～1,000 倍程度の低倍率でも１本１本の CNT の分布を観察することができる。一方，CNT が密に存在する場合には，像が重なり合い，個々の CNT を識別することは困難になる。**図５**はその例であり，右端の領域では CNT の密度が低いため１本１本を識別できるが，左に向かって CNT の密度が増すに従い，個々の CNT 像が重なり，一様な明るさになっている。

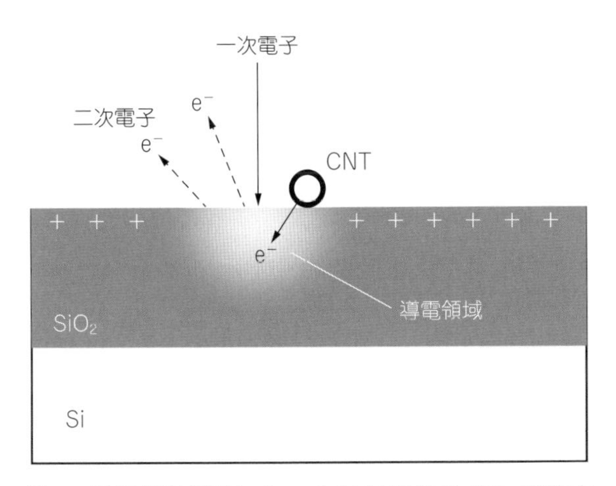

図４　電子線照射下において CNT 近傍の SiO_2 薄膜表面の帯電状態を示す模式図

3. グラフェンの二次電子像

3.1　金属上

SEM は金属基板上のグラフェンの観察によく用いられている[9)-11)]。単層のグラフェンであっても高いコントラストの SEM 像が容易に得られる。**図６**は銅基板上に化学気相成長法で成長した単層グラフェンの SEM 像の例である。これは単一ドメインから成る単層グラフェンであるので，一様なコントラストが得られている。一般に層数が増加するにつ

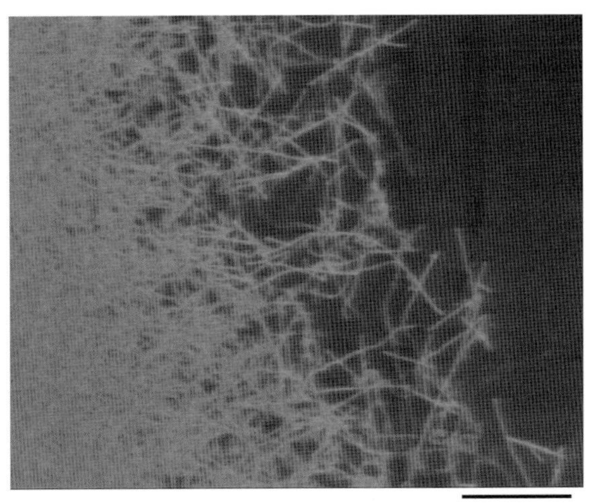

図５　SiO_2 薄膜上に成長した CNT の密度に依存した SEM 像

図６　銅基板上に成長した単層グラフェンの SEM 像

れ暗い像になるので，適したエネルギー（1～2 keV）の一次電子を用いれば単層と多層の識別は容易である。しかし，単原子層自体から直接励起によって放出される二次電子は下地基板から発生する二次電子に比較して多くはない。また，表面に単層グラフェンが存在することによる仕事関数の変化の影響や下地基板から発生する二次電子の消衰効果も大きくはない。金属基板上に気相成長や析出成長により形成した単層グラフェンに対して高い二次電子コントラストが得られる理由の1つには，これらが大気中を経てSEM観察されているため，グラフェンに覆われていない金属表面は酸化される一方，グラフェンに覆われた部分は酸化されないということがある。これは，SEM中で形成したグラフェンをその場観察した場合と，大気曝露後の観察とを比較することによりわかる[12]。一般に，帯電の影響がなければ，絶縁体の方が電子の非弾性自由行程が大きいなどの理由により二次電子収率が大きいため，金属より明るくみえる。また，グラフェンと金属表面の間に存在する吸着子がコントラスト形成に関与しているという報告もある[13]。

3.2 絶縁体上

SiO_2のような絶縁体上では，グラフェンの二次電子コントラストは一次電子のエネルギーに強く影響される[14]。これは，基板表面の帯電状態から説明できる。**図7**は，シリコン基板上の厚さ100 nmのSiO_2膜上に機械的剥離により形成した厚みの異なる層からなるグラフェンを，さまざまなエネルギーの電子線で観察した二次電子像である。100 nmのSiO_2膜を透過できる電子のエネルギーは1.5 keV（図7(c)）であるので，その前後で単層グラフェンの二次電子コントラストが大きく変化する。1.5 keV以下の(a)，(b)ではSiO_2膜表面が二次電子放出により正に帯電するため，SiO_2表面からの二次電子放出が抑制される。これに対し，図中に円で囲んで示

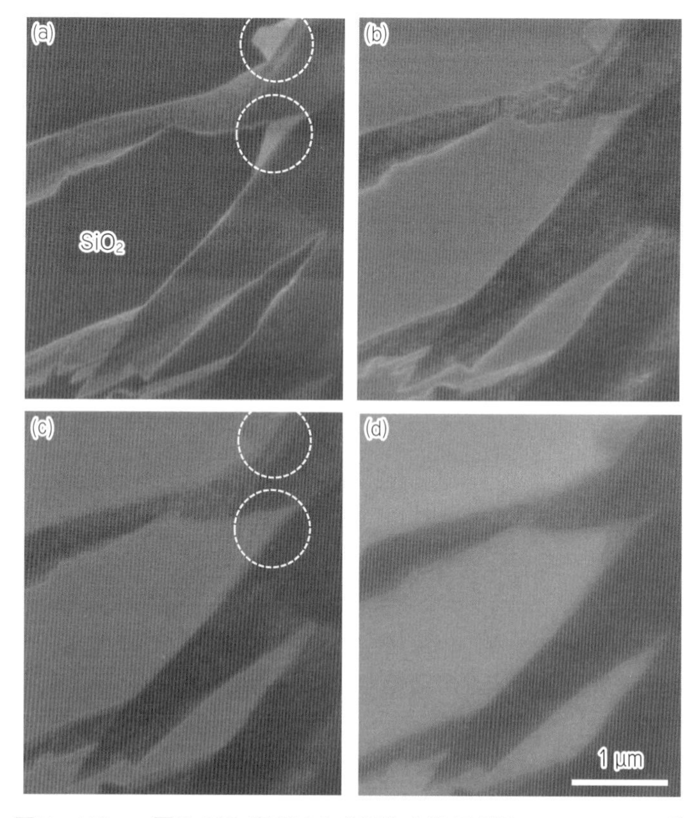

図7　100 nm厚のSiO_2薄膜上に転写した数層グラフェンのSEM像

一次電子エネルギーは(a)0.5 keV，(b)1 keV，(c)1.5 keV，(d)5 keV。

した単層グラフェンと接触している部分およびその周囲では，二次電子強度が増加して明るくみえている。これは，前述の絶縁体基板上のCNTの二次電子コントラストと同様に，グラフェンからの電子供給によりSiO_2表面からの二次電子放出強度が回復する現象と解釈できる。単層グラフェンはその下の基板表面からの二次電子放出に対して大きなバリアとはならない。つまり，下地からの二次電子放出に対して“透明性”をもつといえる。一方，1.5 keV以上のエネルギーでは，電子線がSiO_2膜を突き抜けてシリコン基板に到達する。このため，SiO_2表面の帯電が解消ないしは低減され，SiO_2表面からの二次電子強度が増加する。この結果，単層グラフェンがSiO_2表面に比較して明るくみえることはなくなる。むしろ，単層グラフェンからの二次電子強度はSiO_2表面よりも低下する(d)。このことは，単層グラフェンも下地からの二次電子放出に対して完全には透明でないことを示す。

3.3　その場観察

炭素をドープしたニッケルを900℃以上の高温から温度を徐々に下げると，溶け込んでいた炭素原子がニッケル表面に析出し，グラフェンが形成される[15]。そのグラフェン析出過程をSEM中での試料加熱によりその場観察することができる[12]。**図8**は，炭素を溶け込ませた多結晶ニッケルを，SEM中で800℃程度の温度に保つことにより，単層グラフェンを析出させ，大気に曝さずに観察したものである。室温の(a)と450℃程度の高温で観察した(b)とでは，単層グラフェンのニッケル基板表面に対する明るさが変化する。この理由は明確ではないが，SEMの試料室中の残留ガス（10^{-4} Pa台）のニッケル表面への吸着によるものと考えられる。さらに，高温観察ではグラフェンのエッジの二次電子コントラスト（図中の白矢印）が非常に鮮明になる。二次電子像の陰影効果により，グラフェンエッジがあたかも立体的な段差をもつようにみえていることがわかる。注意深くみると，写真上で上方および右側を向いたグラフェンエッジが明るくみえ，下方および左側を向いたエッジが暗くなっている。このようなコントラストは，マクロなスケールの段差のコントラストと同じで，試料の傾きにより段差面に対する電子線の入射方向が変化する，あるいは，二次電子の捕集効率が段差面の方向によって変化することに起因するものである[16)17)]。

図8(c)は1層目のグラフェンの下に2層目を析出させた場合である。2層グラフェンは少し暗くみえているが2層目の端には1層目のような特異なコントラストは現れない。シリコンやGaAsの単層原子ステップに対しても同様なコントラストが観察されているが[3)4)]，グラフェンエッジでのコントラストははるかに鮮明である。図8は低倍率のSEM像であるにもかかわらず，1層のグラフェンエッジが明瞭な像として観察されている。

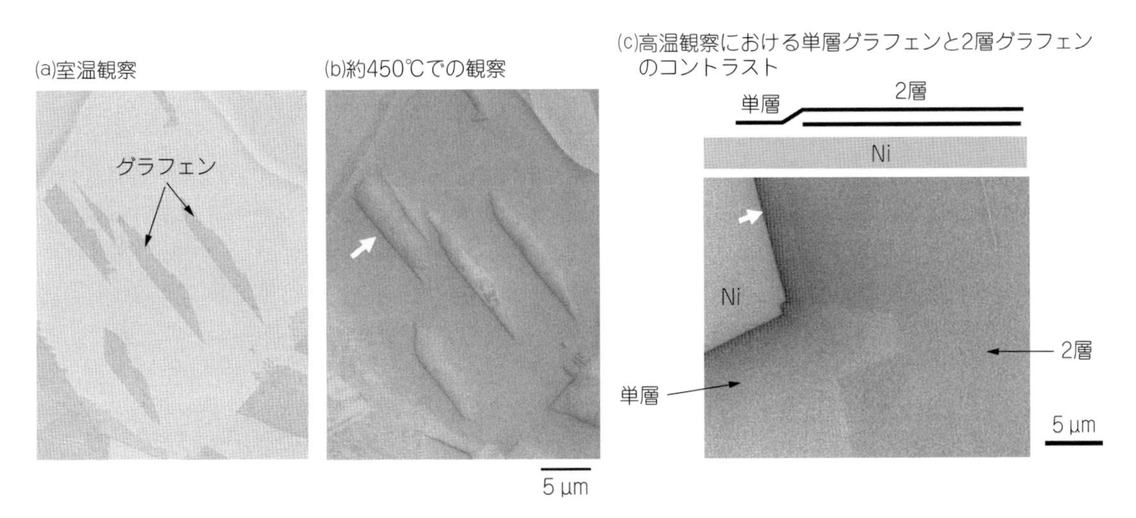

図8　ニッケル基板上に析出成長させたグラフェンのその場SEM観察

4. 単一単層CNTの蛍光分光分析

単層CNTは擬一次元的な電子構造に起因する尖端的な状態密度を有する（van Hove特異性）。これは，特定のエネルギー準位に大きな状態密度が存在するため，準位間のエネルギーに相当する光の吸収あるいは放出が共鳴的に生じることを意味する。このため，1本の単層CNTであっても，その電子構造に特有の光学的遷移を検出することができる（第1編第4章第2節参照）。特に，半導体的なCNTは直接遷移型のバンドギャップを有するので，伝導帯に励起された電子はそのエネルギーを光子として放出して価電子帯に遷移する（フォトルミネッセンス；蛍光）。バンドギャップはCNTのカイラリティに依存し，直径にほぼ反比例する。直径1 nmから2 nmのCNTの発光波長はおおよそ1～2 μmの近赤外の領域にある。しかし，CNTの発光は基板上にある場合や大きな束を形成したものでは観測することができない。基板や他のCNTとの相互作用を絶つ方法の1つは，［2.1］で示した架橋CNTの利用である[1)18)]。これは，界面活性剤でCNTを包む方法[19)]に対して，裸のCNTを空間に保持するため，界面活性剤の影響を受けずにCNT本来の特性を調べられること，CNT周囲の環境を真空やガス雰囲気に直接的に変えられることが利点である。

図9は，長さ10 μmの架橋CNTのSEM像とその励起発光マップである。前述のようにCNTの電子構造は1次元物質に特有の状態密度の高いvan Hove特異点から構成されており，可視光領域にある第2van Hove特異点間のエネルギーの光で励起し，近赤外領域にある第1van Hove特異点間（バンドギャップ）のエネルギーの発光を検出すると，このような励起発光マップが得られる。それぞれのエネルギーはカイラリティに依存するので，励起波長と発光波長からカイラリティを決定することができる[20)]。図9の架橋CNTからは1個の励起発光ピークのみが得られているので，単一のCNTであることがわかる。励起波長と発光波長の解析から，そのカイラリティは（10, 5）と同定できる。ところで，単層CNTの励起波長と発光波長はその周囲の環境に強く依存する。①は真空中での測定した励起発光マッピング，②は大気中での測定，③はさらに同じ

(a)SEM像

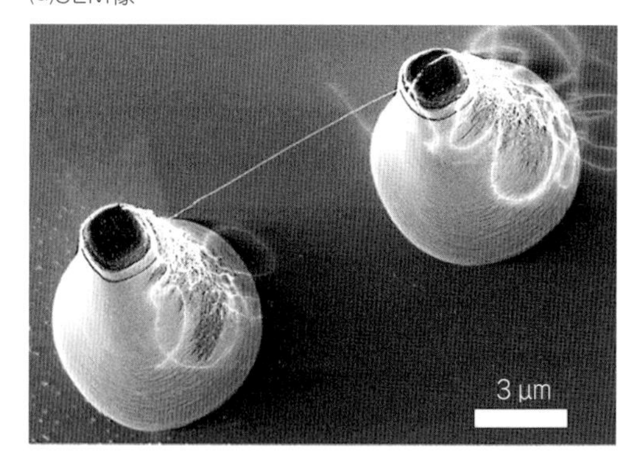

(b)励起発光PLマップ

①

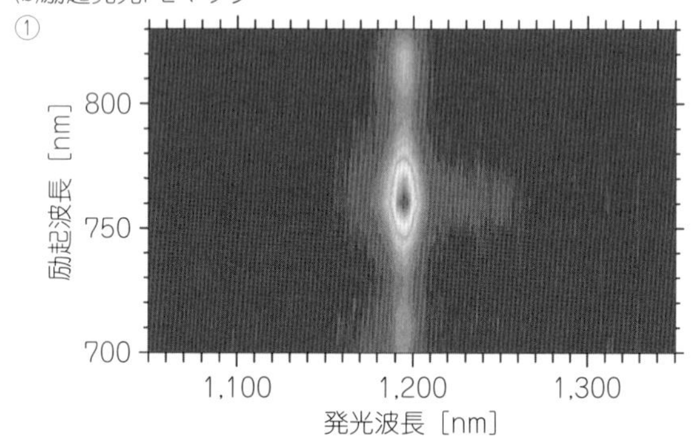

②

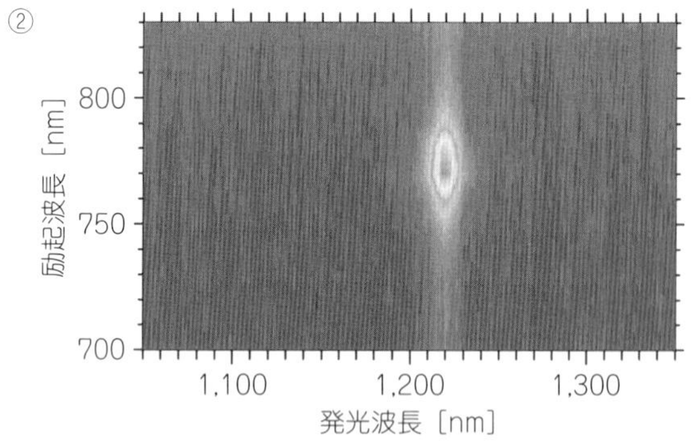

③

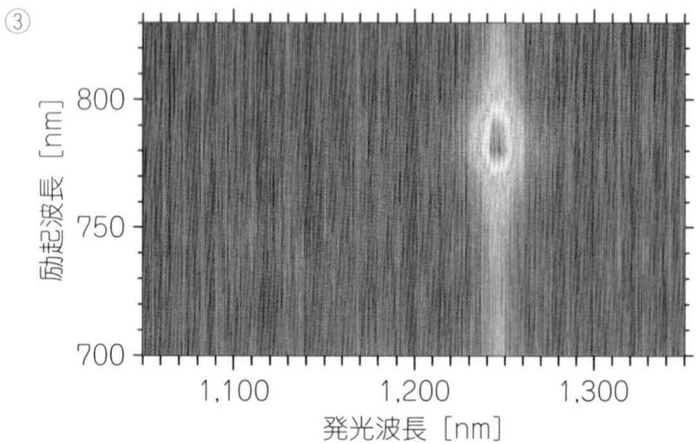

図9　長さ10 μmの単一架橋CNTのSEM像と励起発光PLマップ。PLマップは①真空中のCNT，②大気中でCNT外側に水吸着層が形成された状態，③大気中で外側の水吸着層に加えCNT内部に水が内包された状態（口絵参照）。

CNT を大気中で加熱することにより，先端のキャップを開端して測定したものである。(b)はCNT の外表面に大気中の水が吸着したもの，(c)はさらにCNT 内部が水で満たされた結果である[21]。これは，CNT 中では伝導帯に励起された電子は，価電子帯の正孔に束縛されて励起子を形成するのであるが，電子−正孔間のクーロン相互作用が周りの誘電環境に強く影響されることによるものである[22]。擬１次元物質であるCNT 中では励起子の束縛エネルギーが大きいため，室温でも励起子が存在できる。真空中の①がCNT 本来の励起・発光波長を表わしている。また，この結果は，CNT への分子吸着や分子内包をPL 分光から調べることができることを意味している。実際，図９のような測定から，疎水性であるにもかかわらず，CNT は大気中では２分子層の水吸着層に覆われていることが明らかにされた[23]。さらには，CNT 内部の内包水に関して，固相・液相に依存した誘電率の変化が波長に反映されるので，その状態も観測することもできる。

5. おわりに

ナノスケールの直径であるCNT，厚みが単原子層であるグラフェンともに，SEM によって観察可能である。シリコン酸化膜上の単層グラフェンが光学顕微鏡で識別できたことからその物性研究が進展したように，実用的な観点からは観察できることが重要であり，実際，SEM による観察を利用してさまざまな研究が行われている。しかし，その像形成機構は，これらが保持されている状況や基板の性質によって変化し，まだすべてが解明されてはいない。一方，一般的な二次電子像の生成は，入射電子や試料内部で励起された電子が，さらに非弾性散乱過程を経て表面から放出されるものであるため，多数の原子や非弾性過程が関与する現象であり，理論的な扱いを困難なものにしている。これに対し，空間に保持されたCNT やグラフェンについては二次電子生成の理論的な扱いが容易である。また，基板表面にこれらが存在する場合にも，存在しない場合に対してどのような効果を及ぼすかを解析することは困難ではない。このため，CNT やグラフェンを利用して二次電子生成の理論的研究が進展しつつある。

架橋CNT を用いたPL 分光は，CNT のカイラリティ分析の役割だけでなく，その環境効果を利用してCNT 外表面への分子吸着や[24][25]，内部に内包された物質の状態の計測に用いることができる[21]。これを利用してCNT 内部に閉じ込められた水の相図の研究が進められている。

文　献

1）Y. Homma, S. Chiashi and Y. Kobayashi：*Rep. Prog. Phys.*, **72**, 066502（2009）.

2）Y. Lin and D. C. Joy：*Surf. Interface Anal.*, **37**, 895（2005）.

3）日本表面科学会編：ナノテクノロジーのための走査電子顕微鏡, pp.57-68, 丸善（2004）.

4）T. Nishinaga（Ed.）：Handbook of Crystal Growth, 2nd Edition, Chapter 23：In Situ Observation of Crystal Growth by Scanning Electron Microscopy, pp.1003-1030, Elsevier（2014）.

5）Y. Homma, Y. Kobayashi, T. Ogino, D. Takagi, R. Ito, Y. J. Jung, and P. M. Ajayan：*J. Phys. Chem. B*, **107**, 12161（2003）.

6）D. C. Joy and C. S. Joy：*J. Microsco. Soc. Am.*, **1**, 107（1995）.

7）Y. Homma, S. Suzuki, Y. Kobayashi, M. Nagase and D. Takagi：*Appl. Phys. Lett.*, **84**, 1750（2004）.

8）Y. Homma, D. Takagi, S. Suzuki, K. Kanzaki and Y. Kobayashi：*J. Electron Microscopy*, **54**, i3（2005）.

9）S. Chen, L. Brown, M. Levendorf, W. Cai, S.-Y. Ju, J. Edgeworth, X. Li, C. W. Magnuson, A. Velamakanni, R. D. Piner, J. Kang, J. Park and R. S. Ruoff：*ACS Nano*, **5**, 1321（2011）.

10）J. D Wood, S. W. Schmucker, A. S. Lyons, E. Pop and J. W. Lyding：*Nano Lett.*, **11**, 4547（2011）.

11）F. Yang, Y. Liu, W. Wu, W. Chen, L. Gao and J. Sun：*Nanotechnology*, **23**, 475705（2012）.

12）K. Takahashi, K. Yamada, H. Kato, H. Hibino and Y. Homma：*Surf. Sci.*, **606**, 728（2012）.

13）H. Wang, C. Yamada and Y. Homma：*Jpn. J. Appl.*

Phys., **54**, 05030（2015）.

14）H. Hiura, H. Miyazaki and K. Tsukagoshi：*Appl. Phys. Exp.*, **3**, 095101（2010）.

15）J. C.Shelton, H. R. Patila and J. M. Blakely：*Surf. Sci.*, **43**, 493（1974）.

16）Y. Homma, M. Tomita and T. Hayashi：*Surf. Sci.*, **258**, 147（1991）.

17）Y. Homma, M. Tomita and T. Hayashi：*Ultramicrosco.*, **52**, 187（1993）.

18）J. Lefebvre, Y. Homma and P. Finnie：*Phys. Rev. Lett.*, **90**, 217401（2003）.

19）M. J. O'Connell, S. M. Bachilo, C. B. Huffman, V. C. Moore, M. S. Strano, E. H. Haroz, K. L. Rialon, P. J. Boul, W. H. Noon, C. Kittrell, J. Ma, R. H. Hauge, R. B. Weisman and R. E. Smalley：*Science*, **297**, 593（2002）.

20）S. Bachilo, M. Strano, C. Kittrell, R. Hauge, R. Smalley and R. B. Weisman：*Science*, **298**, 2361（2002）.

21）S. Chiashi, T. Hanashima, R.; Mitobe, K. Nagatsu, T. Yamamoto and Y. Homma：*J. Phys. Chem. Lett.*, **5**, 408（2014）.

22）Y. Miyauchi, R. Saito, K. Sato, Y. Ohno, S. Iwasaki, T. Mizutani, J. Jiang and S. Maruyama：*Chem. Phys. Lett.*, **442**, 394（2007）.

23）Y. Homma, S. Chiashi, T. Yamamoto, K. Kono, D. Matsumoto, J. Shitaba and S. Sato：*Phys. Rev. Lett.*, **110**, 157402（2013）.

24）S. Chiashi, S. Watanabe, T. Hanashima and Y. Homma：*Nano Lett.*, **8**, 3097（2008）.

25）M. Ito, Y. Ito, D. Nii, H. Kato, K. Umemura and Y. Homma：*J. Phys. Chem. C.*, **119**, 21141（2015）.

第2節　CNT の分光分析

京都大学　松田　一成

1. はじめに

カーボンナノチューブ（以下，CNT）は，カーボン sp^2 混成軌道の骨格からなる直径およそ 1 nm，長さ数 100 nm から数 μm の筒状の物質である[1]。ナノチューブの円筒面は，カーボンの六角格子からできており，ちょうどグラフェンを一巻きしたものとなっている。この円筒の巻き方によって多様な種類の構造・直径を有するナノチューブが存在し，それによって後述するように金属にも半導体にもなるなどの多彩な物性を示すことから，物理・化学・工学など広い分野で研究されている[2)3)]。さらに，非常に小さな直径に比べ軸方向に長い筒状の構造からもわかるように，この CNT 内の電子の状態は，典型的な1次元系であるといえる。このような，ナノマテリアルの代表ともいえる CNT の分析手法として，光を利用した分光分析が広く用いられている。それと同時に，この分光分析を通じて CNT の電子状態を理解することができ，そのユニークな光物性や機能に関する情報を得ることができる[4)5)]。本稿では，CNT の研究において欠かすことができない分光分析の基礎からはじまり，分光分析を通じてわかる CNT の電子状態，さらには CNT の特異な光学的性質とその光機能の一端について，筆者らの成果を中心に紹介する[6)-22)]。

2. CNT の 1 次元電子構造と発光

2.1　CNT の電子構造

単層 CNT は，**図 1** (a)に模式図を示すようなグラフェンを巻いた筒状物質である（図 1 (a)）。一方で，2 層を巻いたものが 2 層 CNT，それ以上の層数の物は多層 CNT とよばれる。その電子状態の特徴については，ここでは概略を述べるに留める[2)3)]。CNT の電子状態は，その立体構造を特徴づける 2 つの整数（n, m）で記述し分類できる。この（n, m）はカイラリティとよばれ，これによってグラフェンの巻き方が規定される。単層 CNT では，

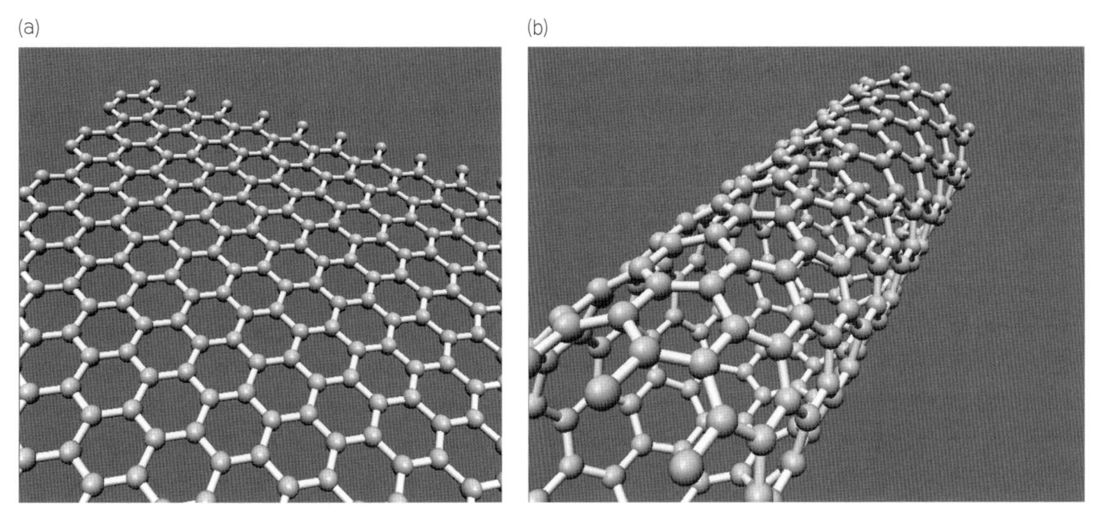

図 1　グラフェンの模式図(a)と単層 CNT の模式図(b)

バンドギャップのない（もしくはきわめて小さい）金属と大きなバンドギャップを有する半導体に分類することができる。このカイラリティに依存して半導体CNTと金属CNTに分けられ，$n-m$が3の倍数では金属，$n-m$が3の倍数でないと半導体になる。つまり，単なるグラフェンの巻き方の違いに起因する構造のわずかな差によって，半導体にも金属にもなり得ることがこの物質の大きな特徴である。これは，シリコンなどの半導体において導電性の制御を，元素置換などのキャリアドーピングで行う状況とは大きく異なっている。さらに半導体CNTは，カイラリティ（直径）に依存してバンドギャップエネルギーが大きく変化するため，逆に，適切なカイラリティの半導体CNTを選ぶことによって，用途に応じた光学特性を有するCNTを利用することができる[23]。

次に，もう少し詳しくCNTの電子状態をみていくことにする。**図2**(a)と(b)に，それぞれ金属と半導体CNTのエネルギーバンド分散の模式図を示している。金属CNTでは，伝導帯と価電子帯がエネルギー的に接しバンドギャップがゼロ，もしくは非常に小さい。これに対して，半導体CNTでは，伝導帯と価電子帯の間に，バンドギャップに相当する大きなエネルギーギャップが存在する。前で述べたように，エネルギーギャップは直径（カイラリティ）に依存し（直径のおよそ逆数で変化），直径が細くなるほどそのギャップの値は大きくなる。さらに，グラフェンシートを丸めた際に生じる量子化によって，エネルギーの低い順から，伝導帯$c_1, c_2, \cdots$，価電子帯は$v_1, v_2, \cdots$としてある。またこの後で詳しく述べる光学遷移に関係する，伝導帯c_1と価電子v_1のエネルギー差をE_{11}，伝導帯c_2と価電子v_2のそれをE_{22}とする。また，金属の場合をM_{11}とよぶ。

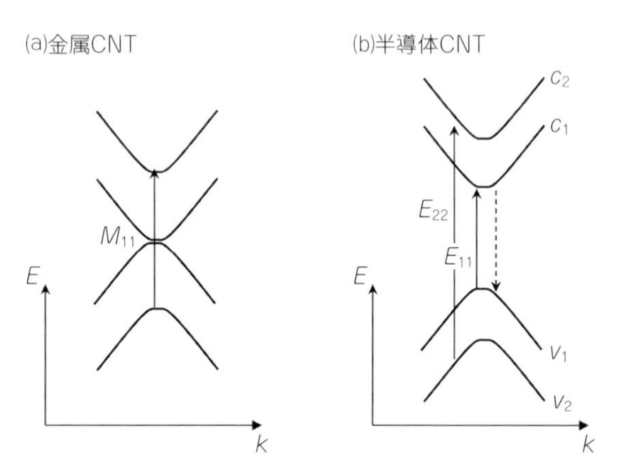

図2　金属CNTのバンド構造の模式図(a)と半導体CNTのバンド構造の模式図(b)[16]

(a)点線は，E_{11}発光プロセスを表す。(b)中の実線は，光吸収プロセスに伴うE_{11}，E_{22}遷移を表す。両図とも，横軸は波数，縦軸はエネルギーを表している。

2.2　CNTの吸収分光

CNTの分光分析について詳しく述べる前に，そのサンプル形態について軽く触れておく。一口に，CNTのサンプルといってもさまざまな形態のものが存在し，例えば，(1)バンドル（分子間力でCNT同士が絡み合った）CNT薄膜，(2)溶液分散CNT[24][25]，(3)溝に孤立架橋したCNT[26]，などがある。その研究目的や応用（用途）に応じて，上記のいずれかの形態のサンプル用いられることが多い。

光学分析を用いたCNTの研究は，その研究初期には，主にラマン散乱分光や吸収分光によって行われてきた。それらは，CNTを作製したままのバンドルした状態で測定を行うことができたことが1つの要因である。特にラマン散乱分光では，円筒直径の伸縮振動モード（ラジアルブリージングモード）の振動数が直径の逆数に比例するため，CNTの直径を測る方法として広く用いられているが，詳しくは第1編第4章の後節に譲るとする。

光吸収測定は，分光分析の中でも最も基礎的な手法の1つであり，実際に，CNTの分光分析においても広く用いられている。**図3**(a)に，CNT周辺を界面活性剤で覆い，水溶液に分散させ測定された光吸収スペクトルを示す。主に，近赤外波長領域にあたる1 eV付近（～1,200 nm）に観測される複数のピークは，サンプル中に含まれる半導体CNTのE_{11}に関係する光学遷移によるものである。この光吸収に伴う光学遷移は，価電子帯（v_1）のマイナス電荷をもった電子を伝導帯（c_1）に励起し，価電子帯の電子の抜けた穴である正に帯電したホール（もしくは正孔）を生成するプロセスにあたる。この付近に，複数の吸収ピークが観測されるのは，サンプル中に複数の直径（カイラリティ）を有するCNTが含まれているためである。さらにその高エ

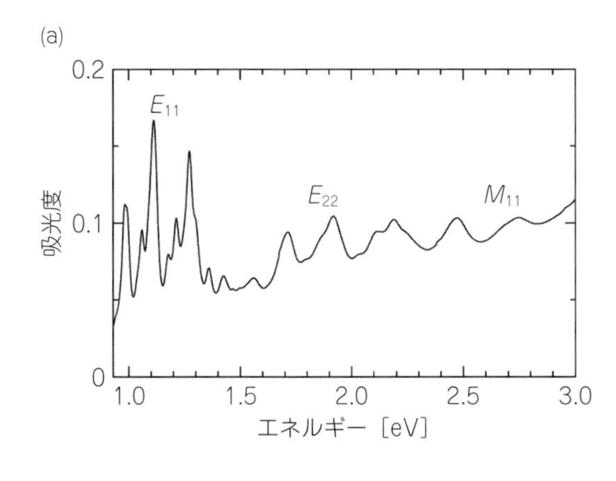

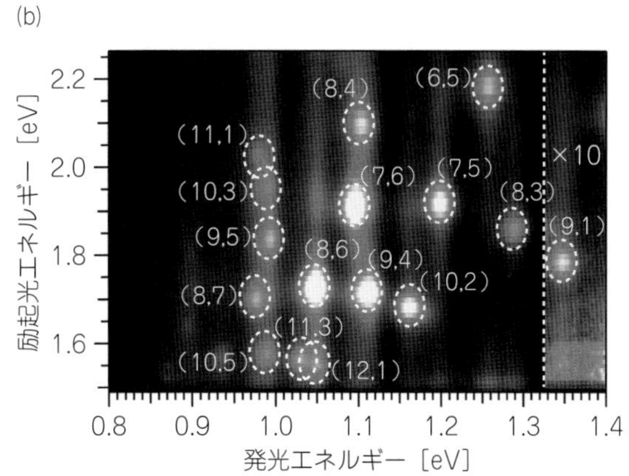

図３　界面活性剤で分散させた CNT の光吸収スペクトル(a)と CNT の発光励起スペクトルの２次元マップ(b)[16]。縦軸は，励起エネルギー，横軸は発光エネルギーを表す。図中の，点線で囲った丸は，アサインされた CNT のカイラリティに対応する（口絵参照）。

(a)の横軸は，１電子の波数，縦軸はエネルギーを表す。(b)の横軸は，励起子の波数，縦軸はエネルギーを表す。E_b は励起子の束縛エネルギーを表す。

ネルギー側には，より高い励起状態に対応する半導体 CNT の E_{22} に関係する光学遷移によるピークが観測される。さらに可視から紫外光領域にあたる 2.5 eV 付近にみられる構造は，金属 CNT の光学遷移（M_{11}）に関するものである。これも，サンプル中に半導体 CNT だけでなく，金属 CNT が混在していることを示している。

2.3　CNT の発光（蛍光）分光

光吸収の逆プロセスとなる発光（蛍光）では，光励起された電子とホールがバンドギャップに相当するエネルギーを，別の色の光として放出することで起こる。半導体 CNT は直接遷移型のバンド構造（**図４**(a)）をもつことから，CNT 研究の開始当初から発光を観測する試みがなされていた。しかし，通常の CNT がバンドルしたサンプルからは，明確な発光は観測されなかった。これは，サンプル内に半導体と金属 CNT が混在しており，それらのバンドルのため半導体・金属接合のような状態が形成され，半導体 CNT からの発光がクエンチされているためであった。半導体 CNT からの発光は，2002 年に米国の Rice 大学のグループにより，界面活性剤によってミセル化し水溶液中に分散されたサンプルを使ってはじめて報告された[24]。これは，ミセル化によって１本１本の CNT を分離し，液中でバンドルを防ぐことで半導体 CNT を孤立化することに

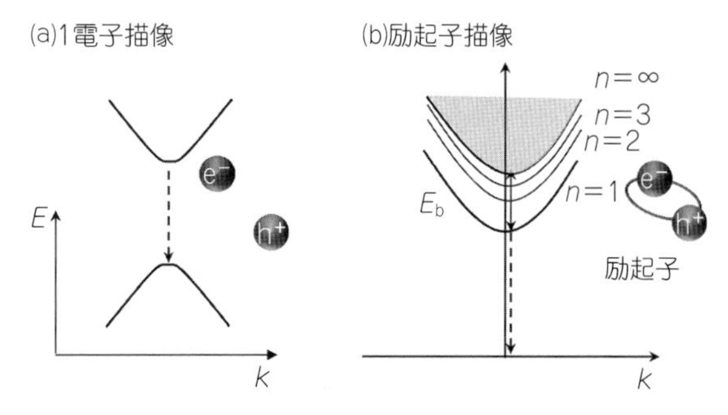

図４　半導体 CNT の１電子描像によるバンド構造の模式図(a)キャリア間のクーロン相互作用を取り入れた励起子状態の模式図(b)

よって，観測することが可能となった。実際に，ミセル化し液中に分散させた CNT に対して，光励起によって 0.8〜1.3 eV（950〜1,500 nm）の近赤外波長領域において，多数のカイラリティが含まれていることによる複数のピークからなる明確な発光スペクトルが観測された。

この直後に，発光励起スペクトルの２次元マップが観測された[24]。図３(b)に，ミセル化した CNT からの発光２次元マップの例を示す。これは，励起波長（エネルギー）を変えながら多数の発光スペクトルを測定し，それらを並べ，縦軸に励起エネルギー，横軸に発光エネルギーをプロットし２次元等高線マップとして示したものである。図中に複数のスポットが観測されているが，それぞれ特定のカイラリティからの発光信号である。これは，それぞれ

のカイラリティ（直径）のCNTでは，固有のE_{11}, E_{22}のエネルギーを「指紋」のように有している。あるカイラリティのCNTに対して，励起光のエネルギーがE_{22}に一致すると共鳴的に強い光吸収が生じ，それとともに発光がピークとなって検出される。つまり，強い発光スポットの縦軸の値はE_{22}エネルギー，横軸はE_{11}エネルギーに対応する。このE_{11}, E_{22}のエネルギーは，タイトバインディング近似などの理論計算によって予測することができ，それらと対応することで，どのスポットがどのカイラリティのCNTに起因しているかを知ることができる。実際には，タイトバインディング近似のようなクーロン相互作用を考慮しない1電子近似での計算と実験ではずれが生じるが，それについては［2.4］で詳しく述べる。この発光2次元マップが測定され，各々のスポットがどのカイラリティに起因するかがアサインされると，逆にこの2次元マップを利用して，サンプル中のCNTのカイラリティ分布を知ることができる。透過電子顕微鏡（TEM）など，CNTのカイラリティをアサインする方法はあるが，現時点でもこの発光（蛍光）2次元マップが，そのカイラリティを最も簡便で，広くその分布までアサインできる方法となっている。

2.4　CNTの電子-ホール対（励起子）

ここでは，光吸収によってCNTに生じる電子とホール対の状態とそれらが関与する光学現象について説明する。前節までの説明では，光励起によって生じる電子（ホール）間，電子-ホール間に働くクーロン相互作用を無視した1電子近似のモデルで考えた（図4(a)）。実際に2005年以前は，この1電子近似の範囲でカイラリティ（直径）に対する発光や吸収ピークが，「定性的」にうまく説明できるため，観測されている発光は自由な電子と正孔の輻射再結合に起因すると考えられていた[24]。その一方で，CNTのように直径わずか1 nmの非常に狭い筒状構造に，電子やホールが閉じ込められその間の距離が強制的に縮められると，クーロン相互作用が強く働き電子とホール対が強く束縛した「励起子」とよばれる状態が安定に存在することが指摘されていた（図4(b)）[27]。さらに，吸収スペクルや発光2次元マップのピーク位置を詳しく解析すると，タイトバインディング計算から予想されるものとずれており[28]，クーロン相互作用を考慮し励起子効果を積極的に考慮する必要があることが，徐々に明らかとなってきた[27]。

この励起子は，バルク半導体から半導体量子井戸，量子ドットなどの低次元ナノスケール半導体でしばしば観測される。また，クーロン力で束縛した電子とホール対であるため，有効質量の重いホールを陽子としてみなすと，固体中の水素原子様な状態であることがわかる（**図5**(a)）。水素原子様な状態であるため，図4(b)に模式図で示すように，1電子近似では生じえない$n=1, 2, 3, \cdots$.（n：主量子数）の束縛状態が存在する。実際にCNTでは，実験的に2光子吸収分光とよばれる方法を用いて，励起子の最低状態である$n=1$のみならず，$n=2, 3$の状態が観測されたことが決め手となり，励起子が存在することが明らかとなった[29)30]。また水素原子同様に$n=1, 2, 3, \cdots$. の系列に対して$n \to \infty$のエネルギー（連続状態とよばれる）と，最低状態である$n=1$のエネルギー差が，励起子の束縛エネルギーとよばれる。これは，自由な電子とホールに対して，束縛

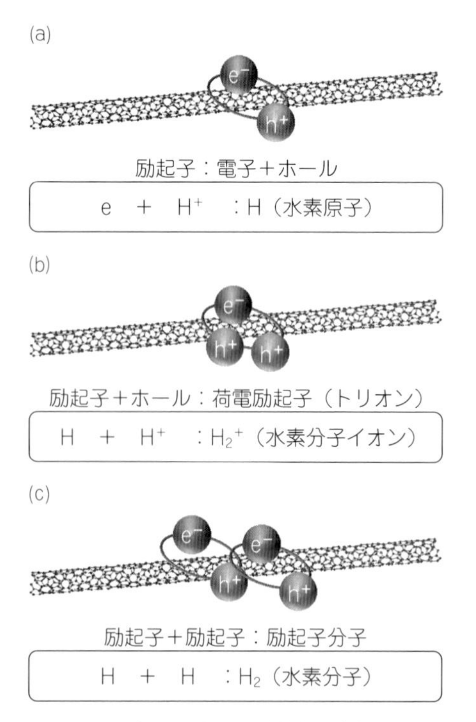

図5　CNT中の励起子の模式図(a)，CNT中の荷電励起子（トリオン）の模式図(b)とCNT中の励起子分子の模式図(c)

状態（励起子）を形成することによって安定化するエネルギーに相当する。実験から得られた，励起子の束縛エネルギーはカイラリティに依存するが，200～400 meV と非常に大きな値であり，励起子が室温においても安定に存在することを示している。なお，典型な半導体であるバルク GaAs では，その値が 4 meV 程度であることからもわかるように，いかに励起子が CNT において安定かが伺える。CNT の光学現象を考える上で，励起子が重要な役割を果たしていることを示すと同時に，これ以降，この励起子状態に関する研究が数多く報告されるようになり，研究が急速に進展した[31)-35)]。

2.5　CNT の荷電励起子（トリオン）

［2.4］で，光で CNT 中に生成されたマイナス電荷をもつ電子とプラス電荷のホールは，クーロン力で固体中の水素原子にあたる励起子を形成することを説明した（図５(a)）。図５(b)(c)に示すように，水素原子の描像に立てば，その他にも陽子２つと電子１つからなる束縛状態である水素分子イオンや，水素原子２個から生じる水素分子があり得る。電子−ホール対からなる励起子を固体中の水素原子とみなすと（図５(a)），１つの電子と２つのホール（もしくは２つの電子と１つのホール）からなる束縛状態は，ちょうど中性の励起子に余分に１つのホールもしくは電子が付随した状態であるため，余分な電荷をもつ荷電励起子（もしくはトリオン）とよばれている。なお，１つの電子と２つのホールの束縛を正に帯電した荷電励起子（正のトリオン），１つのホールと２つの電子の束縛を負に帯電した荷電励起子（負のトリオン）とよぶ。CNT では，わずか直径 1 nm の１次元筒状構造の中に電子とホールが閉じ込められることで，クーロン相互作用が大きく増大する。そのため，励起子だけでなく荷電励起子（トリオン）も存在することが予想される。実際に筆者らはその存在を確かめるため，化学ドーピングという手法でホールをドーピングした CNT の光学特性を詳細に調べた（**図６**）。なお，化学ドーピングとは，CNT に対して電子受容性の高い分子を CNT に吸着させ，電荷移動を使ってキャリアを CNT に

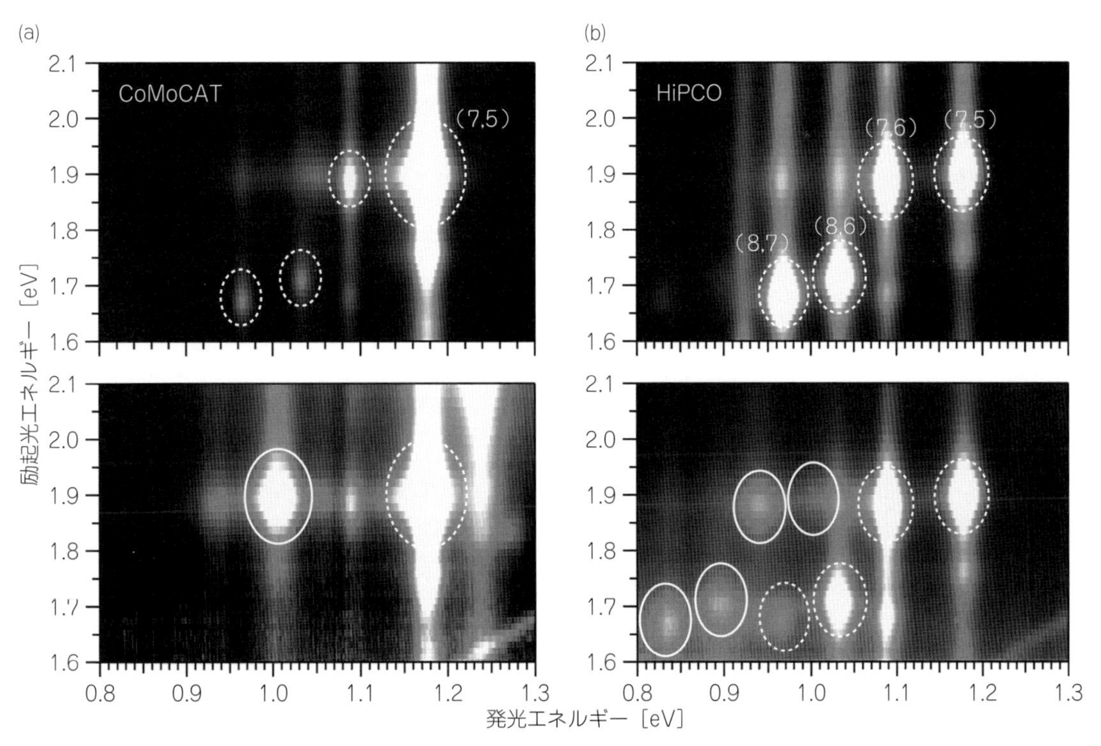

図６　室温の CNT の２次元発光マップ[16)]（口絵参照）

(a)上段：ポリマーで分散した CoMoCATCNT，下段：F_4TCNQ を付加した CNT，(b)下段：ポリマーで分散した HiPCOCNT，下段：F_4TCNQ を付加した CNT。図中の実線の丸は，励起子発光ピーク，点線はドーピングによって新たに現れるピークを表している。

ドーピングする方法である。

図 6(a)の上段は，室温において測定されたホールドーピングを施す前の 2 次元発光マップである[16]。ここでは，スペクトル上での微細な構造をみやすくするために，カイラリティ選択性のあるポリマーを用い CNT を分散させることによって，特定のカイラリティのみ発光信号を検出する工夫をしている。図中の 2 次元発光マップには，主に（6,5）のカイラリティからの励起子の再結合発光により，スポットが観測されている。これに対して，化学ドーパントとして F_4TCNQ（2,3,5,6-tetrafluoro-7,7,8,8-tetracyano-quinodimethane）を分散液に添加し，ホールドーピングを施した状態で測定された発光 2 次元マップを図 6(a)下段に示す。その結果，点線の丸で囲ったエネルギー位置に，新しい発光ピークが現れてくる様子が観測された。さらに，図 6(b)に示す別のサンプルにおいても，同様にドーピングによって新しい発光ピークが現れることが確認された。この新たな発光ピークは，F_4TCNQ という特定の分子ドーパントに限らず，AB（4-Amino-1,1-azobenzene-3,4-disulfonic acid），HCl など他のホールドーパントによっても現れ，かつそのエネルギー位置はドーパント種によらず同じである。このことからホールドーピングによって，CNT 中に新たな励起状態が生じていることを示唆している。

次に，発光だけでなく吸収スペクトル測定によっても，ホールドーピングによるスペクトル変化の様子を調べた。**図 7**(a)に，ホールドーパントである F_4TCNQ を分散液に添加しながら測定された，室温での光吸収スペクトルを示す。ホールドーピングで価電子帯のホール占有による励起子吸収の振動子強度の著しい低下とともに，その低エネルギー側に新しい吸収ピークが現れている。図 7(b)に示すように，新しい吸収ピークの強度は，ホールドーピング濃度にほぼ比例する形で増加し，そのエネルギー位置は発光で観測されたエネルギーと一致している。これらの結果は，ホールドーピングによって出現する発光ピークが，ホールがドープされた CNT 固有のものであり，2 つのホールと電子がクーロン力で束縛した正に帯電した荷電励起子（トリオン）からのものであることを示している。さらに，励起子吸収（発光）ピークと新しい吸収（発光）ピークの差は，トリオンの束縛エネルギー等を考慮したモデルでも良く説明できることが，それらを裏付けている[37]。

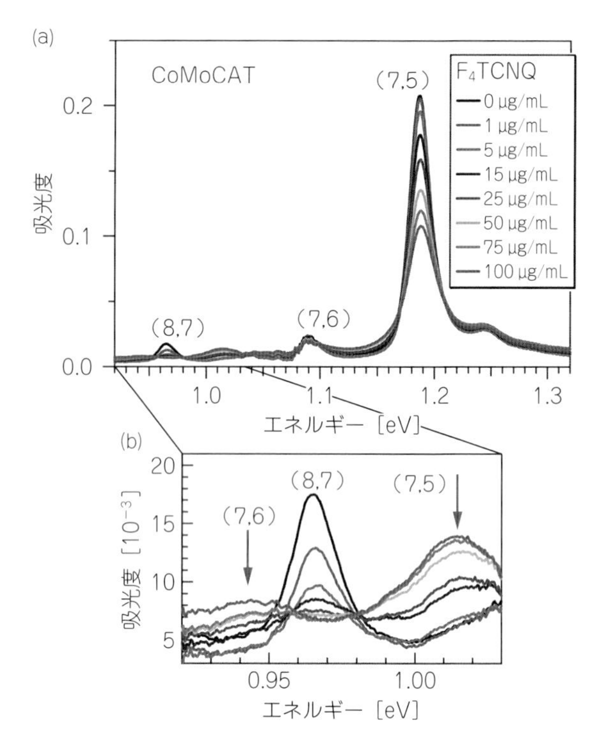

図 7　室温でのポリマーで分散した CNT の吸収スペクトル[16]（口絵参照）

(a) F_4TCNQ を徐々に付加しつつ測定された光吸収スペクトル。(b)は 0.92～1.03 eV のエネルギー領域を拡大したもの。

ここで重要なことは，通常の半導体では荷電励起子（トリオン）の束縛エネルギーは非常に小さく，それが安定に存在するのは極低温（<40 K）に限られている。これに対して，CNT では室温のような非常に高温でも荷電励起子（トリオン）が安定に存在し，それが実験的に観測されることである[16)38]。これは，カーボン系物質ではじめての荷電励起子の観測であると同時に，室温で安定に存在する荷電励起子の最初の例である。また同時に，いかに CNT 中の光励起状態が特徴的であるかを示す格好な例となっている。ここでは正に帯電した荷電励起子（トリオン）の例を示したが，1 つのホールと 2 つの電子の束縛である負に帯電した荷電励起子（負のトリオン）も存在し得る。一般的に CNT では，安定でかつ多くの電子をドーピングできる化学ドーパントが限られている。そこで，酸化・還元反応を利用する電気化学ドーピングを行うことで，実際に，負に帯電した荷電励起子（負のトリオン）が

CNTで安定に存在することが示された。これにより，正と負に帯電した荷電励起子（トリオン）がCNT中では，安定に存在することが明らかとなった[16]。これと同時に，荷電励起子は三粒子の束縛状態であるため，スピンの自由度が存在する。CNTは，軽い元素である炭素から構成されているため，スピン軌道相互作用が小さく，スピンコヒーレンスを長く維持できる可能性がある。そのため，スピン自由度を利用する量子情報処理や量子演算などのターゲットとして活用できる可能性があり，なおかつそれが室温で安定に存在する意義は大きい。

2.6　CNTの発光効率とその向上

CNTの発光（蛍光）エネルギーは近赤外光領域にあり，なおかつ大気中での安定性が高く，優れた発光（蛍光）材料であるといえる。それでは，発光（蛍光）材料として応用することを考えると，もう1つ重要な要素である発光（蛍光）効率はどの程度であろうか？　CNTの発光効率は，発光が観測された当初から測定され，その値は徐々に向上してきた。その要因の1つは，CNTに対してより分散性の高い界面活性剤やポリマーが見出され，発光効率を下げる要因となるバンドルがきわめて少ないサンプルが作製できるようになったことがあげられる。そのようにして用意されたサンプルの発光量子効率の値は，およそ1%程度である[39]。発光効率は，物質中の欠陥や不純物の影響を大きく受けるため，CNT中にそれらが存在するとその値は低くなることが容易に想像できる。その一方で，CNTが自然にできた理想的な1次元筒状物質であり，欠陥が比較的少ないと予想されることを考慮すると，その値は低いものであるともいえる。このような観点から，（比較的低い）CNTの発光効率を理解する試みが実験的になされてきた。一般的に，ミセル化などによって溶液分散されたナノチューブは，典型的にその長さが数100 nm程度である。高速液体クロマトグラフィなどによって，長さが異なるCNTが分離されるようになり，それで発光効率の測定がなされるようになってきた[15][40]。その結果，長さが長いCNTほど，その発光（蛍光）量子効率が高くなることが実験的に示された[40][41]。このことから，CNTの長さつまりCNTの端が，発光量子効率に大きな影響を与えていることが推察できる。これとほぼ同じ時期に，CNT中の励起子の移動度が測られるようになり，比較的高い移動度を有することがわかった。CNTの端は，炭素の結合ボンドが切れたダングリングボンドのような状態であり，励起子にとって非発光センターとして働く。これに加え，励起子の移動度が高いため，その寿命中に端まで到達し失活していることが，その量子効率を大きく下げている要因であることが次第にはっきりしてきた。

それでは，発光量子効率を上げるにはどのような方策があるだろうか？　1つは，単純にその長さを長くすることであるが，溶液分散では超音波でバンドルをほぐすプロセスを経るため，あまり長いCNTを作製することができない。そのため別の方策として，光励起によって生じた励起子を，CNTの途中で動きを止め局在化させることによって，非発光センターとなる端に到達することを防ぐことである。このような局在サイトとして，CNTをオゾン処理することで，酸素を付加（ドーピング）する方法があげられる[42]。筆者らは，オゾン濃度を精密に制御し実験条件を最適化することによって，CNT1本あたり，1から数個という非常に希薄な酸素ドーピング（酸素サイト付加）を行うことができた[19]。

図8の上段に，オゾン処理を施す前のミセル化

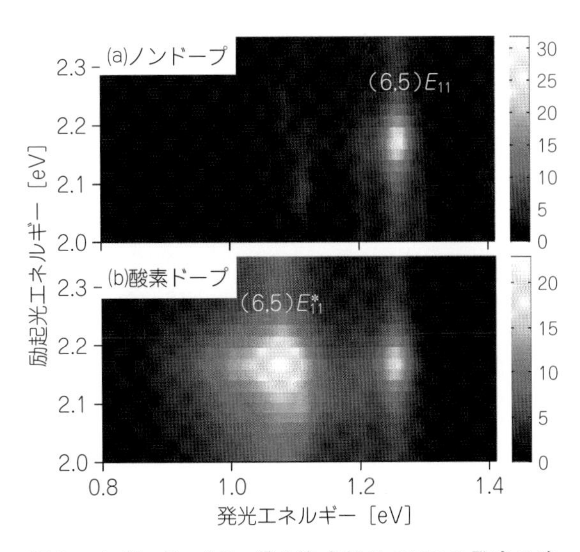

図8　オゾンドーピングを施す前のCNTの発光2次元マップ(a)とオゾン処理を施したCNTの発光2次元マップ(b)[19]

E_{11}は励起子発光ピークを，E_{11}*は酸素サイトに局在した励起子発光ピークを表す。

CNTの発光2次元マップを示す。ここでも，酸素ドーピングによるスペクトルの変化を検出しやすくするために，カイラリティ分布の小さいサンプルを用いている。これまでの発光2次元マップと同様に，励起子発光ピーク（E_{11}）が観測されている。これに対して図8の下段に示すように，オゾン処理を施しCNTに酸素ドーピングを行うと，低エネルギー側に非常に強い発光ピーク（$E_{11}{}^{*}$）が現れる。この際に，わずかにCNTの励起子発光の強度が減少することが確認される。さらに**図9**(a)〜(c)に示すように，酸素ドーピングの量を増やしていくと，CNTの励起子発光の強度減少とともに，新しい発光ピークの強度が増加していく。酸素ドーピングによって新たに生じる発光ピークは，酸素サイトに局在した励起子からの発光であるとアサインされる。前節の荷電励起子（トリオン）の観測例の場合と異なり，酸素ドーピングによって光吸収スペクトルはほとんど変化しない。光吸収スペクトルでは，吸収の振動子強度とともに構成原子数に応じ，光吸収強度が決まるからである。逆にこのことから，付加された酸素原子の数が，ねらいどおり非常に希薄であることを実験的に示している。

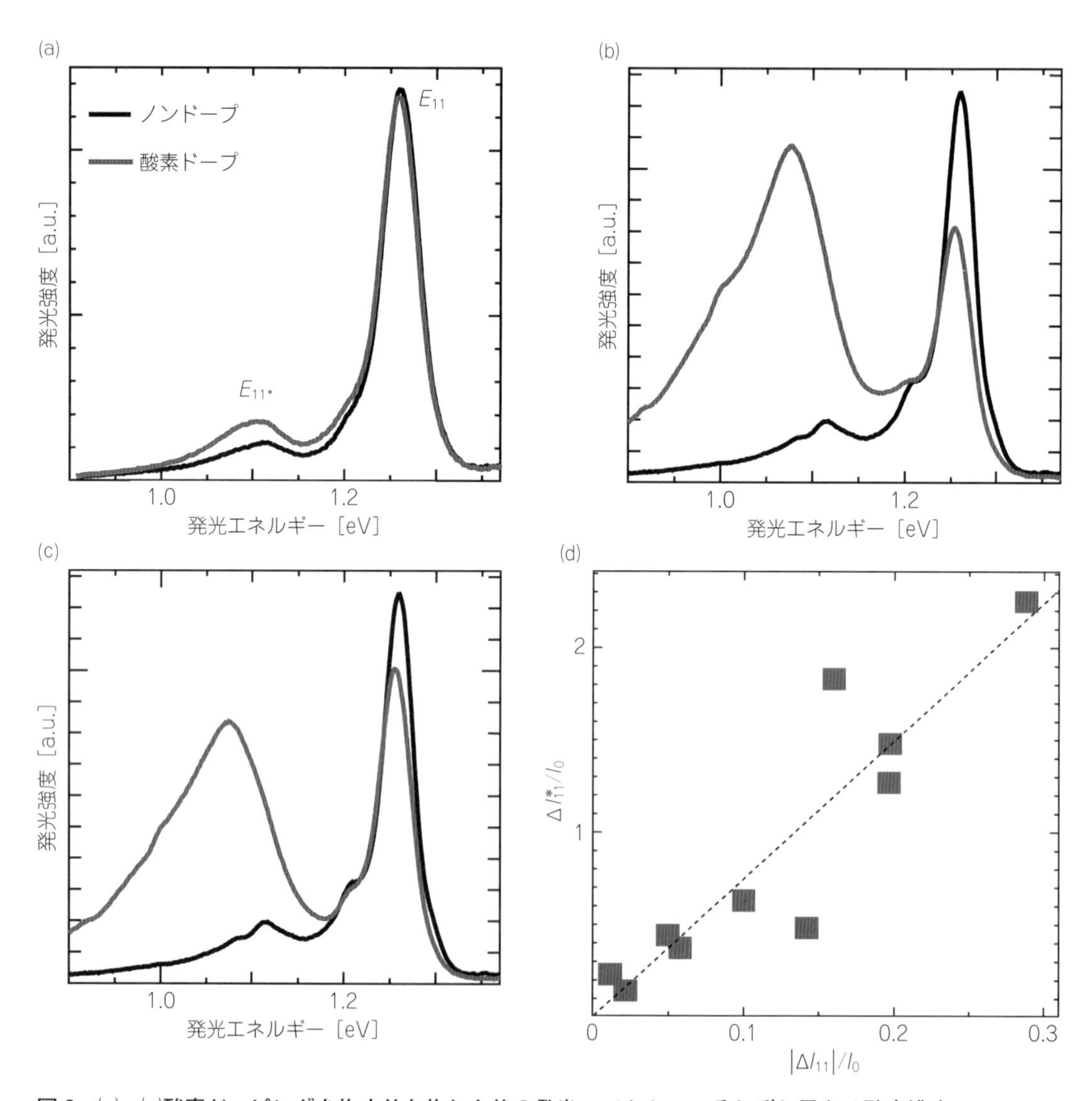

図9　(a)〜(c)酸素ドーピングを施す前と施した後の発光スペクトル。それぞれ異なる酸素濃度でのスペクトル変化の様子を示している。(d)それぞれ異なるサンプルで測定された，励起子発光ピークの規格化された減少分（縦軸）と酸素ドーピングにより現れる発光強度の増加分（縦軸）をプロットしたもの。両者の相関関数を直線で示している[19]

次に，酸素サイトの導入によって，典型的なCNTの発光効率（～1%）はどのように変化するだろうか？　ここで，酸素ドーピング濃度を変えながら発光スペクトルの測定を行った（図９(a)～(c))。その実験結果を基に，図９(d)にCNT上の酸素サイト数の増加に増減に伴う，酸素サイトからの発光強度（縦軸）と，酸素サイト以外のCNT自身からの発光強度の減少量（横軸）の関係を示している。ここで，I_{11}^*は酸素サイトからの発光強度，ΔI_{11}は酸素サイトの導入に伴うCNTからの発光強度の減少量，I_0は酸素サイト導入前の発光強度である。図９(d)に示すように，２つの量には明確な相関関係があることがわかる。これを理解するために，希薄な酸素サイト，CNT上の１次元励起子の拡散的移動，局所状態でのトラップ，発光に至る一連の過程を考慮する。すると，図９(d)の比例関係における直線の傾き$I_{11}^*/\Delta I_{11}$は，CNT上の励起子と酸素サイトに局在した励起子の発光量子効率の比に比例し，以下の関係に従うことを示すことができる[19]。

$$\frac{I_{11}^*}{\Delta I_{11}} \leq \frac{1}{2}\left(\frac{\eta^*}{\eta_0}\right)\left(\frac{E_{11}^*}{E_{11}}\right)$$

ここで，η^*は酸素サイトでの発光量子効率，η_0はCNTでの発光量子効率，E_{11}^*，E_{11}はそれぞれ，酸素サイトに局在した励起子とCNTの１次元励起子の状態におけるエネルギーを表す。この関係式を用い，図９(d)の実験結果から，酸素サイトにおける励起子の発光量子効率は，CNT上の励起子（約1%）の少なくとも約18倍（約18%）以上であることが明らかとなった[19]。このように，CNTに酸素ドーピングを施し励起子の動きを止め，CNT端に到達することを抑制すると大幅に発光効率が向上できること，さらにその効率が20%に近い値まで到達し得ることがわかった。同様な現象は，その後，CNTへの酸素サイトの導入だけでなく，ジアゾニウム分子をCNTにドーピングすることによっても起こることがわかった[43]。これらのことからも，このアプローチが普遍的なストラテジーであることを示している。また，CNTの発光効率の向上は学術的な側面だけでなく，発光材料として電界発光デバイス，単一光子発光デバイスなどへの応用においても重要な意義をもっている。

3. まとめ

本稿では，CNTにおいて重要な分光分析の基礎とそれから明らかにされる特異な光学現象やその応用について解説した。特に，CNTの分光分析を契機として，発光（蛍光）２次元マッピングという手法が一般的になり，広く用いられるようになった。また，CNTというある種，理想的な１次元の構造中においては，クーロン力の大幅な増強により束縛電子–ホール対である励起子が，光吸収や発光などの光学現象を支配している。さらに，それと理由を同じくして，キャリアドープされたCNTにおいて，荷電励起子（トリオン）が室温という「高温」でも安定に存在することは，非常に特徴的であるといえよう。さらに，CNT中の励起子の振る舞いを深く理解し，励起子の動きを止める（局在化）新しいストラテジーによって，光学応用上大きな障害であるCNTの発光効率を向上させることが可能であることが明らかとなった。これらは，CNTだけに留まらず，多種多様なナノマテリアルの分光分析による学術や応用研究において，新しい研究展開を開くヒントとなると考えられる。

謝　辞

本研究は，京都大学の金光義彦教授，松永隆祐氏（現東京大学），宮内雄平准教授らの支援と協力によって行われた。また，国立研究開発法人科学技術振興機構（JST）さきがけ，㈱日本学術振興会（JSPS）科学研究費（23340085, 246810312, 25610074，25246010），㈶旭硝子財団，㈶山田財団の援助により行われた。ここに深い謝意を表する。

文　献

1）S. Iijima：*Nature*（London），**354**, 56（1991）.
2）R. Saito, G. Dresselhaus and M. S. Dresselhaus：Physical

Properties of Carbon Nanotubes, Imperial College Press (1998).

3) 齊藤理一郎・篠原久典：カーボンナノチューブの基礎と応用，培風館

4) Ph. Avouris, M. Freitag and V. Perebeinos : *Nat. Photonics,* **2**, 341 (2008).

5) Y. Miyauchi : *J. Mater. Chem. C,* **1**, 6499 (2013).

6) K. Matsuda, Y. Kanemitsu, K. Irie, T. Saiki, T. Someya, Y. Miyauchi and S. Maruyama : *Appl. Phys. Lett.,* **86**, 123116 (2005).

7) H. Hirori, K. Matsuda, Y. Miyauchi, S. Maruyama and Y. Kanemitsu : *Phys. Rev. Lett.,* **97**, 257401 (2006).

8) T. Inoue, K. Matsuda, Y. Murakami, S. Maruyama and Y. Kanemitsu : *Phys. Rev. B,* **73**, 233401 (2006).

9) R. Matsunaga, K. Matsuda and Y. Kanemitsu : *Phys. Rev. Lett.,* **101**, 147404 (2008).

10) A. Ueda, K. Matsuda, T. Tayagaki and Y. Kanemitsu : *Appl. Phys. Lett.,* **92**, 233105 (2008).

11) K. Matsuda, T. Inoue, Y. Murakami, S. Maruyama and Y. Kanemitsu : *Phys. Rev. B,* **77**, 193405 (2008).

12) Y. Miyauchi, H. Hirori, K. Matsuda and Y. Kanemitsu : *Phys. Rev. B,* **80**, 081410R (2009).

13) R. Matsunaga, K. Matsuda and Y. Kanemitsu : *Phys. Rev. Lett.,* **101**, 147404 (2008).

14) K. Matsuda, Y. Miyauchi, T. Sakashita and Y. Kanemitsu : *Phys. Rev. B,* **81**, 033409 (2010).

15) Y. Miyauchi, K. Matsuda, Y. Yamamoto, N. Nakashima and Y. Kanemitsu : *J. Phys. Chem. C,* **114**, 12905 (2010)

16) R. Matsunaga, K. Matsuda and Y. Kanemitsu : *Phys. Rev. Lett.,* **106**, 037404 (2011).

17) J. S. Park, Y. Hirana, S. Mouri, Y. Miyauchi, N. Nakashima and K. Matsuda : *J. Am. Chem. Soc.,* **134**, 14461 (2012).

18) S. Konabe, K. Matsuda and S. Okada : *Phys. Rev. Lett.,* **109**, 187403 (2012).

19) Y. Miyauchi, M. Iwamura, S. Mouri, T. Kawazoe, M. Ohtsu and K. Matsuda : *Nat. Photonics,* **6**, 715 (2013).

20) M. Iwamura, N. Akizuki, Y. Miyauchi, S. Mouri, J. Shaver, Z. Gao, L. Cognet, B. Lounis and K. Matsuda : *ACS Nano,* **8**, 11254 (2014).

21) N. Akizuki, S. Aota, S. Mouri, K. Matsuda and Y. Miyauchi : *Nat. Commun.,* **6**, 8920 (2015).

22) F. Wang, D. Kozawa, Y. Miyauchi, K. Hiraoka, S. Mouri, Y. Ohno and K. Matsuda : *Nat. Commun.,* **6**, 6305 (2015).

23) H. Kataura, Y. Kumazawa, Y. Maniwa, I. Umezu, S. Suzuki, Y. Ohtsuka and Y. Achiba : *Synthetic Metals,* **103**, 2555 (1999).

24) M. J. O'Connell, S. M. Bachilo, X. B. Huffman, V. C. Moore, M. S. Strano, E. H. Haroz, K. L. Rialon, P. J. Boul, W. H. Noon, C. Kittrell, J. Ma, R. H. Hauge, R. B. Weisman and R. E. Smalley : *Science,* **297**, 593 (2002).

25) S. M. Bachilo, M. S. Strano, C. Kittrell, R. H. Hauge, R. E. Smalley and R. B. Weisman : *Science,* **298**, 2361 (2002).

26) J. Lefebvre, Y. Homma and P. Finnie : *Phys. Rev. Lett.,* **90**, 217401 (2003).

27) T. Ando : *J. Phys. Soc. Jpn.,* **66**, 1066. (1997)

28) M. Ichida, S. Mizuno, Y. Tani, Y. Saito and A. Nakamura : *J. Phys. Soc. Jpn.,* **68**, 3131 (1999).

29) F. Wang, G. Dukovic, L. E. Brus and T. F. Heinz : *Science,* **308**, 838 (2005).

30) J. Maultzsch, R. Pomraenke, S. Reich, E. Chang, D. Prezzi, A. Ruini, E. Molinari, M. S. Strano, C. Thomsen and C. Lienau : *Phys. Rev. B,* **72**, 241402R (2005).

31) T. G. Pedersen : *Phys. Rev. B,* **67**, 073401 (2003).

32) C. L. Kane and E. J. Mele : *Phys. Rev. Lett.,* **90**, 207401 (2003).

33) C. D. Spataru, S. Ismail-Beigi, L. X. Benedict and S. G. Louie : *Phys. Rev. Lett.,* **92**, 077402 (2004).

34) V. Perebeinos, J. Tersoff and P. Avouris : *Phys. Rev. Lett.,* **92**, 257402 (2004).

35) T. G. Pedersen, K. Pedersen, H. D. Cornean and P. Duclos : *Nano Lett.,* **5**, 291 (2005).

36) D. Kammerlander, D. Prezzi, G. Goldoni, E. Molinari and U. Hohenester : *Phys. Rev. Lett.,* **99**, 126806 (2007).

37) K. Wanatabe and K. Asano : *Phys. Rev. B,* **83**, 045407 (2011).

38) S. M. Santos, B. Yuma, S. Berciaud, J. Shaver, M. Gallart, P. Gilliot, L. Congnet and B. Lounis : *Phys. Rev. Lett.,* **107**, 187401 (2011).

39) J. Crochet, M. Clemens and T. Hertel : *J. Am. Chem. Soc.,* **129**, 8058 (2007).

40) T. Hertel, S. Himmelein, T. Ackermann, D. Stich and J. Crochet : *ACS Nano,* **4**, 7161 (2010).

41) T. K. Cherukuri, D. A. Tsyboulski and R. B. Weisman : *ACS Nano,* **6**, 843 (2012).

42) S. Ghosh1, S. M. Bachilo1, R. A. Simonette, K. M. Beckingham and R. B. Weisman : *Science,* **330**, 1656 (2010).

43) Y. Piao, B. Meany, L. R. Powell, N. Valley, H. Kwon, G. C. Schatz and Y. Wang : *Nat. Chem.,* **5**, 840 (2013).

第4章　分析/評価技術
第3節　ラマン分光

第1項　CNTにおける観察/評価

東京大学　千足　昇平

1. ラマン散乱

光を物質に照射すると，照射された光の一部は物質に吸収される。吸収された光は，物質と相互作用を起こした後，再び物質から散乱光として放出されることがある。この散乱光が入射光と同じ波長（同じエネルギー）の場合（弾性散乱），レイリー散乱と呼ばれる。一方，入射光が物質のもつさまざまなエネルギー準位（格子振動，分子の回転，電子準位など）に由来してエネルギーを変化させた場合（非弾性散乱），このときの散乱をラマン散乱とよぶ[1)]。ラマン散乱を観測し，そこで得られたエネルギー準位を分析することで物質のさまざまな情報を得ることができる。

入射光とラマン散乱光のエネルギー差をラマンシフト（単位 cm^{-1}）とよび，横軸にラマンシフト，縦軸に散乱強度をプロットすることで得られるラマンスペクトルには，物質のエネルギー準位に対応したピークが現れる。ラマン散乱にはそのエネルギーの変化に応じて2つに分類され，入射光より散乱光の方のエネルギーが小さくなったものをストークス・ラマン散乱，逆に大きくなったものをアンチストークス・ラマン散乱と区別される。一般に，アンチストークス・ラマン散乱はストークス・ラマン散乱より散乱強度が弱く，得られる情報は同じであるため，ラマン散乱計測ではストークス・ラマン散乱だけを計測することが多い。入射光（エネルギー E_i），散乱光（エネルギー E_s）およびラマンシフト（周波数 ν_R）はエネルギー保存則 $E_i = E_s \pm h\nu_R$ を満たし，式中の＋（−）がストークス（アンチストークス）ラマン散乱に対応する。ここで，h をプランク定数とする。ラマンスペクトルにおいて $0\,cm^{-1}$ に現れるレイリー散乱光と比較し，ラマン散乱光は非常に強度が弱く，さらにレイリー散乱光との波長差は大きくないため，ラマン散乱スペクトル計測にはレイリー散乱光を効率良く除去することが重要となる。レイリー散乱光の除去には，光学フィルター（ノッチフィルター，エッヂフィルターなど）やトリプルモノクロメーターが，また一般に入射光としては十分に線幅の狭い単色のレーザー光が用いられる。

2. 単層カーボンナノチューブのラマン散乱スペクトル

ラマン散乱分光法は，単層カーボンナノチューブ（single-walled carbon nanotube；SWCNT）の発見当初から広く用いられている光学分析手法の1つである[2)]。SWCNTのラマン散乱スペクトルにはその格子振動（フォノン）に由来する特徴的なピークが現れ，それぞれG-band（1,590 cm^{-1} 付近），D-band（1,300 cm^{-1} 付近），RBM（radial breathing mode）ピーク（100〜350 cm^{-1}）および2D（もしくはG′）-band（2,700 cm^{-1} 付近）とよばれる。**図1**にSWCNT（アルコール触媒CVD法[3)]を用いて合成）の典型的なラマン散乱スペクトルを示す。励起光の波長はアルゴンイオンレーザー（波長488.0 nm，エネルギー2.54 eV）を用いた。

一般にG，Dおよび2D-bandは炭素原子からなる物質から計測される。G-bandはグラファイトにおける炭素原子の6員環構造の面内伸縮振動に，D-bandはその欠陥構造に由来することから，G-bandとD-bandの強度比（G/D比）は，SWCNTや多層カーボンナノチューブ（multi-walled carbon nanotube；MWCNT），グラファイト，グラフェンにおける結晶性の高さを示す指標として広く用いられている。ダイヤモンドやグラファイトおよびグラフェンのG-bandは単一のピークとして計測される

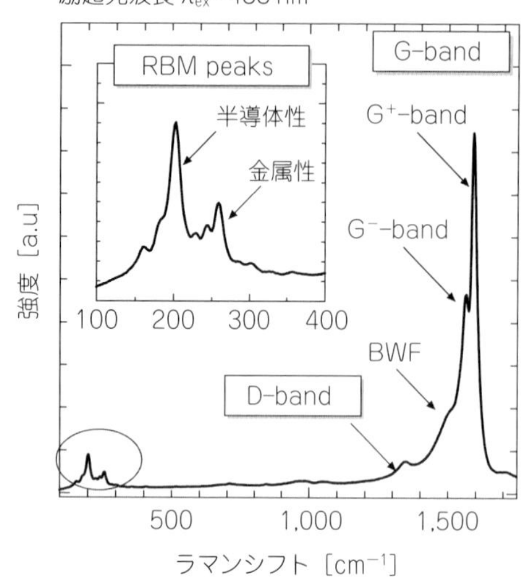

図1　SWCNT からのラマン散乱スペクトル
励起光波長は 488 nm。

が，SWCNT の G-band はその円筒構造に由来して6つの異なる対称性を有するピークから構成されることが知られている。このうち特に強いピークを，G^+ピークおよびG^-ピークとよぶ。G^+ピーク（ラマンシフト ω_{G+}）とG^-ピーク（ω_{G-}）のラマンシフトの差はSWCNT の直径に依存し（$\omega_{G+}-\omega_{G-}=C/d_t^2$），半導体性SWCNT で $C=47.7\ \mathrm{cm^{-1}nm^2}$，金属性SWCNT で $C=79.5\ \mathrm{cm^{-1}nm^2}$ となる[4)]。ただし，d_t を SWCNT の直径（nm）とする。直径の異なる多数の SWCNT から計測された G-band から明確に SWCNT 直径を算出することは難しいが，このように SWCNT の直径分布を見積もることは可能である。半導体性 SWCNT の場合，G^+ピークが6員環構造の面内伸縮振動における LO（縦波）フォノン，G^-ピークが TO（横波）フォノンに対応する。この振動数の違いは，SWCNT の曲率効果によるものと理解できる。一方，金属性 SWCNT の場合はG^+ピークが TO フォノン，G^-ピークがコーン異常[5)] によって大きくダウンシフトした LO フォノンに対応する。金属性 SWCNT の G^-ピークは BWF（Breit Wigner Fano）ピークともよばれ[6)]，幅が広い非対称なピークとして現れる。

D-band は欠陥構造による非弾性散乱を伴う二重共鳴効果[7)] によってラマンスペクトルに現れる幅の広いピークである。一般にラマンシフトは励起光のエネルギーに依存しないが，二重共鳴効果により D-band のラマンシフト（ω_D）は励起光エネルギー（E）依存性（$\partial\omega_D/\partial E=53\ \mathrm{cm^{-1}eV^{-1}}$）[8)] をもつことに注意する必要がある。一方，低周波数領域の RBM ピークは SWCNT 固有のピークである。RBM は，SWCNT の直径が等方的に変化する振動（全対称振動）に対応し，その振動数は直径に反比例することが理論から示されている[9)]。実際，実験測定から RBM ピークのラマンシフト（ω_{RBM} cm^{-1}）と SWCNT の直径との関係は一般に $\omega_{RBM}=A/d_t+B$ と表現される。ここで A，B は定数であり，$A=248$，$B=0$[10)] や $A=217.8$，$B=15.7$[11)] などさまざまな定数が提案されている。A および B の値は，液体中への孤立分散した SWCNT や，バンドル構造[12)] をとっているもの，また基板と接触しているかなど，さまざまな環境の条件によって変化する。

2D-band は，D-band の倍音のラマン散乱である。D-band と同様に，2D-band のラマンシフト（ω_{2D}）も励起光エネルギーに依存して変化する[7)]（$\partial\omega_{2D}/\partial E=106\ \mathrm{cm^{-1}eV^{-1}}$）。2D-band はグラフェンシート層間における相互作用の影響を受ける。そのため，SWCNT やグラフェンでは単一のピークであるが，複数の面からなるグラフェンシートやグラファイト，MWCNT では複数のピークから構成される。これを利用し，2D-band の形状から SWCNT と2層カーボンナノチューブ（double-walled carbon nanotube；DWCNT）の判別[13)]，さらにグラフェンやグラファイトにおける層数の計測が可能である[14)]。

3. 共鳴ラマン散乱効果と片浦プロット

ラマン散乱分光法を用いることで多くの情報を得ることができるが，SWCNT のラマン散乱スペクトルの分析・解釈の際には共鳴ラマン散乱効果[12)] が非常に重要である。一般に，入射光または散乱光が物質の光学遷移エネルギーと一致した場合，非常に強いラマン散乱光を生じる共鳴ラマン散乱現象が起きる。このとき，入射光および散乱光による共鳴をそれぞれ入射光共鳴，散乱光共鳴という。

SWCNT は直径が数 nm，長さは数 μm や数 mm と非常に高いアスペクト比を有する構造をもつ。この構造における擬１次元性に由来して，その電子状態密度は特定のエネルギーで発散し，バンホーブ（van Hove）特異点とよばれる鋭いピークが現れる。SWCNTにおける光学遷移は直接バンド間遷移であり，この特異点間に対応するエネルギーがSWCNTの光学遷移エネルギー（E_{ii}）となり，さらにE_{ii}はカイラリティ（n, m）によって一意的に決まる。ただし，エキシトン効果が強く現れるため，SWCNTの光学遷移エネルギー（E_{ii}）と電子構造のバンド間エネルギーは完全には一致しない。SWCNTは光学遷移エネルギーと等しい光を非常に強く吸収・放出するため，SWCNTから測定されるラマン散乱スペクトルは強い共鳴ラマン散乱効果が現れる。励起光のエネルギーとその励起光に共鳴して現れるRBMピークのラマンシフトの関係をプロットしたものを片浦プロットとよぶ[15]。**図２**に片浦プロットを示す。白抜き丸印（○）が半導体性SWCNT，丸印（●）が金属性SWCNTに対応し，それぞれのカイラリティ（n, m）を示した。図２に示したデータは，実験による測定値から求められたもの[11]で，ラマンシフト（ω_{RBM}）と直径との関係は，$\omega_{\mathrm{RBM}}(\mathrm{cm}^{-1}) = 217.8/d_t(\mathrm{nm}) + 15.7$を用いている。図２において半導体性（$S$）SWCNTの$E_{11}{}^{S}$，$E_{22}{}^{S}$および$E_{33}{}^{S}$と金属性（$M$）SWCNTの$E_{11}{}^{M}$のそれぞれのプロットがグラフの左下から右上へ帯状に並んでいる。これは，光学遷移エネルギーとラマンシフトの双方がおおよそSWCNTの直径に反比例することに由来する。さらに帯状の中に直線でつないだファミリーパターン[16]とよばれるパターンをみて取ることができる。ファミリーパターンで連結したSWCNTはそのカイラリティ（n, m）の$2n+m$の値が等しい集合であり，ファミリーパターンの形状は，光学遷移エネルギーのカイラル角依存性に由来している。また，RBMピークの発光強度はカイラル角に依存することが知られている[17]。カイラル角が大きくなるほどRBMピーク強度が強くなることから，例えばアームチェアー型（(n, n)）SWCNTのRBMピークは非常に弱く，

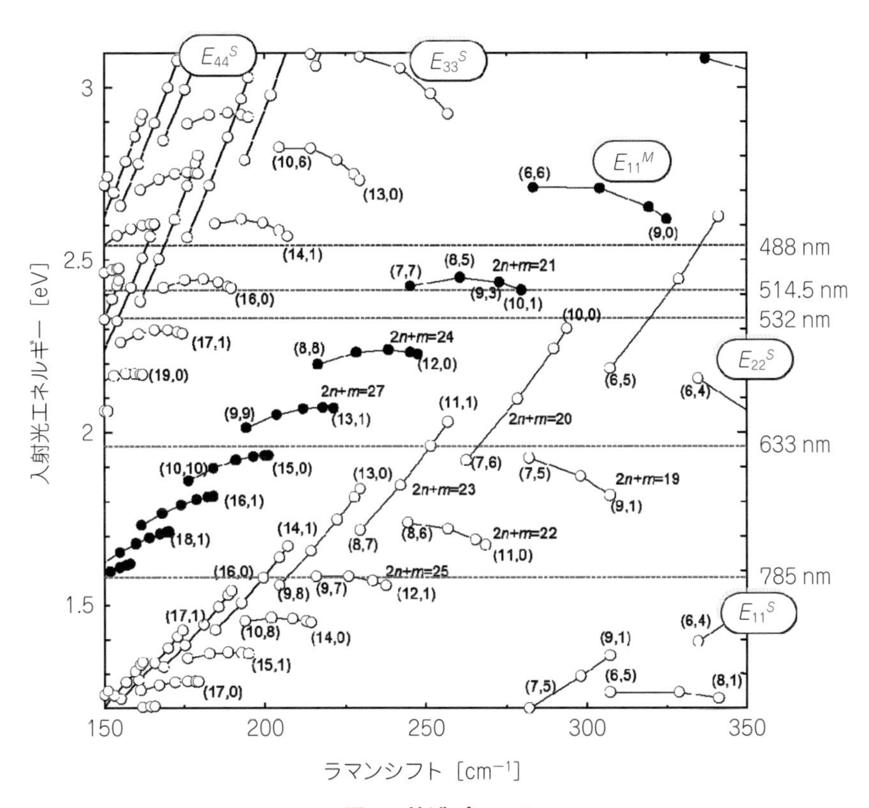

図２　片浦プロット

○が半導体性SWCNT，●が金属性SWCNTを表す。

逆にジグザグ型（$(n, 0)$）SWCNT からは強い RBM ピークを測定することができる。

励起光のエネルギーに対して，共鳴幅 Γ（バンドル構造をした SWCNT の場合は，$\Gamma = 120$ meV，孤立した SWCNT では $\Gamma = 60$ meV[12]）に含まれる光学遷移エネルギーを有する SWCNT から, 共鳴ラマン散乱効果により強いラマン散乱光が計測される。図 2 の片浦プロット上に，典型的に用いられるレーザー光のエネルギーを示した。1 つの励起光を用いた測定では，非常に限られたカイラリティしか計測しできないことがわかり，図 2 の片浦プロットに従うと図 1 に示したラマン散乱スペクトルの RBM ピークにおいて，100〜230 cm^{-1} の範囲が半導体性 SWCNT に，240〜290 cm^{-1} が金属性 SWCNT の RBM ピークであることがわかる。より高分解能の測定系を用いることで各カイラリティに対応した RBM ピークを分解して測定することも可能である。

SWCNT のカイラリティを直接計測する手法として近赤外蛍光（photoluminescence；PL）分光法[18]があるが，PL 分光法は半導体性 SWCNT のみからしかスペクトルを計測できないという欠点がある。一方，ラマン散乱分光法では，半導体性と金属性 SWCNT の両方から計測できるが，この強い共鳴ラマン散乱効果により非常に限られたカイラリティしか測定できない。例えば，SWCNT サンプル全体のカイラリティ分布を正確に議論しようとするには，複数の異なる波長の励起レーザーによる測定が必要になる。また，RBM ピークを用いた直径分布の比較や，金属・半導体性 SWCNT の割合に対する分析においても，単一の励起光による測定では，結果の解釈を間違えてしまう可能性がある。そのため，これらの分析には，ラマン散乱のような強い共鳴効果がない光吸収分光法と合わせて行う必要があるといえる。さらに，G-band も共鳴ラマン散乱効果によってその強度が増強されている。そのため，共鳴条件が変化することで同じ SWCNT サンプルでも G-band のピーク形状は大きく変化する。図 1 に示した G-band は半導体由来の G^+ ピークおよび G^- ピークが顕著に現れているといえる。また，SWCNT の光吸収には偏光依存性がある。これまでの議論はすべて SWCNT の軸方向に平行な偏光方向をもつ光について行ってきたが，垂直の偏光方向の光に対しては光学遷移エネルギーが異なる。この垂直な偏光方向の光の吸収は非常に弱いが[19]，垂直方向での励起でのラマン散乱スペクトルも測定されている[20]。

4. ラマンスペクトルの環境依存性

一般にラマン散乱スペクトルには温度依存性がある。物質の温度が上昇するとピークが低波数側へシフトし，ピーク幅は増加，強度は減少をする。これらは格子振動における非調和振動成分に由来する。また，ストークス散乱光とアンチストークス散乱光の強度（I_S および I_{AS}）の強度比は，物質が熱平衡にあるとき $I_{AS}/I_S = \exp(-h\nu_R/k_B T)$ の関係がある。ここで，k_B はボルツマン定数，T は物質の温度である。この関係を用いてラマン散乱スペクトルから物質の温度を算出することができるが，SWCNT においては，強い共鳴ラマン散乱効果のため，I_{AS}/I_S を単純な温度の関数で表すことができない。また，熱伝導率の低い基板表面上や，架橋構造をした SWCNT，真空中でのラマン散乱スペクトル測定などでは，励起光照射により SWCNT の温度が容易に上がってしまう。SWCNT のラマンスペクトルは強い温度依存性があるため[21]，正確な測定のためには励起光のパワー密度を抑えることが重要であるが，逆に温度依存性を用いて SWCNT 自体の温度をラマン散乱法で計測することも可能である。また，SWCNT のラマン散乱スペクトルは応力依存性も有する。そのため，SWCNT と強く相互作用する水晶基板などの上や，基板や周辺物質などが変形することによって，そのラマン散乱スペクトルが変化することも報告されている[22]。先にも述べたが RBM の振動数は同一のカイラリティでもサンプルによって異なることが知られている。これは RBM の振動数が低周波数であり，SWCNT 周囲環境からの影響を非常に受けやすいことによる。架橋された SWCNT は真空中において周囲環境の影響を全く受けていないため本来の RBM 振動数を示し，その振動数は $\omega_{RBM}(cm^{-1}) = 228/d_t(nm) + 0$ と直径に反比例（$B=0$）することが報告されている[23]。さらに，SWCNT 同士のバンドル構造や，1 本の SWCNT 周囲に水分子が吸着した構造など，

SWCNTの周りを円筒状に囲み，SWCNTと（化学的ではなく）物理的な相互作用をのみをしている場合は，比較的簡単にRBM振動数変化を計算でき[24]。RBM振動数における環境効果を理解することが可能である。

文　献

1）濱口宏夫，平川暁子編，ラマン分光法，学会出版センター（1988）.
2）A. M. Rao et al.：*Science*, **275**, 187（1997）.
3）S. Maruyama et al.：*Chem. Phys. Lett.*, **360**, 229（2002）.
4）A. Jorio et al.：*Phys. Rev. B*, **65**, 155412（2002）.
5）H. Farhat et al.：*Phys. Rev. Lett.*, **99**, 145506（2007）.
6）S. D. M. Brown et al.：*Phys. Rev. B*, **63**, 155414（2001）.
7）L. G. Cancado et al：*Phys. Rev. B*, **66**, 035415（2002）.
8）R. Saito et al.：*Phys. Rev. Lett.*, **88**, 027401（2002）.
9）R. Saito et al.：*Phys. Rev. B*, **57**, 4145（1998）.
10）A. Jorio et al.：*Phys. Rev. Lett.*, **86**, 1118（2001）.
11）P. T. Araujo et al.：*Phys. Rev. Lett.*, **98**, 067401（2007）.
12）C. Fantini et al.：*Phys. Rev. Lett.*, **93**, 147406（2004）.
13）R. Pfeiffer et al.：*Phys. Rev. B*, **71**, 155409（2005）.
14）A. C. Ferrari et al.：*Phys. Rev. Lett.*, **97**, 187401（2006）.
15）H. Kataura et al.：*Synthetic Metals*, **103**, 2555（1999）.
16）G. G. Samsonidze et al.：*Appl. Phys. Lett.*, **85**, 5703（2004）.
17）J. Jiang et al.：*Phys. Rev. B*, **75**, 035405（2007）.
18）S. M. Bachilo et al.：*Science*, **298**, 2361（2002）.
19）H. Ajiki and T. Ando：*Physica B*, **201**, 349（1994）.
20）A. Jorio et al.：*Phys. Rev. Lett.*, **90**, 107403（2003）.
21）N. R. Raravikar et al.：*Phys. Rev. B*, **66**, 235424（2002）.
22）S. B. Cronin et al.：*Phys. Rev. B*, **72**, 035425（2005）.
23）K. Liu et al.：*Phys. Rev. B*, **83**, 113404（2011）.
24）S. Chiashi et al.：*Phys. Rev. B*, **91**, 155415（2015）.

第4章　分析/評価技術
第3節　ラマン分光

第2項　ラマン分光法によるグラフェンの構造評価とイメージング

大阪大学　小林　慶裕　株式会社堀場製作所　奥野　義人
関西学院大学　尾崎　幸洋　株式会社堀場製作所　中田　靖

1．はじめに

ラマン分光法はグラフェンの構造を調べるきわめて有力なツールであり，結晶性（欠陥量）[1)2)]，層数[3)-5)]，積層構造[6)-11)]，エッジ構造[12)-14)]，ひずみ[15)16)]，ドーピング量[4)17)18)]などの解析に広く用いられている。本稿では欠陥・結晶性および層数・積層構造解析について実践的な立場から概観するとともに，最近，急速に進展しているイメージング技術について紹介する。ここでは説明していない解析手法や物理的な基礎などの詳細については，オリジナルの文献や多くの優れた総説・書籍[18)-24)]を参照されたい。

2．グラフェンのラマンスペクトルの特徴

グラフェンは可視光域に吸収があり，可視レーザー光による測定は共鳴ラマン散乱となる。単層のグラフェンからでもラマンスペクトルが観測できるのは共鳴ラマン効果による。グラフェンの共鳴ラマン散乱過程は，炭素原子のπ軌道からπ^*準位への電子遷移が関与している。グラフェン中のπ電子の第1ブリルアンゾーン（BZ）は六角形で，頂点に位置する6個の点をK点とよぶ。グラフェンのエネルギー分散関係は，K点においてπ-π^*が1点で接する円錐形（Dirac cone）となっていることが特徴である。可視光による電子励起はK点の周辺のπ-π^*遷移に相当し，励起光の波長が短くなるにつれてK点から離れる方向にシフトする。したがって，グラフェンは可視域に広く吸収があり，シート1枚あたりの吸収は約2.3%である[25)]。

図1に単層グラフェンから観測された典型的なラマンスペクトルを示す[23)]。1,600 cm^{-1}付近に観測されるピークはGバンドとよばれ，sp^2カーボンの面内振動によるラマン信号である。Gバンドは，グラフェンだけではなくグラファイトやカーボンナノチューブなどsp^2カーボン材料に共通して観測される。ラマン過程で散乱される事象の回数をそのラマン過程の次数とよぶ。**図2**(a)のように，Gバンドは一次のラマン過程であり，運動量がほとんど0のフォノンが関与している。励起光エネルギーを増加させた場合，共鳴する電子遷移はK点から離れていく。しかし，ラマン過程に関与するフォノンのエネルギーは変わらないため，Gバンドの振動数は励起波長にほとんど依存しない。単層グラフェンから2,700 cm^{-1}付近に観測される最も強いピークは2DバンドあるいはG' バンドとよばれる。多くの欠陥が形成されたグラフェンからのラマンスペクトルで特徴的なのが1,350 cm^{-1}付近に観測されるDバンドである。図2(b)(c)からわかるように，これらのラマンバンドは，運動量をもつ2つのフォノンある

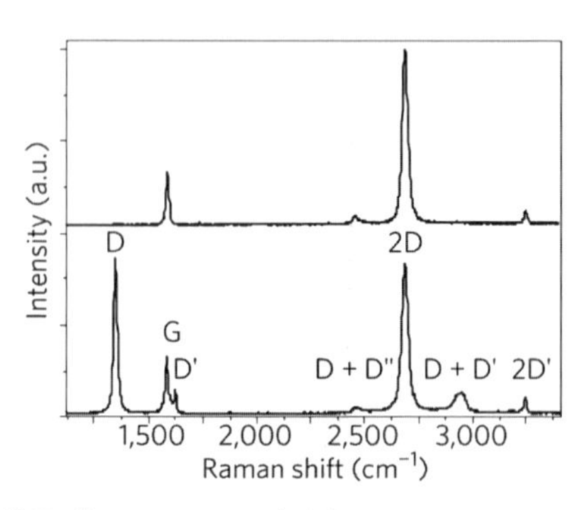

図1　単層グラフェンから観測されたラマンスペクトルの典型例[23)]

上図は高結晶性グラフェン，下図は多くの欠陥が形成されたグラフェンから観測。Reprinted by permission from Macmillan Publishers Ltd: Nature Nano.[23)], copyright 2013.

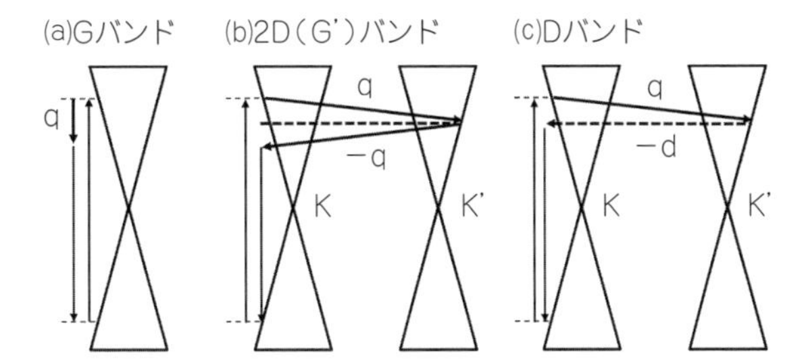

図２　単層グラフェンから観測される(a)Gバンド，(b)2Dバンド，および(c)Dバンドにおけるラマン過程の模式図

q，dはフォノンおよび欠陥の波数。

いはフォノンと欠陥・不純物による散乱が関与する二次のラマン過程によって出現する。しかも，中間状態として実状態を２回経由する二重共鳴過程であり，一次のラマン過程によるGバンドと同程度の強度で観測される。Dバンドが観測されるためには欠陥による散乱が必要であり，後述のようにグラフェン中の欠陥密度解析に利用される。2Dバンドの波数はDバンドのおおむね２倍であるが，ラマン過程には欠陥を必要とはしない。欠陥が関与したラマン信号という誤解を防ぐため，2DバンドをG'バンドと表記する研究者も多い。励起光エネルギーを増加させると，Gバンドの場合とは異なり，二重共鳴条件を満たすフォノンの波数が大きくなる。それに伴い，2Dバンド，Dバンドの波数はフォノンの分散関係に沿って変化する。すなわち，2Dバンド，Dバンドの波数は励起光の波長に強く依存する。1 eVの変化に対し，それぞれ100 cm^{-1}および50 cm^{-1}程度シフトすることが知られている。図２は単層グラフェンの場合であるが，多層グラフェンではグラフェンシート間の相互作用によりπ軌道が分裂し，より多くの状態が二重共鳴過程にかかるようになる。そのため，2Dバンドは多くのピークの重畳となり，後述のように，そのピーク形の解析から層数や積層構造の情報が得られる。Gバンドの高波数側に弱く観測されるD'バンドは，Dバンドと同じく欠陥によって出現する。ただし，DバンドはK-K'の谷間散乱であるのに対し，D'バンドは１つのK点近傍での谷内散乱である点が異なる。欠陥を多く含むグラフェンからはDバンドとD'バンドの結合音やD'バンドの倍音も観測される。

3. 欠陥・結晶性

Dバンドはsp^2カーボンが欠陥を含む場合に観測されるのに対して，Gバンドの強度は欠陥密度にあまり依存しないため，両者の強度比$I(\mathrm{D})/I(\mathrm{G})$はグラフェンをはじめとする$sp^2$カーボン材料の欠陥量・結晶性を評価する指標としてよく用いられる。グラフェンを構成する秩序だった構造をもつ結晶子のサイズをL_a(nm)，励起光のエネルギーをE_L(eV）とすると，次のTuinstra-Koenigの式[26]として知られる関係が経験式として得られる[27]。

$$\frac{I(\mathrm{D})}{I(\mathrm{G})}=\frac{560}{E_L^4}\frac{1}{L_a(\mathrm{nm})}$$

L_aのサイズは走査トンネル顕微鏡（STM）観察およびX線回折測定から得ている。すなわち，グラフェンのドメインサイズ拡大につれて$I(\mathrm{D})/I(\mathrm{G})$比は減少する。$I(\mathrm{D})/I(\mathrm{G})$比が結晶性のよい指標となることがわかる。ただし，この関係式は可視光励起で，$L_a>10$ nmの場合に検証されていることに注意が必要である。微小なグラフェン結晶子からのラマンスペクトルでは，Gバンド強度は結晶子面積，すなわちL_a^2に比例する。一方，Dバンドは結晶子間の境界領域から観測されるため，その強度はL_aに比例する。これにより，$I(\mathrm{D})/I(\mathrm{G})\propto 1/L_a$となることが理解される。一方$L_a$が極眼的に小さく（$<2$ nm）なり，グラフェンがアモルファスカーボンとみなせるようになると，6員環構造に起因するDバンドの強度はその面積に対応するL_a^2に比例する。sp^2炭素対結合の伸縮に起因するGバンド強度はほとんど一定のため，この領域では$I(\mathrm{D})/I(\mathrm{G})\propto L_a^2$となり，もはやTuinstra-Koenigの描像は成り立たなくなる[28)4]。微細な結晶子からなる場合と同様に，点欠陥の密度が$I(\mathrm{D})/I(\mathrm{G})$比に及ぼす効果も詳細に調べられている[1)2]。図３は欠陥間距離L_DがG,Dバンド強度に与える効果を示している[2]。**図３**(a)は機械剥離で得られた単層グラフェンにAr^+イオンを照射して点欠陥を導入した場合に得られたラマンスペクトルである。L_Dは超高真空中でのSTM像から評価している。図３(b)は同様の測定を別の励起波長で行った結果も含めて$I(\mathrm{D})/I(\mathrm{G})$と$L_D$との関係をまとめたものである。$I(\mathrm{D})/I(\mathrm{G})$比

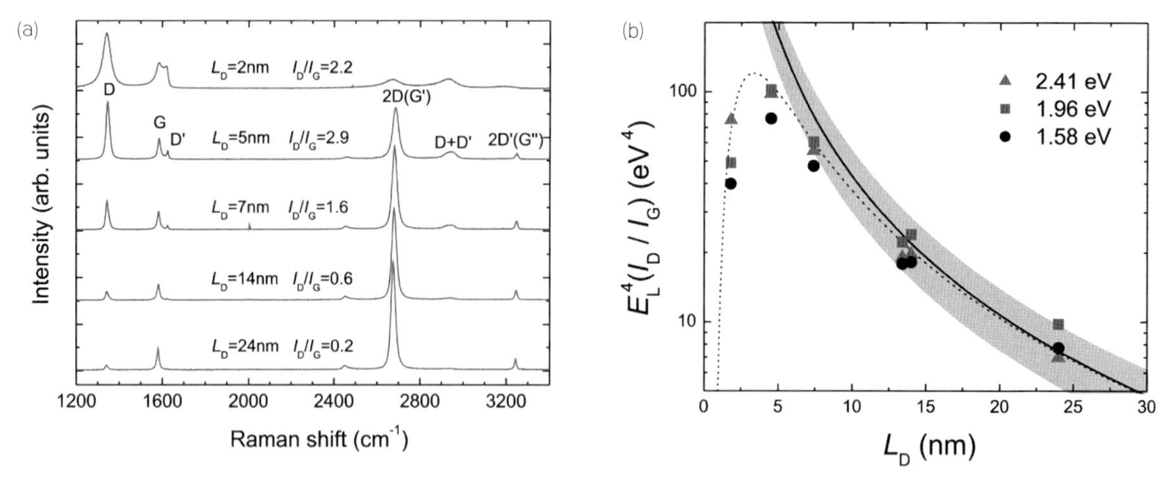

図 3　欠陥間距離（L_D）が G，D バンド強度に及ぼす効果[2)]

(a)514.5 nm（2.41 eV）励起でさまざまな欠陥密度の単層グラフェンから観測されたラマンスペクトル，(b)I(D)/(G)と L_D との関係。Adapted with permission from Cançado *et al*., Nano Lett.[2)]. Copyright 2011 American Chemical Society.

に E_L^4 を乗じることにより励起光エネルギー依存性を補償している。この E_L^4 はラマン散乱強度のいわゆる ν^4 則とは無関係で，実験結果のフィッティングから経験的に得られたものである。L_D>5 nm では，L_D の増加につれて I(D)/I(G) 比は減少する傾向にあり，I(D)/I(G) 比は欠陥密度でもよい評価指標となっている。しかし，L_D が 5 nm 以下では，逆の傾向が観測されている。すなわち，欠陥密度の減少につれて，I(D)/I(G) 比は増大する傾向にある。欠陥が減少した場合に D バンド強度が増大する現象は，きわめて多くの欠陥を含む酸化グラフェンの還元・構造修復において観測されている[29)30)]。このように複雑な挙動は，点欠陥周辺の構造が，6 員環構造が完全に破壊されて強い D バンドを与えない領域（半径 r_S～1 nm）と，格子構造は保たれているが強い D バンドを与える領域（半径 r_A～3 nm）からなるモデルで理解される[1)2)]。このモデルから

$$\frac{I(\mathrm{D})}{I(\mathrm{G})}=C_A\frac{(r_A^2-r_S^2)}{(r_A^2-2r_S^2)}\left\{\exp\left(-\frac{\pi r_S^2}{L_D^2}\right)-\exp\left(-\frac{\pi(r_A^2-r_S^2)}{L_D^2}\right)\right\}$$

の関係式が得られる[2)]。ここで，C_A は励起光エネルギー E_L に依存する比例定数であり，C_A～160(eV^4)/E_L^4 である。図 3(b)の点線はこの式を用いてフィッティングしたものである。L_D が十分に長い低欠陥密度領域（L_D>10 nm）では，上式は以下のように近似される。

$$\frac{I(\mathrm{D})}{I(\mathrm{G})}=\frac{4{,}300}{E_L^4(\mathrm{eV}^4)\cdot L_D^2(\mathrm{nm}^2)}$$

図 3(b)の実線はこの式でフィットしたものである。低欠陥密度のグラフェンでは，D バンド強度は励起光で検出される領域の欠陥数に比例する。励起光のスポットサイズを L_L とすると，$I(\mathrm{D})\propto L_L^2/L_D^2$ である。一方，I(G) は検出領域に比例し，$I(\mathrm{G})\propto L_L^2$ である。したがって，$I(\mathrm{D})/I(\mathrm{G})\propto 1/L_D^2$ であることがわかる。欠陥密度 n_D は $n_D(\mathrm{cm}^{-2})=10^{14}/(\pi L_D^2)$ の関係から算出できる。

4. 層数・積層構造

グラフェンのバンド構造は層数や積層構造に強く依存するため，それらの評価はグラフェンを利用する上で重要となる。層数は，所定の膜厚（～90 nm，300 nm）の酸化物層を形成したシリコン基板上での光学顕微鏡像におけるコントラストやラマンスペクトルでの G バンド強度（∝層数）からも見積もることができる。ラマンスペクトルの 2D（G'）バンドの形状や強度は，二重共鳴に起因して電子構造に敏感であり，層数・積層構造の評価に用いられている[3)5)6)31)32)]。**図 4** はさまざまな層数のグラフェン

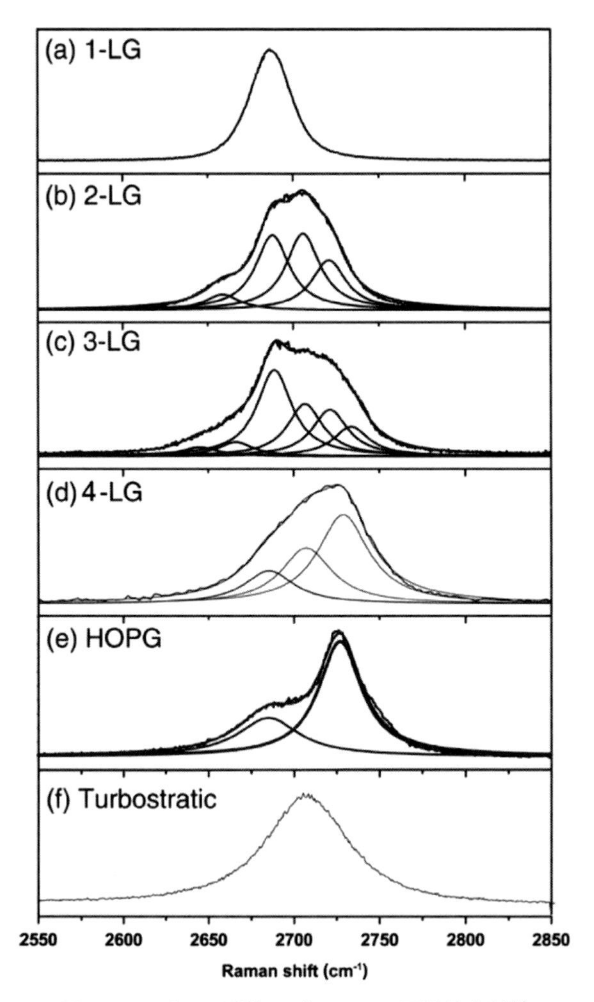

図４　2D バンド形状のグラフェン層数依存性[20)]

Reprinted with permission from Dresselhaus et al., Nano Lett.[20)]. Copyright 2010 American Chemical Society。

から観測された 2D バンドを対比したものである[20)]。バルクのグラファイト（HOPG）や乱層構造多層グラフェンからのスペクトルも併せて示している。単層グラフェンではローレンツ関数でフィットできるきわめて強い単一ピークが観測される。G バンドよりも強い 2D バンドが観測されることが単層グラフェンの特徴である。これに対し２層グラフェンからの 2D バンドは，ピーク位置がシフトすると共に，４つのローレンツ関数でフィットできるブロードな形状となる。これは，単層の場合には二重共鳴が単一の過程であるのに対して，２層の場合にはπ電子構造が分裂して４つの異なったエネルギーの過程となることに対応する。さらに層数が増加すると可能な二重共鳴過程も増大するが，ラマンバンドが重畳するためフィッティングに必要なピークの数は限定される。2D バンド形状から５層程度までの識別は可能である。それを超えると層数による変化は小さくなり，最終的にバルクグラファイトでは２つのピークに収斂する。

図 4(f)に示すように，乱層構造グラフェンからの 2D バンドは多層にもかかわらず単層の場合と同様に単一のローレンツ関数でフィットできる。ただし，半値幅は広がり，ピーク位置はシフトする。乱層構造を含む多層グラフェンから観測された 2D バンドについて，３次元構造をもつグラファイトからの２つのピーク（$2D_{GA}$，$2D_{GB}$）と１つの２次元的な乱層構造からのピーク（$2D_T$）でフィッティングし，それぞれの強度を $I(2D_{GA})$，$I(2D_{GB})$，$I(2D_T)$ とすると，３次元グラファイト構造の体積分率 R は

$$R = \left| \frac{I(2D_{GB})}{I(2D_{GB}) + I(2D_T)} \right|$$

で評価できる[6)]。乱層構造の割合は $1-R$ となる。酸化グラフェンを超高温で処理した試料から得られた実際の解析例を**図５**に示す[33)]。窒素中で加熱処理した場合，R=60％となり，グラファイト化，すなわち層間秩序が回復した Bernal 構造へ改質していることがわかる。一方，エタノール中加熱処理の場合は，R=20％と窒素雰囲気よりも著しく低く，グラファイト化はあまり進行せず，乱層構造が維持されていることがわかる。

このように，2D バンドの強度や形状解析からグラフェンの層数や積層構造に関する豊富な情報を引き出すことができる。2D バンド以外にも，30～40 cm^{-1} に出現する C モード[9)]，積層面の回転角に応じて 1,400 および 1,600 cm^{-1} 周辺に現れる R および R' モード[7)10)11)]，1,500 cm^{-1} 近傍に出現する面外振動である N モード[34)]，1,800～1,900 cm^{-1} で観測される面外振動である M モード[8)]，など多くのラマンバンドが層数・積層構造に敏感であることが報告されている。

5. グラフェンのラマンイメージング

グラフェンの物性は，グラフェンのもつ特長に

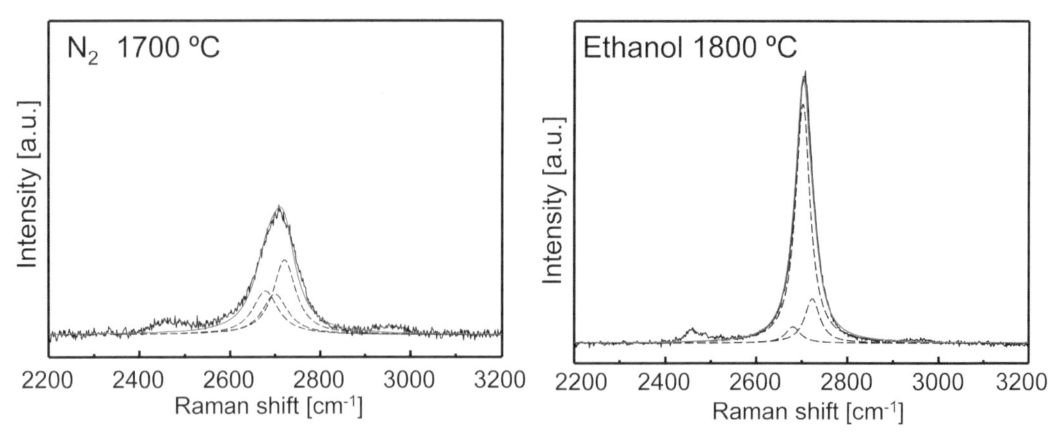

図5　窒素中およびアルコール中で加熱処理した酸化グラフェンから得られたラマンスペクトルにおける2Dバンド形状解析[33]

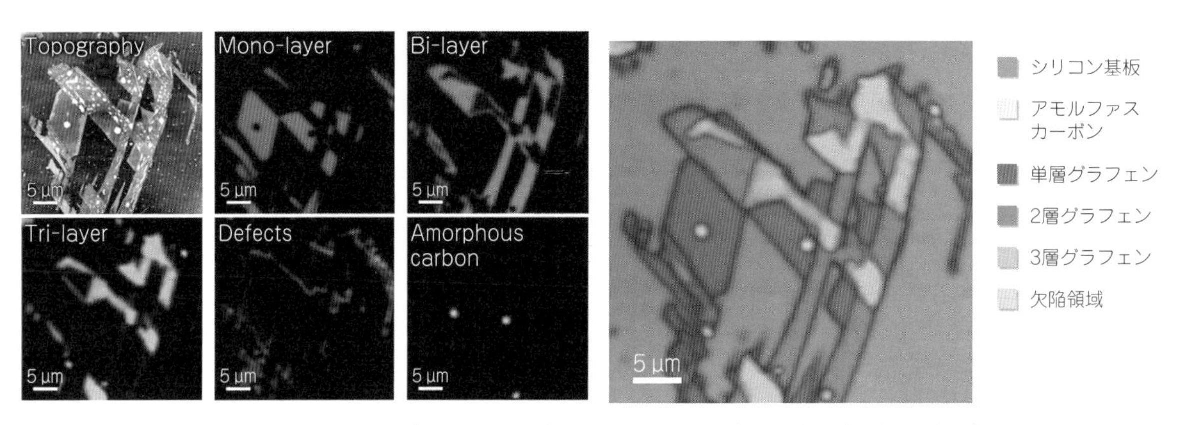

図6　ラマンイメージングによるグラフェンの層数・欠陥分布解析（口絵参照）

よって均一あるいは不均一に分布する。特に，層数の変化が面内である場合や欠陥が2次元的に分布する場合に，その他の物性が2次元的な分布をもつ。物性自身のみならず物性変化を引き起こす層数分布や欠陥分布を知ることは重要である。本項では，不均一なグラフェン試料のラマンイメージングについて例を紹介する。

5.1　グラフェンのラマンイメージングによる層数と欠陥分布評価

図6はI(2D)/I(G)比をもとに評価したグラフェンの層数マップとI(D)をもとに得た欠陥マップ，およびそれらを重ね合わせた像を示したものである。試料は，シリコン基板上に転写したグラフェンを使用した。励起光532 nmを用い，NA0.9(×100)対物レンズを用いてイメージングを行った（装置；XploRA，㈱堀場製作所（以下，HORIBA社）製）。図6から，1～数層のグラフェンと欠陥が試料中に分布している様子がみて取れる。Gバンドと2Dバンドの強度比のイメージングから層数が階段構造をもって変化していることがわかる。また，Dバンド強度マップによる欠陥分布評価だけでなく，I(D)/I(G)比からアモルファスカーボンの存在位置を把握できている。

5.2　単層グラフェンのラマンイメージングによる欠陥分布評価

グラフェンの欠陥分布評価からその構造や成長過程を調べた例を示す[35]。**図7**はグラフェンのDバンドによるラマンイメージである。試料は，CVD法で作製したグラフェンをガラス/シリコン基板上に転写したものを使用した。532 nmのレーザーを

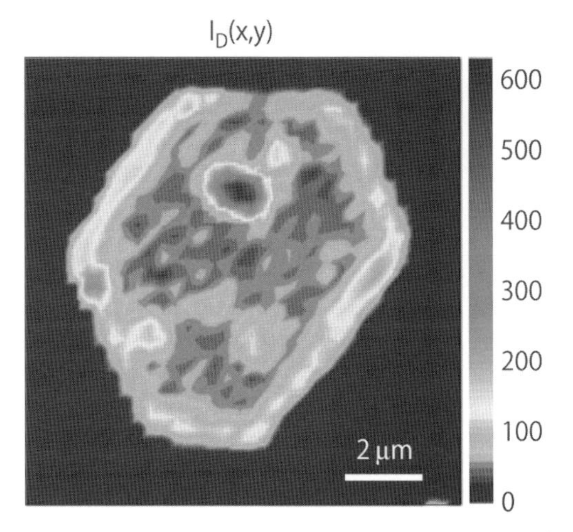

図7　Dバンドのマッピングによる欠陥分布解析[35]
（口絵参照）

Reprinted by permission from Macmillan Publishers Ltd: Nature Materials[35], copyright 2011.

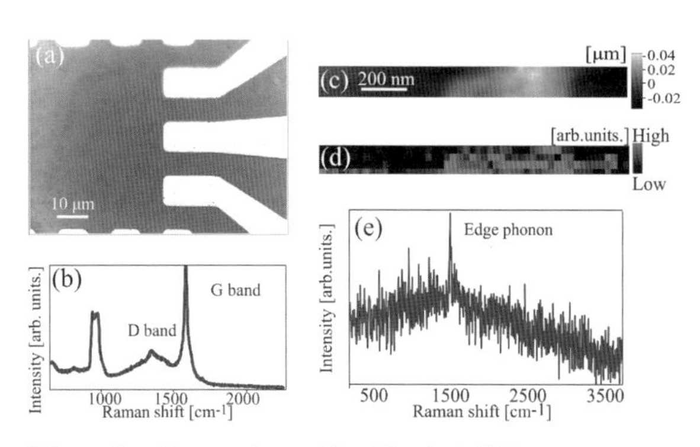

図8　ナノラマンイメージングによるグラフェンのエッジ構造分布解析[36]　**（口絵参照）**

(a)試料の光学顕微鏡像，(b)試料から得たラマンスペクトル，(c)(a)から選択的に取得したグラフェンのAFM像，(d)(c)と同領域で得たナノラマンイメージ。エッジフォノンのピーク強度をグラフェンの空間分布に対応してプロットし画像を得ている。(e)(d)から得られたラマンスペクトル。Reproduced from Y. Okuno et al., Appl. Phys. Lett[36] with the permission of AIP Publishing.

用いて，2mWの強度で試料を励起した。NA0.9（×100）対物レンズで絞り込んだスポットの大きさの空間分解能でイメージングを行った（装置；XploRA，HORIBA社製）。グラフェンの端部と内部でDバンド強度の大きい領域がある。グラフェン端部で得られたDバンドの強度増加は，グラフェン端部に特徴的なエッジ形状に起因している。内部でみられるDバンドの強度増加は，核成長が始まった中心箇所を示していると考察できる。イメージングにより，分光分析だけではわからなかったグラフェンの詳細な分析が可能となったことがわかる。

5.3　グラフェンのナノラマンイメージングによるエッジフォノン分布評価

回折限界を超えたイメージングは，回折限界の制限を受けた空間分解能で行うイメージングよりも豊富な情報を与える。ここではナノラマンイメージングにより，グラフェンの物性を評価した例を示す[36][37]。**図8**(a)は電極間に架橋したグラフェンの光学顕微鏡像，(b)は同じエリアで取得したラマンスペクトル，(c)は(a)のエリアから選択的に取得したAFM像，(d)は(c)と同領域で取得したラマンスペクトルのエッジフォノンを用いて得たナノラマンイメージ，(e)は(d)で得たラマンスペクトルを示している。試料には，CVD法により作製したグラフェンをガラス/シリコン基板上に転写したものを使用した。グラフェンの両端位置にスパッタリング法を用いて電極を蒸着し，通電を可能にした。3.0×10^8A/cm^{2}の電流密度で通電させた後にラマンイメージングを行った[36]。638nmの励起光をNA0.7（×100）対物レンズで絞り込み，そのスポット位置にSTMで使われる金チップの針先を配置して，針先に近接場光を誘起した。近接場光を微小スポットに見立てたイメージングが可能となり，数10nm程度の空間分解能でナノイメージングを実現している（装置；XploRA Nano，HORIBA社製）。図8(b)は，金チップを試料に近づける前に取得したラマンスペクトルであり，グラフェンに特徴的なGバンドとDバンドを示している。図8(c)と(d)の対応から，グラフェン構造に一致したラマンイメージを得ていることがわかる。図8(d)の空間分解能は20nmであり，回折限界を一桁超えたイメージを取得している。図8(e)のラマンスペクトルから，1,530cm^{-1}にピークをもったエッジフォノンが支配的に観測できていることがわかる。GバンドとDバンドを特徴とした図8(b)のラマンスペクトルと図8(e)で得たラマンスペクトルの違いは，針先で起こる電子の集団的な共鳴振動（プラズモン共鳴）に起因している。この共鳴振動は局在的に信号を増強する機能をもち，図8(b)のラマンスペクトルからは得られない試料の局所的な信号を与えている。エッジフォノンは，グラフェン端部にみられるエッジ構造に起因したフォノンであり，通電によるジュール熱でC-C結合が切れていることを示唆している。ナノラマンイメージングにより，従来のラマンイメージングでは得ることができなかったグラフェンの状態を知ることができた。近接場光を用いたナノラマンイメージングはグラフェンのより詳細な物性評価を可能にする有効な顕微分光手法といえる。

謝　辞

図 6 に掲載したデータは，北海道大学電子科学研究所光科学研究部門ナノ材料光計測研究分野の雲林院教授のご厚意による。

文　献

1）M. M. Lucchese, F. Stavale, E. H. M. Ferreira, C. Vilani, M. V. O. Moutinho, R. B. Capaz, C. A. Achete and A. Jorio：*Carbon*, **48**, 1592（2010）.

2）L. G. Cançado, A. Jorio, E. H. M. Ferreira, F. Stavale, C. A. Achete, R. B. Capaz, M. V. O. Moutinho, A. Lombardo, T. S. Kulmala and A. C. Ferrari：*Nano Lett.*, **11**, 3190（2011）.

3）A. Gupta, G. Chen, P. Joshi, S. Tadigadapa and Eklund：*Nano Lett.*, **6**, 2667（2006）.

4）A. C. Ferrari：*Solid State Commun.*, **143**, 47（2007）.

5）D. Graf, F. Molitor, K. Ensslin, C. Stampfer, A. Jungen, C. Hierold and L. Wirtz：*Nano Lett.*, **7**, 238（2007）.

6）L. G. Cançado, K. Takai, T. Enoki, M. Endo, Y. A. Kim, H. Mizusaki, N. L. Speziali, A. Jorio and M. A. Pimenta：*Carbon*, **46**, 272（2008）.

7）V. Carozo, C. M. Almeida, E. H. M. Ferreira, L. G. Cançado, C. A. Achete and A. Jorio：*Nano Lett.*, **11**, 4527（2011）.

8）C. Cong, T. Yu, R. Saito, G. F. Dresselhaus and M. S. Dresselhaus：*ACS Nano*, **5**, 1600（2011）.

9）P. H. Tan, W. P. Han, W. J. Zhao, Z. H. Wu, K. Chang, H. Wang, Y. F. Wang, N. Bonini, N. Marzari, N. Pugno, G. Savini, A. Lombardo and A. C. Ferrari：*Nature Mater.*, **11**, 294（2012）.

10）V. Carozo, C. M. Almeida, B. Fragneaud, P. M. Bedê, M. V. O. Moutinho, J. Ribeiro-Soares, N. F. Andrade, A. G. Souza Filho, M. J. S. Matos, B. Wang, M. Terrones, R. B. Capaz, A. Jorio, C. A. Achete and L. G. Cançado：*Phys. Rev. B*, **88**, 085401（2013）.

11）C.-C. Lu, Y.-C. Lin, Z. Liu, C.-H. Yeh, K. Suenaga and P.-W. Chiu：*ACS Nano*, **7**, 2587（2013）.

12）L. G. Cançado：*Phys. Rev. Lett.*, **93**, 247401（2004）.

13）Y. You, Z. Ni, T. Yu and Z. Shen：*Appl. Phys. Lett.*, **93**, 163112（2008）.

14）B. Krauss, P. Nemes-Incze, V. Skakalova, L. P. Biro, K. v. Klitzing and J. H. Smet：*Nano Lett.*, **10**, 4544（2010）.

15）T. M. G. Mohiuddin, A. Lombardo, R. R. Nair, A. Bonetti, G. Savini, R. Jalil, N. Bonini, D. M. Basko, C. Galiotis, N. Marzari, K. S. Novoselov, A. K. Geim and A. C. Ferrari：*Phys. Rev. B*, **79**, 205433（2009）.

16）D. Yoon, Y. W. Son and H. Cheong：*Phys. Rev. Lett.*, **106**, 155502（2011）.

17）C. Stampfer, F. Molitor, D. Graf, K. Ensslin, A. Jungen, C. Hierold and L. Wirtz：*Appl. Phys. Lett.*, **91**, 241907（2007）.

18）R. Beams, L. G. Can?ado and L. Novotny：*J. Phys.: Condens. Matter.*, **27**, 083002（2015）.

19）L. M. Malard, M. A. Pimenta, G. Dresselhaus and M. S. Dresselhaus：*Phys. Rep.*, **473**, 51（2009）.

20）M. S. Dresselhaus, A. Jorio, M. Hofmann, G. Dresselhaus and R. Saito：*Nano Lett.*, **10**, 751（2010）.

21）A. Jorio, R. Saito, G. Dresselhaus and M. S. Dresselhaus：Raman Spectroscopy in Graphene Related Systems., Wiley-VCH Verlag GmbH & Co., KGaA（2011）.

22）R. Saito, M. Hofmann, G. Dresselhaus, A. Jorio and M. S. Dresselhaus：*Adv. Phys.*, **60**, 413（2011）.

23）A. C. Ferrari and D. M. Basko：*Nat Nano*, **8**, 235（2013）.

24）齋藤理一郎：フラーレン・ナノチューブ・グラフェンの科学　ナノカーボンの世界，共立出版（2015）.

25）R. R. Nair, P. Blake, A. N. Grigorenko, K. S. Novoselov, T. J. Booth, T. Stauber, N. M. R. Peres and A. K. Geim：*Science*, **320**, 1308（2008）.

26）F. Tuinstra and J. L. Koenig：*J. Chem. Phys.*, **53**, 1126（1970）.

27）L. G. Cançado, K. Takai, T. Enoki, M. Endo, Y. A. Kim,

H. Mizusaki, A. Jorio, L. N. Coelho, R. Magalhães-Paniago and M. A. Pimenta：Appl. Phys. Lett., 88, 163106（2006）.

28）A. C. Ferrari and J. Robertson：*Phys. Rev. B*, **61**, 14095（2000）.

29）C.-Y. Su, Y. Xu, W. Zhang, J. Zhao, A. Liu, X. Tang, C.-H. Tsai, Y. Huang and L.-J. Li：*ACS Nano*, **4**, 5285（2010）.

30）R. Negishi and Y. Kobayashi：*Appl. Phys. Lett.*, **105**, 253502（2014）.

31）A. C. Ferrari, J. C. Meyer, V. Scardaci, C. Casiraghi, M. Lazzeri, F. Mauri, S. Piscanec, D. Jiang, K. S. Novoselov, S. Roth and A. K. Geim：*Phys. Rev. Lett.*, **97**, 187401（2006）.

32）L. G. Cançado, A. Reina, J. Kong and M. S. Dresselhaus：*Phys. Rev. B*, **77**, 245408（2008）.

33）T. Ishida, Y. Miyata, Y. Shinoda and Y. Kobayashi：*Appl. Phys. Exp.*, **9**, 025103（2016）.

34）F. Herziger, F. May and J. Maultzsch：*Phys. Rev. B*, **85**, 235447（2012）.

35）Q. Yu, L. A. Jauregui, W. Wu, R. Colby, J. Tian, Z. Su, H. Cao, Z. Liu, D. Pandey, D. Wei, T. F. Chung, P. Peng, N. P. Guisinger, E. A. Stach, J. Bao, S.-S. Pei and Y. P. Chen：*Nature Mater.*, **10**, 443（2011）.

36）Y. Okuno, S. Vantasin, I.-S. Yang, J. Son, J. Hong, Y. Y. Tanaka, Y. Nakata, Y. Ozaki and N. Naka：*Appl. Phys. Lett.*, **108**, 163110（2016）.

37）J. Son, M. Choi, H. Choi, S. J. Kim, S. Kim, K.-R. Lee, S. Vantasin, I. Tanabe, J. Cha, Y. Ozaki, B. H. Hong, I.-S. Yang and J. Hong：*Carbon*, **99**, 466（2016）.

第4節　TEM分析

国立研究開発法人産業技術総合研究所　千賀　亮典　　国立研究開発法人産業技術総合研究所　末永　和知

1. はじめに

ナノカーボンをはじめとした低次元材料において，非周期的な構造（欠陥，表面，粒界など）が材料特性に及ぼす影響は無視できない。ゆえに材料の原子構造を直接観察することができる透過型電子顕微鏡（TEM）は，ナノ材料研究に必要不可欠な技術としてこの分野の発展に大きく貢献してきた。近年では球面収差補正機構の登場により空間分解能が飛躍的に向上している。特に低い加速電圧条件下（60 kV 以下）における空間分解能が向上したことで，炭素のような軽い元素を電子線で傷つけることなく原子1つ1つを観察できるようになった。これに加え電子エネルギー損失分光法（electron energy loss spectroscopy；EELS）やエネルギー分散型X線分光法（energy dispersive X-ray spectroscopy；EDS）を組み合わせた元素分析や，高エネルギー分解能EELSを使ったバンドギャップ測定など構造解析と物性評価を同時に行える付加機能を備えたTEMが注目を集めている。ここではこうした最新の技術を使ったナノカーボン材料の分析例を紹介する。

2. STEM-EELS

電子顕微鏡は入射電子の加速電圧を上げれば分解能が向上するものの，試料に与えるダメージは大きくなってしまう。逆に加速電圧を下げるとレンズに生じるひずみ（球面収差）によって高い分解能が得られないというジレンマがある。そこで登場したのが球面収差補正機構で，これによって対物レンズに生じるひずみ（球面収差）を補正し，60 kV 以下の低加速でも高分解能を得ることができるようになった[1]。また近年では材料分析に走査型TEM（STEM）が広く用いられている。この手法では細く絞った電子線を使って試料の上を走査し，高角度に散乱された電子を円環状の検出器でとらえ，像を形成している。重い元素ほどコントラストが強くなるなど，像の解釈が比較的容易といえる。さらにSTEMはEELSやEDXと組み合わせることで，原子1つ1つの化学的な情報を得ることができる。以下に低加速STEM-EELSの特徴を生かした分析例を示す。

3. カーボンナノチューブ内包原子鎖

カーボンナノチューブ（CNT）は内部の空洞にさまざまな物質を閉じ込めることができるユニークな性質を有する。これまでにもC_{60}が一列に並んだピーポッド[2]や，1次元の無機結晶[3]，金属鎖[4]など数多くの材料が報告されている。内包物のサイズはCNTの直径に依存し，究極的には原子が一列に並んだ原子鎖をつくることができる[5]。**図1**はCsIを原料としてつくった原子鎖のTEM像で，2層CNTの内部に原子が一列に並んでいる。このTEM像だけでは元素の種類まではわからないが，STEMで原子1つ1つをイメージングしながら，電子エネルギー損失（EEL）スペクトルを取得することで各

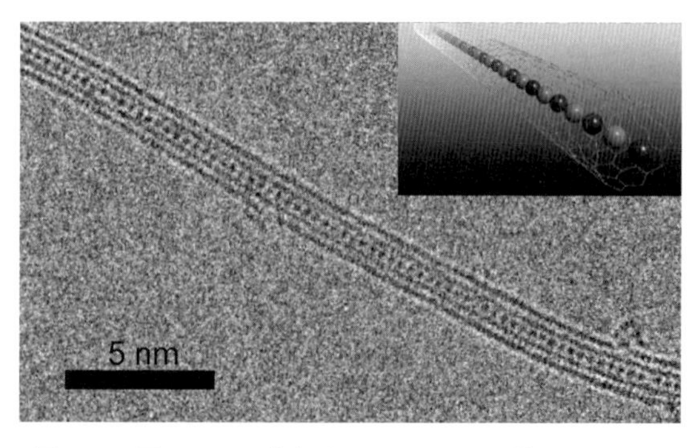

図1　2層CNTに内包されたCsI原子鎖のTEM像

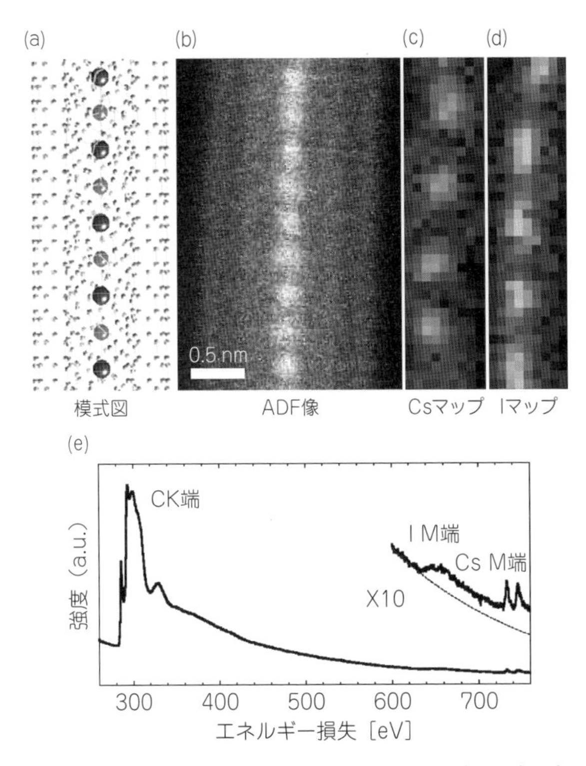

図２　STEM-EELS による CsI 原子鎖分析（口絵参照）
(c)と(d)の元素マップは Cs および I における M 吸収端の強度分布であり，(b)の ADF 像に対応している。

元素の分布を調べることができる。**図２**(b)は STEM で撮影した CsI 原子鎖の環状暗視野（annular dark-field；ADF）像で，同時に取得した EEL スペクトルから Cs および I の分布マップ（図２(c, d)）が得られる。これにより図２(a)の模式図のように Cs と I が１つずつ交互に並んでいることがわかる。

図２に示した環状暗視野像では，Cs と I のコントラスト（原子を示す点の明るさ）がわずかに異なる。ADF 像におけるコントラストの違いは原子の散乱因子の違いを反映しており，同じ観察条件下であれば原子番号 Z の 1.4～2 乗に比例して重たい元素ほど明るくなる[6]。ところがこの CsI 原子鎖においては Cs（Z＝55）よりも I（Z＝53）の方が若干明るくみえている。これは２つの元素の動的挙動が異なることに起因している。通常 STEM を用いて１つの原子から画像を取得するには数マイクロ～ミリ秒程度かかり，これよりもはるかに速い原子の動きは ADF 像において空間的な広がりとして表される。この CsI 原子鎖では Cs と I という２つの元素と CNT との相互作用が異なり，Cs 原子の方が I 原子よりも広い範囲を動くため，結果的にコントラストの強度が反転してみえている。このように本手法では元素の種類だけでなく原子１つ１つの動的な振る舞いについても情報を得ることができる。

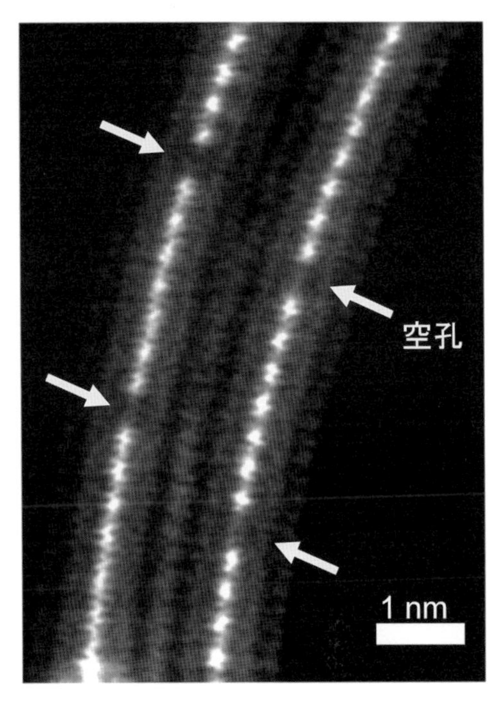

図３　欠陥をもつ CsI 原子鎖

またこの原子鎖は**図３**のように点空孔を形成する。ここでも STEM-EELS を用いて元素マッピングをとることで，Cs がひとつ抜けた空孔（V_{Cs}）と I が１つ抜けた空孔（V_{I}）の２種類の存在を確認することができる。密度汎関数理論（density functional theory；DFT）を用いた計算によれば，V_{Cs} はドナーとして，V_{I} はアクセプターとして振る舞う。このような欠陥構造に起因する状態密度の変化は CNT との相互作用にも影響を及ぼす。例えば V_{Cs} をもつ場合は，ドナー準位を満たしていた電子が CNT に移動し，逆に V_{I} をもつ場合は空のアクセプター準位に CNT から電子が移動する。こうした電荷移動は結果的に空孔を安定化させる。

４．軽元素の可視化

STEM-EELS を用いることのもう１つの利点は，これまで電子顕微鏡では観察が難しかった軽元素を

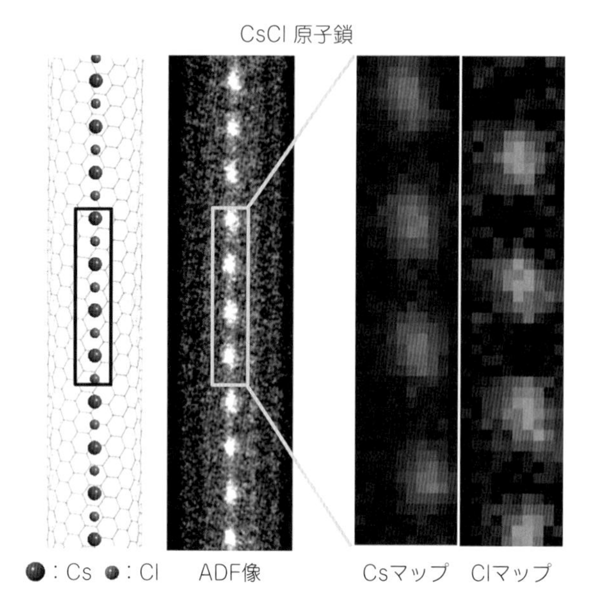

図 4　CsCl 原子鎖の模式図および ADF 像（左）と EELS 元素マップ（右）

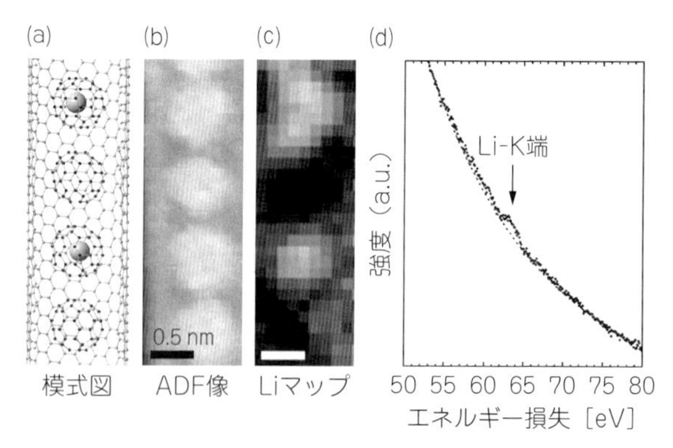

図 5　Li 内包フラーレンピーポッドの STEM-EELS 分析例

(b)の ADF 像では Li はみえないが，対応する(c)の Li 元素マップで存在を確認することができる。Li 元素マップは(d)の Li-K 端の強度分布から作成。

可視化できるところにある。例えば**図 4** は CsCl からつくった原子鎖で ADF 像ではコントラストの強い（明るい）元素が等間隔に並んでいる。この明るい原子同士の間は一見すると図 3 の点空孔のようにもみえるが，元素マップを取得すると，ここに Cl 原子が存在していることがわかる。実は従来のイメージング手法では軽い元素はほとんどコントラストが付かず，実際にそこに原子が存在しているかの判断はきわめて難しかった。なかでも原子番号 3 の Li は二次電池の電極などに含まれる工業的にもきわめて重要な元素でありながら，これまで電子顕微鏡による観察が困難とされてきた元素の 1 つであった。筆者らの研究では Li を CNT やフラーレンのナノ空間に閉じ込め，STEM-EELS を駆使することで初めて単原子レベルの分光に成功した[7]。**図 5** はその一例として Li 内包フラーレンを CNT に詰めたピーポッドの評価例を示している。ADF 像では Li の存在を確認することができないが，元素マップを取得することで上から 1 番目と 3 番目の C_{60} の位置に Li 原子が存在していることがわかる。この Li の信号は C_{60} と同程度の大きさまで広がっているが，これは Li が C_{60} 内をある程度自由に動けることに加え，EELS における非局在性が関係している。EELS では原子に衝突し，非弾性散乱した電子を分光しており，実際には電子が直接原子に衝突しなくても，側を通っただけで誘電的に相互作用し励起されることが知られている。特に損失エネルギーの低い散乱ではこの非局在性が顕著になる。例えば 60 eV 付近に現れる Li の K 端では，条件によっては 1 nm 以上の非局在性を有する。ゆえに図 5 の Li の位置分布は C_{60} と同程度の大きさまで広がってみえている。

また EELS は単に元素の種類と分布を知るだけではなく，吸収端の微細構造を読み解くことで各原子がもっている化学的な性質についても理解することができる。**図 6** には前述の Li 内包 C_{60} と CNT に内包した LiI の 1 次元結晶について，Li-K 端の微細構造を比較している。LiI の 1 次元結晶は CNT の内径によってその大きさが決まる。ここでは結晶サイズの異なる 3 種類（図 6 模式図）を比較している。それぞれ配位数が 3，4，4～6 と異なり，結晶サイズが小さく配位数が少ないものほど高エネルギー側にピークが現れる。Li-K 端は Li の 1s 電子の励起に対応しているため，この励起エネルギーの差と解釈することができる。つまり配位数の低い微細なイオン結晶ほどアニオンとカチオンの相互作用が強くなり，結果的に内殻電子の励起エネルギーが高くなったことを示唆している。また C_{60} に内包された Li はこれらイオン結晶よりもさらに 1～2 eV 高い位置にピークがある。これは C_{60} に内包された Li が電子を失った Li^{+} であることを示唆している。実際 Li 以外にもフラーレンに内包された金属原子

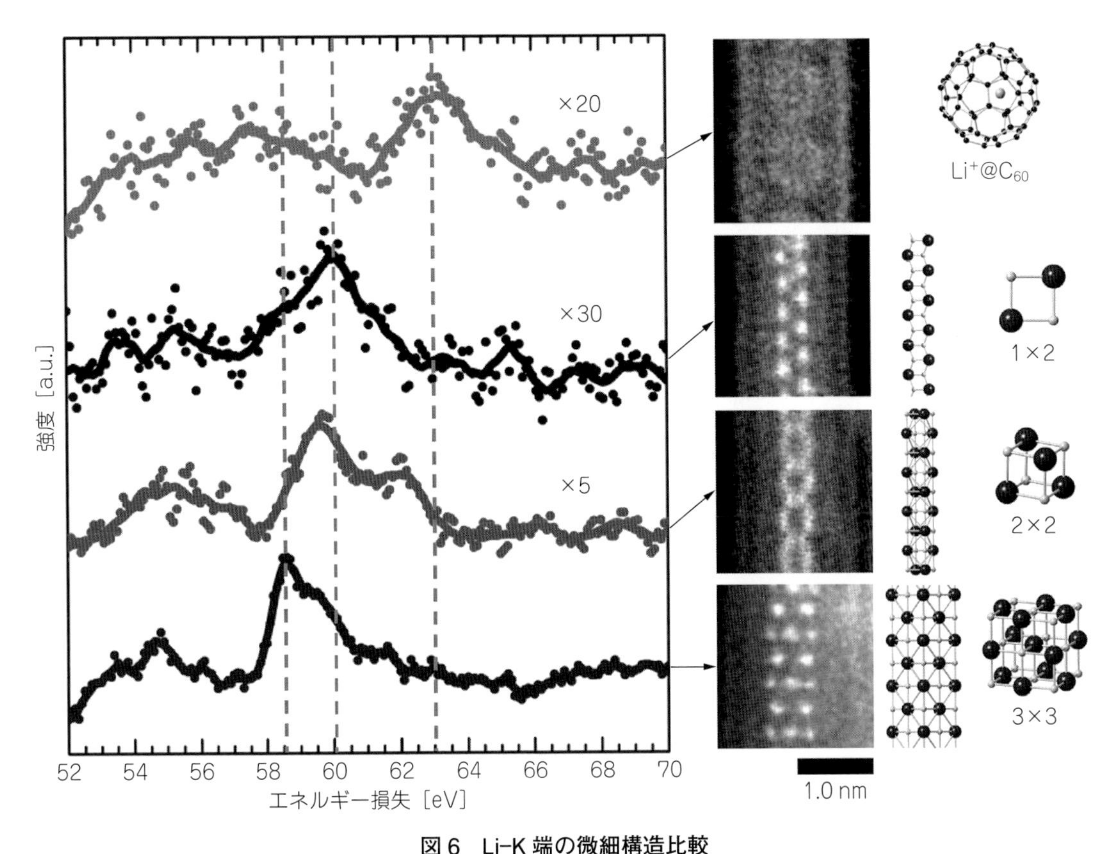

図６　Li-K 端の微細構造比較

Li^+@C_{60}（一番上）および結晶サイズの異なる LiI 1 次元結晶（上から 1×2，2×2，3×3 構造）。

は１～数価の陽イオンの状態で安定に存在することがわかっている[8)9)]。

5. モノクロメーター搭載電子顕微鏡

このように EELS は元素分析以外にも材料の性質を知る上で重要な手法である。EELS で得られる情報量はエネルギー分解能によって決まるが，これは TEM 本体の電子源の性能に強く依存している。一般的にエネルギー分解能が良いとされる冷却電界放出型の電子源（Cold-FEG）であっても 400 meV 程度のエネルギーのばらつきをもっている。このため例えば半導体材料のバンドギャップに由来するピーク（1 eV～）はゼロロス（試料とのエネルギー的な相互作用がない電子による信号）の裾野に埋もれてしまい，計測することが困難であった。これに対して近年注目を集めているのがモノクロメーターを搭載した TEM で，照射電子線を単色化する（エネルギーをそろえる）ことでエネルギー分解能が飛躍的に向上している。これによって TEM の中でバンドギャップやフォノンといった材料物性を評価することができるようになってきた[10)11)]。

TEM 用モノクロメーターについてはいくつかの方法が提案されており，それぞれ異なる特徴をもっている[12)]。筆者らが用いているモノクロメーター（日本電子㈱製）は２つのウィーンフィルターをもち，その間に可動式のエネルギー選択スリットを有している。まず上段のウィーンフィルターで電子線をエネルギー順に分散し，スリットを使って余分なエネルギーの電子線をカットする。さらにもう１つのウィーンフィルターで分散した電子線を再度点光源に戻す。それ以降は通常の TEM/STEM と同じ機構で結像する。この W ウィーンフィルター型ではスリットの大きさによってエネルギー分解能を自由に可変できる上，照射系・結像系のレンズはすべてモノクロメーターとは独立に調整できるため，スリットの可変が像質に影響を与えないという利点がある。また本稿では詳細については述べないが電子線のエネルギー分解能を向上させることで色収差を低減できることから，TEM像の空間分解能も向上する[13]。

6. 高分解能EELSによるカーボンナノチューブの評価

ここではモノクロメーター搭載TEMを用いた単層カーボンナノチューブ（SWCNT）の評価例[14]について述べる。TEMグリッドに分散したSWCNTのうち，1本の孤立した十分長いチューブを選び，TEM/STEM像とともに，荷電子励起損失スペクトルと内殻電子励起損失スペクトルを取得する。ここでは比較のため上述のスリットを使用した場合（実線）と使用しない場合（点線）の吸収スペクトルを記載している（**図7**(b)(c)）。荷電子励起損失スペクトル（図7(b)）では，エネルギー選択スリットを使用し，ゼロロスがシャープになることで，スリットを使用しなかった場合（従来のTEM-EELS）にはみえていなかった複数のピークを確認することができる。これは価電子帯および伝導帯に存在するvan Hove特異点間の遷移（E_{ii}：$E_i \rightarrow E_i^*$（i=1, 2, 3…））に由来する吸収ピークで，カイラリティごとに固有の値をもつ。一方SWCNTの内殻電子励起スペクトル（図7(c)）は1s電子の励起（K-edge）として，285 eV付近にπ^*（$1s \rightarrow \pi^*$）と290 eV以降にσ^*（$1s \rightarrow \sigma^*$）の吸収が存在する。ここでもスリットを使用した場合にのみ，π^*で複数のサブピークが得られている。これらのピークは伝導帯の空準位への励起を反映しており，複数のサブピークはやはりvan Hove特異点に由来する。さらにSWCNTの幾何構造（カイライリティ）はFFTパターンから解析することができる（図7(b)挿入図）。つまり原子構造と光学特性（バンド間遷移），伝導体のバンド構造を直接結びつけることができる。

CNTはカイラリティによって，金属と半導体に分かれるというユニークな性質をもつ。EELSでも金属SWCNTと半導体SWCNTでは吸収スペクトルにそれぞれ特徴的な違いが現れる。まず価電子励起（**図8**(a)(b)）ではどちらもバンド間遷移に由来するE_{ii}（ここでは半導体の場合をS_{ii}，金属チュー

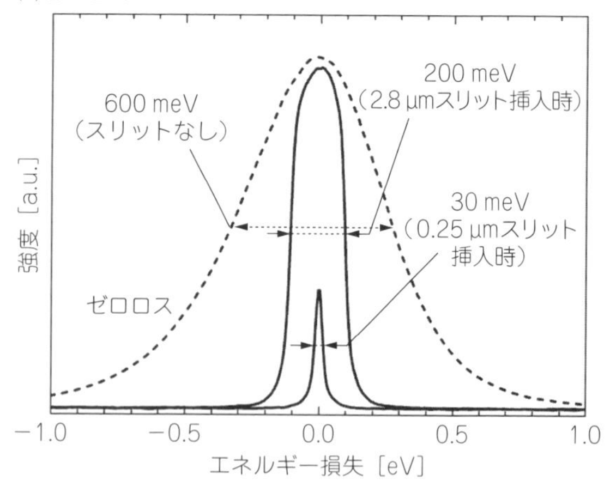

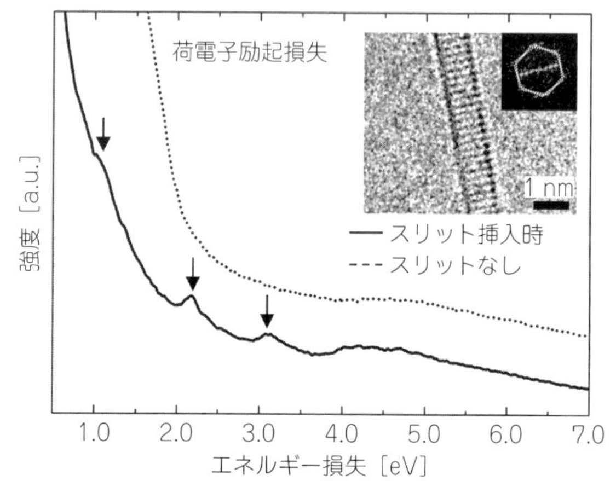

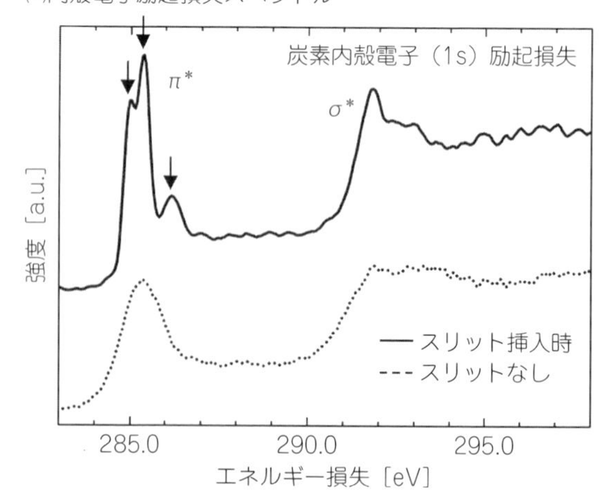

図7　モノクロメーター搭載TEMによる単一SWCNTのEELS分析例

エネルギー選択スリット使用有無での(a)ゼロロス，(b)価電子励起損失スペクトル，(c)内殻電子励起損失スペクトルの比較。(b)および(c)はすべて同じSWCNT（(b)内挿入図）から取得。SWCNTのカイラリティは（10, 1）。

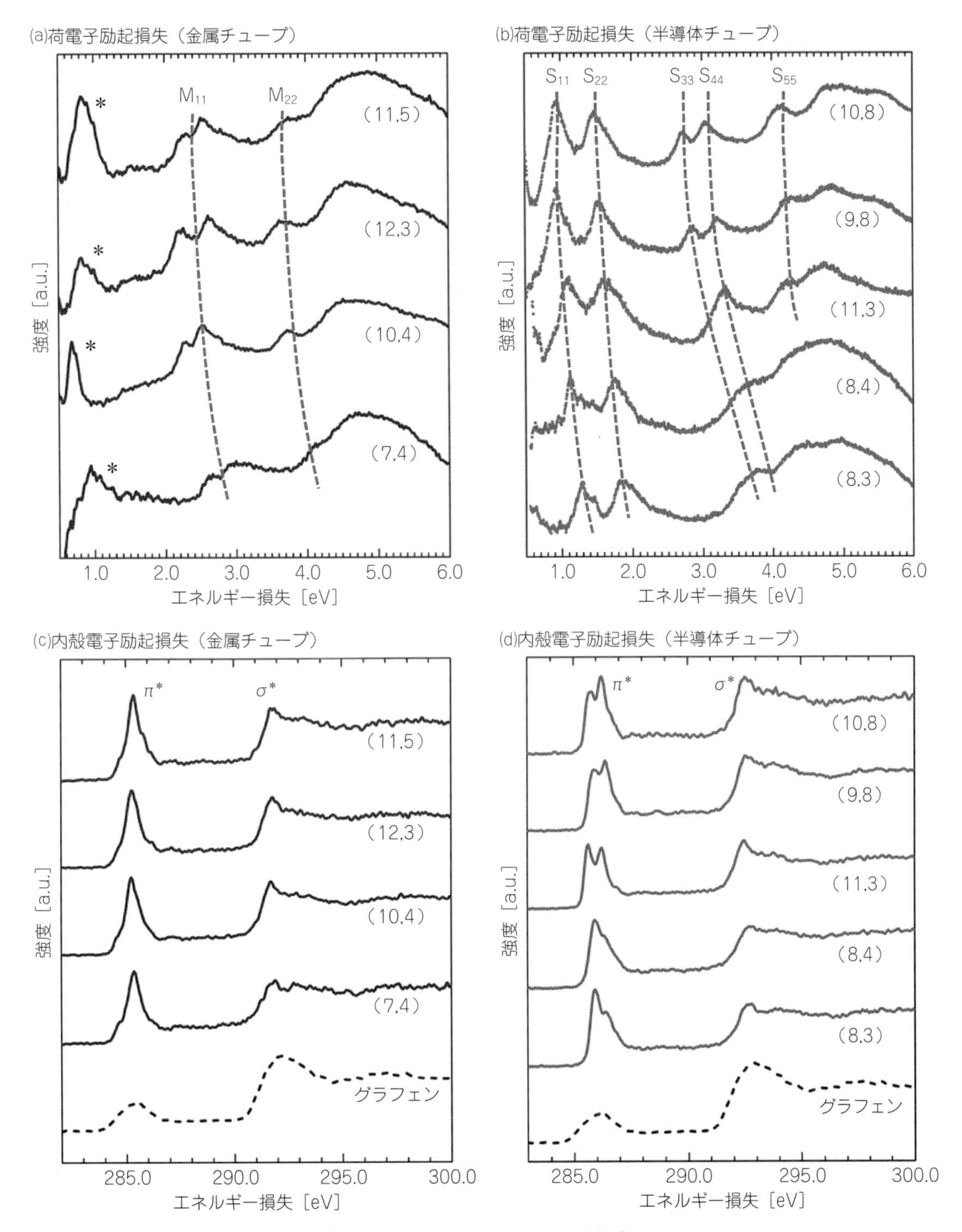

図８　高分解能 EELS による SWCNT の損失スペクトル

荷電子励起損失ならびに内殻電子励起損失ともにカイラリティごとに固有のスペクトルをもつ。(a)，(b)はゼロロスの裾野を差し引いて表示。

ブの場合を M_{ii} と呼称する）を確認することができる。電子線は SWCNT の軸に対してほぼ垂直に入射されるため，選択則は $E_i \rightarrow E_i^*$（i＝1, 2, 3…）となり，光学的手法で計測された値とほぼ一致する。（ただしコア・ホール相互作用の影響など詳細については さらなる検討が必要である。）また EELS の場合，

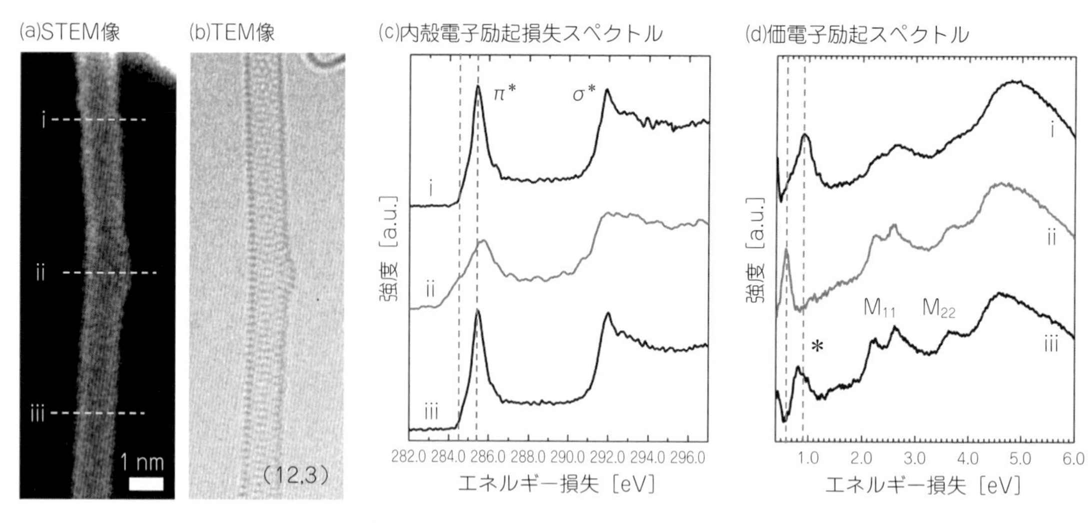

図９　欠陥をもつ SWCNT の評価例

中央付近にこぶ上の欠陥をもつ SWCNT の(a) STEM 像および(b) TEM 像。STEM モードで(a)の i ～ iii の線上に沿って(c)内殻電子励起損失スペクトルおよび(d)価電子励起スペクトルを取得。ii の欠陥部分で π^*の形状が鈍化し，プラズモンピークも低エネルギー側にシフトする。

金属チューブにおいて 1 eV 付近にバンド間遷移とは別のピークをもつ（図 8 (a) ＊印）。これは金属 SWCNT における電荷キャリアに由来するプラズモンであり，従来の光学的手法では観測することはできなかった。

内殻電子励起損失（図 8 (c)(d)）では π^*の位置に van Hove 特異点への遷移に対応するピークが重なるため，カイラリティごとに π^*の微細構造が異なる。σ^*の微細構造は SWCNT の曲率を反映しており，チューブ系が太くなり曲率が小さくなるほどグラフェンに近い鋭いピークになる。また金属 SWCNT と半導体 SWCNT を比べると金属 SWCNT の方が π^*の立ち上がりがややなだらかになる。これは半導体 SWCNT の第 1 ピークが 1s から S_1^*への遷移を反映しているのに対して，禁制帯をもたない金属 SWCNT ではフェルミエネルギー上部の M_1^*よりも低いエネルギーに遷移可能な状態が存在しているためと考えられる。

この手法を使えば欠陥などの非周期的な構造に対して局所的な物性評価を行うことができる。例えば**図 9** のように中央付近に欠陥を有する金属 SWCNT（カイラリティ（12, 3））の場合，欠陥付近で π^*，σ^*の形に変化がみられる。一方価電子励起における M_{11} のピーク位置に大きな変化はないが，1 eV 付近のプラズモンピークは欠陥部分で低エネルギー側にシフトしている。これは，この欠陥部分でキャリア密度が減少していることを示唆している。さらに内殻電子励起損失スペクトルにおける π^*の立ち上がりが低エネルギー側にシフトし，ややなだらかになっているのは，この欠陥部分におけるフェルミレベルの変化を反映していると解釈できる。このように欠陥部分での局所的な特性変化を敏感にとらえることができる。

7. おわりに

本稿では低加速高分解能 TEM による構造解析と EELS による元素分析および物性評価を組み合わせたナノ材料評価事例について紹介した。他にもグラフェン端にドープした原子のスピン状態の評価[15]や，層状カルコゲナイド物質のヘテロ接合部における光学特性評価[16]など，物性まで踏み込んだ材料評価を TEM の中で行うことが可能になってきた。今後ナノカーボンをはじめとした低次元材料の応用を広げていくためには，原子構造と物性を 1 対 1 に対応付けし，物性発現メカニズムを明らかにすることが必要不可欠である。本稿で紹介した例はその一部に過ぎないが，こうした要求に応える技術の 1 つとしてさらなる付加機能を備えた TEM の活躍が期待される。

謝　辞

本稿で述べたTEM（TripleC一号機およびTripleC二号機）は日本電子㈱との共同開発である。また本研究は，国立研究開発法人科学技術振興機構および独立行政法人日本学術振興会科学研究費助成事業による支援を受けて行っている。

文　献

1）H. Sawada, T. Sasaki, F. Hosokawa, S. Yuasa, M. Terao, M. Kawazoe, T. Nakamichi, T. Kaneyama, Y. Kondo, K. Kimoto and K. Suenaga：*J. Electron Microscopy,* **58**, 341（2009）.

2）B. W. Smith, M. Monthioux and D. E. Luzzi：*Nature,* **396**, 323（1998）.

3）R. R. Meyer, J. Sloan, R. E. Dunin-Borkowski, A. I. Kirkland, M. C. Novotny, S. R. Bailey, J. L. Hutchison and M. L. H. Green：*Science,* **289**, 1324（2000）.

4）R. Kitaura, R. Nakanishi, T. Saito, H. Yoshikawa, K. Awaga and H. Shinohara：*Angew. Chemie-Int. Ed.,* **48**, 8298（2009）.

5）R. Senga, H.-P. Komsa, Z. Liu, K. Hirose-Takai, A. V. Krasheninnikov and K. Suenaga：*Nature Mat.,* **13**, 1050（2014）.

6）S. Pennycook：*Ultramicroscopy,* **30**, 58（1989）.

7）R. Senga and K. Suenaga：*Nature Commun.,* **6**, 7943（2015）.

8）K. Suenaga, Y. Sato, Z. Liu, H. Kataura, T. Okazaki, K. Kimoto, H. Sawada, T. Sasaki, K. Omoto, T. Tomita, T. Kaneyama and Y. Kondo：*Nature Chem.,* **1**, 415（2009）.

9）S. Aoyagi, Y. Sado, E. Nishibori, H. Sawa, H. Okada, H. Tobita, Y. Kasama, R. Kitaura and H. Shinohara：*Angew. Chemie,* **51**, 3377（2012）.

10）K. Kimoto, G. Kothleitner, W. Grogger, Y. Matsui and F. Hofer：*Micron,* **36**, 185（2005）.

11）O. L. Krivanek, T. C. Lovejoy, N. Dellby, T. Aoki, R. W. Carpenter, P. Rez, E. Soignard, J. Zhu, P. E. Batson, M. J. Lagos, R. F. Egerton and P. A. Crozier：*Nature,* **514**, 209（2014）.

12）K. Kimoto：*Microscopy,* **63**, 337（2014）.

13）S. Morishita, M. Mukai, K. Suenaga and H. Sawada：*Appl. Phys. Lett.,* **108**, 013107（2016）.

14）R. Senga, T. Pichler and K. Suenaga：*Nano Lett.* **16**（6）, 3661（2016）.

15）Y.-C. Lin, P.-Y. Teng, P.-W. Chiu and K. Suenaga：*Phys. Rev. Lett.,* **115**, 206803（2015）.

16）L. H. G. Tizei, Y.-C. Lin, M. Mukai, H. Sawada, A.-Y. Lu, L.-J. Li, K. Kimoto and K. Suenaga：*Phys. Rev. Lett.,* **114**, 107601（2015）.

第5節　低エネルギー電子顕微鏡によるグラフェンの構造解析

関西学院大学　日比野　浩樹

1．低エネルギー電子顕微鏡

低エネルギー電子顕微鏡（low-energy electron microscopy；LEEM）は，1～100 eV 程度の電子を試料に入射し，後方に弾性散乱された電子を用いて試料表面の拡大像を得る顕微鏡である。ナノメートルレベルの空間分解能とビデオレートの時間分解能を併せもち，薄膜・表面の形態や構造の解析，表面現象の動的観察に威力を発揮する[1]。

図1は，代表的な LEEM 装置の模式図である。LEEM では，試料表面にほぼ垂直に電子を入射し，後方散乱された電子を結像に用いる。このため，電子光学入射系と電子光学結像系をビームセパレータで分離する必要がある。電子銃から放出された例えば 20 keV の電子線は，いくつかのレンズを通過した後，ビームセパレータ，対物レンズを経て，平行ビームとなって試料に入射する。試料は電子源とほぼ等電位にあり，数 mm の間隔で向き合ったアース電位の対物レンズの電極との間に強い電場が印加されている。試料直前の均一な電場はレンズ作用をもち，試料自身も対物レンズの一部を構成している。電子線は，試料直前の電場によって，電子銃と試料の電位差で決まる低エネルギーまで減速され，試料で後方散乱された後，同じ電場によって 20 keV まで再加速される。その後，ビームセパレータで逆方向に偏向され，結像系のレンズ群を通過した後，マイクロチャネルプレートで増強され，蛍光面に拡大像を結ぶ。また，LEEM 装置では，制限視野絞りを用いて，LEEM 視野内のサブ μm 領域の低速電子回折（low-energy electron diffraction；LEED）パターンも取得できる。

LEEM の空間分解能は，標準的な市販装置のカタログ値で，5 nm 程度である。LEEM は，平行ビームを用いる投影型の顕微鏡であることに加え，電子の反射率が低エネルギーほど高い傾向にあるため，短時間で画像が得られる。LEEM を用いれば，比

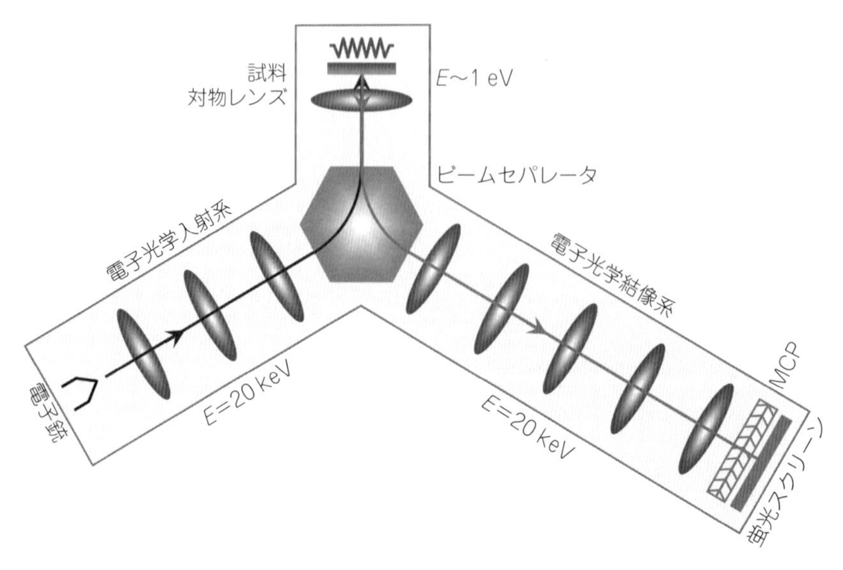

図1　LEEM 装置の模式図

較的容易に，数 10 nm スケールでの表面の構造変化をビデオレートで観察できる。LEEM はグラフェンに代表される２次元物質の成長機構の解明や構造解析にも有用であり，本稿では，グラフェンへの応用例を紹介する。

2. グラフェン成長法

LEEM によるグラフェン評価の説明に入る前に，以降の理解が容易になるように，筆者らがグラフェン成長に用いた２つの手法を簡単に説明する。

(1)化学気相成長（chemical vapor deposition；CVD）法

金属基板の触媒作用でメタンのような炭素を含むガスを分解し，グラフェンを成長させる手法。グラフェンの CVD 成長機構は，基板となる触媒金属の種類に依存し，Cu に代表される炭素固溶度の小さい金属では，CVD 成長中，表面上でグラフェンが２次元的に成長する。表面がグラフェンで覆われると，基板の触媒活性が失われるため，成長が自己停止する。このため，単層のグラフェンを再現性良く成長できる。一方，Ni などの炭素固溶度の大きな金属では，成長温度において原料ガスの分解によって生成された炭素原子が基板に溶け込む。その炭素原子が，基板の冷却中に表面に偏析/析出することで，グラフェンが形成される。したがって，グラフェン層数は成長時間や冷却速度などに依存し，制御が難しい。

(2)SiC 熱分解法

SiC 基板を真空中やガス中で加熱することによって，Si 原子を選択的に昇華させ，残った炭素原子をグラフェンとして成長させる手法。できるグラフェンの構造は基板面方位によって異なる。高品質なグラフェンの成長には，少数層グラフェンがエピタキシャル成長する SiC(0001)基板が有利である。これは，SiC(0001)表面には，グラフェン成長のテンプレートとなるバッファー層が存在するためである。バッファー層とは，グラフェンが SiC 基板との化学結合により特有の電子構造を失ったもので，SiC(0001)単位胞の $6\sqrt{3}\times6\sqrt{3}$ 倍の周期性をもつ。グラフェン成長は，新しいバッファー層が古いバッファー層と SiC 基板の界面に形成され，古いバッファー層が基板との結合を失うことにより進行する。SiC(0001)基板のグラフェンは必ずバッファー層を経由しているため，基板とエピタキシャル関係にある。

3. LEEM のコントラスト生成機構

ここでは，**図２**を用いて，LEEM の代表的なコントラスト生成機構を説明しながら，LEEM によってグラフェンに関するどのような情報が得られるかを概観する。［4］以降で，それらを個々に詳しく説明する。

試料表面に電子線を入射したとき，鏡面反射(0, 0)ビームの強度は，物質や構造に依存する。したがって，物質や構造の異なるドメインで分割された表面を，(0, 0)ビームを用いた明視野 LEEM 法で観察すると，特定のエネルギーで，ドメイン間に十分なコントラストが現れることが多い。図２(a)に，Ni 箔の表面にバルクから炭素が偏析することで核発生したグラフェンの明視野 LEEM 像を示す。Ni 表面からの(0, 0)ビーム強度は，グラフェンで覆われている場所と覆われていない場所とで大きく異なる。このため，両者の明るさに大きな差が現れ，高い時間分解能でグラフェン成長過程をその場観察できる。

さらに，(0, 0)以外の回折ビームを用いた暗視野 LEEM 法もドメイン観察に有効である。例えば，図２(b)のように，互いに面内回転したドメインからなる多結晶グラフェンでは，(0, 0)ビーム強度はドメインに依らないため，明視野 LEEM 像にコントラストは現れない。しかしながら，結晶方位の異なるドメインは，逆格子空間上の異なる位置に回折スポットを与えるため，暗視野法では，それらを用いて特定の方位のドメインだけを排他的に可視化できる。図２(b)の LEEM 像は，Cu 箔上に CVD 成長させた多結晶グラフェンを暗視野 LEEM 法で観察し，異なる結晶方位のドメインを異なる色で着色したもの（結晶方位マップ）である。

しかしながら，上記の手法は，互いに面内回転したドメインが，同じ位置に回折スポットを与える場合には使えない。このような例を，２層グラフェンに見ることができる。グラフェンは６回回転対称性

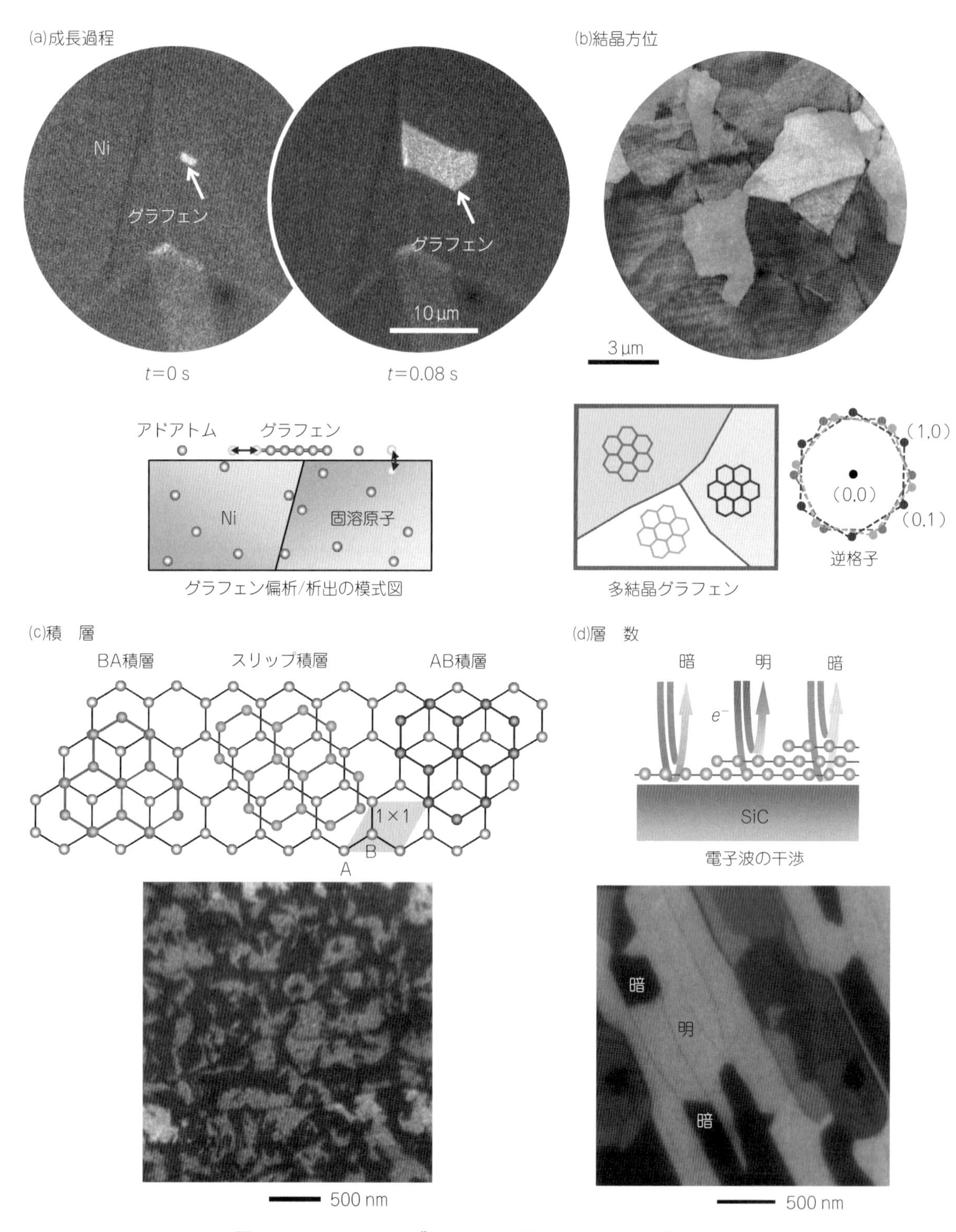

図2　LEEMによってグラフェンに関して得られる情報の概略

をもち，単位胞内には二つの炭素原子がAサイトとBサイトに存在する。一方，2層グラフェンの安定構造には，図2(c)の模式図のように，A原子の上にB原子が重なるAB積層と，B原子の上にA原子が重なるBA積層の2種類があり，これらは3回対称である。2層グラフェンからの一次の回折スポットは，六角形の頂点に現れるものの，対称性を反映して二組に分類される。２組の回折ビームは，エネルギーを選べば，強度が大きく異なる。このため，SiC(0001)表面上に熱分解法で成長させた２層グラフェンを，一次の回折ビームを使った暗視野LEEM法で観察すると，図２(c)にみられるように，積層の異なる２種類のドメインが違う明るさで観察される[2]。

上記のコントラストはすべて回折に起因するものであったが，それ以外に，電子波の干渉に起因するコントラストとして，ステップを挟んだ両側のテラスから反射された電子が干渉することで現れるステップ位相コントラストと，基板上にある薄膜の表面と界面で反射された電子が干渉することで現れる量子サイズコントラストが良く知られる。図２(d)は，量子サイズコントラストの生成機構を模式的に示したものである。図２(d)中のSiC(0001)表面上に成長させた少数層グラフェンから得られた明視野LEEM像では，層数の異なる領域が明瞭に区別できる。反射電子強度は，電子エネルギー（波長）と層数に依存して系統的に変化するため，その変化の仕方から層数を決定できる[3]。

4. 金属基板上でのグラフェンCVD成長機構

グラフェンの産業応用には，大面積で高品質なグラフェン基板が必要であり，その製造法として金属基板上でのCVD法に高い期待がある。LEEMは，これまでに，グラフェンのCVD成長の素過程に関して多くのことを明らかにしてきた。炭素固溶度がCuに比べて高いRuやIr上に，エチレンや炭素原子を蒸着すると，表面の炭素濃度が原子層の数%まで上昇し，臨界値を超えるとグラフェンが核発生する[4)5)]。他方，Cu上では，炭素原子を蒸着中，表面の炭素濃度は常に10^{-3}原子層以下に保たれる[6]。また，RuとIr上では，グラフェン成長が，グラフェンのエッジでの炭素原子の付着/脱離によって律速される。このとき，表面の炭素濃度とグラフェンの成長速度の関係から，4～5個の炭素原子が一体となって付着/脱離することが示されている[4)5)7)]。一方，Cu上では，炭素原子の表面拡散によってグラフェン成長が律速されると報告されている[6]。

Cuを基板としたCVD法では，単層グラフェンを再現性良く得られるメリットがある。しかし，グラフェンは物性が層数に依存し，層数に応じて応用先も変わるため，炭素固溶度の高い基板を利用して層数制御された多層グラフェンを作製できれば有意義である。この目標を達成するために，グラフェン偏析/析出の素過程を理解することは重要である。

すでに，Ru上でのグラフェン偏析/析出のLEEMによるその場観察から，グラフェンの偏析/析出を理解するには，３種類の状態にある炭素原子を考えればよいことがわかっている[8]。それらは，グラフェンの中の炭素原子，Ru表面上の炭素原子，Ru中に固溶した炭素原子である。炭素原子は，バルクから表面への偏析と，表面からバルクへの固溶を繰り返している。バルク中の炭素固溶度は低温ほど小さいため，偏析と固溶が釣り合う表面炭素濃度は，温度低下とともに上昇する。一方，グラフェンのエッジでは炭素原子が付着と脱離を繰り返しており，グラフェンエッジは表面炭素濃度の大きさによって前進または後退する。ここで考えている温度領域では，炭素原子はグラフェン格子を組むことで安定化するため，エッジでの付着と脱離が釣り合う表面炭素濃度は，温度低下に伴い減少する。基板中に炭素原子が固溶した状態から温度を下げていくと，ある温度で，偏析/固溶で決まる表面炭素濃度が，付着/脱離で決まる表面炭素濃度を上回り，グラフェンが発生する。

上記の研究には単結晶金属基板が用いられてきたが，筆者らは，より実用的な多結晶の箔を用いて，グラフェンの偏析/析出をLEEMでその場観察した[9]。グラフェンは表面の欠陥部位に核発生しやすいため，あらかじめ十分に平坦化した金属箔を基板に用い，グラフェンを少数の核から大きく成長させることを目指した。基板にはNi，Co，Ptなどの多種の金属を用いたが，ここでは，Ni箔上での結果を示す。Ni(111)基板では，固溶炭素濃度が0.26 at.%のとき，1,180から1,065 Kの温度領域で単層のグラフェンが安定に存在し，より低温では多層のグラフェンが形成されることが報告されている[10]。

実験では，あらかじめグラファイト薄膜をCVD

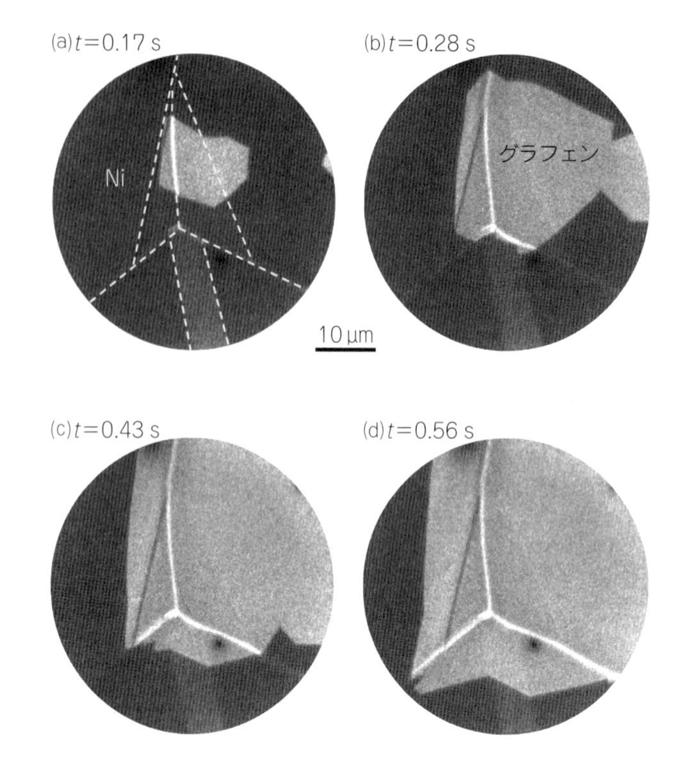

図 3　Ni 箔上での炭素原子の偏析によるグラフェン成長の LEEM その場観察結果
(a)中の破線は Ni 箔の結晶粒界を示す。

法で成長させ，それを超高真空中で加熱して，炭素原子を完全に基板中に固溶させた後，温度を下げてグラフェンを偏析/析出させた。**図 3** は超平坦 Ni 箔上でのグラフェン成長のその場観察結果であり，図 2(a)の続きにあたる。図 3(a)の破線が Ni 箔の結晶粒界に対応する。グラフェンは Ni 結晶粒界を乗り越えて連続的に成長する。結晶粒界をまたいで成長したグラフェンの結晶方位を，結晶粒界の両側で，制限視野 LEED により調べると，方位はそろっており，たとえ多結晶基板であっても，単結晶のグラフェンを大面積に作製できる。その後，温度を調整することで，数 10 μm の範囲で均一な 2 層グラフェンの作製にも成功したが，室温まで冷却すると多層のグラフェンが析出し，層数制御は困難であった。基板の金属種や膜厚によって炭素の析出量を制御することが重要となる。

5. CVD 法によるグラフェンのエピタキシャル成長

Cu 箔上の CVD 成長は，スケーラブルでコスト効率の良いグラフェン合成法であるが，多結晶状態のグラフェンが得られる。結晶粒界はグラフェンの電気特性や機械特性に悪影響を及ぼすため，高性能なデバイスへの応用にはグラフェンの単結晶化が必要である。この目的に，グラフェンの多結晶構造の解析は不可欠であり，結晶方位マップが得られる LEEM の有用性は高い。同様の結晶方位マップは透過電子顕微鏡（transmission electron microscopy；TEM）によっても得られるが，両者を比較すると，LEEM は，空間分解能では TEM に及ばない。一方，平面 TEM 観察にはグラフェンを TEM グリッド上に転写する必要があるのに対し，LEEM は基板上のグラフェンをそのまま観察できるため，試料準備の簡便さに利点がある。

現在，グラフェンの単結晶化へのアプローチは，主に 2 つに大別される。1 つ目が，単一のグラフェンの 2 次元島を可能な限り大きく成長させるアプローチである。この場合，いかにグラフェン核の密度を下げるかが重要であり，これまでに報告された最大の単結晶グラフェンは 1 cm に達する[11]。もう一つのアプローチが，すべてのグラフェン島を単一結晶方位にそろえることである。たとえ島の密度が高くとも，結晶方位の乱れは生じない。ただし，方位がそろっていても，融合部に原子レベルの欠陥が形成される可能性はゼロではない。基板には，金属単結晶は高価なため，サファイアやMgOなどにヘテロエピタキシャル成長させた薄膜を用いる。

グラフェンの配向性は基板の対称性と密接に関連するため，第二のアプローチでは，基板面方位の選定は重要である。**図4**と**図5**は，MgO(111)基板上のCu(111)薄膜と，MgO(100)基板上のCu(100)薄膜上に1,000℃でCVD成長させたグラフェンのLEEM像である。Cu(111)上ではグラフェンが単一方位を示すのに対し，Cu(100)上には主に90°回転した2方位のドメインからなる多結晶膜が成長する[12]。グラフェンが6回対称性をもつのに対し，Cu(111)とCu(100)の最表面原子は6回対称と4回対称である。LEEDによる解析から，Cu(111)基板上ではグラフェンがCu格子に配向しているのに対し，Cu(100)基板上では，グラフェン格子の単位ベクトルが，Cu(100)格子の2つの直交した単位ベクトルのいずれかに平行になる。2種類の配向は等価であり，多結晶性は対称性の違いからの自然な帰結である。

ただし，Cu(111)薄膜であっても，成長温度を上げるにつれ，配向性に乱れが生じる[13]。比較的低温の930〜1,030℃ではCu(111)格子に配向するが，1,040℃ではCu(111)格子から±3.4°だけ回転したグラフェンが形成される。Cu(111)とグラフェン間にある約4%の格子不整合が，3.4°回転の原因と考えられる。さらに高温では，方位が幅広く分布した多結晶グラフェンが成長し，成長温度がCuの融点1,083℃に近づくことにより，Cu格子の熱的なゆらぎが顕著になったためと考えられる。配向性の制御には，基板面方位に加え成長条件の選択も重要である。

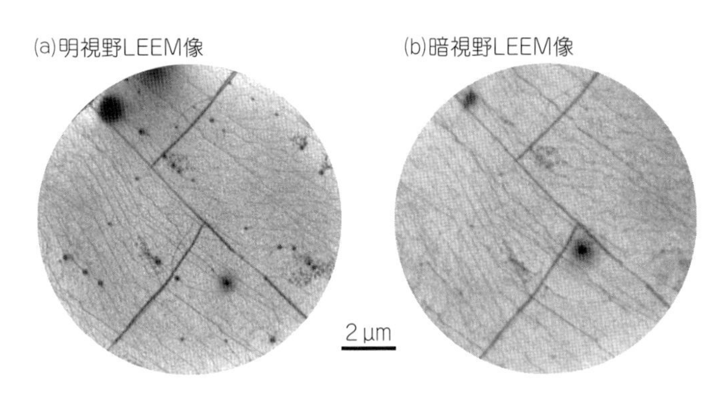

図4　Cu(111)薄膜上にCVD成長させたグラフェン

電子線のエネルギーは，(a)2.9，(b)36.6 eV。暗視野LEEM像が均一であることから，グラフェンが単一結晶方位をもつことがわかる。

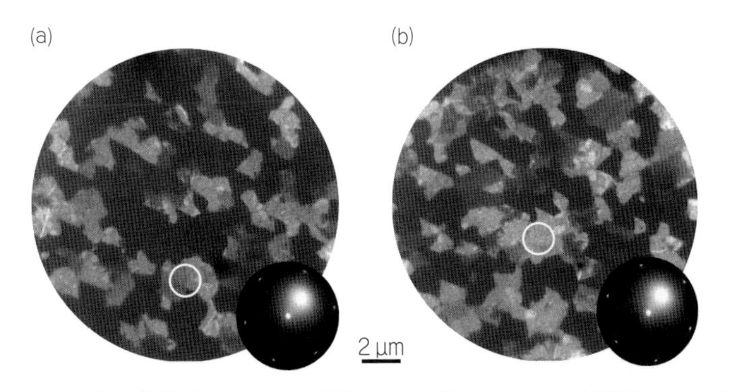

図5　Cu(100)薄膜上にCVD成長させたグラフェンの暗視野LEEM像

電子線のエネルギーは44.5 eV。(a)と(b)の結像には，異なる一次の回折ビームを用いた。挿入図はLEEM像中の円の位置でのLEEDパターン。

6. エピタキシャル2層グラフェンの積層構造

図2(c)では，暗視野LEEM像で，2層グラフェンのAB積層とBA積層の領域を区別できることを示したが，ここではLEED強度の動力学計算を用いて積層構造を定量的に解析する[2)]。ここで，層数の同定には次節に説明する反射率スペクトルを用いる。

図2(c)に示されるようにAB積層とBA積層は3回対称で，一方を180°回転すると他方に一致する。したがって，(1,0)ビームと(0,1)ビームを用いた暗視野LEEM像ではコントラストが反転する。**図6**は，2層と3層のグラフェンが形成されたSiC(0001)表面の明視野と暗視野LEEM像である。明視野像では，2層グラフェンは基板のステップに起因する線状のコントラストを除いて均一である。図6(c)，(d)は，同じ領域を，(1,0)および(0,1)ビームを用いて観察した暗視野LEEM像である。AB積層とBA積層の領域が異なる明るさで観察され，両者でコントラストが反転していることが確認される。また，図6(b)は，図6(d)とは異なるエネルギーで得られた(0,1)ビームの暗視野LEEM像であり，AB積層とBA積層のドメイン境界が明るく観察される。ただし，観察されているのはその一部分で，(0,1)以外の回折ビームを用いて対称性を調べた結果，ドメイン境界の構造は2回回転対称性をもち，3種類存在することが示された。

暗視野像は積層の異なる領域を区別できるが，積層構造の決定には，LEED強度のエネルギー依存性（I-V曲線）の解析が必要である。図6(e)に，2層グラフェンの暗視野LEEM像から実験的に得られた(1,0)と(0,1)ビームのI-V曲線と，AB積層に対する計算結果を比較する。実験結果と計算結果は良く一致し，エピタキシャル2層グラフェン中にAB積層とBA積層のドメインが共存していることが確証される。計算は無限層数のABAB積層に対するものであるにもかかわらず，2層グラフェンの実験結果と良く一致していることから，数10eVの電子線が非常に表面敏感であることがわかる。

次に，AB積層とBA積層のドメイン境界の構造について検討する。ドメイン境界は，幅が細く，正確なI-V曲線を測定できないが，特定のエネルギーで明視野，暗視野LEEM像にコントラストを生じる。AB積層とBA積層は，2層のうちの1層を固定して1層をスライドさせることで変換できる。ドメイン境界は，そのスライドの途中に現われる中間

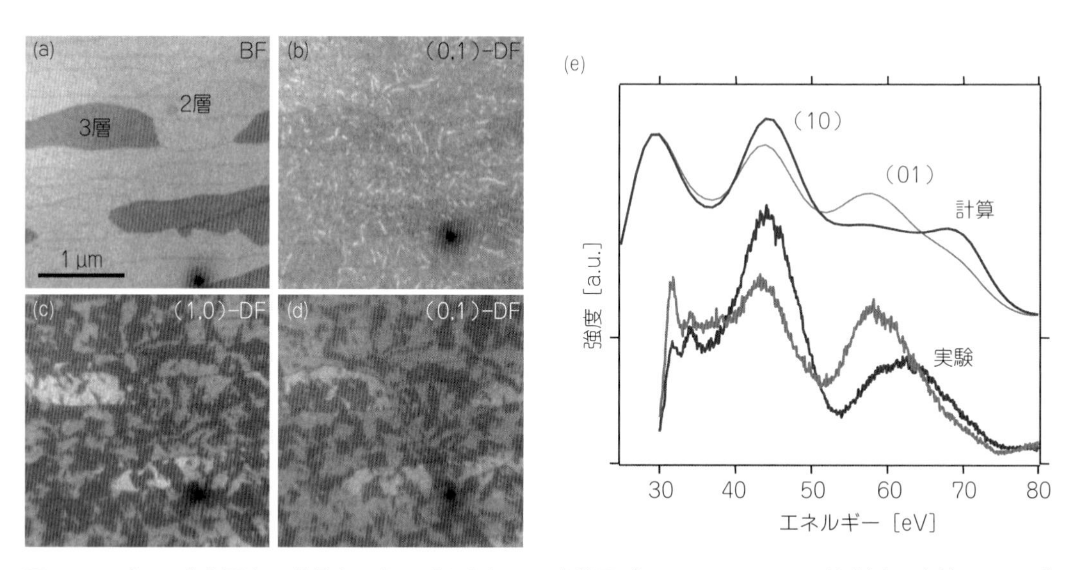

図6　SiC(0001)表面上に成長させたエピタキシャル少数層グラフェンのLEEM像((a)～(d))と2層グラフェンに対して実験から求めた(1,0)と(0,1)ビームのI-V曲線と，ABAB積層のグラファイトに対する計算結果(e)

(a)は明視野LEEM像，(b)と(d)は(0,1)ビームを用いた暗視野LEEM像，(c)は(1,0)ビームを用いた暗視野LEEM像。電子線のエネルギーは，(a)5.5，(b)51.1，(c)～(d)58.1 eV。

的な構造であると想定される。中間的な構造で対称性の高いものは，２層がぴったり重なったAA積層と，図2(c)に模式的に示されたスリップ積層である。AA積層は6回対称であり，LEEMで得られた対称性と矛盾するが，スリップ積層は，一方の層の六員環中に他方の層の炭素原子のペアが位置し，この炭素原子ペアには3種類の向きがあるため，LEEMの結果と合致する。さらにLEEM像中にドメイン境界を見分けられるエネルギーが，スリップ積層に対して計算された回折強度がAB積層のものから顕著に異なるエネルギーに一致した。これらのことから，AB積層とBA積層の境界にはスリップ積層が現れることが示された。

積層ドメインの出現には２つの原因が考えられる。２層グラフェンがAB積層をとるかBA積層をとるかは基本的にランダムである。したがって，２層目のグラフェンが色々な場所で核発生すれば，積層ドメインが出現する。さらに，少数層グラフェン中の各層は，その起源となるバッファー層が出来た時点でのSiC表面形状に応じて面積が異なる。面積の異なるグラフェンが重なった場合，そのずれを解消するために，積層ドメインが出現する可能性がある。

7. 電子反射率スペクトルの振動構造を用いたグラフェンの層数評価

図2(d)では，明視野LEEM強度がグラフェン薄膜の層数に応じて異なることを，金属薄膜に適用されてきた量子サイズコントラストで説明した。しかしながら，金属薄膜内では入射電子が感じるポテンシャルが比較的均一であるのに対し，グラフェン薄膜内ではポテンシャルが場所ごとに大きく変化する。このため，量子サイズコントラストよりも，電子の共鳴的な透過がより適切な描像であると考えられている[3)14)15)]。以下に，電子の共鳴透過について説明する。

図7は，SiC(0001)表面上に成長させたグラフェンの(0, 0)ビーム強度のエネルギー依存性（反射率スペクトル）で，挿入図のAからDの領域で測定されたものである。反射率スペクトルは，２種類の振動構造を示し，長周期の振動はグラファイトの非占有電子状態を反映したものであることがわかっている[16)]。図7上部の挿入図は，第一原理計算により求めたグラファイトの面に垂直な方向のバンド構造である。入射電子は，そのエネルギーが分散をもつバンド内に位置するとき，内部に侵入しやすく，ギャップ内に位置するとき，反射されやすい。

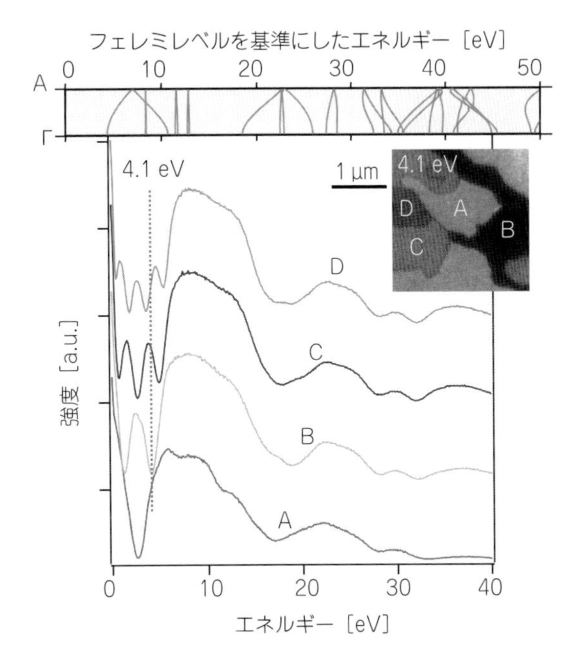

図７　SiC(0001)表面上に成長させたエピタキシャル少数層グラフェンの電子反射率スペクトル

LEEM像のAからDの領域で測定した。上部の挿入図はグラファイトのΓ–A方向のバンド構造。

7 eV以下で反射率が低い理由も，グラファイトがフェルミレベルの上の4〜11 eVのエネルギーに，Γ–A方向に分散する非占有状態をもつためである。このバンドはインターレイヤーバンドとして良く知られ，グラフェン層間に最大の電荷密度をもつ。インターレイヤー状態は，無限層のグラファイト中では連続的なエネルギーバンドとなるが，自立したn層のグラフェン薄膜中では$n-1$個の離散的なエネルギー状態となる。入射エネルギーがそれらの１つに一致すれば，電子は共鳴的にグラフェン薄膜を透過するため，反射率スペクトルには$n-1$個の極小が現れる。

SiC(0001)表面上のエピタキシャルグラフェンの場合，界面にグラフェン構造をもつバッファー層が存在し，バッファー層とエピタキシャルグラフェン間の空間にもインターレイヤー状態が現れる。インターレイヤー状態は，グラフェン層と基板の界面に現れる可能性もあるが，バッファー層とSiC基板が化学結合していることから排除される。したがって，n層のエピタキシャルグラフェン（バッファー層も含めたグラフェン層数は$n+1$）は，反射率スペクトルにn個の極小を生み，図7のAからDの領域が1から4層に対応する。

グラフェンと基板の界面にインターレイヤー状態が現れるケースに，疑似フリースタンディンググラフェンがある[17]。バッファー層があるSiC(0001)基板を水素ガス中で加熱すると，水素原子がバッファー層とSiC基板の化学結合を切断し，SiC基板のダングリングボンドを終端する。これにより，バッファー層はグラフェンの物性を獲得する。このように作製されたグラフェンを疑似フリースタンディンググラフェンと呼び，バッファー層が疑似フリースタンディング1層グラフェンに，エピタキシャルn層グラフェンが疑似フリースタンディング$n+1$層グラフェンに変換される。バッファー層はエピタキシャルグラフェンのキャリア移動度を引き下げる要因となっているため，疑似フリースタンディンググラフェンに対して高い電気伝導特性が期待されている。また，水素以外にもさまざまな原子をインターカレートすることが可能で，原子の種類や量によって，グラフェンのキャリアタイプやキャリア密度を制御することも可能である。

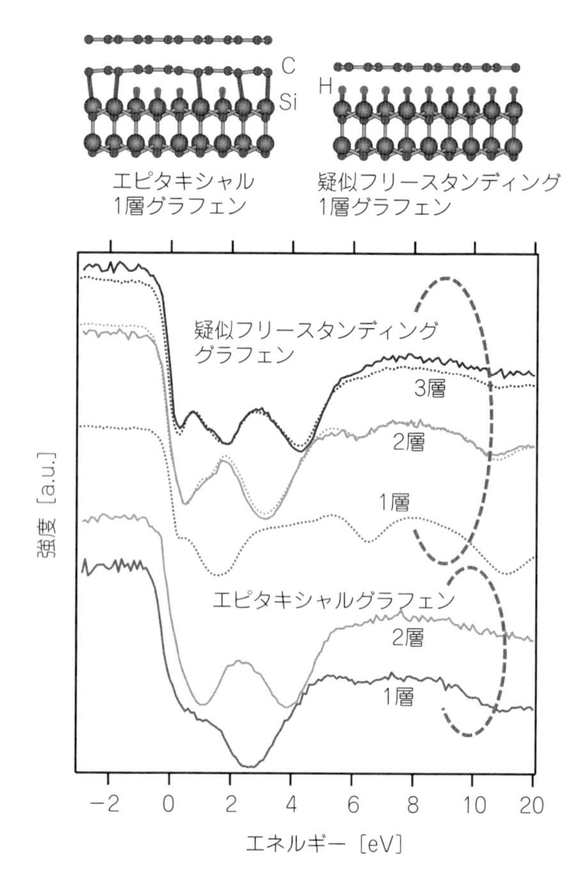

図8　SiC(0001)表面上のエピタキシャルグラフェンと疑似フリースタンディンググラフェンの電子反射率スペクトル

図8はエピタキシャルグラフェンと疑似フリースタンディンググラフェンの反射率スペクトルを比較したもので，エピタキシャル1層グラフェンと疑似フリースタンディング2層グラフェンはともに2枚のグラフェンシートからなるが，前者が極小を1つしか示さないのに対して，後者は2つの極小を示す。このことは，疑似フリースタンディンググラフェンとSiC基板の界面にインターレイヤー状態が存在する証拠であり，反射率スペクトルからグラフェンと基板との相互作用に関する情報が得られる。

8. グラフェン以外の2次元物質への展開

LEEMはグラフェン以外の2次元物質の構造解析にも有用である。単層の六方晶窒化ホウ素（h-BN）はグラフェンと同様にハチの巣構造をとり，窒素原子とホウ素原子をAサイトとBサイトにもつ。これまでに筆者らは，暗視野LEEM法を用いて，Co(0001)薄膜上にCVD成長させた単層のh-BNは，基板とコメンシュレートな関係にあるものの，窒素原子とホウ素原子が入れ替わった2種類のドメインからなる多結晶状態にあることを明らかにした[18]。また，h-BN層間のインターレイヤー状態を介した共鳴的な電子の透過を用いて，h-BN層数を決定できることも示した。さらに，遷移金属ダイカルコゲナイドをグラファイトやh-BNの上にCVD成長させたときのエピタキシャル関係を，LEEMとLEEDを用いて明らかにしてきた[19)20]。LEEMは，今後も，2次元物質の結晶成長機構の解明や構造解析に重要な役割を果たすと期待される。

文　献

1）E. Bauer：Surface Microscopy with Low Energy Electrons, Springer-Verlag New York（2014）.

2）H. Hibino, S. Mizuno, H. Kageshima, M. Nagase and H. Yamaguchi：*Phys. Rev. B*, **80**, 085406（2009）.

3）H. Hibino, H. Kageshima, F. Maeda, M. Nagase, Y. Kobayashi and H. Yamaguchi：*Phys. Rev. B*, **77**, 075413（2008）.

4）E. Loginova, N. C. Bartelt, P. J. Feibelman and K. F. McCarty：*New J. Phys.*, **10**, 093026（2008）.

5）E. Loginova, N. C. Bartelt, P. J. Feibelman and K. F. McCarty：*New J. Phys.*, **11**, 063046（2009）.

6）S. Nie, J. M. Wofford, N. C. Bartelt, O. D. Dubon and K. F. McCarty：*Phys. Rev. B*, **84**, 155425（2011）.

7）P. C. Rogge, S. Nie, K. F. McCarty, N. C. Bartelt and O. D. Dubon：*Nano Lett.*, **15**, 170（2015）.

8）K. F. McCarty, P. J. Feibelman, E. Loginova and N. C. Bartelt：*Carbon*, **47**, 1806（2009）.

9）G. Odahara, H. Hibino, N. Nakayama, T. Shimbata, C. Oshima, S. Otani, M. Suzuki, T. Yasue and T. Koshikawa：*Appl. Phys. Express*, **5**, 035501（2012）.

10）J. C. Shelton, H. R. Patil and J. M. Blakely：*Surf. Sci.*, **43**, 493（1974）.

11）Y. Hao, M. S. Bharathi, L. Wang, Y. Liu, H. Chen, S. Nie, X. Wang, H. Chou, C. Tan, B. Fallahazad, H. Ramanarayan, C. W. Magnuson, E. Tutuc, B. I. Yakobson, K. F. McCarty, Y.-W. Zhang, P. Kim, J. Hone, L. Colombo and R. S. Ruoff：*Science*, **342**, 720（2013）.

12）Y. Ogawa, B. Hu, C. M. Orofeo, M. Tsuji, K. Ikeda, S. Mizuno, H. Hibino and H. Ago：*J. Phys. Chem. Lett.*, **3**, 219（2012）.

13）H. Ago, Y. Ohta, H. Hibino, D. Yoshimura, R. Takizawa, Y. Uchida, M. Tsuji, T. Okajima, H. Mitani and S. Mizuno：*Chem. Mater.*, **27**, 5377（2015）.

14）R. M. Feenstra, N. Srivastava, Q. Gao, M. Widom, B. Diaconescu, T. Ohta, G. L. Kellogg, J. T. Robinson and I. V. Vlassiouk：*Phys. Rev. B*, **87**, 041406(R)（2013）.

15）N. Srivastava, Q. Gao, M. Widom, R. M. Feenstra, S. Nie, K. F. McCarty and I. V. Vlassiouk：*Phys. Rev. B*, **87**, 245414（2013）.

16）V. N. Strocov, P. Blaha, H. I. Starnberg, M. Rohlfing, R. Claessen, J.-M. Debever and J.-M. Themlin：*Phys. Rev. B*, **61**, 4994（2000）.

17）C. Riedl, C. Coletti, T. Iwasaki, A. A. Zakharov and U. Starke：*Phys. Rev. Lett.*, **103**, 246804（2009）.

18）C. M. Orofeo, S. Suzuki, H. Kageshima and H. Hibino：*Nano Res.*, **6**, 335（2013）.

19）M. Okada, T. Sawazaki, K. Watanabe, T. Taniguchi, H. Hibino, H. Shinohara and R. Kitaura：*ACS Nano*, **8**, 8273（2014）.

20）Y. Kobayashi, S. Sasaki, S. Mori, H. Hibino, Z. Liu, K. Watanabe, T. Taniguchi, K. Suenaga, Y. Maniwa and Y. Miyata：*ACS Nano*, **9**, 4056（2015）.

第6節　電界効果トランジスタにおけるゲートスタック形成と評価

東京大学　長汐　晃輔

1. はじめに

さまざまな2次元原子層において，グラフェンが注目される理由の1つは，既存の半導体において室温で最も高い移動度を有する点である。しかしながら，トランジスタ応用には移動度だけが重要ではないことは明白であり，さまざまな観点からの議論が必要である。本稿では，Si-MOSFETの問題点と2次元系の特徴を明確にし，グラフェントランジスタの現状を把握したい。また，通常の電流–電圧特性ではなく，容量–電圧特性を計測することにより，量子容量から状態密度の抽出が可能であり，デバイス評価技術としての有効性を示す。

2. Si-MOSFETの問題点と2次元FETの特徴

Si-MOSFETの微細化における問題点を総称して，短チャネル効果とよぶ[1)]。これは，**図1**(a)に示すように，ソースおよびドレインの空乏層幅がチャネル長Lと同程度になると，ドレインバイアスによりゲートバイアスが弱められ，オフ電流の増加につながる効果である。チャネル内のポテンシャル分布解析に基づくと[2)]，このような短チャネル効果は，図1(b)内に示したスケーリング長λよりもチャネル長が6倍以上であれば無視できることがわかる。この6λをシリコン（Si），カーボンナノチューブ

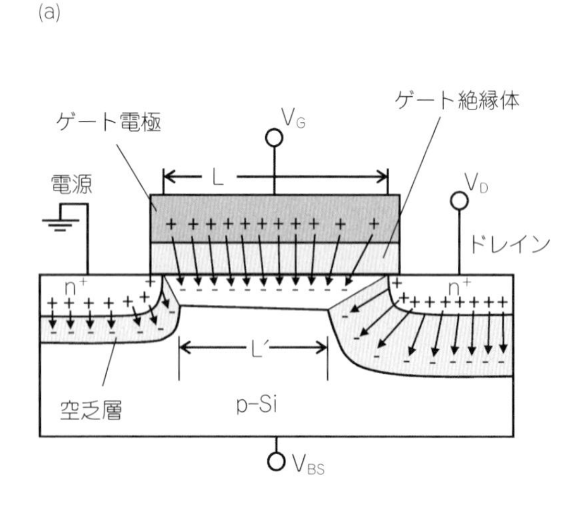

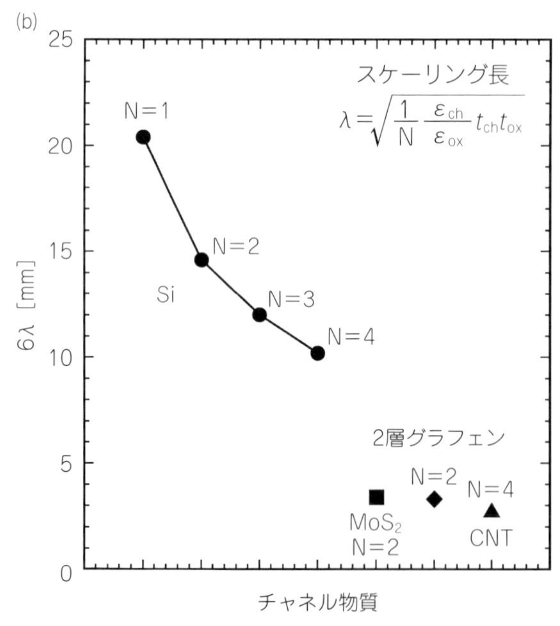

図1　(a)電荷保存モデルにおけるSiトランジスタ断面図[1)]。チャネル長が短くなると，ドレインバイアスによって形成される空乏層領域が相対的に大きくなり，ゲートバイアスの効果が弱められてしまう。(b)短チャネル効果を無視できるチャネル長6λを計算した結果。スケーリング長における変数，ε_{ox}はゲート絶縁膜の誘電率，t_{ox}はゲート絶縁膜厚さである。すべてのチャネルにおける計算では，t_{ox}=1 nm，ε_{ox}=3.9を用いた。Siの場合，t_{ch}=5 nmとした

（CNT），2層グラフェン，MoS_2に対して計算した結果を図1(b)に示す。Nは，ゲートの個数であり，N＝1（プラナー），N＝2（デュアルゲート），N＝3（FIN-FET），N＝4（ゲートオールアラウンド）であり，Siでは短チャネル効果を防ぐためFIN構造がすでに採用されているが，短チャネル効果なくチャネル長を10 nm以下にすることはできない。一方，CNT，2層グラフェン，MoS_2では，チャネル厚さt_{ch}が〜1 nmと原子レベルの厚さであること，さらにチャネル誘電率ε_{ch}も4程度と小さいため，トンネル効果を無視した今回の計算においては，5 nmを切るところまでいけることがわかる。もちろん，Siでも微細加工技術によりチャネル厚さを原子厚さに近づけることはすでに行われているが，加工ダメージのため移動度が急激に低下し原子層厚さでの動作は現実的ではない[3)4)]。2次元原子層の特徴は，intrinsicな原子層厚さゆえ，短チャネル効果の低減と高移動度を両立できる点にある。

3. ゲートスタック形成

グラフェンFETは，**図2**(a)のように高濃度にドープしたSi基板の熱酸化により形成した280もしくは90 nmのSiO_2絶縁膜をバックゲートとして利用するのが一般的である。図2(b)にAsが10^{20}/cm^2程度ドープされた低抵抗プライムウエハをウエット酸化（H_2O+O_2，950℃）した88 nmのSiO_2上に金電極を堆積し，トップゲート電圧を掃引した結果を示す。不純物濃度$10^{19}/cm^3$以上のウエハであれば，キャリアは縮退しており，Siの反転層形成はほぼ起こらず，SiO_2膜厚に起因した一定容量を示す。この場合，低温においてもバックゲートとして利用可能である。一方で，$10^{15}/cm^3$程度の低不純物濃度の場合，Si反転層の形成のため，容量が大きく変化し，バックゲートとして利用できない。ただし，不純物濃度が高い場合，熱酸化速度は速く，SiO_2内に不純物が取り込まれるため，絶縁破壊電界は一般に低くなる。図2(c)に90 nmのSiO_2の絶縁破壊挙動を示す。60〜−70 Vの範囲で繰返し測定が可能であることがわかる。バックゲートの耐圧は，SiO_2/Si界面の欠陥に大きく依存することから酸化条件は非常に重要である。また，SiO_2表面には，シラノール基（-OH）とシロキサン基（-O-）が存在し，アニール条件などにより疎水性と親水性をつくり分けることができ，バルクグラファイトからの転写時に得られるグラフェンサイズも大きく異なる[5)]。

FETにおけるゲートスタック形成は，デバイス特性を左右するためプロセス上最も重要である。特に，グラフェンは結合の強いsp^2混成に単原子層であるため，トップゲート絶縁膜堆積による欠陥形成は電子輸送特性の劣化に直結する。**図3**(a)にさまざま堆積手法により単層グラフェン上に絶縁膜を堆積後，ラマン分光により欠陥形成を意味するDバ

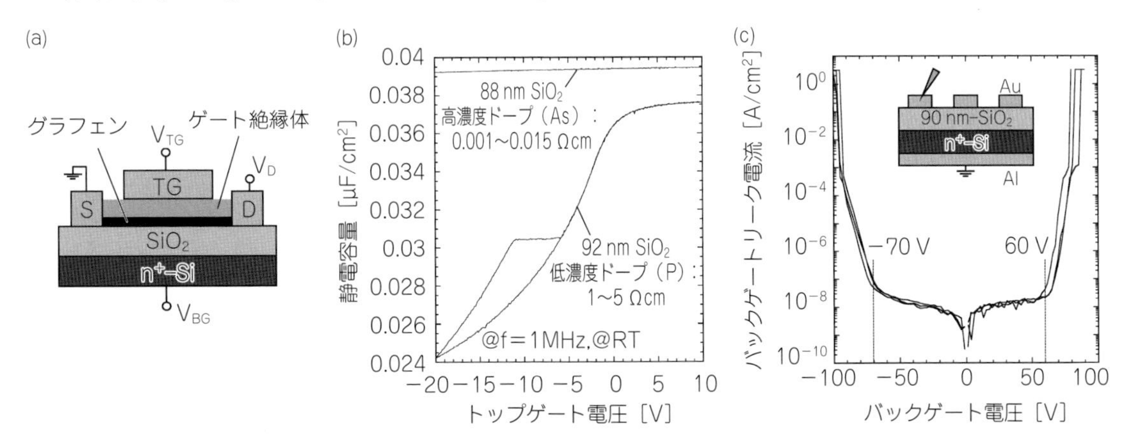

図2　(a)一般的なグラフェントランジスタ構造。転写時のグラフェンの視認性を考慮し，通常，基板としてSiO_2-Si（SiO_2厚さ90 nmもしくは〜280 nm）を用いる。(b)容量におけるSi基板濃度の違い。高不純物Si基板では，ほぼSiO_2容量となるが，低不純物基板では，Si空乏層容量の寄与が大きくでる。この計測におけるデバイス構造は，(c)の挿入図である。(c)高不純物Si基板におけるリーク耐性。バックゲートによる繰返し計測としては，60 V程度まで利用可能

ンドを確認した結果を示す[6]。C原子からなるハニカム構造から1つのC原子を抜きとるのに必要なエネルギー（～7.5eV[7]）以上の高エネルギー粒子を蒸着するRFスパッタ，パルスレーザー堆積法，電子ビーム蒸着では，グラフェンに欠陥が導入されることがみてとれる。通常Siプロセスで使用される絶縁膜堆積手法のほとんどが適応できないことがわかる。しかしながら，ほぼグラフェンの構造が保てていないRFスパッタにおいて，試料配置をC原子が抜けにくい角度である斜入射にすることでEBよりも欠陥形成を抑制できることが報告されており[8]，現時点では無欠陥は達成できていないが，今後の進展が期待される。

これらの結果を踏まえ現在では，熱蒸着により金属を堆積・酸化によりバッファー層として利用することで，原子層堆積法（ALD）によりhigh-k絶縁膜を所望の膜厚だけ堆積する手法が一般的である[9)10]。この場合，グラフェンへの欠陥形成なく絶縁膜を形成可能である。グラフェン表面には核生成サイトとして機能するダングリングボンドがないため，バッファー層の利用が必須となる。これは，図3(b)においてHOPG上に直接Y_2O_3をALDにて堆積した場合，欠陥や粒界にのみY_2O_3が堆積することからも理解できる[11]。一方，同じ2次元絶縁体であるh-BNでは，ダングリングボンドはないものの，分極を有するためプリカーサーが物理吸着することができ，欠陥や粒界のみならず表面にもY_2O_3を堆積することが可能であるが，被覆率は100%には達しない。この場合，バッファー層を挟むことで表面粗さが0.3 nm程度と非常に平坦な絶縁膜堆積が容易に達成できる[11]。

ALD以外の手法として，筆者らは希土類金属において最も酸化の自由エネルギー差が大きいYを酸素雰囲気中で熱蒸着後，高温の代わりに高圧（100気圧）で酸化する手法により電気的信頼性の高いトップゲート絶縁膜形成に成功している[12]。本手法により計測したシート抵抗率とトップゲート電圧の関係（ρ–V_{TG}）を**図4**に示す[12)13]。単層では，エネルギーギャップ（E_G）のない直線の分散関係から推測されるように，きれいなアンバイポーラ特性が観察される。また，外部電界によるバンド構造の変化はないため，バックゲート電圧を10 Vステップで変化させた場合，トップゲートとバックゲートでの容量カップリングによりフェルミエネルギー（E_F）の位置が変化するためρ–V_{TG}の特性が平行移動することとなる。一方，2層グラフェンでは，外部電界の増加によりE_Gが増大し，Dirac pointの抵抗値の急激な増加が観測される。シート抵抗率として形状因子を除いていることから，単層と2層の直接比較が可能であり，変化の違いは明確である。現在までに得られた2層グラフェンにおけるI_{on}/I_{off}の最高値は，20Kで5.5×10^3と大きく改善されてきたが，課題は依然として数百程度に留まる室温でのI_{on}/I_{off}の向上である。

デバイス応用における微細化の観点からは，トップゲート絶縁膜容量の向上は必須である。**図5**に

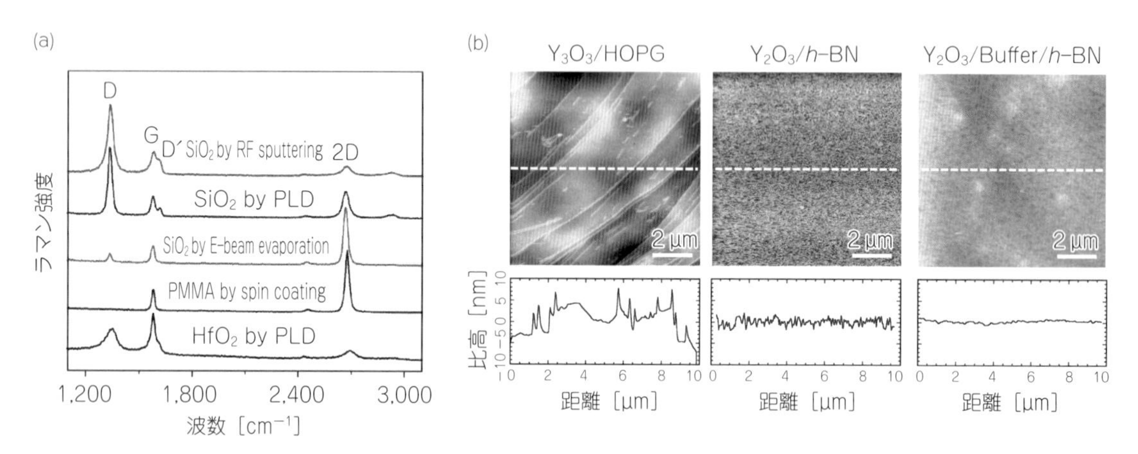

図3　(a)さまざまな絶縁膜堆積手法を用いて単層グラフェン上に堆積を行いラマン分光により欠陥起因のDバンドを測定した結果[5]。PMMAのスピンコート以外は，Dバンドが確認できる。(b) HOPG，h-BN上にALDによりY_2O_3を堆積した際のAFMによる表面イメージ[11]

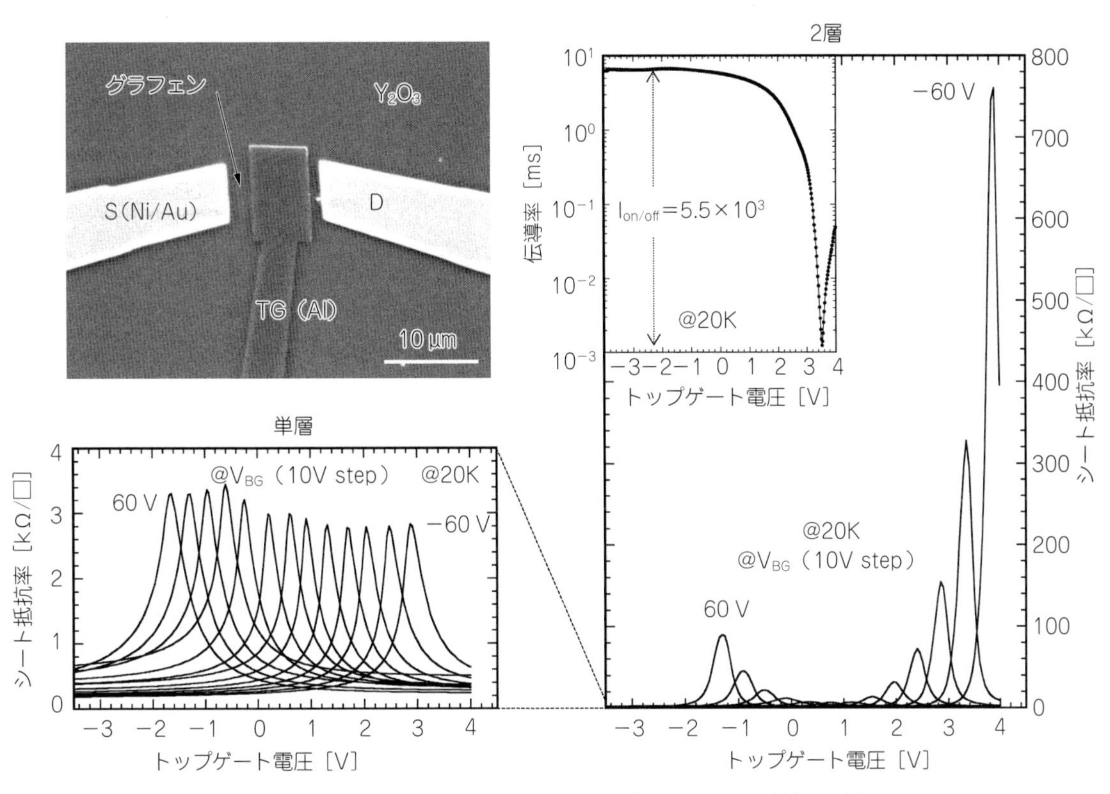

図4　単層および2層グラフェンのシート抵抗率およびトップゲート電圧の関係

過去の文献からグラフェンチャネルに対するトップゲート絶縁膜容量をプロットした結果を示す。ただし，絶縁膜形成はチャネル材料に大きく依存することから，グラフェン（1〜3層を含む）に限ってデータを示していることに注意いただきたい。基本的には，高い容量はグラフェン上への直接high-*k*堆積によって達成されており，高移動度が得られるh-BNでは，誘電率が3〜4と小さいため容量は小さい方に固まっている。Si-MOSFETでは，等価酸化膜厚（EOT，SiO_2換算の膜厚）が1 nmを切っているが，グラフェン上のhigh-*k*絶縁膜容量は低い値に留まっている。high-*k*の特性向上には通常高温アニール（500〜600℃）が必要であるが，そのような高温ではグラフェンに欠陥が導入されてしまうため，high-*k*の特性改善が困難なことに起因している。直接high-*k*堆積による移動度の劣化とhigh-*k*特性向上を両立させるために，筆者らはh-BN上へのhigh-*k*堆積を提案しているが（図3(b)），今後の課題である。

4. 評価技術としての量子容量計測

これまで，バンド分散の観点からは金属であるグラフェンにおいて，電界効果によるキャリア変調をみてきた。グラフェンでは，E_F付近の小さい状態密度に起因してキャリア数が少ないため，電界効果により実験的に誘起できるキャリア数が容易に上回ることができるためである。状態密度に関する情報は，例えば，真空中ではなく絶縁基板上に転写されたグラフェンが本当に直線の分散関係を保っているのか，2層におけるE_G形成は本当に状態密度の観点からも確認できるのかといった点の把握につながることから非常に有益である。しかしながら，電流-電圧特性においては，ボルツマン輸送方程式から理解できるように散乱項の寄与が大きく状態密度を取り出すことは通常は困難である。一方，容量-電圧特性からは，量子容量の観点から状態密度を抽出可能である[14)15)]。ここでは，状態密度の評価のための量子容量計測を紹介する。

図6(a)に示すように，ソースとトップゲートに

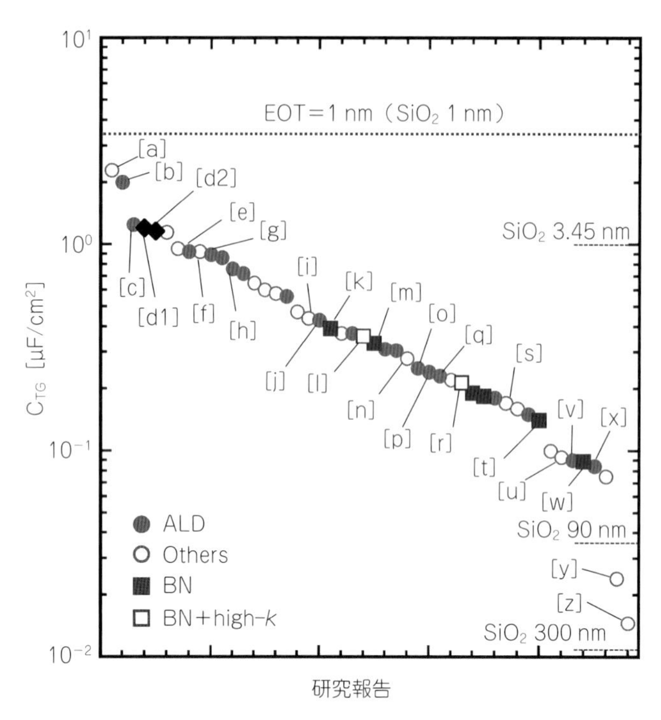

[a] APL, 2011, **98**, 133122.
[b] Sci. Rep., 2016, 6, 20907.
[c] APL, 2012, **100**, 093112.
[d1] our data, Sci. Rep., 2015, 5, 15789.
[d2] our ALD, in preparation.
[e] ACS nano, 2012, **6**, 2722.
[f] Small, 2011, **7**, 1552.
[g] Nano Lett., 2013, **13**, 369.
[h] Nature nanotech., 2008, 3, 654.
[i] Nature, 2010, **467**, 305.
[j] Nano lett., 2012, **12**, 1324.
[k] IEEE EDL, 2011, **32**, 1209.
[l] Adv. Mater., 2016, in press.
[m] PRB, 2012, **85**, 235458.
[n] APL, 2013, **103**, 183116.
[o] Science, 2011, **332**, 1294.
[p] IEEE ED, 2013, **60**, 103.
[q] PRL, 2010, **105**, 166601.
[r] Small, 2014, **10**, 2293.
[s] Nano lett., 2009, **9**, 4474.
[t] PNAS, 2013, **110**, 3282.
[u] Diam. Relat. Mater., 2012, **22**, 118.
[v] Nature, 2011, **472**, 74.
[w] PRL, 2014, **113**, 116602.
[x] Nature, 2009, **459**, 820.
[y] Nano lett., 2010, **10**, 4521.
[z] Nature nanotech., 2012, **7**, 156.

図 5　グラフェン（1，2，3 層）上に形成したトップゲート絶縁膜の容量のまとめ
すべてではないが，かなりの参考文献を示している。

任意の電圧を印加した場合，トップゲート絶縁膜を挟むトップゲート電極と“グラフェン“電極が平行平板コンデンサーとして機能するので，トップゲート電極にプラスの電荷が，グラフェンにマイナスの電荷が同じ量だけ誘起される。ここで，エネルギーの観点からは，E_F での状態密度が非常に大きい金属と異なり，グラフェンでは，同等の電荷を誘起するためには，E_F を上げる必要がある。つまり，キャリア誘起に対して大きなエネルギー増加を伴い，これは，図 6(b)の等価回路において，付加的な電圧降下（V_{ch}）を考える必要があるといえる。ここで，キャリアの蓄積という意味において，抵抗 R やコイル L ではなく，コンデンサーC として取り込み，これを量子容量 C_Q とよぶ。状態密度起因であるため $C_Q=e^2DOS$ の関係があり，全容量は，$C_{total}=1/C_{ox}+1/C_Q$ となる。ここで，厚さ 4.5 nm 程度の SiO_2 トップゲート絶縁膜の容量（1 μF/cm^2），および単層グラフェンの量子容量 C_Q を図 6(c)にプロットした。横軸にトップゲート電圧を取っているため，単層グラフェンの E_F 増加に伴い C_Q は大きくなるが，SiO_2 容量は一定である。この場合の C_{Total} は，ゲート依存することになる。一方で，同様に厚さ 90 nm の SiO_2 の容量（~0.0383 μF/cm^2：図 2(b)）も同時にプロットしてある。この場合，C_Q の方が圧倒的に大きく，C_{Total} に対する C_Q の寄与は無視できる。このため，量子容量はバックゲートデバイスでは，無視できるので議論されることはない。反対に，量子容量の抽出のためには，容量値の大きいトップゲート作製が必要となり［3］の「ゲートスタック形成」の重要性を理解していただけると思う。デバイス動作の観点からは，図 6(c)の挿入図に示すように，ゲートに電圧をかけてもグラフェン自身に電圧降下（チャネル電圧，V_{ch}）があり，絶縁膜にかかる電圧が減少（V_G-V_{ch}）し，キャリアが誘起されにくいという本質的な問題であり，移動度の高い半導体材料に共通の問題である。ただし，ここでは逆に詳細な容量測定を行うことで，状態密度を抽出できると肯定的に捉えたい。

図 7 に単層および 2 層グラフェンの容量測定から量子容量を抽出した結果を示す[12)13)]。測定に使用したデバイスは，図 4 で用いたものと同じである。単層では，理論計算の結果と一致する直線の状態密

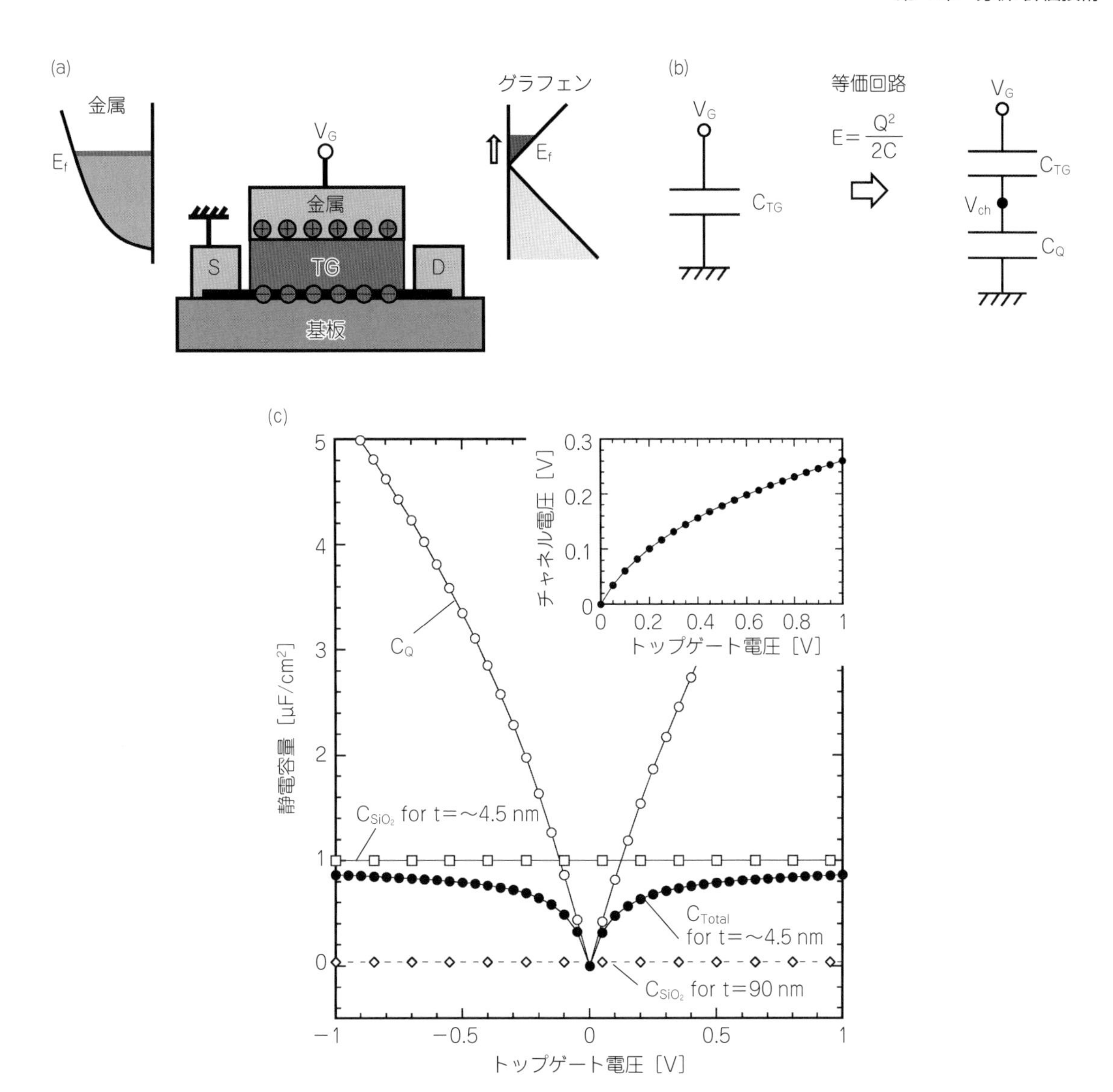

図6　(a)グラフェンデバイスとグラフェンおよび金属の状態密度の模式図。(b) C_Q を考慮する必要のある際の等価回路。(c)トップゲート電圧と容量の計算結果。膜厚 4.5 nm 程度の SiO_2 の容量（1 μF/cm²），単層グラフェンの C_Q，それら2つの合成容量（C_{Total}）を示している。また，90 nm の SiO_2 の容量（～0.038 μF/cm²）も示した

挿入図は，トップゲートに1Vまで印加した場合の，チャネル電圧（(b)中の V_{ch}）の関係を示したもの。

度の関係が得られる。ただし，Dirac point 近傍は，SiO_2 の荷電不純物の分布のため完全に状態密度がゼロに落ちることはない。逆にこの計測から荷電不純物量を $n^* = 3.6 \times 10^{11}/cm^2$ と求めることができる。この値は，輸送特性から求めた値とも一致している。この結果から，酸化物系の基板およびトップゲート絶縁膜と接した単層グラフェンは，Dirac point 近傍以外は，ほぼ理想的な状態を保っていることが理解できる。通常バンド分散は ARRES などを用いて実験的に決定されることが多いが，量子容量計測の方が実際のデバイス動作範囲においてはエネルギー分解能が高い。2層グラフェンでは，図7(b)に示すように外部電界の増加に伴い，E_G 形成（状態密度がほぼゼロになるエネルギー範囲）が観察できる。電流−電圧特性からは，トランスポートギャップをみてしまうため，E_G の決定には温度依存性を詳細に検討する必要があるが，容量計測においては，散乱現象は含まないため，容易に E_G を決

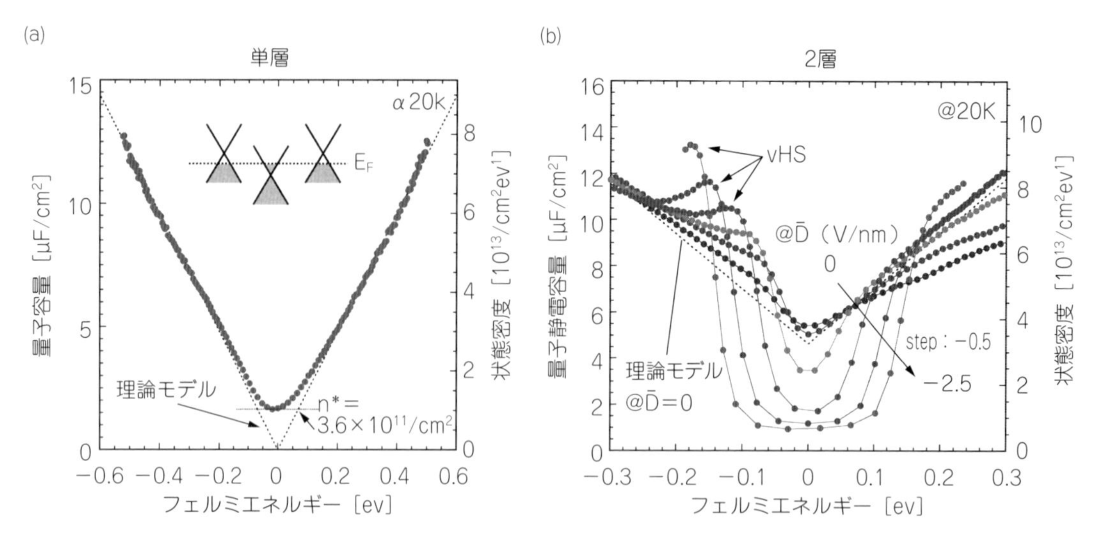

図7　(a)単層の状態密度とフェルミエネルギーの関係。フェルミエネルギーは $E_F=eV_{ch}$ として計算できる。n*は荷電不純物濃度である[12]。(b)2層の状態密度とフェルミエネルギーの関係。外部電界の増加に伴う E_G 形成が確認できる[13]

定することができる。また，van Hove singularity（VHS）もきれいに観察されている。

最後に応用例として，トランジスタのコンタクト領域に量子容量計測を適応した例を示す[16]。デバイスの微細化においては，移動度が高ければ高いほどチャネル抵抗は減少することから，コンタクト抵抗の低減が必要となる。単層グラフェンにおいては，E_G は存在しないためショットキー障壁は存在しないが，状態密度が小さいため電子の注入の場所がなくコンタクト抵抗が大きいという問題がある。単層グラフェンは，π–d結合をする金属系（ここではNi）では，グラフェンの直線の分散関係は壊れ状態密度が上がることが知られている。このπ–d結合を利用しコンタクト抵抗を下げることを検討した。Niと接することによる状態密度向上を量子容量計測により抽出した。**図8**(a)に実験のセットアップを示す。C_Q 抽出のためバックゲート SiO_2 の厚さを～3 nm程度に極薄化しグラフェンを転写後，金属を堆積した。ここで重要なポイントは，電極堆積に対してレジスト残渣の影響を調べるため，透明マスクを用いてレジストフリーで電極金属を堆積した点である。図8(b)に量子容量計測から，状態密度を抽出した結果を示す。レジストフリーで堆積したNiとコンタクトした単層グラフェンでは，状態密度は大きく増加し，エネルギーに対してほぼ一定であった。一方，レジストを利用してNi電極を堆積した場合には，単層グラフェンの直線の分散関係の名残がみて取れる。d軌道が電子で完全に埋まっているAuでは，グラフェンとπ–d結合しないため金とコンタクトした単層グラフェンの状態密度はほぼ直線の状態密度を保っていることがわかる。レジスト残渣のない清浄な金属/グラフェン界面を形成してやることで，π–d結合するNiでは状態密度の向上が観察され，コンタクト抵抗の低減が観測されている。

5. おわりに

ここでは，トランジスタにおけるゲートスタック形成および量子容量計測による状態密度の抽出に関して議論した。トップゲート形成は一見容易にみえるものの単原子層であるがゆえ，欠陥導入の点で既存の堆積手法をそのまま適応することはできずプロセス的には非常に困難を極める。トップゲート形成技術の向上は，量子容量計測による状態密度の抽出を可能とし，グラフェンデバイスの評価手法の枠が広がる。これらを駆使することで，グラフェン–ゲート絶縁膜界面の正確な理解とデバイス展開への新しいプロセスの提案ができればと思っている。

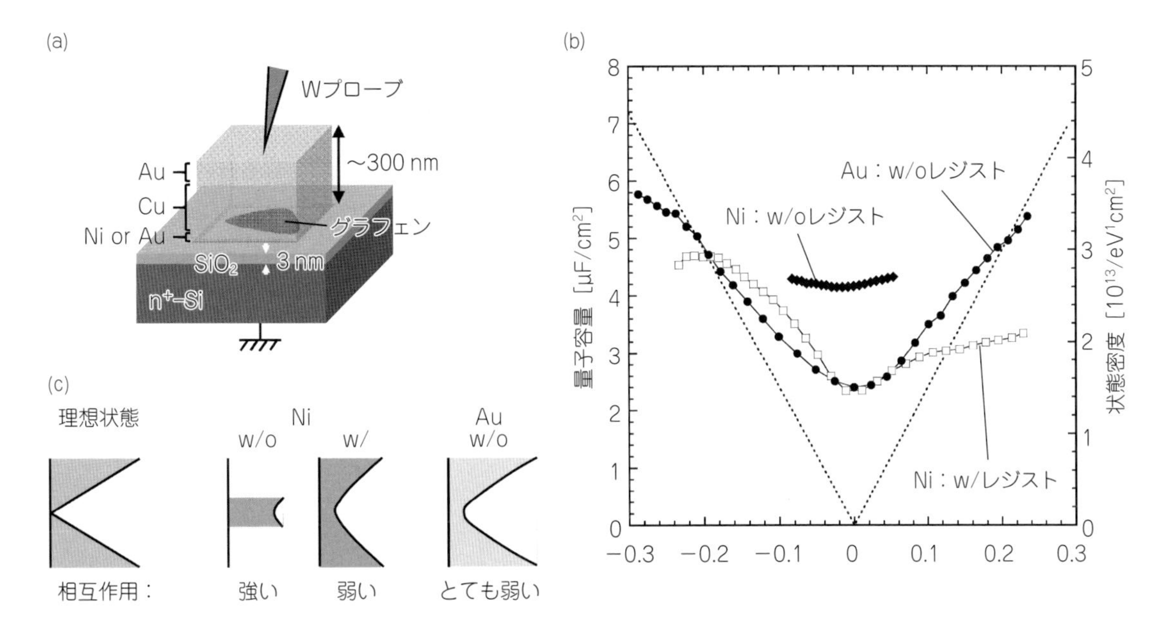

図８ (a)コンタクト形状における容量測定の模式図。バックゲートの SiO_2 を3 nmのように極薄化することで C_Q と同等の値を確保している。(b)状態密度とフェルミエネルギーの関係。(c)理想的な単層グラフェンの状態密度と金属と接した場合の状態密度の模式図

謝　辞

本研究に用いたキッシュグラファイトはコバレントマテリアル㈱の外谷氏，h-BNは国立研究開発法人物質・材料研究機構（NIMS）の谷口博士，渡邊博士よりいただきました。また，本研究の一部は，㈱日本学術振興会科学研究費補助金・新学術領域「原子層科学」および国立研究開発法人科学技術振興機構（JST）さきがけの支援を受けて行われました。ここに深く感謝いたします。

文　献

1）S. M. Sze and K. K. Ng：Physics of Semiconductor Devices, Wiley-interscience, NJ（2007）.

2）I. Ferain, C. A. Colinge and J.-P. Colinge：*Nature*, **479**, 310（2011）.

3）L. Gomez, I. Aberg and J. L. Hoyt：*IEEE EDL*, **28**, 285（2007）.

4）R. Granzner, V. M. Polyakov, C. Schippel and F. Schwierz：*IEEE ED*, **61**, 3601（2014）.

5）K. Nagashio, T. Yamashita, T. Nishimura, K. Kita and A. Toriumi：*J. Appl. Phys.*, **110**, 024513（2011）.

6）Z. H. Ni, H. M. Wang, J. Kasim, Y. H. Wu and Z. X. Shen：ACS Nano, **2**, 1033（2008）.

7）F. Banhart, J. Kotakoski and A. V. Krasheninnikov：*ACS nano*, **5**, 26（2011）.

8）C.-T. Chen, E. A. Casu, M. Gajek and S. Raoux：*Appl. Phys. Lett.*, **103**, 033109（2013）.

9）X. Wang, S. M. Tabakman and H. Dai：*J. Am. Chem. Soc.*, **130**, 8152（2008）.

10）Y. Wu, Y.-M. Lin, A. A. Bol, K. A. Jenkins, F. Xia, D. B. Farmer, Y. Zhu and P. Avouris：*Nature*, **472**, 74（2011）.

11）N. Takahashi, K. Watanabe, T. Taniguchi and K. Nagashio：*Nanotechnology*, **26**, 175708（2015）.

12）K. Kanayama, K. Nagashio, T. Nishimura and A. Toriumi：*Appl. Phys. Lett.*, **104**, 083519（2014）.

13）K. Kanayama and K. Nagashio：*Sci. Rep.*, **5**, 15789（2015）.

14）S. Luryi：*Appl. Phys. Lett.*, **52**, 501（1988）.

15）T. Fang, A. Konar, H. Xing and D. Jena：*Appl. Phys. Lett.*, **91**, 092109（2007）.

16）R. Ifuku, K. Nagashio, T. Nishimura and A. Toriumi：*Appl. Phys. Lett.*, **103**, 033514（2013）.

第２編

用途開発

総　論　用途開発の現状と展望

有限会社スミタ化学技術研究所　**角田　裕三**

1．はじめに

筆者は，2014 年 6 月，㈱シーエムシー出版から「カーボンナノチューブ応用最前線」を上梓し，カーボンナノチューブ（CNT）誕生からその当時までの応用開発の現状と毒性ならびに安全性に関する動向をまとめた[1]。本稿はその続編である。この 2 年間の特記事項としては，MWCNT メーカーの選別・淘汰が進んできたこと，大型製品に向けての要素技術開発が加速されてきたこと，原料である SWCNT の大量合成，低価格化[2,3] と高品質化[4]，乾式紡績可能な長尺 MWCNT の登場[5)8]，グラフェン合成の急速な進展[9] などが挙げられ，フラーレンやナノダイヤを含めたナノカーボン材料は一応出そろった感がする。本編で対象とするナノカーボン材料の種類とその特徴を**図 1** に示した。

2．用途開発の現状

いまやナノカーボンの応用展開は地球規模で進行している。用途展開の成否は，製品特性を左右するマトリックスへの均一分散と最終製品の価格とのマッチングであることには変わりはない。応用分野は大別して，複合材料分野，薄膜コーティング分野，半導体デバイス分野，エネルギー・環境関連分野，バイオテクノロジー分野，医療分野，原子層科

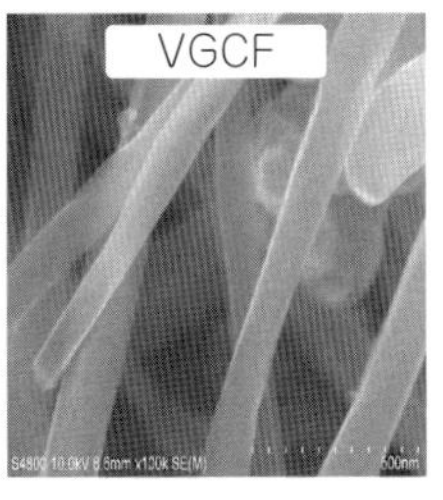

太くて短い
高結晶性

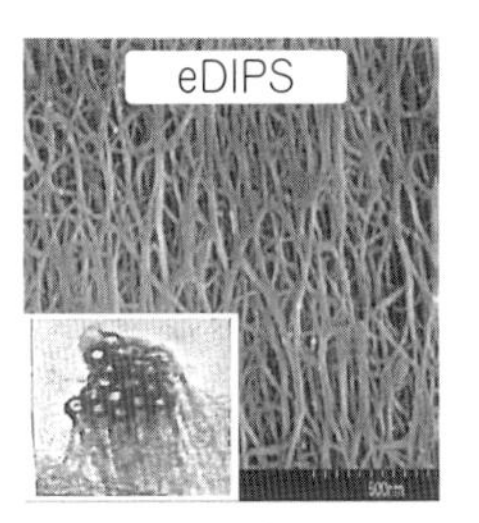

バンドル状で短い
高結晶性

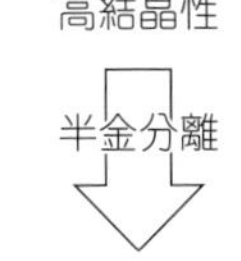

金属＆半導体SWCNT
高価格

長尺のMWCNT
低結晶性

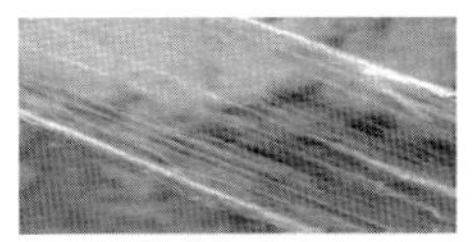

CNTシート

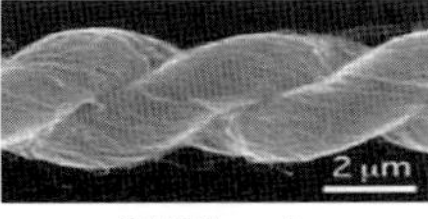

CNTヤーン

長尺のSWCNT長
低結晶性・高純度
量産化可能

MW-CNT

絡まり合って短い
低結晶性
量産性/低コスト

原子層～多層膜
高結晶性

図 1　出そろったナノカーボン材料の種類と特徴

学をベースにした革新的デバイス分野など非常に多岐にわたっている。

複合材料分野では，MWCNTの少量添加で導電性を付与できることから金属に代わって，自動車用燃料ポンプや燃料チューブなどの燃料系周辺部材の樹脂化[10]，炭素繊維が使われている軽量構造体のさらなる高強度，強靭さが求められる部材，例えば，風力発電用ブレードや船舶，自転車のボディ材料，スポーツ用具などにCNTを併用する形で使用され始めている[11)12)]。ゴムとの複合化では，第一に欧州市場での環境対応型シリカ配合のエコタイヤへの本格採用が挙げられる[10]。また，苛酷な環境下で使用される耐熱性と耐久性に優れたシール材[13)14)]や柔軟なエラストマーと複合化することによる伸縮性に優れたウェアラブルひずみセンサ[15]としての実用化も進んでいる。繊維や紙との複合化では，融雪マットや農業用ビニルハウスでの面状発熱シートとしての実用化が進んでいる[16)17)]。一方，金属との複合化においても，チタンやマグネシウムなどの金属基に少量配合することにより，力学強度や耐熱性の大幅な向上が確認され，防衛・航空機用部材やパソコン部材としての開発が進んでいる。アルミニウム基との複合化では，導電性の著しい向上や高い熱伝導性が実証されており，今後の本格的な実用化が期待されている。

薄膜コーティング分野では，ITO代替透明導電膜への期待が大きいが，トレードオフの関係にある導電性と透明性のハードルが厳しく，市場への参入は遅れていたが，フレキシブルで導電性が環境に依存しないという特長を活かして，電子ペーパー[18]や一部のタッチパネルへの採用が進んでいる[18)19)]。また，CNT薄膜は極微量の分子の吸着や外部刺激による微小変形で膜特性が敏感に変化するという特性をもっており，環境安定性の良い透明静電容量センサとしての実用化も検討されている。

半導体デバイス分野では，シリコンに代わる半導体性CNTを用いて，フレキシブルで印刷可能な薄膜トランジスタ[20)21)]や電界効果トランジスタが有望視されている。また，熱電変換素子，高分子アクチュエータ[22]，高速メモリなどの研究も活発である。この分野での最大の課題は，半金分離技術[23)24)]を含め，産業界が求める実用性能にコスト的に対応できるか否かではないかと考えられる。最近，半導体型SWCNTの選択合成技術[25]の顕著な進歩もあり，実用化には時間もかかるが，21世紀の本命の革新デバイスに向けての着実な進展が期待されている。

エネルギー関連分野では，高純度，高結晶性のVGCFを用いたLIB電池の電極改質剤としての活用が嚆矢であるが[26]，中国や韓国ではMWCNTベースのLIB用電極改質剤が広く実用化されている[27]。品質問題や耐久性に対する日系電池メーカーとの温度差を感じる。一方，ナノカーボンの導電性と大きな比表面積の特長を活かした電気二重層キャパシタ[28]やMWCNTベースの燃料電池の触媒担持体[29]への実用化も期待されているが，この分野でも産業界が求めるValue（価値）と製品コストの両立が大きな課題となろう。n型半導体のフラーレン誘導体とp型半導体からなるシースルー・フレキシブル有機薄膜太陽電池の実用化も始まっている[30]。環境分野では，CNT膜の緻密なネットワーク構造や中空構造に着目して，地球規模で顕在化している汚染水の浄化への取組みも検討されている。環境に優しい船底塗料[10]や青みを帯びた漆黒塗料[31]しての開発も進んでいる。

バイオテクノロジー分野では，細胞との親和性を利用したバイオセンサやCNTの内部空間に有用物質を導入したDDS[32)33)]や医療用デバイス[34]への研究が進展している。

さらに，1次元材料のCNTに対してグラフェンの2次元性を利用した原子層科学の発展も注目される。結晶性に優れた均質なグラフェン層と積層する機能物質との組合せの多様性から，きわめてチャレンジャブルな革新的機能部材の道が切り拓ける可能性がある。この分野の発展にも注目する必要がある。高品質な多層グラフェンの初の商品化と加速器ビームセンサ材料への応用もきわめて注目される[35]。

以上，さまざまな分野でナノカーボンの特長を活かした“ナノカーボンならでは”の用途開発の現状を概観したが，当初CNTがナノテクノロジー時代を先導するキーマテリアルとして期待された割には，大型CNT製品の実用化が遅れているのも事実である。品質の安定した量産化MWCNTを用いた応用分野では，先に述べた少量添加で優位性を発揮できる複合材料や電池分野で実用化が進んでいるが，ナノカーボン自体を主原料として利用するデバイス分野では，原料価格に見合うナノカーボン本来の特性を再現性良く発揮させることが難しく，これが実用化への道を阻んでいる大きな要因といえよう。一般にナノカーボンの利用は，水や有機溶剤への分散から始まって，塗工（塗布ならびに乾燥），成形，部材化まで一連の後工程を経由するが，ダメージ少なく均一分散させ，かつ，再凝集しやすいナノカーボン材料特有のブラウン運動を極力抑制しつつ，目的とする均一，秩序化，組織化した精密部材に仕上げなければならない。これが液相分散工程を経由する製品開発の大きな課題といえよう。

3. 展望と成功への鍵

冒頭で述べたように，ナノカーボン材料はおおむね出そろっている。現在，私たちは，VGCF や低価格 MWCNT はじめ，スーパーグロース法 CNT で代表される SWCNT，高品質な eDIPS 法 SWCNT，高品質グラフェン，乾式紡績可能な長尺 MWCNT など，目的に応じてさまざまなナノカーボン材料を使い分けることができる環境にある。しかしながら，既存のナノカーボン単体は，化学的安定性，軽量，耐熱性，電気容量特性など一部の特性を除いて，必ずしも金属やセラミックス材料のそれを凌駕するものではない。例えば，CNT 自体の理論電気伝導性は銅のそれに匹敵するが。線材や箔などの実用部材の形で比較すると，CNT 分子同士の大きな接触抵抗により，1～2 桁も特性が劣ってしまうのが実情である。その解決には，CNT に適した安定なドーパントの開発や異種材料との分子融合などの技術革新[36]が不可欠であろう。また，スーパーグロース法 SWCNT の銅の“二段階めっき処理”により，パワーエレクトロニクス時代を牽引する，電気容量特性が銅の 100 倍かつ高温導電性に優れた CNT/Cu 複合配線が公表されているが[37]，残念ながら，めっき業界では，この非常識な，“二段階めっき処理”にあまり関心を示していない。筆者は，半導体性 CNT の選択的かつ安価な量産技術とともに，上記の“ドーパント開発”や“二段階めっき処理”など，将来の用途開発に不可欠なボトルネック技術の挑戦に資源を投入する“攻め”の施策も必要ではないかと考えている。

ナノテクノロジーは「物質をナノメートルサイズで自在に制御する技術」と定義されている。筆者は，それを具現化するには 4 つの基盤要素技術が必要だと考えている（**図 2**）。①ナノサイズ材料の選択，②均一分散・組織化技術の確立，③実用化技術の応用，④可視化技術である。ここで最も技術的ハードルが高いのは，②均一分散・組織化技術の開発であろう。液相分散によって 1 本ごとに均一に分散された CNT を手で操ることは難しい。極細 CNT の液晶湿式紡糸[37]や乾式紡糸[38][39]が検討されている背景には，紡糸やシート化することによって手で操られる程度に大きくでき，かつ③既存の実用化技術が活用できるからである。さらに，紡績可能な長尺 CNT を使えば，基板からそのまま引き出すことができ，より簡便に CNT シートや CNT ヤーンの作製が可能となる。これらの CNT シートや CNT ヤーンを用いれば，既存のエンジニアリング技術，例えば，通電加熱による高結晶化，高導電化，高熱伝導化，さらにはドーパントはじめ異種材料との複合化も容易となり，形状を保持したままで高性能な CNT 部材に改質することが期待できる[41]。また，CNT ヤーンや CNT シートと樹脂，エラストマー[42]，金属箔，セラミックス，炭素繊維などの異種材料との複合化も極めて容易となり，“CNT ならでは”の機能製品への道を大きく拡げ

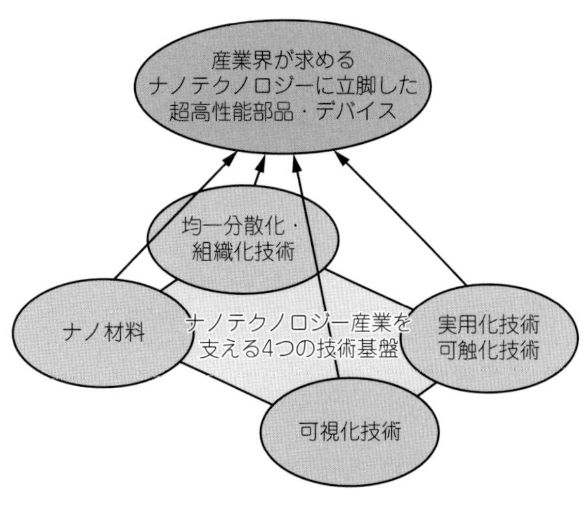

図 2 ナノテクノロジー時代を支える 4 つの基盤要素技術

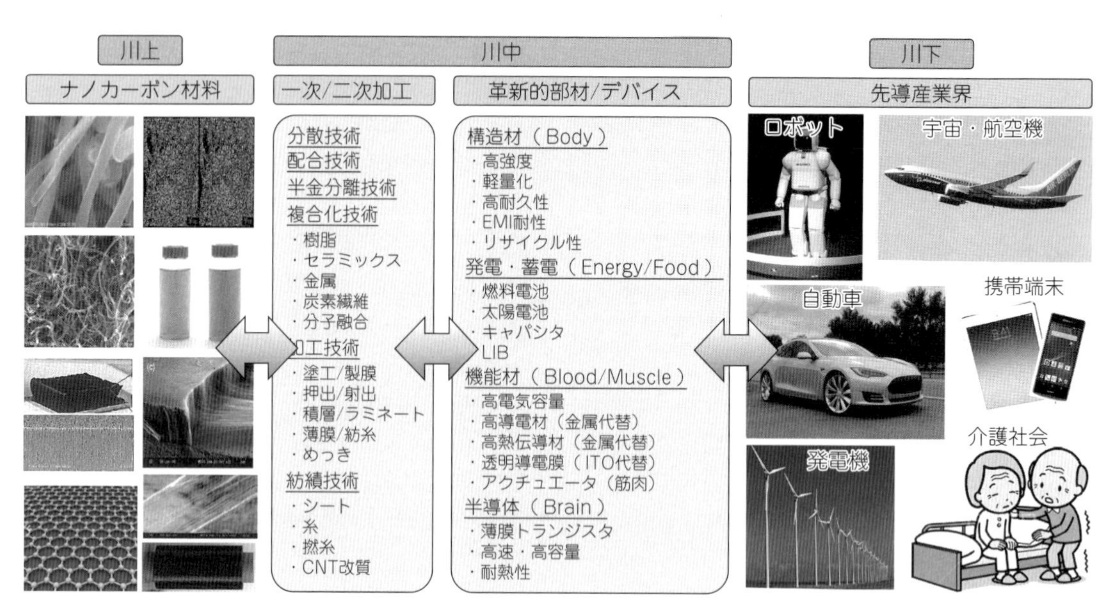

図３　川上～川中～川下の“Technology Linkage”

ることが可能となる。より特性に優れた乾式紡績可能なSW/DWCNTの開発が待たれるゆえんである。ただし，目的とする特性によっては，最近市場に登場してきたセルロースナノファイバー（CNF）の開発動向にも注視する必要がある[43]。

技術・情報の共有化と製品開発体制も重要である。ナノカーボン材料は非常に多面的な物性を有している。世界中の多くの科学者が競ってこの分野に参入し挑戦している理由は，先導産業界が求める革新的半導体デバイス，高性能発電・蓄電材料，超高性能機能部材，超軽量構造材料など多くの分野へのポテンシャリティを秘めているからである（**図３**）。しかし，一方で対象となる最終製品の開発に，取扱いが難しいナノカーボン材料を本当に使用しなければならないかの冷静な判断も不可欠であり，かつて過度な期待が大きな社会的反動を引き起こしたことを忘れてはならない[44]。そのためにこそ，技術・情報の共有化と一元化した開発体制が重要となる。一社で川上（原料）～川中（中間加工）～川下（製品化）まで一気通貫できる強固な研究開発体制を有する大企業はともかく，大型製品を開発するには，専門分野の異なる企業群の英知を集めつつ価値観と製品化への熱意を共有する，所謂，川上～川中～川下の双方向の企業間の連携体制，“Technology Linkage”が一般的である。この構築も乗り越えなければならない障壁である。

最後のハードルは，ナノカーボン原料およびナノカーボン含有製品の毒性評価と国別の安全審査をクリアすることであろう。国際がん研究機構（IARC）の「ヒトに対する発がん性の確からしさ」の評価によると，MWNT-7を除くほとんど全てのMWCNTやSWCNTは，グループ３（ヒトに対する発がん性について分類できない）に分類されている[45]。すなわち，一般の微粉体同様，作業環境を適切に管理することで取り扱うことできるが，製品化にあたっては，グローバル時代を見据えて国別の法規制や安全性評価に留意しなければならない。幸いここ数年，フラーレン・ナノチューブ・グラフェン（FNTG）学会主催の「ナノカーボン実用化推進研究会」，ナノテクノロジービジネス推進協議会（NBCI）主催の「ナノカーボンWG」，埼玉県先端産業創造プロジェクト主導の「ナノカーボン先端技術交流会」など，産官学横断の“ナノカーボンの産業化”に特化したプラットフォームが活動し始めてきた。海外に比べてやや遅きに失した感もあるが，これらの動きが企業の枠を越えて緊密に連携して，“ものづくり大国・日本”の真の復活が加速されることを期待するものである。

文 献

1）角田裕三監修：カーボンナノチューブ応用最前線，シーエムシー出版（2014）.
2）OCSiAl 社：http://ocsial.com/ru/
3）日本ゼオン㈱ プレスリリース（2015 年 11 月 4 日）.
4）国立研究開発法人産業技術総合研究所/㈱名城ナノカーボン プレスリリース（2013 年 12 月 24 日）.
5）日立造船㈱：垂直配向性 CNT シート材“VA-CNT Sheet”.
6）大陽日酸㈱：ドローワブル CNT/CNT ヤーン（nano tech 2016 展示カタログ）.
7）浜松カーボニクス㈱：nano tech 2016 展示カタログ.
8）リンテック・オブ・アメリカ社：DryDraw™ and cSilk™ 説明資料（2015 年版）.
9）グラフェンコンソーシアム：http://unit.aist.go.jp/grapheneConso/index.html
10）Nanocyl 社：http://www.nanocyl.com/
11）㈱ GSI クレオス：nano tech 2016 展示カタログ.
12）ニッタ㈱：nano tech 2016 展示カタログ.
13）昭和電工㈱ プレスリリース（2009 年 8 月 25 日）.
14）国立研究開発法人産業技術総合研究所 プレスリリース（2016 年 1 月 25 日）.
15）バンドー化学㈱ プレスリリース（2015 年 7 月 8 日）.
16）㈱クラレ プレスリリース（2012 年 2 月 15 日）.
17）エコホールディング㈱：Formula1 HEATER（ECO i シートヒーター）.
18）東レ㈱：nano tech 2016 展示カタログ.
19）鴻海科技集団 プレスリリース：科技日報転載記事（2013 年 5 月 23 日）.
20）日本電気㈱ プレスリリース（2013 年 9 月 24 日）.
21）国立研究開発法人産業技術総合研究所 プレスリリース（2015 年 8 月 12 日）.
22）国立研究開発法人産業技術総合研究所/アルプス電気㈱ プレスリリース（2013 年 8 月 23 日）.
23）国立研究開発法人産業技術総合研究所 プレスリリース（2009 年 11 月 27 日）.
24）国立研究開発法人産業技術総合研究所 プレスリリース（2013 年 12 月 19 日）.
25）国立研究開発法人産業技術総合研究所 プレスリリース（2014 年 2 月 12 日）.
26）武内正隆，田中淳：電池技術，**17**，85（2005）.
27）CNano 社：http://www.cnanotechnology.com/en/company.html
28）国立研究開発法人産業技術総合研究所 プレスリリース（2015 年 7 月 7 日）.
29）低炭素ネット九州大学サテライト：http://low-carbon.cstm.kyushu-u.ac.jp
30）三菱化学㈱ プレスリリース（2015 年 8 月 7 日）.
31）トーヨーカラー㈱：nano tech 2016 展示カタログ.
32）国立研究開発法人産業技術総合研究所：産総研 TODAY，2011-07（2011）.
33）京都大学物質-細胞統合システム拠点橋田充 PI グループ：http://www.icems.kyoto-u.ac.jp/j/pp1/grp/hashida.html
34）大阪大学レーザーエネルギー学研究センター村上匡且研究室：http://www.ile.osaka-u.ac.jp/research/csn/
35）㈱カネカ プレスリリース（2015 年 7 月 31 日）.
36）国立研究開発法人産業技術総合研究所プレスリリース（2015 年 2 月 9 日）.
37）国立研究開発法人産業技術総合研究所プレスリリース（2013 年 7 月 23 日，2014 年 7 月 1 日）.
38）帝人㈱：nano tech 2016 展示カタログ.
39）古河電工㈱ プレスリリース（2012 年 12 月 5 日，2015 年 6 月 16 日）.
40）村田機械㈱：nano tech 2016 展示カタログ.
41）岡山大学大学院産業創成工学専攻林靖彦研究室：http://www.geocities.jp/yhayashi_okayamauniv/
42）ヤマハ㈱：http://www.y2lab.com/project/stretchable_strain_sensor/
43）京都大学生存圏研究所生物機能材料分野矢野浩之研究室：http://www.rish.kyoto-u.ac.jp/labm/cnf
44）五島綾子：〈科学ブーム〉の構造，106，みすず書房（2014 年）.
45）ナノテクノロジービジネス推進協議会（NBCI）/CNT 分科会：CNT（カーボンナノチューブ）発がん性に係る NBCI 見解（2015 年 12 月 23 日）.

第1節　CNT透明導電膜開発

国立研究開発法人産業技術総合研究所　周　英　国立研究開発法人産業技術総合研究所　阿澄　玲子

1. はじめに

現在モバイル情報端末やタッチパネル式PCなどの透明電極の材料として主に使用されている酸化インジウムスズ（ITO）膜は，希少金属であるインジウムを用いており，資源の枯渇や国際情勢に依存した供給の不安定性が懸念されている。また，ITO膜をはじめとした金属酸化膜は一般的にもろく，折り曲げや衝撃に弱いため，今後さらなる発展が期待されるフレキシブルデバイスやストレッチャブルデバイスでの透明導電体として代替の透明導電材料が求められており，カーボンナノチューブ（CNT），グラフェン，ナノ構造金属（ナノワイヤー，ナノグリッド），透明導電性ナノ粒子および導電性有機ポリマー材料などを用いて透明導電膜を形成する技術が相次いで登場している。その中でも，高い電気伝導性と柔軟性，および化学的安定性を併せもつCNTは次世代の透明電極材料として有望な候補であり，ウェットプロセスによる低コスト製膜技術の普及を見越した研究が進められている。

2. CNT透明導電膜の作製技術

2.1 ウェットプロセスによる製膜技術

原料をインクとし，塗布して製膜するウェットプロセスは，大型設備が不要で印刷技術が適用できるため，低コストで，かつ大面積一括で製膜を行うのに適した方法である。**図1**に示すように，一般的にウェットプロセスでのCNT透明導電膜の作製は，①分散液の作製，②基板上へのCNT分散液の塗布製膜，③界面活性剤の除去やドーピングなどの後処理，3つのステップからなる。

CNTは溶剤に溶けず，また，*N*-メチルピロリドンなどの限られた溶剤にしか分散しないため，塗布製膜のためには，別の物質を添加して，CNT同士の繊維の絡まりをほぐして孤立させ，溶剤に分散させる必要がある。O'Connellらが界面活性剤によってCNTを分散できることを報告して以来[1]，種々の分散剤が提案されてきた。最も単純な分散剤はドデシル硫酸ナトリウム（SDS）などのイオン性の小分子であるが，Triton X-100など非イオン性界面活性剤にも分散する。また，ピレンなどの芳香環を分子内に有する両親媒性化合物や，ポリ（3-アルキルチオフェン）などの導電性高分子の溶液にも分散することが知られている。さらに，ゼラチン[2]，DNA，カルボシキメチルセルロース[3]などの水溶性高分子にも良く分散する。最近，無機塩の水溶液に分散できることも報告された[4]。

CNTの分散を促すため，しばしば超音波処理が行われる。また，分散液を遠心分離，または超遠心

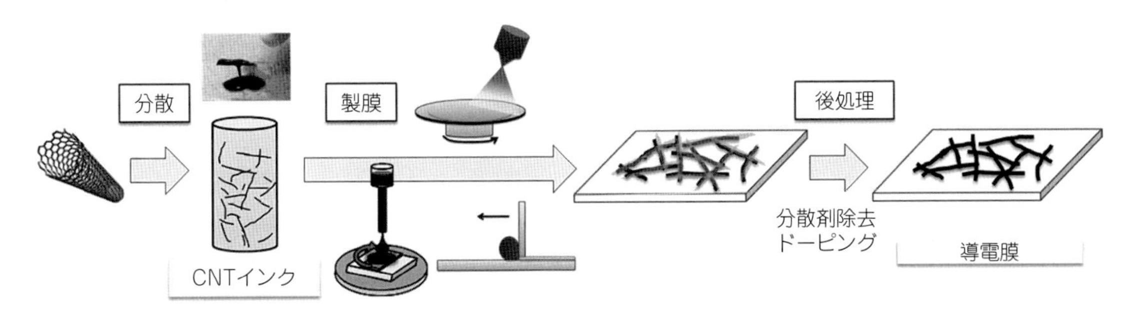

図1　CNT透明導電膜のウェット法による一般的な作製プロセス

分離し，触媒粒子などの不純物や，孤立分散できなかったCNTバンドルなどを取り除く。製膜法としては，分散液をフィルターで濾過することによりフィルター上にCNT薄膜を作製し，これを目的の基材に転写する方法[5)6)]，ディップコーティング[7)]，Langmuir-Blodgett（LB）法，スプレーコーティング[8)]，バーコーティングなどが用いられる。また，パターニング法としては各種印刷法やフォトリソグラフィ法，レーザーエッチングなどの方法の適用が考えられる。

上述のように，良いCNT分散液を得るために，界面活性剤やポリマーのような分散剤が必要であるが，これらは多くの場合非導電性であり，CNT同士の接点において抵抗となるため，透明導電膜として使用するためには，塗布製膜後，必要に応じてこれらを除去するプロセスが重要となる。濾過法の場合は溶剤で繰り返して洗浄することで除去する。他の製膜法でも溶剤で洗浄する方法が報告されている。また，後述のドーピング処理で用いられることの多い硝酸は，SDSを分解除去する効果も有していると報告されている[8)]。残渣の残らない分散剤の場合は焼成により分解除去することも可能であるが，熱に弱いプラスチック基材に製膜した場合には適用できない。Kimらは，セルロース誘導体を分散剤として製膜したCNT薄膜から非導電性のセルロース誘導体を室温大気中で除去するために，従来の溶媒での洗浄や熱焼成以外に，キセノンフラッシュランプを用いた高強度パルス光を照射する方法を開発した[9)]。CNTがパルス光を吸収して急速に加熱され，CNTを覆っているセルロース誘導体が分解除去され，CNT同士の接触が回復し導電性膜となる。パルス光で短時間に高強度のエネルギーを投入することにより，周囲への熱拡散を抑え，光を吸収した部分（CNTの周囲）だけを加熱することができるため，プラスチック基板など熱に弱い基材へのダメージを回避できる。また，短時間で処理可能であるため，プロセスとしても魅力的である。得られたCNT膜は高い透明導電性を示し，ポリエチレンナフタレート（PEN）基板上に作製したSWCNT膜（硝酸ドーピング後）は，透過率90％（基材の透過率を100％とした際の，波長550 nmでの相対値）において100 Ω/□前後の優れたシート抵抗を示した。

2.2 ドライプロセスによる製膜技術

溶剤を使用せず直接製膜する方法としては，反応炉から直接フィルター上にSWCNTを吹き付け，得られたSWNT薄膜を所望の基板に転写する方法がKauppinenらによって開発された[10)]。得られたCNT薄膜は，透過率90％において110 Ω/□という高い透明導電性を示し，さらに有機ELの電極としても動作した。この方法では，マスクを用いたパターニングも可能であると報告されている。

3. ドーピング技術

1本ごとのCNTはきわめて高い導電性を示し得ることが知られているが，現実のCNT薄膜の導電率は理想的な数値に比べて大幅に劣る。製膜後のCNT薄膜の導電性を向上させるため，しばしばドーピングによるキャリア注入が行われる。ドーピングには，共有結合的な手法と非共有結合的な手法があるが，CNTの構造を一部破壊する共有結合的な手法ではCNT本来の高いキャリア移動度を阻害する懸念がある。本稿では透明導電膜に主に適用される非共有結合的な方法（CNT表面への分子やイオンの吸着）について紹介する。

最も良く行われる硝酸ドーピングは，CNT薄膜塗布基板を濃硝酸に含浸する，あるいは加熱した濃硝酸の蒸気にさらすだけの簡便な方法である。他に，臭素，塩化チオニル，ヒドラジン，塩化金酸，F_4TCNQなどもドーパントとして用いられている。

非共有結合的ドーピングは，CNTのπ電子構造を壊さず，キャリア移動度への影響はほとんどないと考えられるが，揮発性ドーパントの脱離などにより，向上した導電性が元に戻ってしまう場合がある。実際，硝酸ドーピングを行うと，最初の数時間で急激に導電率が低下する現象がみられる[11)12)]。また，強い酸化剤を用いた場合は，周囲の部材への影響が懸念される。より安定な化合物を用いたドーピングの例として，Baoらは，MoO_xを蒸着した膜の上にCNT薄膜を作製し，熱アニールすることにより安定なシート抵抗を示す透明導電膜を作製した[13)]。

筆者らは，ヨウ化銅などの金属ハロゲン化物をSWCNTとハイブリッド化させることにより，シート抵抗の低減と長期安定化が実現できることを示した[12]。まず，ヨウ化銅（CuI）などのハロゲン化銅の薄膜を真空蒸着法でSWCNT薄膜の上または下に作製した（**図2**）。この膜に，キセノンフラッシュランプを用いて数100マイクロ秒のパルス幅の白色光を照射し，SWCNTの光吸収により薄膜の温度を急激に上昇・降下させることによって，薄膜の再構成が促されSWCNTとハロゲン化銅が混合した結果，硝酸ドーピングを行った際と同等の低いシート抵抗を示す透明導電膜が作製できた（**図3**）。CNTとしてeDIPS法[14]を用いて作製したSWCNTを用いた場合，透過率85%（基材の透過率を100%とした際の，波長550 nmでの相対値）に対してシート抵抗60 Ω/□という，CNT透明導電膜として世界最高レベルの透明性と導電性を示した。

図4に，SWCNT単独の薄膜，および，CuIとハイブリッド化させたSWCNT薄膜（パルス光照射後）の原子間力顕微鏡像を示す。CuIとハイブリッド化させたSWCNT薄膜では直径数十nmの粒子が観察される。この粒子はCuIを蒸着させたのみでパルス光照射していない膜にはみられないことから，パルス光照射により，ハロゲン化銅のナノ粒子が成長すると同時にSWCNTのネットワークの中に移動していることがわかった。また，パルス光照射後，ナノ粒子は主に，2本以上のSWCNTが交差する場所に位置していることがわかり，ナノ粒子がSWCNT同士の接触を強める“インターコネクト”構造を形成することによって高い導電性を保持している可能性が示された。また，ラマンスペクトルより，ハロゲン化銅ナノ粒子とのハイブリッド化はp型ドーピングの効果を示すことも明らかになった。同様のSWCNT－ナノ粒子ハイブリッド膜は，SWCNT膜にハロゲン化銅の溶液をスピンコートした後にパルス光処理をしても作製できることもわかった[15]。

さらに，**図5**に示すように，室温，大気中で保管した際の導電性の経時変化を測定すると，硝酸でドーピングしたSWCNT透明導電膜では，作製直

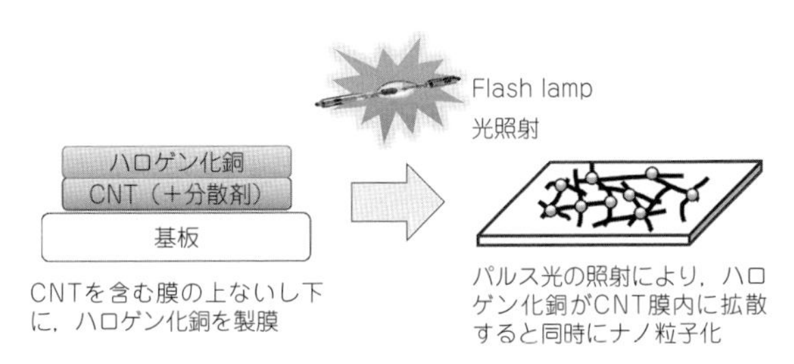

図2　パルス光照射によるCNTとハロゲン化銅のハイブリッド化[12)15)16)]

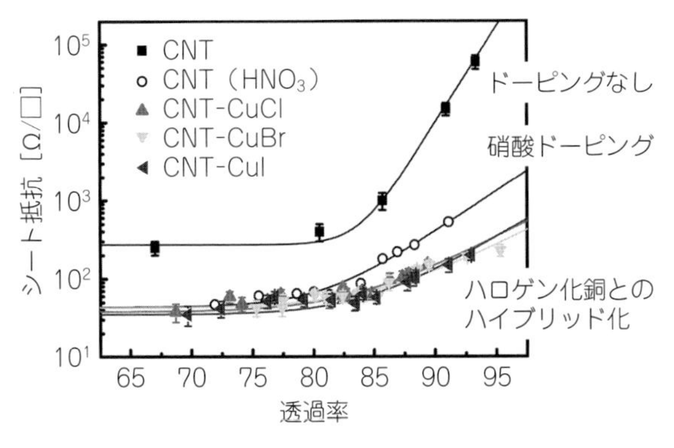

図3　ハロゲン化銅ナノ粒子を導入したSWCNT透明導電膜の透過率とシート抵抗[12]**（口絵参照）**

基材の透過率を100%としたときの，550 nmにおける相対値を透過率とした。

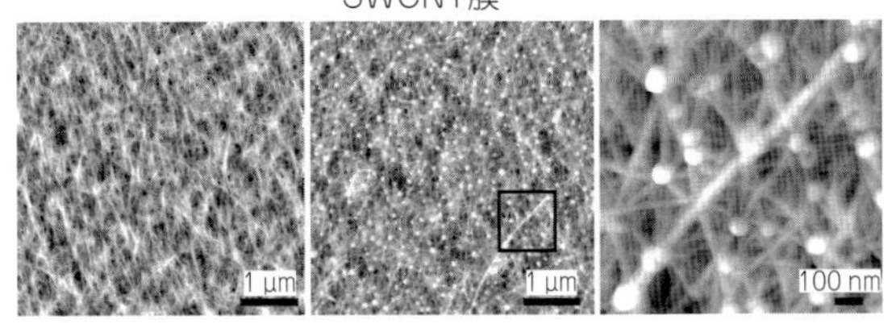

図4　SWCNT導電膜の原子間力顕微鏡像[12]

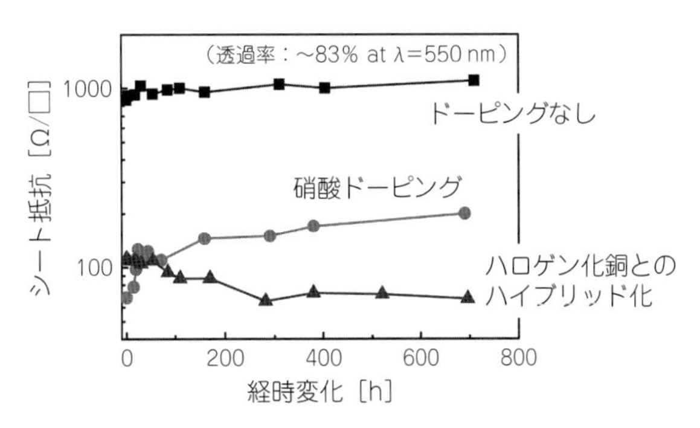

図5　ハロゲン化銅ナノ粒子を導入したSWCNT透明導電膜のシート抵抗の経時変化[12]

後に急激なシート抵抗の上昇がみられ，その後も徐々に値が上昇するが，ハロゲン化銅を導入した薄膜は作製直後のシート抵抗の値を長期間保持していた。これは，金属ハロゲン化物などのナノ粒子は大気や真空にさらしても揮発しにくいので，長期間安定に性能を維持することができるためであり[16]，これまでCNTやグラフェンを用いた透明導電膜の実用化の障害となっていた，導電性の長期安定性を改善することができた。このハイブリッド導電膜を電極とした低分子蒸着系の有機薄膜太陽電池を試作したところ，ITOを電極とした場合と同等程度の特性を示す素子が得られた[15]。

4．おわりに

CNT透明導電膜の用途としては，タッチパネル，有機ELなどのディスプレイ電極，フレキシブル太陽電池，透明ヒーター，薄膜トランジスタなど，CNTの柔軟性をいかしたデバイスへの利用が考えられる[17)-19)]。これまでに開発されてきたCNT透明導電膜は，これらのうちいくつかの用途に対してはすでに十分な導電率を示しているものの，普及・実用化には，さらなる生産コスト低減と導電率の向上が望まれる。CNTの大量生産と安定供給はまだ開発途上であるため，価格が課題となっているが，1 m^2 あたりの透明導電膜に含まれるCNTは数mg程度であるので，仮に1 gあたり10万円の高価なCNTを用いたとしても，1 m^2 あたりのCNTの材料費は数百円程度であり，実用上現実的な数値に近づいてきたといえる。また，個々のCNTはきわめて導電性の高い材料であることが知られているが，現実の薄膜の導電率はこれに比べて相当に低い。これは逆にいえば薄膜の作製プロセスの改良でさらに導電率を向上させる余地があることを物語っており，今後の開発が期待される。

謝　辞

本稿で紹介した国立研究開発法人産業技術総合研究所の研究事例は，Kim Yeji，横田美子，島田悟，斎藤毅，則包恭央らとの共同研究の成果であり，㈱日本学術振興会科学研究費助成事業研究スタートアップ支援，および学振特別研究員制度（RPD）の支援を受けて実施したものである。

文　献

1）R. M. J. O'Connell, S. M. Bachilo, C. B. Huffman, V. C. Moore, M. S. Strano, E. H. Haroz, K. L. Rialon, P. J. Boul, W. H. Noon, C. Kittrell, J. Ma, R. H. Hauge, R. B. Weisman and R. E. Smalley：*Science*, **297**, 593（2002）.

2）Y. Kim, N. Minami and S. Kazaoui：*Appl. Phys. Lett.*, **86**, 073103（2005）.

3）N. Minami, Y. Kim, K. Miyashita, S. Kazaoui and B. Nalini：*Appl. Phys. Lett.*, **88**, 093123（2006）.

4）松本和也：「無機塩を用いた新規カーボンナノチューブ分散法の開発」日本化学会第95春季年会（2015）1A2-47，特開2015-168610「カーボンナノチューブ複合体，カーボンナノチューブ分散液及びそれらの製造方法，カーボンナノチューブの分散方法，並びに，透明電極及びその製造方法」．

5）Z. Wu, Z. Chen, X. Du, J. M. Logan, J. Sippel, M. Nikolou, K. Kamaras, J. R. Reynolds, D. B. Tanner, A. F. Hebard and A. G. Rinzler：*Science*, **305**, 1273（2004）.

6）Q. Liu, T. Fujigaya, H.-M. Cheng and N. Nakashima：*J. Am. Chem. Soc.*, **132**, 16581（2010）.

7）N. Saran, K. Parikh, D.-S. Suh, E. Muñoz, H. Kolla and S. K. Manohar：*J. Am. Chem. Soc.*, **126**, 4462（2004）.

8）H.-Z. Geng, K.-K. Kim, K.-P. So, Y.-S. Lee, Y. Chang and Y.-H. Lee：*J. Am. Chem. Soc.*, **129**, 7758（2007）.

9）Y. Kim, M. Chikamatsu, R. Azumi, T. Saito and N. Minami：*Appl. Phys. Express*, **6**, 025101（2013）.

10）A. Kaskela, A. G. Nasibulin, M. Y. Timmermans, B. Aitchison, A. Papadimitratos, Y. Tian, Z. Zhu, H. Jiang, D. P. Brown, A. Zakhidov and E. I. Kauppinen：*Nano Lett.*, **10**, 4349（2010）.

11）B. Chandra, A. Afzali, N. Khare, M. M. El-Ashry and G. S. Tulevski：*Chem. Mater.*, **22**, 5179（2010）.

12）Y. Zhou, S. Shimada, T. Saito and R. Azumi：*Carbon*, **87**, 61（2015）.

13）S. L. Hellstrom, M. Vosgueritchian, R. M. Stoltenberg, I. Irfan, M. Hammock, Y. B. Wang, C. Jia, X. Guo, Y. Gao and Z. Bao：*Nano Lett.*, **12**, 3574（2012）.

14）T. Saito, S. Ohshima, T. Okazaki, M. Yumura and S. Iijima：*J. Nanosci. Nanotechnol.*, **8**, 6153（2008）.

15) Y. Zhou, Z. Wang, T. Saito, T. Miyadera, M. Chikamatsu, S. Shimada and R. Azumi：*RSC Adv.*, **6**, 25062 (2016).
16) Y. Zhou, S. Shimada, T. Saito and R. Azumi：*J. Appl. Phys.*, **118**, 215305 (2015).
17) Q. Cao and J. A. Rogers：*Adv. Mater.*, **21**, 29 (2009).
18) L. Hu, D. S. Hecht and G. Grüner：*Chem. Rev.*, **110**, 5790 (2010).
19) J. Du, S. Pei, L. Ma and H.-M. Cheng：*Adv. Mater.*, **26**, 1958 (2014).

第2節　グラフェン透明導電膜利用技術開発

国立研究開発法人産業技術総合研究所　沖川　侑揮　国立研究開発法人産業技術総合研究所　長谷川　雅考

1. はじめに

グラフェン透明導電膜を利用したタッチパネル[1]，太陽電池電極[2]，グラフェン超薄型ヒーター[3]など，続々と試作が報告されている。さらに透明電極として最高スペックが要求される有機LED（OLED）への適用も検討されている[4]。照明での省電力化は省エネルギーの要であり，大面積かつフレキシブルなOLEDの実現への要求は高い。筆者らはグラフェン透明導電膜の優位性を最大限に生かし，大面積OLED実現に向けた基礎技術を確立することを目的に開発を進めている。

本開発では，本書の第1編第1章第3節第2項「大面積高速合成」で述べたプラズマ処理技術および低炭素源雰囲気環境で得られたグラフェン膜を用いている[5,6]。本稿では開発のポイントとなるグラフェン透明導電膜の低抵抗化について議論する。それに続いてグラフェン透明導電膜をアノードに用いたOLEDの試作と評価について言及する。

2. ホール移動度と結晶品質の関係

本書の第1編第1章第3節第2項「大面積高速合成」で述べた低炭素源濃度によるプラズマCVDで合成したグラフェンの電気特性，特に移動度と結晶品質について述べる。グラフェンの移動度はvan der Pauw素子によるホール効果測定で評価した。さらに同一素子でラマン分光測定を行うことで，ホール移動度と結晶品質との対応関係について調査した。ここでは，ラマン信号のDバンドとGバンドの強度比を結晶品質に関連した指標として扱った。**図1**にホール移動度とDバンドとGバンドの強度比の関係を示す。従来の高いメタンガス濃度でプラズマCVD合成したグラフェンの場合，DバンドとGバンドの比は高く，移動度も10～100 cm^2/Vsであった。一方，新手法の低炭素源濃度のプラズマCVDの場合，DバンドとGバンドの比は低く，結晶品質が著しく向上したことがわかる。さらに移動度は1,000 cm^2/Vs程度に達し，従来の手法と比較して10倍の移動度を実現することに成功した。ラマン分光スペクトルのDバンドとGバンドの強度比から，グラフェン膜のドメインサイズを見積もることが可能であり[7]，従来法のプラズマCVDのグラフェンでは17 nm，低炭素源濃度のプラズマCVDでは170 nmであった。このように従来法と比較してドメインサイズも10倍程度拡大したことがわかる。

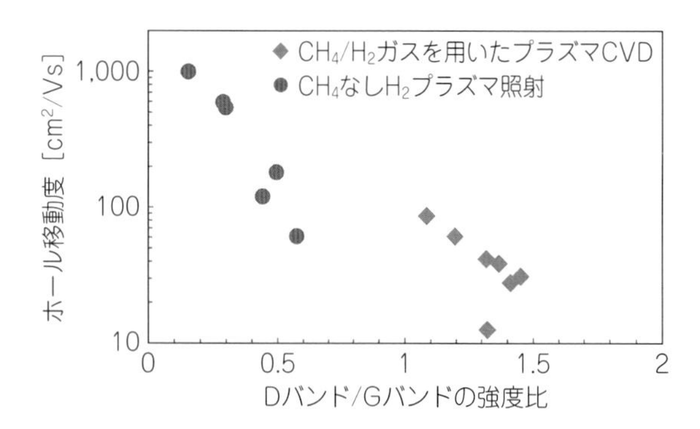

図1　ホール移動度とDバンド/Gバンドの強度比[10]

3. グラフェン透明導電膜を利用した高分子有機EL素子の作製

グラフェン透明導電膜が期待される応用例の1つにフレキシブルOLEDがある。筆者らは，極低炭素源濃度プラズマCVDで作製した大面積のグラフェンから必要なサイズを切り出して利用し，高分子OLEDの作製および評価を試みた。**図2**は作製した素子の断面構造であり，透明樹脂基材（PET

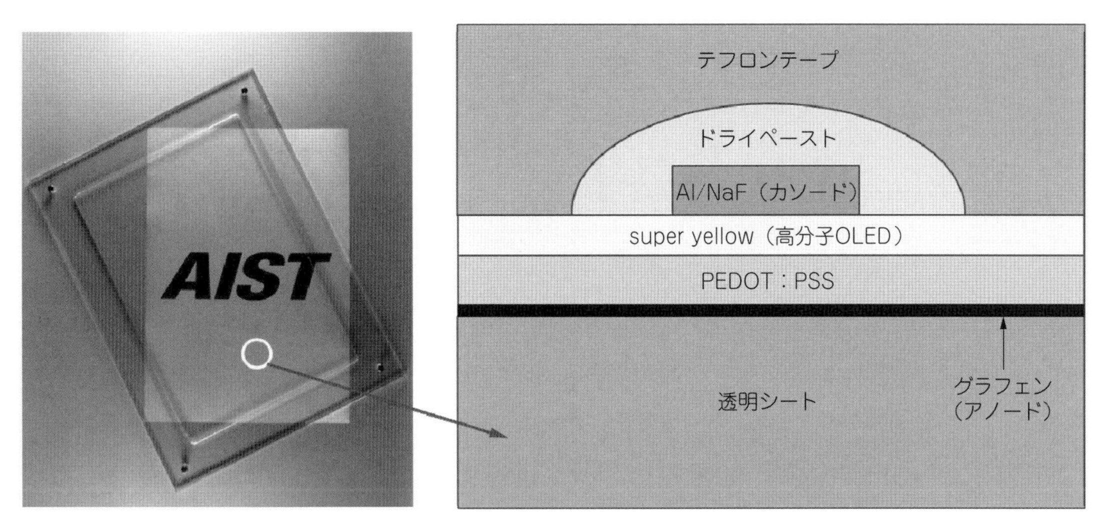

図2　高分子有機EL素子の断面図[10)]

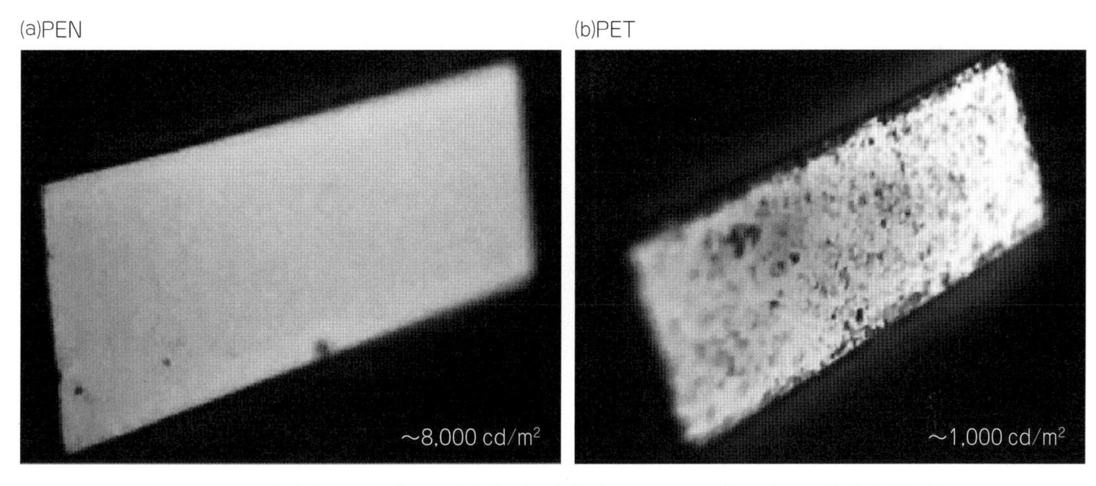

図3　PEN基材(a)およびPET基材(b)に作製したOLEDデバイスの発光の様子[10)]

またはPEN)/グラフェン膜/PEDOT：PSS/EL材料/NaF/Alである。本研究ではグラフェンに対するUVオゾン処理を用いることで，グラフェン膜へのダメージを抑制しつつ，ホール注入層であるPEDOT：PSSのぬれ性を向上させた。

具体的な作製方法は次のとおりである。まず透明樹脂基材に転写したグラフェン膜にUVオゾン処理を行った。その後，PEDOT：PSSと高分子EL材料をスピンコートにて塗布し，NaF/Al層を真空蒸着により形成させた。素子の大きさは2 mm×6 mmである。

図3(a)と(b)はそれぞれPENとPET基材に作製したOLEDデバイスの写真である。PEN基材のOLEDはデバイス全面で均一に発光している。一方PET基材のデバイスでは大きさ10~100 µmの黒点が多数観測された。**図4**(a)は作製したデバイスの電圧−発光強度の関係を表す。PEN上のデバイスの発光強度は（15 Vでおよそ8,000 cd/m^2）はPET上のデバイス（15 Vでおよそ1,000 cd/m^2）よりずっと大きい。発光強度1 cd/m^{2}となる電圧はPENで2.7 V，PETで3.2 Vであった。図4(b)に電圧−電流特性を示す。PEN基材のデバイスの場合2 Vで0.1 mA以上のリーク電流は生じていない。一方PET基材では1 Vですでにリーク電流が発生している。さらにPEN基材のデバイスの全電流はPET基材に比べて小さい。これらはリーク電流の抑制がOLEDデバイスの高輝度発光に結び付くことを示唆している。発光効率はPEN基材で6.71 cd

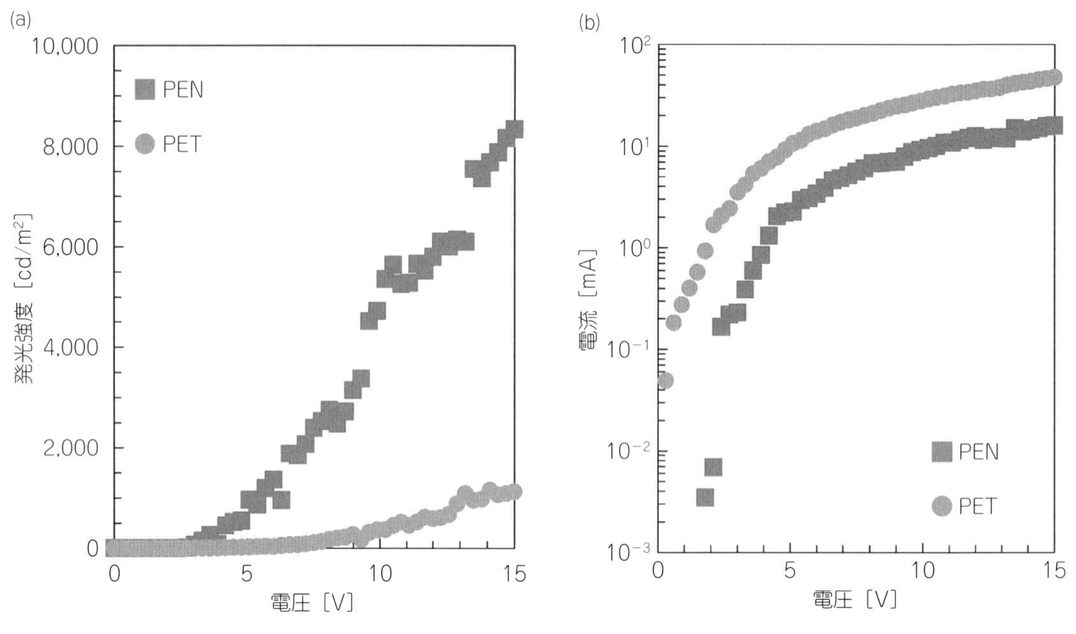

図4　作製したデバイスの電圧−発光強度の関係(a)および電圧−電流特性(b)[10]

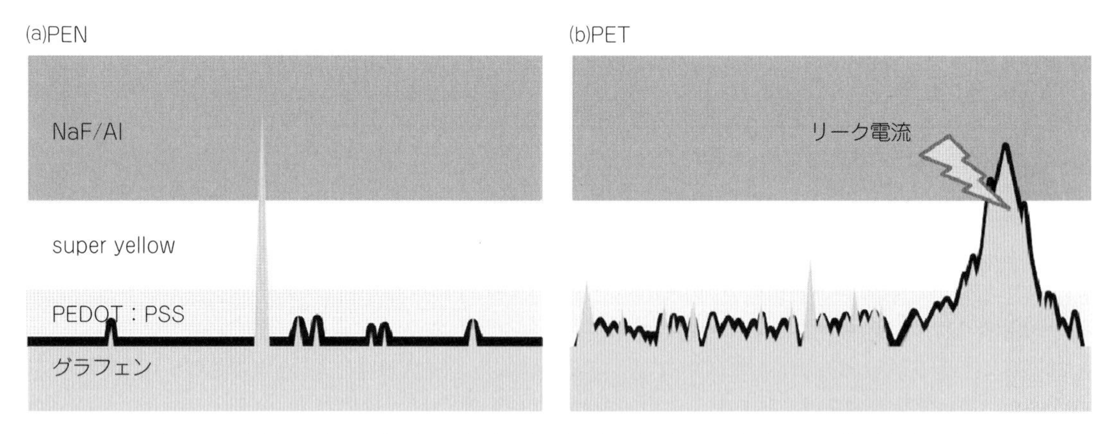

図5　PEN基材(a)およびPET基材(b)上に作製したOLEDデバイスの断面模式図[10]

/A，PET基材で0.33 cd/Aであった。PET基材での低発光効率もリーク電流と関連すると考えられる。

ここで透明基材の表面凹凸によるグラフェンOLEDのリーク電流発生のメカニズムを検討する。**図5**はPETとPEN基材に作製したOLEDデバイスの断面図である。AFMによる表面形状観察によれば，PEN基材表面には半値幅約0.55 µm，曲率0.26 µm程度の大きく鋭いスパイクがあり，この鋭いスパイクはグラフェンで覆われていないことがわかった。鋭いスパイクのためグラフェンは転写行程中に破れたものと考えられる。この場合スパイク上にグラフェンはないためアノード（グラフェン）とカソードが電気的に接触することはなく，リーク電流は発生しない。一方PEN基材表面には半値幅約3.5 µm，曲率25 µm程度の緩やかなピークがあり，グラフェンで覆われていることがわかった。ピークが緩やかなためグラフェンが破れず転写されたためである。この場合，グラフェンアノードとカソードが直接接触し，リーク電流発生の原因となる。図3に示すグラフェンOLEDの発光の様子を示す写真をみると，PEN基材のOLEDは全面できれいに発光しているが，PET基材では多数の黒点がある。これらの黒点は上記のPET基材表面の緩やかなピーク上のグラフェンアノードとカソードの短絡によるものである。AFMで測定したPEN基材上のピークおよびPET基材上のスパイクの形状から，これらのグラフェンが覆う場合，グラフェンにはそれぞれ4.6%，0.33%のひずみが発生することになる。グラフェンのヤング率が1.0 TPa[8]で4.6%ひずむ場合，引張応力26 GPaが発生する。グラフェンの結晶粒界が53～83 GPa[9]で破壊するという報告があり，したがってPEN基材上の鋭いスパイクでグラフェンが破れるということは十分に考えられる。

PET基材上のリーク電流が発生する箇所ではEL層に十分電圧が印可されず発光しないため，黒点として観測される。一方PEN基材ではスパイクが鋭いためグラフェンが破れ，結果的にリーク電流と黒点発生を抑制することになる。これは原子層の厚さを有するグラフェンならではの特徴で，ITOではみることのできないものである。

4. まとめ

本稿では低炭素源濃度のプラズマCVDで合成する大面積グラフェンの導電性の向上について述べた。さらに透明導電膜利用の例としてグラフェンアノードによるOLEDを議論した。高い平坦性の透明基材を用いたグラフェンOLEDの高輝度（15 Vで8,000 cd/m^{2}程度），高効率（6.71 cd/A）の発光を紹介した。さらにITOではみられない，原子層の厚さを有するグラフェンならではのリーク電流抑制メカニズムについて議論した。

謝　辞

本研究の一部は，㈱日本学術振興会科学研究費新学術領域研究「原子層科学」(2013～2017年度）で実施した。またグラフェン透明導電膜の一部は国立研究開発法人新エネルギー・産業技術総合開発機構（NEDO）「グラフェン基盤研究開発」（2012～2014年度，技術研究組合単層CNT融合新材料研究開発機構グラフェン事業部が実施）の成果を利用した。

文　献

1）J. Kim, M. Ishihara, Y. Koga, K. Tsugawa, M. Hasegawa and S. Iijima：*Appl. Phys. Lett.*, **98**, 091502（2011）.

2）H. Park, J. A. Rowehl, K. K. Kim, V. Bulovic and J. Kong：*Nanotechnology*, **21**, 505204（2010）.

3）J. Kang, H. Kim, K. S. Kim, S.-K. Lee, S. Bae, J.-H. Ahn, Y.-J. Kim, J.-B. Choi and B. H. Hong：*Nano Lett.*, **11**, 5154（2011）.

4）T.-H. Han, Y. Lee, M.-R. Choi, S.-H. Woo, S.-H. Bae, B. H. Hong, J.-H. Ahn and T.-W. Lee：*nature photonics*, **6**, 105（2012）.

5）R. Kato, K. Tsugawa, Y. Okigawa, M. Ishihara, T. Yamada and M. Hasegawa：*Carbon*, **77**, 823（2014）.

6）Y. Okigawa, R. Kato, T. Yamada, M. Ishihara and M. Hasegawa：*Carbon*, **82**, 60（2015）.

7）L. G. Cancado, K. Takai, T. Enoki, M. Endo, Y. A. Kim, H. Mizusaki, A. Jorio, L. N. Coelho and R. M.-Paniago：*Appl. Phys. Lett.*, **88**, 163106 -1-163106 -3（2006）.

8）C. Lee, X. Wei, J. W. Kysar and J. Hone：*Science*, **321**, 385（2008）.

9）H. I. Rasool, C. Ophus, W. S. Klug, A. Zettl and J. K. Gimzewski：nature communications, doi：10.1038/ncomms3811.

10）Y. Okigawa et al.：*Jpn. J. Appl. Phys.*, **54**, 095103（2015）.

第3節　高純度2層CNT透明導電PETフィルム開発

東レ株式会社　**西野　秀和**

1. はじめに

液晶，有機EL，電子ペーパーなどのディスプレイ，スマートフォン，タブレット端末，カーナビゲーションなどに使用するタッチパネルには，透明で電気が流れる透明導電膜が使用されている。近年これらデバイス市場の急激な拡大に伴い，ますます重要な材料となってきている。透明電極膜は，主に酸化インジウムスズ（indium tin oxide；ITO）が用いられているが，次世代デバイスで要求されているフレキシブル性に劣る材料であることから，これを代替，凌駕する新規の透明導電材料が切望されている。

フレキシブル性がありITOを代替できる材料としては，導電ポリマー（PEDOT/PSS；ポリエチレンジオキシチオフェン/ポリスチレンスルホン酸）など），金属ナノワイヤー（銀ナノワイヤー，銅ナノワイヤーなど），カーボンナノチューブ（CNT），グラフェンなどが盛んに研究開発されており，その一部はすでにタッチスイッチ，タッチパネル，電子ペーパーの透明電極に使用されはじめている。これらITO代替材料の1つであるCNTは，1991年飯島博士に発見されて以来[1]，その高い電気導電性，機械的強度，熱伝導性などの優れた物性から，次世代を担う先端材料として注目され続けている。特に高い電気導電性とそのナノサイズ効果から，2004年に，Saranら[2]およびWuら[3]が，単層CNTを応用展開した透明電極を報告し，これ以降CNTを透明電極材料として応用展開する研究開発が活発となってきた。しかしながらナノサイズのCNT同士は，強い相互作用で束（バンドル構造）になって強固に凝集することから，本来の優れた電気物性，光学特性を十分に発現できず，既存のITOレベルの透明導電性を得ることができていないため実用化が進んでいなかった。

東レ㈱（以下，当社）は種々あるCNT中で2層CNTに着目し，電子ペーパー，タッチセンサをはじめとする次世代フレキシブルデバイスの透明電極に活用できる高性能かつ高品質の2層CNTとそれを応用展開した透明導電フィルムを開発，その量産化技術を確立した。本稿では，この2層CNTおよび，これを活用した透明導電フィルムの特徴と応用展開について述べる。

2. 2層CNT

2.1　2層CNTの特徴

CNTの中で単層CNTは細い直径を有し，導電性，透明性が高くなるが，単層CNT間のファンデルワールス力が強くなり，バンドル構造を形成しやすくなる。また単層CNTと2層CNTの導電性を金属化率の観点から比較すると，単層CNTはグラフェンシートの巻き方であるカイラリティから，合成後，確率的には金属型となる比率が33%（1/3），半導体型となる比率が67%（2/3）となる。一方で2層CNTの場合，内層と外層で金属型か半導体型で4通りの構成となり，金属型となる比率は55%となる。2層CNTは，単層CNTの約1.7倍も金属型が多いことになり，単層CNTに比べ，導電性能を高められる可能性がある。さらに2層CNTは，単層CNTと比較して耐久性が高く，高度な精製処理で高純度が可能であり，透明導電材料としては最適である。

2.2　2層CNTの製造

当社は，透明導電材料として導電性を高くできる2層CNTを製造するプロセスの研究開発を進めてきた。導電性を高くするため細い直径の2層CNT

自身を高純度（アモルファスカーボンなど不純物が少ない），高結晶化度（グラファイト化度が高い），で製造する必要がある。これを実現するため触媒担持気相成長（catalytic chemical vapor deposition；CCVD）法を選択した[4]。触媒条件，炭素源，反応温度などの製造条件を種々検討，さらに精製処理することで，高純度，高品質の2層CNT（トカーナ®）の開発に成功，製造技術を確立した。

2層CNT（トカーナ®）の物性は，走査型電子顕微鏡（SEM）および透過型電子顕微鏡（TEM）の観察（**図1**(a)）から，直径（外径）が1.5～2 nmの範囲の2層CNTが大半を占めていた（図1(b)）。ラマン散乱光分析から，グラファイト化指標であるG/D比を算出すると，80以上ときわめて高く高結晶化であることを確認した（図1(c)）。市販されているCNTの体積抵抗値を比較すると，2層CNT（トカーナ®）は4.4×10^{-4} Ωcmと2桁以上も低く，世界最高レベルの導電性を有していることがわかった（**表1**）。

2.3　2層CNTの分散

CNTを使用した透明導電膜を形成する方法として分散処理を経ないで基材に直接転写[5]，または基材へ気相のまま膜を形成する方法[6]などもあるが，CNTを溶媒に一度分散させ分散液を基材へ塗布，乾燥させる方法が大量生産に必要な大面積化，低コスト化が可能であり最適である。しかし，CNTは非常に疎水性が高く，かつ直径が細いほどCNT間のファンデルワールス力が強いのでバンドル構造を形成する。そのため溶媒中での孤立分散が困難で，優れた透明導電膜が得られていなかった。透明導電性を上げるには，溶媒中での均一分散が肝要である。

当社が開発した2層CNT（トカーナ®）は単層CNTと違い2層構造であり，CNTの外層表面を化学修飾しても，内層CNTは無欠陥のままである。そのため導電性を低下させることなく，CNTの分散性を高められるポテンシャルがある。さらにCNT表面との疎水性相互作用やπ-π，CH-π，ファンデルワールス力などの相互作用を利用する物

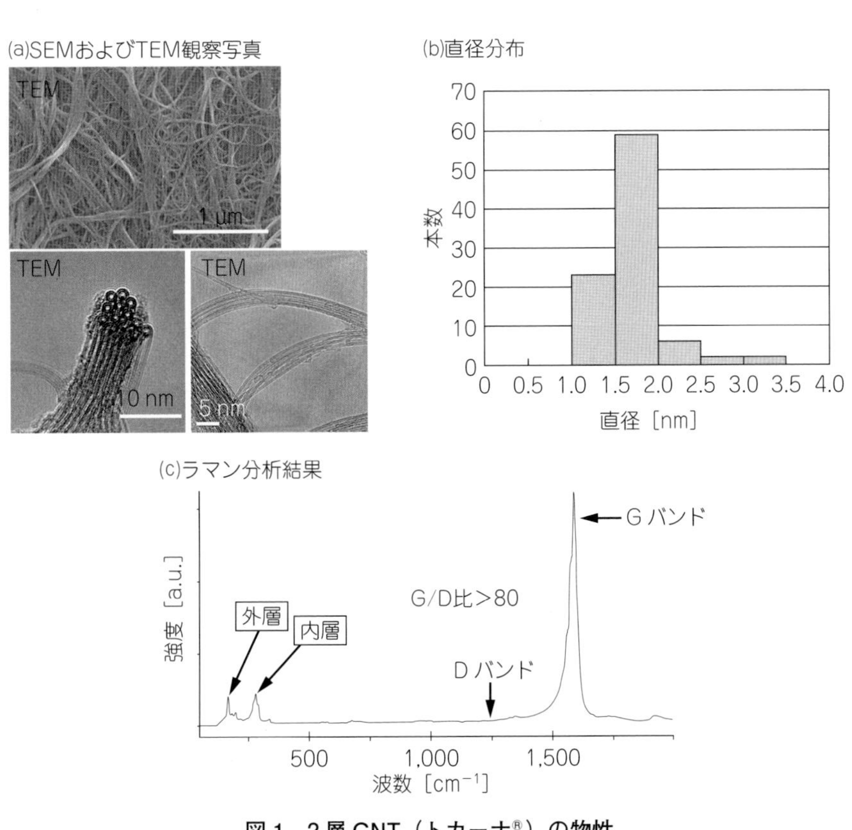

図1　2層CNT（トカーナ®）の物性

表1　各種CNTとの性能比較表

CNT種類	2層CNT（トカーナ®）	単層CNT（市販品）	多層CNT（市販品）
製法	触媒担持気相成長法	アーク放電法	気相成長法
外径［nm］	1.5～2.0	～2.0	40～90
層比率	2層≧90%	単層≧70%	多層≧70%
体積抵抗値※［Ωcm］	$4.4x10^{-4}$	$1.2x10^{-2}$	$1.2x10^{-1}$

※当社独自の方法で測定

理修飾法を用いることで溶媒中に均一分散できる。物理修飾法として，分散剤となる化合物の主鎖あるいは側鎖とCNT表面との相互作用により分散剤が物理吸着し，CNT同士のバンドル構造を抑制，さらに化合物の極性基部分で溶媒中に孤立分散すると考えられている。分散剤をしっかりと物理吸着させるには，構造的にCNT表面のグラファイト化度が高く，欠陥の少ないものが良い。この点において2層CNT（トカーナ®）は，G/D比が高く，分散剤の吸着に優位である。分散剤としては，低分子系の界面活性剤や高分子系が知られている。低分子系は，CNTを孤立分散させるのにCNT対比で大量添加が必要であり，さらに分散後の安定性が得られない。高分子系を使用した場合は，立体障害的な働きから分散したCNTの再バンドル化を抑制，さらに極性基成分がある場合は，溶媒中で静電気反発的作用も発現しその効果がよりいっそう期待できる。

2層CNT（トカーナ®）は，単層CNTよりは断裂に強いが，孤立分散できる程度の最小限のエネルギーで分散させた分散液をPETフィルム基材に塗布したときに良い透明導電性を示す。さらに分散安定性が非常に高く，長期保存，高シェア負荷をかけても再凝集しないので，基材に塗布加工する工程においても，非常に扱いやすいインクとなっている。

3. 2層CNTの透明導電フィルムへの応用展開

3.1　2層CNT透明導電フィルムの製造技術

現在主流のITOフィルムは，透明基材としてPETフィルム上に真空中でITOターゲットをスパッタリングして成膜している。2層CNT（トカーナ®）透明導電フィルムは，CNT分散液を調製し，ウェットコート法でPETフィルムに塗布して製造している。CNT分散液のPETフィルムへの均一塗布は，塗布方法とフィルム表面のぬれ性が非常に重要となる。塗布方法は，スピンコート，ディップコート，スプレーコート，グラビアコート，スリットダイコートなどさまざまの方法があるが，量産性の観点から1,000 mm幅以上で均一なロールツーロール塗布ができ，かつCNT分散液のロスが少なくする必要がある。透明導電フィルムの基材として使用するPETフィルムは，透過率が高く，かつ光学ヘイズが少ない光学用途向けに製造したものが最適である。光学用PETフィルムは，CNT分散液を均一に塗布，密着性を確保するためのPET表面状態とのマッチングが非常に大切になる。

3.2　2層CNT透明導電フィルム

2012年に開発した当社の2層CNT（トカーナ®）透明導電フィルムは，光学用PETフィルム上に2層CNT導電層，さらにその上部にオーバーコート層のある構成とした。2層CNT層の厚みは，10 nm以下のナノオーダーの薄膜である。オーバーコート層は，厚みを100 nm以下で設計している。オーバーコート層は2層CNT導電層を保護し，耐擦過性，耐環境性など耐久性を向上させる役割を担っている（**図2**）。

2層CNT（トカーナ®）透明導電フィルムの特徴を汎用ITOフィルムと比較して述べる。透明導電性は，同一抵抗値において光透過率が高く，ITOフィルムでは，製品レベルで実現不可能な1,500 Ω/□以上の高抵抗領域を92%以上と高い光透過率で実現している。フレキシブル性の指標となる屈曲耐性，引張耐性においても無機酸化物材料のITOフィルムと違い，2層CNT透明導電膜は緻密なネットワーク構造からなるためクラック破壊がなく，非常に優れた耐性をもち，フレキシブル性に富む透明導電フィルムとなっている。また，耐環境特性においては，車載用途試験条件の85℃，85% RHの厳しい湿熱環境下においても非常に優れた耐久性をもち備えている（**図3**）。さらに，フィルムの色目に関しても，汎用ITOフィルムは黄色味（b*値2以上）があるが，2層CNTフィルムは，無色透明（b*値0.5以下）を実現できている。2層CNTフィルムは，汎用ITOフィルムとの比較ではITOの特性を凌駕しており，代替材料として十分に機能を果たせるレベルに到達している。

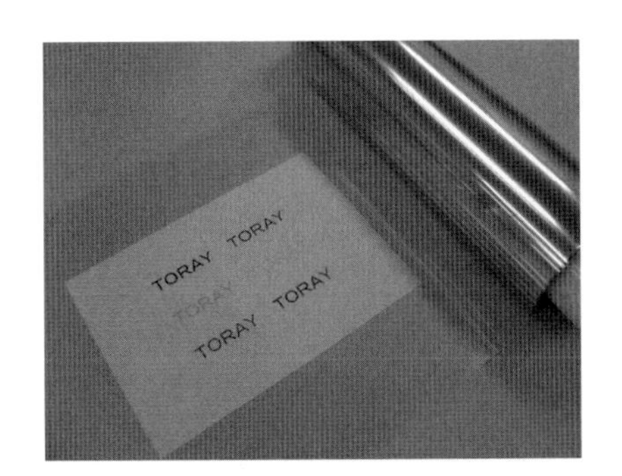

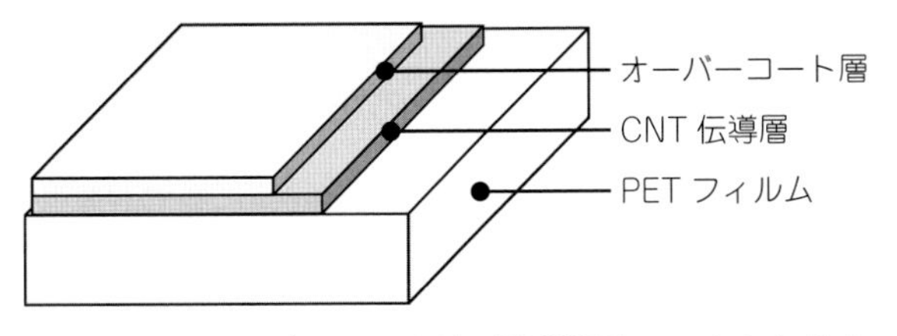

図2　2層CNT（トカーナ®）透明導電フィルムとその構成

4. 2層CNT（トカーナ®）透明導電フィルムの用途展開

4.1　電子ペーパー用途への展開

透明導電フィルムが使用される各種デバイスにおいて，電子ペーパー，タッチパネルは，表示ディスプレイ関係の部材であるため，光透過率が重要特性であり90%以上と高い透過率が要求されている。2層CNT（トカーナ®）フィルムは，電子ペーパー，抵抗膜式タッチパネル，静電容量式タッチスイッチ用途で十分に適用可能な性能を有している。電子ペーパーの表示デバイスは各種の表示方式のものが製品化されているが，2012年上市した2層CNT（トカーナ®）フィルムは，ツイストボール方式電子ペーパーの上部電極に採用されている（**図4**）。反射型ディスプレイである電子ペーパーでは，上部透明電極に入射した光が表示素子部に到達，その光が表示素子部で反射し，再度，上部透明電極を通し出射される。したがって，上部透明電極の透過率，色目が非常に重要となる。そのため2層CNT（トカーナ®）フィルムは汎用ITOフィルムより画像表示がより明るく，表示色の色再現性が高いものとなっている。さらに，フレキシブル性があることから画面の曲面化や，電子ペーパー製造工程での収率向上に貢献している。また現在ラボ段階ではあるが，透明導電性がさらに向上し，静電容量式タッチパネルに適用できる領域に到達している。

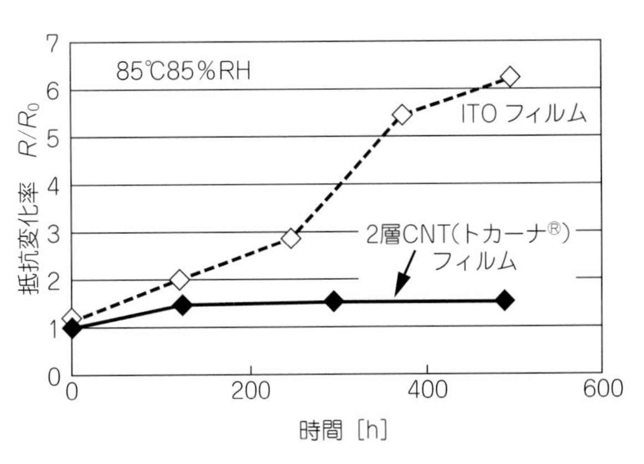

図3　2層CNT（トカーナ®）フィルムの耐湿熱特性

⒜表示切替イメージ

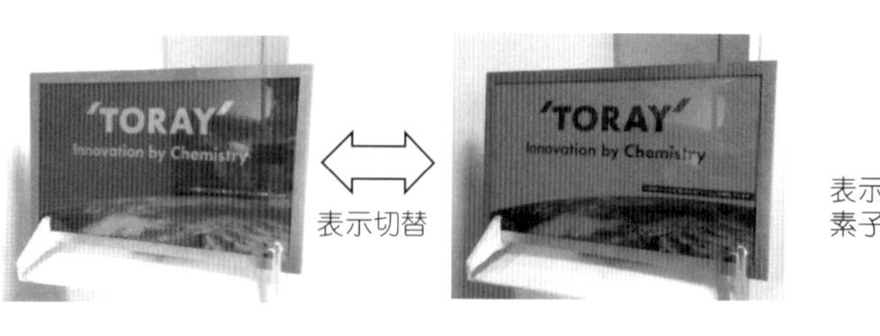

⒝ツイストボール方式電子ペーパーの構成図

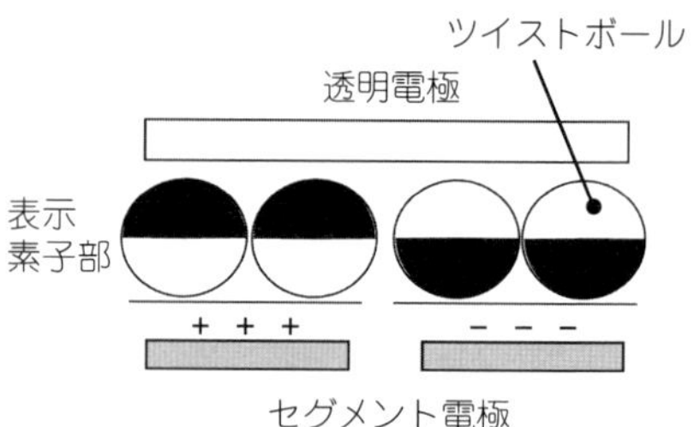

図４　ツイストボール方式電子ペーパー上部透明電極への適用例

4.2　フレキブルタッチパネル用途への展開

透明導電性が静電容量式タッチパネルの要求範囲に入り，かつ屈曲耐性の強みがあることから，丸めたり，折り曲げたりすることのできる次世代フレキシブルディスプレイの静電容量式タッチパネルへの応用展開が期待できる。

静電容量式タッチパネルは，一般的にパターン化された透明電極２枚をカバーガラスに貼り合わせて（GFF 構成）製造される。２層 CNT（トカーナ®）フィルムは，タッチパネル製造における ITO 透明電極，銀ペースト配線のパターン加工工程で，近年多く使用されている汎用レーザー（波長 1,064 nm）加工機で ITO とほぼ同等な条件で，加工後のパターンが目視視認されないエッチングが可能である。このパターン加工技術を利用し，２層構成のフィルムタッチパネル（FF 構成）を作製し，完全に折り曲げてもマルチタッチで正常動作することを実証した（**図５**）。今後，量産技術を確立し，本用途へも展開をしていく予定である。

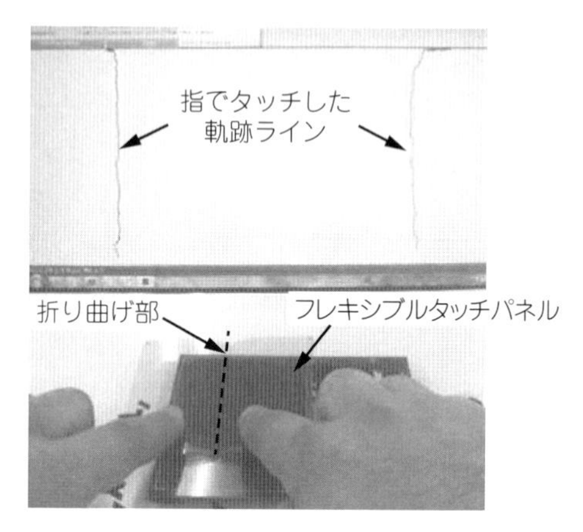

図５　フレキシブルタッチパネルの開発例

4.3　3D 形状タッチスイッチ用途への展開

近年，堅牢性，スマートフォンライクな操作性から，白物家電，自動車（センターコンソール部ヒートコントロールなど）で静電容量式タッチスイッチの採用が増加してきている。しかしながら平面なスイッチであるため，触感に頼ることができない，意匠性が乏しいなどから，凹凸のある 3D 形状タッチスイッチの要求が高まっている。

２層 CNT（トカーナ®）フィルムは，他材料が引張により断線，不導化するのに対し，著しく引張耐性が高く，100％伸度でも数倍に抵抗値が上昇するだけで断線はしない特徴を有する（**図６**）。そこで基材に易成形性フィルムを用い，成形可能な２層 CNT フィルムを開発した。樹脂筐体を成形作製してからタッチセンサシートを粘着シートで貼り付ける現行工程に対して，インモールド工法によりタッチセンサと筐体を成形，一体化できるため，貼り合せ工程が削減可能でコストダウンにも寄与できると期待している。また本工法では，貼り合せでは不可能な筐体表層にタッチセンサを配置することができ，センシング感度を高くすることが可能となる。本フィルムで，3D 形状（半球状，立方形状）に成形（最大伸度 80％）した静電容量式タッチスイッチを作製し本工法を実証した（**図７**）。今後，デザイン性，操作性，信頼性が重要視される車載用途を中心に新規提案を行う予定である。

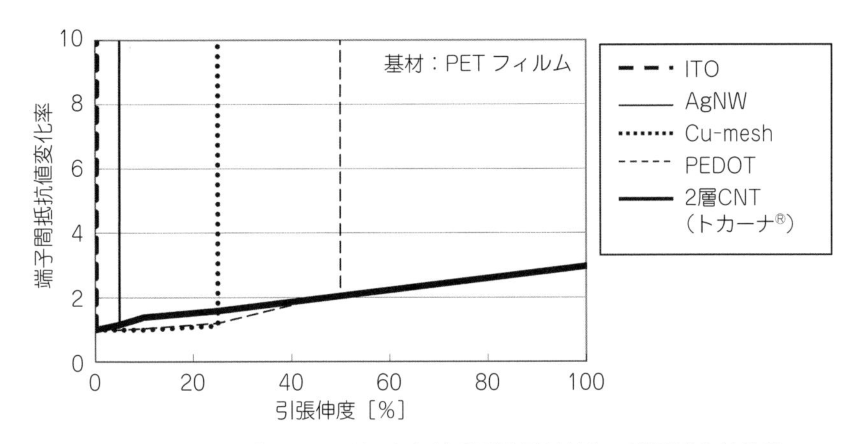

図6　2層 CNT（トカーナ®）と各種透明導電材料との引張耐久性比較

5. おわりに

当社はまだまだ2層 CNT の真の物性を極限まで活用できていないと認識している。ITO を凌駕する透明導電材料としてその主役になるには，分散，塗布・乾燥の各要素技術をさらに進化，融合させ，理想的なネットワーク構造膜を安定的に形成させる必要がある。これが実現できれば，OLED フレキシブルディスプレイとそのタッチパネル，OLED 照明，有機系太陽電池などの次世代フレキシブルデバイスの透明電極部材には欠かせない材料となると期待している。

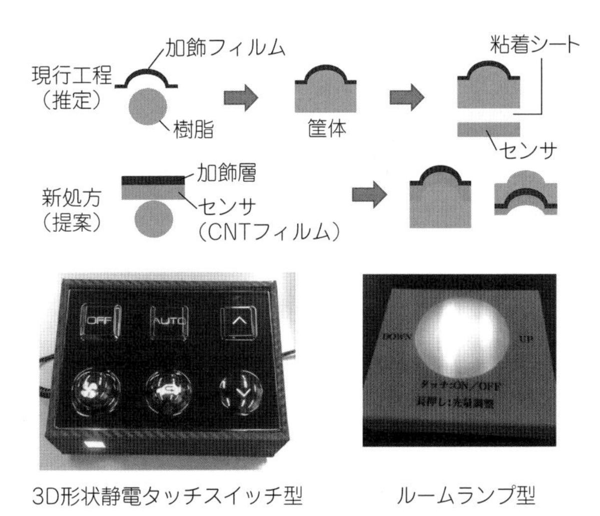

図7　3D 形状静電タッチスイッチの新規加工法とその開発例

文　献

1）S. Iijima：*Nature*, **354**, 56（1991）.

2）N. Saran, K. Parikh, D.-S. Suh, E. Mu?oz, H. Kolla and S. K. Manohar：*J. Am. Chem. Soc.*, **126**, 4462（2004）.

3）Z. Wu, Z. Chen, X. Du, J. M. Logan, J. Sippel, M. Nikolou, K. Kamaras, J. R. Reynolds, D. B. Tanner, A. F. Hebard, A. G. Rinzler et al.：*Science*, **305**, 1273（2004）.

4）佐藤謙一：CNT 利用透明導電フィルム–ITO 代替材料：投影型静電容量式タッチパネルの開発と市場，pp.66–73, シーエムシー出版（2012）.

5）X. Z. Chen, C. Feng, L. Liu, Z-Q. Bai, Y. Wang, L. Qian, Y. .Zhang, Q. Li, K. Jiang and S. Fan：*Nano Lett.*, **8**, 4539–4545（2008）.

6）A. Kaskela, A. G. Nasibulin, M. Y. Timmermans, B. Aitchison, A. Papadimitratos, Y. Tain, Z. Zhu, H. Jiang, D. P. Brown, A. Zakhidov and E. I. Kauppinen：*Nano Lett.*, **10**, 4349（2010）.

7）高分子学会(編)，中嶋直敏，藤ヶ谷剛彦：カーボンナノチューブ・グラフェン：カーボンナノチューブの可溶化，pp.21–34, 共立出版（2012）.

8）高分子学会(編)，今津直樹，渡邊修，吉田実，藤ヶ谷剛彦，中嶋直敏：第 20 回ポリマー材料フォーラム予稿集：CNT 複合体の膜形成技術の開発，p.37, 高分子学会（2011）.

9）T. Oi, H. Nishino, K. Sato, O. Watanabe, S. Honda and M. Suzuki："Double-walled carbon nanotube transparent conductive film for next generation flexible device"，International Display workshops, 2013, Sapporo.

第1節　ウエハスケール・トップダウン加工でのグラフェントランジスタ試作

国立研究開発法人物質・材料研究機構　中払　周[※1]
国立研究開発法人物質・材料研究機構　塚越　一仁
国立研究開発法人産業技術総合研究所　小川　真一
国立研究開発法人産業技術総合研究所[※2]　佐藤信太郎[※3]
国立研究開発法人産業技術総合研究所[※2]　横山　直樹[※3]

1. はじめに

シリコンを基盤とした大規模集積回路（LSI）の進歩は，トランジスタのサイズを縮小し，それに伴い電圧・ドープ量などの種々のパラメータを一定の比率で変化（スケール）させることで高速化・高集積化を進めてきた。しかし，素子サイズの縮小に伴う弊害，特に動作電圧をスケーリング則に従って下げられないことが，チップごとの消費電力の急激な増大を抑制できない原因となってきた。動作電圧を下げられない要因として，不純物イオンの絶対数の減少に起因する閾値の「ばらつき」や，短チャネル効果の１つであるゲート支配力の劣化がある。これらの問題のうち，特に短チャネル効果への対応としては，完全空乏（fully-depleted）型の薄膜ボディ構造が有効であり，シリコンやゲルマニウムの薄膜（SOI や GOI），さらにはⅢ−Ⅴ族などの化合物の薄膜を利用する研究が進んでいる。近年，商品化されたフィン型トランジスタの構造も，この短チャネル化による問題への対策であって，完全空乏型チャネルを背中合わせに貼りつけた構造に相当する。このような薄膜化をさらに進めたのがボリュームインバージョン型で，数ナノメートル厚の膜全体が反転層となって，もはや空乏層も残らない。しかし，膜を極限まで薄くすることで酸化膜界面のラフネス散乱の影響が強くなったり，ソース・ドレインの形成がさらに難しくなったりするなど，技術的なハードルは依然として高い。

以上のような半導体材料の薄膜化の究極の形として，炭素原子１つ分の薄さのグラフェンが 2004 年に登場した。グラフェン上の２次元電子系は，深さ方向の電子状態の変化が無視できるため，電界制御においてはボリュームインバージョン型と同様な強いゲート支配力が期待できる。このグラフェンのさらなる特徴としては，電界制御で電子・正孔ともに対称性よくキャリア密度制御が可能であること，バリスティック極限では重要性が低くなるが電荷の移動度が高いこと，さらにはこの高移動度が低い電荷密度から得られることなどがあげられる。一方でグラフェンのエレクトロニクス応用での最大の難点は，よく知られるようにバンドギャップがないことである。グラフェンのフェルミ準位は，伝導帯と価電子帯とが１点で接する Dirac 点近傍に位置するが，この Dirac 点にフェルミ準位を合わせても状態密度を十分に低くすることが難しく，したがってそのままでは十分な電流の off 状態を得られない。したがって Dirac 点付近に何らかの形でバンドギャップを形成する技術が必須である。

バンドギャップ形成の技術として，１つにはグラフェンを数ナノメートル程度の幅のリボン状に加工するグラフェンナノリボン（GNR）が検討されてきた[1)]。この GNR は，理論的には結晶方位に沿ったリボン端の電子状態を反映したバンドギャップが形成されるというものであるが，実際にリソグラフィ・エッチングというトップダウン加工で作製された GNR の電気伝導においては，何らかの要因で

※1　当時，㈱産業技術総合研究所兼任
※2　当時，㈱産業技術総合研究所
※3　現在，㈱富士通研究所

輸送ギャップが形成されているようで，電流のon/off動作を室温で実現した例はきわめて限られる。一方，自己組織化形成などボトムアップ的に形成されたGNRにおいては比較的良好なリボン端が得られているようである。もう１つの手法として，2層グラフェンに垂直に強電界を印加する方法もある[2)3)]。この場合，きわめて強い垂直電界が必要で，通常のゲート絶縁膜の絶縁破壊限界に近いほどの強い電界を印加しても，200 meV程度のバンドギャップしか得られず，やはり室温での動作例は非常に限られるのが現状である。また，チャネルの電荷密度や極性を制御するためにはチャネルの両面から互いに異なる極性のゲート電圧を与える必要があり，これも素子設計上の障害となる。以上の状況を鑑みるに，グラフェンのエレクトロニクス応用のためには，これまで考案されてきた以外の新しい技術の導入の検討が必要と思われる。

本稿では，大規模な生産に適用可能な大面積ウエハ上でトップダウン加工による作製と，室温動作かつp/nの両方の極性でのトランジスタ動作について，筆者らの原理実証的な研究を紹介する。この目的で，GNRや2層グラフェンとは異なる新しい伝導の電界制御の方法として提案したグラフェンにイオンビームを照射して欠陥を導入して輸送ギャップを生成する方法についても述べる。さらには，これらの技術を総合した，ゲート電界制御によってトランジスタ極性を制御しつつ電流のon/off動作を実現する新しい動作原理のトランジスタについて紹介する。

2. 新しいグラフェントランジスタの構造と動作原理

グラフェンの電子デバイス応用に向けた筆者らの提案として，グラフェンに対してヘリウムイオン照射を行うことで電気伝導制御を可能にする技術と，2つの独立したゲートの静電制御によるトランジスタの動作原理をここで紹介する。

グラフェンの極微細加工の方法として，電子線リソグラフィ（EBL）と反応性イオンエッチング（RIE）が最も一般的な方法であったが，EBLで必須の有機高分子のレジストを使わずに，より高精度での直接エッチングを目指してグラフェンのヘリウムイオンビームによるエッチングが提案された[4)5)]。これは，近年実用化されたヘリウムイオン顕微鏡を用いるものであり，強く収束したイオンビームに起因するきわめて高い空間分解能によってEBLよりも高精細な描画を可能とするものである。筆者らはこの技術をグラフェンのエッチングに用いるのみならず，イオンビームによる結晶欠陥の導入に応用した。これは，適度な密度の欠陥によってグラフェンを流れる電荷の輸送状態を変化させて，ゲート電界でon/off制御可能にするものである[6)]。この場合，入射したイオンがグラフェンの炭素原子と一定の割合で相互作用して結晶欠陥が形成されると，ゲート制御で電流が強く抑制されるようになる。この現象は，状態密度が比較的低いDirac点近傍において電荷の散乱によって電荷が空間的に局在することに起因すると考えられる[7)]。このDirac点近傍の電気伝導が抑制されたエネルギー範囲を輸送ギャップという。この時の欠陥密度は入射されたイオンの密度から計算されるが，この欠陥密度0.1～1%程度の領域で電流値は指数関数的な急激な減少を示す（**図１**）。電流のon/off制御に適用可能な欠陥密度は0.7～0.9%程度という狭い範囲であった。これより密度が低いと電流値は大きいが十分に電流がoffせず，これより大きいと急激に電流値が減少して素子としての動作ができない。また，このようなグラフェンの電気伝導度は，イオン照射された領域の長さに対して指数関数的な急激な減少を示すため，イオン照射領域は十分に短い必要がある。その一方で，この

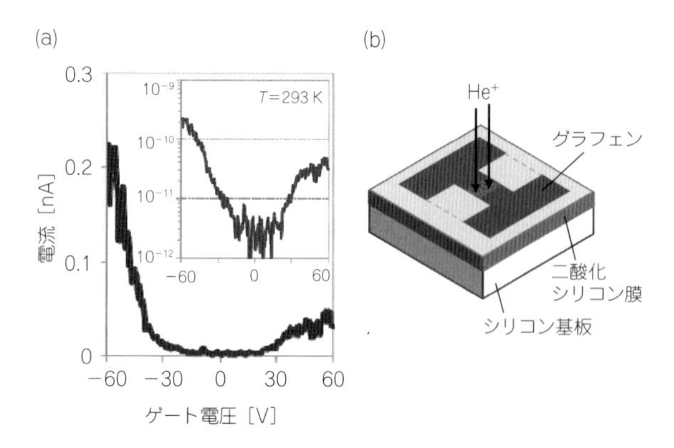

図１　イオン照射グラフェン（欠陥密度0.9%）の室温における電流on/offの電流–電圧特性(a)と素子の形状(b)

照射領域長が 10 nm 程度以下では，今度は電流が大きくなって電流の on/off 制御が効かなくなった。そのため，以下で述べる実際の素子試作では照射領域長は 20～30 nm 程度で設計した。

さて，グラフェンのトランジスタ応用においては，比較的小さいエネルギーギャップによって電流の on/off 制御を行う必要がある。また，GNR などの方法でグラフェンにエネルギーギャップを生じさせると，on 状態での電荷の移動度が低下するため，駆動電流が十分にとれなくなる問題も明白であった。そのため，従来型のトランジスタよりも効果的な on/off 制御の動作原理を模索する必要があった。そこで筆者らが考案したものが，デュアルゲート制御によるトランジスタである。**図２**に示すように，ソース・ドレインコンタクトを形成したグラフェンに対して２つの独立したトップゲートを形成する。その際のゲート間のギャップ長は 20～30 nm 程度にする。このゲート間ギャップに露出した部分のグラフェンに対してヘリウムイオンを照射して（本稿ではこの部分をチャネルと称する），電界による電気伝導制御を可能としている。この場合，ゲート端からはみ出した電界によってチャネルの電気伝導を制御するため，チャネル長は必然的に短くなる。**図３**(a)に示すように，２つのゲートに互いに異なる極性のゲート電圧を印加すると，一方のゲート下のグラフェンが n 型に，もう一方のゲート下のグラフェンが p 型になり，それらの中間に位置するチャネル部分は必ず輸送ギャップとフェルミ準位が交差することになり，電荷の輸送が抑制される。この時，電荷の移動に対するバリアを，従来型のトランジスタ構造の場合よりも高くできて，さらにトンネル長も長くできるので，小さな輸送ギャップに対してもより効率的な off 状態が現れることが期待される。逆に，2つのゲートに同じ極性の電圧を印加すると，図３(b)に示すようにチャネル領域にバリアが生じないため，電流が生じることになる。

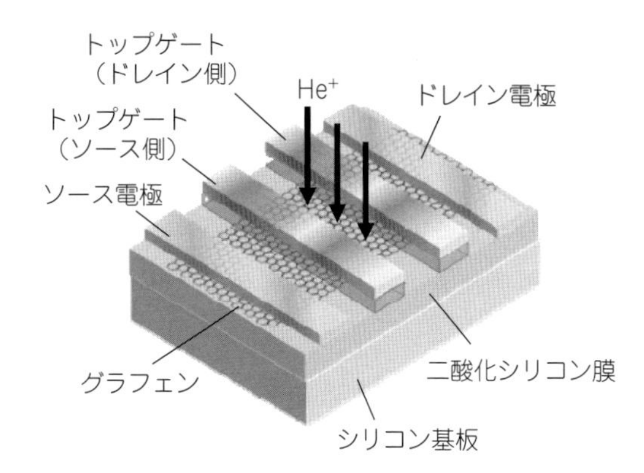

図２　デュアルゲート型グラフェントランジスタの概念図

２つのトップゲートの間のグラフェンのみにイオン照射する。

上記のような新しいコンセプトのグラフェントランジスタを，スコッチテープ法と呼ばれるグラファ

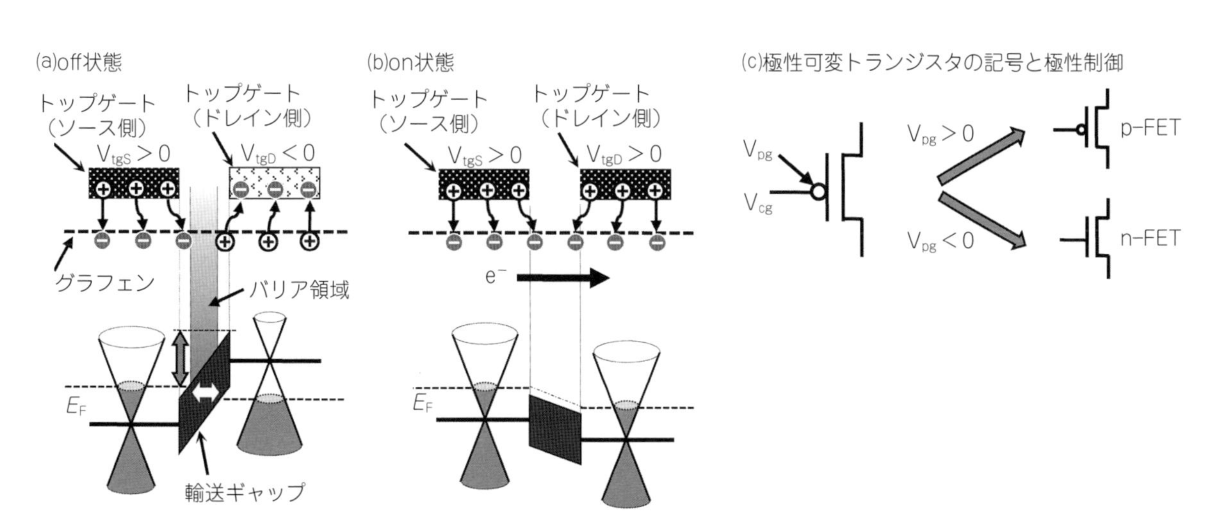

図３　デュアルゲート型グラフェントランジスタの電流の on 状態(a)と off 状態(b)。片方のゲートの電圧の極性に従って，もう一方のゲート操作に対してトランジスタ極性が決定する。(c)極性可変トランジスタの記号と極性制御。V_{pg} の極性に従ってトランジスタ極性が変化する

イトの機械的剥離法によって得られたグラフェンに対して試作し，200〜250 K 程度の低温においてトランジスタ動作を実証した[8)9)]。on/off 比としては，概ね 3〜4 桁程度が可能であった。これらのトランジスタ動作における特徴として，片方の固定されたゲート電圧の極性によって，もう一方のゲート電圧掃引に対するトランジスタ動作の際のトランジスタ極性が n 型と p 型の間で制御される，という点がある。例えばソース側のゲート電圧が正である場合は，ドレイン側のゲート電圧が正の場合にトランジスタに電流が流れ，逆に負の場合には電流が止まる。このような電気的制御によるトランジスタ極性制御を導入することでロジック回路の単純化が可能となり[10)]，計算上では集積回路の 59％の消費電力削減が可能との試算がある[11)]。極性可変トランジスタは図 3(c)のような記号で表記されて，V_{pg}（polarity gate）によって定義されたトランジスタ極性が V_{cg}（control gate）のゲート制御に対して発現することを示す。しかし，これまでの議論で理解できるように，V_{pg} と V_{cg} は構造の上では対等であり互いに入れ替えることが可能である。

3. ウエハスケールでのトップダウンプロセスによるトランジスタ試作

［2］で紹介した新しい概念のグラフェントランジスタは，絶縁体表面の単層グラフェンさえ用意されていれば，通常のリソグラフィやエッチング，イオン照射というトップダウン製法による製造が原理的には可能である。しかし，当初の実証実験ではグラフェンは粘着テープによる手作業での機械的剥離によるものであり，当然このような手法では大規模な生産には向かない。そこで，より実際的で工業的にも意味のあるグラフェントランジスタの作製法の実証として，大口径のシリコン基板上で化学的気相成長法（CVD 法）にて形成されたグラフェンを絶縁層上に転写したものを用いた試作を行った[12)]。CVD 法によるグラフェンの合成は，表面を酸化した口径 300 mm のシリコン基板上に堆積した銅の触媒層表面で行った[13)]。このグラフェン基板を 2 cm 角のチップに劈開し，表面にレジスト（PMMA）を塗布した後，バッファードフッ酸の水面に浮かべると，シリコン基板と銅層の間の酸化膜が融解して，PMMA/グラフェン/銅の積層膜がシリコン基板から分離して水面に残る。この積層膜をさらに塩化鉄（$FeCl_3$）水溶液の水面に浮かべることで銅を融解させて除去すると，PMMA/グラフェンの積層膜が水面に残る。塩化鉄水溶液を水に置換したのち，表面を酸化したシリコンウエハで積層膜をすくい上げて最後にアセトンで PMMA を除去すると，シリコン酸化膜上の単層グラフェンが得られる。今回の試作では**図 4**(a)に示すような 3 インチウエハ上に 2 cm 角の単層グラフェン膜を 4 枚貼り付けた。このシリコンウエハには予め合わせマークなどが通常のフォトリソグラフィにて形成されていて，グラフェン膜貼り付け後も同様にフォトリソグラフィにて素子領域のマスクを形成して余分な部分を反応性イオンエッチング（RIE）にて除去して素子分離を

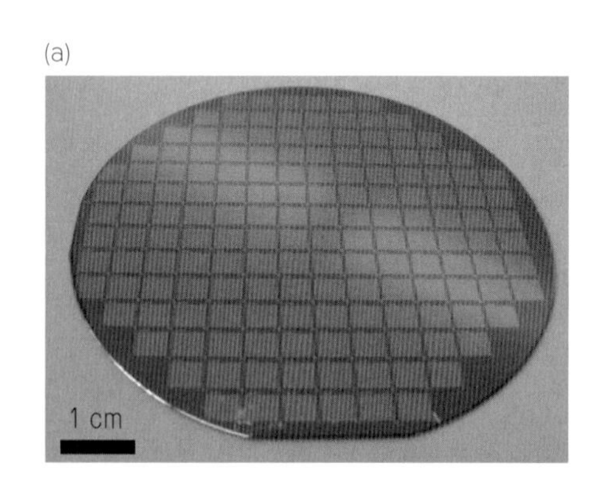

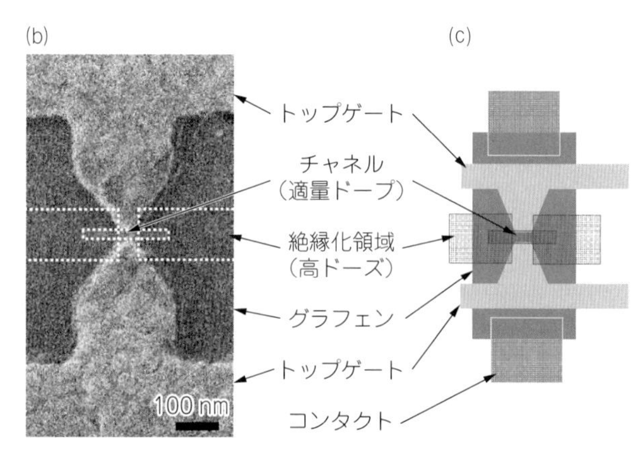

図 4　グラフェントランジスタを試作した 3 インチウエハ(a)，作製したトランジスタのヘリウムイオン顕微鏡像(b)とトランジスタ構造の模式図(c)

行った。引き続き，コンタクトや配線，プローバ用のパッドをまとめてフォトリソグラフィとチタン/金の熱蒸着・リフトオフにて形成した。トップゲートについては，20 nm のゲート間ギャップを形成するために電子線リソグラフィを用いたが，このサイズならば最先端のフォトリソグラフィ技術を適用すれば十分に作製可能であろう。トップゲートの形状を電子線リソグラフィで描画した後，二酸化シリコン/アルミニウム（＝10/25 nm）のゲートスタックを熱蒸着にて堆積・リフトオフしたものに対して，チャネル領域（ゲート間のギャップ領域）のグラフェンにヘリウムイオンを 8×10^{15} ions/cm^2 のドーズ量で照射した。この場合のチャネル領域のサイズは，長さと幅がそれぞれ 20 nm と 50 nm となった。チャネル領域の脇はグラフェンの端まで高ドーズ（$>2\times10^{16}$ ions/cm^2）のイオン照射で絶縁化した。このヘリウムイオン照射は多数作製された素子の中で特に特性の良好だったものの中から選ばれた素子に対して個別に行ったものであるが，各素子のゲートのギャップの部分においてゲートもマスクとして使用することを含めて適切なマスクを形成すれば，ウエハ全体の一括処理での作製が可能である。実際に作製された素子のヘリウムイオン顕微鏡像とその素子構造を図４(b)(c)に示す。

4．室温における極性可変トランジスタ動作

実際に試作された単体のデュアルゲート型トランジスタの室温における極性可変動作を**図５**に示す。ここでは，ドレイン側のゲートを極性ゲート（V_{pg}）として使い，ソース側ゲート（V_{cg}）の制御でトランジスタ動作を行っているが，より明瞭な極性制御特性を得るためにバックゲート制御も追加した。室温で，同一の素子において電圧制御によるトランジスタ極性の反転を実証し，かつ on/off 比は，n 型動作，p 型動作ともに約２桁であった。

このような極性可変トランジスタを複数組み合わせることで，より高度なロジック動作が実現する。今回試作した素子構造は**図６**(a)(b)に示すとおりに，グラフェンに対するコンタクトが３つと，トップ

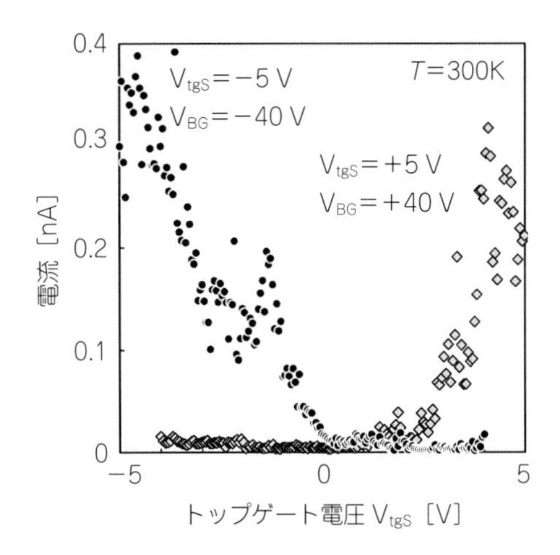

図５　作製したグラフェントランジスタの室温における動作

同一の素子が電圧制御で n 型と p 型の両方に変化する。ソースとドレインにはそれぞれ −10 mV と ＋10 mV を印加している。

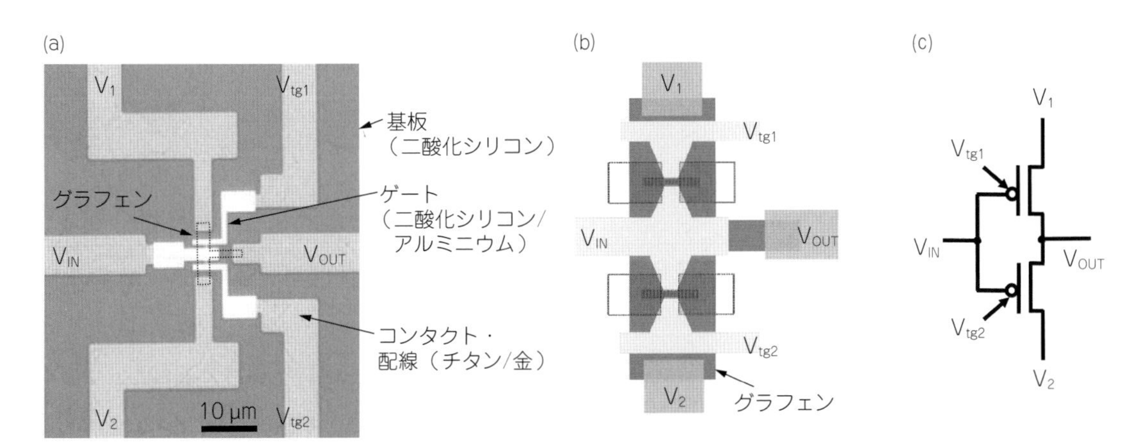

図６　作製したグラフェントランジスタの光学顕微鏡像(a)，素子構造の概念図(b)と対応する回路図(c)

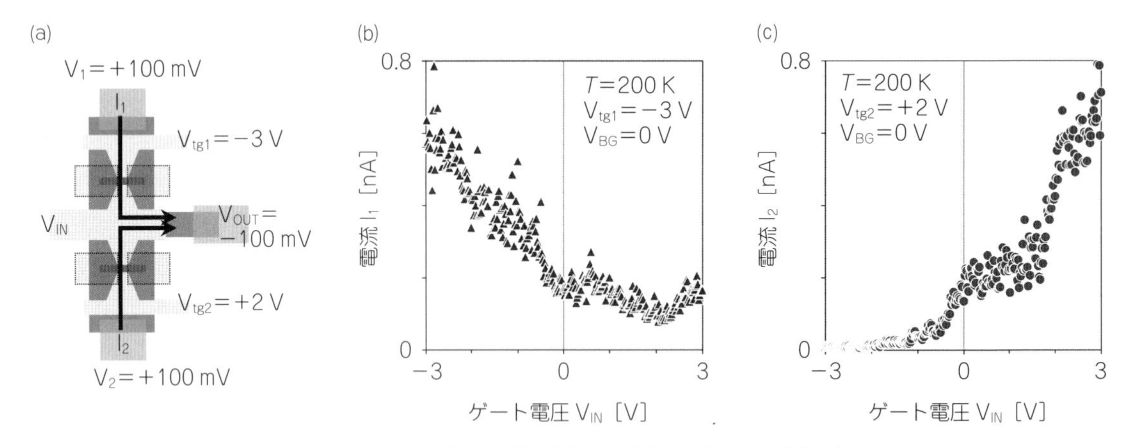

図７　各端子の電流と電圧(a)，ｐ型動作(b)とｎ型動作(c)

ゲートが３つの，計６端子を有する素子になっている。これは，図３(c)に示したデュアルゲート型トランジスタを２つ直列に並べて，内側で隣り合うゲートと電極を共通化した形状になっている。この素子の３つあるゲートのうち外側の２つのゲートをそれぞれのトランジスタの極性ゲートとして使用する(図６(c))。例えば，V_{tg1}を負の電圧，V_{tg2}を正の電圧にしておくと，この素子の上半分がｐ型トランジスタとして動作し，下半分がｎ型トランジスタとして動作することになる。これは**図７**(a)に示すように各端子の電圧を設定した場合，V_1，V_2からV_{OUT}に至る電流I_1，I_2を中央のゲートV_{IN}で制御すると，それぞれｐ型，ｎ型のトランジスタ動作を示すことで実証される（図７(b)(c)）。これを用いれば，**図８**(a)の回路図に示すように，V_1を高電圧側，V_2を低電圧側として，V_{IN}からの入力信号がV_{OUT}から反転して出力されるインバータ回路になる。実際に，V_1を＋100 mV，V_2を－100 mVと変えて，入力電圧V_{IN}に対する出力電圧V_{OUT}を測定したものが図８(b)で，期待どおりに入力と出力で電圧の極性が反転しており，インバータとしての動作原理を実証している。このような３ゲートによるインバータ動作であるが，従来型のトランジスタ２個を組み合わせたインバータでは充放電するゲートが２つで済んでいたことと比較すると消費電力が増えるようにみえるかも知れない。しかし，単純にインバータ動作させるだけであるならば，２つの極性ゲートは一度充電してしまった後は電荷を移動させる必要がなく，したがってその部分での電力消費はなく，イ

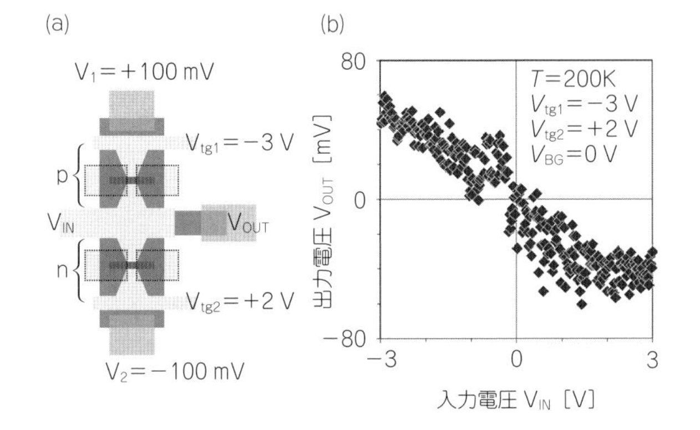

図８　各端子の電圧(a)とインバータ動作(b)

ンバータ動作には１つのゲートの充放電で済む訳で，消費電力に関しては大きな優位がある。また，設計によっては，極性ゲートで制御される部分のグラフェンの極性を何らかの方法でドーピングすれば，１ゲートのインバータが出来る。さらに，この６端子素子は，文献10)でも議論されているようにXORロジック回路を従来型と比べて大いに単純化することが可能な構造であり，将来の集積回路の低消費電力化の技術の１つの解と期待できる。

5. まとめ

将来の情報処理システムにおける低消費電力化に向けて必要とされるブレークスルーの１つの方法として，グラフェンを用いた極性可変トランジスタの開発について紹介した。特に，筆者らのプロジェクトを通して開発を進めてきた大口径ウエハ上に

CVD 成長した単層グラフェンを他のウエハ表面上に転写して，現状で可能な限りウエハスケールでの一括処理を行い，一貫したトップダウン加工により素子試作を行った。トランジスタ構造としては，筆者らのプロジェクトで提案してきたイオン照射チャネルとデュアルゲート型構造による極性可変トランジスタを適用し，室温において約２桁の on/off 比でのトランジスタ動作を，n 型と p 型の両方のトランジスタ極性を電圧信号で制御した上で実現した。さらなる発展として，この新構造グラフェントランジスタ２個を結合した６端子素子におけるインバータ動作の原理的な実証を行った。本稿で紹介したグラフェントランジスタは，移動度や on/off 比が十分でないなどの問題が多く残されているが，この研究はまだ端緒についたばかりであり，今後，グラフェン膜の品質や加工プロセスの改善，さらに新奇な素子構造・動作原理などの導入によって大きく改善すると期待される。ここは未踏の領域が大きく広がる分野であって，筆者らの努力によって思いがけない発見や発展が期待されるので，今後も大いに頑張っていきたいところである。

謝　辞

本研究の一部は内閣府総合科学技術会議により制度設計された最先端研究開発支援プログラムにより，㈱日本学術振興会を通して助成されたものです。グラフェン試料の作製や素子試作は，㈱産業技術総合研究所連携研究体グリーン・ナノエレクトロニクスセンター（当時）の八木克典，原田直樹，林賢二郎，近藤大雄，高橋慎の各氏との共同研究によるものです。本研究におけるヘリウムイオン顕微鏡の利用にあたり，産業技術総合研究所共用施設運営ユニットスーパークリーンルームステーションの飯島智彦氏，右田真司氏に感謝いたします。

文　献

1）K. Wakabayashi, et al.：*Phys. Rev. B,* **59**, 8271（1999）.
2）S.-L. Li, et al.：*Nano Lett.,* **10**, 2357（2010）.
3）H. Miyazaki, et al.：*APL.,* **100**, 163115（2012）.
4）M. C. Lemme, et al.：*ACS Nano,* **3**, 2674（2009）.
5）D. C. Bell, et al.：*Nanotechnology,* **20**, 455301（2009）.
6）S. Nakaharai, et al.：*ACS Nano,* **7**, 5694（2013）.
7）A. Lherbier, et al.：*Phys. Rev. B,* **86**, 075402（2012）.
8）S. Nakaharai, et al.：*Ext. Abst. IEDM,* **2012**, 4.2.1（2012）.
9）S. Nakaharai, et al.：*IEEE Trans. Nanotech.,* **13**, 1039（2014）.
10）M. De Marchi, et al.：*IEEE Electron Dev. Lett.,* **35**, 880（2014）.
11）M. H. Ben-Jamaa, et al.：*IEEE Trans. Comput.-Aided Des. IC Syst.,* **30**, 242（2011）.
12）S. Nakaharai, et al.：*Jpn. J. Appl. Phys.,* **54**, 04DN06（2015）.
13）K. Yagi, et al.：*Jpn. J. Appl. Phys.,* **52**, 110106（2013）.

第2節　ナノカーボン材料の半導体デバイスへの応用

株式会社富士通研究所　佐藤　信太郎

1．はじめに

シリコンを利用した大規模集積回路（LSI）は，これまでいわゆる微細化によってその性能を向上させるとともに，コストを削減してきた。しかし，トランジスタのチャネル長が10 nmを切るあたり（約5〜10年先）が，微細化の限界であるといわれている。しかしながら，これまでの歴史を鑑みると，電子デバイスへの速さや大容量化への希求は今後も止むことがないであろう。さらに，いま流行しつつある人工知能（AI）が現実的になるためにはいまよりはるかに高い計算能力が必要である，といわれている。我々はいま，微細化に代わる新たなデバイス高性能化の道筋を考なければいけない状況になってきている。

デバイスをさらに高性能化するための道筋として，高度な実装技術を利用した3次元集積回路などが提案されているが，発熱の問題などもあり，簡単に集積度を増やせるわけではない。微細化に頼らない高性能化を実現する1つ方向性は，新たな材料の導入や，新原理デバイスの採用である。ただし，シリコンのデバイスを完全に置き換える，などというドラスティックな話ではなく，応用に応じて，新たな機能的デバイスをシリコンデバイスと統合した形で徐々に導入していく，ということになるであろう。その観点から，グラフェン，カーボンナノチューブ（CNT）に代表されるナノカーボン材料に筆者らは注目してきた。ナノカーボン材料は，高移動度，高い電流密度耐性などの優れた電気特性を有し，将来の電子デバイス材料として期待されている[1)]。トランジスタの観点でいえば，長いバリスティック長から得られる高い移動度や，その「薄さ」が，いわゆるmore Moore的な観点で魅力的なほか，特異な電子状態はbeyond CMOS的な新原理デバイスへの期待を抱かせる。本稿では，大規模集積回路（LSI）への適用を視野に置いた，グラフェンのトランジスタ，配線応用の可能性について述べるとともに，それに関連した筆者らのいくつかの研究成果を紹介する。

2．グラフェンのトランジスタ応用

2.1　はじめに

グラフェンの模式図と，電子状態を3次元的にプロットしたものを**図1**に示す。特徴はK点，K′点付近で波数kとエネルギーが線形の分散関係をも

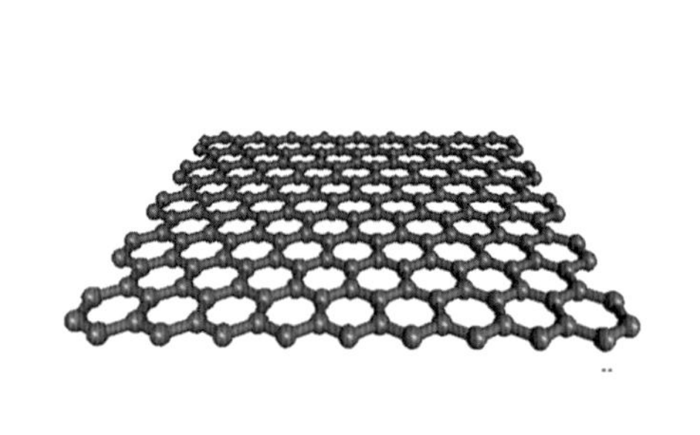

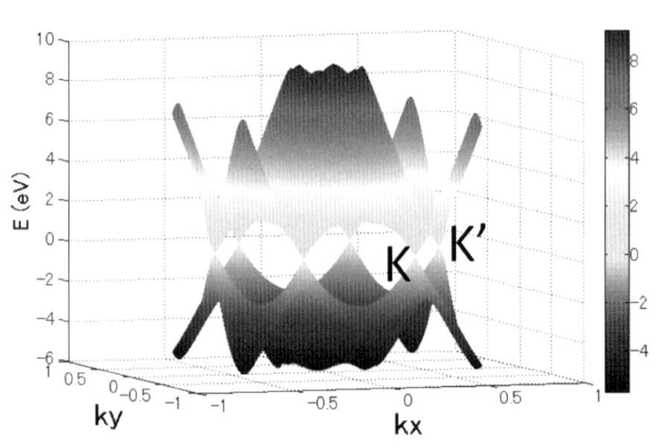

図1　グラフェンの模式図（左）とグラフェンのエネルギーバンドの3次元プロット（口絵参照）

つことである。このような電子状態は，後方散乱の抑制[2]やクライントンネリング[3]など，種々の特異な現象を引き起こす。しかしながら，通常の半導体とは異なり，グラフェンにはバンドギャップがない。そのため，移動度は高いものの，グラフェンをチャネルとしてトランジスタとしたときのon/off比は高々10程度である。on/off比を挙げる試みとして筆者らが行ったヘリウムイオン照射によるグラフェンへの欠陥導入[4]は第2編第2章第1節で紹介した。より一般的な方法として，2層グラフェンへの電界印加[5]，あるいはグラフェンをリボン化することによるバンドギャップ形成が知られている。本稿では，そのようなバンドギャップ形成を目的としたグラフェンナノリボン（GNR）形成についてまず説明する。さらに，バンドギャップがない状態でのグラフェントランジスタの新たな応用法についても紹介したい。

2.2　グラフェンナノリボン

グラフェンを細線化する，すなわちナノリボン化することによりバンドギャップが形成可能なことは，まず理論的に明らかにされた[6)-9)]。大きなバンドギャップをもち得るのは，**図2**に示すようにGNRがアームチェアエッジをもつ場合である。アームチェアエッジをもつ場合もさらに3系統に分かれ，それぞれの場合で幅の増加とともにバンドギャップは減少する（**図3**）。このようなGNRをチャネルとしたトランジスタの特性に関してはいくつかのシミュレーションがあり，CNT同様，シリコンチャネルの場合よりはるかに優れた特性が予想されている[10)-12)]。

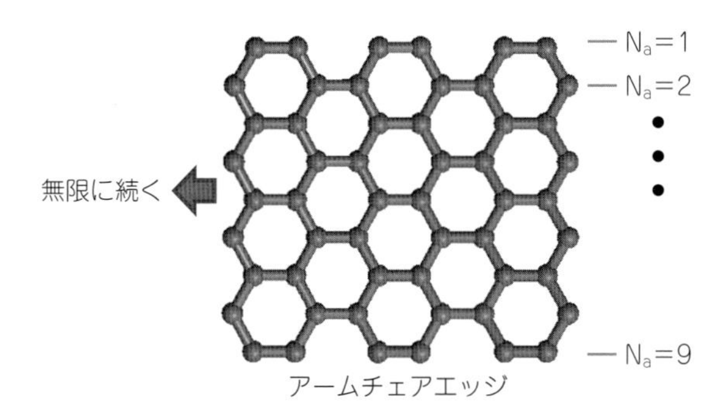

図2　アームチェアエッジを持つグラフェンナノリボン
N_aはダイマーラインの数。

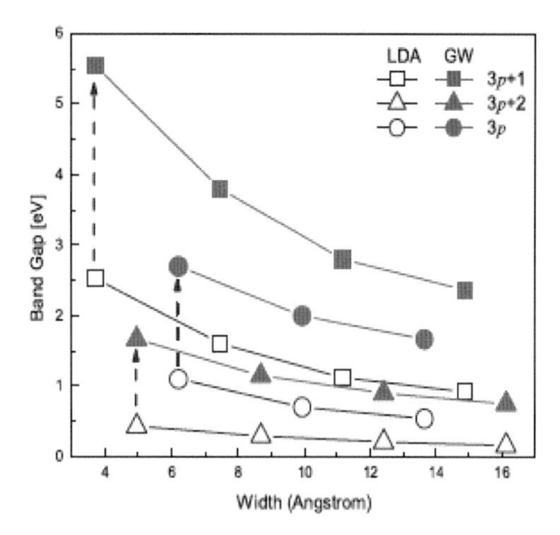

図3　第一原理計算によるアームチェアグラフェンナノリボンのバンドギャップ[9)]
局所密度近似（LDA）によるものと多体摂動理論（GW近似）に基づくもの。N_a=3p，3p+1，3p+2（pは整数）の3つの系列がある。（Copyright 2007 by the American Physical Society）

さて，このようなGNRの形成には，はじめは電子ビームリソグラフィの利用など，トップダウン的な方法が用いられた[13)-15)]。しかし，トップダウン手法ではまだエッジなどに欠陥が形成され，理想的な電気特性をもつものは得られていない。そのほか，膨張性グラファイトを薬液中で超音波処理することによる手法[16)]，CNTを切り開いてGNRを形成する手法なども試みられている[17-19)]。

本当の意味でのボトムアップ手法として，ジブロモアントラセンダイマーを前駆体として，幅のそろったGNRを形成する手法が2010年に報告された[20)]。その形成手法の模式図を**図4**(a)に示す。臭素で両端を終端されたアントラセンダイマーを金（111）基板上に蒸着し，基板温度を200℃とすることで，まず臭素が取れその部分同士が結合する。ついで，温度を400℃にすることで水素が取れて縮環し，GNRが形成される。形成されたGNRは図4(b)に示すように幅が制御され，幅に依存したラマンの振動モードも現れる。このGNRは，図3によればバンドギャップは3.7 eV程度になる。さらに，最近より太いGNR[21)]や，エッジ形状が異なるGNR[22)]も報告されてきており，将来的にはバンドギャップを自由に制御できることが期待される。このようなボトムアップGNRを用いたトランジスタの電気特性に関しては，トランジスタ作製時のGNRの汚染

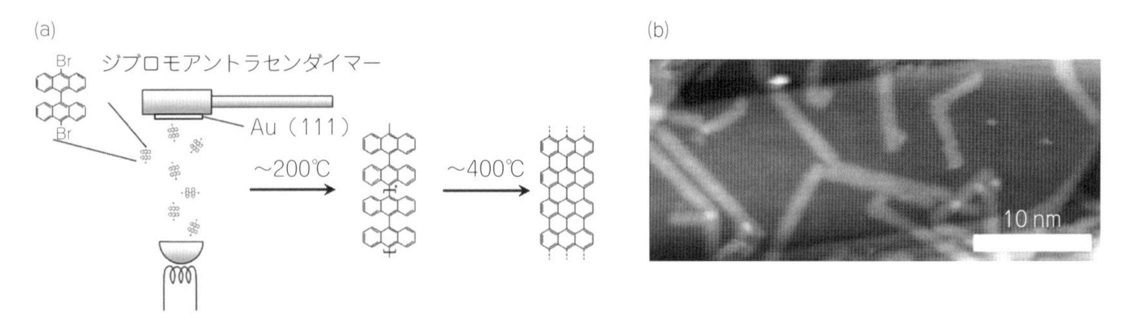

図４　(a)ボトムアップ的なGNR形成法の模式図，(b)形成されたGNRのトンネル顕微鏡（STM）像（参考文献20と同様な方法で筆者らが形成）

のためか，まだ理想的なものが得られてはいないが[23]，今後優れたものを得られることを期待したい。

筆者らもボトムアップ的手法を用いたGNRの合成に取り組んでいる。1つは上記前駆体法であるが，さらに筆者らは最近，**図５**に示すように，銅薄膜を高温でアニールすることにより形成される細い双晶領域に，選択的にグラフェンを形成可能なことを見出した[24]。実際，銅薄膜は高温でアニールされると通常（111）面が表面に現れる。一方，双晶領域ではそれと異なる（001）面，あるいは高指数面が表面に現れる。その状態で，希釈メタン（水素・アルゴンで希釈）を供給すると，その双晶表面で優先的に核形成が起こり，メタン分圧を適切に制御すると双晶表面のみにグラフェンを形成することが可能となる。得られたGNRの幅としては現状90 nm程度が最小であるが，より細い双晶が形成可能との報告もあり[25]，さらに細いGNRの形成が期待される。

2.3　グラフェントランジスタを利用した変調器

グラフェントランジスタは基本的にambipolar（両極性）であるが，これをうまく利用した応用を考えることも可能である。実際筆者らは，**図６**(a)に示すようなトップゲート，およびバックゲートをもつデュアルゲートトランジスタを作製した[26]。このとき，バックゲート電圧をさまざまに変えて，ドレイン電流のトップゲート依存性を測定すると図６(b)のような結果になる。この結果は，バックゲート電圧によって，ドレイン電流のトップゲート電圧に対する傾きが変化可能ことを示している。実際これを利用すると，1つ抵抗を用いることにより，極性が制御可能なインバータの作製が可能となる。図６(c)がその回路図と典型的な特性となる。制御用入力

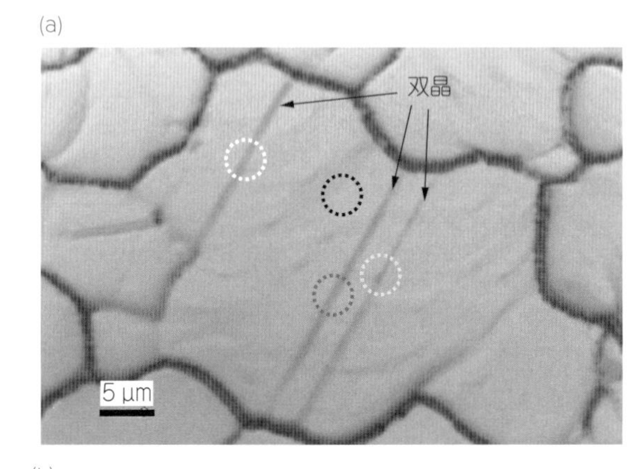

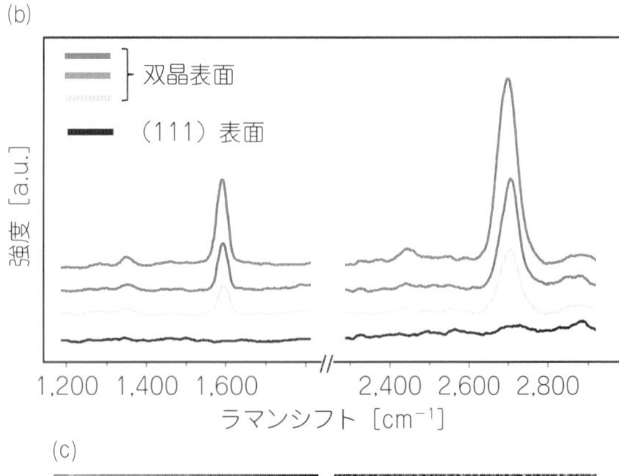

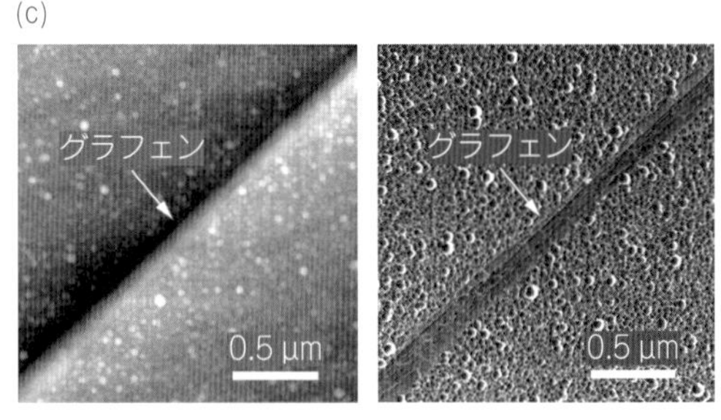

図５　(a)双晶が形成された銅薄膜表面の光学顕微鏡像。(b)(a)の点線丸の位置でのラマンスペクトル。双晶上にのみグラフェンが形成されていることがわかる。(c)双晶上グラフェンの原子間力顕微鏡像（左が形状像，右が位相像）

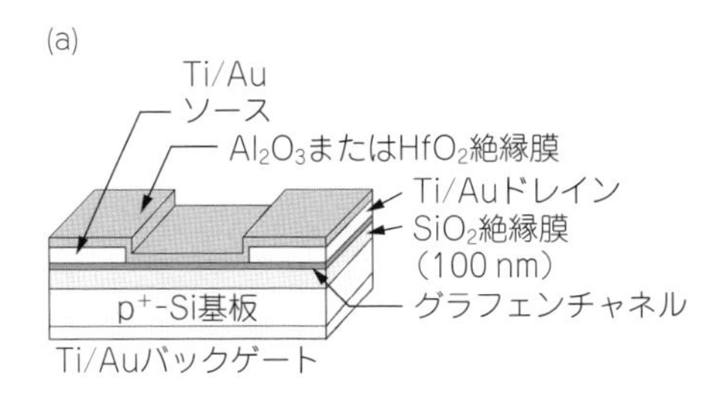

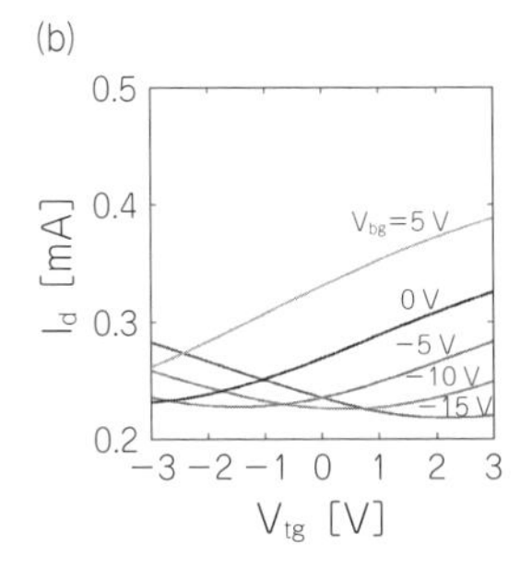

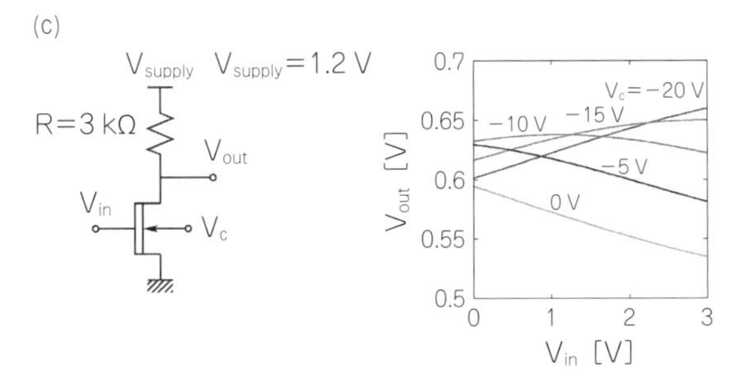

図６　(a)デュアルゲートトランジスタの模式図，(b)バックゲート電圧（V_{bg}）をさまざまに変えたときの，ドレイン電流（I_d）のトップゲート電圧（V_{tg}）依存性，(c)インバータ回路図とその出力特性。V_c が制御ゲート電圧であり，(b)のバックゲート電圧に対応

V_c（バックゲート電圧）を変化させることにより，入力電圧に対する出力電圧の傾きを変化させることができる。さらにこのようなインバータは，無線通信のデジタル変調の一種である，二位相変異変調（binary phase shift keying）に応用可能である。**図７**は位相変調器の回路図とその出力特性である。バイナリーの入力信号（H または L）に応じて，出力信号の位相が 180° 変化していることがわかる。このようなグラフェンの両極性を利用したデバイスとしては周波数逓倍器なども提案されており[27]，グラフェンならではの特性をいかした応用が今後期待される。

3. グラフェンの配線応用

LSI 配線は，微細化の進展に伴い，信頼性の低下と，銅配線の実効的な抵抗率の上昇，という課題に直面している。International Technology Roadmap for Semiconductor 2011 によれば，2020 年頃に配線幅が 10 nm を切るころには，銅配線の抵抗率が 10 μΩcm 以上（バルクでは 1.7 μΩcm）になると予想されている。そのため，新たな配線材料として，CNT，およびグラフェンに注目が集まっている。

グラフェン配線の信頼性に関しては，CNT 同様，銅より優れている，という結果が報告されている。破断電流密度としては，剥離グラフェン，および CVD グラフェン両方で 10^8〜10^9 A/cm^2 程度の値が得られている[28)-30)]。

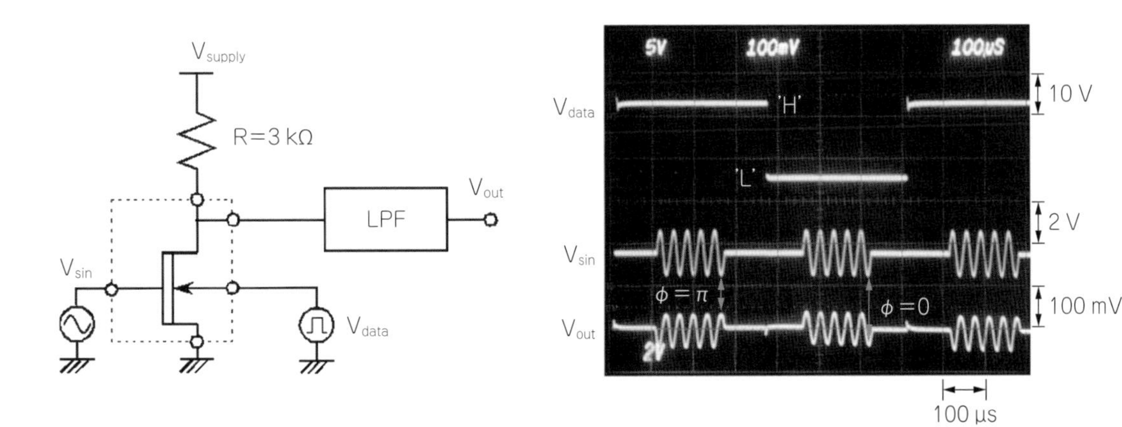

図７　二位相変異変調器の回路図とその出力特性

バイナリーの入力信号 V_{data} に応じ，出力信号 V_{out} の信号の位相が 180 度変化していることがわかる。

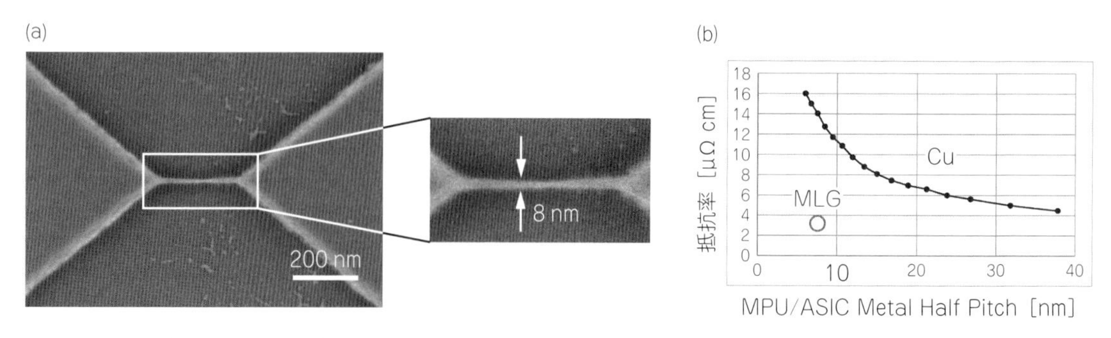

図８　(a)８nm 幅のグラフェン配線を上からみたもの。グラフェン上には電子線レジストが堆積されている。(b)多層グラフェン（MLG）配線の抵抗率を銅の抵抗率の幅（Metal half pitch）依存性と比較したもの

その一方，抵抗に関していえば，銅配線より優れた値はまだ得られておらず，現状の課題となっている。バルクグラファイトの抵抗率は 40 μΩcm と銅（1.7 μΩcm）と１桁程度高く，単純に配線をつくっただけでは低い抵抗のものは得られない。抵抗率低下の１つの方法は，CNT 同様，ナノリボン化した際のバリスティック伝導の利用である。配線としての GNR の抵抗値はシミュレーションによりまず報告された[31)32)]。仮定によって結果は異なってくるが，だいたいのコンセンサスとしては，配線幅が 10 nm 程度以下になると，銅の実効抵抗率の上昇のため，グラフェンの抵抗率が銅を下回るようになってくる[32)]。ただし，その結果はエッジの状態によりかなり影響を受ける[31)]。エッジでの電子の完全鏡面反射が理想であるが，トップダウン的手法では理想的なエッジを得ることは難しい。

グラフェンの低抵抗化のもう１つのアプローチは，インターカレーションによる低抵抗化である。グラファイトへのインターカレーションによる低抵抗化はかなり以前から報告されており[33)]，材料によっては銅より低い抵抗値が得られるとの報告がある。実際，Xu らはシミュレーションにより，AsF_5 をインターカレーションした多層 GNR が，銅より低い抵抗をもち得ることを示した[31)]。実験的には，Murali が静電ドーピングにされた剥離単層 GNR が銅と同程度の抵抗をもち得ることを示した[29)]。CVD 多層グラフェン配線においては，筆者らのグループにおいて，$FeCl_3$ のインターカレーションにより，1.5 μΩcm と，銅と同程度の抵抗率を得た[30)34)35)]。さらに筆者らは，この配線を８nm 幅まで細線化し，最低値として 3.2 μΩcm と，同じ寸法の銅配線を凌駕する結果を得ることができた（**図８**）[35)]。これらの結果は，ナノカーボン微細配線が銅微細配線より低抵抗化ができることを示すおそらくはじめてのものである。また，信頼性に関しても，20 nm 幅グラフェン配線において，銅の 160 nm 幅配線より優れた結果が得られた。近い将来，ナノカーボン材料の LSI 配線応用実現への期待を抱かせる。

4. おわりに

本稿では，将来の電子デバイス応用を念頭に，グラフェンのトランジスタ応用，配線応用に関するトピックを紹介した。トランジスタ応用では GNR の特性や形成法のほか，ロジック応用とは異なる新たな応用に関する筆者らの取組みを説明した。グラフェンは紹介したとおり，優れた電気特性をもち，リボン化することによりギャップ形成も可能であるが，現状そのポテンシャルを十分発揮させることができているとはいい難い。その原因は，主として界面，エッジの制御がまだ不十分なためであり，今後は本稿でも紹介したボトムアップ形成技術や，*h*-BN など，他の２次元材料のヘテロ積層合成技術などが重要となってくると思われる。配線応用では，簡単なレビューを行うとともに，CVD グラフェンに異種分子をインターカレーションすることにより，バルクの銅より抵抗を下げ得る，という筆者らの結果を紹介した。また，10 nm 幅を切る微細配線において銅の予想値よりも低い抵抗値を得ることができた。トランジスタに加え，将来の配線材料としても，グラフェンが非常に有望であることがわかった。

謝　辞

本稿で紹介した筆者らの研究の一部は，内閣府総合科学技術会議/日本学術振興会・最先端研究開発支援プログラムの支援を受けたものです。日頃からご指導いただく，㈱富士通研究所の横山直樹フェロー，および研究を支えてくれているグループのメンバーに感謝いたします。

文　献

1）S. Sato：*Jpn. J. Appl. Phys.,* **54**, 04102（2015）.

2）T. Ando and T. Nakanishi：*J. Phys. Soc. Jpn.,* **67**, 1704（1998）.

3）M. I. Katsnelson, K. S. Novoselov, and A. K. Geim：*Nature Phys.,* **2**, 620（2006）.

4）S. Nakaharai, T. Iijima, S. Ogawa, S. Suzuki, S.-L. Li, K. Tsukagoshi, S. Sato, and N. Yokoyama：*ACS Nano,* **7**, 5694（2013）.

5）J. B. Oostinga, H. B. Heersche, X. L. Liu, A. F. Morpurgo, and L. M. K. Vandersypen：*Nature Mater.* **7**, 151（2008）.

6）M. Fujita, K. Wakabayashi, K. Nakada, and K. Kusakabe：*J. Phys. Soc. Jpn.,* **65**, 1920（1996）.

7）K. Nakada, M. Fujita, G. Dresselhaus, and M. S. Dresselhaus：*Phys. Rev. B,* **54**, 17954（1996）.

8）Y.-W. Son, M. L. Cohen, and S. G. Louie：*Phys. Rev. Lett.,* **97**, 216803（2006）.

9）L. Yang, C.-H. Park, Y.-W. Son, M. L. Cohen, and S. G. Louie：*Phys. Rev. Lett.,* **99**, 186801（2007）.

10）G. Fiori and G. Iannaccone：*IEEE Electron Device Lett.* **28**, 760（2007）.

11）N. Harada, S. Sato, and N. Yokoyama：*Jpn. J. Appl. Phys.,* **52**, 094301（2013）.

12）H. Tsuchiya, H. Ando, S. Sawamoto, T. Maegawa, T. Hara, H. Yao, and M. Ogawa：*IEEE Trans. Electron Devices,* **57**, 406（2010）.

13）C. Berger, Z. Song, X. Li, X. Wu, N. Brown, C. Naud, D. Mayou, T. Li, J. Hass, A. N. Marchenkov, E. H. Conrad, P. N. First, and W. A. de Heer：*Science,* **312**, 1191（2006）.

14）Z. Chen, Y.-M. Lin, M. J. Rooks, and P. Avouris：*Physica E,* **40**, 228（2007）.

15）M. Y. Han, B. Özyilmaz, Y. Zhang, and P. Kim：*Phys. Rev. Lett.,* **98**, 206805（2007）.

16）X. L. Li, X. R. Wang, L. Zhang, S. W. Lee, and H. J. Dai：*Science,* **319**, 1229（2008）.

17）L. Y. Jiao, L. Zhang, X. R. Wang, G. Diankov, and H. J. Dai：*Nature,* **458**, 877（2009）.

18）D. V. Kosynkin, A. L. Higginbotham, A. Sinitskii, J. R. Lomeda, A. Dimiev, B. K. Price, and J. M. Tour：*Nature,* **458**, 872（2009）.

19）L. Jiao, X. Wang, G. Diankov, H. Wang, and H. Dai：*Nature Nanotechnol.,* **5**, 321（2010）.

20）J. M. Cai, P. Ruffieux, R. Jaafar, M. Bieri, T. Braun, S. Blankenburg, M. Muoth, A. P. Seitsonen, M. Saleh, X. L. Feng, K. Mullen, and R. Fasel：*Nature,* **466**, 470（2010）.

21）Y.-C. Chen, D. G. de Oteyza, Z. Pedramrazi, C. Chen, F. R. Fischer, and M. F. Crommie：*ACS Nano,* **7**, 6123（2013）.

22）P. Han, K. Akagi, F. F. Canova, H. Mutoh, S. Shiraki, K. Iwaya, P. S. Weiss, N. Asao, and T. Hitosugi：*ACS Nano,* **8**, 9181（2014）.

23）P. B. Bennett, Z. Pedramrazi, A. Madani, Y.-C. Chen, D. G. de Oteyza, C. Chen, F. R. Fischer, M. F. Crommie, and J. Bokor：*Appl. Phys. Lett.,* **103**, 253114（2013）.

24）K. Hayashi, S. Sato, M. Ikeda, C. Kaneta, and N. Yokoyama：*J. Am. Chem. Soc.,* **134**, 12492（2012）.

25）L. Lu, Y. F. Shen, X. H. Chen, L. H. Qian, K. Lu：*Science,* **304**, 422（2004）.

26）N. Harada, K. Yagi, S. Sato, and N. Yokoyama：*Appl. Phys. Lett.,* **96**, 012102（2010）.

27）H. Wang, D. Nezich, J. Kong, and T. Palacios：*IEEE Electron Device Lett.,* **30**, 547（2009）.

28）A. Behnam, A. S. Lyons, M.-H. Bae, E. K. Chow, S. Islam, C. M. Neumann, and E. Pop：*Nano Lett.,* **12**, 4424（2012）.

29）R. Murali, Y. Yang, K. Brenner, T. Beck, and J. D. Meindl：*Appl. Phys. Lett.,* **94**, 243114（2009）.

30）D. Kondo, H. Nakano, B. Zhou, I. Kubota, K. Hayashi, K. Yagi, M. Takahashi, M. Sato, S. Sato, and N. Yokoyama：*2013 IEEE International Interconnect Technology Conference*（*IITC*）, p. 190（2013）.

31）C. Xu, L. Hong, and K. Banerjee：*IEEE Trans. Electron Devices,* **56**, 1567（2009）.

32）A. Naeemi and J. D. Meindl：*IEEE Electron Device Lett.,* **28**, 428（2007）.

33）M. S. Dresselhaus and G. Dresselhaus：*Adv. Phys.,* **51**, 1（2002）.

34）D. Kondo, H. Nakano, B. Zhou, I. Kubota, K. Hayashi, J.

Yamaguchi, T. Ohkochi, M. Kotsugi, S. Sato, and N. Yokoyama：*2013 International Conference on Solid State Devices and Materials*（*SSDM*）, p. 680（2013）.

35）D. Kondo, H. Nakano, B. Zhou, A. I, K. Hayashi, M. Takahashi, S. Sato, and N. Yokoyama：*2014 IEEE International Interconnect Technology Conference*（*IITC*）, p. 189（2014）.

第3節　単層カーボンナノチューブの熱電物性
―電気二重層キャリア注入によるナノチューブの熱電物性の制御

首都大学東京　**柳　和宏**

1. はじめに

近年，排熱を高効率に電気エネルギーへと変換する熱電変換材料開発が活発に行われている。熱電変換材料の性能指数は，ゼーベック係数S，電気伝導率σ，熱伝導率κ，そして温度Tを用いて，$ZT \equiv (S^2\sigma/\kappa) \cdot T$であたえられる。変換効率の向上のためには，この$ZT$値をいかに向上させるかが課題である。通常の金属導体においては，ゼーベック係数・電気伝導率・熱伝導率の3者の関係にはトレードオフが存在し，ゼーベック係数の増大は電気伝導率の低下，電気伝導率の増加には熱伝導率の増加が生じるため，このZT値には上限が存在すると考えられてきた。しかしながら，Hicks と Dresselhaus らは，1993年の論文において，低次元材料を使うことによりその限界を打ち破ることが可能であることを報告した[1)2)]。次元性を低下させ，特に1次元材料を用いることにより，ZT値を飛躍的に改善可能であることを明らかにした。例えば，彼らの論文においては，直径1 nmほどのBiTe 1次元ナノワイヤーにおいては，ZTを6程度，直径0.5 nmにおいては，$ZT=14$程度まで向上可能と理論予想している[2)]。この背景は，1次元系特有の状態密度が発散したファンホーブ特異点の存在（**図1**）と，熱的ドブロイ波長よりサイズが小さくなることにより表面散乱が増強し熱伝導率が低下することが背景とされる。例えば，ボルツマン輸送方程式をゾンマーフェルト展開することにより導かれるMottの式はゼーベック係数Sを電気伝導率のフェルミエネルギーでの微分形$S=(-\pi k_B^2 T/3e) \cdot (1/\sigma) \cdot (\partial\sigma/\partial E_F)$のよう記述できる。ここで$E_F$はフェルミレベルであり，この式からもきわめてラフな近似においては，状態密度の発散点の存在がゼーベック係数の増大に大きく寄与することが推測できる。

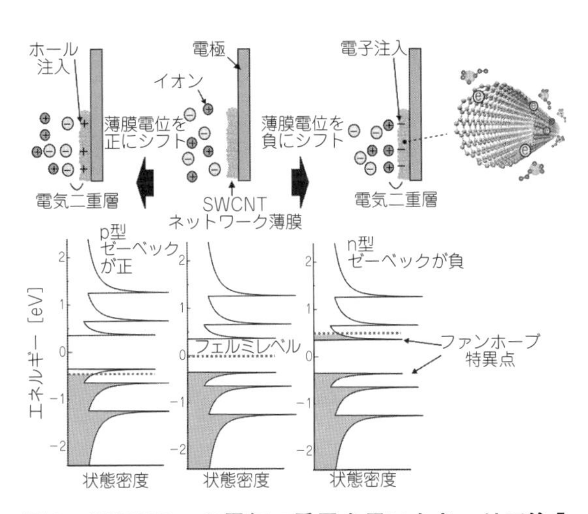

図1　SWCNTへの電気二重層を用いたキャリア注入の様子と，電子構造とフェルミレベルシフトとの関係の概略図

さて，単層カーボンナノチューブ（SWCNT）は直径1 nmほどの1次元ナノ物質である。SWCNTの熱電物性は古くから調べられており，例えば，SWCNTの発見（1993年飯島）から5年後の1998年にはJ. Honeらが金属型と半導体型が混在したSWCNT試料のゼーベック係数を報告している[3)]。それ以降，数多くの研究者がSWCNTの熱電物性に関して報告しており，一般的には，ほとんどのことが解明されてきたと思われていた。しかしながら，最近の分離精製の進展により，近年ようやく高純度半導体型SWCNT薄膜の熱電物性が明らかになった。中井・真庭・筆者らは，系統的に金属型・半導体型の含有量を変化させ，高純度半導体型SWCNT薄膜において，最もゼーベック係数が大きく，BiTeに匹敵する大きなゼーベック係数を備える材料であることを2014年に明らかにした[4)]。また同時期において，日本においては，奈良先端科学技術大学院大学の河合グループ[5]，九州大学の中嶋グループ[6]がSWCNTに関して素晴らしい成果を発表されている。このように，最近になり再びSWCNTの熱電物性が注目を浴びはじめている。その背景としては，ウェアラブルな情報端末を駆動可能なフレキシブルな材料であること，また，Teなどの重金属や希少金属を使わないカーボン材料であること，導電性ポリマーと比較して熱的・化学的にきわめて安定であること，といったSWCNTの利点が再び注目されていることにも背景にある。一方，SWCNTの熱電応用において不利な点は，１本においては3,000 W/(m･K）という大きな熱伝導率があることである[7]。これは，ZT値を下げる方向に働き，熱電材料としては不向きである。しかし個々のSWCNTがネットワークを形成した薄膜においては0.155 W/(m･K）という熱伝導率が報告[8]されているように，SWCNTがネットワークを形成した薄膜系においては熱伝導率を低下させることが可能である。よって，高純度半導体型の電子構造を有するSWCNTを対象に，ZT値の改善に向けた研究開発が活発に行われている。

一方，１次元系の熱電物性は，先ほどのMottの式にみられるようにフェルミレベルの位置に強く依存することが予想される。つまり，１次元系材料の熱電特性の最大の性能を引き出すためには，単に高純度の試料を用いるだけでなく，それに対するキャリア注入制御（フェルミレベルの制御）を精度よく行うことが必要不可欠である。例えば，前述の奈良先端科学技術大学院大学の野々口・河合らは，系統的に異なるドーパント分子をSWCNTに吸着させることにより，P型からN型へ系統的に異なるゼーベック係数薄膜試料の作成に成功した[7]。また，藤ヶ谷・中嶋らは，SWCNT内部に電子供与型ドーパントを内包させることによりN型のゼーベック係数を有する薄膜試料に成功している[8]。一方，筆者らは，電気二重層キャリア注入法（電気化学ドーピング法ともいう）を用いて，高純度半導体型SWCNTのゼーベック係数をp型・n型を連続的に制御し，そのピーク構造を明らかにするとともに，ZT値に大きく寄与するパワーファクター（$P.F. \equiv S^2\sigma$）には明確なピーク構造をn型・p型領域の両者において見出し，フェルミレベル精密制御の重要性を明らかにした[9,10]。本稿においては，筆者らが行っている手法によるSWCNTの熱電物性の制御の成果について紹介する。

2. 電気二重層キャリア注入法（電気化学ドーピング法）によるSWCNTの物性制御

電気化学は，物理化学の１分野であり，電気分解反応や酸化・還元反応といった電解反応が有名である。ここで少し，電気分解反応をおさらいする。均質な電解質に小さな電圧を印加すると，電気二重層（electric double layer）が電極界面で形成される。さらに電圧を上げていくと，電極表面で電解反応がはじまり，イオンが動いて電解液中にファラデー電流が流れる。さて，ここでは，電解反応が起こる前段階の固液界面に電気二重層が形成される電位範囲での現象に着目する。つまり，SWCNT表面において電気化学反応は起きておらず，電気二重層のみが形成されている電位範囲での現象にのみ本稿では議論する（図１）。ここで電気二重層とは，電解液に導体を浸すと固・液界面に電解液の溶媒１分子が並んだ薄い層を生じ，例えば，陽イオンと電極側の電子とが対になった層が形成される現象である。例えば，電極にSWCNTを用いた場合，電気二重層の形成により電子・ホールの両方の注入が可能である。また，溶媒１分子程度という薄い層であることにより大きなキャパシタンスを有するため，高密度にキャリアを注入可能である。この高密度キャリア注入を用いてダイナミックに物性を変化させることが可能であり，例えば，２次元系においては東京大学の岩佐グループにより数多くの素晴らしい成果が報告されている[11]。この手法を，SWCNTに応用することを筆者らが着目したきっかけは，2008年にSWCNTの色を操作することを研究課題としたことにあった。SWCNTは分離精製を行うとさまざまな鮮やかな色を示す。例えば，金属型SWCNTはその直径に依存してシアン・マゼンタ・イエローの色を示す[12]。その色の背景は，ファンホーブ特異点間の光による電子遷移に由来する。よって，伝導帯もしくは価電子帯の第１特異点に電子あるいはホールを入れることにより，色制御が可能であると考えた。1 eV ほどにまで薄膜のフェルミレベルをシフトさせる必要があり，そのとき，着想したのが，薄膜を形成するすべてのナノチューブ表面に電気二重層が自発的に形成され，高密度かつ高精度にキャリア注入が可能な電気二重層キャリア注入法であった。電気化学ドーピング法を SWCNT に用いた研究は 2001 年の Kazaoui[13] や Kavan[14] らの研究報告をはじめとして，数多くの研究成果，例えば，ラマン振動モードや赤外領域の吸収・発光特性の電気化学ドーピング依存性が明らかにされてきていた。しかしながら，可視光領域の色の変調にまで実証したものは無かった。筆者らは，電気化学反応が起きない電位窓を広くとれるイオン液体を選択して実験を行い，SWCNT の電位を ±2 V 程度シフトさせることで，電子・ホール注入の両方で，見事に可視光領域の色を変化させることに成功した[15]。現在では，SWCNT 内部に存在する分子の電荷の引き抜きが可能であることも証明すること[16] や，実際にフェルミレベルが ±1 eV ほどはシフト可能であることをキャパシタンス測定から解明している[17]。

　このように自在に SWCNT のフェルミレベルを制御できる技術を確立したことにより，次なる研究のターゲットとしたのが熱電物性であった。その理由は，前述のように 1 次元性由来の性質が熱電物性に顕著に現れ，それが大きくフェルミレベルに依存することに由来する。それでは以下に，熱電物性制御の実際について解説する。

3. 電気二重層キャリア注入法による SWCNT の熱電物性の制御[9,10]

　実際に行った実験セットアップについて説明する。**図 2** のように，電圧を印加するためのゲート電極，また実際に SWCNT に印加されている電圧を見積もるための参照電極，さらに SWCNT 薄膜（作用電極として働く）を形成する。シリコンラバーで囲いをつくり，その中にイオン液体を浸す。ゲート電極の電位を SWCNT 薄膜に対して負や正に変化させ，SWCNT 薄膜に電子・ホールを注入させる。また，温度変化させるためのヒーター，および試料上の温度を測定するための熱電対を薄膜に付着させる。その際，電気化学反応が起こらないように絶縁ペーストでその表面を覆っている。以上のセットアップで，ゲート電圧をシフトさせ，フェルミレベルをシフトさせた状況におけるゼーベック係数を明らかにした。測定はすべて真空プローバ内で行った。**図 3**(a)に，はじめに半導体型 SWCNT のトランスポート特性を示す。横軸は実際に SWCNT 薄膜にかかっている参照電極の電圧値でプロットしている（channel 電圧として表記）。図のように明確な両極性を示し，on/off や約 10^3 程度であった。半導体型の純度としては on/off が 10^4 程度のものであるが，低下している理由は，絶縁ペーストの存在によりキャリア注入が制御できていない部分が存在することに由来すると考えられる。図 3(b)にゼーベック係数のゲート電圧依存性を示す。この図のように，ゼーベック係数を正にも負にも連続的に変化させることに成功した。ゼーベック係数の正の最大

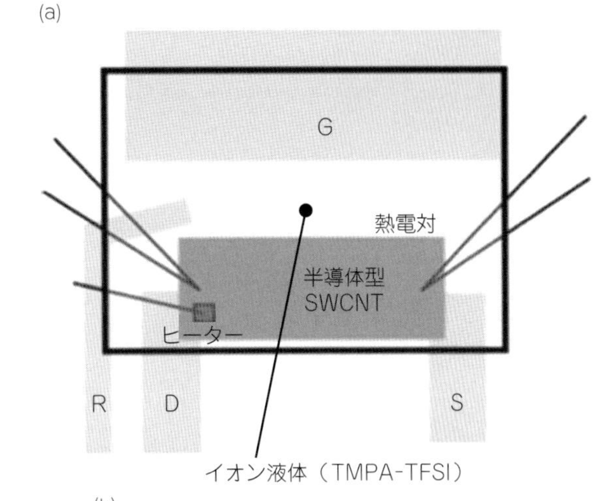

(b)

図 2　電気二重層キャリア注入とゼーベック測定を行う実験系の模式図(a)と実際の写真(b)

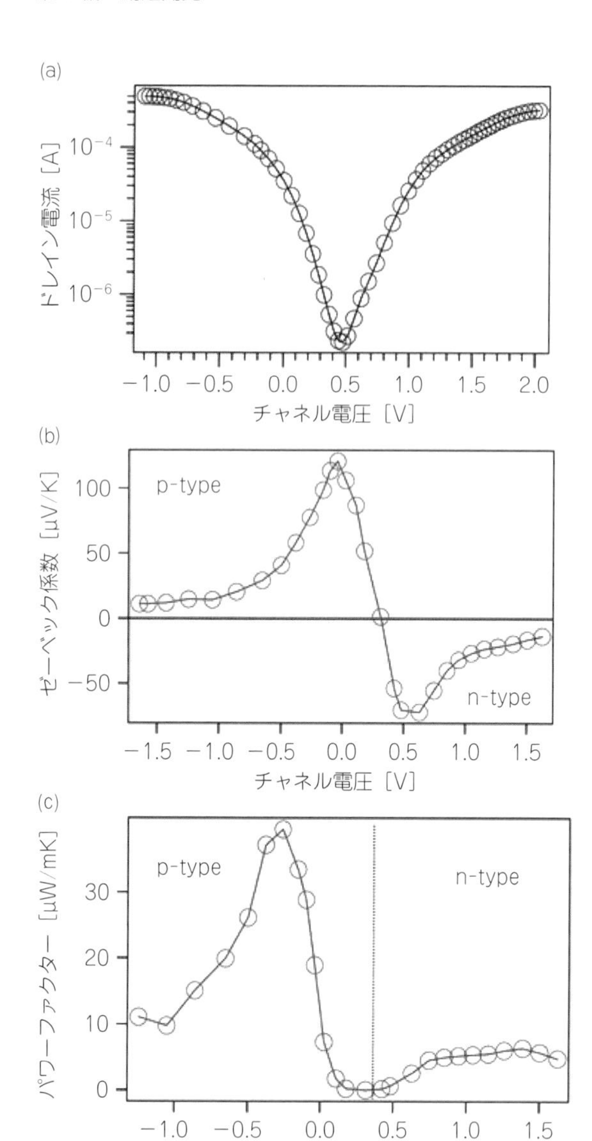

図3　半導体型 SWCNT のトランスポート特性(a)，ゼーベック係数のゲート電圧依存性(b)，パワーファクターのゲート電圧依存性(c)

値は 130 μV/K 程度，負の最大値は −90 μV/K 程度であった。正と負の値が非対称なのは，これも，絶縁ペーストの存在により p 型の半導体 SWCNT がそのまま残っている箇所があることに由来すると思われる。実際，そのような箇所がないように実験を行った場合は，n 型においても 140 μV/K 程度の値がでることも明らかにしている[10]。パワーファクターのゲート電圧依存性は図 3(c)のようになり，p 型・n 型の両領域において明確なピーク構造があることを見出している。このことは，熱電変換効率を最大限向上するためには精密なフェルミレベル制御が必須であることを意味している。それでは，ゲート電圧によりフェルミレベルをシフト可能であることをみてきたが，それを保持することが可能かどうかは技術的な課題である。1つの例としては，シフトさせた状態で，電気二重層を凍結させる手法である。実際，筆者らは，温度を下げて電気二重層を凍結させることにより，p 型・n 型の両方の状態を自在に保持できることを明らかにしている[10]。

さらに，通常の熱電デバイスのように p 型・n 型の薄膜を直列に繋いで，熱電能を向上させる実験も行った（**図4**）。半導体型 SWCNT は非ドープ時は p 型を示す。よって，片方は非ドープ状態，もう片方を p 型から n 型に電気二重層キャリア注入で変化させ，それを凍結保持することにより，熱電能の向上を行った。実際に得られた熱電能は2つのチャネルで 250 μV/K ほどの向上が可能であることを明らかにした[10]。

4. おわりに

SWCNT の熱電特性は理論的には，そのカイラリティに依存して大きく性能が異なることがわかっており，非ドープ時における単一カイラリティ半導体型 SWCNT そのもののゼーベック係数は mV/K オーダーまだ大きな値を示すことが理論予想されている[18]。当然のことながら，そのような大きな値の状態では，系の抵抗もきわめて大きく，そのような非ドープ時における SWCNT を熱電デバイス材料として利用することは難しいことも予想される。しかし，そのような素材本来の性能を示し得る純度を有する分離精製試料はまだ得られていない。現状では，分離精製を行った半導体型 SWCNT において，p 型・n 型の両方で 100 μV/K 以上の値程度であり，その背景としてはドーピングの不均一性や他のカイラリティ（例えば金属型など）の存在に由来すると考えられる。しかし，単一カイラリティ純度や，ネットワークのモルホロジーなど，より改善しなければいけない課題は多く，SWCNT ネットワークが示す本来の熱電特性は未だに正確にはわかっていない状況であると筆者は考えている。

(a)

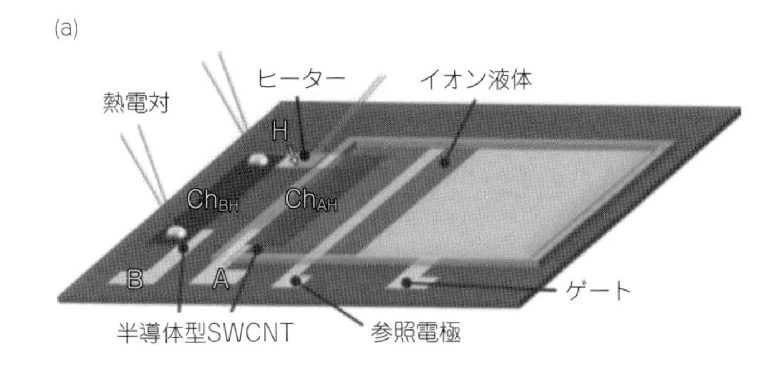

(b)

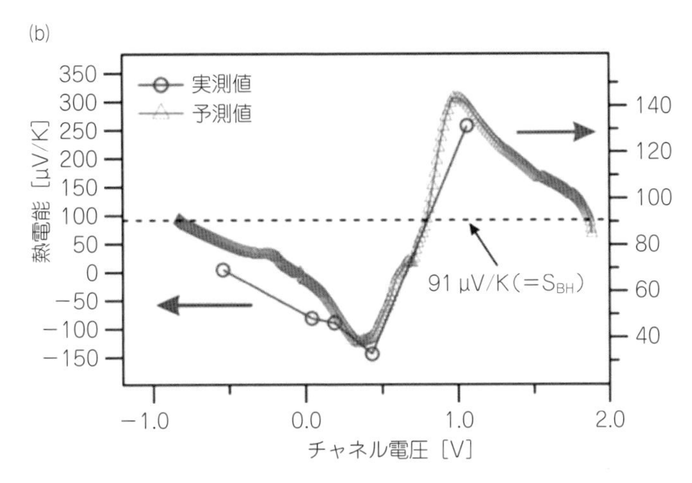

図４　p 型・n 型を直列につなぐ熱電変換デバイスの模式図(a)と実際に得られた熱電能のゲート電圧依存性(b)

Ch_{BH} のほうはキャリア注入制御は行わず，Ch_{AH} のほうのみ電気二重層キャリア注入を用いてゼーベック係数を制御する。Copyright 2015 AIP Publishing LLC.

文　献

1）L. Hicks and M. Dresselhaus：*Phys. Rev. B,* **47**, 12727（1993）.

2）L. Hicks and M. Dresselhaus：*Phys. Rev. B,* **47**, 16631（1993）.

3）J. Hone et al.：*Phys. Rev. Lett.,* **80**, 1042（1998）.

4）Y. Nakai et al.：*Appl. Phys. Express,* **7**, 025103（2014）.

5）Y. Nonoguchi：*Sci. Rep.,* **3**, 3344（2013）.

6）T. Fujigaya：*Sci Rep.* **5**, 7951（2014）.

7）E. Pop et al.：*Nano Lett.,* **6**, 96（2006）.

8）R. Prasher et al.：*Phys. Rev. Lett.,* **102**, 105901（2009）.

9）K. Yanagi et al.：*Nano Lett.,* **14**, 6437（2014）.

10）Y. Oshima, K. Yanagi et al.：*Appl. Phys. Lett.,* **107**, 043106（2015）.

11）解説記事として，K. Ueno et al.：*J. Phys. Soc. Jpn.,* **83**, 032001（2014）.

12）K. Yanagi et al.：*Appl. Phys. Express,* **1** 034003（2008）.

13）Kazoui et al.：*Appl. Phys. Lett.,* **78**, 3433（2001）.

14）L. Kavan et al.：*J. Phys. Chem. B,* **105**, 10764（2001）.

15）K. Yanagi et al.：*Adv. Mater.,* **23**, 2811（2011）.

16）K. Yanagi et al.：*Phys. Rev. Lett.,* **110**, 86801（2013）.

17）K. Yanagi et al.：*Phys. Rev. Lett.,* **114**, 176807（2015）.

18）H. T. Nguyen et al.：*Phys. Rev. B,* **47**, 165426（2015）.

第4節　伝熱材料技術

慶應義塾大学　粟野　祐二

1. はじめに

カーボンナノチューブ（CNT）やグラフェンといったナノカーボン材料の物性上の大きな特長の1つに高い熱伝導性がある。炭素の同素体であるダイヤモンドやグラファイトは，室温における熱伝導率が約2,000 W/mK，シリコンは145 W/mK，銅は約400 W/mKであるのに対して，ナノカーボン材料は単体でそれらを上回る3,000～3,500 W/mKの報告がある[1)2)]。高熱伝導率の理由は，熱が主にフォノンによって運ばれるものとすると，炭素のsp^2結合のためフォノンの群速度が高いこと，構造的特異性により（例えばCNTでは1次元構造でエッジがない円筒形であること）フォノン-フォノン散乱が抑制されるなどがあげられる。こうした特長はエレクトロニクス分野の熱にかかわる多くの課題解決の切り札となる可能性があり，期待が大きい。なかでも半導体分野においては，LSIの高集積化や微細化が進んだ結果，そこで発生する熱をいかに効率よく逃がすことができるかというthermal managementの課題がますます重要となってきており，今後避けては通れない課題といえる。国際半導体技術ロードマップ（international technology roadmap for semiconductors；ITRS）では新探求デバイス/新探求材料（emerging research device；ERD，emerging research material；ERM）章において，これからの半導体分野で取り組むべき「Beyond CMOS時代のための研究ベクトル」の6項目の1つにあげられている[3)]。こうした熱の問題は，高速動作が要求されるハイエンドコンピュータから小さい体積内に多機能をコンパクトに収める必要があるスマートフォンのようなコンシューマ製品まで，共通の技術課題といえる。一般に，半導体デバイスのジャンクション温度を放熱によって低く保つことができれば，デバイスのリーク電流は減り，低消費電力動作が実現できる。別のいい方をすればリーク電流の許容値まで，デバイスや回路性能を引き上げた設計が可能となる。半導体産業の発展の方向として，従来の「More Moore」とよばれる微細化戦略が今後約15年で終焉を迎えると予想されているが，その場合さらなる高集積化にはチップの3次元集積技術が残る手段となる。一方，LSIチップの商品価値は，今後「More than Moore（M-t-M）」とよばれる異種機能のチップ内あるいはパッケージ内融合によって高められると考えられる。そのため新しいロードマップITRS2において，heterogeneous componentsやheterogeneous integrationがフォーカスチームに選ばれている[4)]。そこでは異種機能の2.5～3次元実装によるSiP（system in package）実現が重要課題になり，必要となるthermal managementも3次元技術となり，チップ内のみならずチップ外，パッケージ外への3次元的な放熱実装技術の革新が求められる。そこで本稿では，熱伝導特性に優れ，機械的コンプライアンスが高く，異方性の大きなナノカーボン材料によるthermal management研究の現状について紹介する。

2. 半導体3次元実装のためのthermal managementデバイス

ここではLSIなどの半導体デバイス実装のためのthermal managementデバイスについて説明する。**図1**(a)は従来の半導体チップの実装構造の模式図を示す。発熱源は半導体基板上にあり，具体的にはLSIやパワーデバイス，レーザーなどが考えられる。最先端の微細LSIでは，発熱源はアクティブデバイスとしてのトランジスタのみならず，電気抵抗が相対的に上昇した配線部分からの発熱も無視

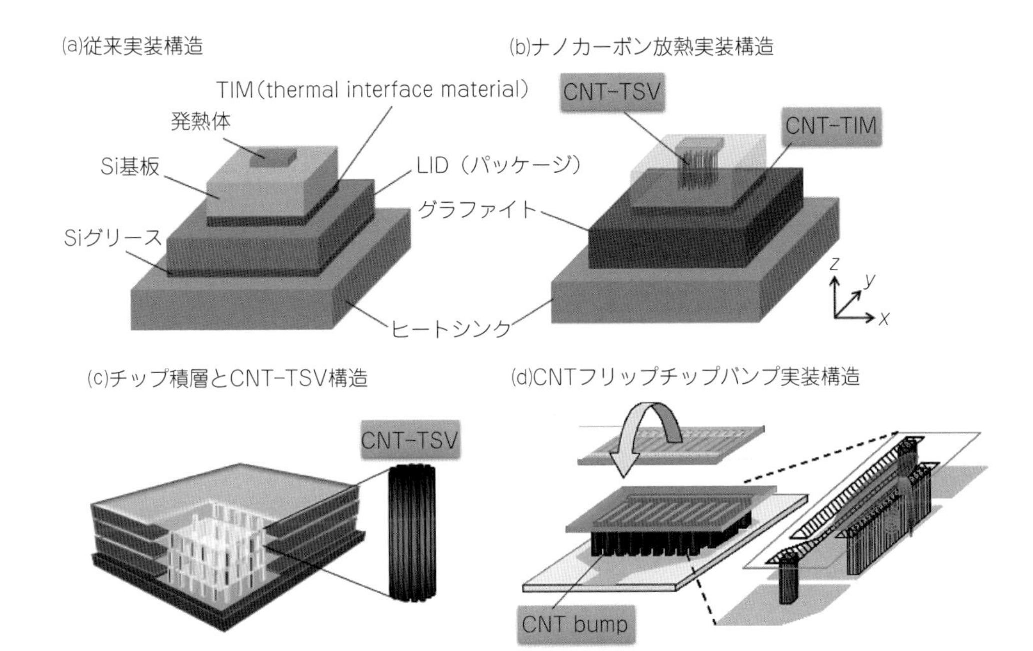

図1　半導体デバイスの放熱実装構造

できない。配線における局所的な発熱箇所は hot spot とよばれ，配線の信頼性劣化に深く関わっている。LSI チップは thermal interface material（TIM）を挟んでパッケージあるいはLIDに接続される。LIDはグリースを介してヒートシンクに接続されている。図1(b)は，ナノカーボン材料を用いた実装構造を示す[5]。ナノカーボン実装では，多数本の配向成長CNTの束をシリコン基板中に貫通させた，いわゆるシリコン基板貫通ビア（through silicon via；TSV）を追加し，TIMには，はんだの代わりに同じく配向成長CNTを用い，LIDには銅の代わりにグラファイトを使用している。図1(c)は，チップ積層3次元実装構造を示す。ここでは積層したチップ間配線遅延を低減するためTSVが使われている。3次元積層のもう1つの課題は，積層チップ内で発生した熱をどのように外に効率よく逃がすかという点であり，その解決策として放熱のためのTSVが考えられる[6]。図1(d)は，高周波・高出力デバイスのためのフリップチップ実装構造を示す[7]。ここではチップとパッケージ間の電気配線に，従来のボンディングワイヤーの代わりに，ビアに似たCNT bump（「突起」の意味）を使うことで，高周波での利得損失となる寄生インダクタンスを抑えることができる[7]。またこの構造では，発生した熱は基板を通して裏面から逃がすか，bumpを通してパッケージ側に逃がすことになる。従来材料では，bumpを狭い領域に多数本立たせることは難しいが，エッチングではなく成長で形成できるCNT bumpの場合には実現の可能性がある。このようにTIMやTSV，bump，グリースなどさまざまな材料・部品が放熱に関わっている。それらに熱伝導率が高く，アスペクト比が大きくかつ機械的強度の大きなナノカーボン材料の適用が検討されている。

ここでは，図1の(a)(b)の従来実装とナノカーボン材料を用いた実装の放熱性能について，3次元熱流体シミュレーションした結果を説明する[6]。CNT-TSVは直径50 μm，長さ100 μmで，発熱源の下の周辺に1,000本埋め込んだ構造を仮定している。CNTの熱伝導率は950 W/(m·K）と仮定している。発熱源のサイズは10 mm×10 mm×厚さ1 mmとした。発熱源の条件は，従来実装において発熱源とシリコン基板の界面温度が105℃になる熱量を仮定した。モデルの境界条件は，ヒートシンク面は室温で固定し，それ以外は完全断熱を仮定している。**図2**は従来実装とナノカーボン実装での発熱源付近の温度分布を示す。ナノカーボン実装によって発熱源と基板の界面温度が約48℃低下していることがわかる。実際にこれだけの温度低下が実現できればそ

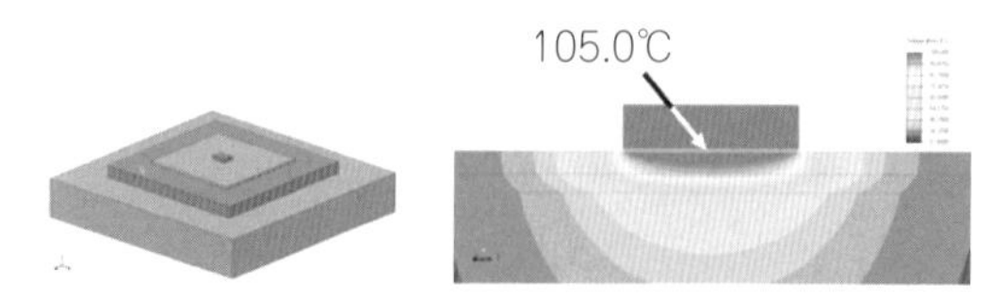

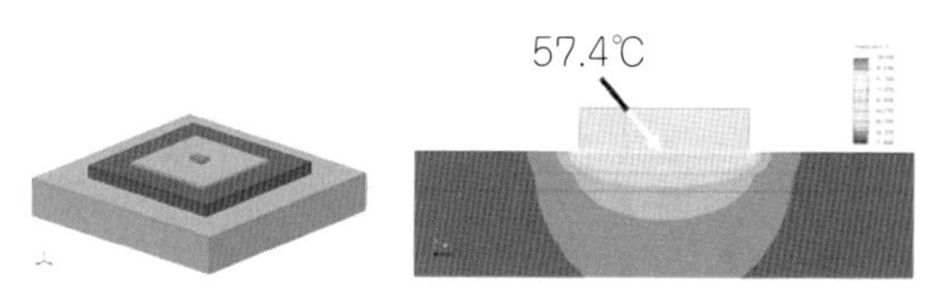

図２　３次元熱流体シミュレーションによる来実装とナノカーボン実装の性能比較[5]**（口絵参照）**

の効果は非常に大きく，SiMOSトランジスタのサブスレッショールド電流で見るとLSIの1.5世代分の改善が見込めることになる[8]。

3．ナノカーボンの熱伝導率測定

CNTの熱伝導率測定は，単層CNT（SWCNT），多層CNT（MWCNT），CNTが１本のもの，多数本のがバンドル（束），多数本がランダムあるいはスパゲッティ状に折り重なったもの（CNTマット），多数本が基板から垂直に配向成長したもの（CNT forest）など，さまざまな形態で実施されている。一般に高い熱伝導率材料の熱伝導率を測定によって決定することは高熱抵抗界面層などの介入によって難しいといえるが，ナノ構造をもつCNTでは特にCNTの品質やCNT同士あるいはCNTと他材料間の接触熱抵抗，測定法の精度などによって測定結果が変動するため，過去に報告されている測定結果には幅とばらつきが大きい。**表１**はナノカーボン材料の室温における熱伝導率の測定結果の一例を示す。

特に１本のCNTの熱伝導率測定では，他の熱伝導パスをつくらないようにするなど，特別な測定系のセッティングが必要になる。Kimらは，MEMS加工技術によって，他の熱伝導パスを除くため基板から空中に浮かせて伸ばした数本の窒化シリコンの梁先に白金微細配線でつくった一対のセンサ兼ヒーターを設置し，その間にCNTを架橋することで温度測定を行った（**図３**(a)）[9]。直径14 nmで長さ1.2 μmの１本と思われるMWCNTの熱伝導率の温度依存性を測定し，熱伝導率は低温から320 K付近まで単調増加し，最大3,000 W/(m・K）に達した後，さらに高温ではUmklapp散乱の影響によって低下することを見出した。Fujiiらは，電子線描画と蒸着技術によって白金のナノワイヤーを作製し，そのナノワイヤーと別途設けたヒートシンク間にCNTを架橋させることでT型ナノワイヤーセンサを形成し，熱伝導率測定を行っている（図３(b)）[10]。直径9.8 nmで長さ3.7 μmの１本と思われるMWCNTの熱伝導率として2,069 W/(m・K）の値を得ている。ここでナノワイヤとCNTの接触部分には，走査型電子顕微鏡（SEM）中で電子線照射を施すことによって熱抵抗の低減を図っている。１本のCNTの測定が難しいこともあり，当初から理論予測も盛んに行われている[11]。それらは主に分子動力学（molecular dynamics）法や，格子動力学とボルツマン輸送方程式を用いた方法が使われている。ただしCNT長よりもフォノンの平均自由行・

表１　ナノカーボン材料の室温における熱伝導測定結果

ナノカーボン材料	著者	熱伝導率［W/(m・K)］	合成法	測定法
MWCNT	Kim，他[9]	3,000	アーク放電	定常法
SWCNT	Fujii，他[10]	2,069	アーク放電	定常法
CNF配向膜	Yang，他[15]	15	PECVD	サーモリフレクタンス法
MWCNT配向膜	Horibe，他[16]	291	PECVD	レーザーフラッシュ法
MWCNT配向膜	Shioya，他[17]	94	HF-CVD	定常法
MWCNT配向膜	Futaba，他[2]	52	CVD	サーモリフレクタンス法
単層グラフェン	Ghosh，他[12]	3,080～5,150	剥離	ラマン分光法
２層グラフェン	Ghosh他，[13]	2,800	剥離	ラマン分光法

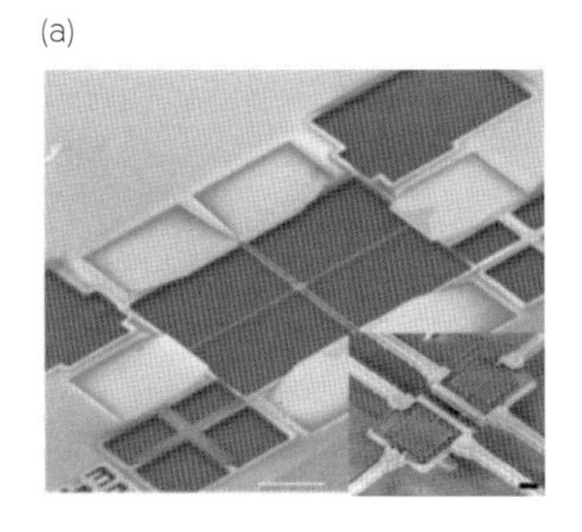

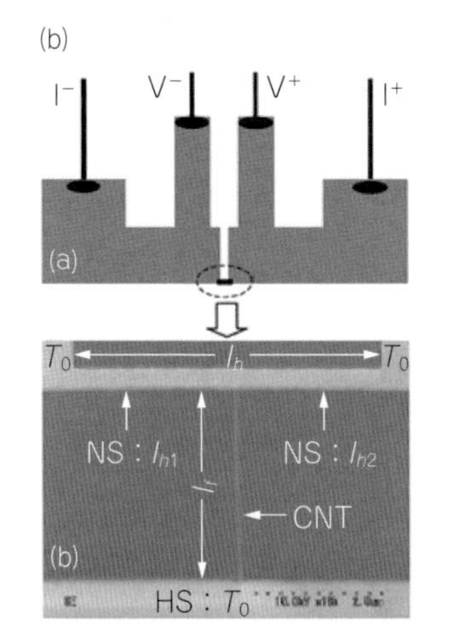

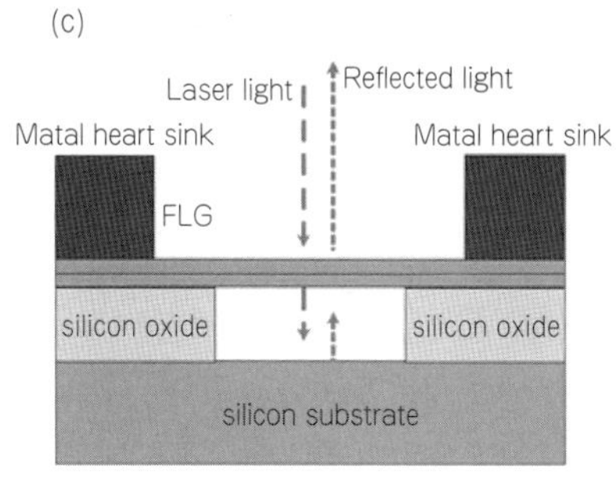

図３　１本の CNT (a)[9]，(b)[10] とグラフェン(c)[12)13)] の熱伝導率測定系

(a):Copyright 2001 by the American Physical Society, (b):Copyright 2005 by the American Physical Society, (c): Reprinted from 12), with the permission of AIP Publishing, and Reprinted by permission from Macmillan Publishers Ltd: 13), copyright 2010.

程が長い場合，熱伝導率は CNT の長さに依存し，長いほど大きな値になる結果が導かれるなど，未解決な課題も多い[11)]。

グラフェンの熱伝導率測定では，ラマン散乱の G バンドの温度依存性を利用するものが一般的である。Ghosh らは，空中にサスペンドしたグラフェンをレーザー加熱し，同時に局所ラマン分光測定によって熱伝導率を測定した[12)13)]（図３(c)）。そのため，シリコン基板上に微細孔が開いた金/窒化膜を積層し，基板裏面にはビアホールを開け，積層膜上にグラフェンを転写している。彼らの測定から，１層グラフェンの熱伝導率は 3,080～5,150 W/(m·K)[12)]，層数が増えるにつれて熱伝導率は一度低下し[13)]，グラファイトの熱伝導率に近づいていくと報告された[1)]。

4. 基板垂直配向成長技術―TIM，TSV，bump 応用のための材料技術

ナノカーボン材料による TIM や TSV，bump 応用を考えた場合，１本の CNT や単層グラフェンの熱伝導特性が優れていることが必要であるが，さらに実際の使用を想定し，多数本あるいは大面積でこの素材の強みをいかす方法を考えなければならない（例えば異方性など)。そうした点からすると，基板から垂直方向に配向した高密度 CNT（CNT-Forest とよばれる）の CNT 方向の熱伝導を用いることや，多層グラフェンで面に沿った熱伝導を用いることが得策といえるだろう。ここでは高密度の垂直配向 CNT 成長技術とその熱伝導特性について紹介する。

基板上に成膜した触媒金属薄膜からの CNT の CVD 合成では，CNT の成長方向はその CNT の周辺環境に依存する。例えば 10^{10} 本/cm^3 以上の高密度で CNT が成長すると，近接する CNT との間に働くファンデルワールス力によって，すべての CNT は基板から垂直方向に配向成長する。触媒金属をパターン化すれば，そのパターンを底面としたブロック状の多数本の CNT 束が形成できる。触媒金属をメサ構造側面に成膜しておけば，横方向に配向した CNT の束も成長することができる[14)]。低密度では高温成長中に CNT が基板に触れることで，基板からのファンデルワールス力によって基板に沿った，スパゲッティ状に絡み合った低密度 CNT 膜構造が得られる（これを CNT マットとよぶことがある)。一般に CNT 配向膜の CVD 成長温度は，MWCNT で 400℃ 以上，SWCNT では典型的にはそれより数百℃高い温度が使われる。

2002 年に Yang らは，PECVD で垂直配向成長したバンブー構造のカーボンナノファイバー（直径 40～100 nm，密度 0.135 g/cm^3）の熱伝導率をサーモリフレクタンス法によって測定し，15 W/(m·K)（1

本あたりに換算すると200 W/(m・K)）の値を得ている[15]。一方，堀部らは，2004年にPECVDで垂直配向成長したMWCNT（直径約10 nm，密度10^{10}/cm^3）の熱伝導率をレーザーフラッシュ法によって測定し，291 W/(m・K)（1本あたりに換算すると2,425 W/(m・K)）を得ている[16]。パターニングしたCNT配向成長ブロックでは，岩井らが2005年にAl/Fe触媒を用いたホットフィラメントCVDによって，長さ15 μm，密度10^{11}/cm^{3}のMWCNT垂直配向膜でパターン形成を行い，flip-chip bumpの作製を行った[7]。**図4**はflip-chip bumpのSEM写真を示す。熱伝導率はチューブ1本あたり1,400 W/(m・K)であった。また塩谷らは，ほぼ同じ方法で成長したMWCNT垂直配向膜の熱伝導率を，HEMTのゲート電流−電圧特性の温度依存性を温度計として用いた定常法によって測定し，74.2 W/(m・K)（CNT1本あたりは950 W/(m・K)）を得ている[17]。配向成長CNTのもう1つの特長である高い機械的コンプライアンスについては，膜構造では堀部らによるラップ・シェアテスト[16]，Caoらによる圧縮テストの報告があり[18]，bump構造ではSogaらによる測定がある[19]。

図5は，触媒CVD（catalyst CVD）法によって成長した，いま最も高密度なCNT垂直配向膜のCNT直径依存性を示す[20]。図(a)では，多層CNTの場合，層数を掛け算したいわゆるシェル数（チャネル数）でプロットしてある。現在の最高密度は1平方センチメートルあたり10兆本（10^{13}本）である。電気伝導では，各シェルを並列チャネルとして扱うことができるが，熱伝導では必ずしもそうはならない。いままでの測定結果からすると熱伝導率は単層CNTの方が多層CNTよりも高い。図(b)は単位体積あたりの重さでCNT密度をプロットしたCNTの長さ依存性を示す[21]。放熱応用では，膜厚として50 μm程度以上の，いわゆる長尺CNTが用いられるが，この図からもわかるように，長いCNTは高

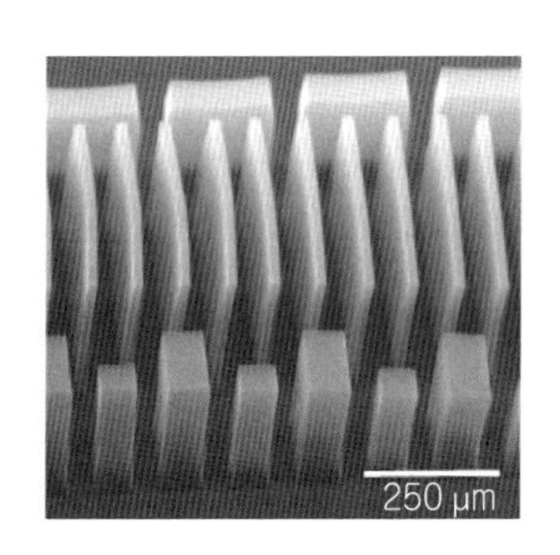

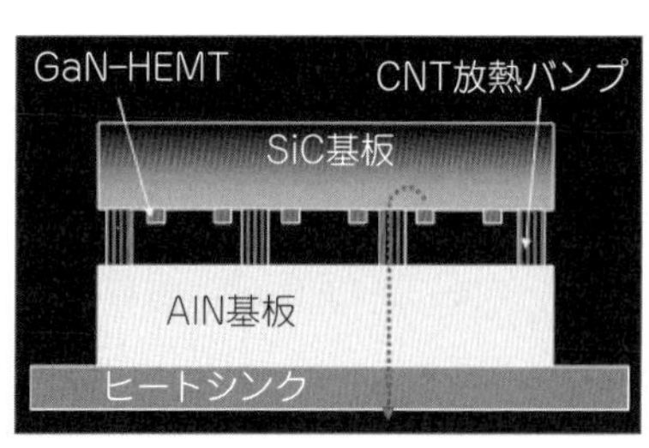

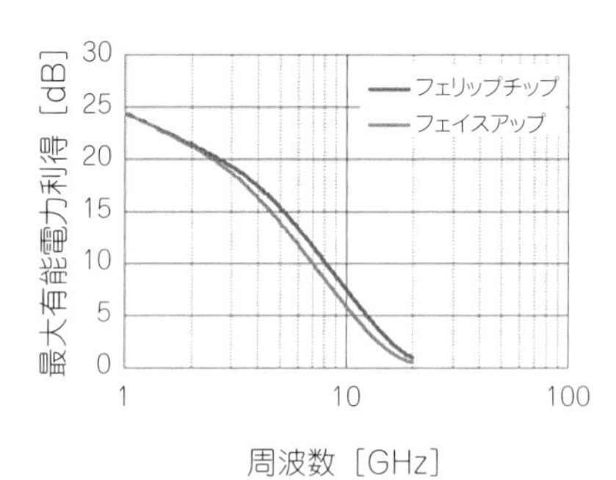

図4　多層CNT垂直配向膜を用いたCNT flip-chip bump[7]とその特性

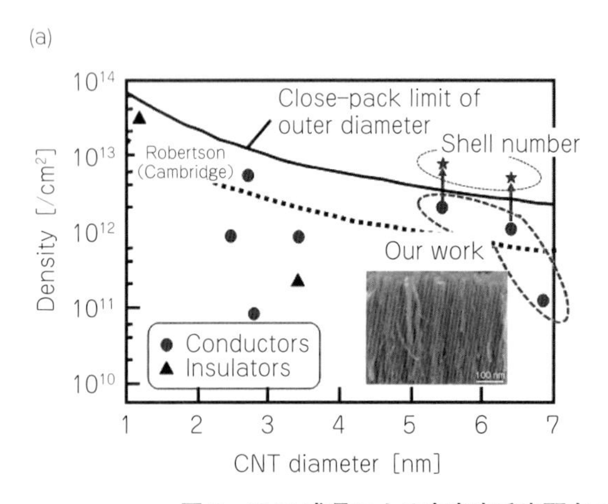

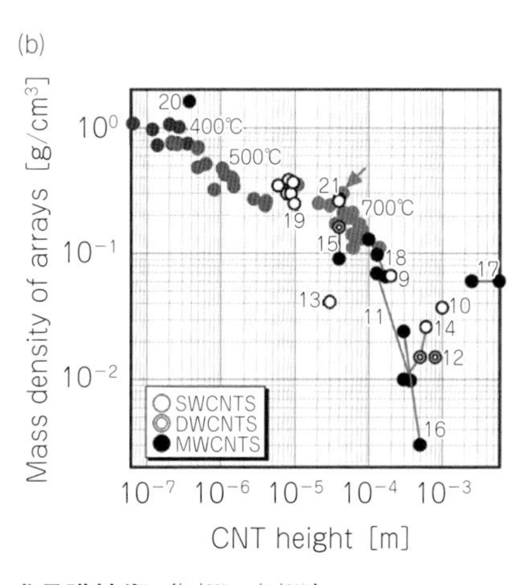

図5　CVD成長による高密度垂直配向CNT成長膜技術（(a)[20]，(b)[21]）

密度になりがたく，図(a)の最高密度はマイクロメートルオーダーの短尺で得られている。長尺で高品質，高密度の垂直配向成長が今も課題といえる。そのためには，成長速度がある程度速い必要があり，また触媒金属の触媒活性を長く保つ必要がある。そこでCNTの合成条件として，原料ガス種，ガス圧，合成温度，触媒金属種，その膜厚や形状，触媒金属下地膜などをバランス良く最適化する必要がある。ここでは長尺・高密度配向成長に向けた取組みについて紹介し，高密度配向CNTの熱伝導率測定結果についても述べる。

川端らが開発した方法は，slope control of temperature profile（STEP）成長法とよばれ，触媒薄膜のナノ微粒化する工程から始まり，CVD原料供給によって多くのナノ微粒子からCNTを成長させる初期成長工程，次にCNTを長く伸ばすため，触媒活性を長く維持する長尺成長工程まで，各工程のプロセス温度および温度勾配の最適化を行ったものである[22]。触媒金属にはFe/Alを用い，成長温度の到達最高温度は800℃で，初期に反応律速でCNTを成長させ，その後，供給律速で長尺成長を行っている。このSTEP成長法により，密度0.27 g/cm^3，長さ40 μm以上の高密度・長尺CNT成長に成功している。同じ方法で成長した密度0.14 g/cm^{3}のCNT配向膜の熱伝導度を測定したところ，260 W/(m・K) であった。なお熱伝導測定にはサーモリフレクタンス法を用いている。到達密度からするとCuを上回る熱伝導率が得られる可能性もある。実験的にはこの成長法で作製したCNT配向膜でTIMを作製し，従来のインジウムを用いたTIMよりも約11％低い熱抵抗を得ている。その後，Naらは，Fe系微粒化触媒で下地にTiN/Ta/Cu層を用い，成長温度700℃で原料のC_2H_2圧力を最適化し，密度0.3 g/cm^3，長さ45 μmのCNT配向成長に成功している[20]。彼らはCNT/Cu/CNTのTIM構造を作製し，インジウムTIMと同等の熱抵抗を得ることに成功している。これらの両研究ともCNT-TIMと他の部材との接合部分での熱抵抗は下げる工夫が施されている。

多層グラフェンを縦配向成長させる技術については，CVD成長によるものは品質が十分とはいえないが，Niheiらは，これを用いてTIMを試作し，熱伝導率10 W/(m・K) を報告している[23]。彼らは，同時にレーザーフラッシュ法で高温合成された市販のpyrolytic graphite（PYROID®HT）という縦配向グラファイトの熱伝導率も測定しており，1,426 W/(m・K) という値を報告している。ただし，これは厚いブロック状のサンプルであるため薄層化が難しい。今後のCVDによる高品質成長技術の進展が期待される。

5．まとめ

ここではCNTやグラフェンの伝熱特性とその応用について，特に基板垂直配向膜の半導体放熱応用を例に現在までの研究の進展について紹介した。この材料は今後重要性がますます高まるthermal managementへの応用が期待される。ここで説明した以外にもLi-ionバッテリーの発熱対策として，発熱吸収体として相変化材料を用いるとともに，グラフェン添加することで放熱特性を高めるといった提案もある[24]。このように高い熱伝導特性をもつナノカーボン材料の応用範囲は今後も拡大されることが大いに期待される。

文　献

1）A. A. Balandin：*Nature Materials*, **10**, 569 (2011).

2）日本熱物性学会 編，ナノ・マイクロスケール熱物性ハンドブック，養賢堂 (2014).

3）http://www.itrs2.net/

4）http://www.itrs2.net/uploads/4/9/7/7/49775221/irc-itrs-mtm-v2_3.pdf

5）T. Kawanabe, A. Kawabata, T. Murakami, M. Nihei and Yuji Awano：Proc. of the 2013 IEEE International Interconnect Technology Conference, IITC 2013, pp. 1-3 (2013).

6）Y. Awano, US Patent US 6,800886B2 (2004)., 特開2003-332504 (2003).

7）T. Iwai, H. Shioya, D. Kondo, S. Hirose, A. Kawabata, S. Sato, M. Nihei, T. Kikkawa, K. Joshin, Y. Awano and N.

Yokoyama：Technical Digest of IEEE International Electron Devices Meeting, 2005, pp. 257–260（2005）.

8）F. Fallah and M. Pedram：*IEICE Trans. ELECTRON.*, **E88-C**, 509（2005）.

9）P. Kim, L. Shi, A. Majundar and P. L. McEuen：*Phys. Rev. Lett.*, **87**（21）, 215502（2001）.

10）M. Fujii, X. Zhang, H. Xie, H. Ago, K. Takahashi, T. Ikuta, H. Abe and T. Shimizu：*Phys. Rev. Lett.*, **95**, 065502（2005）.

11）S. Maruyama：*Micro Thermophys. Eng.*, **7**, 41（2003）.

12）S. Ghosh, I. Calizo, D. Taweldebrhan, E. P. Pokatilov, D. L. Nike, A. A. Balandin, W. Bao, F. Miao and C. N. Lau：*Appl. Phys. Lett.*, **92**, 151911（2008）.

13）S. Ghosh, W. Bao, D. L. Nike, A. Subrine, E. P. Pokatilov, C. N. Lau and A. A. Balandin：*Nature Materials*, **9**, 555（2010）.

14）Y. Awano：IEICE Trans. *ELECTRON.*, **E89-C**（11）, 1499（2006）.

15）D. J. Yang, Q. Zhang, G. Chen, S. F. Yoon, J. Ahn, S. G. Wang, Q. Ahou, Q. Wang and J. Q. Li：*Phys. Rev. B66*, 165440（2002）.

16）M. Horibe, M. Nihei, D. Kondo, A. Kawabata and Y. Awano：*Jpn. J. of Appl. Phys.*, **43**（10）, 7337（2004）.

17）H. Shioya, T. Iwai, D. Kondo, M. Nihei and Y. Awano：*Jpn. J. of Appl. Phys.*, **46**（5A）, 3139（2007）.

18）A. Cao, P. L. Dickrell, W. G. Sawyer, M. N. Ghasemi-Nejhad and P. M. Ajayan：*Science*, **310**, 1307（2005）.

19）I. Soga, D. Kondo, Y. Yamaguchi, T. Iwai, M. Mizukoshi, Y. Awano, K. Yube and T. Fujii：IEEE 2008 Electronic Components and Technology Conference, pp. 1390–1394（2008）.

20）Y. Awano：Technical Digest of IEEE International Electron Devices Meeting, 2015. pp.（2015）.

21）N. Na, K. Hasegawa, X. Zhou, M. Nihei and S. Noda：*Jpn. J. of Appl. Phys.*, **54**, 095102（2015）.

22）A. Kawabata, T. Murakami, M. Nihei, K. Yamabe and N. Yokoyama：*Jpn. J. of Appl. Phys.*, **54**, 045101（2015）.

23）M. Nihei, A. Kawabata, T. Murakami, M. Sato and N. Yokoyama：Technical Digest of IEEE International Electron Devices Meeting, 2012, pp. 797–800（2012）.

24）P. Goil, S. Legedza, A. Dhar, R. Salgado, J. Renteria and A. A. Balandin：*Journal of Power Source*, **248**, 37（2014）.

第5節　CNT 薄膜トランジスタ

名古屋大学　**大野　雄高**

1. はじめに

よりスマートなユビキタス情報端末として，軽量で柔軟なプラスチック製の電子ペーパーや携帯電話，電子タグといったフレキシブルデバイスの実現が期待されている。また，柔軟なポリマー材料は機械的/生体的に人体との親和性をもつことも可能であり，例えば，肌に接着可能なスマートセンサなども提案されている。フレキシブルエレクトロニクスは簡便な印刷技術に基づく環境調和性の高い製造プロセスと融合し，例えば，超低コストで使い切り可能なデバイスを実現し得る。フレキシブルエレクトロニクスは潜在的に巨大な市場をもち，世界各国で官民問わず広く研究開発がなされている。最近，主に有機半導体材料を用いて，直径数 mm の棒に巻き取ることが可能な OLED ディスプレイ[1]や電子ペーパーが実証されるとともに，プラスチックフィルム上に小規模なマイクロプロセッサ[2]が実現されるなど，フレキシブルエレクトロニクスが現実味を帯びてきている。一方で，実用に要求される動作速度や動作電圧，長期安定性，生産性をすべて満たす技術は未だなく，性能とコストを両立できる材料・技術開発が急務である。

フレキシブルデバイスはプラスチック基板上にトランジスタや表示デバイス，各種センサ，タッチパネル，配線などを集積することで構成される。したがって，材料は柔軟であるばかりでなく，低温でプラスチック上に形成でき，また加工性も要求される。電極・配線については，銀や金に代表される金属ナノ粒子を利用することにより，低温で低抵抗なものが実現されている。近年は，100℃以下の低温で焼成できる材料も開発されつつあり，廉価な PET 上にも形成可能である。能動素子としては，作製が比較的容易な薄膜トランジスタ（TFT）が検討されている。現在主流であるアモルファスシリコン（a-Si）やポリシリコン（poly-Si）を材料とする TFT は平面ディスプレイの駆動素子として不可欠であるが，高温・真空プロセスを要し，PET などの廉価なプラスチックフィルム上に TFT を作製することは困難である。近年，酸化物半導体や有機半導体，単層カーボンナノチューブ（CNT）薄膜などを用いて，低温でプラスチック上に TFT を実現する技術が開発されつつある。

特に，CNT 薄膜は優れた電気伝導特性に加え，柔軟性，光透過性，化学的安定性・耐薬品性をもち，高性能なフレキシブル TFT を実現できる。また，CNT を用いると簡便な塗布プロセスや転写プロセスにより極薄膜を形成でき，安価に高性能デバイスを製造できる可能性もある。CNT 薄膜を用いてフレキシブルデバイスを実現しようとする研究は近年活発になってきている。例えば，米国イリノイ大学のグループはナノチューブ薄膜トランジスタをポリイミドフィルム上に集積することで 4 bit デコーダなどの中規模集積回路を実現している[3]。また，韓国・順天大学のグループでは，CNT を用いて全印刷かつロール・ツー・ロールプロセスにより RF タグを作製する試みがなされている[4]。インクジェット印刷により，オンデマンドで電子回路を実現しようという試みや，各種センサを集積して人工皮膚を実現しようとする試みもなされている[5]。本稿では，高性能なフレキシブルデバイスを安価に実現する可能性のある材料として，最近注目されている CNT 薄膜を取り上げ，最近の研究動向に加え、筆者らの研究から高移動度 CNT 薄膜の形成や集積技術，高速印刷技術による素子作製について述べる。

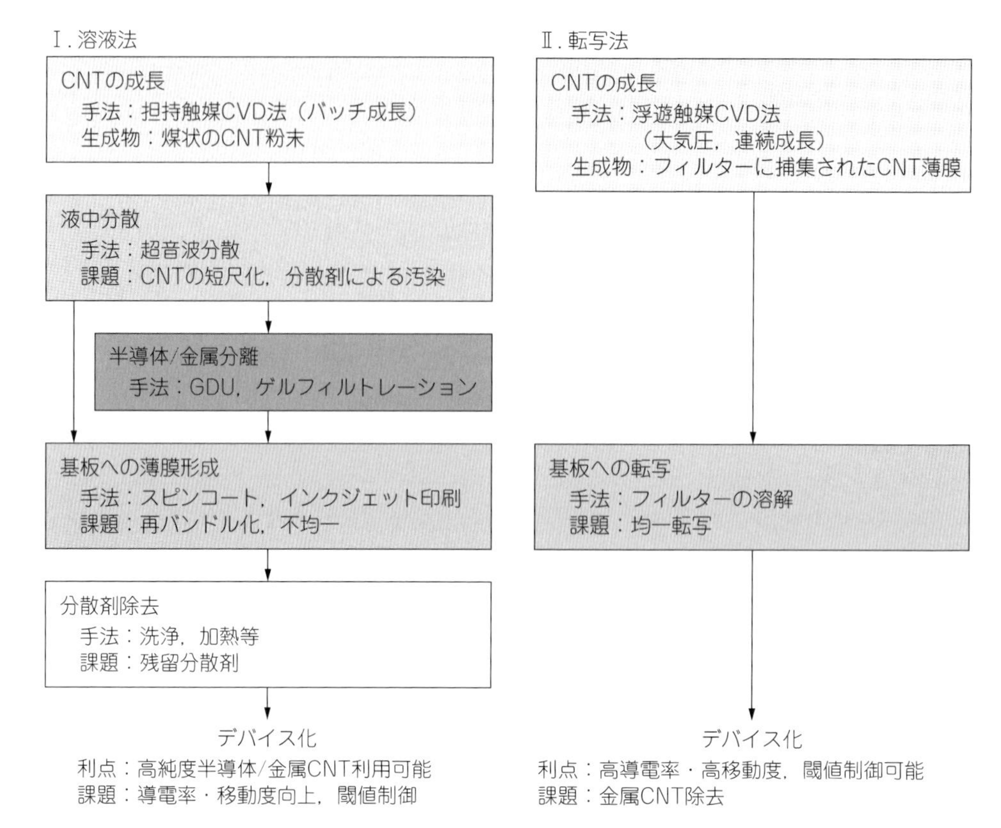

図１　CNT 薄膜形成方法としての溶液法と転写法の比較.

2. 高移動度 TFT を実現する CNT 薄膜

通常，CNT の成長温度はプラスチック基板の軟化温度より高く，CNT をプラスチック基板上に直接成長できない。一方で，簡単な塗布法[6)7)]や転写法[8)]により高性能薄膜を得ることが可能である。プラスチック基板上に CNT 薄膜を形成する方法としては，**図１**に示すように，主に溶液法と転写法の２種類が用いられるが，次に述べるように現状ではそれぞれに特徴と課題がある。

溶液法では，化学気相成長（CVD）法などで成長した CNT を水や有機溶媒などの液体に分散し，スピンコートや印刷により基板上に薄膜を形成する。溶液法の特徴としては，密度勾配超遠心法[9)]やゲルクロマトグラフィ[10)11)]などの方法により半導体 CNT と金属 CNT を分離し，用途に応じて目的の CNT を用いることが可能である点が挙げられる。課題としては，プロセス由来の伝導性劣化が挙げられる。基板や担持剤に CNT を大量に成長した場合（あるいは一般的に入手可能な煤状の CNT 材料の場合），CNT は分子間力により束状（バンドルとよばれる）に凝集しており，液中に分散するためには，強力な超音波処理によりそれを解く必要がある。このとき，CNT は切断され，短尺化される。CNT 薄膜の導電率や移動度は CNT 間の接触抵抗により支配的されており，CNT を短尺化すると，単位長さあたりの CNT 間接合の数が増加し，CNT 薄膜の性能を著しく低下させる。また，液中分散の安定化のため，界面活性剤などの分散剤を添加するが，残留した分散剤により CNT 間の接触抵抗が増大することも性能低下の要因となり得る。また，界面活性剤はキャリアドーピング作用をもつ場合もあり，残留すると TFT の閾値制御が困難となる。現状では，溶液法を用いて作製された CNT 薄膜素子では，CNT の物性から予想される性能に比べて低い性能を示すことが多い。より高い性能が要求される用途の場合には，穏やかな分散技術や長尺な CNT のみを抽出する技術，界面活性剤を除去する技術などの開発が必要である。最近，分解性のある超分子を分散剤として用いることで，半導体 CNT

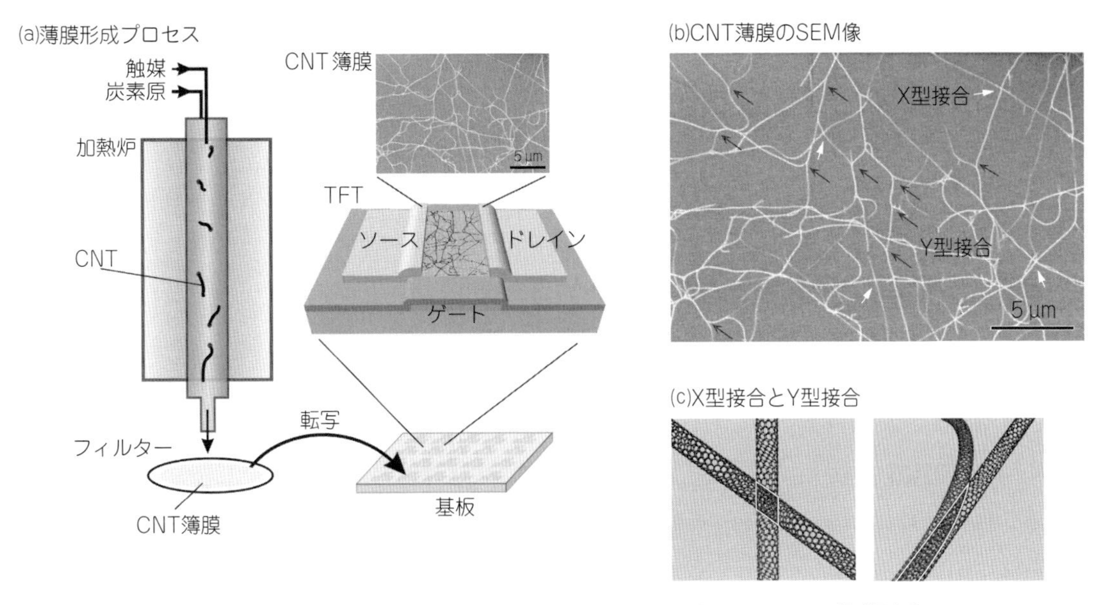

図２　浮遊触媒 CVD 法に基づく過気相濾過・転写法による CNT 薄膜形成

を抽出した後，分散剤の除去を可能としたとの報告もある[12]。

転写法では，担持触媒 CVD 法や浮遊触媒 CVD 法などの成長技術により，Si 基板やメンブレンフィルターなどに CNT 薄膜を成膜し，その後，プラスチック基板に転写する[3)8)]。この場合，溶液プロセスにおける CNT の短尺化や凝集の問題がなく，均一で高性能な CNT 薄膜が得られる。転写技術の場合，工程が少なく，また，ロール・ツー・ロール法も適応可能である。一方，半導体/金属分離プロセスを導入することは難しく，用途に応じて，CNT の成長後に金属 CNT または半導体 CNT を改質・除去する技術の開発が必要である。

筆者らのグループは長尺で清浄な CNT を用いて薄膜を実現できる「気相濾過・転写法」[13] を開発している。この手法は，**図２**(a)に示すように，大気圧の浮遊触媒 CVD 法[14] により CNT を連続的に成長し，エアロゾルの状態で排出される CNT をメンブレンフィルターにより濾過・捕集することにより，CNT 薄膜を形成する。フィルターはセルロースアセテートおよびニトリセルロースの混合物でできておりアセトンに溶解する。したがって，フィルターを所望の基板上に貼り付け，アセトンに浸潤することにより，CNT 薄膜を基板に転写できる。この方法では，溶液法で問題となる CNT の短尺化や分散剤による汚染，凝集はほとんど生じない。また，溶液法に比べて工程が少なく簡便であり，成長炉の出口ノズルを工夫することによりロール・ツー・ロール法にも展開できる。

図２(b)の SEM 像は，気相濾過・転写法により Si 基板上に形成した CNT 薄膜であるが，特徴的な形態がみて取れる。第１に，CNT が 10 µm 程度の長さをもち，比較的直線性があること，第２に，CNT 同士の接合において，Y 型接合が多くみられることが挙げられる。図２(c)に示すように，Y 型接合の場合，X 型接合に比べ，CNT 間の接触面積が大きく，接触抵抗が低くなることが予想される。前述のように，CNT 薄膜の移動度は CNT 間の接触抵抗で支配されており，CNT が長く接合数が少ないこと，CNT 間の接触抵抗が低いことは，TFT の高性能化に寄与することが期待できる。

一方，気相濾過・転写法の場合，溶液法である半導体/金属分離技術は導入できず，TFT のチャネルには金属的 CNT が混入する。しかしながら，**図３**に示すように，CNT の密度を精密に制御すれば，金属的 CNT のみで構成される電流パスは形成されず，半導体的に振る舞う薄膜を得ることが可能である[15]。具体的には，CNT のような１次元物質をランダムに配置したとき，ある密度を超えると電流パスが形成され，電気伝導が得られる。このときの密

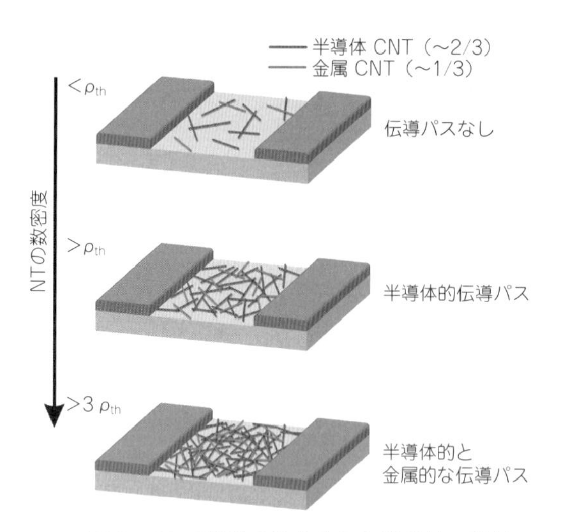

図3　CNT 薄膜の数密度と伝導特性の関係

度をパーコレーション閾値とよび，$\rho_{th}=(4.24/L_{cnt})^2/\pi$で与えられる。ここで，$L_{cnt}$はCNTの長さである。通常の方法により成長したCNTの場合，その約2/3が半導体的CNT，約1/3が金属的CNTであるため，CNTの密度がρ_{th}程度の場合，CNT薄膜は半導体的に振る舞う。CNTの密度が3 ρ_{th}程度まで増加すると，金属的CNTの密度がρ_{th}に到達し，金属的CNTのみで構成される電流パスが形成される。その結果，off電流が増加する。したがって，CNTの密度を精密に制御すれば，金属的CNTを含むCNT薄膜においても半導体的振る舞いが得られる。気相濾過・転写法では，フィルターにCNTを捕集する時間により，CNTの密度を制御できる。なお，TFTに用いる密度のCNTの時間は2～5秒程度である。

3. プラスチック基板上のCNT集積回路

気相濾過・転写法は，プラスチック基板上への素子の作製にも適応できる。**図4**は透明なPEN（polyethylene naphthalete）基板上に作製されたCNT TFTと集積回路である。PEN基板のガラス転移温度は約150℃であるため，すべてのプロセスは145℃以下で行われている。ゲート電極はフォトリソグラフィと真空蒸着により，Al_2O_3ゲート絶縁膜（厚さ40 nm）は低温の原子層堆積法により形成されている。成膜温度は145℃である。反応性イオンエッチングによるゲート絶縁膜の窓開けの後，ソース・ドレイン電極が形成されている。最後に，CNT薄膜が転写され，酸素プラズマエッチングによりチャネル以外の領域のCNTは除去されている。TFTのサイズは，将来的な印刷プロセスの導入を考慮し，チャネル長とチャネル幅はともに100 μmである。PEN基板上に作製したCNT TFTの移動度，on/offともに，Si基板上に作製した場合と遜色ないものであった。図4(c)は典型的な素子の伝達特性（ドレイン電流(I_D)−ゲート電圧(V_{GS})特性）である。on/off比は10^6～10^7あった。出力特性において，線形領域では良好な線形性が，飽和領域では飽和特性が観測されている。

キャリアの移動度μは，線形領域の特性から，

$$\mu=\frac{1}{CW_{ch}}\frac{L_{ch}}{V_{DS}}\frac{\partial I_D}{\partial V_{GS}} \tag{1}$$

のように求められ，634 cm^2/Vsであった。ここで，L_{ch}，W_{ch}，Cは，それぞれ，チャネル長，チャネル幅，ゲート電極−CNT薄膜間の容量である。なお，図2(b)のようにCNT薄膜の被覆率が低い場合，Cは

$$C\sim\frac{2\pi\varepsilon}{\Lambda_0\ln\left\{\dfrac{\Lambda_0}{R}\dfrac{\sinh(2\pi t_{ox}/\Lambda_0)}{\pi}\right\}} \tag{2}$$

で与えられる[16]。ここで，ε，t_{ox}は，ゲート絶縁膜の誘電率と誘電率，R，Λ_0はCNTの直径と各CNTの間隔である。この容量は，平行平板モデルの容量（$C=\varepsilon/t_{ox}$）の1/18程度である。なお，平行平板モデルの容量を用いて移動度を算出すると35 cm^2/Vsとなる。TFTの性能指標としての移動度を算出する場合，どちらの容量モデルが適切か，議論が残るところであるが，少なくとも論理回路の動作速度は式(2)の容量モデルに従うことが確認されている。

図4(d)は，気相濾過・転写法によるTFTと各種TFTのon/off比および移動度を比較したものである。移動度およびon/off比は，poly-Siとほぼ同等であるが，気相濾過・転写法では大気圧・室温プロセスによりそれを実現している。

集積回路を作製する上で，TFTの閾値の制御が必須である。ここでは，大きな電子親和力をもつF_4TCNQを用いた化学ドーピング[17]により閾値の

(a)写真

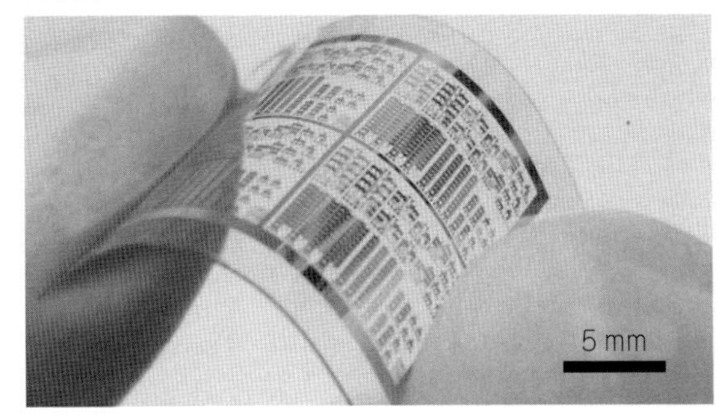

(b)TFTの素子構造

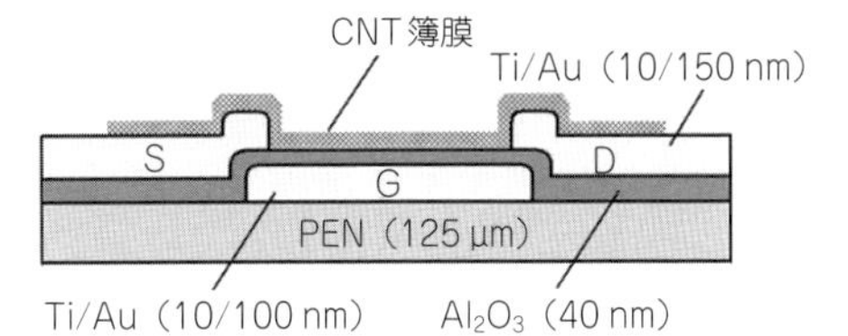

(c)TFTの伝達特性

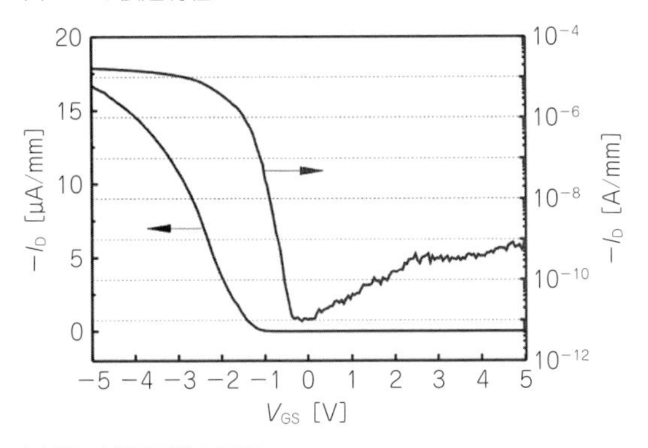

(d)各種TFTとの性能比較，縦軸：移動度，横軸：on/off比

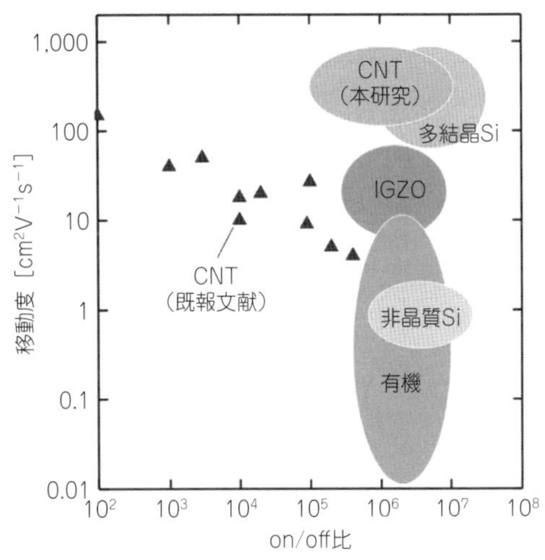

(e)リング発振器の写真

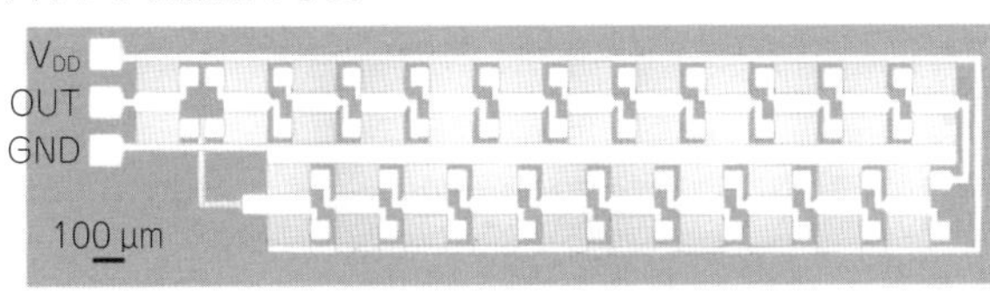

(f)回路図

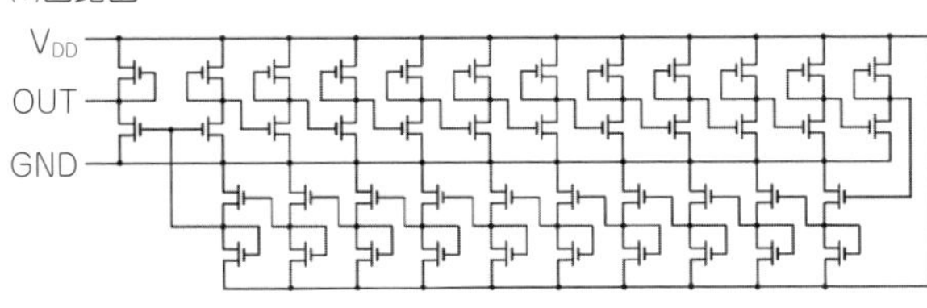

(g)発振波形

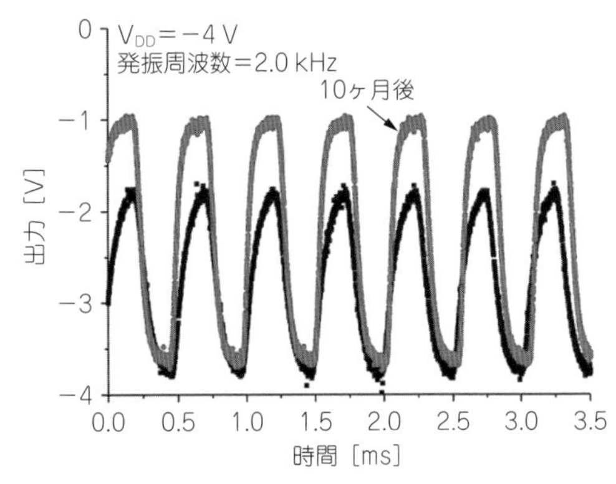

図４　プラスチック基板上に作製されたCNT集積回路

制御が行われている。化学ドーピングはF_4TCNQをトルエンに溶解し，スピンコートすることにより施されている。この手法では，F_4TCNQの濃度により閾値を制御できる。この論理集積回路では，ゲートとソースを短絡させたTFTを負荷とし，負荷TFTに化学ドーピングを行うことにより，論理閾値の制御がなされている。インバータは集積化に必須の入出力の整合が取れ，電源電圧−5 Vのとき，電圧利得16を示した。さらに，転送特性を折り返したときに形成されるアイパターンが大きく，論理動作に対するノイズマージンも大きい。

集積回路の動作速度はリング発振器を用いて評価されている。図４(e)～(g)はPEN基板上に作製された21段リング発振器の写真や回路図，発振波形である。出力バッファーと合わせて，44個のTFTが集積されている。このリング発振器は電源電圧約−2 Vで発振をはじめ，−4 Vのときの発振周波数は2.0 kHzである。1ゲートあたりの遅延時間（τ

＝1/2 *Nf*）は 12 μs である。なお，*N*，*f* はインバータの段数と発振周波数である。なお，プラスチック基板の熱収縮を考慮し，やや大きい層間合わせ余裕を用いて設計がなされており，ゲート電極とソース・ドレイン電極のオーバーラップが大きい。このため，測定された遅延時間の約90％はオーバーラップ部の寄生容量の充電時間である。実際には，PEN基板の場合，今回のプロセス温度では熱収縮を考慮する必要はなく，層間合わせ余裕を低減することにより，約１桁程度の高速化が見込まれる。また，このリング発振器は，大気中にて10ヵ月間保管した後においても，ほぼ同じ発振周波数にて発振動作が確認されている。

さらに，基本的な論理ゲート NOR，NAND に加え，それを集積した reset-set（RS）-フリップ・フロップ（FF）や Delay（D）-FF などの機能集積回路も実現されている。なお，入出力整合の取れている NOR と NAND が実現できれば，基本的には，どのような論理回路でも構成可能であることが知られている。

4．全カーボン集積回路

チャネルのみならず，電極・配線材料にも CNT 薄膜を用い，また絶縁膜材料にアクリル樹脂を用いることにより，きわめて柔軟で透明な全カーボン集積回路が実現されている[18]。**図５**(a)は全カーボン集積回路の模式図である。PEN フィルム上に作製されており，TFT のチャネルと電極・配線に CNT 薄膜が，また絶縁膜材料にアクリル樹脂が用いられている。CNT 薄膜は転写法により形成されている[13)19)]。TFT のチャネル用の CNT 薄膜はネットワーク状のきわめて薄い薄膜であり，CNT の密度はパーコレーション閾値の２倍程度である。電極・配線用の CNT 薄膜の厚さはおよそ 20 nm である。

全カーボン集積回路は，図５(b)に示すように，き

(a)素子構造

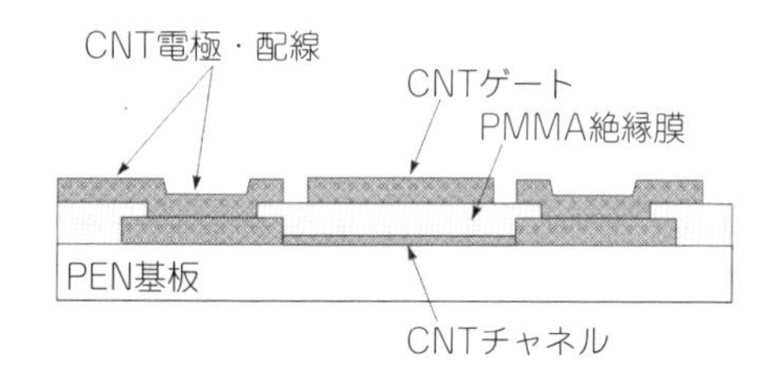

(b)写真

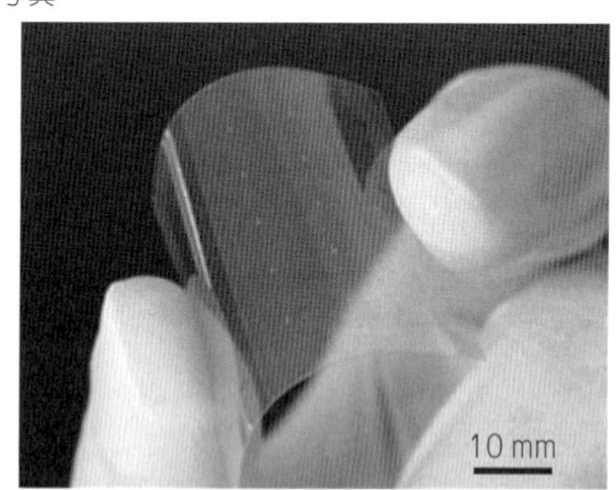

(c)透過スペクトルと色味

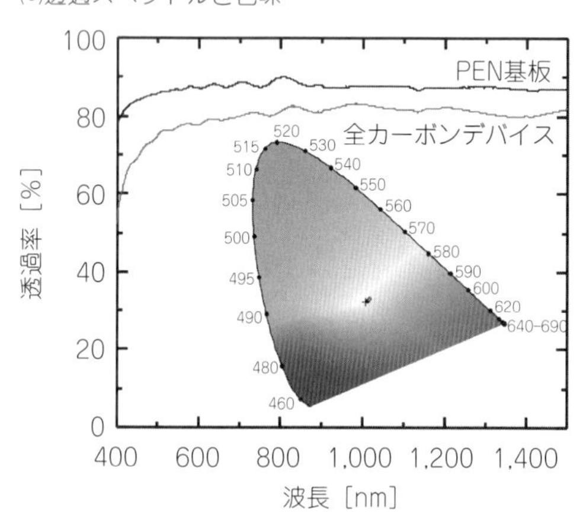

(d)リング発振器

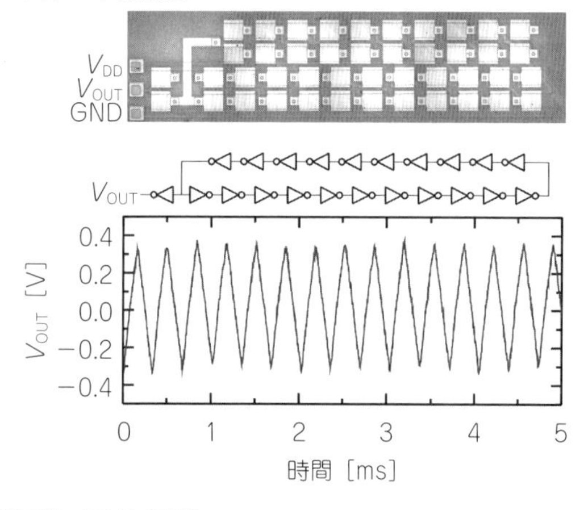

図５　全カーボン集積回路（口絵参照）

わめて柔軟で透明である。集積回路全体の光透過スペクトル（図５(c)）に示すように，素子全体の光透過率は可視域で78％であるが，PEN基板の吸収・反射を差し引き，正味の透過率を見積ると可視光域でおよそ90％である。図５(d)は全カーボンTFTの伝達特性である。この素子の移動度は1,027 cm²/Vsときわめて高く，Siウエハ上に形成したMOSFETに匹敵する。曲げ特性も良好であり，曲げ半径8 mmの場合においてもTFTの特性の変化はみられていない。

全カーボン集積回路としては，NORやNAND，Ex-ORなどの論理ゲートに加え，リング発振器やSRAMなども実現されている。660 nmという厚いアクリル樹脂をゲート絶縁膜に用いているにもかかわらず，動作電圧は5 Vであり，比較的低い電圧において集積回路の動作が実現されている。これは，極細の細線であるCNTに対して，ゲート電界が集中する現象を利用することで実現されたものである。通常，シート状の半導体チャネルの場合，チャネル中のキャリア濃度はゲート絶縁膜の厚さに反比例するため，TFTの動作電圧は絶縁膜厚さに比例して増加する。一方，CNTのような極細線構造の場合，電界集中効果を考慮すると，キャリア濃度は絶縁膜厚さの対数に反比例し，比較的ゲート絶縁膜厚さ依存性は小さくなる。この電界集中効果を利用した低電圧動作は印刷エレクトロニクスにおいても重要な技術となり得る。通常，印刷技術により極薄絶縁膜を形成することは難しく，動作電圧の上昇が課題である。チャネルにCNTを用いることにより，印刷型TFTにおいても低電圧動作を実現できる可能性があることを示唆している。

回路の動作速度について，リング発振器の発振周波数から見積もると，論理ゲート１段あたりの遅延時間は8 μsであった。この遅延時間はAu電極・

(a)加熱成形プロセス

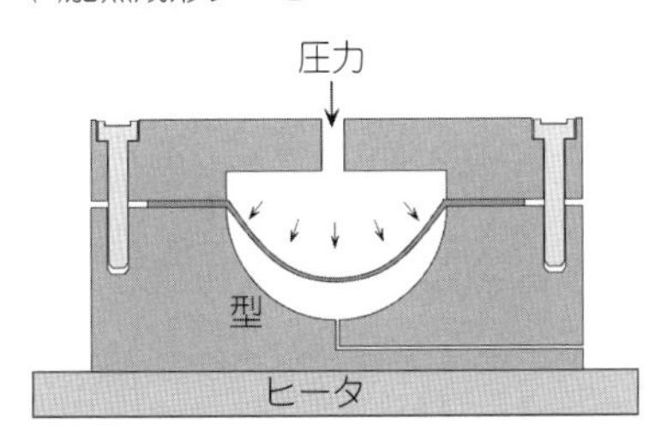

(b)ドーム型に成形された全カーボン集積回路

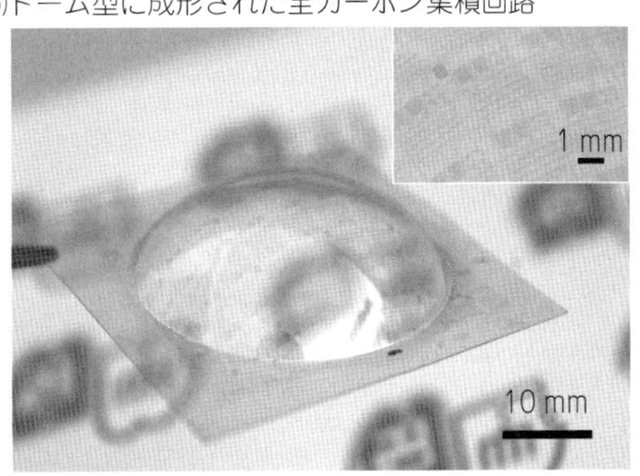

(c)成形前後のCNT TFTのSEM像

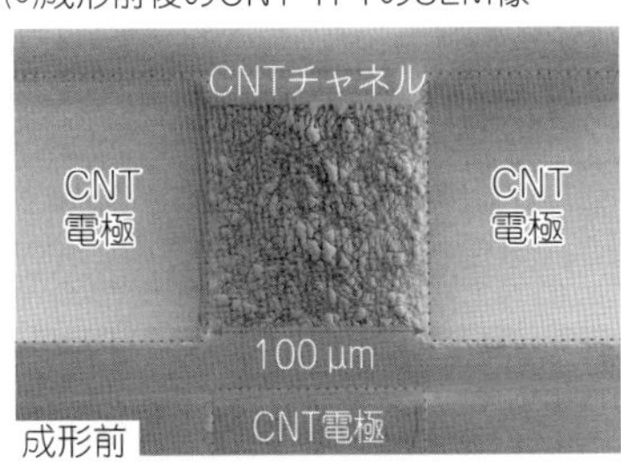

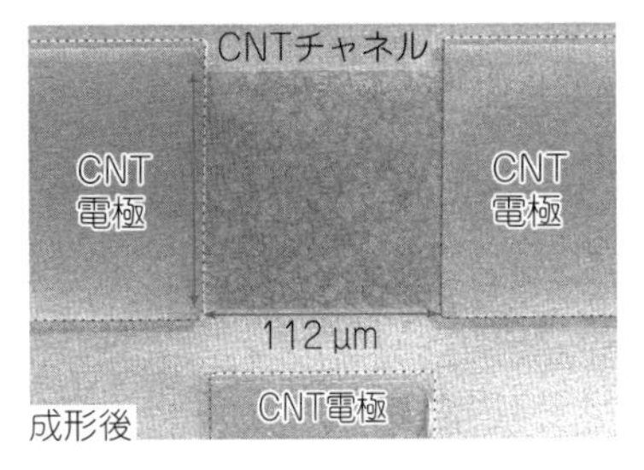

(d)成形に伴う2軸ひずみによるCNT TFTの特性変化

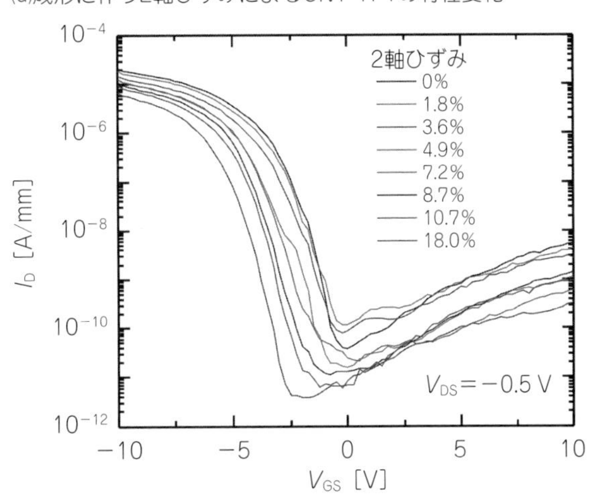

図６　全カーボン集積回路の立体形状への加熱成形（口絵参照）

配線を用いた場合[13]と比べても遜色なく，集積回路の動作速度に対するCNT配線の寄生抵抗の影響は小さいといえる。

全カーボン集積回路はCNT薄膜またはプラスチック材料で構成されており，柔軟性のみならず伸張性ももっており，一般的なプラスチック材料と同様に，**図6**に示すように，加熱成形技術により立体形状に成形することも可能である。例えば，図6(b)のようにドーム形状に成型した場合，トランジスタや配線は2軸方向に伸張される。このような場合においても，CNT薄膜に亀裂や剥離などの問題は生じない。TFTは2軸方向に18％の伸張を施しても正常に動作する。さらに，集積回路についても同様にドーム状に成形した場合において正常動作が確認されている。

加熱成形技術は日用品や子供のおもちゃ，電化製品の筐体，医療器具など，多岐にわたるプラスチック製品の製造に用いられている。電子デバイスを成形できれば，プラスチック製品に電子的機能を容易に実装でき，また，電子デバイスのデザイン性を広げることにもつながる。例えば，各種センサを集積し，高い透明性と伸縮性をいかした人体貼り付け型スマートセンサや球面ディスプレイなどへの展開も考えられる。

5. 印刷プロセス

CNT薄膜のプロセス容易性により，従来のリソグラフィ技術に基づく半導体プロセスではなく，印刷プロセスを用いることで，きわめて安価に電子デバイスを実現することも可能になる。例えば，新聞や雑誌を印刷するように，ロール・ツー・ロールプロセスによりプラスチックフィルム上に金属配線や絶縁膜，半導体膜を印刷して，電子デバイスを製造する技術の開発が検討されている。素子サイズは印刷技術の解像度や重ね合わせ精度で決まり，数10 μmとなるが，ディスプレイやRFIDタグ，各種センサなど，用途は多い。また，インクジェット印刷法を用いれば，オンデマンドでデバイス・回路の設計・製造が可能となる。グラビア印刷やオフセット印刷などの高速印刷技術を用いれば，高速・大量製造が可能となる。これにより，例えば，RFIDタグを極限的に安価に製造できれば，セキュアな食品のトラッキングが可能となり，食の安全・安心の確保につながる。電子ペーパーを安価に製造し，新聞や雑誌を置き換えることができれば，それらの配送にかかるコストや二酸化炭素の排出を抑制できる。

印刷型トランジスタの場合，素子サイズが大きいことから，電子の走行する距離が長く，動作速度が遅くなる。トランジスタの電流利得遮断周波数は

$$f_T \sim \frac{1}{2\pi\tau_{\mathrm{trans}}} = \frac{\mu V_{DS}}{2\pi L_G^2} \quad (3)$$

のように表され，動作電圧を一定とすると，チャネル長の2乗に反比例する。**図7**にf_Tとチャネル長の関係をさまざまな移動度に対してプロットした。印刷プロセスにより，実用的な動作速度を得るためには印刷技術の高解像度化に加え，高移動度のチャネル材料が欠かせない。高移動度薄膜が塗布プロセスで得られるため，CNTは印刷エレクトロニクスにおいても注目を集めている。

最近，印刷型CNT TFTを用いたOLEDの駆動の実証[20]や，インクジェット印刷を用いたCMOSデバイスの実現[21]，グラビア印刷とインクジェット印刷を組み合わせたロール・ツー・ロール製造によるRFアンテナ等を備えたCNTデバイスの作製[4]などの報告がなされている。また，CNT薄膜の転写プロセスと高速な印刷技術であるフレキソ印刷とを組み合わせて，非リソグラフィ・大気圧プロセスにより，157 cm^2/Vsと高い移動度をもつ薄膜トランジスタも実現されている（**図8**）[22]。フレキソ印刷

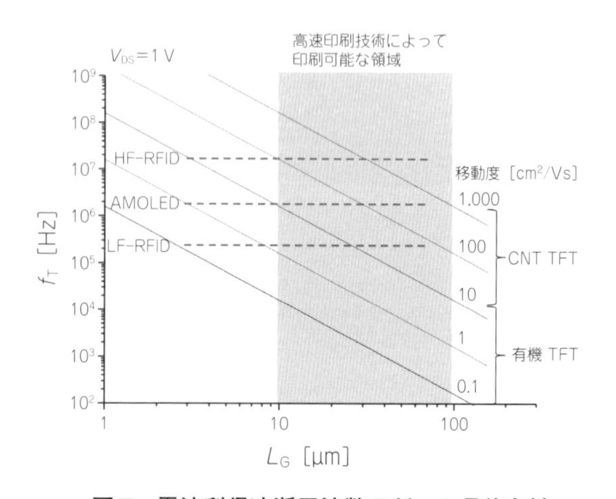

図7　電流利得遮断周波数のゲート長依存性

(a)フレキソ印刷の模式図

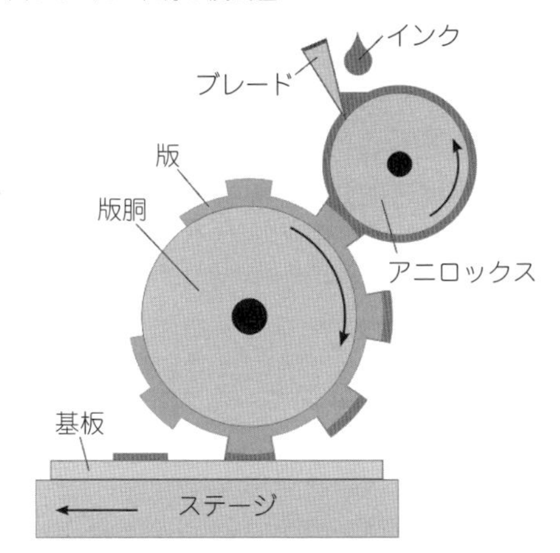

(b)フレキソ印刷機の写真

(c)PENフィルム上に作製されたCNT TFTアレイの写真

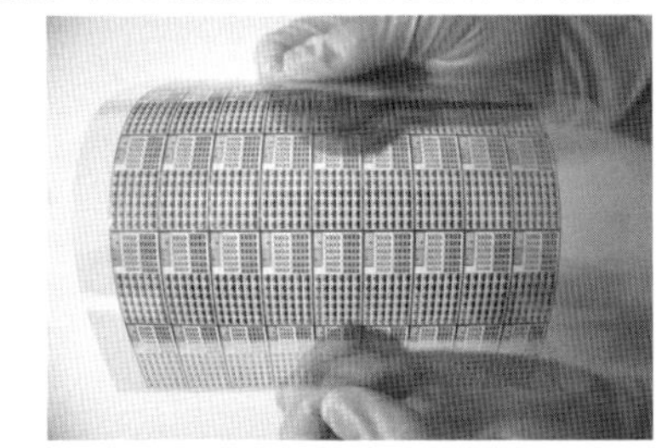

(d)CNT TFTの写真

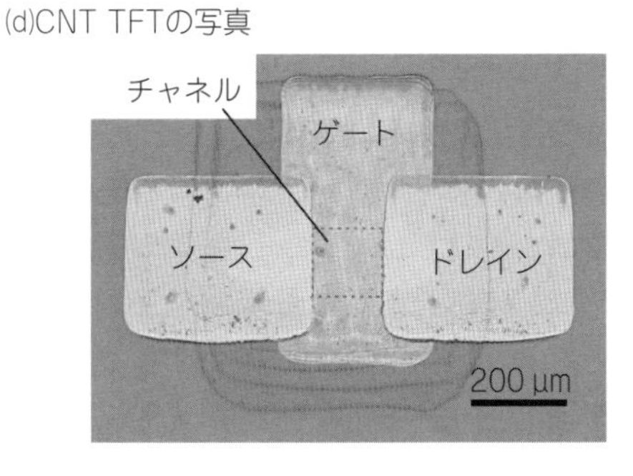

(e)伝達特性

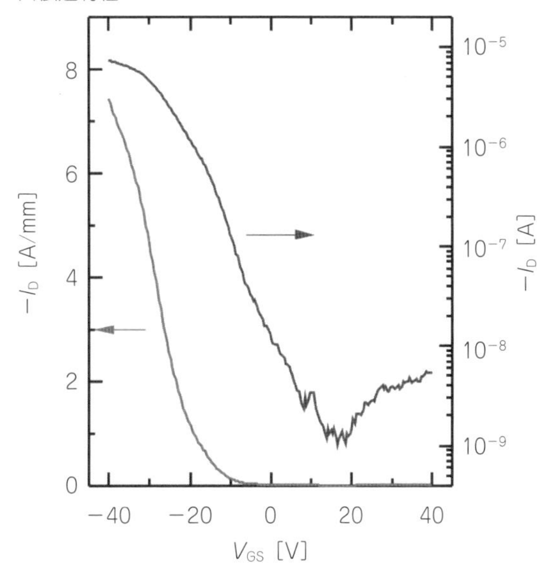

図８　フレキソ印刷による CNT TFT の高速製造

はインクジェット印刷と比較して２桁ほど高速な印刷技術であり，高スループット・低コストのデバイス製造につながる。この研究では，15 cm 角の PEN 基板上に CNT TFT のアレイが形成されているが，正味のプロセス時間は７秒程度である。

6．まとめと今後の展望

本稿では，エレクトロニクスにおける CNT の特徴と応用デバイスの可能性について述べた。ナノチューブの特徴的な微細構造から生み出される優れた電気的・機械的特性をいかし，極微細トランジスタや柔軟な薄膜デバイスの基本原理やその高いポテンシャルが実証されつつある。また，ダングリングボンドのない優れた界面特性に基づくプロセス容易性をいかして，安価なフレキシブルデバイスの実現や印刷プロセスの導入が可能である。

トランジスタについては，素子特性の均一性や歩留りの向上が重要である。CNT トランジスタにおいて，チャネル中のナノチューブの本数を増やし，個々のナノチューブの特性ばらつきを平均化することで，特性の均一性を確保することができる。金属的 CNT が混入すると短絡が生ずるため，半導体的ナノチューブを高純度で得る技術が必要になる。ただし，半導体的ナノチューブの抽出プロセスにおいて，CNT のもつ優れた物性を保持する手法を開発する必要がある。それに加え，コスト的な優位性を失わないように，簡便で高速，かつ高効率な抽出プロセスを構築する必要がある。また，薄膜化プロセスにおいてはCNT がバンドルを形成すると，外側のCNT によりゲート電界が遮蔽され，ゲートの効きが悪くなる。したがって，孤立したCNT で高密度な薄膜を形成することが望ましい。材料技術・薄膜化技術のさらなる進展が欠かせない。

文　献

1）http://www.sony.net/SonyInfo/News/Press/201005/10-070E/
2）K. Myny, E. v. Veenendaal, G. H. Gelinck, J. Genoe, W. Dehaene and P. Heremans：“An 8b Organic Microprocessor on Plastic Foil,” in 2011 IEEE International Solid-State Circuits Conference, pp. 322（2011）.
3）Q. Cao, H. S. Kim, N. Pimparkar, J. P. Kulkarni, C. J. Wang, M. Shim, K. Roy, M. A. Alam and J. A. Rogers：*Nature,* **454**, 495（2008）.
4）M. Jung, J. Kim, J. Noh, N. Lim, C. Lim, G. Lee, J. Kim, H. Kang, K. Jung, A. D. Leonard, J. M. Tour and G. Cho：*IEEE Trans. Electron Devices,* **57**, 571（2010）.
5）C. Wang, D. Hwang, Z. B. Yu, K. Takei, J. Park, T. Chen, B. W. Ma and A. Javey：*Nat. Mater.,* **12**, 899（2013）.
6）E. S. Snow, J. P. Novak, P. M. Campbell and D. Park：*Appl. Phys. Lett.,* **82**, 2145（2003）.
7）T. Takenobu, N. Miura, S. Y. Lu, H. Okimoto, T. Asano, M. Shiraishi and Y. Iwasa：*Appl. Phys. Express,* **2**, 025005（2009）.
8）A. G. Nasibulin, A. Kaskela, M. Y. Timmermans, B. Aitchison, A. Papadimitratos, Y. Tian, Z. Zhu, H. Jiang, D. P. Brown, A. Zakhidov and E. I. Kauppinen：*Nano Lett.,* **10**, 4349（2010）.
9）M. S. Arnold, A. A. Green, J. F. Hulvat, S. I. Stupp and M. C. Hersam：Nat. *Nanotechnol.,* **1**, 60（2006）.
10）Y. Miyata, K. Shiozawa, Y. Asada, Y. Ohno, R. Kitaura, T. Mizutani and H. Shinohara：*Nano Res.,* **4**, 963（2011）.
11）T. Tanaka, H. H. Jin, Y. Miyata and H. Kataura：*Appl. Phys. Express,* **1**, 114001（2008）.
12）F. Toshimitsu and N. Nakashima：*Nat. Commun.,* **5**,（2014）
13）D. M. Sun, M. Y. Timmermans, Y. Tian, A. G. Nasibulin, E. I. Kauppinen, S. Kishimoto, T. Mizutani and Y. Ohno：*Nat. Nanotechnol.,* **6**, 156（2011）.
14）A. Moisala, A. G. Nasibulin, D. P. Brown, H. Jiang, L. Khriachtchev and E. I. Kauppinen：*Chem. Eng. Sci.,* **61**, 4393（2006）.
15）M. A. Alam, C. Kocabas, N. Pimparkar, O. Yesilyurt, S. J. Kang and J. A. Rogers：*Nano Lett.,* **7**, 1195（2007）.
16）Q. Cao, M. G. Xia, C. Kocabas, M. Shim, J. A. Rogers and S. V. Rotkin：*Appl. Phys. Lett.,* **90**, 023516（2007）.
17）T. Takenobu, T. Kanbara, N. Akima, T. Takahashi, M. Shiraishi, K. Tsukagoshi, H. Kataura, Y. Aoyagi and Y. Iwasa：*Adv. Mater.,* **17** 2430（2005）.
18）D. M. Sun, M. Y. Timmermans, A. Kaskela, A. G. Nasibulin, S. Kishimoto, T. Mizutani, E. I. Kauppinen and Y. Ohno：*Nat. Commun.,* **4**, 2302（2013）.
19）A. Kaskela, A. G. Nasibulin, M. Y. Timmermans, B. Aitchison, A. Papadimitratos, Y. Tian, Z. Zhu, H. Jiang, D. P. Brown, A. Zakhidov and E. I. Kauppinen：*Nano Lett.,* **10**, 4349（2010）.
20）P. Chen, Y. Fu, R. Aminirad, C. Wang, J. Zhang, K. Wang, K. Galatsis and C. Zhou：*Nano Lett.,* **11**, 5301（2011）.
21）S. Matsuzaki, Y. Nobusa, K. Yanagi, H. Kataura and T. Takenobu：*Appl. Phys. Express,* **4**, 105101（2011）.
22）K. Higuchi, S. Kishimoto, Y. Nakajima, T. Tomura, M. Takesue, K. Hata, E. I. Kauppinen and Y. Ohno：*Appl. Phys. Express,* **6**, 085101（2013）.

第6節　電界効果トランジスタ開発

日本電気株式会社　二瓶　史行

1．はじめに

カーボンナノチューブ（CNT）を使った電界効果トランジスタ（CNTFET）開発は2つの流れがある。1つはポストシリコンデバイスをめざすものであり，技術的にはCNTを高精度に配列したチャネルとして用いた超微細デバイスの開発である。もう1つはプリンタブル，フレキシブルなどを特長とする薄膜トランジスタ（TFT）であり，こちらは塗布・印刷で形成したCNT薄膜をチャネルとして用いるデバイスである。本稿では前者について述べる。グラフェンもポストシリコンデバイスに向けた研究開発が進められているが，ここでは取り上げない。

ポストシリコンデバイスとしてCNTが期待されている特性は高い電気伝導性と非常に細い形状にある。それらの優れた特性を示す実験結果が得られつつある。また，超高集積回路を目指した回路試作も報告されている。しかしながら，この分野への応用は非常に挑戦的であり，乗り越えなければならない技術課題が山積している。本稿ではこれらについて最近の研究成果を中心に解説する。

2．CNTFETとは

2.1　CNTFETの動作原理

CNTをチャネルとするCNTFETはシリコン電界効果トランジスタSi MOSFETと比べて構造や動作原理が異なる（**図1**）。どちらもソース電極，ドレイン電極，ゲート電極をもっている。しかし，Si MOSFETのチャネルはシリコン基板とゲート絶縁膜の界面に形成される反転層である。一方，CNTFETのチャネルはCNTそのものである。Si MOSFETでは，図1(a)に示すように，ある伝導型にドープ（例えばp型にドープ）されたシリコン基板上にソースとドレインが形成されており，それらが基板に接している部分が基板と異なる伝導型（例えば基板がp型であればn型）に高濃度ドープされている。このような状態ではソース・ドレイン間のチャネル部分にエネルギー障壁が形成される。そのため，電流は流れない。チャネルとゲート絶縁膜を介して接しているゲートに電圧（基板がp型の場合は正電圧）を印加すると，エネルギー障壁が押し下げられ，電流が流れる。

CNTFETの場合，図1(b)に示すように，CNTの両端はそれぞれソースおよびドレインに直接接続さ

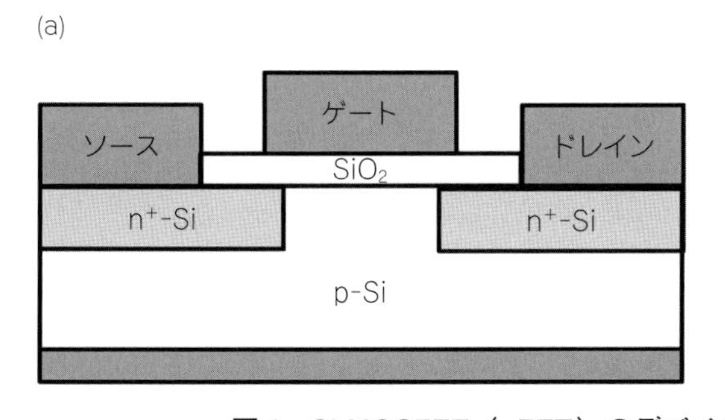

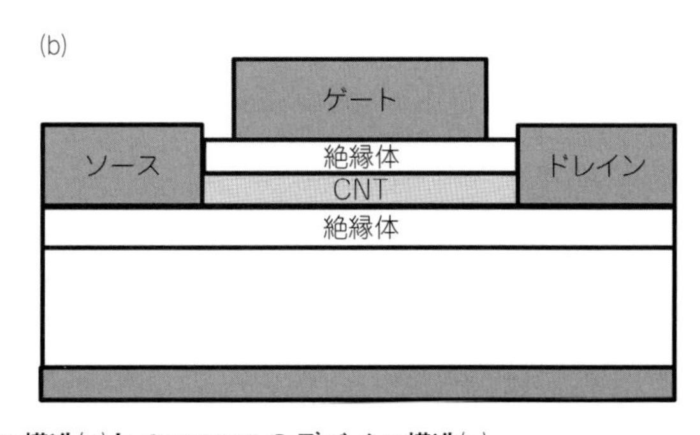

図1　Si MOSFET（nFET）のデバイス構造(a)とCNTFETのデバイス構造(b)

れている。CNT の接続部分にはショットキー障壁が生じ，これが電気伝導を抑制する。CNT とゲート絶縁膜を介して接しているゲートへの電圧印加でショットキー障壁の形状を変えることにより，電流が流れる。このような方式による FET は一般的にはショットキー障壁トランジスタとよばれる。

2.2　CNTFET の期待

CNTFET は Si MOSFET の限界を超えるデバイスであるとされている。半導体集積回路はトランジスタの微細化により集積化，高速化，低価格化が図られてきた。近年，その微細化技術の進展が遅くなり，Moore の法則が現実の開発トレンドと乖離しつつある。

CNTFET のメリットは高い電気伝導性と非常に細い形状にある。トランジスタが小さくなると電流駆動性が小さくなるため，さらに特性の良い半導体材料が必要となる。CNT は高い移動度，飽和速度，許容電流密度をもつため，微細化したデバイスにおいても高い電流駆動性が期待できる。

CNTFET の動作速度については，CNT を用いた高周波デバイスの周波数特性として調べられている。誘電泳動法によりチャネル領域に配列した半導体型 CNT を用い，ゲート長 100 nm の高周波デバイスを作製した。高周波測定の結果，真性の遮断周波数 f_T として 153 GHz，最大発信周波数として 30 GHz の値を得た[1]。

デバイスのチャネル長が短くなると，短チャネル効果とよばれる特性の劣化がみられる。一般的にはサブスレッショルドスロープの悪化として現れる。これはチャネルにソース・ドレインが接近しているためゲートによる電界制御が有効に作用しなくなることに起因する。これを回避するためにシリコンチャネルを短冊形あるいは細線に加工したデバイスが開発されている。しかしながら高い加工精度が要求されるとともに，表面散乱などによる移動度低下の問題を解決していく必要がある。CNT は自己組織的にナノメートルオーダーの形状を有した円筒構造をもっており，高移動度性を維持しながら高いゲート制御性が得られる可能性がある。

単体デバイスレベルではチャネル長が 10 nm を切る CNTFET が試作されている[2]。動作電圧 0.5 V において電流密度として 2.41 mA/um が得られている。この値は Si MOSFET の 4 倍以上の値である。また，サブスレッショルドとして 94 mV/decade が得られており，効果的に短チャネル効果が抑制されていることが示された。

このように CNT は高い電気伝導特性と優れた形状をもっており，単体デバイスレベルでは Si MOSFET の限界を打ち破る可能性をもっている。問題はこれを集積化することが可能であるかということである。

3．CNTFET を用いた集積回路

デルフト工科大学[3]と IBM 社[4]から CNT を用いた FET の報告があった後，ときをおかず基本的な論理回路であるインバータ，NOR，SRAM，リングオシレータの動作報告がなされている[5]。

また，1 本の CNT を用いて作製したリングオシレータ回路の動作が報告された[6]。長さ 18 μm の CNT に合計 12 個の CNTFET を配列し，電源電圧 Vdd = 0.92 V において 52 MHz の発信周波数を得た。この回路では n 型 FET と p 型 FET を組み合わせて 6 個のインバータを形成しているが，それぞれアルミニウム Al とパラジウム Pd をゲート金属とすることにより FET の伝導型を決定している。

スタンフォード大学の Mitra と Wong らは CNTFET を用いたコンピュータを作製し，その動作に成功した[7]。これについては少し詳しく説明する。

プロセッサを動作させるためには多数のトランジスタをすべて正常に動作させる必要がある。しかしながら CNTFET を集積化するためには 2 つの問題がある。1 つ目は，完全に配列された CNT アレイを形成することが現段階の技術では困難であること，2 つ目は半導体型の CNT と金属型の CNT を分別して形成することが難しいことである。

スタンフォード大学では，欠陥免疫設計（imperfection-immune design）という設計手法を開発した[8]。CNT は化学気相成長法（CVD）により成長する。シリコン基板上に CNT を成長すると，ランダムな方向に CNT は成長する。しかし基板として石英を用いると，結晶方向に配列して成長することが見出されている。しかしながらその方法にお

いても完全に配列することはできず，いくつかは欠陥として生じてくる。このような場合，本来絶縁されるべき隣接した回路と電気的に接続してしまい，回路として機能しない状況が発生してしまう。また，半導体型CNTと金属型CNTとが混在する状況においては，電気的なショートの発生，過剰な電力の漏洩，ノイズに対する耐性の低下などが生じる。欠陥免疫設計は，これらの問題を回避するための手法である。

デバイスは以下の手順で作製される。まず，シリコン基板表面に酸化シリコン膜を形成する。その上にバックゲートおよび第1層配線を堆積するためのレジストパターンを形成する。次にドライエッチングを施した後に金属を埋め込む。ゲート絶縁膜を原子層堆積法（ALD）により形成する。これとは別に水晶基板を用意し，その表面上にCNTアレイをCVDにより合成する。形成したCNTの表面に金薄膜を蒸着し，さらにテープを貼り付け，金薄膜ごとCNTアレイを水晶基板から剥離する。これを先ほどまで準備したシリコン基板の表面に貼り付け，テープと金薄膜を除去することでCNTをシリコン基板に転写する。次にソース・ドレインとビアホールのエッチングを行う。この電極を利用してブレークダウン用の配線を形成し，ブレークダウン処理を行う。この処理を行った後に配線を除去し，最終的な配線を形成する。

スタンフォード大学で開発されたCNTコンピュータは178個のCNTFETで構成され，それぞれのCNTFETのチャネルは配列した10本から200本のCNTからなる。トランジスタの数は大学の製造施設におけるスペックで制限されているためであり，大型の施設ではさらに大規模な回路をつくられるとしている。

このコンピュータは簡単な独自のオペレーティング・システムが動作する。MIPSインストラクションのうち，基本的な20のインストラクションを理解する。これにより計数とソーティング処理が実行できるようになっている。いまのところ動作速度は1 kHzと非常に遅いが，これはCNTの問題ではなく製造上の問題であるとしている。

スタンフォード大学の試みはCNTFET開発におけるエポックメーキングである。その時点で活用できる学術的な知見や技術を最大限投入して達成している。しかしながらこれを実用化するためには多くの課題を解決する必要がある。

4. CNTFET開発の課題

CNTFETを実用化するための課題は，CNTの位置・方向制御，高純度半導体CNTの選択，バンドギャップ制御，キャリア型制御，ヒステリシス・閾値電圧制御，ゲート絶縁膜の選択とゲート構造，コンタクト構造など多岐にわたる。

4.1 高純度半導体CNT配列構造を得るための2つのアプローチ

多数のCNTFETを基板上に均一に形成するためには高純度の半導体型CNTを基板全面に規則的に配列する必要がある。その方法として，まず配列したCNTを基板上で合成し，それから半導体型CNTを選別するアプローチと，合成したCNTから半導体型CNTを抽出し，これを基板上に展開するアプローチがある。スタンフォード大学は前者を選択している。

4.2 CNT方向制御成長

CNTをプロセッサなどに用いる電界効果トランジスタに応用するためには，前述のとおり，CNTを所定の位置，所定のピッチで配列する必要がある。CNTの配列については水晶などの特殊な基板上での異方的な成長が行われており，その高密度化の努力が行われている。水晶の表面にある原子レベルのステップに沿ってCNTは成長する。STカットされた水晶に銅を触媒，エタノールを原料として密度50本/μmのCNTアレイを合成することに成功した[9]。CNTの長さは数ミリあるとされ，CNT基板を作製する有望な技術である。デバイスはシリコン基板上に作製する必要があるので，成長後に水晶基板からシリコン基板に転写する必要がある。また，金属型と半導体型のCNTが混在して合成されるため，金属型CNTを選択的に除去する必要がある。

4.3 方向制御成長後の金属型CNT除去

基板上での配列合成においては，半導体型・金属型のつくり分けができていない。そのため，CNT成長後に不要な金属型CNTを除去する方法が用いられる。Jinらは配列成長されたCNTを熱反応性レジストで被覆し，電界印加で金属型CNTをジュール熱により加熱することにより選択的に除去する方法を開発した[10]。従来は過度なジュール熱によりCNTそのものを焼き切る方法をとっていたが，この方法は比較的低温のジュール熱で周囲のレジストを熱分解・ガス化することにより露出させる。次に反応性エッチングにより露出したCNTをエッチングする。このような温和な方法をとることにより周囲のCNTに対するダメージを低減できる。

4.4　半金分離

CNTを合成した後に金属型および半導体型のCNTに分離する，いわゆる半金分離についてはさまざまな方法が提案されている。例えば，誘電泳動法を用いた分離手法[11]，密度遠心勾配法を用いた分離手法[12]，DNA被覆とイオン吸着クロマトグラフィを利用した分離手法[13]，ゲルへの吸着を用いた分離手法[14]，無担体電気泳動法による方法[15]などがある。

ゲルクロマトグラフィを繰り返すことにより純度99.9％の半導体型CNTが得られている[16]。また，分離中の温度を精密に制御することによりカイラリティ分離も実現されている[17]。特定のカイラリティのCNTを抽出できればバンドギャップのばらつきを抑制することが可能となる。

4.5　半金分離後のCNT配列

合成後に半金分離を行ったCNTは一般的に液体に分散された状態にある。CNTをデバイスのチャネルとして用いるためには，これを高密度に基板に配列する必要がある。

水面に形成したCNT単分子膜を基板に転写することでCNT高密度配列を形成する試みがなされた[18]。分散剤を用いてジクロロエタン（DCE）に分散したCNTを水面に滴下する。DCEが蒸発し，CNT単分子膜が水面に形成する。可動式の棒で分子膜を圧縮し高密度化する。水面上に形成した高密度CNT膜に対して水平に基板を近づけることによって基板に単分子膜を転写する（Langmuir-Schaefer法）。用いたCNTは純度99％の半導体型である。この方法によりCNT密度500本/μm以上が得られた。CNTの間隔はCNTの直径とファンデルワールス力で決まる。この膜を用いてデバイスを作製した。電流密度は120 μA/μm以上，相互コンダクタンス40 μS/μm，オンオフ比1×10^3程度が得られている。

4.6　伝導型制御

論理回路として用いるためには相補型回路構成にする必要がある。すなわちn型のFETとp型のFETを必要とする。CNTFETはp型が一般的であるが，n型FETについては課題が残っている。CNTFETはショットキー障壁型トランジスタなので伝導帯近傍に仕事関数がくる金属材料を選択することが重要である。ドープされていないCNTに対してp型化およびn型化に適した材料の電極を形成することによりコンプリメンタリ回路を実現した[19]。n型にはスカンジウムScを，p型にはパラジウムPdを用いた。作製されたFETの移動度はn型で3,000 cm^2/Vs，p型で3,300 cm^2/Vsと両極性ともに高い値を示した。しかしながらスカンジウムは非常に酸化しやすい材料であるため，より安定なn型用金属が望まれる。

4.7　ゲート絶縁膜・ゲート構造

CNTは表面にダングリングボンドがないために，他の材料に比べてゲート絶縁膜に対する選択肢が広い。品質の高いゲート絶縁膜を形成する方法として原子層堆積法（ALD）が用いられる。ALDは対象とする物質の表面に対してソースを切り替えて原子層1層ずつ堆積していく手法である。この場合には基板側にシードとなるものが必要である。しかしCNTは表面が不活性なためCNT表面には直接堆積しない。これを回避するために，バックゲート構造への変更，CNT表面に吸着層を形成する方法，金属を蒸着して酸化する方法などが提案されている。

ゲートの制御性を高めるためにはCNTの周囲を取り囲む構造であるgate-all-around（GAA）構造が有効である。シードとしてNO_2を用いてAl_2O_3をALDにより形成しGAA構造CNTFETが作製された[20]。また，シードとしてAlO_xN_yを用い，

ALDでGAA構造を形成してCNTFETの動作を確認した[21]。伝導型がn型の場合はHfO_2を，p型の場合はAl_2O_3を用いている。これによりコンプリメンタリ回路を実現している。

極端に短いチャネル長でなければ通常のバックゲートでも高い制御性が得られるが，10 nmを切る場合にはGAAが有効となる。GAA構造を取ることにより，CNTが周囲のゲートにより電気的に隔絶されるため環境の影響を受けにくくなるメリットもある。

4.8　コンタクト

CNTFETを微細化するためにはチャネル（L_{ch}，**図2**）を短くするとともにソース電極やドレイン電極も小さくしなければならない。そのため，微細化によりチャネル抵抗は低下するがコンタクト抵抗は逆に増加する傾向がある。そのため，コンタクト抵抗の低減は非常に重要な課題である。Franklinらはさまざまな金属をCNTの電極として用い，コンタクト抵抗のコンタクト長依存性を評価した[22]。以前からパラジウムPdがCNTに対して良いコンタクト材料であることが知られている[23]。しかしながらコンタクト長（CL_C，図2）が小さい場合，Pdが必ずしも良いコンタクト材料ではなく，コンタクト長が小さい場合はロジウムRhが良好な材料であることがわかった。

CNTと電極とのコンタクトには2種類ある。1つは前節で説明したCNTの側面で接続する，図2(a)で示すようなside-bonded contactである。もう1つはCNTの端で接続する，図2(b)で示すようなend-bonded contactである。CNTの端で金属と接続する方法についてはZhangらがカーバイドを形成する方法に関して報告している[24]。また，チタンTiとのend-bonded contactを採用したCNTFETの報告もなされている[25]。最近，モリブデンMoを用いたend-bonded contactでコンタクト抵抗を低減することができた[26]。電極とCNTでカーバイドをつくって，接触抵抗を36 kΩまで低減した。

モリブデンはp型のCNTに対しては良好なコンタクト材料となる。しかしながら電力消費の観点から必要なコンプリメンタリ回路を実現するためにはn型のCNTに対するコンタクトも必要となる。しかしながら，まだn型の良好なコンタクトについては開発されていない。今後はn型に対するコンタクトの探索が重要となる。

5. 今後の展望

米国IBM社でCNT研究を行ってきたFranklinはNature誌に電界効果トランジスタ開発に関する展望を述べている[27]。そこでは現在までの技術の進展により，2020年には何らかのプロセッサが製造できるまでになるだろうと予測している。この年において，配列されたCNTのピッチが1 μmあたり125本，残留する金属型CNTの密度が1 ppmを想定している。ナノチューブを精製する方法や適切な位置に配置する方法を解決しなければならない。すでに完成されているシリコンプロセスにどのように整合させるかも課題である。

いままでMooreの法則により半導体の集積化は進んできた。それは自然法則ではなく研究者，技術者の研究開発に対する努力の結果であり，経営者の情熱の賜物である。実際にそれに引かれた外挿線に従って成果を創出するためにはそれ以上の情熱をそそいで研究開発にあたる必要があるだろう。

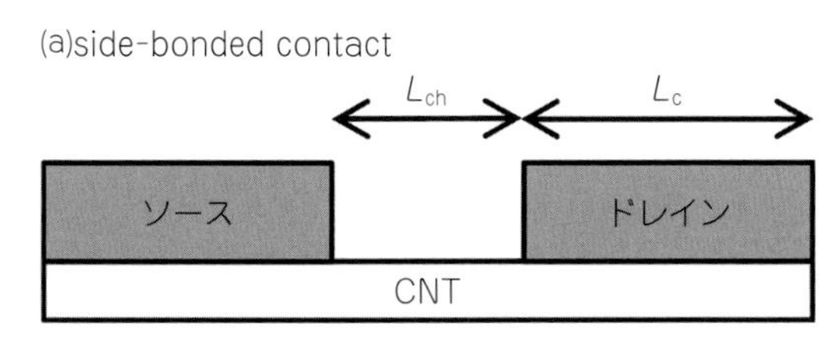

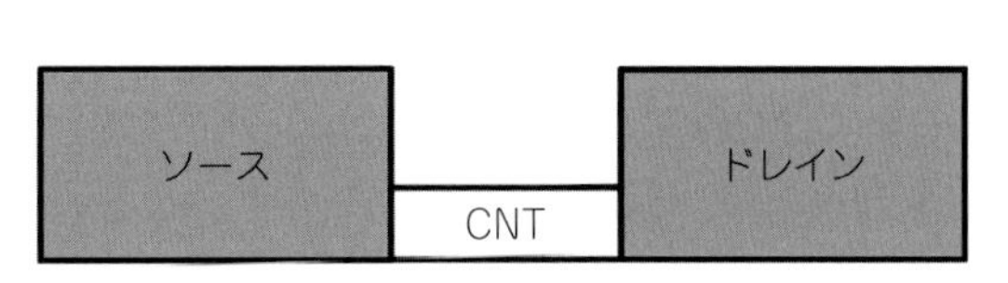

図2　CNTと電極とのコンタクト

文　献

1） M. Steiner, M. Engel, Y.-M. Lin, Y. Wu, K. Jenkins, D. B. Farmer, J. J. Humes, N. L. Yoder, J.-W. T. Seo, A. A. Green, M. C. Hersam, R. Krupe and Ph. Avouris: *Appl. Phys. Lett.,* **101**, 053123 (2012).

2） A. D. Franklin, M. Luisier, S.-J. Han, G. Tulevsk, C. M. Breslin, L. Gignac, M. S. Lundstrom and W. Haensch: *Nano Lett.,* **12**, 758 (2012).

3） S. J. Tans, A. R. M. Verschuerene and C. Dekker: *Nature,* **393**, 49 (1998).

4） R. Martel, T. Schmidt, H. R. Shea, T. Hertel and Ph. Avouris: *Appl. Phys. Lett.,* **73**, 2447 (1998).

5） A. Bachtold, P. Hadley, T. Nakanishi and C. Dekker: *Science,* **294**, 1317 (2001).

6） Z. Chen, J. Appenzeller, Y.-M. Lin, J. Sippel-Oakley, A. G. Rinzler, J. Tang, S. J. Wind, P. M. Solomon and Ph. Avouris: *Science,* **311**, 1735 (2006).

7） M. M. Shulaker, G. Hills, N. Patil, H. Wei, H.-Y. Chen, H.-S. P. Wong and S. Mitra: *Nature,* **501**, 526 (2013).

8） J. Zhang, A. Lin, N. Patil, H. Wei, L. Wei, H.-S. P. Wong and S. Mitra: *IEEE Trans. CAD,* **31**, 453 (2012).

9） L. Ding, D. Yuan and J. Liu: J. Am. Chem. Soc., **130**, 5428 (2008).

10） S. H. Jin, S. N. Dunhan, J. Song, X. Xie, J.-H. Kim, C. Lu, A. Islam, F. Du, J. Kim, J. Felts, Y. Li, F. Xiong, M. A. Wahab, M. Menon, E. Cho, K. L. Grosse, D. J. Lee, H. U. Chung, E. Pop, M. A. Alam, W. P. King, Y. Huang and J. A. Rogers: *Nat. Nanotechnol.,* **8**, 347 (2013).

11） R. Krupke, S. Linden, M. Rapp and F. Hennrich: *Adv. Mater.,* **18**, 1468 (2006).

12） M. S. Arnold, A. A. Green, J. F. Hulvat, S. I. Stupp and M. C. Hersam: *Nat. Nanotechnol.,* **1**, 60 (2006).

13） M. Zheng, A. Jagota, E. D. Semke, B. A. Diner, R. S. McLean, S. R. Lustig, R. E. Richardson and N. G. Tassi: *Nat. Matter.,* **2**, 338 (2003).

14） T. Tanaka, H. Jin, Y. Miyata, S. Fujii, H. Suga, Y. Naitoh, T. Minami, T. Miyadera, K. Tsukagoshi and H. Kataura: *Nano Lett.,* **9**, 1497 (2009).

15） K. Ihara, H. Endoh, T. Saito and F. Nihey: *J. Phys. Chem. C,* **115**, 22827 (2011).

16） G. S. Tulevski, A. D. Franklin and A. Afzali: *Nano Lett.,* **7**, 2971 (2013).

17） H. P. Liu, T. Tanaka, Y. Urabe and H. Kataura: *Nano Lett.,* **13**, 1996 (2013).

18） Q. Cao, S.-J. Han, G. S. Tulevski, Y. Zhu, D. D. Lu and W. Haensch: *Nat. Nanotechnol.,* **8**, 180 (2013).

19） Z. Zhang, S. Wang, Z. Wang, L. Ding, T. Pei, Z. Hu, X. Liang, Q. Chen, Y. Li and L.-M. Peng: *ACS Nano,* **3**, 3781 (2009).

20） Z. Chen, D. Farmer, S. Xu, R. Gordn, Ph. Avouris and J. Appenzeller: *IEEE Electron Device Lett.,* **29**, 183 (2008).

21） A. D. Franklin, S. O. Koswatta, D. B. Farmer, J. T. Smith, L. Gignac, C. M. Breslin, S.-J. Han, G. S. Tulevski, H. Miyazoe, W. Haensch and J. Tersoff: *Nano Lett.,* **12**, 2490 (2913).

22） A. D. Franklin, D. B. Farmer and W. Haensch: *ACS Nano,* **8**, 7333 (2014).

23） A. Javey, J. Guo, Q. Wang, M. Lundstrom and H. Dai: *Nature,* **424**, 654 (2003).

24） Y. Zhang, T. Ichihashi, E. Landree, F. Nihey and S. Iijima: *Science,* **285**, 1719 (1999).

25） R. Martel, V. Derycke, C. Lavoie, J. Appenzeller, K. K. Chan, J. Tersoff and Ph. Avouris: *Phys. Rev. Lett.,* **87**, 256805 (2001).

26） Q. Cao, S.-J. Han, J. Tersoff, A. D. Franklin, Y. Zu, Z. Zhang, G. S. Tuvelski, J. Tang, W. Haensch: *Science,* **350**, 68 (2015).

27） A. D. Franklin: *Nature,* **498**, 443 (2013).

第7節　フレキシブルトランジスタ開発

早稲田大学　蒲　江　　名古屋大学　竹延　大志

1. はじめに

近年，インターネット環境の大容量化・高速化とスマートフォンの爆発的な普及により，携帯性に優れた電子機器の開発が最も重要な技術の1つとなった。すでに，Google社は眼鏡型端末（Google glass）を，Apple社は時計型端末（iWatch）を実用化しており，市場における「身に着けるエレクトロニクス（ウェアラブルエレクトロニクス）」の重要性が急速に高まっている。このような新しいエレクトロニクスの基盤技術となるのが，柔軟なプラスチック基板上に素子を作製するフレキシブルエレクトロニクスである。そもそも，固い基板上に素子を作製する既存のシリコンエレクトロニクスとは根本的に異なるフレキシブルエレクトロニクスは，有機材料を用いたトランジスタの高性能化とともに注目され始めた。近年では，そのコンセプトは有機材料だけでなく，酸化物・ナノカーボン材料・原子層材料へと多様性をみせている。本稿では，特にナノ材料（単層カーボンナノチューブおよび遷移金属ダイカルコゲナイド単層膜）に注目する。

フレキシブルエレクトロニクスとは，プラスチックに代表される可撓性や伸縮性を有する（フレキシブルな）基板上に展開されたエレクトロニクスである。当然，基板のみならず材料にも柔軟性が求められるが，柔軟性は構造ひずみと直結することが知られている。例えば，厚みtの薄膜試料を曲率半径Rにて湾曲させると，曲率中心の内側と外側は内周と外周の差からひずみが誘起される（**図1**）。一般的な材料は1%程度の構造ひずみにより伝導特性が劇的に失われるため，フレキシブルエレクトロニクスには「ひずみを誘起することなく材料を曲げる」技術が求められる。東京大学の染谷隆夫教授は厚み方向の中心部分ではひずみが生じないことに着目し，本問題の解決に成功している。具体的には，プラスチック基板2枚を張り合わせ，基板間への素子作製によりひずみが誘起されない柔軟性素子を実現した[1]。これとは対照的に，筆者らのグループは誘起されるひずみが試料の厚みに比例することに着目し（図1，ひずみは～$100\times t/2R$（%）），究極の薄さを有するナノ材料半導体による材料面からの解決を試みている。本稿では，単層カーボンナノチューブおよび遷移金属ダイカルコゲナイド単層膜を例に，このようなアプローチについて紹介する。

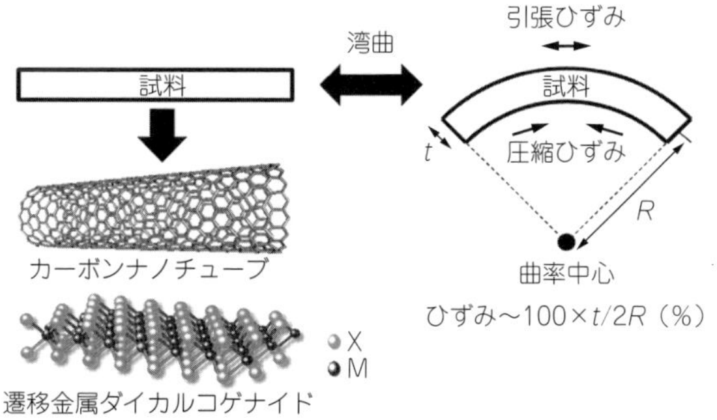

図1　湾曲による構造ひずみ，カーボンナノチューブ，遷移金属ダイカルコゲナイドの模式図

2. フレキシブルエレクトロニクスを担う材料

2.1 単層カーボンナノチューブ（SWCNT）

カーボンナノチューブは，グラファイトシート1枚に相当するグラフェンを丸めた円筒構造を有しており，特に1層からなる場合を単層カーボンナノチューブ（single-walled carbon nanotube；SWCNT，図1）とよぶ[2)3)]。良く知られるように，ナノスケール材料は量子効果（電子の波動性）により特徴的な電子状態を有する。SWCNTはナノスケール（1～

10 nm）の直径を有しており，結果として巻き方に依存してバンドギャップを有する半導体やギャップレスの金属となる。この多様性がSWCNTの大きな魅力であり，金属（透明導電膜）・半導体（トランジスタ材料）両側面から応用が期待されている[4)5)]。

このような特徴的な電子状態に加え，機械的特性もSWCNTの大きな利点である。炭素間の共有結合はきわめて強固な結合であり，長軸方向におけるSWCNTのヤング率はダイヤモンドに匹敵する。一方で，頑丈かつ極薄な壁面からなる中空構造は柔軟性を実現し，曲げやひずみに対して欠陥を生じることなく復元する[5)6)]。つまり，「決して切れることのないナノスケールの糸」のような「しなやかなさ」を有している。本特徴は，単なる透明導電膜や半導体材料だけではなく，フレキシブルエレクトロニクスの担い手としてのSWCNT応用を可能にする[7)8)]。

加えて，あまり表立っては議論されないが，安定性も重要な特徴である。理想的な構造を有するSWCNTはダングリングボンドをもたず，グラファイトやダイヤモンドと同様に通常の有機材料とは比べ物にならない安定性を示す。この材料安定性は幅広い応用を可能とし，インクジェット法に代表される印刷技術の導入も可能である[9)]。

2.2　単層遷移金属ダイカルコゲナイド（TMDCs）

遷移金属ダイカルコゲナイド（transition metal dichalcogenides；TMDCs，図1）はグラフェン類似の層状物質である[10)]。各種遷移金属とカルコゲンの組合せにより60種類程の物質がこの材料群に分類され，原子のペアや結晶構造に依存してさまざまな電子状態を示す。この材料自体は古くから知られていたが，グラフェンと同様にスコッチテープによるバルク結晶からの単層剥離が実現し，新たな原子層材料として注目され始めた[11)12)]。さらに，2011年にスイスのグループが天然結晶から剥離した単層二硫化モリブデン（MoS_2）を用いた高on/off比を示すトランジスタを実現した[13)]。本報告を皮切りに，近年ではエレクトロニクス応用を目指した活発な研究が行われている。単層TMDCには，バンドギャップをもたないグラフェンと異なり1～2 eVの直接バンドギャップを有する半導体が含まれるため，原子層材料の特徴を有するトランジスタとしてユニークな研究が展開されている[14)]。

まず，単層TMDCsは厚みが1 nm以下の究極の薄さを有する材料である。加えて，強固な結合により機械的強度にも優れ，面内のヤング率は鉄に匹敵する[15)]。そのため，湾曲時に誘起されるひずみはきわめて小さい（図1）。また，材料表面にダングリングボンドをもたないファンデルワールス結晶であり，きわめて高い化学的安定性も併せもつ。したがって，単なるポストシリコンエレクトロニクスを目指した応用だけでなく，柔軟な基板上に電子素子を応用展開するフレキシブルエレクトロニクスにも最適な半導体材料となり得る[16)]。

すでに，機械的剥離により作製されたマイクロメートルスケールの単層または数層単結晶試料を用いた高性能なトランジスタや論理回路が報告されており，本材料の有するポテンシャルが確認されている[17)]。次なる課題として，将来の実用化に向けた大面積試料の必要性があげられるが，化学気相成長（CVD）法による試料作製技術も急速に発展している[18)]。結果，近年ではCVD法によるセンチメートルスケールの薄膜合成技術がさまざまなTMDC材料において確立されつつある。そのため，大面積な集積回路やフレキシブル素子が実現しつつある。

3. 電気二重層トランジスタ（EDLT）

フレキシブルエレクトロニクス実現には，半導体材料だけでなく，素子構造の最適化も重要である。例えば，一般的なトランジスタはゲート絶縁体にSiO_2などの酸化物薄膜を使用するが，これらは機械的変形に対しもろく，フレキシブルトランジスタの作製は容易ではない。そこで，このゲート材料を電解質に置き換えた電気二重層トランジスタ（electric double layer transistor；EDLT，**図2**）が注目されている[19)]。このようなトランジスタの駆動原理は，1879年にヘルムホルツが発見した電解質に特有な電気二重層に帰着する[20)]。電解質中のイオンに酸化還元電位以下の電場を加えるとイオンは電気力線に沿って電極表面に移動し，最終的にはシート状に整列する。このとき，電極内にはイオンと反対符号の電荷が誘起され，結果として逆符号の電荷による二重構造を形成する。本構造はキャパシ

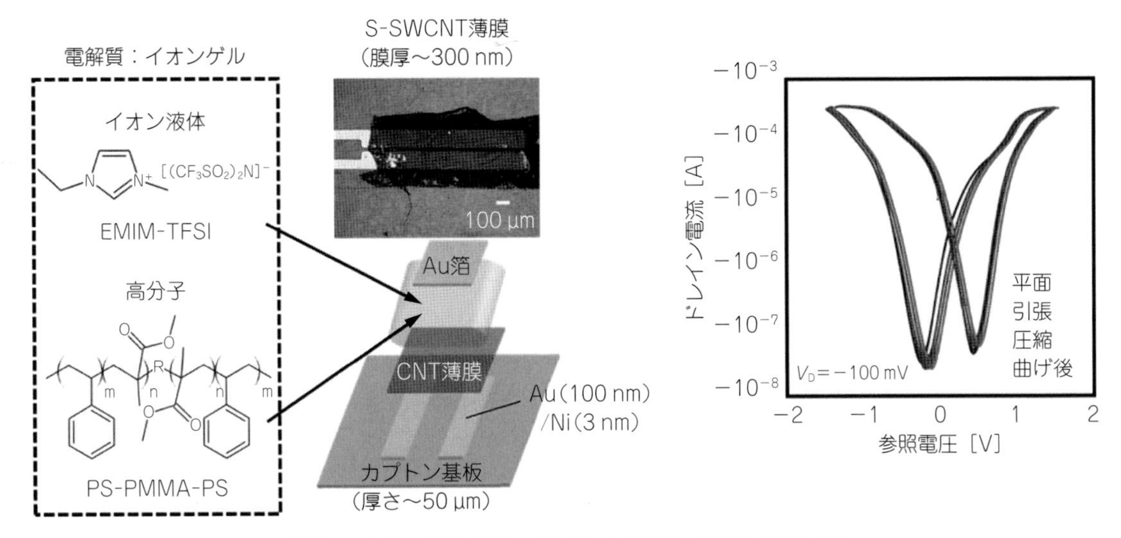

図２　イオンゲルを用いたフレキシブル SWCNT EDLT

タとみなせ，対をなす電荷間の距離が nm スケールのため，通常の絶縁体に比べ３桁近く大きな静電容量を有する。そのため，EDLT では小さな印可ゲート電圧による大きなキャリア数（電流量）変化が可能である。加えて，電気二重層は半導体の表面形態を問わず自己組織化的に形成され，電場を完全に遮蔽する。よって，ピンホールをもたない極薄かつ形状可変なキャパシタとなる。さらに，多くの電解質は可溶なため印刷技術の導入も可能である。したがって，EDLT はフレキシブルエレクトロニクスに最適な素子構造といえる。

次に，SWCNT および TMDC を用いた柔軟な EDLT について紹介する。

4．フレキシブルカーボンナノチューブトランジスタ

4.1　イオンゲルを用いたフレキシブル SWCNT EDLT

まず，最も簡便な印刷技術である転写法を用いて作製した柔軟な SWCNT EDLT について紹介する。本素子の最も大きな利点はきわめてシンプルな素子構造にあり，図２に示すようにプラスチック基板にも容易に適用できる。具体的には，あらかじめソース・ドレイン電極を柔軟なポリイミド基板に作製し，密度勾配遠心法によりフィルター上に準備した高純度な半導体的 SWCNT 薄膜を転写した。電解質には，有機高分子（PS-PMMA-PS）とイオン液体（EMIM-TFSI）を混合させゲル化させた固体電解質（イオンゲル）を用い，ゲート電極としてイオンゲル状に金箔を積層した。このようにきわめてシンプルな素子構造ではあるが，同様の半導体的 SWCNT 薄膜を用い Si 基板上に作製した素子と遜色ない特性を示した。加えて，図２に示すように湾曲（曲率半径 0.2 mm）による引張ひずみおよび圧縮ひずみを導入したが，素子特性の劣化は観測されなかった。以上の結果は，SWCNT 薄膜およびイオンゲルの柔軟性を明確に示している。

4.2　プリンテッドフレキシブル SWCNT EDLT

次に，典型的な印刷技術であるインクジェット法を用いた完全塗布型トランジスタについて紹介する。完全塗布型トランジスタ作製には，金属・半導体・絶縁体のインクを必要とする。ここでは，高度に分離された金属型 SWCNT および半導体型 SWCNT を有機溶剤（DMF）に分散させ，金属・半導体インクを準備した。加えて，絶縁体インクとして同様に DMF に溶解させたイオンゲルインクを利用した。通常のインクジェット装置はヘッド部分に接着剤などを用いており DMF 溶液の使用が困難だが，本研究では薬品耐性に優れたガラス製のヘッドを用いている。**図３**に示すように，３種類のインクを用いると，原理的には基板を選ばず素子作製が可能となる。ここではポリイミド基板を準備し，電

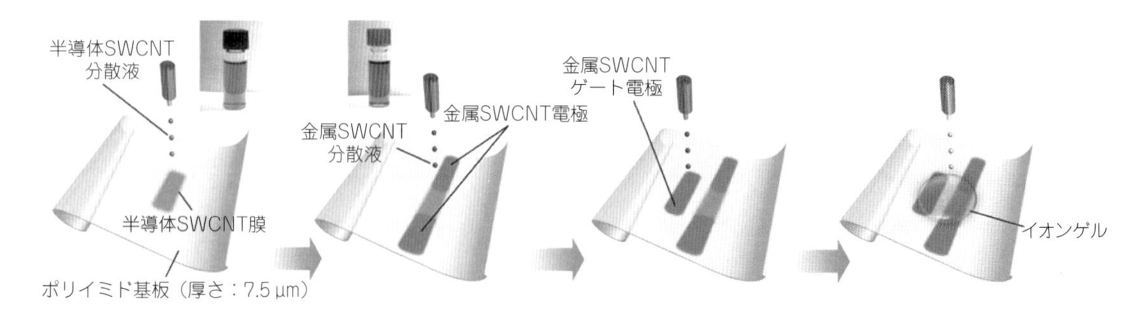

図3　プリンテッドフレキシブル SWCNT EDLT

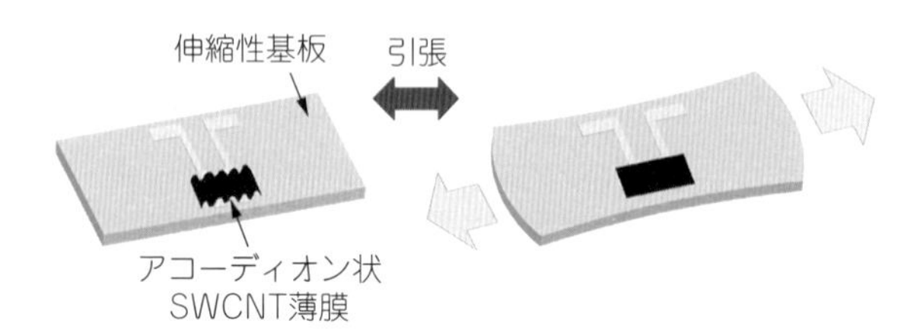

図4　伸縮可能な薄膜トランジスタの模式図

極（金属的 SWCNT インク）・活性層（半導体的 SWCNT インク）・絶縁体（イオンゲルインク）の順に印刷し，素子を完成した。転写法にて作製した SWCNT EDLT と同様に，作製したトランジスタは優れたトランジスタ特性と柔軟性を示した。特に，ここではより薄いポリイミド基板（厚み 7.5 µm）の使用により曲率半径 0.1 mm までの湾曲に成功したが特性の劣化は観測されず，SWCNT 薄膜の有用性を明らかにした。

4.3　ストレッチャブル SWCNT EDLT

SWCNT EDLT の優れた柔軟性を活かした，新たな可能性も紹介したい。波状の構造（アコーディオン状の構造）は，アコーディオンに用いられる皮と同じく，伸縮性をもたない材料に見た目上の伸縮性を実現する。このようなアイデアに基づいたストレッチャブルな Si エレクトロニクスが提案されているが，本アイデアの実現には特性劣化を引き起こすことなく波状構造を作製する必要があり，材料の柔軟性が重要となる[21)22)]。そのため，きわめて優れた柔軟性を有する SWCNT 膜およびイオンゲル膜には非常に相性が良い。具体的には，**図4**に示すように，あらかじめ大きく伸長させた伸縮性基板への SWCNT 薄膜の転写により波状構造が作製可能である。このような薄膜をイオンゲルと組み合わせた素子は，数十%の伸長に対して特性変化が数%に抑えられており，ストレッチャブル SWCNT EDLT を実現している（図4）。

5. フレキシブル原子層薄膜トランジスタ

5.1　大面積単層 TMDC EDLT

ここでは，CVD 法により合成したさまざまな大面積 TMDC（MoS_2，$MoSe_2$，WS_2，WSe_2）単層膜とイオンゲルを組み合わせた EDLT を紹介する。**図5**に示すように，すべての単層膜において低電圧駆動（3 V 以下）と高 on/off 比（～10^6）が実現されている[23)-25)]。特に，MoS_2 の最高電子移動度は 60 cm^2/Vs に，WSe_2 の最高ホール移動度は 100 cm^2/Vs に達しており，これらは機械剥離された単結晶試料と比べても遜色のない優れた特性である。加えて，優れた n 型特性を示す MoS_2 と p 型特性を示す WSe_2 を組み合わせた CMOS インバータが作製可能であり，優れた特性が得られている（ゲイン>100）。本特性は，既報の2次元材料を用いたインバータの中で最も優れた特性である[26)]。さらに，EDLT を用いた特性の最適化により，ゲインのみならずノイズに対する安定性を示すノイズマージン（>95%）や消費電力（<0.1 nW）などのインバータ特性でも高い特性を実現している。以上のように，CVD 法と EDLT の組合せにより優れた特性が得られており，これらを用いた大面積な論理回路応用やフレキシブル素子応用が期待される。

5.2　フレキシブル・ストレッチャブル TMDC EDLT

次に，柔軟性および伸縮性を有する TMDC EDLT を紹介する。これらの機能性素子作製には

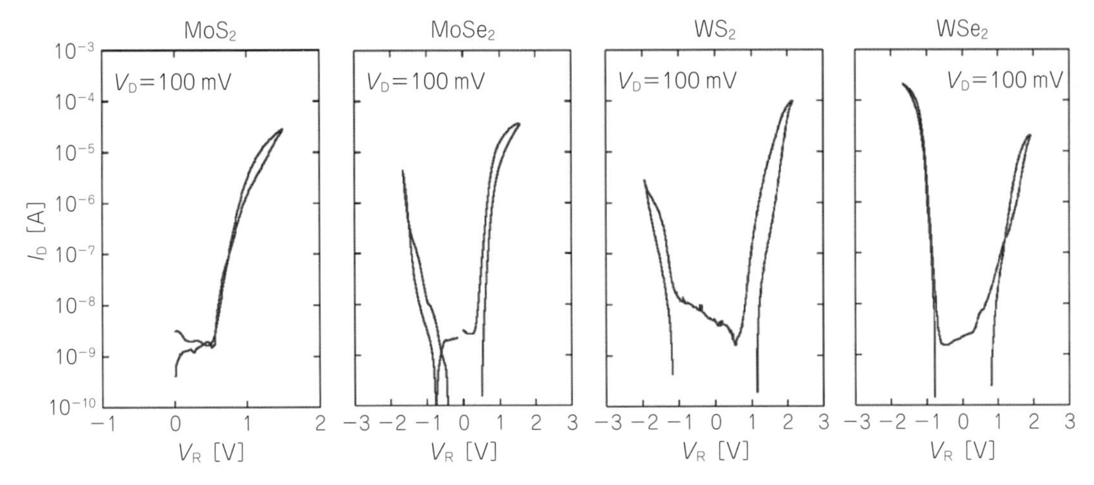

図５　CVD 合成したさまざまな TMDC 単層膜を用いた EDLT

さまざまな基板上での素子作製が必須であり，グラフェンにおいて発展した液相転写技術を用いた。具体的には，TMDC 薄膜上に PMMA をスピンコートし，フッ酸や水酸化ナトリウム溶液中を用いたエッチングにより基板から合成膜（＋PMMA）を剥離する。剥離された TMDC 薄膜をさまざまな基板を用いて取り上げ，最後に PMMA を有機溶剤により取り除く。特に，本液相転写技術は基板の熱膨張を利用した波状構造の導入が可能である（**図6**）[27)28)]。この波状構造は TMDC 薄膜に柔軟性および伸縮性を与え，曲率半径 1 mm 以下の湾曲下において安定に駆動するトランジスタの実現に成功している[29)]。また，伸縮性基板上に作製したトランジスタは最大 5%の伸縮性を実現している（図 6）[30)]。これらの結果は，基本的には図 1 に示した曲率半径と誘起されるひずみの関係から理解され，究極の薄さを有する TMDC 単層膜の特徴である。加えて，優れた柔軟性・伸縮性を有するイオンゲルとの組合せにより実現されている。今後は，より高柔軟性・高伸縮性を有する素子応用が期待される。

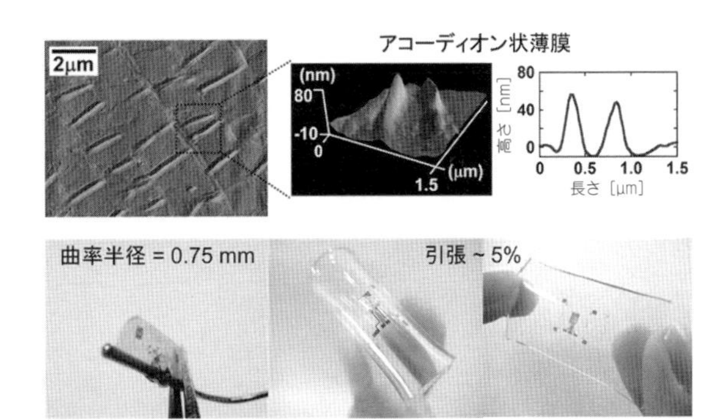

図６　フレキシブル・ストレッチャブル TMDC EDLT

5.3　フレキシブル単層 TMDC インバータ

最後に，上述の CVD 法と転写法および EDLT を組み合わせた柔軟性なインバータ作製を紹介する。CVD 法により合成した WSe_2 単層膜を厚さ 12.5 μm の極薄ポリイミド基板上に転写し，**図7** のように 2 つの WSe_2 EDLT を同一の転写膜上に作製した[26)]。これらの直列接続は明確なインバータ特性を示し，疑似的な CMOS インバータとして機能することが明らかとなった。加えて，基板を湾曲させながらインバータ特性の柔軟性を評価した。出力特性から明らかなように，平坦な状態から基板を曲率半径 0.5 mm まで曲げても特性に変化はみられず，優れた柔軟性が実現できている。また，このときのゲインは 30 に達しており，優れた柔軟性とスイッチング特性が両立している。以上より，TMDC 単層膜は大面積なフレキシブルエレクトロニクス応用に有望な半導体材料であり，今後さらなる進展が期待される。

6. まとめ

SWCNT および TMDC 単層膜のフレキシブルトランジスタ応用について紹介した。これらの材料は強い結合による優れた機械的強度に加え，ナノス

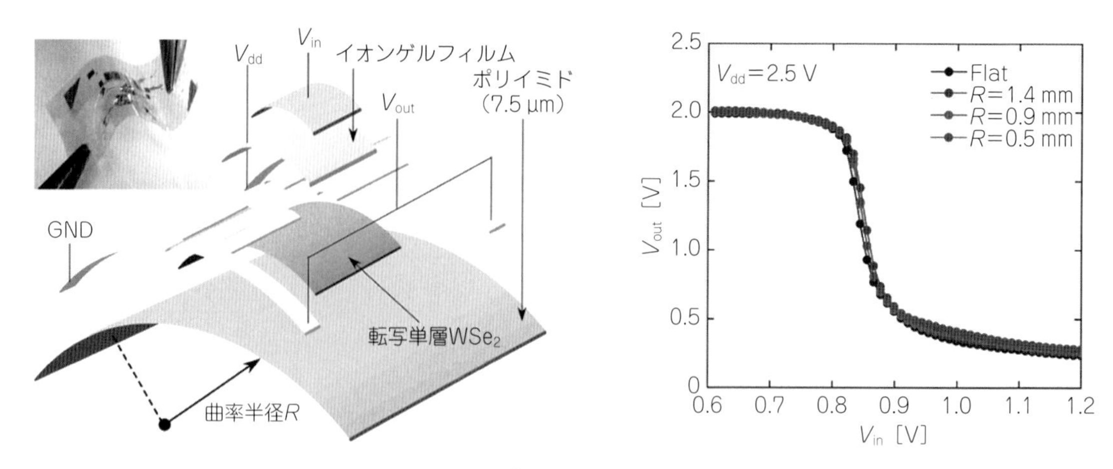

図７　フレキシブル単層 TMDC インバータ

ケールの厚みに起因する湾曲に対する小さな構造変化が大きな特徴であり，フレキシブルエレクトロニクスに最適な半導体材料といえる。また，これら材料の化学的安定性と構造安定性も大きな魅力であり，従来の半導体材料では不可能な印刷技術や転写技術などの付加価値の高い液相プロセス技術の導入も可能である。加えて，ゲル状電解質を用いたトランジスタ構造（EDLT）の導入により，これらの材料を用いた高柔軟・高伸縮なトランジスタや論理回路が実現可能なことが示された。しかしながら，実用化に向けてはさらなる素子特性や安定性の向上に加え，集積化技術の開発も必須である。ここで紹介した例は，あくまでこれらナノ材料のフレキシブルエレクトロニクス応用への可能性を示すベンチマークであり，今後本稿に促されてナノ材料を用いたフレキシブル素子のさらなる発展を期待したい。

謝　辞

本稿で紹介した新しい機能性素子作製は，多くの共同研究者との共同研究である。すべての共同研究者にお礼申し上げたい。特に，岩佐義宏教授（東京大学），下谷秀和准教授（東北大学），柳和宏准教授（首都大学東京），沖本治哉助教（山形大学），片浦弘道博士（国立研究開発法人産業総合技術研究所），Prof. Lain-Jong Li（KAUST，サウジアラビア）に，この場を借りて心より感謝申し上げたい。また，本稿で紹介した研究成果は，内閣府最先端次世代研究開発支援プログラム「超高性能インクジェットプリンテッドエレクトロニクス」，国立研究開発法人新エネルギー・産業技術総合開発機構（NEDO）先導的産業技術創出事業（若手研究グラント）「インクジェット法を用いたカーボンナノチューブ薄膜トランジスタの創製と透明フレキシブルトランジスタへの展開」，国立研究開発法人新エネルギー・産業技術総合開発機構（JST）−先端的低炭素化技術開発（ALCA）「超省資源ナノチューブフレキシブルエレクトロニクス」，文部科学省科学研究費補助金新学術領域研究「π造形システム集合体の物性制御」（No. 26102012），文部科学省科学研究費補助金特別推進研究「イオントロニクス学理の構築」（No. 25000003）の支援を受けて実施し得られたものである。

文　献

1）M. Kaltenbrunner, T. Sekitani, J. Reeder, T. Yokota, K. Kuribara, T. Tokuhara, M. Drack, R. Schwödiauer, I. Graz, S. Bauer-Gogonea, S. Bauer and T. Someya : *Nature*, **499**, 458 (2013).

2）S. Iijima : *Nature*, **347**, 354 (1990).

3）S. Iijima and T. Ichihashi : *Nature*, **363**, 603 (1993).

4）R. Saito, M. Fujita, G. Dresselhaus and M. S Dresselhaus: *Appl. Phys. Lett.*, **60**, 2204 (1992).

5）N. Saran, K. Parikh, D. S. Suh, E. Munoz, H. Kolla and S. K. Manohar : *J. Am. Chem. Soc.*, **126**, 4462 (2004).

6）T. Takenobu, T. Takahashi, T. Kanbara, Y. Aoyagi and Y. Iwasa : *Appl. Phys. Lett.*, **88**, 033511 (2006).

7）D.-M. Sun, M. Y. Timmermans, Y. Tian, A. G. Nasibulin, E. I. Kauppinen, S. Kishimoto, T. Mizutani and Y. Ohno : *Nat. Nanotechnol.*, **6**, 156 (2011).

8）D.-M. Sun, M. Y. Timmermans, A. Kaskela, A. G. Nasibulin, S. Kishimoto, T. Mizutani, E. I. Kauppinen and Y. Ohno : *Nat. Commun.*, **4**, 2302 (2013).

9) T. Takenobu, N. Miura, S.-Y. Lu, H. Okimoto, T. Asano, M. Shiraishi and Y. Iwasa : *Appl. Phys. Express*, **2**, 025005 (2009).

10) J. A. Wilson and A. D. Yoffe : *Adv. in Phys.*, **18** (73), 193 (1969).

11) K. S. Novoselov, D. Jiang, F. Schedin, T. J. Booth, V. V. Khotkevich, S. V. Morozov and A. K. Geim : *Proc. Natl. Acad. Sci. U.S.A.*, **102**, 10451 (2005).

12) Q. H. Wang, K. Kalantar-Zadeh, A. Kis, J. N. Coleman and M. S. Strano : *Nat. Nanotechnol.*, **7**, 699 (2012).

13) B. Radisavljevic, A. Radenovic, J. Brivio, V. Giacometti and A. Kis : *Nat. Nanotechnol.*, **6**, 147 (2011).

14) K. F. Mak, C. Lee, J. Hone, J. Shan and T. F. Heinz : *Phys. Rev. Lett.*, **105**, 136805 (2010).

15) S. Bertolazzi, J. Brivio and A. Kis : *ACS Nano*, **5**, 9703 (2011).

16) D. Akinwande, N. Petrone and J. Hone : *Nat. Commun.*, **5**, 5678 (2014).

17) G. Fiori, F. Bonaccorso, G. Iannaccone, T. Palacios, D. Neumaier, A. Seabaugh, S. K. Banerjee and L. Colombo : *Nat. Nanotechnol.*, **9**, 768 (2014).

18) M. Chhowalla, H. S. Shin, G. Eda, L.-J. Li, K. P. Loh and H. Zhang : *Nat. Chem.*, **5**, 263 (2013).

19) 岩佐義宏，下谷秀和：応用物理，84，306 (2015)

20) H. L. F. von Helmholtz : *Ann. Phys. Chem.*, **7**, 337 (1879).

21) D.-H. Kim and J. A. Rogers : *Adv. Mater.*, **20**, 4887 (2008).

22) S. H. Chae, W. J. Yu, J. J. Bae, D. L. Duong, D. Perello, H. Y. Jeong, Q. H. Ta, T. H. Ly, Q. A. Vu, M. Yun, X. Duan and Y. H. Lee : *Nat. Mater.*, **12**, 403 (2013).

23) J.-K. Huang, J. Pu, C.-L. Hsu, M.-H. Chiu, Z.-Y. Juang, Y.-H. Chang, W.-H. Chang, Y. Iwasa, T. Takenobu and L.-J. Li : *ACS Nano*, **8**, 923 (2014).

24) Y.-H. Chang, W. Zhang, Y. Zhu, Y. Han, J. Pu, J.-K. Chang, W.-T. Hsu, J.-K. Huang, C.-L. Hsu, M.-H. Chiu, T. Takenobu, H. Li, C.-I. Wu, W.-H. Chang, A. T. S. Wee and L.-J. Li : *ACS Nano*, **8**, 8582 (2014).

25) C.-H. Chen, C.-L. Wu, J. Pu, M.-H. Chiu, P. Kumar, T. Takenobu and L.-J. Li : *2D Mater.*, **1**, 034001 (2014).

26) J. Pu, K. Funahashi, C.-H. Chen, M.-Y. Li, L.-J. Li and T. Takenobu : *Adv. Mater.*, DOI : 10.1002/adma.201503872 (2016).

27) K. Funahashi, J. Pu, M.-Y. Li, L.-J. Li, Y. Iwasa and T. Takenobu : *Jpn. J. of Appl. Phys.*, **54**, 06FF06 (2015).

28) J. Pu, L.-J. Li and T. Takenobu : *Phys. Chem. Chem. Phys.*, **16**, 14996 (2014).

29) J. Pu, Y. Yomogida, K.-K. Liu, L.-J. Li, Y. Iwasa and T. Takenobu : *Nano Lett.*, **12**, 4013 (2012).

30) J. Pu, Y. Zhang, Y. Wada, J. T.-W. Wang, L.-J. Li, Y. Iwasa and T. Takenobu : *Appl. Phys. Lett.*, **103**, 023505 (2013).

第8節　CNT薄膜を透明電極として用いた有機太陽電池の開発

東京大学　松尾　豊

1. はじめに

有機太陽電池には，固体フィルム状の有機薄膜太陽電池[1)-3)]，電解質溶液を用いる色素増感太陽電池，最近登場した高効率な有機金属ペロブスカイト太陽電池などがある。なかでも，有機薄膜太陽電池は，軽量，フレキシブルな太陽電池を構築しやすく，真空プロセスや高温プロセスを経ないで塗布や印刷プロセスにより作製できるという特長を有している。最近では，有機薄膜太陽電池の軽量性をいかしてビルなどの建物の垂直面に設置されることや，透光性をいかして窓ガラスの遮光フィルムやブラインドとして用いられることが検討されている。また，フレキシブルであることをいかして，ビニールハウスへの設置など，農業用途への適用が期待されている。最近，風光明媚な観光地などで，シリコンの太陽電池を用いたメガソーラー発電所は，画一的でハードな印象のため景観を損ねるのではないかという議論が一部であるが，有機薄膜太陽電池は緑色にもできカラフルで，ソフトな外観を有するため，景観により適合しやすい太陽電池であるとされている。

有機薄膜太陽電池は，有機半導体の薄い膜を発電層とし，それを2枚の電極で挟む構造をもっている。光を有機発電層に入射するために，少なくとも一方の電極は，透明な電極である必要がある。通常，この透明電極には酸化インジウムに少量のスズを混ぜた酸化インジウムスズ（ITO）が用いられる。ITOは低い抵抗率，高い透光性といった優れた特性を有するが，原料であるインジウムはレアメタルであり，その埋蔵は特定の国に局在化している。現在のところインジウムの価格は下がっているが，太陽電池がたくさん製造されるようになると，価格の変動や，供給が足りなくなるリスクがある。本稿では，ITO透明電極の代わりにカーボンナノチューブ（CNT）薄膜を透明電極として用いた有機薄膜太陽電池および有機金属ペロブスカイト太陽電池について紹介する。カーボンナノチューブは，供給の制約を受けない元素である炭素でつくられ，優れた電荷輸送特性，化学的安定性，機械的安定性および柔軟性を併せもつ材料である。また，カーボンナノチューブ薄膜は無機酸化物の結晶性薄膜であるITO薄膜より軽量で曲げに対する受容性が高いので，有機薄膜太陽電池の特長をより引き出すことができる材料といえる。

2. カーボンナノチューブ薄膜を透明電極とするインジウムを用いない有機薄膜太陽電池

筆者らは，カーボンナノチューブを有機薄膜太陽電池の透明電極として用いるための方法論を確立し，それにより，レアメタルであるインジウムを用いない有機薄膜太陽電池を開発した（**図1**）[4)]。本研究では，浮遊触媒化学気相成長・転写法により作製した高純度な単層カーボンナノチューブ薄膜を用いた。フェロセンを気相中に蒸発させ，熱をかけてフェロセンを分解し，鉄の微粒子を出し，気相で触媒を形成させる。同時に一酸化炭素を原料ガスとして導入し，気相でカーボンナノチューブを成長させる。そのカーボンナノチューブを粉として集めるのではなく，気相中，メンブレンフィルターで濾取する。そうして得られるカーボンナノチューブ薄膜を，ガラス基板やフレキシブルなプラスチック基板に転写する。

カーボンナノチューブ薄膜そのものの導電性は，透明電極に適用できるほどは高くない。カーボンナノチューブ薄膜にキャリアを注入し，低抵抗化する必要がある。本研究では，カーボンナノチューブ薄

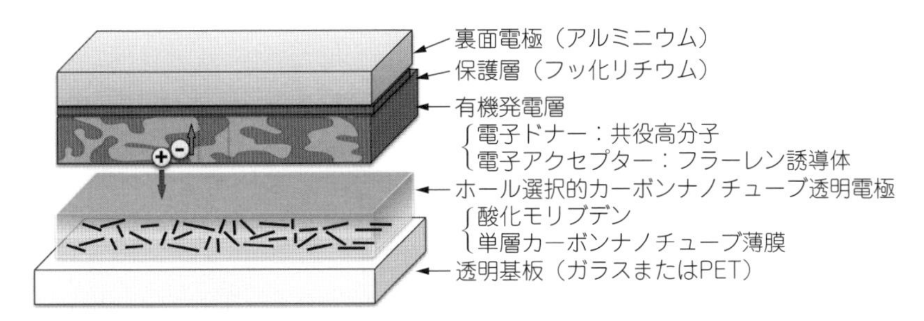

図１　カーボンナノチューブ透明電極を用いた有機薄膜太陽電池の構造

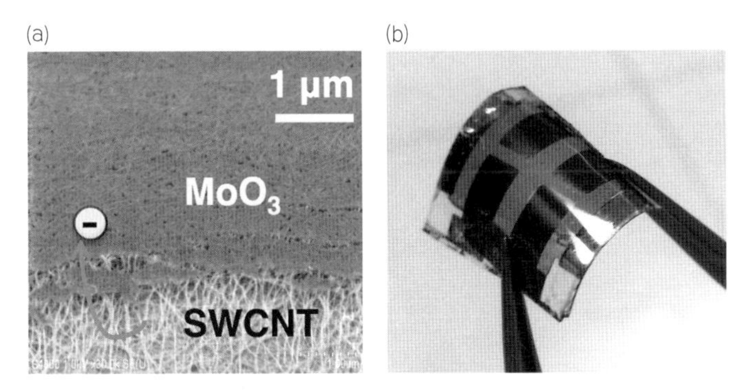

図２　酸化モリブデンを添加した単層カーボンナノチューブ薄膜の走査型電子顕微鏡写真（斜め上方からの撮影）(a)，**PET基板に作製したフレキシブルなカーボンナノチューブ有機薄膜太陽電池**(b)

表１　４端子法によって測定したシート抵抗

	MoO_3のみ	65%–SWCNT on MoO_3 (Ω/□)	80%–SWCNT on MoO_3 (Ω/□)	90%–SWCNT on MoO_3 (Ω/□)
アニール無し	1 MΩ以上	83.89	205.08	326.05
300℃アニール後	1 MΩ以上	28.49	73.97	101.55

65%，80%，90%はカーボンナノチューブ薄膜の透過率を表す。

膜に酸化モリブデンを薄く蒸着し（膜厚15 nm程度），薄膜を300℃に加熱することによりカーボンナノチューブ薄膜から酸化モリブデンへ電子を移動させ，カーボンナノチューブにホールをドープした（**図２**(a)）。これにより，65%の光透過性をもつ比較的厚いカーボンナノチューブ薄膜の場合，シート抵抗が28 Ω/□，90%透過率の膜では100 Ω/□程度となる（**表１**）。大面積モジュールに適用するにはまだシート抵抗が高いが，1 cm角の素子を構築するには適用可能な値である。今後のさらなる進展のためには，90%程度の透過率でシート抵抗20 Ω/□を切ることが望まれる。

熱によるホールドープは，目視により確認できる。元々の緑がかったカーボンナノチューブ薄膜は，青みがかった薄膜へと変化する。酸化モリブデンMoO_3はカーボンナノチューブから電子を受け取ることにより，6価から，5価と6価の間の酸化状態へと還元され，酸素欠損がおこり，MoO_xとなる。青色へ変色するのはMoO_xの吸収のためである。また，この過程で，カーボンナノチューブ薄膜の全体的な透光性は向上する（**図３**(a)および(b)）。特に，薄い膜厚のカーボンナノチューブ薄膜（光透過率90%）において，400～500 nmの領域において，透過率が向上する。この領域はポリ（3–ヘキシルチオフェン）(＝P3HT）が光を吸収する領域であり，P3HTを電子ドナーとして用いる有機薄膜太陽電池においては好都合である。しかしながら，600～800 nm付近の領域においては，MoO_xの吸収のた

(a)単層カーボンナノチューブ薄膜そのものの光学的特性

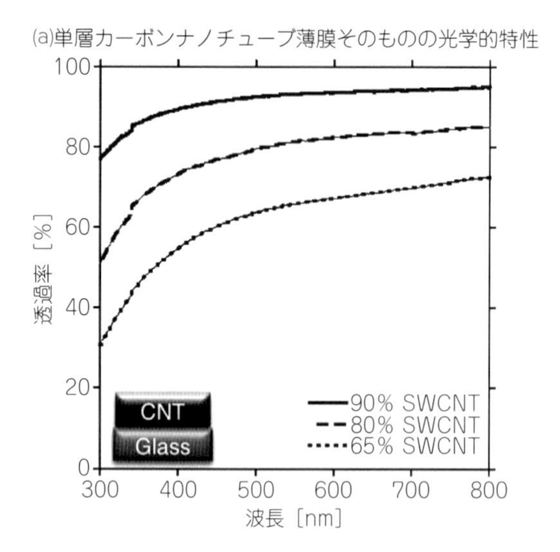

(b)酸化モリブデンドープ後の光学特性

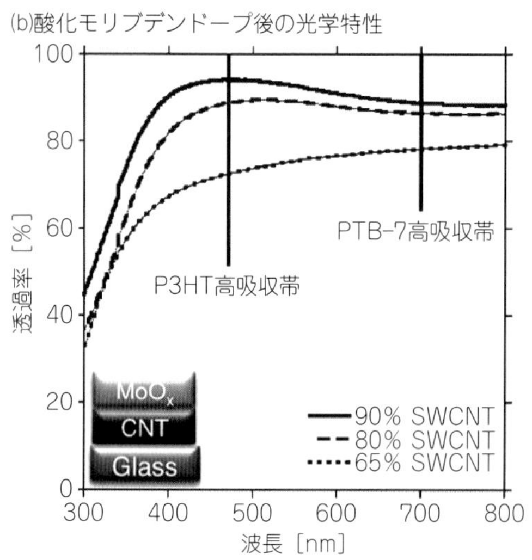

(c)近赤外領域の変化

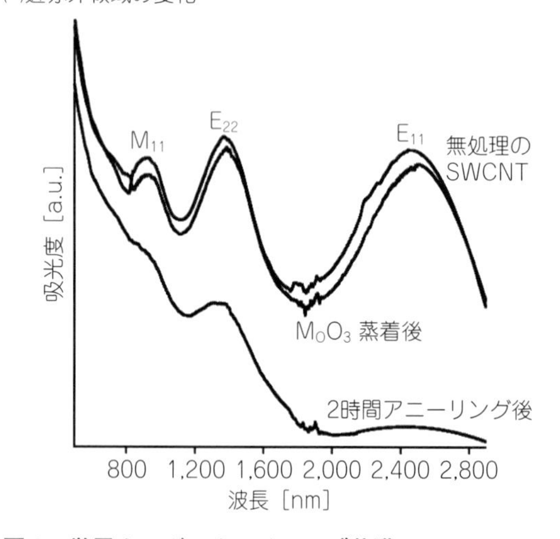

図３　単層カーボンナノチューブ薄膜のホールドープによる光学的特性の変化

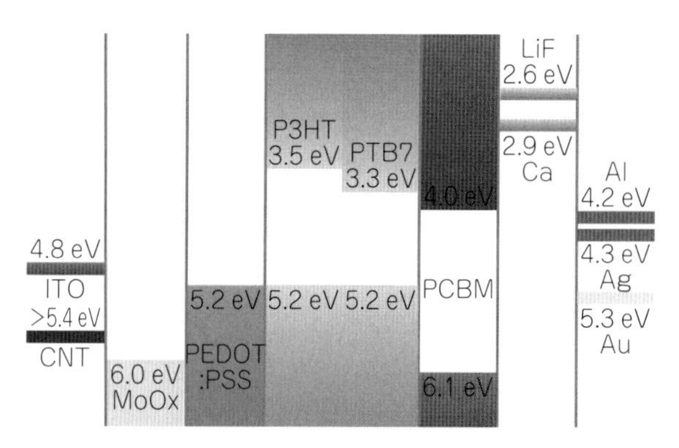

図４　エネルギー準位ダイアグラム

め，やや透過率が低下する。この領域はPTB-7などのローバンドギャップポリマーが光を吸収する領域であり，MoO_xの吸収は，若干の不都合となる。65%の光透過率をもつ比較的厚い膜のカーボンナノチューブ薄膜では，カーボンナノチューブ薄膜の光吸収が大きく，熱ホールドープによる透過率の変化は顕著ではない。なお，近赤外領域において，ドープにより単層カーボンナノチューブのE_{11}，E_{22}およびM_{11}遷移による吸収は顕著に低下する（図3(c)）。

また，カーボンナノチューブにホールがドープされ，カーボンナノチューブのエネルギー準位が変化する。無処理のカーボンナノチューブ薄膜の仕事関数は4.86 eVと測定されたが，酸化モリブデンの蒸着と加熱によるホールドープを行うと，SWCNT/MoO_xの仕事関数は5.4 eVとなった（**図４**）。ホールを受け取るにはやや深い準位であるが，実際には内部にはドープの影響が及んでいない単層カーボンナノチューブがあり，より浅い準位でホールを受け取っていると推察される。また，MoO_3の仕事関数は深く，6.75 eVと報告されているが，MoO_xでは6.0 eVとなる。MoO_xは一般にもホール輸送層として用いられており，本系でもホールドープされたカーボンナノチューブ薄膜がホールを選択的に捕集して輸送する機能をもつことおいて，補助的な役割を果たしていると考えられる。

もともとラフネスが大きいカーボンナノチューブ薄膜に，薄く酸化モリブデンを蒸着することにより，平坦性が向上すると期待されたが，実際には加熱により酸化モリブデンが結晶化し，そのラフネスもあまり好ましくなかった。そのため，表面を平坦化する目的で，PEDOT:PSSを積層した。

表２　単層カーボンナノチューブ透明電極を用いた有機薄膜太陽電池の発電特性

基板	アノード側	ドナー	V_{OC} [V]	J_{SC} [mA/cm^2]	FF	R_S [Ωcm^2]	R_{SH} [Ωcm^2]	PCE [%]
Glass	ITO/MoO_3	P3HT	0.60	9.42	0.50	23.5	1.56×10^4	2.83
Glass	MoO_x/90%-SWCNT/MoO_x/PEDOT:PSS		0.59	8.84	0.46	116	7.05×10^3	2.43
Glass	ITO/MoO_3	PTB-7	0.74	15.5	0.64	31.1	1.18×10^7	7.31
Glass	MoO_x/65%-SWCNT/MoO_x/PEDOT:PSS		0.72	13.7	0.61	51.6	1.22×10^4	6.04
PI	MoO_x/65%-SWCNT/MoO_x/PEDOT:PSS		0.69	11.3	0.44	454	1.15×10^5	3.43
PI	10回折り曲げ試験後		0.70	11.1	0.27	588	3.85×10^4	2.10
Glass	65%-SWCNT/MoO_3/PEDOT:PSS	PTB-7	0.70	12.7	0.58	94.5	4.00×10^4	5.27
PET	65%-SWCNT/MoO_3/PEDOT:PSS		0.69	12.6	0.45	160	2.06×10^3	3.91
PET	10回折り曲げ試験後		0.69	12.3	0.45	222	2.83×10^3	3.82

PEDOT:PSSもホール輸送材料であり，カーボンナノチューブのホール選択的輸送に貢献すると考えられる。また，PEDOT:PSSはスルホン酸を含むので，酸によりカーボンナノチューブにホールをドープする効果もあると考えられる。PEDOT:PSSが無くても太陽電池として機能するが，SWCNT/MoO_xと有機発電層の間にPEDOT:PSSを挟んだほうが効率は向上した。

有機薄膜太陽電池の有機発電層には，電子ドナーとしてP3HTまたはPTB-7を，電子アクセプターとして$PC_{61}BM$または$PC_{71}BM$を用いた。有機発電層が太陽光を吸収すると，電子ドナーから電子アクセプターへと電子が移動し，電子ドナーにプラスの電荷（ホール）が，電子アクセプターにマイナスの電荷（電子）が生じる。これらの電荷はそのままだと再結合してしまう。酸化モリブデンでホールをドープしたカーボンナノチューブ透明電極は，有機薄膜からホールのみを選択的に捕集し，電子はアルミニウムの裏面電極へ流れる。カーボンナノチューブ透明電極とアルミニウム裏面電極がそれぞれ，陽極，陰極となり，太陽電池となる。P3HTと$PC_{61}BM$を有機発電層に用いたとき，エネルギー変換効率は2.43%となった（**表２**）。ITOを透明電極，酸化モリブデンをホール輸送材料とした比較のための素子では2.83%のエネルギー変換効率であり，同等とまではいかないが，比較素子に迫る効率となった。また，ローバンドギャップポリマーであるPTB-7と$PC_{71}BM$を有機発電層とする素子では，6%以上のエネルギー変換効率が得られた。比較のための素子のエネルギー変換効率（7.3%）の83%の値である。これは，従来報告されていたカーボンナノチューブを電極とした有機薄膜太陽電池の変換効率を，３倍に向上させる結果となった。また，ポリエチレンテレフタラート（PET）やフィルムやポリイミド（PI）のフィルム上にカーボンナノチューブ薄膜を転写して用い，フレキシブルなカーボンナノチューブ有機薄膜太陽電池（図２(b)）を作製することにも成功した。

3. カーボンナノチューブ薄膜を透明電極とする有機金属ペロブスカイト太陽電池

単層カーボンナノチューブ透明電極を用い，メチルアンモニウム鉛ペロブスカイトを発電層とするペロブスカイト太陽電池について紹介する（**図５**）[5]。ペロブスカイト太陽電池としては，いわゆる逆型構造の素子を作製した。透明電極基板の上にホール輸送層をもち，その上にペロブスカイト層，そしてフラーレン誘導体（$PC_{61}BM$）の電子輸送層，裏面電極（Al）という構造をもつ。透明電極として用いるカーボンナノチューブ薄膜が疎水性なのに対してペロブスカイト層は親水性であり，密着性の問題を克服する必要がある。また，間に用いるホール輸送層としてPEDOT:PSSを用いたが，PEDOT:PSSは親水性であり，通常，カーボンナノチューブ薄膜の上にPEDOT:PSSの水分散液を塗布すると，はじかれて塗布できない。PEDOT:PSSの疎水性を上げる検討と，カーボンナノチューブの親水性を上げる検討を行った。

PEDOT:PSSの疎水性を上げるために，PEDOT:PSSの水分散液に界面活性剤

polyoxyethylene（6）tridecyl ether または，2-プロパノール（IPA）を添加した。これらの方法は，グラフェンの上に PEDOT:PSS を塗布するときに用いられていたが，グラフェン上に塗る場合，PEDOT:PSS で完全にカバーしきれないことが報告されている。カーボンナノチューブ薄膜の上に塗布する場合は，界面活性剤添加 PEDOT:PSS も IPA 添加 PEDOT:PSS も問題なく塗布できた。これらの上にペロブスカイト層，フラーレン誘導体電子輸送層，裏面電極を積層し，太陽電池を作製した。IPA 添加 PEDOT:PSS の上にペロブスカイト層を積層したときは，界面活性剤添加 PEDOT:PSS を用いたときに比べてペロブスカイト層の結晶粒の大きさが小さくなった。前者においてより密につまったペロブスカイト層ができ，より高い変換効率が得られた（**表３**，4.27%）。

次にカーボンナノチューブ薄膜に硝酸を作用させ，親水性を上げる検討を行った。カーボンナノチューブ薄膜の親水性が上がると同時に，酸によりカーボンナノチューブの電子が引き抜かれてカーボンナノチューブにホールがドープされ，カーボンナノチューブ薄膜のシート抵抗が 20～30 Ω/□程度となることが観測された（**表４**）。また，硝酸は強い酸であり腐食性があるため，希釈した硝酸が使えないか検討したところ，15 v/v %では不十分であるが，35 v/v %の濃度で十分であることを確認した。35 v/v %の硝酸でドープしたカーボンナノチューブ薄膜に通常の PEDOT:PSS を積層して作製したペ

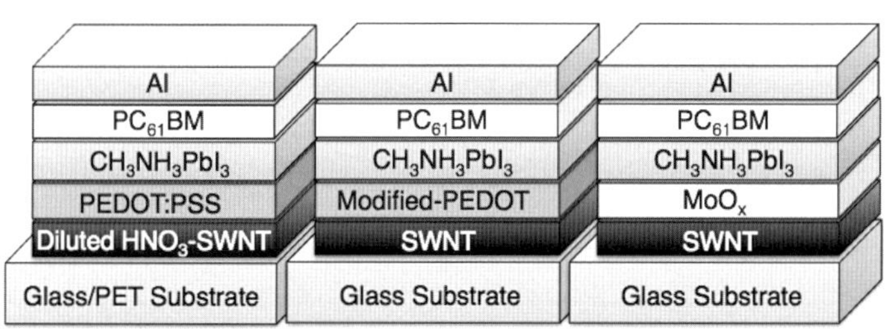

図５　カーボンナノチューブ薄膜を透明電極とするペロブスカイト太陽電池

表３　単層カーボンナノチューブ透明電極を用いたペロブスカイト太陽電池の発電特性

電極	電子ブロック層	V_{OC} [V]	J_{SC} [mA/cm^2]	FF	R_S [Ωcm^2]	R_{SH} [Ωcm^2]	$PCE_{average}$ [%]	PCE_{record} [%]
ITO	PEDOT:PSS	0.83	16.3	0.64	25.8	5.2×10^5	8.71±0.39	9.05
SWCNT	IPA-PEDOT:PSS	0.77	11.1	0.50	53.7	2.7×10^3	4.01±0.14	4.27
SWCNT	Surfactant-PEDOT:PSS	0.61	11.8	0.38	40.9	1.2×10^3	1.85±0.59	2.71
70 v/v% HNO_3-SWCNT	PEDOT:PSS	0.77	14.4	0.55	79.2	5.7×10^3	5.96±0.34	6.09
50 v/v% HNO_3-SWCNT	PEDOT:PSS	0.76	14.5	0.52	86.0	2.5×10^3	5.82±0.46	5.84
35 v/v% HNO_3-SWCNT	PEDOT:PSS	0.79	14.9	0.54	94.1	4.8×10^3	5.70±0.60	6.32
15 v/v% HNO_3-SWCNT	PEDOT:PSS	0.77	13.6	0.39	122	1.8×10^3	3.80±0.48	3.88

表４　修飾 PEDOT:PSS，希釈した硝酸でホールドープされた単層カーボンナノチューブ薄膜のシート抵抗

電極	電子ブロック層	R_{Sheet}（Ω/□）
ITO	PEDOT:PSS	9.8
SWCNT	IPA-PEDOT:PSS	208.2
SWCNT	Surfactant-PEDOT:PSS	109.6
70 v/v% HNO_3-SWCNT	PEDOT:PSS	23.7
50 v/v% HNO_3-SWCNT	PEDOT:PSS	28.3
35 v/v% HNO_3-SWCNT	PEDOT:PSS	25.6
15 v/v% HNO_3-SWCNT	PEDOT:PSS	38.6

ロブスカイト太陽電池において，6.32％のエネルギー変換効率を得た。

カーボンナノチューブ薄膜とペロブスカイト層の間のホール輸送（電子ブロック）層に，酸化モリブデンを用いる試みも行ったが，太陽電池特性を得ることができなかった。先に述べたように，発電層がローバンドギャップポリマーとフラーレン誘導体からなる有機半導体層である場合には，酸化モリブデンは上手く機能した。このような違いが出たのは，ペロブスカイト層から酸化モリブデン層にホールが流れないためである。

最後に，もっとも良い結果が得られた35 v/v％の硝酸でドープする方法において，フレキシブル基板への適用を行った。PET基板の上に作製し，5.38％のエネルギー変換効率（V_{OC}＝0.81 V，J_{SC}＝11.8 mA/cm^2，FF＝0.56）を得た。直径10 mmカーブで数回折り曲げた後のエネルギー変換効率はやや低下したが（4.61％），ダイオード特性は保たれていた。

4．おわりに

本稿では，酸化モリブデンと熱によりホールドープした単層カーボンナノチューブ薄膜を，有機薄膜太陽電池のホール捕集側の透明電極として用いる研究を紹介した。一方で，酸化亜鉛や酸化チタンなどの無機の酸化物半導体は電子を選択的に捕集して輸送することが得意である。また有機半導体では，光吸収が可能で色のバリエーションも出しやすい。有機，無機，カーボン材料の良いところをもち寄って，効率，耐久性，コストに優れる有機太陽電池の最終形態を実現できるのではないかと考えている。

文　献

1）松尾豊：有機薄膜太陽電池の科学，化学同人（2011）.

2）松尾豊（監修）：有機薄膜太陽電池の研究最前線，シーエムシー出版（2012）

3）松尾豊：シグマアルドリッチジャパン，ニュースレター，材料科学の基礎４「有機薄膜太陽電池の基礎」（2011）

4）I. Jeon, K. Cui, T. Chiba, A. Anisimov, A. Nasibulin, E. Kauppinen, S. Maruyama and Y. Matsuo: *J. Am. Chem. Soc.*, **137**, 7982（2015）.

5）I. Jeon, T. Chiba, C. Delacou, Y. Guo, A. Kaskela, O. Reynaud, E. I. Kauppinen, S. Maruyama and Y. Matsuo: *Nano Lett.*, **15**, 6665（2015）.

第9節　CNT–シリコン太陽電池

東京大学/国立研究開発法人産業技術総合研究所　丸山　茂夫

1. はじめに

太陽電池などの光電変換デバイスにおいて，半導体SWCNT（単層カーボンナノチューブ）を光吸収・活性層として用いると，SWCNTの直径を変えて近赤外から可視光の広い範囲の吸収スペクトルをカバーできることに加えて多励起子生成の可能性も示唆されている。ただし，現在のところSWCNTを光吸収・活性層として用いたデバイスにおいては実用的な変換効率（PCE）が得られていない。この前段階として，金属と半導体が混合したSWCNTのランダム膜が透明導電膜として優れた性能を有すると同時にホール輸送層（電子ブロック層）としての性能をもつことから，実用の可能性が広がっている。SWCNT膜は容易に転写が可能であるとともにフレキシブルデバイスへの展開も容易である。また，化学的・熱的にも安定なうえ，炭素原子よりなるために，元素戦略的にも有利であり，希少元素のインジウムを用いたITO（indium tin oxide）の代替としても，次世代の太陽電池応用が期待されている。ここでは，SWCNT膜としてのSWCNTの集合体の作製法によってSWCNTの優れた特性をいかすことが求められる。また，SWCNT膜を太陽電池デバイスと接合する界面制御技術も大きな課題となる。本稿では，CNT–シリコン太陽電池において，これらの課題に向けた取組みを議論する。また，同様のSWCNT膜は透明電極およびホール輸送層として他の太陽電池への応用が可能であり，第２編第２章第８節の有機薄膜太陽電池に加えて有機・無機ハイブリッドペロブスカイト型太陽電池への適用についても簡単に紹介する。

2. CNT–シリコン太陽電池

単結晶シリコンのp–n接合を用いた太陽電池がもっとも成熟した太陽電池であり，セルの変換効率としては最大25%が報告されており，Shockley–Queisser限界の理論効率27%に迫っている。また，モジュールの変換効率でも20%近くが実現している[1]。ただし，単結晶シリコンの材料コストに加えて，高温における拡散ドーピングのコストも大きいことが知られている。低コストで高い変換効率を実現すべくさまざまな次世代の太陽電池の開発が進んでいる中で，簡便に作成できるCNT–シリコン太陽電池の可能性が注目されている[2)–7)]。最近の６年間で，CNT–シリコン太陽電池の変換効率は，一桁上昇している。ただし，SWCNTの化学ドーピングによって高効率を実現したCNT–シリコン太陽電池は耐久性に問題がある。良く用いられる硝酸（HNO_3）ドープによる太陽電池は，大気中で数時間の間に変換効率が半減してしまうとの報告もある。また，CNT–シリコン太陽電池の動作原理として当初はp型にドープされたCNTとn型シリコンとのp–n接合と考えられてきた[8]。ところが，分光感度特性（IPCEスペクトル）にはCNT由来のピークが現れず[3]，もっぱらシリコンが吸収・励起子の生成を担っていることがわかる。また，高効率のCNT–シリコン太陽電池において，金属CNTと半導体CNTの混合物を用いていることや，CNTをグラフェンに代えたグラフェン–シリコン太陽電池でもCNT–シリコンに匹敵する変換効率が実現できることがわかってきており[9)–11)]，ショットキー接合モデルが優勢になってきた[11]。多くのCNT–シリコン太陽電池は大気中で作成されるために，シリコン表面とCNTの間には自然酸化膜が存在する。この酸化膜の厚さ依存の性能評価によって，p–n接合かショットキー接合モデルが適切かが判断できると考えられる。通常のショットキー接合モデルであれば，薄い絶縁層を挟むことで，フェルミレベルのピニングが抑制されて，変換効率の向上が期待される。一方，p-n 接合であれば，一般に絶縁層は障害となる。現在のところ，酸化膜を完全に除去することで変換効率が大幅に向上するとの報告[4] もあれば，逆に変換効率が低下するとの報告もあり[8]，明確な結論がでていない。実際には，ナノカーボンのドーピングレベルによって最適な酸化膜厚さが存在する場合と厚さ 0 が最適となる場合がありそうであるが，作動原理の確定にはまだ時間がかかりそうである。

本稿では，SWCNT 薄膜の SWCNT の配列構造制御による大気安定な CNT-シリコン太陽電池の開発を紹介する。気相合成の SWCNT を直接フィルターペーパーに堆積するドライデポ法による高性能の透明導電膜を用いることで，比較的容易に高い変換効率を実現できる。一方，垂直配向 SWCNT に水蒸気処理を加えることで自己組織化的に形成されるマイクロハニカム構造を用いると，優れたホール取出し能力と透明導電性を兼ね備えた薄膜が実現する。マイクロハニカム構造の形成は，水蒸気の凝縮と蒸発によって，多孔ポリマーの作成などに用いられる breath figure 法と類似の原理によると考えられる。このようなマイクロハニカム構造の SWCNT を用いた CNT-シリコン太陽電池では，ドーピングを行わずに，72％の形状因子（fill factor；FF）が実現している。また，水蒸気処理に供する垂直配向膜の厚さを小さくするとマイクロハニカムのサイズも小さくなる。このような構造を用いることで，透明性と導電性のトレードオフを解消するような薄膜の設計も期待される。

3. ドライデポ法 SWCNT 薄膜による透明導電膜

Aalto 大学の Esko Kauppinen 教授のグループでは，一酸化炭素（CO）を原料ガスとした浮遊触媒気相合成によって高品質の SWCNT 合成を実現するとともに，合成された SWCNT をフィルター紙に直接堆積させるドライデポ（dry deposition）法によって，バンドルが小さく長い SWCNT によるランダム配向 SWCNT 膜の作成に成功している[12]。**図 1** にその特性を示す[6]。このサンプルは直径 15 cm のスケールアップ CVD 装置を用いたものであり，880℃の CVD 反応炉内で，フェロセン蒸気の熱分解によって，鉄ナノ粒子を形成している。4 L/min で加えられた CO が鉄ナノ粒子表面で不均化反応することで SWCNT が成長する。合成された SWCNT は，反応炉下流に設置されたメンブレンフィルターに堆積される。この堆積時間を調整することで SWCNT 薄膜の透明度を制御できる。また，テフロン系のメンブレンフィルター上の SWCNT 薄膜は，さまざまな基板に押し付け，エタノールを滴下するだけで容易に転写できる。この結果，分散溶液を用いる場合に問題となる超音波分散による欠陥導入や界面活性剤の影響のない SWCNT 薄膜が形成できる。図 1(b)に示す走査型電子顕微鏡（SEM）像から，SWCNT バンドルが均一にランダムネットワークを形成していることがわかる。また，図 1(c)に示す典型的なラマン分光結果では，G/D 比が 40 以上となる。SWCNT 薄膜の透過率（波長 550 nm）が，70％，80％，90％の薄膜をそれぞれ，TCF 70，TCF 80，TCF 90 とよぶ。これらの透過率スペクトルを図 1(d)に示す。

4. マイクロハニカム SWCNT 薄膜による透明導電膜

マイクロハニカム構造 SWCNT 膜の作成例を**図 2** に示す。ディップコート法によって Co-Mo 触媒を酸化膜付き（100 nm）シリコン基板に作成し[13]，標準的なアルコール CVD 法（第 1 編第 1 章第 1 節第 1 項参照）によって垂直配向 SWCNT が合成できる。具体的には，ディップコート法によって Co-Mo ナノ粒子触媒を作製したシリコン基板あるいは石英基板を石英管に入れ，3％水素を含むアルゴンを流しながら 30 分かけて電気炉で 800℃まで加熱する。その後，10 分間 800℃に保持した後に，1.3 kPa のエタノール蒸気を 450 sccm で流す。石英基板を用いた場合には，レーザー吸収法による SWCNT 膜厚のリアルタイム計測も可能であり，レーザーの吸光度と SEM 像での垂直配向 SWCNT の膜厚は容易に校正できる。この合成方法で膜厚 5 µm の垂直配

(a)石英基板上に堆積したSWCNT薄膜（太枠線内）

(b)SWCNT薄膜のSEM像

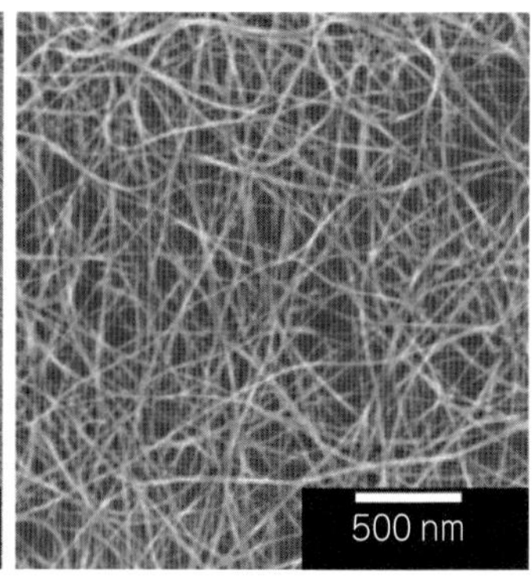

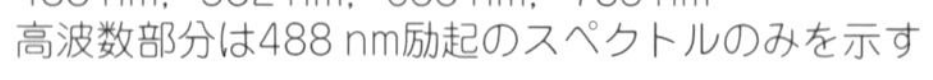
(c)SWCNT薄膜のラマン散乱スペクトル，励起光波長は，488 nm，532 nm，633 nm，785 nm
高波数部分は488 nm励起のスペクトルのみを示す

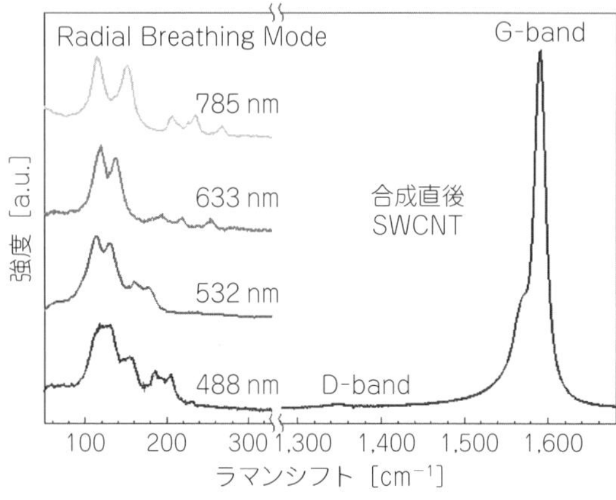

(d)透過率スペクトル（TCF70，TCF80，TCF90）と太陽光のスペクトル強度（AM1.5 G）

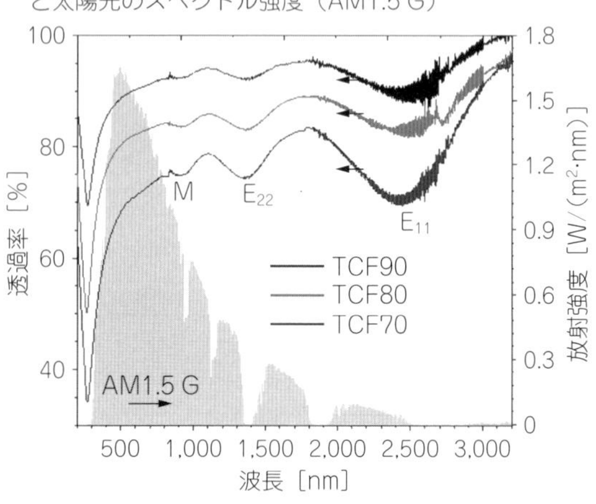

図１　ドライデポ SWCNT 薄膜の特性[6]

(a)水蒸気処理の概要

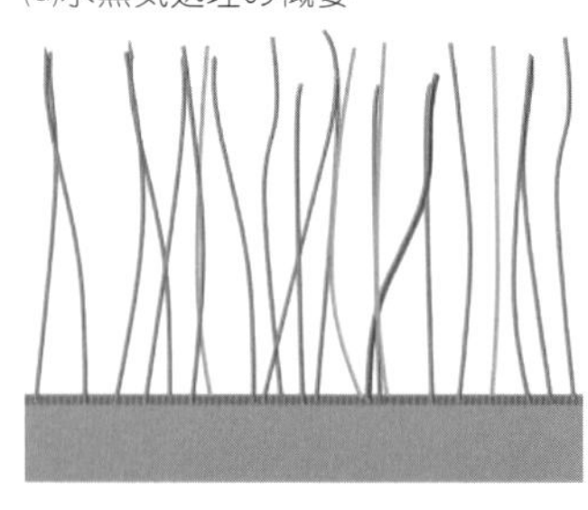

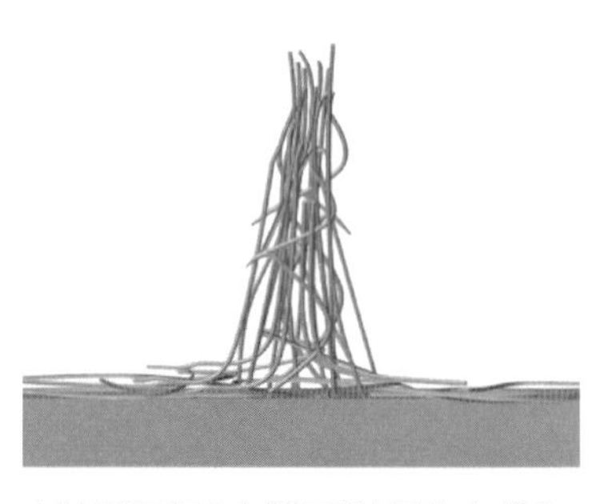

(b)膜高さの一様な垂直配向SWCNT

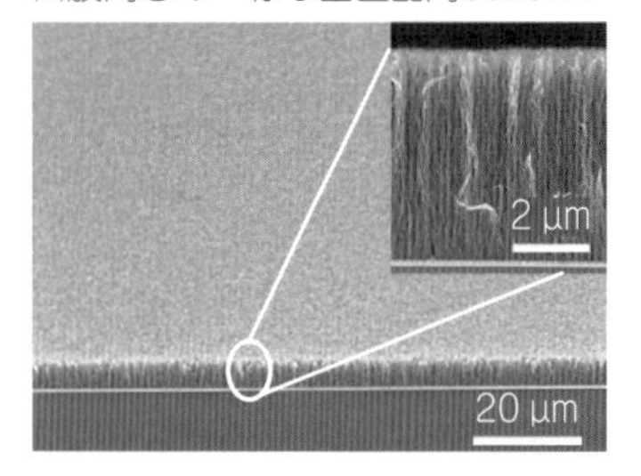

(c)1回だけ水蒸気を曝露した後のSEM像

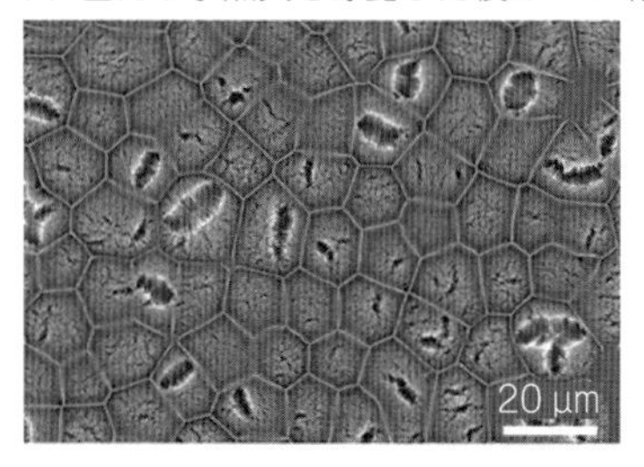

(d)水蒸気曝露を20回繰り返した後の安定なマイクロハニカム構造

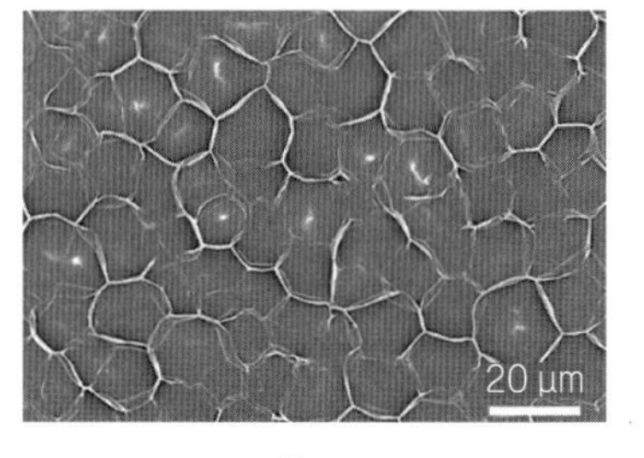

図２　垂直配向 SWCNT の水蒸気処理によるマイクロハニカム構造形成[5]

(a)厚さが5 μmの垂直配向SWCNT膜に水蒸気を晒すことで形成されるマイクロハニカム構造のSEM像

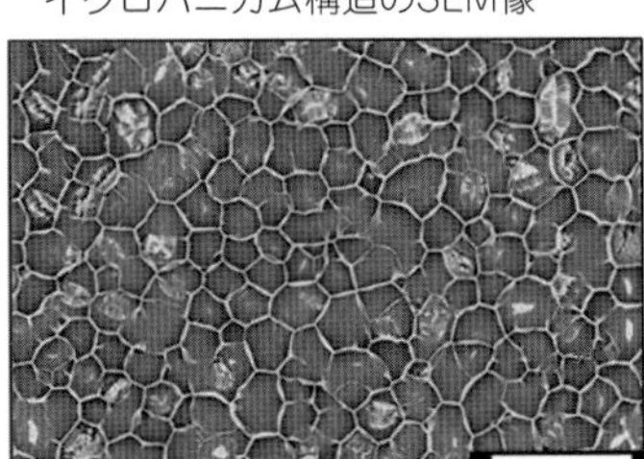

(b)マイクロハニカム構造の高解像SEM像

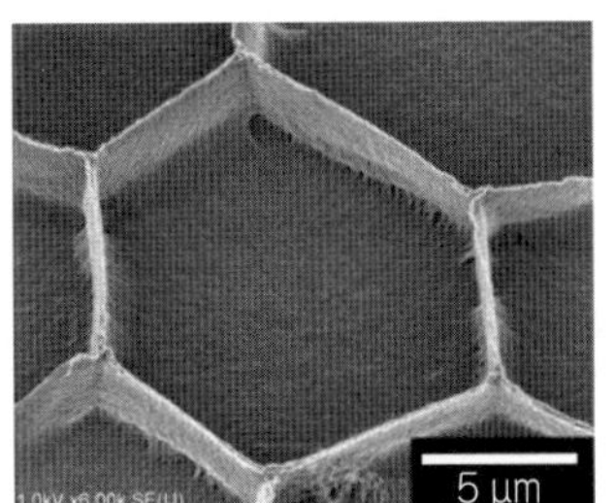

(c)SWCNTマイクロハニカム構造のイメージ図

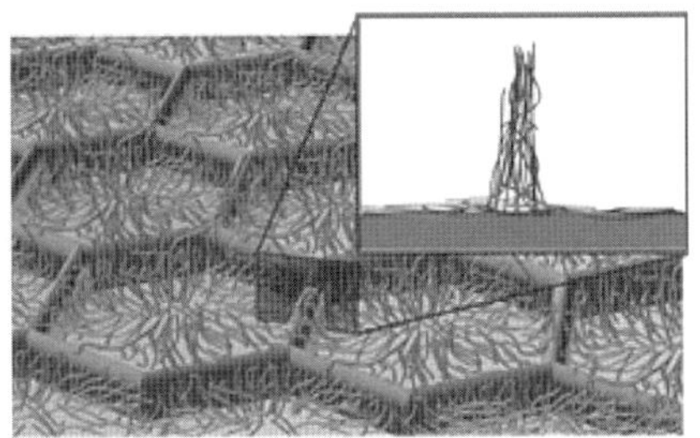

図３　マイクロハニカム構造に自己組織化したSWCNT

向SWCNTを酸化膜付きシリコン基板に合成した。また，この垂直配向SWCNTは，温水に入れると容易にシリコン基板から剥離し，さまざまな基板への転写ができる[14]。SWCNTのような１次元材料の自己組織化によって，低コストかつ高収率でさまざまな３次元構造の作成が可能である。以前から，液体の毛管力を用いたナノワイヤや多層CNTの３次元構造の作成技術は良く知られていたが[15]，垂直配向SWCNTを液体でぬらすとミリメートルスケールの塊となってしまうことが知られていた[16]。SWCNTのマイクロハニカム構造を作成するには孤立分散SWCNTをアンモニウム脂質で修飾したものを用いるなどの特殊な方法[17]が必要と考えられてきた。この場合は，分散SWCNTの作成過程で，SWCNTに欠陥が入ったり，切断されたりすることが問題となる。本研究では，高密度の垂直配向SWCNTのCVD合成後に，高温水の蒸気に曝した後に乾かすというきわめて簡単な方法で図２に示すようなマイクロハニカム構造を実現した[5]。一様な垂直配向SWCNT（図２(b)）は，最初の水蒸気暴露によって図２(c)に示すように，垂直配向が崩壊するとともにマイクロハニカムのフレーム部分が残る。水蒸気暴露を繰り返すことでマイクロハニカムフレーム以外の部分のSWCNTは基板に張り付くようになり，20回の繰返し後には図２(d)の形状となる。

垂直配向SWCNT膜に直径１ミリメートルの水滴を接触させる実験では，接触角θが，サンプルによってばらつくものの$115° \leq \theta \leq 150°$程度となり，清浄なサンプルでは，超撥水性を示す。清浄な表面での滴状凝縮の初期段階においては少なくとも1 μm以下の均質な液滴が表面を覆う。おそらくはこれらの微小液滴の合体時にその下の垂直配向SWCNTを引き寄せるために，配向が乱れていくものと考えられる。垂直配向SWCNT膜に一応に引張応力がかかりつつも膜全体の伸びは許されないのでおおよそ膜厚程度のマイクロハニカムパターンが形成されると考えられる。また，繰返しの蒸気曝露の際には，すでに崩壊したSWCNT部分が比較的ぬれやすいために，滴状凝縮と合体が選択的に進み，さらにSWCNTが壁面に沿った方向に倒れていくと考えられる。

このような自己組織化によって得られるマイクロハニカム構造の拡大図を**図３**(b)に示す。マイクロハニカム部分は高密度の垂直配向SWCNTの壁であり，マイクロハニカムの中心部では，SWCNTが基板と平行方向でランダムなネットワークとなっている。

5．CNT–シリコン太陽電池の作成

図４にCNT–シリコン太陽電池作成の概要を示す。n型のシリコン（抵抗率10±2.5 Ωcm，ドーパント濃度約10^{15} cm^{-3}，（株）SUMCO）にRCA1洗浄，5 MのNaOHによる酸化膜の除去，RCA2洗浄を行った後に，上面に3 mm×3 mmの物理マスクを用いて，200 nmのSiO_2絶縁膜と50 nmのPtをスパッタ（アルバック理工㈱（現在アドバンス理工㈱）製）で蒸着する。下面には，10 nmのTiと50 nmのPtを蒸着して電極とした。上面のマスク部分を取り除いて，IPAで洗浄後にSWCNT膜を転写する。こ

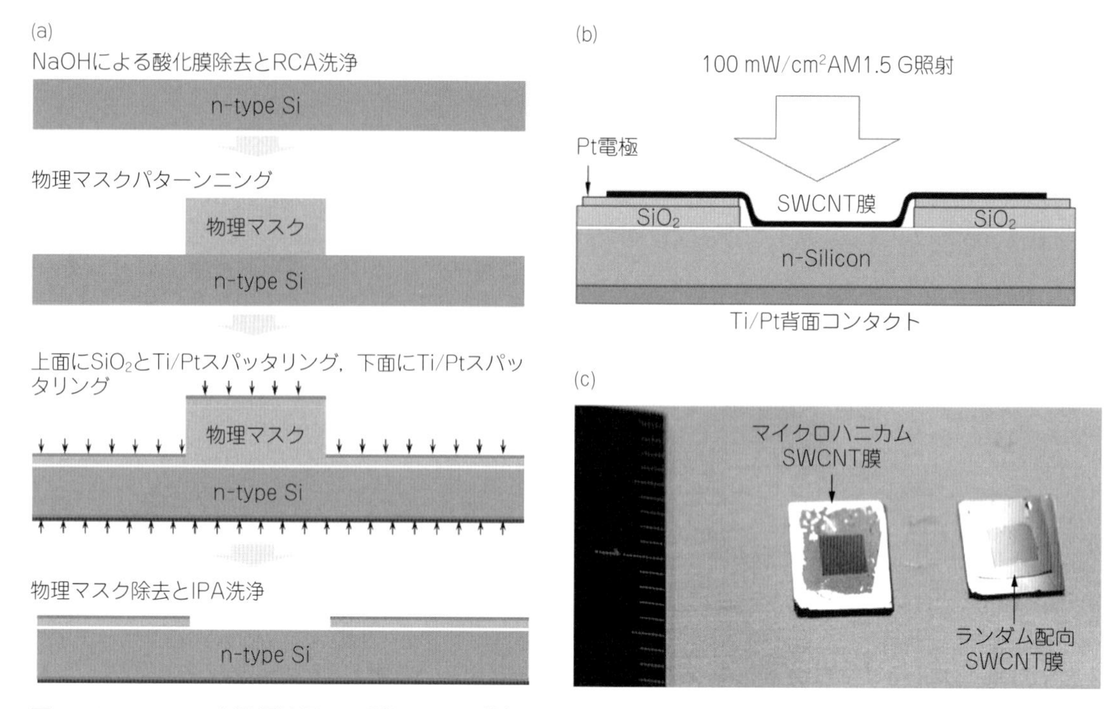

図４　SWCNT–Si 太陽電池用のｎ型シリコン基板への電極作成過程(a)，CNT–シリコン太陽電池の概要(b)，実際に作成した太陽電池の写真（マイクロハニカム SWCNT 膜とドライデポ SWCNT 膜）(c)

の 3 mm×3 mm 部分が太陽電池としての開口部になる。この部分でのシリコンの自然酸化膜厚さは，XPS（X 線光電子分光分析装置，PHI 5000 VersaProbe，アルバック・ファイ㈱）の測定で見積もったところ 6～7 Å 程度である[6]。実際に SWCNT 膜を転写した後の写真を図 4 (c)に示す。

6. ドライデポ SWCNT 膜を用いた CNT–シリコン太陽電池の評価

ドライデポ SWCNT 膜を用いた CNT–シリコン太陽電池にソーラーシミュレーター（PEC–L01，ペクセル・テクノロジーズ㈱）で，AM1.5 G 100 mW/cm^2 の照射をしたときの J–V 曲線を**図 5** (a)に示す。波長 550 nm での透過率 90％のドライデポ膜（TCF90）を用いた場合の変換効率は，ドーピングを行わないで最大 10.1％が得られている[6]。この変換効率は硝酸ドープや金塩ドープによる従来の SWCNT–シリコン太陽電池に匹敵する[2)–4)7]。ドライデポ SWCNT による優れた変換効率は，SWCNT の結晶性が高く，SWCNT が長いこと，シリコンとの良好な接触によると考えられる。

さらに図 5 (a)に示すように太陽電池の作製後に大気中で 10ヵ月放置しても J–V 曲線から劣化は観察されない。逆に解放電圧 V_{oc} は，わずかに上昇している。これは，酸素による SWCNT 膜の p 型の自然なドーピングが進んでフェルミ準位が下がり，内蔵電位が増大している考えられる[18]。

PMMA を SWCNT 薄膜表面にスピンコートすることで，反射防止膜効果と若干の p 型ドーピングの効果が期待される[19]。図 5 (b)に示すように，短絡電流 J_{sc} とともに開放電圧 V_{oc} も上昇し，変換効率が，8.93％から 11.15％に上昇した。大気中で 1 週間放置した後には，わずかに変換効率が減少している。

7. マイクロハニカム SWCNT 膜を用いた CNT–シリコン太陽電池の評価

マイクロハニカム SWCNT 膜を用いることで，ドーピングを行わずに，CNT–シリコン太陽電池として記録的な形状因子（fill factor）72％が実現している（**図 6** (a)）[5]。また，暗状態の 0.3～0.5 mV で測定された理想係数（ideality factor）は，1.71 となり，現在までに報告された CNT–シリコン太陽電

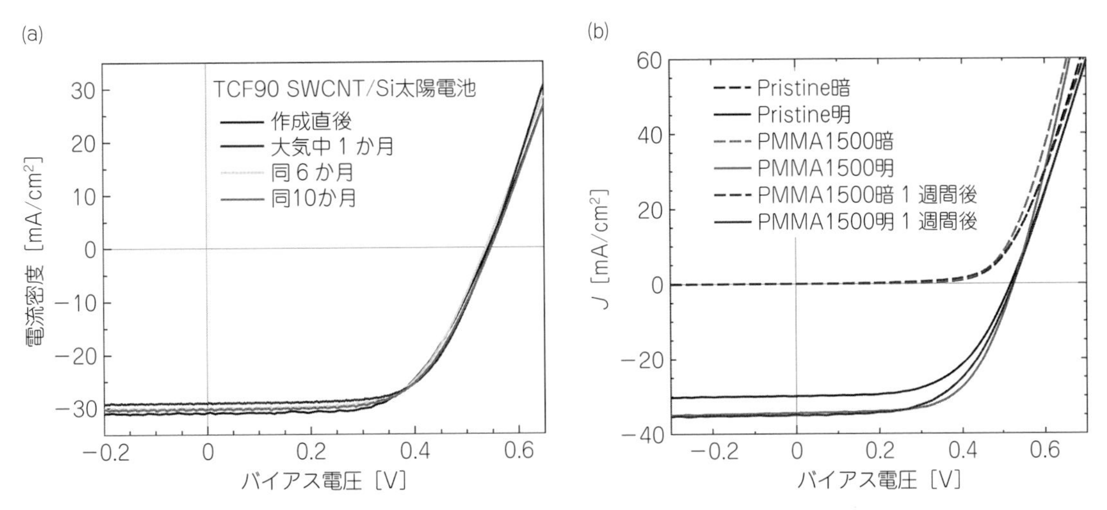

図５　透過率90%のドライデポSWCNT膜を用いた時のJ–V曲線の経時変化[19] (a)，透過率90%のドライデポSWCNT膜の表面にPMMAコーティングを行った場合(b)（口絵参照）

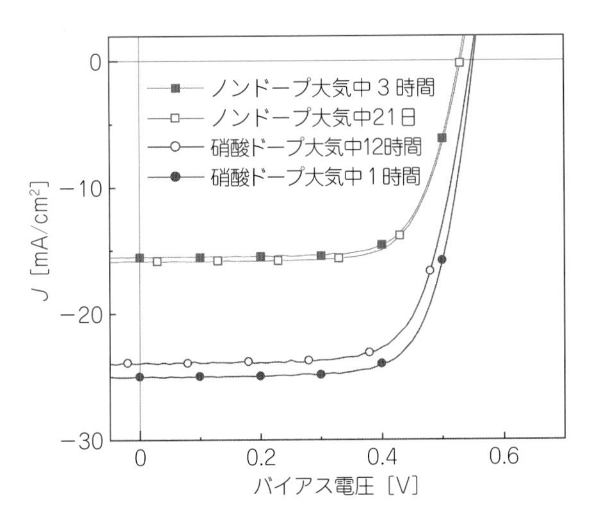

図６　マイクロハニカムSWCNT膜を用いた太陽電池のJ–V曲線

池で最小である[5]（シリコン太陽電池では，1～2程度の値をとり，理想のp-n接合では1となる)。図6の太陽電池の作成直後の変換効率は，5.91%であり，3週間後には，6.04%に上昇した[5]。形状因子が大きく，理想係数が1に近づいているのはマイクロハニカム中心部がホールの選択的捕集を行うとともに壁部分によって低いシート抵抗が実現しているためと考えられる。さらに，ドーピングの効果を検討するために，2.4 Mの硝酸を120 µL滴下して，ホットプレートで50℃に加熱して乾燥させた。この過程でのマイクロハニカム構造に変化はみられなかった。このドーピングで，変換効率は10.02%に向上し，形状因子もわずかに大きく73%となった。この時のJ–V曲線を図6に示す。開放電圧と短絡電流密度は，それぞれ，0.55 Vと25.01 mA/cm^{2}に向上している。ただし，12時間後には，変換効率が9.29%まで減少している。硝酸ドープによって，600 nmから1,200 nm部分での透過率は大幅に大きくなり，シート抵抗は5分の1に減少している[5]。硝酸によるSWCNTのpドープによって，シート抵抗が減少することは良く知られている。これと同時に，フェルミレベルが下がり，E_{22}およびM_{11}の吸収が阻害されて透過率が上昇したと考えられる。

垂直配向SWCNTの膜厚を変化させることでマイクロハニカム平均サイズが変化する[19]。膜厚が5 µmおよび2.5 µmの垂直配向SWCNTを用いたマイクロハニカムを**図７**に比較した[19]。図7に挿入したSEM像に示すように，マイクロハニカムのサイズはほぼ膜厚に比例して小さくなっている。これらを用いて作成した太陽電池を比較すると，変換効率は，膜厚5 µmと2.5 µmでそれぞれ6.01%と8.05%となり，薄い垂直配向SWCNTを用いて小さなマイクロハニカムとする方がより高い変換効率を示す。単純に透過率が向上したためとも考えられるが，図7からわかるように形状因子の低下は見受けられない。マイクロハニカム構造を用いることで，透過率とシート抵抗のトレードオフの関係をある程度解決できる可能性が示されている。

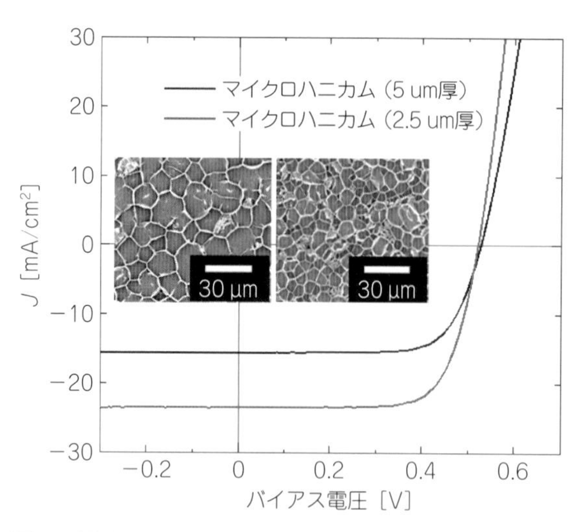

図７　厚さの異なる垂直配向 SWCNT によるマイクロハニカム SWCNT 太陽電池の比較。マイクロハニカム構造の SEM 像と *J–V* 曲線[19]

8．その他の展開

CNT 薄膜の代わりに高品質のグラフェンを用いたグラフェン–シリコン太陽電池も CNT–シリコン太陽電池と非常に近い特性を示す[19]。実際にミリメータースケールの単結晶単層グラフェン[20]を CNT 薄膜の代わりに用いるとドライデポ薄膜やマイクロハニカム薄膜と同様にドーピングを行わずに 11.37％の変換効率が実現できる[19]。銅箔上に CVD 合成されたグラフェンに PMMA をスピンコートし，銅箔を塩化鉄溶液で溶解後，洗浄して太陽電池基板に転写する。PMMA 膜はアセトンで除去できるが，転写用の PMMA 膜をそのまま反射防止膜として使うことで，優れた特性が得られている。

ドープした SWCNT 薄膜が有機薄膜太陽電池のホール輸送層（電子ブロッキング層）兼透明導電膜として，非常に有効であることは，第２編第２章第８節で議論されたとおりである[21,22]。さらに，有機・無機ハイブリットペロブスカイト型太陽電池においても有機薄膜太陽電池と同様に優れたホール輸送層（電子ブロッキング層）兼透明導電膜としての応用が可能である[23]。

9．まとめ

ドライデポの高品質 SWCNT 薄膜，垂直配向 SWCNT から自己組織的に作成したマイクロハニカム SWCNT 膜，さらに単結晶 CVD グラフェンを用いることによって，大気中で安定な 10％以上の変換効率のナノカーボン–シリコン太陽電池の作成が可能となっている。さらに，安定なドーピング技術によって，高性能な太陽電池の開発が可能となる。これと同時に，これらのナノカーボン薄膜が透明導電膜に加えてホール輸送層（電子ブロック層）として優れた機能を有することが明らかとなっている。金属 SWCNT と半導体 SWCNT の分離を行っていないにもかかわらず半導体的な応用の可能性が進んでいる。

謝　辞

本研究は，（独）日本学術振興会（JSPS）科学研究費補助金（25107002，15H05760）および，国立研究開発法人科学技術振興機構（JST）戦略的国際共同研究プログラム（IRENA）の助成を受けたものです。

文　献

1）M. A. Green, K. Emery, Y. Hishikawa, W. Warta and E. D. Dunlop：Prog. Photovoltaics：*Res. Appl.*, **23**, 805（2015）.

2）J. Wei, Y. Jia, Q. Shu, Z. Gu, K. Wang, D. Zhuang, G. Zhang, Z. Wang, J. Luo, A. Cao and D. Wu：*Nano Lett.*, **7**, 2317（2007）.

3）Y. Jia, A. Cao, X. Bai, Z. Li, L. Zhang, N. Guo, J. Wei, K. Wang, H. Zhu, D. Wu and P. M. Ajayan：*Nano Lett.*, **11**, 1901（2011）.

4）Y. Jung, X. Li, N. K. Rajan, A. D. Taylor and M. A. Reed：*Nano Lett.*, **12**, 95（2012）.

5）K. Cui, T. Chiba, S. Omiya, T. Thurakitseree, P. Zhao, S. Fujii, H. Kataura, E. Einarsson, S. Chiashi and S. Maruyama：*J. Phys. Chem. Lett.*, **4**, 2571（2013）.

6）K. Cui, A. S. Anisimov, T. Chiba, S. Fujii, H. Kataura, A. G. Nasibulin, S. Chiashi, E. I. Kauppinen and S. Maruyama：*J. Mater. Chem. A*, **2**, 11311（2014）.

7）F. Wang, D. Kozawa, Y. Miyauchi, K. Hiraoka, S. Mouri,

Y. Ohno and K. Matsuda：*Nat. Comm.*, **6**, 6305（2015）.

8）Y. Jia, J Wei, K. Wang, A. Cao, Q. Shu, X. Gui, Y. Zhu, D. Zhuang, G. Zhang, B. Ma, L. Wang, W. Liu, Z. Wang, J. Luo and D. Wu：*Adv. Mater.*, **20**, 4594（2008）.

9）X. Miao, S. Tongay, M. K. Petterson, K. Berke, A. G. Rinzler, B. R. Appleton and A. F. Hebard：*Nano Lett.*, **12**, 2745（2012）.

10）E. Shi, H. Li, L. Yang, L. Zhang, Z. Li, P. Li, Y. Shang, S. Wu, X. Li, J. Wei, K. Wang, H. Zhu, D. Wu, Y. Fang and A. Cao：*Nano Lett.*, **13**, 1776（2013）.

11）Y. Song, X. Li, C. Mackin, X. Zhang, W. Fang, T. Palacios, H. Zhu and J. Kong：*Nano Lett.*, **15**, 2104（2015）.

12）A. G. Nasibulin, A. Kaskela, K. Mustonen, A. S. Anisimov, V. Ruiz, S. Kivistö, S. Rackauskas, M. Y. Timmermans, M. Pudas, B. Aitchison, M. Kauppinen, D. P. Brown, O. G. Okhotnikov and E. I. Kauppinen：*ACS Nano*, **5**, 3214（2011）.

13）Y. Murakami, S. Chiashi, Y. Miyauchi, M. Hu, M. Ogura, T. Okubo and S. Maruyama：*Chem. Phys. Lett.*, **385**, 298（2004）.

14）Y. Murakami and S. Maruyama：*Chem. Phys. Lett.*, **422**, 575（2006）.

15）M. De Volder and A. J. Hart：*Angew. Chem., Int. Ed.*, **52**, 2412（2013）.

16）D. N. Futaba, K. Hata, T. Yamada, T. Hiraoka, Y. Hayamizu, Y. Kakudate, O. Tanaike, H. Hatori, M. Yumura and S. Iijima：*Nature Mater.*, **5**, 987（2006）.

17）H. Takamori, T. Fujigaya, Y. Yamaguchi and N. Nakashima：*Adv. Mater.*, **19**, 2535（2007）.

18）W. Zhou, J. Vavro, N. M. Nemes, J. E. Fischer, F. Borondics, K. Kamarás and D. B. Tanner：*Phys. Rev. B*, **71**, 205423（2005）.

19）K. Cui and S. Maruyama：*IEEE Nanotechnology Magazine*, **10**, 34（2016）.

20）X. Chen, P. Zhao, R. Xiang, S. Kim, J. Cha, S. Chiashi and S. Maruyama：*Carbon*, **94**, 810（2015）.

21）I. Jeon, K. Cui, T. Chiba, A. S. Anisimov, A. G. Nasibulin, E. I. Kauppinen, S. Maruyama and Y. Matsuo：*J. Am. Chem. Soc.*, **137**, 7982（2015）.

22）I. Jeon, C. Delacou, A. Kaskela, E. I. Kauppinen, S. Maruyama and Y. Matsuo：*Sci. Rep.*, **6**, 31348（2016）.

23）I. Jeon, T. Chiba, C. Delacou, Y. Guo, A. Kaskela, O. Reynaud, E. I. Kauppinen, S. Maruyama and Y. Matsuo：*Nano Lett.*, **15**, 6665（2015）.

第1節　CNT銅複合材料

国立研究開発法人産業技術総合研究所　関口　貴子

1. 研究背景

軽量化は輸送機器から電子・情報機器まで幅広い分野で，ものづくりにおける重要課題として取り上げられている。パソコンや携帯電話は高精度微細加工技術や高密度実装技術による小型・軽量化によりもち運びやすさ，利便性が向上した。また自動車やオートバイは，軽量化による走行中の消費エネルギー低減で，石油消費量や CO_2 排出量を減らしてきた。このようにものづくりの技術が発展する一方で，電力を供給する配線用の材料については大きな進展がみられていない。長年，銅，アルミニウム，金といった高導電性金属が使用されてきた。しかしながら電子デバイスの小型化による電流密度の増加により，既存の金属配線では流せる電流量が限界に近づきつつある。また自動車産業においては，内燃エンジンから電気・燃料自動車への移行，安全性向上から車のエレクトロニクス化が加速しており，車載用半導体にはより高い信頼性，機能安全性が求められ，配線材料の軽量化の重要性も増している。

一方，カーボンナノチューブ（CNT）やグラフェンをはじめとする炭素系材料は化学的に安定な構造を有し電流や熱に対する耐性が高く，炭素で構成されているために軽量であるが，配線材料としては電気伝導度が不十分であり，新たな配線材料としての開発への要求が高まっている。本稿で紹介するCNT銅複合材料は，スーパーグロース法で合成した単層CNT[1]と銅を電気めっきで複合化させたものである[2]。単層CNTと銅の体積分率は約50%であり，高密度で配向が揃った単層CNT固体の微細孔に銅を析出させることで複合化しているため，複合材料中では銅の表面が単層CNTで覆われている。このCNT銅複合材料は単層CNTの軽量性や電流や熱に対する安定性と，銅の高い電気伝導度を併せもち，従来の材料にはない特性を示す。本稿ではCNT銅複合材料の製造プロセスを説明するとともに，これまでに明らかになっている電気特性，熱特性[3]を紹介することで，CNT銅複合材料の将来の配線材料としての可能性を検討する。

2. 電気めっき法によるCNT銅複合化技術

ここでは，スーパーグロース法で合成した単層CNTを原料としたCNT銅複合材料の構造，製造プロセス，微細配線形成技術を解説する。スーパーグロース単層CNTは高配向で長尺であり，CNT銅複合材料中でもCNTの配向性は保たれている。CNT銅複合材料の特性とCNT配向との関連はまだ十分に解明されていないが，熱・電気特性において重要な役割を果たす可能性は高い。ここでは高配向CNTと銅の電気めっきによる複合化技術とCNT銅複合材料の構造について，スーパーグロース単層CNTの成形・加工技術を踏まえて説明する。

2.1 CNT銅複合材料の構造

スーパーグロース法で合成される単層CNTは，せん断力と液体による高密度化技術によって配向が揃った高密度のマクロ構造体（単層CNT固体）を形成することができる[4]（**図1**(b)）。CNT固体中では，CNTは長軸方向にそろっており，互いにファンデルワールス力で結合している。銅との複合化に用いたCNT固体の密度は約0.5 g/cm^{3}であるが，CNT間のスペースは完全に密封されているのではなく，緻密な細孔が均一に分布した多孔質な構造を有している。CNT固体の厚みは，合成したCNTの密度，高さ，結晶性等に依存するが，複合化に用いたCNT固体の厚さは200～300 μm程度である。

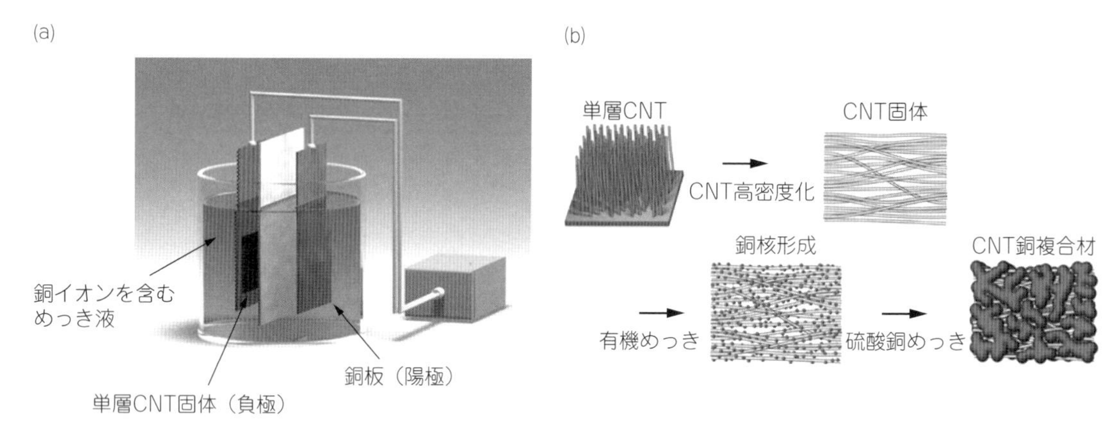

図１　電気めっきによる CNT 銅複合化プロセスの概略図(a)，電気めっきによる銅析出形態(b)

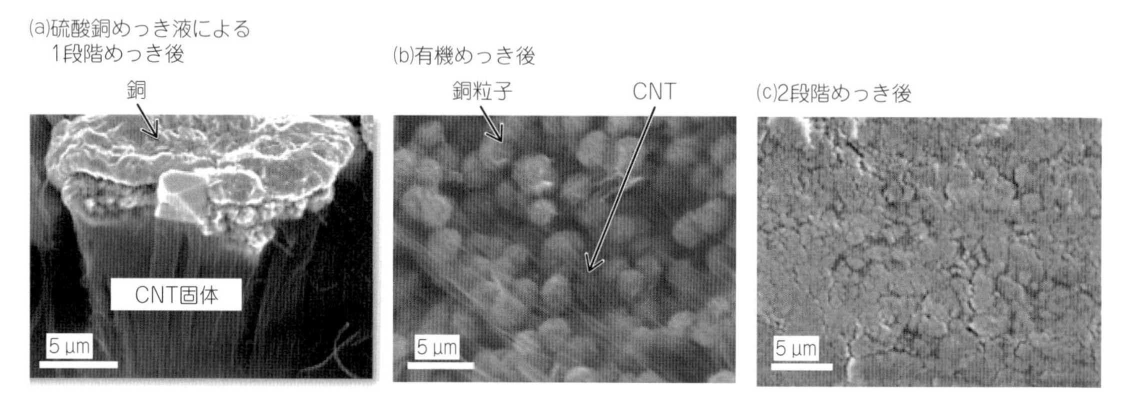

図２　CNT 銅複合材の断面走査型電子顕微鏡図

電気めっきで複合化することで，銅が CNT 間の細孔に析出し CNT 表面は銅で覆われる[2)]。複合体内部に充填できる銅の量は密度や細孔径に依存するが，CNT 固体の密度が 0.5 g/cm^3 の場合，CNT 間の細孔がほぼ完全に銅で充填された状態で，各々の体積比は約 50％であった。CNT と銅の複合化のメリットの１つは軽量性である。これは CNT が銅と比べて軽量なためであるが，50％の体積分率で単層 CNT と銅を含む CNT 銅複合材料の密度は 5.2 g/cm^3 であり，銅（8.9 g/cm^3）と比較して 40％軽量であった。

2.2　電気めっき法による CNT 銅複合化技術

CNT 銅複合材料は，CNT 固体の微細孔に電気めっき法で銅を析出させることで作製することができる[2)]。図１(a)に電気めっきによる CNT 銅複合化プロセスの概略図を示す。［2.1］で説明した CNT 固体の細孔にめっき液を十分に浸透させた後，カソード電極に設置しクロノポテンシオメトリー法で銅を析出させた。

単層 CNT と銅の複合化で重要なのは，核形成と成長の２段階に分けて電気めっきを行なうことである。従来の銅めっきには硫酸銅をベースとしためっき液が使用されるが，CNT は疎水性であるため，硫酸銅を CNT 固体中に浸透させることは困難である。**図２**(a)に硫酸銅めっき液のみで複合化した試料の走査型電子顕微鏡断面図を示すが，銅は CNT 固体の外側に偏析している。これを解決するために，筆者らは CNT と親和性が高い有機めっき液を用いて CNT 固体内部に銅核形成を行い，その後，硫酸銅を用いて CNT 固体の細孔に銅を析出させる方法を考案した。ここで用いた有機めっき液は，誘電率の高いアセトニトリル（C_2H_3N，$\varepsilon=37.5$）に酢酸銅（$Cu_2(CH_3COO)_4$）を溶解させることで作製したものである。また硫酸銅めっき液は市販の銅めっき液を用いている。図２(b)に２段階で電気めっきを行ったCNT銅複合材料の走査型電子顕微鏡像を示す。有機めっきを18時間行った後，CNT固体内部には直径1～3 µmの銅粒子が形成されている（図2(b)）。この銅粒子がCNT固体と硫酸銅めっきのぬれ性を改善し，硫酸銅めっき液をCNT固体の細孔に浸透させることが可能になる。このようにして硫酸銅めっき液で電気めっきを行うことで，CNT固体内部の細孔を銅で充填することができる（図2(c)）。

2.3　CNT銅複合材料の微細配線形成技術

リソグラフィプロセスで微細加工した単層CNTを負極に設置し，電気めっきにより複合化することで，CNT銅複合材料の微細配線を形成することができる[5]（**図3**）。微細加工に用いる単層CNTは膜厚が0.5～1 µmである。この薄膜単層CNTは，触媒をパターニングした基板上にCNTを合成することで作製できる。成長した単層CNTを任意基板上に転写し，有機溶媒で高密度化させることで，リソグラフィプロセスによる微細加工が可能な薄膜形状を形成することができる[6)7)]。高密度化後のCNT膜厚は約0.7 µmであった。薄膜形成後は，市販のレジストを塗布し，電子ビームリソグラフィやフォトリソグラフィによりパターン転写することでエッチングマスクを形成し，CNTをO_2プラズマによる反応性イオンエッチングで形状加工することで，最小線幅0.5 µmの微細CNT配線を作製することができる。微細配線形成後は，［2.2］で説明したのと同様の2段階電気めっき法により複合化する。

本技術の利点は，任意基板上で微細で複雑な配線形状を作製することが可能であり，予め加工を施した基板やパターン配線上を使用すれば，2次元配線だけではなく，3次元配線構造も形成できることである（図3，**図4**）。図4はCNT銅複合材料の2次元微細配線の走査型電子顕微鏡像である。CNT銅複合材配線に特筆すべき点は，CNTの機械的強度によりマイクロスケールの構造体においても架橋構造を維持できることである（図4(a)）。図4(b)は微

(a)

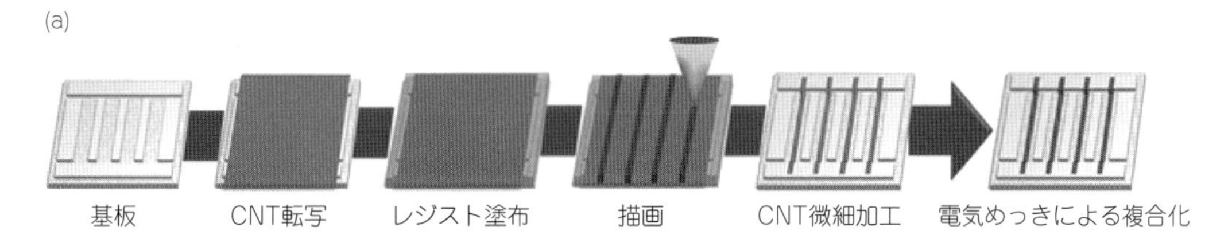

(b)

図3　CNT銅複合材料微細配線形成プロセスフロー(a)，CNT銅複合材料の2次元微細配線の走査型電子顕微鏡図(b)

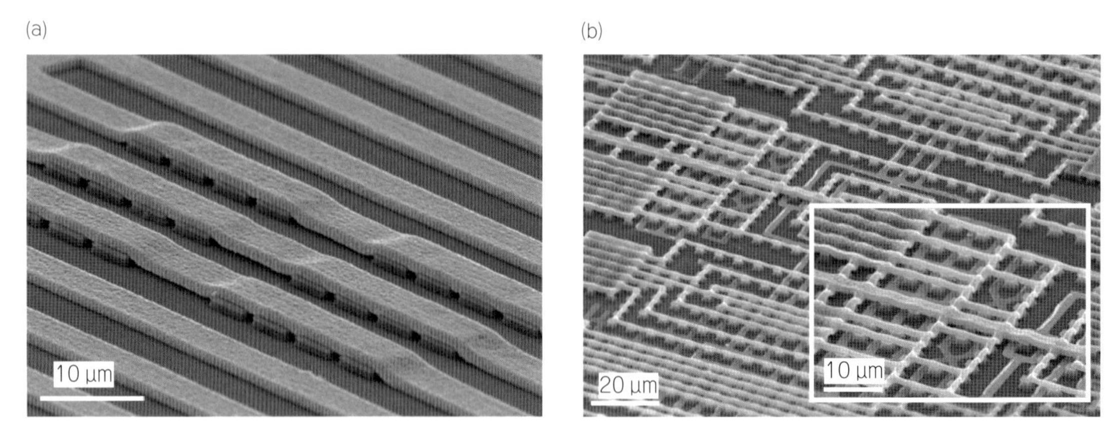

図４　CNT 銅複合材料の架橋構造(a)と３次元微細配線(b)

細加工した金配線ならびにシリコンピラー上に形成した３次元 CNT 銅配線の走査型電子顕微鏡像である。リソグラフィと電気めっきによる複合化を組み合わせることで，CNT 銅複合材料の複雑で微細な架橋構造を高精度に形成することができる。

3. CNT 銅複合材料の特性

ここでは，CNT 銅複合材料の電気特性ならびに熱特性を解説する。CNT 銅複合材料は銅の高い伝導性と，CNT の熱や電流に対する安定性を合わせ持ち，従来材料にはない物性値を示す。各特性の発現メカニズムや CNT 特性との相関については未だ十分に解明されてはいないが，ここではこれまで明らかになっている CNT 銅複合材料の電気伝導性，電流容量，熱伝導性，線膨張係数を説明する。

3.1　電気伝導性

CNT 銅複合材料は，銅よりも 40％軽量でありながら銅（5.8×10^5 S/cm）やアルミニウム（4.7×10^5 S/cm）のような金属材料と同等の高い電気伝導率を有する。CNT 銅複合材料の電気伝導率は４端子法により，CNT 配向方向に対して並行に測定した。CNT と銅の体積分率が 50％の CNT 銅複合材料の電気伝導率は 4.7×10^5 S/cm であった。この値は未処理の CNT[8)9)]（$\sim10^2$ S/cm）より３桁高く，純粋な CNT ファイバー[10)]（$\sim10^4$ S/cm）より１桁高かった。また比電気伝導率は 26％高く，アルミニウムに次いで高い値である。

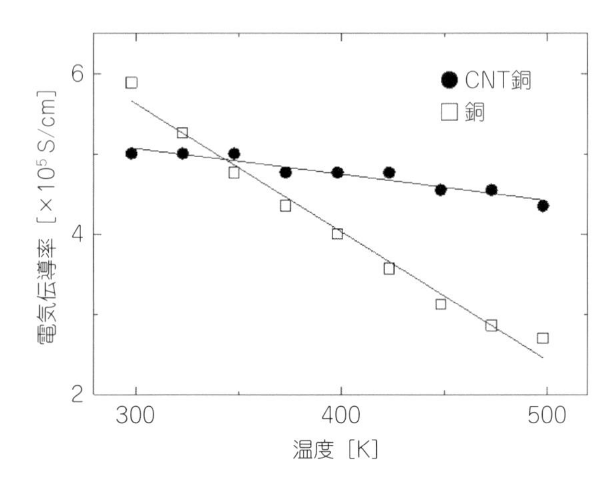

図５　室温から 227℃の温度範囲における CNT 銅複合材料と銅の電気伝導率

また CNT 銅複合材料は，温度上昇に伴う電気伝導率の低下が銅のような金属と比較して小さく，高温では銅よりも高い電気伝導率を示すことがわかっている。**図５**に室温から 500 K の温度範囲における CNT 銅複合材料と銅の電気伝導率を示す。加熱下での電気伝導率は，銅の酸化を防ぐためにアルゴンガス雰囲気中で行った。一般的に金属の電気伝導率は格子振動の影響で温度上昇とともに低下し，室温付近での電気伝導率は近似的に次式で表すことができる。

$$\sigma(T)=\sigma(T_0)\{1+\alpha(T-T_0)\}-1 \qquad (1)$$

ここで α は電気抵抗の温度係数であり，T_0 は室温付近の任意の温度である。図５に示した測定結果から CNT 銅複合材料の温度係数が求められる。求めた値は 2.0×10^{-3}/K であり，銅（4.3×10^{-3}/K）の約

2分の1程度である。つまり室温では銅の方が高い電気伝導率をもつが，350 K 以上の温度では逆転しCNT 銅複合材料の方が銅よりも高い電気伝導率をもつことを示している。配線部材の動作温度はしばしば350 K を超えるため，この特性は電気や熱負荷量の高い応用例においては特に重要である。

3.2　電流容量

CNT 銅複合材料は銅や金といった従来の配線材料よりも100倍近く高い電流容量を示すことが明らかになっている[2]。電流容量とは，ある電気回路に流すことができる最大の電流である。金や銅のような配線材料に電流を印加するとある電流密度で破断が生じるが，CNT 銅複合材料は，銅や金よりも100倍の電流密度まで破断せずに耐えることができる。**図6**に電流密度を変化させたときのCNT 銅複合材料，銅，金の抵抗率の変化を示す。銅ならびに金線はそれぞれ 6.1×10^6 A/cm，6.3×10^6 A/cm で破断しているのに対して，CNT 銅複合材は電流密度 6.1×10^8 A/cm 付近まで一定を保っている。この結果は，CNT 銅複合材料が，銅，アルミニウム，金および銀などの従来の導体[11)12)]（$\sim1\times10^6$ A/cm）やプラチナ修飾したCNT 類[13)]（7.5×10^6 A/cm）よりも100倍高い電流容量をもつことを示している。さらにこの値は，単体のCNT について報告されている最高値[14)-18)]（1×10^9 A/cm^2）に近い値であった。

このように単層CNT と銅の複合化で電流容量が増加した原因には，銅の表面や粒界が単層CNT で覆われることで，表面や界面の拡散が抑制されたことが考えられる。実際に筆者らのグループでは，CNT 銅複合材料が破断するときの活性化エネルギーが，銅の格子拡散の活性化エネルギーと同等であり，表面や結晶粒界の活性化エネルギーよりも低いことを実験的に検証した。具体的には，異なる温度（440 K，450 K，473 K，498 K）で定電流密度印加による破断時間を測定し，アレニウスプロットを解析した。解析から求めたCNT 銅複合材料が破断するときの活性化エネルギーは約2 eV であったが，これは銅の格子拡散エネルギーと一致する[19)20)]。通常の銅においては，銅の格子内ではなく表面や結晶粒界が主な拡散パスであり，活性化エネルギーは0.7～1.0 eV 程度である[19)20)]。つまり実験から求めた活性化エネルギーは，CNT 銅複合材料では銅の表面や結晶粒界での拡散が抑制されることで，破断に至る活性化エネルギーが上昇していることを示唆している。

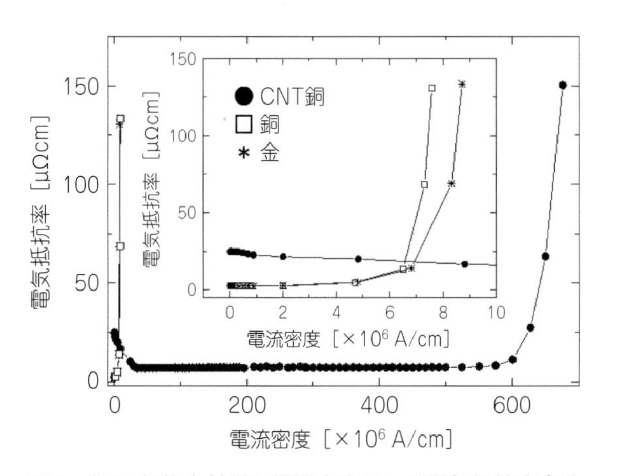

図6　CNT銅複合材料の電流密度による電気抵抗率変化
挿入図：銅，金の比較実験結果。

CNT 銅複合材料は高い電気伝導率と電流容量を併せもつ。電気伝導度と電流容量を同時に向上させる方法は理論的には提唱されている[21)]が，実験的に実現した報告例はなかった。これは金属のような自由電子が多く原子間の結合が弱い物質では電気伝導度が高いが，イオン・電流・熱を駆動力とする拡散が起こりやすく，一方，炭素材料のような原子間の結合が強く，拡散が起りにくい材料では電流容量は大きいが電気伝導度が低いため，本質的に電気伝導度と電流容量の両立は容易ではないためである。これまでに，例えばXu らはCNT ファイバーと銅の複合材料で高い電気伝導度を実証し[22)]，Behabtu らはCNT ファイバーで 2.9×10^4 S/cm という高い電伝導度を報告しているが[10)]，いずれの場合も電流容量については報告されていない。**図7**にCNT 銅複合材料の電気伝導度と電流容量を，各種ナノカーボン材料，金属・合金と比較したものを示す。筆者らが開発したCNT 銅複合材料は，高い電気伝導率と電流容量を実現した初めての報告例である。

またCNT 銅複合材料は定電流印加に対しても高い安定性を示す。**図8**にCNT 銅複合材料に電流密度 1×10^8 A/cm で直流電流を印加した時の電気抵抗率を示す。1,200時間までの電気抵抗率の変化は

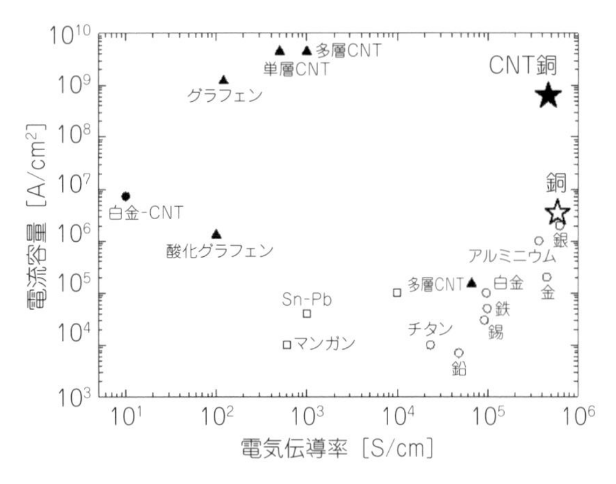

図７　CNT 銅複合材料と従来材料の電気伝導度・電流容量の比較

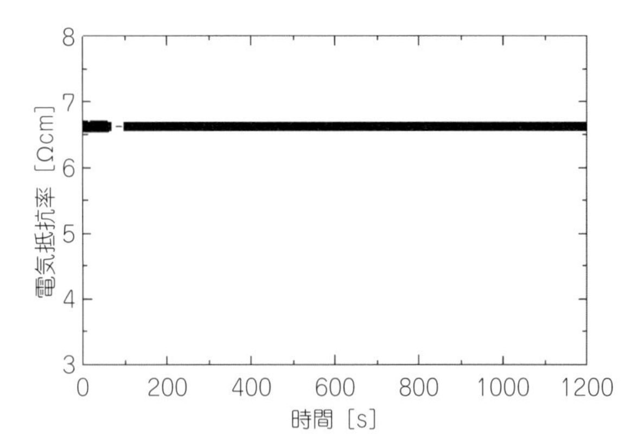

図８　CNT 銅複合材料の寿命試験結果

わずか10％以下であり，CNT 銅複合材料が非常に高寿命で高い安定性を有することを示している。

3.3　熱伝導性と線膨張係数

電気めっきにより複合化したCNT銅複合材料は，金属材料の中でも高い熱伝導性を示す銅（400 W/(m･K)）と同等の熱伝導率をもつ[3]。CNT 銅複合材料の熱伝導率は，熱拡散率，比熱，密度を実験的に測定し，次式によって計算した。

$$\kappa = \alpha \rho C_p \tag{2}$$

ここで κ＝熱伝導率，α＝熱拡散率，ρ＝密度，C_p＝比熱である。熱拡散率はベテルサーモウェーブアナライザにより測定し，比熱は示差走査熱量法で測定した。CNT 銅複合材料の熱拡散率は 132 mm²/s，比熱は0.575 J/(kg･K)，密度は5.2 g/cm³であった。これらの値から計算して得られたCNT 銅複合材料の熱伝導率は 395 W/(m･K) であり，これはチタン（22 W/(m･K)），アルミニウム（236 W/(m･K)），金（319 W/(m･K)）といった銅以外の金属よりも高い値である。CNT と銅の複合化により高熱伝導度が可能であることは，Xu らが理論的に提案[23]していたものの，CNT と銅を同等の体積分率で複合化すること，複合化プロセス中のCNT の凝集やダメージの抑制が困難であるために，実験的に実証された報告例はなかった[24)25]。筆者らは，高配向単層CNT のCNT 固体に電気めっきで複合化することで，これらの要求を満たすことに成功し，高い熱伝導度を有するCNT 銅複合材料を開発することができた。

またCNT 銅複合材料は，銅やアルミニウムといった電流や熱の伝導性が高い金属と比較して非常に低い線膨張係数を持つ。線膨張係数は温度変化に対して物質が膨張する割合を示す物質固有の値であり，構成する原子間の結合強さに依存する。CNT やシリコンなどの共有結合材料は原子間の結合力が強く線膨張係数が小さい[26)-28]が，銅やアルミニウムは金属結合であるため結合力は弱く線膨張係数が大きい。

CNT 銅複合材料の線膨張係数は thermal mechanical analysis（TMA）法で測定した。TMA 法では引張りや圧縮の負荷を加えながら，試料を加熱しひずみ量の変化から線膨張係数を算出する。CNT 銅複合材料については，引張モードで 250 K から 320 K の温度範囲でひずみ量の変化を測定した。**図９**に銅，CNT 銅複合材料，単層CNT の線膨張係数の測定結果を示す。CNT 銅複合材料は銅と比較して加熱によるひずみ変化が小さいことがわかる。またここから得られたCNT 銅複合材料の線膨張係数は5 ppm/K であり，銅（17.0 ppm/K）の３分の１以下の値であった。つまりCNT 銅複合材料が高い熱伝導性と低い線膨張係数をもつことが明らかになった。

図10にCNT 銅複合材料の線膨張係数と熱伝導率を，金属（アルミニウム，金など），合金（インバーなど），半導体材料（シリコンなど）と比較を示す。この図は，CNT 銅複合材料は高導電性材料中で最も線膨張係数が低い材料であることを示している。半導体デバイスにおいて，基材であるシリコ

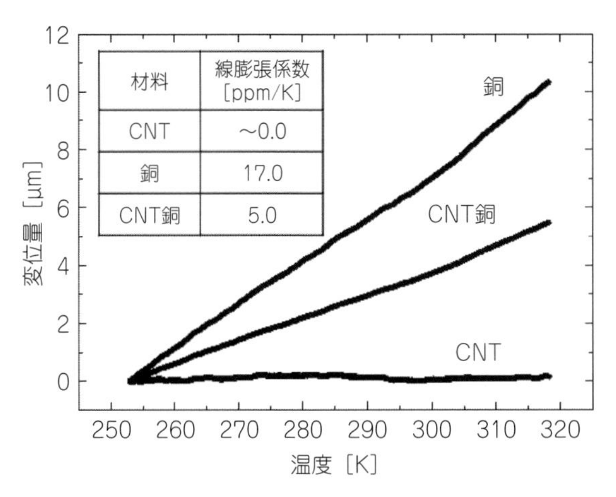

図９　CNT 銅複合材料，銅，単層 CNT の線膨張係数

ンと配線材である銅との線膨張係数差により生じる熱ひずみは配線故障の要因である。従来の材料では，電流や熱伝導性に優れた材料でシリコン並みの低線膨張係数をもつ材料はなかった。CNT 銅複合材料の線膨張係数は 5.0 ppm/K であり，シリコンの 3.0 ppm/K と近い値である。よって CNT 銅複合材料は低熱サイクル負荷で信頼性が高い配線材料として有望である。

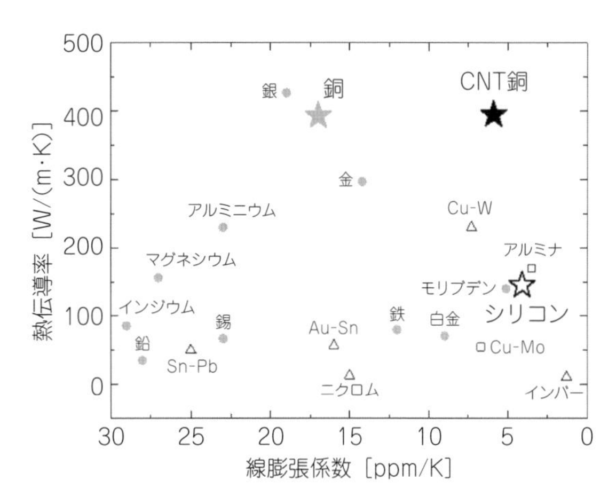

図 10　さまざまな材料の線膨張係数と熱伝導率の比較

4. まとめ

CNT 銅複合材料は軽量で，金属と同等の優れた電気伝導性，熱伝導性を有しながら，共有結合の炭素材料と同等の電流や熱に対する安定性をもつ。このため軽量・高導電性・高信頼性の配線材料として有望であり，デバイスの配線や自動車のモーターコイル・ワイヤーハーネスへの応用が期待される。

謝　辞

この成果は，国立研究開発法人新エネルギー・産業技術総合開発機構（NEDO）の委託業務の結果得られたものである。

文　献

1）K. Hata, D. N. Futaba, K. Mizuno, T. Namai, M. Yumura and S. Iijima：*Science*, **306**（5700）, 1362（2004）.

2）C. Subramaniam, T. Yamada, K. Kobashi, A. Sekiguchi, D. N. Futaba, M. Yumura and K. Hata：*Nature Commun.*, **4**, 2202（2013）.

3）C. Subramaniam, Y. Yasuda, S. Takeya, S. Ata, A. Nishizawa, D. N. Futaba, T. Yamada and K. Hata：*Nanoscale*, **6**, 2669（2014）.

4）D. N. Futaba, K. Hata, T. Yamada, T. Hiraoka, Y. Hayamizu, Y. Kakudate, O. Tanaike, H. Hatori, M. Yumura and S. Iijima：*Nat. Mater.*, **5**, 987（2006）.

5）C. Subramaniam, A. Sekiguchi, T. Yamada, D. N. Futaba, M. Yumura and K. Hata：*Nanoscale*, **8**, 3888（2016）.

6）Y. Hayamizu, T. Yamada, K. Mizuno, R. C. Davis, D. N. Futaba, M. Yumura and K. Hata：*Nat. Nanotechnol.*, **3**, 289（2008）

7）T. Yamada, N. Makiomoto, A. Sekiguchi, Y. Yamamoto, K. Kobashi, Y. Hayamizu, Y. Yomogida, H. Tanaka, H. Shima, H. Akinaga, D. N. Futaba and K. Hata：*Nano Lett.*, **12**（9）, 4540（2012）

8）R. S. Lee, H. J. Kim, J. E. Fischer：A. Thess and R. E. Smalley：*Nature*, **388**, 255（1997）.

9）H. Dai, E. W. Wong and C. M. Lieber：*Science*, **272**, 523（1996）.

10）N. Behabtu et al.：*Science*, **339**, 182（2013）.

11）J. R. Lloyd, and J. J. Clement：*Thin Solid Films*, **262**, 135（1996）.

12）P. S. Ho, and T. Kwok：*Rep. Prog. Phys.*, **52**, 301（1989）.

13）Y. L. Kim, et al.：*ACS Nano.*, **3**, 2818（2009）.

14) Z. Yao, C. L. Kane and C. Dekker：*Phys. Rev. Lett.*, **84**, 2941 (2000).
15) B. Q. Wei, R. Vajtai and P. M. Ajayan：*Appl. Phys. Lett.*, **79**, 1172 (2001).
16) P. G. Collins, M. Hersam, M. Arnold, R. Martel and P. h. Avouris：*Phys. Rev. Lett.*, **86**, 3128 (2001).
17) S. Frank, P. Poncharal, Z. L. Wang and W. A. de Heer：*Science*, **280**, 1744 (1998).
18) Park et al.：*Nano. Lett.*, **4**, 517 (2004).
19) J. R. Lloyd, J. Clemens and R. Snede：*Microelectron. Reliab.*, **39**, 1595 (1999).
20) Q. Huang, C. M. Lilley and R. Divan, *Nanotechnology*, **20**, 075706 (2009).
21) O. Hjortstam, P. Isberg, S. Soderholm and H. Dai：*Appl. Phys. Lett.*, **78**, 1175 (2004).
22) G. Xu, J. Zhao, S. Li, X. Zhang, Z. Yong and Q. Li：*Nanoscale*, **3**, 4215 (2011).
23) Z. Xu and M. J. Buehler：*ACS Nano*, **3**, 2767 (2009).
24) K. Chu, Q. Wu, C. Jia, X. Liang, J. Nie, W. Tian, G. Gai and H. Guo：*Compos. Sci. Technol.*, **70**, 298 (2010).
25) K. T. Kim, J. Eckert, G. Liu, J. M. Park, B. K. Lim and S. H. Hong：*Scr. Mater.*, **64**, 181 (2011).
26) A. V. Mazur and M. M. Gasik：*J. Mater. Process. Technol.*, **209**, 723 (2009).
27) C. Li and T. W. Chou：*Phys. Rev. B：Condens. Matter Mater. Phys.*, **71**, 235414 (2005).
28) G. Cao, X. Chen and J. W. Kysar：*J. Mech. Phys. Solids*, **54**, 1206 (2006).

第2節　CNT含有耐熱ゴム材開発

国立研究開発法人産業技術総合研究所　阿多　誠介

1. 背　景

ゴムおよび熱可塑性エラストマー（thermoplastic elastomer；TPE）は常温で弾性を示し，自動車部品や医療関連製品，生活用品などさまざまな用途に利用されており，私たちの生活にはなくてはならない材料である。なかでもOリングやガスケットなどのシール部材はゴムやTPEの主要な用途の1つである。これはゴムやTPEが弾性と，高いガス・液体へのバリア性とを有し，かつ安価で成形性が良いという特徴をもつためである。

このように優れた特徴がある一方で，有機物であるゴムやTPEにはいくつかの弱点がある。その1つが使用可能な温度領域が制限されることである。例えばゴムやTPEは低温になると弾性を失い，ガラス状態に転移し，シーリング材料として求められる特性を喪失する（1986年の米国スペースシャトル・チャレンジャー号の事故が有名）。また，高温環境下では，ゴムやTPEは熱分解により軟化（もしくはしばしば硬化）しながら劣化し，シーリング材料としての機能を失う。そのため，ゴムやTPEには連続使用限界温度が決められており，その温度以上では連続してその材料を使用することができない。

低温側の使用限界温度はゴム自身の緩和時間と相関するため，カーボンナノチューブ（CNT）には出番はない（と思われる）。一方のゴムやTPEの高温側の連続使用限界温度は，その種類によって大きく異なるが，おおよそ一般的な汎用ゴムでは80～200℃の間にある。一般的なゴムの耐熱温度を**表1**に示す。耐熱安全温度は，その材料を長時間使用する際に安全に使用可能な上限温度であり，耐熱限界温度よりも低い値が設定されている。

表1　ゴムの耐熱限界温度と耐熱安全温度

ゴムの種類	耐熱限界温度［℃］	耐熱安全温度［℃］
NBR	120	80
H-NBR	140	110
FKM	230	200
ACM	160	140
NR	80	65

NBR，水添加NBR（H-NBR），フッ素ゴム（FKM），アクリルゴム（ACM）および天然ゴム（NR）の値を示す。

これら耐熱限界温度や耐熱安全温度よりも高い温度下でシーリング材料が必要となる場合は，金属製やC-Cコンポジットなどが用いられていた。しかし，これらの材料は弾性をもたないため表面の高い平滑性が必要であり，表面に付着したゴミや，傷などがある場合は漏れの原因となる。また，金属材料においては高温環境下での酸化などによる材料の劣化は長期使用における信頼性を著しく低下させることになる。

もし，ゴムやTPEの耐熱温度を改善できれば，これまでこれらの材料が使用できなかった用途，例えば石油掘削装置シーリング，自動車などの金属ガスケット代替，化学プラントの高温部シールへの適用，燃料輸送材料など高温環境下でのシーリング材料などの用途に対して，ゴムやTPEを適用していくことが可能となる。

本稿では，これまでよく知られていたCNTの物理的な補強効果ではなく，化学的な補強効果を利用することにより，ゴムやTPEの耐熱温度を改善するメカニズム，手法およびその材料設計の指針について紹介する。

2. ゴムの耐熱性改善指針

まずはじめに，なぜゴムやTPEを高温環境で使用できないのかをゴムを例に詳しく説明していく。

ゴムは１次元の高分子鎖が架橋部により化学的に結合し，３次元のネットワーク構造をとっている。ゴムを架橋する分子として，最も有名なものは硫黄である。そのため，硫黄を用いたゴムの架橋操作のことを「加硫」とよぶ。

架橋したゴムに変形を加えると，ゴム分子鎖は架橋部によって化学的に連結されているために分子間同士の位置がずれることが出来ず，エントロピー的に不利な状態になる。そのため元の形状に戻ろうとする復元力が生じる。この復元力こそがゴムが弾性を示す原因である。このためゴムの弾性はエントロピー弾性とよばれる（もう１つはバネ弾性）。すなわち，この３次元的なネットワーク構造こそがゴムの特性を発現させるための重要な点である。

この３次元ネットワーク構造をもつゴムを，耐熱限界温度以上の温度の中で保持すると，ゴムの分子鎖や架橋部が熱によって切断される。例えばゴム分子の主鎖は，（シリコンゴムを除いて）おおよそ–C–C–結合で形成されるが，この–C–C–構造の真ん中の共有結合が熱により切断された場合，炭素間で共有されていた共有結合の電子対は，各々の炭素に開裂され（ホモリティック解裂），不対電子となる。この不対電子を持つ分子はラジカル（radical）とよばれる。このラジカルの厄介な点は，非常に強い求電子性を有するため，他の共有結合に作用し，さらに多くのラジカルを生成する点にある。このラジカルによる連続的かつ雪崩式に起こる反応のことを自動酸化反応と呼ぶ。自動酸化反応の模式図を**図１**に示す。

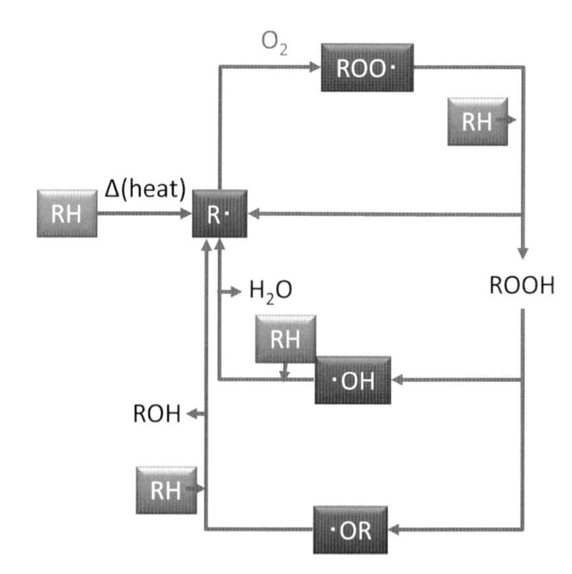

図１　ラジカルの自動酸化反応の一例

Ｒはアルキル基を示している。一度発生したラジカルは酸素と結びつき，３つのラジカルに変化する。さらにこのラジカルが３つのラジカルを生成し，雪崩式にラジカルによる分解反応が進行する。

ゴムがいったんこの自動酸化反応に入ると，ゴム分子鎖および架橋部が次々と切断されていく。その結果，ゴムの分子量が低下し，次第に弾性よりも粘性を示し始め（一般的に高分子性を失う分子量は１万程度であるといわれている），最終的には炭化して気体へ（脱ガス成分）と変化していく。また，架橋部が切断させることによって，エントロピー弾性が失われ，変形に対して塑性的な挙動を示すようになる。TPE でもゴムと同様に主鎖の切断が高温環境下での使用制限の原因となる[※1]。

上記のことからゴムなどの耐熱性を向上させるためには，ラジカルを生成させないか，生成したラジカルが自動酸化反応に移行するのを阻止することが効果的であるといえる。前者には「高分子鎖の共有結合エネルギーの向上」，後者には「発生したラジカルを速やかに補足安定化する」という方策が考えられる。共有結合エネルギーの向上は，化学構造そのものを変える必要があるため，材料を使用する側からは容易ではないではない（e.g. 側鎖に電気陰性度の高い原子，例えばフッ素を導入する方法がある）。そのため後者の発生したラジカルを速やかに補足する方法が一般に行われている。このラジカルを補足する物質を「ラジカルアクセプター」もしくは広義には「老化防止剤」とよぶ。一般にラジカルアクセプターとしてベンゼン環を有する低分子材料が広く用いられている。この低分子のラジカルアクセプターは，低分子であるゆえ，高温で機能が低下する，均一分散が難しい，多量添加が不可能，といった種々の解決すべき問題を有している。

※1　ただしすべてのゴムが劣化により軟化するわけではなく，ゴムの種類によっては逆に架橋反応が進行し硬化しながら劣化するものもある。

ナノカーボン材料の一種であるフラーレンも高いラジカル捕捉能をもつことからラジカルアクセプターとして作用することが知られている[1)2)]。しかしフラーレンを表面エネルギーの異なるゴムや樹脂中に均一・均質に複合化することは困難であるため，フラーレン自身が高いラジカルアクセプターとしての機能を有しているにもかかわらず，この機能をゴム中で有効に発揮させることは難しい。そのためフラーレンを高分子材料のラジカルアクセプターとして用いて耐熱性を向上させる試みは普及していない。

フラーレンと同じくナノカーボン材料であるCNTもフラーレンと同様にラジカル捕捉能を有することが予測されてきた材料であったが，その補足効果はフラーレンに劣ると考えられていた（これは，理想的な状態のCNT（SP^2軌道の炭素のみから構成されるCNT）においては，ラジカル捕捉はCNT末端でしか起こらないと考えられていたためである）。そのため，CNTをラジカルアクセプターとして用いた研究例はこれまでほとんど報告されてこなかった。しかし近年，CNTに高いラジカル捕捉効果が存在することが理論，実験の両面から報告されている[3)-7)]。これは，実際のCNTでは表面に多数存在する欠陥においてラジカルを補足することが可能であり，ラジカルアクセプターとして機能することが明らかになったためである。

ラジカルアクセプターとしてのCNTの特長は

- ラジカル捕捉点として作用する非常に大きな表面を有する。
- 均一に分散させることが可能である。
- 熱による劣化がない。

など，これまで用いられてきた低分子のラジカル捕捉材にはない種々の利点がある。これらCNTのラジカルアクセプターとしての長所をいかすためには，CNTを解繊（バンドルを解すこと），分散（お互いに引き離すこと）して，かつゴムやTPE中に均一に分配する必要がある。

3. ゴムの耐熱性などの改善事例

3.1　耐熱性

ゴムの耐熱性の評価方法はいくつかの方法があるが，1つの手法として貯蔵弾性率を測定する手法がある。ゴムの貯蔵弾性率はゴム中の分子の絡み合い点から別の絡み合い点までの分子量「絡み合い点間分子量」に相関している。そのため，高温環境下での貯蔵弾性率の低下はゴムの熱による架橋部など切断を反映している。

代表的な耐熱材料であるフッ素ゴムを，一定温度で保持しながら貯蔵弾性率の時間変化を測定すると，200℃以上で貯蔵弾性率は低下を示し，280℃では貯蔵弾性率は24時間でおおよそ2割まで低下する（**図2**）。これはフッ素ゴムの架橋部や主鎖が熱によって切断されていることを意味している。

一方，CNTとゴムの複合材料ではわずか1 wt％加えただけ280℃での貯蔵弾性率の低下をほぼ抑制することができる（**図3**）。CNTゴム複合材料の貯蔵弾性率低下の抑制は，CNTの添加により耐熱性が大きく向上することを意味している。貯蔵弾性率の低下抑制の1つの要因としては，前述したCNTのラジカル捕捉効果によるフッ素ゴムの低下抑制が考えられる。CNT①は24時間での貯蔵弾性率の低下が最も小さかった。CNT①は単層CNTであり，CNT②，CNT③およびCNT④は多層CNTである。そのため，CNT①は他のCNTに比べて単位体積当たりの表面積（比表面積）が2～4倍程度大きい。CNT①の大きな比表面積が熱によって発生したラジカルを捕捉するのに効果的であったと考えられる。

3.2　耐熱水性

ゴムやTPEは熱に弱いが，さらにここに水が介在すると，分解は加速される。この水が介在した高分子材料の分解反応のことを「加水分解反応」と呼ぶ。シーリング材料が実際に使用される環境では，水分などが存在する可能性も当然あるため，シーリング材料として用いる材料においては加水分解に対する耐性の向上も重要である。

CNTの有無による加水分解特性の違いを比較するため，オートクレーブ中で280℃，6.3 PMa（水の280℃における飽和水蒸気圧）の条件下でOリングを3時間保持し，試験前後での物性の変化を評価した。ここでは，ゴムの硬度（ISO 48/JIS K 6253）と引張強さ（JIS K 7161）を測定した。試験には，フッ素ゴム，フッ素ゴム/CNT①（1 wt％），市販

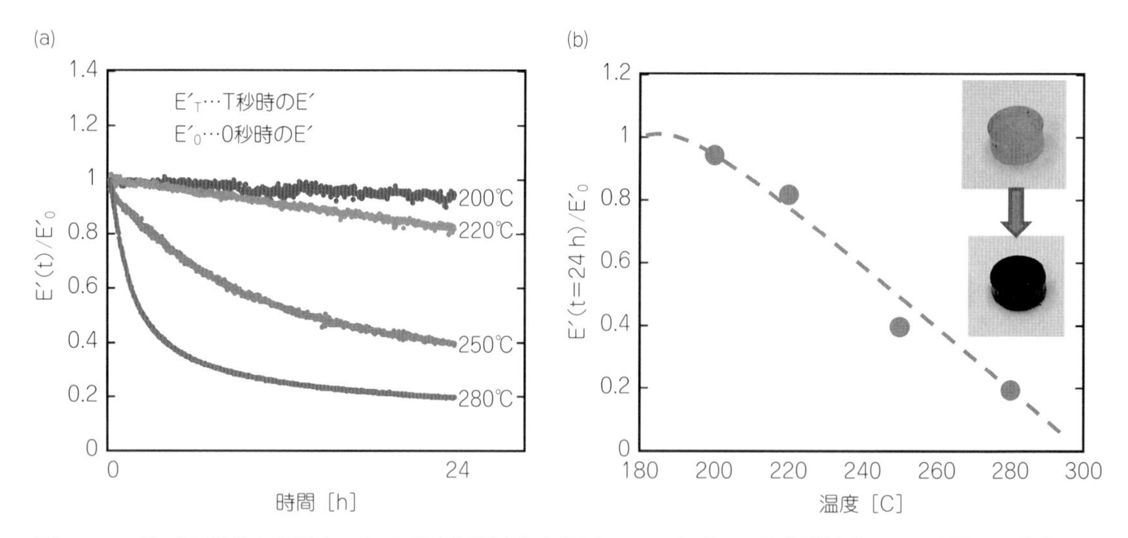

図2　フッ素ゴム単体の各温度における貯蔵弾性率変化(a)，フッ素ゴムの貯蔵弾性率の24時間での変化の温度依存性(b)。図中の写真は熱処理前後の試料。透明が黒色に変化する。

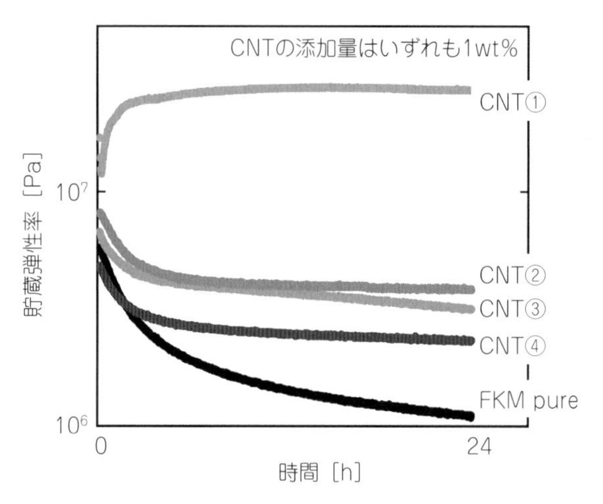

図3　フッ素ゴムおよびフッ素ゴムとCNT複合材料（1 wt %）の280℃における貯蔵弾性率の変化

試験条件は温度：280（287）℃，試験時間：24h，ひずみ量：0.1%，周波数：10 rad/sec。

されている耐熱ゴムの3種を用いた。

まず試験前後での形態変化を確認すると，フッ素ゴムや市販の耐熱ゴムでは，表面凹凸の増加などの形態変化が観察される一方，フッ素ゴムとCNT（1 wt %）の複合材料では明確な形態変化は確認されなかった（**図4**(a)）。次に硬度と引張強さの熱水処理前後での物性変化を示す（図4(b)）。フッ素ゴムでは熱水試験によって引張強さは40%，硬度は14%低下するが，CNTを1 wt %添加することにより，物性変化はそれぞれ2%，4%まで低減させることができる。また市販されている耐熱材料でも物性変化はそれぞれ16%，15%でありフッ素ゴムとCNTとの複合材料にくらべ大きい値となった。この結果は，フッ素ゴムとCNTを複合化することにより市販されている耐熱ゴムよりもはるかに耐熱水性の高い材料であることを意味している。この耐熱水性の向上についても，ラジカル化した高分子をCNTが安定化することにより，加水分解反応を抑制したものと考えられる。

3.3　耐酸・耐アルカリ性

ゴムは高温環境下や高温＋水蒸気環境下において分解し物性低下するが，同様に酸やアルカリ環境下でも，容易に加水分解反応により劣化する。特にゴムはアルカリにさらすことで物性が大きく低下することが知られている。酸やアルカリ環境下では，前述した金属材料をシーリング材料として使用できないことから，ゴムで耐酸・耐アルカリ性が向上するのであればその意義は非常に大きい。酸およびアルカリによる加水分解は，プロトン（H^+）および水酸化物イオン（OH^-）を介在した加水分解であるため，このプロトンや水酸化物イオンを系内で吸着することができれば，ゴムの酸やアルカリに対する耐久性を高めることが可能となる。CNTはイオンを表面に吸着し，ドーピング効果を示すことが知られているため，プロトンや水酸化物イオン（有名な

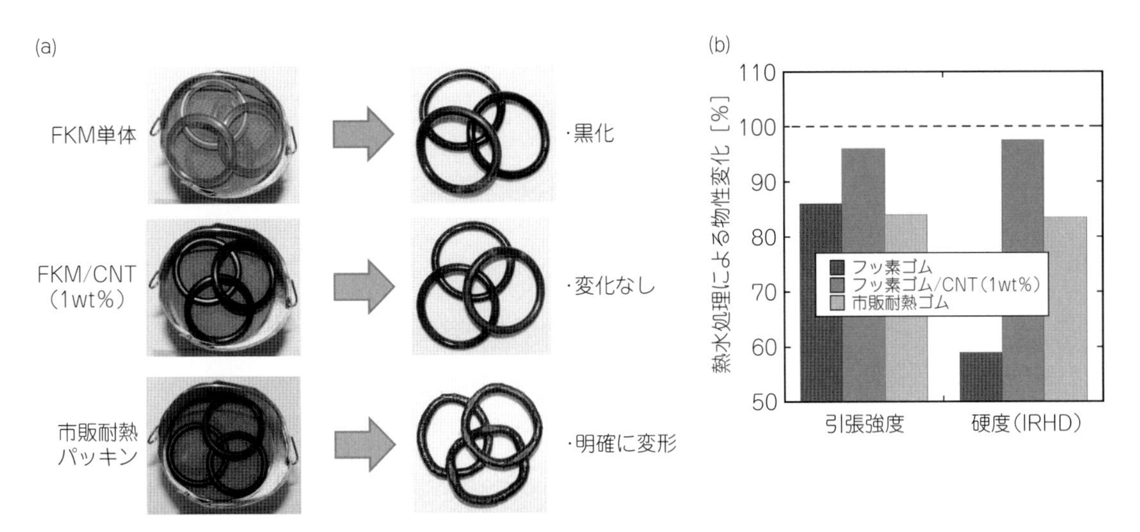

図４　フッ素ゴム単体，フッ素ゴム/CNT（1 wt %），市販耐熱ゴム耐熱水試験前後での形態(a)，フッ素ゴム単体，フッ素ゴム/CNT（1 wt %），市販耐熱ゴムの耐熱水試験前後での引張強さと硬度の変化(b)

100%に近いほど熱水環境下での物性変化が小さいことを意味している。

ものにイオン液体がある）に対しての耐性を高めることができる可能性がある。

CNT 添加による耐酸・耐アルカリ性の評価については，酸やアルカリにより容易に加水分解反応を引き起こすポリウレタンを用いた。TPE の一種であるポリウレタンは生体適合性を有し，また優れた伸縮特性を示す材料であることから，自動車の部品や人工皮革，接着剤として広く用いられている材料である。

まず，ポリウレタンに CNT を 5 wt %添加した複合材料と，未添加の材料を作製した。作製した材料は酸（3 mol/L 塩酸：HCl（pH＝－0.47）とアルカリ（3 mol/L 水酸化カリウム：KOH（pH＝14.47）に浸漬し，形態の変化および力学特性の変化を測定することにより，耐久性の比較を行った。試験温度は 85℃，浸漬時間は 1 時間，3 時間，6 時間とした。なお，85℃は室温に対して約 400 倍の加速試験である。

その結果，CNT を添加しなかったポリウレタンでは浸漬時間 1 時間でも材料が劣化し，形態を保ったまま液中から取り出すこともできなかった（**図５**(a)）。一方，CNT を添加した複合材料では，引張試験に耐えうる強度を保っており，SG-CNT を添加することによって加水分解による材料劣化を抑制できることが示された。次に形態を保った CNT 入りの試料についてのみ引張試験を行い，引張強さを測定した。CNT の添加効果は特に酸に対しての補強効果が高く，ほとんど物性の低下は確認できなかった（図 5 (b)）。一方で水酸化カリウムに対しては 3 時間（室温換算では 1,200 時間）で力学特性は半分まで低下した（図 5 (b)）。この酸とアルカリに対する耐性の違いは，ポリウレタンがもともとアルカリに弱いことも挙げられるが，もう 1 つの可能性として CNT が水酸化物イオンに比べプロトンと強く相互作用したことが考えられる。

4．耐熱性，耐熱水性に優れた CNT 複合材料の作成法

CNT とゴムの複合材料は種々の方法で作成可能であろうし，この方法でなければいけないということはない。しかしながら，耐熱性を高めるには，作製された複合材料中に CNT が偏在することなく均一に分散されていることが重要である。

ゴムに良く使用されるカーボンブラックやシリカなどの粒子は，2 本ロールやバンバリミキサーによってゴム中で分散される。しかし，繊維状の CNT においてはこれらの手法はあまり適していない。これは，例えば 2 本ロールでは，ゴムの流れ方向とせん断力が加わる方向が一致しているため，CNT を解繊するよりもむしろ CNT を切断する効果が高くなるためである（**図６**）。

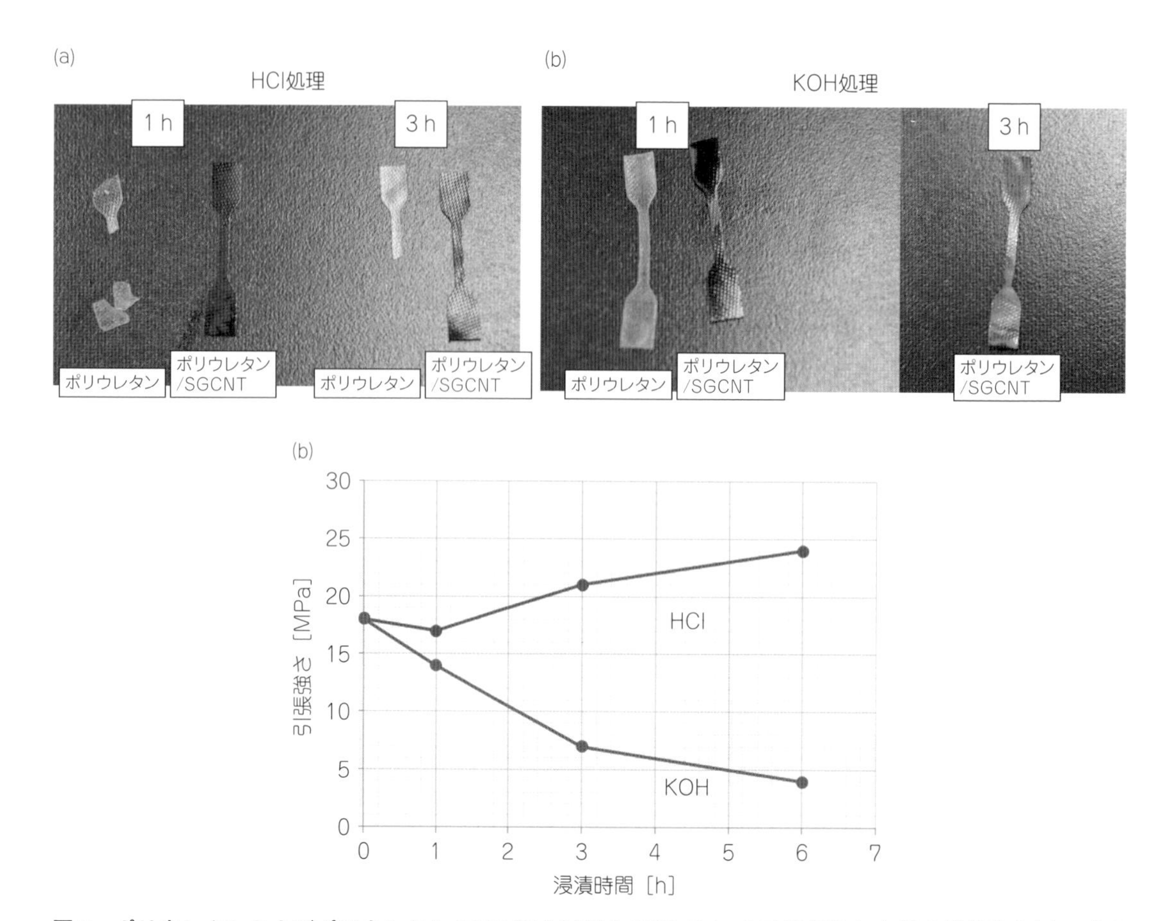

図５　ポリウレタンおよびポリウレタン/CNT 複合材料を 85℃で 1〜6 時間保持した際の形態変化(a)，ポリウレタンおよびポリウレタン/CNT 複合材料を 85℃で 1〜6 時間保持した際の引張強さの変化(b)

ポリウレタン単体では試料取り出し時に破断するなど，劣化が進んでいた。

筆者らが CNT とゴムの複合材料を作製する際には，まず CNT を有機溶媒に分散し，これにゴムを加え，最後に有機溶媒を除去することでマスターバッチを作製する。これを２本ロールで練ることによって（架橋剤と架橋開始剤をここで加える），安全にかつ CNT が緻密にネットワークを形成した CNT ゴムを作製することが可能となる。

CNT は酸素がなければ燃焼しないが，有機物であるゴムは 600℃近傍で熱分解して揮発する。そのため，CNT ゴムを窒素雰囲気下 600℃で数時間保持するとゴムが取り除かれ，CNT のネットワークだけを取り出すことができる。CNT 1 wt％含む CNT ゴム複合材料からゴムだけを取り出したものでは緻密なネットワーク構造が確認され（**図７**），またこの構造中の空孔サイズの分布を測定するとおおよそ 1 μm 程度であった。このような緻密なネッ

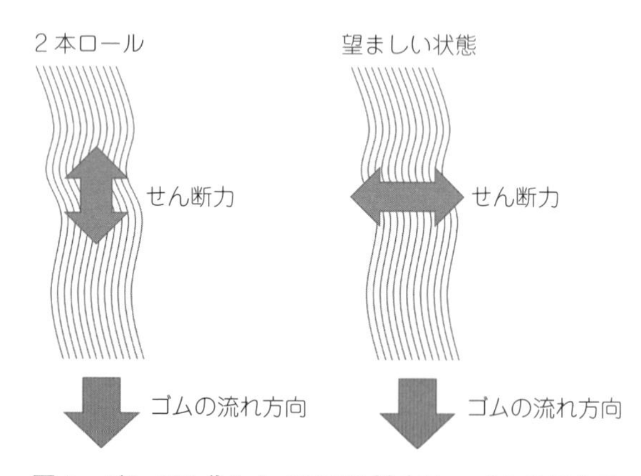

図６　バンドル化した CNT に対する，ゴムの流れ方向とせん断力の関係

（左）２本ロール，（右）望ましい状態。

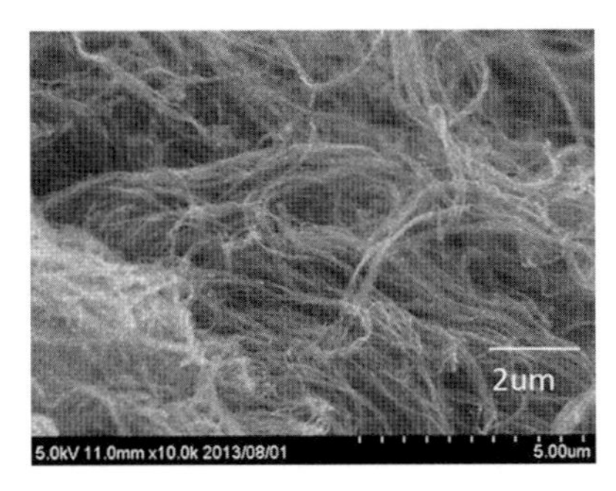

図７　フッ素ゴム／CNT1 wt％の複合材料からフッ素ゴムのみを除去し，取り出したCNTをSEMで観察したもの

トワーク構造をとることにより，ゴム中で発生したラジカルを効率良く補足することができる。

5. まとめ

CNTをゴムに添加することによりゴムの耐熱性や耐熱水特性，耐酸アルカリ性を向上させることが可能となる。また，CNTを複合化することにより，引き裂き特性や弾性率，引張強度などの機械強度を向上させることができ，また電気特性や熱伝導性なども同時に向上させることができる。機械特性は材料の信頼性向上に繋がり，また電気特性の向上は被シール体の静電気の除去などを容易にするという利点をもたらす。

一方で，CNTを添加すればこれらの物性向上が必ずしも達成できるわけではない。CNTの種類やそれをいかにゴムに複合化していくのか，といったことも重要な課題であるし，ゴムの種類によって物性向上の幅は異なっている。材料を適切に選択し，CNTを適切に分散，複合化していくことが必要である。

謝　辞

この成果は，国立研究開発法人新エネルギー・産業技術総合開発機構（NEDO）の委託業務の結果得られたものです。

文　献

1）E. B. Zeynalov, N. S. Allen and N. I. Salmanova：*Polym. Degrad. Stab.*, **94**（8）, 1183–1189（2009）.

2）J. J. Yin, F. Lao, P. P. Fu, W. G. Wamer, Y. Zhao, P. C. Wang, Y. Qiu, B. Sun, G. Xing, J. Dong, X. J. Liang and C. Chen：*Biomaterials*, **30**（4）, 611–621（2009）.

3）Y. Ying, R. K. Saini, F. Liang, A. K. Sadana and W. E. Billups：*Org. Lett.*, **5**（9）, 1471–1473（2003）.

4）I. Fenoglio, M. Tomatis, D. Lison, J. Muller, A. Fonseca, J. B. Nagy and B. Fubini：*Free Radic. Biol. Med.*, **40**（7）, 1227–33（2006）.

5）A. Galano：*J. Phys. Chem. C*,（2008）.

6）N. Zhang, Y. Zhang, M. –Q. Yang, Z. –R. Tangand Y. –J. Xu：*J. Catal.*, **299**, 210–221（2013）.

7）A. Amiri, M. Memarpoor-Yazdi, M. Shanbedi and H. Eshghi：*J. Biomed. Mater. Res. A*, **101**（8）, 2219–2228（2013）.

第3節　生体用CNT複合素材開発 —CNT複合アルミナセラミックスの開発

信州大学　青木　薫　信州大学　齋藤　直人　信州大学　樽田　誠一
伊那中央病院　荻原　伸英　帝人ナカシマメディカル株式会社　西村　直之

1．CNTの生体親和性

カーボンナノチューブ（carbon nanotube；CNT）は炭素原子からなる6員環を平面上に並べたグラフェンシートを円筒状に丸めた構造をしており，繊維1本の直径がナノメートル単位，長さはナノメートル～マイクロメートル単位となっているナノ微粒子である。1枚のグラフェンシートを丸めただけのものは単層CNT（single-walled carbon nanotube；SWCNT），筒が何層にも重なった構造のものは多層CNT（multi-walled carbon nanotube；MWCNT）と呼ばれている。

CNTの物質特性は，軽くてしなやかであり，優れた熱伝導性・電気伝導性を示し，工業分野での応用が期待されている[1]。CNTは実際に，リチウムイオン電池に利用することによりその耐久時間を延長し，省エネ時代を支える材料であるとされている。またさまざまな材料と複合することにより強度を保ったまま軽量化することができるため，自動車，航空機，船舶，宇宙船などの材料として開発が進められている。

信州大学では，CNT研究の世界的第一人者であるカーボン科学研究所の遠藤守信特任教授とともにCNTの研究を行ってきた実績があり，その分析法，精製法，工業応用について研究を行っている。

CNTは医学の分野でも臨床応用が期待されており，生体用素材に複合することにより，その強度を上げ，耐久年数が延長すると考えられている。

一方で，CNTは細長い形状が，アスベストを彷彿させるため，体内に取り込まれることにより，アスベストのように発がん性を有する可能性が示唆されている[2]。しかし，CNTはその直径や長さ，多層か単層か，含まれている不純物などと一口にCNTといっても多様な種類があり，アスベストがクロシドライト（青石綿），クリソタイル（白石綿），アモサイト（茶石綿）などの種類により発がん性，毒性が異なるように，CNTそれぞれにより生体への反応は異なると考えられる。また，このようなナノ微粒子の生体親和性，発がん性において，最も問題とされるのは肺内への吸い込みや，経口投与時の消化管への暴露であり，生体内への局所投与に関しては別に検討されるべきである。

マウスの骨に小さな骨孔を空け，そこにMWCNTを注入すると，MWCNTは骨組織内に取り込まれて骨組織はきれいに修復される[3]。また，MWCNTを骨再生の足場材料となるコラーゲンに混合させてフリーズドライしたインプラントに，骨形成タンパク質（bone morphogenetic protein；BMP）を加えてマウスの背部筋膜下に移植すると，MWCNTを加えない群に比べ，骨密度の高い骨が形成された。

骨組織は硬く石灰化した細胞外基質である骨基質とそれを維持する細胞成分から成っている。骨組織に含まれる細胞には，骨基質を形成する骨芽細胞，骨基質内でそれを維持する骨細胞，古い骨基質を吸収する（溶かす）破骨細胞があり，それらのバランスの上に骨組織は存在する。

培養中の骨芽細胞にMWCNTを添加し，骨芽細胞の骨形成能の指標である石灰化を評価するためのアリザリンレッド染色を行うと，MWCNTを加えた培地では，MWCNTを加えない培地の骨芽細胞よりも強い石灰化を生じる。また，骨芽細胞が産生する骨形成マーカーであるオステオカルシン（osteocalcin）というタンパク質のmRNA（メッセンジャーRNA，タンパク質を形成するために遺伝子からのアミノ酸配列の情報をコードしている核酸）の発現量を測定すると，MWCNT を加えた群の骨芽細胞から有意に多い発現量のオステオカルシンの mRNA が測定された。骨芽細胞培養皿底面のカルシウム濃度を測定すると，MWCNT を加えた培養皿でカルシウムの濃度が高くなっており，MWCNT は骨芽細胞周囲にカルシウムを引き寄せることにより，骨形成能を上げると考えられている[4]。

また，破骨細胞に分化する前の破骨細胞前駆細胞に MWCNT を添加することにより，前駆細胞内の NFATc1 という，前駆細胞の核内に移行することによって破骨細胞前駆細胞を破骨細胞に分化させる物質の核内移行が阻害されることが観察されている[5]。つまり，MWCNT は破骨細胞前駆細胞において，NFATc1 の核内移行を抑制することにより，成熟破骨細胞への分化を制御すると考えられている。

このように，MWCNT は骨芽細胞に対しては骨形成促進に働き，破骨細胞に対しては骨吸収抑制に働くため，骨組織に関しては親和性が高いと考えられる。しかし，CNT を生体材料として体内に入れて使用することを考えたときに，前述したようにその発がん性や毒性の問題は依然として残っている。CNT の発がん性に関わる報告は，腹腔内への投与や肺内への吸入による評価であり，生体材料として運動器（骨，関節，筋肉，神経など体を動かすための組織）の局所に対する投与，埋込みとは意味合いが異なる。

発がんモデルマウスである rasH2 マウス[6] の背部皮下に発がん性物質である N-methyl-N-nitrosourea（MNU）を投与すると，半年以内に皮膚，胃，胸腺など全身に腫瘍が発生するという実験系があり，同様に rasH2 マウスの背部皮下に MWCNT を投与した実験では，MWCNT の局所投与では明らかな発がん性を示さなかった[7]。

これまでの研究で MWCNT は，骨組織親和性に優れており，背部皮下への局所投与では明らかな発がん性を示さず，材料や使用する部位を選択すれば，生体材料として体内に埋め込むことには問題がないと考えられる。しかし，CNT などのナノ微粒子は，素材の小ささからその観察が難しいことが多く，局所投与後の体内動態に関しては不明なことが多い。骨内，皮下への局所投与や埋め込み後に細胞よりも小さなナノ微粒子が体内のほかの部位に移動しないという証拠はない。CNT を代表としたナノ微粒子が生体内でどのような動きを示すのか，今後のさらなる研究が必要である。

2. CNT 複合アルミナセラミックスの開発

変形性股関節症に対する人工股関節置換術や大腿骨頚部骨折に対する人工骨頭置換術において，その関節摺動面には超高分子量ポリエチレンや，アルミナ，ジルコニアなどのセラミックスが使用されている。人工関節や人工骨頭は人の体重を支えて長年使用されるため，経年にて劣化することが知られている。ポリエチレンでは長期使用にて摩耗粉が形成され，その摩耗粉の刺激により破骨細胞が活性化され，骨と人工材料の界面で骨溶解が生じ，緩みが生じる[8]。また，セラミックスではその材料が割れることにより破綻が生じることがある[9]。緩みや故障が生じた場合，患者には痛みや可動域制限，脱臼などの症状が起こり，入れ替えの再手術が必要となるが，壊れた人工物を抜去することに難渋することも多く，出血や術中骨折などのリスクは高く，術後の関節・歩行機能が低下することも少なくない。患者の高い生活の質（quality of life；QOL）を保つためにも，耐久性の高い医療材料の開発が必要である。

筆者らは高純度のアルミナセラミックスに MWCNT を複合させた MWCNT 複合アルミナセラミックスを開発した[10]。MWCNT 複合アルミナセラミックスは高分散処理した MWCNT 溶液を，高純度アルミナ粉体とボールミルで混合して MWCNT 複合アルミナセラミックス混合粉体を作製し，静水圧成形，真空焼成，hot isostatic pressing（HIP）処理を行って MWCNT 複合アルミナセラミックスとした。

作製した MWCNT 複合アルミナセラミックスの機械的特性として，コントロールのアルミナセラミックスに比べ，焼成温度などの作製条件により差異は認められたものの，同等またはそれ以上の破壊じん性を示した。MWCNT 複合アルミナセラミックスの破断面を走査型電子顕微鏡で観察すると，主にアルミナセラミックスの粒界に MWCNT が分散されて存在していることが観察できた（**図１**）。ア

図１　0.8 重量％ MWCNT 複合アルミナセラミックス破断面の走査型電子顕微鏡像

アルミナセラミックスの粒界に繊維状の MWCNT が観察される。

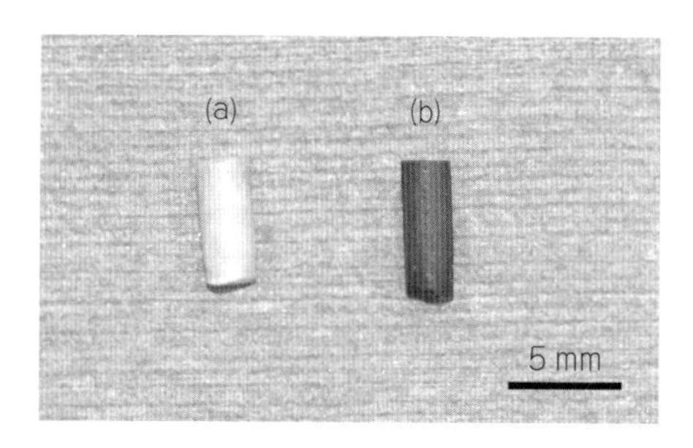

図２　コントロールのアルミナセラミックス製インプラント(a)，MWCNT 複合アルミナセラミックスインプラント(b)

ルミナセラミックスと MWCNT の界面には隙間がなく，破断の際には，MWCNT がブリッジングあるいはプルアウトといったクラックの進展を妨げる強化機構を発現し，破壊じん性が向上したと考えられる。

MWCNT 複合アルミナセラミックスの *in vitro* の生体親和性試験として，0.8 重量％ MWCNT 複合アルミナセラミックスのインプラントを用いて実験を行った。インプラントは 200MPa の静水圧成形，1,350℃での真空焼成，1,350℃での HIP 処理を行って作成したものを使用した。MWCNT 複合アルミナセラミックスおよび，コントロールのアルミナセラミックスのインプラント上で骨芽細胞を培養すると，両群ともにインプラントに接着して増殖する細胞数には有意差を認めず，骨芽細胞が産生する骨形成マーカーであるアルカリホスファターゼ（alkaline phosphatase；ALP）の活性にも差を認めなかった[11]。

また，*in vivo* における生体親和性試験として日本白色家兎の大腿骨への MWCNT 複合アルミナセラミックス製インプラント（**図２**）の埋込み試験を行った。家兎の大腿骨に骨孔を作成し，MWCNT 複合アルミナセラミックスまたはコントロールのアルミナセラミックスのインプラントを挿入し，4 週，12 週，26 週，52 週，78 週後に大腿骨を採取し，インプラント埋込み部位の薄切研磨標本を作成して光学顕微鏡にて観察し，骨組織親和性を評価した。MWCNT 複合アルミナセラミックス群およびコントロール群の双方で，インプラントの周囲に正常な骨組織が再生して密着しており，インプラントによる炎症反応，組織壊死などの有害反応は認められなかった（**図３**）。

3. まとめ

CNT は，生体内への局所埋込みに関しては，骨組織への親和性に優れ，骨形成に有意に働くと考えられる。また，MWCNT を複合させて作成した MWCNT 複合アルミナセラミックスは，通常のアルミナセラミックスよりも破壊じん性を向上させることが確認され，複合体としても骨組織への親和性に優れていることが認められた。今後，MWCNT 複合アルミナセラミックスによる耐久性，生体親和性に優れた人工関節摺動面の開発が期待できる。

また，アルミナセラミックス以外の生体材料に CNT を複合させることにより，それらの機械的強度，耐久性を向上させることが可能であると考えられる。

しかし，CNT の生体親和性，生体毒性，発がん性や体内動態については明らかになっていないことも多く，さらなる研究が必要であり，生体に対して使用できる部位，CNT の特徴・種類・量などを明らかにすることにより，安全に使用できる高機能の生体材料開発が実現される。

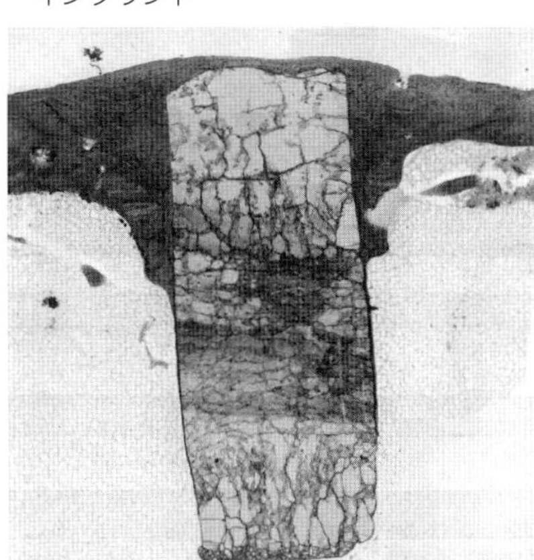

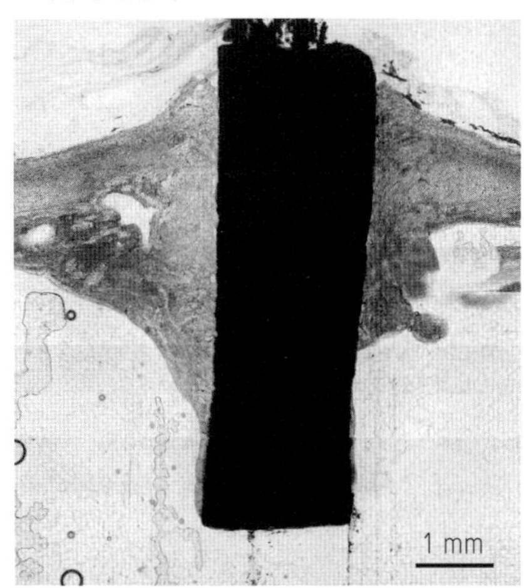

図３　アルミナセラミックス製インプラントの埋め込み後78週の家兎大腿骨の薄切病理組織像

文　献

1）Hungo Choo：*Carbon Letters*, **13**, 191–204（2012）.
2）Poland CA,：*Nat Nanotechnol.*, , **3**（7）, 423–428（2008）.
3）Y. Usui：*Small*, **4**, 240–246（2008）.
4）M. Shimizu：*Adv Mater.*, **24**, 2176–2185（2012）.
5）N. Narita：*Nano Lett.*, **9**, 1406–1413（2009）.
6）X. Palazzi：*Exp. Toxicol. Pathol.*, **61**, 433–441（2009）.
7）S. Takanashi：*Sci Rep.*, **2**, 498（2012）.
8）J. Gallo：*Acta Biomater.*, **9**, 8046–8058（2013）.
9）N. A. Beckmann：*BMC Musculoskelet Disord.*, **16**, 249（2015）.
10）N. Ueda：*J. Ceram. Soc. Japan*, **120**, 560–568（2012）.
11）N. Ogihara：*Nanomedicine*（Lond）., **7**, 981–983（2012）.

第4節　CNT含有燃料電池開発

九州大学　藤ヶ谷　剛彦

1. はじめに

カーボンナノチューブ（CNT）は切れ目ないsp^2結合をもつことから電気伝導性が高く，sp^3炭素を多く含む他の炭素材料より電気化学的安定性も高いことから電極材料として魅力的である。さらに，CNT同士で形成するメッシュ状構造は物質の拡散に適した連続孔を形成することから，大きな比表面積を効率よく電極反応に利用できる可能性を提供してくれる[1)-4)]。電気化学反応に関与しない結着剤を加えずとも膜を形成できることも大きな魅力である。実際に，これらの特長を生かしてキャパシタやセンサの電極として多く利用されている。それらの用途に関しては他の章に譲るとして，本稿では燃料電池電極としての応用について紹介したい。

図1には一般的な固体高分子形燃料電池（PEMFC）セルの断面構造を示している。燃料電池はカソードで起こる酸素還元反応（$O_2+4H^++4e^-\rightarrow 2H_2O$）とアノードで起こる水素酸化反応（$H_2\rightarrow 2H^++2e^-$）の大きな化学ポテンシャルの差を起電力として取り出す電池である。アノードとカソードの間にはイオンを通す電解質膜が挟んである（図1左）。現在主流のプロトン型PEMFCでは電解質膜としてプロトン伝導膜が用いられている。アノード（通常，左側に示すのが約束）とカソードはいずれも触媒を含む「電極触媒」と集電体とからなる層で構成される。図1中央にはカソードの電極触媒層の拡大模式断面図を示してある。電極触媒層では反応触媒となる白金（Pt）が反応サイトを増やすためにナノ粒子化されており，高い表面自由エネルギーによる粒子同士の融合を防ぐために，微粉末に担持して固定化してある。微粉末としては電子運

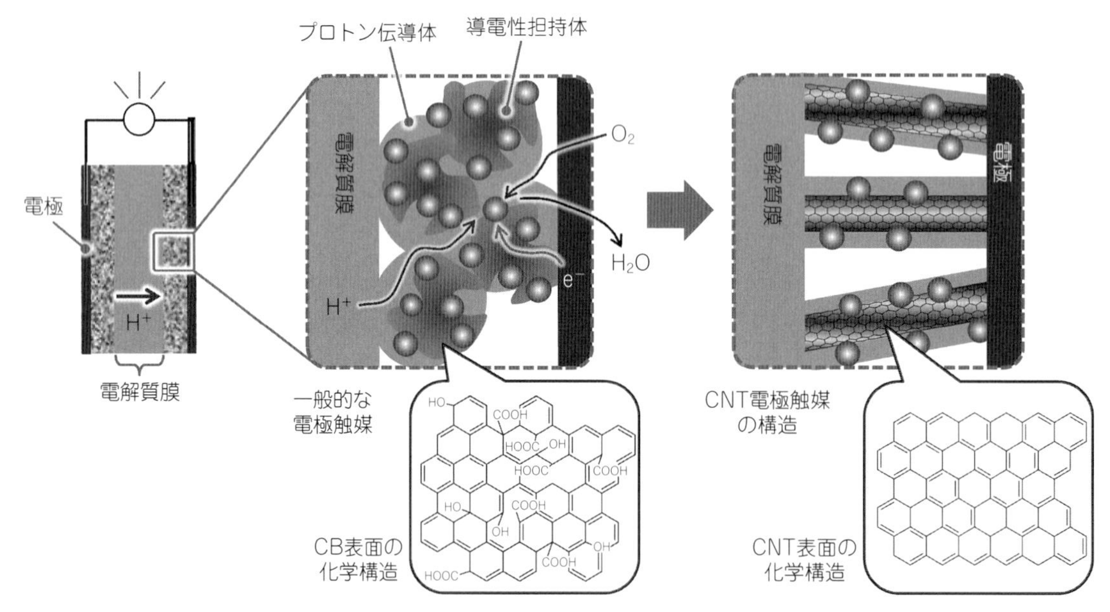

図1　PEMFC単セルの模式図（左），電極触媒層の拡大図（中央）とCB表面の模式的化学構造式（左吹き出し内），CNTを用いた電極触媒構造の模式図（右）とCNT表面の模式的化学構造式（右吹き出し内）

搬を可能にするために導電性炭素（通常ではカーボンブラック：CB）が用いられている。また，プロトンも反応に必要なためにプロトン伝導体も混合してあり，酸素や水が拡散する空間も確保することを考えると，反応のためにはきわめて精密な設計が必要であることが理解できる。

さて，CB では，グラファイト構造に導入された－COOH 基などの多数の親水性官能基（図１）を足場とし白金ナノ粒子が担持されている。CB と一口にいっても官能基の導入割合の異なるいくつかの種類（Vulcan，Ketjen など）があるが，いずれの CB も白金担持率が十分高く，安価である上に溶媒への分散性も良いことから電極触媒層の作製が容易である利点がある。しかし，これらの長所をもたらす官能基サイトは sp^3 炭素であり，sp^2 炭素と比較し酸化されやすく酸化劣化の起点となることが知られている[5)]。燃料電池は低コスト化と同時にさらなる高耐久化も目指していることから，このジレンマを解決し，より高耐久化できる炭素担体への切り替えが求められている[5)]。

そこで注目されてきたのが CNT である。CNT は sp^2 炭素から構成されるため，高い電気化学的安定性があり，CB の代替導電性材料として注目されてきた[5)]。しかし，白金ナノ粒子の担持場となる官能基をもたないため白金ナノ粒子が高分散に担持できない問題があった。そこで，CNT 表面をさまざまな手段で酸化し官能基を導入した後に Pt 担持する研究が広く行われている。しかし，このアプローチは sp^3 炭素をほとんど含まないという CNT の魅力を十分に生かしているとはいい難く，ジレンマを解決できていない。後述するが，実際にこの手法では CNT がもつ安定性は最大限には引き出せない[6)]。

2. 燃料電池耐久性の向上

筆者らは得意とする高分子による CNT 被覆技術を駆使し，CNT 表面に酸化処理せずに白金担持場を導入する手法を開発した（**図２**）[7)]。本技術では，CNT 表面に強く吸着し，さらに白金担持場を提供できる高分子を「のり」として CNT 表面にナノ厚で被覆しているのが鍵である。CNT 表面との強い親和性を有し，白金のような金属との相互作用が期待できる構造要求を満たす高分子としてポリベンズイミダゾール（PBI，図２）を選択した。PBI は筆者らの研究から CNT 表面との強い相互作用により CNT1 本１本を均一被覆できることがわかっている[8)]。さらに PBI は白金イオンと錯形成するため，白金ナノ粒子の核生成反応が早まり，均一かつ高分散な担持を実現できると考えた。図２下段に，ポリオール法により PBI 被覆 CNT に白金ナノ粒子担持を行った複合体（CNT/PBI/Pt）の透過型電子顕微鏡（TEM）像を示してある。CNT としては多層 CNT を用いている。本技術により，実際に CNT 表面に効率かつ高分散に粒径のそろった白金

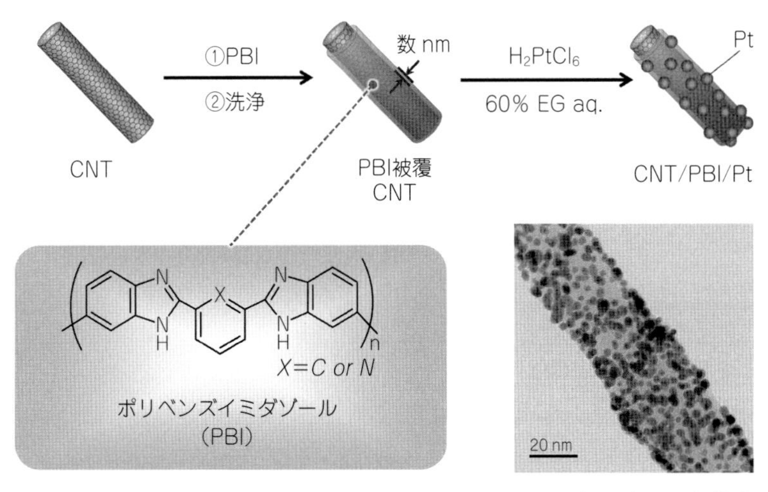

図２　CNT/PBI/Pt 作製スキーム（上段）と SEM 写真（右下），四角枠内は PBI の構造式

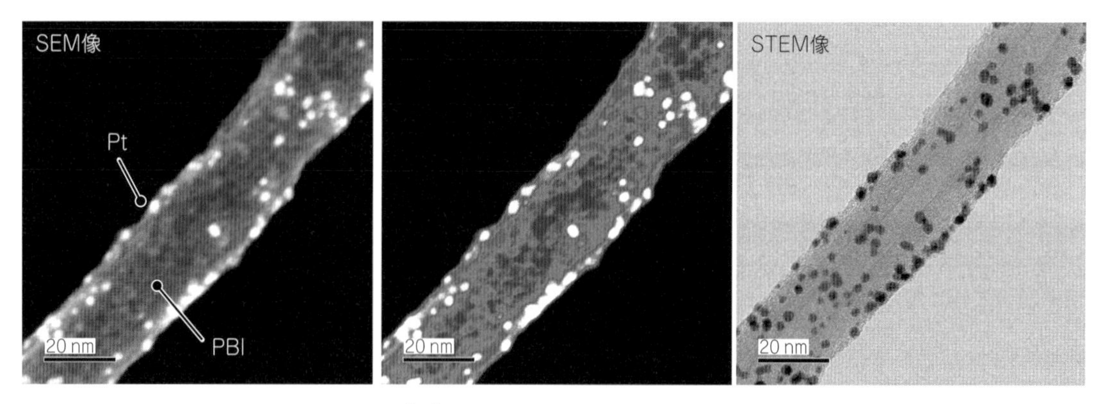

図3　CNT/PBI/PtのSEM像（左），コントラスト強調像（中央），STEM像（右）（口絵参照）

ナノ粒子を担持できていることがわかる[7]。PBIを介することで，これまでに困難であったCNT上にsp^3炭素を形成することなく白金ナノ粒子を担持できるようになったのである。CNTへのPBI被覆操作において，PBI層の膜厚は良溶媒（ここではジメチルアセトアミド）洗浄により白金担持に際して非常に薄く（～1 nm）制御してあり，白金ナノ粒子とCNTとの電子授受への抵抗はほとんど無視できると考えている。

図3にはCNT/PBI/Ptの走査型電子顕微鏡（SEM）写真（図3左）と走査透過型電子顕微鏡（STEM）写真（図3右）を示した。SEM像の最も明るいコントラストは白金ナノ粒子であるが，良く見るとその他に2階調あるのがわかる（図3中央で強調）。最も暗い箇所は露出したCNT表面であり，少し明るい領域はPBIが被覆した箇所である。この観察から白金ナノ粒子はPBI被覆した領域にのみ担持していることとPBI層はかなり薄膜であることが視覚的にも理解できる。

本技術の耐久性に対する効果を検証するために，CNT/PBI/Ptを塗布したカーボン電極を作用極とする三極式セルで1.0～1.5 V（vs. RHE）の高電位を往復してかけることで炭素の酸化（$C+2H_2O=CO_2+4H^++4e^-$，0.207V vs. NHE）を誘起する加速度試験を行った。炭素が劣化すると白金ナノ粒子の溶解や凝集が誘起されて白金比表面積が小さくなる。したがって白金ナノ粒子表面への水素吸脱着波電荷量から計算できるいわゆる電気化学的活性表面積（electrochemical active surface；ECSA）を縦軸に，横軸に電位の往復回数をプロットすること

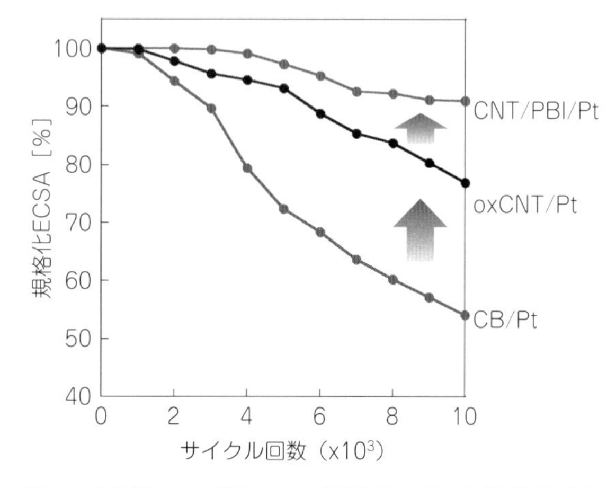

図4　CB/Pt，oxCNT/Pt，CNT/PBI/Ptの電位サイクル掃引後における規格化ECSAのプロット

で，電極触媒の耐久性を調べることができる。市販のCB担持Pt（CB/Pt）と別途作製した酸化処理CNT担持Pt（oxCNT/Pt）も比較として同様に評価した（**図4**）。その結果，CB/Ptと比較し，oxCNT/PtはECSAの減少が抑制されているが，CNT/PBI/Ptはさらに安定であることが明らかとなった。筆者らの方法で従来の酸化CNTでは引き出せなかったCNTのもつ電気化学的安定性の特長を初めて引き出せていることを意味している。

次に，CNT/PBI/Ptを実際に電極触媒として燃料電池単セル（膜電極接合体，membrane-electrode assembly；MEA）に組み込んだ際の実験について説明する。MEAの作製は，まず集電体となるカーボン紙を濾紙代わりにしてCNT/PBI/Pt懸濁液を吸引濾過することで，電極触媒付集電体（gas diffusion electrode；GDE）を作製し，このGDE

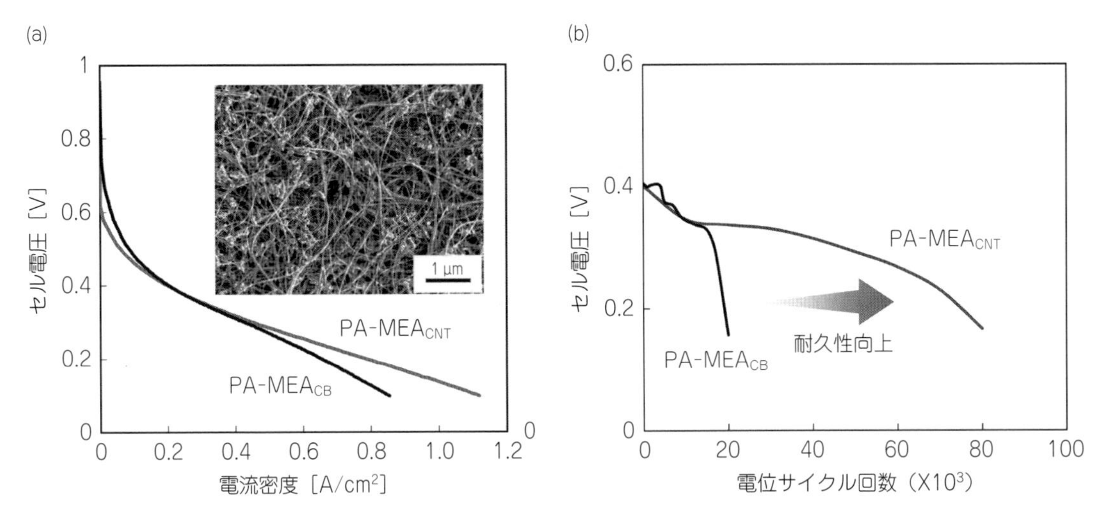

図５　PA-MEA$_{CNT}$ と PA-MEA$_{CB}$ の分極曲線(a)，（挿入図）CNT/PBI/Pt からなる GDE の SEM 写真，PA-MEA$_{CNT}$ と PA-MEA$_{CB}$ の 0.2A/cm^2 におけるセル電圧変化(b)

を電解質膜の両面に張り合わせて行った。従来のCB系触媒の場合，粒子間の接着の弱さから製膜後に崩れやすく，しばしば結着剤を加える必要があるのに対して，CNTは絡み合いにより，強度のあるメッシュ構造となるために（**図５**(a)，挿入図），結着剤が不要であることがもう１つの利点である。このことは物質拡散にも有利であり，CNTの電極材料用途での大きな利点といえよう。ここで電解質膜としては一般的なNafion膜ではなくリン酸（PA）をドープしたPBI膜を用いている[9]。PAドープPBI膜は，次世代発電条件とされる100℃以上かつ低湿度下で高いプロトン伝導度を示すことが知られている[10]。発電が80℃以下に制限されるNafionを用いたPEMFCより高温で発電することで，発電効率の向上や触媒白金の一酸化炭素被毒の回避が期待されている[11]。PBIはかつて消防服用途実績もあり，Nafionに代表される含フッ素系プロトン伝導体[12]より安価であるメリットがある。このMEA（以下PA-MEA$_{CNT}$）を120℃無加湿条件においてアノードに水素（100 mL/min），カソードに空気（200 mL/min）を燃料として供給し，負荷をかけた際の分極曲線を図５(a)に示した。市販のCB/Ptを電極触媒とするMEA（以下，PA-MEA$_{CB}$）と比較し（図５(a)）高い電流密度が得られた。この差はCNT系に期待される拡散性の向上である可能性もあるが，要因については詳細に検証する必要があると考えている。耐久性の比較を行うために，1.0と1.5 Vを往復する電位サイクルを1,000セット繰り返すごとにI-V測定を行い，電流密度0.2 A/cm^{2}でのセル電圧をプロットしたグラフを図５(b)に示す。PA-MEA$_{CB}$が20,000サイクル後に初期のおよそ50％以下まで電圧低下しているのに対し，PA-MEA$_{CNT}$は80,000サイクルまで初期の60％以上の電圧を保っていた[13]。耐久性試験中のMEAを途中で取り出してTEMと粉末X線回折（XRD）を測定した結果，PA-MEA$_{CB}$においては，白金の凝集より早くCBの酸化溶解が進行し電子伝導（またはプロトン伝導）のパスがより早く切断されたことが急激な劣化の要因であり，PA-MEA$_{CNT}$においては酸化耐性の高いCNTを用いることで電子伝導パスが長もちした分，電流を取り出せていたことが明らかとなった。

本成果をさらに一般化するために，同様の実験を現行のNafion系にも適用して行った。ここで，PAドープPBI系においては電解質膜から漏出するPAが電極触媒層中でプロトン伝導体の役割を果たすが，Nafion系においては，漏出がないのであらかじめ電極触媒にプロトン伝導体を導入しておく必要がある。そこで，CNT/PBI/Pt懸濁液にNafionを混合してからGDEを作製した。**図６**にはNafion含有CNT/PBI/Ptを電極触媒とするMEA（以下Nafion-MEA$_{CNT}$）の耐久性試験結果を示した。その結果，0.2 A/cm^{2}における起電力はほとんど低下が見られなかった。別途作製した市販のCB/Ptに

Nafionを混合して作製したGDEを含むMEA（以下 Nafion-MEA_{CB}）は10,000サイクル程度で起電力が半分程度にまで下がっている（図6）ことと対照的である。以上の結果から，現行PEMFCにおいても次世代PEMFCにおいてもCNTへの置換による耐久性向上を実証できたことになる。

3. 電極触媒における白金利用率の向上

PBI被覆法の長所は，PBIに塩基性を示すイミダゾールがあるために，酸性基をもつNafionと酸-塩基反応によりNafionをPBI表面に固定化できる点にもある。したがって，従来の単純な混合法と比較し，より均一に電極触媒表面にNafionを被覆できることが期待できる。したがってマクロにみれば，長距離に渡って均一にプロトン伝導層を電極触媒層中に張り巡らせることが期待できる。そこで，PBI被覆表面とNafionとの相互作用を確認するために，CNT/PBI/Pt複合体をNafion水溶液に分散し，濾過洗浄した後に再び水に分散する実験を行った。その結果，CNT/PBI/Pt自体は凝集のままであったのに対し，Nafion処理後は水によく均一分散した（**図7**）。CNT/PBI/Ptの最表面にNafionが吸着し，複合体表面が親水性に変換されたためと理解できる。XPSやTGAにおいてもNafionの吸着は確かめている。このように相互作用をベースとしてCNT→PBI→Pt→Nafionと，ナノレベルの厚みで必要な機能性分子を炭素材料上に積層する手法を筆者らは「ナノ積層法」と命名している。分散困難なCNT表面を有機化学的に均一修飾するのは非常に困難であることから，CNT機能化の手法としても有用な手段といえよう。

一方，PBIがない場合でもNafionを電極触媒に導入することは可能であり，PEMFCの性能にどのような違いが生じるかに興味がある。すなわちPBI被覆の出力密度に及ぼす効果を検証するためにPBIを含まないCNT触媒を作製した。前述のようにCNTに直接Ptを高分散担持することは困難であるのでoxCNT/Ptに同じ量のNafionを混合した電極触媒を含むMEA（以下 Nafion-MEA_{oxCNT}）を比較として作製した。同量のNafionを混合した電極触媒を含むNafion-MEA_{CNT}の発電結果も**図8**に示した。同じ電流密度においてNafion-MEA_{CNT}の方がNafion-MEA_{oxCNT}（図8）より高い起電力を示していることがわかる。また，同じセルを用いてアノードには水素，カソードに窒素を流して行ったカソードの *in situ* ECSA測定ではNafion-MEA_{CNT}のECSAが40.3 m^2/g示したのに対し，Nafion-MEA_{oxCNT}では，17.2 m^2/gであった。半セル試験において両者のECSAは40 m^2/g程度でほとんど同じであったことから，この差は単セルに組み込んで初めて生じた差であることがわかる。したがって，単セル試験で得られた図8の違いは，白金利用率の差に由来すると帰属している。すなわち，Nafion-MEA_{CNT}においてはPBIの被覆によりNafionがより均一に被覆していることでプロトンがより均一に運搬され（図8），より多くの白金ナ

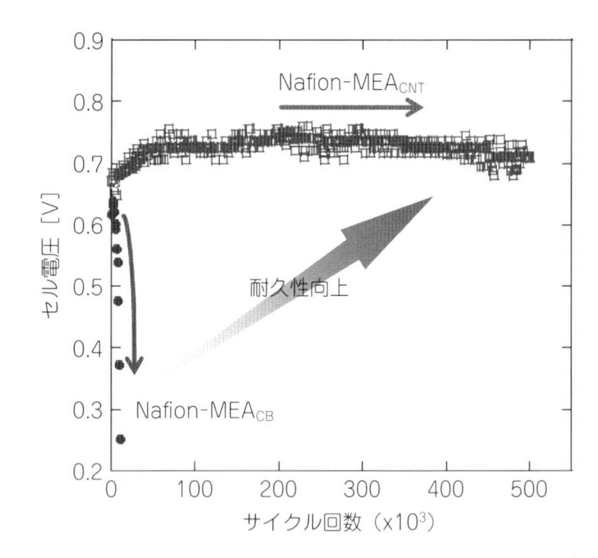

図6　Nafion-MEA_{CNT}とNafion-MEA_{CB}の0.2 A/cm^2におけるセル電圧変化

図7　Nafion複合前（左）と後（右）のCNT/PBI/Ptの水分散の写真

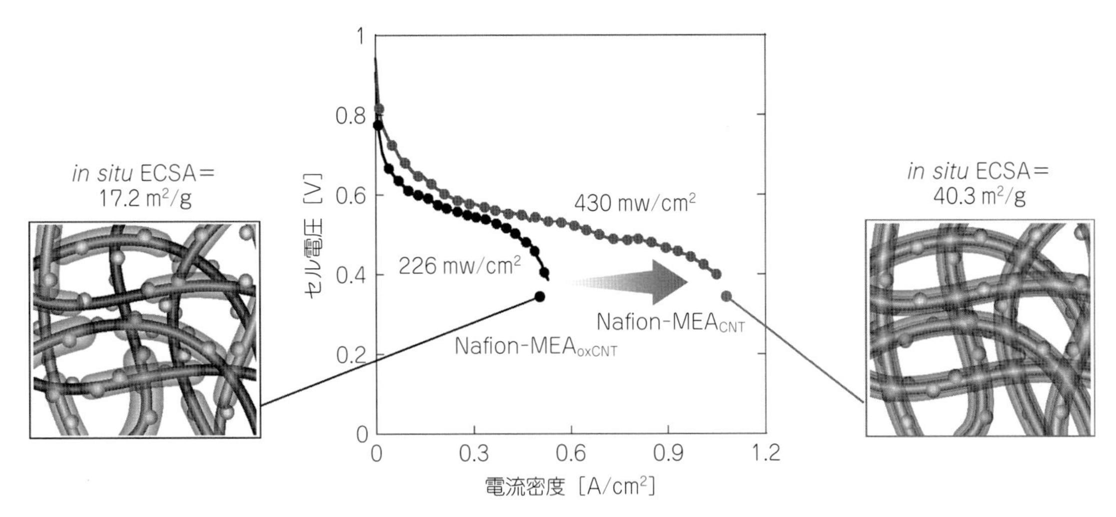

図８　Nafion-MEA$_{CNT}$ と Nafion-MEA$_{oxCNT}$ の分極曲線とそれぞれの出力密度の値。
Nafion-MEA$_{CNT}$ と Nafion-MEA$_{oxCNT}$ の電極触媒模式図をグラフ外に示した。

ノ粒子が利用できるようになったと考察している。このことは低白金化による低コスト化が可能になることを意味しており，実用化においても重要である。物質拡散の遅いマイクロ孔内にも白金ナノ粒子が担持されてしまう CB と異なり，CNT 上では露出した表面に担持されるので，その点においても白金利用率に有利であると期待している。

4．おわりに

これまで述べたように，燃料電池電極触媒用途において CNT は耐久性向上にきわめて効果が高い。ただし，耐久性を最大限発揮させるには，CNT の表面修飾法が最も有効である。特に，表面に均一に機能化することが必要であることから，共有結合で CNT 表面を機能化する化学的修飾よりも相互作用により物理的修飾する本技術が有効である。ナノ積層法では，さらに白金利用率向上による低白金化も可能である。このような CNT の被覆修飾が可能な高分子は，良溶媒による洗浄でも CNT 表面から洗い流れない吸着力をもてばよく，特に PBI に限らない。実際にポリイミド誘導体においても同様の表面修飾および金属ナノ粒子担持を確認している[14]。また，CNT の種類においても単層 CNT でも多層 CNT 適用可能で，目的に応じて使い分ければよい。応用についても CNT 表面機能化のコンセプトは燃料電池電極触媒用途のみならず，さまざまな電極用途にも適用可能だと考えられ，CNT の特性を引き出す強力な手法としてさらなる発展を期待している。

謝　辞

本研究は主に㈱※1 科学技術振興機構（JST）の先端的低炭素化技術開発事業 ALCA「ナノ積層法による燃料電池・水電解セル開発」および JST-CREST「溶解カーボンナノチューブ高機能ナノシステムデザイン」の支援により行われた結果である。

※１　現在は国立研究開発法人。

文　献

1）R. Borup, J. Meyers, B. Pivovar, Y. S. Kim, R. Mukundan, N. Garland, D. Myers, M. Wilson, F. Garzon, D. Wood, P. Zelenay, K. More, K. Stroh, T. Zawodzinski, J. Boncella, J. E. McGrath, M. Inaba, K. Miyatake, M. Hori, K. Ota, Z. Ogumi, S. Miyata, A. Nishikata, Z. Siroma, Y. Uchimoto, K. Yasuda, K. I. Kimijima and N. Iwashita：*Chem. Rev.*, **107**, 3904（2007）.

2）K. Lee, J. Zhang, H. Wang and D. P. Wilkinson：*J. Appl. Electrochem.*, **36**, 507（2006）.

3）L. Li and Y. Xing：*J. Electrochem., Soc.* **153**, A1823（2006）.

4）W. Li, C. Liang, W. Zhou, J. Qiu, Z. Zhou, G. Sun and Q. Xin：*J. Phys. Chem. B*, **107**, 6292（2003）.

5）Z. Q. Tian, S. P. Jiang, Y. M. Liang and P. K. Shen：*J. Phys. Chem. B*, **110**, 5343（2006）.

6）Y. Zhai, H. Zhang, G. Liu, J. Hu and B. Yi：*J. Electrochem., Soc.* **154**, B72（2007）.

7）T. Fujigaya and N. Nakashima：*Adv. Mater.*, **25**, 1666（2013）.

8）D. Mecerreyes, H. Grande, O. Miguel, E. Ochoteco, R. Marcilla and I. Cantero：*Chem. Mater.*, **16**, 604（2004）.

9）M. Mamlouk and K. Scott：*Int. J. Energy Res.*, **35**, 507（2011）.

10）H. Zhang and P. K. Shen：*Chem. Rev.*, **112**, 2780（2012）.

11）M. R. Berber, I. H. Hafez, T. Fujigaya and N. Nakashima：*J. Mater. Chem. A*, **44**（2014）.

12）Y. Oono, T. Fukuda, A. Sounai and M. Hori：*J. Power Sources*, **195**, 1007（2010）.

13）Y. Oono, A. Sounai and M. Hori：*J. Power Sources*, **189**, 943（2009）.

14）Ü. Akbey, R. Graf, P. P. Chu and H. W. Spiess：*Aust. J. Chem.*, **62**, 848（2009）.

15）O. Acar, U. Sen, A. Bozkurt and A. Ata：*Int. J. Hydrogen Energy*, **34**, 2724（2009）.

16）K. Matsumoto, T. Fujigaya, K. Sasaki and N. Nakashima：*J. Mater. Chem.*, **21**, 1187（2011）.

17）M. R. Berber, T. Fujigaya, K. Sasaki and N. Nakashima：*Sci. Rep.*, **3**,（2013）.

第5節　燃料電池向け多層 CNT 含有触媒の開発

東京工業大学　脇　慶子

1. 背　景

多層カーボンナノチューブ（MWCNT）はその構造的特徴から，さまざまな分野への応用が期待されている。固体高分子形燃料電池（PEMFC）分野の研究開発においては，Pt 微粒子触媒の担体として用いられることは多いが，近年はその酸素還元活性により空気極の電極触媒として応用する研究も数多く報告されている[1)-16)]。PEMFC の空気極での酸素還元反応は，一般に 2 電子反応と 4 電子反応が考えられている。2 電子反応の場合は，電極上の活性サイトに吸着後，解離せずに電子を受け取り，プロトンと反応し過酸化水素（H_2O_2）を形成する。一方で，4 電子反応の場合は水（H_2O）が生成され，酸素同士の結合は反応過程において切断される必要があり，2 電子と 4 電子反応ではそれぞれ 0.7 V，1.23 V の理論起電力が得られる[17)]。一般には，Pt 触媒上では 4 電子反応であるのに対して，炭素上では 2 電子反応であることが知られている[18)]。特に酸性電解液においては，触媒としての炭素の活性が低く反応過電圧が高いため，これまでは触媒として炭素はあまり注目されなかった。一方で，CNT も炭素材料であるが，6 員環のシートを筒状に巻いた構造をもっていることから通常の炭素と異なる触媒特性をもつとの期待もあるが，**表 1** に示したように，初期の研究報告では酸性電解液において活性の指標である酸素還元反応の開始電位（Onset 電圧）が 0.3 ～0.4 V vs. RHE 程度と低く[8)9)]，ほとんどの研究はアルカリ溶液中で行われてきた。筆者らは MWCNT の構造欠陥によって形成されたエッジが酸素還元反応活性を大きく左右すると考えているが[4)-6)]，MWCNT の作製時に使われる金属触媒の残留（Fe, Co など含有不純物）が重要な因子との見解もある[8)9)]。

近年，MWCNT に N などの異元素をドープすることで高い酸素還元触媒活性を得る研究が注目されている[10)-16)]。なかには Pt 触媒に近い性能が得られるとの報告もあり，少量の不純物とドープされた N によって形成された Fe−N−C 複合体が活性サイトであるとのメカニズムが提案された[12)]。それに対して，MWCNT の作製時に N 含有ガスを混合して得られた N 含有 MWCNT においては，N に隣接するカーボンの電子密度が N の存在によって減少し高活性化するとの考察もあった[13)14)]。N ドープ CNT の窒素含有量は通常数%であり，炭素に組み込まれる構造によって，Pyridinic-N，graphitic-N，Pyrrolic-N に分別されるが，どのような構造が活性に寄与するかは，研究者による統一見解が得られていない（表 1）[13)14)]。

これらの研究とは異なり，まず高純度の MWCNT を作製し，表面反応に重要な役割をしていると考えられる欠陥のエッジ密度を制御するなど，MWCNT の活性化要因の本質を突き止めることが，今後の研究開発において最も重要になると考え，筆者らはまず純粋な炭素の酸素還元活性に着目した。本稿では欠陥密度を制御した MWCNT の酸性電解液中の酸素還元特性について調べることとした。

2. MWCNT の欠陥形成

MWCNT 上に欠陥構造を形成する手法としては，酸素などの酸化雰囲気下で高温加熱するか酸溶液中で加熱するのが一般的である。しかしこれらの手法では，MWCNT の表面全体が酸化され結晶構造が壊れるおそれがあり，ナノレベルの制御は困難である。一方で，NiO，Fe_2O_3，LaO などの固体触媒を用いて欠陥を形成する手法については数例が報告されている[19)-21)]。この場合，NiO，Fe_2O_3 ではそれぞれ 900℃と 850℃で加熱することで酸化物を還元し，

表１　CNT 触媒の研究例

材料	作製方法	組成	性能評価
Multiwalled CNT[1]	Pristine MWNT derived from electric arc discharge process	窒素ドープなし 不純物：不明	酸性電解液 Onset 電圧：～0.0 V vs. SCE （～0.36 V vs RHE） Electrolyte：H_2SO_4，pH 2
Multiwalled CNT[2]	Pristine MWNT and Acid treated MWNT. Different methods employed to attach MWNT to HOPG by using surfactant, nafion and polyelectrolyte （直径～30 nm）	窒素ドープなし 不純物：不明	回転電極（アルカリ性電解液） Onset 電圧：－0.15 V vs. SCE （～0.85 V vs RHE） ２電子反応
Double walled CNT[3]	２層 CNT（double walled CNT）を酸処理することによって作製 （直径～4 nm）	窒素ドープなし 不純物：不明 酸素含有量：3.0 at %	回転電極（酸性およびアルカリ性電解液） Onset 電圧（酸性）：<0.2 V vs. SCE （～0.44 V vs RHE） Onset 電圧（アルカリ性）：<－0.2 V vs. SCE （～0.8 V vs RHE） ２電子反応
Ar annealed defect MWNT[6]	MWCNT の表面上に欠陥構造を形成させた後，不活性雰囲気中で加熱（900℃，Ar） Ar900-defect MWCNT （直径～15 nm）	窒素ドープなし Fe after CV （0.0027 at %） Co after CV（なし）	回転電極（酸性電解液） Onset 電圧：～0.73 V vs RHE ２電子反応 <発電試験（触媒量＝1.85 mg/cm^2）> OCV：～0.74 V, 最大出力密度：～110 mW/cm^2
Chemically drilled CNT[7]	MWCNT の表面上に欠陥構造を形成させた後，不活性雰囲気中で加熱（800℃，Ar，2h），Co2～40%，（直径～30 nm）	窒素ドープなし Fe（0.058 wt %） Co（なし）	回転電極（アルカリ性） Onset 電圧：～－0.027 V vs. Ag/AgCl （～0.94 V vs RHE） ４電子反応
N doped Single walled CNT[10]	SiO2 触媒，CVD 成長 （CH_4：H_2：NH_3=2：2：1） NSWCNT（直径～2.5 nm）	不純物：不明 窒素含有量：3.6 at % Pyridinic-N（83%） Pyrrolic-N（17%）	回転電極（酸性電解液） Onset 電圧：～0.5 V vs Ag/AgCl （～0.7 V vs. RHE） ４電子反応
N doped CNTs[11]	アルミナテンプレートにおける N 含有ポリマーの熱分解（850℃，Ar）	不純物：不明 窒素含有量：8.4 at % Pyridinic-N（62%） graphitic-N（33%） Pyrrolic-N（5%）	回転電極（酸性電解液） PMVI の熱分解試料 Onset 電圧：～0.455 V vs. Ag/AgCl （～0.66 V vs RHE）
CNT/Graphene complexes[12]	２層 CNT（double walled CNT）を用いて表面を酸化することによって作製（酸化剤：$KMnO_4$/H_2SO_4，65℃）	Fe before wash（0.24 at %） Fe after wash（0.03 at %） 窒素含有量：5.3 at %	回転電極（酸性およびアルカリ性電解液） Onset 電圧（酸性）：～0.89 V vs. RHE Onset 電圧（アルカリ性）：～1.05 V vs RHE ４電子反応
Vertically aligned CNT[13][14]	還元雰囲気（Ar：H_2：NH_3）における Fe（II）Phthalocyanine の熱分解（800～1,000℃） 基板：Quartz glass plate VACNT（直径～20 nm）	不純物：不明 窒素含有量：2.9 at % Pyridinic-N（45%） Pyrrolic-N（15%） Graphitic-N（21%） Pyridine oxide-NO（19%）	回転電極（酸性およびアルカリ性電解液） Onset 電圧（酸性）：～0.8 V vs RHE Onset 電圧（アルカリ性）：～1.0 V vs RHE ４電子反応 <発電試験（触媒量=0.16 mg/cm^2）> OCV～0.85 V，最大出力密度：320 W/g （～50 mW/cm^2）

接触している CNT を酸化，切断している。一方，LaO を用いた場合は，400℃という比較的低温での加熱であるが，触媒微粒子の凝集を防ぎ，MWCNT の結晶性を保持するためにはさらなる低温化が必要であると考えられる。筆者らはコバルト酸化物 CoO_x 微粒子を MWCNT に担持し，250℃という低

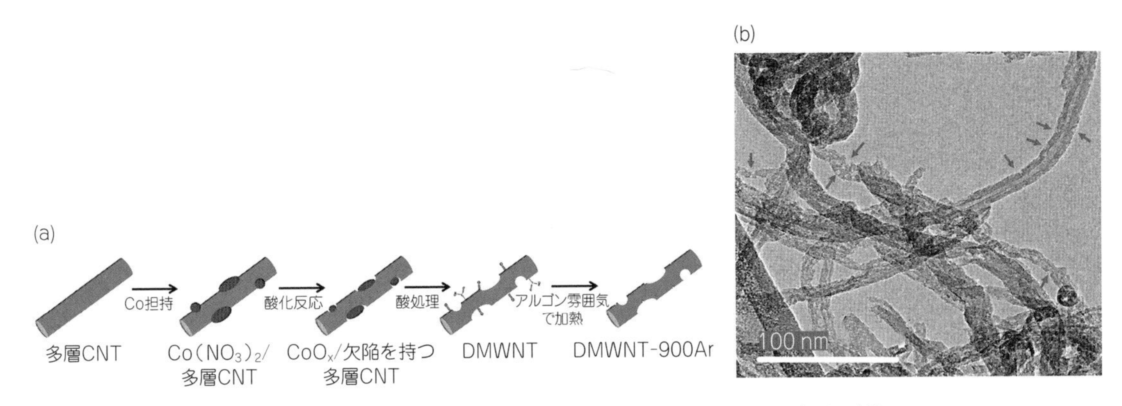

図１　コバルト金属触媒微粒子を用いる MWCNT への欠陥形成

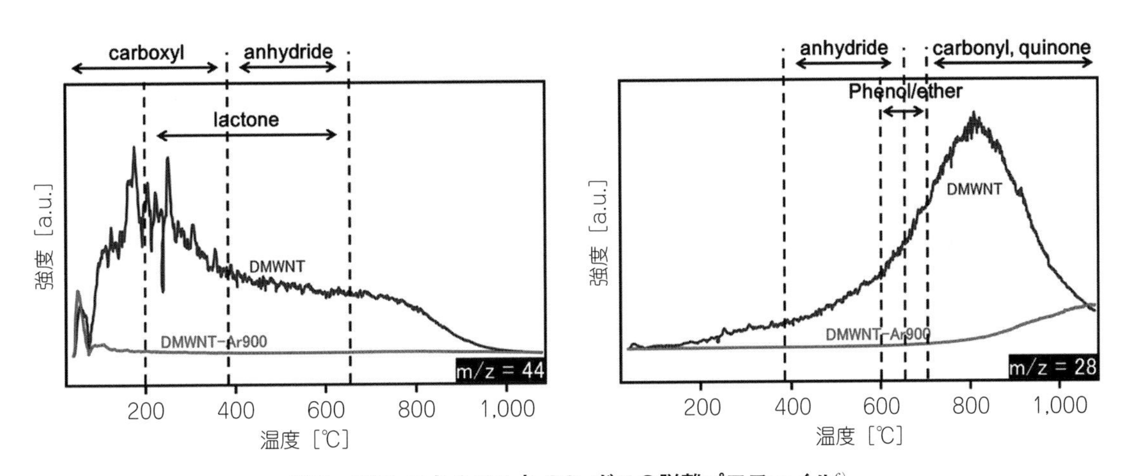

図２　TPD による CO と CO_2 ガスの脱離プロファイル[6]

温加熱で欠陥を形成させる新たな手法を用いた[6]。MWCNT に欠陥を形成させた後，硫酸処理で CoO_x を除去した試料をここでは DMWNT と呼ぶ。欠陥形成プロセスのイメージと得られた欠陥をもつ DMWNT の透過型電子顕微鏡像を**図１**に示す。

上記の方法で作製した DMWNT のエッジにある酸化によって形成された酸素官能基を昇温脱離法（TPD）により評価した結果を**図２**に示す。酸素官能基は加熱により，CO_2 や CO またはその両方を放出することが既に報告されている（**図３**）[6]。TPD の結果から，欠陥を導入した DMWNT にエッジには数多くの酸素官能基が形成されたことがわかる。また，Ar 雰囲気，900℃で処理することによって，ほとんど取り除けることも確認された。

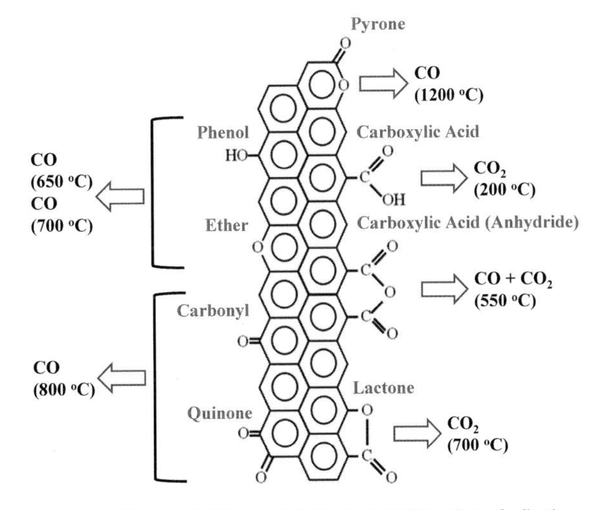

図３　酸素含有官能基の種類とその脱離温度と生成ガス

3. MWCNT の酸素還元活性

DMWNT や MWCNT は分散性が悪いため，通常の回転ディスク電極で均一な膜を得ることが困難である。本研究では，電気化学特性を調べるために試料を真空濾過することで，紙状の電極を作製しサイクリックボルタンメトリー（CV）測定を行った。また，バインダーフリーの紙状電極を用いることで活性測定後の電極の回収も可能となり，不純物などの測定に用いることができる。CV 測定の結果を**図４**(a)に示す。ここで，電流密度の計算には，電極の見掛けの表面積ではなく電気二重層から換算した表面積を用いた。Ar 雰囲気下に測定した DMWNT の CV からは 0.4〜0.8 V の領域に，酸素官能基に有来するレドックス反応のピークが観測された。酸素雰囲気で測定した CV との差が酸素還元電流によるものであり，酸素還元反応の開始電位が確認されるが，本研究ではその電流密度の差が $-0.02\ mA/m^2_{DL}$ の大きさに達したときの電位を反応開始電位と定義し DMWNT では 0.44 V の値が得られた。それに対して，DMWNT の欠陥エッジに数多くの酸素官能基を 900℃，Ar 雰囲気で除去した DMWNT-900Ar は官能基のレドックスピークがほとんどなくなり，反応開始電位も約 0.3 V シフトし，0.73 V に向上したことがわかった。Ar 中での加熱効果はいくつか考えられる。

(1)　官能基の除去：温度によって除去官能基の種類が異なる。

(2)　表面の再構成：構造欠陥（topological defects）の形成。

(3)　その他：原子レベル不純物と炭素との相互作用 Metal-C complex など。

窒素ドープされた CNT では Fe-N-C や Co-N-C のようなサイトが活性点とのメカニズムも提案されているが[12]，本研究の触媒は N ドープされていないため，金属との複合体があれば，Fe-C，Co-C が考えられる。しかし，触媒活性の測定前後の不純物濃度を測定した結果，測定前にきわめて低い濃度の鉄とコバルト（0.02 原子％以下）不純物しか含まれない電極は，酸性溶液中の活性測定後にさらに大幅に減少したことがわかった。鉄とコバルトはそれぞれ CV 測定前の約 1/7 と 1/17（ほぼ測定限界）に減少したにも関わらず，高活性に変化がみられなかったことから，これらの不純物が活性に寄与している可能性は低いと結論づけられた。つまり，(3)の効果は要因ではないと考えられる。

DMWNT-900Ar 触媒（$1.85\ mg/cm^2$）を空気極に用いた発電実験では，0.74 V の開放起電力と $100\ mW/cm^2$ 以上の最大出力が得られた（図４(b)）。この値は，これまで報告された金属や窒素を添加していない炭素電極としては最も高いものである。

従来は炭素のみでは高活性が得られず，金属や窒素の添加が必須だと考えられてきたが，本研究により炭素の欠陥が触媒活性の発現に重要な役割を果た

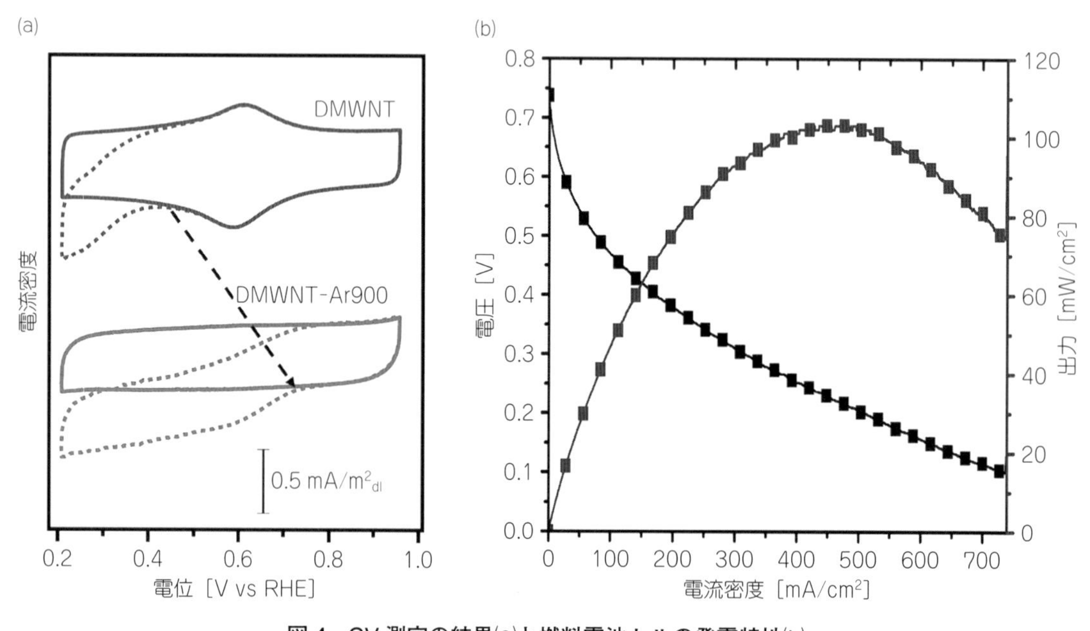

図４　CV 測定の結果(a)と燃料電池セルの発電特性(b)

していることが示唆された。また，Ar 中の加熱は 300〜900℃の範囲で温度を変えて行ったところ，300℃の低温ではほとんど変化がみられず，500℃以上の高温の加熱で徐々に活性が向上することがわかった。これは 500℃以上で除去できる官能基（lactone，phenol，ether，carbonyl，quinone）が活性サイトの形成に重要な役割をしているためと考えられる。

4．おわりに

炭素系触媒においてはさまざまな活性サイトが存在していると考えられるが，作製方法などによる構造や活性の相違はまだ十分に整理されていない。それは炭素触媒の構造が非常に複雑であることが要因であるが，それゆえ高活性化の鍵は炭素の構造制御にあるといえる。筆者らの研究で用いた新しい欠陥制御の手法は，強い酸化剤による過度な欠陥形成で MWCNT 構造が不安定化することをせず，高結晶性と高電子伝導性を保ちながら高反応活性の欠陥を形成できることに特長がある。今後は，メカニズムの解明のためにも酸化や N ドープなど，炭素欠陥の形成メカニズムの解明とさまざまな構造をもつ炭素触媒を用いた系統的な検討が必要である。また，応用に向けた課題としては，耐久性の確認やさらなる高性能化があげられる。炭素系触媒の実用化ができれば，貴金属に依存している燃料電池や金属–空気電池などの普及に大きく寄与すると期待している。

文　献

1）P. J. Britto, K. S. V. Santhanam, A. Rubio, J. A. Alonso and P. M. Ajayan：*Adv. Mater.*, **11**（2），154（1999）.

2）G. Jürmann and K. Tammeveski：*J. Electroanalytical Chem.*, **597**, 119（2006）.

3）I. Kruusenberg, L. Matisen, H. Jiang, M. Huuppola, K. Kontturi and K. Tammeveski：*Electrochem. Commun.*, **12**, 920（2010）.

4）K. Matsubara and K. Waki：*Electrochem. Solid State Lett.*, **13**（8），F7（2010）.

5）H. S. Oktaviano, R. A. Wong and K. Waki：*ECS trans.*, **58**（1），1509（2013）.

6）K. Waki, R. A. Wong, H. S. Oktaviano, T. Fujio, T. Nagai, K. Kimoto and K. Yamada：*Energy Environ. Sci.*, **7**（6），1950（2014）.

7）G. Zhong, H. Wang, H. Yu, H. Wang and F. Peng：*Electrochim. Acta.*, **190**, 49（2016）.

8）N. Alexeyeva and K. Tammeveski：*Electrochem. Solid State Lett.*, **10**（5），F18（2007）.

9）I. Kruusenberg, N. Alexeyeva, K. Tammeveski, J. Kozlova, L. Matisen, V. Sammelselg, J. S. Gullon and J. M. Feliu：*Carbon*, **49**（12），4031（2011）.

10）D. Yu, Q. Zhang and L. Dai：*J. Am. Chem. Soc.*, **132**（43），15127（2010）.

11）C. V. Rao, C. R. Cabrera and Y. Ishikawa：*J. Phys. Chem. Lett.*, **1**（18），2622（2010）.

12）Y. Li, W. Zhou, H. Wang, L. Xie, Y. Liang, F. Wei, J. C. Idrobo, S. J. Pennycook and H. Dai：*Nature Nanotech.*, **7**, 394（2012）.

13）K. Gong, F. Du, Z. Xia, M. Durstock and L. Dai：*Science*, **323**（5915），760（2009）.

14）J. Shui, M. Wang, F. Du and L. Dai：*Science Advances*, **1**（1），e1400129（2015）.

15）L. Yang, S. Jiang, Y. Zhao, L. Zhu, S. Chen, X. Wang, Q. Wu, J. Ma, Y. Ma and Z. Hu：Angew. Chem. Int. Ed., 50, 7132（2011）.

16）Q. Shi, F. Peng, S. Liao, H. Wang, H. Yu, Z. Liu, B. Zhang and D. Su：*J. Mater. Chem. A*, **1**, 14853（2013）.

17）A. J. Bard and L. R. Faulkner："Electrochemical methods：Fundamental and Applications," New York：Wiley（1980）.

18）E. Yeager：*J. Mol. Catal.*, **38**, 5（1986）.

19）X. X. Wang, J. N. Wang, L. F. Su and J. J. Niu：*J. Mater. Chem.*, **16**, 4231（2006）.

20）P. C. P. Watts, W. K. Hsu, A. Barnes and B. Chambers：*Adv. Mater.*, **15**（7–8），600（2003）.

21）E. Yoo, L. Gao, T. Komatsu, N. Yagai, K. Arai, T. Yamazaki, K. Matsuishi, T. Matsumoto and J. Nakamura：*J. Phys. Chem. B*, **108**（49），18903（2004）.

第6節　SWCNTと機能性分子からなる複合体蓄電デバイス電極

名古屋工業大学　川崎　晋司

1. はじめに

蓄電デバイスとして二次電池とキャパシタを取り上げる。カーボン材料は一般に化学的，電気化学的安定性に優れ，かつ電気伝導性も良いので電池やキャパシタにはさまざまな形でカーボン材料が利用されている。具体的には，例えばリチウムイオン二次電池（LIB）には黒鉛が負極活物質として，カーボンブラックが導電補助剤として利用されており，電気二重層キャパシタ（EDLC）では高比表面積の活性炭が用いられている。単層カーボンナノチューブ（SWCNT）も先に述べたようなカーボン材料の特性を有するだけでなく，イオン貯蔵に適した細孔構造や，EDLC電極に要求される高比表面積を有することから，新しい電極材料として期待され，多くの研究が行われてきた[1-5]。しかしながら，単純にSWCNT単体をLIB負極材やEDLC電極材として利用できないかというアイディアについては，残念ながら多くの研究者は否定的に捉えている。SWCNT単体電極にも魅力的な電極特性は確かにあるものの，総合力として既存材料を凌駕するまでに至っていない。さて，SWCNTは先に述べたような特性以外にきわめて特異な電子構造を有するという特徴がある。この特異な電子構造はチューブ径（より厳密にはカイラリティ）により大きく変化することも知られている。また，チューブ中空中心には，それをとりまく内表面全方位からの表面ポテンシャルが積分されるため，直径によってはポテンシャルミニマムが形成されることもある。このポテンシャルの深さも直径に大きく依存する。したがって，SWCNTのイオン吸着・吸蔵特性はこうした特異な電子構造・表面ポテンシャルによって大きく変化するはずであり，また，うまくこの特異性を利用することで電極材として新しい展開が期待できる。本稿ではこのような視点に立った最近の研究結果を紹介する。

2. 二次電池

LIBは二次電池の中で最もエネルギー密度が高く，小型電子機器には欠くことのできない電源である。しかしながら，電気自動車など大型用途に本格的に普及させていくには，さらなる高容量化や低コスト化が課題となっている。現在のLIBは，リチウムイオンをインターカレーションにより蓄える黒鉛負極とコバルトなどの希少金属を含む遷移金属酸化物正極とから構成されている。イオン貯蔵の方法を変えること，すなわち「脱インターカレーション」が高容量化の，電極材料の構成物質を変える「脱レアメタル」が低コスト化の，それぞれ有力な開発指針ととらえられている。先に述べたようにSWCNT単体そのものをLIB電極材料とするのは困難であるが，SWCNTの特異性をうまく利用することで新しい局面を切り開けるのではないかと考えている。以下にいくつかの取組みを紹介する。

2.1 有機分子電極材料

いくつかの有機分子は可逆的にリチウムイオンを吸蔵・放出することが可能である。重量当たりのイオン貯蔵量が高く，ユビキタス元素のみで構成されコスト的に魅力的なものも多い。しかしながら，多くの有機分子はLIB電解液に溶解するため単体で電極材料とすることは難しい。例えばフェナントレンキノン（PhQ）は炭素，水素，酸素のみから構成され，合成も容易であることからうまく電極材料として活用できればLIBの低コスト化につながるはずである。1分子あたり2個のリチウムイオンを捕捉でき，重量当たりの電気貯蔵量は258 mAh/g

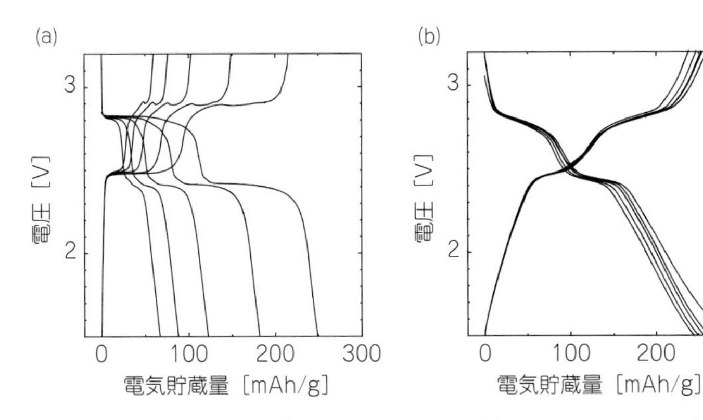

図１　PhQ とカーボンブラックの混合試料(a)と PhQ@SWCNT(b)の定電流（100mA/g）充放電曲線

電圧は Li 金属基準。電解液は 1M $LiClO_4$ を含む EC/DEC＝1：1 の混合液。

と遷移金属酸化物（例えば $LiCoO_2$ は 273 mAh/g）と同程度である。しかしながら，単に PhQ をカーボンブラックと混合しただけの場合は**図１**(a)のように充放電サイクルごとに急激に容量が低下する。これは PhQ が充放電時に電解液に溶出することが原因であると考えられる。この溶出を防ぐために PhQ を SWCNT に内包させた。十分に精製した SWCNT（アーク放電法で生成した平均直径 1.5 nm 程度のもの）を酸化処理して開端したのち，PhQ 粉末試料とともに石英ガラス中に真空封管し，加熱処理することで PhQ を内包させた。SWCNT についてはさまざまな種類のものについて実験を実施したが，紙幅の関係で特に断らない限りこの平均直径 1.5 nm 程度のものについて充放電結果を示す。PhQ@SWCNT の充放電曲線は図１(b)のようになり，容量低下が著しく抑制された。SWCNT に内包させても可逆容量は 250 mAh/g 程度観測されており，チューブ内部の PhQ が電極材料として有効に機能していることがわかる。内包された PhQ は先に述べた表面ポテンシャルだけでなく，SWCNT 内表面と PhQ の間のπ−π相互作用により安定化される一方，Li イオンの脱挿入はスムーズに行われていると考えられる。

2.2　リンと硫黄

LIB の高容量化のために現行の黒鉛負極に代わる電極材料の開発が活発に行われている。Li 金属そのものを利用しようというものやシリコンなどの合金系負極とよばれるものの開発が代表的なものである。いずれも初期容量は高いものの安定して容量を維持することは容易ではなく，実用化に向けて解決すべき課題は多い。脱インターカレーション電極材料としてリンや硫黄も注目されている。この２つは Li_3P，Li_2S までイオンを捕捉できるので理論容量はそれぞれ，2,596，1,675 mAh/g と非常に大きく魅力的であるが，もちろんどちらも簡単に使えるわけではない[6]。

硫黄はナトリウム硫黄電池（NAS 電池）の正極材料としてすでに実用化されているが，NAS 電池は 300℃ 程度の高温で動作し，固体電解質が利用されている。LIB のように室温で動作し，液体の電解液を使用する電池の電極材として硫黄を使用するのは容易ではない。なぜならば，硫黄の反応性を高めるために導電助剤が必要であり，さらに重要なこととして硫黄が還元されて生成する多硫化物イオンが電解液に溶出することを防がなければならないからである。この２つのことを同時に解決する手段として SWCNT への内包を試みた。PhQ と同様な手法で硫黄を内包させた。単に内包処理だけを行うと SWCNT 外表面にも硫黄が析出してしまうため，CS_2/エタノール溶液で洗浄処理を行った。**図２**は洗浄処理前後の硫黄内包 SWCNT の TG 曲線を硫黄粉末試料の TG 曲線と併せて示している。洗浄処理前の試料の TG 曲線には２段階の重量減少が確認できる。一段階目の重量減少は硫黄粉末試料とほぼ同じ温度で確認されていることから，SWCNT 外表

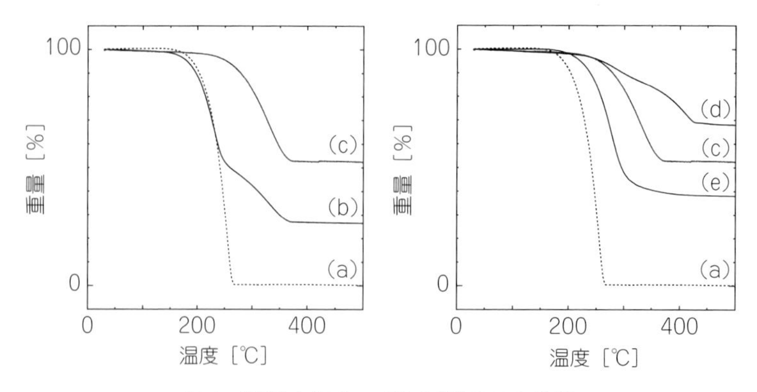

図2　硫黄内包カーボン試料の TG 曲線

(a)単体硫黄，(b) S@SWCNT（直径 1.5 nm，CS_2 洗浄前），(c)同洗浄後，(d) S@SWCNT（直径 1.0 nm），(e) S@メソポーラスカーボン（シリンダー径約 6 nm）。

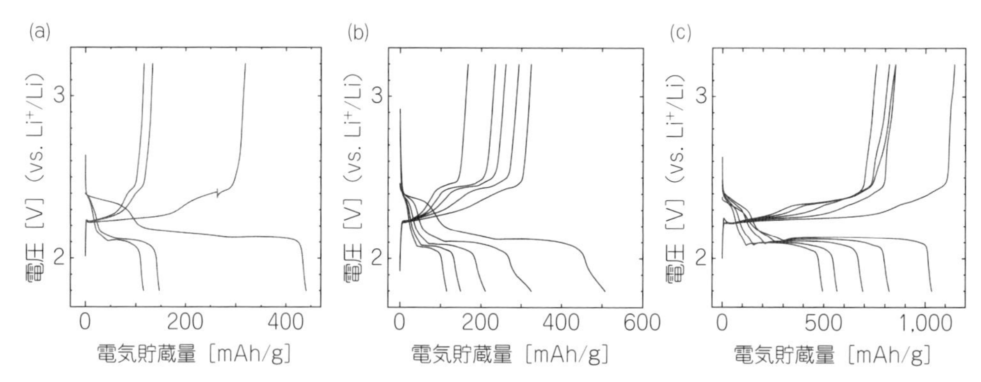

図3　硫黄とカーボンブラックの混合試料(a)，S@メソポーラスカーボン(b)，S@SWCNT の定電流（50 mA/g）充放電曲線(c)

面に析出した硫黄の昇華であると考えられる。2段階目の約 300℃からの重量減少はチューブ内部の硫黄の昇華である。なぜならば，洗浄処理後の SWCNT についてはこの2段階目の重量減少しか見られないからである。なお，洗浄処理前の試料の2段階目の重量減少量と最終残量の比は，内包された硫黄と SWCNT の重量比となるが，洗浄処理後の試料の重量減少量と最終残量の比と等しいことが確認できる。すなわち洗浄処理により外表面の硫黄のみを選択除去できていることがわかる。さて，内包された硫黄の昇華温度が単体硫黄よりも高くなるのは SWCNT により硫黄分子が安定化されていることを示している。この安定化の程度は SWCNT の直径に依存し，平均直径が小さくなると昇華温度が高くなることが確認できる。また，平均細孔径が約 6 nm のメソポーラスカーボンではこの安定化は確認できない。電極性能については，単体硫黄をカーボンブラックと混合しただけの試料では，**図3**のように充放電を行うと大きなサイクル劣化が確認できる。これはすでに述べたように，硫黄分子が還元されて生成する多硫化物イオンが，容易に電解液に溶出するためであると考えられる。この劣化は硫黄をメソポーラスカーボンあるいは SWCNT に担持することにより若干改善されるが，［2.1］で述べた有機分子のように完全に抑え込むことはできていない。有機分子の場合には SWCNT 内表面からのポテンシャルによる安定化に加えて，π-π 相互作用による安定化の寄与が大きいと考えられる。

次にリンについてみていこう。リンには多くの多形が知られているが，高圧下で合成される黒リンを除いてほぼ絶縁体とみなすことができる。したがって黒リン以外は電池電極として利用することは容易

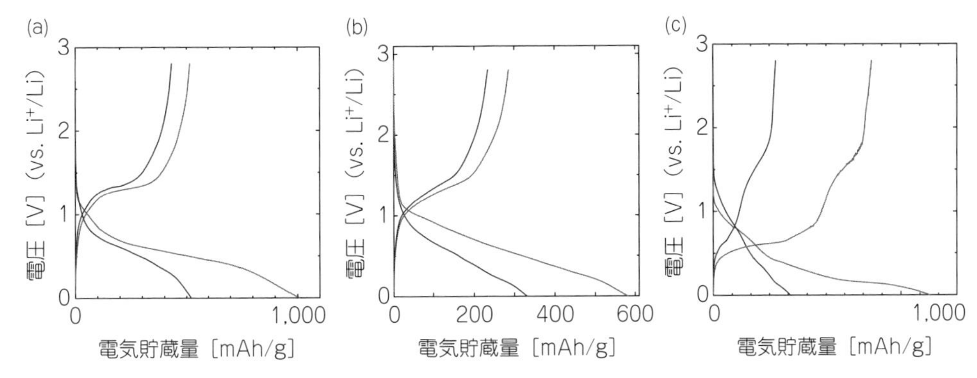

図４　P@SWCNT の定電流（100 mA/g）充放電曲線

(a)と(b)は Li，(c)は Na 金属対極。(a)と(c)は EC：DEC＝1：1，(b)は PC 電解液を使用。(b)は 0℃での測定。

ではない。しかし，リンを SWCNT に内包すれば電子供給を効率よく行えるようになるのではないかと考え，硫黄や PhQ と同様の手法により P@SWCNT を用意し充放電実験を行った。まず，LIB 電極性能を確認するため，対極に Li 金属，電解液に 1M $LiClO_4$ を含むエチレンカーボネート（EC）：ジエチルカーボネート（DEC）=1：1 の混合液を使用したテストセルで実験を行ったところ，**図４**のような充放電曲線が得られた。第一サイクルでは大きな不可逆容量が確認されるものの，それ以降は可逆性良く充放電できていることがわかる。黒鉛の理論容量よりもはるかに大きな可逆容量を有しており，魅力的である。さらに，P@SWCNT は黒鉛とはまったく異なる方法でイオン貯蔵を行っているので黒鉛負極では実施困難な次の２つのことが可能である。１つ目は電解液としてプロピレンカーボネート（PC）を使用できることである。PC は EC/DEC に比べて安価であるだけでなく，融点が低く低温性能に優れているが，黒鉛負極は PC により分解反応を起こしてしまうため，現在の LIB では PC を使用できない。P@SWCNT を電極として PC 電解液を使用したテストセルを 0℃に制御して充放電実験を行ったが，図４に示すように同じ充放電レートでは実行容量がやや小さくなるものの可逆的に充放電を行えることがわかった。P@SWCNT を使うことにより低温性能に優れた LIB を開発できる可能性がある。次に Li 金属対極に代えて Na 金属対極を使用した実験を行った。Na は資源的に豊富であるので，ナトリウムイオン電池（SIB）は次世代の大型低コスト二次電池として期待されているが，黒鉛は Na イオンを Li イオンのように大量に貯蔵することができない。P@SWCNT の場合は図４に示すように Na イオンを Li イオンと同程度貯蔵することができることがわかった。ただし，図４のように Na イオンのときは放電曲線が複雑な挙動を示すがこれに関して詳細はわかっていない。

3. キャパシタ

SWCNT はグラフェンシートを丸めた構造であるので，グラフェンと同じ 2,630 m^2/g という非常に大きな理論比表面積を有する。理論比表面積と書いたのは，実際には SWCNT は凝集体（バンドル）を形成し，実測される比表面積はそれほど大きくはならないからである。したがって［1］にも書いたが，SWCNT 単体の EDLC 電極性能を評価しても活性炭などの他の高比表面積炭素材料を大きく上回るようなキャパシタ容量は得られない。容量以外の側面で，SWCNT の特性を活かしたキャパシタ開発も進められている。例えば，基板に垂直配向させた SWCNT を電極とすることで，イオンの拡散経路を単純にして高速充放電可能なキャパシタが研究されている[7]。また，最近，リソグラフィー技術を利用することで集積化マイクロキャパシタを開発したという報告が注目された[8]。こうした開発が可能になったのは近年の SWCNT の合成・精製技術の急速な進展で，高品質な SWCNT が調達できるようになったことが大きな要因である。また，このような進展に伴い，SWCNT のイオン吸蔵に関してより詳細な知見が得られるようになってきており，単に比表面積の大きな炭素材料という捉え方ではなく，SWCNT特有のイオン吸蔵を利用して新しい機能を有したキャパシタの開発が期待できる。

筆者らは，結晶性が高く，直径分布の小さいSWCNT試料についてイオン吸着挙動を調べるためにサイクリックボルタモグラム（CV）測定を実施したところCV曲線は従来測定されていたようなバタフライ型ではなくダンベル型になることを2012年に米国化学会の雑誌に報告した[9]。CV曲線がダンベルのような形になるのはSWCNTの特異な電子構造を反映している。測定試料の結晶性が悪ければ電子構造は異なったものとなるし，直径分布が大きくなるとさまざまな電子構造のSWCNTの重ね合わせとなるのでダンベルの形が明瞭に観測できなくなる。さて，ダンベル型CVというのはある特定の電位で急激にキャパシタンスが大きくなることを示している。また，この急激に容量が大きくなる電位はSWCNTのカイラリティに依存しており，直径が小さくなるほど高電位になる[10)11)]。現時点ではカイラリティ別のSWCNTをキャパシタ電極を作成できるほど用意することは容易ではないが，近い将来そういったことが可能になれば，必要な電位でスイッチング機能を有するようなキャパシタを作成することができる。

SWCNT単体をEDLC電極材料として使用しても，大きな二重層容量を得ることは困難であることはすでに述べた。しかし，SWCNTを反応場として用いて二重層容量に疑似容量を加えることで大きなキャパシタンスを得ることは可能である。実際に，SWCNTを化学修飾してさまざまな官能基を付与したものが大きな疑似容量を示すことが報告されている[12)]。しかし，このような手法で疑似容量を稼ごうとすると官能基をつけたことによるSWCNTの電気伝導性の低下を招き，キャパシタの利点である高速性能に悪い影響を与えてしまう。筆者らは，最近，全く別の試みでエネルギー密度を高めることを行っている。ヨウ化物イオンを含む電解液中でSWCNTに正電位を印加すると，ヨウ化物イオンが還元されるとともに，この還元されたヨウ素分子がSWCNT内に保持されることを2013年に英国化学会の雑誌に報告した[13)]。この論文の目的は別のところにあったのだが，この反応，すなわち電解液のレドックス反応を利用すると新しいタイプのSWCNTキャパシタを構築できる。この新しいタイプのキャパシタをEREC（electrolyte redox electrochemical capacitor）と呼ぶことにする。筆者らが構築したERECテストセルの典型的なものは以下のようなものである[14)]。正極にSWCNT電極，負極に活性炭電極，電解液はヨウ化ナトリウム水溶液を使用する。このような構成で充電操作を行うと，正極側では先に示したヨウ素の酸化還元電位に対応する一定電位を示すのに対し，負極側では通常のEDLC電極同様アルカリ金属イオンの吸着に伴い，電位が下がっていく（**図5**）。両極の電位差はEDLCの場合と同様に時間に対して直線的に変化する。しかし，この場合の直線の傾きは両極ともEDLC電極の場合と比べておよそ半分となる。すなわち，キャパシタンスはおおよそ2倍になる。また，EDLC電極では電極活物質の表面しか利用できないが，レドックス電極では活物質全体を利用することができるのでERECではセル全体の活物質重量を小さくすることができる。したがって，ERECの重量当たりのエネルギー密度は通常のEDLCの2～4倍高くなることが期待できる。このERECにおいてはSWCNTは化学修飾する必要がなく，SWCNTの高い電気伝導性をそのまま活用することができる点も魅力である。

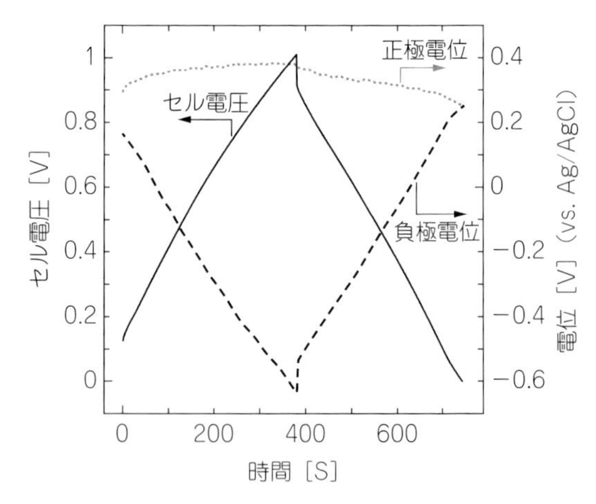

図5　SWCNT正極を用いたERECの充放電曲線

4. おわりに

カーボンナノチューブが発見されて約四半世紀となるが残念ながら単一カイラリティのSWCNT試

料の電池電極評価を行うのは現在も困難である。しかし，ある程度直径が制御された高品質SWCNT試料での実験は可能となり，徐々に他の炭素材料に見られないSWCNT電極特有のイオン貯蔵・放出特性が明らかになってきている。今回は機能性分子を内包したSWCNT試料を用いたり，SWCNTチューブ内での反応を利用することにより次世代二次電池・キャパシタを構築できる可能性について述べた。

文　献

1）川崎晋司：月刊ディスプレイ, **19**, 62（2013）.

2）川崎晋司：次世代蓄電池の最新材料技術と性能評価，技術情報協会, 587（2013）.

3）川崎晋司：カーボンナノチューブ・グラフェンハンドブック, オーム社（2011）.

4）石井陽祐，山田早紀，松下知弘，Ayar Al-zubaidi, 川崎晋司：炭素, **250**, 253（2011）.

5）川崎晋司：リチウム二次電池部材の高容量・高出力化と安全性向上, 技術情報協会（2008）.

6）Y. Ishii, Y. Sakamoto, H. Song, Y. Nishiwaki, A. Al-zubaidi, S. Kawasaki, AIP *Advances*, **6**, 35112（2016）.

7）羽鳥浩章：化学と工業, **62**, 469（2009）.

8）K. Laszczyk, K. Kobashi, S. Sakurai, A. Sekiguchi, D. Futaba, T. Yamada, K. Hata：*Advanced Energy Materials*, **5**, 1500741（2015）.

9）A. Al-zubaidi, T. Inoue, T. Matsushita, Y. Ishii, T. Hashimoto, S. Kawasaki：*J. Phys. Chem. C*, **116**, 7681（2012）.

10）A. Al-zubaidi, T. Inoue, T. Matsushita, Y. Ishii, S. Kawasaki：*Phys. Chem. Chem. Phys.*, **14**, 16055（2012）.

11）A. Al-zubaidi, Y. Ishii, S. Yamada, T. Matsushita, S. Kawasaki：*Phys. Chem. Chem. Phys.* **15**, 20672（2013）.

12）I. Mukhopadhyay, Y. Suzuki, T. Kawashita, Y.Yoshida, S. Kawasaki：*J. Nanosci. Nanotechnol.*, **6**, 4089（2010）.

13）H. Song, Y. Ishii, A. Al-zubaidi, T. Sakai, S. Kawasaki：*Phys. Chem. Chem. Phys.* **15**, 5767（2013）.

14）Y. Taniguchi, Y. Ishii, A. Al-zubaidi, S. Kawasaki：J. *Nanosci. Nanotechnol*, **16**, 1（2016）.

第7節　長尺CNT低含有高機能フッ素樹脂複合材開発

大陽日酸株式会社　坂井　徹

1．本開発の背景

カーボン材料と樹脂との複合材料は，主に半導体を製造する分野において洗浄装置，検査装置の帯電防止や静電防止，および耐摩耗性，離形性，導電性，熱膨張防止，放熱用などの目的でOA分野において利用されている。

樹脂複合材料の製造方法は，加熱溶融した樹脂とフィラーを溶融混練する方法が一般的である。また，フィラーとしてのカーボン材料は，帯電防止・静電防止の目的で，カーボンブラック（以下，CB）が利用されており樹脂に対して5～15 wt%が添加されている。

樹脂に対して多量のフィラーを添加することにより，樹脂本来のしなやかさが損なわれ硬く，脆くなることにより，曲げが必要な部材としての活用が難しい問題がある。また，フィラー添加量が多いことに起因するカーボン脱落の問題も，半導体製造分野や医療分野において導入が進まない要因とされている。

ナノサイズの直径をもった繊維状の炭素結晶であるカーボンナノチューブ（以下，CNT）は，導電性・熱伝導性機能を付与する際，CBと比較して飛躍的に添加濃度を減らすことが可能となる。

しかし，樹脂中にCNTおよびCBを溶融混練法で混合すると，条件によっては強いせん断力によりCNTが短く切断されてしまう現象がみられる。また，樹脂の配合が多くなった際に，樹脂の伸びにより導電パスおよび熱伝導パスが途切れる問題がみられる。

したがって，球形のCBや繊維状でも短いCNTは，樹脂中で所望の導電性や熱伝導性を得るためには添加量の増加が避けられない問題がある。

樹脂本来の特性を損なわずに，フィラー添加濃度を極力少なくし，かつフィラーの脱落リスクの低い樹脂複合材を実現するために，長尺CNTを極少量均一分散された高機能樹脂複合材が望まれている。

本開発では，フッ素樹脂のPTFE（polytetra fluoroethylene）に着目しCNT添加濃度を飛躍的に減らすことにより，所望の導電性・熱伝導性・機械強度などの機能を付与することを目指した。また，併せてフィラー添加量を減らすことでフッ素樹脂本来の特性を損なうことなく，フィラーコストも最小限に抑えることを目指した。

これまでの大陽日酸㈱（以下，当社）の研究開発においてCNTをフッ素樹脂（特にPTFEモールディングパウダ[1]）の原料樹脂粒子（以下，フッ素樹脂）の表面にのみに定着・含侵し，所定の性能を得る上で，フィラー添加濃度を下げることが可能であることを明らかにした経緯がある[2]。また，従来のCNTより繊維長の長い長尺CNT（長さ100～150 μm，直径約14nm長尺CNT[3)-7)]）を用いることで，樹脂に対するCNT添加濃度を極力低くした場合にも，高い導電性能が得られる可能性についても明らかにしてきた[8]。

本開発は，より簡便・量産向けでかつ低コストの高機能フッ素樹脂製造プロセスおよび長尺CNT低含有高機能フッ素樹脂のさらなる開発を目的として実施したものである。

2．長尺CNTの特徴，仕様，製造方法

2.1　特　徴

当社の製造法は，基板の上に多層CNT（multi-wall carbon nanotube；MWCNT）が垂直に一定方向に林立成長（配向）しておりCNTの長さを制御できること，成長したCNTの長を均一にできる特徴がある（**図1**）。

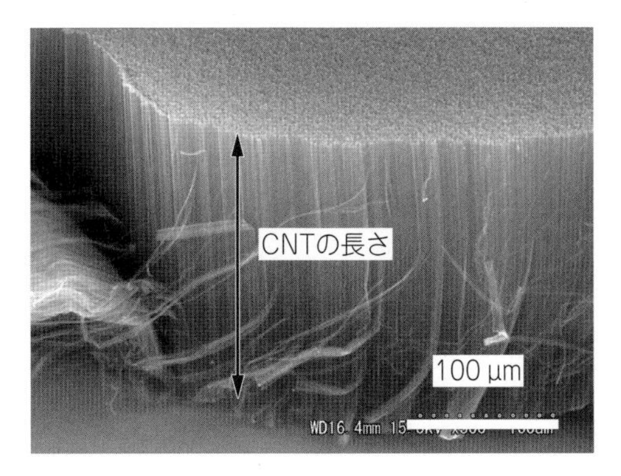

図１　長尺 CNT の走査型電子顕微鏡（scanning electron microscope；SEM）写真

基板の上に熱 CVD（chemical vapor deposition）法で結晶成長させる製造法であり，CNT の長さは製造条件により長尺 CNT（50～600 µm）を製造することが可能である。

2.2　長尺 CNT の仕様

CNT の形状・仕様は**表１**に示すとおり，平均直径は 14 nm 前後で，多層・長尺（最大 600 µm の長さ）である。純度も 99.5％以上であるが，200 µm で 99.8％以上を示し，長尺の方が高い純度を示す。

2.3　製造方法の比較

CNT の製造方法は，基板を用いた熱 CVD 法（**図２**の(a)）であり，従来の触媒気相流動法（図２の(b)）よりも CNT 長さ，純度，CNT 形状の均一性が高い製造が可能である。

表１　長尺 CNT の仕様

項目	仕様
製法	基板 CVD 法
種類	多層
CNT 長さ	50～600 µm （標準グレード 200 µm）
CNT 径	5～20 nm
高密度	10～70 mg/cm^3
G/D	0.7～2.0
純度	99.5％以上
層数	多層（4～12 層）
サンプル形態	粉末

3.　CNT 低含有高機能フッ素樹脂

フッ素樹脂に添加濃度を飛躍的に下げた長尺 CNT の複合化を実施した長尺 CNT 低含有高機能フッ素樹脂に適用し，導電性・熱伝導性・機械特性について評価を実施した。併せて，長尺低含有高機能性フッ素樹脂の工業的な製造プロセス，ならびに加工方法を含めた応用用途を詳細に検討し，CNT 低含有高機能フッ素樹脂の実用化を目指した。

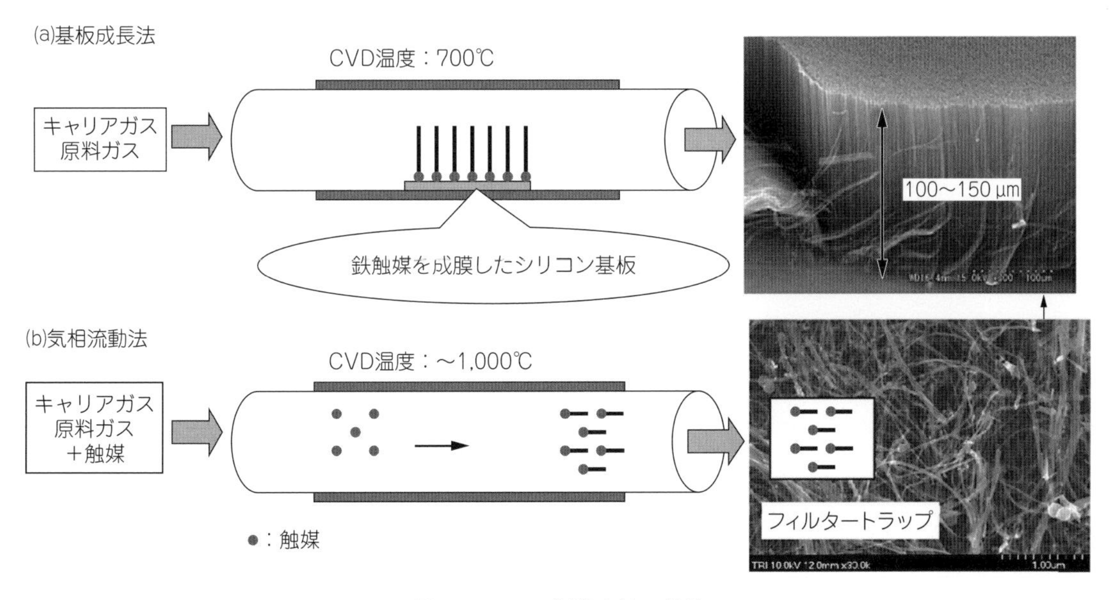

図２　CNT の製造方法の比較

3.1　フッ素樹脂（PTFE）

当社が利用したフッ素樹脂は，フッ素樹脂の中でもPTFEであり，その特徴は，融点以上，例えば380℃に加熱した際の，溶融粘度は，10^{10}～10^{12} Pa·S程度を示し，ゴム状弾性体にとどまるため流動性を示さない性質をもつ[1)]。

主に懸濁重合で得られた，モールディングパウダーと呼ばれるPTFEは，見かけ上，ドライであり形状は100 µm以下に解砕された粉体が一般的なものである。

基本的な成形法は，フリーベイキング法と呼ばれ，「予備成形」,「焼成」,「冷却」のステップである。「予備成形」の工程では，ドライなモールディングパウダーの空隙をなくすように金型の中に密に充填し，加圧圧縮することで予備成形品を成形する。「焼成」の工程では，予備成形品を焼成炉の中で360～380℃程度の温度で焼成する。「冷却」工程では，成形体の温度が内部まで冷却し，安定したところで終了である[1)]。

樹脂の成型加工において，樹脂が溶融しないことが，樹脂中に低含有で混合したCNT（フィラー）が安定した特性を示すために必要な条件となる。

3.2　フッ素樹脂とCNTの複合化

フッ素樹脂と親和性の高いメチルエチルケトン（以下，MEK）に長尺CNTを分散させたMEK分散液と超臨界炭酸法[2)8)]を利用し，フッ素樹脂粒子（平均粒径25 µmのPTFE粒子）の表面に0.01～0.075 wt%の範囲において長尺CNTを定着・含浸することでCNT低含有高機能フッ素樹脂を試作した（**図3**）。

試作したCNT低含有高機能フッ素樹脂粒子を金型に投入後，手動圧縮成形機（三庄インダストリー㈱製，MH−50）を使用して，常温，圧力40 MPaの条件にて予備成形を行い，密度2.1 g/cm^{3}の予備成形体を得た。その後，予備成形体を真空電気炉（光洋サーモシステム㈱製，真空ボックス炉，MB−888 V）にて360℃，4時間焼成処理を行うことにより，CNT低含有高機能フッ素樹脂の成形体を得た後，導電性・熱伝導性・機械特性を評価した。

また，スカイブドフィルムについては，高さ150 mm，直径300 mm程度の円柱状の成形体を得た後，スカイブド加工を施し，導電性について評価した。

併せて，導電性，熱伝導性，機械特性を併せもつCNT低含有高機能フッ素樹脂の製造プロセスの検討および最適化を行った。

3.3　導電性評価（成形体）

ロットの異なる複数のMEK分散液と水分散液（長尺CNTを分散した水分散液）を用いて試作したCNT低含有高機能フッ素樹脂の導電性能評価結果を**図4**に示す。

MEK分散液（ロット1）を用いて作製した高機能フッ素樹脂は，樹脂に対するCNT添加量0.01 wt%において10^7 Ωcmレベルの導電性が得られた。

さらに，作製ロット間において多少のばらつきがあるものの，従来使用していた水分散液を用いて作製した高機能フッ素樹脂よりも，導電性能が良好であることが確認できた。

水分散液を用いる場合，フッ素樹脂に対する水の

図3　CNT低含有高機能フッ素樹脂

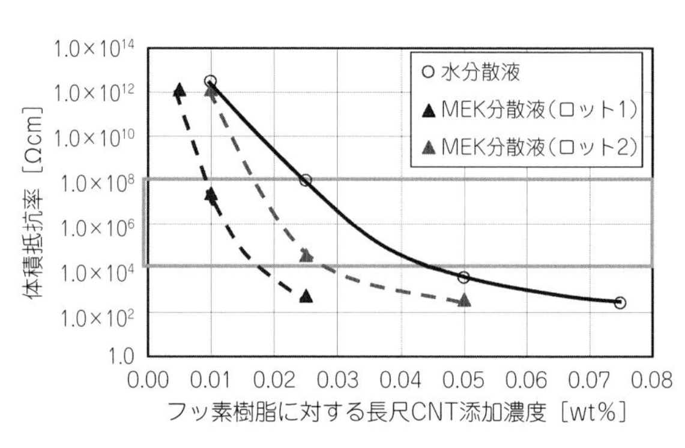

図4　CNT低含有高機能フッ素樹脂の導電性能評価

ぬれ性を改善するために分散媒をエタノール転換する必要があり，エタノール転換時のCNTの凝集リスクや製造プロセスの煩雑化が課題であった。

MEK分散液を用いる場合，MEK分散媒とフッ素樹脂のぬれ性を改善するプロセスが不要のため，CNTが均一に分散した状態のまま超臨界炭酸処理プロセスへと移行できる利点がある。また，MEK分散液は，水分散液と比較して用いる分散剤（導電性阻害物質）量が1/5倍で済むこともさらなる利点として挙げられる。フッ素樹脂に高い導電性を付与する際に，絶縁性の分散剤は，できるだけ少ない方が有利である。

MEK分散液のロット間のばらつきは，MEK分散液（ロット1）中のCNTが10 μm程度に切断されていたことが主因であり，樹脂中のCNTの長さにばらつきが生じていたことが原因であったことが判明している。

3.4　熱伝導性（成形体）

長尺CNTの長さ，結晶性（アニール処理有無）の異なるCNTを用いてCNT低含有高機能フッ素樹脂を作製し，熱伝導性を評価した結果を**図5**に示す。未処理とは，熱CVD法で合成したCNTをそのまま利用したCNTであり，アニール処理は，熱CVD法で合成CNTを2,400℃，アルゴン雰囲気で熱処理を実施し，CNTの結晶性を高めたCNTを利用した。

使用した，CNTの長さは分散液を試作する際のCNTの長さであり，樹脂中のCNTの長さでないことを改めて示しておく。

長尺CNT添加量1 wt%において，長さが300 μm以上のCNTを用いた方が，長さが10 μm以下のものと比較して熱伝導性が向上（熱伝導率：0.69 W/(m·K)）することが判明した。300 μm以上の長尺CNTを用いた試験片は，肉眼での外観観察からも明らかにCNTが凝集しているのがみられたが，高い熱伝導性が得られた。熱伝導性においては，樹脂中のCNTの分散性以上にCNTの長さのファクターが大きく影響を及ぼす結果である。

また，50～150 μmの長尺CNT（添加量0.05 wt%）を添加したフッ素樹脂においては，アニール処理CNT（0.64 W/(m·K)）が，アニール未処理CNT（熱伝導率：0.45 W/(m·K)）に比較して熱伝導性が1.4倍ほど向上する結果が得られた。アニール処理により結晶性が高いCNTを樹脂に添加する方が，熱伝導性を大きく向上させることができることを示している。

本検討において，長尺CNTの極少量添加量0.05 wt%において，母材樹脂の2.6倍の熱伝導率向上が確認できた。

3.5　機械特性（成形体）

表2にフッ素樹脂に対する長尺CNTの添加量を0.025 wt%，0.05 wt%添加した高機能フッ素樹脂を作製し，引張，曲げ，圧縮などの機械特性を評価し

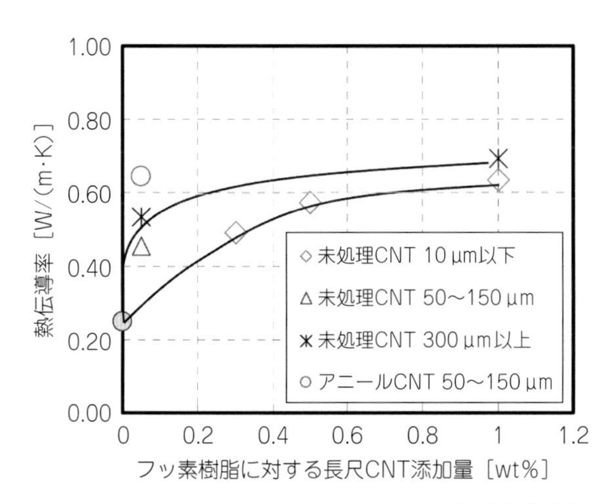

図5　CNT低含有高機能フッ素樹脂の熱伝導性能評価結果

表2　CNT低含有高機能フッ素樹脂の機械特性評価

項目	試験方法	PTFE	高機能フッ素樹脂		他社製品
			0.025 wt%	0.05 wt%	CB 3 wt%
引張強度［MPa］	JIS K7161	26.4	23.0	22.1	23.7
伸度［%］	JIS K7161	363	355	357	371
圧縮強度 10%変形［MPa］	JIS K7171	16.5	15.6	16.0	17.7
曲げ強度［MPa］	JIS K7181	14.6	14.7	14.7	16.5
曲げ弾性率［GPa］	JIS K7181	0.60	0.65	0.61	0.65

た結果を示す。

長尺CNT添加量0.025 wt%，0.05 wt%においては，引張強度に関してはブランク（CNT添加していないPTFE）の83～86%の傾向を示したが，曲げ強度・圧縮強度に関してはPTFEとほぼ同等であることが確認できた。

さらには，比較品であるCB・特殊炭素繊維3 wt%入りフッ素樹脂と，ほぼ同等の機械特性を確認できた。

3.6　カーボンの脱落試験（成形体）

フィラーを添加した樹脂からのフィラーの脱落は，CBのように樹脂に対する添加量が多いものは，大きな懸念事項となることが判明している。

フィラーの脱落は，樹脂の成形体を紙にこすりつけることで概略判断できる。特に，CBが15 wt%程度入ったフッ素樹脂などは，紙の上に黒く線がつく現象がみられる。しかし，フッ素樹脂に長尺CNTを0.05 wt%，0.025 wt%添加したものについては，紙の上でこすった場合でも黒い線は全く付着することはなくフィラーの脱落がないことが確認できている。これは，フィラーが樹脂に完全に包まれているために脱落が発生しないことが判明している。

また，他の試験方法として，長尺CNT低含有高機能フッ素樹脂の成形体（20 mm×10 mm×50 mm/0.05 wt%，0.025 wt%）を純水に24時間浸漬した後，TOC計（全有機体炭素計）により浸漬液中のTOCを計測評価した。併せて，フィラーを添加しないものを同様にTOC計により評価した結果，いずれも検出限界値以下を示した（**表3**）。

3.7　金属溶出試験（成形体）

長尺CNT低含有高機能フッ素樹脂を半導体関連・薬液継手などの用途に利用する場合，PTFE，フィラーなど材料由来の金属分溶出が問題になる。

表3　CNT低含有高機能フッ素樹脂の純水浸漬液中のTOC測定結果

項目	ブランク	PTFE	高機能フッ素樹脂	
			0.025 wt%	0.05 wt%
TOC分析［μg/L］	＜100	＜100	＜100	＜100

フィラー添加の無いPTFE，長尺CNT0.05 wt%添加の成形体（20 mm×10 mm×50 mm）を，3.6%塩酸水溶液でよく洗浄した後，3.6%塩酸水溶液に24時間浸漬後，浸漬した塩酸水溶液を誘導結合プラズマ質量分析（ICP-MS）法により金属イオン濃度を測定した。比較として，浸漬を行ってない塩酸水溶液をブランクとした。

フィラー添加なし，長尺CNT0.05 wt%添加品，ともに鉄（Fe）のみ微量（20程度）に検出されたが，それ以外の金属成分は検出限界以下となった（**表4**）。

溶出試験を実施後の成形体（20 mm×10 mm×50 mm）をさらに，36%塩酸で72時間程度洗浄することによりフィラー添加無し，長尺CNT0.05 wt%添加品共に鉄（Fe）は1 ppb以下となり，洗浄により金属溶出が，検出限界以下となることが確認できている。

フィラー由来で金属成分が検出されるわけではなく，加工由来であると考えられ，洗浄方法を工夫することで，清浄な成形体を提供可能でることが判明している。

また，0.05 wt%の添加量にて金属溶出は，ほぼ検出限界であることより，さらにフィラー添加量が少ない0.025 wt%の場合も同等の結果が得られるものである。

3.8　スカイブドフィルム

ここまで，長尺CNT低含有高機能フッ素樹脂は成形体の特性について検討してきたが，薄膜状のスカイブドフィルムについては，樹脂が伸びる現象がみられるため，特別な検討が必要である。

表4　CNT低含有高機能フッ素樹脂の3.6%塩酸浸漬液中の金属イオン測定結果（三徳化学工業㈱協力）

項目	ブランク	PTFE	高機能フッ素樹脂	
			0.05 wt%①	0.05 wt%②
分析項目	金属不純物34元素 （Ag, Al, As, Au, B, Ba, Be, Bi, Ca, Cd, Co, Cr, Cu, Fe, Ga, Ge, In, K, Li, Mg, Mn, Mo, Na, Nb, Ni, Pb, Pd, Sb, Sn, Sr, Ta, Ti, Zn, Zr）			
金属溶出分析［ppb］	34元素検出限界以下	33元素検出限界以下（Feは微量検出）		

表５　スカイブドフィルムの仕様

項　目	形　態
形態	スカイブドフィルム
材料	CNT/PTFE
厚み［mm］	0.1，0.05
CTN 含有量［wt%］	0.1，0.05
サイズ（幅）［mm］	150
体積抵抗率［Ω·cm］	2.0×10^2～3.0×10^6

図６　スカイブドフィルムの外観

スカイブドフィルムは，CNT を 0.05 wt%，0.025 wt% 添加した PTFE を高さ 150 mm，直径 300 mm の円柱状の成形体をフリーベイキング法により成形した後，0.1 mm，0.05 mm の厚みにスカイブド加工を施し，CNT 低含有高機能フッ素樹脂を薄膜状のフィルムに加工した製品である（**表５**，**図６**）。

スカイブドフィルムにおいて，CB 含有の問題点であったカーボンの脱落ならびにフィラーの添加量の低減による柔軟性，離形性のさらなる向上，導電性，熱伝導性の付与により，従来利用できなかった分野において利用が可能となる。

0.1 mm，0.05 mm の薄膜の状態においても長尺 CNT の低含有量状態で，体積抵抗率で 10^2～10^6 Ωcm を達成しており，より伸びやすい薄膜のフィルムにおいても安定した特性を付与することが可能となる。熱伝導率は約 0.3 W/（m·K）程度を示しているが，薄膜の熱伝導率はレーザーフラッシュ法での精度が悪く，さらなる測定実績が必要である。

4．今後の展開について

当社における CNT 低含有高機能フッ素樹脂は，現在商用設備において 10 t/年程度の供給が可能な製造体制にある。CNT の低含有化により，成形体の状態において市販されている CB 入り導電性フッ素樹脂と同等のコストを実現できると見込んでいる。

高機能フッ素樹脂の具体的な用途は半導体洗浄装置向け部品，薬液チューブ・薬液継手・薬液容器，工業用可燃薬液用部品，OA 向け静電気部品，耐食性ヒーター，自動車材料向けの放熱部材などが挙げられる。

当社において，さらなる特性の向上と加工プロセスの工夫・研究開発を進めており，PTFE のさまざまな加工方法を適用可能となるよう検討を進めている。

また，PTFE の従来の特性をいかした高い耐熱性，離形性，柔軟性，耐薬品性，耐低温性などの性質に加えて，導電性，熱伝導性を加えることにより，これまで利用できなかった分野における，センサ部材，ヒーター部材，摺動部材，高熱伝導性部材，異方性熱伝導部材，導電性部材などに適用できる可能性が考えられる。

筆者らは，新しい素材である CNT とその CNT を極少量添加することで新しい機能をもった CNT 低含有高機能フッ素樹脂がさまざまな分野で活用されることを期待している。

5．まとめ

導電性，熱伝導性，機械特性を備えた高機能フッ素樹脂の実用化を目指し，フッ素樹脂粒子表面（平均粒径 25 μm の PTFE 粒子）に低含有（0.025 wt%，0.05 wt%）の長尺 CNT を定着・含浸した長尺 CNT 低含有高機能フッ素樹脂を試作・評価を実施した。

フッ素樹脂に対してきわめて低い CNT 添加量（既存部材の 1/15～1/1,500 の添加量）において，導電性，熱伝導性，機械特性の各特性は，既存部材を上回る性能が得られることが確認できた。

CNT 低含有高機能フッ素樹脂の成形品は，市販材と同等レベルのコストを実現できる可能性が確認できた。また，CNT低含有高機能フッ素樹脂の加工のバリエーションとして，スカイブドフィルムについての製造プロセスの確立ができた。

長尺CNT低含有高機能フッ素樹脂（PTFE）の，成形体加工，スカイブドフィルム加工を含め製造・販売体制が整った。

最後に，本開発を進めるにあたり多大なご助言とご指摘を賜りました国立研究開発法人新エネルギー・産業技術開発機構（NEDO），電子・材料・ナノテクノロジー部に深く御礼申し上げる。

文　献

1）日本弗素樹脂工業会：ふっ素樹脂ハンドブック改訂11版，pp.3-pp.23（2008）．
2）高配向カーボンナノチューブを用いた導電性フッ素樹脂の作製技術，大陽日酸技報，No.30（2011）．
3）Y. Nakayama：*J. J. Appl. Phys.*, **47**, 8149（2008）．
4）T. Nagasaka, M. Yamamura, M. Kondo, Y. Watanabe, K. Akasaka, K. Hirahara and Y. Nakayama：*J. J. Appl. Phys.*, **48**, 06FF06（2009）．
5）T. Nagasaka, T. Sakai, K. Hirahara and Y. Nakayama：*J. J. Appl. Phys.*, **48**, 065006（2009）．
6）T. Nagasaka, T. Sakai, K. Hirahara, S. Akita and Y. Nakayama：*J. J. Appl. Phys.*, **48**, 091602（2009）．
7）ブラシ状カーボンナノチューブの高速成長技術の開発，大陽日酸技報，No.23（2004）．
8）フッ素樹脂の最新動向，pp.38-pp.49，シーエムシー出版（2013）．

第1節　ナノチューブの糸づくり

四国職業能力開発大学校　中山　喜萬

1. はじめに

カーボンナノチューブ（CNT）の特徴は，そのユニークな構造からくる電気特性と機械特性にある。チューブを構成する炭素原子の六角網目構造のチューブ軸に対するねじれによって，電気的に半導体的性質や金属的性質を示す。つまり炭素だけでできているのに半導体にも金属にもなり得る。また，鋼と比べると200倍以上もの高い引張強度をもち，比重は鋼の1/5と軽い。したがって，導電性をもち強度の高い糸やロープ素材として注目され，いくつか糸づくりが報告されてきた。また，具体的な宇宙エレベーター構想も報告されている。本稿では，繊維の種類，繊維から糸へ，CNTの糸づくり，垂直配向したブラシ状CNTから糸をつくる上で，重要な視点について述べる。

2. 繊維の種類[1)]

繊維の歴史は古く，人類が植物や動物から繊維を分離採取して布などにして用いたのは，少なくとも1万年以上も前のことといわれている。このように人類が最も長く利用してきたのは天然繊維（natural fiber）である。天然繊維には，麻，綿，絹，毛がある。天然繊維に対する人工繊維として化学繊維（chemical fiber）があり，これは再生繊維（regenerated fiber），半合成繊維（semisynthetic fiber）および合成繊維（synthetic fiber）に分けられる。

再生繊維は，天然のセルロース繊維を化学修飾することにより分子間の水素結合を解離してコロイド溶液とし，それを再びセルロース分子に戻すことによって繊維を再生したものである。短い繊維を自在の長さのセルロース繊維に変えたもので，レーヨンとよばれ，銅アンモニアレーヨンやビスコースレイヨンがある。

半合成繊維は，再生繊維と合成繊維との中間的なものであり，天然のセルロース繊維を化学処理しエステルなどの形に変え繊維化したアセテートや動物性タンパク質（ミルクガゼイン）とアクリルニトリルを結合させたプロミックスがある。

合成繊維は，有機低分子を重合した高分子を原料とする化学繊維で，重要なものとしてナイロン，ポリエステル，ポリアクリロニトリル（PAN）の繊維，さらに日本で開発されたポリビニルアルコール（PVA）を原料とするビニロン繊維などがある。

特殊な機能をもつ繊維として，高強度繊維や導電性繊維などが開発されている。高強度繊維としては，「ケブラー」などのアラミド繊維や「ベクトラン」などの溶融液晶ポリエステル繊維，PANやピッチを焼いてつくる炭素繊維，高分子量ポリエチレンをゲル延伸してつくられる「ダイニーマ」，ヘテロ環剛直性ポリマーで防弾チョッキにもなる「ザイロン（PBO繊維）」などが開発されている。

この中で炭素繊維は高い導電性をもつ導電性繊維である。その他に導電性繊維としては，①人工繊維の中に導電性のよい金属や黒鉛を均一に分散したもの，②金属を繊維化した金属繊維，③人工繊維の表面を蒸着などにより金属を被覆したものがある。

このような中にあって，CNT繊維の特徴は，重量あたりの強度が最も高いこと，通常の炭素繊維のように曲げても破断しないことがあげられる。

3. 繊維を糸に[2)]

繊維から糸がつくられ，ロープや織物の原糸となる。上記のように多様な糸がつくられており，いくつかの視点で分類される。原料による分類では，①1つの繊維からつくった糸，純糸，②2種以上の織維を混ぜ合わせてつくった混紡糸，さらに③２種以上の純糸をより合わせた交撚糸があり，その他に④繊維以外のものでつくった糸がある。

純糸には，天然繊維の綿からつくられる綿糸，同様に麻糸，毛糸がある。また，蚕の繭からつくられるものに生糸と絹糸がある。生糸はいくつかの繭糸を解きほぐし引きそろえて糸にした（製糸した）ものである。絹糸は，生糸をつくる際にできる副産物，養蚕段階や製糸段階にでる副蚕糸を原料にして絹綿をつくり，これを糸にしたものである。これらに加えて化学繊維からつくられる化繊糸がある。

繊維以外のものでつくった糸としては，細い金属糸に金や銀をメッキしたものや，芯糸に箔糸（金箔を和紙に張り付けて糸状に切ったもの）を巻き付けたラメ糸などがある。最近は樹脂フィルムに金属を蒸着したものを細く裁断したものが多く使われている。

糸をつくる繊維の長さで分類したものが**図１**である。綿，麻，羊毛などのように短い繊維を平行にそろえて撚りをかけてつくった（紡績した）糸をスパン糸といい，これに対して繭や化学繊維のように長い繊維を引き出しそろえて撚りをかけた糸をフィラメント糸という。

繊維から糸をつくる方法として，上に紡績，製糸という語を用いてきたが，改めて繊維から糸に至るプロセスをまとめると**図２**のようになる。化学繊維の場合は，溶融状態あるいは溶液状態の原料を小さな孔から押し出す紡糸とよばれる方法が使われる。これには，**図３**に示す溶融紡糸（melt spinning），乾式紡糸（dry spinning），湿式紡糸（wet spinning）の３つの方法がある。

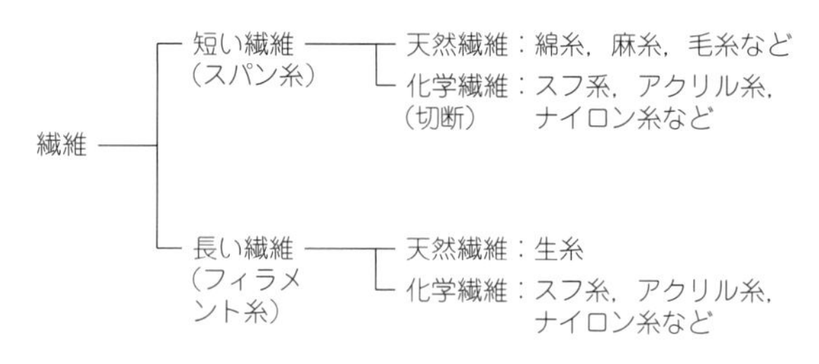

図１　繊維の長さによる分類

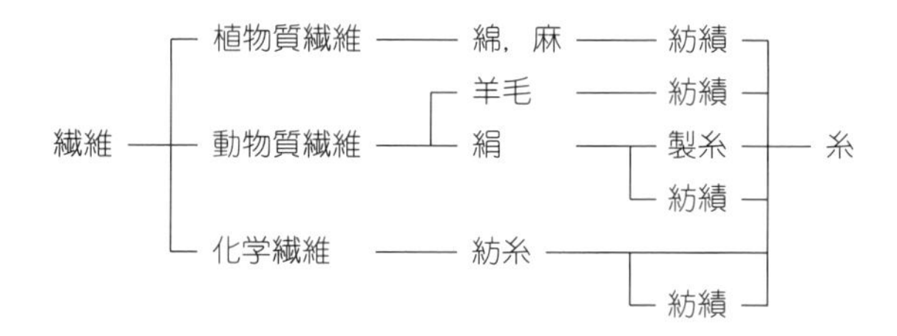

図２　糸のつくり方による分類

英語表記では紡績および紡糸を spinning，製糸を silk throwing といい，日本語表記の方が豊かである。

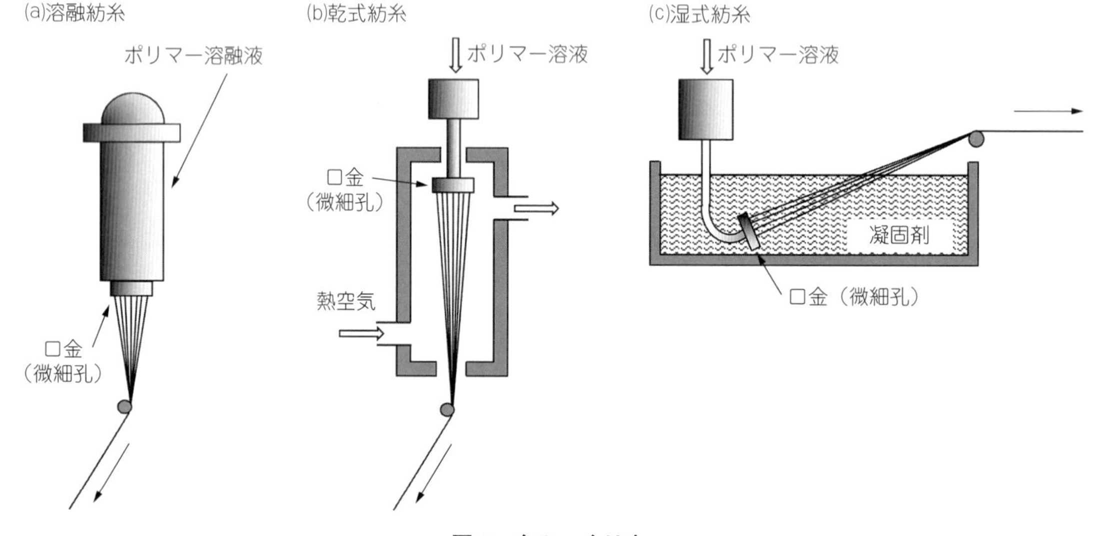

図３　糸のつくり方

4．ナノチューブを糸に

これまで糸づくりに使われてきたCNTは，長さが数百μmのものが多い。この点から通常の糸づくりでいうスパン糸に分類されるが，そこで扱われるものに比べてきわめて短い繊維であることが特徴である。したがって，CNT糸をつくる方法として，図２の分類に当てはめると，紡糸ならびに紡績が採用されている。歴史的には，紡糸が先に行われた。

4.1　紡糸法

4.1.1　ナノチューブの分散に界面活性剤を用いた方法

CNTは溶融しないので溶融紡糸はできない。また，水溶液や有機溶媒に溶けないので，液中に分散したCNTから湿式紡糸により糸をつくることが試みられた。しかし，液中ではCNTは側面間の強いファンデルワールス力によりバンドルを形成する。これを解いて，CNTを孤立分散させない限り配列させることは難しい。

CNTの孤立分散法としてよく用いられるのは，ドデシル硫酸ナトリウム（SDS）などの界面活性剤を加えて分散する方法である。超音波照射によりCNTはバンドルが解かれ界面活性剤で覆われるため，再度バンドルを形成することなく孤立分散する。この手法を用いて，B. Vigoloら[3]は60 wt％を超える単層CNTからなる糸を初めて製作した。界面活性剤で安定化したCNT溶液を注射器を用いて，PVA溶液を凝固剤とした凝固浴の中に押し出し糸にした。PVAは界面活性剤を置換して，CNTが凝集したゲル状の繊維構造中間体を形成する。この中間体は，そこから直ちに溶媒が排除されて固化し延伸され，CNTが配列したCNT/PVAコンポジット糸になる。

その後，PVA以外の凝固剤も報告されている。M. E. Kozlovら[4]は水中に分散した単層CNTから樹脂を混入することなく紡糸するプロセスを開発した。彼らはpH<1の超強酸あるいはpH>13の超強アルカリ溶液を凝固剤とすることによって，ほとんど瞬間に凝集が起きることを示した。紡糸直後の糸には多くの凝固剤（90％は液体）が含まれている。液体の凝固剤の取り除き方によっては，糸は中空構造となり用途が広がる。しかし，樹脂を含まない凝固剤を用いて紡糸した糸は，PVAを凝固剤に用いたCNT/PVAコンポジット糸に比べて，機械強度（引張強度やヤング率，強靭さ）は低いが，電気伝導率は優れている。

4.1.2　ナノチューブの分散に強酸などを用いた方法

超強酸は単層CNTについて唯一の溶媒である。100％硫酸の中では硫酸アニオンがCNTの周りを取り巻き電荷移動錯体を形成する[5]。したがって，CNT濃度が低いとき，荷電したCNTと硫酸アニオンの錯体はブラウニアンロッドとして振る舞う。一方，CNT濃度が高い（>0.03 wt％）と，硫酸アニオンはバンドルしているCNT間にしみ込んだ状態になり，よく配向したCNTの集合体（スパゲッティ相）になる[5]。

この中ではCNTは動き得るが，CNTの濃度がさらに高く（>4 wt％）なると，それらは動けなくなり秩序を保持したドメインを形成する[6]。CNT/酸システムは水に敏感である。きわめて少ない湿気で相分離が起こり，分離した針状結晶溶媒和の沈殿を引き起こす[5)6]。通常の紡糸技術を用いて，この秩序を保ったCNTの分散液を凝固剤の中に押し出すと，CNT間のアニオンは排除され連続的なCNT糸をつくることができる[7]。

糸は，スーパーロープとよばれるものがバンドルした構造をもち，200～600 nmの太さである。個々のスーパーロープは，直径約20 nmの高密度のバンドル状態にある。つまり，酸処理によって元の単層CNTパウダーの形態が大きく変化したことになる。

S. Zhangら[8]はエチレングリコールに多層CNTを分散し紡糸した。この分散液はネマチック液晶の状態にあり，凝固剤のジエチルエーテルの中に押し出されると，エーテルを含んだCNT糸となる。エーテルはすぐに蒸発してCNT糸がつくられる。

4.2　紡績法

綿や麻，羊毛などの短い天然繊維を細く長い糸にしていく紡績法と同様の方法によるCNTの糸づくりは主に２つの方法で行われてきた。１つは，ブラシのように配列したCNTの端からCNT繊維をつまみ出して糸にするもので，２つめはCVDの反応領域に形成されたCNTエアロゲルから直接糸をつくるものである。歴史的には後者は後に生まれたが，これを先に説明する。

4.2.1　ナノチューブ合成炉からの直接紡績

上部から触媒と原料ガスを導入してCNTを合成する縦型CVD炉内には対流がある。炉の器壁近傍には上昇気流が，中央部は下降気流があり，合成されたCNTはこの下降気流に載って炉の下流に輸送される。輸送されるとき近くのCNTどうしがファンデルワールス力によりバンドルを形成する。Y-L. Liら[9]はこれを連続して巻き取る機構を下流域に設けてCNT糸を回収することに成功した。この方式では，供給ガスの流速に近い速度でCNT糸を巻き取ることができ，高速紡績が可能である。また，単層から多層のCNTまで層数を制御したCNT糸の製作が可能である[10]。

4.2.2　ブラシ状ナノチューブからの紡績

CNT糸の紡績に最初に成功したのは，K. Jiangら[11]である。彼らは，基板上に成長させた垂直配向したブラシ状CNTを基板から剥がし，その端部分をつまみ出すことによって連続してCNT糸を引き出した。CNTは糸の長さ方向に概ね平行に配列した状態にある。その後，基板上のブラシ状CNTから直接CNTを引き出し，それに撚りを掛けて糸にできることが示された[12][13]。**図4**は基板上のブラシ状CNTから撚り掛けしながら引き出している様子である[13]。ブラシ状CNTの端から基板表面に平行に160μmの長さのCNTが連なって引き出され，撚り掛けによって～7 μmの太さの1本の糸として紡ぎ出されている。断面を貫くCNTの本数は10^5本程度ある。綿糸や毛糸の～80本や～200本に比べるときわめて多い。ブラシ状CNTを短冊状にするなどして引き出し幅を制御することによりCNT糸の直径が調整できる。また，幅広のまま引き出すと

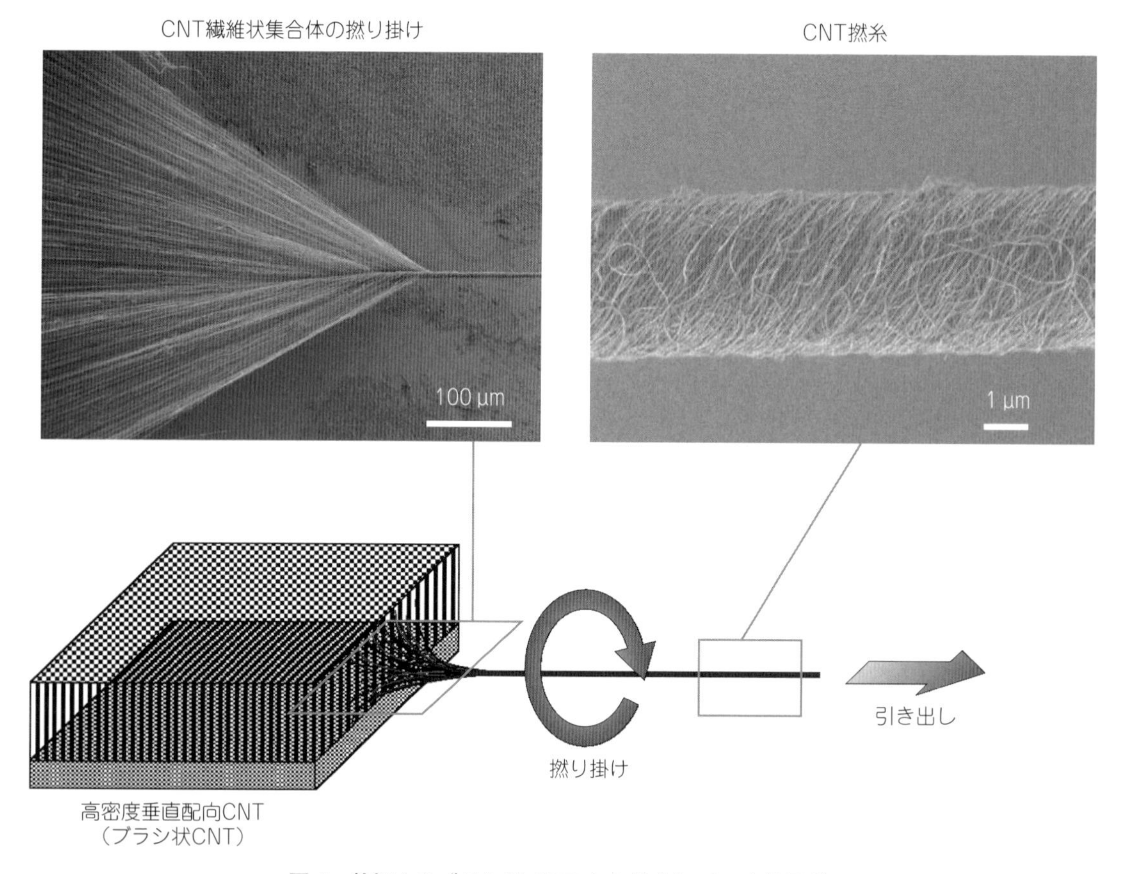

図4　基板上のブラシ状CNTから紡糸している様子[13]

CNT シートを得ることができる。このシートは引き出し方向，つまり長手方向に良好な導電性があり，幅方向に導電性が低い電気的異方性をもつ。

図５はブラシ状 CNT から CNT 繊維を引き出す様子を走査電子顕微鏡（SEM）で観察した像である[13)]。CNT 繊維が引き出される平均的な位置はブラシ状 CNT の基板側から上端へまた基板側へと上下上下に移動する。先端部分や底の部分で接続された CNT が，何本も，それぞれ接続部分は互いに少しずれて出てくるので，切れることなく安定して CNT が引き出される。

ただし，すべてのブラシ状 CNT から紡績ができるわけではない。**図６**は紡績性が高いもの，低いもの，ないものの３種類のブラシ状 CNT の高さ方向に異なる位置の SEM 像である[14)]。これらの試料について，側壁から CNT バンドルを引き出すときの力が計測された。SEM に装備したマニピュレータを用いて，原子間力顕微鏡探針を操作することにより行われた。**図７**(a)は接着剤を付けた探針先端をブラシ状 CNT に押しつけて CNT バンドルを捕捉し，引き出している様子である。引き出すときの探針のたわみから，力が引き出し距離に対して計測された[14)]。

最上部近傍で CNT バンドルを引き出すと，バンドルの上部および下部はそれぞれ上と下に移動し始めブラシ状 CNT 本体から離れていく。バンドルの上部はすぐに最上部に達し，その地点での複雑な CNT の絡まりによって，隣のバンドルを引き剥がそうとする。やがて新しいバンドルが生まれるが，このとき，図７(b)に示すように引き出し力は最大値を迎え CNT1 本あたりに換算すると 15nN/CNT に至る。測定点が最上部から離れると力は減少し，20 μm 下で約 6 nN/CNT，そして中央部では 3～4 nN/CNT という小さな値になる。これは，紡績可能な試料の振る舞いである。

一方，紡績ができない試料では，捕捉したバンドルの上部は，最上部に到達したとき，隣の新しいバンドルを引き剥がすことができずにそこでブラシ状 CNT から離れる。計測された力は，ブラシ状 CNT の最上部で 7～8n N/CNT，上部から 20 μm 下では約 10 nN/CNT である。この大小関係は先と逆転しているが，図６の構造から理解できる。試料の上部は，中央部と比べても特別な絡み合いの兆候はないし，密集度も高くない。

紡績性能の低い試料では，すべての位置での引き剥がし力は 5～7 nN/CNT であり，上記２つの試料の中間的な値である。捕捉したバンドルの最上部は新しいバンドルを引き剥がすのに成功するが，新し

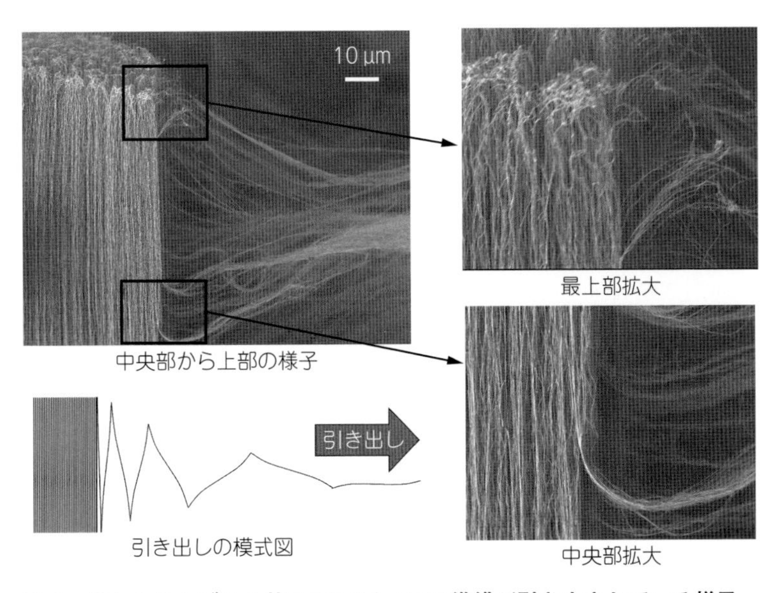

図５　横からみたブラシ状 CNT から CNT 繊維が引き出されている様子，SEM 写真と模式図 [13)]

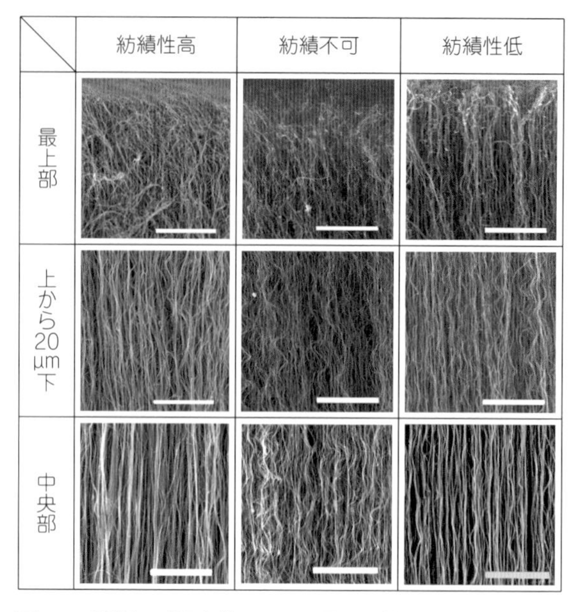

図６　３種類のブラシ状 CNT の異なる位置の SEM 写真[14)]

試料左から CNT の層数 8，8，7，直径 15，12，13nm，高さ 300，500，400μm，高密度 40，16，62.5mg/cm^3。スケールバーは 2μm[14)]

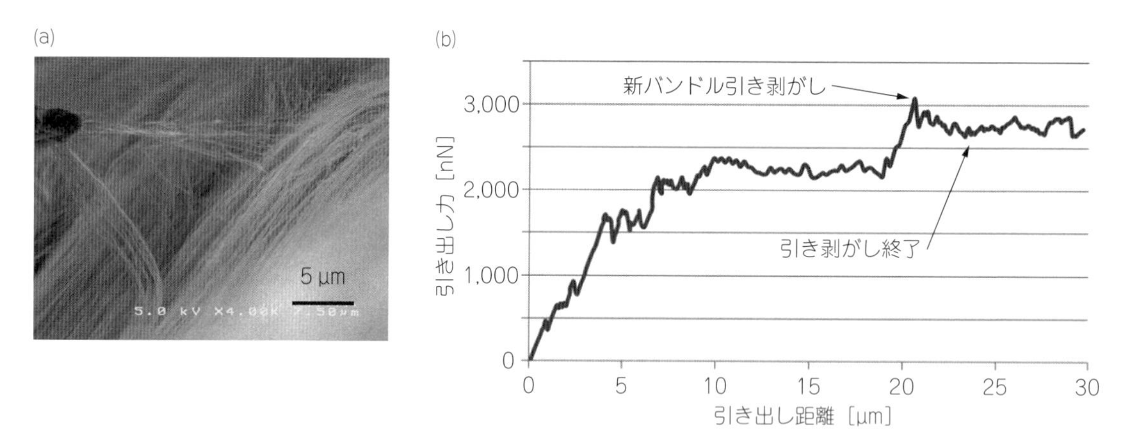

図７　原子間力顕微鏡探針先端でブラシ状 CNT から CNT バンドルを捕捉し引き出している様子(a)と引き出し距離と引き出し力との関係(b)[14)]

いバンドルが十分な長さになる前に元のバンドルとの接続点が切れる。

5. おわりに

CNT 糸は，多様な機能を備えている。高い引張強度だけでなく，繰返し荷重に耐えるタフさ，機械的なエネルギー緩衝の機能，結び目を入れても弱くならない，サブミクロンまでの細い糸が可能，そして導電性があるなど，これまでの繊維にはない優れた性質をもつ。次節以降，実用化を見据えた当該分野の最新情報が示されるが，今は，短い CNT 繊維からなるスパン糸のみが可能である。将来的には長さに制限を受けない CNT の合成法が開発され，フィラメント糸の製作が可能になるであろう。これに CNT の実用的な構造欠陥修復技術が加われば，CNT 本来の引張強度を備えたロープが可能になり，まさに宇宙エレベーター建設が視野に入ってくる。このような進展を期待して稿を終える。

文　献

1）梶慶輔：繊維学会誌，**59**（4），23（2003）を主に参考にした。

2）日本紡績協会編集：テキスタイルエンジニアリング[1]（1991）を主に参考にした。

3）B. Vigolo, A. Penicaud, C. Coulon, C. Sauder, R. Pailler, C. Journet, P. Bernier and P. Poulin：*Science*, **290**（5495），1331（2000）.

4）M. E. Kozlov, R. C. Capps, W. M. Sampson, V. H. Ebron, J. P. Ferraris and R. H. Baughman：*Advanced Materials*, **17**（5），614（2005）.

5）S. Ramesh, L. M. Ericson, V. A. Davis, R. K .Saini, C. Kittrell, M. Pasquali, W. E. Billups, W. W. Adams, R. H. Hauge and R. E. Smalley：*J. Phys. Chem. B*, **108**（26），8794（2004）.

6）V. A. Davis, L. M. Ericson, A. N. G. Parra–Vasquez, H. Fan, Y. Wang, V. Prieto, J. A. Longoria, S. Ramesh, R. K. Saini, C. Kittrell, W. E. Billups, W. W. Adams, R. H. Hauge, R. E. Smalley and M. Pasquali：*Macromolecules*, **37**（1），154（2004）.

7）L. M. Ericson, H. Fan, H. Peng, V. A. Davis, W. Zhou, J. Sulpizio, Y. Wang, R. Booker, J. Vavro, C. Guthy, A. N. G. Parra–Vasquez, M. J. Kim, S. Ramesh, R. K. Saini, C. Kittrell, G. Lavin, H. Schmidt, W. W. Adams, W. E. Billups, M. Pasquali, W–F. Hwang, R. H. Hauge, J. E. Fischer and R. E. Smalley：*Science*, **305**（5689），1447（2004）.

8）S. Zhang, K. K. K. Koziol, I. A. Kinloch and A. H. Windle：Small, 4（8），1217（2008）.

9）Y. L. Li, I. A. Kinloch and A. H. Windle：*Science*, **304**（5668），276（2004）.

10）V. Reguero, B. Alemán, B. Mas and J. J. Vilatela：*Chem. Mater.*, **26**（11），3550（2014）.

11）K. Jiang, Q. Li and S. Fan：*Nature*, **419**（6909），801（2002）.

12）M. Zhang, K. R. Atkinson and R. H. Baughman：*Science*, **306**, 1358（2004）.

13）Y. Nakayama：*Jpn. J. Appl. Phys.*, **47**（10），8149（2008）.

14）A. F. Gilvaei, K. Hirahara and Y, Nakayama：*Carbon*, **49**, 4928（2011）.

第2節　ドライドローCNTとその応用例

リンテック・オブ・アメリカ　Raquel Ovalle　リンテック・オブ・アメリカ　Marcio Lima
リンテック・オブ・アメリカ　井上　閑山

1. CNT（カーボンナノチューブ）小史

CNTは突出した物理的形状や驚くべき特性を有しているのはすでに周知である。高いアスペクト比（約1,000：1），導電性，熱伝導性，強度と柔軟性など数多くの特性をもつカーボンナノチューブ（CNT）は，応用分野がきわめて広く，さまざまな産業分野において革命を起こすことが期待される新素材として注目を集めている。

1991年に飯島澄男氏によりニュースや学術論文でCNTの存在が発表されると[1]，CNTのもつ性質をいかしたナノテクノロジーの研究が広くなされるようになった。CNTに対する理解が深まるにつれて材料のもつ魅力と期待も増大していった。

1.1 CNTとは

単層のグラフェンシートはsp^2結合の炭素原子が六角形に配列しており1原子分の厚さしかない。そのような基本的な形状から驚くべき特性をもったさまざまな構造体をつくることができる。CNTの基本構造は中空・円筒のグラフェンにキャップの付いた形状だが，単層から数百層（多層）の同心円状のグラフェンから成っている。多層CNT内の層間距離は0.344 nm[2]とグラファイト内の層間距離の0.335 nmに近似[3]しており，各シェルの炭素結合は，グラファイトの各層の六方格子に直接関係している。単層のチューブで出来ているCNTは単層ナノチューブ（SWCNT）といわれ，直径は普通0.6～3 nmであるのに対し，2層以上のチューブが同軸管状になったCNTは多層ナノチューブ（MWCNT）といわれ，直径が2 nmのものから100 nmを超えるものまで存在する[4]（**図1**）。

図1　理想的なMWCNTの構造[1]

1.2 CNT生成法の進化と課題点

CNTは1952年にRadushkevichとLukyanovichによりはじめて発見され[6]，そこではチューブ状のCNTが複数の触媒粒子とともに観察された。後に，Krotoらにより発見された，一般にフラーレンとして知られる，アーク放電蒸発法を用いたC60分子[7]のような他の構造体が数多く研究された。しかし同軸管状の複数層から成るチューブ（MWCNT）が一般的になったのは1991年に飯島氏が発表してからである[1]。CNTはフラーレンを成長させるのに使用されるものと同様のアーク放電装置内の「煤」から発見された。アーク放電装置内で金属触媒を用いて単層ナノチューブ（SWCNT）を生成するようになったのはその2年後の1993年のことで[8]，その後レーザー蒸発法により方向のそろったSWCNTを成長させられるようになった[9]。それ以来，さまざまな生成方法が開発され多くのユニークなタイプ，形状，長さのCNTの生成が始まった[10]。しかしながら，長さ，直径，方向の制御などほとんどすべての点において望んだCNTを成長させることは現在でも簡単なことではない。同様にチューブの「品質」に大きく依存する電気特性，温度特性，機械特性の制御も未解決な課題として現在に至っている。それはこれらの特性がCNTの分子構造に直接関係しているからであり，思いどおりの特性を出すには分子構造の精密な制御が不可欠である。またCNT を産業活用するには大量生産技術の構築が大きな課題となっている。成長法の多くが大量生産を目的として開発されてきたが，高品質の CNT の安定した量産目標を達成するには，化学気相成長法（CVD）が最も見込みがある。CVD 法は Yacaman らにより最初に CNT 生成に用いられた[11]。

CVD 法は粉，膜，整列，コイルなど，さまざまな形状に CNT を成長させることができる上，他の合成法と比較して成長パラメータの管理にも優れている。本稿では，特定かつ独自の特性をもつ基板に対して垂直配向した CNT の成長についてさらに検討する。

2. CNT の垂直配向成長

2.1　CNT を直接基板に生やす CVD 法

1990 年代までは，CNT の製造は，後工程において不純物除去の工程が必要とされるアスペクト比が小さい短尺な CNT や，主にナノフィラメントといわれるような大規模生産に向かない基板上に作製されたものが軸となって進められてきた。

一般に，CVD 法以外の方法で，例えばアーク放電法やレーザー蒸発法などの方法では，基板上に垂直配向成長した SWCNT や MWCNT を含む CNT 類を作製することは困難である。一方で，特定の用途を検討するために用意された基板上に対して，CVD 法は垂直配向成長された CNT の作製に理想的である。

2.2　CVD 法の利点

CVD 法は垂直配向成長における SWCNT と MWCNT の作製のどちらにおいても，比較的簡単な方法でコストを抑えつつ大規模な生産が可能であることから，多くの関心を集めてきた。この技術は，高温で分解された炭化水素などを炭素源として，主に鉄，コバルト，ニッケルおよびそれらの合金などの遷移金属による触媒作用により CNT が生成される。CVD 法はグラファイト，金属さらにはセラミックによる不純物が少なく，低温かつ高速に垂直配向成長された CNT を基板上に作製できるため，多くの利点を有している。

金属触媒はバッファー層が設けられたクォーツ，シリコンウエハ，ステンレスなどの基板上にさまざまな方法により製膜され，この金属触媒が起因となって CNT の配向性をもたらしている。使用する基板材料が異なっても，アニーリング工程において，核生成過程に影響を与えるいくつかの工程が同時に進行し，これらの諸条件件によって，全体の触媒粒子のサイズが決定されるといった，共通プロセスが存在している。

3. セルフアセンブリによる CNT シートのドライドロー（DryDraw™）プロセス

3.1　個々の CNT の強度と課題

CNT は，基礎およびその新しい物理的特性の活用の双方で，さまざまな研究の焦点となってきた[12)-14)]。商業的な合成法としては，形態として煤状の SWCNT または MWCNT を作製している。この煤に含まれる各 CNT の破断強度および弾性率が非常に高いことはよく知られており，直径約 1.4 nm の SWCNT でそれぞれ約 37 GPa および約 0.64 TPa である[12)15)]。実用的な応用を妨げている決定的な問題点としては，個々の CNT の特性を効率的に活用できるように，ヤーン（糸）やシート，その他の形態に物性を損なわないまま CNT を組み上げる方法が存在しないことがあげられる。

3.2　ドライドロー法（DryDraw™）を可能にする CVD 技術

CNT の合成技術は大きく進歩したものの，CNT 固有の驚異的な特性を保持しながらそれをマクロ構造体としてつくりあげることは困難である。しかし Zhang らは，セルフアセンブリ（自己組織化）することで，CNT 単体で自立できる CNT シート（cSilk™）を製造する方法を報告している[16)]。

これらの成長メカニズムとして，触媒粒子の基板との結合状態により，一般には２つのモデルが報告されている。それは**図２**に示すような「基板から」の CNT の成長と CNT の「先端で」の成長である[17)]。

基板からの成長モデルでは触媒粒子は成長基板上

に残存している。炭素源は触媒粒子内に溶解し，微小なグラフェンの形態で金属粒子表面に凝結するまで，その中を拡散する。粒子の寸法，触媒として利用される金属の特性，プロセスの温度，使われるガスなどが，カーボン拡散のパラメータに直接的に影響を与えている。

基板と触媒との相互作用が強い場合，CNTは基板に付着している触媒粒子の上に成長する（ベース成長モデル）。基板と触媒との相互作用が弱い場合には，触媒粒子はナノチューブの成長に伴って押し上げられ，CNTが先端部で成長するのを促進し続ける（先端成長モデル）[17]。触媒粒子のサイズによりSWCNTまたはMWCNTのどちらが生成するか，およびその直径が決まる。粒子が広く分布していると成長したCNTは絡み合ってさまざまな長さとなる。一方，CNTが密集しているとほどなくしてCNTの先端が互いに触れ合い，ファンデルワールス力により強く凝集する。

3.3　DryDraw™によるcSilk™

CNTの成長が続くと，CNTは隣り合って整列しているCNTと「フォレスト」を形成して「強制的」に同時的に成長していく。しかし，このフォレストの中には，絡み合った束や複数の束の中に取り込まれている個別のCNTが存在している。このような束や個別のチューブがつながるのもファンデルワールス力による絡み合いによるものである。**図3**の

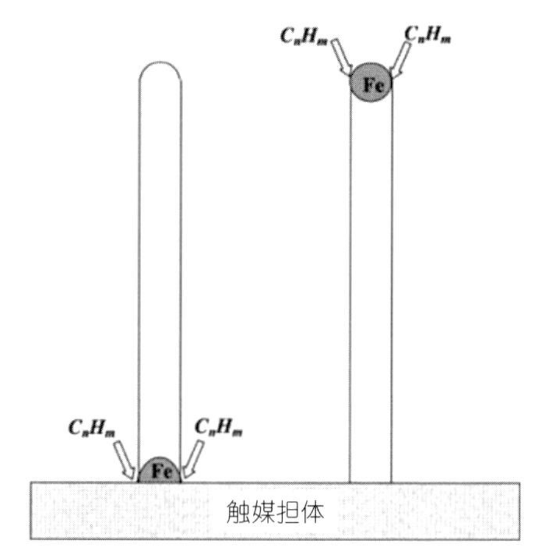

図2　基板からのベースCNT成長と先端からのティップCNT成長[17]

(a)ドローアブルのCNT フォレスト1

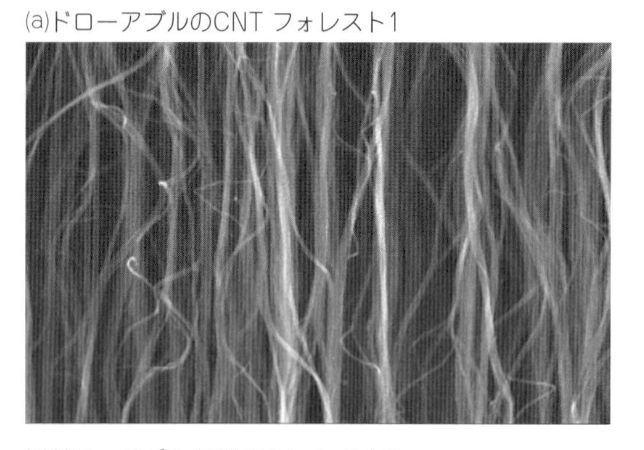

(b)ドローアブルのCNT フォレスト2

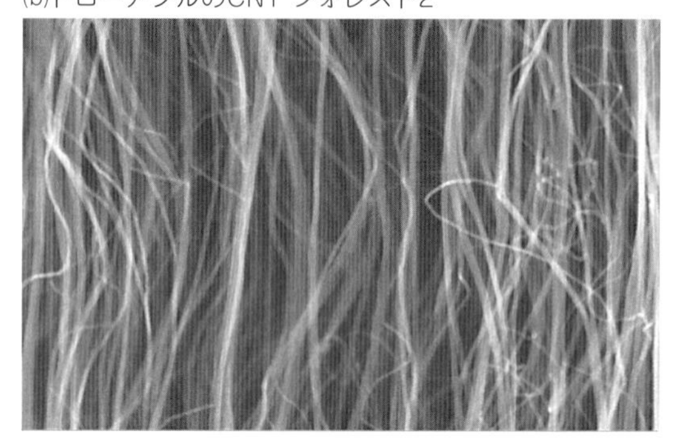

(c)ドローアブルのCNT フォレスト3

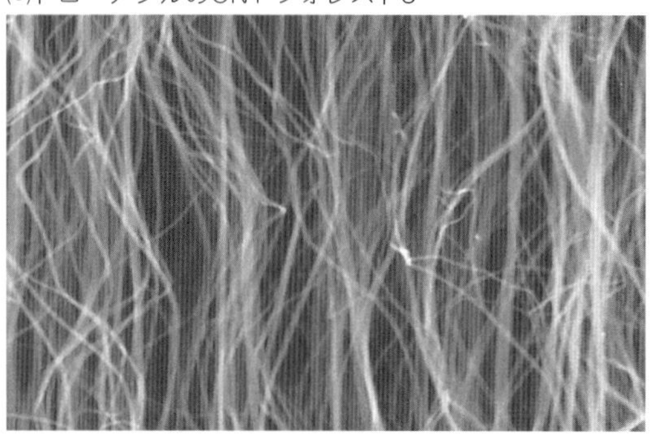

(d)ドローアブルではないCNT フォレスト

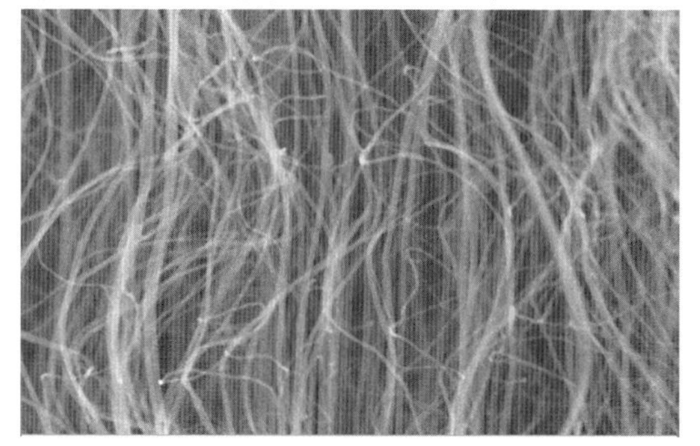

図3　ドローアブルとドローアブルではないCNTフォレストのSEM像の比較図（同一解像度）

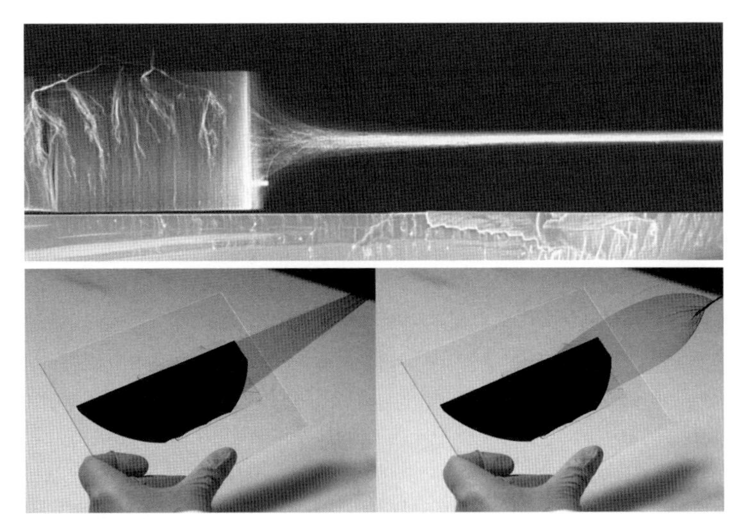

図４　DryDraw™ 法により CNT フォレストから cSilk™ を引き出している図

SEM（走査型電子顕微鏡）写真からは，CNT の束や個別のチューブが先端に近い所で絡み合いながらつながっている様子がみて取れる。さらに CNT の束はフォレストの先端や根元からずっと離れた場所でも絡み合っている。つまり CNT はフォレストの高さ方向のどこでも絡み合うことを意味している。

そのような「特別な条件」において成長した CNT フォレストは，相互の絡み合いから**図４**に示すように引き出すことができるようになり，引き出された CNT シート（cSilk™）はエアロゲルに属される。このドライドロー法（DryDraw™）でつくられ，セルフアセンブリされた cSilk™ は薄く[16]，透明で導電性があり機械的な強度を備えている。

3.4　DryDraw™ の条件

同時に，すべてのフォレストが DryDraw™ のプロセスに適しているわけではなく，特定の条件の微妙なバランスが CNT の DryDraw™ プロセスの可否に影響している。触媒の分布が広範すぎると，CNT が互いに強く作用し合う機会が失われ，フォレストの「ドローアビリティ」に影響を与える。一方で，フォレストの中でナノチューブが不整列すぎていてもドローアビリティが損なわれる。しかし，図３に示す SEM 像では，ドローアビリティを妨げることなく CNT が長い距離を蛇行している状態が観察できる。全体として蛇行の範囲が長くなりすぎると束間の絡み合いが多くなるため，蛇行がある限界を超えると（図３参照），CNT フォレストのドローアビリティが失われてしまう。このような過剰な絡み合いが多くなると，CNT が整列した極薄のシート（cSilk™）が形成されず，大きな束または塊としてフォレストから分離する結果となる。

ドローアビリティを有するフォレストはある特定の合成条件によってのみつくられる。CNT の面密度，フォレストの高さ，また CNT の純度は，フォレストの中の CNT 間の結びつきを予測し制御するためのパラメータと考えられている。

3.4.1　フォレストの高さとの相関関係

フォレストの高さ（μm）を関数に，フォレストから引き出されたシートの面密度（$\mu g/cm^2$）とフォレストの嵩密度（mg/cm^3）との相関関係を調べると，これらのパラメータがフォレストのドローアビリティに密に影響していることがわかる。例えば，細い CNT を用いて高いドローアビリティを得るには引き出されたシートの面密度が高い必要がある。面密度の影響は，フォレストの高さを調整することで補完できる。フォレストが高いと，引き出された cSilk™ の面密度も高くなる。さらには，高いフォレストを用いると，引き出し可能な cSilk™ の量（引き出されるシートの長さに対して使用されるフォレストの長さ）も高くなり，したがって生産性が向上する。

図５　DryDraw™ 製法により直接引き出される CNT シート（cSilk™）

3.4.2　不純物混入による質の低下

晶質炭素ならびに液体および固体炭化水素といった，副生成物の沈着・蓄積に大きく影響される。副生成物の蓄積が比較的少ない場合は，触媒が核を形成しやすく，結果としてドローアビリティの高いフォレストの成長を助けることがわかっている。反応炉の副生成物も，その濃度がある最大閾値以下である限り，フォレストの均一性を向上させるのに役立つ。しかし，炉内の副生成物を除去せずに連続してフォレストを合成すると，フォレストのドローアビリティが低下し始め，プロセスの再現性に影響を与える。

3.4.3　プロセス温度との関係

温度も CNT の成長と品質を決定するもう１つの重要なパラメータである。急速に温度を上げ，かつ成長プロセス中の温度を均一に維持することが，電気的特性の安定した長尺の CNT の製造にきわめて重要な要素となる[18]。基板上の触媒粒子に直接炭素源を吹きかける層流ガスフロー方式は，CNT 成長の初段階において触媒活性化率を上げ，CNT 成長の反応速度も向上させる。ドローアビリティを有する CNT フォレストの特性を改善させる余地はまだ数多くある。

4.　CNT シート（cSilk™）

CNT のフォレストの状態が適切であれば，ドライドロー（DryDraw™）のプロセスは円滑に行われ，垂直配向したドローアブルな CNT のフォレストから直接引き出すことによって効率良く CNT シート（cSilk™）を製造できる（**図５**）。このような進展は，ドライ状態でフォレストからナノチューブの糸を紡ぎ[16)19)]，撚りを加えシートの強度を 1,000 倍に向上させる[20)] などのそれまでの進歩の上に築かれている。また，フォレストから DryDraw™ により引き出される cSilk™ の幅と長さには理論的な限界値はない。

4.1　強靭な cSilk™

そのような cSilk™ の形態は非常に特異だ。シートは引き出し方向に整列しており，透明度が高く，また非常に多孔性で約 30 mg/m² の面密度を有している。その軽さにもかかわらず基板なしで自己質量をサポートするだけの強度がある。シート配向方向の強度を測定すると，質量あたりの鋼鉄のそれをしのいでいる[21)]。

4.1.1　方向性をもつ cSilk™

圧縮されていない積層された cSilk™ は 120～144 MPa/(g/cm³) 程度の引張強度を有している。同一方向に 18 枚積層し圧縮した cSilk™ は配向方向に 465 MPa/(g/cm³) の強度があるが，層ごとに積層方向を直行させた構造だと 175 MPa/(g/cm³) 程度の強度を２軸方向で示す。このように密度を規格化した cSilk™ の強度はマイラーフィルムやカプトンフィルムの 160 MPa/(g/cm³) 程度の強度と比べても同等以上の値を発揮している。

4.1.2　圧縮された cSilk™

このような異方性の大きなエアロゲルシートは，圧縮されることで容易に厚さ 50 nm ほどのきわめて方向性の高い密度約 0.5 g/cm³ のシートになり，引き出し方向でのシート抵抗は約10％低下し，シートの透明度も高まる。シート抵抗の異方性比（一方向に並んだ cSilk™ の直行する X 方向と Y 方向のシート抵抗の比率）は圧縮されていないシートの場合，50～70 であり，圧縮されたシートでは 10～20 になる。また，このシート抵抗の異方性比は温度にほとんど影響を受けない。

4.2　cSilk™ の利点と生産性の高さ

cSilk™ のこれらの魅力的でユニークな特性に加え，単一工程で高品質のシートをつくりだす DryDraw™ プロセスが示す明らかな利点は，物理的，化学的，機械的特性をもつ長尺な CNT を連続生産する上で非常に重要であり，多くの産業への応用度を加速させると期待される。

5.　CNT 糸（cYarn™）

5.1　撚糸による cYarn™

MWCNT のフォレストからエアロゲルの cSilk™ を引き出す先駆的な研究[22]を基に，従来のツイストベースの紡糸装置により，Zhang らは CNT フォレストから紡がれた CNT の糸（cYarn™）を連続的に作製し高密度化した研究結果を報告した[16]。

ここではすべての CNT はほぼ同じ高さで，基板に垂直に成長している。走査型電子顕微鏡写真（**図 6**）では紡糸プロセス中の糸作成の様子を示しており，直径約 10 nm の MWCNT がフォレストから引き出されながら同時に撚りを加えられる工程を観察している。cYarn™ の太さは，引き出すフォレストの幅をコントロールすることで設定できる。Zhang らは，150 μm 以下から 3 mm 程度の幅のフォレストを用いることで，約 1 μm から 10 μm ほどの直径の cYarn™ を撚糸したと報告している。加えられる撚りは通常メートルあたり約 80,000 回程度で従来の織物の強撚糸の約 1,000 回と比べると桁違いに高い。1 本だけと 2 本を編んだ MWCNT 糸の SEM 画像を**図 7** に示す。2 本を編んだ糸は，2 本の CNT 糸を過度に撚った後，捻りが均衡する状態まで互いの捻りがほどけることで得られた。

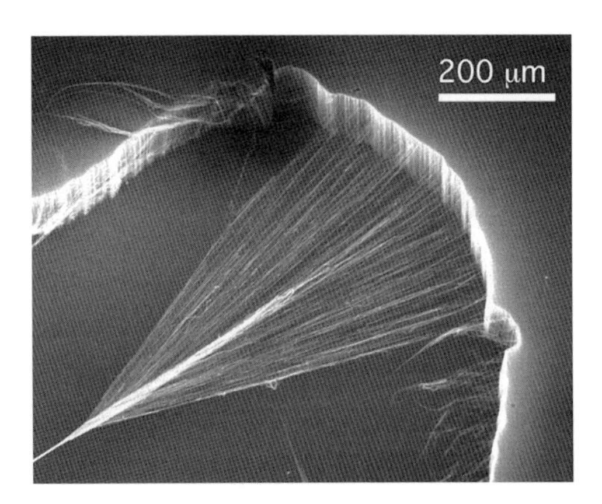

図 6　ナノチューブのフォレストから同時に引き出され紡糸工程によって撚りのプロセスにある cSilk™ と cYarn™ の SEM 画像[17]

5.2　撚糸の処理条件とナノチューブの長さ

Shaoli Fang らは，撚糸の処理条件とナノチューブの長さが，cYarn™ の特性に及ぼす影響を詳細に調べ報告している[20]。

CNT の長さ（またはフォレストの高さ）を 500 μm まで増やし，cYarn™ の太さを 4 μm まで細め，捻り角を最適化し，液体により高密度化することで，

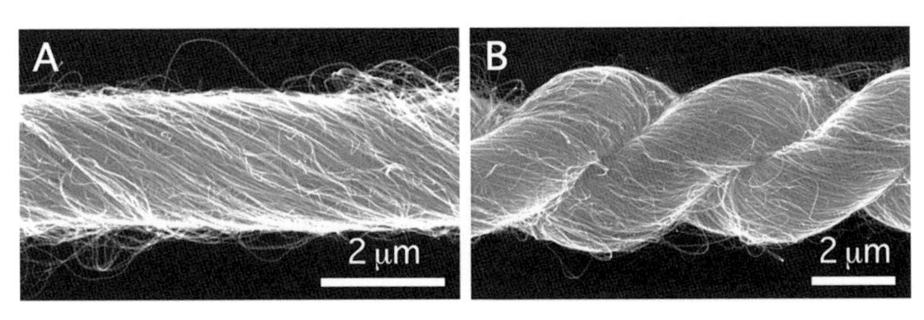

図 7　紡糸された cYarn™1 本(A)と 2 本が編まれた形態(B)の SEM 画像

最大約800 MPaの高い破断強度を観察した[16)19)23)]。破断伸度が最大13%と大きくかつ破断強度も高いことは，糸の破断に大きなエネルギーが必要なことを意味し，その約14～20 J/gという値は炭素繊維の12 J/gを上回る。また防弾チョッキに使用されるケブラー繊維の約33 J/gに迫る結果を示している[16)20)]。磨耗と結び目は，多くのポリマー繊維の強度を大きく損ねるが，これは確認したcYarn™には当てはまらず，引張による破断はかがり縫いの結び目の近傍には観察されなかった。

〈cYarn™の特徴〉

撚られたMWCNTの糸は通常380～550 S/cmの導電性を有しており，700 S/cmに達することもある[20)]。cYarn™は，すでに述べた特性に加え，高い熱伝導性や機械的な吸・放出性，高いクリープ抵抗性を有し，大気中で450℃に1時間加熱しても強度を保持する。また，空気中で放射線やUVに曝しても非常に安定しているなどのユニークな特性や，それらの組合せから生まれる特性を示す。さらに，糸の強度を大きく引き上げるポリマー含浸プロセスの後も，高いクリープ抵抗と導電性が維持されている[22)]。他の多くの研究者が，現在注目を浴びているこの複合化のアプローチにより，さまざまな進歩的な結果を報告している[24)25)]。

5.3　cYarn™との複合技術

現在市販されているような糸に対して，新規機能の追加や大幅な機能改善を行うには，粒子やナノファイバーの粉末を添加するのが一般的な方法である[26)27)]。一方で通常これらの粉末は液体や気体などに基本構造を変えない限り糸の中に撚り込むことはできない。しかし，明らかな例外として，ウェット[28)29)]とないしはドライプロセス[16)19)24)25)30)31)]で撚りを加えたcYarn™との組合せがある。突出した強度や耐久性，柔軟性に加え，複合化される材料によりもたらされるさまざまな機能をもつ糸は，シームレスにスマートテキスタイルや特殊構造をもつ織布，また編み込み電極などにでき，従来の多機能フィルムやバルク複合素材では達成できない特徴を創造する。

〈バイスクロール法〉

この特殊複合技術はバイスクロール法と呼ばれるもので，紡糸工程のcSilk™（ホスト）に，最大99重量%の他の機能性材料（ゲスト材料）を重ねて巻き込むものである[32)]。ゲスト材料の付与は，溶液による液体手法，静電粉体塗装ガン，インクジェット印刷，電子ビーム蒸発，スパッタリング，エアロゾル濾過などによって行うことができる（**図8**）。これはcSilk™の表層に蒸着法で製膜されたゲスト材料の酸化チタンがバイスクロール工程によりcYarn™の中に取り込まれた図である。この新規の酸化チタン糸は自己浄化型織布への応用やグレッツェル太陽電池用途向けに光吸収能を最適化することもできる。

少なくとも95重量%のゲストを含むことができるバイスクロールヤーンは，織り適性，結び適性，耐久性を有しているため，ウェアラブル電子生地（**図9**）やバッテリー，燃料電池用の強靭な編み込み電極として応用可能である。

安価で環境にやさしい高性能リチウムイオン電池

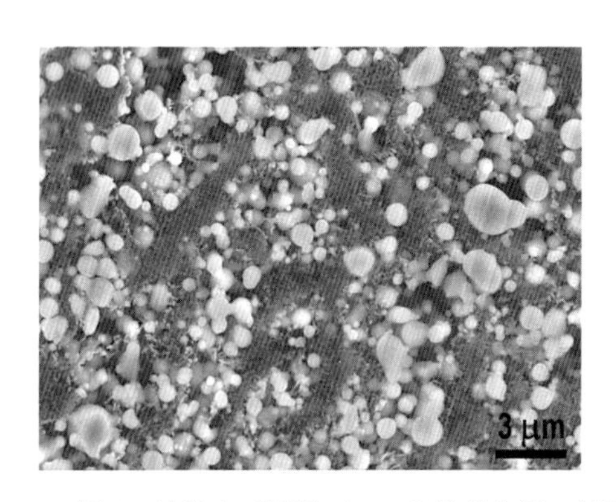

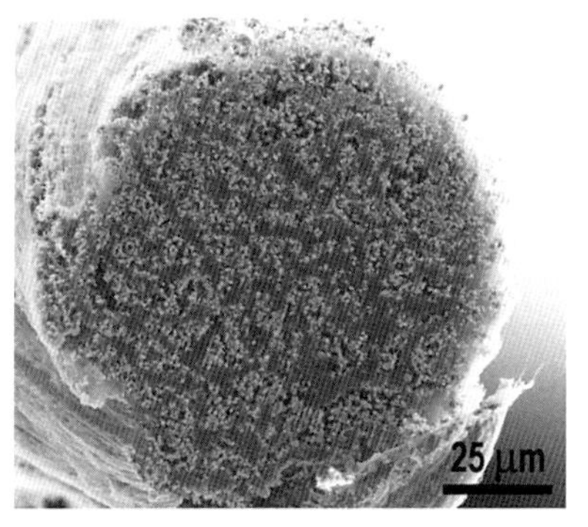

図８　溶液中で濾過ベースの沈着を行い対称的な撚りを加えた TiO_2@MWNT 糸

の正極材料である $LiFePO_4$ をゲスト材料として用い，柔軟性のあるバッテリー用正極としたバイスクロールヤーンの性能を評価した（**図 10**）[33)34)]。これらの糸は，比導電率に優れている（8 Scm^2/g）ため，バイスクロールヤーンを用いた正極では，一般的に用いられるアルミニウム集電電極が不要になる。加えて，バイスクロールヤーンは高い粉体濃度にもかかわらず，織ることや結ぶことが可能で，$LiFePO_4$ の理論的最大容量に近い 146 mAh/g という容量を示した。

5.4　回転運動と往復運動を機構とする人工筋肉（図 11）

また，ゲスト材料が含浸された cYarn™ は，熱または電気化学的な体積変化を利用することで，高性能な回転運動と往復運動を機構とする人工筋肉として応用することができる。この人工筋肉は，cYarn™ ベースの複合糸にさらに回転が加えられることで得られるコイル形状をしており，コイル化されていない複合糸に比べ，引張ストロークと作業能力が大幅に向上する。

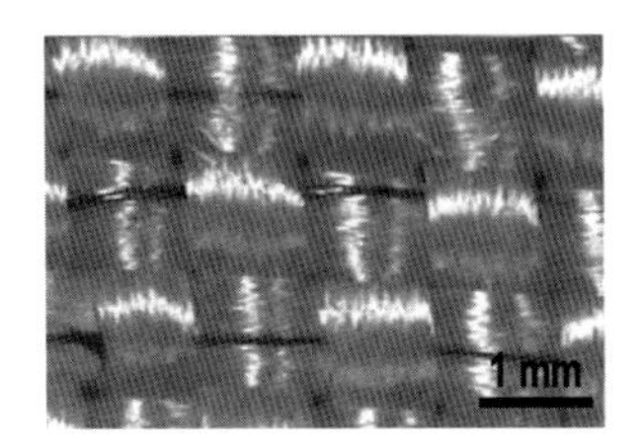

図 9　ケブラー（Du Pont 社製）織布に手で縫い込んだ 85% TiO_2@MWNT 糸

図 10　95% $LiFePO_4$@MWNT 糸の結び目

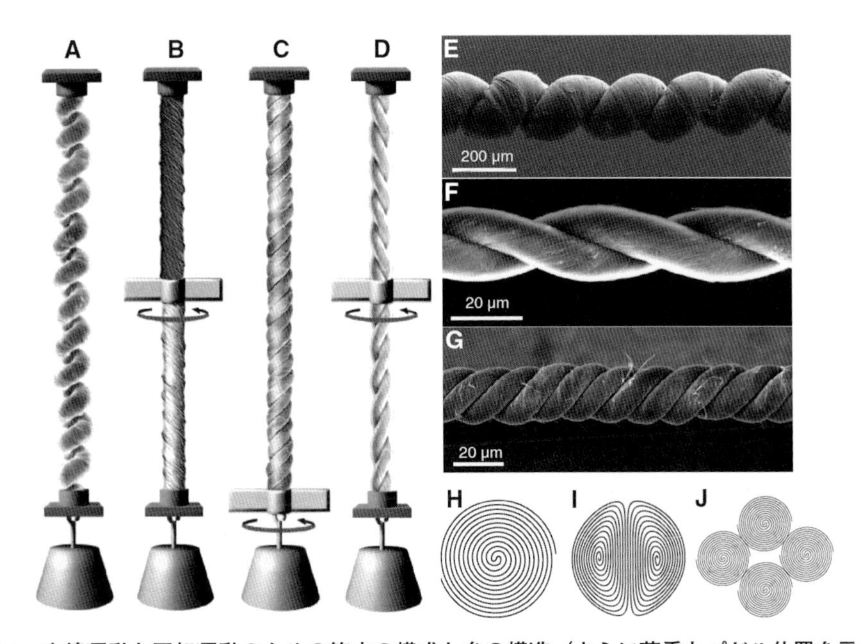

図 11　直線運動と回転運動のための筋肉の構成と糸の構造（さらに荷重とパドル位置を示す。）

(A)両端固定，すべて含浸した片撚り糸，(B)両端固定，下半分を含浸した片撚り糸，(C)片端固定，すべて含浸した片撚り糸，(D)両端固定，すべて含浸した両撚り糸。図で示した糸は，それぞれコイル化あり，コイル化なし，４本撚り，２本撚りである。矢印は加熱駆動中のパドル回転の観察方向を示す。糸端末のアタッチメントは端末の回転を防ぐ留め具で，上端のアタッチメントは併進によるずれも防いでいる。SEM 顕微鏡写真は(E)すべて含浸した片撚りコイル糸，(F)きれいな２本撚り糸，(G)きれいな４本撚り糸。理想的な断面図：(H)フェルマーの螺旋，(I)対となったアルキメデスの螺旋，(J)含浸４本撚りフェルマーの螺旋糸。

5.4.1　電気化学的な人工筋肉

電解液中で電気化学的に駆動させると，単位長あたりで従来報告されている回転運動機構を有する人工筋肉の1,000倍以上の大きな回転運動を生み出すことができる[35]。

5.4.2　完全固形の人工筋肉

完全固形タイプの人工筋肉では，糸長1 mmあたり53°の回転角と最大1.3%の伸張率を示し，その最大荷重は同じ直径の人間の骨格筋と比べ約25倍にも達する[36]。パラフィンワックスを充填した加熱駆動型のCNTハイブリッドヤーンによる人工筋肉は，平均毎分11,500回の回転または，毎分1,200回の3%の往復運動において，100万回以上の回転と往復の作動サイクルを実証した[37]。また，低い作動レートにおいては，10%を超える伸縮運動も可能である。

文　献

1）S. Iijima：*Nature*, **354**, 56（1991）.

2）V. N. Popov：*Mater. Sci, Eng. R*, **43**, 61（2004）.

3）Y. Saito, T. Yoshikawa, S. Bandow, M. Tomita and T. Hayashi：*Phys. Rev., B*, **48**, 1907-1909（1993）.

4）T. W. Ebbesen：Carbon Nanotubes：Preparation and Properties, 1st edn. CRC, Boca Raton（1997）.

5）N. Yahya（ed.）：Carbon and Oxide Nanostructures, Springer, Verlag Berlin Heidelberg（2010）.

6）L. V. Radushkevich and V. M. Lukyanovich：*J. Phys. Chem.*, **26**, 88（1952）.

7）H. W. Kroto, J. R. Heath, S. C. O' Brien, R. F. Curl and R. E. Smalley：*Nature*, **318**, 162（1985）.

8）S. Iijima and T. Ichihashi：*Nature*, **363**, 603（1993）.

9）D. S. Bethune, C. H. Kiang, M. S. de Vries, G. Gorman, R. Savoy, J. Vazquez and R. Beyers：*Nature*（London）, **363**, 605（1993）.

10）A. Thess, R. Lee, P. Nikolaev, H. Dai, P. Petit, J. Robert, C. Xu, Y. H. Lee, S. G. Kim, A. G. Rinzler, D. T. Colbert, G. E. Scuseria, D. Tomane ́k, J. E. Fischer and R. E. Smalley：*Science*, **273**, 483（1996）.

11）M. J. Yacaman, M. M. Yoshida, L. Rendon and J. G. Santiesteban：*Appl. Phys. Lett.*, **62**, 202（1993）.

12）R. H. Baughman, A. A. Zakhidov and W. A. de Heer：*Science*, **297**, 787（2002）.

13）M. S. Dresselhaus, G. Dresselhaus and P. C. Eklund：Science of Fullerenes and Carbon Nanotubes, Academic, San Diego, CA（1996）.

14）A. M. Rao, E. Richter, S. Bandow, B. Chase, P. C, Eklund, K. A. Williams, S. Fang, K. R. Subbaswamy, M. Menon, A. Thess, R. E. Smalley, G. Dresselhaus and M. S. Dresselhaus：*Science*, **297**, 187（1997）.

15）M-F. Yu, B. S. Files, S. Arepalli and R. S. Ruoff：*Phys. Rev. Lett.*, **84**, 5552（2000）.

16）M. Zhang, K. R. Atkinson and R. H. Baughman：*Science*, **306**, 1358（2004）.

17）R. T. K. Baker：*Carbon*, **27**, 315（1989）.

18）X. Wang, Q. Li, q. Xie, J. Zhong, J. Wang, Y. Li, K. Jiang and S. S. Fan：*Nano Letters.*, **9**, 3137（2009）.

19）M. Zhang, S. Fang, A. A. Zakhidov, S. B. Lee, A. E. Aliev, C. D. Williams, K. R. Atkinson and R. H. Baughman：*Science*, **309**, 1215（2005）.

20）S. Fang, M. Zhang, A. Zakhidov and R. H. Baughman：*J. Phys.*：*Condens. Matter*, **22**, 334221（2010）.

21）A. E. Aliev, J. Oh, M. E. Kozlov, A. A. Kuznetsov, S. Fang, A. F. Fonseca, R. Ovalle, M. D. Lima, M. H. Haque, Y. N. Gartstein, M. Zhang, A. A. Zakhidov and R. H. Baughman：*Science*, **323**, 1575（2009）.

22）K. L. Jiang, Q. Q. Li and S. S. Fan：*Nature*, **419**, 801（2002）.

23）A. Ghemes, Y. Minami, J. Muramatsu, M. Okada, H. Mimura and Y. Inoue：*Carbon*, **50**（12）, 4579（2012）.

24）X. Zhang, K. Jiang, C. Feng, P. Liu, L. Zhang, J. Kong, T. Zhang, Q. Li and S. Fan：*Adv. Mater.*, **18**（12）, 1505（2006）.

25）Q. W. Li, X. F. Zhang, R. F. DePaula, L. X. Zheng, Y. H. Zhao, L. Stan, T. G. Holesinger, P. N. Arendt, D. E. Peterson and Y. T. Zhu：*Adv. Mater.*, **18**, 3160（2006）., Y. Nakayama,：*Jpn. J. Appl. Phys.*, **47**, 8149（2008）.

26）H. Ye, H. Lam, N. Titchenal, Y. Gogotsi and F. Ko：*Appl. Phys. Lett.*, **85**, 1775（2004）.

27）M. J. Uddin, F. Cesano, D. Scarano, F. Bonino, G. Agostini, G. Spoto, S. Bordiga and A. Zecchina：*J. Photochem. Photobiol. A*：*Chem.*, **199**, 64（2008）.

28）B. Vigolo, A. Penicaud, C. Coulon, C. Sauder, R. Pailler, C. Journet, P. Bernier and P. Poulin：*Science*, **290**, 1331（2000）.

29) M. E. Kozlov, R. C. Capps, W. M. Sampson, V. H. Ebron, J. P. Ferraris and R. H. Baughman：*Adv. Mater.*, **17**, 614 (2005).

30) X. Zhang, Q. Li, Y. Tu, Y. Li, J. Y. Coulter, L. Zheng, Y. Zhao, Q. Jia, D. E. Peterson and Y. Zhu：*Small*, **3**, 244 (2007).

31) L. Xiao, P. Liu, L. Liu, K. Jiang, X. Feng, Y. Wei, L. Qian, S. Fan and T. Zhang：*Appl. Phys. Lett.*, **92**, 153108 (2008).

32) M. D. Lima, S. Fang, X. Lepr?, C. Lewis, R. Ovalle-Robles, J. Carretero-Gonz?lez, E. Castillo-Mart?nez, M. E. Kozlov, J. Oh, N. Rawat, C. S. Haines, M. H. Haque, V. Aare, S. Stoughton, A. A. Zakhidov and R. H. Baughman：*Science*, **331** (6013), 51 (2011).

33) A. K. Padhi, K. S. Nanjundaswamy and J. B. Goodenough：*J. Electrochem. Soc.*, **144**, 1188 (1997).

34) J. Chen, M. S. Whittingham：*Electrochem. Commun.*, **8**, 855 (2006).

35) J. Foroughi, G. M. Spinks, G. G. Wallace, J. Oh, M. E. Kozlov, S. Fang, T. Mirfakhrai, J. D. W. Madden, M. K. Shin, S. J. Kim and R. H. Baughman：*Science*, **334**, 494 (2011).

36) J. A. Lee, Y. T. Kim, G. M. Spinks, D. Suh, X. Lepr?, M. D. Lima, R. H. Baughman and S. J. Kim：*Nano Lett.*, **14**, 2664 (2014).

37) M. D. Lima, N. Li, M. J. D. Andrade, S. Fang, J. Oh, G. M. Spinks, M. E. Kozlov, C. S. Haines, D. Suh, J. Foroughi, S. J. Kim, Y. Chen, T. Ware, M. K. Shin, L. D. Machado, A. F. Fonseca, J. D. W. Madden, W. E. Voit, D. S. Galv?o and R. H. Baughman：*Science*, **338**, 928 (2012).

第3節　CNT線材

岡山大学　**林　靖彦**

1. はじめに

線材は社会インフラのなかで必要不可欠な製品である。地球温暖化対策や低炭素社会への要請から，軽量化が大きな課題となっている。自動車メーカーでは，燃費向上やCO_2排出削減を図るため，すべての部材の軽量化ニーズが高まっている。自動車内に張り巡らされている電力や信号の伝送を担っている「ワイヤーハーネス」の軽量化も喫緊の課題となっている。電線単体重量を30～50%程度軽量化できるとともに，資源枯渇や高騰の問題から，従来の導体に銅を使う線材からアルミ電線の開発にしのぎを削っている。

このような中，カーボンナノチューブ（CNT，密度：1.3 g/cm^3）はアルミニウム（密度：2.7 g/cm^3）などの金属に比べ密度が約半分で「超軽量」，引張強度が鋼鉄の100倍の「高強度」，破断しにくく復元性の高い「柔軟性」を有している。仮に，CNT線材でアルミニウム電線の導電性に匹敵する特性が得られれば，銅に対してその90%以上の重量の軽量化が図られ，車体の大幅な軽量化が実現できる。銅の約1,000倍の「電流密度耐性」，銅の約10倍の熱を伝える「熱伝導性」，その他「電磁波吸収」，「化学的安定」に優れている[1)]。ただし，これらは理想的な単一CNTの優れた物性であり，バルクスケール構造体での物性ではないことに留意する必要がある。ナノメートルスケールで出現する機能性であっても，超軽量線材として実用化するためには，バルクスケールとして技術開発する必要がある。したがって，ナノテクノロジーを次世代超軽量線材の基盤技術として実用化するためには，ナノメートルスケール領域の特性を維持したままバルク状に引き上げるマルチスケール性の高い革新的な技術開発となる。

CNT線材は，金属よりも高強度で軽量であるが，銅線に比べ低い導電率で次世代電線の実現に向けて，高強度を維持しつつ高導電化する技術的ブレークスルーが不可欠である。これまでに，CNT線材に残留する不純物除去，硝酸を少量加える硝酸ドーピングが試みられているが，ドーピング材の揮発で長期間大気安定性に劣り，実用化技術に至ってない。

CNT線材は導体としての線材応用のみならず，構造材や補強剤としても応用が期待されており，高強度化技術の開発も不可欠である。

2. 線材化プロセス：ウエットプロセスとドライプロセス

CNT線材の作製法として，原料となるCNT分散液を絶縁体であるポリマーなど凝固液（溶剤）と混合してノズルより吐出し，固化しながら繊維化する「ウエットプロセス法（湿式紡糸法)」，そして本稿で主に紹介する「ドライプロセス法（乾式紡糸法)」がある。ドライプロセス法は，**図1**に示すように基板上に長尺・高密度の垂直配向CNTアレイを成長し，一部のCNTを引き出し治具に把持して連続的に引き出しながら撚りをかけることでCNT線材を作製する。ウエットプロセスにおいては，CNTの均一で安定な分散技術の開発が長年の課題であり，CNTの応用開発が進まなかった一因であるが，このような中，社会にインパクトを与えたウエットプロセス法によるCNT線材として，**表1**にあるような社会にインパクトを与えた報告がある。

表2に，ウエットプロセスとドライプロセスの特徴を示す。理想的には，絶縁体となるバインダーなしで線材化する技術の開発が必要である。また，安定で均一な分散を実現するため，CNTの長さは必然的に短いものを用いることになるため，長尺

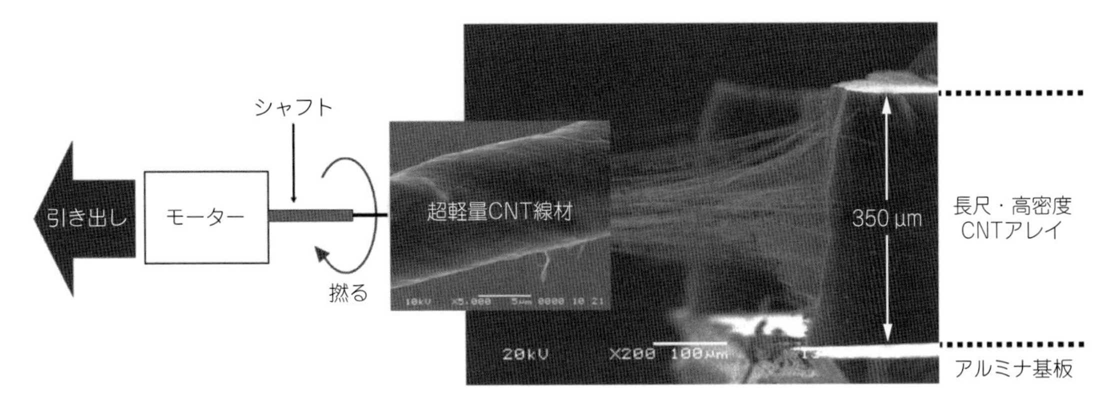

図１　長尺・高密度 CNT 基板からの CNT 線材作製

表１　湿式紡糸による CNT 線材の開発状況（社会にインパクトを与えた報告）

	研究グループ	紡糸方法	作製方法	材料物性
2012 年 12 月[2]	古河電気工業㈱ ㈱産業技術総合研究所※	湿式紡糸	CNT 分散液と凝固液としてポリマーが含有していない有機溶剤	導電率：2.8S/m 長さ：約 80cm
2013 年 1 月[3]	米国ライス大学 Teijin Aramid 社 イスラエル工科大学 米国空軍研究所	湿式液晶紡糸	CNT を強い酸に溶かし，その液を細い穴が開いたノズルを使い水槽に流し込む（アラミド繊維の製法を応用）	導電率：10^6S/m 長さ：500m 直径：8～10mm 引張強さ：銅の 30 倍

※法人略称は当時の名称に基づく。

表２　CNT 線材作製プロセスの比較（ドライプロセスとウエットプロセス）

	ドライプロセス法（本報告）	ウエットプロセス法
バインダーの有無	なし	必要な場合もある
残留触媒金属（不純物）	なし（ボトム成長）	除去が必要（残留の可能性有り）
CNT 分散技術	不要	必要（分散剤残留）
CNT の直径制御	容易	単層から多層
CNT の長さ制御	容易（数百 μm～mm オーダー）	困難（短い CNT が必要）
配向性制御	容易	困難
紡糸の簡便さ	非常に簡便	煩雑なプロセスが必要

CNT を使うことが困難となる。将来的には作製コストも重要な検討課題となり，これらを総合すると本稿で報告するドライプロセス法の優位性が高いことがわかる。

高強度と高導電率を兼ね備えた CNT 線材を実現するためには，線材を構成する CNT は，①長く，②チューブ径を細く，③層数が少なくすることが要求され，また，耐久性および耐圧縮応力の面から 2 層 CNT を用いることが理想的である。岡山大学ではチューブ径 10 nm 以下の極細長尺 2 層 CNT の成長が可能であり，他の追随を許さないトップレベルの技術を保有している。

3．紡糸性の高い長尺・高密度で垂直配向 CNT アレイの成長

長尺・高密度で垂直配向の CNT を高速で成長する技術として，成長中に極微量水分を添加して，触媒の活性時間と活性度を飛躍的に向上させた「スーパーグロース法」が㈱産業技術総合研究所（産総

研)※1から報告されている[4]。また，静岡大学の井上らは，塩化鉄により炭素原料の反応性を高め，高速で長尺・高密度CNTを成長し，CNT線材（繊維）の機械的強度の向上に関して報告している[5]。

本研究では，Fe触媒極薄膜を堆積した酸化膜付きシリコン（Si）基板上に，熱化学気相成長法（市販の熱CVD装置）により，炭素源として炭化水素ガス（C_2H_2）そして水素などのプロセスガスを用いて，成長温度600～700℃で水などの添加することなく高速で成長した。ドライプロセスで紡糸可能な長尺・高密度・極細CNTを再現性良く高速で成長する技術を，コンピュータにより秒単位で熱CVDの成長制御を行う，従来にない独自の長尺CNT合成技術を開発している。この技術では，瞬時にガスの切り替えが可能となり，基板温度や成長中の圧力を秒単位で制御でき，温度履歴や導入ガスの対流などを考慮して，CNT基板温度シーケンスやガス導入シーケンスがコンピュータ制御可能である。ドライプロセスで再現性良く紡糸可能な長尺CNT基板を実現するには，触媒膜厚の最適化，合成温度・ガス供給量といった成長条件の最適化により，CNTの長さや密度（嵩密度）の制御，複数本のCNTから成る強固なバンドル（CNTの束）同士をさらに束ねる役割を果たす横方向（基板に対して水平方向）に成長するCNTの導入が必要である。

図2に示すように，長尺・高密度CNTアレイ基板からドライプロセスで連続的に引き出す（紡糸）には，CNTの密度を最適化する必要がある。CNTの密度が低いとCNTアレイの垂直配向性がランダムではないが劣り，一方，密度が高すぎるとCNTもしくはCNTバンドル間同士の相互作用（密着性）が強すぎるため連続引き出しが困難となり，最適なCNTの密度が必要である。しかし，CNTの密度を正確に評価することは困難で，このため本研究ではCNTのかさ密度を評価し，20～40 mg/cm^{3}のとき安定して連続的にCNTを引き出すことを明らかにしている。

図3に走査型電子顕微鏡（SEM）により評価した連続引き出し可能な長尺・高密度CNTアレイ基板の断面を示す。基板付近のCNTバンドルは垂直配向性を示し，アレイ中央部付近ではその垂直配向性を維持しつつ少し縮れた形状であることがわかる。この両方の特長を示すCNTアレイ基板からは，ドライプロセスで再現良くCNT線材を引き出すことができる。

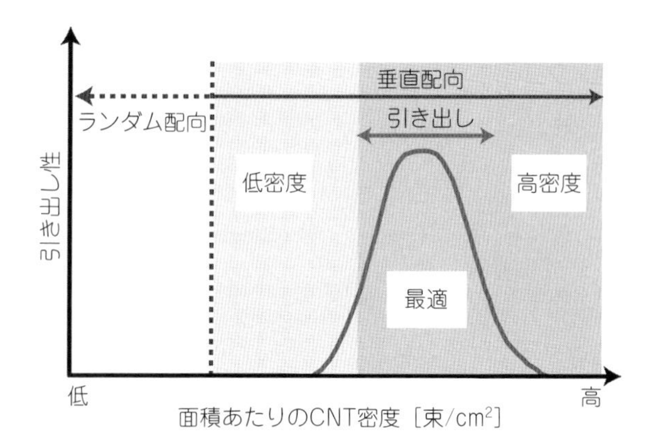

図2　CNTの連続引き出し性能とCNTの密度

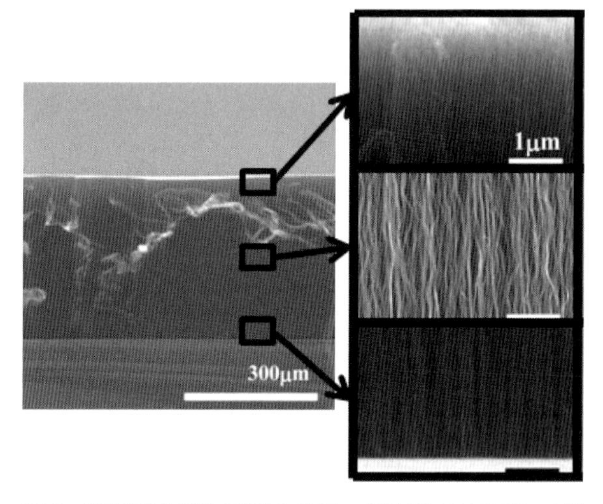

図3　連続引き出し可能な長尺・高密度CNTアレイ基板の断面SEM像

チューブ径が細い2層CNTの含有率を高めるためには，最適なCNT密度（微粒数の密度）を維持しつつ，触媒金属の粒子径を制御する必要がある。CNTの生成メカニズムは完全に解明されているとはいえないが，これまでの知見から，触媒金属に溶け込んだ炭素原料が再結晶化するとき，触媒金属の粒径がCNTの直径，触媒金属の曲率がウォール層

※1　法人略称は当時の名称に基づく。

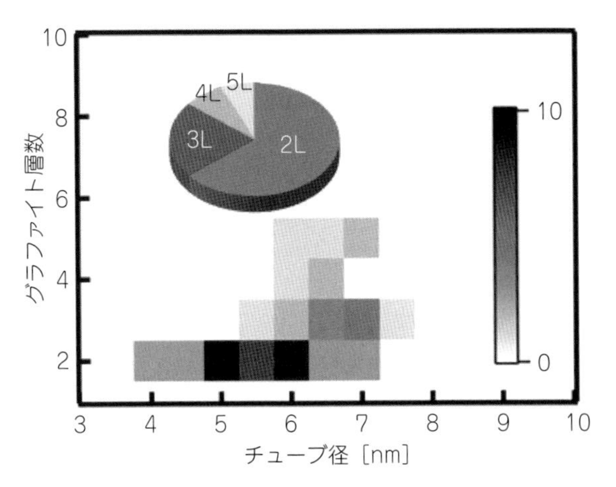

図４　連続引き出し可能な CNT の層数とチューブ径

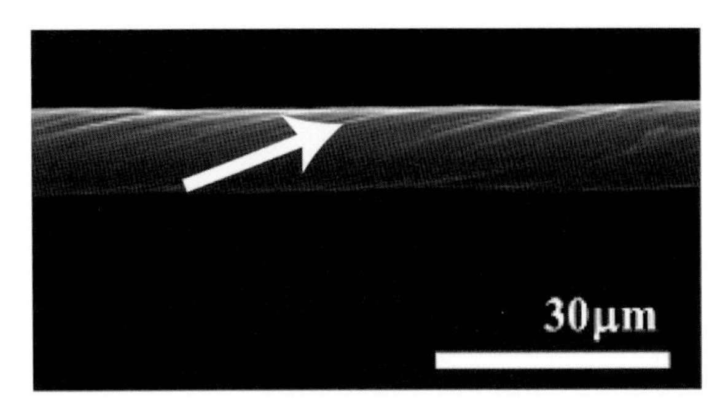

図５　ドライプロセスにより作製した CNT 線材

数を決定する推測している。本研究では，粒子径を1〜2 nm に制御することで２層 CNT の含有率を高めることに成功している。成長した CNT を，透過型電子顕微鏡（TEM）により観察することで CNT のチューブ径とグラファイト層数の分布を評価した。**図４**に示すように，チューブ径が 4〜7 nm で２層 CNT の含有率が 60％以上の長尺・高密度 CNT アレイが成長できていることがわかる[6)7)]。線材として実用化するためには，さらにチューブ径を小さくし，２層 CNT の含有率を高める必要がある。

以上説明したように，ドライプロセスで高い引き出し性能を実現するためには，各々の成長基盤技術を独立に最適化するのではなく，俯瞰的に技術開発に取り組む必要がある。

4．CNT 線材の基礎物性と物性向上

図５にドライプロセスで作製した CNT 線材を示す。撚り角や直径は，撚糸の条件で制御することができる。機械的強度は微少引張試験機による応力−ひずみ（S–S）曲線から，電気的特性評価は電流−電圧（I–V）測定からそれぞれ評価した。本研究から，引張強度においてはこれまでの報告を上回る 1.0〜1.2 GPa（ヤング率 20〜40 GPa）程度が得られているが，導電性は 10^6 S/m で実用化には 10^7 S/m 以上にする必要がある。特に機械的強度の観点から，比強度（引張強度を比重で割った値）において直径 10 μm の CNT 撚糸で 2,800 kN–m/kg，一般的なカーボンファイバーの 2,457 kN–m/kg，ケブラーの 2,514 kN–m/kg を超える値も得られている。

紐状に撚って作製している CN 線材は，それぞれの CNT は分子間力で結合している。そのため，CNT 線材の機械的・電気的特性は理想的な CNT（単一の CNT）よりも劣る。このような多数の結合箇所は CNT 線材において欠陥と見なせ，機械的強度の向上を阻み，電気特性では接合箇所が抵抗となり電気的特性の向上を阻んでいるため，欠陥を低減することにより CNT 撚糸の機械的・電気的特性の向上が期待できる。したがって，線材内の CNT 間を強固に接合する技術の開発，すなわち「CNT をつなぐ技術の開発」が喫緊の課題である。

5．まとめ

高速で成長した長尺・高密度で垂直配向した CNT アレイ基板から，バインダーなしのドライプロセスで紐状に撚って，高強度と高導電の物性を並立する超軽量 CNT 撚糸の開発について紹介した。再現性良く紡糸可能な長尺２層 CNT 基板を実現するには，CNT の密度制御（触媒金属の密度制御），触媒金属の粒径制御，高速成長に必要な基板温度シーケンスやガス導入シーケンスのコンピュータ制御など，俯瞰的な技術開発が必要である。直径 10 μm の CNT 撚糸に比強度は，これまでに報告のある高強度・高弾性率炭素繊維に匹敵する高強度を実現している。一方で，CNT 撚糸の導電性は 10^6 S/m オーダーで，CNT 撚糸において欠陥と見なせる「結合箇所」を低減する技術開発が必要である。CNT 線材の径が 10 μm である場合，300 mm 口径（12 インチ）の Si ウエハ上に長尺 CNT が成長できると仮

定すると，ドライプロセスで約 80 km 程度の CNT 連続繊維の作製が可能となる。将来的には，大面積基板への長尺・高密度 CNT アレイの成長へスケールアップする必要がある。

文　献

1）R. Saito, G. Dresselhaus, M. S. Dresselhaus：Physical Properties of Carbon Nanotubes, 1st ed., Imperial College Press（1998）.

2）古河電気工業株式会社プレスリリース（2012 年 12 月 5 日）.

3）Natnael Behabtu *et al.*：*Science*, **339**, 182（2013）.

4）K. Hata, D. N. Futaba, K. Mizuno, T. Namai, M. Yumura and S. Iijima, *Science*, **306**, 1362（2004）.

5）Y. Inoue, K. Kakihata, Y. Hirono, T. Horie, A. Ishida and H. Mimura：*Appl. Phys. Lett.*, **92**, 213113-1（2008）.

6）T. Iijima, H. Oshima, Y. Hayashi, U. B. Suryavanshi, A. Hayashi and M. Tanemura：*physica status solidi*（*a*）, **208**, 2332（2011）.

7）T. Iijima, H. Oshima, Y. Hayashi, U.B. Suryavanshi, A. Hayashi, M. Tanemura：*Diamond and Related Materials*, **24**, 158（2012）.

第4節　紡績性 CNT アレイの合成と CNT アセンブリ

静岡大学　井上　翼

1. はじめに

カーボンナノチューブ（CNT）は電気特性[1]，機械特性[2]，熱特性[3] などに大変優れたナノ素材であり，基礎研究だけでなく幅広い分野で応用研究開発がなされている。それら CNT 応用技術の多くは，粉末状 CNT を何らかの溶媒に分散し，その分散剤をさらに用途に合わせて利用するという使われ方が一般的である。CNT の優れた材料特性のほとんどはその長手方向に発現するため，屈曲した CNT がランダムに分散された状態では，本来の性能を十分に引き出すことは困難である。

近年，多層 CNT（MWCNT）紡績糸連続形成に関する研究報告がなされている[4)-9)]。基板上に垂直に配向成長した MWCNT アレイから水平方向に MWCNT が次々と引き出される現象を利用した技術であり，乾式紡績（ドライスピニング）とよばれる。このプロセスにより，基板上に 3 次元的に成長した MWCNT が CNT ウェブという 2 次元結合体に変換される。この形態変化は，蚕の繭から糸が紡ぎ出される挙動と似ている。ただし，CNT 同士は強いファンデルワールス力で結合されているため，MWCNT ウェブは撚りを加えなくとも安定な自立構造体としてハンドリング可能である。例えば，積層してシートを形成することもできる[10)-12)]。このドライスピニング技術は容易なプロセスでメートル級またはそれ以上の大きさの CNT 集合体を短時間で作製できるだけでなく，それら構造体内部で CNT が高い一方向配向性を有している点が最大の特長である。CNT 本来の材料物性を引き出すのに非常に適した技術といえる。

これまで筆者らは，MWCNT アレイをミリメートル級の長さに短時間で成長させる化学気相堆積法（CVD）を開発してきた[13)14)]。このアレイは高い紡績性能を有していることが特徴である。従来報告されている紡績可能な CNT 長は 0.5 mm 以下であるのに対し[5)7)9)12)]，本 CVD 法では，3 mm 以上の CNT においても高い紡績性能をもつアレイが容易に得られる。本稿では，この超紡績性長尺 CNT アレイから作製した CNT 紡績糸および一方向配向シートの諸特性を紹介する。本研究は，CNT 短繊維が有するきわめて優れた材料特性をマクロスケールの集合体に効果的に反映させることを目的としている。

2. 高配向高密度 MWCNT の CVD 成長

一般に，CNT を合成するための CVD プロセスでは直径数 nm の鉄ナノ粒子を形成した後，アセチレンやエチレンなどの炭化水素系ガスを原料として供給する。筆者らは，触媒ナノ粒子形成のために塩化鉄（$FeCl_2$）を触媒前駆体として用いる塩化物介在 CVD 法を提案してきた[13)]。CNT 合成開始時に CVD 装置内で昇華した塩化鉄とアセチレンが気相反応を起こし，炭化鉄粒子を基板上に形成する。その後，炭化鉄粒子は触媒粒子として CNT の成長核となる。あらかじめ基板上に金属触媒薄膜を形成する必要がないため，プロセスは大変簡便である。

MWCNT アレイの成長速度が 0.1 mm/min と非常に高速であることも本方法の優れた特長である。**図 1** に MWNT アレイの走査型電子顕微鏡（SEM）像を示す。MWCNT の平均直径は 40 nm 程度であり，基板上に高密度に垂直配向している。また，基板上に成長した状態で基板全域において強くバンドル化している。このアレイ状態での広いバンドル状態が紡績性能には大変重要である。筆者らの MWCNT アレイは根元から先端まで大変直線性が高く，それゆえ配向度も高い。

図1　垂直配向 MWCNT アレイと CNT ウェブ紡績

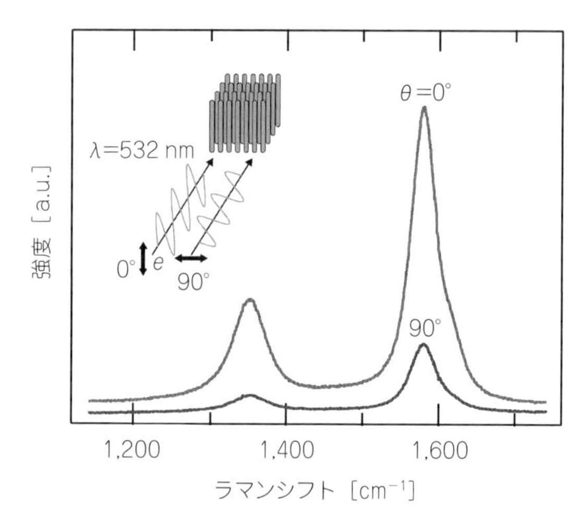

図2　偏光ラマン散乱スペクトル

アレイ構造を詳細に調べるため，偏光ラマン散乱測定を行った（**図2**）。基板上アレイの側面に波長532 nm の入射光を垂直入射し，偏光を MWCNT 配向の向きに対して平行と垂直に変化させた。どちらの偏光に対しても，グラフェン構造に起因した G ピーク（1,580 cm^{-1}）と欠陥に起因した D ピーク（1,350 cm^{-1}）の比（I_G/I_D）は3以上であった。従来の MWCNT アレイの報告と比べると，高い値であり，MWCNT の結晶性が非常に高いことを示している。これは，820℃という CNT 成長においては比較的高温で成長したことにより，欠陥密度が低減されことに起因する。また，10分程度という短時間で成長が終了しているため，熱分解により生ずるアモルファスカーボンの堆積量が少ないことも理由としてあげられる。一方，G ピーク強度の偏光比は，CNT の配向度を反映した値となる。ラマン散乱高強度は，入射光の偏光方向が CNT の成長軸方向（長尺方向）と一致したとき最大となり，直交するとき最少となる[15]。そのため，より多くの MWCNT が基板に対して垂直方向に配向するほど偏光比は大きくなる。本 MWCNT アレイの偏光比は4.4である。これまで報告されている高配向アレイ[16]と比較して非常に大きく，筆者らの MWCNT アレイが大変高い配向度を有していることを示している。

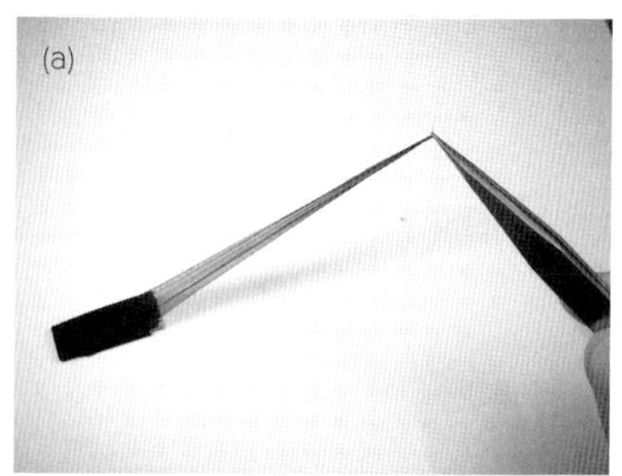

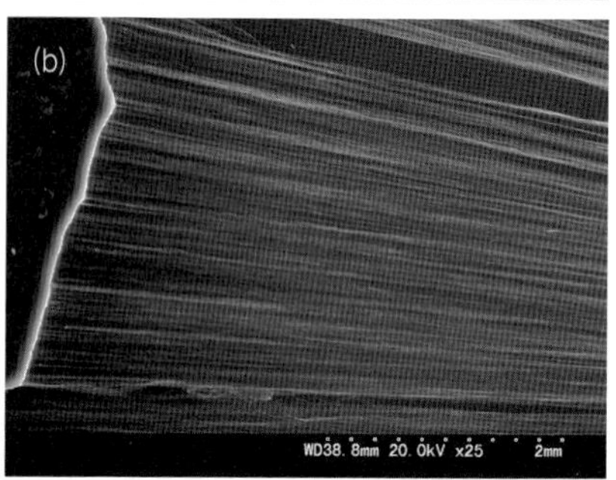

図3　MWCNT アレイからピンセットで CNT ウェブを引き出している様子(a)，CNT ウェブの SEM 像(b)

合成した MWCNT アレイは成長したままの状態で高い紡績性能を示す。**図3**(a)に示すように，CNT アレイの一端をつまみ出すと，CNT が連結して網状になった連続構造体を形成する。これを，CNT ウェブという。CNT ウェブは直線度の高い CNT が強くバンドル化し，バンドル同士が連結することにより形成される。図1はこの立体的（3次元）なアレイが平面的（2次元）なウェブに移り変わる様子を示している。ウェブ紡績は本質的には終わりのない現象であり，基板上の MWCNT がなくなるまで続く。MWCNT およびそのバンドルは引き出された方向に良く配列しており，その様子は図3(b)に示されている。この自己配列シート化現象は CNT が本来の特徴としてもち合わせているもので

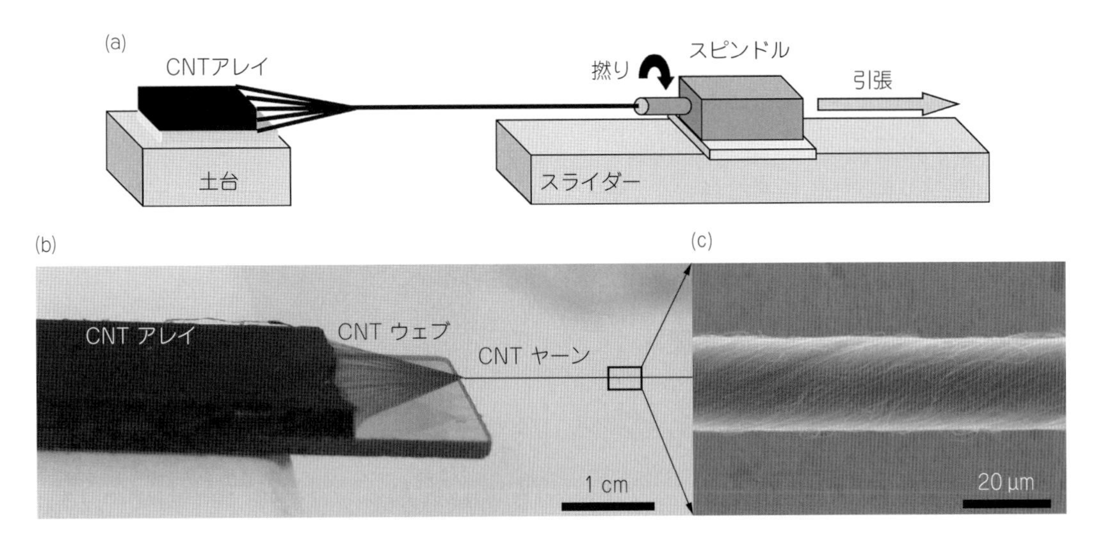

図４　ドライスピニングシステムの概要(a)，CNT ウェブを紡績している様子(b)，CNT 紡績糸の SEM 像(c)

あり，従来のバッキーペーパーとよばれる CNT シートの作製方法[14] と比較して飛躍的に単純で容易な方法である。その上高度な配向性を有しており，ウェブ技術は今後 CNT を産業に応用する上で１つのキー技術になるといえる。

3．CNT 紡績糸

3.1　CNT 紡績糸の機械特性[17]

CNT 紡績糸を作製するためのデスクトップ型紡績システムを**図４**に示す。CNT アレイに対して後方に移動するスピンドルで CNT ウェブに撚りを加えながら引き出して紡績糸を作製した。スピンドルの回転速度と引き出し速度を調整し，撚り数や撚り角度を制御した。典型的な設定値として，回転速度 32,000/min，引き出し速度 120 mm/s とした。この場合，5 mm 幅の CNT ウェブを紡績すると糸径は 20 μm 程度，撚り角度は 25° 程度となる。

CNT 紡績糸の引張応力ひずみ線図を**図５**に示す。CNT 紡績糸の機械特性を高めるため，ウェブを引き出しながら撚りを加えた甘撚り糸（as-spun）と，その甘撚り糸にさらに撚りを加えた追撚糸（post-spin twisting）を作製した。CNT ウェブ中における CNT は高い配列性を有しているようにみえるが，各 CNT はある程度の曲率を有している。そのため，ウェブに撚りを加えただけの甘撚り糸では最稠密充填とはならない。糸内部には多くの空隙

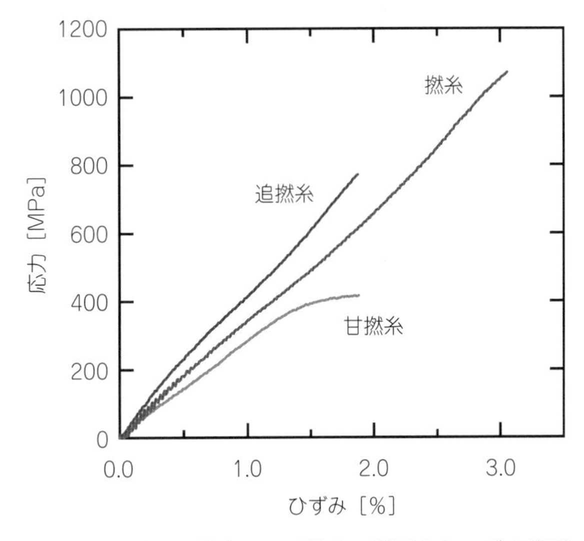

図５　甘撚糸，追撚糸および撚糸の引張応力ひずみ線図

が存在し，CNT 間のファンデルワールス結合領域も比較的少ない。追撚処理では，この空隙を減少させファンデルワールス相互作用を高めることが目的である。

表１に甘撚り糸と追撚糸の重量密度（ρ），引張強度（σ）およびヤング率（E）を示す。追撚処理を施すと，引張強度は 418 MPa から 772 MPa に，ヤング率は 30.6 GPa から 51.1 GPa に向上した。このとき，紡績糸径は 22.8 μm から 19.2 μm に減少し，同時に重量密度は 0.73 g/cm^3 から 1.24 g/cm^3 に増加した。追撚による断面積減少は 70% 程度であるので，引張強度とヤング率の増加がそれぞれ

表1　甘撚糸と追撚糸の重量密度，引張強度およびヤング率（スケールバーは 10 μm）

	甘撚り糸	追撚糸
SEM 像		
密度 [g/cm³]	0.73	1.24
引張強度 [MPa]	418	772
ヤング率 [GPa]	31	51

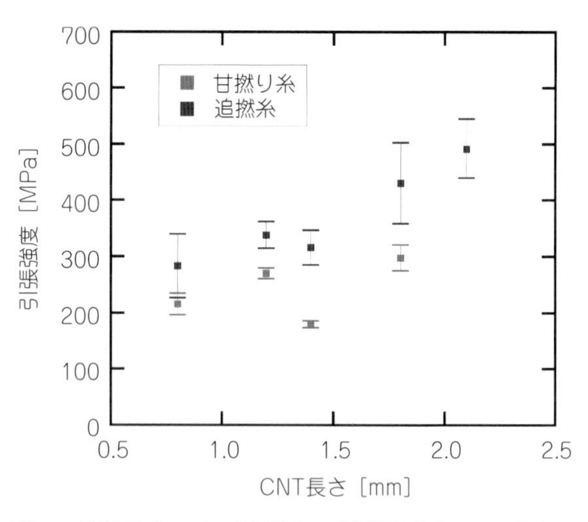

図6　甘撚り糸および追撚糸の引張強度とCNT長さの関係

184%，166%であることを考慮すると，追撚の効果はCNTが近接したことによりファンデルワールス結合領域が拡大したことにあるといえる。ただし，MWCNTの重量密度が約2 g/cm^{3}であることを考慮すると，重量密度1.24 g/cm^{3}の追撚糸においてもまだ内部の4割程度は空隙であるといえる。CNT間ファンデルワールス結合を高めるためには，さらなる高充填化が必要である。

従来の紡績糸に関する機械特性理論においては，高いアスペクト比の短繊維を紡績するほど引張特性は高くなる[18]。CNTについて同様な効果を調べるため，CNTの長さを0.8 mmから2.1 mmまで変化させた試料を作製した。CNT径が40 nmであるので，アスペクト比にして20,000から50,000まで変化させたことになる。**図6**に甘撚り糸と追撚糸の引張強度とアスペクト比の関係を示す。CNTが長くなるほど引張強度も単調に増加する結果が得られた。アスペクト比が高いほど繊維間の結合表面積が増大し負荷伝搬性が向上したといえる。ただし，紡績糸強度理論によれば，このように高アスペクト繊維による紡績糸では，繊維間の結合力は十分に飽和しているため今回得られた単調増加傾向はみられないはずである。この矛盾点については，後に考察する。

2本以上の甘撚り糸を合わせ撚りした撚糸の効果についても調べた。複数本による撚糸のねらいは，紡績糸への外的応力によりCNT間距離をさらに小さくし，ファンデルワールス結合度を高めることである。**図7**に示すように，一端に負荷を固定した甘撚り糸複数本を縦型のスピンドルに取り付け，荷

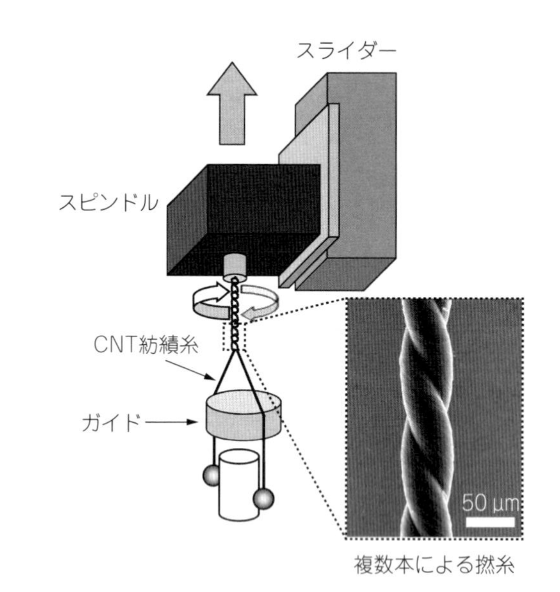

図7　撚糸方法

重負荷で張力を与えて合わせ撚りを行った。スピンドル回転数と引上げ速度を調節し，撚り密度を制御した。スピンドル回転数と引き上げ速度の典型値はそれぞれ240°/minおよび1 mm/sである。

表2および**図8**に張力を9 MPaから104 MPaまで変化させて作製した撚糸の引張強度とヤング率を示す。高張力で撚糸するほど，撚糸の重量密度も単調に増加した。同時に，引張強度，ヤング率とも向上した。最高張力104 MPa時には，引張強度1.06 GPa，ヤング率51 GPaであった。これは，甘撚り糸（引張強度300 MPa程度，ヤング率30 GPa

表２　２本撚糸の重量密度，引張強度およびヤング率（スケールバーは 10 μm）

撚り張力［MPa］	9	20	38	75	85	104
SEM 像						
密度［g/cm^3］	0.83	0.99	1.03	1.25	1.32	1.53
引張強度［MPa］	383	643	845	867	946	1,061
ヤング率［GPa］	11	23	28	41	50	51

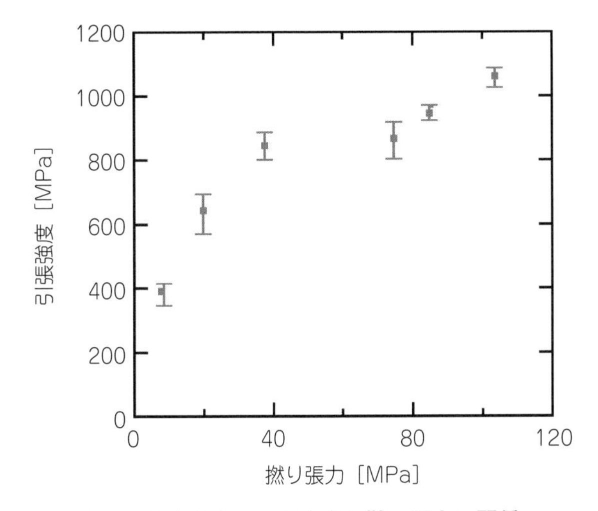

図８　２本撚糸の引張強度と撚り張力の関係

程度）の 2〜3 倍の特性向上といえる。高張力下の撚糸処理ほど，CNT の高充填化には有効であるといえる。ただし，この張力は甘撚り糸の破断強度以上には設定できない。

CNT 紡績技術を従来の紡績と比較すると，いくつかの類似点がある。まず，短繊維を撚り合わせるとより強固な紡績糸が形成される。そこでは短繊維のアスペクト比を上げたり，紡績糸直径を減じたりすると強度は向上する。

一方で，CNT 紡績には従来知見とは異なる点もある。まず，引張負荷による破断のメカニズムが大きく異なる。従来紡績糸では，外部の短繊維から破断が始まり，最終的に内部短繊維が破断して紡績糸破断に至る。一方で，CNT 紡績糸の場合は，短繊維である CNT 自身が破断することはない。ファンデルワールス力で結合している CNT 間に現れるせん断応力は CNT の結晶，すなわちグラフェン面の引張強度よりも小さい。そのため，アスペクト比 10,000 を超える CNT 繊維で紡績糸を形成しても，CNT 間の相互滑り抜けにより破断してしまう。すなわち，引張応力が CNT（炭素 sp^2 結合）の引張強度に達する前に破断する。これが，CNT 紡績糸の強度が CNT 短繊維１本の強度より小さくなる理由である。

もう１つ重要な要素がある。MWCNT では主に外層の数層のみが荷重伝播層となることである。各グラフェン面間に原子的結合はないため，外部から伝播した引張応力は内層深くに伝播することはなく，ファンデルワールス結合した別の CNT の最外グラフェン層に伝播される。これを繰り返して，CNT 紡績糸の荷重は伝播される。多層 CNT の内層は荷重伝播にはほとんど寄与しないともいえるため，直径の大きい MWCNT にて紡績糸を構成するほど紡績糸全断面積中での MWCNT 外層部の占める割合は小さくなり，結果として荷重伝搬層割合は小さくなる。本研究で作製した CNT の直径は約 40 nm である。この場合，仮に CNT が最稠密に撚られているとしても，紡績糸断面積の数％の領域しか荷重伝播を担えない。これでは，グラフェン層が大きな引張強度，弾性率を有しているとしても，CNT 紡績糸のマクロ特性に直接的には反映されない。一般に，乾式紡績で作製された CNT 紡績糸の重量密度は，1 g/cm^3 以下程度と報告されていることが多い。CNT 紡績糸の空隙は非常に多いといえる。本研究では，紡績糸内部の空隙を減らす目的で追撚処理，合撚処理の効果を調べ，それぞれの方法である一定の効果があるとわかった。今後さらなる引張特性向上のためには，より細いCNTをより密に撚り，紡績糸断面積中の荷重伝播領域を増大させることが重要である。

3.2 CNT紡績糸の電気伝導特性

甘撚り糸および追撚糸の直流体積抵抗率（以下，抵抗率）とCNT長の関係を**図9**に示す。甘撚り糸ではCNTが長いほど抵抗率が大きくなり，予想に反する結果が得られた。また，それらの追撚糸においては，追撚による凝集化により抵抗率は低下した。抵抗率はCNT長にかかわらず1.5×10^{-3} Ωcm程度となった。なお，追撚処理による抵抗変化はほとんどなかった。長いCNTによる紡績糸ほどCNT–CNT接合点が少なくなるため，マクロスコピックな抵抗率は低減すると予想されるが，そのようにはなっていない点が興味深い。機械特性においてもそうであるが，CNT紡績糸の電気伝導特性は，紡績糸構造を決めるパラメータ（CNT紡績糸物性に影響するパラメータとしては，CNTの直径，長さ，空間充填密度（重量密度），撚角度，短繊維配向性，結晶性，CNT表面状態など）に大きく依存する。紡績糸の電気特性を理解するには，このような構造因子をより詳細に評価する必要があるといえる。

CNT紡績糸の抵抗率1.5×10^{-3} Ωcmという値は，CNT紡績糸を柔軟な有機材料ととらえれば大変低い値であり高導電性材料といえる。一方で，電力配線ととらえると，Cu配線より3桁も大きいもので

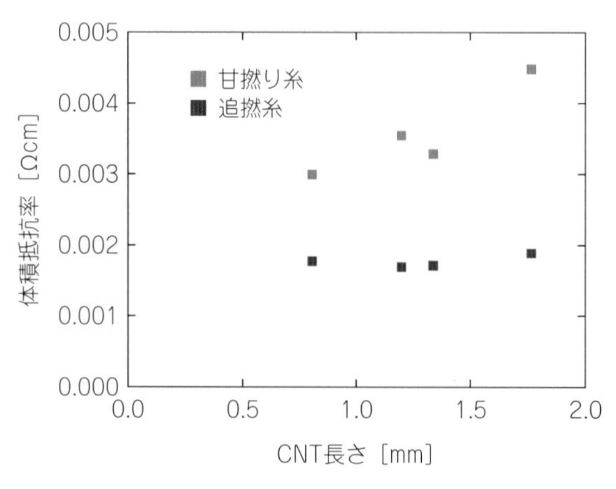

図9 CNT紡績糸の体積抵抗率とCNT長さの関係

あり，導線というより抵抗発熱体に近い。金属に比べてCNT紡績糸は温度変化による抵抗変化は少なく，高温ほど抵抗は減少する。ヒーター線として利用する場合は，応答性のきわめて良い通電加熱型ヒーターとなる。

CNT紡績糸のさらなる低抵抗化には，まだ工夫の余地が十分に残されている。MWCNTにおいては，主に外層部が電気伝導を担うので，細径のMWCNTほど紡績糸の抵抗率は小さくなる。また，そもそも炭素sp^2ネットワークのキャリアが少ないことがCNTと金属の違いを生み出す理由であるので，ドーピングによるキャリア増加の取り組みは効果的に抵抗率低減に寄与する。最近，2層CNTによる湿式紡績糸にドーピングを施して10^{-5} Ωcmを達成したという報告[19]もなされており，将来的に電力伝送用途も期待される。

4. 一方向配向CNTシート

4.1 一方向配向CNTシートの作製[14]

MWCNTウェブをドラムに巻き上げ積層すると，一方向配向MWCNTシートが作製される（**図10**(a)）。紡績性能が高いためウェブは10 m/s以上の速さで引き出すことも可能であり，簡単に短時間でCNTシートを形成できる。積層したシートを高密度化するため，エタノールを噴霧し揮発させて凝集化させた。CNT同士はファンデルワールス力のみで結合しており，結合剤は使用していない。シート厚は巻き取るCNT量を変化させて制御した。図10(b)にA4サイズのMWCNTシートを示す。高速にウェブを引き出すことにより，A4サイズシートは数分間で作製される。本研究で作製したMWCNTシートの厚みは1.8 μm程度であり，密度は0.84 g/cm^{3}であった。MWCNTはウェブ中で高度に配向しているため，ウェブを同方向に積層して作製したMWCNTシートにおいてもMWCNTは高い配向性を保持している（図10(c)）。このため，電気特性，機械特性および熱特性は顕著な異方性を示す。

4.2 CNTシートの電気伝導特性

1 cm角サイズのMWCNTシートについて，MWCNT配向と平行および垂直方向について電気

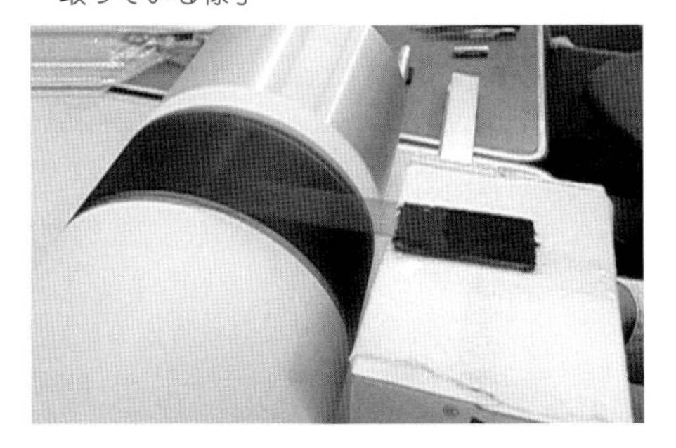

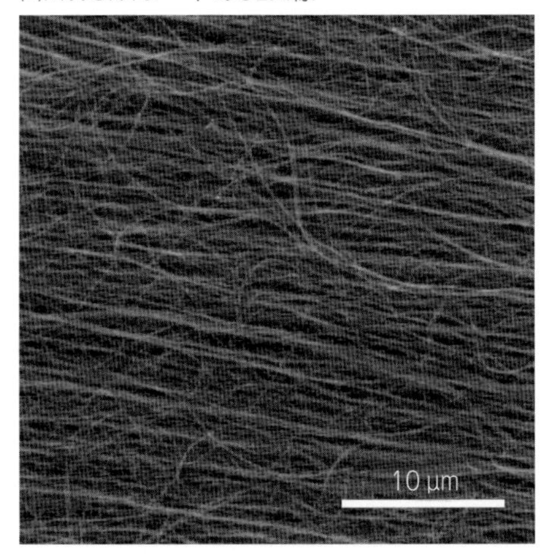

図 10　一方向配向 MWCNT シート

伝導特性を測定した。電流電圧特性においては，**図 11** に示すよう線形な特性が得られた。シート抵抗は平行方向に 13.8 Ω/□，垂直方向には 100.1 Ω/□であり，その異方比は 7.3 となる（**表 3**）。長尺 MWCNT を用いて高度配向させたことにより，このような高い異方性が得られたと考えられる。シート厚は 1.8 µm であるので体積抵抗率は 2.5×10^{-3} Ωcm となる。このように，一方向配向 MWCNT シートは軽量かつ低抵抗，高異方性材料である。

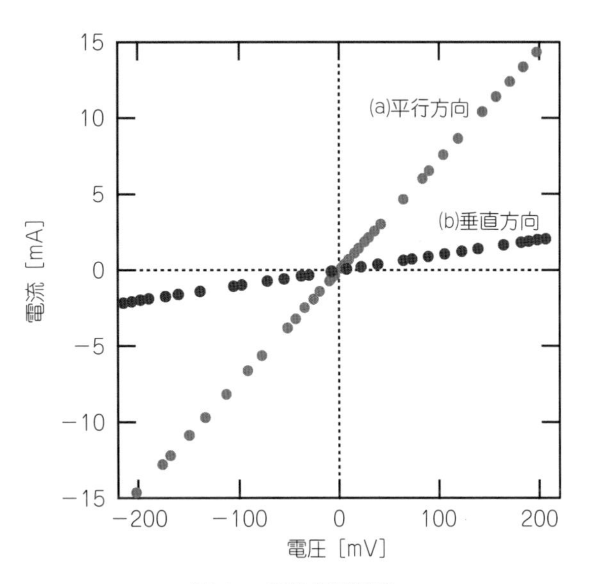

図 11　電流電圧特性

(a)のプロットは MWCNT 配向に対し平行方向，(b)のプロットは垂直方向の結果である。

表 3　MWCNT シートのシート抵抗と体積抵抗率

方向	シート抵抗［Ω/□］	体積抵抗率［Ωcm］
平行	13.8	2.5×10^{-3}
垂直	100.1	1.8×10^{-2}

4.3　CNT シートの機械特性

図 12 に MWCNT シートの引張応力ひずみ特性を示す。幅 1 cm，長さ 2 cm 程度のシートを測定長が 1 cm になるようにして試験タグに取り付けて測定した。配向と平行方向の引張強度は 75.6 MPa であった。これまでに報告されている等方性バッキーペーパーの結果[16]と比べて強度は高く，アルミニウムと同程度の強度[20]である。結合剤は使用していないため CNT 同士はファンデルワールス力のみで結合されていることを考慮すると，広い CNT の表面積のため単位断面積あたりのせん断応力は大きくなりマクロスコピックなシートとしての引張強度は高くなったと考えられる。CNT 紡績糸では破断時は一般的な構造材料の破断時と同様に瞬間的に破断する。しかし，MWCNT シートでは MWCNT が徐々に滑りながら破断するため，滑らかなピーク構造となった。MWCNT シートの引張特性には非常に大きな異方性が観測された。MWCNT 配向と垂

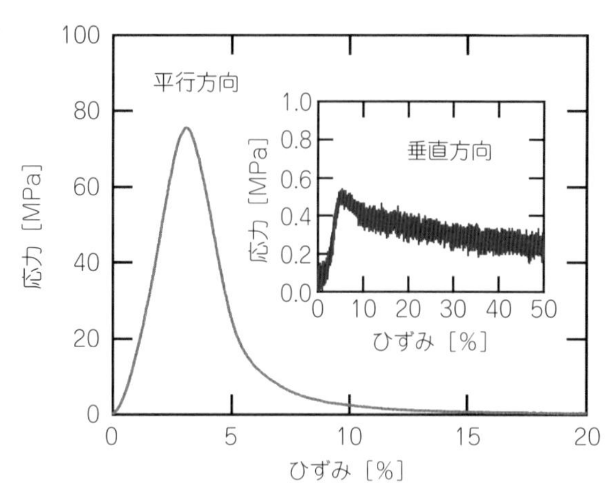

図12　MWCNTシートの応力ひずみ特性

直方向には隣接するCNT同士の相互作用が小さいのに対し，配向方向ではCNT同士が相互に重なりながらファンデルワールス結合していることに起因していると考えられる。

4.4　CNTシートの熱伝導特性

表4にMWCNTシートの熱伝導特性を示す。これまでバッキーペーパーの電気特性についてはいくつか報告はなされているが，熱伝導特性についてはよく理解されていない。MWCNTシートのように非常に薄い素材の面内方向の熱伝導測定は容易ではないが，本研究ではレーザー加熱型熱拡散率熱伝導度測定装置にて熱拡散率αを測定した。高出力のレーザースキャンにより均質な加熱を行い，熱エネルギーの減衰と位相シフトの計測から測定系への熱エネルギーロス効果を排除した。5 mm×25 mmのMWCNTシートを測定装置内に配置し，室温，0.01 Paの真空下で測定した。熱伝導度Kは$K=\alpha\rho C$の式より求められる。ここでρは密度，Cは比熱である。MWCNTシートの比熱として，報告されているグラファイトの比熱0.713 J/(g·K)を使用した[21]。配向方向と平行な方向の熱伝導度は69.6 W/(m·K)であった。報告されているバッキーペーパー[22]と比較すると優れた値であるが，個々のCNTの場合[3]に比べると非常に小さな値である。MWCNTシートは多くのMWCNTの凝集体である。熱伝導は主にフォノン伝導で生じるため，マクロスコピックな熱伝導度はMWCNT界面の熱抵抗に支配されCNT個々の熱伝導に比べ小さな値となると考えられる[23]。配向方向と直交方向の熱伝導度は8.6 W/(m·K)であり，異方比は8.1である。電気伝導と同様な異方比が得られており興味深い。

表4　MWCNTシートの熱拡散係数と熱伝導度

方向	熱拡散係数［m^2/s］	熱伝導度［W/(m·K)］
平行	1.22×10^{-4}	69.6
垂直	1.50×10^{-5}	8.6

5. おわりに

紡績性CNTアレイから紡ぎ出して得られるCNT紡績糸は，軽量，柔軟，高強度，高弾性，良導体という特性を併せもち，第3の炭素繊維となり得る素材である。本稿では触れなかったが，CNT紡績糸の熱伝導特性は一般的な金属程度であり，柔軟性のある熱輸送繊維材料ともいえる。紡績工程は従来技術との適合性も高いため，供給量次第では産業展開のスピードも悪くないと思われる。ただし，現状のCNT紡績糸の機械特性や電気特性を個別にみた場合，既存材料からのアドバンテージはないため，当面の応用分野として従来材料の置き換えは困難である。CNT紡績糸の生産性が低い間は，CNTの機能性を利用するような高付加価値のニッチな分野への新しい用途開発が適切と思われる。

一方，CNTシートは単体では通電加熱ヒーターとして利用が可能である。応答性が高く，数百℃帯であっても加熱・冷却とも1秒以下程度で応答する。短時間の過熱用途に利用可能と思われる。また，筆者らが取り組んできた配向CNTシート/樹脂複合材料の研究より，CNTを配列させた状態で樹脂に複合化すると，従来のCNT複合材料よりきわめて高い機械特性を呈することがわかってきた[24)-30)]。CNTは長手方向に優れた特性を有するため，あらかじめ配列させたシート材をプリフォーム（基材）として活用することにより，容易に従来のハンドリング技術でCNTの特性を反映した応用が可能となる。

現在，紡績性CNTによるCNTアセンブリの利用が国内外で広まりつつある。さらなる発展のためには，紡績性CNT供給体制の充実化が唯一の課題といえる。紡績性CNTは基板法で合成させるため，浮遊触媒法と比べて生産性はきわめて低い。近年取り組み始められている金属ホイール上へのロールツーロール法は，大きなブレークスルーになると期待したい。

文　献

1）T. W. Ebbesen, H. J. Lezec, H. Hiura, J. W. Bennett, H. F. Ghaemi and T. Thio：*Nature* **382**, 54–56（1996）.

2）B. G. Demczyk, Y. M. Wang, J. Cumings, M. Hetman, W. Han, A. Zettl, et al.：*Mater. Sci. Eng.* A, **334**, 173–178（2002）.

3）E. Pop, D. Mann, Q. Wang, K. Goodson and H. Dai：*Nano Lett.*, **6**, 96–100（2006）.

4）K. Jiang, Q. Li and S. Fan：*Nature*, **419**, 801（2002）.

5）M. Zhang, K. R. Atkinson and R. H. Baughman：*Science*, **306**, 1358–1361（2004）.

6）A. E. Aliev, C. Guthy, M. Zhang, S. Fang, A. A. Zakhidov, J.gas E. Fischer, et al.：*Carbon*, **45**, 2880–2888（2007）.

7）C. D. Tran, W. Humphries, S. M. Smith, C. Huynh and S. Lucas：*Carbon*, **47**, 2662–2670（2009）.

8）Y. Nakayama：*Jpn. J. Appl. Phys.*, **47**, 8149–8156（2008）.

9）X. Zhang, Q. Li, Y. Tu, Y. Li, J. Y. Coulter, L. Zheng, Y. Zhao, Q. Jia, D. E. Peterson and Y. Zhu：*Small*, **3**, 244–248（2007）.

10）A. A. Kuznetzov, S. B. Lee, M. Zhang, R. H. Baughman and A. A. Zakhidov：*Carbon*, **48**, 41–46（2010）.

11）X. Lepro, M. D. Lima and R. H. Baughman：*Carbon*, **48**, 3621–3627（2010）.

12）K. Liu, Y. Sun, L. Chen, C. Feng, X. Feng, K. Jiang, Y. Zhao and S. Fan：*Nano Lett.*, **8**, 700–705（2008）.

13）Y. Inoue, K. Kakihata, Y. Hirono, T. Horie, A. Ishida and H. Mimura：*Appl. Phys. Lett.*, **92**, 213113（2008）.

14）Y. Inoue, Y. Suzuki, Y. Minami, J. Muramatsu, Y. Shimamura, K. Suzuki, A. Ghemes, M. Okada, S. Sakakibara, H. Mimura and K. Naito：*Carbon*, **49**, 2437–2443（2011）.

15）J. E. Fischer, W. Zhou, J. Vavro, M. C. Llaguno, C. Guthy, R. Haggenmueller, M. J. Casavant, D. E. Walters and R. E. Smalley：*J. App. Phys.* **93**, 2157–2163（2003）.

16）Y. Zhang, G. Zou, S.Doorn, H. Htoon, L. Stan, M. Hawley et al.：*Nano*, **3**, 2157–2162,（2009）.

17）A. Ghemes, Y. Minami, J. Muramatsu, M. Okada, H. Mimuraa and Y Inoue：*Carbon*, **50**, 4579–4587（2012）.

18）J. W. S. Hearle, P. Grosberg and S. Backer："Structural mechanics of fibers, yarns and fabrics", Wiley Interscience New York（1969）.

19）Y. Zhao, J. Wei, R. Vajtai, P. M. Ajayan and E. V. Barreral：Sci. Rep. **1**, 83（2011）.；N. Behabtu, C. C. Young, D. E. Tsentalovich, O. Kleinerman, X. Wang, A. W. K. Ma, E. A. Bengio, R. F. ter Waarbeek, J. J. de Jong, R. E. Hoogerwerf, S. B. Fairchild, J. B. Ferguson, B. Maruyama, J. Kono, Y. Talmon, Y. Cohen, M. J. Otto and M. Pasquali：*Science*, **339**, 182–186（2013）.

20）H. E. Boyer and T. L. Gall：Metals Handbook, Desk edition, American Society for Metals, Ohio（1985）.

21）J. Hone, M. C. Llaguno, M. J. Biercuk, A. T. Johnson. B. Batlogg, Z. Benes, et al.：*Appl. Phys.* A, **74**, 339–343（2002）.

22）Y. Yue, X. Huang and X. Wang：*Phys. Lett.*, A, **374**, 4144–4151（2010）.

23）P. Kim, L. Shi, A. Majumdar and P. L. McEuen：*Phys. Rev. Lett.*, **87**, 215502（2001）.

24）T. Ogasawara, S.Y. Moon, Y. Inoue and Y. Shimamura：*Compos. Sci. Technol.*, **71**, 1826–1833（2011）.

25）T. Tsuda, T. Ogasawara, S–Y Moon, K. Nakamoto, N. Takeda, Y. Shimamura and Y. Inoue：*Compos. Sci. Technol.*, **88**, 48–56（2013）.

26）Y. Shimamura, K. Oshima, K. Tohgoa, T. Fujii, K. Shirasu, G. Yamamoto, T. Hashida, K. Goto, T. Ogasawara, K. Naito, T. Nakano and Y. Inoue：*Compos. Part A*, **62**, 32–38（2014）.

27）T. H. Nam, K. Goto, Y. Yamaguchi, E.V.A. Premalal, Y. Shimamura, Y. Inoue, K. Naito and S. Ogihara：*Compos. part A*, **76**, 289–298（2015）.

28）K. Shirasu, G. Yamamoto, I. Tamaki, T. Ogasawara, Y. Shimamura, Y. Inoue and T. Hashida：*Carbon*, **95**, 904–909（2015）.

29）T. H. Nam, K. Goto, Y. Yamaguchi, E. V. A. Premalal, Y. Shimamura, Y. Inoue, S. Arikawa, S. Yoneyama and S. Ogihara：*Compos. part B*, **85**, 15–23（2016）.

30）Y. Inoue, K. Nakamura, Y. Miyasaka, T. Nakano and G. Kletetschka：*Nanotechnology*, **27**, 115701（2016）.

第5節　高密度化無撚 CNT 糸複合材料

早稲田大学　川田　宏之

1. はじめに

本稿では常圧化学気相成長法（AP-CVD）によって合成された多層カーボンナノチューブアレイ（MWCNT アレイ）から MWCNT を引き出し，円筒状のダイスに通過させることで配向性を有しない MWCNT を収束した繊維（以下，無撚 CNT 糸）を作成し，複合材料の強化繊維として利用可能な技術の概要について紹介する。

これまでカーボンナノチューブ（CNT）はその優れた物性から複合材料の強化材として有力視されてきた。微量な CNT を高分子や金属への添加材として利用する試みは多方面でなされており，剛性ならび強度に効果があるとの数多くの報告がある。しかし，ナノ材料である MWCNT には凝集や配向性制御などの問題があり，また，その効果を高めるには MWCNT の体積含有率をさらに増加させる工夫が必要であることが指摘されてきた。MWCNT の高密度化を目的として，個々の CNT が凝集する特性を最大限活用し，垂直配向 CNT を引き出して長繊維化する手法が Jiang ら[1] によって提案された。この手法は紡績技術の基本的なアイディアで，真綿から糸を取り出す技法と同じである。ファンデルワールス力による分子間力によって CNT 同士が凝集する現象を活用し，さらに CNT の配向性を均一化することに成功しており，独創的な着想であると注目を集めてきた。

ここでは，紡績された CNT 糸のさらなる高密度化を目的とした無撚 CNT 糸の開発[2]，さらにそれを複合材料の強化繊維として利用する可能性について紹介する。

2. MWCNT の合成

MWCNT の合成は常圧化学気相成長法により行う。はじめに，電子ビーム蒸着装置を用いて触媒となる厚さ 5 nm の鉄膜をシリコン基板上に堆積させる。その基板を直径 45 mm の石英管内に設置し，原料である 5 mol% のアセチレンガス（C_2H_2）を 580 cc/min 投入後，基板を加熱し合成を開始する。合成条件は合成温度 680℃，合成時間 10 min としている。ただし，加熱により管内の不純物と基板が反応するのを防ぐため，ヘリウムガス（He）雰囲気下にて行っている。

MWCNT の配向（析出）状態を確認するため，電界放出型走査電子顕微鏡（FE-SEM）を用いて MWCNT アレイの観察を行った。その観察結果を**図 1** に示す。MWCNT は基板に対して垂直成長し，均一に配列していること，また**図 2** の TEM 観察より MWCNT の総数は 8 層であることが分かる。

ラマン分光装置を用いて MWCNT の構造分析を行った。SWCNT やグラフェンでは単一のピークであるが，グラフェンやグラファイト，MWCNT では複数の層からなるため複数のピーク（G，D および 2D バンド）が発生する。**図 3** に MWCNT のラ

図 1　垂直成長した MWCNT アレイの SEM 写真

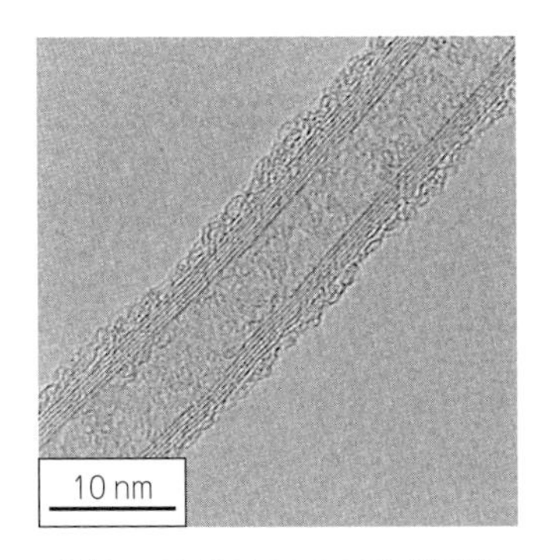

図２　MWCNT の TEM 写真

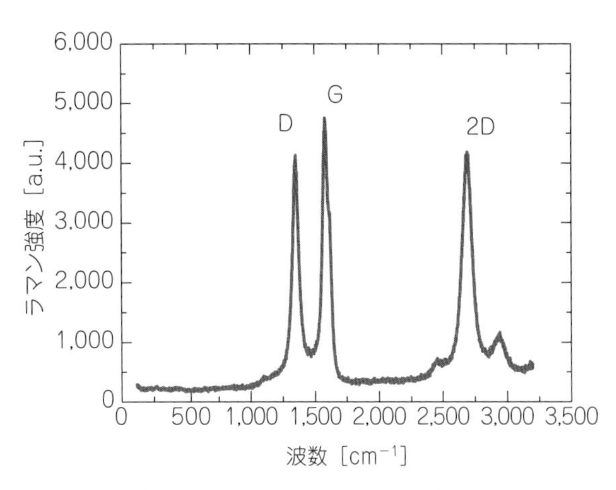

図３　MWCNT のラマンスペクトル

マンスペクトルの結果を示し，これより MWCNT の純度を表す I_G/I_D 比は 1.3 であることがわかる。

3. 無撚 CNT 糸の作製

図４のように，無撚 CNT 糸は MWCNT アレイにカッターで切込みを入れ CNT ウェブとして引出し，ウェブの先端をセラミック製の円筒状のダイスに通過させることで作製する。また，ダイス内径の大きさに合わせて無撚 CNT 糸の繊維径を変化させることが可能となる。従来は MWCNT を引き出す際に撚りながら１本の糸にする方法が一般的であった。撚られた繊維の強度は撚り角に依存することから，できるだけ撚り角をなくす方法が望まれていて，本手法は撚り角が無い繊維束を作成する方法として位置付けられる。作製において，無撚 CNT 糸の引出し速度および基板に対する引出し角度は一定とした。

FE-SEM を用いて無撚 MWCNT 糸表面の状態を観察し，その結果を**図５**に示している。マクロ的な観察では繊維長手方向と表面に位置する MWCNT 方向は同じであり，表面上，撚り角は存在しない。ミクロ的な視野では，繊維束表面の MWCNT の配向性は大方制御されているといえるが，配向性は一部で乱れていて，完全に同一方向に配列されている状態ではない。

本成形プロセスではダイスの径を変更することで MWCNT 糸の径と見掛け密度を変化させることができる。ここでは，径の異なる２種類のダイス（ϕ 35，51 μm）を用いて作成した無撚 CNT 糸の結果について紹介する。

作製された無撚 CNT 糸の機械的性質を**表１**に示す。表中の括弧は数値のばらつきとしての標準偏差を表している。無撚 CNT 糸の繊維径は，ダイス内径よりも増加した。これは，ダイスを用いた加工後

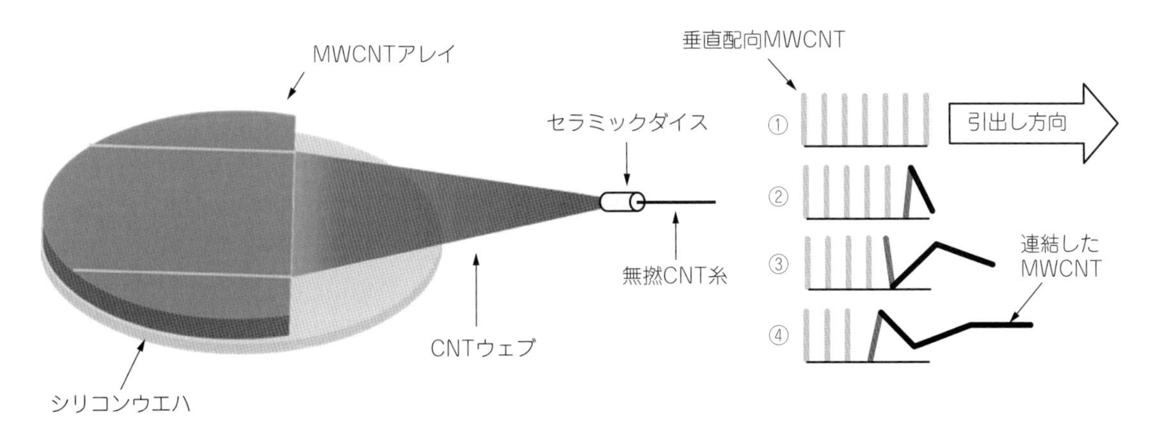

図４　無撚 CNT 糸の作製方法と繊維の形成メカニズム

図５　無撚 CNT 糸の表面観察（FE-SEM 写真）

表１　無撚 CNT 糸の繊維径，線密度および見かけ密度

ダイス径 ϕ[μm]	繊維径 d_f[μm]	線密度 T_f[tex]	見かけ密度 ρ_f[g/cm^3]
35	36.3（0.57）	0.80（0.21）	0.78（0.23）
51	55.2（0.53）	1.67（0.05）	0.70（0.02）

表２　無撚 CNT 糸の機械的性質

ダイス径 ϕ[μm]	形状パラメータ m	尺度パラメータ σ_0［GPa］	弾性係数 E［GPa］	破断ひずみ ε［%］	破断荷重 F_B［mN］
35	9.5	0.898	60.9（4.95）	1.47（0.22）	891.0（100）
51	8.5	0.660	48.4（7.10）	1.41（0.25）	1,498　（203）

のスプリングバックによる繊維の弾性変形が原因として考えられる。線密度は単位長さの重量を表す指標である。表より，繊維径が大きいほど線密度は高く，無撚 CNT 糸内の MWCNT の量が多いことが確認される。見かけ密度は繊維径が小さいほど増加している。見かけ密度が高い場合，無撚 CNT 糸内の繊維内の MWCNT 単繊維間距離は短いと考えられる。

表２の結果はワイブル統計処理に従って整理したもので，形状パラメータは強度のばらつき，尺度パラメータは強度を表している。無撚 CNT 糸を構成する CNT はファンデルワールス力により凝集している。無撚 CNT 糸の見かけ密度を増加（＝空孔量の減少）させれば CNT 間の相対距離が減少する。それゆえ CNT 同士のファンデルワールス力が高まり，結果として機械的性質は向上したものと推察できる。

4．無撚 CNT 糸の高密度化処理

無撚 CNT 糸は，作製時のダイスの内径を変化させることで繊維径および見かけ密度を変化させることが可能である。しかし，ダイスを用いた密度上昇には限界があることが示唆されている。そこで，無撚 CNT 糸の機械的性質の改善を目的として，作製した CNT 糸に高分子を充填させることによって CNT 糸の高密度化処理について紹介する。

溶液処理では，高分子を溶媒に溶解させた状態で無撚 CNT 糸を直接含浸させる。この工程は先のダイスを通して作成した無撚 CNT 糸に対して処理を行う作業である。溶媒には工業的に広く溶剤として利用されているジメチルスルホキシド（DMSO）を用いた。DMSO は CNT との濡れ性が良いため毛細管現象が生じ，効果的に高分子を繊維内部へ浸透させる。また，DMSO だけでも適度な表面張力により CNT 糸を半径方向に収縮させることが可能で

ある[3]。

具体的な溶液処理手順は，無撚 CNT 糸を高分子/DMSO 溶液に 60℃/3 h の条件で浸漬・含浸させた後，繊維中の DMSO を蒸発させるために 150℃/1 h の熱処理を行う。高分子にはポリビニルアルコール（PVA），ポリアクリル酸（PAA）を採用し，低粘度の溶液を得るため低重合度のものを使用した。その諸元を**表 3** に示す。

各条件における処理繊維の機械的性質を**図 6**，**表 4** にそれぞれ示す。なお，図および表中において未処理繊維を「未処理」，DMSO のみの溶媒に浸漬させた繊維を「DMSO」，PVA/DMSO 処理繊維を「PVA」，PAA/DMSO 処理繊維を「PAA」と略記し，後に続く数値は PAA の重量濃度を表している。

図 6 より，高分子による高密度化処理によって機械的性質が改善されている様子が伺える。さらに，PAA 処理繊維は PVA 処理繊維に比べ引張強度および弾性率は大幅に増加していることが分かる。中でも PAA-7 wt.%の結果は，引張強度で 2.33 GPa を示し，低グレードの炭素繊維相当の強度を有している。これは高分子が繊維束に浸透・含浸した結果，繊維径の減少および破断荷重の増加を生じさせたことが大きな要因である。各高分子の特性について，低重合度の場合，PVA では強度や粘度が低下するだけでなく浸透力（分散力）も弱まる。一方，PAA では粘度は増加するが，浸透性は増加するため CNT への吸着が容易になる[4]。PAA が PVA よりも有効である要因には，浸透性の他に，各高分子

表 3　高密度化処理に使用した高分子の諸元

高分子	重合度	重量濃度 [wt.%]	けん化度 [mol%]	粘度 [mPa·s]
PVA	600	7	98.9	5.4（4%，20℃）
PAA	350	5～7	98.4	1,270　（40%，25℃）

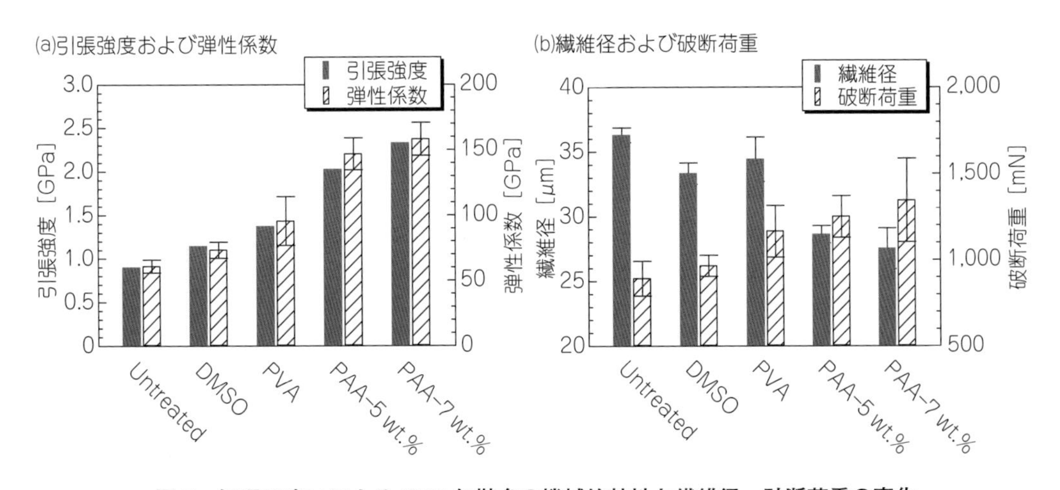

図 6　処理の違いによる CNT 無撚糸の機械的特性と繊維径・破断荷重の変化

表 4　処理の違いによる CNT 無撚糸の繊維径および機械的特性

	繊維径 d_f [μm]	尺度パラメータ σ_0 [GPa]	弾性係数 E [GPa]	破断ひずみ ε [%]	破断荷重 [mN]
未処理	36.3（0.55）	0.898	60.9（4.95）	1.47（0.22）	891.0（100）
DMSO	33.3（0.82）	1.10	73.4（6.28）	1.54（0.20）	964.8（60.9）
PVA	34.4（1.71）	1.37	95.6（18.8）	1.39（0.17）	1,164　（150）
PAA-5 wt.%	28.6（0.67）	2.03	147　（12.2）	1.46（0.19）	1,249　（122）
PAA-7 wt.%	27.5（1.58）	2.33	158　（12.6）	1.58（0.19）	1,345　（242）

の官能基の極性や水素結合数における優位性が関与している可能性が高い。

また，PAA 処理繊維ではPAA 重量濃度の増加に伴い，引張強度および弾性率は向上することも確認できる。ここではPVA 処理の濃度依存性は省略しているが，PVA 処理繊維と同様にPAA 処理繊

(a)未処理

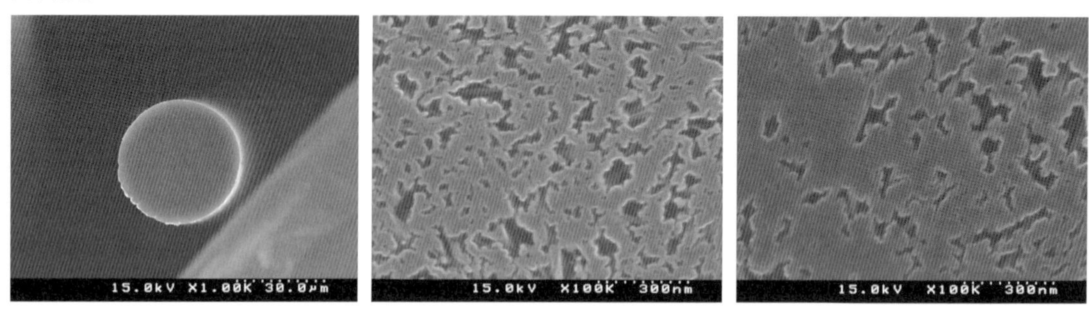

(b)DMSO処理

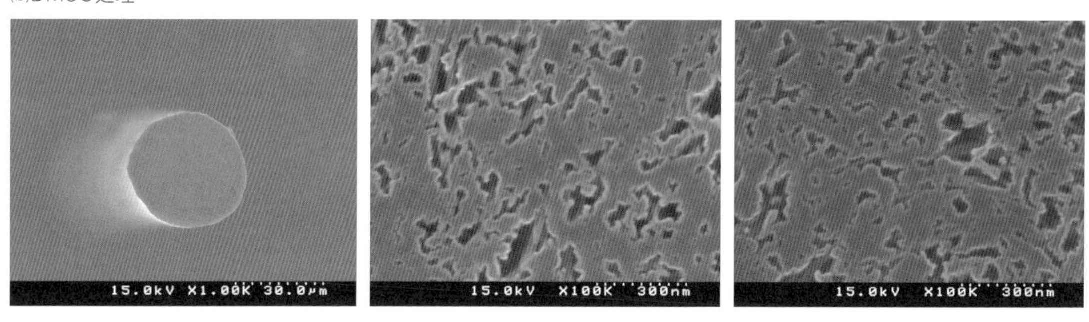

(c)PVA処理

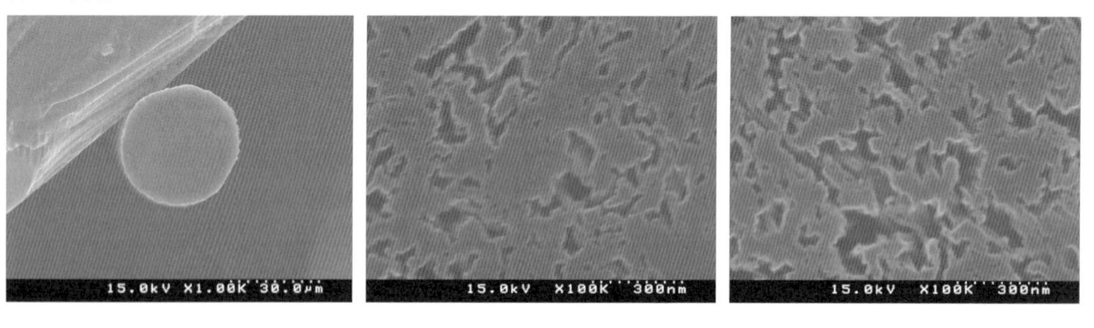

(d)PAA処理（7 wt.%）

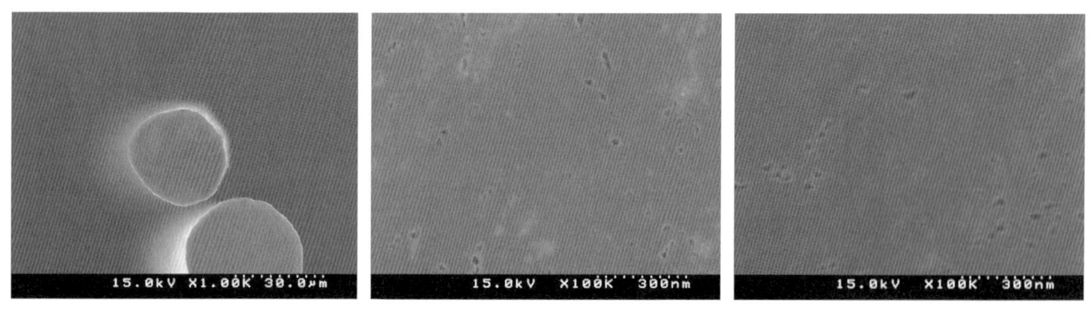

図７　高密度化処理を施した無撚 CNT 糸の走査電顕による断面写真

左側：繊維の全体像，中央：繊維中央部の拡大写真，右側：繊維表面部近傍の拡大写真。

維にも，最大強度を示す重量濃度が存在する。しかし，表４からわかるように PAA-7 wt.%の繊維径はバラツキが大きいことがみて取れる。PAA/DSMO 溶液では濃度増加に伴い処理工程（余分な PAA を取り除く工程）が難しくなることが原因と考えられる。これ以上の濃度増加を実現するには，処理工程の改善が必要である。

次に，密度状態を確認するため高分子/DMSO 処理繊維の断面観察を行った。観察結果を**図７**に示す。写真では，繊維全体の様子ならびに繊維の中心部と繊維側面に近い部分の拡大写真も示している。PVA 処理繊維では未処理繊維と同様に，繊維内部に多くの空孔が存在するのに対し，PAA 処理繊維では空孔量が減少し CNT 同士が密な状態であることが分かる。したがって，PAA/DMSO 処理では効果的な高密度化処理が行われているといえる。ここでは，２種類の高分子を対象とした実験結果を紹介しているが，筆者の研究室では他のいくつかの高分子に対しても同様な試みを行っている。他の高分子より PVA と PAA は，高密度化処理に対して効果的であることが実証された結果となっている。PVA はヒドロキシ（OH）基を，PAA はカルボキシ（COOH）基を含有する。これらの官能基は水素結合により親水性を示し，高い接着性を発揮する。さらに網目状の架橋構造を形成する。密度が上昇するメカニズムの詳細は良くわかっていない部分があるが，両高分子に共通する OH 基の存在によるものと推察している。

高分子/DMSO 処理繊維の引張試験後の破壊様相と破断面写真を**図８**に示す。PVA 処理繊維では，繊維中央部の CNT 束が毛羽立っているのに対し，PAA 処理繊維では CNT 束が局所的に密集し，破壊部の状態が変化していた。このような破壊様相の違いは，MWCNT と収束剤として機能している高

(a)破断面写真（PVA処理）

(b)断面の高倍率写真

(c)破断面写真（PAA処理）

(d)断面の高倍率写真

図８　PVA/DMSO 処理と PAA/DMSO 処理された無撚 CNT 糸の破断面写真

分子との接着強度の差異に起因していると考えられる。つまり，PAA 処理繊維の方では MWCNT と高分子との荷重伝達効率が高い結果となっているためである。

繊維内部に充填された PAA を定量的に測定するため，TGA を用いて PAA/DMSO 処理繊維の重量測定を行っている。しかし，ここで紹介する結果はサンプル数が少なく，熱的挙動が不安定なため参考程度として紹介する。PAA/DMSO 処理繊維の TGA 結果を**図９**に示す。図中の凡例において，TG は試料の重量変化を，DTA は試料の温度変化を表す。DTA では熱反応よって生じる吸発熱が測定対象となる。

図９より，100℃付近の重量減少は含有水分の蒸発と考えられる。200℃以降から 550℃付近では DTA の発熱ピークが確認でき，それに対応した TG の緩やかな重量減少（37.6％）が見られた。このような熱重量損失は，PAA によるものであり，PAA の側鎖と主鎖の熱分解が反映していると考えられる[5)]。PAA の熱分解過程は，200～300℃付近では脱水（側鎖）が生じ，酸無水物が生成したことを示している。最後に脱炭酸（主鎖）が生じ，400～500℃付近の重量減少に対応する。一方，MWCNT については 530～700℃付近に大きな発熱ピークを伴った重量減少（62.2％）が確認できる。以上より，PAA は繊維内部に充填されていることが確認できた。

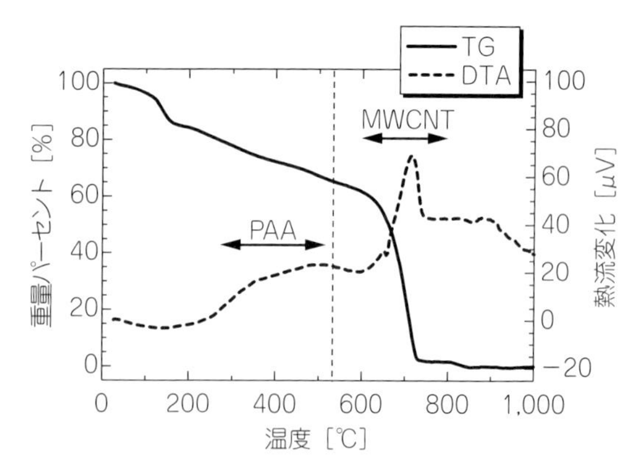

図９　PAA/DMSO 処理された無撚 CNT 糸の TGA 分析結果

5. まとめ

常圧化学気相成長法によって合成された MWCNT アレイから無撚 CNT 糸を作成するプロセスと高分子による高密度化処理によって無撚 CNT 糸の機械的特性を改善する手法について紹介した。紙面の関係で無撚 CNT 糸を用いた複合材料について紹介できなかったが，これを複合材料の強化材として利用することは可能である。これまで，樹脂中に CNT を分散強化する方法しかなかったが，ここで提案する材料を利用することによって，従来の炭素繊維に替わる材料として新しい可能性を秘めているといえる。

ナノ材料のハンドリングでは，これまでの材料とは異なって凝集や低体積含有率など幾つか困難な点があることが指摘されてきた。本稿で紹介した手法は，CNT が凝集する特性を利用して集合体にする方法である。つまり，配向性を制御し高密度化した点が特徴となっている。しかし，CNT 本来の特性を十分に発揮させたとはいい切れず，それを解決した一つの方法に過ぎない。当然のことながら，さらなる改良が必要で，この成果を多方面で発展させる取組みが必要である。

文　献

１）K. L. Jiang, Q. Q. Li and S. S. Fan：*Nature*, **419**, 801（2002）.

２）K. Sugano, M. Kurata and H. Kawada：*Carbon*, **78**, 356-365（2014）.

３）K. Liu, Y. Sun, X. Lin, R. Zhou, J. Wang, S. Fan and K. Jiang：*ACS Nano*, **4**, 5827-5834（2013）.

４）吉原治之，青山政裕：「アクリル酸系水溶液ポリマーの技術展開」，東亞合成研究年報，pp.46-51（1998）.

５）奈倉正宣，酒井吉弘，石川博：高分子論文集，**38**（9），pp.577-581（1981）.

第1節　超滑水CNT複合樹脂シート材の開発

長野工業高等専門学校　**柳澤　憲史**

1. はじめに

ハスの花は泥の池の中に咲く。その池の水面に浮かぶハスの葉の表面は常に清浄である。ハスの葉の表面は微細な凹凸でおおわれており，この形状により水をはじき，泥とともに滑り落とす（**図１**）。これをロータス効果もしくは超はっ水性という[1]。

はっ水性を定量化する指標を接触角といい，静止液体の自由表面が，固体壁に接する場所で液面と固体面とのなす角（液の内部にある角をとる）と定義されている[2]。明確な定義はないが水との接触角が90°前後もしくはそれ以上の状態や表面をはっ水性と呼び[3]，150°以上の状態や表面を超はっ水性と呼ぶことが多い[1]。

超はっ水性をもつ固体表面については多くの研究がある。ニッケルめっきにテフロン粒子を共析させる方法[4]，PETフィルムに酸素プラズマ放電で微細凹凸形状を加工する方法[5]，ゾル-ゲル法を用いて微細凹凸形状を表面に付与する方法[6)-9]，ディップ法を用いて微細凹凸形状を表面に付与する方法[10)11]。フォトリソグラフィ技術やフェムト秒レーザーにより表面に微細凹凸形状を加工する方法[12)-14] などが提案されている。

超はっ水性を示すものとしてハスの葉の他にバラの花びら（**図２**）がある。ハスの葉表面の水滴はよく転がり落ちるのに，バラの花びら表面の水滴は超はっ水性を示すにもかかわらず花びらを逆さまにしても落ちないほど付着力が強い[15]。

固体表面のはっ水性の基本的な考え方についてはWenzel[16] やCassieら[17] によって確立されている。

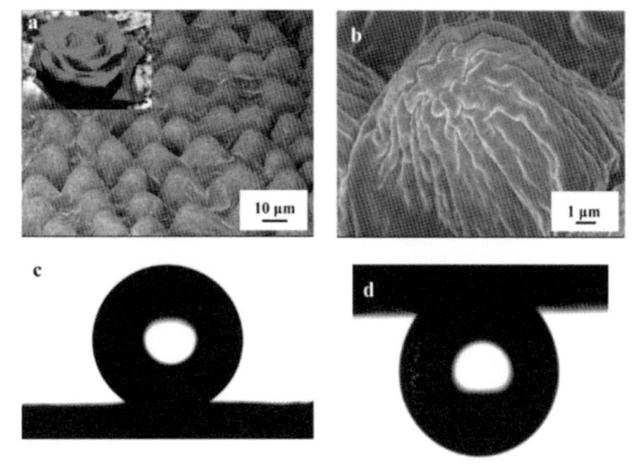

図２　バラの花びら表面にある突起(a)とその先端のSEM画像(b)，花びら表面ははっ水性を示す(c)が逆さまにおいても水滴は落下しない(d)[15]

Reprinted with permission from Ref.15) Copyright (2016) American Chemical Society.

Lotus leaf (*Nelumbo nucifera*)

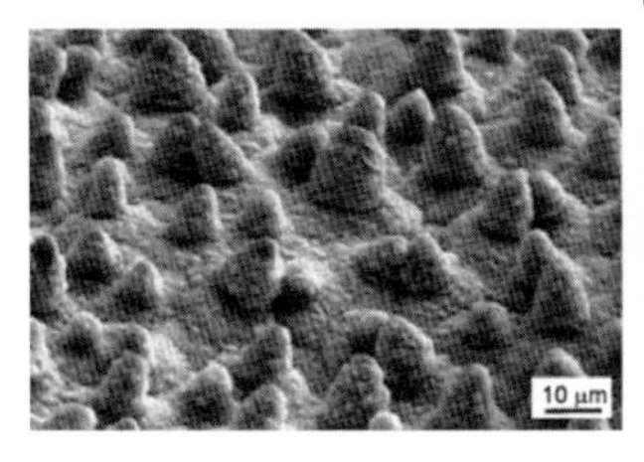

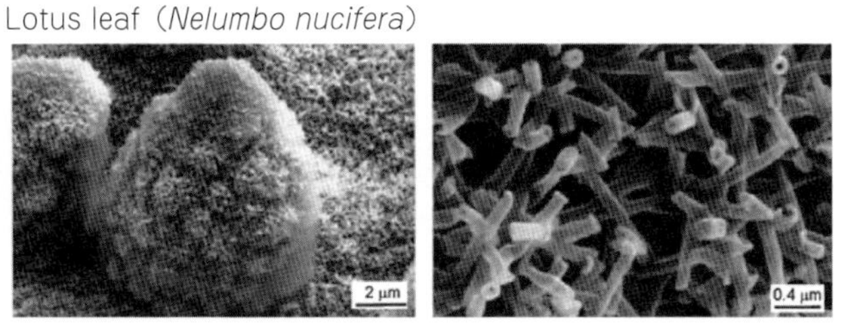

図１　ハスの葉の表面SEM画像

ハスの葉表面は微細な凹凸形状におおわれており微細な凹凸の表面はさらに微細な凹凸によりおおわれている[13]。

Reproduced from Ref.13) with permission of the Royal Society of Chemistry.

しかし，水滴除去性については未解明な点が多い。先に述べたハスの葉とバラの花びらの例のように良好なはっ水性を示すにもかかわらず水滴除去性が悪いことは珍しくない[18]。

超はっ水表面の応用展開を考えるに，自動車のボディの汚染防止[19]や水の摩擦による抵抗を低減し，船の運航エネルギー[20]や配管の輸送動力の低減[21)-23]などが期待できる。着雪・着氷対策への応用も検討されている[24)-27]。マイクロマシンの摺動部に水が介在すると，その抵抗力によって動作性が低下する問題も報告されている[28]。しかし，これらの実用化は十分になされているとはいえない。その理由は必要とされている性能がはっ水性ではなく，水滴除去性あるいは水の滑りやすさ（滑水性）であること，船底や自動車のボディなどの大きな面積に適用する際の経済的な問題，超はっ水性表面の耐久性の悪さ，特に表面の微細な凹凸形状維持が困難なことにある。

滑水性の評価指標として，水滴が滑り落ちる角度や滑り落ちる速度を測定する方法があるが，これは接触角と同様に測定者の主観が入りやすく，またこれらを予測し材料設計することはほぼ不可能である[18]。その他に滑水性を客観的かつ定量的に評価するために，水滴と固体表面の間に働くせん断力を測定する方法が提案されている[29,30]。

気相成長法による多層カーボンナノチューブ（MWCNT）の成長過程が示されて以来[31]，MWCNTや気相成長炭素繊維（vapor grown carbon fiber；VGCF）と樹脂の複合材料の研究が盛んにおこなわれた。超高分子量ポリエチレン[32)-34]やポリカーボネート[35,36]，エポキシ樹脂[37]，ポリテトラフルオロエチレン[38]との複合材料の機械的強度が調査され，ヤング率と引張強度の向上が報告されている。宋ら[39,40]のグループは母材にポリプロピレンを用いVGCFを強化フィラーとし，その配向性を高めた高配向性ナノコンポジットシートを開発し，そのシートの機械特性とインプリントによる転写特性を調査し，シートの引張強度が30%向上すること，ヤング率は圧延方向に3倍となること，インプリントにより転写された微細な凹凸形状が型の形状通りに保持されやすいことを報告した。この優れた転写特性をいかし，筆者らはシートに微細な凹凸形状をインプリント技術により付与することで，はっ水性が向上することを確認した[41]。

はっ水性材料としては，低い臨界表面張力を示す$-CF_3$を配向させることでできるフッ素系材料や，$-CH_3$を配向させることでできるシリコーン系材料が一般に用いられる。特に最も臨界表面張力が低い$-CF_3$を固体表面に平滑に配向させることで，約120°の水との接触角が得られる[42]。このことは，超はっ水性の表面を得るためには何らかの表面凹凸が必要であることも示唆する。フッ素系材料の特徴としては，臨界表面張力が低いためはっ水ならびにはつ油性が高いが，高価である，溶媒選択性の幅が狭く複合材料を作製する際に添加材を分散させにくい，成形と加工が困難であるなどが挙げられる。一方，シリコーン系材料はフッ素系材料に比べはっ水性ならびにはつ油性に劣るが，溶媒選択性の幅が広く添加材の分散が容易である，成形と加工が容易であるなどが挙げられる[43]。

筆者らは，配管の輸送動力低減や着雪・着氷対策などへの応用を目指している。そのため，さまざまな用途に対応できるよう溶媒選択性が広く，汎用性を高めるため安価な方がよい，成形加工が容易である，などの点を考慮して母材としてシリコーン樹脂を用いた。また配管への応用の際の大面積化を想定して微細な凹凸形状の付与方法としてインプリント加工を選択し，この凹凸形状の保持しやすさを想定して機械的強度の向上が期待できるVGCFを添加材として用いた。そしてシリコーン樹脂を母材としてVGCFを複合したシートに，インプリントによって超はっ水に近い特性を付与し，VGCFの添加量を増加していくことでその表面の水滴の滑水性が向上することを見出した[44)-46]。

本稿では，シリコーン樹脂とVGCFの複合樹脂シート表面にインプリントによって付与された表面パターンとVGCFの添加量が水滴のはっ水性のみならず滑水性を飛躍的に向上させた結果について紹介する。

2. 超滑水CNT複合樹脂シート材のはっ水性

熱硬化性樹脂のシリコーン樹脂を母材とし，これにフィラーとしてVGCF（平均直径150 nm，長さ

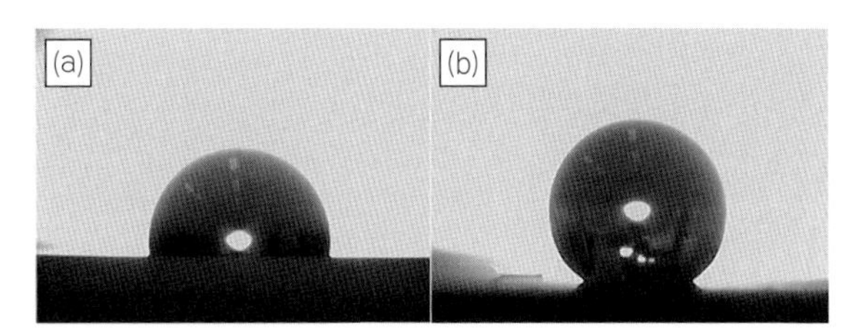

図３　平滑なシリコーン樹脂シート表面の水滴(a)と開発された CNT 複合樹脂シート材表面の水滴(b)[45]

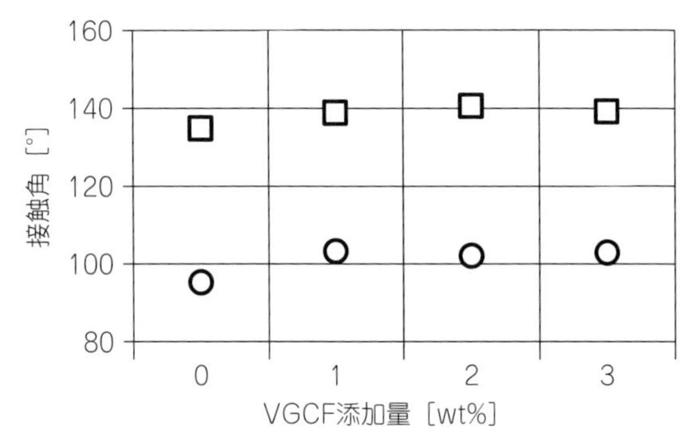

図４　CNT 複合樹脂シート材表面の接触角測定結果

横軸は VGCF の添加量を示し，○は平滑な表面をもつシートの接触角，□は微小な凹凸を表面にインプリントしたシートの接触角[46]

10～20 µm，黒鉛化処理品）を添加した[47]。VGCF の添加量は 0～3 wt% である。シリコーン樹脂と VGCF を混錬後，微細な凹凸形状を付与するためのシリコンウエハ製の型を底に敷いた穴に流し込み，熱硬化させてシート状に成形する。このシートには矩形のライン溝がインプリントにより付与されている[44]。

図３に微細な凹凸形状を付与した CNT 複合樹脂シート材表面の水滴の写真を示す。このシート上で水滴がはじかれ，球形になっていることがわかる。**図４**にシリコーン樹脂と VGCF の複合樹脂シート表面の水との接触角測定結果を示す。丸印と四角はそれぞれライン溝を転写していないシートと転写したシート表面の接触角をそれぞれ示している。ライン溝を転写していないシートの接触角は VGCF 添加量 0 wt% で 95°，1～3 wt% で約 103° と，VGCF を添加すると接触角が向上しているようにみえるが，VGCF 添加量の増加によるはっ水性の向上はみられない。ライン溝を転写したシートの接触角は VGCF 添加量 0 wt% で 135°，1～3 wt% で約 140° と，平滑なシートと同様に VGCF 増加によるはっ水性

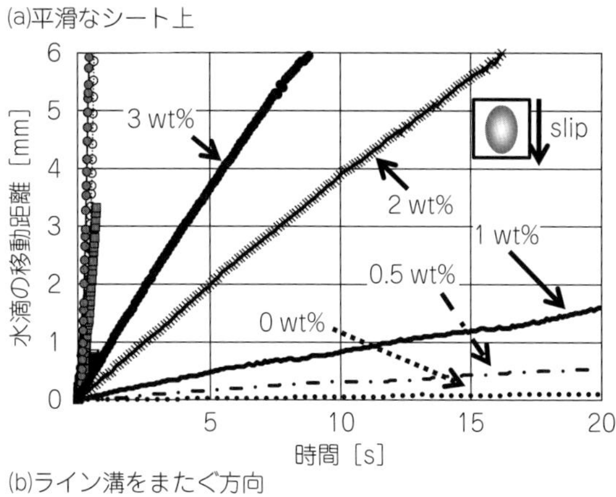

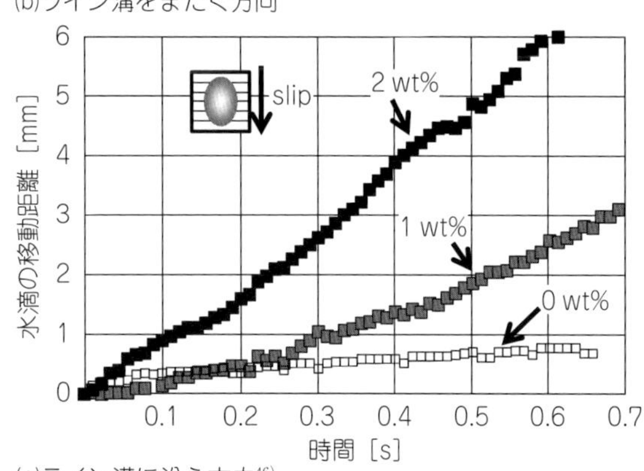

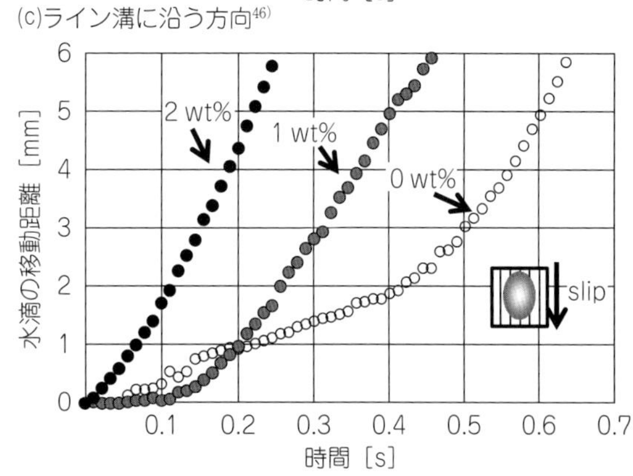

図５　傾斜角 10° に傾斜させた CNT 複合樹脂シート材上の水滴の移動距離

の向上はみられなかったが，VGCF 添加と表面微細凹凸により非常にはっ水性の高い表面を作製することができた。

3．超滑水 CNT 複合樹脂シート材の滑水性

図５はシートを 10° 傾斜させた状態でシート上に

水滴を滴下してから20秒後までの水滴の移動距離である。図5(a)のそれぞれの線は，図中の矢印で示すVGCF添加量を添加したシートのライン溝を転写していない平滑な表面の水滴の移動距離を示している。平滑なシート表面では，滴下した水滴の量がそれぞれ40 μL以上で滑り始めた。シート表面の水滴の移動距離は，10秒間でVGCF添加量0 wt%は約0.05 mmとほとんど滑水性を示さなかったが，VGCF添加量が増加するにつれ水滴の移動距離は増加し，滑水性が向上した。

図5(b)はライン溝をまたぐ方向に水滴10 μLを滑らせたときの水滴の移動距離である。白色四角，グレー色四角，黒色四角はそれぞれ矢印で指し示すVGCF添加量を添加したシート表面の水滴の移動距離の結果である。平滑な表面に比べ，グラフの横軸の桁が2つ小さいことからも飛躍的に滑水性が向上していることがわかるだろう。VGCF添加量の増加により水滴の移動距離も増加し，滑水性が向上することがわかる。また，図5(c)のライン溝に沿って水滴を滑らせたときは，ライン溝をまたぐ方向よりさらに滑水性が向上し，いずれもVGCF添加量の増加により滑水性が向上した。

4. おわりに

シリコーン樹脂にVGCFを添加したシート表面に微細なライン状の凹凸形状をインプリントしたシートの滑水性が特にライン溝に沿う方向に飛躍的に向上することを示した。超はっ水性により解決できると期待されているような問題は，むしろ滑水性向上が求められている場面が多くあり，これらの表面の実用化のためには，滑水性向上のメカニズム解明が必要となる。今後このシートの大面積化を実現させ，実用化のための検証実験が進むことで，私たちの日常生活が飛躍的に便利になることであろう。

謝　辞

本研究は㈱日本学術振興会科学研究費補助金15K17962の助成を受けて行った。

文　献

1）辻井薫：超撥水と超親水，pp.59–64，米田出版（2009）.

2）久保亮五他：岩波理化学辞典，pp.690–691，岩波書店（1987）.

3）中島章：表面技術，**60**（1），2（2009）.

4）渡辺信淳，鄭容宝：化学　**46**，477（1991）.

5）高田祐介，曽我真守，小川一文，尾崎伸司：第42回高分子学会予稿集，**42**（4），1672（1993）.

6）忠永清治，南努：機能材料，**19**（4），15（1999）.

7）恩田智彦，四分一敬，佐藤直紀，辻井薫：応用物理，**64**，788（1995）.

8）S. Shibuichi, T. Onda, N. Satoh and K. Tsujii：*J. Phys. Chem.*, **100**, 19512（1996）.

9）T. Onda, S. Shibuichi, N. Satoh and K. Tsujii：*The ACS Journal of surfaces and colloids*, **12**（9）, 2125（1996）.

10）Y. Li, F. Liu and J. Sun：*Chemical Communications*, **19**, 2730（2009）.

11）S. Shibuichi, T. Yamamoto, T. Onda and K. Tsujii：*Journal of Colloid and Interface Science*, **208**, 287（1998）.

12）D. Oner and T. J. McCarthy：*Langmuir*, **16**, 7777（2000）.

13）K. Koch, B. Bhushan, Y. C. Jungb and W. Barthlotta：*Soft Matter*, **5**, 1386（2009）.

14）A. Y. Vorobyev and C. Guo：*Journal of Applied Physics*, **117**（3）, 033103（2015）.

15）L. Feng, Y. Zhang, J. Xi, Y. Zhu, N. Wang, F. Xia and L. Jiang：*Langmuir*, **24**, 4114（2008）.

16）R. N. Wenzel：*Industrial and Engineering Chemistry*, **28**（8）, 988（1936）.

17）A. B. D. Cassie and S. Baxter：*Transactions of the Faraday Society*, **40**, 546（1944）.

18）吉田直哉，渡部俊也：表面技術，**60**（1），9（2009）.

19）S. Sankar and S. Dhanapal：FISITA 2006 World Automotive Congress, F2006SC11（2006）.

20）四分一敬：粉体工学会誌　**37**（4），260（1999）.

21）K. Watanabe, Yanuar and H. Udagawa：*Journal of Fluid Mechanics*, **381**（1）, 225（1999）.

22）長谷川雅人，角波雅之，磯野耕誠，上野久儀：第42回日本伝熱シンポジウム講演論文集，B122（2005）.

23）G. D. Bixler, B. Bhushan：*Journal of Colloid and Interface Science*, **393**, 384（2013）.

24) 船越宣博：ファインケミカル，**29**（18），5（2000）.
25) 吉田光則：日本接着学会誌，**30**（9），34（1994）.
26) 山内五郎：*Materials Integration*，**14**（10），27（2001）.
27) 島田敦之，大畑正敏，桑島輝昭，安原清忠：寒地技術論文・報告集，**18**，302（2002）.
28) 安藤泰久：マイクロトライボロジー入門，pp.49-82，米田出版（2009）.
29) 田中健太郎，岩本勝美：トライボロジー会議 2012 春 東京予稿集，65（2012）.
30) 安藤泰久：日本機械学会論文集 C 編，**65**（637），3784（1999）.
31) 小山恒夫，遠藤守信：応用物理，**42**（7），690（1973）.
32) S. L. Ruana, P. Gaob, X. G. Yangb and T. X. Yua：*Polymer*, **44**, 5643（2003）.
33) S. Ruan, P. Gao and T. X. Yu：*Polymer*, **47**, 1640（2006）.
34) S. R. Bakshi, J. E. Tercero and A. Agarwal：*Composites*：Part A, **38**, 2493（2007）.
35) Y. K. Choi, K. Sugimoto, S. M. Song and M. Endo：*Materials Letters*, **59**, 3541（2005）.
36) Y. K. Choi, K. Sugimoto, S. M. Song and M. Endo：*Composites*：Part A, **37**, 1944（2006）.
37) Y. K. Choi, K. Sugimoto, S. M. Song, Y. Gotoh, Y. Ohkoshi, and M. Endo：*Carbon*, **43**, 2199（2005）.
38) 長坂明彦，宮脇崇，町田健夫，押田京一，川村渉，柳澤憲史，百瀬成空：炭素，**2013**（259），255（2013）.
39) 宋星武，杉本公一，目黒武，二タ村朝比古，遠藤守信，花岡正樹：精密工学会誌，**73**（4），450（2007）.
40) 目黒武，宋星武，杉本公一，花岡正樹，阿部繁，尾坂一：精密工学会誌，**74**（9），960（2008）.
41) 柳澤憲史，杉本公一，宋星武：トライボロジー会議 2010 秋 福井 予稿集，159（2010）.
42) T. Nishino, M. Meguro, K. Nakamae, M. Matsushita and Y. Ueda：*Langmuir*, **15**, 4321（1999）.
43) 中道敏彦：特殊機能コーティングの新展開（普及版），pp.220-221，シーエムシー出版（2012）.
44) K. Yanagisawa, S. M. Song and K. Sugimoto：International Tribology Conference Hiroshima, PS2-01（2011）.
45) 柳澤憲史，杉本公一，宋星武：トライボロジー会議 2012 秋 室蘭 予稿集，301（2012）.
46) 柳澤憲史，杉本公一，宋星武：トライボロジー会議 2013 春 東京 予稿集，C12（2013）.
47) M. Endo, Y.A. Kim, T. Hayashi, K. Nishimura, T. Matusita, K. Miyashita and M. S. Dresselhaus：*Carbon*, **39**, 1287（2001）.

第2節　CNT 層を施した通電ガラス開発

千歳科学技術大学　髙田　知哉

1．はじめに

カーボンナノチューブ（CNT）と他の素材を組み合わせて複合材料とすることで既存の素材にCNT 特有の特性を付与する研究は，これまでに数多くの例がある。その1つであるCNT 透明導電膜の作製に関しては，小型電子機器用のフレキシブルな透明導電材料を指向した，透明ポリマーとCNTとの複合化の研究が多くみられる。一方で，同じく汎用透明材料であるガラスとCNT との複合化の研究も報告されている。ガラスは，ポリマーのような柔軟性は有していないものの，耐熱性・耐候性・耐食性といった特長があり，それらをいかしつつCNT と複合化した透明導電材料が作製できれば，さまざまな分野での応用が期待できる。また，現在の透明導電ガラス素材の主流はindium tin oxide（ITO）であるが，これに含まれるインジウムは稀少金属であり，将来にわたる安定供給に対する懸念がある。資源量が豊富な炭素でITO を代替できれば，産業上の意義はきわめて大きいと思われる。

本稿では，ガラス表面へのCNT 層形成による透明導電ガラスの作製例を概観するが，その前にCNT 層の透明性と導電性との関係について簡単に触れておく。膜厚 d の層の光透過率を T，シート抵抗を R_s とすると，これらの間の関係は式(1)で表される。[1)2)]

$$T=\left(1+\frac{2\pi}{c}\sigma_{ac}d\right)^{-2}=\left(1+\frac{Z_0}{2R_s}\cdot\frac{\sigma_{ac}}{\sigma_{dc}}\right)^{-2} \quad (1)$$

ここで，c は光速，σ_{ac} は光学伝導度，σ_{dc} は直流伝導度，Z_0 は真空の特性インピーダンスである。この式は，膜厚 d が光の波長よりも十分小さく，かつCNT の密度がパーコレーション閾値よりも高い条件下で成り立つ。例えば上記の文献[1)]では，膜厚を10～20 nm 程度，光の波長を550 nm としている。σ_{dc}/σ_{ac} が大きい材料は導電性と光透過性の両方が高く，したがって透明導電体として望ましい特性を有していることになる。

式(1)は，CNT 層が厚くなると光透過性は下がり，導電性は上がるという直感的なイメージと対応するものである。この相反する性質を両立し，透明性を維持しつつ導電性を付与するためには，CNT 層の構造をミクロなレベルでコントロールし，厚さが小さい状態で十分な導電性をもつような層を構築する必要がある。具体的には，CNT 粒子の長さと形状，粒子の分散・凝集状態，粒子間の電気的接触の粗密といった要素が挙げられ，これらを最適化して適切な作製条件を確立することが重要となる。

2．物理的処理によるCNT 層の作製法

ここでは，塗布・噴霧・転写といった物理的操作による透明導電膜の作製法を紹介する。現状では，CNT を塗料として扱い，上記の部類に属する操作でCNT を基材表面に固定化する試みが主流であるように思われる。これまでに数多くの作製法が報告されているが，それらの中で特に応用例が多く，また産業上有望と思われる方法について述べる。

2.1　ディップコーティング法

この方法は，基材となる材料をCNT 分散液に浸した後，引き上げることで基材表面にCNT 層を形成させる方法である（**図1**）。簡単な方法であるため広く行われており，この方法で作製されたCNT層の研究例も多い。例えばJang らは，単層CNTを用いて分散液を調製し，ディップコーティング法でガラス表面にCNT ネットワークを形成させた例を報告している[3)]。この例では，分散液中のCNT

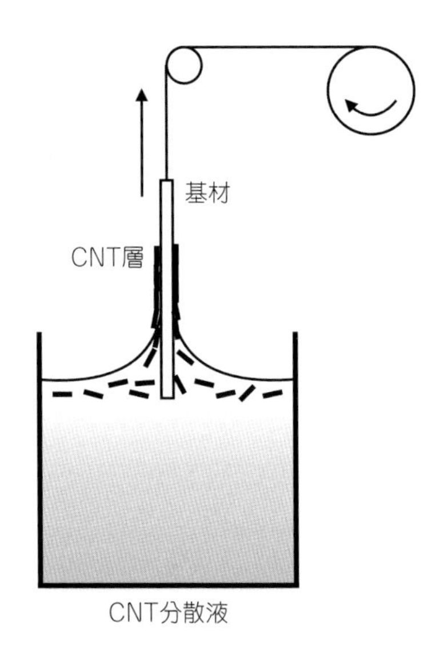

図1　ディップコーティング法の模式図

含有量，コーティング操作の繰返し回数，引上げ速度といった変数を変えて作製したCNT層の形態や導電性，透明性を詳細に検討しており，これらの要素を調節することで所望の性質をもつCNT層が得られることが本法の利点であるといえる。また，Kangらも単層CNTの分散液を用いてガラス表面にCNTネットワークを形成し，通電による温度変化を観察している[4]。このように，CNT層を透明発熱体として利用しようとする例もみられる。

ディップコーティング法では，基材表面とCNTとの相互作用によりCNT層の構造が決まるため，分散液中でのCNTの分散・凝集状態がCNT層の性質を左右する。高分散化のためにはCNTの表面修飾や分散剤の添加が有効であるが，CNTの構造変化や分散剤の吸着により導電性が低下するおそれもある。そのため，これらの処理なしにCNTを分散可能な溶媒を用いる取組みも報告されており，例えばMirriらはクロロスルホン酸を溶媒としたCNT層の作製例を報告している[5]。

2.2　真空濾過法

この方法は，CNT分散液の濾過によって支持体（濾紙など）の上にCNT層を作った後，他の基材上に転写する方法である（**図2**）。例えばZhouらは，界面活性剤を用いて調製したCNT分散液を濾過してアルミナ膜上にCNT層を作り，続いて光リソグラフィで作製したポリジメチルシロキサンのスタンプを用いてCNT層を基材上に転写することで，CNTのパターンを形成することに成功している[6]。この方法では，CNT分散液の濃度・量や濾過速度といった条件を調節することで，得られるCNT層の厚さや密度を制御することが可能である。また，上記のようなスタンプによる転写などの技術を併せて用いることで，パターン化したCNT層を作製することもできる。他の応用として，超遠心操作で分離した構造の異なるCNTを真空濾過により成膜し，CNTの構造によって色を変えた透明導電体を作製するとともに，金属性のCNTを選択的に成膜することで導電性を高めた例も報告されている[7]。

真空濾過法は，均一な層の作製が比較的しやすい

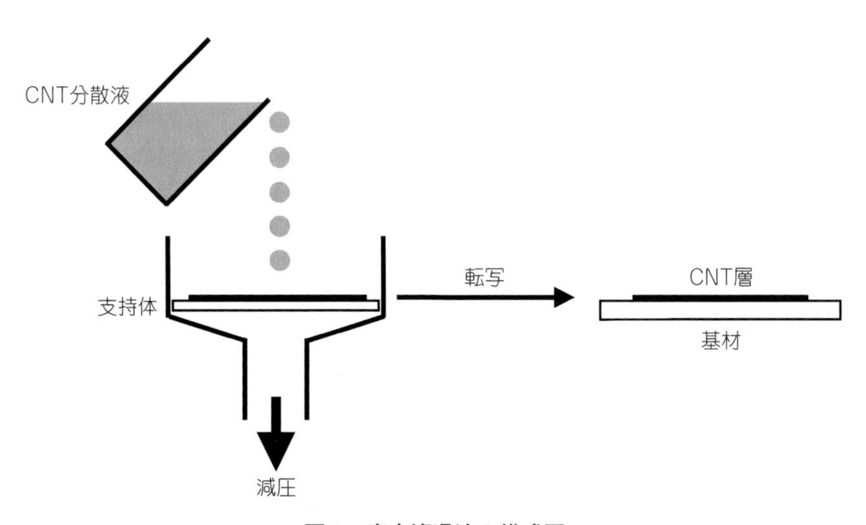

図2　真空濾過法の模式図

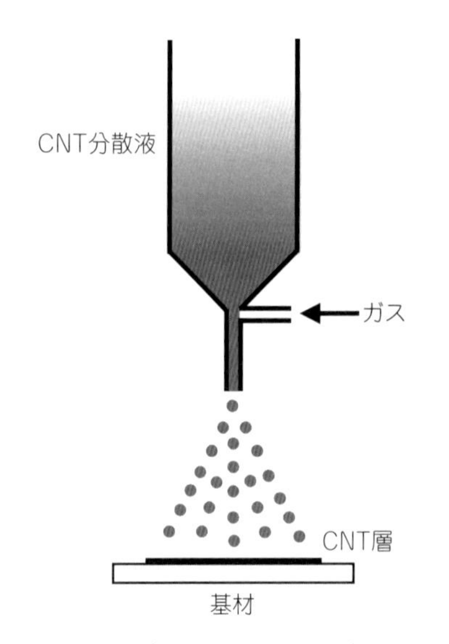

図3　スプレーコーティング法の模式図

ことや，さまざまな基材の選択が可能である（液の分散媒による基材の劣化などを考慮する必要がない）ことなどの利点を有するが，CNT層のサイズが支持体の制約を受けることや，濾過後の転写操作が必要であるなどの課題もある。上述のような，導電パターンなどの描画を伴う小型製品の製造においては，この方法が有効と思われる。

2.3　スプレーコーティング法

この方法は，CNT分散液をガスと混合して基材上に噴霧し，CNT層を作製する方法である（**図3**）。ディップコーティング法と同じく，分散液を基材上に直接接触させた後に分散媒を蒸発させてCNT層を得る方法であり，簡単な操作で行えるため報告例も多い。例えばHanらは，CNTとメチルトリメトキシシランバインダーを混合した分散液を，各種官能基で表面修飾したガラス表面に噴霧することで透明導電体を作製するとともに，ガラス表面の官能基の種類によってCNT分散液の濡れ性が変化し，それに伴い得られるCNT層の導電性も影響を受けることを見出している[8]。スプレーコーティング法でのCNT層の構造の制御は，このような分散液と基材表面間との親和性をコントロールすることで可能になるものと思われる。

スプレーコーティング法は簡便な方法であり，またCNTとの相互作用が強くない基材へも応用可能であるが，全面が均一な性質をもつCNT層の作製が難しいことなどが課題として挙げられている。また，分散液の噴霧で微細なパターンを作ることには限界があると思われる。噴霧による成膜法として，インクジェットプリント技術を応用した方法も研究されており[9)10)]，この方法ではパターンの形成も可能である。

図4　バーコーティング法の模式図

2.4　バーコーティング（ロッドコーティング）法

この方法は，バーコーターとよばれるらせん状の溝をつけた棒を用いて，CNT分散液を基材上に塗布する方法である（**図4**）。例えばDanらは，この方法で作製したCNT層への発煙硫酸によるドーピングにより透明導電体を作製している[2]。また，Wangらは，長尺CNTを孤立分散させた分散液を基材表面に塗布することで，シート抵抗286 Ω/□，光透過率92%という高い導電性と透明性を両立したCNT層の作製に成功している[11]。

バーコーティング法は，大面積基材表面に均一なCNT層を作製する方法として産業上有望な方法である。窓材など，大型製品の製造には有効であると思われる。

3.　化学結合によるCNT層の作製法

上述の物理的処理による作製法の他に，CNTと基材との化学結合形成によるCNT層の作製法も報告されている。化学結合によるCNT層の作製は，CNTおよびガラス双方への反応部位の付与や結合形成などの化学的処理が必要となるが，CNTと基材を結合させることによる耐久性の向上が期待され，開発の意義は大きいと思われる。ここでは，筆者らがこれまでに報告してきた，アミド結合形成によるガラス表面でのCNT層の作製について紹介する[12)-15)]。

アミノ基で表面修飾したガラスは，顕微鏡観察の

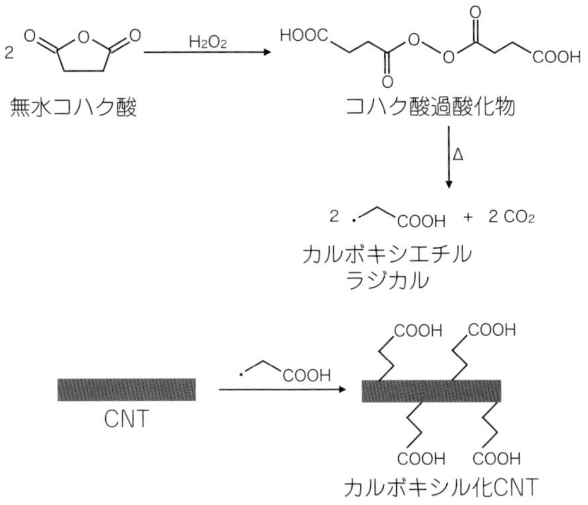

無水コハク酸
H_2O_2
コハク酸過酸化物
Δ
2 ・CH₂CH₂COOH + 2 CO_2
カルボキシエチルラジカル
CNT
カルボキシル化CNT

図5　ジカルボン酸過酸化物の熱分解によるCNTのカルボキシル化

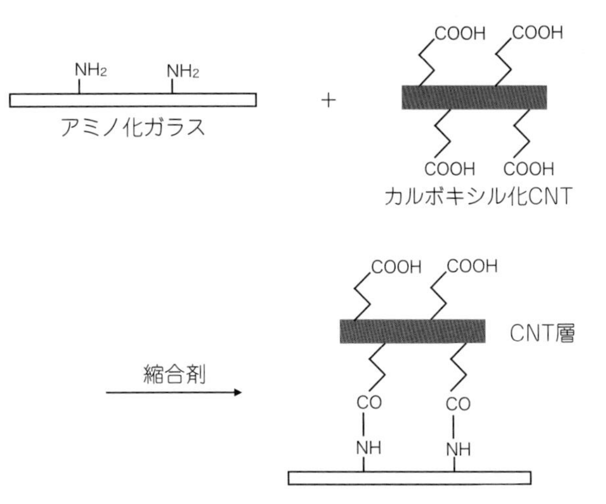

図6　カルボキシル化CNTとアミノ化ガラスとの縮合反応によるCNT層の形成

ための親水化スライドガラスとして市販されている。アミノ化の手法としてポリ-L-リシンコートやアミノアルキルシランコートなどがあり，これらの処理を施されたガラスはアミド結合によるCNT層形成の基材として利用できる。筆者らの研究では，アミノ化されたガラス表面とカルボキシル化したCNTとの縮合反応により，アミド結合を形成することを試みた。

CNTのカルボキシル化は，ジカルボン酸無水物と過酸化水素との反応で得られるジカルボン酸過酸化物を熱分解し，生成するカルボキシアルキルラジカルを付加させることで行った（**図5**）[16]。CNTのカルボキシル化は，硫酸と硝酸を混合した混酸による酸化により行われることが多いが，上記の方法であればCNTの構造のダメージが比較的小さく，カルボキシル化に伴うCNTの物理的性質の変化も少ないと考えられる。この方法でカルボキシル化したCNTとアミノ化ガラスとを有機溶媒に入れ，アミド化のための縮合剤を加えたのち加熱し反応させた（**図6**）。縮合剤として，1-エチル-3-(3-ジメチルアミノプロピル）カルボジイミド（EDC）や4-(4,6-ジメトキシ-1,3,5-トリアジ-2-イル)-4-メチルモルホリニウムクロライド（DMT-MM）を用いた。これらの縮合剤は，有機合成化学の分野で汎用縮合剤として一般的に知られているものである。また，EDCを用いる反応の際には，反応を促進するために1-ヒドロキシベンゾトリアゾール（HOBt）を併せて用いた。

縮合反応の結果，ガラス表面にCNTが固定化されたことが目視確認された。このCNT層は，紙での摩擦やスコッチテープ試験でも剥離せず，強固に固定化されていることが定性的に確認できた。また，未処理のガラスと比較して電気抵抗の低下が確認され，導電性が付与できたことを確認するとともに，透明性についても見かけの光透過率は一般的に受け入れられている基準（光透過率85%）をクリアするかそれに近い透明性を示した。

しかし，これらの研究を発表した時点では導電性は低く，実用に足るものではなかった。これら一連の研究では，分散剤の添加などCNTの高分散化のための積極的な処理は行っていなかったため，ガラス表面全体でのCNTネットワークが十分形成されていなかったものと思われる。また，透明性に関しては，上述のとおり見かけの測定値では一般的に受け入れられている基準に近い結果が得られたものの，目視観察では凝集したCNTの粒子が視認できる状態であり，均一なCNT層が得られているとはいい難い。このことも，上記の高分散化の処理をしていないためと思われる。今後，CNTの孤立分散法の最適化など条件の改善により，高透明化・高導電化の両方が実現できるであろう。

同様のアミド結合によるガラス表面へのCNT層の形成は，カルボキシル化CNTを塩化チオニルにより酸塩化物に変換したのちにアミノ化ガラスと反応させる方法によっても行われているが[17]，この方法ではCNTのカルボキシル基を塩素化する段階が必要であり，本稿で述べたカルボキシル基とアミノ基を縮合剤により一段階で結合させる方法は，作製工程の簡略化の観点からも有利なものである。このように，CNT層作製における有機合成化学の手法の応用は，今後のCNT透明導電体の開発にとって重要となると思われる。

4. CNT層の性質に対する各種処理の影響

ここでは，CNT透明導電層の作製に伴う各種処理のうち，CNTの精製処理と分散処理（界面活性剤）の影響について概観する。

4.1 CNTの精製処理

各種の方法で製造されたCNTには，構造の異なる炭素粒子や触媒として用いた金属粒子といった不純物が含まれており，熱分解や酸処理などによってこれらを除去する操作が一般的に行われている。不純物の存在によってCNT（および得られるCNT層）の性質が影響を受けるが，精製操作によるCNT層の性質の違いも報告されている。

Wooらは，精製法の異なる複数種類のCNTを用いて，得られるCNT層の導電性と透明性を比較した例を報告している[18]。この例では，アーク放電法で作製された単層CNTを，酸素中での加熱（400℃，30分），アルゴン中での加熱（1,000℃，60分），これらの両方の3通りの方法で処理したのち，ガラス上にCNT層を作製して光透過率とシート抵抗を測定している。酸素中での加熱は不純物の炭素を除去するために行い，アルゴン中での加熱はCNTの構造欠陥を修復することを目的としている。導電性の比較から，酸素中での加熱とアルゴン中での加熱を併用した場合が最も導電性が高く（シート抵抗が低く），他のものの導電性は酸素中で加熱したもの，アルゴン中で加熱したもの，未処理のものへと低くなっていくことがわかっている。この理由として，Wooらは低導電性の不純物の除去に伴うCNT間のネットワーク形成，CNTの構造欠陥の解消とそれに伴う導電性の向上，粒子形状の直線状への変化を挙げている。

精製処理がCNT層の性質に及ぼす影響は，今のところ詳細なメカニズムなどが明らかにされてはいないが，CNT層形成に先立って行われる精製処理がCNT層の性質を左右しうるということは認識しておくべきと思われる。

4.2 界面活性剤の除去処理

CNT層の形成にCNT分散液を用いる場合には，液体中でのCNTの凝集を解くための分散剤を添加することが多い。CNTは，多くの液体には分散しにくいため，適切な分散剤の使用はCNT層の作製において重要な要素となる。ドデシル硫酸ナトリウム（SDS）やドデシルベンゼンスルホン酸ナトリウム（SDBS）などの界面活性剤が，分散剤として広く用いられている。しかし，界面活性剤はCNT表面に強く吸着することで液体との親和性を高めて分散を促進するものであるため，CNT層の作製後には界面活性剤を除去する操作が必要となる。多くの場合，水などでの洗浄により除去する操作が行われるが，このような操作では完全に界面活性剤を除去できないとの指摘もある[19]。また，多くの界面活性剤は非導電性であるため，CNT層中に残存すると導電性に影響を及ぼすことになる。

Wangらは，単層CNTを用いて作製したCNT層からSDBSを除去するために，熱分解，光触媒による分解，Fenton反応による分解といった種々の方法での除去を試み，未処理のCNT層との導電性・透明性の比較を行っている[20,21]。その結果として，SDBSの除去による大幅な導電性の向上が観察され，その理由としてSDBSの除去によりCNT粒子間の接触抵抗が低減したためにCNT層全体の抵抗が低下したと述べている。なお，CNT粒子間の接触抵抗の低減については，界面活性剤の除去の他にも，CNT粒子間の接触を強化するための添加物を加えるなどの積極的な手法も試みられている。例えばZhouらは，銅ハロゲン化物のナノ粒子によるCNT粒子間の接触点を作ることで，シート抵抗60 Ω/sq，光透過率85％という高レベルの導電性・透明性をもつCNT層を作製するとともに，導電性の長期安定化が実現できることを見出している[22]。

前述のCNTの精製と界面活性剤の除去は，それぞれCNT層作製における前処理・後処理に相当する部分であるが，CNT層の作製操作そのものと同様に，得られる材料の性質を決定付ける可能性がある。CNT透明導電体の高性能化を目指す上では，これらの工程での処理条件の最適化についても十分留意する必要があるであろう。

5. まとめ

本稿では，CNT層による透明導電ガラスの作製について，各種の作製方法と処理の影響などを概観した。CNT透明導電体の研究開発は国内外を問わず広く行われており，中には製品化されているものもあるが[23)]，ガラスを基材とする材料に関しては現状では未だITOが主流である。冒頭で述べたとおり，耐熱性・耐候性・耐食性を要する場面では透明材料としてガラスが要求される場合も多いと思われ，今後の研究開発の進展が待たれる。また，[2.1]の例のように通電によって温度変化する透明発熱体に関する報告もあり，温度上昇に耐えられるガラスの特長を活かした応用例といえる。このような，ガラスに特有な性質に基づくさまざまな機能性材料の開発も期待される。

文　献

1) L. Hu, D. S. Hecht and G. Grüner：*Nano Lett.*, **4** (12), 2513 (2004).
2) B. Dan, G. C. Irvin and M. Pasquali：*ACS Nano*, **3** (4), 835 (2009).
3) E. Y. Jang, T. J. Kang, H. W. Im, D. W. Kim and Y. H. Kim：*Small*, **4** (12), 2255 (2008).
4) T. J. Kang, T. Kim, S. M. Seo, Y. J. Park and Y. H. Kim：*Carbon*, **49**, 1087 (2011).
5) F. Mirri, A. W. K. Ma, T. T. Hsu, N. Behabtu, S. L. Eichmann, C. C. Young, D. E. Tsentalovich and M. Pasquali：*ACS Nano*, **6** (11), 9737 (2012).
6) Y. Zhou, L. Hu and G. Grüner：*Appl. Phys. Lett.*, **88** (12), 123109 (2006).
7) A. A. Green and M. C. Hersam：*Nano Lett.*, **8** (5), 1417 (2008).
8) J. T. Han, S. Y. Kim, H. J. Jeong and G.-W. Lee：*Ind. Eng. Chem. Res.*, **48** (13), 6303 (2009).
9) K. Kordás, T. Mustonen, G. Tóth, H. Jantunen, M. Lajunen, C. Soldano, S. Talapatra, S. Kar, R. Vajtai and P. M. Ajayan：*Small*, **2** (8-9), 1021 (2006).
10) J.-W. Song, J. Kim, Y.-H. Yoon, B.-S. Choi, J.-H. Kim and C.-S. Han：*Nanotechnology*, **19**, 095702 (2008).
11) Y. Wang and B. Fugetsu：*Carbon*, **82**, 152 (2015).
12) T. Takada, Y. Konno, K. Nakayama, P. T. Dunuwila, Y. Maeda and S. Abe：*Nano Biomed.*, **4** (2), 113 (2012).
13) K. Nakayama, T. Takada, S. Abe, Y. Honda, H. Ikeyama, Y. Nakaya and A. Furusaki：*Mol. Cryst. Liq. Cryst.*, **568**, 38 (2012).
14) S. Abe, K. Nakayama, D. Hayashi, T. Akasaka, M. Uo, F. Watari and T. Takada：*Phys. Procedia*, **14**, 147 (2011).
15) S. Abe, K. Nakayama, H. Kobayashi, T. Kiba, T. Akasaka, S. Sato, M. Uo, F. Watari and T. Takada：*Nano Biomed.*, **3** (1), 208 (2011).
16) H. Peng, L. Alemany, J. Margrave and V. Khabashesku：*J. Am. Chem. Soc.*, **125** (49), 15174 (2003).
17) S. Kumar, R. Kumar, V. K. Jindal and L. M. Bharadwaj：*Mater. Lett.*, **62**, 731 (2008).
18) J. Y. Woo, D. Kim, J. Kim, J. Park and C.-S. Han：*J. Phys. Chem. C*, **114** (45), 19169 (2010).
19) H.-Z. Geng, K. K. Kim, K. P. So, Y. S. Lee, Y. Chang and Y. H. Lee：*J. Am. Chem. Soc.*, **129** (25), 7759 (2007).
20) J. Wang, J. Sun, L. Gao, Y. Q. Liu, Y. Wang, J. Zhang, H. Kajiura, Y. M. Li and K. Noda：*J. Alloy. Compd.*, **485** (1-2), 456 (2009).
21) J. Wang, J. Sun, L. Gao, Y. Wang, J. Zhang, H. Kajiura, Y. M. Li and K. Noda：*J. Phys. Chem. C*, **113** (41), 17685 (2009).
22) Y. Zhou, S. Shimada, T. Saito and R. Azumi：*Carbon*, **87**, 61 (2015).
23) 斎藤理一郎（著），須藤彰三・岡真（監修）：フラーレン・ナノチューブ・グラフェンの科学，pp.64-65，共立出版（2015）.

第3節　CNT インキを印刷した面状発熱体「ECO i シートヒーター」開発

大阪大学　平木　博久　　エコホールディングス株式会社　佐藤　由希

1. はじめに

カーボンナノチューブ（以下，CNT）は，多くの優れた特性を有している。密度はアルミニウムの半分という軽量で，機械的強度は鋼鉄の約 100 倍，熱伝導性は銅の約 10 倍，電流容量は金属に比べて 100 倍以上を示すことから，「夢の材料」とよばれている。しかし，残念ながら現在，その CNT を使用した製品は，ほとんど存在していない。

今回，筆者ら（大阪大学とエコホールディングス㈱）は CNT インキを印刷した面状発熱体「ECO i シートヒーター」の開発に成功した。

本稿では，「ECO i シートヒーター」の優れた性能を，カーボンナノチューブの物性および，他方式のヒーターとの比較により記述する。

2. ECO i シートヒーター

2.1 ECO i シートヒーターについて

ECO i シートヒーターは，CNT と銀配線をフィルム上に印刷したフレキシブルヒーターである（**図1，図2**）。印刷技術を採用することにより，量産性およびコストパフォーマンスを飛躍的に改善することに成功した。従来の製造技術ではフィルム状ヒーターとコードとの接続部に耐久性および安全面にて問題点が指摘されていたが，委託企業との共同開発を通じ，腕時計のかしめ技術を応用することにより，これらの問題点を解決することができた。

2.2 ECO i シートヒーターの特長

⑴高い昇温性能

面状発熱体であるため面全体が同時に発熱することに加え，CNT の高い電気伝導性とヒーター自身が薄型であることで高い表面昇温性能が得られる。

なお，ECO i シートヒーターを用いた製品を F1 ヒーターと総称しているが，この高い昇温性能が F1 ヒーターの由来である。

⑵高い汎用性・低価格

印刷方式により製造するため，さまざまなサイズ，温度，昇温スピードなど設計の自由度が高く，多種多様な用途に低価格で対応することが可能である。

⑶軽　量

1 m^2 あたりの重量が約 400 g と軽量である（電極部配線を除く）。使用するフィルム素材を改善することにより，さらなる軽量化を視野に入れている。

⑷高い安全性

電極部配線の取付けには独自のかしめ技術を用い

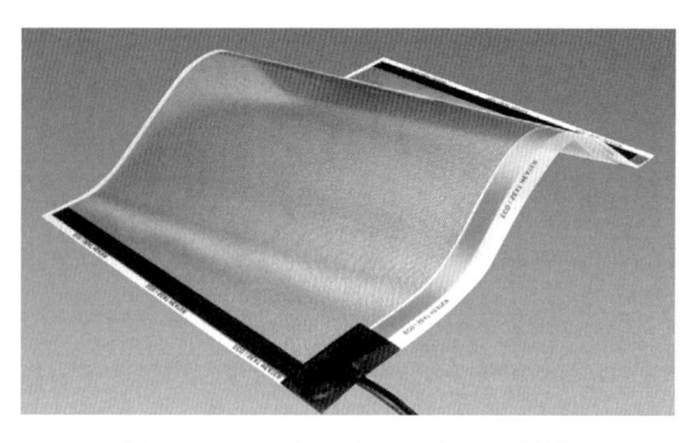
図1　ECO i シートヒーターの外観

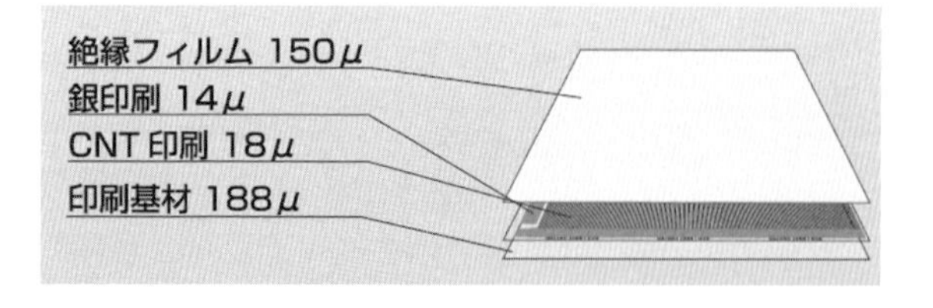

図2　ECO i シートヒーターの構造イメージ図

て強度と安全性を確保した。また付属のコントローラーには，二重三重の安全対策を施している。

⑸省エネ性能

コントローラーとの組合せにより従来の技術に比べ消費電力を抑えることができる。

⑹その他

CNT が有する電磁波吸収能や高い遠赤外線放射性能の活用が可能な面状発熱体である※1。

2.3　ECO i シートヒーターの可能性

ECO i シートヒーターは，加温作用が求められるすべての分野に適用が可能な多様性のある製品である。暖房家電，床・畳・壁暖房，融雪などの住宅設備や，農業用，産業用設備，医療器，雑貨などさまざまな用途に対応し得る。医療分野では遠赤外線による温熱効果や，体温を上げることによる免疫力向上効果などが注目されている。ECO i シートヒーターの遠赤外線を放射する特性からも，これらの分野への応用も期待される（医療機器認定には別途認証が必要）。また農業用途では，農林水産省が推進している局所加温農法に応用できるだけでなく，従来の重油式の空間暖房器に比べ燃料コストの削減が望め，収益性も格段に向上することが期待できる。

図３　CNT 膜の高分解能 SEM 像

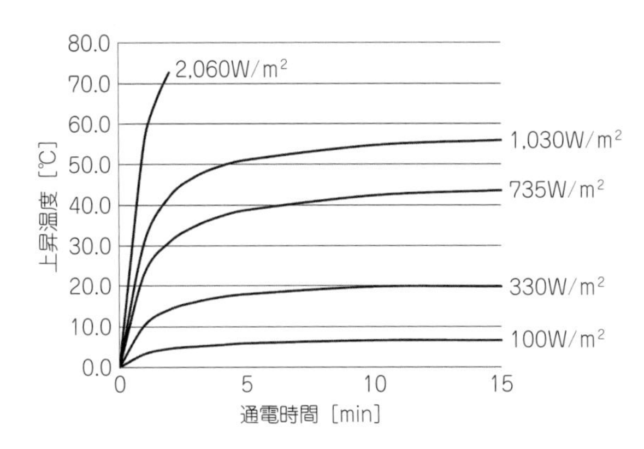

図４　ECO i シートヒーターの昇温特性

2.4　ECO i シートヒーターの特性評価

2.4.1　発熱体の高分解能 SEM 観察

発熱体の心臓部である CNT 膜を高分解能走査電子顕微鏡（㈱日立製作所製 SU-70）にて観察した観察結果を**図３**に示す。CNT 膜の印刷に用いたインキの揮発成分を除く組成は CNT が 7 wt %，樹脂が 16 wt %（固形分）であり，樹脂分が豊富な部分（図中の白色部）がところどころに観察されるが，CNT が凝集することなくおおむね均一に CNT と樹脂分が分散していることがわかる。

2.4.2　ECO i シートヒーターの昇温特性

発熱体の昇温特性は，単位面積あたりにて消費するワット数（以下，ワット密度）でほぼ決定される。筆者らは複数のワット密度に設定した ECO i シートヒーターの温度上昇を測定することで同ヒーターの昇温特性を求めた。**図４**に ECO i シートヒーターの昇温特性を示す。

2.4.3　ECO i シートヒーター（F1 ヒーター）の信頼性評価

生活の中で使用する場合，ECO i シートヒーターを無被覆で使用することはまれであり，F1 ヒーターとして使用されることが大半になると考えられる※2。

そこで，協力会社で試作したゴムマット式 F1 ヒーター（**図５**）の信頼性を評価した。評価項目内容は協力会社が実施している絶縁耐力試験と絶縁性能試験で，判定基準は協力会社の出荷検査基準に

※1　遠赤外線の放射量は温度に比例するため，ヒーター使用温度で効果が左右される。
※2　前述のように，F1 ヒーターとは ECO i シートヒーターを用いた製品の総称である。

図５　マット式F1ヒーター

表１　マット式F1ヒーターの絶縁性能試験結果

	判定基準	測定結果	合否
絶縁耐力試験	1,000V–10 mA 以下	1.2 mA 以下	合格
絶縁性能試験	3 MΩ以上	200 MΩ以上	合格

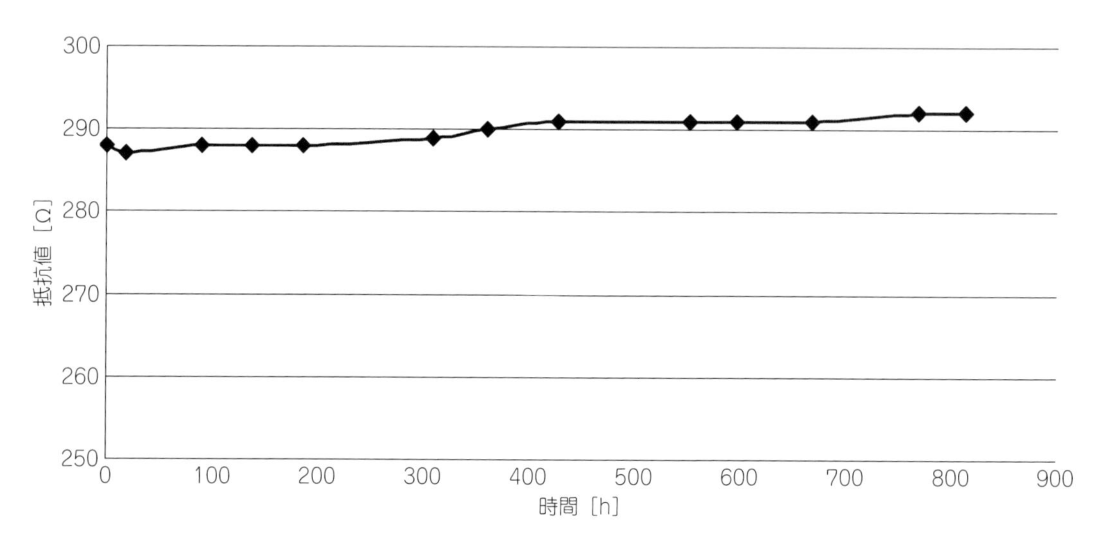

図６　ECO i シートヒーターの連続通電試験結果

則った。両試験結果（**表１**）に示すように，ゴムマット式F1ヒーターは判定基準をクリアしている。また，ECO i シートヒーターの長期安定性を評価するために，連続通電試験を実施中である。ヒーターは劣化により抵抗値が変化し発熱量も変化することから，ここでは連続通電によるECO i シートヒーターの抵抗値変化の度合いで安定性を評価している。連続通電時間は現在，まだ810時間ではあるが，抵抗値の上昇が1％強と良好な状態を維持している（**図６**）。

2.5　ECO i シートヒーターの農業分野への適用検証

農業用途は筆者らが特に力を入れようとしている分野である。現在，農業分野への適用について検証を行っており，その一部を紹介する。

筆者らが着目し，F1ヒーターを使って検証しているのは，土壌加熱である。土壌加熱により，次の２つの効果を期待している。

・農業ハウスなどの空間暖房費の削減
・農作物の生育期間の短縮　⇒　短期間での収穫の実現

2.5.1　農業ハウスなどの空間暖房費削減の可能性の検証

農業ハウスなどの空間暖房はさまざまな方式で行われているが，ボイラーを使用するのがいまなお主流である。ボイラーで消費される化石燃料の削減方法として，土壌加熱を用いることで空間暖房の負担を減らすことが提案されている。土壌加熱が試みら

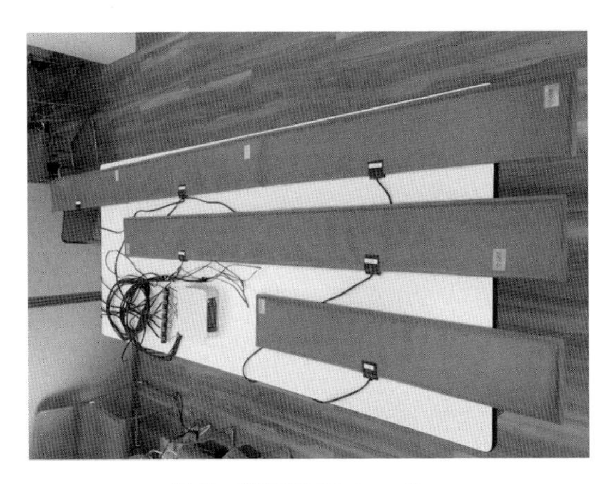

図７　農業用 F1 ヒーター

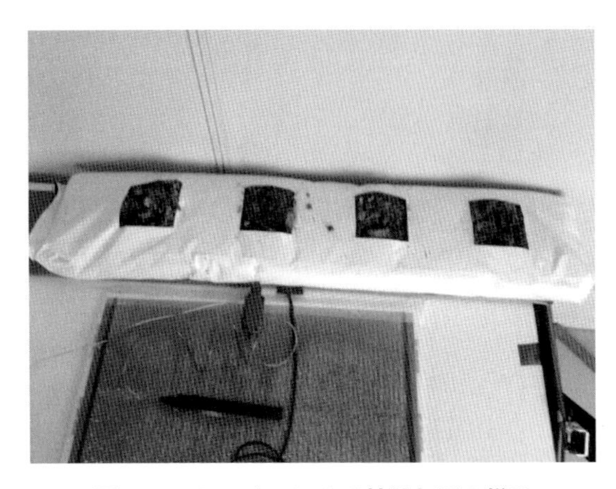

図８　F1 ヒーターによる培地加温の様子

表２　土壌加熱検討実験結果

実験条件	実験室温	積算通電時間	積算 off 時間	電気代/hr/m^2
通常（断熱材なし）	約 16	0.66 hr	6.48 hr	0.55 円
培地側面に断熱材	約 12	0.25 hr	1.33 hr	0.68 円
培地全面に断熱材	約 12	0.23 hr	3.08 hr	0.31 円

電気代は 1kwh を 25 円で計算。

れている事例はすでにあるが，その熱源の大半は土中にパイプなどを埋め込み熱湯を流すもしくは，電熱線ヒーターを埋め込む方式である。これらの方式では，土中に熱源を埋め込む煩雑な作業が必要である。また，土壌の含水量に応じて熱伝導率が変化するため，上記方式では土壌の温度分布が出やすいと考えられる。

筆者らは，農作物の育成に対する土壌温度の影響は大きく，特に土壌面内での温度分布が極力出ない方法での加熱が重要と考え，面状発熱体である ECO i シートヒーターを使った農業用 F1 ヒーター（**図７**）を開発した。また上記以外の過熱方式を考えていたところ，大手電力会社から熱源を土中に埋め込むことなく土壌を加熱できる育成方法（**図８**）として農業用 F1 ヒーター使用の打診を受けた。図8 に示すように，培地を充填した上面に育成窓を設けたプラスチック袋の底面に F1 ヒーターを敷く方式のため，熱源を土中に埋め込むことは不要である。

土壌加熱での空間暖房費削減の成否のポイントになるのが，土壌加熱にかかる消費電力である。そこで，実際の農作物育成の要求条件で使用するときの F1 ヒーターの消費電力および要する電気代の算出を行った。

大手電力会社の試験用農業ハウス内は，16～17℃に設定管理されているが，夜間は約 12℃まで気温が低下する。気温低下に伴い培地加温に要する電気代の有意な上昇がみられていた。そこで，**表２**に示すように通常時の気温および夜間気温に合わせ 3 種類の条件下での実験を行った。その結果，すべての時間帯に対応するためには，断熱材被覆によりプラスチック袋からの放熱を抑制することが有効であると考えられた。

2.5.2　農作物の生育期間の短縮の可能性の検証

土壌加熱により農作物の育成期間が短縮され，短期間での収穫が実現できれば，農業ビジネスにとって大きなメリットが生まれるはずである。これに関しても，前述と同じ理由で農業用 F1 ヒーターは電熱ヒーターなどよりも有効であると考え，検証実験を試行した。実験にはニンニク（軽石栽培用品種）とハツカダイコンを用い，12℃雰囲気において土壌加熱の有無（ヒーター設定温度 25℃）で育成度合いを比較した。通電開始後，6 日経過時の育成度合いの違いを**図９**に示す。土壌加熱を施すことで明らかに生育期間が短縮されると判明した。

今回は，育成度合いの違いを確認することが主眼のため，F1 ヒーターの消費電力は測定していない。土壌加熱により作物の育成度合いを促進できること

⒜通常の状態で育成した箱

⒝ECO i シートヒーターを使用し育成した箱

図９　土壌加熱有無による作物育成度合いの比較

が明確になったので，今後，消費電力を含めた加熱条件の最適化を行っていく。

3. 他方式ヒーターとの比較

ヒーター（暖房器具）は対流式ヒーター・輻射式ヒーター・伝導式ヒーターに大別できる。現状のECO i シートヒーターは主に伝導式ヒーターとして使用されることが想定される。そこで，伝導式ヒーターとしてよく使用されている他方式のヒーターとの比較を行った。

3.1 他方式ヒーターについて

3.1.1 電熱線ヒーター

電熱線ヒーターは抵抗加熱方式の代表的なヒーターである。低価格で多岐の用途に応用展開できる最も普及しているヒーターといえる。

3.1.2 PTC（positive temperature coefficient）ヒーター

PTC 特性（温度上昇すると抵抗値が正の係数で変化する特性）を利用したヒーターであり，ECO i シートヒーターと同様に，カーボン系インキを印刷して作製する。温度の自己制御機能があるため，オーバーヒートせず温度センサーが不要である。ただし，通電開始時に突入電流とよばれる比較的大きな電流が流れるため，ブレーカー容量や電圧に留意する必要が伴う。

3.2 発熱・昇温特性の比較

［2.4.2］に記載した同様の測定方法により，現行の ECO i シートヒーターと他方式のヒーターとの発熱・昇温特性を比較した。**図 10** に各種 CNT ヒーターの昇温特性を示す。ワット密度 470 W/m^2 に設定時のヒーター被覆布表面温度を測定した結果，現行 ECO i シートヒーターが最も昇温速度が速いことが明らかになった。

PTC ヒーターはその特性上，ワット密度に 440～810 W/m^2 の変動があるため，別途比較を行った（**図 11**）。

PTC ヒーターの通電開始後１分間の電力の平均値は 565 W/m^2 であった。当社現行品を 565 W/m^2 で通電させた場合の開始直後１分間での上昇温度は 24.4℃で単純比較は出来ないが，より早い昇温速度である。このように現行の ECO i シートヒーターが最も優れた発熱・昇温特性を示した。

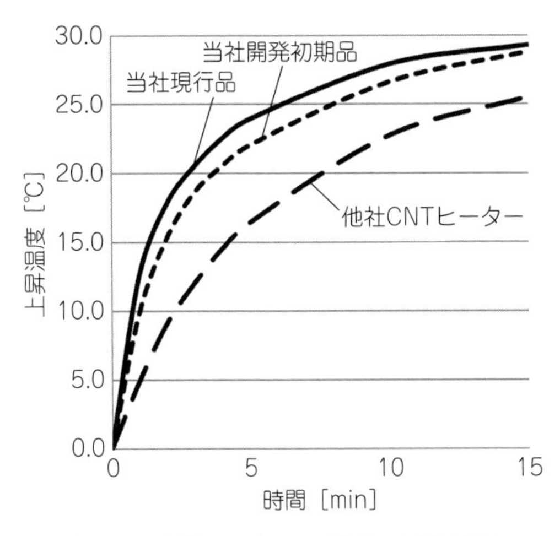

図10　各種ヒーターの発熱・昇温特性

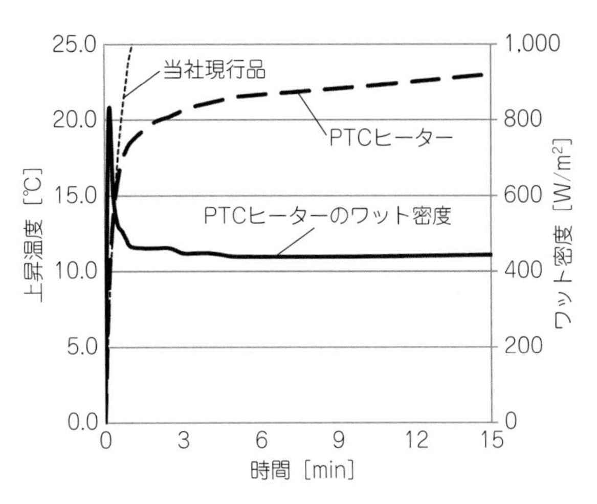

図11　発熱・昇温特性の比較

3.3 考　察

昇温特性に差が生じる原因として，発生した熱をヒーターの温度上昇に反映させる効率に差があることが考えられる。この効率差は，抵抗体の材料構成や構造によると推察される。まず，電熱線ヒーターと比較するとECO i シートヒーターは面状発熱体であることと薄型であるために昇温性能が優れている。前述のようにECO i シートヒーターは200 μm以下の基材に約11 μmのCNT膜を印刷し，200 μm以下の絶縁フィルムでラミネートした薄型構造である。一方，電熱線は通常，細いものでもミリオーダーの直径を有するため，電熱線自体の温度上昇は11 μmのCNT膜の温度上昇に比べて相当遅いと考えられる。しかも，面状発熱体とは異なり電熱線のみが発熱するため，大きな熱量で急速昇温を試みると電熱線部とそれ以外の部分に大きな温度差が生じる。よって温度の均一性を求めるなら均熱板などを使う必要がある。このように急速昇温においてECO i シートヒーターは電熱線ヒーターより優れた性能を有すると考える。

次に，カーボン系面状ヒーターとの性能の差異を，構成材料であるカーボン材料の物性比較により検証した。各ヒーターに使用されているカーボン材料は高分解能SEM観察からPTCヒーターはカーボンブラック（以下，CB）が主体，他社CNTヒーターは繊維基材にCNTをコーティングしたものと推察される。ECO i シートヒーターの初期開発品はCNT，CBとグラファイトの混合物，現行のECO i シートヒーターはCNTである。これらのカーボン材料のヒーター性能に関わると考えられる主な物性の情報を収集し，**表3**にまとめた。

表3　カーボン材料の主な物性

カーボン種	多層CNT	CB
粒径等［nm］	直径：2〜50 長さ：1〜10 μm	3〜500
比表面積［m²/g］	230	68
粉体抵抗［Ωcm］	1〜6×10^{-2}	0.21

CBの比表面積，粉体抵抗はアセチレンブラックのデータ

これらの物性値に関して，各カーボン材料で若干の差が認められる。しかし，今回測定したヒーターの性能の大半を決定付けているのは，カーボン材料の粉体物性というよりも，ヒーターの構造やカーボン膜組成といった各要素が総合的な絡み合った結果によると考えられる。現行のECO i シートヒーターのシート抵抗は31 Ω/□で，CNT膜の膜厚は11 μmなので，体積抵抗率は5.6×10^{-2} Ωcmである。この数値は，CNTの粉体抵抗率表3の範囲内にある。1本のCNTの抵抗率は理論上，10^{-7} Ωcmと報告されており，前述の数値に比べると5桁以上高い数値である。したがって，ECO i シートヒーターの特性は，1本1本のCNTの物性ではなく，多数のCNT同士の接触抵抗やマトリックス樹脂の抵抗といったものが絡み合ったマクロなCNT膜の特性が反映されていると考えても差し支えない。このことは比較した他のヒーターにおいても同様である。

他社ヒーターの詳細な構造などの記述は控える

が，他社 CNT ヒーターは CNT を繊維基材にコーティングしたもので，発生した熱が繊維基材に奪われるため，通電開始時の昇温速度については ECO i シートヒーターが上回ったと推察している。PTC ヒーターは，そのヒーター構造より，カーボン膜を構成する特殊樹脂とカーボン材料との含有比率が ECO i シートヒーターの樹脂含有率に比べて非常に大きいと推測できる。そのため，発生した熱が特殊樹脂に奪われる構造の PTC ヒーターに比べ，ECO i シートヒーターが優位であると考えられる。

最後に，ECO i シートヒーターの開発初期品と現行品の比較に関して，有意差は認められないが，通電開始時昇温速度は現行品がわずかに上回っている。また，現行の ECO i シートヒーターの体積抵抗率は 5.6×10^{-2} Ωcm であるのに対し，開発初期品の体積抵抗率は 1.2×10^{-2} Ωcm である。この差に関しては，ECO i シートヒーターの印刷に使用する両者のカーボンインキは樹脂の種類や量は同じであるが，使用するカーボンが現行品は CNT100％であり，開発初期品は前述した混合物であるという違いによるものと推測される。

4．おわりに

筆者らは CNT インキを印刷した高性能な面状発熱体「ECO i シートヒーター」を開発した。“夢の材料”である CNT が持つ多様な特性を十分に発揮するまでには至っていないが，一般市場向け製品として実用化したことの産業的意義は大きいと考える。

多くの場合，カーボン材料による導電性発現機構は，パーコレーション理論[1]により説明できる。パーコレーション理論によると，マトリックス材料にカーボン粒子を添加していくと，ある添加量（臨界粒子濃度）を超すと導電回路が形成され，その後一定値になる。ECO i シートヒーターは比較した他のヒーターと比べて抵抗値が非常に低く（ヒーターサイズが異なるので単純比較できないが明らかに差がある），マトリックス内に十分な導電回路があるものと推察される。カーボン材料によって臨界粒子濃度は異なる。ECO i シートヒーターに使用している多層 CNT は，微細な繊維物質でアスペクト比が高く，マトリックス中で導電回路を形成しやすく，比表面積が大きいなど臨界粒子濃度が小さい材料になると考える。しかし，前述のように CNT 含有量の少ない開発初期品の体積抵抗率の方が CNT100％の現行品の体積抵抗率より低いという矛盾が生じている。筆者らはこの矛盾を CNT の抵抗特性の異方性によるものと考える。高度に配向させた多層 CNT シートの体積抵抗率は，配列方向では 2.5×10^{-3} Ωcm，垂直方向では 1.8×10^{-2} Ωcm との報告がある[2]。この異方性のために，現行の ECO i シートヒーターはマトリックス中で十分な導電回路が形成されているが隣接する CNT 間の π 電子の移動が起こりにくいと推察する。一方，抵抗特性が等方性である CB が主体の開発初期品の場合，π 電子は全方向に移動でき，マトリックス中の導電回路を効率よく使える結果，体積抵抗率の逆転が起きていると考える。低抵抗率化がヒーター性能向上に直接結びつくわけではない。しかし，低抵抗率化すると，ある抵抗を得るのにカーボン膜をより薄くできる。

薄型化により，材料使用量面からの低コスト化，熱容量面からの昇温速度向上が期待できる。低抵抗率化が CNT の特性をいかす取組みの１つではないかと筆者らは考える。前述のように１本の CNT の抵抗率は理論上，10^{-7} Ωcm であり，この特性をいかせれば，CNT 膜の低抵抗率化は可能のはずである。今後，CNT 膜の低抵抗率化を目指し，以下を検討する予定である。

・高配向 CNT 膜の開発：CNT の抵抗特性の異方性をいかした高配向 CNT 膜を開発する。
・CNT＋CB（補助材）膜の開発：抵抗特性が等方性の CB を加えることで，低抵抗率の１本，１本の CNT 間に CB を介在させ，CNT 同士間での π 電子の移動をスムーズにさせた CNT 膜を開発する。

文　献

1）A. I. Medalia：*Rubber Chem. Tec.*, **59**, 432（1978）.
2）Y. Inoue et al.,：*Carbon*, **49**, 2437（2011）.

第4節　シリコンチップ上超小型CNT発光素子開発

慶應義塾大学　牧　英之

1．はじめに

シリコンは，現在の半導体技術の中核をなす最も重要な半導体材料であり，ウエハ状のシリコン基板上に微細加工技術やドーピング技術などを駆使してさまざまなデバイスをつくり込んだ集積回路が，あらゆる電子機器に用いられている。シリコン上に集積されるデバイスとして最も重要な要素なものはトランジスタであり，超微小なトランジスタをシリコン上にばく大な数を集積することで演算素子や記憶素子などを実現し，現在のエレクトロニクスが成り立っている。一方，近年，情報化社会の進展により電子デバイスの消費電力が急増していることから，シリコン上の電子集積回路の一部を光デバイス化するシリコンフォトニクスなどの新しい集積光技術が注目されており，電気配線の一部を光に置き換える光インターコネクトなどが研究されている。現在，シリコン上での集積光技術で利用されている光源には，III-V族の化合物半導体が用いられており，例えば光通信などで重要となる通信波長帯では，GaやIn，As系の化合物半導体を用いた発光ダイオード（LED）やレーザーダイオード（LD）が用いられている。しかし，化合物半導体はシリコンウエハ上にダイレクトに成長できないことから，光デバイスの高集積化の妨げとなっている。このような状況の中，最近になり，シリコンチップ上にダイレクトに形成できる光源として，カーボンナノチューブ（CNT）が注目されている[1]。

単層カーボンナノチューブ（SWCNT）は，トップダウン技術であるリソグラフィでは実現が困難な1 nmオーダーの極微小な細線構造を有していることや，その電子的な特性として半導体と金属が存在するなどの特徴から，これらの低次元性や多彩な電子物性に着目することにより，高い性能や新しい機能をもったナノデバイスへの実現が期待されている。現在，CNTを用いたデバイスとしては，透明導電膜，トランジスタ，センサなどの電子デバイスが主に研究されてきたが，最近は，発光素子・受光素子といった光・電子デバイスとしても注目されており，次世代光・電子デバイス用材料として世界中で研究が進められている。CNTを用いた発光素子としては，現在の白熱電球に相当する黒体放射発光素子およびLEDに相当するエレクトロルミネッセンス（EL）発光素子が報告されている。黒体放射発光素子は，金属または半導体のCNTに対して電極を形成したデバイスに通電することにより，ジュール加熱による温度上昇によって発光を得る[2)3]。一方，EL発光素子では，半導体CNTに対して電極を形成して電界を印加することにより，電子・正孔ペア（または励起子）を励起し，それらの再結合の際に，そのエネルギーギャップに相当する発光を得る[4]。黒体放射発光素子，EL発光素子に共通する特徴としては，シリコンウェハー上に発光素子を直接形成することが可能であることに加えて，現在の固体半導体のLEDで必要なp-n接合やバンドエンジニアリングを行うことなく電極形成のみで発光することなどがあげられ，ナノメートルオーダーの微小な発光素子をシリコンチップ上に容易に集積することができる。そのため，CNT発光素子は，現在の化合物半導体で問題となっているシリコンチップ上での光源の高集積化を実現する新たな発光素子として，シリコンフォトニクスや光インターコネクトへの適用が期待される。本稿では，CNTを用いた黒体放射発光素子およびEL発光素子について，国内外および筆者らによる研究成果を紹介しつつそれらの特徴を概説する。

2. CNT 黒体放射発光素子

あらゆる物質は，絶対零度を超える温度において光を発しており（熱放射），この発光スペクトルは，量子力学の幕開けで知られるプランク則によって説明される[5]。この黒体放射は，日常においても広く用いられており，この黒体放射を光源として用いたものとして白熱電球が知られている。現在の白熱電球では，例えばタングステンなどの金属フィラメントに対して通電することでジュール加熱によってフィラメントの温度が上昇し熱放射を得ている。一方，1次元のナノ材料であるCNTにおいても，同様に通電することによって発光を得ることができることが報告されており，例えば現在の白熱電球に近いものとしては，多層CNTを束ねて紐状にしたものをフィラメントに用いて白熱電球を実際に作製した報告がある[6]。また，垂直配向したCNTからCNT薄膜を引っ張り出して基板上に転写することにより，16×16個の白熱電球アレイを作製した報告もある[7]。また，SWCNTにおいても同様に通電によって黒体放射による発光を得ることができるが，多くの研究は，SWCNT自身および電子デバイス中のSWCNTにおける熱的特性の解析手段として通電加熱が注目され，架橋したSWCNTや基板上のSWCNTにおける熱伝導特性やジュール加熱による温度上昇とそれによる電気伝導特性への影響などが研究されてきた。例えば，SWCNT薄膜に通電した際に得られる熱放射を光学的に測定することにより，SWCNTデバイスの温度分布を測定した報告などがある[8]。一方，筆者らは，SWCNTに通電した際に発光が得られる黒体放射発光素子を「新しい発光素子」として注目し，シリコンチップ上に集積可能な発光素子としてその特性を調べた。シリコン上に直接成長したSWCNT薄膜を用いて発光素子を作製した結果，マイクロメートルオーダーのきわめて微小な発光素子を得ることに成功するとともに，従来の白熱電球とは異なりきわめて高速な発光変調特性を有しており，1～10 GHzという超高速での変調が可能であることを実験的・理論的に示し，シリコンチップ上での超高速光源として高速光通信などへ応用可能な新しい光源となることを示した[2]。

高速変調性を示すCNT黒体放射発光素子について，詳細を以下に紹介する。発光素子に用いるCNT薄膜は，CNT成長用のコバルト触媒をリソグラフィで形成後，化学気相成長法（CVD法）によって成長することによって，シリコン基板上の任意の位置に形成することができる。このCNT薄膜に対して，リソグラフィを用いてコンタクト電極を形成するだけでデバイスが完成する（**図1**）。電極間に電圧を印加することにより，電極間のCNT薄膜がジュール加熱され発光が得られる。この黒体放射素子は，単純な通電による加熱発光のため，従来のCNTトランジスタデバイスなどで必要とされる金属と半導体の分離は一切必要が無く，金属と半導体が混ざったCNT薄膜でも発光素子として振る舞う。そのため，シリコン基板上の任意の場所に容易かつ大面積にCNTを成長できる化学気相成長法を利用することができ，その後の電極形成のみで簡単に発光素子を作製できることが大きな特徴である。

本発光素子では，電極間に電圧を印加してCNT薄膜に通電することによって，CNTがジュール加熱されて黒体放射によって発光が得られる。黒体放

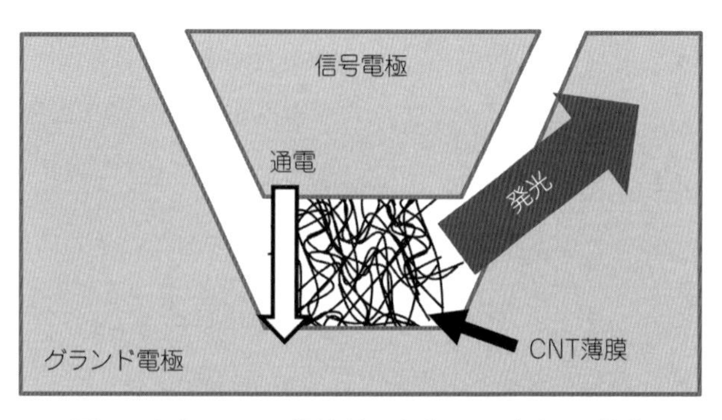

図1　高速CNT黒体放射発光素子のデバイス構造

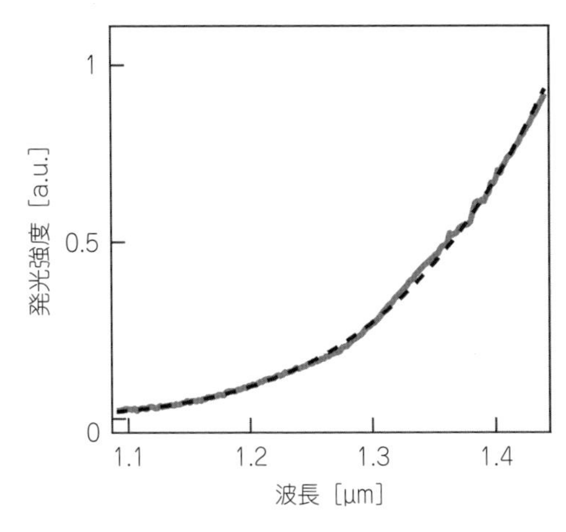

図２　黒体放射発光素子の発光スペクトルの測定結果（実線）およびプランク則によるフィッティング（破線）

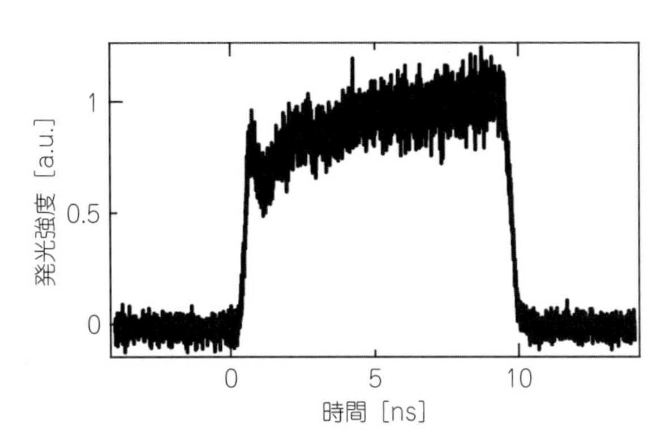

図３　黒体放射発光素子の矩形電圧印可時の発光時間分解測定結果

射による発光スペクトルは，量子力学の幕開けで知られるプランク則と呼ばれる式で記述され，ブロードな連続スペクトルを有する（**図２**）。実験で得られた発光スペクトルは，このプランク則で非常によく説明されており，黒体放射による発光であることを示している。

さらに，本素子に対して矩形やパルスの電圧を印加して発光の時間分解測定を行うことにより，発光の応答性を調べた。その結果，発光強度は，印加した電圧に対してきわめて高速に応答しており，発光の10～90％の立ち上がり時間は数百ps以下であったことから，CNT黒体放射発光素子が超高速な応答性を有していることが実験的に明らかとなった（**図３**）。また，パルス電圧印加下では，幅140ps程度の超短パルス光の発生にも成功した。黒体放射発光素子は，CNTの温度上昇による発光であることから，実験的に得られたCNT黒体放射発光素子の高速応答性のメカニズムを解明するため，電圧印可下におけるCNT温度の時間依存性を熱伝導方程式によって理論的に調べた。その結果，CNTで得られる高速の温度変調は，微小のCNTによって小さくなる熱容量，およびCNTから基板への高い熱の散逸によって説明されることが明らかとなり，ナノカーボンといったナノ材料特有の現象であることが明らかとなった。

本手法で作製したCNT黒体放射発光素子は，前述のように金属と半導体の分離精製が不要のためCVD成長によるCNTをそのまま用いることができることに加えて，CNT薄膜を用いることによって単一CNTを用いたデバイスと比べて歩留りがきわめて高く，作製したほぼすべてのデバイスが動作することが特徴である。また，シリコンチップ上に直接成長できることや，サブミクロン程度の超小型の発光素子も作製可能であることから，従来の半導体には無い特徴も有しており，新たな光源として期待される。さらに，本素子は，実験的には1GHz，理論的には10GHz程度の高速変調性を有しているという特徴もある。この応答速度は，従来の金属フィラメントを用いた白熱電球の応答速度（100Hz～1kHz）と比べると，10^6～10^7以上も速い。そのため，従来の白熱電球では不可能な直接変調を利用した光通信への応用も期待されるほか，ブロードなスペクトルを有していることを利用して白色パルス光源としての利用も期待される。さらに，筆者らは，この黒体放射発光素子をマイクロ共振器内に作製することにも成功しており，実際に狭線化された発光スペクトルを得ることにも成功しており，光通信などにおける波長分散の低減や波長多重化などへの応用も期待される[3]。

3. CNT-EL発光素子

半導体CNTに対して電界を印加することにより，CNT内に電子・正孔ペアを形成してそれらの再結合の際に発光するEL発光素子がある。このEL発光素子は，黒体放射にみられる熱平衡状態での発光とは異なり，キャリア注入や励起によって実現する熱的非平衡状態からの緩和による発光であり，現在の化合物半導体でのLEDに相当する。半導体CNTからのEL発光は，2003年に米国のIBM社のグループより報告されて以来，同グループを中心に研究が進められてきたが，その後は，モントリオール大学，スタンフォード大学などのグループが続き進展し，最近は，北米だけではなく，欧州・中国・日本などの各国からの報告が盛んになされている[9)10)]。CNT発光素子は，シリコン基板などに散布またはCVD成長したCNT（１本または薄膜）に対してソース・ドレイン電極を形成することにより作製され，これに加えて，電子・正孔のキャリア注入特性やバンド構造を制御するためのゲート電極[11)]が加わることもある。以下，１本のCNTを用いたEL素子について主に述べる。EL素子では，CNTに対して電圧を印加することにより電流が流れるが，何らかのメカニズムによって電子・正孔ペアが励起されて，それらが再結合する際にEL発光が得られる。

現在，EL発光が得られるメカニズムとしては，主に２つのメカニズムが提案されている[1)12)]。１つ目は，発光層となるCNTに対して電子と正孔を両端からそれぞれ注入することで電子・正孔ペアを生成して，それらの再結合で発光を得るものであり，電子・正孔注入励起として知られている（**図４**）。このメカニズムは，現在のLEDと同様に電子と正孔を反対方向から注入するものであるが，通常の化合物半導体でのLEDのようにキャリアドーピングによるp-n接合は用いることなく電子・正孔注入可能であることが特徴である。CNTでは，通常，このような電子・正孔の注入の制御・選択として，ショットキーバリアを利用しており，ソース・ドレイン電圧やゲート電圧をCNTに適切に印加することによって，片側の電極では電子に対するショットキーバリアを小さくして電子を注入し，反対側の電極では正孔に対するショットキーバリアを小さくすることによって正孔を注入することができる。このように電圧によってキャリアタイプを選択できる特性は，電界効果トランジスタにおけるアンバイポーラ特性としても知られており，CNT電子デバイスの特徴の１つとなっている。一方，電子・正孔注入励起とは異なる２つ目のEL発光メカニズムとして，衝突励起機構がある。この衝突励起機構では，電子・正孔注入励起での電子・正孔の２種の同時注入とは異なり，電子または正孔のどちらか一方のキャリアタイプの注入によって直接励起する機構である

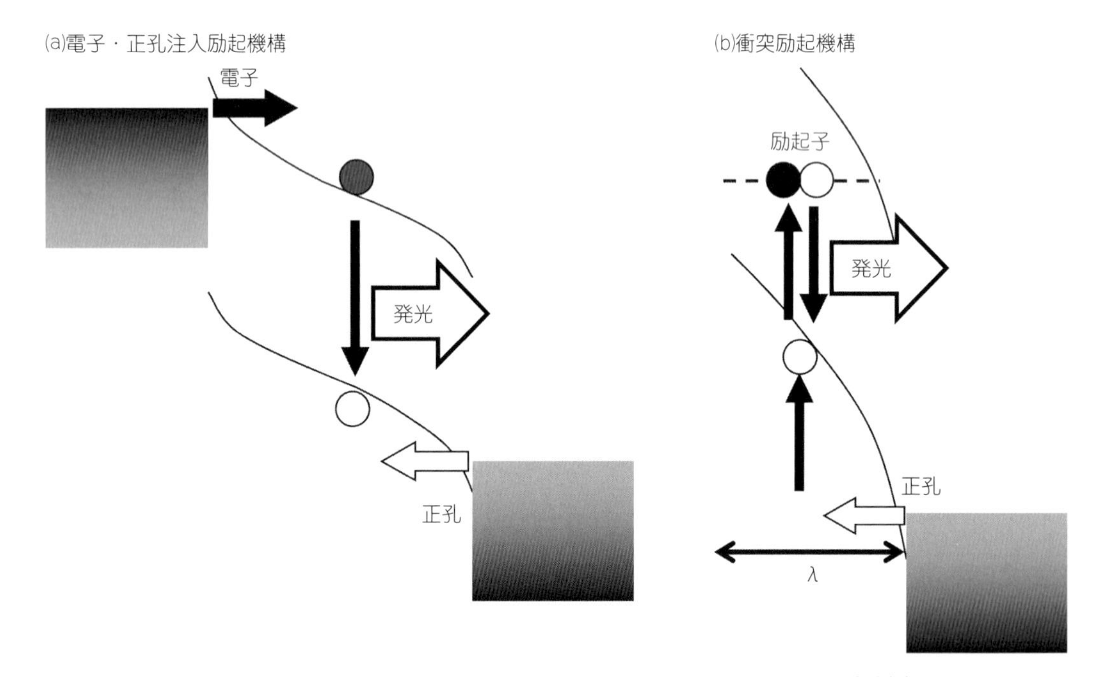

図４　EL発光素子における電子・正孔注入励起機構(a)，衝突励起機構(b)

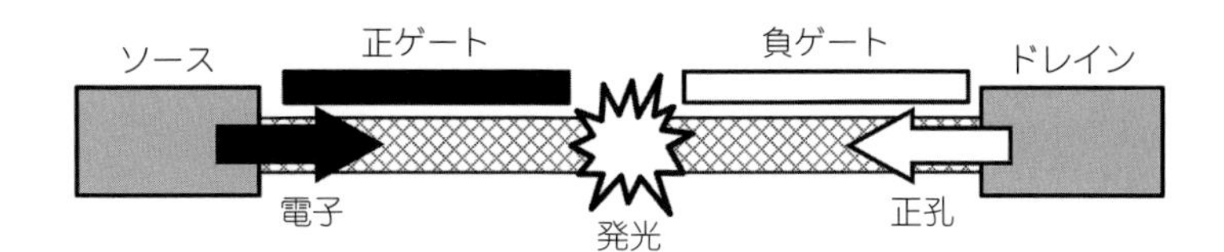

図5　局所ゲート電極を用いた電界誘起 p-n ダイオードによる発光素子

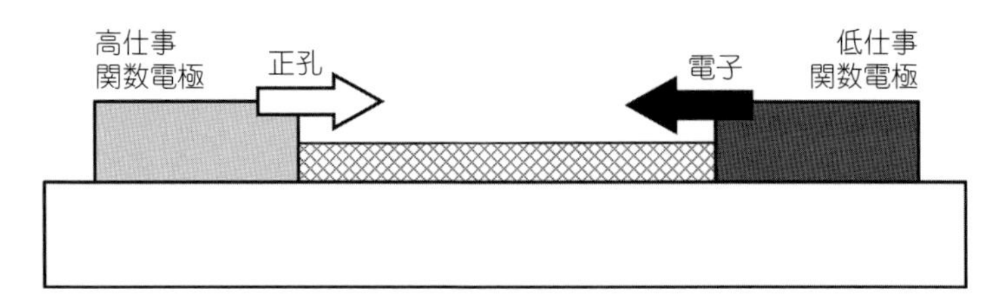

図6　低・高仕事関数電極を用いた非対称の CNT 発光素子

(図4)。本機構は，注入したキャリア（CNTでは主に正孔が用いられる）を電界下で注入した際にその運動エネルギーによって直接励起子を生成する機構であるため，励起子を高効率で励起するためには，平均自由行程内でキャリアを加速する必要があり，高電圧印加・ショットキーバリア・架橋などの外部環境変調などのデバイス動作条件や構造の工夫によって，大きなバンドの曲がりを得る必要がある。電子・正孔注入励起機構と衝突励起機構に共通の EL 発光素子の特徴としては，p-n 接合などのドーピングを行わなくても電圧印加のみで発光が得られること，超微小な発光素子をシリコンチップ上に容易に集積できることがあげられる。EL 発光素子における発光波長は，CNT の直径（カイラリティ）で決まるバンドギャップの大きさでおおむね決まっているが，実際は励起子を形成している束縛エネルギー分だけ自由キャリアとは百 meV オーダーでエネルギーが異なると考えられる。EL 発光素子の一例として，筆者らの結果を紹介する。

筆者らは，これまでに CNT を用いた EL 発光素子の開発に成功しており，電子・正孔注入励起および衝突励起のいずれの機構においても EL 発光が得られることを示している。特に，筆者らは，EL 発光の短波長化で成果を得ており，フォトルミネッセンスによる発光[13]と比べて短波長化が難しい EL 発光において，波長約 1.1 μm の短波長発光に初めて成功している[4]。これは，通信波長帯である 1.3 μm や 1.55 μm での発光も実現可能なことを示すものであり，シリコンチップ上での光通信やシリコンフォトニクス用光源として応用が期待できることを示すものである。EL 発光素子は，現在でも世界中で精力的に研究がされており，さまざまな発光制御技術が報告されている。例えば，電子と正孔の注入を独立して電界で制御するため，ソース・ドレイン電極近辺のそれぞれに局所ゲート電極を形成することによって，電界誘起による p-n ダイオードを形成して（**図5**）高効率な EL 発光を得るなどの試みもなされており成果が得られている[14]。また，電子・正孔の注入制御に必要なショットキーバリアの制御に関連し，ソース・ドレイン電極に用いる電極金属の仕事関数を制御して，電子注入側に低仕事関数電極，正孔注入側に高仕事関数電極を用いることで（**図6**）発光素子を実現した例もある[15]。また，近年，半導体 CNT と金属 CNT の精製分離技術の進展に伴って，分離された半導体 CNT を用いた発光素子の開発も実現しており，筆者らも成功している。

このような手法では，1本の CNT を用いた発光素子と比べて高輝度な発光も得られることから，今後の実用化も期待される。

4. おわりに

シリコン上に集積化可能で高速な光源として，CNT を用いた黒体放射発光素子および EL 発光素子を紹介した。発光素子は，多くの産業を支える基本素子であることから，新たな光源が開発されるとさまざまな応用技術が構築可能であり，波及効果が大きい。現在の化合物半導体が苦手とするシリコン上，超小型の発光素子がCNTで実現可能であることから，今後の応用展開が期待される。一例としては，実現が待たれているシリコンフォトニクスとの融合がある。最近になり，CNTフォトニクス分野においては，フォトニック結晶やシリコン光導波路との融合に関する研究が進展しており，これらで得られた技術をCNT発光素子へ適用することにより，シリコンフォトニクスへの展開が期待される。また，CNTは，ごく最近になり，室温・通信波長帯での単一光子発生といった量子光デバイスへの可能性が示される[16]など，量子情報技術への展開も期待される。このように，CNT光物性といった基礎物理ともリンクしており，全く新しい光技術の創出も期待される。

謝　辞

本研究の一部は，慶應義塾大学の山内陽平氏，森達也氏，日比野訓士氏，若原弘行氏，鈴木祐司氏，佐藤徹哉教授，本多敏教授および日本電信電話㈱NTT物性科学基礎研究所の鈴木哲博士，小林慶裕博士との共同により進められた。本研究の一部は，国立研究開発法人科学技術振興機構さきがけならびにA-STEP，文部科学省科学研究費補助金，総務省戦略的情報通信研究開発推進事業SCOPEの支援により行われた。

文　献

1）A. Misewich, R. Martel, P. Avouris, C. Tsang, S. Heinze and J. Tersoff：*Science*, **300**, 783（2003）.

2）T. Mori, Y. Yamauchi, S. Honda and H. Maki：*Nano Letters*, **14**, 3277（2014）.

3）M. Fujiwara, D. Tsuya and H. Maki：*Appl. Phys. Lett.*, **103**, 143122（2013）.

4）N. Hibino, S. Suzuki, H. Wakahara, Y. Kobayashi, T. Sato and H. Maki：*ACS Nano*, **5**, 1212（2011）.

5）M. Planck：*Ann. Phys.* **4**, 553（1901）.

6）J. Wei, H. Zhu, D. Wu and B. Wei：*Appl. Phys. Lett.*, **84**, 4869（2004）.

7）P. Liu, L. Liu, Y. Wei, K. Liu, Z. Chen, K. Jiang, Q. Li and S. Fan：*Adv. Mater.*, **3563**（2009）.

8）D. Estrada and E. Pop：*Appl. Phys. Lett.*, **98**, 073102（2011）.

9）L. Marty, E. Adam, L. Albert, R. Doyon, D. Menard and R. Martel：*Phys. Rev. Lett.*, **96**, 136803（2006）.

10）D. Mann, K. Kato, A. Kinkhabwala, E. Pop, J. Cao, X. Wang, L. Zhang, Q. Wang, J. Guo and H. Dai：*Nat. Nanotechnol.*, **2**, 33（2007）.

11）H. Maki, T. Sato and K. Ishibashi：*Jpn. J. Appl. Phys.*, **45**, 7234（2006）.

12）J. Chen, V. Perebeinos, M. Freitag, J. Tsang, Q. Fu, J. Liu and P. Avouris：*Science*, **310**, 1171（2005）

13）S. Bachilo, M. Strano, C. Kittrell, R. Hauge, R. Smalley and R. Weisman：*Science*, **298**, 2361（2002）.

14）T. Mueller, M. Kinoshita, M. Steiner, V. Perebeinos, A. Bol, D. Farmer and P. Avouris：*Nat. Nanotechnol.*, **5**, 27（2010）.

15）X. Xie, A. Islam, M. Wahab, L. Ye, X. Ho, M. Alam and J. Rogers：*ACS Nano*, **6**, 7981（2012）.

16）T. Endo, J. Ishi-Hayase and H. Maki：*Appl. Phys. Lett.*, **106**, 113106（2015）.

第5節　長尺 MWCNT シートを用いた薄型ストレッチャブル動ひずみセンサの開発と応用

ヤマハ株式会社　鈴木　克典

1．はじめに

ゴムのように伸縮し，その伸縮量に応じて電気抵抗がリニアに変化する「薄型ストレッチャブル動ひずみセンサ」を開発した。カーボンナノチューブ（carbon nanotube；CNT）とエラストマー素材からなり，薄いシート状の形態をしている。導電性とともにゴムのように大きな伸縮性があり，伸縮量に応じて電気抵抗が変化する特性を有するため「伸縮で生じる抵抗変化」を変位センサ機能とすることができる。この変位センサを，肢体に装着するサポーターやトレーニングウェアのような衣類に一体化させ，これを人間が着用することで，人間の動作情報をリアルタイムにモニターすることが可能になる。

モバイル機器が普及するにつれ，最近では「メガネ型」や「時計型」などの装着型デバイス（ウェアラブルデバイス）が注目を集めている。しかしながら，多くのウェアラブルデバイスは，シリコンプロセスベースの加速度センサ，圧力センサ，ジャイロスコープなどの固いデバイスで実現されているのが現状である。ウェアラブルデバイスの可能性をさらに拡張させるために，これらのデバイスの次は，より肌に近い体表デバイスである衣類や布などの素材と組み合わせる「テキスタイル型」に進化し，文字通りのウェアラブルになっていくと予想されている[1]。なぜなら，日常的に着用する衣服ベースのデバイスであれば，身に着けていることがほとんど気にならず，多くの人に受け入れられる可能性が高いと考えられるためである。

本稿では「薄型ストレッチャブル動ひずみセンサ」の構造，動作原理，特徴・特性を述べるとともに，人間の動きを検知する「テキスタイル型ウェアラブルモーションセンサ」としての応用提案および具体的な応用事例について紹介する。

2．抵抗変化型ストレッチャブル動ひずみセンサ

ピエゾ抵抗素材は外力を加えて伸縮させると，ある範囲でその抵抗値が増減する。したがって，ひずみが生じる測定対象物にせん断剥離やずれることなく強固に接合しておけば，測定対象物の伸縮に応じてピエゾ抵抗体が伸縮し抵抗値が変化する。一般にひずみゲージとよばれるものは，この抵抗変化によりひずみを測定するセンサである。抵抗変化型のひずみセンサは，フレキシブルなもの，伸縮可能なものの大きく２つのタイプに分けることができる。最も一般的なひずみセンサである金属ひずみゲージは，薄い電気絶縁物のベースの上に格子状の抵抗線またはフォトエッチング加工した抵抗箔を形成し，端部に電気信号のリード線を付けたものでありフレキシブルなものに分類される。フィルム状のため，平坦あるいは屈曲した測定対象物の表面に接着することで，最大で5%までの比較的小さなひずみの計測に広く使用されている。一方，伸縮可能なひずみセンサは，高分子と導電フィラーの複合素材から形成され，素材の組合せにより多くの種類が存在している[2]。金属ひずみゲージは金属抵抗線の幾何寸法の変化がもたらした電気抵抗変化を利用するのに対し，高分子ベースのひずみセンサは，ひずみによる導電経路の構造変化による電気抵抗変化を利用する点で原理が異なるといえる。

複合化される導電フィラーとしては，カーボンブラック（carbon black；CB），グラファイト，単層カーボンナノチューブ（single-walled carbon nanotubes；SWCNTs），多層カーボンナノチューブ（multi-walled carbon nanotubes；MWCNTs）などのカーボン系素材や銀，銅などの金属微粒子，金属ナノワイヤーなどが用いられる[3)-5)]。

高分子ベースのひずみセンサは，金属ひずみゲージに比べて大きなひずみを計測できるが，ひずみに対する抵抗変化の線形性が低い，感度が低い，初期抵抗値への回復が遅いなど不利な要素を含んでいる。

最近，配向したSWCNTとポリジメチルシロキサン（poly-dimethylsiloxane；PDMS）樹脂[6]，MWCNTフォレストとポリウレタン（polyurethane；PU）樹脂[7]から形成された新しいタイプの低弾性伸縮ひずみセンサが報告された。これらのひずみセンサは，伸長率すなわちひずみ100%を越える大きなひずみを計測できるが，ひずみに対する抵抗変化の線形性が低く感度が低いため，さらなる改良が必要である。ひずみの値とは初期長さに対する変位率であり，式(1)で表される。

$$\varepsilon = \frac{L - L_0}{L_0} = \frac{\Delta L}{L_0} \tag{1}$$

ここで，L_0 は初期の長さ，L は伸長時の長さ，ΔL は初期の長さに対する伸長時の長さの変化量，ε はひずみである。例えば，初期の長さの２倍に伸ばしたとき，ひずみは100%となる。ひずみセンサの感度を表す係数はゲージファクター（gauge factor；*GF*）とよばれ，式(2)で表される。

$$GF = \frac{\Delta R}{R_0} \cdot \frac{L_0}{\Delta L} = \frac{\Delta R}{R_0} \cdot \frac{1}{\varepsilon} \tag{2}$$

ここで，R_0 は初期電気抵抗，ΔR は電気抵抗の変化量である。*GF* の値が大きいほど高感度なセンサである。金属ひずみゲージに用いられている銅・ニッケル系やニッケル・クロム系合金では，ほぼ $GF = 2$ である[8]。一方，文献6)と7)のひずみセンサの *GF* は１以下であり，金属ひずみゲージに比べると低い値である。また，大きなひずみに対する高速レスポンス性が実証されていない。さらにインダストリーへの展開や実用性を考慮すると製造プロセス面で大きな課題が顕在している。

また，*GF* が非常に高い超高感度センサも報告されているが[9)-16)]，感度が高すぎると検出信号の振幅が過度に大きくなり，センシングシステムの要求ダイナミックレンジが大きくなったり，外部ノイズの影響を受けやすくなったりするため実用的とはいえない。すなわち，ひずみ変化量に見合う適切な感度と応答性，また検出電気回路システムの整合性（マッチング）を同時に満たす必要がある。これらを満たすセンサは今までなかった。

一方，エラストマーの静電容量変化による伸縮センサが報告されている[17)-26)]。表裏に伸縮しても抵抗変化しない電極が配置されたエラストマーシートのポアソン変形により，電極間の厚さや面積が変化することに応じて電極間の静電容量が変化することを利用する。抵抗変化型の伸縮センサに比べて，優れた過渡応答性やドリフト特性を備えているが，環境変化やノイズに強い均一な特性をもつエラストマーや，伸縮しても抵抗が変化しない電極の選定などまだまだ課題が多い。

本稿で紹介する新規薄型ストレッチャブル動ひずみセンサ（以下，CNTひずみセンサ）は，ひずみによる抵抗変化を検出するセンサである。100%以上の大きなひずみを検出可能であり，ひずみに対する抵抗変化のリニアリティが高い。また，*GF* が金属ひずみゲージと比較して数倍大きく適度に高感度である。さらに，比較的大きなひずみに対しても高速レスポンス性が良く，繰返し耐久性，すなわちロバスト性が高いといった優れた特徴をもつ。また，ひずみによる抵抗値変化が数kΩ～数10kΩまでの比較的高抵抗領域で起こるため，配線抵抗の変化など外部ノイズに強いことも実用上大きな特徴である。さらに量産性を考慮した製造プロセス，形状の自由度が高いことから実用性も高いといえ，多くのアプリケーションへの展開が期待される。

3．製造プロセス，構造，動作原理

CNTひずみセンサは，長尺紡績MWCNT配向シート（以下，CNTシート）[27)28)]と弾性樹脂の複合構造体である。CNTシートは基板上に垂直に配向成長させたMWCNTアレイからドライスピニング（乾式紡績法）と呼ばれる製法で得ることができる。ドライスピニングとは，MWCNTアレイの端部から水平方向にCNTが次々と引き出される現象であり，基板上に３次元的に成長しているMWCNTを２次元ネットワークに形成したMWCNTウェブという結合体に変換するプロセスである[29)31)]。MWCNTウェブをドラムに巻き取り積層させた後，

(a)CNTシートの外観（A4サイズ）と走査型電子顕微鏡（scanning electron microscope；SEM）画像

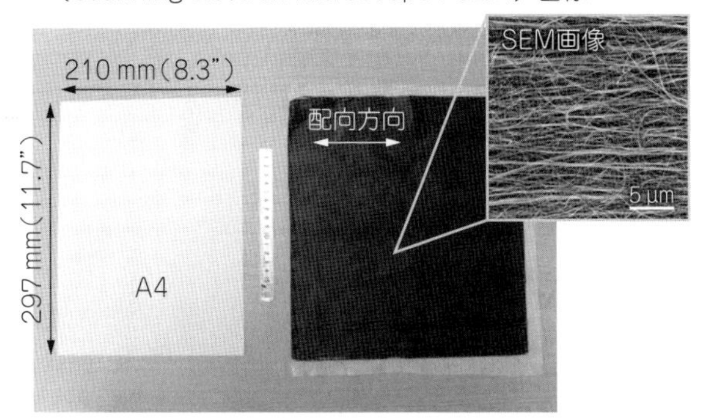

(b)CNTアレイからドライスピニングよりCNTウェブをドラムに巻き取っている様子

図１　CNT シート

一端を切断し平面に展開することでCNTシートを得る[28]。実際にMWCNTウェブをドラムに巻き取っている様子とドラムから展開したCNTシートを**図１**(a)(b)に示す。CNTウェブの巻き取り層数を変えることで，CNTシートの抵抗値を調整することができる。

CNTひずみセンサはガラスなどの平滑な基板上にCNTシートを伸縮方向と平行の方向に配向するように設置し，弾性樹脂を含浸・複合化させるプロセスで製造する。

弾性樹脂には低弾性かつ低損失の特性を併せもつゴム性状の「エラストマー樹脂」を用いた。エラストマー樹脂は，被着材への接着のし易さ，耐久性，耐加水分解性，耐薬品性を考慮し，ポリカーボネート系ウレタン樹脂（polycarbonate-urethane；PCU），およびポリテトラメチレンエーテルグリコール系ウレタン樹脂(poly tetramethylene ether glycols；PTMG）を用いている。

図２(a)(b)に示すように，CNTセンサは，基板から任意の形状に切り出すことが可能でありサイズの自由度が高いこと，薄く，軽く，ストレッチャブルであることが大きな特徴である。また，大面積のCNTシートを用いることでスケールアップが可能であり，量産プロセスへの移行も容易であるといえる。CNTひずみセンサの破断伸度は500％以上，弾性率は2～5 MPa，損失正接 tan δ は常温で0.1以下である。

図３にCNTセンサの構造を示す。CNTひずみセンサは，CNTシートが有するCNT繊維束の配向方向と電極配設方向とが同一方向であり，複数の

(a)基板から切り出している様子

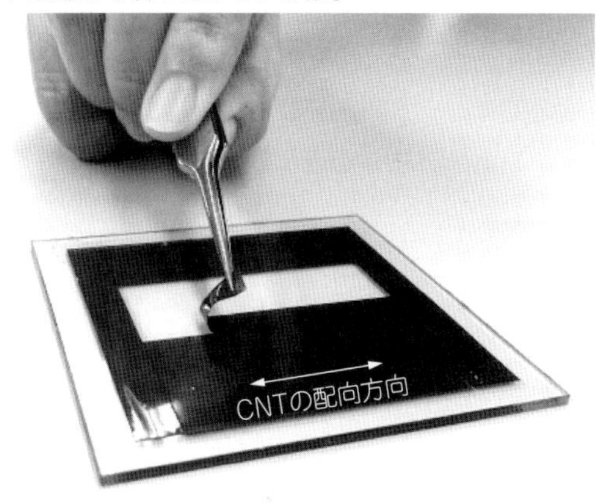

(b)薄く，軽く，ストレッチャブルである特徴

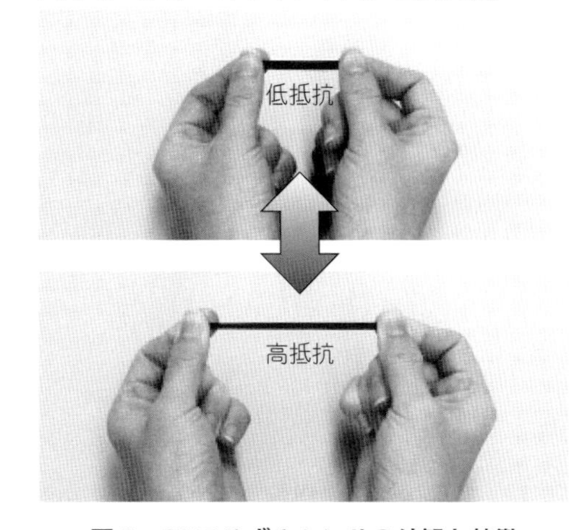

図２　CNT ひずみセンサの外観と特徴

CNT繊維からなるCNT繊維束の周面がエラストマー樹脂層によって被覆・複合化されている。CNT繊維束周辺のエラストマー樹脂は，スピンコーターを用いて数10 µmの厚さに形成した。デ

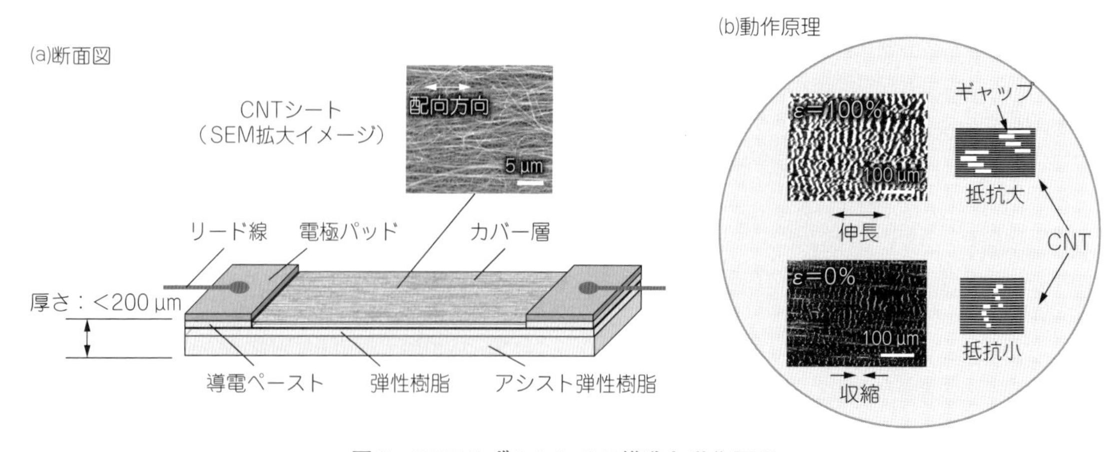

図３　CNT ひずみセンサの構造と動作原理

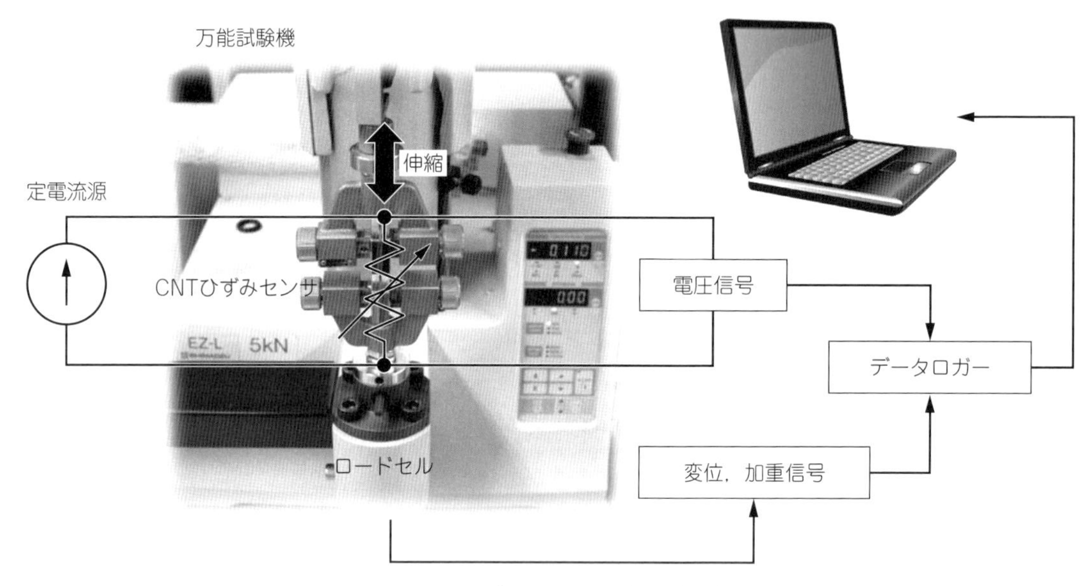

図４　CNT ひずみセンサの性能評価方法

バイスの収縮過程の挙動を安定させるため，CNT 繊維束周辺のエラストマー樹脂とは別に，弾性アシスト樹脂層を設けている。弾性アシスト樹脂（active layer）の弾性率は 100％モデュラス（modulus）で 2〜3 MPa である。

4. CNT ひずみセンサの特性

4.1　静的特性，動的特性

図４に CNT ひずみセンサの性能評価ブロック図を示す。CNT ひずみセンサの両端部を万能試験機にクランプし，電極部に定電流を流し，ひずみによる出力電圧の変化から抵抗変化を算出した。同時に万能試験機からの変位信号をひずみに換算し記録した。サンプリング速度は 1 msec（1 kHz）とした。CNT ひずみセンサを可変抵抗とみなせば，出力電圧の変化は次式で表すことができる。

$$V_{out} = I_{set} \times R_{sensor} \tag{3}$$

図５(a)に上記評価系にて測定した CNT ひずみセンサのひずみに対する抵抗変化の静的特性例を示す。CNT ひずみセンサのサイズは，幅 5 mm，ゲージ長さ 10 mm のものを用いた。変位量は 0〜10 mm すなわちひずみは 0〜100％，ひずみ印加速度は 1 mm/min とした。電流値は 0.5 mA とし，測定環境は 20℃一定とした。グラフは，伸長–収縮を

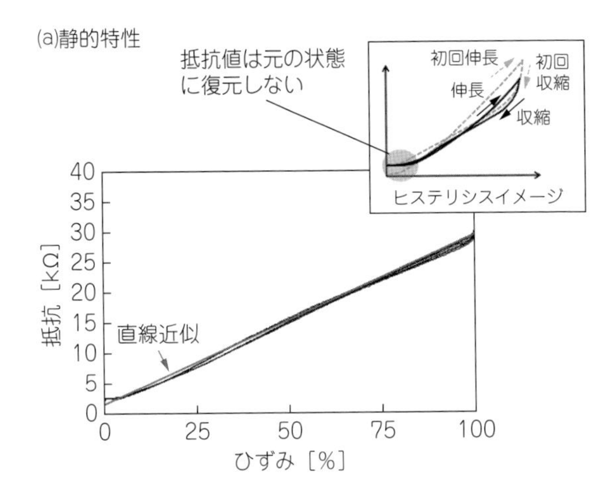

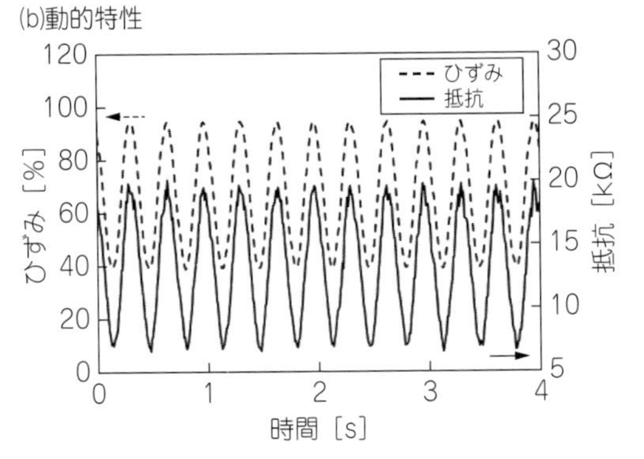

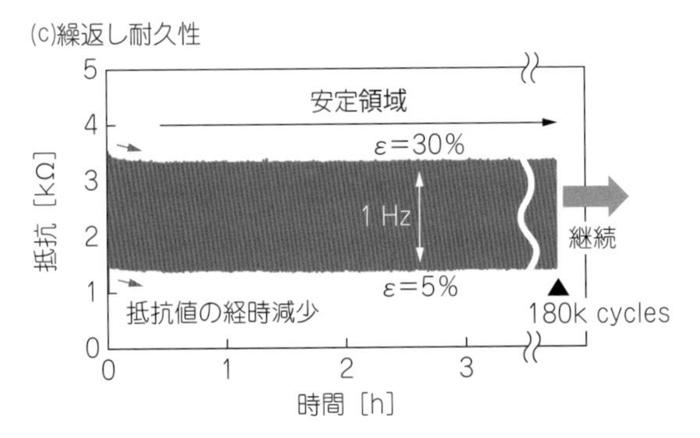

図5　CNTひずみセンサの特性

それぞれ10回連続で実施した結果である。ひずみに対する抵抗変化の線形性が高く，*GF*は10以上であり高感度であることがわかる。

初回の伸長時はCNT繊維束の開裂が形成されるため，2回目以降と挙動が異なるが2回目以降は安定化していく。図5(a)の挿入図はヒステリシス効果を模式的に表したものである。抵抗値が初期値に回復しないのは，初回のCNT繊維束の開裂により導電経路が減少したためである。また，2回目以降は5～10%程度の低ひずみ領域において抵抗変化の感度が低い。これは弾性樹脂の応力緩和に起因し，弾性樹脂が短時間では初期寸法に完全回復しないためであると考えられる。したがって，実使用時は，あらかじめ10%以上のプリテンションを印加しておくことで，この現象を防ぐことができる。

また，伸長時から収縮時に移行する過程において抵抗が急激に低下し伸長時の経路をたどらない現象，すなわちヒステリシス挙動が確認された。これは伸長により弾性樹脂を構成する高分子鎖が緊張状態にある状態から収縮領域に入る局面において，高分子鎖による張力が急激に緩和され，CNTひずみセンサ内部の応力が急激に緩和されるためであると考えられ，結果としてCNT-CNT間の導電パスが急激に増大し，抵抗が低下するためであると推測される。

図5(b)にCNTひずみセンサのひずみに対する抵抗変化の動的特性の例を示す。CNTひずみセンサのサイズは，幅5 mm，ゲージ長さ10 mmのものを用いた。プリテンションを40%とし，ひずみを40～95%の正弦波で印加し，周波数は3 Hzとした。電流値は0.5 mAとし，測定環境は20℃一定とした。ひずみの時間変化に対して抵抗変化が良好に追従していることがわかる。さらなる高速応答性を確認したところ，同じひずみ印加条件において29 Hzまでの追従性を確認している。

4.2　繰返し耐久性

図5(c)にCNTひずみセンサの繰返し耐久性評価結果の例を示す。CNTひずみセンサのサイズは，幅3 mm，ゲージ長さは20 mmとし，プリテンションを5%とした。変位量は，1～6 mm，すなわち，ひずみ5～30%の繰返しひずみを印加し，印加速度は10 mm/secとした。電流値は0.5 mAとし，測定環境は20℃一定とした。図5(c)から本試験条件においては，18万回以上の繰返し耐久性が確認された。試験開始初期領域では時間経過にともないわずかに抵抗が低下していく傾向が認められたが，次第に抵抗値は一定値に落ち着き，抵抗変化の再現性も高くなる。初期領域の抵抗低下はMullins効果による弾性樹脂の応力軟化[32)33)]や弾性樹脂とCNT間の内部摩擦によりCNT同士の近接割合が増加するためであると推測される。すなわち，試験時間経過と

ともにCNTひずみセンサ内部のナノ構造が安定化し，抵抗変化挙動も安定する。以上の結果より，CNTひずみセンサは，非常に繰返し耐久性が高いといえる。CNT-CNTが接触離反を繰り返してもセンサの抵抗変化挙動が安定しているのは，CNTのネット状の結晶構造，すなわちしなやかで曲がっても折れにくい屈曲耐久性[34)35)]が寄与していると考えられる。

5．動作原理

図３(b)に示すように，CNTひずみセンサは，一対の電極を離反または接近させる方向（電極配設方向）に伸張または収縮すると，電気抵抗が変化することによりひずみを感知することができる。弾性樹脂基材の伸長によりCNT繊維束の連結部がランダムな個所で開裂（切断，離間）することでギャップを生じ抵抗が増加し，収縮により高速に再組織化して抵抗が元に戻る。そして，この現象には繰返し性がある。抵抗値の変化は導電経路の変化に依存するが，CNT同士の物理的な接触あるいはCNT-CNTの近接によるトンネル効果に因る電子の移動である[36)]。したがって抵抗値は隣接するCNTの相互接続量とCNT同士の距離によって決まる。

市販のMWCNTは短繊維長さがμmオーダーであるが，今回使用したMWCNTの短繊維の長さは300〜800 μmであり，桁違いに長尺である。長尺MWCNTを用いることで，伸長により生じたギャップ部分にもMWCNTが残存し，導電パスが残る。すなわち，CNTひずみセンサが伸長収縮する際の導電経路はCNT短繊維の長手方向にスライドするように変化する。また，ギャップがランダムに多く形成され，ギャップ間隔が狭小であることが通常の短繊維CNTや短繊維金属ナノファイバー，粒状や箔状の導電フィラーを用いたひずみセンサとは異なり，ひずみに対する抵抗変化の線形性が高い理由であると考えられる。**図６**にひずみ量による導電パス変化の動作イメージ図と透過光による実物の光学顕微鏡画像を示す。

6．伸縮配線技術

CNTひずみセンサを実用的な「テキスタイル型ウェアラブルモーションセンサ」に仕上げるためには，センサと電気回路をつなげる配線にも伸縮性が要求される。着用時の伸縮性や快適性のみならず，着脱時の大きなひずみに対する耐久性も必要である。

素材としては，抵抗が低くデバイスとの接続処理

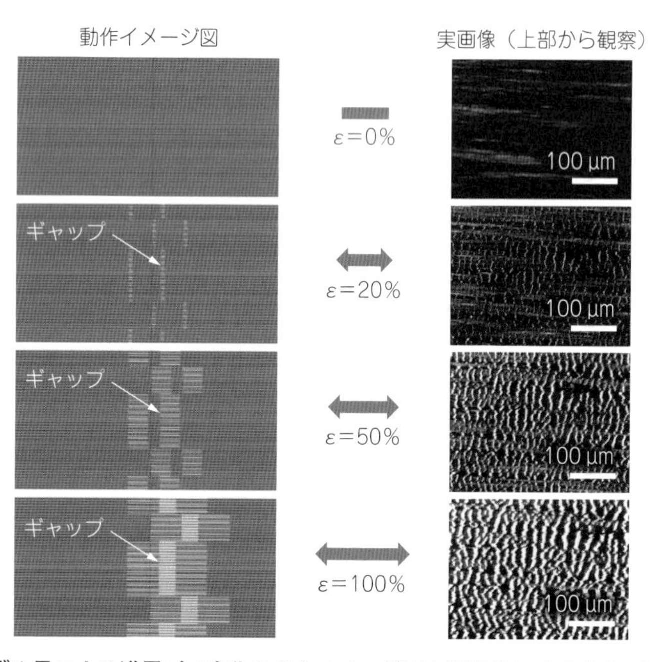

図６　ひずみ量による導電パス変化の動作イメージ図と透過光による実物の顕微鏡画像

が容易な金属線が望ましいが，通常の金属線は伸縮性が低いのに加え柔軟性に難があるため不向きである。そこでポリエステルやナイロンなどの一般的な合成繊維に銀めっきを施した導電繊維を用い，伸縮性配線を開発した。使用した銀めっき繊維は導電性を高めるため，短繊維状態で銀めっきを施した後に撚糸し長繊維化したものである。この銀めっき繊維をポリエステル繊維でカバリングした後，通常のテキスタイル製造工程にてニット状に編み込み，伸縮性を付与した。

図７(a)に，この伸縮配線の拡大図を示す。図７(a)に示すように，この伸縮配線は非導電性の合成繊維と前述の銀めっき繊維とを並列にニット編み構造にしたものである。図７(b)(c)に示すように，２本の並列伸縮導電部を有する伸縮配線の片端部へ発光ダイオード（light emitting diode；LED）を導電性接着剤で接続し，もう一方の端部から数 mA の電流を印加した。２倍伸長させても折りたたむように屈曲させても LED は点灯し続け，断線せず導電性があることがわかる。

また，図７(d)に示すように，導電繊維と非導電繊維を任意の間隔で編み込むことで，狭いピッチから広いピッチまでの多極配線を形成することできる。配線直交方向にも伸長するため，ピッチ間隔調整の自由度が高く，異方性導電接着フィルム（anisotropic conductive film；ACF）を用いて容易にフレキシブル基板へ導電接続し，後段のデバイスとの接続が可能となる。

図８(a)(b)にこの伸縮配線のひずみと力の関係およびひずみと抵抗の関係を示す。伸縮配線のサイズは，幅 2.5 mm 厚さ 1.5 mm とした。図８(a)(b)から，100％伸長時の弾性率は約 0.5 MPa であり，柔軟かつ伸縮による抵抗値変化が少ないことがわかる。伸長・収縮時の抵抗値変化が非常に少なく，抵抗値が安定するまでの時間が短いため定常的に導電特性が安定しており，センサなどの信号配線として広く利用できるといえる。ニット状のため容易にテキスタイルへ縫い付けたり，組み込んだりすることができ，着用時は柔軟で人体表面などへのフィット性が高く，着脱時の大きなひずみに対しても壊れにくく，「テキスタイル型ウェアラブル配線」として適した形態である。なお，0⇔100％ひずみの繰返し

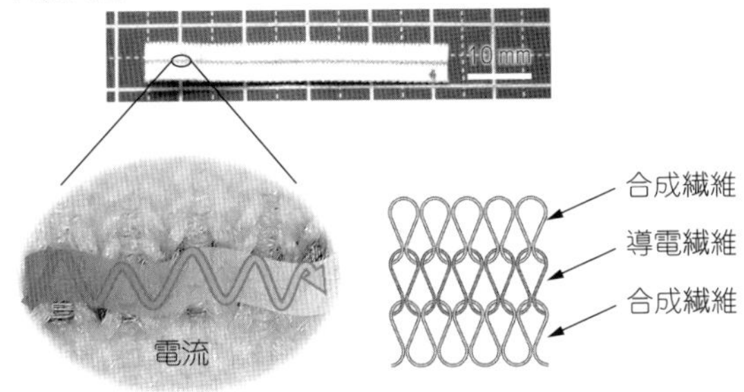

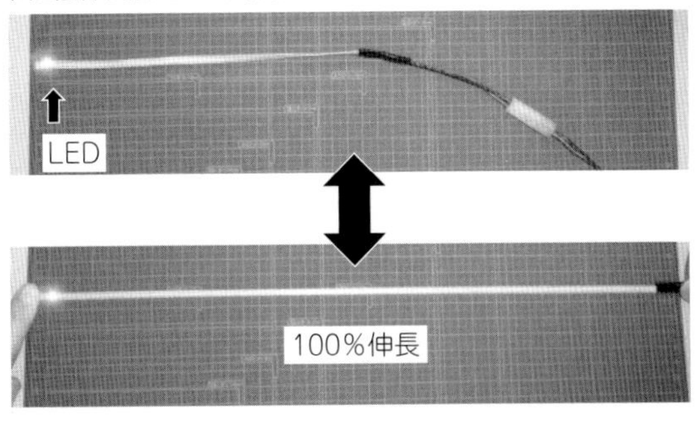

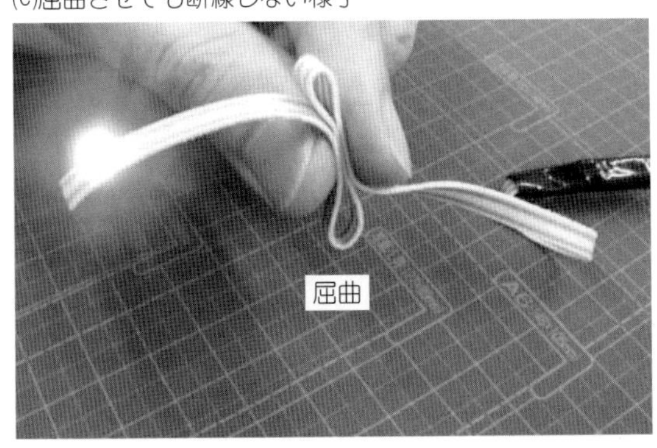

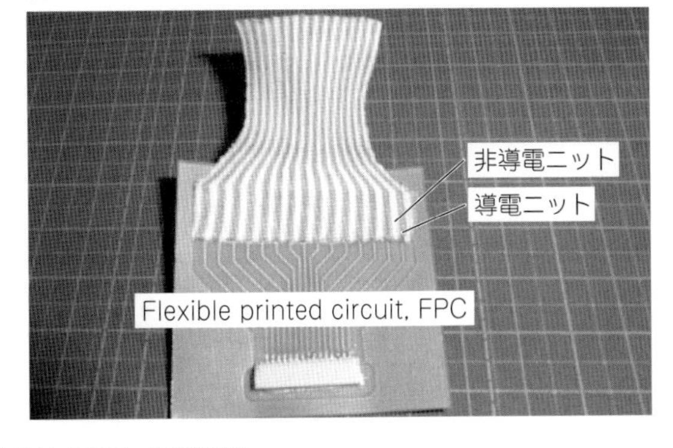

図７　導電伸縮配線の拡大図および外観

(a)ひずみと力の関係

力［N］

ひずみ［%］

初回伸長

伸長

収縮

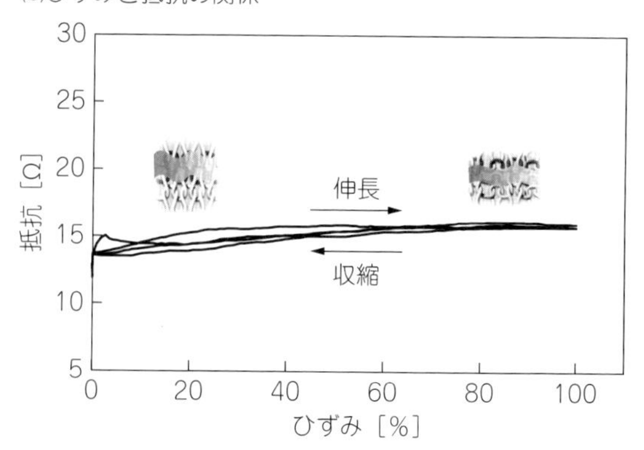

図8　導電伸縮配線の性能

伸縮ひずみ印加試験において，1 Hz，100万回以上の伸縮耐久性を確認している。

7．応用提案と応用事例

7.1　モーションセンシング

人体の活動すなわち生体情報を正確に測定し，人体の所作を分析する人間情報学・行動認識技術が検討され，ユビキタスネットワーク・スポーツ・健康（ヘルスケア）・医療・リハビリ・ロボティクスなどへの応用が期待されている[37]。実際に，アスリートのトレーニング時の効果を定量的に計測する機器や，試合中の動態を分析する機器が活用されはじめている。また，健康志向の高い一般消費者向けに心拍数，活動量，動作状態などを計測・蓄積して健康づくりに活用する機器がすでに流通しており，スマートフォンと連動したサービスが展開されはじめている。すなわち，ウェアラブルデバイスは人間との親和性が高まるにつれ，人間の生体情報を活用する方向へと用途を広げている[38)–40]。

ヘルスケア産業とりわけ予防医療では健康の自己管理が基本であり，そのためのデバイスや支援システムが切望されている。キーとなる技術は，病院外での生体計測，検査技術ならびに蓄積した生体計測データの分析技術であると考えられる。このためには，生体情報を本人が負担を感じることがなく，非侵襲，無拘束，無意識のうちに屋内外で常時簡便に収集するセンサシステムが必要である[6)24)41)–45]。本稿で取り上げたCNTひずみセンサは非侵襲，常時体着可能，あるいは衣類へ装着でき，人体の大きな動作に繰り返して追従し，大きなひずみを検出でき，さらに繰返し耐久性を具備した従来に無い新しいひずみセンサとして非常に有効であるといえる。

現在，人体の動作を計測する方法としては画像技術を用いたモーションキャプチャ（motion capture）が主流であるが，この手法は機材が高価であり，カメラを用いることから光量や影などの制約により計測範囲が限られ，広範囲の測定場所が必要，あるいはプライバシーの配慮を要する環境などでは不向きな点など多くの問題がある。そこで，CNTひずみセンサを用いたウェアラブルセンサシステムを用いることで，計測場所の限定がなく，目的に応じた人の部位の動作計測を行うことができる。CNTひずみセンサは，比較的高い抵抗領域で高感度に抵抗変化するため，増幅回路など特別な回路を用いる必要がなく，配線抵抗などの外部ノイズに強いことも実用上大きな利点である。さらに，CNTひずみセンサはナノ構造の組織変化を利用しているため，高周波微振動も検出できる可能性が高く，1つのセンサでダイナミックレンジの広いさまざまな生体情報を計測・分析することにより，身体の状態や精神の状態といった高次の情報を抽出し，人間情報学・行動認識技術の発展に広く活用・貢献されることが期待される。

7.2　テキスタイル型ウェアラブルモーションセンサ

伸縮性のテキスタイル，すなわちコンプレッショ

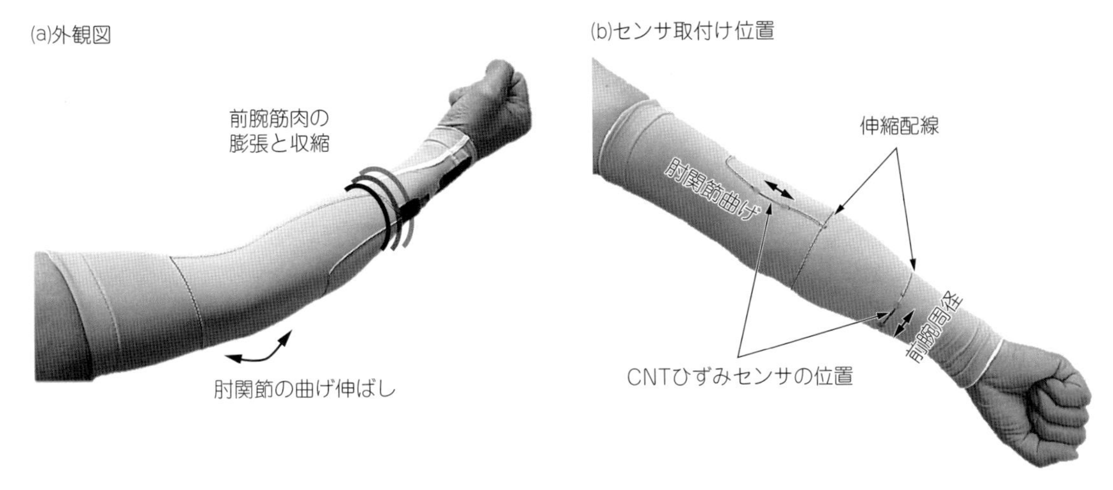

図9 CNTひずみセンサ付アームカバーの装着例

ン生地にCNTひずみセンサと前述した伸縮配線を組み込んだアームカバーを試作した。人間に装着した状態を**図9**に示す。ヒトの皮膚は非常に柔軟であり，表面の弾性率は1 MPa以下[46]，伸長量は3～55%[47]といわれている。CNTひずみセンサの弾性率は先述したように2～5 MPaであり，皮膚よりもやや高いが，非常に薄いため体表面の形状に良く追従する。

図9に示すように，試作したアームカバーには肘関節を中心に曲げ伸ばしにより伸縮する方向と前腕部の周径方向の2ヵ所にCNTひずみセンサが配設されている。各センサは伸縮配線端部と電気的に接続されている。肘関節の曲げ伸ばしの動きを検出することができるとともに，筋肉の膨張収縮による前腕部への力の入れ具合といった従来計測が困難であったヒトの体表面の動をモニターすることが可能である。

スポーツやダンス，あるいは楽器演奏などの分野において，従来の習熟法や指導法では，自己の体表面の状態を客観的に評価することが困難であった。身体動作において，熟練者は無駄のない滑らかな動きを見せるが，初心者はぎこちなく余分な力を入れている印象を受けることが多い。熟練者は力を入れるタイミングにメリハリがあり，効率よくエネルギーを伝達しているのに対し，初心者は常に力みがちで，これが動きの邪魔をしていると考えられる。そのため，「力を入れるところで力を入れるため」に「いらないところで力を抜く」，すなわち連続する動作の中で「適宜，脱力すること」が上達・熟練するためには非常に重要であるといえる。筋肉の膨張収縮による力の入れ具合をモニターすることで，緊張状態を定量的に把握し「脱力誘導」のタイミングを体得し，スポーツやダンス，あるいは楽器演奏を上達に導くことが可能となるだろう。

その他にも胸部や腹部の周径方向に伸縮するようにCNTセンサを配設するテキスタイル型デバイスを用いることにより，呼吸による胸部や腹部の膨張収縮の周長変化から呼吸計測などへの応用も期待できる。

7.3 ロコモーショントレーニング向けサポーター

近年，高齢者の筋力低下に伴った運動能力の衰え，いわゆるロコモティブシンドローム（運動器症候群）が問題視されている[48)-50)]。ロコモティブシンドロームとは，骨や関節，筋肉などの体を支えたり動かしたりする運動器の機能が低下し，要介護や寝たきりになる危険性をはらんでいる症候をいう。特に下肢の運動機能が衰えると，ささいなことで転倒して骨折などにより寝たきりになることが少なくない。そこで，高齢者の体力に合わせて無理なくできる下肢の筋力及び運動能力を維持または改善するためのロコモーショントレーニングと呼ばれる運動が推奨されている[51]。

ロコモーショントレーニングでは，例えば片脚立ち，かかと上げ，スクワットなどの軽い運動を定期的に行うが，適切な動作で行わなければトレーニング効果が低くなってしまう。例えば，スクワットでは，大腿の筋肉を使って膝がつま先から前に出ないように膝を曲げて腰を落とすことが重要であるが，運動能力が衰えた高齢者は，筋肉を使わないような動作で，膝を前方に突き出すように曲げて腰の位置を下げるだけの運動となりやすい。

そこで，ロコモーショントレーニングにおける運動が正しく行われているか否かをデータとして定量的かつ客観的に確認することができれば，第三者が適切な運動を容易に指導することができ，運動をしている本人も正しい動作を身に付けることができる。結果として，寝たきり防止，さらには，高齢者医療費の抑制といった効果が期待される。

ところで，人体の動きをセンサで検出してデータ化することによって科学的に解析可能とする種々の試みがなされている[52)53)]。なかでも，足の動きを検出する方法としては，足の裏に圧力センサを配設して足圧を検出する方法[54)-57)]や，足の各部に例えば加速度センサ，ジャイロセンサなどのモーションセンサを配設して，各部の動きを検出する方法が提案されている[58)-61)]。それらのセンサは，歩行やランニングなどの比較的動作が大きい運動を検出するのであれば十分な検出精度を有するが，微細な動作や緩慢な動作，あるいはその場に留まって行う静止動作・静止状態を正確に検出することは困難である。そこで，CNT ひずみセンサを伸縮テキスタイルに組み込み，足の緩慢な動作や静止動作・静止状態を検出できる足運動検出サポーターを試作した。**図10**にその外観と CNT ひずみセンサの取り付け位置および各種運動動作を検出した際の取得データを示す。

図 10(a)に示すように，足運動検出サポーターは，足の裏および甲間に掛け渡すよう環状に装着される伸縮可能な基帯を使用するので，足への装着が容易であるうえセンサの位置ずれが起きにくい。また，この基帯が下肢の運動に伴って変化する足の形態に応じて伸縮するので，基帯の伸縮を検出することで足の形態変化をそれが緩慢な動作によるものであっ

(a)外観とセンサ位置

CNTひずみセンサ

【足首】
足関節の背屈の検出

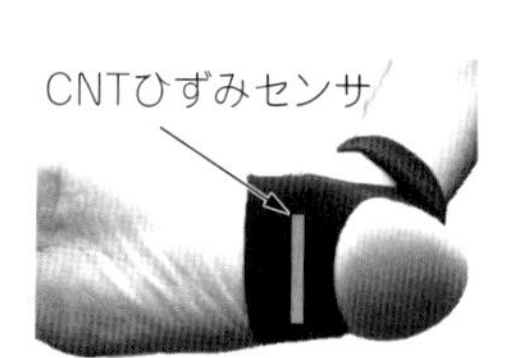

【足底】
着地の検出

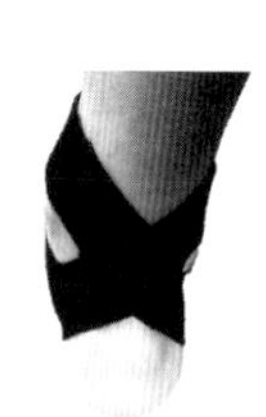

クロス固定部

(b)作用する伸筋の説明

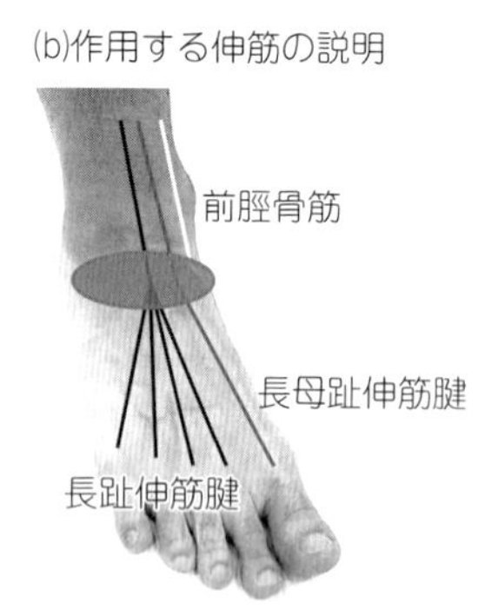

(c)ロコモーショントレーニング動作の異なる運動により検出された信号例

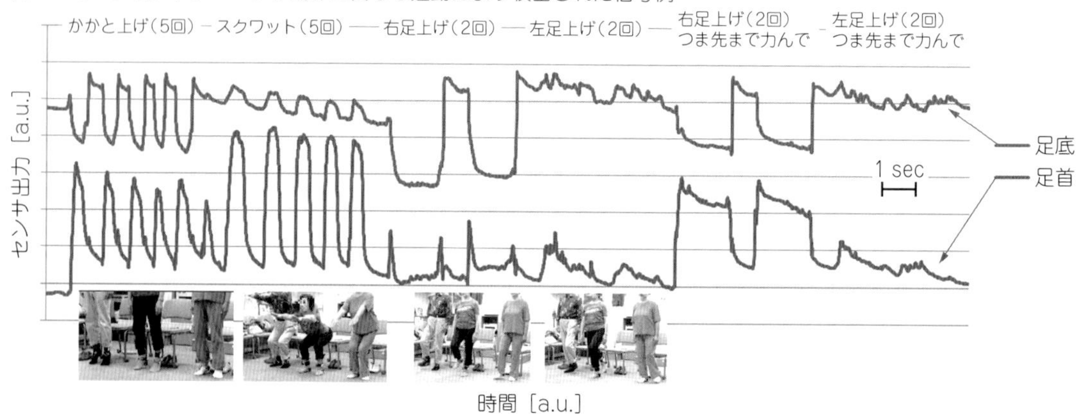

図 10　足運動検出サポーター

ても比較的正確に検出することができ，足の形態に基づいて静止動作を検出することもできる。

具体的には，図 10(b)に示すように足首の前面に配設された CNT ひずみセンサにより伸筋である「長趾伸筋腱」および「長母趾伸筋腱」の動きによる足関節の背屈状態を検出し，足裏に配設された CNT ひずみセンサにより足の着地を検出する。2 つの CNT センサからの信号に基づき，各種ロコモーショントレーニング動作の正確性を把握することができる。図 10(c)にロコモーショントレーニング動作の異なる運動により CNT ひずみセンサから検出された「右足のみの信号例」を示す。異なる運動動作により特有の信号が検出されていることから，取得データによる動作分離が可能になるとともに，その信号の大きさにより，トレーニング時の負荷度合を定量的に把握できる可能性を示唆している。今後は被験者の数を増やし，データの信頼性と効果のエビデンスを蓄積しフィードバックをかけて改良し，より完成度が高いものに仕上げていく予定である。

7.4　データグローブ

指関節の細かい動きは，影になる部位が多く，モーションキャプチャなどの画像方式で捉えることは困難なことが多い。そのため，データグローブと呼ばれる手袋型デバイスが用いられている。データグローブは，ヒトの手に装着し手指の細かな動きを検知して，その電子データを取得することができる。一般にデータグローブは手や指の動作をパソコン上に表現する，いわゆる仮想現実（バーチャルリアリティ，virtual reality；VR）や拡張現実（オーグメンテッド・リアリティ，augmented reality；AR）研究分野，アニメーション（animation）・コンピューターグラフィックス（computer graphics；CG）制作分野，人間工学研究分野などで大きな成果が得られている[62)–65)]。

市販されているデータグローブは，フィルム状の抵抗変化型の曲げセンサや光ファイバー型の曲げセンサが手袋外面の指関節部に沿うように配設され，手の「自然な動き」を電気信号として出力する。上市以来，さまざまな改良が加えられ，伸縮性・軽量性によって優れた装着感をうたっているが，曲げセンサの縫製による組み込みやグローブ生地による突っ張り感，長時間の使用時の蒸れなど，さらなる改良が望まれている。

そこで，薄手のコンプレッション生地を用いた手袋を試作し，生地表面の指関節位置に CNT ひずみセンサを組み込み，装着感のほとんど無いデータグローブを試作した。先述した導電ニット伸縮配線をコンプレッション生地上に適宜配置し，CNT ひずみセンサ端部と導電接続した。**図 11**(a)にその外観を示す。

試作したデータグローブを評価するため，繊細な指使いが必要とされるピアノ演奏時の「運指動作」の検出を試みた。複数のピアニストを通じ，演奏動作を妨げることがないような生地の選定，ならびに手指動作を独立して検出するためのセンサ長さや伸縮配線の配置・位置などを最適化している。また長時間の演奏による手指の蒸れについても通気性のよい生地を用いることで対策できた。CNT ひずみセン

(a)外観とセンサ位置

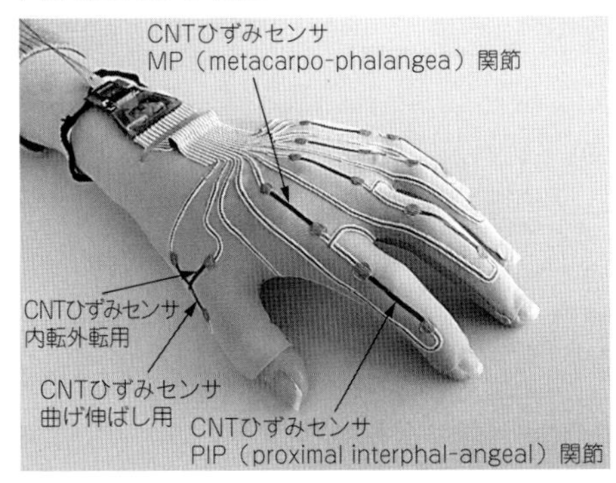

(b)ピアノ演奏時の指の屈曲（運指）を計測したデータ

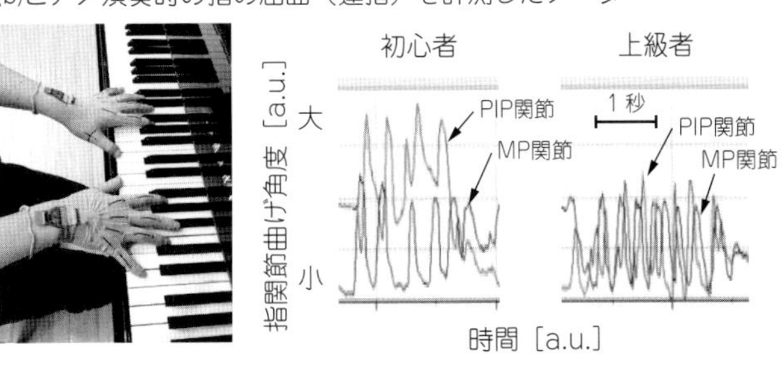

図 11　CNT ひずみセンサを組み込んだデータグローブ

サは，各指のMP関節（metacarpophalangeal joint）とPIP関節（proximal interphalangeal joint）に各々組み込まれ，それぞれの関節の曲がり具合を独立に検出することができる。各指関節が曲がるとCNTひずみセンサが伸長し抵抗が上がり，伸ばすとCNTひずみセンサが収縮し抵抗が下がる。

一般に，プロのピアニストは，アマチュアのピアニストに比べ適度に脱力し，指の曲がりが少なく滑らかな運指動作をしている。また，演奏スピードが速くなるにつれて，その差は顕著になっていくという結果が得られている[66)67)]。

CNTひずみセンサを組み込んだデータグローブをピアニストが装着し，演奏をした際の運指動作を計測した。動画とリンクさせ映像と運指動作データを比較することで，各指関節の動きをリアルタイムで忠実に捉えていることを確認した。図11(b)に1音階全音の「上行」,「下行」をピアノ初心者（amateur）と上級者（professional）が演奏した結果を示す。図11(b)のグラフは，ピアノ演奏時の人差し指のPIP関節，MP関節の曲がり具合を表している。図11(b)の結果から，初心者に比べ上級者は，指関節の曲がりが小さく滑らかな運指が出来ていることを示している。今後，各指の連動性や独立性といった繊細な運指動作を解析し，楽器演奏評価・解析ツールや，演奏指導ツールへの応用，音楽家の疾患であるジストニアの早期発見に関する研究[68)]などを進めていきたい。

初段の試みとして，**図12**(a)(b)にピアノの演奏時に，演奏者の手元を写した映像上にそれぞれの指の関節に対応したポリゴン球をリアルタイムでスーパーインポーズ表示するARシステムを示す。この球体の大きさは指の各指関節の曲げの大きさに応じて変化し，演奏者の鍵盤を弾く「運指」状態を把握する指標となる。

他の応用事例として，図12(c)にVR応用の可能性例を示す。仮想空間内でポリゴン化された手指を操り，ディジタルデータ化された仮想空間内における自動車の部品を組み付けたり分解したりするシミュレーションシステムを試作した。これにより設計の早期段階で「人間が介在する部品組付け評価」が可能になり，開発や設計と生産技術が連携し合うためのツールとなり得ると思われる。すなわち，技

(a)

(b)

(c)

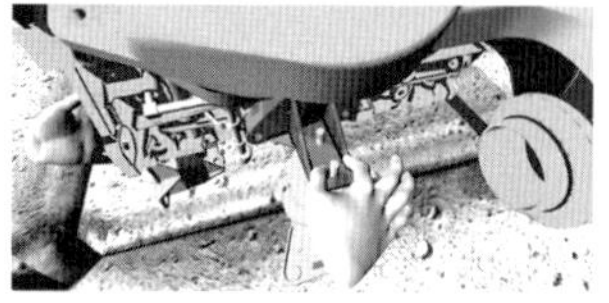

図12　データグローブを装着したピアニストが演奏している指の動きをリアルタイムでディスプレイに反映しているデモの様子(a)，ディスプレイ上に指の関節の曲がり具合をポリゴンの球の大きさで表示(b)，データグローブを装着し，仮想空間内でポリゴン化された手指を操り自動車部品の分解/組付けをしている様子(c)

術・品質要件・コスト要件などメーカーが製造に関わる検討を事前に実施するコンカレントエンジニアリングやデザインレビューに貢献することができるだろう。

さらに，従来データグローブの装着感により使用が敬遠されていた分野・領域において，「指の動きを検知・可視化する新たなテクノロジー」として，さまざまな応用が期待される。

8. おわりに

長尺紡績 MWCNT 配向シートと弾性樹脂から形成されるユニークな「ストレッチャブル動ひずみセンサ」およびこれを用いた「テキスタイル型ウェアラブルモーションセンサ」を紹介した。センサは MWCNT シートの「さまざまな特異機能」がベースとなっている。小さなひずみから大きなひずみを静的・動的に検出することができ，薄く，軽く，さまざまな形状に加工できることから，従来困難であった複雑な形状物や生体表面などに貼り付けることで新しい価値をもった「センサシステム」や「サービス」を創出できる可能性を示唆した。ポストスマートフォン市場として大きな注目を集めているウェアラブルデバイスであるが，一過性の流行に終わらず，社会に受容され，定着して私たちの生活をより一層豊かに変えられるようにしてきたい。そのため，常にユーザー視点・価値を意識し，さまざまな業種と連携した開発を継続し多くの場面でこの技術が活用されることを目指していきたい。

文　献

1）V. Kaushik, J. Lee, J. Hong, S. Lee, S. Lee, J. Seo, C. Mahata and T. Lee：*Nanomaterials*, **5.3**, 1493（2015）.

2）B. Hu, W. Chen and J. Zhou：*Sens. Actuators B Chem.*, **176**, 522（2013）.

3）J. Zou, Z. Yu, Y. Pan, X. Fang and Y. Ou：*J. Polym. Sci. B Polym. Phys.*, **40**, 954（2002）.

4）L. Wang, T. Ding and P. Wang：*IEEE Sens. J.*, **9**, 1130（2009）.

5）T. Yasuoka, Y. Shimamura and A. Todoroki：*Int. J. Aeronaut. Space Sci.*, **14**, 146（2013）.

6）T. Yamada, Y. Hayamizu, Y. Yamamoto, Y. Yomogida, A. Izadi-Najafabadi, D. N. Futaba and K. Hata：*Nat. Nanotechnol.*, **6**, 296（2011）.

7）M. K. Shin, J. Oh, M. Lima, M. E. Kozlov, S. J. Kim and R. H. Baughman：*Adv. Mater.*, **22**, 2663（2010）.

8）K. Arshak, R. Perrem：*Sens. Actuators A Phys.*, **36**, 73（1993）.

9）A. P. Sobha, S. K. Narayanankutty：*Sens. Actuators A Phys.*, **233**, 98（2015）.

10）X. Liao, Q. Liao, X. Yan, Q. Liang, H. Si, M. Li, H. Wu, S. Cao and Y. Zhang：*Adv. Funct. Mater.*, **25**, 2395（2015）.

11）R. Rahimi, M. Ochoa, W. Yu and B. Ziaie：*ACS Appl. Mater. Interfaces*, **7**, 4463（2015）.

12）S. Soltanian, A. Servati, R. Rahmanian, F. Ko and P. Servati：*J. Mater. Res.*, **30**, 121（2015）.

13）J. Kost, M. Narkis and A. Foux：*Polym. Eng. Sci.*, **23**, 567（1983）.

14）J. Zhou, Y. Gu, P. Fei, W. Mai, Y. Gao, R. Yang, G. Bao and Z. L. Wang：*Nano Lett.*, **8**, 3035（2008）.

15）X. Wang, X. Fu and D. D. L. Chung：*J. Mater. Res.*, **14**, 790.（1999）.

16）S. V. Anand, D. Mahapatra：*Smart Mater. Struct.*, **18**, 045013（2009）

17）D. P. J. Cotton, I. M. Graz, and S. P. Lacour：*IEEE Sens. J.*, **9**, 2008（2009）.

18）S. Rosset, B. M. O’Brien, T. Gisby, D. Xu, H. R. Shea and I. A. Anderson：*in Proc. SPIE 8687*（Ed：Y. Bar-Cohen）, SPIE, Bellingham, WA, USA, 2013, 2F.

19）B. O’Brien, T. Gisby, and I. A. Anderson：*in Proc. SPIE 9056*（Ed：Y. Bar-Cohen）, SPIE, Bellingham, WA, USA, 2014, 905618.

20）D. J. Cohen, D. Mitra, K. Peterson and M. M. Maharbiz：*Nano Lett.*, **12**, 1821（2012）.

21）L. Cai, L. Song, P. Luan, Q. Zhang, N. Zhang, Q. Gao, D. Zhao, X. Zhang, M. Tu, F. Yang, W. Zhou, Q. Fan, J. Luo, W. Zhou, P. M. Ajayan and S. Xie：*Sci. Rep.*, **3**, 3048（2013）.

22）D. J. Lipomi, M. Vosgueritchian, B. C. Tee, S. L. Hellstrom, J. A. Lee, C. H. Fox and Z. Bao：*Nat. Nanotechnol.*, **6**, 788（2011）.

23）F. Xu, Y. Zhu：*Adv. Mater.*, **24**, 5117（2012）.

24）S. Yao, Y. Zhu：*Nanoscale*, **6**, 2345（2014）.

25）W. Hu, X. Liu, R. Zhao, Q. Pei, T. Niu, N. Liu, M. Zhao, G. Xie, L. Zhang, J. Li, Y. F. Pei, H. Shen, X. Fu, H. He, S. Lu, X. D. Chen, L. J. Tan, T. L. Yang, Y. Guo, P. J. Leo, E. L. Duncan, J. Shen, Y. F. Guo and G. C. Nicholson：*Appl. Phys. Lett.*, **102**, 083303（2013）.

26）M. L. Hammock , A. Chortos , B. C. Tee , J. B. Tok and Z. Bao：*Adv. Mater.*, **25**, 5997（2013）.

27）Y. Inoue, K. Kakihata, Y. Hirono, T. Horie, A. Ishida and H. Mimura：*Appl. Phys. Lett.*, **92**, 213113（2008）.

28）Y. Inoue, Y. Suzuki, Y. Minami, J. Muramatsu, Y. Shimamura, K. Suzuki, A. Ghemes, M. Okada, S. Sakakibara, H. Mimura and K. Naito：*Carbon*, **49**, 2437（2011）.

29）K. Jiang, Q. Li, and S. Fan：*Nature*, **419**, 801（2002）.

30）K. Jiang, J. Wang, Q. Li, L. Liu, C. Li and S. Fan：*Adv. Mater.*, **23**, 1154（2011）.

31）M. Zhang, K. R. Atkinson and R. H. Baughman：*Science*, **306**, 1358（2004）.

32）M. Segev-Bar, H. Haick：*ACS Nano*, **7**, 8366（2013）.

33）T. Junisbekov, V. Kestelman and N. Malinin：Stress Relaxation in Viscoelastic Materials. 2nd ed., Enfield, N.H., USA, Science and Publishing House Publishers（2003）.

34）B. G. Demczyk, Y. M. Wang, J. Cumings, M. Hetman, W. Han, A. Zettl and R. O. Ritchie：*Mater. Sci. Eng. A*, **334**, 173（2002）.

35）T. Hayashi, T. C. O’Connor, K. Higashiyama, K. Nishi, K. Fujisawa, H. Muramatsu, Y. A. Kim, B. G. Sumpter, V. Meunier, M. Terrones and M. Endo：*Nanoscale*, **5**, 10212（2013）.

36）P. Sheng, E. K. Sichel and J. I. Gittleman：*Phys. Rev. Lett.*, **40**, 1197.（1978）.

37）T. Choudhury, G. Borriello, S. Consolvo, D. Haehnel, B. Harrison, B. Hemingway, J. Hightower, P. Klasnja, K. Koscher, A. LaMarca, J. A. Landay, L. LeGrand, J. Lester, A. Rahimi, A. Rea and D. Wyatt：*IEEE Pervasive Comput.*, **7**, 32（2008）.

38）O. D. Lara, M. A. Labrador：*IEEE Commun. Surv. Tutorials*, **15**, 1192（2013）.

39）V. Custodio, F. J. Herrera, G. López and J. I. Moreno：*Sensors*（*Basel*）, **12**, 13907（2012）.

40）A. Pantelopoulos, N. G. Bourbakis：*IEEE Trans. Syst. Man. Cybern. C Appl. Rev.*, **40**, 1（2010）.

41）A. Burns, B. R. Greene, M. J. McGrath, T. J. O’Shea, B. Kuris, S. M. Ayer, F. Stroiescu, V. Cionca：*IEEE Sens. J.*, **10**, 9, 1527（2010）.

42）N. Lu, D.-H. Kim：*Soft Robotics*, **1**, 53（2013）.

43）N. Lu, C. Lu, S. Yang and J. Rogers：*Adv. Funct. Mater.*, **22**, 4044（2012）.

44）A. Godfrey, R. Conway, and D. Meagher：*Med. Eng. Phys.*, **30**, **10**, 1364（2008）.

45）D.-H. Kim, R. Ghaffari, N. Lu and J. A. Rogers：*Annu. Rev.Biomed. Eng.*, **14**, 113（2012）.

46）P. G. Agache, C. Monneur, J. L. Leveque and J. De Rigal：*Arch. Dermatol. Res.*, **269**, 221（1980）.

47）R. A. Street , A. C. Arias：Stretchable Electronics（Ed. T. Someya）, Wiley-VCH Verlag GmbH & Co., KGaA, Weinheim, Germany, Ch. 15（2012）.

48）K. Nakamura：*J Orthop Sci*, **13** 1（2008）.

49）K. Nakamura：*J Orthop Sci*, **83**, 1, 1（2009）.

50）日本整形外科学会編：ロコモティブシンドローム診療ガイド 2010, pp.2-13, 文光堂（2010）.

51）K. Nakamura：*J Orthop Sci*, **16**, 5, 489（2011）.

52）B. Najafi, K. Aminian, K., A. Paraschiv-Ionescu, F. Loew, C. J. Büla and P. Robert：*IEEE Transactions on Biomedical Engineering*, **50**, 6, 711（2003）.

53）J. Mäntyjärvi, J. Himberg, and T. Seppänen：*IEEE International Conference on*, **2**, 747（2001）.

54）Z.-P. Luo, L. J. Berglund and K.-N. An：*J Rehabil Res Dev*, **35**, 2, 186（1998）.

55）J. R. Mackey, B. L. Davis：*J Biomech*, **39**, 15, 2893（2006）.

56）E. B. Titianova, P. S. Mateev and I. M. Tarkka：*J Electromyogr Kinesio*, **14**, 2, 275（2004）.

57）S. J. M. Bamberg, A. Y. Benbasat, D. M. Scarborough, D. E. Krebs and J. A. Paradiso：*Information Technology in Biomedicine, IEEE Transactions on*, **12**, 4, 413（2008）.

58）E. Jovanov, A. Milenkovic, C. Otto and P. C. De Groen：*J Neuroeng Rehabil*, **2**, 1, 6（2005）.

59）L. Tao, Y. Inoue and K. Shibata：*Measurement*, **42**, 7, 978（2009）.

60）A. V. Rowlands, M. R. Stone and R. G. Eston：*Med Sci Sports Exerc*, **39**, 4 716（2007）.

61）K. Lorincz, B.-R. Chen, G. W. Challen, A. R. Chowdhury, S. Patel, P. Bonato and M. Welsh：*SenSys.*, **9**, 183（2009）.

62）J. Bates：*Presence Teleoperators Virtual Environ*, **1**, 133（1992）.

63）J. Blake, H. B. Gurocak：*IEEE*/ASME Trans. Mechatron, **14**, 606（2009）.

64）D. Xu：in Proc. IEEE 18th International Conference on Pattern Recognition, Vol. 3（Eds：Y. Y. Tang, S. P.

Wang, G. Lorette, D.S. Yeung and H. Yan), Los Alamitos, CA, USA, IEEE Computer Society 519 (2006).

65) R. Y. Wang, J. Popović：*ACM Trans. Graph.*, **28**, 63 (2009).

66) S. Furuya and E. Altenmüller：*Front. Hum. Neurosci.*, **7**, 173 (2013).

67) S. Furuya, M. Flanders and J. F. Soechting：*J. Neurophysiol.*, **106**, 6, 2849 (2011).

68) S. Furuya, K. Tominaga, F. Miyazaki and E. Altenmüller：*Sci Rep.*, **5**, 13360 (2015).

第6節　ナノカーボン高分子アクチュエータに関する研究開発

国立研究開発法人産業技術総合研究所　杉野　卓司　国立研究開発法人産業技術総合研究所　安積　欣志

1. はじめに

「カーボンナノチューブ」(CNT) は本書のタイトルでもあるように，近年，さまざまな分野で注目されているナノカーボン材料の1つである。一方，「イオン液体」は食塩のようにカチオンとアニオンからなるイオン対でありながら，融点が100℃以下の液体であり，難燃性で難揮発性であり，イオン導電性を有することから，近年，リチウム二次電池の電解液としてのみならず，さまざまな化学合成反応の溶媒や潤滑剤として利用され，応用が期待されている。

近年，筆者らは，この非常に興味ある材料であるCNTと室温付近で液体であるイオン液体を高分子中に分散させた導電性薄膜（電極膜）に電圧を印加すると電極が伸縮するという現象を見出した[1]。この現象を応用することにより屈曲変形したり，ダイヤフラムポンプのように上下に変形する高分子アクチュエータを開発することに成功した。本稿では，筆者らが開発したCNTとイオン液体の複合体からなる高分子アクチュエータを「ナノカーボン高分子アクチュエータ」と呼び，その研究開発について紹介する。

2. 高分子アクチュエータ

アクチュエータとは，さまざまなエネルギーを力学的なエネルギーに変換する材料の総称であり，モーターが代表的なものである。これまで，身の回りの電子機器から医療機器に至るまで，多くの機器の駆動部にモーターが用いられてきた。しかし，これら機器の小型化，高機能化・高精度化が進み，さらに，低消費電力化が求められる中，モーターに比べ，軽量で柔らかく，静動性・加工性に優れ，人間の筋肉のような複雑な動きが可能な新しいタイプのアクチュエータである高分子アクチュエータがモーターに代わるアクチュエータとして，最近，注目されている。高分子アクチュエータはpH，温度，磁場や電場など，さまざまな外部刺激により変形する。なかでも，電場（電気信号）に応答して変形する高分子アクチュエータは，電気活性高分子アクチュエータ（electroactive polymer（EAP）actuator）とよばれ，近年，能動カテーテルや医療診断機器のマイクロポンプ，小型ロボットの手や足を動かす動力源として幅広い分野で実用化が期待されている。EAPアクチュエータは電圧印加時に素子中に電流が流れるタイプのイオン性EAPアクチュエータと素子中に電流が流れないタイプの電気性EAPアクチュエータに大別される（**表1**）[2)-10)]。EAPアクチュ

表1　EAPアクチュエータの分類と特徴

アクチュエータの種類	イオン性EAPアクチュエータ	電気性EAPアクチュエータ
主要高分子材	・フッ素系イオン交換樹脂[2)-4)] （ナフィオン，フレミオン） ・導電性高分子[5)-7)] （ポリアニリン，ポリピロール）	・誘電エラストマー （シリコン，アクリル高分子[8)]） ・圧電性高分子 （P(VDF-TrFE)[9)]，ポリ乳酸[10)]）
駆動電圧	数V	数kV
伸縮性	数%～10%程度	4～32%，215%
最大応答速度	100 Hz	100 kHz

エータの詳細については専門書を参考されたい[11)-13)]。イオン性EAPアクチュエータは数V程度の低電圧で大きく変形することが特徴であるが，応答速度や変形時に素子が発生する力は電気性EAPアクチュエータに比べ劣る。一方，電気性EAPアクチュエータは応答性と発生力に優れているが，これらの特性を得るためには，数kV程度の高電圧を素子に印加する必要があるため，電気性EAPアクチュエータを我々の身の回りで利用しようと考えると，しばしば，その高い電圧が問題となってくる。筆者らが研究開発しているナノカーボン高分子アクチュエータは電圧の印加に伴い素子中に電流が流れるイオン性EAPアクチュエータである。

3. ナノカーボン高分子アクチュエータの構成と変形メカニズム

3.1 アクチュエータの構成

従来，イオン性EAPアクチュエータの多くは，水中もしくは溶液中では良好に動くが，空中では動きが悪くなるという問題を抱えていた。これは，素子中にイオン源として用いられている電解質が水溶性あるいは可溶媒性のものであったため，アクチュエータを空気中に出すと，水などの溶媒が蒸発するとともに，動きが悪くなるからである。そこで，筆者らは水溶性の電解質に代わる電解質として，室温付近で液体で，かつ，難揮発性のイオン液体を電解質に用いることにより，空中でも安定して駆動するアクチュエータを実現した。このイオン液体をCNTとともに高分子中に分散させると，ゲル状の黒色分散液が得られる。ゲル状の分散溶液を型の中に流し込み，溶媒を乾燥させると自立した導電性の薄膜（電極膜）が得られる。一方，イオン液体と高分子を溶媒に溶かし，電極膜と同様に型に流し乾燥させると，半透明なやわらかいゲル状電解質膜が得られる。この電解質膜の両面にCNTを含む電極膜を加熱圧着により貼り合わせることにより，３層構造のナノカーボン高分子アクチュエータが作製できる（**図１**）。ナノカーボン高分子アクチュエータは，一端を外部電極で固定して数V（3V程度）の電圧を印加すると，正極側に屈曲変形する。

3.2 変形メカニズム

ナノカーボン高分子アクチュエータでは，電圧を印加すると素子中に電流が流れ，電極に電荷がたまる。いわゆる，キャパシタである。電圧印加時にアクチュエータ素子中で，ゲル状電解質膜から電極膜に電解質イオンが挿入・脱離することにより電極の体積変化（伸縮）が起こり，変形が生じているものと考えている[14)]。ナノカーボン高分子アクチュエー

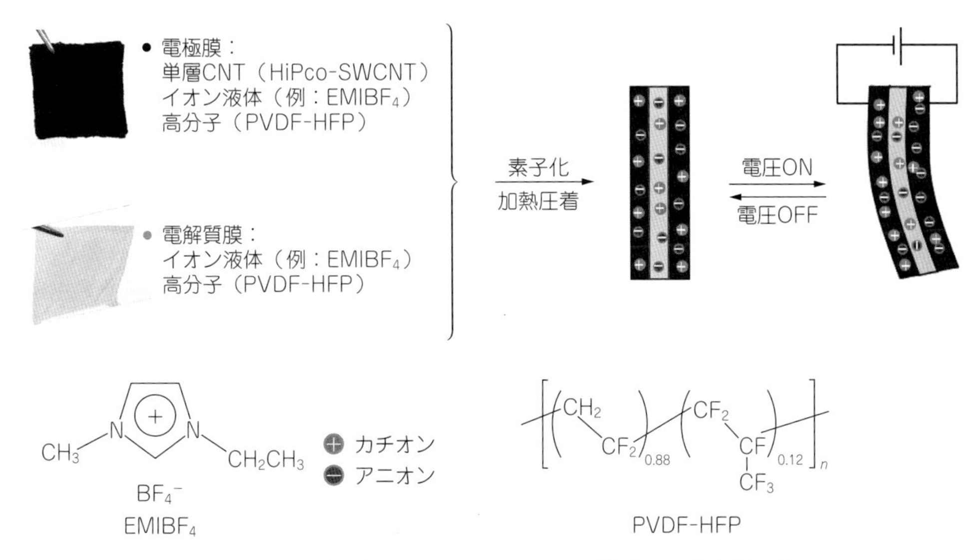

図１　ナノカーボン高分子アクチュエータの構造と屈曲変形の様子

電極膜および電解質膜中の構成成分と素子化（３層構造）および正極側への屈曲変形。

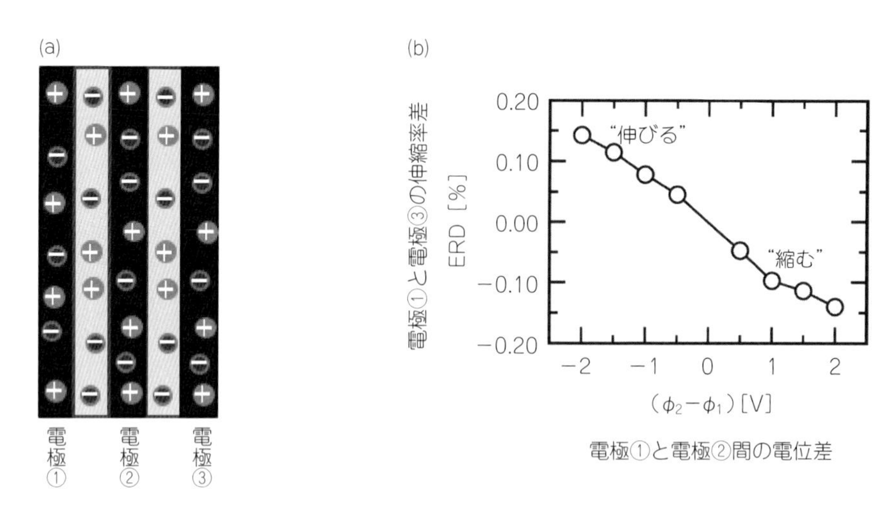

図２　５層構造ナノカーボン高分子アクチュエータ(a)と電極の伸縮(b)

表２　イオン液体の構造

イオン液体		カチオン	アニオン
イミダゾリウム系	$EMIBF_4$ $BMIBF_4$ $HMIBF_4$ $OMIBF_4$	CH_3–N(+)N–R $R=C_2H_5$ $R=C_4H_9$ $R=C_6H_{13}$ $R=C_8H_{17}$	BF_4^-
	EMITFSI	CH_3–N(+)N–C_2H_5	$(CF_3SO_2)_2N^-$
アンモニウム系	A—3	$CH_3—N^+(CH_3)(CH_2CH_3)—C_2H_4OC_2H_4OCH_3$	BF_4^-
	A—4		$(CF_3SO_2)_2N^-$

タの電極の伸縮について詳細に検討するため，筆者らは，**図２**(a)のような５層構造のアクチュエータを作製した。５層構造のアクチュエータでは，中央の電極の両側が対称である場合，中央電極の伸縮は５層構造のアクチュエータの屈曲方向に関与しない。そこで，中央の電極と，それ以外の両端の電極の一方に，異なる極性の電圧を印加することにより，ナノカーボン高分子アクチュエータの電極の伸縮を調べた。例えば，５層構造のアクチュエータの電極①と電極②に電圧を印加した場合，電極①が縮めばアクチュエータは左側に屈曲し，逆に，電極①が伸びればアクチュエータは右側に屈曲変形を示す。したがって，電圧印加に伴う電極の伸縮方向がわかる。実験の結果，図２(b)に示すように正極が縮んで負極が伸びることにより，３層構造のナノカーボン高分子アクチュエータでは正極側に屈曲変形が起こることが明らかになった[15]。

さらに，筆者らは，アクチュエータ中に含まれるイオン液体を種々変えてアクチュエータの変形応答変化を調べ，等価回路解析を行うことにより変形のメカニズムを調べた[16]。イオン液体としては，**表２**に示すように５種類のイミダゾリウム系イオン液体と２種類のアンモニウム系イオン液体を用いて実験を行った。素子中に内包されるイオン液体が異なるアクチュエータの伸縮率（ε）の印加電圧（三角波）周波数（f）に対する応答変化を**図３**に示した。伸縮率（ε）は，アクチュエータ素子の変形量（δ），素子厚（d）および素子長（L）(外部電極の固定端から素子にレーザーがあたる点までの長さ）から式(1)により算出した。

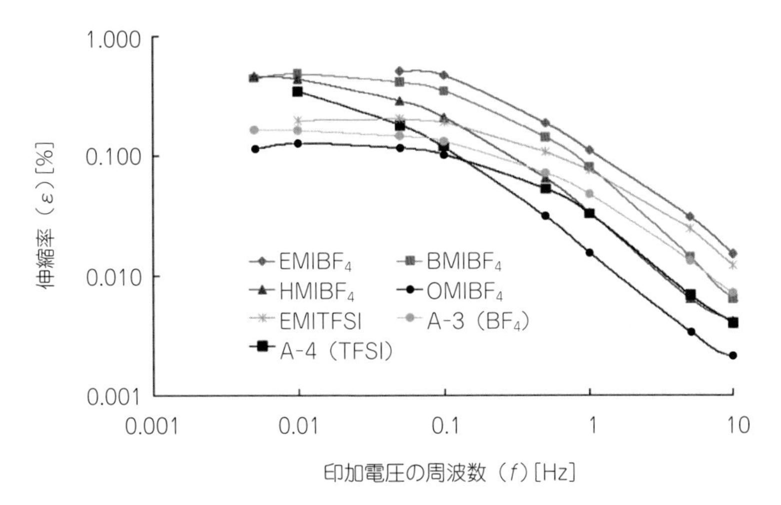

図３　さまざまなイオン液体を電解質とするナノカーボン高分子アクチュエータの伸縮率の周波数変化

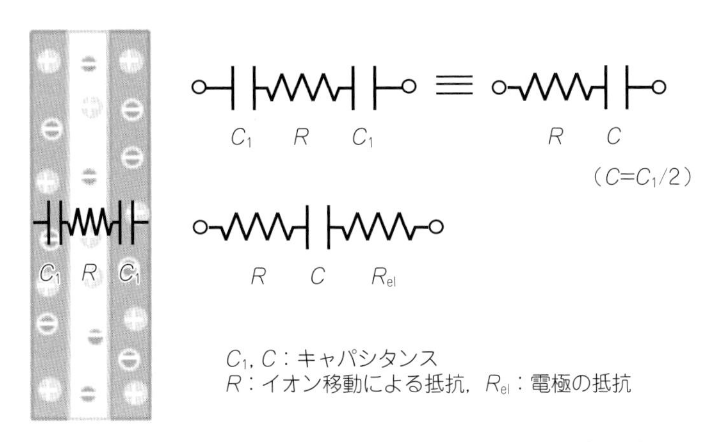

図４　ナノカーボン高分子アクチュエータの *RC* 等価回路

$$\varepsilon = \frac{2d\delta}{L^2 + \delta^2} \qquad (1)$$

３層構造のナノカーボン高分子アクチュエータにおいて，電極のキャパシタンス（C）と電解質膜のイオン抵抗（R）とすると，**図４**に示すように R と C が直列につながった等価回路が書ける。この等価回路に，一定速度 $v = \mathrm{d}E/\mathrm{d}t$（印加電圧の走引速度）の三角波電圧を印加する場合，電流は式(2)で表される。

$$i = Cv\left(1 - \exp\frac{-t}{RC}\right) \qquad (2)$$

ナノカーボン高分子アクチュエータの伸縮率（ε）は，周波数（f）の電圧を印加した際にアクチュエータ中に蓄えられる電荷（Q）に比例すると仮定すると，式(3)により得られる。

$$\varepsilon = \frac{\varepsilon_0 Q(f)}{Q_0} = \varepsilon_0\left\{1 - 4RCf\left(1 - \exp\frac{-1}{4Cf}\right)\right\} \qquad (3)$$

ここで，$Q(f)$ は周波数（f）の電圧を印加した際に電極にたまる最大電荷を，Q_0 は非常に遅い周波数の電圧を印加した際に電極にたまる最大電荷を，ε_0 は非常に遅い周波数の電圧を印加した際のアクチュエータの伸縮率（最大伸縮率）を表している。電極のキャパシタンス（C）および電気抵抗（R_{el}），電解質膜中のイオン抵抗（R）は，それぞれ，サイクリックボルタンメトリー（CV）測定，四端子法およびインピーダンス測定により求めた。

表３　ナノカーボン高分子アクチュエータの電極の電気特性と時定数（*RC*）

電極膜のキャパシタンス（*C*），電解質膜中のイオン導電率（κ），イオン抵抗（*R*），時定数および最大伸縮率（ε_0）。

イオン液体	C [F/cm^2]	κ [mS/cm]	R [Ωcm^2]	$R+R_{el}$ [Ωcm^2]※	CR [s]	$C(R+R_{el})$ [s]※	ε_0 [%]
$EMIBF_4$	0.0312	1.71	1.17	17.77	0.0365	0.554	0.53
$BMIBF_4$	0.0338	0.312	6.41	23.01	0.217	0.778	0.45
$HMIBF_4$	0.0286	0.134	14.9	31.50	0.426	0.901	0.48
$OMIBF_4$	0.0286	0.014	143	159.6	4.09	4.565	0.60
EMITFSI	0.0338	1.33	1.50	18.10	0.0507	0.612	0.21
A—3	0.0286	0.393	5.09	21.69	0.146	0.620	0.17
A—4	0.0286	0.729	2.74	19.31	0.0784	0.553	0.13

※電極抵抗（R_{el}）= 16.6 Ωcm^2。

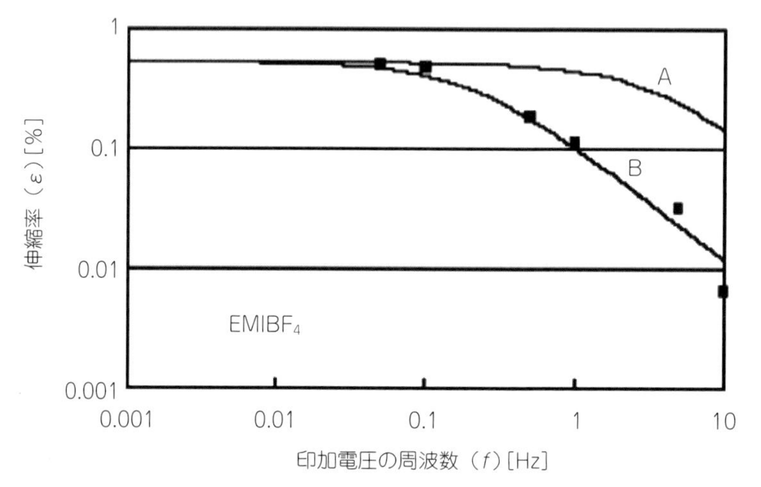

図５　伸縮率の周波数変化：イオン液体が $EMIBF_4$ の場合

実験結果（■）vs シミュレーション結果（実線Ａ，Ｂ）。
（Ａは電極抵抗を考慮しない場合，Ｂは電極抵抗を考慮した場合）

測定の結果，得られたキャパシタンスとイオン抵抗および電極の電気抵抗から各イオン液体を用いた際の等価回路の時定数（*CR*）を算出した（**表３**）。イオン液体に $EMIBF_4$ を用いた場合に得られる時定数を式(3)に代入して，周波数（*f*）における伸縮率（ε）をシミュレーションした結果を**図５**に２本の実線Ａ，Ｂで示した。電極の電気抵抗と電解質膜中のイオン抵抗の両方を考慮してシミュレーションした場合（図５の実線Ｂ）に実験結果（図５の■）とシミュレーション結果に非常に良い相関がみられた。その他のイオン液体を電解質に用いた場合も同様の結果が得られた。これらの実験結果から，ナノカーボン高分子アクチュエータの変形（伸縮率）は素子中にたまるチャージ量に比例すること，また，電解質であるイオン液体のイオン伝導性が高く，電極の電気抵抗が小さいものほど高速に応答する可能性があることが明らかになった。

4. ナノカーボン高分子アクチュエータの応答性改善：電極の改良

アクチュエータに求められる特性としては，以下の３つがあげられる。すなわち，大きく変形すること，その変形速度が速いこと，そして，変形時にアクチュエータが発生する力が大きいことである。しかし，アクチュエータの応答性を改善しようとすると，一般的に，これら３つの特性はトレードオフの関係になる。すなわち，１つの特性の改善に成功しても，残りの１つ，あるいは，２つの特性が低下してしまうことが，しばしば起こる。

表４　電極への導電性添加物によるアクチュエータ特性の改善

最大伸縮率（ε_{max}）(5 mHz 時)，電極膜のキャパシタンス（C），導電率（κ），ヤング率（Y）および最大発生力（σ）。

素子/電極膜	ε_{max}［%］	C［F/cm^2］	κ［S/cm］	Y［MPa］	σ［MPa］※1
CNT（50）※2	0.65	0.0508	4.1	280	1.8
CNT/PANI（50/10）※3	1.3	0.0852	8.6	390	5.0
CNT/PANI（50/30）※3	1.9	0.152	10	370	7.0
CNT/PANI（50/50）※3	1.9	0.196	15	530	10
CNT/CB（50/8）※4	0.40	0.0624	7.8	400	1.6
CNT/CB（50/24）※4	0.82	0.0614	9.5	540	4.4
CNT/CB（50/40）※4	2.1	0.119	4.6	410	8.6

※1　$\sigma = \varepsilon_{max} \times Y/100$。
※2　添加物のない系。
※3　PANI を添加した系。
※4　CB を添加した系。
（　）内は CNT と PANI，CNT と CB の重量比を示す。

ここでは，ナノカーボン高分子アクチュエータの特性改善に向けた研究開発について紹介する。先に述べたとおり，ナノカーボン高分子アクチュエータは電圧を印加するとキャパシタと同様，電極中に電荷がたまることにより変形が生じている。そこで，電極に用いるナノカーボン材の種類を変えたり，電極にさまざまな添加物を加えることにより，アクチュエータの応答特性の改善することを試みた。電極に用いるナノカーボン材としては単層，２層，多層 CNT など，さまざまなナノチューブを用いることが可能である。しかし，ナノカーボン高分子アクチュエータの変形が，電極に，より多くの電荷がたまることに起因していることを考えると，重量当たりの比表面積のより大きな単層 CNT が最もよい候補となり得る。単層 CNT としては HiPco 法やスーパーグロース法[17]で調製された CNT がよい結果を与える。電極に，より多くの電荷がたまることはナノカーボン高分子アクチュエータが変形するための必要条件であるが，アクチュエータがより大きく変形するためには，たまった電荷が効率よく力学的なエネルギーに変換される必要がある。そこで，筆者らはナノカーボン高分子アクチュエータの電極にさまざまな添加物を加えることにより，電極の特性（ヤング率，導電率や充填率など）を変化させ，アクチュエータの応答特性との相関について調べた[18)19]。これらの文献では，単層 CNT として HiPco–単層 CNT が用いられている。添加物としては，非導電性ナノ粒子であるメソポーラスシリカ材（MCM–41）や導電性ナノ粒子など，さまざまな添加物を検討したが，ここでは，導電性ナノ粒子として，カーボンブラック（CB）およびポリアニリン（PANI）(CB の表面に PANI がコーティングされたもの）を電極中に添加した際の効果について紹介する。**表４**に CB および PANI を添加した場合のアクチュエータの最大変形量（5 mHz 時の伸縮率）と電極膜のキャパシタンス，導電率，ヤング率およびヤング率と最大伸縮率の積で求まるアクチュエータ素子の発生力をまとめた。CB，PANI の添加により電極膜は固く（ヤング率は大きく）なり，キャパシタンスおよび導電率とも大きくなる傾向がみられた。その結果，アクチュエータの変形量は CB や PANI の添加により約３倍向上し（伸縮率で最大 2.1%），発生力は最大で５倍程度（10 MPa）改善され，CB と PANI の添加により変形量と発生力を同時に改善できることが明らかになった。改善されたナノカーボン高分子アクチュエータの発生力（10 MPa）は，筋肉の発生力（0.35 MPa）[20]の約 29 倍であり，イオン性 EAP アクチュエータである導電性高分子アクチュエータの発生力とほぼ同程度である[7)21]。

アクチュエータ電極に用いる CNT としては，HiPco–単層 CNT 以外にスーパーグロース法により調製された長尺な単層 CNT[22]や多層 CNT[23]を主要炭素材料として用いた例も報告されている。また，電極の主要炭素材料として CNT 以外にテンプレートカーボンの一種である carbide derived

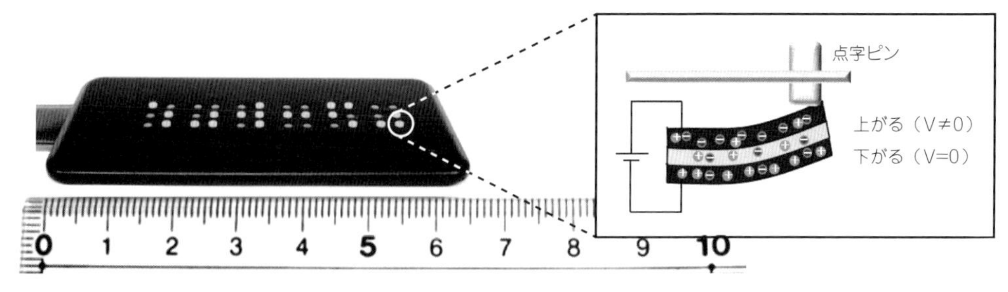

図６　ナノカーボン高分子アクチュエータを用いた点字ディスプレイ

65 mm（幅）×30 mm（奥）×3 mm（高さ），約５g。市販の点字ディスプレイに比べ，厚み約1/10，重さ約1/200。拡大部分は点字ディスプレイ内部でアクチュエータが点字ピンを上げる様子。

carbon（CDC）[24]やアセチレンブラックと活性炭を混ぜ合わせたもの[25]を電極に用いた高分子アクチュエータに関する研究報告もある。詳細については，それぞれの文献を参考されたい。

5. ナノカーボン高分子アクチュエータの応用への取組み

さまざまな高分子アクチュエータの中でも，電気活性な高分子（EAP）アクチュエータは，その変形応答を電気信号により制御できるため，実用化に最も近い高分子アクチュエータとして期待されている。その応用範囲は実に幅広く，医療および医療福祉方面への応用から小型ロボットの手足を動かすための駆動源として，また，玩具への応用も検討されている。ここでは，筆者らが開発しているナノカーボン高分子アクチュエータに関する応用への取組みを２例紹介する。最初の応用例は，薄型で超軽量な点字ディスプレイへの応用である。現在，市販されている点字ディスプレイには無機のピエゾアクチュエータが使われており，そのため，点字ピンを上下させるピエゾアクチュエータの変位を拡大するメカ機構が必要である。また，ピエゾアクチュエータを駆動させるために100 V電圧を昇圧する必要があり，昇圧器を点字ディスプレイに組入れる必要がある。そのため，市販の点字ディスプレイ（点字を40文字程度表示可能）は分厚く（25 mm程度），重い（1 kg程度）ものが多い。これに対して，3 V程度の低電圧でピエゾアクチュエータの10倍から100倍程度変形するナノカーボン高分子アクチュエータを点字ピンを上下させる動力源に用いると，**図６**に示すように厚み約3〜5 mm，重さ約5 gと薄くて，とても軽い点字ディスプレイ（6文字の点字を表示）を提供することが可能になる[26]。このように軽量で薄型の点字ディスプレイは携帯電話やタブレット端末に接続して持ち歩くことが可能となるばかりか，電気ポットやエアコンのリモコンなど市販の家電製品に取り付けることが可能であり，視覚障害者の方々の日常生活の質を大きく改善するのに役立つのではないかと考えている。２つ目の応用への取組みとして，ナノカーボン高分子アクチュエータを印刷回路基板（PCB）中に組み込んだマイクロピペット（**図７**）の開発について紹介する。２枚のPCBのうち，一方のPCB中央には穴が開いており，その穴とピペット上の先端部がつながっている。ナノカーボン高分子アクチュエータは，この基板上に固定され，もう一方のPCBにより基板間に挟み込まれる。この状態でアクチュエータに電圧を印加すると，ダイヤフラムポンプのように，ナノカーボン高分子アクチュエータが基板内で上下方向に変形する。それに伴い，アクチュエータが取り付けられた基板内の体積が変化することにより，液を吸ったり，吐き出したりできる。本マイクロピペットは10 µL程度の液の分注が可能であるが，実用化するためには精度や再現性の向上が必要であり，現在，改良を進めている[27]。

他のEAPアクチュエータの応用例についても，以下に簡単に紹介する。EAPアクチュエータを用いた世界最初の製品として，2002年にイーメックス㈱から，おもちゃの魚の尾ひれをイオン導電性高分子アクチュエータで駆動させる「人工筋魚」が発売された[28]。また，医療方面の応用として血管手術

(a)回路が印刷された基板内にアクチュエータをセット

両基板内にアクチュエータをセット

中央部の黒いフィルムがナノカーボン高分子アクチュエータ

(b)ナノカーボン高分子アクチュエータの仕様

アクチュエータの仕様	
駆動電圧	2 V
電気容量	0.23 F
ピーク電流	0.21 A
充電時間（10% to 90%）	4.2 sec

アクチュエータのサイズ
約19 mm×19 mm
厚み：323 µm

図７　ナノカーボン高分子アクチュエータのマイクロピペットへの応用

等に使用されるカテーテルの先端の動きを電気信号により制御する能動カテーテルへの応用が検討されている[29]。パナソニック㈱は，ベルギーの研究機関である IMEC（Interuniversity Microelectronics Centre）と小型遺伝子診断チップを共同開発し，その診断チップ中に試料を送液する小型ポンプとして導電性高分子アクチュエータを利用している[30]。EAP アクチュエータは電気エネルギーを変形応答に変換するが，その逆に，EAP アクチュエータは外部応力により自身が変形させられると，電気エネルギーを発生させることが可能であるため，再生可能なエネルギー源としても注目されている。EAP アクチュエータの発電への応用としては，誘電エラストマーを応用した波力発電への取組みが知られており，その発電効率としては波エネルギーの25%程度が電力に変換可能であるといわれている[31]。

6. おわりに

本稿では，筆者らが研究開発しているナノカーボン高分子アクチュエータの基礎と応用について紹介した。ナノカーボン高分子アクチュエータは電場に応答して変形する電気活性高分子（EAP）アクチュエータである。EAP アクチュエータは，軽量で柔軟性に優れているため，従来の無機のアクチュエータでは実現不可能であった，フレキシブルでウェアラブルなデバイスへの応用が可能である。本格的な実用化までには，精度や耐久性など，クリアしなければならない課題がいくつかあるものの，これら高分子アクチュエータの特徴をいかし，能動カテーテルや医療診断装置のマイクロポンプ，従来にないほど軽量で薄い点字ディスプレイ，また，小型ロボットの手や足を動かすための動力などとして，幅広い分野での応用が期待されている。さらに，電気エネルギーを機械的エネルギーに変換する逆応答を利用した発電デバイスやセンサへの応用も検討されており，近い将来，我々の身の回りのさまざまなところでEAP アクチュエータが利用されることを期待しつつ，結びとしたい。

文　献

1）T. Fukushima, K. Asaka, A. Kosaka and T. Aida：*Angew. Chem. Int. Ed.*, **44**, 2410（2005）.

2）K. Asaka and K. Oguro：*J. Electroanal. Chem.*, **480**, 186（2000）.

3）M. Shahinpoor：*Electrochem. Acta*, **48**, 2343（2003）.

4）B. J. Akle, M. D. Bennett and D. J. Leo：*Sens. Actuators A*, **126**, 173（2006）.

5）K. Kaneto, H. Fujisue, M. Kunifusa and W. Takashima：*Smart. Mater. Struct.*, **16**, S250（2007）.

6）T. F. Otero and J. M. Sansimñena：*Adv. Mater.*, **10**, 491（1998）.

7）H. Okuzaki, T. Kuwabara, K. Funasaka and T. Saido：*Adv. Funct. Mater.*, **23**, 4400（2013）.

8）R. Pelrine, R. Kornbluh, Q. Pei and J. Joseph：*Science*, **287**, 836（2000）.

9）Q. M. Zhang, V. Bharti and X. Zhao：*Science*, **280**, 2101（1998）.

10）M. Yoshida, T. Onogi, K. Onishi, T. Inagaki and Y. Tajitsu：*Jpn. J. Appl. Phys.*, **53**, 09PC02-1（2014）.

11）Y. Bar-Cohen（ed.）：Electroactive Polymer（EAP）actuators as artificial muscles：reality, potential, and challenges, SPIE-Press（2001）.

12）K. Asaka and H. Okuzaki（ed.）：Soft Actuators：Materials, Modeling, Applications, and Future Perspectives, Springer（2014）.

13）長田義仁，田口隆久（監修）：未来を動かすソフトアクチュエーター高分子・生体材料を中心とした研究開発，シーエムシー出版（2010）.

14）K. Kiyohara, T. Sugino and K. Asaka：*Smart. Mater. Struct.*, **20**, 124900（2011）.

15）K. Kiyhara, T. Sugino, I. Takeuchi, K. Mukai and K. Asaka：*J. Appl. Phys.*, **105**, 063506-1（2009）. *Ibid*, **105**, 119902-1（2009）.

16）I. Takeuchi, K. Asaka, K. Kiyohara, T. Sugino, N. Terasawa, K. Mukai, T. Fukushima and T. Aida：*Electrochim. Acta*, **54**, 1762（2009）.

17）K. Hata, D. N. Futaba, K. Mizuno, T. Namai, M. Yumura and S. Iijima：*Science*, **306**, 1362（2004）.

18）T. Sugino, K. Kiyohara, I. Takeuchi, K. Mukai and K. Asaka：*Sens. Actuat. B*, **141**, 179（2009）.

19）T. Sugino, K. Kiyohara, I. Takeuchi, K. Mukai and K. Asaka：*Carbon*, **49**, 3560（2011）.

20）I. W. Hunter and S. A. Lafontaine：*Technical digest IEEE solid*-state sensor and actuator workshop, *IEEE*, **178**（1992）.

21）S. Hara, T. Zama, W. Takashima and K. Kaneto：*Synth. Met.*, **146**, 47（2004）.

22）K. Mukai, K. Asaka, T. Sugino, K. Kiyohara, I. Takeuchi, N. Terasawa, D. N. Futaba, K. Hata, T. Fukushima and T. Aida：*Adv. Mater.*, **21**, 1582（2009）.

23）M. Biso and D. Ricci：*Phys. Status Solidi B*, **246**, 2820（2009）.

24）J. Torop, V. Palmre, M. Arulepp, T. Sugino, K. Asaka and A. Aabloo：*Carbon*, **49**, 3113（2011）.

25）S. Imaizumi, Y. Kato, H. Kokubo and M. Watanabe：*J. Phys. Chem. B*, **116**, 5080（2012）.

26）T. Sugino, Y. Shibata, K. Kiyohara and K. Asaka：*Proc. of SPIE 8340*, 83400T-1（2012）.

27）R. Addinall, T. Sugino, R. Neuhaus, U. Kosidlo, F. Tonner, C. Glanz, I. Kolaric, T. Bauernhansl and, K. Asaka：*Proc. 2014 IEEE/ASME Int. Conf. Adv. Intel. Mechatronics*（*AIM*）, 1436（2014）.

28）イーメックス（株）Web サイト：http://www.eamex.co.jp/hobby.html

29）B. K. Fang, C. C. K. Lin, and M. S. Ju：*Sens. Actuat. A*, **158**, 1（2010）.

30）パナソニック㈱ Web サイト：http://panasonic.co.jp/corp/news/official.data/data.dir/2013/02/jn130214-1/jn130214-1.html

31）日経テクノロジーオンライン 2007 年 8 月 21 日付：http://techon.nikkeibp.co.jp/article/NEWS/20070821/138004

第7節　高品質多層グラフェンの作製と加速器ビームセンサへの応用

株式会社カネカ　村上　睦明

1．はじめに

グラファイト1層の物質を意味するグラフェンは，きわめて魅力ある物性を有するため世界中で研究開発が活発化している。単層グラフェンの物性は2層になると劇的に変化し，層数の増加に従いその物性はグラファイトに近づく。このようなグラフェンとグラファイトの中間的な物質を多層グラフェンとよんでいるが，現在，何層までを多層グラフェンとよび，何層以上をグラファイトとよぶかについては明確な定義はない。本稿では，最初に（多層）グラフェンの電気・熱物性が層数の増加に伴いどのように変化するかを説明し，筆者らが開発した高品質多層グラフェンの物性について述べる。次に，大学共同利用機関法人高エネルギー加速器研究機構（以下，KEK）で検討され，㈱カネカ（以下，当社）で商品化した加速器ビームセンサへの応用展開について紹介する。

2．多層グラフェンの電気・熱物性

単層グラフェンの最も魅力ある物性であるキャリア移動度（室温）は40,000～4,000 $cm^2/(V\cdot s)$で[1)2)]，これは単層グラフェンの特徴的なdirac-cone型のバンド構造に基づき有効質量がきわめて小さいことによる。一方，グラファイト結晶におけるa-b面方向におけるキャリア移動度(μ)の最高値は，14,000 $cm^2/(V\cdot sec)$である[3)]。これに対して，多層グラフェンのキャリア移動度は，2～8層では2,000～4,000 $cm^2/(V\cdot s)$，9層では10,000 $cm^2/(V\cdot s)$と報告されており[4)]，その値はグラファイトと比較しても低い。また，単層グラフェンの電気伝導度の温度依存性はほとんどないが，2層グラフェンでは半導体的な特性に急変する。温度依存性は，層数の増加とともに高品質グラファイトの金属的な特性に近づき，20 nm以上の厚さになると，ほぼグラファイトの値に一致する[5)]。これは層数増加に従い，次第にバンドの重なりが増加することによっている。

グラファイトやグラフェンは電子の数が少ないので，その熱的性質はほとんどフォノンによって記述できる。ラマン法による単層グラフェンの熱伝導度は，5,000～2,000 W/(m·K) と報告されており[6)]，一方，最高品質のグラファイト結晶のa-b面方向における熱伝導度は1,950 W/(m·K) である[7)]。これに対して，2～20層の範囲の多層グラフェンの熱伝導度は，ラマン法では2,000～1,300 W/(m·K)[6)]，加熱法では600～300 W/(m·K) と報告されており[8)]，多層グラフェンの熱伝導度もグラファイトと同等以下になる。

このように単層グラフェンの電気・熱物性はきわめて興味深いが，一方で，原子層であるために量を輸送することが必要なデバイスの実現は難しいという課題がある。これに対して，多層グラフェンではその課題は解決できるが，上述のように電気・熱特性は低下してしまう。筆者らは，グラフェンの電気・電子デバイスを実現することを目標に，その最適な厚さについて検討した。その結果，自立膜として取り扱えることを考慮して，厚さが100 nm～3 μmの範囲の高品質グラファイト薄膜（多層グラフェン）を実現することが現実的な解であると判断し，開発を行った。

3．高分子焼成法による高品質多層グラフェンの開発

高品質グラファイトの人工的作製方法としては，液相（溶融金属）からのkishグラファイト，気相から作製するHOPG（highly oriented pyrolytic

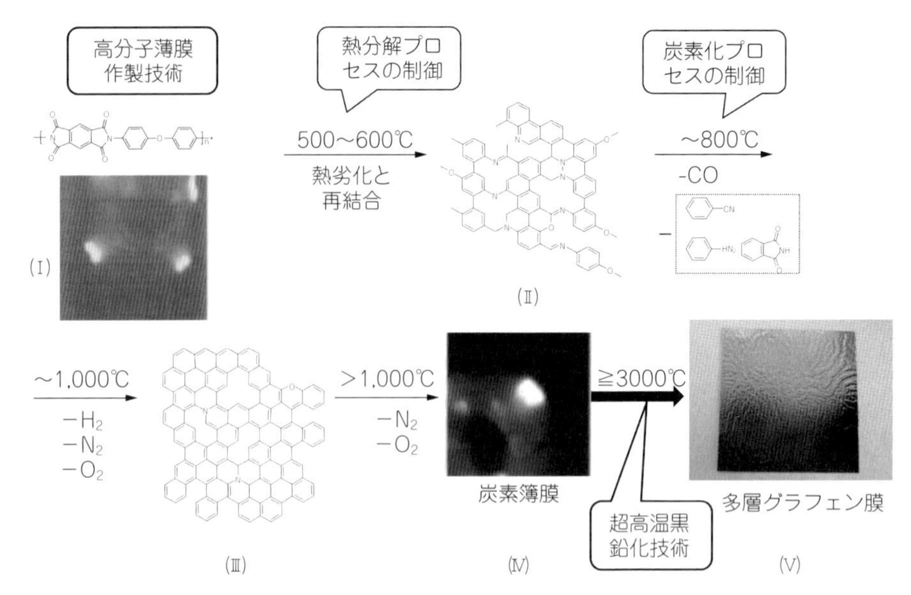

図１　多層グラフェン生成の反応機構と作製の要素技術

graphite）法が知られている[9)10)]。しかしながらHOPGやkishグラファイトは小型ブロックや燐片状としてしか得られず，工業的な製造方法といえるものではなかった。これに対して，高分子フィルムから固相でグラファイトを作製する方法（以下，高分子焼成法）が知られており，大面積フィルム，大型ブロックなどが作製できる重要な工業的手法である[11)]。

高分子焼成法は1986年に筆者により発明され[12)]，その後多くの報告がなされた[13)-15)]。現在，高品質グラファイトになる高分子として，約10種類の芳香族ポリイミド（PI），ポリオキサジアゾール，ポリパラフェニレンビニレン，などが知られており，なかでもPIについては最も多くの研究が成されている。当社では高分子焼成法により高熱伝導性のグラファイトシート（商品名：Graphinity，厚さ25 μm品，40 μm品の２種類）を商品化した。この商品のa-b面方向の電気伝導度は16,000 S/cm，熱伝導度は1,500 W/(m･K）である。熱伝導度の値は銅の熱伝導度の3.5〜4倍，単位重量当たりの熱輸送能力では20〜30倍に相当し，実用的な熱伝導シートとしては最も優れている。そのために，現在Graphinityは電子機器の放熱・冷却用途に広く使用されている。しかしながら，このような物性は最高品質グラファイトの値に比べると劣るものであった。

そのため，筆者らは高分子焼成法により100 nm〜3 μmの範囲の厚さと，最高品質グラファイトと同等の物性をもつ多層グラフェンを目標に開発を行った。**図１**には多層グラフェンの製造プロセスを記す[16)]。原料芳香族ポリイミド薄膜の製造技術，熱分解プロセスの制御，最適炭素化プロセスの開発，3,000℃以上の高温でグラファイト化するプロセスの確立，などの要素技術を開発し，高品質多層グラフェンの開発に成功した。開発された高品質多層グラフェンの断面SEMおよびTEM写真を**図２**に示す。図２に示すように，今回開発された高品質多層グラフェンは高い配向性を有し，電気伝導度（≧24,000 S/cm）や熱伝導度（≧1,900 W/(m･K)）などの優れた特性を有している。これらの値は最高品質のグラファイト結晶の値と同等である。

4. 多層グラフェンを用いた加速器ビームセンサ

4.1　加速器ビームセンサ

加速器は荷電粒子（ビーム）を加速する装置の総称で，最先端の高エネルギー物理学，物質科学，生命科学などの分野で大きな役割を担っている。加速器の種類は，主に素粒子生成実験に使用される高エネルギーの陽子や電子のビームを生成する大型のも

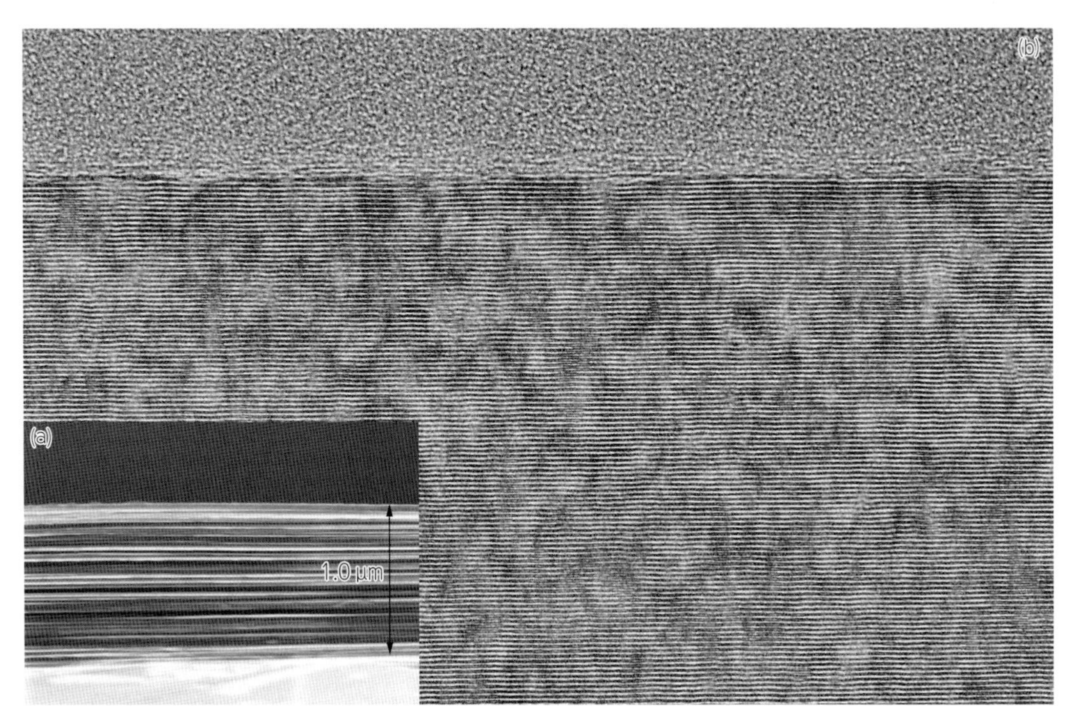

図２　多層グラフェン断面 SEM 写真(a)と断面 TEM 写真(b)

のから，医療（がん治療）用途などの小型のものまで多種多様である。また，そのビームパワーに関しても，用途に応じてさまざまであるが，大強度と称される MW（メガワット）クラスのものもある。このような加速器において良質なビームを供給するためには，通過ビームの形状をできるだけ破壊せずにリアルタイムに観測することが重要である。この中で，特に陽子や重イオンを用いる大型粒子加速器におけるビーム形状の測定法は重要な研究課題となっている。その一般的な方法である物質をターゲットにして，ビームとの衝突による二次電子の分布を測定する方法においては，そのターゲットの物性に関して以下の５点が要求される。

① センシングによって通過ビームがほとんどエネルギーロスを受けないこと。
② 長期連続使用できる高い耐久性があること。
③ 検出感度が十分であること（ビームの通過で放出される二次電子の数が多いこと）。
④ 細いリボン状，などへの加工が可能で，加工によって破断しないこと。
⑤ ターゲットからの二次電子の放出率が，場所によらず一定であること。

4.2　グラファイト薄膜ビームセンサの原理

このような準非破壊型の精密なビームセンシング用材料については，グラファイト薄膜が理想的であることが，J-PARC（Japan proton accelerator research complex）の大強度陽子ビームと比較的小型のがん治療加速器である HIMAC（国立研究開発法人量子科学技術研究開発機放射線科学総合研究所）の重イオンビームを用いて実証されていた[17)18)]。

図３にはグラファイト薄膜を用いた診断方法の原理を示す。この方法ではグラファイト薄膜をレーザーカットし，1～2 mm 程度のリボンにして電極に貼り付けたものをターゲットとして用いる。このターゲットにがん治療加速器のカーボンなどの重イオンビームや J-PARC の 400 kW 相当の大強度ビームを照射しして試験した結果，ビーム中でのほとんどの粒子はなにごともなかったかのように（すなわち準非破壊で）リボンターゲットを通過することがわかった。それはグラファイト薄膜では，これまでの一般的な金属ワイヤーと違って，質量数が小さいカーボン（原子番号 12）であることと，非常に薄い（1～2 μm）ことから，ビームからのエネルギー付与が大変小さいために，通過していくビームをほ

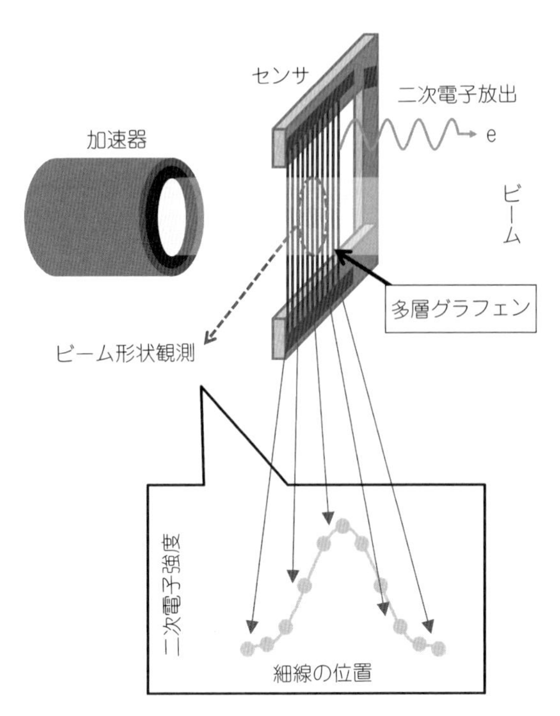

図３　多層グラフェンを用いた加速器ビームセンサの原理図

とんど乱すことがない，という理由によっている。

一方，リボンターゲットにおいては，ほんのわずかな（電磁的な）エネルギーをビームが残していく。エネルギーが3 GeVの陽子ビームの場合，このエネルギー付与の大きさの割合は，0.00003％程度であった。このときリボンターゲットの表面からは，通過した陽子ビーム強度の2.1％の二次電子が放出される。その放出した二次電子の数をリボンターゲット１本ごとに電流値として検出する。ターゲットに一般的なタングステンなどの金属ワイヤーなどを使用する場合と違って，リボンにすることで二次電子の放出できる表面積が100倍以上に大きくすることができた。すなわち，グラファイト薄膜を用いれば，ビーム診断に用いる電子の検出効率が高く，信号が大きいため，微弱なビーム信号をきわめてよく捕まえることができることがわかった。

また，このようなエネルギー付与でリボンの中では二次電子放出以外にエネルギーの消費による発熱が生じる。グラファイトは耐熱性が高いメリットがあり，このことを耐久試験によって具体的に検証した。具体的には，真空中でエネルギーが3.2 MeVのネオンの直流イオンビームを連続照射することで，グラファイト膜を1,300℃以上の高温状態にしても，67 minの照射では壊れることはないことが確かめられた。通過ビームの強度が高い場合や，通過ビームのエネルギーが低い場合は，グラファイトの温度が上昇して熱的な負荷がかかるが，グラファイトは高い温度まで破壊されることがない。したがって，かなりの大強度ビームやかなり低いエネルギーのビームの領域まで診断できる範囲が広い，ということができる。

4.3　ビームセンサ用多層グラフェンの開発と特性

以上のようにグラファイト薄膜は加速器ビームセンサとして理想的な素材であることがわかっていた。しかし，実際にセンシングによるエネルギーロスを最小に抑えるには1～2 μm程度のきわめて薄いグラファイト膜（多層グラフェン）であること，高い検出感度の実現には高品質（高電気伝導）であること，ビームセンサを実現するためには大面積であること，が必要であった。しかしながら，そのようなグラファイト薄膜の製造はきわめて困難で，そのためグラファイトビームセンサの商品化は実現していなかった。また，従来の品質のグラファイト薄膜は，細いリボン状に切断加工する際に破断しやすい，などの課題もあり，ほとんどのビームセンサにはグラファイト系材料ではなく，耐久性に劣る金属材料が使われているのが現状であった。

このような背景から，KEKより加速器ビームセンサ用の多層グラフェンの開発要請が成された。これを受けて当社では，上記①～⑤の条件を満足する高品質多層グラフェンの安定的な製造に取り組み，その結果，厚さ約1.5 μmで100×260 mm^2などの大面積の多層グラフェンの開発に成功した。**図４**には大面積多層グラフェンの例を示す。開発された多層グラフェンはきわめて高品質であるだけでなく，機械的特性に優れていることから，耐久性の課題（②）と加工性の課題（④）はこの多層グラフェンによって解決することができた。また，KEKにおける低エネルギー電子ビーム照射による電子放出率の測定から，ほぼ一様な二次電子放出率（課題⑤）を有することがわかった。

KEKでは開発された高品質多層グラフェンを用いたビーム形状測定センサの試作を行った。**図５**に

図４　開発された大面積多層グラフェンの例

図５　作製された多層グラフェン加速器ビームセンサ

は大強度陽子ビーム用で実際に使用するセラミック枠上に，均一な細線幅で形成された平坦な簾状のセンサの例を示す。多層グラフェンは，セラミック枠上の電極に耐放射線性の導電性接着剤で固定された後，幅 1 mm の平行なリボンにレーザー光線で切断加工された。それぞれの多層グラフェンリボンでの通過ビームの強度に比例して，放出する二次電子の電荷量が検出される。これにより各リボンの位置におけるビーム強度が測定され，その強度分布がビーム形状を示す。

加速器のビームが，原子核や素粒子の物理実験，そしてがん治療などに用いられるときには，ビームを実験ターゲットや，がん治療の場合には人体に照射するため，その位置やビーム形状を正確に把握する必要がある。今回開発した多層グラフェンは従来の金属材料に比べ非常に薄く，ビーム損失が小さい，耐久性が高い，検出感度がきわめて高いなどの特徴により，より強いビーム強度やより低いエネルギーのビーム測定に最適な材料となった。特に，リボン形状がもたらす高い二次電子収量は，測定の高感度化に寄与している。高感度化により，J-PARC の 7×10^{13} 陽子のような大強度陽子ビームにおいては，ビームコアと称する中心部の高密度粒子の領域から，ビームハローと称する周辺部の低密度領域（中心部の 10^{-3} 以下）まで，ビーム強度分布を十分な感度での測定することができるようになる。このようなKEKの実戦的な試作と実験による検討から，今回，開発された多層グラフェンはビームセンサ材料として，実際のビームラインに導入可能となった。KEK では今後 J-PARC の大強度陽子加速器での本格的な利用を予定している。

このような多層グラフェンを用いたビームセンサは，世界中の加速器への導入が可能であり，医療用途などの小型加速器などへも広く用いられることが期待されることから，当社ではビームセンサなどの用途として，厚さ約 1～2 μm の多層グラフェンを商品化し，海外へも展開する予定である。

5．おわりに

この解説では高分子焼成法により高品質，高配向性の多層グラフェン（厚さ 3 μm 以下）を得ることができること，またその加速器ビームセンサとしての応用展開について述べた。多層グラフェン膜をもちいたビーム形状センサは，このように精密な高品質ビームを診断するために，大きな威力を発揮し，近年増えつつあるがん治療加速器などの高精度加速器においては，このようなセンサが必須の診断装置となると予想される．さらに，この多層グラフェンは熱伝導性，電気伝導性，機械的強度，などの点で優れた物性を有しており，従来の熱拡散フィルムやセンサとしての応用以外にもいろいろな用途に展開され，今後ますます重要な工業材料となると期待される。

謝　辞

高品質多層グラフェンの加速器用ビームセンサへの応用に関する研究開発は，KEK の橋本義徳氏とそのグループ（J-PARC）によって成されたものです。本解説記事に研究結果を掲載することに同意いただきましたことに感謝いたします。

また，高品質多層グラフェンの共同開発者である，立花正満博士，多々見篤博士に感謝します。

高品質多層グラフェンに関する研究開発は国立研究開発法人新エネルギー・産業技術総合開発機構（NEDO）プロジェクト，「低炭素社会を実現するナノ炭素材料実用化プロジェクト」，「ナノ炭素材料の応用基盤技術開発」，「ナノ炭素材料の革新的薄膜形成技術」において成されたものです。ここに感謝いたします。

文　献

1）J-H. Chen, et al.：*Nature Nanotech.*, **3**, 206（2008）.

2）K. S. Novoselov, et al.：*Science* **306**, 22, 666（2004）.

3）I. L.. Spain：The Electric Properties of Graphite, Chemistry and Physics of Carbon, Marcel Dekker Inc., New York Vol.16, pp.119（1981）, Vol.8, pp.1（1973）.

4）K. Nagashio, et al.：*J. Appl. Phys.* **49**, 051304（2010）.

5）Y. Zhang, et al.：*Appl. Phys. Lett.*, **86**, 073104（2005）.

6）A. Balandin, et al.：*Nature Material*, **10**, 569（2011）.

7）P. G. Klemens, et al.：*Carbon*, **32**, 735（1994）.

8）W. Jang, et al.：*Appl. Phy. Lett.*, **103**, 133102（2013）.

9）A. W. Moore：Highly Oriented Pyrolytic Graphite, Chemistry and Physics of Carbon, Vol. 11 Marcel Dekker, Inc.（1973）.

10）L. Spain, et al.：*Philosophical transactions of the Royal society*, **262**, 345（1967）.

11）村上睦明：ポリイミドを原料とするグラファイトの物性と応用，㈱日本学術振興会炭素材料第 117 委員会『炭素材料の新展開』，pp.343（2007）.

12）M. Murakami, et al.：*Appl. Phys. Lett.*, **48**（23）, 1594（1986）.

13）鏑木裕他：芳香族ポリイミドフィルムからの黒鉛フィルム，㈱日本学術振興会炭素材料第 117 委員会『炭素材料の新展開』，pp.49（2007）.

14）M. Inagaki, et al.：*Chem. Phys. Carbon*, **26**, 245（1999）.

15）M. Murakami, et al.：*Carbon*, **30**, 255（1992）.

16）村上睦明他：炭素（TANSO）, 251, 2（2012）.

17）Y. Hashimoto, et al.：Multi-Ribbon Profile Monitor Using Carbon Graphite Foil for J-PARC, Proceeding of HB2010, Morschach, Switzerland, 429-433（2010）.

18）S. Otsu, et al.：Proceeding of the 8th Annual Meeting of Particle Accelerator Society of Japan, Tsukuba, Japan, pp.429-433（2011）.

第8節　カーボンナノホーン用途開発

日本電気株式会社　弓削　亮太　　国立研究開発法人産業技術総合研究所　湯田坂　雅子

1．はじめに

カーボンナノホーン集合体（CNHs）[1]は，1998年に日本電気㈱（NEC）の飯島澄男特別主席研究員により発見された新規ナノカーボン材料である。1個のカーボンナノホーン（CNH）の構造は，グラフェン１枚からできた円筒状物質であり，カーボンナノチューブ（CNT）[2]（**図１**(a)）と類似の構造である。しかしながら，先端の円錐角が19°程度で，5員環を含んだ閉構造を有し，直径は2~5 nm，長さは40~50 nmである（図1(b)，(d)，(e)）。このCNHは，1個では存在せず，通常数千個放射状に集まり，直径が約100 nm程度の球形集合体を形成している（図1(c)）。CNHsは，金属触媒を含まないグラファイトターゲットに，室温・不活性雰囲気中で，CO_2レーザーを照射することで作製できる[1]。レーザーの照射によりグラファイトターゲットが加熱・蒸発する際，プルームが形成され，その際に生

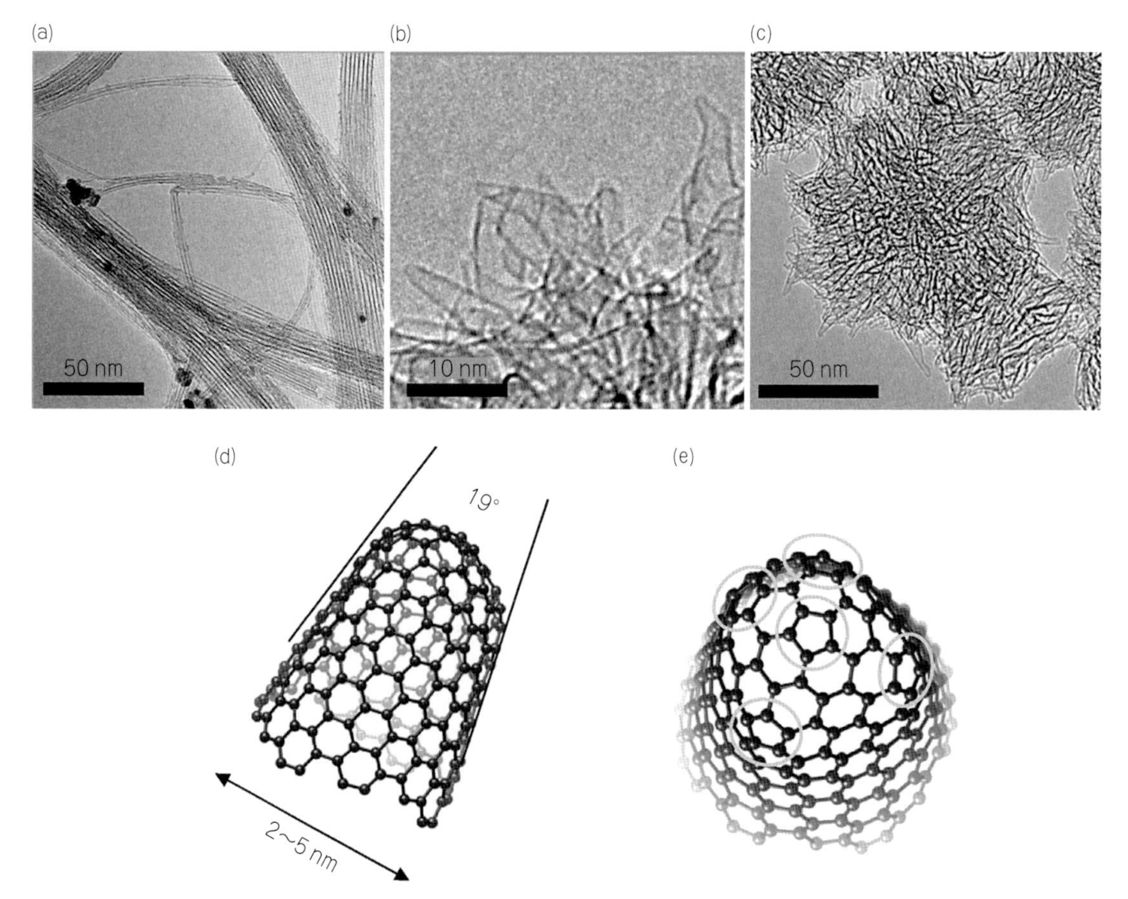

図１　カーボンナノチューブ(a)，カーボンナノホーン(b)，カーボンナノホーン集合体(c)の電子顕微鏡写真とCNHの先端のモデル(d)と(e)

成される炭素液滴が冷える過程でCNHsが形成される[1]。CNHsは不純物に金属を含まないため，触媒除去などを必要としない材料である。また，CNTやグラフェンと異なり，生成プロセスが簡単であるため大量製造技術が容易であり，すでに1 kg/日の製造が可能である[3]。CNHsは，CNTのような円筒状構造を有するため比較的高い導電性が期待され，燃料電池の触媒担持体，リチウムイオン二次電池の導電剤などへの応用が期待されている[4)-6)]。またCNHsは，その形状から推察されるように，比較的大きな比表面積をもち，欠陥部などを酸化することでCNH上に開孔を形成し，内部のナノ空間を利用することが可能になる。これにより1,400～1,700 m^2/gの比表面積になり[7]，このナノ空間を利用したガス吸蔵[8)9)]やキャパシタ[7)10)11)]応用，さらにはドラッグデリバリーシステム（DDS）[12)-14)]応用も研究されている。以下に，CNHsに期待されている代表的な用途開発例に関して解説する。

2. カーボンナノホーン用途開発

2.1　エネルギーデバイス

2.1.1　電気二重層キャパシタ

近年，省エネルギーの観点からさまざまな蓄電デバイスの開発が進められている。充放電を繰り返すことができる蓄電デバイスとして，リチウムイオン電池（lithium ion battery；LIB），鉛蓄電池に代表される二次電池や高速な充放電性が求められる用途で利用される電気二重層キャパシタ（electric double layer capacitor；EDLC）があげられる。EDLCは，化学反応を伴わない蓄電デバイスであり，電解液に浸した炭素電極の表面にイオンを吸着させ，電気二重層を形成することで電荷を蓄える。このため特に急速充放電性と耐久性が優れ，乗用車，鉄道，フォークリフトなどの輸送機器や建設機械，オフィス機器などでの応用が活発化している。EDLCに用いる材料は，大きな比表面積，優れた導電性，および化学的安定性などの条件を満たす必要である。CNHsは，これらの特徴を有するため優れた電気二重層キャパシタ特性が期待できる。未処理のCNHsを空気中で，500℃で加熱するとCNHの先端部や構造欠陥部が選択的に燃焼することで開孔し，内部のナノ空間が使用できるようになり比表面積が増加する。この処理により，未処理CNHsでは400 m^2/gであった比表面積が1,700 m^2/g程度になる[7]。**図2**は，対極をリチウムで作製したキャパシタの充放電曲線と比表面積に対する静電容量を示したものである[7]。セルの電解液は，1 M $LiPF_6$（EC/DEC＝3/7）を使用し，電圧は1.5～4.0 Vの範囲で充放電を行った。図2(a)から明らかなように，CNHsキャパシタは安定な充放電曲線を示した。また，図2(b)では比表面積と静電容量が比例的

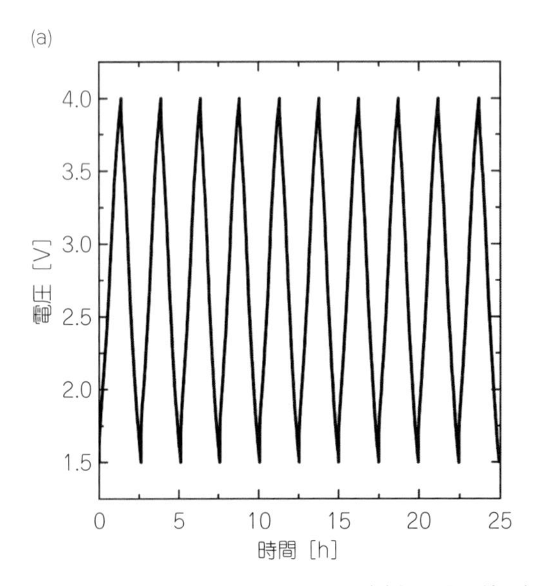

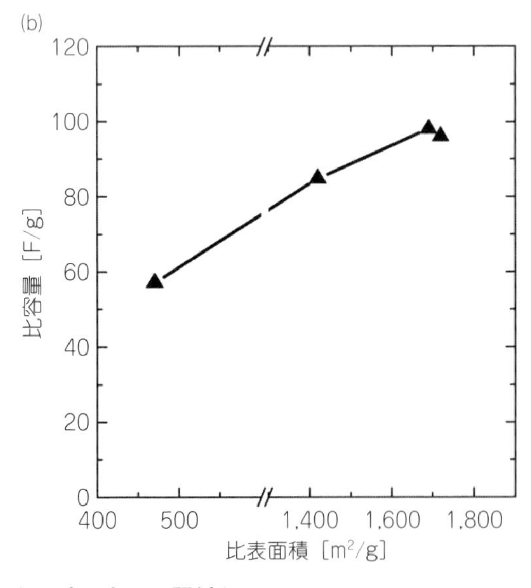

図2　(a)充放電曲線，(b)比表面積と容量の関係[7]

に増加しており，CNHsの比表面積を上げることで静電容量が増加することがわかった。また，図2(b)では直線関係が原点を通らず，静電容量が単純に比表面積の大きさに依存していない。電気化学ドーピング効果が寄与している可能性があるため，通常の活性炭より大きな静電容量が期待される。今回の高比表面積CNHsを用いたキャパシタの容量は約100 F/gであり，高容量キャパシタ応用に有望である。また，通常の活性炭電極では，単セル電圧の上限が2.5 V程度であるのに対して，3 Vの高電圧でも動作できることを確認している。これは，CNHsでは電解液の分解を促進する表面官能基が少ないことや金属不純物が含まれていないなどが原因であると思われる。キャパシタのエネルギー密度は，充放電電圧の２乗に比例するため，高電圧で動作可能であることは高エネルギー密度化のためにきわめて重要である。また，開孔処理を行ったCNHsと単層カーボンナノチューブを混合して電極を作製することで，高容量・高出力のキャパシタの作製に成功した報告もある[11]。CNHsと単層カーボンナノチューブを混合し，分散後，溶媒を乾燥させることで電極を作製することで，単層カーボンナノチューブの課題である凝集を防ぎ，均一に分散した電極をつくることができる。これにより，高出力下において容量の減少を抑え990 kW/kgを達成し，100,000サイクル後でも容量減少率がわずか6.5%という優れた耐久性も実現している[11]。

2.1.2　燃料電池

燃料電池は電気化学反応によって燃料の化学エネルギーから電力を取り出す（＝発電する）電池である。メタノール型の固体高分子型燃料電池は，以下の化学反応を引き起こし，そこから電力を直接取り出すものである。

アノード（燃料極）：$CH_3OH + H_2O \rightarrow 6H^+ + 6e^- + CO_2$

カソード（空気極）：$\frac{3}{2}O_2 + 6H^+ + 6e^- \rightarrow 3H_2O$

電池反応　　　　：$CH_3OH + \frac{3}{2}O_2 \rightarrow CO_2 + 2H_2O$

燃料電池の電極には従来からカーボン粉末が使われており，燃料（水素，メタノール，酸素など）の分解反応を促進するために白金系触媒が担持されている。触媒電極では触媒は電極表面での燃料の分解反応を活性化させるため，触媒の微粒子化は効率を上げる効果をもつ。また，触媒担持体は，高比表面積・高導電性・高分散性を必要とする。そのため，カーボン材料は担持体に適しており，特に，カーボンナノホーン集合体（CNHs）[4)5)]，カーボンナノチューブ（CNT）[15)]，グラフェン[16)]などのナノ炭素の使用が有効である。

触媒である白金微粒子をカーボン担持体に担持する場合，液相中の白金コロイドを高比表面積のカーボン担持体に吸着させる場合が多い。カーボン担持体のなかでもCNHsは極微細なホーンが突起状に並んでいるため，付着した触媒微粒子が凝集しにくいのではないかと期待される。実際，白金触媒を担持したCNHsの電子顕微鏡像（**図3**(a)）では，白金微粒子がCNHs上に高分散担持されているのがわかる。過酸化水素処理により壁に小孔をあけたナノホーンを用いた場合では，白金粒子の微細化が可能であるのに加えて，担持率（触媒量＋担持体量に対する触媒量）も向上させることができる（触媒担持率60%で平均2.9 nm）[5)]。

メタノール型燃料電池においては，低い動作温度，電極の薄膜化などのため，触媒担持率を高くする場合が多い。図3(b)は，CNHsを用いた直接型メタノール電池におけるカソードの放電特性を示している。この電池のカソードは，担持率50%の白金/CNHs，アノードは担持率50%の白金・ルテニウム/カーボンブラックである。燃料極は10%のメタノール水溶液，空気極は開放系で評価している。興味深いことに，カソードの担持体に，CNHs，Ar中で1,200℃熱処理したCNHs（HT1200_CNHs），Ar中で1,800℃熱処理したCNHs（HT1800_CNHs）を使用した場合を比較すると，1,200℃熱処理を行ったCNHsを担持体に使用した場合が，最も高い出力を示した。これは，CNHsの導電性が向

(a)

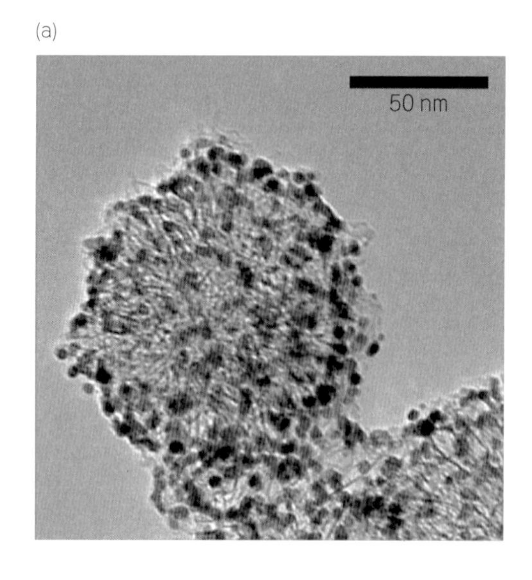

(b)

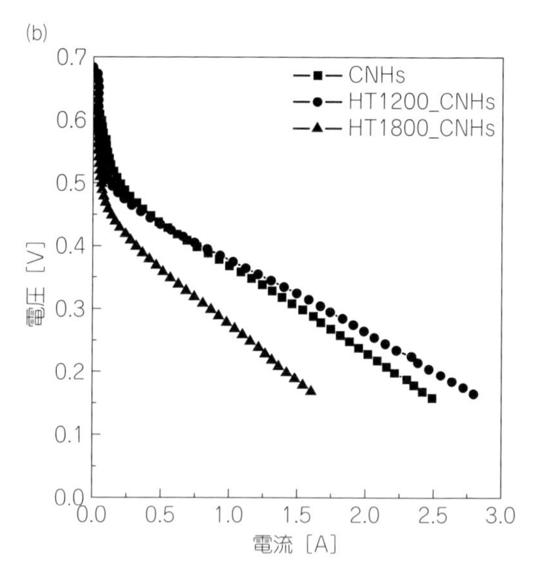

図３　(a)白金触媒を担持したCNHsの電子顕微鏡像（白金担持率30%），(b)直接型メタノール電池における カソードの放電特性（温度：室温）

上したため直流抵抗成分が減少していることが原因と思われる。HT1800_CNHsの特性が悪いのは，１本１本のCNHが融合し集合体自身の構造が変化したためである[17]。CNHsを使用した燃料電池特性としては，典型的な動作電圧である0.4 Vにおける出力密度として76 mW/cm²を実現した報告例がある[5]。

最近では，窒素ドーピングしたCNHsに触媒を担持した電極がより高い触媒活性を有するという報告や，窒素ドーピングするだけで触媒活性を示すという報告など新たな進捗が報告されている[18][19]。

2.1.3　電界放出ランプ

CNTは，高いアスペクト比をもち，化学的に安定で，機械的にも強靭であるという特徴を有し，電界放出素子として非常に期待されている。筆者らはCNTとCNHsのハイブリット材料を用いると従来のCNT以上に効果的な電解放出素子が作製できることを示した[20]。このハイブリッド材料は，CNHsにCNT成長用触媒を担持させ，その触媒から単層CNTを成長させて作製するもので，高いアスペクト比と高分散性を併せもつ。具体的には，まず，開孔処理したCNHsに酢酸鉄を内包させ，それを空気中で熱処理することでホーンの先端部にCNT成長用鉄触媒を露出させた触媒担持カーボンナノホーンを作製する。次に，エタノールを炭素源とした化学気相堆積（CVD）法にて，鉄触媒作用によりCNTを成長させることで，ナノチューブ・ナノホーン複合体を合成することができる（**図４**(a)）。この複合体のCNTは，電子顕微鏡観察とラマン分光測定から，直径が1～1.7 nmの単層CNTであることがわかった[20]。また走査電子顕微鏡観察から，通常の単層CNTと異なりバンドルの直径が約10 nmと細く，かつ均一であった。ナノチューブ・ナノホーン複合体を用いた電界放出特性を評価した結果，1 kV/mmで0.1 mA/cm²の電流密度を得た（図４(a)）[20]。この値は，従来のHiPco単層CNT，CNHs，あるいは，HiPco単層CNTとCNHsの混合物よりも高かった。また，図４(b)は，対極に蛍光体を塗布した場合の，発光写真である。ナノチューブ・ナノホーン複合体を電極に使用することで，均一に発光した。さらに輝度測定においてナノチューブ・ナノホーン複合体は，2 kV/mmにおいて15,000 cd/m²であり，単層CNTや多層CNTより高い値を示した。発光特性の解析や電極面の走査電子顕微鏡観察から，高い特性を示すのは，ナノチューブ・ナノホーン複合体が通常の単層CNTより高分散性であることや単層CNTがバンドルをつくりにくいことが原因でと思われる。

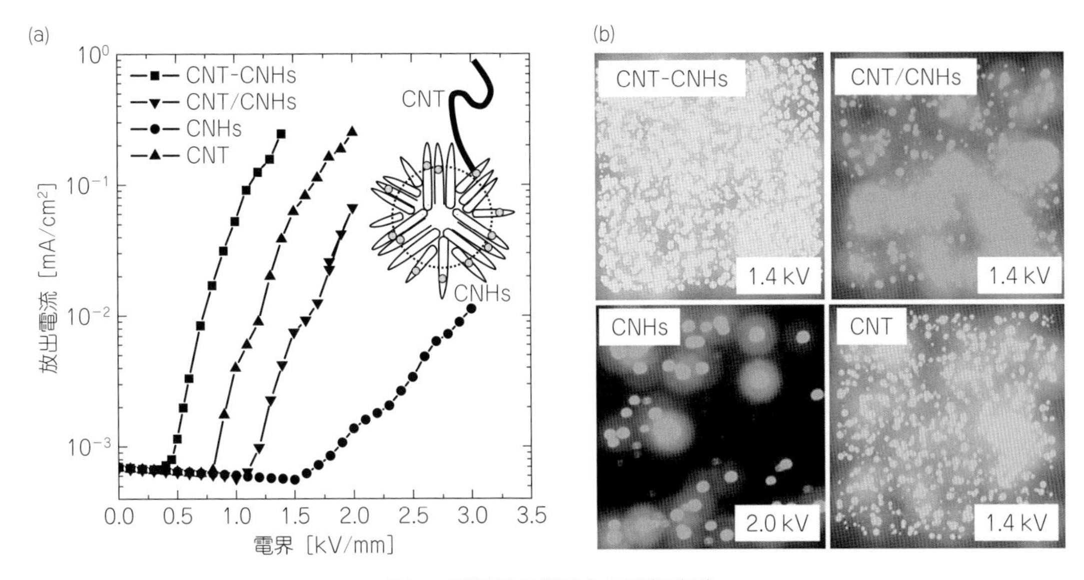

図４　電界放出特性と発光写真[20)]

CNT-CNHs：ナノチューブ・ナノホーン複合体，CNT/CNHs：HIPco 単層 CNT と CNHs の混合物，CNHs：カーボンのホーン集合体，CNT：単層 CNT。(a)の挿入図：CNT と CNHs のナノチューブ・ナノホーン複合体のイメージ図。

2.1.4　リチウムイオン二次電池

近年，リチウムイオン電池を利用した電気自動車，定置型の蓄電システム（家庭用，系統用など）などが開発され，グリーンエネルギー，省エネルギーの観点から今後さらに社会的ニーズが増加すると思われる。しかしながら，現行の材料では電池の容量が十分でなく，さらなる高容量をもったリチウムイオン電池の開発が行われている。また，利便性，実用性の観点からより高出入力特性も必要とされている。Li_2MnO_3-$LiMO_2$（M＝Co, Ni, Fe など）固溶体を形成している正極材は，300 mAh/g 以上の高容量も報告され，次世代正極材として最も注目されているものの１つである。CNHs は，高導電性，高分散性が特徴であるため正極・負極の導電助剤として使用することで，高出力化の実現が期待されている。**図５**は，正極に Li 過剰層状正極材料である Li と Fe および Ni 固溶 Li_2MnO_3($Li_{1.23}Mn_{0.46}Fe_{0.15}Ni_{0.15}O_2$) と負極にシリコン系を使用したリチウムイオン電池の充放電曲線である。このセルの正極と負極には，CNHs を導電助剤として使用している。上記 Li 過剰層状正極とシリコン負極を利用した高容量リチウムイオン電池では，初期容量 8.39 Ah，平均放電電圧 3.02 V，重量エネルギー密度 271 Wh/kg（セル重量：93.5 g）を示すという報告があり[6)]，この正極を用いたセルで最高レベルのエネルギー密度が得られている。また，SOC（state of charge）が 50％で 1.1 kW/kg の高出力を得ることに成功している。この電池の負極に CNHs を添加した場合，通常の導電材に比べレート特性とサイクル特性が向上する効果が有る。これは，負極材と導電性の高い CNHs が均一に混ざることで，電極の内部抵抗が減少したためと考えられる。また，サイクル特性が向上した理由は，CNHs が均一に分散しているため充

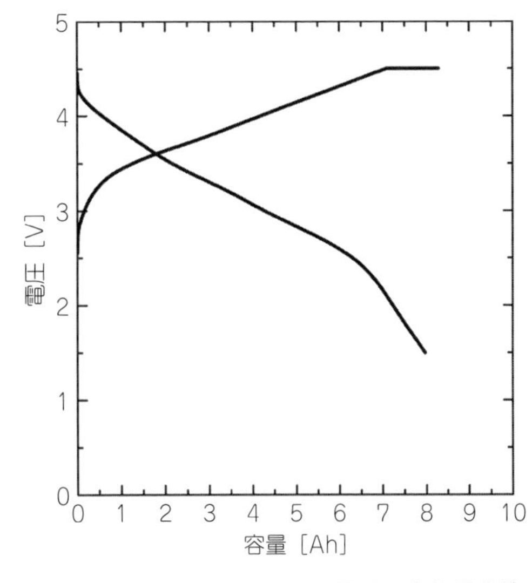

図５　高容量リチウムイオン電池の充放電曲線

放電による負極材の体積変化を緩和したためである。

2.2　吸着材

高比表面積・ナノスペースを利用できる開孔カーボンナノホーン集合体（開孔CNHs）は，さまざまな物質を内包することができるが，メタンやフッ素の吸蔵材料としては特に優れた材料である[8)9)]。これは，CNHの鞘の内部や鞘と鞘との間のサイトに安定に吸着するためであると考えられている。

フッ素は，電子・電気産業におけるリチウム電池や半導体製造，化学産業における多様な高分子合成・化学材料，医薬品製造などの諸分野で必要不可欠な基幹物質である。しかしながら，化学的反応性が高く，腐食性が強いため，使用方法が制限される。そのため，高純度のフッ素ガスを安全に貯蔵，輸送，供給できるシステムを構築する必要がある。開孔CNHsはフッ素吸着材に適している。100 g/日スケールでのフッ素吸蔵が可能であり，開孔CNHs単位質量あたり，フッ素吸蔵量が60%に達することがわかった[21)]。また，吸蔵量の100%放出が3サイクル可能な条件を確立した。実用性の判断のため，フッ素吸蔵CNHから放出したフッ素を1Lボンベに充填し，フッ素の純度を確認したところ，99%以上であった。現在，実用化に向けて研究開発が進められている。

2.3　毒性試験

CNHの実用化に際して，CNHの毒性の確認は重要であり，これまでCNHに対してさまざまな毒性試験が行われた。その結果，細胞毒性は低く，動物実験でも投与経路によらず毒性が低いことが確認されている。マウスにCNHを気管内投与し，3ヵ月後の肺の組織学的検査において異常は見出されず，また，CNHが皮膚や粘膜などに付着させても炎症などの異常は現れなかった[22)]。エームズ試験結果は陰性であり，変異原性も低い[22)]。マウスへの経口投与では，腸管壁から体内への取り込みは認められず（組織学的検査），マウスの外見的観察でも異常はみられなかった[23)]。尾静脈投与においては，主に，肝臓と脾臓でのマクロファージ内での蓄積が認められたものの[24)]，6ヵ月にわたってマウスの外見的異常は認められず，臓器の組織学的検査[25)]。また，マウスへのCNH投与後1週間後の血液検査からも異常は見出されなかった[26)]。CNHを投与したマクロファージ細胞培養実験において，CNHを大量に取り込んだマクロファージはアポトーシス死やネクローシス死[27)28)]したが，その際に炎症性サイトカイン量の増加はなく[27)]，CNHsによるCNHsを大量に取り込んだ細胞の細胞死以外の毒性兆候はみられなかった。この結果から，年単位の長期間にわたってマクロファージに取り込まれてCNHが体内にとどまった際でも毒性は低いと予想されるが，今後，実際に動物実験で確認する必要がある。

3. おわりに

カーボンナノホーン集合体（CNHs）の構造，エネルギーデバイス，吸着材，および，薬剤応用などを中心に紹介した。研究開発においては，今回紹介していない複合材やセンサ，アクチュエータなどの電極応用なども活発に研究が進められている。最近では，試薬メーカーなどからも良質なCNHsの販売が開始し，研究分野が飛躍的に広がっている。CNHsの新しい技術論文が次々と報告され，日本だけでなく，世界中でさまざまな研究が取組まれている。

文　献

1）S. Iijima, M. Yudasaka, R. Yamada, S. Bandow, K. Suenaga, F. Kokai and K. Takahashi: *Chem. Phys. Lett.*, **309**, 165（1999）.

2）S. Iijima, T. Ichihashi: *Nature,* **363**, 603（1993）.

3）T. Azami, D. Kasuya, R. Yuge, M. Yudasaka, S. Iijima, T. Yoshitake and Y. Kubo: *J. Phys. Chem. C,* **112**, 1330（2008）.

4）T. Yoshitake, Y. Shimakawa, S. Kuroshima, H. Kimura, T. Ichihashi, Y. Kubo, D. Kasuya, K. Takahashi, F. Kokai, M. Yudasaka and S. Iijima: *Physica B,* **323**, 124（2002）.

5）M. Kosaka, S. Kuroshima, K. Kobayashi, S. Sekino, T. Ichihashi, S. Nakamura, T. Yoshitake, Y. Kubo: *J. Phys.*

Chem. C., **113**, 8660 (2009).

6) R. Yuge, N. Tamura, S. Kuroshima, K. maeda, K. Narita, M. Tabuchi, K. Doumae, H. Shibuya, M. Heishi, T. Toyokawa and K. Nakahara : *J. Electrochem. Soc.*, **163**, A1881 (2016).

7) R. Yuge, T. Manako, K. Nakahara, M. Yasui, S. Iwasa and T. Yoshitake: *Carbon,* **50**, 5569 (2012).

8) Y. Hattori, H. Kanoh, F. Okino, H. Touhara, D. Kasuya, M. Yudasaka, S. Iijima and K. Kaneko: *J. Phys. Chem B,* **108**, 9614 (2004).

9) E. Bekyarova, K. Murata, M. Yudasaka, D. Kasuya, S. Iijima, H. Tanaka, H. Kanoh and K. Kaneko: *J. Phys. Chem., B,* **107**, 4681 (2003).

10) C. M. Yang, Y. J. Kim, M. Endo, H. Kanoh, M. Yudasaka, S. Iijima and K. Kaneko: *J. Am. Chem. Soc.,* **129**, 20 (2007).

11) A. Izadi-Najafabadi, T. Yamada, D. N. Futaba, M. Yudasaka, H. Takagi, H. Hatori, S. Iijima and K. Hata: *ACS Nano,* **5**, 811 (2011).

12) T. Murakami, K. Ajima, J. Miyawaki, M. Yudasaka, S. Iijima and K. Shiba: *Mol. Pharm.,* **1**, 399 (2004).

13) K. Ajima, M. Yudasaka, T. Murakami, A. Maigné, K. Shiba and S. Iijima: *Mol. Pharm.,* **2**, 475 (2005)

14) M. Zhang, T. Murakami, K. Ajima, K. Tsuchida, A. S. D. Sandanayaka, O. Ito, S. Iijima and M. Yudasaka: *Proc. Natl. Acad. Sci. U.S.A,* **105**, 14773 (2008).

15) K. T. Jeng, C. C. Chien, N. Y. Hsu, S. C. Yen, S. D. Chiou, S. H. Lin and W. M. Huang: *J. Power Sources,* **160**, 97 (2006).

16) Y. Li, L. Tang and J. Li: *Electrochem. Commum.,* **11**, 846 (2009).

17) M. Yudasaka, T. Ichihashi, D. Kasuya, H. Kataura and S. Iijima: *Carbon,* **41**, 1273 (2003).

18) L. Zhang, N. Zheng, A. Gao, C. Zhu, Z. Wang, Y. Wang, Z. Shi and Y. Liu: *J. Power Sources,* **220**, 449 (2012).

19) S. M. Unni, S. N. Bhange, R. Illathvalappil, N. Mutneja, K. R. Patil and S. Kurungot: *small,* **11**, 352 (2015).

20) R. Yuge, J. Miyawaki, T. Ichihashi, S. Kuroshima, T. Yoshitake, T. Ohkawa, Y. Aoki, S. Iijima and M. Yudasaka: *ACS Nano,* **4**, 7337 (2010).

21) 平成20年度～平成23年度成果報告書　ナノテク・先端部材実用化研究開発/カーボンナノホーンを用いたフッ素貯蔵材料の研究開発

22) J. Miyawaki, M. Yudasaka, T. Azami, Y. Kubo and S. Iijima: *ACS Nano,* **2**, 213 (2008).

23) M. Nakamura, Y. Tahara, T. Murakami, S. Iijima and M. Yudasaka: *Carbon,* **69**, 409 (2014).

24) J. Miyawaki, S. Matsumura, R, Yuge, T. Murakami, S. Sato, A. Tomita, T. Tsuruo, T. Ichihashi, T. Fujinami, H. Irie, K. Tsuchida, S. Iijima, K. Shiba and M. Yudasaka: *ACS Nano,* **3**, 1399 (2009).

25) Y. Tahara, J. Miyawaki, M. Zhang, M. Yang, I. waga, S. Iijima, H. Irie and M. Yudasaka: *Nanotechnology,* **22**, 265106 (2011).

26) M. Zhang, T. Yamaguchi, S. Iijima and M. Yudasaka: *Nanomedicine,* **9**, 657 (2013).

27) M Yang, M Zhang, Y Tahara, S Chechetka, E Miyako, S Iijima and M Yudasaka: *Toxicol. Appl. Pharmacol.,* **280**, 117 (2014).

28) Y. Tahara, M. Nakamura, M. Yang, M. Zhang, S. Iijima and M. Yudaska: *Biomaterials,* **33**, 2762 (2012).

第9節　CNT紡績糸

村田機械株式会社　**矢野　史章**

1. はじめに

これまでのカーボンナノチューブ（CNT）の主な使われ方は，電池電極部材・導電性樹脂などの添加剤や混練材料として利用されることが多かった。いうならば，CNTを粉体として扱い，分散・混練の技術を応用して用途開発が行われてきた。今後，新しい分野での用途を広げていく上で，CNTをナノサイズの繊維と見立て，CNT集合体でかつ線材として利用できる技術が確立されることは，将来の用途開発に大いに役立つものと考える。CNT集合体を線材にすることにより，テキスタイル，ワイヤー，電極などに加工しやすくなるだけでなく，CNT紡績技術を核に高機能性材料（複合樹脂・金属，繊維）の開発など，次世代技術の創出にも期待ができる。

本稿では，ドローワブルCNTアレイを使用して製造したCNT100％の長尺紡績糸（CNTヤーン）を紹介する（**図1**）[1]。これまでは，CNT集合体を線材にするCNTヤーン化の量産技術はまだ開発途上であり，CNTヤーンを入手することも容易でなかったことから，用途開発も進んでこなかった。近年，ようやくテストサンプルとしてCNTヤーンを世に提供できる段階にまでなってきている。

図1　CNTヤーン，ボビン巻きサンプル[1]

まず，一般的な繊維から糸を生産する過程について簡単に説明し，CNTヤーンの生産におけるドローワブルCNTアレイの位置づけについて解説する。次に，異なる紡績方法により製造した3タイプのCNTヤーンを紹介する。さらに，これまでの実績や今後の展望についても説明する。

2. 糸の製造工程

一般的に糸の種類は，フィラメント糸とスパン糸の2種類に大別できる。絹糸のような長い繊維からなるものをフィラメント糸，綿糸のような短い繊維を撚り合わせたものをスパン糸とよんでいる。本稿での糸作りの技術は，スパン糸の紡績技術を応用したものである。スパン糸（紡績糸）は短繊維を一定方向にそろえて撚り合わせる紡績工程を経て作られる。綿に代表されるような短繊維を一定方向にそろえるまでには，1本1本繊維を解きほぐし，夾雑物を取り除いた後，繊維を集め，平行状態に引伸ばす作業を何度も繰り返しながら，多くの工程を経ていく。繊維を一定方向にそろえたものを撚り合わせて糸にする工程を精紡工程といい，精紡工程には，リング精紡方式，ローター式オープンエンド紡績，エアジェット紡績など，いくつかの異なる方式が存在する[2]。

従来の紡績技術・精紡方式を応用し，CNTを短繊維として紡績する場合，CNTを一定方向にそろえる必要があるが，これはドローワブルCNTを使用することにより解決される。ドローワブルCNTでは，引き出されたWEB状のCNT集合体（CNTウェブ）が，すでに一定方向にそろったCNT集合

(a)イメージ図

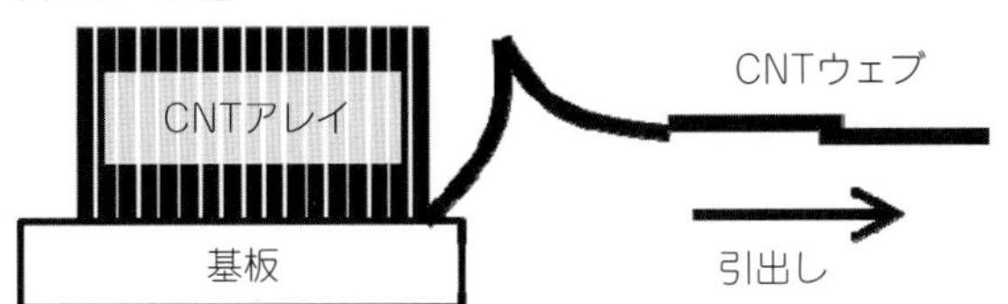

引き出されたCNTは一定方向にそろっている。

(b)実際に引き出された状態

図２　ドローワブルCNT[1)]

体として形成されているからである（図２）[1)]。

このCNTウェブを精紡・紡績することによりCNTヤーンを製造することができる。また，一般の短繊維同様，いくつかの異なる紡績方式にて製造することも可能である。

3. CNTヤーンとその糸構造

以下で紹介する３タイプのCNTヤーンについて，紡績方法の詳細は公開していないが，異なる紡績方法で製造した結果，糸構造も異なっていることが撮影された写真などで確認できる。

3.1　実撚糸バルキータイプ

引き出されたCNTウエブに直接撚りを入れて製造する。図３に実撚糸バルキータイプのCNTヤーンを撮影した写真を示す。糸構造は実撚糸であり，写真からも撚りの形態を確認することができる。比較的密度が低いことから，樹脂を含浸させるなどの複合体を製作するのには適している。

3.2　実撚糸高密度タイプ

引き出されたCNTウェブを収束・凝集させ，テンションを与えながら撚りを入れて製造する。図４に実撚糸高密度タイプを撮影した写真を示す。実撚糸バルキータイプと比べて撚りの形態がみえにくく，表面性状からも高密度であることがうかがえる。

他の方式よりも比較的密度が高く，糸の引張強度も高い。また，CNT同士の密着度も高いと考えられるので，CNT間の架橋など，CNTヤーンを化学的に加工して新しい特性を付与する研究などで効果が発揮されやすいものと期待している。

3.3　仮撚糸タイプ

引き出されたCNTウェブに仮撚りをかけることによりCNTウェブを収束・凝集させて製造する。図５に仮撚糸タイプのSEM画像を示す。他の実撚糸とは異なり，ほぼ無撚糸といってよい形態である。他の方式よりもやや密度は低い傾向にあるが，このタイプの糸を製造する紡績方式では，他の方式よりも高速で紡績することが可能であり，大量生産に適している。

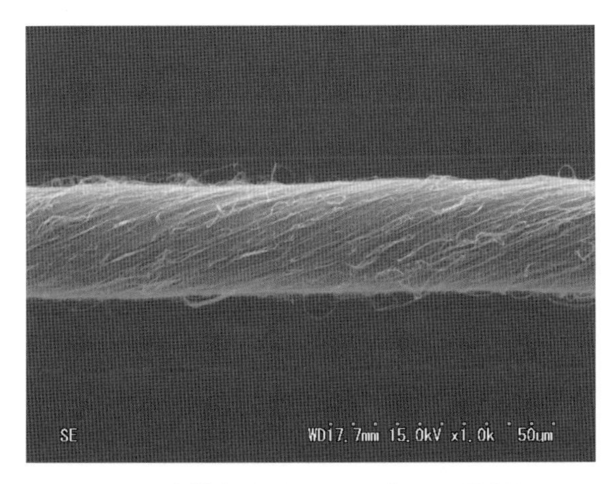

図３　実撚糸バルキータイプSEM写真[1)]

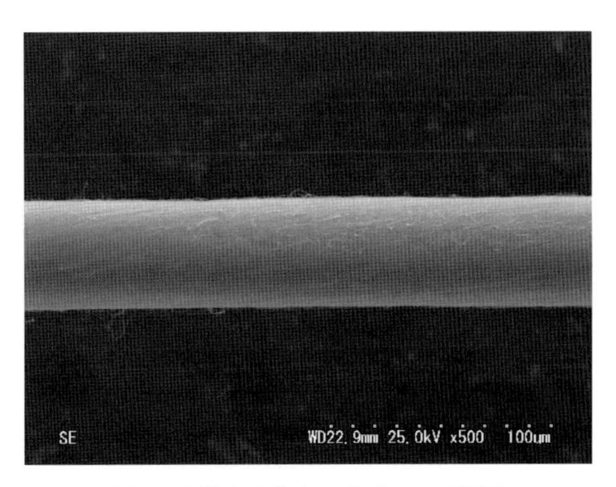

図４　実撚糸高密度タイプSEM写真[1)]

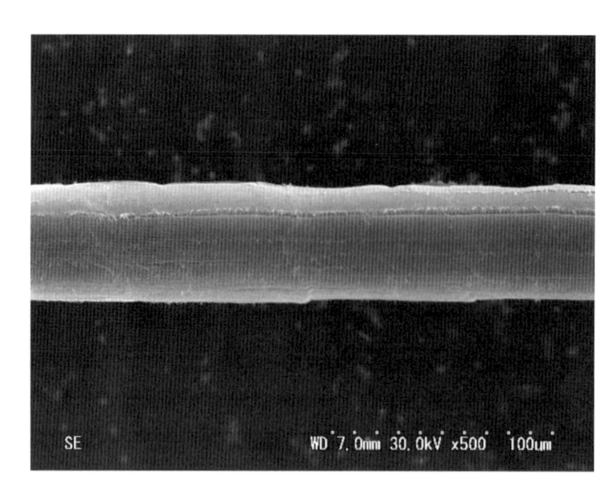

図５　仮撚糸タイプ SEM 写真[1)]

4. これまでの実績

これまで製造したCNT ヤーンの実績をまとめると，直径はϕ1～80 µm で，供給するCNT ウェブ幅の制御によりある程度調整できる。引張強度は0.3～1.7 GPa で，1.7 GPa は実撚糸高密度タイプによるチャンピオンデータである。通常は1.0 GPa 前後の値を示すことが多い。導電率は400～1,000 S/cm 程度である。これらの糸物性について，３タイプの製造方法の違いによる糸物性の差異もあるが，現状は，それ以上に原料であるCNT の違いの方が，感度は高い。

また，まだ試作段階だが，二次加工サンプルもこれまでにいくつか製作している。(**図６**) 複数本のCNT ヤーンを撚り合わせて合撚糸をつくることにより，現在のテキスタイルに使用されている編み機や，電線の被覆装置などにそのままCNT ヤーンを仕掛けることも可能になる。

5. 今後の展望

CNT ヤーンの品質面においては，原料となるドローワブルCNT の安定大量生産，品質のバラつき低減がこれからの課題であり，今後解決されていくものと思われる。

用途に関しては，今のところは図６で紹介しているレベルのサンプル製作実績しかないが，今後CNT ヤーンの軽量かつ**図７**に示すような「しなやかで強い」という利点を活かして具体的な製品に利用されていくことを期待している。例えば，従来の炭素繊維（CF）よりループ強度，結束強度が優れており，織物・編物への加工に適していることから，複合材用ニアネットシェイプ・プリフォームとしての利用など，現在CFRP が採用されている製品とは違ったところでCNT-RP が採用されることも考えられる。その他にも，銅線よりも耐屈曲性が優れていることから，銅撚線の一部をCNT ヤーンにすることで耐屈曲・高屈曲ケーブルとしての利用も検討されている。

一方で，現在のCNT ヤーンがそのまま既存の製品・材料の単純な代替品として利用されることは，物性・コストの面でも困難なケースが多い。そのため，今後用途展開をしていく上では，CNT ヤーンをベースにさらなる高機能材料の開発が必須となる。

これまで世界中で研究されてきたグラフェン・CNT 応用拡大のための基礎技術をCNT 100%の線条材料であるCNT ヤーンに適応させる開発が進んでいくことを期待する。糸を構成するCNT 間に共有結合をもたせたり，官能基と反応させたりすれば，用途の可能性はさらに広がるものと予想され

(a)合撚糸

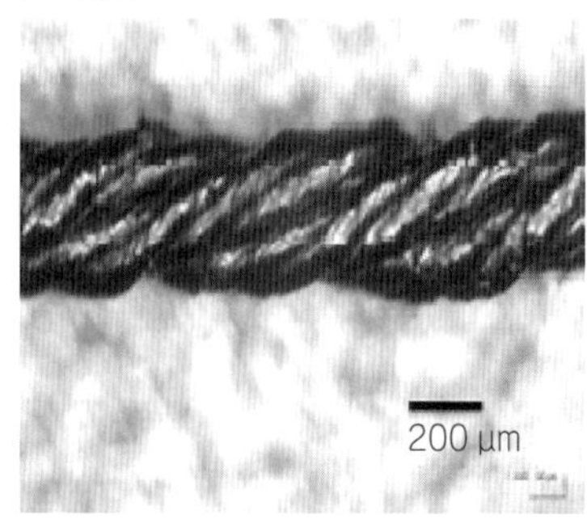

(b)ニットサンプル

(c)CNT-RP

図６　二次加工サンプル[1)]

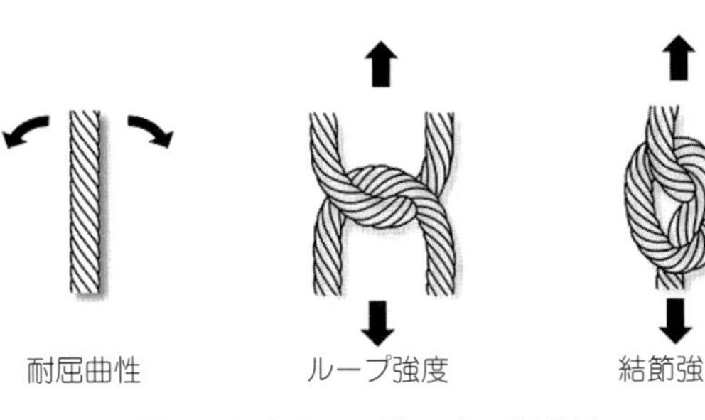

図７　しなやかで強い糸の優位性

る。さまざまな研究者が簡単にCNTヤーンを入手できるようになれば，こういった研究開発の推進につながると考えている。

また，CNT複合材料の研究においては製品化推進にCNTヤーンの普及が一助になり得る例もいくつかある。CNTと銅の複合材料の研究[3]から超軽量電線の開発や，ナノカーボン高分子アクチュエータ[4]から人工筋肉の開発など，これまで進められてきた研究をCNTヤーンに応用することで，これらは比較的早い段階で実現すると予想している。

6. おわりに

一般的な繊維から糸を生産する過程について説明し，その応用技術として，ドローワブルCNTから異なる紡績方法で製造したCNTヤーンを３タイプ紹介した。これまでの実績と今後の展開について述べた。

CNTヤーンは，さまざまな用途が期待されている。直接的に糸として製品に使用されるだけでなく，CNT複合体を始め，CNTヤーンをベースに高機能材料の研究が進んでいくためにも，CNTヤーンを広く世に供給できる体制を整えていきたい。そして，多様な分野の研究者によってCNTヤーンからさらなる技術革新が起こることを期待している。

文　献

1）矢野史章：日本繊維機械学会誌月刊せんい，**68**（11），35（2015）

2）日本綿業振興会：もめんのおいたち，p. 36-47，（2001）.

3）C. Subramaniam, T. Yamada, K. Kobashi, A. Sekiguchi, D. N. Futaba, M. Yumura and K. Hata：*NATURE COMMUNICATIONS*, **4**, 2202（2013）.

4）N. Terasawa and K. Asaka：*SENSORS AND ACTUATORS B-CHEMICAL*, **193**, 851（2003）.

第３編

リスク管理と評価

第1章　ナノマテリアルのリスク評価と法規制の動向

東京大学　岸本　充生

1．化学物質のリスク評価の方法

ナノマテリアルがナノスケールゆえに特有の潜在的な有害性をもつ可能性は，英国王立協会と王立工学アカデミーが2004年に発表した報告書「ナノサイエンスとナノテクノロジー：機会と不確実性」の第5章「健康，環境，安全への潜在的な悪影響」で取り上げられたことで広く認知されるようになった[1]。2005年には，国際標準機関（ISO）に設置されたTC229（ナノテクノロジー技術委員会）に3つ目の作業部会として「健康安全環境の側面に関する作業部会」が設けられ，翌年には，経済協力開発機構（OECD）の化学品委員会のもとに工業ナノ材料作業部会（WPMN）が設置された。これらにおける焦点は，既存の工業化学物質の安全性試験方法や法規制枠組みがナノマテリアルにもそのまま適用できるかどうかにあった。

化学物質の摂取経路は，吸入，経口，および経皮の3通りに分けることができる。労働環境と一般環境では区別されて考えられている。また，曝露しておよそ24時間以内を対象とする急性影響と，低用量を継続的に摂取した後に生じる慢性影響も区別して検討される。以前は，公害として顕在化したように，何らかの健康影響が生じてから，その摂取量と健康影響の間の関係が確認され対策が導入されていたが，近年は化学物質が広く利用される前に動物試験を用いて人間への健康影響を予想し，予防的な対応がとられるしくみが確立している。化学物質のもつ健康リスクは，当該物質が持つ有害性（を引き起こす特性）と当該物質への曝露の大きさの2つの要素からなる。**図1**には化学物質のリスク評価の標準的な枠組みを示す。左側が有害性評価，右側が曝露評価であり，両者を比較することでリスクの大きさを総合判定するのがリスクキャラクタリゼーションである。このリスク評価プロセスを受けて，対策費用などを考慮してリスク管理措置が決められる。

ナノマテリアルのリスクを検討する際には，有害性と曝露の2つの要素が，既存の化学物質とどのように異なるかが焦点となる。これまでのところ，ナノスケール特有のリスクが存在する（すなわち，質的に異なる）という証拠はなく，下記のようにバルクの材料と比較して，その物理化学的特性ゆえに影

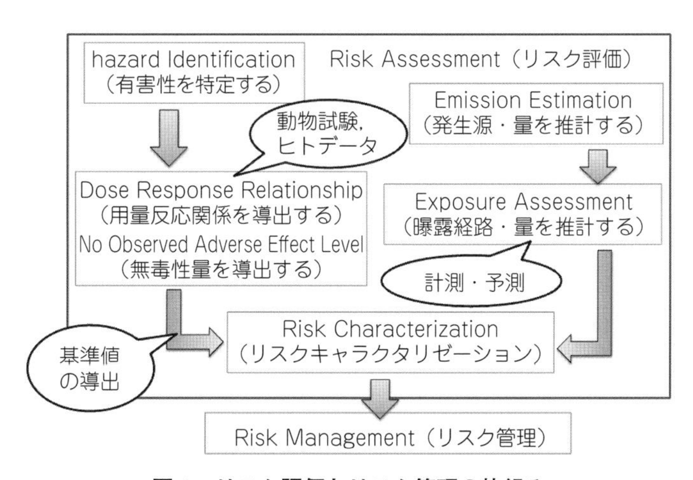

図1　リスク評価とリスク管理の枠組み

響が量的に増す可能性が指摘されている[2]。有害性については以下の２つの仮説がある。1つは，粒子病原性パラダイムとよばれ，「小さければ小さいほど危ない」とする仮説である。これは，サイズがナノスケールになると，重量あたりの比表面積が増加するために反応性が増す，胎盤や血液脳関門といった有害な物質を通さないための体内バリアを通過してしまう，あるいは，溶解性が増すといったことによる。もう１つは繊維病原性パラダイムとよばれ，「まっすぐ長くて硬いものが危ない」とする仮説である。これは必ずしもナノスケールに限った話ではなく，アスベストなどの繊維状物質の有害性の発現メカニズムとして，ナノマテリアルに注目が集まる前から提唱されていた考え方で，カーボンナノチューブ（CNT）などの繊維状のナノマテリアルの吸入曝露にも当てはまる可能性が近年指摘されている。これは，吸入されて肺の最も奥にある肺胞まで到達した「まっすぐで長くて硬い」物体に対して，異物を取り除く役割のマクロファージ細胞が貪食に失敗する，あるいは胸腔におけるリンパ節からの排泄に失敗することで持続的な炎症が生じることに起因するといわれている。他方，曝露については，ナノスケールになることで飛散特性（dustiness）が場合によっては増す可能性が指摘されている。

本稿では，[2] で法規制の動向を国内，欧州，米国に分けて簡単に概要を示したうえで，[3] で不確実性が残る科学的知見をもとに現時点でどのようなレギュラトリーサイエンスが展開されているかについて，規制上の定義，グループ分け，コントロールバンディング，作業環境基準値の提案，ライフサイクル曝露を順に取り上げる。そして最後にナノマテリアルのリスクに対処する難しさについて言及する。

2. ナノマテリアルをめぐる法規制の動向

2.1 国内省庁の動向

国内ではナノスケールに特化した法規制はまだ存在しない。2008 年２月，遺伝子組換えマウスの腹腔に多層カーボンナノチューブ（MWCNT），アスベスト，フラーレン，何も含まない液体を投与した結果，多層カーボンナノチューブとアスベストを投与した群に中皮腫が生じたことが報告された[3]。これを受けて，厚生労働省は作業環境でのナノマテリアルへの曝露防止等に努めることを促す通知を出した。経済産業省は，代表的な６種類のナノマテリアル（カーボンナノチューブ，カーボンブラック，二酸化チタン，フラーレン，酸化亜鉛，シリカ）の製造事業者に自主的な情報公開を求め，「ナノマテリアル情報収集・発信プログラム」としてウェブサイト上に公表している[4]。この段階ではまだナノスケールになると何が起こるかわからないという前提での対応であった。

しかし，後述する国立研究開発法人新エネルギー・産業技術総合開発機構（NEDO）プロジェクトの報告書において，作業環境の基準値案が発表された 2011 年以降は，通常の化学物質と同様のリスク評価が試みられるようになった。厚生労働省は作業環境における化学物質について，「ナノマテリアルのリスク評価の方針」を作成し，当時リスク評価が進行中であった二酸化チタンに初めて適用した。初期リスク評価の結果，ナノスケールの二酸化チタンに対して二次評価値 0.15 mg/m^3 が提案されている。また，製品名 MWNT-7 という多層カーボンナノチューブを用いたラットに対する世界初の２年間吸入発がん性試験が実施され，その結果が 2015 年６月に厚生労働省から発表された。雌で 2.0 mg/kg/日群で，雄で 0.2 mg/kg/日群以上で肺の悪性腫瘍の統計的に有意な増加が見られたことから，がん原性を示すと結論付けられた。この動物試験の結果をどこまで広く適用されるべきかについて議論されたが，動物試験に用いた MWNT-7 のみをがん原性指針の対象物質等に追加することになり，2015 年 11 月にパブリックコメントが実施されたところである。

2.2 欧州の法規制動向

欧州では当初からナノマテリアルに対する警戒心が強く，法規制が改訂される際に必ずナノ条項の追加が議論されてきた[5]。2010 年には「電気電子機器における特定有害物質の使用制限に関する欧州議会及び理事会指令（RoHS 指令）」の改正案の制限物質リストに，「長い多層カーボンナノチューブ」を追加することが提案されたが最終段階で削除された。化粧品については，2013年から，成分にナノマテリアルが使用されている場合，成分表に，成分名のあとにカッコ付きでナノと表示することが義務付けられている。食品も同様にナノ表示が義務付けられている。ナノ表示のためには，どういう場合に「ナノ」であるのかを定める必要に迫られ，［3.1］に具体的に記述するように，欧州委員会は2011年10月に規制上の定義を決定した。また，2015年に成立した新規食品規則において，ナノマテリアルを含む食品は「新規食品」であると明記された。殺生物製品も2013年からナノ表示が義務付けられている。医療機器は2014年に規則が改訂された際に，使用目的や固有のリスクに基づいて４段階に区分され，ナノマテリアルが故意に体内に放出される場合は最も高いレベルに分類されることになった。

上記のような個別法規制でのナノ条項の追加に加えて，欧州の一部の国ではナノマテリアルの年次申告制度が始まっている。口火を切ったのがフランスで，2013年１月１日に施行され，年間100グラム以上のナノマテリアルを製造・輸入・流通する者は毎年内容を申告することが義務付けられている。同様の制度はデンマークやベルギーでも開始され，現在，欧州連合全体での導入についてもその是非の検討が始まっている。

2.3　米国の法規制動向

米国では環境保護庁（EPA）が有害物質規制法（TSCA）にもとづき，多層カーボンナノチューブ（MWCNT）および単層カーボンナノチューブ（SWCNT）やフラーレンなどを，炭素の同素体として新規化学物質と認定し，事業者あるいは製法ごとに製造前届出（PMN）を提出させ，同意指令において作業環境でのリスク管理措置の義務付けとともにラットを使った90日間吸入曝露試験の実施を要求している[5]。その結果などに基づき，材料ごとに重要新規用途ルール（SUNR）を公布している。ただし，これらはTSCAにある既存の条項を利用したものであり，サイズによる規制ではないため，二酸化チタンなどについては適用されない。しかし，2015年３月にTSCAの別の条項（第８条(a)）に基づき，ナノスケール材料として製造・輸入・加工される化学物質についてEPAに報告し，記録を保管する規則を提案し，パブリックコメントが募集された。報告対象は，固体であり，一次粒子又は凝集体が1～100 nmのサイズ範囲にあり，かつ，そのサイズゆえに固有かつ新規の特性を示すものであり，「識別可能な状態」ごとに報告することを求めている。これは１回限りの報告であり，欧州の一部の国で実施されている毎年１回の申告制度とは異なる。

他方，食品医薬品局（FDA）は食品，化粧品，動物飼料などにナノテクノロジーを利用するための産業界向けの指針を公表しているが，ナノの規制上の定義を設けるのではなく，サイズゆえの機能などに基づいてケースバイケースの判断を行うというアプローチが提案されている。**表１**は日米欧のアプローチを比較したものである。

3.　レギュラトリーサイエンスとしての展開

3.1　規制上の定義

ナノマテリアルはISOにおいて，３つの次元のうち少なくとも１つが1～100 nmの範囲であること

表１　ナノマテリアルに対する法規制アプローチの比較

	日本	米国	欧州
規制上の定義	—	機能ベースでケースバイケース	2011年設定，個数濃度で50％
法規制（ルール）	—（１製品のみ）	既存のルールを柔軟に適用	食品，化粧品，殺生物剤などの個別規制にナノ条項
申告/登録制度	—	環境保護庁が１度限りの登録を提案中	一部の国で年次申告制度が開始
アプローチ	国際動向を様子見	ナノ特有の規制には慎重で，既存ルールの条項を駆使	ナノ特有条項を法規制改訂時に順次組み込み

と定義されているが，規制当局，特に欧州の規制当局にとってはこれだけではナノ表示を義務付けている法規制を施行するには不十分である。欧州委員会は2011年10月，法規制においてナノマテリアルを取り扱う際に利用可能な定義を発表した。ナノマテリアルは，「非結合状態，または強凝集体（アグリゲート）または弱凝集体（アグロメレート）であり，個数濃度のサイズ分布で50%以上の粒子について１つ以上の外径が1～100 nmのサイズ範囲である粒子を含む，自然の，または偶然にできた，または製造された材料（マテリアル）」と定義された。規制上の定義を決定するためには次のような多様な論点がありうる。

① 濃度の指標を個数とするか質量とするか
② 閾値を何%とするか
③ サイズだけでなく機能なども考慮するか
④ 一次粒子か凝集体としてか
⑤ 非意図的なものも含むか

また，当時，計測方法が定まっていなかったため，ただちに各国で計測手法に関する検討が開始された。2014年までに見直しがなされることになっていたが，2016年初頭現在，欧州共同研究センター（JRC）が上記の事項を検討している段階であり，今後改定案が発表され，パブリックコメントを経て2016年内には新しい定義が決定される予定である。

3.2　グループ分け

ナノマテリアルの特徴はその多様性にある。分子式は同じでも，物理的あるいは化学的な特性が変化することによって機能が変化するのならば，すなわち有害性や曝露特性も変化しうることを意味する。しかし，物理的あるいは化学的な特性が少しでも変化するたびにすべてに対して安全性試験を実施することは時間と費用の観点から現実的ではない。また，動物愛護の観点からも動物試験の件数や匹数を減らすことが求められている。そこで，バルク材料や類似のナノマテリアルに対する既存の安全性データがどこまで外挿可能であるかを判断し，可能な場合はそれらを利用・援用し，必要な場合に限って動物試験などの安全性試験を実施するという枠組みが必要である。そのためには，類似物アプローチやカテゴリーアプローチといったグループ分けの方法，新規ナノマテリアルが既存のものと同等とみなせるかどうかを判断するための同等性判断基準，また，定量的構造活性相関（QSAR）を含むリードアクロス手法などが検討されている[6)]。

ECETOC（欧州化学物質生態毒性および毒性センター）はナノマテリアルを４つのグループに分けるための３階層アプローチを提案している[7)]。第１階層（物質の特性）において，水溶解性の高いものがグループ１に分類される。次に，第２階層（システム依存の特性）において，生体残留性がある高アスペクト比のものがグループ２に分類される。生体残留性があるが繊維状でなく，特に細胞毒性を示さないようなものがグループ３に分類される。最後に，第３階層で動物試験などにおいて，有害性がみられるようなものがグループ４に分類される。各グループはさらにサブグループに分けられる。グループ分けのためには，ナノマテリアルがもともともっている物理化学的特性はそれが存在する環境や曝露経路によって変化するため，物理化学的特性だけでは不十分で，それらに加えて，環境動態，曝露経路，体内動態，有害性影響といった「ライフサイクル」に関する情報も必要であることがわかってきている[8)]。

3.3　コントロールバンディング

化学物質の分野において，有害性情報や曝露情報が不足している場合の簡易なリスク評価手法として以前からコントロールバンディングという方法が用いられていた。これは定性的な，有害性バンドと曝露バンドをそれぞれ4～5段階ずつ設定し，それらの組合せに応じてリスク管理措置を決めるという枠組みである。ISO/TC229では作業環境におけるナノマテリアルのリスク管理のためのコントロールバンディングの国際規格が2014年に成立している[9)]。有害性バンドはA～Eの５段階が用意され，最も有害性レベルの高いEは，発がん性・変異原性・生殖毒性・感作性（CMRS）の特性をもつものが割り当てられる。ナノスケールでの有害性データがないが，非ナノの有害性データがある物質については，それぞれナノスケールの場合に有害性バンドをそれぞれ，非ナノ物質のレベルから１つ上げることになっている。また，繊維病原性パラダイムに基づ

表2　コントロールバンディングの具体例

		曝露ポテンシャルバンド			
		1　溶液内	2　切削など	3　レーザー切断など	4　粉砕など
ハザードバンド	A　重大な毒性なし	CB1※	CB1	CB1	CB2
	B　軽度の毒性	CB1	CB1	CB2	CB3
	C　中程度の毒性	CB2	CB3	CB3	CB4
	D　高い毒性	CB3	CB4	CB4	CB5
	E　CMRS 特性	CB4	CB5	CB5	CB5

※CB1：自然あるいは機械換気，CB2：局所換気など，CB3：囲い込み換気，CB4：完全封じ込め（グローブボックスなど，クローズド化），CB5：完全封じ込めおよび専門家の確認

き，生体残留性がある繊維状のもの（長さ>5 μm，直径<3 μm，アスペクト比>3の真っ直ぐなもの）は最も高い有害性バンドが割り当てられることいなっている。曝露バンドは1～4の4段階が用意され，最も曝露レベルの高い4は，製造や利用のプロセスで粉体として利用する場合に適用される。**表2**のように，有害性バンドと曝露バンドの組合せに応じて，5種類のコントロールバンド（CB）が，自然あるいは機械換気から，完全封じ込めまで，設定されている。なお，コントロールバンディングは情報が不足しているための簡易なリスク評価であり，当該物質について具体的な動物試験のデータや作業環境中濃度の計測値がある場合は，通常のリスク評価が行われる。

3.4　作業環境基準値

有害性情報と曝露情報が十分に存在する場合は，動物試験から環境媒体中の基準値を導出して，実際の曝露濃度と比較することで，リスクの懸念の有無を判断する形がとられる。多くの工業化学物質には，動物試験の結果や人間を対象とした疫学調査の結果をもとに，関連する環境媒体ごとに環境基準値が設定され，それらをもとに必要に応じて排出基準値が定められている。経口摂取されるものは，生涯その量を摂取し続けても健康に悪影響が出ない量として一日許容摂取量（ADI）が定められ，それを超えないように，食品ごとや水道水中の基準値が設定されている。ナノマテリアルについてはこれまで一般環境についてはまだ，基準値は設定されていない。粉体を取り扱い，吸入曝露の可能性が最も高いと考えられる作業環境について，法的拘束力のない曝露限度がいくつか提案されている。1つは米国労働安全衛生研究所（NIOSH）による推奨曝露限度（REL）であり，ナノスケールの二酸化チタンについて0.3 mg/m^3，カーボンナノチューブ/カーボンナノファイバーについて1 μg/m^{3}がすでに定められている。国内ではNEDOによる研究プロジェクトにおいて2011年に，15年程度の曝露を想定した作業環境基準値としてカーボンナノチューブについて0.03 mg/m^3，ナノスケール二酸化チタンについて0.6 mg/m^3，フラーレンについて0.39 mg/m^{3}が提案されている。これらの数値は10年以内に見直すことが条件として挙げられている。広く利用されるようになる前に予防的に定めるために，これらは限られた動物試験データから導出されたものである。**表3**は上記の作業環境基準値の提案（上の5列）とともに，参照値としていくつかの国内の労働環境における許容濃度と管理濃度（下の3列）を挙げた。**表4**にはカーボンナノチューブについて，これまで提案された代表的な作業環境基準値をまとめた。2桁以上の違いがあり，同じ動物試験データを使っても計算方法が異なると提案される基準値も大きく異なる場合がある。

3.5　ライフサイクル曝露評価

近年では作業環境での曝露対策が進んだため，また，ナノマテリアルの用途開発や製品化が進んだことでライフサイクルでの曝露シナリオが作成しやすくなったため，ナノマテリアルの曝露の焦点は製造現場からライフサイクル全体へと移行しつつある。焦点の1つはナノマテリアルを用いた複合材料の加工プロセスからの飛散である。切断，穿孔，摩耗と

表3　提案されている作業環境基準値と既存基準値の比較

材　料	基準値の種類	濃　度	提案者
カーボンナノチューブ	許容曝露濃度（時限）	0.03 mg/m^3	日本：NEDO[10]
フラーレン	許容曝露濃度（時限）	0.39 mg/m^3	日本：NEDO[11]
ナノ二酸化チタン	許容曝露濃度（時限）	0.6 mg/m^3	日本：NEDO[12]
カーボンナノチューブ/ナノファイバー	推奨曝露限度（REL）	0.001 mg/m^3	米国：NIOSH[13]
ナノ二酸化チタン	推奨曝露限度（REL）	0.3 mg/m^3	米国：NIOSH[14]
吸入性結晶質シリカ	許容濃度 管理濃度	0.03 mg/m^3 0.025 mg/m^3	日本：厚生労働省
鉛および鉛化合物	許容濃度 管理濃度	0.1 mg/m^3 0.05 mg/m^3	日本：厚生労働省
ニッケル化合物	管理濃度	0.1 mg/m^3	日本：厚生労働省

表4　提案されているCNTの作業環境基準値の比較

	NEDOプロジェクト（2011）[10]	欧州ENRHES（2010）	Bayer社（2010年）	Nanocyl社（2009年）	米国NIOSH（2013年）[13]
エンドポイント	肺の炎症	肺への影響	肺への影響	肺の炎症（肉芽腫）	肺への影響
根拠	ラット28日間 吸入曝露試験	マウス14日間 吸入曝露試験	ラット90日間 吸入曝露試験	ラット90日間 吸入曝露試験	NIOSH法5040の 計測定量下限値
材料	SG単層CNT （単層CNT） →CNT全体に適用	Shenzhen Nanotech Port社製（多層CNT）	Bayer社Baytube （多層CNT）	Nanocyl社 NC7000 （多層CNT）	BaytubeとNC7000→CNTとCNF全体に適用
職業暴露限度	0.03 mg/m^3 （10年時限）	0.2あるいは 0.034 mg/m^3	0.05 mg/m^3	0.0025 mg/m^3	0.001 mg/m^3
学術論文	Morimoto et al.（2012）[15]	Mitchell et al.（2007）[16]	Pauluhn（2010）[17]	Ma-Hock et al.（2009）[18]	Pauluhn（2010）[17], Ma-Hock et al.（2009）[18]

いったプロセスで複合材料からナノマテリアルがどのような形で飛散するかについて実験的に確認する研究が増えており，手法の標準化が求められている。54の実験結果をレビューした結果，いくつかの調査において何らかの形で母材から単離されたナノマテリアルが見出されていることが明らかにされた[19]。複合材料から放出される，ナノマテリアルを含む断片の毒性評価を実施した事例はまだ少ない[20]。OECDでは，環境政策委員会（EPOC）の下に，2011年1月，資源生産性・廃棄物作業部会（WPRPW）が設置され，プロジェクトの1つに「ナノ廃棄物」が挙げられた。2015年11月には，焼却・埋め立て・リサイクルといった廃棄物処理過程でのナノマテリアルの放出可能性や，下水処理場や汚泥の農業利用におけるナノマテリアルの動態に関する報告書が公表されている。

4. おわりに

ナノ安全研究が始まって10年が過ぎて，解決されていない課題も多いが，動物試験データや曝露計測データが集まってきたことにより，リスクの程度については，大まかにはわかるようになってきた。また，グループ分けをして規制あるいは自主管理を行っていこうという方向性はみえてきた。しかし，ナノマテリアルのリスク評価が，一般化学物質に比べて困難である理由はいくつかある。1つは，リスク評価の前提であるナノスケールでの計測が難しいことである。しかし，何を計測すべきかであるかは，ナノマテリアルのどの特性が有害性や曝露特性に効いているかが明らかにならなければ決まらない。しかしそれを明らかにするためにはさまざまな特性が定量化されている必要がある。このように両者は卵と鶏の関係にある。直接的な曝露形態をとる作業環境に関しては，ナノマテリアルの挙動に関するデータが集まってきたものの，大気や水といった一般環境中での動態や，ヒトの体内動態についてはまだわからないことが多い。これは計測の困難さにもよる。生態毒性についてはまだ研究が始まったばかりである。

もう１つは，ナノマテリアルが新規化学物質としての側面と新規技術としての側面の両方を兼ね備えていることに起因する。化学物質リスクへのこれまでのアプローチは，化学物質の審査及び製造等の規制に関する法律（化審法）や各種の環境規制の例からもわかるように，行政がルールを決めて事業者がルールを遵守するというものであった。これに対して，生活支援ロボットなど，新規技術の場合は，その多様性ゆえに，さまざまなレベルの規格と民間認証の組合せで安全が確保されている。ナノマテリアルは，化学物質としての側面と新規技術としての側面の両方を併せもつにもかかわらず，事業者や行政の担当部署の考え方は前者の化学物質のアプローチに基づいている。しかし，ナノマテリアルは次々と新しい機能をもった材料が開発され，新しい用途が開発されている。そのため，行政によるルール整備は，研究開発のスピードに間に合わず，逆に，行政による対応を待っていると国際的な競争に遅れてしまう。そのため，安全を確保するための新しいしくみ，すなわちレギュラトリーサイエンスが［3］に述べたように新たに開発されつつある。欧米では事業者や事業者団体からの提案も多くみられる。ナノマテリアルはマテリアルやテクノロジーとしてのイノベーションだけでなく，安全性評価手法におけるイノベーションも同時に必要であり，それは遵守を第一とする文化の中からは出てこない。

文　献

1） The Royal Society and The Royal Academy of Engineers：Nanoscience and Nanotechnologies：Opportunities and Uncertainties,（2004）.

2） T. Gebel, R, Marchan and J, G. Hengstler：*Arch Toxicol.*, **87**（12）, 2057（2013）.

3） A. Takagi, A. Hirose, T. Nishimura, N. Fukumori, A. Ogata, N. Ohashi, S. Kitajima and J. Kanno：*J Toxicol Sci.*, **33**（1）, 105（2008）.

4） 経済産業省ナノマテリアル情報収集・発信プログラム：http://www.meti.go.jp/policy/chemical_management/other/nano_program.html

5） 岸本充生：医薬品医療機器レギュラトリーサイエンス，**45**, 966（2014）.

6） OECD, Approaches on Nano Equivalence/Grouping/Read-Across Concepts Based on Physical-Chemical Properties for Regulatory Regimes：Results from the Survey: Analysis of the Survey, 15th Meeting of the Working Party on Manufactured Nanomaterials, 4-6 November 2015.

7） J. H. E. Arts, M. Hadi, M-A. Irfan, A. M. Keene, R. Kreiling, D. Lyon, M. Maier, K. Michel, T. Petry, U. G. Sauer, D. Warheit, K. Wiench, W. Wohlleben and R. Landsiedel：*Regul Toxicol Pharmacol.*, **71**, S1（2015）.

8） H. M. Braakhus, A. G. Oomen and F. R. Cassee：*Toxicol Appl Pharmacol.*（in press）

9） ISO/TS 12901-2：2014, Nanotechnologies—Occupational risk management applied to engineered nanomaterials—Part2：Use of the control banding approach.

10） 中西準子編：ナノ材料リスク評価書—カーボンナノチューブ（CNT）—，最終報告版（2011）.

11） 篠原直秀編：ナノ材料リスク評価書—フラーレン（C60）—，最終報告版（2011）.

12） 蒲生昌志編：ナノ材料リスク評価書—二酸化チタン（TiO2）—，最終報告版（2011）.

13） U.S. NIOSH：Current Intelligence Bulletin 65：Occupational Exposure to Carbon Nanotubes and Nanofibers,（2013）.

14） U.S. NIOSH：Current Intelligence Bulletin 63：Occupational Exposure to Titanium Dioxide,（2011）.

15） Y. Morimoto, M. Hirohashi, A. Ogami, T. Oyabu, T. Myojo, M. Todoroki, M. Yamamoto, M. Hashiba, Y. Mizuguchi, B. W. Lee, E. Kuroda, M. Shimada, W. N. Wang, K. Yamamoto, K. Fujita, S. Endoh, K. Uchida, N. Kobayashi, K. Mizuno, M. Inada, H. Tao, T. Nakazato, J. Nakanishi and I, Tanaka：Nanotoxicology, **6**（6）, 587（2012）.

16） L. A. Mitchell, J. Gao, R. V. Wal, A. Gigliotti, S. W. Burchiel and J. D. McDonald：*Toxicol Sci.*, **100**（1）, 203（2007）.

17） J. Pauluhn：*Toxicol Sci.*, **113**（1）, 226（2010）.

18) L. Ma–Hock, S. Treumann, V. Strauss, S. Brill, F. Luizi, M. Mertle, K. Wiench, A. O. Gamer, B. van Ravenzwaay and R. Landsiedel : *Toxicol Sci.*, **112** (2), 468–81 (2009).

19) S. J. Froggett, S. F. Clancy, D. R. Boverhof and R. A. Canady : *Part Fibre Toxicol.*, **11**, 17 (2014).

20) L. Schlagenhauf, T. Buerki–Thurnherr, Y. Y. Kuo, A. Wichser, F. Nüesch, P. Wick and J. Wang : *J. Environ Sci Technol.*, **49**, 10616 (2015).

第2章　ナノマテリアルの工業化における安全指針

信州大学　**鶴岡　秀志**

1. はじめに

ナノテクノロジーの進展と工業化に伴いその産業ポテンシャルが各国の科学技術工業政策の重要テーマとなってきている[1]。ナノテクノロジーの役割は21世紀の産業の要となる新市場の創出と雇用の拡大であり，その安全性は社会の懸念を払拭し安寧を担保するための公共福祉政策手段である。ナノテク材料安全性研究は，ナノが分子でも塊でもない新たな物性のため大きなリソースを要し，必然的に国家プロジェクトになり多額の税金の投入が必要である。欧米はナノテクノロジーから得られる利益を確実に社会へ還元するために，ナノ安全性の国際標準を図り自国利益の最大化を目指している。これは，安全性評価研究が日米欧主要国しか実行できず，標準化で優位を保てるという実状に基づいている。日米欧の内，毒性研究体制が最も脆弱である日本の現状を理解した上で工業化戦略の構築が必要である。

2. 国内外の動向

2013年5月に米国議会に提出された大統領連邦予算書付帯文書[1]および National Nanotechnology Initiative 2014[2]，および欧州ナノテクノロジー安全性活動の年次報告[3]から，欧米がナノテクノロジー安全性評価を通商において戦略的活用する意図が明らかになりつつある。これは新規な方策ではなく欧州化学物質規制（REACH）や有害物質使用制限指令（RoHS指令）を発展させたものと考えると理解しやすい。研究開発の俯瞰報告書2013年版（国立研究開発法人科学技術振興機構（JST））[4]ナノテクノロジーリスク評価に記載されているように，国際標準化機構（ISO）では2005年にナノテクノロジーの技術委員会ISO/TC 229を立ち上げ，そのうちワーキンググループ3（WG3）は，環境・安全・健康を対象としており，ナノ材料の有害性やリスクの評価や管理に関する規格を検討している。また，経済協力開発機構（OECD）は，2006年にWPMN（Working Party on Manufactured Nanomaterials；ナノ材料作業部会）を立ち上げた。我が国でも，ナノ材料のリスクや社会受容に関する研究・検討が開始された。2005年度には，科学技術振興調整費「ナノテクノロジーの社会需要促進に関する調査研究」（文部科学省）において，経済産業省，文部科学省，環境省，厚生労働省傘下の研究機関の連携により，幅広い分野にわたる検討が行われ，政策提言という形の報告書が出された[5]。また，「ナノ材料のヒト健康影響に関する厚生労働科学研究」(厚生労働省）は2003年度に開始され，現在まで複数の研究班により研究が進められている[6]。さらに，国立研究開発法人新エネルギー・産業技術総合開発機構（NEDO）により，ナノ材料の試料調製・計測技術開発およびリスク評価の実施を目的とした「ナノ粒子特性評価手法の研究開発」が，2006年から2011年まで実施された[7]。引き続き，「低炭素社会を実現する超軽量・高強度革新的融合材料プロジェクト（NEDO交付金以外分）ナノ材料の安全・安心確保のための国際先導的安全性評価技術の開発」で研究が進められた。我が国全体としては，2007年度から2010年度まで，内閣府の連携施策群「ナノテクノロジーの研究開発推進と社会受容に関する基盤開発」が省庁連携施策の枠組みで実施された。

日米欧中において，戦略的に重要なナノ材料として重点的に毒性評価が推進されているカーボンナノチューブ（CNT）については，米国NIOSH（National Institute for Occupational Safety & Health）より包括的な評価が発表された[8]。各論については多くの科学的意見が論じられているものの大筋では専門家に受け入れられている。科学的知見の蓄積や国際機関での議論などを踏まえ，従来からの化学物質規制の枠組みに準じた形でナノ材料のリスクの規制や管理が可能であるとの合意が形成されつつあるといえる。最重要ナノ材料と位置付けられるCNTの安全性について毒性学専門家の共通認識が形成され始めたことに加えて，二次電池以外でCNTの工業化技術開発が進展し始めたことが契機となり，ナノテクノロジーを確実に国家利益に結び付ける手段の必要性が提唱され始めた（TechConnect 2013のWhite House, Congressによる基調講演，他）。進捗の遅いOECD/ISOの枠外で，欧米間で具体的に産業化を視野に入れたナノ安全性に関する標準化を推進するプロジェクトが2012年より顕在化した[9]。特に米国は産業化目標を具体的に示して，原材料，加工品，成形品，最終製品，廃棄についてのナノ材料安全性評価を開始した。これらは，ナノ安全性評価という科学の枠組みを超えて政策として取り扱うという姿勢が反映されている。例えば，多くの先進国で，主たる微細粉じんの１つであるタイヤ摩耗粉じんを削減するためにカーボンブラックをナノ材料に転換する検討が行われている。このケースの場合，OECD/WPMNからOECD名義で研究報告[10]が発表されたが，実際には欧州（一部米国の参加）の産官学の連携プロジェクトになっている。この研究報告の発展として，CNT樹脂コンポジットとタイヤからの粉じん発生とその影響評価について欧米産官学連携のNanoReleaseというプロジェクトがある（一部公開）。目的は当該製品におけるナノ材料由来のDustのプロトコール（評価材料，基準，手法）の標準化と規制方針の確立である。このプロジェクトの成果は，米国は環境保護庁（EPA）管轄のTSCA，欧州は化学物質規制のREACHに反映されることになる（NanoMile Workshop Oct. 2013 in Birmingham, UK：非公開）。この他にも公開，非公開を合わせて多数の政府，欧州共同体が出資している欧米産官学共同プロジェクトが進行している。

これらのナノ材料応用の各分野における評価成果を既存の化学物質管理の中に繰り入れることにより，安全性標準化と規制を行い通商における実質的な優位性を確立する方向へ歩を進めている。その戦略として米国ではNNI2014[2]に記述されているようにナノテクノロジーをほぼすべての科学技術の基盤とした研究技術開発を進める方針を明確にしている。また，欧州はNanosafety Cluster[9]に記載されているようにEU本部主導でプロジェクトを推進している。両国とも，いままでのように毒性評価研究に留まるのではなく，毒性，バイオ，材料の研究者が協調して安全性評価を推進し，規制，通商，貿易，法務，知的財産分野と連携して国家・地域の富を最大にすること目標として掲げている。さらに，この安全性標準化をOECDなどで国際標準にすることも目指している。このような手法の貿易・通商制限はWTOのArticle 2.2，同2.4，同2.9によって例外規定が定められおり，我が国の企業活動に不利になる可能性が高い。製品の安全性は，単に企業のコンプライアンスを満足させる域を超えて企業の経営計画や国家の産業貿易政策の根幹となってきていることを理解しなければならない。

3. 今後必要となる取組み

欧米がナノテクノロジーの方針を研究開発から工業化・商業化にシフトするためにナノ材料安全性を梃（てこ）にする戦略を踏まえて，我が国も同等の対応が必要になる。第一にResponsible Developmentを実践する必要がある。これはOberdörsterら[11]が唱えた方法論の実践である。すなわち，材料学と毒性学の協力によりナノ材料の研究開発および応用開発と平行して毒性学的安全性評価研究プログラムを推進することである。NNI2014では主に10年後をめどに実用化される技術について，材料の安全性と応用製品の流通と使用における環境と人間への安全性を評価するプログラムを策定している。もちろん，全分野を網羅的に扱うことはできないので重点市場と製品を定めてプロジェクト化する。ここでは材料，分散方法，粉じん発生方法，物性評価方法，生物学的評価方法を標準化する。応用開発もこの知見を基準とすることになる。粉じん発生方法はドイツBASF社，工場などにおける炭素系物質環境粉じん測定技術は厚生労働省系の労働安全衛生研究所法，環境曝露加速試験方法は米国国立標準技術研究所（NIST）法が有力な方法と考えられている。

2015年4月に米国環境保護庁の示したナノ規制案には，新たにredox potentialの計測結果の報告が義務付けられた。redox potentialの測定については拙著を念頭に置いてEPA案が策定されているので論文をご参照いただきたい[12)13)]。

ナノテクノロジーを他の科学技術の共通基盤，また，安全性を共通基盤の重要な礎としてとして科学技術政策を構築することは，従来，欧州が標準化で優先権を獲得してきた哲学とは異なる。この背景を理解するには国家的リソースの投入と納税者への説明責任，およびバリュー・チェーン/サプライ・チェーンの２点を科学技術振興と組み合わせて俯瞰する必要がある。これらの点は我が国がナノテクノロジーで優位に立つための課題でもある。

第一に，ナノ材料の安全性評価（毒性評価）には通常の化学物質に比べて莫大な費用が必要となる。理由は，ナノは分子でもバルクでもない物性が現れること，ナノ材料が微細粉じんなので取り扱いが容易ではないことと，吸入曝露試験を行う必要あること，CNTなど繊維状物質は従来の*in vitro*試験法が適用できないことによる。なお，バルクとナノの違いはないとする意見も出ているが[14)]主流とはなっていない。重要ナノ材料のうち，ナノ酸化チタンはDegussa P25（ドイツDegussa社），多層CNTではWHO/IARCのmonograph（いわゆる，がん危険性の指標）において2014年10月にMitsui MWNT-7を基準としてMWCNTの危険度が制定された。CNTについては，国産品が世界基準品になっているので我が国産業は有利なはずであるが，多くの重要な試験研究は欧米で実施されているので日本の企業が速やかに情報を入手することは容易ではない。欧米は安全性研究成果を国家アセット化して厳しい管理を行っている。他方，多額の費用を必要とするので必然的に各国で研究プロトコールの情報交換を行い，標準化して情報の共有化を図り研究を効率化していくことでデータを積み上げてきた[8)]。日本は毒性研究基盤の弱さから情報共有でハンディキャップを負っていることを認識した上で経営戦略を立案しなければならない。

欧米ではこれからも多額の国費をナノ安全性評価に投入することを公表している。米国の2014会計年度ナノ材料安全性評価研究費用は少なくとも$45M[2)]，欧州のNanoSafety Clusterは2013年（実質）から10年間で€1Bである[9)]。欧米は，負担の大きいコストセンターであるナノ材料安全性研究を，国民へのベネフィットとして還元するためにプロフィットセンターへ転換することを考えたらしい。そのために，前述のように「国際合法的」な方法で非関税障壁を導入することで自国利益を最大限にする方法を発見したといえる。米国は，安全性評価の各論では欧州と一致しない点を残しながらも，応用技術の安全性評価では企業の参加も含めて欧州との協力体制を構築している。これは，大企業でも採算の取れない，あるいは米国でも負担の重いナノ応用製品の安全性評価を欧米産官学共同で行いそれをツールにして利益の最大化を図る方策を戦略的に行うことである。当然，欧米の国費が投入され，プロジェクトに参加する特定の企業が利益を得ることになるが，協力する企業の貢献を，先行者利益を認めることで補償しつつ情報公開（当然，欧米の企業を優先する）を前提とすることでバランスを取っている。これらのプロジェクトに日本の企業も参加可能なので，将来を見据えて積極的に参画することが望まれる。

第二に，バリュー・チェーンにおける安全性の担保というのは欧州REACH，RoHS指令の考え方と同じであり，特に欧州域外の企業に取って大きな負担となる。米国も欧州REACH的な考え方の導入を示唆するようになってきている。米国は輸出入，製造についてEPA管轄のTSCA（化学品規制）におけるSNUR（重要新規利用規則）でナノ酸化チタンとCNTについて細かい利用規制を設けている。一律の基準ではなくEPAと「話し合い」を行うことで決定されるので，EPAのさじ加減によりバリュー・チェーン規制（実態はサプライ・チェーン規制）を導入することは可能である（既に用途規制は申請ごとに行っている）。サプライの各ステップにおける安全性規制の導入は，原料調達，ナノ材料合成，一次・二次加工，部品，組立て，輸送，使用，廃棄の各段階で安全性評価データが必要となるので，企業活動に大きな負担となる。米国内でも原料については企業集団で「標準的」なサンプルによる許可を求める活動が行われている[15)]。欧州では，REACHとRoHS指令の運用状況から，安全性試験を欧州域内の評価機関の結果しか受け付けないなど，欧州域内企業に有利な「指令」が発せられることは想像にかたくない。

この欧米の編み出そうとしている安全性を使った実質的な通商規制は，旧NATO諸国が微細粉じん毒性研究評価機関と技術をほぼ独占していることを利用している。微細粉じんや化学物質の安全性は兵士や兵站を維持する重要軍事技術である。化学物質と微細粉じん技術は兵站における人員の安全確保と能力の維持という観点から，米国と旧NATO諸国は政策として技術を安定継続的に維持してきた。近年，規制当局や毒性評価研究者の間で重要なJournalとなっている*Particle and Fibre Toxicology*誌は旧NATO Conferenceの微細粉じん吸入曝露影響研究グループであった。最近の国際紛争やテロへの対応からNNI2014やNanosafety Clusterにおいても化学物質，バイオハザード検知センサは重要開発項目となっている。このように，歴史的政治的背景から研究施設の数と規模で欧米は他の国々を圧倒している。アスベストも重要軍事物資であったので，その危険性についても欧米は1940年代から研究を行っている（なお，アスベストは生産地である南アフリカで鉱山労働者の健康問題から20世紀初等に研究が開始されている）。米国の場合，宇宙空間における生存環境維持研究のために航空宇宙局（NASA）に継続した微細粉じん研究プログラムが存在することもポイントである。民間企業でこれらに匹敵する評価をできる会社はすべて外資系である。

欧米はナノ安全性評価を最終的にはOECDおよびISOで標準化しようと試みているが，前述のように実態は欧米の「ローカル・ルール」の国際化の可能性が高い。他方，我が国はCNTでMitsui MWNT-7の供出元である。また，ナノ毒性試験においても㈱労働者健康安全機構日本バイオアッセイ研究センターの多層CNTの長期連続吸入曝露試験，国立医薬品食品衛生研究所（NIHS）のナノ粒子完全分散試験法（taquann法），両研究所の病理評価などは世界的に高く評価されている。このように，日本の安全性評価科学技術は欧米に比べて遅れているわけではなく，むしろ毒性・バイオと材料科学の連携としてのResponsible Developmentの観点からは他に先駆けて実践しているといってよい。問題は日本の毒性評価技術研究の基盤が国家安全保障戦略（軍事，産業）ではなく，国民の「安全安心」という多分に情緒的な安寧のために行われているために議論がマスコミにより「白黒」対決になりがちで，戦略的科学的観点に乏しく結果的に脆弱なことである。また，日本企業は未だに安全性評価を付随的な物（おまけ），あるいはビジネスの妨げととらえる傾向があり，特に経営層の理解が乏しい。技術サービスとして東レ㈱，旭化成㈱，三菱化学㈱などが毒性評価分析サービスを提供しているが，ドイツBASF社や米国Du Pont社のような安全性評価で世界的リーダーになれる組織，人材，設備，戦略をもつ企業が存在しない。また，化学・物理，生物学，医学に加えて倫理，法律，経済，社会学，政策を含めた包括的教育を行う大学や学問分野が存在していない。実際，我が国の重要産業である自動車分野でも内燃機関やタイヤからから排出される炭素微粒子の研究評価は大気汚染研究と規制としてとらえられ，日本の産業全体から俯瞰したベネフィットとリスクという観点で行われていない。自動車産業に限定されるため対費用効果評価が低くなり結果的に欧州に頼る部分が多く，欧米の研究に遅れをとっているといっても過言ではない。米国は微細炭素粉じんがアルツハイマー病の原因になり得るという研究を行い，産業政策に反映させている。

基礎科学の分野では世界的に優位である我が国のナノテクノロジー科学技術からのベネフィットを日本国民が享受するためにもナノテク応用製品の通商は重要なことである。しかし，上述のように材料産業としてみた場合，市場規模が小さく安全性評価費用を捻出することはビジネス合理性がなくなる。一方で，ナノの安全性評価とその標準化を全面的に欧米に委ねることは，科学技術・政策的課題として欧米と対等に交渉する武器と手段を放棄することになる。安全性評価の基盤整備を行うことは必要であるが，特に人的リソースを考慮すると数年で質量ともに欧米の水準に達することは，微粒子の毒性研究が基礎科学であることから期待薄である。今後，ナノテクノロジーはすべての産業分野に重要な影響を及ぼすことは確実なので欧米に伍して行くためにもナノテク材料の恩恵にあずかる産業および社会全体へのベネフィットの観点から政策的検討が必要である。

解決策として以下の点を考慮する必要がある。「物量」では欧米（中国も含む）に負けるので，日本の科学技術の特徴を発揮させるものとして米国の提唱するResponsible Developmentと，それに続くDesign Safe Nanoを先取りすることに注力する。短期的（〜5年）にはナノ安全性で欧米と連携をとっている材料研究および毒性評価研究機関と欧米研究機関との連携研究を拡大することで「欧米」ではなく「欧米日」の枠組を再構築することを行う。これまでの状況から欧米は日本を敵対視しておらず，むしろ参加を求めているので難しいことではないだろう。研究者レベルでは交流があるのでこのネットワークを活用することから始めると少ない費用で最大の効果を得られると思料する。もちろん，「手ぶら」では相手にされないので，現在のナノ材料安全性評価研究を充実させることも必要である。安全なナノ物質構造を物理化学，毒性学の共同研究により積極的に提案することで議論の主導権を掴むことも可能である。また，この活動は標準的な材料の創出と評価技術（評価装置）開発と表裏一体となること，日本のすり合わせ技術力が必要なことから欧米に対する「武器」となる。結果的に材料と分析評価装置・手法を我が国からの標準として定めるチャンスが出てくるので，欧米の評価研究を共有することから得られる情報も加えて国内企業にとっても有利になる。運営面では，欧米はナノテク安全性について，司令塔を明確にしているので我が国も同様の施策と体制を整える必要がある。現状ではOECD，ISOでも省庁別に意見を提出するので日本は一体感がないといわれている。米国ではNNI2014よりNational Science FoundationではなくNational Science & Technology CouncilのもとでNISTが核になっている。欧州はEC DG Researchのもとに2013年からオランダのRIVMが核になっている。いずれも，科学系に加えて法律，社会学，経済，情報収集と分析の分野が糾合されている。実態としてOECD/ISO交渉担当者と生々しい研究実務的な議論の担当者を分けていている。後者は公式会議，定例会議とは別に各国，各研究所と常に交流を行い，情報を共有している。結果的に交渉担当者は国内での意見すり合わせ結果を述べているに過ぎない場合が多い。この組織構造の検討も必要であろう。

中長期的（5年〜）には次のような施策が必要である。通商，つまり，お金の流れのパラダイムシフトがナノテク安全性の標準化によって起こることを産業界のトップ・マネージメントに理解させて意識の変革を促す。これは21世紀のビジネスモデル革命といってもよく，その一端は2010〜2012年に米国で発生したトヨタ自動車㈱の安全性問題を考えれば重要性を理解しやすい。

4. まとめ

ナノ材料安全性評価を機に，産業政策およびビジネスにおける安全性の位置付けを欧米から学ぶことができるようになった。貿易協定の中にも安全性を基準にした「しかけ」が存在することを我が国が知ることのできる好機でもある。単に，毒性評価方法のプロトコールを追求するのではなく，各社の企業経営における安全性指針の反映ということが，今後，重要な経営戦略になる。この際，重要になることは，「安全」は科学であり「安心」は心象であることを区別して適切な判断を行っていくことである。東日本大震災から5年を経て，完全な「安全安心」を唱えることの復活は，適切な判断をする上で足かせになることを理解することが，「指針」を作成するための入り口といえよう。

文　献

1）National Science and Technology Council : Supplement to The President's Budget for Fiscal Year 2014, The National Nanotech Initiative, (2013).

2）National Science and Technology Council Committee on Technology : National Nanotechnology Initiative Strategic Plan, (2014).

3）Lynch, I (edit) : Nanosafety Cluster, Compendium of Projects in the European Nanosafety Cluster, 2014 edition, University of Birmingham, UK, (2014).

4）科学技術振興機構研究戦略開発センター：「2013年　研

究開発の俯瞰報告書（ナノテクノロジー・材料分野）」，第３章「研究開発領域」，（2013）．

5）ナノテクノロジーの社会受容促進に関する調査研究：報告書・政策提言 http://www.mhlw.go.jp/shingi/2008/03/dl/so303-6c.pdf

6）菅野純：毒性試験と評価に関する新たな課題へのアプローチ，厚生労働科学ナノマテリアル研究の展開 http://www.nies.go.jp/risk/chemsympo/2011/image/2_kanno.pdf

7）「ナノ粒子特性評価手法の研究開発」(事後評価) 分科会 http://www.nedo.go.jp/introducing/iinkai/kenkyuu_bunkakai_23h_jigo_8_1_index.html.html

8）NIOSH：*Current Intelligence Bulletin*, **65**,（2013）．

9）NanoSafety Cluster：http://www.nanosafetycluster.eu.

10）OECD：Nanotechnology and Tyres,（2014）．

11）G. Oberdörster, A. Maynard, K. Donaldson, V. Castranova, J. Fitzpatrick, K. Ausman, J. Carter, B. Larn, W. Kreyling, D. Lai, S. Olin, N. Moteiro-Riviere, D. Warhei, and H. Yang：*Particle and Fibre Toxicology*, **2**（8）, doi：10.1186/1743-8977-2-8（2005）．

12）S. Tsuruoka, H. Matsumoto, K. Koyama, E. Akiba, T. Yanagisawa, F.R. Cassee, N. Saito, Y. Usui, S. Kobayashi, D.W. Porter, V. Castranova, and Morinobu Endo：*Carbon*, **83**, 232-239（2015）．

13）S. Tsuruoka, H. Matsumoto, V. Castranova, D.W. Porter, T. Yanagisawa, N. Saito, S. Kobayashi, and M. Endo：*Carbon*, **95**, 302-308（2015）．

14）K. Donaldson and C.A. Poland：*Current Opinion in Biotechnology*, **24**, 723-734（2013）．

15）J. Monica：ハーラン・グローバルセミナー，東京，Oct. 31（2012）．

第3章　労働環境における炭素系ナノマテリアルのリスク管理

独立行政法人労働者健康安全機構労働安全衛生総合研究所　小野　真理子

1．はじめに

ナノマテリアルは，国際標準化機構（international organization for standardization；ISO）のTS 27687[1]によれば「3次元の少なくとも1つの次元のサイズが約1～100 nm」と定義されている。カーボンナノチューブ/カーボンナノファイバー（CNT/CNF）は2次元が，グラフェンは1次元がこのサイズ範囲に入る。CNT/CNFには繊維径が100 nmを超えてナノマテリアルの定義から外れるものもあるが，環境中における挙動や有害性を考える際にはナノマテリアルと同様の取扱いがなされることが多い。また，環境中ではミクロンサイズの凝集体として存在することもあるため，労働環境においては凝集体も含めて管理することが必要であると考えられている。厚生労働省労働基準局より発出された「ナノマテリアルに対するばく露防止等のための予防的対応について」(平成21年3月31日，基発第0331013号）においてもその点が明記されており，ナノマテリアル取扱いの際には本通達に対応した管理が求められている。

CNT/CNFは凝縮しても呼吸により肺深部まで進入し得るサイズの凝集体を形成することと，不溶性・繊維状でありアスベストを想起させることから，その健康影響が懸念されている。近年，CNTの毒性評価研究が進んでおり，その結果を用いて暫定的な労働曝露限界値（occupational exposure level；OEL）が，国内外の公的研究機関や企業から提案されている。また，日本では平成27年6月23日に厚生労働省「化学物質のリスク評価検討会(有害性評価小検討会)」において，特定の複層カーボンナノチューブ（MWNT-7）のラットを用いた吸入によるがん原性試験の報告があり，同検討会はヒトに対する発がん性を否定できないと結論づけた。平成28年3月31日には「労働安全衛生法第28条第3項の規定に基づき厚生労働大臣が定める化学物質による健康障害を防止するための指針」(がん原性指針）が公表された。MWNT-7以外の複層カーボンナノチューブについては今後も情報収集が継続されるが，現状ではリスク評価対象物質とはなっていない。

グラフェンはCNTに比べるとアスペクト比（繊維の長さと繊維径との比）が小さく，比表面積が大きく，CNTに比較して多くの溶媒中での分散性が高い。次元（繊維か平面か），表面化学，不純物，物理的な現象（凝集性や分散性など）が粒子の毒性に影響するといわれているが，CNTとグラフェンは形状や分散性が大きく異なるため有害性も異なると考えられている[2]。グラフェンの有害性評価はこれからであるが，環境中におけるキャラクタリゼーションやリスク対策に関しては，CNT/CNFに用いられる方法がグラフェンについても応用ができることが期待される。

実際にCNT/CNFやグラフェンのようなナノマテリアルを取り扱う国内の現場では，上述の通達「ナノマテリアルに対するばく露防止等のための予防的対応について」や「化学物質等による危険性又は有害性等の調査等に関する指針」に基づいてリスク管理することになるが，通達や指針には詳細な環境測定法などは示されていない。そこで，本項では，研究例の多いCNTを中心に，その有害性や環境測定法などに関する現時点における知見をもとに，CNT取扱い作業のリスク管理についてまとめる。CNFばかりでなく，現状では情報が不足しているグラフェンについても応用可能な方法である。

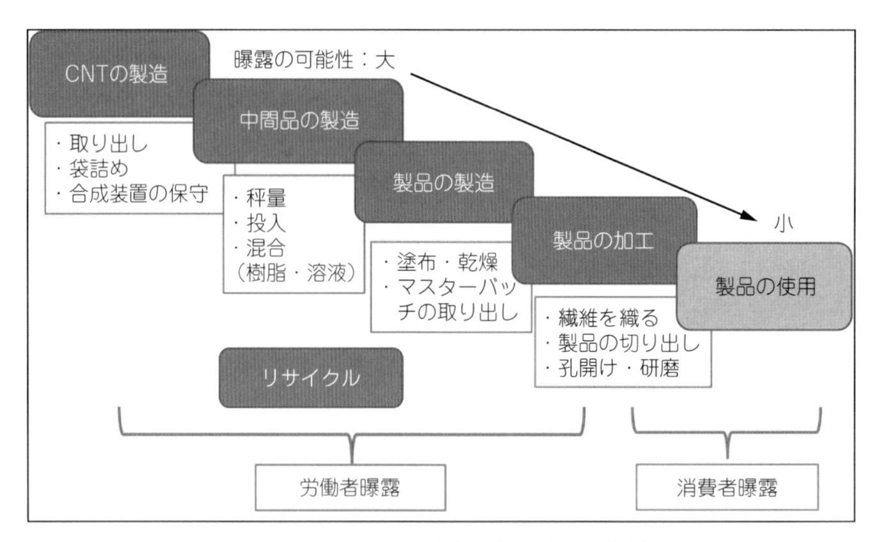

図１　CNT/CNF に人間が曝露する可能性

2. 労働環境におけるリスクアセスメント

図１に CNT/CNF のライフサイクルにおいて，人間が曝露する可能性について示す。最も高い曝露が想定されるのは CNT/CNF を合成し，生成した粉体を取り扱う作業である。合成自体は密閉された容器で行われるため，定常的な操作の範囲では作業者の曝露は小さいと考えられるが，容器の清掃や非定常的なメンテナンス時，トラブル発生時には曝露がある。定常的には粉体の取出しや袋詰めにおいて高い曝露が観察される[3)4)]。次いで，粉体を秤量する作業，反応装置や混合器に投入する作業において曝露が観察される[5)]。このような場合，最上流の生産現場に比べて取扱い量が少ないにもかかわらず，囲い込みにより狭い空間で作業するために，局所排気設備などが十分でない場合には明らかな曝露が生じることがある。CNT を液体に分散させたり，バインダーで数～10 µm に造粒したりすることで，飛散を抑制する方法が実用化されているが，分散が良好になったことにより溶液からの微小粒子の発生が多くなることや，造粒体の破砕による繊維の脱離に注意が必要である。ライフサイクルがさらに下流の作業においては，CNT は樹脂や無機材のような基材に練り込まれたり貼り付けられたりしているため，CNT 単体よりも基材とともに分離できない形で環境中に放出されることが多く[6)-8)]，単体の CNT/CNF への曝露の可能性は低い。リサイクルなどに関する情報はほとんどない。

化学物質などのリスクアセスメントの簡便な方法としてコントロールバンディングがある。ISO からナノマテリアルのコントロールバンディングに関する技術情報文書が出ている[9)]。有害性の程度と曝露の程度を推定して，対策の厳しさ，コントロールバンド（CB）を決定するものである。CNT/CNF について現状では有害性の明確な分類はなく，不溶性かつ繊維状であるために有害性の程度は最も高いものとして格付けされる。グラフェンに関しては有害性データが不足しているためにやはり，有害性の程度は最高となる。製造工程，粉体の取扱い方法，ナノマテリアル含有製品の取扱い方法などにより，曝露の程度が推定される。しかしながら，CNT/CNF やグラフェンは有害性が高い分類であるため，多くの場合完全な密閉化や専門家への相談が求められる。

次に CNT の作業環境におけるリスクアセスメントの考え方についてまとめる。

2.1　有害性などの情報の収集

作業で取り扱う物質について，セイフティデータシート（SDS）や種々のデータベースから有害性データを探索してリスクアセスメントを開始するのが一般的な手法である。現状では CNT による人間への影響は報告されていないが，有害性情報は十分ではない。㈱労働者健康安全機構日本バイオアッセイ研究センターにおいて実施された長期吸入曝露試

表１　CNT の労働曝露限界値の例

CNT の種類	OEL（mg/m³）	出典
CNTs	0.030※	文献 13）
CNT/CNF	0.001	文献 14）
MWCNT（Nanocyl 社）	0.0025	文献 11）
MWCNT（Bayer 社）	0.050	文献 12）

※曝露期間を 15 年で計算。15 年で見直し予定

験で用いられた MWNT-7 は CNT のうちでも多くの有害性評価の実験が行われている製品であり，2014 年 11 月には国際がん研究機関（international agency for research on cancer；IARC）が MWNT-7 を「ヒトに対する発がん性が疑われる」2B に分類した[10)]。同時に，有害性データに乏しい他の CNT については 3 に分類し，今後も情報を収集するとしている。分類が 3 というのは情報が十分ではないことを示しており，発がん性が低いものとして評価されたものではない。

これまでに，国内外の公的機関や企業が**表 1** のような OEL を提案している。企業が作業環境を管理する目標濃度として自社の製品について，0.0025 mg/m³（Nanocyl 社，NC7000）[11)] や 0.05 mg/m³（Bayer 社，Baytubes C150P；現在は撤退）[12)] という値を提案した。国立研究開発法人産業技術総合研究所（産総研）は MWCNT と SWCNT の両方にそれぞれ，0.08 mg/m³ と 0.03 mg/m³ という値を算出している[13)]。この場合は，曝露期間を暫定的に 15 年と短期間で計算している。現状では長期の影響を計算するに足る十分な有害性データがないため，15 年で見直すとしている。米国労働安全衛生研究所（NIOSH）は 0.001 mg/m³（ただし，元素状炭素濃度として）という厳しい値を算出した[14)]。現状国内企業では，それぞれの CNT の有害性に応じた管理よりは，産総研提案の 0.03 mg/m³ を自主的な基準と考えて，曝露の評価や対策を行う事例が多いようである。

2.2　曝露測定

リスクアセスメントでは何らかの形で曝露測定を行う必要があるが，測定に先立って事前調査を行い，それから必要な装置類を用意して本調査を実施する。ナノマテリアルの測定では，これまでの粉じん測定で使用していたものとは異なるエアロゾル測定装置が必要になる。

表２　ナノマテリアル環境測定に用いられるポータブルリアルタイム測定装置の概要

測定項目	粒径範囲	名称
個数	10〜1,000 nm（この範囲の粒径の個数の積算値）	凝縮粒子計数器（condensation particle counter；CPC）
	100〜10,000 nm（大くくりな粒径情報）ナノ用ではない	光散乱式粒子計数器（optical particle counter；OPC）
表面積	<100 nm	粒子表面積計（diffusion charger-based surface-area monitor；DC）
ブラックカーボン質量	（光を吸収する粒子）	ブラックカーボンモニター（black carbon monitor；BCM）
相対質量	ナノ用ではない	デジタル粉じん計

事前調査では作業場全体の状況を把握して実際の測定の計画を立てる。作業場で測定を行う前に，製造・使用している CNT について情報を収集する。実際の作業を見て，発生源となりそうな場所・作業・発生時間に関する情報を収集し，測定位置と試料の捕集時間を検討する。また，エアロゾル測定装置はナノマテリアル以外のナノ粒子に対しても感度があるので，測定を妨害する粒子の発生源，あるいは環境粒子の流入の有無について確認する。

本調査では，CNT の存在を確認し環境濃度を定量する。一般的な化学物質については環境濃度を測定する作業環境測定を実施することが多いが，CNT は濃度が低いこと，環境評価に用いる管理濃度が設定されていないことから，個人曝露測定や CNT が発生する可能性が高い地点で作業の継続時間を通して粒子をフィルター上に捕集し，質量濃度あるいは後述する炭素濃度により，個人曝露濃度や環境濃度を定量的に把握することが多い。濃度を前述の OEL と比較することで，追加の対策の必要性の有無を検討する。

事前調査や本調査の際には**表 2** に示すような，ポータブル型のナノ粒子測定用リアルタイム計測装置が使用できる。詳細な粒径分布を測定できる大型な装置もあるが，作業現場で使用するには適切とは

言い難い。粒径の情報は得られないが，凝縮核粒子測定装置（CNC）により 10～1,000 nm の粒子の総個数濃度を測定することができる。実際の CNT は数 μm の凝集体になっていることが多いので，光散乱式粒子計数器（OPC）により，粒径の情報とともに個数濃度を測定可能である。ナノサイズでの感度はないが，大まかな発生の傾向は，従来から粉じん職場で使用している粉じん計で検出できる場合もある。また，CNT は黒い粒子で光を吸収するので，ブラックカーボンモニター（BCM）が使用できる場合があるが，当研究所で現場において実測した印象では十分な感度は得られなかった。生体影響と関連があるとされている表面積計についても，高濃度の環境では使用可能であった。リアルタイム計測装置を使用して作業環境を測定する場合には，作業に関わりのないナノ粒子が測定を妨害することがきわめて多い。一般大気には自動車等や焼却場などで発生する多くの微小粒子が存在する。機械の駆動部分の摩耗や掃除機の使用，溶接作業，水蒸気の凝縮などによって微小粒子が生成することもある。リアルタイム計測装置は粒子の種類を区別できないため，それらすべてが測定への妨害となり得るので，曝露測定を実施する際は十分な注意が必要である。検出されたナノ粒子が CNT かどうかは，作業との対比をしながら電子顕微鏡観察しなければわからない。作業環境に粒子を除去した清浄空気を供給すると，リアルタイム測定のバックグラウンド値が低下して，作業により生成する粒子が検出しやすくなるが，測定のために作業場の空気を必要以上に浄化することは，コスト的に不利である。なお，2013 年に公開された産総研による CNT の環境計測についてのガイダンス（http://www.aist-riss.jp/downloads/CNTs_JPN_20131028.pdf）に，リアルタイム測定装置についてまとめられている。

リアルタイム測定は，ナノ粒子の発生源を特定するのに利用しやすいが，個数濃度で結果が示されるため，個数濃度による曝露評価の指標が示されていない現状では，曝露評価に使用するのは難しい。質量濃度により定量的に曝露評価を行い，その際のリアルタイム測定結果を基準として，作業場の日常的な管理を行うことは可能と考える。

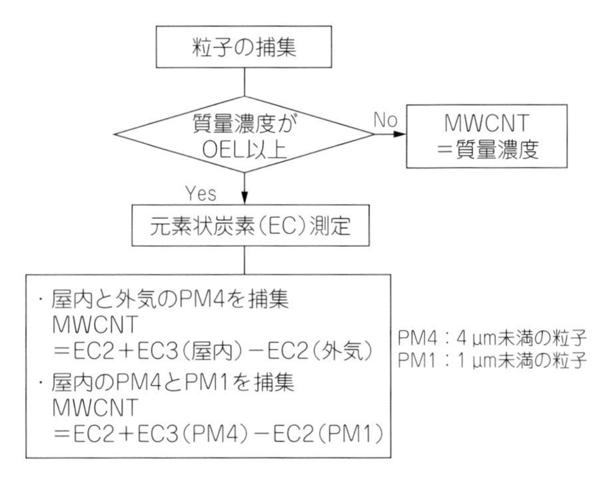

図２　作業環境における CNT の測定法（JNIOSH 提案）

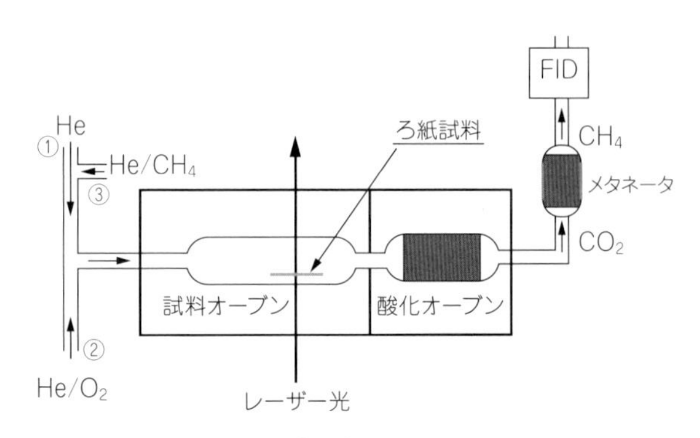

図３　炭素分析装置の概略図

2.2.1　MWCNT の炭素分析による直接的定量

前述の OEL に対応する平均濃度を得る方法として，当研究所（JNIOSH）では炭素分析を使用する方法（**図２**）を提案している[15)16)]。大気中には微小粒子が数十 μg/m^3 程度存在することから，質量濃度のみで低濃度の CNT を管理することは難しいため，粒子中の無機性の炭素の質量で評価する。

大気中の粒子には，内燃機関による化石燃料の不完全燃焼に由来するすすがあり，典型的なものにディーゼル排出粒子がある。米国ではディーゼル排出粒子の大気中粉じん全体への寄与を推定するために，粉じん中の炭素成分の測定が行われている[17)18)]。炭素分析計（**図３**）の原理は，粒子を捕集したフィルターを試料オーブンに入れ，ヘリウム気流下で，続いて酸素共存下で加熱し，気化あるいは燃焼して生成する炭素成分を酸化触媒により二酸化炭素に酸化した後，還元して得られるメタンを水素炎イオン化検出器（FID）により測定するものである。NIOSH 分析マニュアル No. 5040[19)] の炭素分

表３　炭素分析の温度と試料オーブン雰囲気ガスのプログラム

	時間［s］	温度［℃］	雰囲気ガス
OC1	180	120	He
OC2	180	250	He
OC3	300	450	He
OC4	300	550	He
EC1	360	550	2% O_2/He
EC2	600	700	2% O_2/He
EC3	360	920	2% O_2/He

析は，CNT 測定に使用されている[20]。当研究所では，米国の環境測定で使用される IMPROVE 法[18]を一部変更して測定しているが，NIOSH No. 5040 よりも時間をかけて昇温し，MWCNT に相当する結晶性の高いグラファイト性の元素状炭素（EC）の分離を良くしている。温度や雰囲気ガスの制御プログラムを**表３**に示す。有機性炭素（OC）は 550℃までにヘリウム気流下で揮発するが，表３の EC2 と EC3（700℃や 920℃で酸化される EC）を指標として MWCNT が測定できる。測定例は**図４**のようになり，例えば繊維径が 100 nm 以上になるような MWCNT はその 90% 以上が EC3 で検出され，繊維径が 20 nm 以下の MWCNT は 90% 以上が EC2 で検出される。中間の太さ（およそ 20〜100 nm）の MWCNT は，EC2 と EC3 の和として観察される。大気中には EC3 が少ないため，EC3 は MWCNT の良い指標になる。

MWCNT は凝集して存在する可能性が高いため，ミクロンサイズ粒子に EC2 あるいは EC3 が検出される。一方，燃焼由来の炭素は一般的にサブミクロンサイズ粒子に EC1 と EC2 として多く検出されるので，EC2 と EC3 の値と粒度分布の関係を考慮することで，MWCNT を定量できる[16)21]。定量下限は 1 m^3 の捕集量で 1 μg/m^3 程度である。MWCNT により炭素の検出パターンが異なるため，定量の基準となる CNT は作業場で使用している CNT を用いる必要がある。本法は欧州のグループも使用しているが，実測例については文献を参照されたい[3)22]。

樹脂などの有機物は主に OC や EC1 として分離して検出されるため，樹脂などに含まれる MWCNT も測定可能である[23]。SWCNT やグラフェンは低温で分解することがあり，OC や EC1 が検出されるので，バックグラウンドの炭素の評価がより重要である。

また，独自の加熱法による炭素分析法も開発され，CNT 測定に利用されている[24]。

2.2.2　MWCNT の間接的な定量

炭素分析は CNT の炭素を直接測定する方法である。しかしながら，例えば NIOSH が提案する曝露限界値の 1 μg/m^3 以下を測定するためには感度が不足することから，他の方法が提案されている。

１つは，㈱労働者健康安全機構日本バイオアッセイ研究センターが提案した方法である。この方法は CNT が多環芳香族炭化水素を定量的に吸着することを利用しているが，吸入曝露実験の際に MWCNT を定量するために開発された方法[25]を一部変更したものである。メンブレンフィルターに捕集した MWCNT を，フィルターを溶解することにより分離し，マーカーとして Benzo（ghi）perylene を添加した溶液を加える。一定量のマーカーが

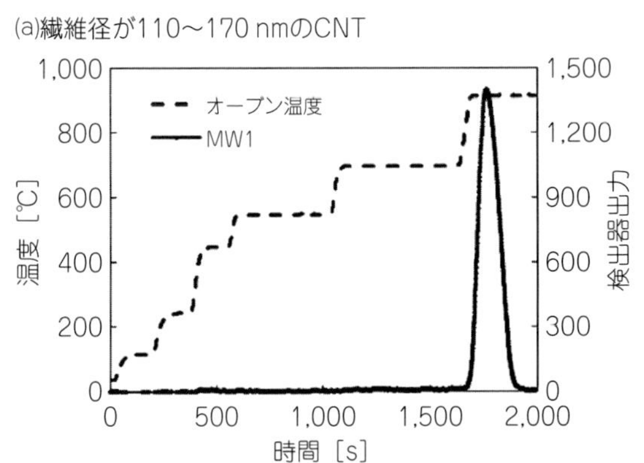

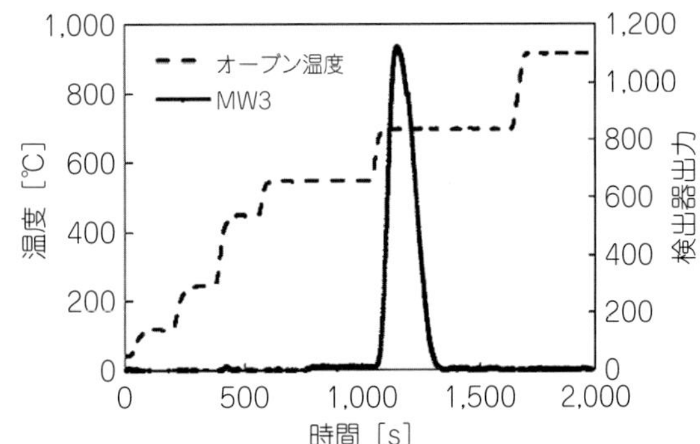

図４　CNT の炭素分析チャート例

MWCNTに吸着した後に溶液を除去し，吸着したマーカーをアセトニトリルに再溶解して，マーカーを液体クロマトグラフ/蛍光分析により定量する。各CNTに合わせて検量線を作成する必要があるが，液体クロマトグラフ分析を行うことができる施設では，応用可能な方法である。定量下限は1 m^3 の捕集量において，0.2 μg/m^3 程度と報告されている。

もう1つの方法は，CNT中の触媒残渣である金属をマーカーにして，CNTの発生を推定する方法である[26]。FeやAlがCNTに多いことは知られているが，大気中のバックグラウンドとしても濃度が高いためにマーカーにすることは難しい。CNTにはNi, Co, Cu, Mo, Mn, Crといった金属が数mg/kgの濃度で残渣として存在することがあるため，これらの金属をCNTを推定するための候補物質とすることができる。実際に使用する際には，バックグラウンド濃度を検討する必要がある。拭き取り試料を分析することで，CNTの発生や汚染の広がりを把握できると考えられている。

3. リスク管理

厚生労働省の通達には，ナノマテリアル取扱い時の排気設備などによる曝露対策，作業者の曝露防止のための保護具，清掃方法や廃棄物処理について記載がある。国内では，2012年に㈳日本粉体技術工業技術協会からリスク管理と曝露防止対策のためのテキスト[27]が出版されている。ここでは，呼吸用保護具についてのみ述べる。

CNTに関しては吸入が主たる体内への侵入経路であるため，呼吸用保護具の選択と着用には十分留意すべきである[27]。原則として，まず，発散防止のための措置などを行った上で，呼吸用保護具を着用する。呼吸用保護具は保護具内の有害物質が規制値を上回らないようにするために着用する。現状ではCNTの規制値が定まっていないので，予防的に防護係数の高い呼吸用保護具を選択することになる。呼吸用保護具の性能を表す防護係数は濾過材の性能に加えて，装着時の漏れなども考慮に入れた数字であるが，実際には実験結果から算定された多数の防護係数値の代表値である指定防護係数が示される。呼吸用保護具の指定防護係数は通達の資料にも記載があり，呼吸用保護具選定チャートでは，密閉化・無人化などの対策下で10，排気設備がある環境下で50，対策が講じられていない場合100～1,000レベルの呼吸用保護具着用が提案されている。CNTについては発がん性を考慮する必要があるため，良好に対策が行われている作業現場であっても，濾過材の捕集効率が99.9％以上であるRS3，DS3（日本の国家検定規格：99.9％以上の捕集効率）の防じんマスクの着用が望ましい。マスクの面体内の陽圧が維持される電動ファン付き呼吸用保護具は，高価ではあるが，呼吸が楽であり作業性の面でも改善される。呼吸用保護具は装着の善し悪しやサイズが顔面に密着していることがきわめて重要であることから，漏れチェックを含めた装着の訓練が必須である。

現状で提案されているOELは規制値ではないが，作業場の環境を管理する際の目安の値になる。粉体のCNTを数百g単位で扱う作業やCNTを塗布した材料を乾燥する際でも10 μg/m^3 程度の個人曝露濃度が観察されることもある[5]。担当者間で十分に情報を共有し，適切な管理のもとでCNT/CNFやグラフェンを使用する作業を進めることが望まれる。

文　献

1）ISO（International Standard Organization）: Nanotechnologies–Terminology and definitions for Nano-objects–Nanoparticle, Nanofibre and Nanoplate ISO/TR 27687（2008）.

2）C. Bussy, H. Ali-Boucetta and K. Kostarelos : *Acc. Chem. Res.*, **46**（3）, 692（2013）.

3）鷹屋光俊，芹田富美雄，小野真理子，篠原也寸志，齊藤宏之，甲田茂樹：産業衛生学雑誌，**52**（4）, 182（2010）.

4）M. Hedmer, C. Isaxon, P. T. Nilsson, L. Ludvigsson, M. E. Messing, J. Genberg, V. Skaug, M. Bohgard, H. Tinnerberg and J. H. Pagels : *Ann.Occup.Hyg.*, **58**, 379（2014）.

5）M. Ono-Ogasawara, M. Takaya and M. Yamada : *J. Phys.: Conf. Ser.*, **617**, 012009（2015）.

6）I. Ogura, M. Shigeta, M. Kotake, M. Uejima and K. Honda：*J. Phys.: Conf. Ser.*, **617**, 012028（2015）.

7）L. Schlagenhauf, F. Nüesch and J. Wang：*Fibers*, **2**（2）, 108（2014）.

8）Ed by Patricia Dolez：Nanoengineering: Global Approaches to Health and Safety Issues, pp.673–690, Elsevier（2015）.

9）ISO（International Standard Organization）：Nanotechnologies–Occupational risk management applied to engineered nanomaterials–Part2: Use of the control banding approach ISO/TS 12901–2（2014）.

10）Y. Grosse, D. Loomis, K. Z. Guyton, B. Lauby–Secretan, F. El Ghissassi, V. Bouvard, L. Benbrahim–Tallaa, N. Scoccianti, H. Mattock and K. Straif：*Lancet Oncol.*, **15**（13),1427（2014）.

11）L. Ma–Hock, S. Treumann, V. Strauss, S. Brill, F. Luizi, M. Mertler, K. Wiench, A. O. Gamer, B. van Ravenzwaay and R. Landsiedel：*Toxicol. Sci.*, **112**（2）, 468（2009）.

12）J. Pauluhn：*Toxicol. Sci.*, **113**, 226（2010）.

13）中西準子：ナノ材料のリスク評価―考え方と結果の概略―，最終報告版：2011.8.17，NEDOプロジェクト（P06041)「ナノ粒子特性評価手法の研究開発」(2011)

14）NIOSH（National Institute for Occupational Safety and Health）：NIOSH Current Intelligence Bulletin 65, DHHS（NIOSH）Publication No.2013–145（2013）.

15）M. Ono–Ogasawara and T. Myojo：*Ind. Health*, **49**, 726（2011）.

16）M. Ono–Ogasawara and T. Myojo：*Adv. Powder Technol.*, **24**, 263（2013）.

17）M. E. Birch and R.A. Cary：*Aerosol. Sci. Technol.*, **25**, 221（1996）.

18）J. C. Chow, J. G. Watson, L. C. Pritchett, W. R. Pierson, C. A. Frazier and R. G. Purcell：*Atmos. Environ.*, **27A**, 1185（1993）.

19）NIOSH（National Institute for Occupational Safety and Health）：NIOSH Manual of Analytical Methods（NMAM）, Method 5040 update DHHS（NIOSH）Publication No.2003–154, Third Supplement to NMAM, fourth ed.（2003）.

20）M. M. Dahm, M. K. Schubauer–Berigan, D. E. Evans, M. E. Birch, J. E. Fernback and J. A. Deddens：*Ann. Occup. Hyg.*, **59**（6）705（2015）.

21）M. Ono–Ogasawara, M. Takaya, H. Kubota, Y. Shinohara, S. Koda, E. Akiba, S. Tsuruoka and T Myojo：*J. Phys.: Conf. Ser.*, **429**, 012004（2013）.

22）E. Kuijpers, C. Bekker, W. Fransman, D. Brouwer, P. Tromp, J. Vlaanderen, L. Godderis, P. Hoet, Q. Lan, D. Silverman, R. Vermeulen, and A. Pronk：*Ann.Occp. Hyg.*, **60**（3）, 305（2016）.

23）M. Takaya, M. Ono–Ogasawara, Y. Shinohara, H. Kubota, S. Tsuruoka and S. Koda：*Ind. Health*, **50**（2）, 147（2012）.

24）角田裕三監修：カーボンナノチューブ応用最前線，pp.406–414, シーエムシー出版（2014）

25）M. Ohnishi, H. Yajima, T. Kasai, Y. Umeda, M. Yamamoto, S. Yamamoto, H. Okuda, M. Suzuki, T. Nishizawa and S. Fukushima：*J. Occup. Med. Toxicol.*, **8**（1）, 30（2013）.

26）P. E. Rasmussen, I. Jayawardene, H. D. Gardner, M. Chénier, C. Levesque and J. Niu：*J. Phys.: Conf. Ser.*, 429, 012007（2013）.

27）日本粉体技術工業技術協会編：ナノ粒子安全性ハンドブック　リスク管理と曝露防止対策，日刊工業新聞社（2012）.

28）明星敏彦：エアロゾル研究，**24**（3）, 186（2009）.

索 引

数字・アルファベット

和　文

あ行

か行

さ行

た行

な行

は行

ま行

や行

ら行

わ行

カーボンナノチューブ・グラフェンの応用研究最前線

製造・分離・分散・評価から半導体デバイス・複合材料の開発、リスク管理まで

発行日	2016年9月16日　初版第一刷発行
監修者	丸山 茂夫
発行者	吉田 隆
発行所	株式会社 エヌ・ティー・エス 〒102-0091 東京都千代田区北の丸公園 2-1　科学技術館 2 階 TEL.03-5224-5430　http://www.nts-book.co.jp
印刷・製本	美研プリンティング株式会社

ISBN978-4-86043-456-4